DIE TECHNIK ELEKTRISCHER MESSGERÄTE

VON

Dr.-Ing. GEORG KEINATH

DRITTE, VOLLSTÄNDIG UMGEARBEITETE AUFLAGE

ERSTER BAND

MESSGERÄTE UND ZUBEHÖR

MIT 561 TEXTBILDERN

MÜNCHEN UND BERLIN 1928
DRUCK UND VERLAG VON R. OLDENBOURG

Vorwort zur ersten Auflage.

Auf Veranlassung des »Elektrotechnischen Vereins im Rheinisch-Westfälischen Industriegebiet« hielt ich im September 1919 im Rahmen der Hochschul-Fortbildungskurse einen Vortrag über elektrische Meßgeräte, der für die Teilnehmer an diesen Kursen im Druck erschien. Diese Schrift in erweiterter Form auch der Allgemeinheit zugänglich zu machen, ist der Zweck des vorliegenden Buches, zumal die meisten meßtechnischen Bücher nicht von praktisch tätigen Spezialisten herrühren.

Die zahlreichen nur aus Patentschriften bekannten Bauarten sind zum größten Teil unberücksichtigt geblieben. Von den in der Praxis verwendeten Meßgeräten sind vorwiegend die technischen Ausführungen beschrieben worden, weil es an Veröffentlichungen über Instrumente für wissenschaftliche Messungen nicht fehlt. Ferner ist der Beschreibung der Bauart der verschiedenen Meßinstrumente mehr Raum zugewiesen worden als theoretischen Betrachtungen und mathematischen Beweisführungen. Die Bevorzugung der graphischen Darstellung dürfte den meisten Lesern dieses Buches willkommen sein.

Hervorgehoben sei noch, daß die Bezeichnung der Meßgeräte zum Teil von der jetzigen Übung abweicht und im allgemeinen den Vorschlägen für die neuen Meßinstrumentennormen entspricht. Die neuen Worte, z. B. Dreheiseninstrumente, Nebenwiderstände, Vorwiderstände, bedürfen keiner Erläuterung oder Begründung.

Den zahlreichen Firmen, die mich weitestgehend und bereitwilligst mit Material unterstützt haben, möchte ich an dieser Stelle meinen Dank aussprechen. Daß die Erzeugnisse der Siemens & Halske A.-G. häufiger als die anderer Firmen genannt sind, ist nicht zum Zweck einer einseitigen Hervorhebung erfolgt, sondern erklärt sich daraus, daß mir über die Eigenschaften der Meßgeräte dieser Firma aus meinen eigenen Arbeiten besonders reichhaltiges Material zur Verfügung stand.

Herr Ingenieur Eberhard Zopf hat mich beim Lesen der Korrektur unterstützt und auch manche Unebenheiten der Ausdrucksweise beseitigt.

Charlottenburg, im Mai 1921.

Georg Keinath.

Vorwort zur zweiten Auflage.

Die erste Ausgabe dieses Buches war in überraschend kurzer Zeit vergriffen. Dieser Umstand und die wenigen bis jetzt erschienenen Besprechungen lassen erkennen, daß ich damit eine Lücke in der Fachliteratur ausgefüllt habe.

Der Inhalt ist im wesentlichen der gleiche geblieben. Die Auswahl des Stoffes ist wieder so getroffen worden, daß vorwiegend solche Instrumente und Methoden beschrieben wurden, die für den praktisch tätigen Ingenieur von besonderer Wichtigkeit sind. Das große Gebiet der Laboratoriumsmessungen, z. B. Meßmethoden für Induktivitäten und Kapazitäten ist nur ganz kurz gestreift worden, weil darüber in fast allen andern Büchern über Meßtechnik geschrieben ist und bei der Schwierigkeit dieser Messungen eine kurze, wenig Raum beanspruchende Darstellung nicht genügen würde.

Wie in der ersten Auflage sind die Elektrizitätszähler nicht beschrieben worden, da über sie bereits ausreichend viel veröffentlicht worden ist. Ferner ist in der vorliegenden zweiten Auflage der Abschnitt über Temperaturmessungen fortgeblieben, er wird in bedeutend erweiterter Form demnächst im gleichen Verlag unter dem Titel »Die Technik der elektrischen Pyrometrie« gesondert erscheinen. Der Text des übrigen Teiles ist im wesentlichen unverändert geblieben, es sind jedoch die Neuerungen eingefügt worden, die im vergangenen Jahr veröffentlicht worden sind. Dadurch ergab sich eine Vermehrung des Umfanges und die Neuaufnahme von etwa 50 Abbildungen. Als Anhang sind die Regeln des V.D.E. für die Bewertung und Prüfung von Meßgeräten und Meßwandlern mit aufgenommen worden.

Ich hoffe, daß die zweite Auflage die gleiche günstige Aufnahme findet wie die erste und bitte den Leser, mich auf Unvollständigkeiten und Mängel aufmerksam zu machen, wie es auch bereits bei der ersten Ausgabe in dankenswerter Weise geschehen ist.

Charlottenburg, im Mai 1922.

Georg Keinath.

Vorwort zur dritten Auflage.

Die vorliegende dritte Auflage dieses Buches ist gegenüber den beiden vorhergehenden vollständig umgearbeitet worden. Dem in einigen Besprechungen geäußerten Wunsch nach Ergänzung in bestimmten Richtungen bin ich nachgekommen, soweit es mir möglich war. Neu aufgenommen wurden in diesem Band ein kurzer Abschnitt über die Baustoffe für elektrische Meßgeräte, die trägheitslosen Oszillographen, der Glimmlichtoszillograph, der Kathodenstrahloszillograph und der Klydonograph. Die Übersichtlichkeit wurde durch die reichliche Verwendung von Überschriften gehoben.

Durch diese Umarbeitungen ist es notwendig geworden, das Werk in zwei Teilen erscheinen zu lassen, von denen der vorliegende erste die Meßgeräte und ihr Zubehör, der zweite, wesentlich kleinere, der in einigen Monaten folgen wird, die Meßverfahren behandelt. Da das Messen die Grundlage aller technischen Forschung und jeder technischen Verbesserung ist, erschien es mir gerechtfertigt, das Buch nach Möglichkeit vollständig zu machen.

Wie bei den ersten Auflagen habe ich mich auch diesmal bemüht, so zu schreiben, wie es der praktisch tätige Ingenieur wünscht, ohne viel Formeln und ohne die Ableitungen, die schon in vielen andern Handbüchern stehen. Das Buch soll ein Nachschlagewerk sein für den, der selbst Messungen ausführen muß und nicht die Literatur der letzten Jahre kritisch verfolgen konnte. Wenn ich auf die Bauweise der Apparate näher eingegangen bin als andere vor mir, so ist es nicht geschehen, um ein Handbuch für die wenigen Konstrukteure elektrischer Meßgeräte zu schreiben, als um den Leser mit den Eigenheiten der von ihm benutzten Meßgeräte mehr vertraut zu machen, als es durch die bisher bekannten Bücher und die Preislisten der Hersteller geschieht. Es erschien darum auch notwendig, eine gewisse Kritik der Apparate und der Meßverfahren zu üben. Ich glaube, daß das Buch dadurch auch für den Lehrer an Hochschulen und Fachschulen wertvoller wird.

Ich habe mich bemüht, den Leser mit allen bemerkenswerten Apparaten und Meßverfahren bekannt zu machen. Wenn er, besonders der Nichtdeutsche, finden sollte, daß ich die Erzeugnisse der Siemens & Halske A.-G., deren Entwicklung mir seit fünfzehn Jahren anvertraut ist, zuviel genannt habe, so wolle er bedenken, daß es nicht nur für mich, sondern auch für jeden andern Verfasser sehr schwierig ist, von manchen überängstlichen Firmen, die glauben, vor mir, als dem Vertreter der Konkurrenz, »Geheimnisse« hüten zu müssen, Angaben oder auch nur Listenmaterial zu erhalten. Andererseits war es mir an der Stelle meines Wirkens wohl mehr als andern möglich, die Erzeugnisse aller Länder genau kennenzulernen und mir darüber auch ohne Hilfe der Erzeuger oft mehr Informationen zu verschaffen, als sie der betreffende Hersteller selbst geben konnte. Ferner kann es nicht verwundern, daß der Name Siemens mehr genannt ist als andere, weil diese Firma, mindestens in Europa, die größte Verschiedenheit elektrischer Meßgeräte für alle Zwecke herstellt und mir die Eigenschaften dieser Meßgeräte selbstverständlich am besten bekannt sind, und weil es bei dem Ruf dieser Erzeugnisse keiner Entschuldigung bedarf, wenn sie mit an erster Stelle genannt werden. Zu besonderem Dank bin ich auch noch verpflichtet den zahlreichen anderen im Text genannten Firmen des In- und Auslandes, die mir in entgegenkommendster Weise Beschreibungen, Bildvorlagen und Druckstöcke, zum Teil in besonderer Ausführung nach meinen Angaben zur Verfügung gestellt haben.

Die Bearbeitung dieser Neuauflage hat durch drei Jahre hindurch die wenige freie Zeit, die mir meine Berufstätigkeit läßt, in Anspruch genommen. Wenn trotzdem kleinere Fehler stehengeblieben sind, so möge das der Leser entschuldigen, ich hoffe, daß dadurch der Gesamtwert des Buches nicht leidet.

Wie schon in dem Vorwort zur zweiten Auflage gesagt, ist der Abschnitt über elektrische Temperaturmeßgeräte und ihre Anwendungen im gleichen Verlag als gesonderter Band erschienen.

11. Juli 1927.

Georg Keinath.

Inhalt des ersten Bandes.

I. Allgemeine Eigenschaften elektrischer Meßgeräte.

A. Die Meßgenauigkeit und ihre Abhängigkeit von mechanischen Eigenschaften.

Die Genauigkeit eines technischen Meßgerätes ist keineswegs seine wesentlichste Eigenschaft. Es ist bei der Auswahl geeigneter Meßgeräte viel besser, sich mit einer mäßigeren Genauigkeit zu begnügen, als Instrumente zu kaufen, für die ein Zehntel Prozent mehr garantiert wird, die aber hinsichtlich ihrer Zuverlässigkeit und Betriebssicherheit hinter dem besten zurückstehen, das jeweils besteht. Obwohl im großen ganzen die Genauigkeit elektrischer Meßgeräte noch durchaus verbesserungsfähig ist, wird doch erfahrungsgemäß über sie viel weniger geklagt als über mangelnde Betriebsfestigkeit. Vernünftige Meßinstrumentenbauer müssen dahin streben, daß ihre Erzeugnisse bei gleicher Genauigkeit immer robuster werden, vernünftige Käufer werden dem betriebsfesteren Instrument den Vorzug geben, um so mehr, als die von manchen Fabrikanten gegebenen allzu hohen Genauigkeitsgarantien in der Praxis doch nicht gehalten werden können. Beispielsweise wurde vor etwa drei Jahren bei einer Ausschreibung für Instrumente für die elektrischen Lokomotiven von einer ausländischen Staatsbahnverwaltung eine Genauigkeit von 0,5% gefordert. Schon bei der Abnahmeprüfung hätte der Hersteller Glück haben müssen. Nach einer einstündigen Fahrt wäre diese Genauigkeit aber auf jeden Fall verloren gewesen. Es wäre von der betreffenden Verwaltung viel vernünftiger gewesen, eine Genauigkeit von 3 oder 5% zu fordern mit der Klausel, daß die endgültige Prüfung erst nach einer bestimmten Betriebszeit erfolgt.

Da aber auch die Konstruktion und die Eigenschaften von Instrumenten für Präzisionsmessungen beschrieben werden sollen und auch bei Instrumenten für den Betrieb, wenn auch in zweiter Linie, im Laufe der Zeit immer höhere Genauigkeit erstrebt und erreicht wird, sollen im nachstehenden die Grenzen der Genauigkeit in ihrer Abhängigkeit von verschiedenen Einflüssen erörtert werden.

Grenzen der Meßgenauigkeit. Der Grad der notwendigen oder erwünschten Genauigkeit ist verschieden. Man hüte sich davor, die

Meßgenauigkeit höher zu treiben und höher zu verlangen, als es notwendig ist. Steigerung der Ablesegenauigkeit durch Verwendung besonders langer Zeiger mit Messerschneiden schafft leichter verletzbare Instrumente.

Bei der Messung eines Isolationswiderstandes von 10 MΩ ist es ganz gleichgültig, ob 8 oder 12 MΩ beobachtet werden, weil der Wert dieser Größe ohnehin zeitlich veränderlich ist. Ein Fehler von $\pm 20\%$ des Sollwertes ist in diesem Falle keineswegs unzulässig. Ebenso darf in dem Schaltkasten eines Motors der Strommesser Fehler bis zu $\pm 5\%$ aufweisen, ohne daß er dadurch nutzlos würde. Dagegen wird man für alle Spannungs- und Leistungsmesser eine Genauigkeit von $\pm 1\%$ zu erreichen suchen. Bei Temperaturbestimmungen aus dem Widerstande von Reinmetallen muß die Widerstandsmessung häufig auf $\pm 0{,}1\%$ des Sollwertes ausgeführt werden.

Bei einer elektrischen Messung ist die erreichbare Genauigkeit infolge verschiedener Umstände stets eine begrenzte. Im wesentlichen kommen drei Fehlerquellen in Betracht:

1. Fehler des verwendeten Instruments,
2. Fehler der Meßmethode,
3. Fehler und Irrtümer bei der Ablesung.

Die letztgenannten sind nicht ganz außer acht zu lassen; sie treten besonders bei indirekten Meßverfahren auf, z. B. bei Widerstandsmessungen in der Brücke und bei schwer ablesbaren Skalen, wie bei der Bestimmung der Zwischenwerte für Zungenfrequenzmesser. Wir wollen aber von diesen Fehlern zunächst absehen, ebenso von den Fehlerquellen der verschiedenen Meßverfahren.

Es liegt nahe und es ist fast immer üblich, bei Meßgeräten die Genauigkeit kurzweg in Prozenten anzugeben. Diese Angabe allein reicht aber nicht aus, es muß vielmehr hinzugefügt werden, ob sie sich auf den Sollwert oder den Höchstwert der Skala bezieht. Bei einem Strommesser für maximal 100 A bedeutet beispielsweise:

	1% vom Sollwert:	1% vom Höchstwert:
bei Teilstrich 100	1,0 A	1,0 A = 1% vom Sollwert
» » 50	0,5 A	1,0 A = 2% » »
» » 25	0,25 A	1,0 A = 4% » »
» » 10	0,10 A	1,0 A = 10% » »

Wie ersichtlich, sind bei kleinen Skalenwerten die Unterschiede — ob Soll- oder Höchstwert — ganz bedeutend.

In der Regel wird die Genauigkeit von den Herstellern auf den Höchstwert bezogen, z. B. bei Schalttafelmeßgeräten 1% als Genauigkeit angegeben. Dies bedeutet aber — wie erwähnt — bei ¼ des Endwertes schon 4% vom Sollwert. Andererseits ist es keinem Hersteller möglich, die Garantie allein auf den Sollwert aller Skalenpunkte zu beziehen, weil dann in der Gegend des Nullpunktes außerordentlich große Genauigkeit — in Millimetern ausgedrückt — notwendig wäre.

Um zu einer zweckmäßigen Genauigkeitsangabe zu kommen, muß eine Trennung der Fehlereinflüsse stattfinden, und zwar in solche, die über die ganze Skalenlänge gleich groß, und solche, die mit ihr veränderlich sind.

Reibungsfehler.[1]) Der häufigste mechanische Fehler ist die Reibung der beweglichen Teile in der Lagerung: langsamen Stromänderungen folgt das System nicht vollständig, sondern es bleibt etwas entfernt von der richtigen Ruhelage stehen und bewegt sich erst bei leichtem Klopfen in die Endlage. Dieser Fehler ist eigentlich bei allen spitzengelagerten Instrumenten vorhanden, bei guten Ausführungen indessen mit bloßem Auge nicht wahrnehmbar. Ein als zulässig zu erachtender Wert ist 0,05 mm bei Präzisionsinstrumenten und 0,25 mm bei Schalttafelinstrumenten. Reibungsfehler von 0,5 mm und mehr kommen nur bei Registrierapparaten mit Tintenschrift und bei sehr schlechten Zeigerinstrumenten vor. Bei ersteren sind sie bis zum Betrage von 1 mm als unvermeidlich anzusehen, selbst Fehler von 2 mm können noch vorkommen, indessen gleichen sich diese Fehler durch die Bewegung des Registrierpapieres schon nach kurzer Zeit aus. Dieser Reibungsfehler ist in der Gegend des Nullpunktes meist am größten, mit zunehmendem Zeigerausschlag nimmt er ab. Um ihn in der Genauigkeitsangabe richtig zu fassen, darf er auf keinen Fall in Prozenten des Sollwertes angegeben werden, sondern er ist auf den Höchstwert zu beziehen, also mit einem über die Skalenlänge konstanten linearen Wert einzusetzen. Man würde der Wirklichkeit noch näher kommen, wenn man ihn mit dem Ausschlag abnehmen ließe. Diese Komplikation lohnt aber nicht. Die Reibung ist aber nicht der einzige mechanische Fehler.

Kippfehler. Bei vertikaler Spitzenlagerung ruht das ganze Gewicht auf der unteren Spitze, und damit ist das System im labilen Gleichgewicht: es versucht überzukippen, und die obere Spitze bewegt sich in der Vertiefung des oberen Steines soweit wie möglich nach außen, weil die Achsenluft niemals ganz gleich Null sein kann. Eine axiale Bewegung um hundertstel Millimeter erlaubt bereits Radialbewegungen von zehntel Millimetern im oberen Stein, wenn der Winkel des Schliffes im oberen Stein, wie es oft der Fall ist, nahe an 180° geht. Nach welcher Seite die Achse nun auskippt, ist Zufall, bei der Eichung kann nur eine der möglichen Lagen zugrundegelegt werden. Daraus ergibt sich

[1]) Wertvolle Beiträge zu diesem Kapitel haben gegeben Schlink, Variance of measuring instruments and its relation to accuracy and sensitivity, Scient. Paper 328, Bur. Std., 1918, insbesondere auch Brooks, The accuracy of commercial electrical measurements, Proceedings A. I. E. E. 1920.

eine gewisse Einstellungsunsicherheit: bei guten Instrumenten nicht mehr als 0,05 mm, bei schlechten bis zu 0,5 mm.

Skalenfehler. Des weiteren ist die Ungenauigkeit der Skalenstriche zu berücksichtigen. Das Anzeichnen und Ausziehen einer Skala erfordert einen nicht unerheblichen Arbeitsaufwand, und es wurde deshalb seit langem immer wieder versucht, die Skalen in Massenherstellung zu drucken und die Instrumente entsprechend abzustimmen. Vor etwa 20 Jahren ist dies tatsächlich von S. & H. für Präzisionsinstrumente des Gleichstrom-Drehspultypes ausgeführt worden. Weil sich aber nach der elektrischen Abgleichung des Skalenendwertes keine vollständige Übereinstimmung der einzelnen Skalenpunkte ergab, so wurden in mühsamer Arbeit die Polschuhe der Magnete so lange nachgefeilt, bis die Eichung mit der gedruckten Teilung genau stimmte. Obwohl die moderne Massenfabrikation eher Gewähr für gleichmäßige Herstellung bietet, ist doch das Drucken der Skala eine seltene Ausnahme geblieben. Auch bei billigen Instrumenten werden die Skalenpunkte einzeln ausgezeichnet und mit Tusche ausgezogen. Wird die Arbeit des Anzeichnens sehr sorgfältig ausgeführt, so betragen die Abweichungen nur 0,05 mm. Bei geringerer Sorgfalt lassen sich immer noch Fehler über 0,1 mm unschwer vermeiden.

Angabe der Fehler. Alle diese Fehler müssen bei gleichförmig geteilter Skala in Prozenten vom Höchstwert angegeben werden. Bei Instrumenten mit ungleichförmig geteilter Skala, z. B. Strom- und Spannungsmessern für Wechselstrom, ist eine Genauigkeitsangabe besonders schwierig, weil die Reibungs- und Zeichenfehler im unteren Teile der Skala ganz erhebliche Beträge, auf den Sollwert bezogen, ausmachen. Man hilft sich dadurch, daß man nur für den einigermaßen gleichförmig geteilten Bereich ($\frac{1}{2}$ oder $\frac{2}{3}$ der gesamten Skala) Genauigkeitsangaben macht. (Siehe Regeln des VDE für elektrische Meßgeräte, Band II, Anhang).

Die übrigen Fehler lassen sich, im Gegensatz zu den mechanischen Fehlern, in den meisten Fällen am besten in Prozenten vom Sollwert ausdrücken, weil sie beim Nullwert der Skala nicht bemerkbar sind und proportional der Meßgröße anwachsen. Eine Ausnahme bildet der Winkelfehler der Leistungsmesser, der bei kleinem Leistungsfaktor (nahe Null) ganz erhebliche Fehler verursachen kann.

Man wird der Natur der elektrischen und mechanischen, der veränderlichen und gleichbleibenden Fehler am besten dadurch gerecht, daß man die Fehlergröße bzw. die Garantie ausdrückt durch die Formel

$$\Delta = a\% \text{ vom Sollwert} + b\% \text{ vom Höchstwert.}$$

Eine derartige Fehlerbezeichnung ist bereits seit langem bei den gesetzlich zugelassenen Verkehrs- und Beglaubigungsfehlergrenzen für Elektrizitätszähler üblich. Es wird in diesen Vorschriften nicht nur die Leistung, sondern bei Wechselstrom auch die Phasenverschiebung im Netz berücksichtigt.

Die gesetzlichen Beglaubigungsfehlergrenzen für anzeigende Instrumente sind noch nicht in dieser Weise vorgeschrieben. Die Bestimmungen der Reichsanstalt (Prüfordnung für elektrische Meßgeräte Ausgabe1926, Verlag J. Springer) schreiben als Beglaubigungsfehlergrenzen für Strom-, Spannungs- und Leistungsmesser die Einhaltung der Fehlergrenzen der Klasse E vor.

Praktische Fehlergrenzen. Einige Firmen garantieren für Gleichstrominstrumente in erstklassiger Ausführung mit Messerzeiger und spiegelunterlegter Skala in besonderen Fällen eine Genauigkeit von 0,1 Teil der 150teiligen Skala für alle praktisch vorkommenden Temperaturen, also beim Endausschlag eine größte Fehlweisung von 0,07%. Derartige Genauigkeiten stellen aber ganz besondere Leistungen dar, wenn man bedenkt, wie viele Faktoren auf den Fehler einwirken. Es ist auch nicht möglich, diese Genauigkeit bei längerem Gebrauche des Instrumentes unvermindert beizubehalten, ja, es wird gesagt, und nicht ohne Grund, daß die Instrumente eine solch hohe Genauigkeit nur im Fabriklaboratorium aufweisen und sie schon in der Packerei oder spätestens nach der Ankunft beim Käufer durch den Transport verloren haben. Es wird deshalb im allgemeinen nur eine Genauigkeit von ungefähr 0,2÷0,3 Skalenteilen für derartige Instrumente garantiert, wobei dann bereits die Fehler zum Instrument gehöriger Neben- und Vorwiderstände mit einbegriffen sein können.

Für Wechselstrom-Präzisionsinstrumente lassen sich diese hohen Genauigkeitswerte nicht erreichen. Bei Leistungsmessern — mit angenähert proportionaler Teilung — können noch bei besonders sorgfältiger Eichung, unter Zuhilfenahme einer Korrektionstabelle 0,2 Teile der 100teiligen Skala, also 0,2% vom Höchstwert, garantiert werden. Auf den Sollwert können diese 0,2% nicht bezogen werden, weil sie den Phasenfehler des Instrumentes einschließen, der in der Gegend des Nullpunktes auch bei guten Ausführungen bis zu 0,1% ausmacht. Bei Strom- und Spannungsmessern für Wechselstrom sind auch für die besten Präzisionsausführungen die zu erwartenden Fehler größer, sie sind auf etwa 0,3% des Sollwertes für die letzten ⅔ der Skala zu veranschlagen. Es handelt sich dabei um eine Summe von Einzelfehlern: Einfluß der Einschaltedauer, der Außentemperatur, der Frequenz usw.

Den bei weitem schlimmsten Einfluß üben aber die Fremdfelder auf die Anzeige dieser Art von Präzisionsinstrumenten aus. Man kann mit Sicherheit sagen, daß sie auch unter günstigen Umständen ebensoviel ausmachen wie die andern Fehler. Im Gegensatz zu Nullpunkt- und Reibungsfehlern bleiben sie aber meist unbemerkt.

Für Präzisionsinstrumente II. Klasse, wozu die sog. Montageinstrumente zu rechnen sind, wird vielfach eine Genauigkeit von etwa 0,5% garantiert, bei mehrsystemigen Leistungsmessern muß den Betriebsumständen entsprechend die Fehlergrenze noch etwas weiter gesteckt werden, auf 1÷1,5% vom Sollwert.

Bei guten Schalttafelinstrumenten wird in der Regel eine Genauigkeit von 1% vom Höchstwert garantiert; bei der Mehrzahl der Ausführungen läßt sie sich auch einhalten. Eine Ausnahme bilden solche Instrumente, bei denen erhebliche Temperatur- und Eigenerwärmungsfehler auftreten.

Von Schalttafelspannungsmessern wird oft mit Rücksicht auf die Erfordernisse des Betriebes eine sehr hohe Genauigkeit verlangt. Der Leiter eines großen deutschen Elektrizitätswerkes wollte beispielsweise für die Spannungsmessung bei 6000 V eine Garantie von 0,3 bis höchstens 0,5% des Sollwertes erhalten. Um dem Leser ein Bild zu geben, auf wieviele Einzelmessungen die Anzeige des Schalttafelspannungsmessers zu beziehen ist, wurde in der folgenden Tafel die Ableitung der Anzeige von den Laboratoriumsnormalien zusammengestellt. Danach kann es wohl nicht überraschen, wenn ehrliche Hersteller übermäßig enge Garantien ablehnen.

Anzeige des Spannungsmessers

↙ ↘

Spannungsmesser 110 V
Einschaltezeit, Raumtemperatur, Fremdfelder, Frequenz

|

Elektrodyn. Präzisions-Spannungsmesser
Einschaltezeit, Raumtemperatur, Fremdfelder

|

Drehspul-Präzisions-Spannungsmesser
Raumtemperatur, Fremdfelder

|

Kompensationsapparat

Widerstände	Normalelement
Alterung Kontaktfehler	Raumtemperatur, Mißhandlung.

Spannungswandler 6000/110 V
Sekundäre Bürde, Frequenz, Vormagnetisierung

|

Wechselstrombrücke, Widerstände
Alterung, Einstellen der Normalspannung an einem elektrodynamischen Zeigerinstrument oder Vergleich mit einem Normalwandler.

Für kleinere Instrumente (unter 100 mm Durchmesser) müssen die Fehlergrenzen erweitert werden. Bei solchen Ausführungen, die bis zur Uhrgröße herabgehen, können Fehler bis zu 5% vom Sollwert auftreten, ohne daß man diese Instrumente als ganz schlecht und unbrauchbar ansehen dürfte. Hier sind es wiederum die Wechselstrom-Instrumente, die größere Fehler zeigen. Schlechte Ausführungen haben bis zu 10% Fehler am Endwert der Skala, je nach der Einschaltedauer.

Nachstehend eine Tabelle, in der die nach dem heutigen Stande der Technik erreichbaren Genauigkeiten zusammengestellt sind:

Meßgerät	% vom Sollwert	% vom Höchstwert
Gleichstrom-Kompensator	0,02	—
Widerstand 0,1 ÷ 10000 Ω	0,1	—
< 0,1 und > 10000 Ω	0,2 ÷ 0,5	—
Höchstes: Thompson-Doppelbrücke	0,05	—
Geringstes: Isolationsmessungen	5	—
Gleichstrom-Präzisionsinstrumente I. Kl.	—	0,10 ÷ 0,15
gute Ausführungen	—	0,15 ÷ 0,20
Leistung, eisenlose Dynamometer, Präz.-Typ	—	0,20 ÷ 0,30
Strom, Spannung, eisenlose Dynamometer, Präz.-Typ	0,3 + 0,3	
Gleichstrom-Montageinstrumente	0,3 + 0,4	
Wechselstrom-Montageinstrumente	0,5 + 0,5	
Gleichstrom u. Wechselstrom, Schalttafelinstrumente	0,7 + 0,7	
Desgl. kleine Typen 75 ÷ 120 mm Durchm.	1,0 + 1,0	
Desgl. Uhrtypen bis 75 mm Durchm.	2,0 + 2,0	
Registrierapparate, Nutzbreite ≧ 100 mm	1,0 + 1,0	
Frequenzmesser mit Zungen	0,2%	
» » Zeiger	0,5%	
Leistungsfaktormesser	1 Winkelgrad	
Magnetische Messungen	3,0%	—

Diese Tabelle stellt Mittelwerte dar, die je nach dem verwendeten Meßprinzip und der Güte der Herstellung sowohl über- als auch unterschritten werden können. Die Werte gelten im allgemeinen auch nur für normale Temperatur (20° C) und mäßige Abweichungen von dieser.

Internationale Regeln für die Fehlergrenzen. Die British Engineering Standards Association hat 1919 erstmalig Regeln für Meßgeräte und Meßanker aufgestellt, denen bald darauf Regeln in andern Ländern folgten, zuerst in Deutschland, dann in Frankreich. Von den englischen Regeln liegen bereits neue Fassungen aus dem Jahre 1926 und 1927 vor, ebenso hat auch Frankreich seine ersten Vorschriften bereits neu gefaßt. Auch in den U.S.A. sind Regeln für Meßgeräte und Meßwandler entstanden, die vor allem in den Begriffsbestimmungen eine direkte Übersetzung der deutschen Vorschriften sind.

Im Anhang des 2. Bandes sind die V.D.E.-Bestimmungen für Meßgeräte und Meßwandler wiedergegeben und ihnen die wesentlichsten Festlegungen der andern Länder[1]) gegenübergestellt.

[1]) British Standard Spezification for Indicating Ammeters, Voltmeters, Wattmeters and Power factor meters August 1926, No. 89/1926. Desgl. Recording Ammeters, Voltmeters and Wattmeters April 1927, No. 90/1927. Desgl. Instrument Transformers April 1927, No. 81/1927. Union des Syndicats de l'Electricité; Normalisation des Appareils de mesure, de transformateurs de mesure et des Shunts, 4. Februar 1925, Publication No. 87.

Die Festlegungen sind außerordentlich verschieden. Nach Meinung des Verfassers ist es ein großer Fehler der französischen und englischen Regeln, daß sie viel zuviel Fehlerstufen vorsehen. Man sollte einfach für Präzisionstypen zwei Genauigkeitsgrade, z. B. 0,3 und 0,5% vorsehen, für Betriebsgeräte beispielsweise 1,5 und 3%, ohne nach Meßsystemen zu unterscheiden. Läßt sich mit einem System trotz bester mechanischer Ausführung nicht die Genauigkeit der höchsten Klasse erreichen, so soll man es logischerweise davon ausschließen und nicht ihm zuliebe für diese Art von Meßgeräten eine besondere Fehlergrenze festlegen. Derartige Regeln dürfen sich nicht den Wünschen eines Herstellers anpassen, der den Nimbus um ein vermeintliches Präzisionsinstrument wahren will, um die Kundschaft dafür nicht zu verlieren. Aber auch die Verbraucher sind sehr schwer zu belehren. Der Verfasser weiß aus seiner eigenen Erfahrung, daß Modelle in Präzisionsausführung wesentlich billigeren und genaueren in Betriebsausführung vorgezogen werden und daß dem Hersteller Vorwürfe gemacht werden, wenn er das teure, schlechtere Modell nicht mehr weiter verkaufen will.

Preis und Genauigkeit. Die meisten Käufer elektrischer Meßgeräte sind über die mit den jeweiligen Instrumenttypen erzielbaren Genauigkeiten und die relativen Preise nicht ausreichend unterrichtet. Im Bild 1 ist der Versuch gemacht worden, Genauigkeit und Preis in einer

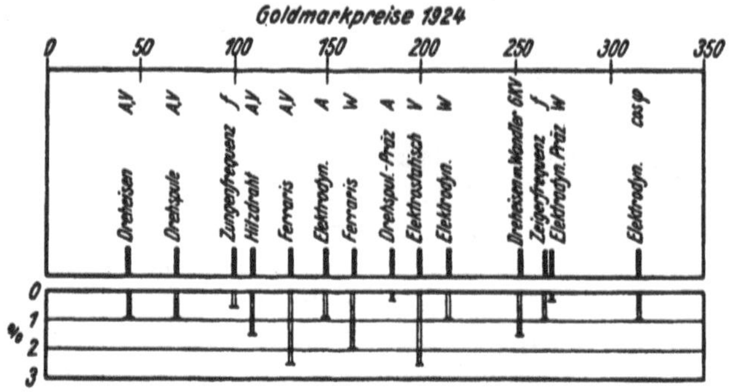

Bild 1. Preis und angenäherte Genauigkeit der wesentlichsten Arten elektrischer Zeigermeßgeräte.

Tafel zusammenzustellen. Die angegebenen Genauigkeitswerte decken sich nicht vollständig mit den an anderer Stelle genannten Zahlen, sie sind so geschätzt worden, daß sie auch den Einflußgrößen (Temperatur, Fremdfelder) etwas Rechnung tragen.

Nachprüfung der Instrumente. Bei Präzisionsinstrumenten wird von den Herstellern fast durchweg eine »Korrektionstabelle« mitgeliefert, aus der die unvermeidlichen geringen Abweichungen vom Sollwert, die infolge ungenauer Zeichnung der Teilstriche entstehen, an etwa 10 bis 15 Punkten der Skala im neuen Zustand zu ersehen sind. Der Gebrauch solcher Tabellen ist lästig; häufig werden auch die Korrektionen von dem Benutzer des Instrumentes falsch angebracht (plus statt minus, und umgekehrt).

Es sollte auf diesen Tabellen stets die Anbringung der Korrektion zweifelfrei vermerkt werden, beispielsweise

Normalinstrument	Instrument No. 167462
0	0
10	10,2
20	20,1
30	29,8 usw.

Die Korrektionstabellen lassen sich bei den hohen Genauigkeiten der Prüfgeräte I. Klasse nicht umgehen. Es ist aber wünschenswert, daß bei einem neuen Instrumente die Korrektion an keiner Stelle der Skala einen bestimmten Wert, etwa 0,3 Teilstriche, überschreitet, damit für gewöhnlich die Korrektion unbeachtet bleiben kann, weil sie erfahrungsgemäß vielfach falsch angebracht wird.

Sowohl Schalttafel- als auch Präzisionsmeßgeräte werden von Zeit zu Zeit auf ihre Genauigkeit geprüft, erstere selten, letztere zweckmäßig öfter. Diese Kontrolle wird etwa in der Weise ausgeführt, daß man die sämtlichen, im Gebrauch befindlichen Instrumente ungefähr alle Monate genau prüft. Die Ergebnisse der Kontrollmessungen sind dauernd aufzubewahren, am besten durch Notiz auf einer Karte mit geeignetem Vordruck, weil sich dann stetige oder unstetige Änderungen der Eichung dauernd verfolgen lassen.

Die Karte soll folgende Angaben enthalten:

Nummer des Instrumentes,
Datum der Einzelbeobachtung,
Name des Beobachters,
Ergebnisse der Prüfung an 10 bis 15 Skalenpunkten für das Instrument ohne Zubehör (Nebenwiderstände, Vorwiderstände, Meßwandler),
Ergebnisse der Prüfung des Skalenendpunktes mit den verschiedenen Zubehörteilen.

S t e t i g e Änderungen deuten auf Nachlassen der Magnete bei Drehspulinstrumenten, auf Verlagerung der Spulen bei dynamometrischen Instrumenten. U n s t e t i g e Änderungen sind besonders gefährlich, weil sie die Zuverlässigkeit beeinträchtigen. Es ist wünschenswert und liegt im eigenen Interesse des Benutzers des Instrumentes, wenn er dem Hersteller von seinen Beobachtungen Kenntnis gibt, sobald das Instrument zur Ausbesserung oder Nacheichung eingesandt wird. Aus einer derartigen längeren Beobachtungsreihe läßt sich die Ursache des Fehlers eher erkennen als aus einer einmaligen, wenn auch noch so genauen Kontrollmessung.

B. Drehmoment und Gegendrehmoment.

Bei jedem elektrischen Meßgerät muß ein Gegendrehmoment vorhanden sein, das dem entgegenwirkt, das durch die zu messende Größe erzeugt wird. Angegeben wird das Drehmoment in gcm oder in mgcm. Die kleinsten Werte betragen bei Zeigerinstrumenten etwa 1 mgcm, normale Werte sind 100÷1000 mgcm, die größten, bei Registrierapparaten, etwa 20000 mgcm für 90° Verdrehung.

Messung des Drehmomentes. Gemessen wird das Drehmoment durch Gewichtsreiter, die auf den in wagerechte Lage gebrachten Zeiger aufgesetzt werden, oder auch durch besondere Torsionswagen.

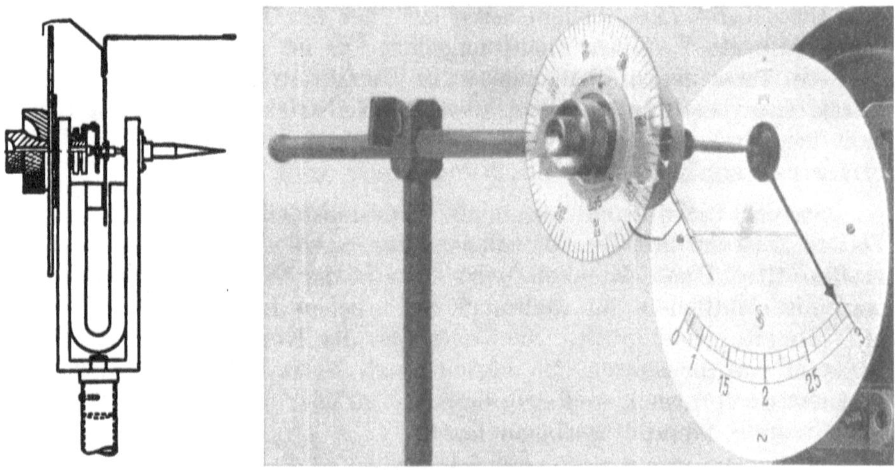

Bild 2. Drehmomentmesser.
Zunächst wird die Zentrierspitze auf die Achse des Meßwerks eingestellt. Dann wird der Zeiger mit dem Fühlhebel gefaßt und um einen bestimmten Betrag z. B. 10 Winkelgrade abgelenkt. Das Drehmoment wird an der kreisförmigen Skala abgelesen, die in 2 Richtungen (nach links und nach rechts) beziffert ist.

Bild 2 zeigt einen solchen Drehmomentmesser, wie er bei Siemens & Halske benutzt wird[1]). Um ihn für Instrumente mit horizontaler und vertikaler Achse benutzen zu können, ist die Meßeinrichtung drehbar. Auch sind Spitzen verschiedener Länge vorgesehen, um sie für verschieden gekröpfte Zeiger zu gebrauchen. Die Achse des Drehmomentmessers wird mit der Achse des Meßinstrumentes in eine Richtung gebracht und der Zeiger des Instruments mit dem durch den Torsionskopf verdrehten Hebel um einen bestimmten Betrag abgelenkt. Das Drehmoment kann dann unmittelbar an einer der beiden nach links und rechts geteilten Skalen abgelesen werden.

---

[1]) Siehe auch Schmiedel, Prüfung der Elektrizitätszähler, Springer 1921, S. 90.

Ein zerlegbarer, in einem Etui zu transportierender Apparat wird von der AEG hergestellt, er ist besonders zur Messung des Drehmomentes von Zählern bestimmt.

In der Praxis hat man sehr verschieden große Drehmomente zu messen, und muß man deshalb öfters die Federn auswechseln. Um diese Unbequemlichkeit zu vermeiden, kann man auch mit Gewichten arbeiten[1]), indem man ein an einem Faden hängendes Gewicht G durch den Zeiger zur Seite schieben läßt. Beträgt die Ablenkung des Pendels α, so ist die seitliche Kraft $G \cdot \operatorname{tg} \alpha$. Eine Tangens-Skala am Fuß des Pendels gibt direkt die Kraft an, mit der bei bekanntem Gewicht die Zeigerspitze abgelenkt wird. Diese Einrichtung ist zwar sehr einfach, sie ist aber nur bei horizontaler Skalenebene anwendbar.

Das Gegendrehmoment kann auf verschiedene Art erzeugt werden, durch die Schwerkraft, durch Federkraft oder durch elektromagnetische und elektrodynamische Kräfte.

Erzeugung des Gegendrehmomentes.

1. Schwerkraft.

Diese Anordnung wird sehr häufig bei wohlfeilen Schalttafelinstrumenten des Dreheisentyps verwendet (Bild 3). An der Achse des beweglichen Organes sind zwei Arme mit Gewindestiften angebracht,

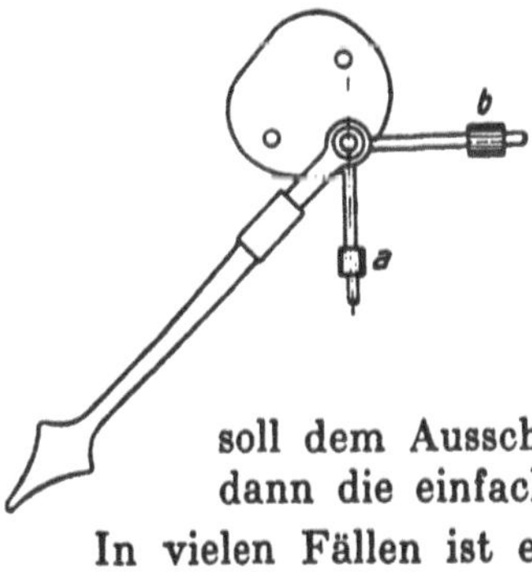

Bild 3. Schwerkraft als Gegenkraft.
a = Drehmoment-Einstellung.
b = Nullpunkt-Einstellung.

auf die Muttern a und b aufgesetzt sind. In der gezeichneten Anordnung gestaltet sich die Einregulierung besonders übersichtlich. Der Winkel zwischen den beiden Gewindestiften soll dem Ausschlagwinkel des Zeigers gleich sein, man hat dann die einfachste Justierung.

In vielen Fällen ist es aus Raummangel nicht möglich, die Gewichte nach Bild 3 anzuordnen, und man muß den Winkel zwischen den beiden Gewindestiften größer oder kleiner als 90° machen; unter Umständen läßt man einen der Stifte weg und verbiegt statt dessen den Zeiger oder den Gewindestift gegen die Achse. Das Prinzip bleibt aber immer das gleiche. Nach erfolgter Einregulierung werden die Muttern mit Schellacklösung auf den Gewindestiften festgelackt, wobei das Lackgewicht eine Neueinstellung erforderlich macht. Der Lack muß vollständig ausgetrocknet werden, im anderen Falle stellen sich im

[1]) Täubler-Gretler, Schweiz. Techn. Zeitschrift 1926, S. 549.

Laufe der Zeit manche zunächst unerklärlichen Nullpunktsveränderungen ein, wenn das Lösungsmittel allmählich verdampft.

Die Verwendung der Schwerkraft als Gegenkraft hat neben der wohlfeilen Herstellung den Vorteil, daß sie praktisch unveränderlich ist, weil sie nur durch die Veränderung der Erdbeschleunigung an verschiedenen Stellen der Erdoberfläche beeinträchtigt wird. Ein unter 45° geographischer Breite geeichtes Instrument zeigt unter 30° Breite um 0,13%, am Äquator um 0,26% zu viel an, am Pol um 0,26% zu wenig, ferner bei Erhebung um je 1000 m über die Erdoberfläche wieder um je 0,02% zu viel. Man kann demnach mit einem maximalen Fehler der Gegenkraft von 0,3% rechnen. Etwas störend bleibt es immer, daß solche Instrumente genau lotrecht aufgehängt oder aufgestellt werden müssen, demnach beispielsweise in schrägen Schaltpulten nicht verwendbar sind.

Ein bestimmtes Gegendrehmoment läßt sich sowohl mit kleinem Gewicht und großem Hebelarm als auch umgekehrt erreichen. Die erste Anordnung wird man vorziehen, weil sie kleineres Gesamtgewicht, allerdings auch größeres Trägheitsmoment und damit größere Eigenschwingungsdauer ergibt. Platzmangel verbietet dies aber häufig. Ein Schritt zu weit in dieser Hinsicht bringt wieder den Nachteil, daß die Gewindearme bei zu großer Länge und geringer Festigkeit auf dem Transport durch Stöße verbogen werden können, so daß das Gleichgewicht vollständig gestört wird.

In der Anfertigung der Gewichte herrscht fast überall große Willkür, wodurch die Fabrikation erschwert und verteuert wird. Es empfiehlt sich, die Gewichte in logarithmischer Abstufung herzustellen, in der Weise, daß das Verhältnis zweier aufeinander folgenden Gewichte immer konstant ist, z. B. = 1,2 in folgender Reihe (mg)

100—120—144—173—210—250—300—360—420—510 usw.

Je länger der Gewindearm ist, desto größer kann das Verhältnis zweier aufeinanderfolgender Gewichte gewählt werden, und um so kleiner wird die Gesamtzahl der notwendigen Gewichte.

Bei Verwendung der Schwerkraft als Gegenkraft nimmt das Drehmoment nicht proportional dem Verdrehungswinkel zu, sondern nach einer Sinusfunktion zunächst linear, dann langsamer. Man erhält also eine geringere Anfangsempfindlichkeit als bei linearem Anstieg des Drehmomentes vom Nullpunkt der Skala bis zum gleichen Endwert (Bild 11).

2. Federkraft.

Hierbei wird in der Regel das bewegliche Organ zunächst durch Gewichtsbalancierung vollständig ins Gleichgewicht gebracht, und dann die Richtkraft durch das Spannen einer Feder beim Ausschlagen des Zeigers erzeugt.

Diese Anordnung ist weitaus die häufigste, und es kommen verschiedene Formen von Federn zur Verwendung: Blattfedern, Schraubenfedern und ebene Spiralfedern. Die ersteren dienen bei Hitzdrahtmeßgeräten zur Spannung des Kokonfadens, Schraubenfedern werden vorzugsweise als untere Stromzuführung bei Spiegelgalvanometern benutzt, während die ebenen Spiralfedern bei fast allen Zeigerinstrumenten Verwendung finden.

Federmaterial. Von den richtigen Abmessungen der Federn hängt die Genauigkeit und Zuverlässigkeit des Instrumentes in hohem Maße ab, auch der Anfertigung der Federn ist große Sorgfalt zuzuwenden. In erster Linie muß das Federmaterial hart sein, von bester Qualität, ohne elastische Nachwirkung. Diese macht sich in der Weise bemerkbar, daß bei einem Instrument mit einer solchen Feder nach längerer Einschaltung bei Unterbrechung des Stromes der Zeiger nicht sofort ganz auf Null zurückgeht, sondern zunächst eine mehr oder weniger große positive Abweichung zeigt, die langsam verschwindet. Der Fehler macht sich aber nicht über die ganze Skalenlänge bemerkbar, wie es bei einer gewöhnlichen Nullpunktsverstellung der Fall sein würde, sondern nimmt mit zunehmendem Ausschlag rasch ab, so daß er in der Mitte der Skala bereits nicht mehr wirkt. Derartige Federn wird man für Präzisionsinstrumente nicht verwenden.

Die elastische Nachwirkung der Federn hängt vom verwendeten Material, von der thermischen Vorbehandlung der Feder (Härten und Anlassen und Altern) und von der spezifischen Biegungsbeanspruchung ab. Nach Franke[1]) lassen sich die durch innere Spannung erzeugten Nachwirkungen durch 12stündiges Erhitzen auf 120° beseitigen. Die dann noch übrigbleibende elastische Nachwirkung hängt von der Wahl des Materials ab, sie ist bei Kupfer am größten, bei schlechtleitender Bronze am kleinsten. Die Beziehung zwischen Nachwirkung und spezifischem Widerstand ist eine sehr enge, es hat den Anschein, als ob der Quotient beider bei sonst ähnlichen Legierungen konstant wäre.

Bei einer Beanspruchung von 500 kg/cm² wurden z. B. gefunden:

Phosphorbronze	Leitvermögen	9	Nachwirkung	12	Bogenminuten
Kupferbronze I	»	42	»	78	»
» II	»	33	»	52	»
» III	»	38	»	70	»
» IV	»	40	»	72	»
» V	»	56	»	352	»

Der letzte Wert bezieht sich auf reines Kupfer und fällt deshalb stark heraus.

---

[1]) Z. f. Fernmeldetechn. 2, 16÷17, 1921, Nr. 1.

Bei manchen Instrumenten wird die beobachtete Federnachwirkung nicht durch die Feder selbst, sondern durch schlechte Lötung verursacht in der Weise, daß das äußere Federende auf große Länge mit Lötzinn beschmiert ist, das an der Biegungsbeanspruchung teilnimmt. Wo der Übergangswiderstand ohne Einfluß auf die Messung ist, sollte man überhaupt nicht löten, sondern nur klemmen.

Das beste Material ist unzweifelhaft Stahl. Mit welcher Präzision Stahlfedern hergestellt werden, sehen wir an den Unruhfedern genau gehender Taschenuhren, die ihre Federkraft auch nach jahrelanger, sekundlich fünfmal wechselnder Beanspruchung nicht ändern. Leider sind aber Stahlfedern wegen ihrer Magnetisierbarkeit und der Gefahr des Rostens bei Meßinstrumenten nur in den seltensten Fällen zu verwenden.

Man benutzt vorzugsweise Federn aus Phosphorbronze, die bekannterweise gleichfalls vorzügliche elastische Eigenschaften hat, namentlich dann, wenn der elektrische Widerstand hoch sein darf. Auch aus Neusilberdraht werden Instrumentfedern gewalzt. Wird bei stromführenden Federn geringer elektrischer Widerstand gewünscht, so kommen vorzugsweise Federn aus Kupfer mit einem härtenden Zusatz (z. B. Silizium) zur Anwendung, auch Silberfedern in ähnlicher Zusammensetzung. Für das Leitvermögen dieser Legierungen lassen sich keine genauen Angaben machen, da die Zusammensetzung sehr verschieden ist. Für Phosphorbronze ist das Leitvermögen $k = 5 \div 10$, für Neusilber $k = 2$, für Siliziumbronze oder Silberlegierungen $k = 30 \div 40$. Bei den gut leitenden Metallen tritt erfahrungsgemäß mit dem Auswalzen auf geringe Stärke neben der Härtung auch eine Verminderung des Leitvermögens auf.

Es wird zuweilen behauptet, daß die Federkraft nach längerer Zeit stark zurückginge, um 10÷20% bei schlechten Federn. Nach der Erfahrung des Verfassers ist das ein Märchen, es ist ihm kein derartiger Fall bekannt geworden.

Franke[1]) empfiehlt Federn aus Kupfer mit 2% Zinn mit einem Leitvermögen von $k = 30$.

Die Erwärmung der Federn bei Stromdurchgang und die Gefahr des Durchschmelzens wird in der Regel überschätzt. Die über die Feder fließenden Ströme betragen selten mehr als 100 mA, während die Schmelzstromstärke der dünnsten Bänder etwa 300 mA beträgt, die gewöhnlicher dünner Federn etwa 1000÷1500 mA.

1. Abmessungen der Federn.

Die Abmessungen der Instrumentenfedern wurden vielfach durch Probieren festgestellt. Sie lassen sich aber leicht berechnen, wenn die elastischen Eigenschaften des Federmaterials bekannt sind[2]).

[1]) Z. f. Fernmeldetechn. 2, 16÷17, 1921, Nr. 1.

[2]) Janus, ETZ 1905, S. 560.

Es bedeute:

P in kg die Kraft am Ende der Feder,
E in kg/cm² den Elastizitätsmodul, ($1{,}2 \cdot 10^6$ kg für Bronze, $2{,}2 \cdot 10^6$ kg für Stahl),
$G = 0{,}385\,E$ den Gleitmodul,
k_b in kg/cm² die zulässige Biegungsbeanspruchung,
k_d in kg/cm² die zulässige Verdrehungsspannung.

In nachfolgendem seien die Berechnungsmethoden für drei Arten von Federn kurz angegeben:

a) **Blattfeder** einseitig eingespannt. (Beispiel: Hitzdrahtinstrument)

Länge $= l$ cm
Breite $= b$ cm
Dicke $= h$ cm
Durchbiegung $= f$ cm

Dann ist die Durchbiegung: $f = 4 \cdot \frac{l^3 P}{b h^3 E} = \frac{2}{3} \frac{l^2 \cdot k_b}{h \cdot E}$.

Die Biegungsbeanspruchung kann für derartige Federn aus Stahl zu $k_b = 1000$ kg/cm² angesetzt werden.

b) **Zylindrische Schraubenfeder** mit kreisförmigem Drahtquerschnitt. (Beispiel: Torsions-Elektrodynamometer)

Länge des gestreckten Drahtes $= l$ cm
Mittlerer Windungshalbmesser $= r$ cm
Windungszahl $= n$
Drahtdurchmesser $= d$ cm
Drehwinkel,
gemessen auf Radius eins $= \omega$
(für 90° Ausschlag ist $\omega = \frac{\pi}{2} = 1{,}57$).

Verdrehung: $f = r \cdot \omega = \frac{64}{\pi} \cdot \frac{P \cdot l \cdot r^2}{E \cdot d^4} = 2 \cdot \frac{r \cdot l \cdot k_b}{d E}$,

Verlängerung: $l = \frac{64 \cdot n \cdot r^3 \cdot P}{d^4 G} = \frac{4 \pi n r^2}{d} \cdot \frac{k d}{G}$.

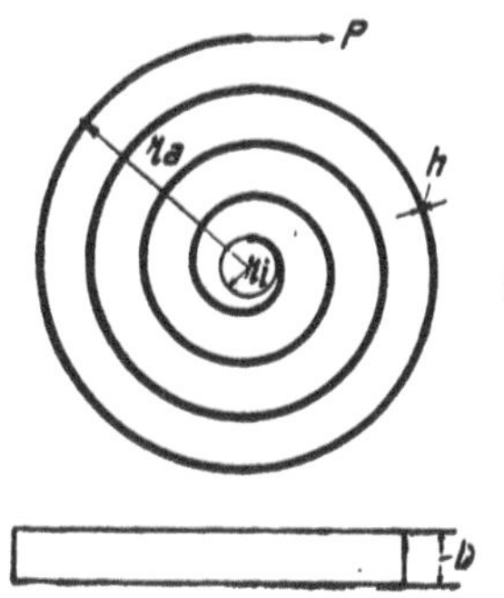

Bild 4. Ebene Spiralfeder mit rechteckigem Querschnitt.

c) **Ebene Spiralfeder** mit rechteckigem Querschnitt (Bild 4). (Beispiel: Drehspulinstrument).

Länge des ausgestreckten Federbandes $= L$ cm
Breite . . . . $= b$ cm
Dicke . . . . $= h$ cm
innerer Windungsradius . . . . $= r_i$ cm
äußerer Windungsradius . . . . $= r_a$ cm
Windungszahl . . . . $= n$
Abstand zweier Windungen . . . . . $= a$ cm

Drehwinkel . . . . $= \omega$	elektrische Leitfähigkeit . . . $= k$
Drehmoment $= P \cdot r_a$ . . $= D$ gcm	Widerstand . . . . $= R\,\Omega$

Es bestehen dann folgende Gleichungen:

Drehmoment $D = \frac{1}{6} b h^2 k_b$ . . . . (1)

Federbreite $b = \frac{6 D}{h^2 k_b}$ . . . . (1a)

$\frac{L}{h} = \frac{\omega \cdot E}{2 k_b}$ . . . . (2)

Federlänge $L = \frac{\omega \cdot E \cdot h}{2 k_b}$ . . . . (2a)

Federdicke $h = \frac{2 L \cdot k_b}{\omega \cdot E}$ . . . . (2b)

Federwiderstand $R = \frac{L}{b \cdot h \cdot k}$ . . . . (3)

Windungsabstand $a = \frac{\pi}{L} (r_a^2 - r_i^2)$ . . . . (4)

Windungszahl $n = \frac{L}{\pi (r_a + r_i)}$ . . . . (5)

Bei der Berechnung einer solchen Feder geht man so vor, daß man nach (2) für gegebenes ω, E, k_b zunächst $\frac{L}{h}$ als charakteristisch für das betreffende Material berechnet. Für Federstahl kann $\frac{L}{h}$ etwa 1500 betragen, für Bronzefedern muß es 3000 bis 4500 sein. Soll der Widerstand klein sein, so muß k_b hoch angesetzt werden. Handelt es sich nicht um Präzisions-, sondern um technische Instrumente, so kann bei einigen guten Materialien (z. B. bei Bronze »K« von Pfaff & Schlauder in Schramberg) $k_b = 500$ kg gesetzt werden. Im allgemeinen sollte man aber auch bei Phosphorbronze nicht über $k_b = 300$ gehen. Nur für Federstahl kann $k_b = 1000$ angesetzt werden.

Ist $\frac{L}{h}$ berechnet, so wählt man L, die Länge der Feder, und berechnet dazu nach (2b) die Dicke h. Dann erst wird das von der Feder verlangte Drehmoment in die Rechnung eingeführt und nach (1a) die Breite berechnet. Ist diese zu groß, so muß entweder L vergrößert oder k_b noch höher angesetzt werden. Die Dicke darf aber nicht zu gering sein, weil Federn unter 0,015 mm Dicke nur mit größter Mühe auszuwalzen sind.

Für die Bezeichnung der Federstärken ist die Angabe des Drehmomentes in mgcm für den Einheitswinkel $\omega = \frac{\pi}{2} = 90^0$ am zweckmäßigsten.

Weiterhin ist eine Festlegung der Drehmomente und zugehörigen Abmessungen in geometrischen Reihen wünschenswert, um nicht im Bedarfsfalle jedesmal eine neue Feder berechnen zu müssen. Zweckmäßig werden dabei nur Strommesserfedern aus bestem, gutleitendem Material mit geringem Widerstand berechnet, die selbstverständlich auch für Spannungsmesser zu verwenden sind, wenn dabei auch ein höherer Widerstand zulässig wäre.

Eine gute Abstufung gibt die »Zwölferreihe« innerhalb einer Dekade, z. B.:

10—12—15—18—22—26—32—38—46—56—68—82—100.

Federn für vorgespannte Systeme sind besonders zu berechnen, und dabei ist je nach dem Grad der Vorspannung $\omega = \pi$ bis $1{,}5\,\pi$ einzusetzen.

Die so berechneten Federn werden aus Runddraht gewalzt. Um die nötige Drahtstärke zu ermitteln, kann man in erster Annäherung annehmen, daß die Größe des Querschnittes durch den Walzprozeß ungeändert bleibt, daß also keine Längung eintritt.

Verwendet man nur eine einzige solche Feder, so neigt diese dazu, mit Änderung der Temperatur auf- und zuzurollen, so daß die Nullstellung des Zeigers sich ändert. Dieser Effekt ist bei guten Federn sehr gering, oft kaum merklich. Trotzdem ist es üblich, stets zwei Federn mit verschiedenem Wickelsinn auf der Achse anzuordnen, so daß sich die störenden Wirkungen beider Federn aufheben.

d) **Aufhängeband oder -draht.** (Beispiel: Spiegelgalvanometer.)

Bei Meßwerken mit besonders kleiner Richtkraft, 1 mgcm/90° und darunter, wird das bewegliche Organ zur Vermeidung der Lagerreibung an einem Draht oder einem Band aus Material mit guten elastischen Eigenschaften aufgehängt, das der Systembewegung die Verdrehungsfestigkeit entgegensetzt. Ist das Drehmoment gegeben, so erhält man bei Aufhängung an einem Bande mit rechteckigem Querschnitt größeren Materialquerschnitt, also auch größere Zugfestigkeit als mit einem runden Draht. Die dünnsten der gebräuchlichen Aufhängebänder werden aus Draht von 0,03 mm Durchmesser auf eine Breite von 0,1 bis 0,2 mm gewalzt. Bei Verwendung eines Aufhängedrahtes mit kreisförmigem Querschnitt ergibt sich aus der Berechnung (siehe »Hütte«, I. Teil), daß der Durchmesser bei gleicher Verdrehungsfestigkeit nur 0,01 bis 0,015 mm betragen darf, die Zugfestigkeit ist auf etwa den vierten Teil vermindert gegenüber einem Aufhängeband gleicher Richtkraft. Runde Aufhängedrähte gewährleisten aber dafür bessere Konstanz des Nullpunktes.

Die Mehrzahl dieser Aufhängeorgane besteht aus Phosphorbronze. Für einige hochempfindliche Apparate benutzt man Quarzglasfäden mit Dicken von 0,005 bis 0,020 mm[1]). Diese haben eine außerordentlich kleine Richtkraft, so daß sie oft gänzlich vernachlässigt werden kann. Wo man stärkere Fäden verwendet, geschieht es wegen der besonders kleinen elastischen Nachwirkung der Quarzfäden.

Auch Wolframdrähte mit Durchmessern bis herab zu 0,02 mm haben Anwendung gefunden.

Die Güte des Aufhängeorganes ist von entscheidendem Einfluß auf die sichere Nullstellung des Zeigers. Lötstellen sind tunlichst zu vermeiden, es ist besser zu klemmen als zu löten. Eine Aufgabe für sich bildet die Transportsicherung, das Auffangen von Stößen, ohne das Band zu zerreißen. Bei sehr langen Bändern ist auch noch auf die thermische Ausdehnung Rücksicht zu nehmen.

In neuerer Zeit kommen vielfach Meßwerke mit gespanntem Band zur Ausführung, die bei der Aufstellung keiner genauen Ausrichtung bedürfen, wenn sie auch nur mit annähernd lotrechter Achse zu benutzen sind. Durch die Zugbeanspruchung des Bandes tritt keine wesentliche Erhöhung der Richtkraft ein.

Wir setzen wieder:

Bandlänge $= l$ cm,
Bandbreite $= b$ cm,
Banddicke $= h$ cm,
Schubmodul $= G$ (bei Stahl: $G = 800\,000$ kg/cm²),
Drehmoment $= M_d$ kgcm.

Es ist dann der »verhältnismäßige Verdrehungswinkel« ϑ, d. h. der zum Halbmesser eins gehörige Verdrehungsbogen zweier um 1 cm voneinander abstehender Querschnitte:

1. für runden Draht: $$\vartheta = \frac{32}{\pi d^4} \cdot \frac{M_d}{G},$$

2. für Band: $$\vartheta = 3{,}6 \cdot \frac{b^2 + h^2}{b^3 h^3} \cdot \frac{M_d}{G}$$

oder, wenn h^2 gegen b^2 vernachlässigbar ist,

2a. $$\vartheta = \frac{3{,}6}{b h^3} \cdot \frac{M_d}{G}.$$

Der gesamte Verdrehungswinkel auf die Länge l ist dann $= l \cdot \vartheta$.

Die von Siemens & Halske verwendeten Aufhängebänder für Spiegelgalvanometer sind aus Bronzedraht von 0,06 bzw. 0,08 mm auf eine Breite von etwa 0,25 und Dicken von 0,018 ÷ 0,025 mm gewalzt. Die Zerreißfestigkeit beträgt 100 ÷ 250 g.

---

[1]) Herstellung und Verarbeitung der Quarzfäden: Benedicks, Z. f. J. 42, 1922, S. 367—372.

2. Besondere Federanordnungen.

Bei den meisten Instrumenten sind die Federn so angeordnet, daß das Drehmoment proportional dem Ausschlag zunimmt, daß also die Zunahme des Drehmomentes mit der Winkeleinheit, das spezifische Drehmoment, an jedem Skalenpunkte gleich groß ist. Wenn nun das vom Meßwerk erzeugte Drehmoment proportional dem Quadrate der Meßgröße zunimmt, so wird die Teilung unproportional, die Entfernung

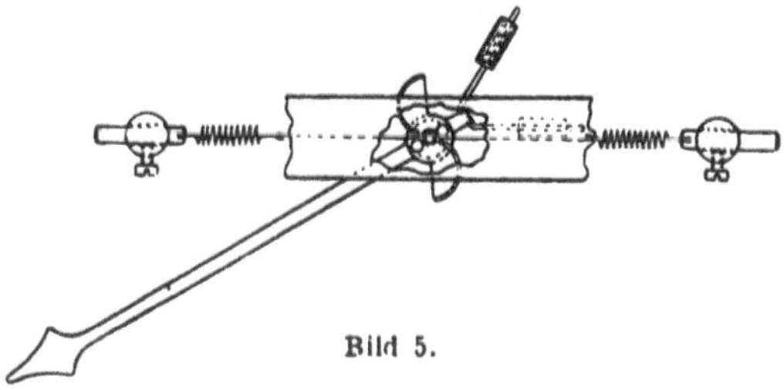

Bild 5.

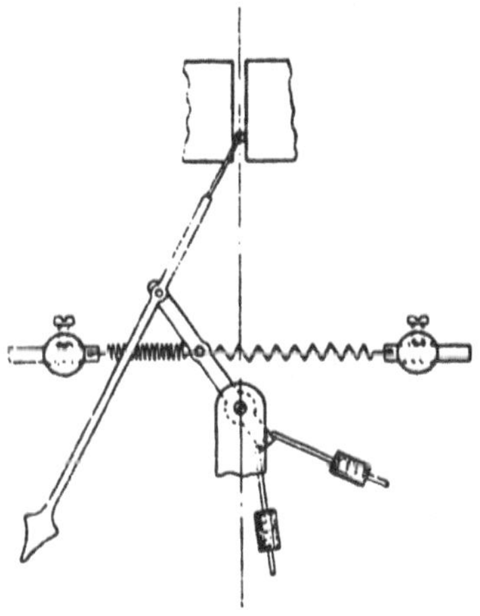

Bild 6.

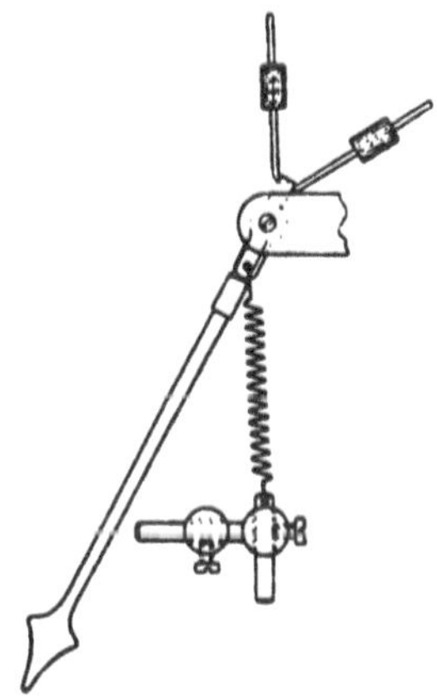

Bild 7.

Bild 5. Federanordnung für Ferraris-Strommesser (S. & H.). Die Schraubenfedern werden durch zwei Bändchen gespannt, die sich bei der Bewegung des Zeigers auf die Kurvenstücke legen. Dadurch steigt das Drehmoment mit dem Quadrat des Ausschlagwinkels.

Bild 6. Zusatzfedern für die Ellipsenlenker-Geradführung. Am Anfang und Ende der Skala wird das spezifische Drehmoment (s. S. 24) vermindert.

Bild 7. Zusatzfedern für die Sehnen-Geradführung von Funkenregistrierapparaten. Das spezifische Drehmoment wird am Anfang und Ende der Skala vergrößert.

der Teilstriche für eine bestimmte Zunahme der Meßgröße nimmt ebenfalls proportional dem Quadrate derselben zu. Man kann die Teilung auch für solche Instrumente gleichförmig machen, wenn man auch das Gegendrehmoment proportional dem Quadrate des Ausschlages anwachsen läßt. Bild 5 zeigt die Anordnung der Federn bei den Siemens-Ferraris-Strom- und Spannungsmessern. An Stelle der Spiralfeder sitzt auf der Achse ein Kurvenstück, eine doppelte archimedische

Spirale, deren Radius proportional dem Drehwinkel zunimmt. Auf ihr wickeln sich zwei Bänder ab, und diese spannen beim Ausschlag des Zeigers zylindrische Zugfedern, deren Kraft proportional der Verlängerung zunimmt. Die Skala ist von $^1/_{10}$ des Endwertes ab vollständig proportional, unterhalb dieses Betrages ist sie ganz unterdrückt.

Werden Zeigergeradführungen verwendet, so ist damit fast immer eine Verzerrung des linearen Skalencharakters verbunden. Bei dem Ellipsenlenker wird z. B. die Teilung am Anfang und Ende erheblich verengt. Durch Zusatzdrehmomente, die die spezifische Richtkraft am Anfang und Ende der Skala vermindern, kann die Teilung wieder proportional gemacht werden. Bild 6 zeigt die Anordnung der Zusatzfedern für diesen Fall. An einem auf der Achse sitzenden Exzenterstift sind zwei Bänder befestigt, die zylindrische Zugfedern spannen. Die letzteren werden so eingestellt, daß sie beide in der Mittellage des Zeigers spannungslos sind und bei einer bestimmten Abweichung aus der Mittellage entweder die eine oder die andere in Wirksamkeit tritt.

Bei der Geradführung der Temperaturschreiber und der Siemens-Funkenregistrierapparate tritt die entgegengesetzte Skalenverzerrung ein: die Teilstriche werden am Anfang und Ende zu weit. Auch hier kann die Unproportionalität durch eine Zusatzfeder nach Bild 7 vollkommen beseitigt werden. Die Justierung dieser Federanordnung ist besonders einfach: durch seitliches Verstellen des unteren Federstützpunktes wird die Skalensymmetrie hergestellt, durch das Anziehen der Feder die Größe des Zusatzdrehmomentes geändert.

Alle diese Zusatz-Federanordnungen lassen sich praktisch nur dann anbringen, wenn das Meßwerk so viel Drehmoment hat, daß es imstande ist, die durch die Zusatzfedern verursachte zusätzliche Lagerreibung durch seitlichen Zug zu überwinden. Für die hochempfindlichen Temperaturmeßgeräte sind sie nicht zu gebrauchen.

3. Elektromagnetische Gegenkraft.

Bei einer Anzahl von Instrumenten, insbesondere solchen, die eine Differenz oder das Verhältnis zweier elektrischer Größen anzeigen, ist eine elektromagnetische Gegenkraft vorhanden, die dem vom Meßwerk erzeugten Drehmoment entgegenwirkt. Wir haben mehrere typische Arten dieser Instrumente, Kreuzspulinstrumente, Kreuzfeldinstrumente, Kreuzeiseninstrumente und Doppelspulinstrumente. Alle diese Instrumente sind dem Prinzip nach Quotientenmesser.

Kreuzspul-Instrumente. Der Aufbau ist konstruktiv dem der normalen Drehspulinstrumente mit permanentem Magneten oder fester Spule ähnlich, statt einer Drehspule sind aber zwei vorhanden, die um einen Winkel von 5 bis 90° gekreuzt sind. Im Gegensatz zu gewöhnlichen Instrumenten ist aber der Luftspalt und damit die Liniendichte ungleich, ferner sind die Stromzuführungsfedern sehr dünn, möglichst richtkraftlos. Die Schaltung der Spulen ist so, daß der Sinn der erzeugten Drehmomente ein verschiedener ist, bis die Spulen in solcher Lage sind, daß sich die entgegengesetzt gerichteten Drehmomente gerade aufheben. Es können auch zwei feste und eine bewegliche Spule vorhanden sein. Das Meßprinzip ist für Gleich- und Wechselstrom verwendbar.

Kreuzfeld-Instrumente. Bei diesen Instrumenten ist nur eine bewegliche Spule oder zwei gleichachsige Spulen vorhanden, die sich in zwei räumlich verschieden gelagerten Feldern bewegen. Die Wirkung ist die gleiche wie bei den Kreuzspulinstrumenten, die Vorteile liegen auf rein konstruktivem Gebiet.

Kreuzeisen-Instrumente. Dies ist eine Abart des Dreheiseninstrumentes, wiederum mit dem Merkmal, daß zwei entgegengesetzt gerichtete Drehmomente erzeugt werden. Ein besonderer Vorzug dieses Systems ist, daß keine Stromzuführungen zum beweglichen Organ nötig sind, daß es demzufolge mechanisch sehr widerstandsfähig ist. Dafür ist die Erzielung eines bestimmten Skalenverlaufs weniger leicht.

Doppelspul-Instrumente[1]). Es sind das elektrodynamische Instrumente mit zwei koaxial gewickelten Drehspulen. Wird die Feldspule von einem Wechselstrom J erregt und die Drehspule, deren Spulenebene gegen die der festen Spule den Winkel $90^0 + \alpha$ einschließt, über einen äußeren Widerstand kurzgeschlossen, so wird ein elektromagnetisches Drehmoment erzeugt, das, abgesehen von Konstanten proportional J^2 und dem Winkel α ist. Durch Änderung des Schließungswiderstandes an der Kurzschlußspule kann man das erzeugte Drehmoment in weiten Grenzen ändern.

Kafka hat für diese Art von Gegendrehmoment, das die Drehspule genau wie eine andere Feder auf die Senkrechtlage zur festen Spule hintreibt, den Namen »elektrische Feder« geprägt, der sehr zutreffend ist. Es ist selbstverständlich auch möglich, eine massive Kurzschlußspule zu verwenden, wie das bei dem Frequenzmesser nach Abraham geschehen ist, den die Firma Carpentier herstellt. Damit ist aber die Richtkraft nicht mehr bei der Eichung zu ändern.

Eine besondere Abart des Doppelspulinstrumentes erhält man, wenn man[2]) bei einem normalen elektrodynamischen Instrument die

[1]) Theorie der Kreuz- und Doppelspulinstrumente s. Kafka, Wiss. Veröff. des Siemenskonzerns III, 1. Heft, S. 144—158, und E. u. M. 42, 1924, S. 1—5; ferner: E. Blamberg, Archiv f. El. XVII, 1926, S. 281—315: »Über ein neues eisengeschlossenes Elektrodynamometer ohne mechanische Richtkraft für Wechselstrom und dessen verschiedene Verwendungsmöglichkeiten«. — A. Täuber-Gretler, »Das Induktionsdynamometer«. Dissertation 1926, 21 Seiten, 23 Bilder, Fachschriften-Verlag Zürich.

[2]) Täuber-Gretler, Bull. S. E. V. 13, 1922, S. 225—236.

Federn richtkraftlos macht und die Drehspule über einen Widerstand schließt. Der Vorteil, daß man nur zwei Stromzuführungen braucht, statt drei, wird dadurch ausgeglichen, daß jede Justierung an der »elektrischen Feder« auch eine Änderung des Meßmomentes herbeiführt.

Störende Einflüsse auf Instrumente mit elektromagnetischer Richtkraft. Wir wollen hier die mechanischen Unvollkommenheiten der Kreuzspul-, Kreuzfeld- und Doppelspulinstrumente betrachten.

Für diese Arten elektrischer Meßgeräte ist eine Stromzuführung zum beweglichen Organ nötig, die nur über Zuführungsfedern erfolgen kann, die zwar richtkraftlos sein sollen, es aber niemals sind, weil es nicht möglich ist, kleinen Ohmschen Widerstand mit kleinstem Federquerschnitt zu erzielen. Die dünnsten Federn, die aus mechanischen Rücksichten verwendbar sind, haben immer noch eine Richtkraft, die gegenüber der allein gewünschten elektromagnetischen Richtkraft nicht vernachlässigbar klein ist, das mechanische Richtmoment wirkt als Störung und läßt das Meßprinzip, das die Unabhängigkeit der Angaben von der Spannung gewährleisten soll, nicht voll auswirken. Im gleichen Sinne wirkt allerdings auch die Lagerreibung. Wären beide nicht vorhanden, so würden sich alle diese Instrumente ideal verhalten, die Spannung könnte bei einem Ohmmeter in den weitesten Grenzen sich ändern, z. B. im Verhältnis 1 : 10, und die Angaben würden doch immer dieselben sein. Je größer nun das mechanische Richtmoment, das auch durch eine unvollkommene, unerwünschte Equilibrierung des beweglichen Organs bewirkt sein kann, im Vergleich zu dem elektromagnetischen ist, um so weniger darf die Spannung schwanken.

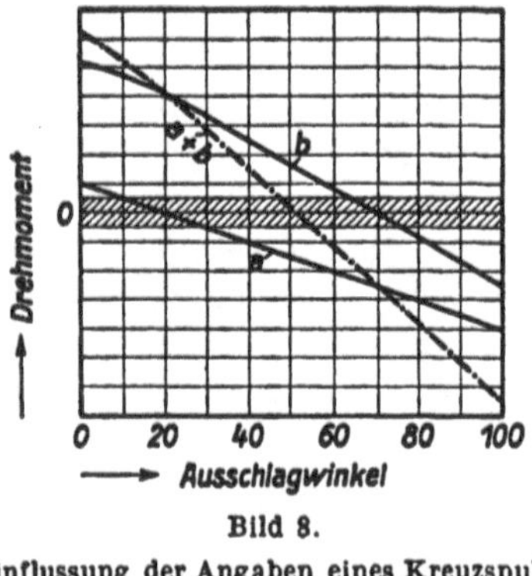

Bild 8.

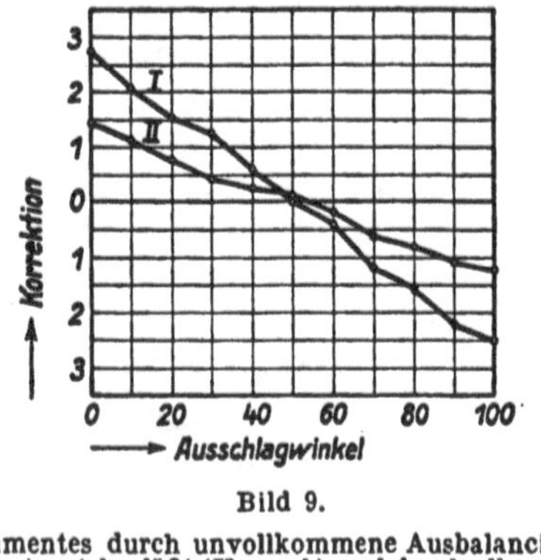

Bild 9.

Beeinflussung der Angaben eines Kreuzspulinstrumentes durch unvollkommene Ausbalancierung des beweglichen Organs, die es auf den Teilstrich 70 einspielen läßt (Kurve b) und durch allzu starke Stromzuführungsfedern (Kurve a), die den Zeiger auf den Teilstrich 20 einstellen wollen. Bild 9 zeigt die Korrektion bei 20 und 40% der Nennspannung.

Bild 8 soll die Spannungsabhängigkeit eines Kreuzspulinstrumentes erläutern, das zu starke Stromzuführungsfedern hat, die den Zeiger mit dem jeweiligen Drehmoment a im stromlosen Zustand, bei vertikaler Achse, auf den Teilstrich 20 einstellen, neben einem Equilibrierungsfehler, der für sich bei horizontaler Achslagerung den Zeiger auf Teilstrich 70 einstellen will (was nur mit abgeschnittenen Federn zu beobachten wäre), für andere Skalenpunkte mit dem Drehmoment *b*, und das schließlich noch einen konstanten Reibungsfehler über die ganze Skalenlänge hat, was durch den schraffierten Streifen angezeigt ist. Feder- und Gewichtskraft ergänzen sich zu der strichpunktierten resultierenden Kraft $a + b$, die bei Teilstrich 50 durch die Nulllinie geht. An diesem Punkt sind die Angaben des Instrumentes bei horizontaler Achse vollkommen spannungsunabhängig und allein durch die Reibung beeinflußt.

Bild 9 zeigt die Korrektionskurven des Instrumentes bei 20 und 40% der Nennspannung. Es ist daraus deutlich zu sehen, daß die Korrektion an dem Teilstrich 50 auch für die kleinsten Spannungen zu Null wird und wie sie an den äußersten Punkten umgekehrt proportional mit der Spannung stetig abnimmt.

In einfachster Weise läßt sich das Verhältnis des Nutzdrehmomentes zum Restdrehmoment ermitteln durch die Beobachtung der Schwingungsdauer schwach gedämpfter Zeigerbewegungen im stromlosen und im eingeschalteten Zustand. Die Drehmomente verhalten sich dann umgekehrt proportional den Quadraten der Schwingungsdauer. Wird z. B. im stromlosen Zustand $\tau_1 = 2{,}8$ s ermittelt, unter Spannung $\tau_2 = 0{,}7$ s, so ist das gesuchte Verhältnis $= \tau_1^2 : \tau_2^2 = 16 : 1$.

C. Die Einstellsicherheit des beweglichen Organs.

Im letzten Abschnitt sind die Mittel zur Erzeugung des Gegendrehmomentes beschrieben worden. Nunmehr soll das Zusammenwirken des elektrisch erzeugten Drehmomentes mit dem mechanischen oder elektromagnetischen Gegendrehmoment (Richtmoment) besprochen werden[1]).

Drehmomentcharakteristik. Dazu ist es nötig, die Drehmomentcharakteristik des Meßwerkes zu kennen. Man kann sie durch Versuch oder in einfacheren Fällen durch Rechnung ermitteln. Wenn man das erstere tut, geht man so vor, daß man jegliche Gegenkraft ausscheidet und punktweise über die ganze Skala mit einer Drehmomentwage bei konstant gehaltener elektrischer Erregung des Meßwerks das erzeugte Drehmoment, das Meßmoment, bestimmt und in Abhängigkeit von der Skalenlänge graphisch aufträgt.

Am klarsten liegen die Verhältnisse bei einem normalen Drehspulinstrument (Bild 10). Hier ist das Meßmoment für einen bestimmten

---

[1]) Siehe Imhof, Bulletin des S. E. V., 1921, S. 117. — Kafka, Wiss. Veröff. des Siemenskonzerns III, 1, S. 144.

Drehspulstrom über den ganzen Zeigerausschlag konstant, weil auch der Luftspalt konstant ist. Für das Meßmoment erhält man lauter parallele Linien. Nehmen wir als Richtmoment eine gewöhnliche Feder an, so wird diese durch die schräge Linie *a* eingetragen. Die Schnittpunkte dieser Geraden mit den Meßmomentlinien geben die Zeigereinstellungen wieder. Die Teilung ist proportional.

Spezifisches Einstellmoment. Der Winkel, den *a* mit den Meßmomentkurven einschließt, ist ein Maß für die Sicherheit der Einstellung, je kleiner er ist, um so unsicherer erfolgt die Einstellung und umgekehrt. Wir wollen nach Kafka das Drehmoment je Winkeleinheit,

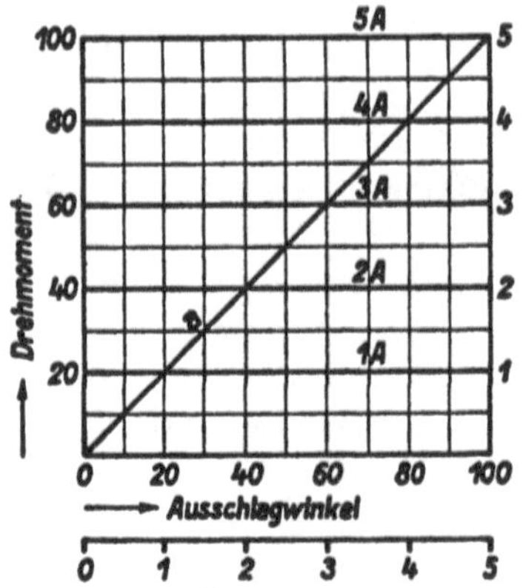

Bild 10.

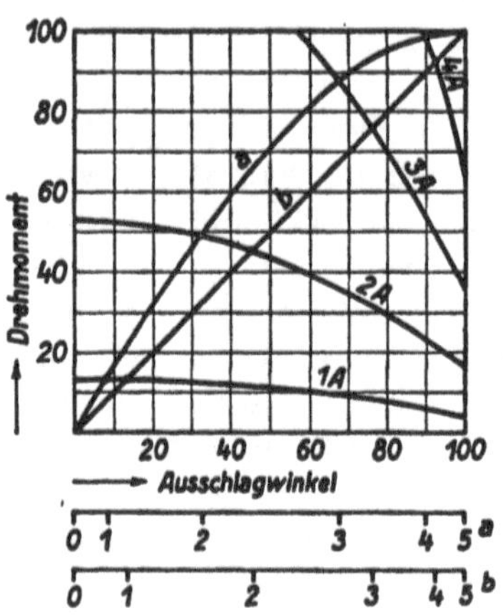

Bild 11.

Bild 10. Drehmomentcharakteristik eines Drehspulinstruments mit permanentem Magneten und einer Feder als Richtkraft.

Bild 11. Mechanisch erzeugtes Gegendrehmoment und elektromagnetisch erzeugtes Drehmoment für ein Dreheiseninstrument. Kurve *a* für die Schwerkraft als Gegendrehmoment, *b* für Feder. Das elektromagnetisch erzeugte Drehmoment ist für jede Zeigerstellung und 1-2-3-4 A eingetragen. Aus dem Schnittpunkt mit den *a*—*b* Kurven ergibt sich die endgültige Einstellung. Unten sind die beiden erhaltenen Skalen gezeichnet.

das beim Herausdrehen des Zeigers aus seiner Gleichgewichtslage auftritt, als spezifisches Einstellmoment bezeichnen, und ist diese Größe der Tangente des Winkels zwischen Richtmoment und Meßmoment proportional. Bei dem Drehspulinstrument ist das spezifische Einstellmoment konstant. Man kann sich davon auch experimentell überzeugen, wenn man mit der Drehmomentwage an dem fertigen Instrument den Zeiger an verschiedenen Stellen um einen kleinen Winkel, zweckmäßig 5 Grad, ablenkt. Es ist zweckmäßig, das spezifische Einstellmoment immer auf 90 Winkelgrade umzurechnen, ebenso wie wir auch das Richtmoment stets für 90 Winkelgrade angeben wollen, auch dann, wenn das Instrument 180 oder 300° Ausschlag hat.

Bild 11 kann als typisch für ein Dreheiseninstrument bezeichnet werden unter Annahme sowohl von Gewichten (*a*) als von einer Feder (*b*) als Gegenkraft. Bei derartigen Instrumenten ist das Meßmoment nicht konstant. Die Zeichnung bezieht sich auf ein Instrument mit hoher Anfangsempfindlichkeit. Die Kurven für 1—2—3—4—5 A sind geometrisch ähnlich, ihre Ordinaten wachsen mit dem Quadrat der Stromstärke. Das Bild zeigt die Verschiedenheit der Skalencharakteristik bei Feder- und Gewichtsgegenkraft.

Bild 12 bezieht sich auf einen Ferraris-Strommesser. Das Richtmoment *a* gilt für eine gewöhnliche Feder, die Kurve *b* für eine Anordnung nach Bild 5. Hier wächst zwar auch das Meßmoment mit dem Quadrat des Stromes, es ist aber über die ganze Skalenlänge konstant.

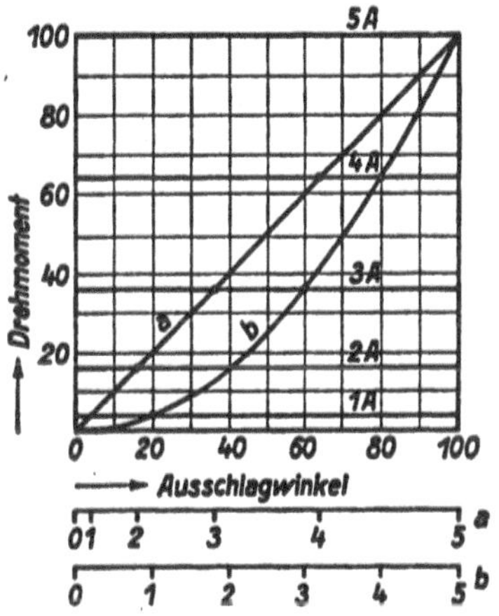

Bild 12.

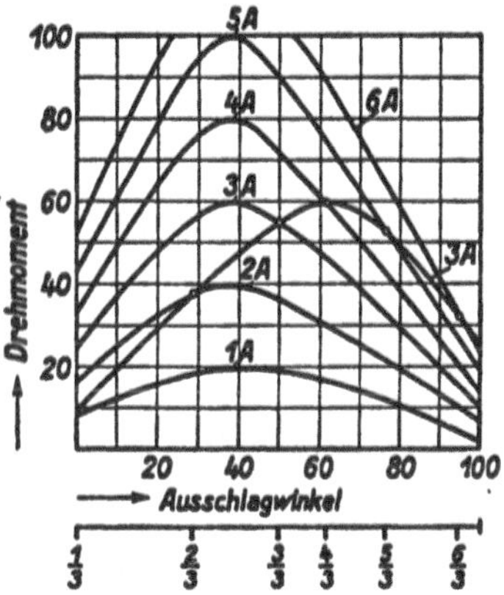

Bild 13.

Bild 12. Drehmomentcharakteristik eines Drehfeld-Strommessers mit quadratisch zunehmendem Meßmoment.
a) Richtmoment, linear zunehmend (quadratische Teilung).
b) Richtmoment, quadratisch zunehmend (lineare Teilung).

Bild 13. Drehmomentcharakteristik eines Kreuzspulinstrumentes mit zwei um 20 Winkelgrade gekreuzten Spulen.

Die Stromskala ist für Richtmoment *a* quadratisch, für Richtmoment *b* linear. In letzterem Falle ist aber das Einstellmoment in der Nähe des Nullpunktes gleich Null.

Bild 13 ist für ein Kreuzspulinstrument gezeichnet mit ungleich weitem Luftspalt. Die eine der beiden Drehspulen ist mit einem konstanten Strom gespeist, beispielsweise 3 A, die andere mit variablem Strom $1 \div 6$; angezeigt wird das Verhältnis beider Ströme $^1/_3 \div {}^6/_3$.

Bild 14 zeigt schließlich noch die Drehmomentverhältnisse bei einem Doppelspulinstrument, einem elektrodynamischen Frequenzmesser in der Phasensprung-Schaltung nach Keinath. Hier ist das Richtmoment durch die »elektrische Feder« gegeben, deren Stärke sich mit der aufgedrückten Spannung ändert. Daß Meßmoment ist aber über die ganze Skalenlänge konstant, weil ja auch der Luftspalt dieses Instrumentes konstant ist. Das spezifische Einstellmoment ist gleichfalls

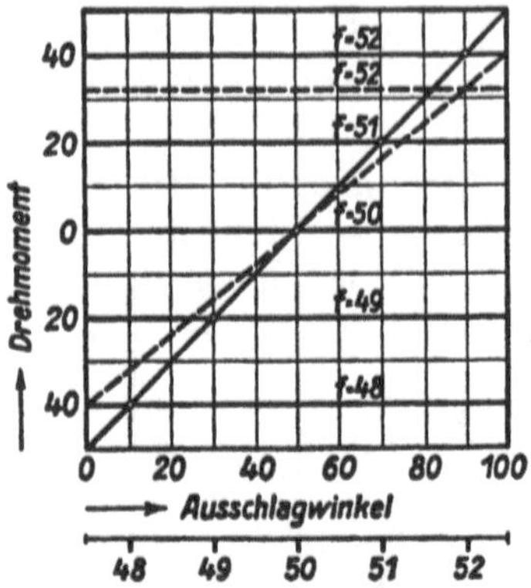

Bild 14. Drehmomentcharakteristik eines Doppelspulinstruments als Zeigerfrequenzmesser mit »elektrischer Feder«. Die ausgezogenen horizontalen Linien gelten für die Nennspannung, die gestrichelten für eine kleinere Spannung.

über die ganze Skalenlänge konstant. Die gestrichelten Linien beziehen sich auf eine kleinere Spannung, sie sollen zeigen, daß sich die Anzeige mit der Spannung nicht ändert, weil Meßmoment und Richtmoment sich im gleichen Maße ändern.

D. Mechanischer Gütefaktor.

Mit der Genauigkeit eines Instrumentes ist seine Brauchbarkeit noch nicht hinreichend gekennzeichnet. Es ist denkbar, daß ein Instrument die guten Eigenschaften, die es im neuen Zustand aufweist, schon auf dem Transport oder nach kurzer Gebrauchsdauer wieder verliert. Damit dies nicht eintreten kann, müssen die mechanischen Eigenschaften eines Instrumentes gewissen Anforderungen entsprechen. Es kommen in erster Linie zwei Faktoren in Betracht, die Richtkraft und das Gewicht der beweglichen Teile. Als Richtkraft des Instrumentes ist die Kraft anzusehen, die am Hebelarm 1 cm den Zeiger um 90 Winkelgrade zu drehen vermag. Diese Festlegung muß getroffen werden, weil sonst Instrumente mit einem Skalenwinkel von mehr als 90° zu günstige, solche mit kleinerem Skalenwinkel, 45 oder 60 Winkelgraden, zu ungünstige Werte geben. Als Gewicht ist das sämtlicher beweglichen Teile des Meßwerkes, nicht bloß das der drehmomenterzeugenden, anzusehen.

Es leuchtet ein, daß es wünschenswert ist, die Richtkraft möglichst hoch, das Gewicht der beweglichen Teile aber möglichst niedrig zu halten. Früher wurde der Quotient

$$\frac{\text{Drehmoment in gcm für 90 Winkelgrade Ausschlag}^{1)}}{\text{Systemgewicht in g}^{2)}}$$

als Gütefaktor bezeichnet und ohne weiteres als Maß für die mechanische Güte eines Instrumentes genommen. Eine solche Verhältniszahl gibt

[1]) Nach den Ausführungen auf S. 24 wäre an Stelle von Drehmoment besser zu sagen »Einstellmoment«.

[2]) Unter Zurechnung des halben Gewichtes der Richt- oder Stromzuführungsfedern.

bei einander ähnlichen Konstruktionen einen guten Anhalt, sie darf aber auf keinen Fall dazu dienen, unmittelbar die mechanische Güte eines Instrumentes zahlenmäßig auszudrücken.

Diese und andere Formeln haben den großen Nachteil, daß sie die mechanische Ausführung der Lagerung und des Instrumentes überhaupt unberücksichtigt lassen. Ein Instrument mit schlechten Lagersteinen wird im Laufe der Zeit eher Reibung erkennen als ein anderes mit guten Saphirlagern. Ferner wird bei einem Instrument, dessen bewegliches Organ in Richtung der Achse nicht ganz starr ist, sondern eine gewisse Federung aufweist — wie es bei Drehspulinstrumenten mit aufgekitteten Achsen der Fall ist — durch einen heftigen Stoß nicht so leicht eine Stauchung der Spitze oder Zertrümmerung der Steine eintreten wie bei einem Instrument mit starrer, durchgehender Achse.

Berücksichtigung des Systemgewichtes. Gegen die Formel selbst ist aber einzuwenden, daß die Erfahrung gezeigt hat, daß auch bei sonst gleichen Konstruktionen mit gleicher Vervielfachung von Gewicht und Drehmoment die Güte nicht konstant bleibt, sondern abnimmt. Für ein sehr gutes Drehspulinstrument berechnet sich z. B. bei einem Gewicht von 1 g und einem Drehmoment von 0,20 gcm/90° der Gütefaktor zu 0,20. Bei einem Registrierapparat mit 50 g Systemgewicht und 10 gcm Drehmoment würde sich der gleiche Wert ergeben. Tatsächlich sind aber die Spitzen des Registrierapparats viel leichter Beschädigungen ausgesetzt als die des Drehspulinstruments. Noch klarer wird diese Tatsache, wenn man weiß, daß für kleine Uhrinstrumente mit Systemgewichten von 0,2 g das Drehmoment so gering sein kann, daß der Gütefaktor weit unter 0,05 bleibt und die Instrumente doch praktisch immer reibungslos bleiben trotz rauhester Behandlung. Die Ursache liegt in der geringen Massenwirkung des beweglichen Organs auf Spitzen und Lager.

Es ist nun möglich, diesem Umstande dadurch Rechnung zu tragen, daß man in der obengenannten Formel für den Gütefaktor das Gewicht nicht wie bisher mit der Potenz 1, sondern mit einer höheren Potenz einsetzt. Die Erfahrung lehrt, daß 2 bereits zu groß sein würde. Dagegen gibt die Potenz 1,5 Werte, die mit der Erfahrung durchaus im Einklang stehen.

In einer Veröffentlichung des Bureau of Standards[1]) hat Brooks eine Begründung für diese Faustregel gegeben. Er weist darauf hin, daß das Verhältnis D/Q auf der falschen Annahme beruht, daß die Berührungsfläche der Spitze mit dem Stein unabhängig vom Gewicht ist. Auch er findet, daß bei kleinen Instrumenten die alte Formel D/Q nicht mehr zutreffen kann. Fichter[2]) berechnet in eingehender Weise, daß $^4/_3$ der richtige Exponent ist.

---

[1]) Transactions of the American Institute of Electrical Engineers 1923, S. 894.
[2]) Rev. Gén. de l'Electricité 15, 1924, Nr. 23.

Da ohnedies das Maß des Gütefaktors ein durchaus willkürliches ist, so bleibt es uns auch unbenommen, den Zähler des Bruches noch mit 10 zu multiplizieren. Tut man dies, so wird der Gütefaktor eines einwandfreien Instrumentes zu etwa 1 erhalten. Je mehr er sich von dieser Zahl entfernt, um so besser bzw. schlechter ist das Instrument.

Wir schreiben also:

$$\text{Gütefaktor } \gamma = \frac{10 \cdot \text{Drehmoment für } 90^0 \text{ in gcm}}{(\text{Systemgewicht in g})^{1,5}}.$$

Nachstehend eine Tabelle für die 1,5. Potenz:

Q	$Q^{1,5}$	Q	$Q^{1,5}$
Q = 0,1 g	Q = 0,032	Q = 3,0 g	Q = 5,2
0,2 g	0,090	4,0 g	8,0
0,3 g	0,164	5,0 g	11,2
0,4 g	0,253	7,0 g	18,5
0,5 g	0,355	10,0 g	31,6
0,7 g	0,585	15,0 g	58
1,0 g	1,00	20,0 g	89
2,0 g	2,83	30,0 g	164
		50,0 g	354

Gegenüber der bisherigen Rechnungsweise sind, abgesehen von dem Zahlenfaktor 10, die Gütefaktoren aller Instrumente unter 1 g Systemgewicht größer geworden, die der anderen kleiner. Nachstehend die Gütefaktoren einiger Instrumentgattungen in den zwei Berechnungsarten.

	Q (g)	D (gcm)	Gütefaktor γ	
			alt	neu
Hitzdrahtinstrument . . .	0,4	0,04	0,1	1,57
Dreheiseninstrument . . .	1,5	0,20	0,133	1,09
Drehspulinstrument . . .	2,0	0,30	0,15	1,06
Elektrodynam. Wattmeter .	5,0	0,50	0,1	0,45
Drehfeldinstrument	12,0	2,50	0,21	0,60
Registrierapparat	30,0	8,0	0,27	0,48

Nach der älteren Rechnung ist das Registrierinstrument das günstigste, nach der neueren das Hitzdrahtinstrument. In der Tat haben Versuche gezeigt, daß ein derartig leichtes Meßwerk durch Stöße, und seien sie noch so heftig, nicht beschädigt werden kann.

Eine Bestätigung für die Richtigkeit des neuen Gütefaktors läßt sich auch durch den Vergleich aufeinanderfolgender Modelle einer Firma (Weston)[1]) erhalten, wie sie im Lauf der Zeit verbessert wurden. Wir wollen den alten (D/Q) und den neuen Gütefaktor (γ) berechnen.

	Q	D	D/Q	γ
1888	Q = 10 g	D = 1,0 gcm	D/Q = 0,10	γ = 0,316
1891	6,7	0,9	0,134	0,54
1893	3,7	0,4	0,108	0,56
1896	2,3	0,4	0,174	1,1
1903	2,0	0,4	0,200	1,4

[1]) Zahlen nach Heinke, Handb. der El. II. Band, 5. Abteilung, S. 38.

Nach der alten Berechnung wäre die Konstruktion 1893 eine Verschlechterung gewesen, ferner 1903 gegen 1888 nur um 100% besser, nach der neuen um rund 400% besser. Trotzdem möchte man gerne wissen, was zulässige und unzulässige Werte des Gütefaktors sind bei vertikaler und bei horizontaler Achse.

Gütefaktor bei horizontaler und vertikaler Lagerung. Auf Grund von Erfahrungswerten hat der Verfasser ebenso wie bei der Formel für den Gütefaktor selbst rein empirisch eine Formel aufzustellen versucht, die sagt, welcher Gütefaktor bei horizontaler Achse dieselbe mechanische Sicherheit gibt wie ein bestimmter Faktor für vertikale Achse. Diese Formel lautet

$$\gamma_{\text{hor.}} = \gamma_{\text{vert.}}\left(1 + \sqrt[1,5]{\frac{1}{\gamma_{\text{vert.}}}}\right) = \gamma_{\text{vert.}} + \sqrt[3]{\gamma_{\text{vert.}}}$$

Das gibt folgende Werte:

vertikal $\gamma_{\text{hor.}}$	1	0,8	0,6	0,4	0,3	0,2	0,1	0,05	0,02	0,01	0,005	0,005
horizontal $\gamma_{\text{vert.}}$	2	1,74	1,44	1,14	0,97	0,78	0,56	0,42	0,29	0,23	0,175	0,10
Verhältnis $\frac{h}{v}$	2	2,2	2,4	2,8	3,2	3,9	5,6	8,4	14,5	23	35	100

Das Ergebnis ist folgendes: Mit abnehmendem Gütefaktor ist der kleinstzulässige Wert bei horizontaler Achse in steigendem Maße größer. Setzt man bei vertikaler Achse 0,01 als kleinstzulässigen Wert an, so ergibt sich, daß bei horizontaler Achse der Gütefaktor nie kleiner als 0,23 werden darf. Das deckt sich ungefähr mit der Wirklichkeit. Wir können etwa festlegen für die Mindestwerte des Gütefaktors:

sehr gute Feinmeßgeräte Klasse E, F und vertikale Achse $\gamma > 0,5$
noch zulässig . . . . $\gamma = 0,5 \div 0,1$
sehr gute Betriebsmeßgeräte Klasse G u. horizontale Achse $\gamma > 0,5$
noch zulässig . . . . $\gamma = 0,5 \div 0,3$

In der folgenden Tabelle sind als Mittel aus vielen Beobachtungen an alten und neuen verschiedenartigen Instrumenten die beobachteten Reibungsfehler als Funktion des Gütefaktors eingetragen worden. Man sieht, wieviel größer die Reibungsfehler bei horizontaler Achse sind, und man kann ungefähr die oben abgeleitete Formel bestätigt sehen.

Gütefaktor	0,001	0,01	0,03	0,1	0,2	0,3	0,5	1,0
Reibung horizontal . . . mm	7	4	3	2	1	0,4	0,2	0,1
» vertikal . . . . »	0,7	0,3	0,25	0,2	0,15	0,1	0,05	0

Der Gütefaktor kann nichts sagen über die Sicherheit gegen Zertrümmern der Steine, weil dies vom Krümmungsradius der Spitzen, auch von der Achsenluft abhängt. Der Gütefaktor ist ein Hilfsmittel für den Konstrukteur, der wissen muß, ob er bei einer bestimmten Änderung sein Instrument verbessert oder verschlechtert hat, der beispielsweise wissen muß, ob seine neue Konstruktion, die beim 1,3fachen Gewicht das doppelte Drehmoment hat, besser oder schlechter ist hinsichtlich der Einstellsicherheit als die alte. Je nach der Konstruktionsweise eines Instrumentes fällt der Gütefaktor außerordentlich verschieden aus. Bei Bandaufhängung, wie sie Spiegel-Galvanometer besitzen, ist das Drehmoment in der Größenordnung von 0,1 bis 1 mgcm und die Gütefaktoren in der Größenordnung von 0,001 bis 0,01. Die empfindlichsten spitzengelagerten Laboratoriumsinstrumente, wie man sie z. B. bei Temperaturmessungen benutzt, haben auch nur Drehmomente von etwa 5 mgcm und damit Gütefaktoren von etwa 0,05, ohne daß die Instrumente unbrauchbar wären. Für den Verbraucher kann ein Instrument mit dem schönsten Gütefaktor wertlos sein, wenn die Spitzen zu scharf geschliffen oder zu wenig gehärtet sind, so daß sie sich beim leisesten Stoß stauchen.

Gütefaktor bei mehrachsigen Instrumenten. Hat das Instrument mehrere Achsen mit gleicher Winkeldrehung (z. B. Drehstrom-Wattmeter mit Bandkupplung), so addiert man einfach die Gewichte und die Drehmomente. Hat aber das Instrument eine Übersetzung ins Schnelle, z. B. um eine Drehung um 90° mit Hilfe einer Bandkupplung in eine solche mit 270° zu verwandeln, so muß man das Gewicht der sich mehr drehenden Achse mit dem Übersetzungsverhältnis des Getriebes multipliziert in die Gütefaktorgleichung einführen.

Für ein Rieseninstrument mit 50 cm langem Zeiger und 270°-Skala haben wir z. B.:

Gewicht des Triebsystems mit der Drehspule	16 g
Drehmomentsystem (90°)	50 gcm
Gewicht des Zeigersystems mit 2 Zeigern .	45 g

$$\text{Gütefaktor } \gamma = \frac{10 \cdot 50}{(16 + 3 \cdot 45)^{1,5}} = \frac{500}{151^{1,5}} = \frac{500}{1860} = 0,37.$$

Die beobachtete Reibung entspricht etwa diesem so berechneten Gütefaktor.

Gütefaktor an einzelnen Skalenpunkten. Bei der Berechnung des Gütefaktors, sei es nach der älteren Formel, sei es nach dem neuen Vorschlag, ist bisher das Drehmoment D für den Endausschlag bzw. für 90° Verdrehung eingesetzt. Nun ist aber bei den wenigsten Instrumenten der Gütefaktor, besser gesagt das spezifische Einstellmoment, auf der ganzen Skalenlänge das gleiche. Dies ist allein der Fall bei Drehspulinstrumenten mit linearer Skala, wo das elektrische Drehmoment an jedem Skalenpunkt proportional der Ablenkung zunimmt und auch das mechanische Drehmoment auf der ganzen Skala linear mit dem Ausschlag zunimmt.

Wir müssen dazu für den Gütefaktor nicht das Drehmoment des fertigen Instrumentes für 90° Ablenkung, auch nicht das Richtmoment, sondern das spezifische, auf 90° umgerechnete Einstellmoment in die Gütefaktorgleichung einsetzen. Das spezifische Einstellmoment ist aber durch die Tangente des Schnittwinkels zwischen Richtmomentlinie und Meßmomentlinie gegeben. Nachdem dieser Winkel nicht konstant ist, ist auch der Gütefaktor über die Skalenlänge verschieden. Die Zusammenstellung der Kurven für Meßmoment und Richtmoment sind ein äußerst wertvolles Mittel zur Beurteilung der Einstellsicherheit eines Meßinstrumentes. Wo der Schnitt unter einem sehr spitzen Winkel erfolgt, ist die Einstellung unsicher. Solche Fälle ereignen sich bei Dreheiseninstrumenten und elektrostatischen Spannungsmessern keineswegs selten. Äußerlich kenntlich sind solche Gebiete durch eine sehr weite Skalenteilung und durch die langsamen Zeigerschwingungen an der betr. Stelle. Überhaupt ist auch die Ermittlung der Schwingungsfrequenz an verschiedenen Punkten ein Maß für das spezifische Einstellmoment.

Bild 15 zeigt noch die charakteristischen Kurven für ein Dreheiseninstrument mit einem Skalenwinkel von 150°.

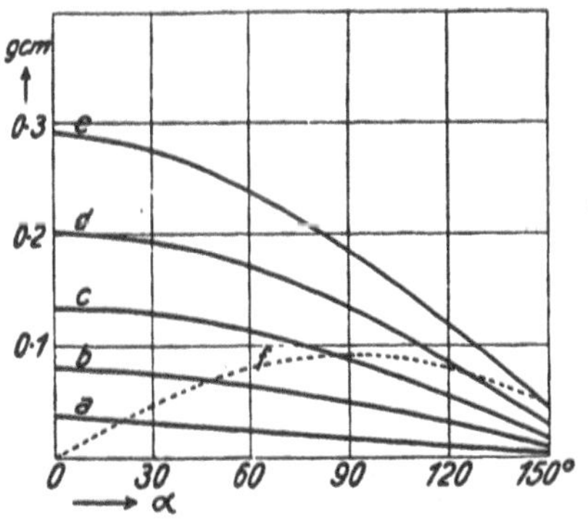

Bild 15. Dreheiseninstrument mit Gewicht als Gegenkraft.

a—e Meßmoment bei verschiedenem Strom
f Richtmoment des Gewichtes bis 150° Ausschlag.

Das spezifische Einstellmoment nimmt zwar ab, die Einstellung ist aber auch bei 150° noch nicht labil.

Man glaubte bisher oft, bei solchen Instrumenten sei 90° der maximale Skalenwinkel, weil bei größerem Ausschlag das mechanische Gegendrehmoment abnimmt. Die Zeichnung läßt erkennen, daß die Einstellung erst dann labil ist, wenn die Kurven sich tangieren, bei einem Winkel von über 120°. Tatsächlich sind solche Instrumente von der AEG in großer Stückzahl gebaut worden.

E. Prüfung der mechanischen Festigkeit von Instrumenten.

Es ist schon an anderer Stelle gesagt worden, daß es keinen Zweck hat, ein Instrument herzustellen, das zwar anfangs sehr genau ist, das aber seine Güte bald verliert, nachdem es den Unbilden der praktischen Verwendung ausgesetzt worden ist. Alle technischen Meßgeräte werden mehr oder minder durch Stöße und Erschütterungen beansprucht, wenn nicht am Verwendungsort, so doch während des Bahntransportes. Berechnen lassen sich diese Festigkeiten kaum im Instrumentenbau, hier entscheidet der Versuch. Ein gewissenhafter Hersteller wird keinen neuen Typ herausgeben, mit dem er nicht Transportversuche in normaler Verpackung gemacht hat. Bei einer Postkiste muß damit gerechnet werden, daß sie einen freien Fall aus 2 bis 3 m Höhe mitmachen muß.

Bild 16. Schüttelvorrichtung zum Erproben der mechanischen Festigkeit von Instrumenten gegen Erschütterungen. (Siemens & Halske.)

Aber auch das unverpackte Instrument muß stoßfest sein. Bei allen robusteren Instrumenten, auch Laboratoriumstypen, läßt Verfasser neuerdings einen Fallversuch aus 10 cm Höhe auf eine ungepolsterte Holzplatte ausführen, und zwar in allen 6 Stoßrichtungen. Die Güte der Lagerung wird bei Siemens & Halske durch eine Schüttelvorrichtung erprobt, wie sie in Bild 16 gezeigt ist. Der auf dem schwingenden Brett befestigte Antriebsmotor hat Kugellager und läuft mit 2000 bis 3000 Umdr./Min. Die Stärke der Erschütterungen wird durch einen auf die Achse gesetzten Exzenter eingestellt. Dieser Apparat läßt viele schwache Stellen der Konstruktion schon nach kurzer Zeit erkennen, die Versuche werden so lange fortgesetzt, bis achtstündiges Schütteln ertragen wird.

F. Ausführung der Gehäuse.

In den letzten Jahren ist mehr Wert auf schöne und zweckmäßige Ausstattung gelegt worden als früher. Die gelben Messingkappen haben solchen aus Eisenblech weichen müssen, bei denen man allerdings in der Regel noch zur Verschönerung vernickelte, hochglanzpolierte Zierleisten glaubt anbringen zu müssen. Liegt aber der Entwurf der Gehäuse in der Hand eines Konstrukteurs, der neben seinen technischen

Kenntnissen auch Verständnis für schöne Formgebung hat, so können die Gehäuse so ausgeführt werden, daß sie nicht nur allen technischen Ansprüchen genügen, sondern auch selbst ohne irgendwelchen besonderen Zierat bei billigster Herstellung gewissen ästhetischen Anforderungen entsprechen.

Bei den ältesten elektrischen Meßgeräten war die Form des Gehäuses durch das Meßwerk gegeben. Im Laufe der Zeit haben sich aber für die verschiedenen Gebrauchszwecke eine ganze Reihe von Normalausführungen der Gehäuse herausgebildet, und man ist soweit gekommen, daß das Meßwerk — nicht immer zu seinem Vorteile — der Form des Gehäuses angepaßt werden muß.

Doseninstrumente. Die gebräuchlichste Form elektrischer Schalttafelmeßgeräte sind die Doseninstrumente. Sie werden mit Sockeldurchmessern von 60÷1000 mm hergestellt, am meisten gebraucht werden Durchmesser von 130÷220 mm. Bei sehr großen Instrumenten mit langen Zeigern bereitet das Anbringen einer wirksamen Dämpfung große Schwierigkeiten. Um Platz zu sparen, hat man in der letzten Zeit den Sockelrand schmäler gemacht als früher, man erschwert damit aber die Befestigung. Die Mehrzahl der Instrumente wird mit »offener Skala« gebaut. Macht man Zeiger und Skala kräftig, so kann man die zu messende Größe noch in beträchtlicher Entfernung schätzen. Für rauhe Betriebe bevorzugt man Instrumente mit »geschützter Skala« nach Bild 17a mit einem nierenförmigen Ausschnitt, der vom Zeiger nur die Fahne oder wenig mehr sehen läßt, so daß die Ablesung auf größere Entfernung sehr erschwert wird. Die Mehrzahl dieser Instrumente waren früher sehr häßlich, es wurde vom Konstrukteur auf große Gußdicke mehr Wert gelegt als auf gutes Aussehen und bequeme Ablesung.

Aufbauinstrumente machen das Bild einer Schalttafel unruhig, gewöhnliche Einbauinstrumente erfordern große Löcher in der Tafel, die man der Festigkeit wegen gern vermeidet. Sehr günstig ist in dieser Hinsicht die »Tubusform« nach Bild 17b, bei dem man nur Löcher mit ca. 80 mm zu bohren hat. Außerdem sieht es gut aus, wenn die Skalenebene nicht tiefer, sondern eher höher liegt als die Marmorfläche. Leider ist diese Bauform für den Instrumentkonstrukteur wieder sehr unbequem, er muß die Meßwerke auf einen engen Raum zusammenzwängen. Für Vorwiderstände ist überhaupt kein Platz. Für einen Widerstand kann man die abgebildete Anordnung wählen, wenn man zwei braucht (beim Drehstrom-Leistungsmesser), müssen sie getrennt angeordnet werden.

Würfelinstrumente. Um Platz zu sparen, hat die Weston Co. den im Bild 17c gezeigten Instrumententyp geschaffen, der bei der Häufung einer großen Zahl von Instrumenten, wie sie in Amerika üblich ist, und wo merkwürdigerweise Profilinstrumente verhältnismäßig selten verwendet werden, bei gleicher Skalenlänge gegenüber runden Instrumenten etwa 40% Platzersparnis bringt.

Doseninstrumente mit vertikaler Systemlagerung. Für sehr empfindliche Instrumente muß man vertikale Systemlagerung ver-

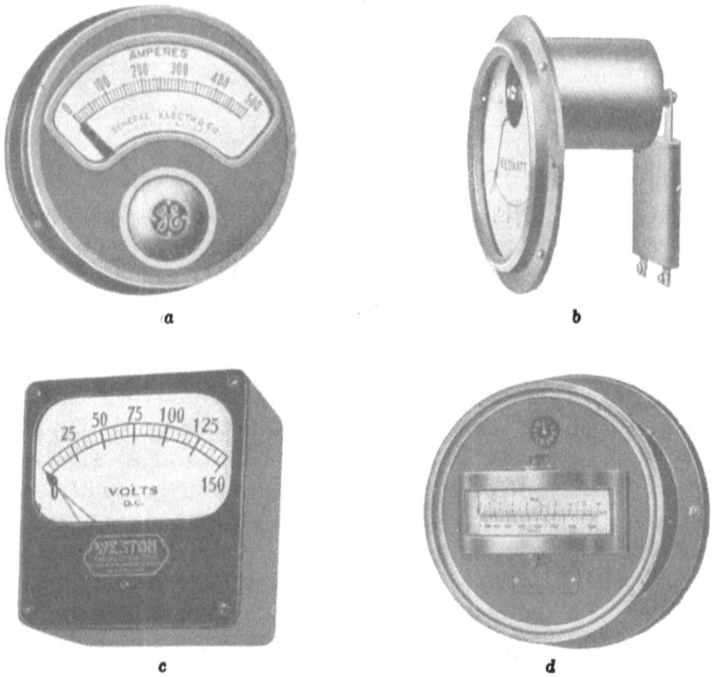

Bild 17. Dosen-Schalttafel-Instrumente.

a) Geschütztes Instrument der General Electric Co. b) Tubus-Instrumente der AEG. c) Würfel-Instrument der Weston Co. d) Profilinstrument auf rundem Sockel.

wenden. Bild 17d zeigt eine solche Instrumentform in Dosenform mit einer angesetzten Profilskala. Diese Ausführung braucht im Verhältnis zur Skalenfläche zuviel Grundfläche.

Sektor-Instrumente. Für Instrumente, die man auf große Entfernung ablesen muß, verwendete man früher gerne die »Sektortypen«, die gegen runden Modellen Platz sparen lassen. Man hat dabei meist noch die Skala außerhalb des eigentlichen Gehäuses gesetzt und von hinten beleuchtet (Bild 18).

Profilinstrumente. Dieser Instrumenttyp spart am meisten Platz, weil er den für das Meßwerk nötigen Raum in der Tiefe verbraucht, bei der Mehrzahl der Ausführungen hinter der Schalttafel beansprucht

(Einbau-Profilinstrumente nach Bild 20a÷c), selten vor ihr (Aufbau-Profilinstrumente nach Bild 20d). Das Einbau-Profilinstrument ist schöner, aber nicht immer anwendbar.

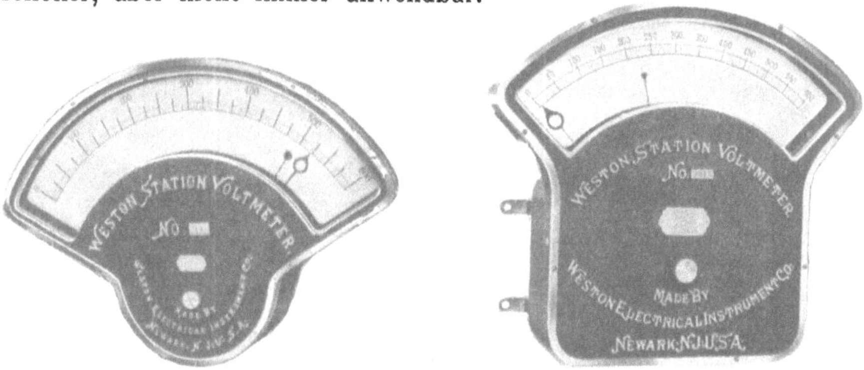

Bild 18. Sektorinstrumente. Ausführungen der Weston Instrument Co.

Schwenkbare Kreisprofilinstrumente waren die ältesten Typen. Bei großem Skalenwinkel (über 60°) entstehen Reflexe auf dem Glas und wird die Ablesung durch die starke Parallaxe ungenau. Um letzteren Übelstand zu vermeiden, hat man die Instrumente kippbar

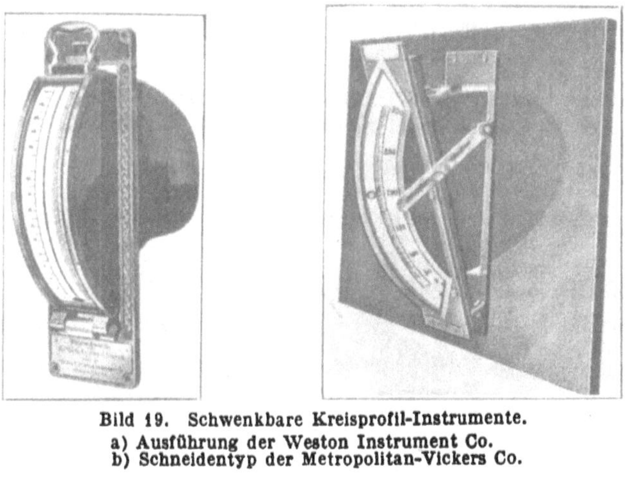

Bild 19. Schwenkbare Kreisprofil-Instrumente.
a) Ausführung der Weston Instrument Co.
b) Schneidentyp der Metropolitan-Vickers Co.

in einem Rahmen eingebaut. Diese Ausführung ist teuer und unschön (Bild 19a, b), sie wird mehr und mehr verlassen.

Eine eigenartige Form eines Kreisprofilinstrumentes bauen die Metropolitan Vickers Co. Es sind zwei auf einer Kegelfläche angeordnete Skalen vorhanden, die auch von der Seite her sichtbar sind (Bild 19b).

Feststehende Profilinstrumente. Bild 20a zeigt ein Kreisprofil-Einbauinstrument, bei dem allein durch die Formen, ohne Verwendung besonderen Zierats, ein sehr gefälliger Eindruck erreicht wurde. Je kleiner man den Skalenwinkel macht, um so weniger stören die Reflexe auf dem Glas, um so tiefer wird aber auch bei gleicher Skalenlänge der Ausbau nach hinten.

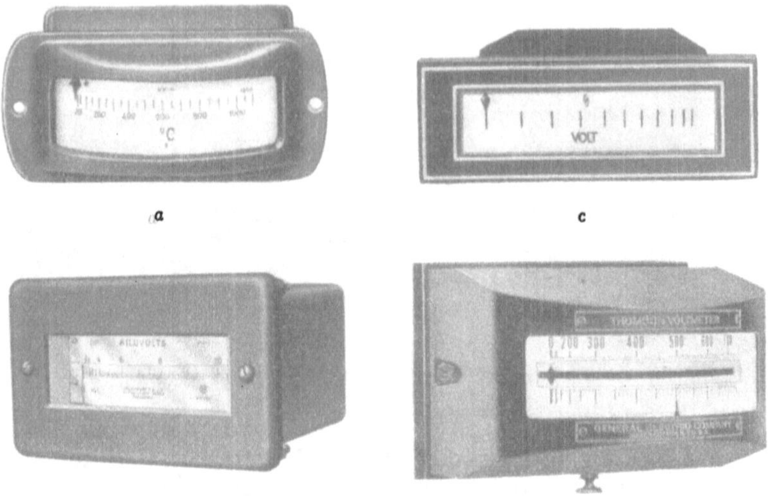

a c

b d

Bild 20. Feststehende Profilinstrumente.

a) Kreisprofil-Instrument. c) Flachprofil-Instrument.
b) Flach-Kreis-Profilinstrument. d) Aufbau-Kreisprofilinstrument.

Bild 21. Ellipsenlenker der Siemens-Flachprofil-Instrumente.

Trüb, Täuber & Co. haben zuerst ein Modell eines Flach-Kreisprofilinstrumentes gebaut, bei dem eine wenig gekrümmte Skala hinter einer ebenen Skalenscheibe liegt. Zur Aufhellung der Skalenenden sind schräge weiße Reflexflächen vorgesehen.

Die wirksamste Beseitigung der Skalenreflexe erhält man mit Flachprofilinstrumenten nach Bild 20c mit ebener Glasscheibe und ebener Skala. Sie geben einer Schalttafel das gefälligste Aussehen

Bild 22. Moderner Schaltraum mit Siemens-Flachprofil-Instrumenten.

und in richtiger Augenhöhe parallaxenfreie Ablesung. Dieser Typ wird von Siemens & Halske seit 1912 hergestellt.

Der Zeiger wird dabei mittels eines Ellipsenlenkers (Bild 21) auf einer fast vollkommen geraden Linie geführt, wobei das bewegliche Organ eine Winkeldrehung von 90° ausführt. Es handelt sich um die gleiche Art von Geradführung, wie sie bei den Registrierapparaten mit Tintenschrift verwendet wird. Es hatte sich herausgestellt, daß die Geradführung bei einigermaßen guter Herstellung — mit nicht mehr Sorgfalt, als sie bei anderen Instrumenten üblich ist — praktisch keine zusätzliche Reibung bringt. Bei Anzeigeinstrumenten werden die beweglichen Teile der Geradführung leichter hergestellt, weil sie keiner Berührung ausgesetzt sind; sie bestehen fast durchweg aus hartgezogenem Aluminiumrohr. Dem Verfasser ist nur ein etwa 15 Jahre zurückliegender Fall bekannt, in dem diese Geradführung bei anzeigenden Instrumenten versagt hat. Es handelte sich um die erste, für die deutsche Kriegsmarine bestimmte Ausführung, Drehspulinstrumente in wasserdichter Ausführung, die den elektrischen Anforderungen entsprechend nur das geringe Drehmoment von 0,3 gcm/90° erhalten konnten und im Betrieb hohen Temperaturen (bis zu 70° C) ausgesetzt waren. Im neuen Zustande waren die Instrumente immer einwandfrei, ohne Reibung. Nach längerem Gebrauche stellten sich aber immer beträchtlichere Reibungsfehler ein, deren Ursache schließlich erkannt wurde. Bei der hohen Temperatur trat nämlich eine Verdunstung der im Instrumentenbau verwendeten Lösungsmittel für die Isolierstoffe ein, und es schlug sich dann auf der Gleitbahn eine klebrige Masse nieder, welche die Glasrolle in ihrer Bewegung hemmte. Die heute hergestellten Instrumente haben mindestens das fünffache Drehmoment (1,5 gcm), und es sind aus diesem Grund auch bei ganz außergewöhnlichen Betriebsverhältnissen Störungen wie die beschriebenen nicht mehr zu erwarten.

Die Firma Dr. S. Guggenheimer baut gleichfalls ein Flachprofilinstrument, bei dem indessen der Zeiger nicht mit einem Lenker, sondern mit einer Schlittenführung in einer geraden Linie geführt ist.

Wenn es nicht möglich ist, die Profilinstrumente versenkt einzubauen, so verwendet man Aufbau-Profiltypen. Bild 20d zeigt eine Ausführung dieser Art, wie sie in Amerika sehr viel verwendet wird.

Standgehäuse. Zum Aufbau auf Motorschaltkästen benutzt man Bauformen nach Bild 23a, b, c. Das linke Bild zeigt eine alte Ausführung, die direkt aus dem Dosentyp entstanden war. Nicht nur, daß das Modell unschön ist, so ist es auch durch das unbequeme Einsetzen des Meßwerkes teuer. Bild 23b, c sind ästhetisch befriedigender. Bei dem letzteren wird ein rundes Einbauinstrument in einem Gußrahmen befestigt. Das Verfahren bringt den Vorteil einheitlicher Fabrikation und der leichten Anpassung des Standsockels an verschiedene Ausführungen von Schaltkästen.

Pultinstrumente. Eine neuartige Form, eine Konstruktion der Siemens & Halske A.-G., ist in Bild 24a wiedergegeben, ein Profilinstrument für Tischmontage. Diese Form hat den Zweck, bei vertikaler

a *b* *c*

Bild 23. Standgehäuse zum Aufbau auf Schaltkästen (Siemens & Halske).
a) Alte, unschöne Form.
b) Moderne Form.
c) Einbau-Instrument mit Gußrahmen.

Achslagerung die Skala sowohl von vorne als von oben ablesen zu können.

Bild 24b zeigt ein anderes Modell, wie es z. B. für Schalttische an elektromedizinischen Apparaten verwendet wird.

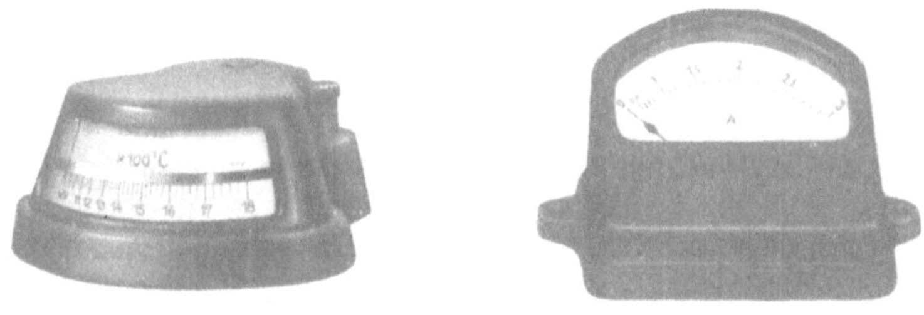

a *b*

Bild 24. Pultinstrumente.
a) Siemens-Kegelprofil-Instrument.
b) Modell mit schräger Skala.

Laboratoriumsinstrumente. Schon von Anfang an wurden neben den Schalttafelformen spezielle Laboratoriumsinstrumente gebaut. Lange Zeit waren die Siemens-Torsionselektrodynamometer die einzig brauchbaren Feinmeßgeräte zu Wechselstrommessungen, bis sich schließlich auch für das Laboratorium Zeigermeßgeräte durchsetzten. Allen eigen ist die vertikale Achse, die Bauformen sind aber noch sehr verschieden. Die älteren Formen hatten ausnahmslos Holzgehäuse, dann wagte man bei Gleichstrom die ersten Metallgehäuse, bis man jetzt allmählich auch bei sehr guten Wechselstromtypen die Scheu vor dem Metall überwunden hat. Hartgummi wird seiner Lichtempfindlichkeit wegen heute nicht mehr zu Gehäusen verwendet, dagegen stellt man Deckplatten und ganze Gehäuse aus den verschiedenartigsten Preßmaterialien her. Einige Abwechselung besteht in der Anordnung der Skala und der Klemmen. Manche Hersteller liefern einen besonderen Transportkasten, andere bauen das Instrument unmittelbar darin ein. Bild 25a zeigt ein Gleichstrominstrument mit Holzsockel und sektorförmiger Blechkappe. Der Raum neben dem Blechgehäuse ist für die Klemmen verwendet worden. Bild 25b ist eine moderne Ausführung, bei der das Gehäuse ganz aus Blech hergestellt ist und bei der der Skalenausschnitt glücklicher gestaltet ist, als das bisher meist der Fall war. Die Begren-

a b c

Bild 25. Laboratoriums-Instrumente.
a) Ältere Ausführung mit Holzsockel (Weston Co.).
b) Neuere Ausführung (Siemens & Halske).
c) Zeigerinstrument mit Bandaufhängung (Felten & Guilleaume).

zungsbogen sind nicht konzentrisch, sondern exzentrisch, so daß auf die Mitte der Skala sehr viel Licht kommt, wie das in etwas gezwungener Weise auch bei Bild 25a geschehen ist. Bild 25c zeigt noch einen modernen Typ mit Bandaufhängung, wobei gleichfalls das ganze Gehäuse aus Metall hergestellt ist.

Im Kasten eingebaute tragbare Instrumente. Die in Bild 25 gezeigten Instrumente bedürfen besonderer Transportkästen, und es lag nahe, Modelle zu bauen, bei denen das Instrument unmittelbar in den Kasten eingebaut ist. Die einen Firmen bauen solche »Montage-Instrumente« als Typen geringerer Genauigkeit, indem sie Meßwerke von Schalttafelinstrumenten einsetzen, manchmal sogar vollständige Doseninstrumente, wie es Bild 26a zeigt. Andere Firmen, wie z. B. Hartmann & Braun, bauen auch ihre genauesten Modelle in dieser Weise. Bild 26b zeigt ein derartiges Präzisionswattmeter in Holzkasten. An Stelle der Holzkasten treten neuerdings solche aus Metall oder gepreßtem Isoliermaterial. Bild 26c ist eine Art Tascheninstrument, bei dem ein Doseninstrument in Uhrgröße in einen Metallkasten eingesetzt wurde.

Neben diesen Hauptarten werden noch **Sonderausführungen** für die verschiedensten Zwecke angefertigt, beispielsweise Instrumente zur Verwendung an den Schaltkasten von Antriebsmotoren, für Fahrzeuge, wie bei der Automobilbeleuchtung, solche mit zwei oder mehr Meßwerken in einem Gehäuse und viele andere. In dieser Beziehung sind die Hersteller den vielseitigen Wünschen der Verbraucher von Instrumenten weit entgegengekommen, vielleicht weiter, als es für eine wirtschaftliche Herstellung wünschenswert ist.

a b

c

Bild 26. Tragbare Instrumente.
a) Eingebautes Schalttafel-Instrument (Weston Co.).
b) Präzisionsmodell (Hartmann & Braun).
c) Taschenmodell in Metallgehäuse (Siemens).

Staub- und wasserdichte Gehäuse. Die neuere Richtung im Instrumentenbau geht dahin, alle Schalttafelinstrumente mit robusten Gehäusen zu versehen, die das Eindringen von Staub, Feuchtigkeit und Gasen verhindern und zudem das Meßwerk gleichzeitig mit einem guten magnetischen Schutz gegen Fremdfelder versehen. Von Gußeisengehäusen kommt man des unschönen Aussehens halber sowie wegen des hohen Gewichtes mehr und mehr ab. Nach den Regeln für Meßgeräte (s. Band II) unterscheidet man spritzwasserfeste, druckwasserfeste und schlagwetterfeste Gehäuse, auch **tropenfeste Ausführungen**. Ganz allgemein gültige Richtlinien dafür lassen sich nicht aufstellen, wenn man nicht die Apparate sehr verteuern will. Einige wenige Punkte sollen aber genannt werden. Zinkaluminium, auch lackiert, wird stark angegriffen, gut poliertes, reines Aluminium hält sich leidlich, rauhes läuft aber an. Zink ist ungeschützt unbrauchbar, es muß lackiert, besser ganz vermieden werden. Das gleiche gilt für Eisen. Es sollte erst galvanisch verkupfert und dann lackiert werden. Lötstellen sind durch Lack gut zu schützen. Aufgeklebte Papierskalen sind möglichst

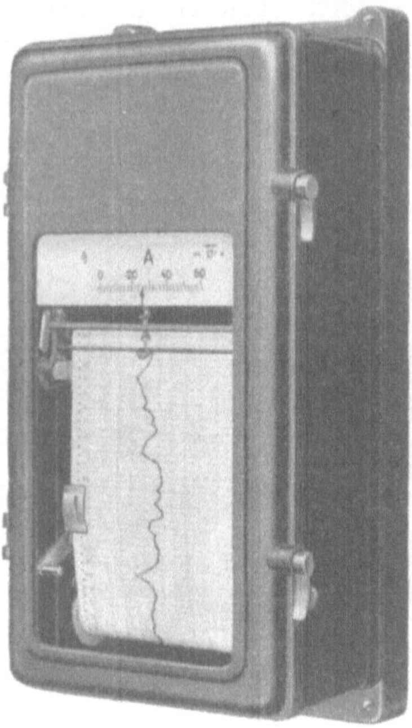

Bild 27. Modernes Gußgehäuse der Siemens-Registrierapparate.

zu vermeiden und dafür gespritzte Metallskalen zu verwenden.

Auch in chemischen Betrieben werden an die Instrumente ähnliche Anforderungen gestellt. Die Abdichtung erfolgt in der Regel mit einem Gummiring, die Anschlußklemmen liegen bei Ausführungen für nasse Räume in einem besonderen, gleichfalls wasserdichten Anschlußkasten.

Eine elegante Gehäusekonstruktion für Registrierapparate und Relais u. dgl. ist in den letzten Jahren bei der Siemens & Halske A.-G. durchgebildet worden, sie ist im Bild 27 gezeigt. Es wird aus Aluminiumguß hergestellt und mattschwarz lackiert. Öffnungen sind nicht vorhanden, das Gehäuse ist in allen Ausführungen staub- und spritzwasserdicht. Die Abdichtung der Blechkanten gegen den Sockel geschieht mit einem Profilgummistreifen.

G. Ablesung.

Der Zeiger eines Meßgerätes muß dem Verwendungszweck und der Genauigkeit des Meßwerkes angepaßt sein. Genaue Ablesung allein gewährleistet nicht genaues Messen.

Lichtzeiger.

Führt das Meßorgan nur eine ganz kleine Bewegung aus, die man genau verfolgen will, oder ist es zu leicht, als daß man es mit einem körperlichen Zeiger beschweren könnte, so arbeitet man mit einem Lichtzeiger. Auf dem beweglichen Organ wird dann ein Spiegel befestigt, der einen von einer festen Lichtquelle ausgehenden Strahl reflektiert und entsprechend der Drehung des beweglichen Organs (um den doppelten Winkel) ablenkt. In der Regel benutzt man Planspiegel. Die Größe des Spiegels ist sehr verschieden; je stärker die

Lichtquelle, um so kleiner kann der Spiegel sein. Die kleinsten, auf den Oszillographenschleifen, haben 0,5 · 1 mm Größe, die üblichen Galvanometerspiegel haben einen Durchmesser von 8÷12 mm, es werden auch solche mit 20 mm Durchm. verwendet.

Subjektive Ablesung. Zur subjektiven Ablesung benutzt man Fernrohre mit Fadenkreuz und besonderen Ableseskalen. Bild 28 zeigt

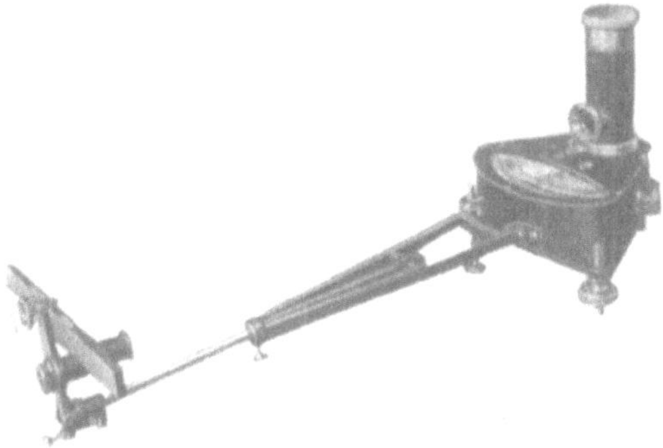

Bild 28. Kombiniertes Zeiger- und Spiegel-Galvanometer mit angebauter Fernablesung. (Felten & Guilleaume A.-G.)

eine Ausführung, bei der das Fernrohr mit dem Galvanometer fest verbunden ist, so daß die Eichung, die von der Entfernung abhängt, unverändert bleibt. Im vorliegenden Falle wird mit Tageslicht gearbeitet, statt dessen beleuchtet man auch das Fernrohr mit Soffitenlampen. In den üblichen Fernrohren sieht man das Spiegelbild der Skala, sie sind auch meist lichtschwach. Prismenfernrohre sind wesentlich

Bild 29. Beleuchtungseinrichtung für objektive Fernablesung. (Cambridge Instrument Co.)

lichtstärker und geben ein aufrechtes Bild. Zu erwähnen ist hier auch das »Autokollimations-Fernrohr« der Firma C. P. Goerz[1]), in dem eine kleine Niedervoltlampe eingebaut ist und das auch die Ableseskala in seinem Innern trägt. Es hat die Sonderheit, daß seine Eichung unabhängig von der Aufstellung des Fernrohres vor dem Galvanometer ist. Das dem Beschauer sichtbare Skalenbild ist nicht ganz so klar und weit wie bei den anderen Verfahren, es wird etwas durch Reflexe gestört.

Objektive Ablesung. Die objektive Fernablesung hat sich mehr und mehr Eingang verschafft, nachdem man die Stärke der Lichtquellen erhöht und die Optik verbessert hat. Man kann heute in son-

---

[1]) Zeitschr. f. techn. Phys. 1922, S. 225.

nigen Arbeitsräumen ohne jede nennenswerte Abblendung der Tageshelligkeit klare, deutliche objektive Fernablesung erhalten. Zweckmäßig verwendet man ein helles Feld mit einem schwarzen Markierstrich. Die Skalen werden durchscheinend aus Mattglas hergestellt. Bild 29 zeigt eine moderne Beleuchtungseinrichtung mit einer eingebauten 12 Watt-Lampe mit Gasfüllung für horizontale Ablesung.

Besondere Helligkeit erzielt man mit den neuen, an 65 oder 110 V anzuschließenden Wolfram-Punktlampen, bei denen eine Wolfram-

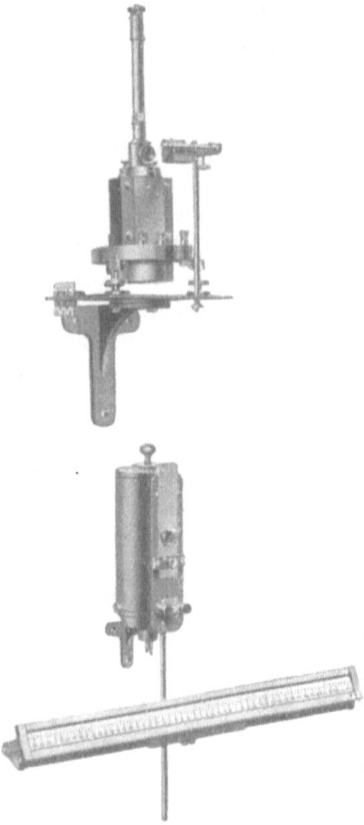

Bild 30. Vertikale, objektive Fernablese-Vorrichtung (Siemens & Halske).

kugel von etwa 4 mm Durchm. bei einer Temperatur von etwa 2700° C glüht und so eine Lichtquelle sehr hoher Flächenhelligkeit gibt.

Die Galvanometerlampen sind durchweg für Niederspannung und werden aus einem Reduktortransformator oder einer Niedervoltbatterie gespeist.

Um Platz zu sparen, benutzt man vorzugsweise die vertikale Ablesevorrichtung nach Bild 30, wie sie von Siemens & Halske hergestellt wird.

Zur Projektion auf sehr große Skalen in Hörsälen usw. läßt man den Lichtfleck auf eine glänzend metallisierte rauhe Fläche fallen, er kann dadurch auf Entfernungen von 10 bis 20 m sichtbar gemacht werden.

Der Lichtzeiger kann auch durch Vorsetzen einer Kamera mit lichtempfindlichem Papier in bequemster Weise zum Registrieren der Zeigerausschläge eines Instruments benutzt werden (s. Abschnitt über Aufzeichnung schnell veränderlicher Vorgänge).

Verfügt man über ein mechanisch einwandfreies Meßwerk, das insbesondere frei ist von elastischer Nachwirkung, so kann man mit einer Lichtzeigeranordnung die Ablesegenauigkeit sehr weit steigern. So hat z. B. das English National Physical Laboratory Multizellularvoltmeter für max. 150 V. mit einer Skalenlänge von 8000 mm im Gebrauch, bei denen Spannungen zwischen 50 und 120 V. auf 0,01 V. genau abgelesen werden können. Die genannte Spannung entspricht 0,5 mm.

Körperliche Zeiger.

Für genaueste Lupenablesung an spiegelunterlegten Skalen wird ein Fadenzeiger nach Bild 31 verwendet. Zwischen dem Faden und dem Metallrahmen, der ihn spannt, ist ein Papierblättchen, das als

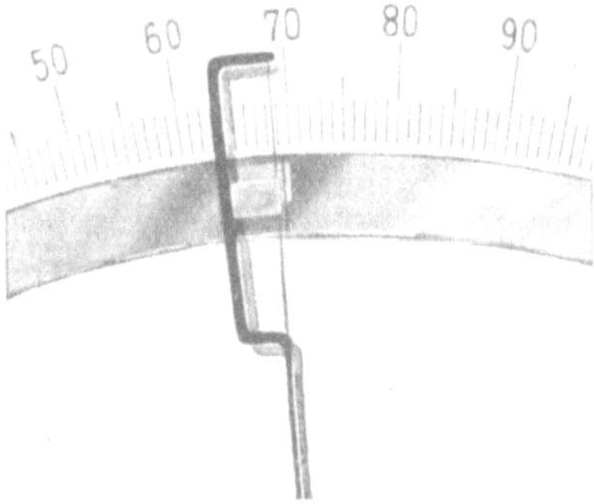

Bild 31.
Spannfaden-Zeiger (Hartmann & Braun).

Reflektor den Spiegel beleuchtet und so den Faden schwarz auf weißem Grund klarer erkennen läßt.

Messerzeiger. In der Regel begnügt man sich bei Feinmeßgeräten mit Messerzeigern, die durch Flachpressen eines Aluminiumrohres hergestellt werden. Sie sind etwas empfindlich gegen Stoßüberlastung, weil sich die Fahne leicht verbiegt. Glaszeiger, die aus mit Farbstoff gefüllten feinsten Kapillarröhrchen hergestellt werden, sind elastischer, brechen aber unter Umständen, was dann

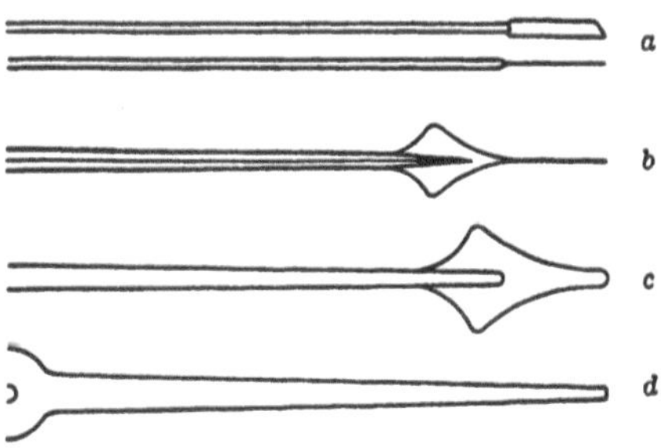

Bild 32. Verschiedene Zeigerformen.
a) Messer-Zeiger.
b) Messer-Lanzen-Zeiger.
c) Lanzen-Zeiger.
d) Stab-Zeiger.

eine vollständige Neueichung nötig macht.

Messer-Lanzenzeiger nach Bild 32b verwendet man dort, wo man sehr genau ablesen will und außerdem von Ferne die Stellung des Zeigers leicht erkennen soll.

Lanzenzeiger werden in den verschiedensten Formen hergestellt; in Deutschland hat sich am meisten die Form 32c eingebürgert, je nach der Ausführung der zugehörigen Skala mit scharfer oder stumpfer Spitze. Zeiger für Instrumente mit einer uhrenartigen Skala über 300^0 macht man der leichteren Sichtbarkeit wegen gern als einfache Pfeile ohne ausgeprägte Spitze (Bild 32d, 41, 42).

Zeiger für Schalttafelinstrumente wurden früher in der Regel aus dünnem Messingblech gestanzt. Heute verwendet man dafür nur noch Hartaluminium, weil sich dabei ein viel geringeres Trägheitsmoment, bessere Dämpfung und selbstverständlich auch kleineres Gewicht ergeben. Für Instrumente mit geringer Richtkraft, bei denen mit Überlastung keine Steigerung des Drehmomentes eintritt, z. B. für Hitzdrahtinstrumente, kann das allerdünnste Blech verarbeitet werden, um kleinstes Systemgewicht und bestmögliche Dämpfung zu erzielen. Mit sauber gearbeiteten Werkzeugen läßt sich noch Aluminiumblech von 0,03 mm Dicke stanzen und bei zweckentsprechender Formgebung, mit dachförmigem Profil, zu Zeigern verarbeiten. Bei Verwendung dickflüssigen Lackes zum Schwärzen des Zeigers kann aber die ganze Gewichtsersparnis wieder verloren gehen.

Zeiger für Wechselstrom. In Wechselstrommeßgeräten pulsiert das Drehmoment im Rhythmus der Netzfrequenz. Dabei kann der Zeiger in Resonanz kommen und heftige Schwingungen ausführen, wenn seine mechanische Eigenfrequenz mit der Frequenz des Wechselstromes übereinstimmt. Zweckmäßig verstärkt man den Zeiger und legt dadurch seine Eigenfrequenz so hoch, daß sie oberhalb der höchsten Gebrauchsfrequenz liegt; manchmal legt man sie auch in den Bereich

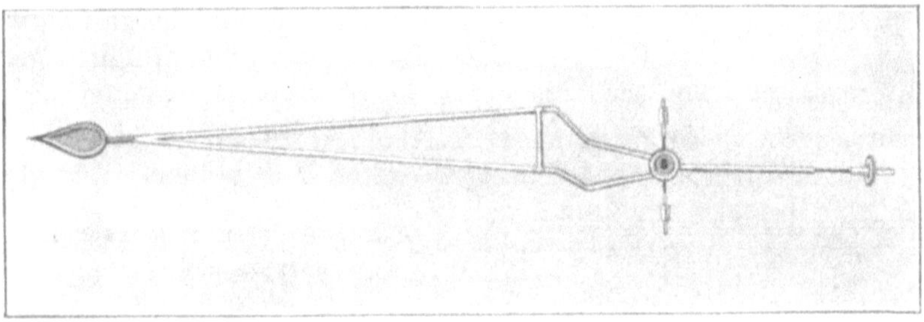

Bild 33. Verstrebter Zeiger für Wechselstrom-Instrumente. Gesamtgewicht 0,12 g (Weston Instrument Co.).

technisch nicht vorkommender Frequenzen, z. B. zwischen 30 und 38 Hertz. Die Weston-Instrumente, neuerdings auch die von Nalder Bros., besitzen in den Ausführungen für Wechselstrom einen stark verstrebten Zeiger (Bild 33), der sehr stabil ist und erst bei Frequenzen, die weit über den technischen Periodenzahlen, etwa bei 1000 Hertz liegen, in Resonanz kommt. Er besteht aus einem dreiteiligen Gestell aus dünnem Aluminiumrohr. Die Spitze ist aus dünnem, durch Rippen versteiftem Blech hergestellt. Mit dem Zeiger fest verbunden ist ein Metallkreuz, bestehend aus einem Mittelstück mit zwei kürzeren und einem längeren Arm. Jeder der Arme trägt eine Equilibriermutter. Der längste trägt eine Justierschraube besonderer Form, aus einem dünnwandigen Rohrstück mit verhältnismäßig breitem Flansch bestehend. Die Ganghöhe des Gewindes beträgt etwas weniger als 0,1 mm, der röhrenförmige Teil der Schraubenmutter ist der Länge nach gespalten, wodurch das Gewicht besser in seiner Lage gesichert ist.

Die mechanische Festigkeit der Zeiger ist bei allen Instrumenten, bei denen das Meßwerk überlastet werden kann, von größter Bedeutung, bei Kurzschlüssen ist vielfach der Zeiger der schwächste Teil des Instruments. Bei Drehfeldstrommessern kann man zuweilen nach heftigen Überlastungen den Zeiger als eine um die Achse gewundene Spirale wiederfinden.

Zeigerarretierung. Für Instrumente mit besonders geringer Richtkraft oder mit sehr schwerem beweglichen Organ ist es üblich, den Zeiger auf dem Transport zu arretieren, um so die Spitzen vor Beschädigung durch Stöße zu sichern. Die Mehrzahl der technischen Präzisionsinstrumente wird heute ohne Zeigerarretierung geliefert. In besonderen Fällen ist sie noch bei Schalttafelinstrumenten nötig, z. B. beim Versand der in Bild 57 gezeigten Öldämpfung. Bei Schalttafelinstrumenten ist sehr darauf zu achten, daß nicht ein spannungführender Zeiger durch die Arretierung geerdet wird. Konstruktiv besonders unbequem ist die Zeigerarretierung bei Instrumenten mit $\pm$Ausschlag.

Nullstellung. Üblicherweise erhalten alle Präzisionsinstrumente eine Nullstellung, sie ist unbedingt auch für alle besseren Schalttafelinstrumente zu empfehlen. Eine andere Frage ist, ob nach Korrektion des Nullpunktes das Instrument wieder genau zeigt. Hierzu ist zu sagen, daß die Nullstellung bei allen Instrumenten mit genau proportionaler Teilung die Genauigkeit nicht nennenswert verändert. Hat ein Instrument aber unproportionale Teilung, z. B. ein elektrodynamischer Strommesser, und es wird der Zeiger erst durch Überlastung verbogen, dann wieder auf Null gestellt, so haben danach die Spulen nicht mehr dieselbe Lage zueinander, und die Skala ist mehr oder minder stark geändert. Wo mit Mißhandlung zu rechnen ist, tut man gut, die Nullstellung zu plombieren, um Überlastungen des Meßwerks dann leichter zu erkennen.

Schleppzeiger-Instrumente. Schleppzeiger kommen dann zur Anwendung, wenn man bei vorkommenden Überlastungen nachträglich noch ihre Höhe wissen will und ein Registrierapparat dafür nicht in Frage kommt. Der Schleppzeiger ist mit einer Reibungskupplung auf der gleichen Achse gelagert und kann von außen jeweils wieder zurückgestellt werden. Für ein befriedigendes Instrument dieser Art müssen folgende Voraussetzungen erfüllt sein:

a) aperiodische oder kriechende Dämpfung, damit auf keinen Fall eine Überschwingung auftreten kann.

b) Das Drehmoment des Instrumentes muß mindestens 50mal größer sein als das Reibungsdrehmoment des Schleppzeigers, damit sicheres Fortbewegen bis auf etwa 2% genau gewährleistet ist.

Da man mit dem Reibungsdrehmoment des Schleppzeigers unter 0,3 gcm (0,03 g am Zeigerradius 10 cm!) kaum gehen kann, so kommen für Schleppzeigerinstrumente nur sehr kräftige Meßwerke in Betracht,

z. B. ein Siemens-Bimetallstrommesser, bei dem das Drehmoment etwa 30 gcm/90° beträgt.

Kontaktinstrumente[1]). Es mag vorausgeschickt werden, daß Maximal- und Minimalkontakte für den Konstrukteur bei keinem Meßinstrument, auch nicht bei solchen mit verhältnismäßig hoher Richtkraft, eine erfreuliche Aufgabe sind. Solche Einrichtungen sollen in Augenblicken der Gefahr Alarm geben, also sehr zuverlässig sein. Das sind sie aber leider nicht, besonders dann nicht, wenn die Kontakte sehr selten ansprechen. Es bildet sich dann leicht eine Haut auf den Kontaktflächen, die den Stromübergang verhindert.

Die Kontaktgabe ist besonders schwierig, wenn die Richtkräfte sehr gering sind. Es lassen sich etwa folgende Richtlinien für Kontaktinstrumente aufstellen:

1. Die Schaltleistung soll so klein wie möglich sein,
2. die Spannung soll so klein wie möglich sein (2÷4 V), um Klebewirkungen auszuscheiden und Lichtbogenbildung zu verhüten,
3. der Strom soll klein sein, um auch bei punktweiser Berührung Erhitzung des Kontaktes zu vermeiden,
4. der Kontakt sollte nicht nur drücken, sondern auch etwas schleifen.

Im ersten Punkt wird am meisten gesündigt, besonders dann, wenn man nicht über ausreichend empfindliche Zwischenrelais verfügt. Eine Belastung von 0,05 bis 0,1 W sollte nie überschritten werden. Hierfür bauen Siemens & Halske (und andere Firmen) die in der Fernsprechtechnik viel verwendeten Schneidenrelais, die selbst bereits ca. 100 W schalten können. Um dies zu bewerkstelligen, muß aber das Drehmoment des Instrumentes auch schon 0,05 bis 0,10 gcm betragen und muß parallel zur Kontaktstelle ein Kondensator in Reihe mit einem Löschwiderstand liegen (etwa 0,5÷1 μF und 5 ÷ 20 Ω). Diese Ausführung ist bei Verwendung von Thermoelementen meist nicht brauchbar, weil dort die Drehmomente meist noch kleiner sind.

Von besonderen Kunstgriffen wäre zu erwähnen:

1. Das Anbringen eines kleinen Magneten am festen Arm und eines Eisenstückchens am Zeiger, so daß der Kontaktdruck verstärkt wird. Die Kontaktgabe ist dabei sehr ungenau, für einigermaßen hohe Ansprüche ist die Methode nicht zu empfehlen.

2. Die Methode der Kondensatorentladung (nach Ehrhardt, D.R.P. 213002) (Bild 34). Ein Kondensator wird bei nicht geschlossenem Kontakt aufgeladen und entladet sich bei Berührung des Kon-

[1]) Zusammenstellung: F. Sieber, BBC Baden, »Kontaktgebung mittels elektrischer Meßinstrumente«. Bull. Schweiz. E.V. 18, 1927, S. 484÷490.

taktes auf eine Relaiswicklung, schließt allenfalls damit einen Haltestromkreis. Die Methode gibt mit den empfindlichsten Instrumenten ganz ausgezeichnete Resultate, hat nur den Nachteil, daß die Einzelelemente sehr sorgfältig zueinander abgestimmt sein müssen. Bis jetzt ist sie noch nicht fabrikationsmäßig verwendet worden.

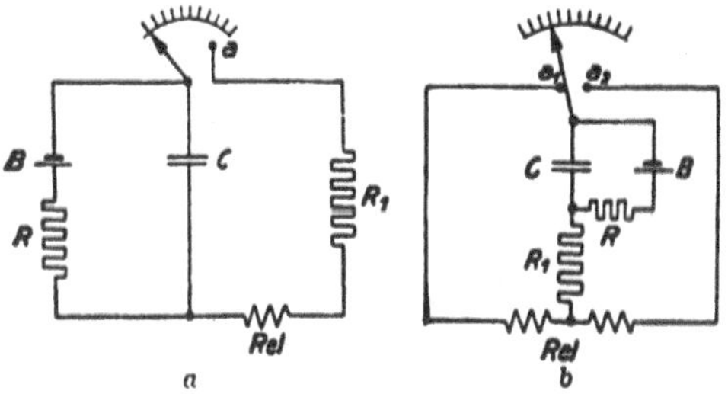

Bild 34. Kontaktbetätigung mit Kondensator-Entladung.

a) Maximalkontakt. Beim Berühren von a entlädt sich der Kondensator c über den Vorwiderstand R_1 auf die Relaiswicklung.

b) Minimal- und Maximal-Kontakte. Der Kondensator wird beim Berühren von a_1 und a_2 wechselweise auf die beiden Wicklungen des polarisierten Relais entladen.

3. Thermo-Relais. Die Cambridge Instr. Co. hat folgende Einrichtung durchgebildet (Bild 35).

Der Instrumentzeiger z ist mit einem Differential-Thermoelement T, T_2 versehen. In einem von Hand einzustellenden Hebelarm liegt

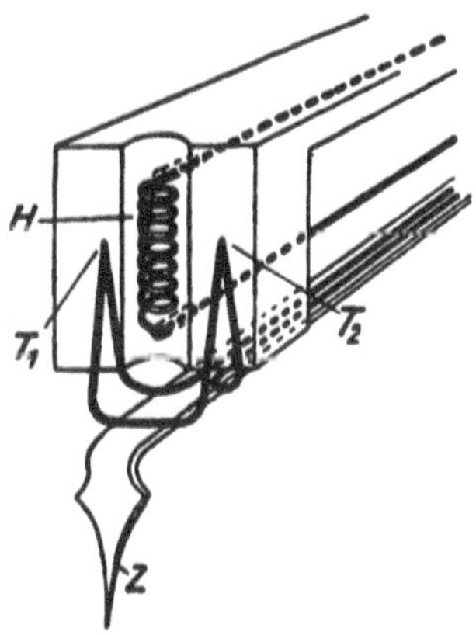

Bild 35. Thermo-Relais der Cambridge Instrument Co. Der Zeiger mit dem Doppel-Thermoelement T, T_2 bewegt sich, entsprechend der gewünschten Kontaktgabe, vor der einzustellenden Heizspirale H.

die Heizspirale H, die aus einer Batterie gespeist wird. Die Thermoelemente T_1 T_2 sind so geschaltet, daß sich die Thermokräfte addieren, wenn der Heizkörper zwischen ihnen liegt und subtrahieren, wenn er außerhalb liegt.

Mit dem Thermostrom wird ein empfindliches Gleichstrom-Relais geschaltet.

Ein erheblicher Nachteil ist die Beschwerung des beweglichen Organs durch die Thermoelemente, ein anderer die immer noch geringe Schaltleistung.

Wesentlich günstiger ist das von Moll und Burger hergestellte Thermorelais, bei dem auf dem beweglichen System ein Spiegel ist, der eine Moll-Vielfachthermosäule belichtet, die in ein luftleeres Gefäß eingebaut ist. Das Verfahren dient hauptsächlich dazu, bei Nullmessungen kleinste Galvanometerausschläge sichtbar zu machen.

4. Glimmlampen-Relais. Bei einer Glimmlampe mit Alkalielektroden wird die Zündspannung durch Belichtung stark herabgesetzt. Man legt sie an eine Gleichspannung, die einige % unter der Glimm-

spannung liegt und läßt durch einen Spiegel auf dem beweglichen Organ einen Lichtstrahl darauf fallen. Dadurch wird die Zündung eingeleitet und eine Leistung von 1÷2 Watt zum Betätigen eines elektromagnetischen Relais durch den Glimmstrom frei. Das Verfahren ist trägheitslos und deshalb auch für schnelle Bewegungen geeignet.

Ein eigentümliches Gitter-Glimmrelais hat Knowles bei der Westinghouse Co. durchgebildet[1]). Es ist eine Glimmlampe mit drei Elektroden, einer Anode, einer Kathode und einem Gitter, an dem eine Hilfsspanunng von etwa 400 Volt liegt. Durch die leiseste Berüh-

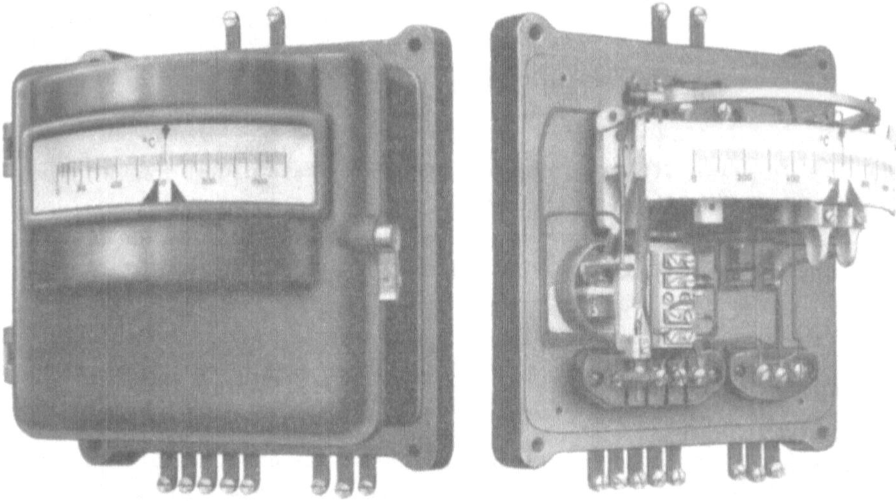

Bild 36. Siemens-Temperaturregler mit einem über die ganze Skala einstellbaren Kontakt. Der Fallbügel wird durch einen elektrisch geheizten Bimetallstreifen bewegt.

rung des Zeigers mit dem Kontakt läßt man die Gitterladung abfließen, und es wird die Zündung der Lampe eingeleitet.

5. Kontaktgabe durch einen Fallbügel. Dieses Verfahren ist bei empfindlichsten Meßgeräten das zuverlässigste und findet mehr und mehr Anwendung.

Von einem Uhrwerk, einem Motor oder einer anderen äußeren Kraftquelle wird der Zeiger periodisch auf eine Unterlage gedrückt, auf der an entsprechender Stelle zwei Kontaktfedern liegen.

Bei der in Bild 36 gezeigten Ausführung erfolgt die Fallbügelbewegung weder durch Uhrwerk noch durch Motor, sondern durch einen elektrisch geheizten Bimetallstreifen, der nach dem Betätigen des Fallbügels sich abkühlt, den Fallbügel wieder hebt, sich dann selbst wieder einschaltet usw.

---

1) Electrical World 89, 1927, S. 751, ferner ETZ, 48, 1927, S. 1291.

H. Skalen.

Skalen für Feinmeßgeräte. Die Ablesung mit Messerzeiger und Spiegelskala ermöglicht selbstverständlich nur eine Beobachtung aus geringer Entfernung. Die Skala macht man zum Messerzeiger passend, mit verhältnismäßig eng angeordneten Teilstrichen (etwa 1 mm entfernt), die dünn ausgezogen sind. Sowohl zu enge als zu weite Unterteilung vermindern die Ablesegenauigkeit, 1 mm ist der beste Abstand. Die Weston-Co. versieht ihre Normalinstrumente, für die sie 0,1% des Höchstwertes garantiert, mit Transversalskalen, die eine genauere Mes-

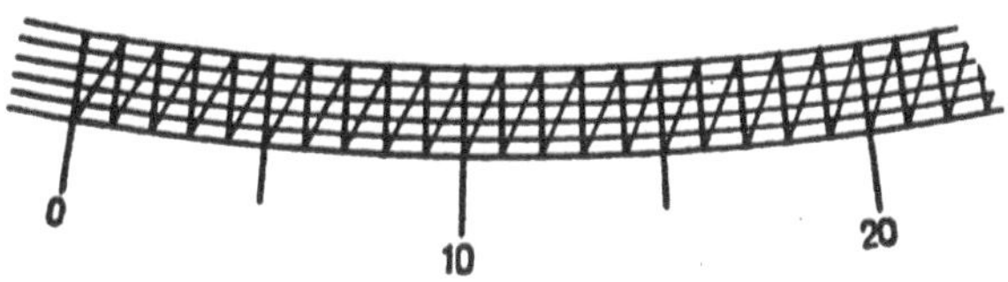

Bild 37. Transversal-Skala (Weston Instr. Co.)

sung der Zwischenwerte erlauben (Bild 37). Solche Skalen werden nur in Ausnahmefällen verwendet.

Es ist zu beachten, daß das Vorhandensein einer Spiegelskala allein noch nicht die Genauigkeit und Zuverlässigkeit des Instruments verbürgt, sondern nur den Ablesefehler erheblich vermindert.

Skalen für Betriebsmeßgeräte. Bei Instrumenten, die auf größere Entfernung abgelesen werden sollen, z. B. auf Schalttafeln, werden sowohl die Teilstriche der Skala als auch der Zeiger kräftiger, als Lanzenzeiger, ausgeführt. Für die normalen Größen wählt man eine Teilstrichentfernung von 2, höchstens 10 mm. In Amerika geht man in dieser Hinsicht weiter als in Deutschland, es kommen dort außerordentlich breite Zeiger zur Verwendung, die weithin zu sehen sind.

Neuerdings verwenden S. & H. für Schalttafelinstrumente größere Zeigerfahnen und kräftigere Teilung als früher. Bild 38 zeigt die Skala eines von der gleichen Firma hergestellten Kohlensäuremessers in wasserdichtem Gehäuse, eine Ausführung, die wegen der Deutlichkeit der Anzeige überall angewandt wird.

Bisweilen vereinigt man auch Grob- und Feinskalen, wo man einerseits auf größere Entfernung mit mäßiger Genauigkeit ablesen will, anderseits aber bei Nahablesung wieder sehr genau. Bild 39 zeigt eine derartige Skala für einen Betriebs-Temperaturmesser.

Unterteilung und Beschriftung der Skalen. Es scheint das leichteste zu sein, ein Instrument mit einer guten Skala zu versehen, und doch kann sich jeder davon überzeugen, daß die meisten Skalen nicht so gut sind wie sie sein könnten. Die Unterteilung und Beschriftung ist keine Sache, die dem Skalenzeichner überlassen werden darf, sie muß vielmehr für jeden Meßbereich und jeden Skalencharakter eingehend studiert werden. Die Intervalle sollten möglichst $^1/_{10}$ oder $^1/_2$ der nächst größeren Stufe entsprechen, $^1/_5$ mit 5 Strichen für die Einheit sollte man vermeiden, wo es geht, weil allzu leicht Ablesefehler gemacht

Bild 38. Grob geteilte Skala eines CO_2-Messers für Fernablesung (Siemens & Halske).

werden. Eine 50teilige Skala dieser Art, die von 0÷100 geht, sollte man von 5 : 5 Teilstrichen beschriften mit 10—20—30 oder 1—2—3. Tut man das nicht, so bewerten selbst geübte Beobachter den Teilstrich mit 0,1 statt mit 0,2, lesen also z. B. 23,0 statt 26,0. Mit Ziffern sollte man nicht sparen, allerdings mit Nullen und dafür die Einheiten mit kV, kA, MW usw. bezeichnen, auch Aufschriften, wie z. B. × 100 V, nicht scheuen. Schreibt man die Nullen aus, so wird die Skala zu voll und unübersichtlich.

Auch das Verhältnis der Länge zwischen den kurzen und langen Strichen einer Skala ist ein Punkt von gewisser Bedeutung. Im allgemeinen sollten, wenn die langen oder Zehnerstriche eine Länge 1 haben, die Fünferstriche eine solche von 0,75 und die Einerstriche eine solche von 0,5 haben. In manchen Fällen ist es üblich geworden, den kurzen Strich von derselben Länge, wie den Raum zwischen ihnen und dem Nachbarstrich zu machen. Eine weit geteilte Skala ist leichter abzulesen als eine enge.

Bild 39. Skala eines Profilinstruments für Nah- und Fernablesung (Hartmann & Braun).

Trotter[1]) hat der Größe der Zahlen auf Instrumentskalen sehr eingehende Überlegung geschenkt und empfiehlt eine einfache Blockzahl, deren Gesamtbreite $^7/_{10}$ ihrer Höhe ausmacht und deren Strichdicke $^1/_{10}$ der Höhe ist. Versuche zeigten, daß, wenn man die Zahlen mit Hilfe von Radiumverbindungen leuchtend macht, die Strichdicke für die beste Lesbarkeit $^1/_8$ der Höhe der Zahlen sein sollte, wenn ihre Höhe über 5 mm hinausgeht. Unterhalb dieser Grenze zeigte der Versuch, daß die Strichdicke praktischerweise bis auf $^1/_6$ der Zahlenhöhe vermehrt werden kann.

Mehrfachskalen. Skalen mit einer Teilung und mehrfacher Beschriftung sollte man unbedingt vermeiden, sie sind zu schwer abzulesen. In dieser Beziehung werden oft an die Geschicklichkeit des Beobachters sehr hohe Anforderungen gestellt, wenn z. B. ein Teilstrich vier Einheiten bedeutet. Es kommen aber noch schlimmere Skalen vor. Multiplikation oder Division mit 2 ist erträglich, man sollte das Instrument dann aber nur nach Teilstrichen beziffern, wie es bei den meisten Feinmeßgeräten geschieht. Zeichnet man zwei Skalen nebeneinander, z. B. eine 30teilige und eine 100teilige oder eine 50teilige und eine 150teilige, so kommt man bei schnellem Fortschreiten der Meßbereiche im Verhältnis von etwa 1 : 3 (z. B. 5—15—50—150—500 A) zu sehr bequemer Ablesung (s. Bild 40). Auch drei, sogar vier Skalen zeichnet man nebeneinander, man sollte es aber besser nicht tun, wenn es zu umgehen ist.

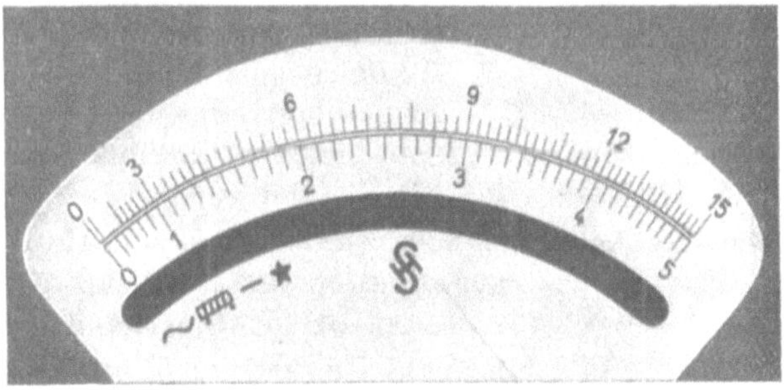

Bild 40. Doppelskala eines Siemens-Zwerg-Instrumentes, im Verhältnis 1 : 3 abgestuft.

Auswechselbare Beschriftung. Beim Inbetriebsetzen neuer Kraftwerke schaltet man die Stromwandler zunächst, solange der Bedarf noch gering ist, auf den niedrigen Meßbereich. Zu diesem Zweck hat man Profilinstrumente mit zweiteiligen Skalen gebaut, mit einer feststehenden Eichteilung und einer auswechselbaren Ziffernreihe. Man kommt aber natürlich auch hier auf ungünstige Unterteilungen, und es ist besser, für jeden Meßbereich eine neue Skala zu zeichnen.

[1]) Journ. Inst. Elect. Eng., Vol. LIV, Seite 273, 1916.

Für Mehrfach-Milliamperemeter zum Gebrauch an Röntgeneinrichtungen hat man bis zu vier Ziffernreihen durch einen Drehschalter geschaltet.

Schwarze Skalen. Eine beachtenswerte Neuerung, die schon seit mehr als zehn Jahren vorwiegend in den U.S.A. ausgeführt wird, sind schwarze Skalen mit weißen Teilstrichen und weißem Zeiger. Es wird gesagt, daß derartige Skalen in hellem Lichte viel leichter abzulesen sind als die normalen Skalen, weil bei letzteren infolge der »Lichthofbildung« die schwarzen Striche von der weißen Skala überflutet werden. Erst nach einer gewissen Zeit hat sich das Auge angepaßt und ermöglicht eine deutliche, klare Beobachtung, während bei

Bild 41. Groß-Instrument mit doppelseitiger Ablesung und 1 m Durchmesser. (Zum Vergleich ein Schalttafelinstrument mit 225 mm ϕ.)
Zu beachten ist die klare Anordnung der Skala, die die volle Fläche ausnützt. (Siemens & Halske.)

schwarzen Skalen eine solche Anpassung nicht nötig bzw. schneller erfolgt ist. Die Reichsbahn hat neuerdings für die Instrumente der elektrischen Lokomotiven schwarze Skalen vorgeschrieben. Durch Zeichnen der Teilung mit Leuchtfarbe kann man diese Skalen auch ohne weiteres zur Ablesung in dunklen Räumen ausführen, was bei weißen Skalen mit schwarzen Strichen nur in ganz unbefriedigender Weise möglich ist, z. B. durch Markieren der Striche mit kleinen weißen Punkten.

Beleuchtete Skalen. Vielfach werden Instrumente mit Innenbeleuchtung verlangt. Die Konstruktion dieser Apparate macht aber große Mühe, weil der Verbrauch der Beleuchtungslampen zu groß ist und meist eine übermäßige Erhitzung des Instrumentinneren herbeiführt. Trotz des Einbaues von Zwischenwänden treten große Anwärmefehler auf. Siemens & Halske sind aus diesem Grunde von der Innenbeleuchtung ganz abgegangen und liefern nur noch eine Armatur für die Außenbeleuchtung der Instrumente.

Skalenwinkel. Der gebräuchlichste Skalenwinkel ist 80 bis 90°. Für Drehfeldmeßgeräte hat man vielfach 300°-Skalen verwendet. Einige Hersteller bauen auch Drehspulinstrumente mit 300°-Skala. Unter Berücksichtigung der Zeigerverkürzung kommt man auf etwa die doppelte Skalenlänge.

Entspricht der Skalenendwert der Meßgröße 10, 100 oder 1000, so kann man eine besonders übersichtliche Skala, die weithin abzulesen ist, in der Weise erhalten, daß man die Werte 0 bis 10 genau so legt wie bei einer Uhr und die Ziffern ganz fortläßt. Es ist merkwürdig, daß diese Skalenanordnung noch nicht für Autogeschwindigkeitsmesser Anwendung gefunden hat, die häufig eine Skala von 0÷100 km haben und die in dieser Weise für den Fahrgast deutlich ablesbar wären.

Bild 42. Instrument mit Skala ohne Ziffern für Meßbereiche 0÷10, 0÷100 usw., wie eine Uhr abzulesen. Für Fernablesung zweckmäßig.

Für max. 120 km könnte man den Bereich 0÷20 km auslassen. (Bild 42).

In England bevorzugt man neuerdings Skalen mit 120⁰ Ausschlagwinkel, wie sie die Siemens - Ferrarisinstrumente seit langem hatten, erst unter dem Namen Long Scale, neuerdings als Super-Scale. Dem Verfasser erscheint der Gewinn an nutzbarer Skalenlänge die unzweifelhafte Verunzierung des Instrumentes nicht aufzuwiegen.

Bei Profilinstrumenten ist man auf einen Skalenwinkel von 60 bis höchstens 90^0 beschränkt. Instrumente mit 360^0 Skalenwinkel, wie z. B. Leistungsfaktormesser für 4 Quadranten (s. 2. Band) sind demnach als Profiltypen nicht herstellbar. Die Firma Trüb, Täuber & Co. hat einen originellen Kunstgriff angewendet, um auch Profilinstrumente mit 360^0-Skala herzustellen. Sie verfährt dabei so, daß sie an Stelle

Bild 43. Profil-Synchronoskop mit 360 Winkelgrade umfassender rotierender Skala und feststehendem Zeiger. (Trüb, Täuber & Co., Zürich.)

des Zeigers die Skala rotieren läßt und den Zeiger feststellt. Bild 43 zeigt diese Anordnung für ein Synchronoskop.

Material für die Skalen. In früheren Jahren benutzte man ausschließlich beiderseitig mit Bristolkarton beklebtes Zink- oder Messingblech. Neuerdings finden Lackskalen mehr und mehr Eingang, um so mehr, als sie durch Feuchtigkeit nicht leiden und ohne weiteres tropenfest sind. In England benutzt man Aluminiumskalen mit schwarzer Schrift, die für die Tropen aber nicht geeignet sind und durch versilberte Messingskalen ersetzt werden.

Skalenverlauf. Der Skalenverlauf eines Meßinstrumentes ist vielfach durch das Meßprinzip gegeben, bei einigen Meßwerken kann man ihn auch dem Verwendungszweck anpassen. Die gleichförmig geteilte

Skala ist nicht immer die zweckmäßigste. In Bild 44 sind einige typische Skalen wiedergegeben.

Sonderkonstruktionen erhalten zuweilen ganz abweichende Skalenausführungen. Ein solches Beispiel sind die **Kreuzzeigerinstrumente** mit zwei Meßwerken, ein anderes das Doppelzeigerinstrument des

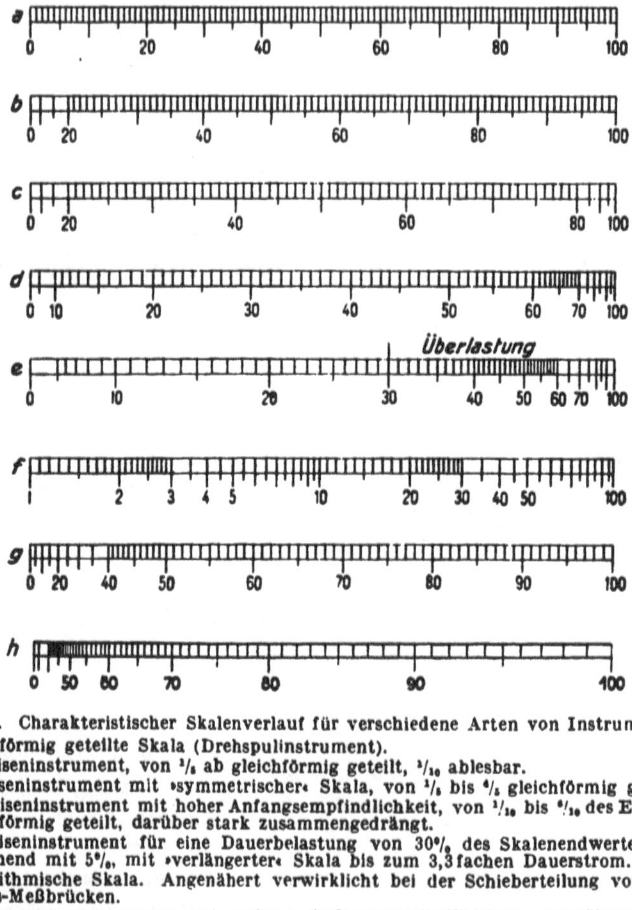

Bild 44. Charakteristischer Skalenverlauf für verschiedene Arten von Instrumenten.
a) Gleichförmig geteilte Skala (Drehspulinstrument).
b) Dreheiseninstrument, von $^1/_5$ ab gleichförmig geteilt, $^1/_{10}$ ablesbar.
c) Dreheiseninstrument mit »symmetrischer« Skala, von $^1/_5$ bis $^4/_5$ gleichförmig geteilt.
d) Dreheiseninstrument mit hoher Anfangsempfindlichkeit, von $^1/_{10}$ bis $^6/_{10}$ des Endwertes gleichförmig geteilt, darüber stark zusammengedrängt.
e) Dreheiseninstrument für eine Dauerbelastung von 30% des Skalenendwertes, Skala beginnend mit 5%, mit »verlängerter« Skala bis zum 3,3fachen Dauerstrom.
f) Logarithmische Skala. Angenähert verwirklicht bei der Schieberteilung von Widerstands-Meßbrücken.
g) Dreheisenspannungsmesser mit geringer Anfangsempfindlichkeit, angenähert quadratischer Skalencharakter.
h) Skala nach der 4. Potenz der Meßgröße (Gesamtstrahlungspyrometer).

Fernfeuchtigkeitsmessers von H. & B. (Bild 45). In einem Profilgehäuse sind zwei Meßwerke, das eine, untere, mit dem kurzen Zeiger zur Messung der Temperatur, das andere, obere, mit dem langen Messerzeiger zur Anzeige der Temperaturdifferenz. Der Feuchtigkeitsgehalt wird auf der Kurvenschar aus zwei Ablesungen ermittelt. Für ungeübtes Personal ist die Ablesung solcher Skalen schwierig.

Skalencharakter und Einstellsicherheit. Es ist wohl zu beachten, daß der Skalencharakter auf den mechanischen Gütefaktor, besser gesagt, auf die Einstellgenauigkeit einen großen Einfluß hat[1]). Für ein bestimmtes Meßinstrument wird bei gleichem Drehmoment für Endausschlag jede Erweiterung der Anfangsteilung oder der Teilung

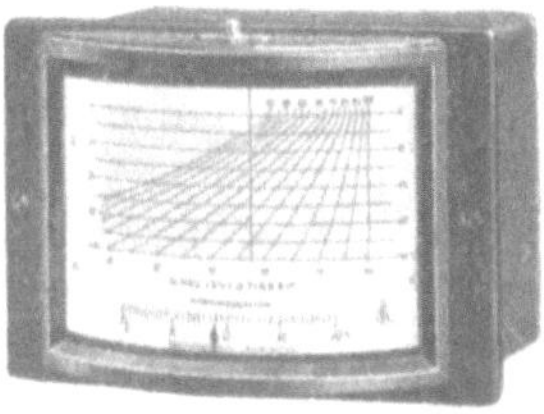

Bild 45. Kurvenschar-Skala eines Doppelzeiger-Instrumentes.

an irgendeinem Skalenpunkte mit einer geringeren Einstellsicherheit und häufig auch mit geringerer elektrischer Genauigkeit erkauft. Wenn mit einer geringen Zunahme der Meßgröße eine besonders große Zeigerbewegung erzielt wird, so kann dies nur auf Kosten der spezifischen Richtkraft geschehen. Oder auch: will man bei gleichem Maximaldrehmoment irgendeines Instruments die Anfangsteilung vergrößern, so geschieht dies unter Vergrößerung des Eigenverbrauches für den End-

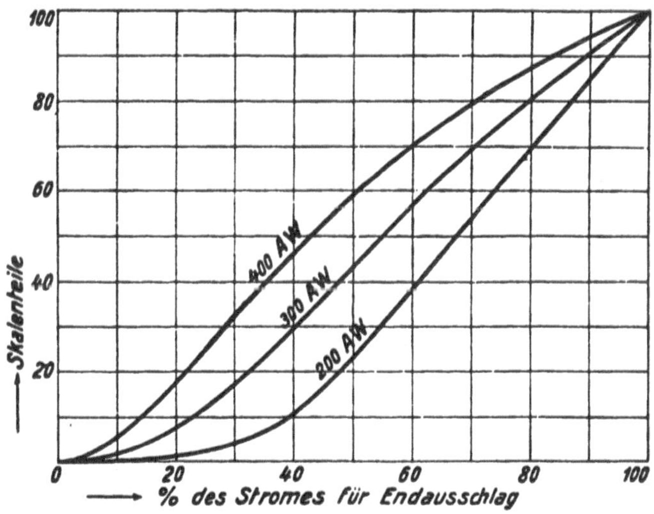

Bild 46. Skalencharakter eines Dreheisenstrommessers bei verschiedener Amperewindungszahl.

ausschlag. Je größer die Anfangsteilung ist, um so mehr AW sind nötig. Diese Regel gilt für alle Instrumente, wobei selbstverständlich Konstruktionsmaßnahmen zur Verbesserung der Anfangsteilung nicht inbegriffen sein können. Bild 46 zeigt in besonders klarer Weise für ein Dreheisenmeßwerk des Rundspultyps den Zusammenhang zwischen

---

[1]) Siehe auch S. 31.

Skalenverlauf und Amperewindungszahl in der Feldspule bei konstantem Drehmoment. Es wurde dabei jeweils nur die Stellung des festen Eisenkernes zum beweglichen geändert durch Verdrehen der Hülse mit dem festen Eisenkern. Große Anfangsteilung erfordert danach immer hohe Amperewindungszahl. Will man eine gleich gute Teilung mit kleinerer Amperewindungszahl erreichen, so muß das Drehmoment entsprechend dem Quadrate der Amperewindungszahlen herabgesetzt werden, d. h. bei 200 AW kann das Drehmoment gegenüber 300 AW nur $\left(\frac{200}{300}\right)^2 = 44\%$ des Wertes bei 300 AW betragen.

Noch ein anderer Punkt ist zu beachten, insbesondere bei Dreheiseninstrumenten: In den Bereichen weiter Skalenteilung, namentlich in der Mitte und am Ende der Skala, sind die Hystereseerscheinungen bei Gleichstrom nicht nur im linearen Maß, sondern auch in Prozenten des Sollwertes ausgedrückt, viel deutlicher zu bemerken. Am klarsten tritt dies zutage, wenn durch besondere Kerngestaltung die Einstellung nahezu labil wird. Die Hysteresefehler steigen dann auf mehrere Prozent des Sollwertes, während sie sonst nur etwa 1% betragen. In solchen Bereichen weiter Teilung treten auch die Reibungsfehler in erhöhtem Maße auf.

Aus alledem geht hervor, daß es nicht zweckmäßig ist, allein den berechneten Gütefaktor für die Beurteilung eines Instruments heranzuziehen, und daß die Einstellsicherheit unter Umständen auch in einzelnen Teilen der Skala sehr verschieden ist, wie auch bereits in den Ausführungen auf S. 23 ÷ 26 geschildert worden ist.

J. Dämpfung.

Günstigster Dämpfungsgrad.

Die gute Dämpfung der Schwingungen des beweglichen Organs ist nicht nur für die bequeme Ablesung, sondern auch für die Haltbarkeit des Instrumentes von Wert. Ungedämpfte Systeme sollten auf dem Transport arretiert werden, sonst tritt leicht eine Beschädigung des Zeigers oder der Spitzen ein. Anderseits soll aber das Meßwerk nicht überperiodisch (kriechend) gedämpft sein, weil sich dann bei der geringsten Spitzenreibung der Zeiger unsicher einstellt. Der Grad der Dämpfung wird am besten gekennzeichnet durch das Verhältnis k der Amplitude zweier aufeinanderfolgenden Schwingungen. Für den ungedämpften Zustand ist $k = 1$. Als gering ist die Dämpfung zu bezeichnen mit $k = 2$ bis $k = 4$. Für eine Anfangsamplitude $a_1 = 100$ mm und eine letzte Amplitude von $a_n = 0{,}1$ mm, demnach $a_1/a_n = 1000$, ergeben sich für $k = 2: \frac{\log 1000}{\log 2} = 10$, für $k = 4: \frac{\log 1000}{\log 4} = 5$ Überschwingungen. Als gut ist die Dämpfung zu bezeichnen für $k = 5$ bis $k = 20$, entsprechend 4 bis 2 Überschwingungen. Eine stärkere Dämpfung als $k = 20$ ist weder notwendig noch erwünscht. Bei starker Dämpfung werden die Schwingungen schnell so klein, daß sie nicht mehr beobachtet werden können.

Man kann das Dämpfungsverhältnis auch aus der Ablenkung a und der erste Überschwingung a_1 bestimmen:

Das Verhältnis $k' = \frac{a_2}{a_1}$ ist abhängig von dem Dekrement $\lambda = \ln k$. Es ist

$$\ln k' = 2\lambda - \left(0{,}75 - \frac{\varepsilon^0}{360}\right) - \frac{2{,}3}{2} \log\left[1 + \left(\frac{\lambda}{\pi}\right)^2\right], \text{ wobei } \varepsilon = \operatorname{arctg}\frac{\pi}{\lambda}.$$

Das tatsächliche Dämpfungsverhältnis k ist also kleiner als der gemessene Wert k', und zwar ist für

k	k'	k	k'
$k = 1$	$k' = 1$	$k = 5$	$k' = 5{,}55$
2	2,07	7	8,40
3	3,20	10	12,90

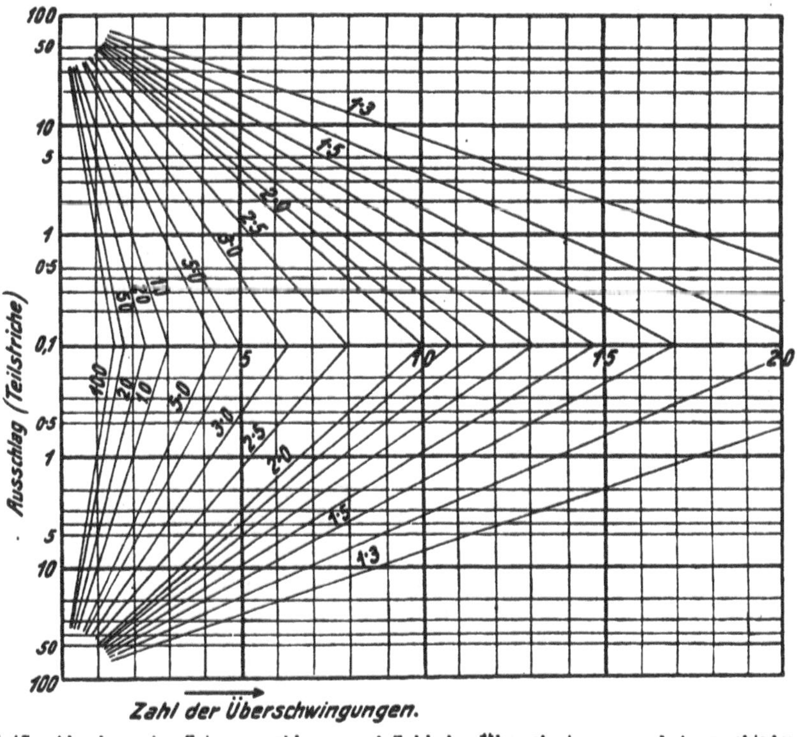

Bild 47. Abnahme des Zeigerausschlages und Zahl der Überschwingungen bei verschiedenem Dämpfungsverhältnis ($k = 1{,}3$ bis $k = 100$). Als gegeben anzusehen ist das Dämpfungsverhältnis, z. B. 2,5. Aus dem Bild kann man ablesen, daß ein Anfangsausschlag von 100 Teilstrichen nach 8 Überschwingungen auf 0,1 Teilstriche abgeklungen ist, oder daß er z. B. nach 5 Schwingungen noch 1,4 Teilstriche beträgt.

Bild 47 zeigt den Verlauf der einzelnen Überschwingungen für Dämpfungsverhältnisse von $k = 1,3$ bis $k = 100$, wobei als Anfangsamplitude $k = 100$, als Endamplitude $k = 0,1$ angenommen ist, wie im obigen Beispiel. Die Amplituden sind in logarithmischer Teilung aufgetragen, ihr Verlauf ergibt in dieser Darstellung eine gerade Linie. Man kann daraus für jedes Dämpfungsverhältnis die Zahl der Überschwingungen nicht nur für 0,1% des Anfangswertes, sondern auch für beliebige Endwerte entnehmen.

Die praktisch beobachteten Werte folgen nicht genau diesem Gesetz, weil sich die Wirkung der Dämpfung sowohl mit der Zeigerstellung als auch mit der Bewegungsrichtung ändert, insbesondere bei Instrumenten mit unsymmetrischer Luftdämpfung. Bei Instrumenten mit Lagerreibung kommen die Bewegungen schneller zur Ruhe, weil bei den letzten kleinen Schwingungen die Bewegungsenergie durch die Reibung schneller aufgezehrt wird.

Eine sehr kräftige Dämpfung wird an Instrumenten mit geringer Eigenschwingungsdauer oft irrtümlich als von Reibungswiderständen herrührend angesehen. Es ist wiederholt vorgekommen, daß Fabrikanten ihre Instrumente mit schwächerer Dämpfung versehen mußten, weil die Kundschaft die Beobachtung mehrerer Überschwingungen forderte.

Dämpfung und Richtkraft.

Ändert man unter gleichbleibender Dämpfungsanordnung die Richtkraft, so wird auch das Dämpfungsverhältnis geändert, und zwar

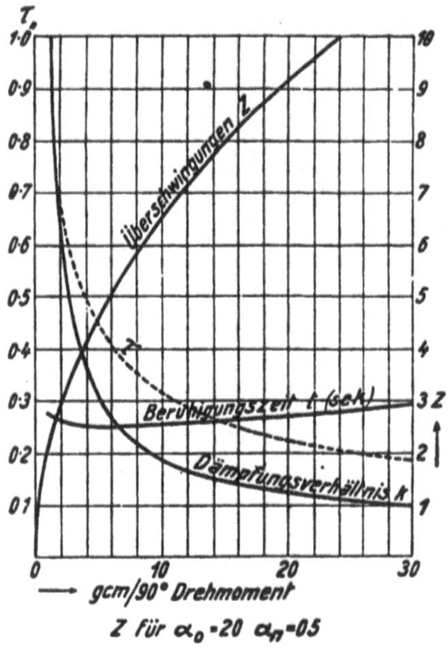

Bild 48. Änderung der Dämpfung mit dem Drehmoment bei einem Leistungsfaktormesser. Bei Änderung des Drehmomentes zwischen 2 und 30 gcm ändert sich die Beruhigungszeit nur in ganz engen Grenzen, obwohl die Zahl der Überschwingungen stark zunimmt.

nimmt es mit steigender Richtkraft ab und umgekehrt. Die Beruhigungszeit bleibt aber annähernd konstant. Diese Verhältnisse liegen im Betriebe vor bei einem Instrument, dessen spezifische Richtkraft nicht konstant ist, z. B. bei einem elektrodynamischen Phasenmesser mit gekreuzten Spulen. Die Richtkraft und dementsprechend auch die Dämpfung ist vom Strom in den Spulen abhängig. Bild 48 zeigt für ein derartiges Instrument, dessen

Trägheitsmoment 80 gcm^2 betrug, bei einer Veränderung des Drehmomentes in den Grenzen 1 : 30 (durch Änderung des Stroms) für eine Magnetdämpfung die Schwingungsdauer, das Dämpfungsverhältnis und die Beruhigungszeit als Funktion des Drehmomentes. Die Beruhigungszeit ist fast genau konstant und ändert sich nur in den Grenzen von 2,5 ÷ 2,9 s.

Vom Trägheitsmoment der beweglichen Teile hängt die Dämpfung annähernd in der Weise ab, daß sich die Beruhigungszeit proportional dem Trägheitsmoment des beweglichen Organs vergrößert.

Magnetische Dämpfung.

Die Wirkung beruht darauf, daß gleichzeitig mit der Bewegung des eigentlichen Meßorgans eine Metallmasse in einem kräftigen Magnetfelde so schwingt, daß in ihr Wirbelströme erzeugt werden, welche die Bewegungsenergie schnell in Stromwärme umwandeln.

Kurzschlußwicklung. Die beste und bekannteste Anordnung dieser Art wird bei den Drehspulinstrumenten für Gleichstrom verwendet. Hier ist in der Regel die stromführende Wicklung auf einem besonderen, aus einem Stück gepreßten, nahtlosen Kurzschlußrahmen aus Kupfer- oder Aluminiumblech von 0,2 bis 0,8 mm Dicke aufgewickelt. Bei jeder Bewegung des Zeigers werden Kraftlinien geschnitten und in dem Kurzschlußrahmen (selbstverständlich auch in der Wicklung) Ausgleichströme erzeugt. Der Gewichtsersparnis wegen wird meist Aluminium verwendet; die Dicke des Rahmens wird dem verlangten Grad der Dämpfung angepaßt. Zuweilen ist es erwünscht, den Grad der Dämpfung nachträglich einstellen zu können; in diesem Falle verwendet man statt des kurzgeschlossenen Rahmens eine besondere zweite Wicklung, deren Enden man gleichfalls über Federn herausführt und über einen veränderlichen Widerstand schließt. Einfacher und praktisch gleichwertig ist es aber, den verfügbaren Wickelraum nur mit einer einzigen Wicklung auszufüllen und zu dieser einen Widerstand parallel zu schalten.

Bei Meßgeräten mit hoher Windungszahl und geringer Richtkraft ist in der Regel gar kein besonderer Nebenschluß nötig, beispielsweise dann, wenn das Instrument in einer Brückenschaltung liegt. Bei dieser Anordnung muß man sogar in der Regel Sorge tragen, daß die Widerstände, entweder der Instrumentwiderstand oder der äußere Schließungswiderstand, hoch genug werden und die Dämpfung nicht kriechend wird.

Scheibendämpfung. Je nach dem Ausschlagwinkel des Meßwerks setzt man einen Sektor oder eine runde Aluminiumscheibe mit 0,3 bis 1 mm Dicke auf die Achse, die sich in dem Luftspalt eines oder mehrerer Magnete bewegt. Ausführungen dieser Art zeigen die Bilder

49 und 50. Der Spielraum der Scheibe beträgt beiderseitig etwa 0,5 bis 0,7 mm. Die Scheiben werden in der Regel mit Verstärkungsrippen gestanzt, um ihnen ausreichende Stoßfestigkeit zu geben. Die Magnete sollen lang sein, das Feld möglichst konzentriert und so auf die Scheibe einwirken, daß die maximale Dämpfungswirkung eintritt. Das Anbringen sehr großer Polschuhe ist ebenso falsch wie das Ansetzen der Magnete am äußersten Scheibenrand. Bei Verwendung mehrerer Magnete nebeneinander ist es zweckmäßig, die Polung von einem zum andern zu wechseln.

Trommeldämpfung. Diese Art der Magnetdämpfung ist ganz besonders wirkungsvoll, weil die zylindrische Trommel eine sehr hohe

Bild 49.

Bild 50.

Bild 49. Magnetdämpfung eines gepanzerten Präzisions-Wattmeters der General Electric Co.

Bild 50. Magnetdämpfung eines Westinghouse-cos φ-Messers mit 360° Ausschlag. Der Magnet liegt über der Scheibe, der Rückschluß darunter.

mechanische Festigkeit hat. Man kann deshalb mit viel geringerem Luftspalt arbeiten als bei der Scheibendämpfung. Obwohl der Magnetkreis notwendigerweise über zwei Luftspalte und den inneren Eisenkern geschlossen wird, erzielt man doch ein sehr kräftiges Feld. Die Ferrarisinstrumente waren besonders wegen ihrer sehr guten Dämpfung durch die Aluminiumtrommel beliebt.

Elektromagnetische Dämpfung. Für Sonderzwecke, für besonders starke Dämpfung bei geringem Scheibengewicht und für regelbare Dämpfungen hat man den Stahlmagnet schon durch einen Elektromagnet ersetzt, der aus einer besonderen Batterie oder einem Gleichstromnetz gespeist wurde. Hartmann & Braun bauen eine derartige Einrichtung, bei der außerdem die bewegliche Scheibe nicht unmittelbar am beweglichen Organ sitzt, sondern über eine ins Schnelle übersetzende Zahnradübertragung mit ihm verbunden ist. Diese Maßnahme bringt auch nur dann einen Vorteil, wenn das Trägheitsmoment des Dämpfungsorgans klein ist gegenüber dem Trägheitsmoment der übrigen Teile des beweglichen Organs.

Berechnung magnetischer Dämpfungen. Es lohnt nach Ansicht des Verfassers nicht, magnetische Dämpfungen für Meßgeräte zu berechnen, ein glücklicher Einfall des Konstrukteurs schafft mehr als eine umständliche Berechnung. Es sollen aber doch die wesentlichsten Punkte erläutert werden. Rogowski[1]) hat sich eingehend mit der Theorie der Wirbelströme befaßt, eine wesentlich vereinfachte Rechnung geben Drysdale und Jolley[2]). Für den der Rechnung bequem zugänglichen Fall der Drehspule im homogenen radialen Felde leiten Drysdale und Jolley die Formel ab:

$$N = \frac{A^2 B^2 b_1 x}{2000 \cdot (b + l) \cdot s} \text{ dyncm pro } \frac{\pi}{2} \text{ pro sek,}$$

wobei N = Dämpfungsdrehmoment für eine Winkelgeschwindigkeit von $\frac{\pi}{2}$ pro sek,
A = Spulenfläche,
B = Liniendichte in Gauß,
b = Spulendurchmesser,
l = achsiale Spulenlänge,
b_1 = Spulenbreite,
x = Spulendicke,
s = spez. Widerstand.

Beachtenswert ist, daß die Liniendichte mit der 2. Potenz in diese Gleichung eingeht.

Für Scheibendämpfung leiten dieselben Verfasser folgende Formel ab:

$$N = \frac{\Phi^2 a^2 x}{1000 \cdot A \cdot k \cdot s} \text{ dyncm pro } \frac{\pi}{2} \text{ pro sek,}$$

wobei A = Polfläche des Magneten,
Φ = Gesamtflux des Magneten,
a = Entfernung des Polzentrums vom Drehpunkt,
x = Scheibendicke,
s = spez. Widerstand,
k = Konstante für die Ausbreitung der Stromlinien. Am Scheibenrand klein, etwa = 1, im Scheibenmittelpunkt = ∞.

Auch diese Formel gibt einen guten Anhalt für die Wirkung einzelner Konstruktionsmaßnahmen.

Vorteile der Magnetdämpfung sind die kräftige Wirkung unter geringer Zusatzbeschwerung des beweglichen Organs. Nur mit Flüssigkeitsdämpfung läßt sich eine noch stärkere Dämpfung erzielen.

[1]) Archiv f. El. 1912, S. 205—232.
[2]) Electrical Measuring Instruments I, S. 103.

Nachteile der Magnetdämpfung sind der hohe Preis guter Magnete und vor allem die Empfindlichkeit auf Eisenspäne, die sich vom Innern des Instruments loslösen können oder von außen durch das undichte Gehäuse eindringen. Ferner stören bei manchen Meßgeräten, z. B. eisenlosen Elektrodynamometern, die Streulinien der Dämpfermagnete.

Luftdämpfung.

Die Luftdämpfung wird am häufigsten angewandt, ihre Formen sind außerordentlich mannigfaltig. Die primitivsten Luftdämpfungen bestehen aus einem frei in der Luft schwingenden Flügel. Solche Anordnungen sind selten, nur wenige Hersteller machen davon Gebrauch.

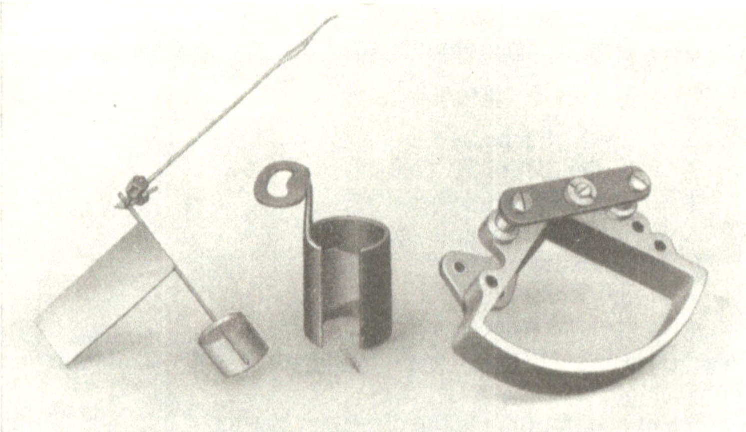

Bild 51. Flügeldämpfung für ein Dreheisen-Rundspulinstrument. Der Flügel geht bis zur Achse.

Sie sind zwar billig, weil der Preis der Dämpfungskammer gespart wird, dafür aber auch so gut wie wirkungslos, weil die geringe dämpfende Wirkung des frei schwingenden Flügels wieder durch das große zusätzliche Trägheitsmoment wettgemacht wird. Man verwendet deshalb fast ausschließlich geschlossene Dämpfungen, die allerdings auch, wenn sie wirksam sein sollen, eine saubere Ausführung verlangen. Es lassen sich zwei große Gruppen unterscheiden:

Flügeldämpfung. (Bild 51, 52, 53.) Zur Erzielung guter Dämpfungswirkung soll der Spielraum zwischen Flügel und Kammer möglichst klein sein, man verwendet deshalb vielfach Präzisionsspritzguß. Die Anordnung nach Bild 51 ist der nach Bild 52 vorzuziehen, weil der Luft weniger Gelegenheit gegeben ist, zu entweichen. Beide Arten werden auch mit Doppelflügel ausgeführt. Die Flügel werden meist mit umgebogenem Rand aus 0,05 bis 0,15 mm dickem Aluminiumblech hergestellt. Drysdale und Jolley weisen darauf hin, daß es sehr zweckmäßig sein müßte, die Flügel auf der Oberfläche sehr rauh zu machen, um der an ihnen vorbeistreichenden Luft eine große Oberfläche zu geben. Die Herstellung solcher Flügel ist aber sehr schwierig.

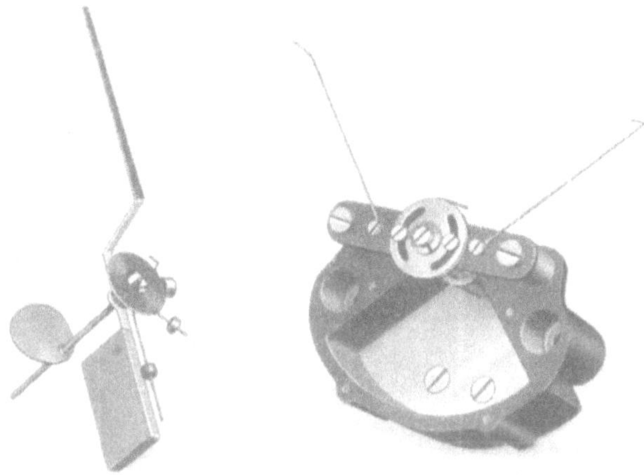

Bild 52. Flügeldämpfung für ein Dreheisen-Flachspul-Instrument.

Der erzielte Grad der Dämpfung ist sehr verschieden, weil der Luftspalt verschieden groß ist je nach der Güte des Fabrikates.

Bild 53. Flügeldämpfung für ein Dreheisen-Flachspul-Instrument. Die Spule ist an der Dämpfungskammer befestigt.

Kolbendämpfung. (Bild 54, 55.) Diese Konstruktion wurde von Siemens & Halske erstmalig ausgeführt und später von vielen andern Firmen übernommen. Bei gleichem Platzbedarf oder gleicher Flügelfläche und gleich weitem Spalt ist die Kolbendämpfung viel wirksamer als die Flügeldämpfung, sie erlaubt deshalb bei gleicher Dämpfung einen größeren Spalt. Sie ist auch in der Form ausgeführt worden, daß man an Stelle des ursprünglich runden Rohres ein rechteckiges mit abnehmbarem Deckel verwendet hat, um den Luftspalt beobachten zu können. Konstruktiv ist aber die Kolbendämpfung unbequemer als die Flügeldämpfung, weil es vieler Mühe bedarf, diese Dämpfung kurzschlußfest zu machen. Dazu muß sowohl der Arm selbst als seine Verbindung mit dem Kolben sehr fest sein. In der Regel hat der Kolben nur auf einer Seite einen 2÷3 mm hohen Rand. Die Wirkung wird erhöht, wenn man den Rand doppelseitig macht.

Bild 54.

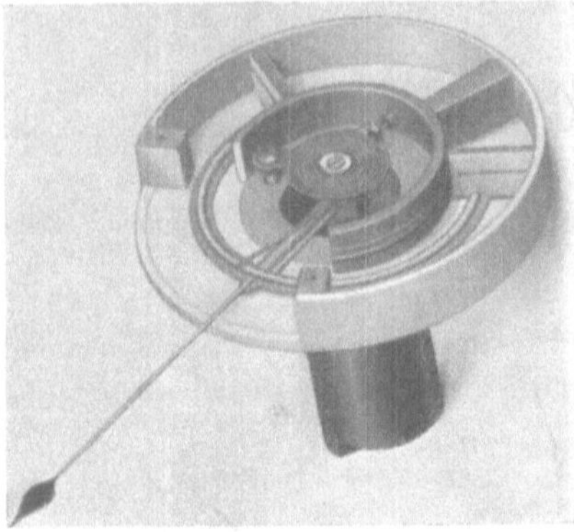

Bild 55.

Bild 54. Kolbendämpfung für einen Dreheisen-Strommesser mit kreisrundem Teller. Man beachte die solide Verbindung des Tellers mit dem Arm, um ihn gegen Verdrehen zu sichern.
Bild 55. Doppel-Kolben-Dämpfung für ein Dreheisen-Instrument.

Berechnung von Luftdämpfungen. Bisher war man praktisch allein auf den Versuch angewiesen. Das jetzt übliche Verfahren ist eigentlich auch nicht unbefriedigend. Durch die Normung der Instrumentdurchmesser und -höhen ist dem Konstrukteur, der eine Luftdämpfung entwerfen soll, gegeben, wie hoch er die Kammer machen darf und welchen maximalen Radius er ihr geben kann. Man baut dann ein Muster und beobachtet bei der ausgeführten Spaltweite die Dämpfung. Ist sie zu schwach, so muß der Spalt enger werden, die Toleranz wird vermindert. Ist sie zu stark, so macht man nicht die Kammer kleiner, sondern den Luftspalt größer und verbilligt damit die Justierungskosten.

Drysdale und Jolley haben auf Grund eingehender Modellversuche Formeln zur Berechnung von Luftdämpfungen aufgestellt. Die Formeln haben folgende Form für die Dämpfungskonstante:

$$N = \left(\frac{C_1}{\delta} + C_2\right) b\, a^2 \text{ dyncm pro } \frac{\pi}{2} \text{ pro sek für Flügeldämpfungen,}$$

$$N = \left(\frac{C_1}{\delta} + C_2\right) A\, a^2 \text{ dyncm pro } \frac{\pi}{2} \text{ pro sek für Kolbendämpfungen,}$$

wobei δ = Luftspalt in mm,
C_1, C_2 = Konstanten, von der Konstruktion abhängend,
b = axiale Flügelbreite in cm,
a = radiale Flügellänge bzw. Wirkungsradius des Kolbens,
A = Kolbenquerschnitt.

C_1 ist bei Flügeldämpfungen etwa 0,2, bei Kolbendämpfungen 0,4; C_2 bei ersteren etwa 0,14, bei letzteren etwa 0,04, so daß das C_2-Korrektionsglied fast zu vernachlässigen ist. Umbördeln des Randes vergrößert die Dämpfung bei Flügel- und Kolbendämpfungen um etwa 30%. Mit dieser Rechnung darf man nur erwarten, die Größenordnung der Dämpfung zu erhalten. Die Verfasser geben selbst zu, daß sie bei der Nachprüfung an einer großen Zahl ausgeführter Instrumente den tatsächlichen Wert zu $\frac{1}{3}$ bis zum dreifachen des berechneten ermittelt haben. Im großen und ganzen war aber die Übereinstimmung leidlich, die Dämpfungskonstante schwankte zwischen etwa 3,0 und 80,0.

Vorteile der Luftdämpfungen sind die verhältnismäßig geringen Herstellungskosten und die Unempfindlichkeit auf Fremdkörper, im besonderen Eisenspäne. Nachteilig ist die geringe Wirkung bei schweren Meßwerken, wenn man nicht entweder große Abmessungen oder sehr kleine Spaltweiten wählt.

Flüssigkeitsdämpfung.

Wenn das Meßwerk ein besonders hohes Drehmoment oder Trägheitsmoment hat und Luft- oder Magnetdämpfung nicht wirksam genug ist, wendet man eine Flüssigkeitsdämpfung an. Am gebräuchlichsten ist Öl, es wird indessen auch Glyzerin verwendet. Eine unangenehme Eigenschaft fast aller Öldämpfungen ist die Temperaturabhängigkeit, die mangelnde Transportfähigkeit und das Herauskriechen des Öles im Laufe der Zeit. Das letztere findet besonders auf Metall statt, und man muß die Flächen, auf denen das Kriechen erfolgen kann, so klein wie möglich machen. In besonderen Fällen wird das ganze bewegliche Organ in Öl getaucht, in der Regel aber eine besondere Dämpfungskammer vorgesehen.

Bauweise. Die Bauweisen sind grundsätzlich dieselben wie bei der Luftdämpfung, so daß also Flügeldämpfung und Kolbendämpfung zu unterscheiden sind. Durch eigenartige Formgebung des Gehäuses kann man transportfähige Flügeldämpfungen herstellen und dem Öl das Heraustreten außerordentlich erschweren, so daß der Behälter längere Zeit auf den Kopf gestellt werden kann. Die Flügeldämpfung kann nur bei lotrechter Systemachse verwendet werden.

Bild 56 zeigt eine transportable Öldämpfung dieser Art, wie sie bei den Registrierapparaten der AEG zur Anwendung kommt. Der Flügel ist nicht starr mit dem Meßwerk verbunden, sondern er wird durch eine Gabel mitgenommen.

Bei wagerechter Achse benutzt man in der Regel offene, gerade Kolbendämpfungen, wobei die Kolbenstange gelenkig an einem Arm am Meßwerk angehängt wird. Der Kolben muß in jeder Lage des Meßwerks vollständig untertauchen. Auch hier lassen sich Ausführungen mit regelbarer Dämpfung herstellen. Der Kolben besteht dann aus zwei aufeinanderliegenden Scheiben, die einzeln nicht den ganzen Querschnitt ausfüllen. Die eine der Scheiben ist von außen verdrehbar, so daß der Querschnitt des Verbindungskanals im Kolben geändert

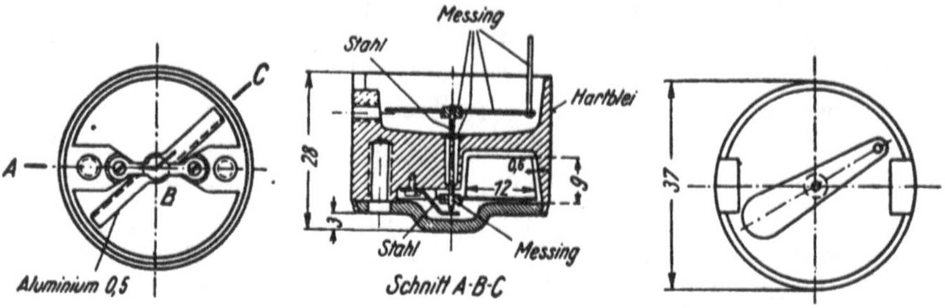

Bild 56. Transportable Flügel-Öldämpfung für einen Registrierapparat (AEG).

werden kann. (Ausführung beim Beschleunigungsmesser von Siemens & Halske.)

Eine transportfähige gebogene Kolbendämpfung zeigt Bild 57. Sie ist nur für horizontal gelagerte Meßwerke brauchbar und besteht

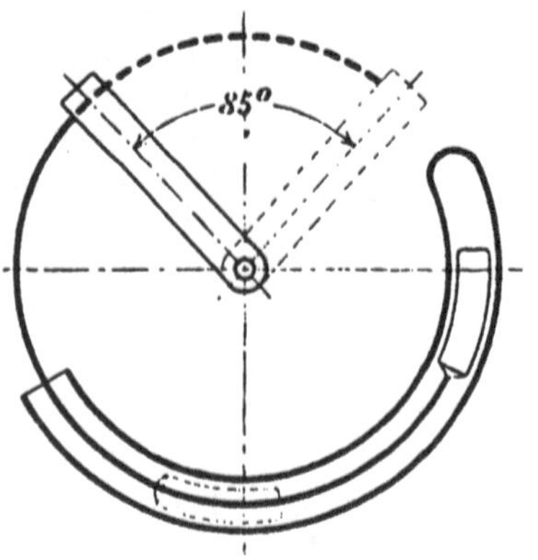

Bild 57. Kolben-Öldämpfung für Zeigerinstrumente. Bei dieser Anordnung des Bügels und des Rohres fließt das hochgehobene Öl wieder in das Gefäß zurück.

aus einem halbkreisförmig gekrümmten, ölgefüllten Glasrohr von etwa 4 mm lichter Weite, in dem sich ein Kolben von etwa 3 mm Durchm., an einem Bügel befestigt, hin und her bewegt. Bei dieser Dämpfung hält sich das Öl durch Kapillarreibung in dem Glasrohr fest, sofern man den Zeiger auf dem Transport arretiert hält, so daß er keine Bewegungen ausführen kann. Würde der Zeiger bei vertikaler Achse Bewegungen machen, so würden die an dem Bügel mitgezogenen Öltropfen nicht, wie es in der richtigen Lage der Fall ist, wieder zum übrigen Öl zurückfließen, sondern gegen die Achse zu; das Glasrohr allmählich entleeren, dafür Luftblasen eintreten, würde sich und das Meßwerk verunreinigen. Das Vorhandensein von Luftblasen in der Dämpfung erkennt man bei solchen Instrumenten an der ruckweisen Einstellung des Zeigers. Entfernt werden können sie in der Weise, daß man das Instrument in eine solche Lage bringt, daß die Luftblasen senkrecht nach oben treten können, und den Zeiger dann mechanisch hin und her bewegt.

Dünnflüssige Öle, besonders Mineralöle, ändern ihre Zähigkeit weniger stark mit der Temperatur als dickflüssige Öle. Es ist demnach besser, große Gefäße mit dünnflüssigem Öl zu verwenden als kleine mit zähem Öl.

Vor- und Nachteile. Die Herstellung genau gekrümmter Glasrohre ist mit Schwierigkeiten verbunden. Bei Verwendung weiterer Rohre wird das Öl durch die Kapillarkraft nicht mehr hinreichend festgehalten, und es muß dann am Eingang des Rohres die Öffnung durch einen eingesetzten gewellten Blechring verkleinert werden. Durch Erweiterung des Rohres an dem geschlossenen Ende wird erreicht, daß in der Null-

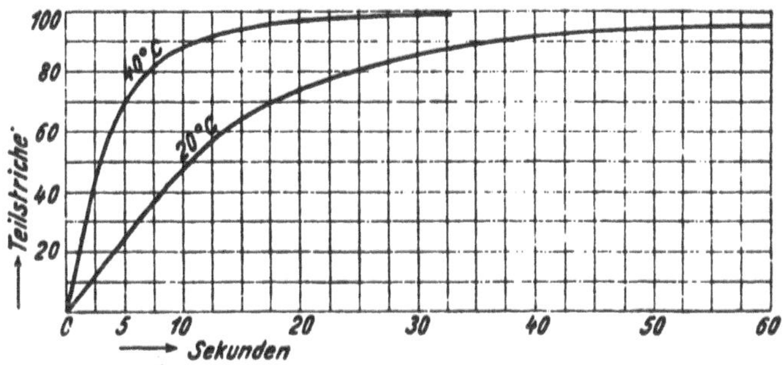

Bild 58. Einstelldauer einer Kolben-Öldämpfung bei verschiedener Temperatur.

lage des Zeigers die Dämpfung vermindert wird und somit dort die Einstellung schneller erfolgt.

Derartige Öldämpfungen haben alle nur eine begrenzte Lebensdauer. Je nach der Beschaffenheit des Öles tritt früher oder später ein Verharzen oder Verdicken ein, so daß die Dämpfung immer stärker wird. Immerhin geschieht dies erst nach 10 bis 15 Jahren, wenn von vornherein gutes Öl, z. B. Knochenöl, genommen wird.

Allen Flüssigkeitsdämpfungen, mit Ausnahme von Quecksilber und Schwefelkohlenstoff, ist eine große Temperaturabhängigkeit eigen. Zwar ist auch die magnetische Dämpfung von der Temperatur abhängig, weil sich der Widerstand des Kurzschlußkreises mit der Temperatur ändert, aber dieser Einfluß beträgt nur 4% für je 10° C. Bei der Flüssigkeitsdämpfung verändert sich die für die Dämpfung maßgebende Zähigkeit des Öles aber in viel stärkerem Maße. Bild 58 zeigt die Einstelldauer einer überaperiodischen Öldämpfung bei 20 und 40° C. Um den Einfluß der Temperatur auszuschalten, kann man bei der Kolbendämpfung nach Bild 57 nach dem Vorschlage des Verfassers eine elektrische Heizung verwenden, bestehend aus einigen Windungen Widerstandsdraht, der um das Glasrohr herumgelegt wird. Mit 1 W Heizleistung beträgt die Temperatursteigerung bereits 20° C. Die Widerstände des zugehörigen Drehschalters, an eine Batterie mit 4 V Spannung angeschlossen, sind so abzustufen, daß jede etwa 5° C Temperaturzunahme im Öl entspricht.

Quecksilberdämpfungen. Für Quecksilber ändert sich die Zähigkeit mit der Temperatur nur sehr wenig, nur etwa $^1/_{10}$ gegenüber Öl. Dabei ist die Dichte sehr groß, so daß die Dämpfung sehr wirksam ist. Dafür ist es aber schwierig, die Gefäße ausreichend abzudichten. Es sind wenig ausgeführte Konstruktionen bekannt geworden. Die General Electric Company versieht ihre Registrierapparate mit einer solchen Quecksilberdämpfung mit geschlossener Kammer. Auch die Siemens & Halske A.-G. hat für eine Spezialkonstruktion mit sehr hohem Drehmoment (Fehlerortrelais) eine transportfähige geschlossene Quecksilberdämpfung gebaut.

K. Lagerung des beweglichen Organs.

Das bewegliche Organ eines jeden Meßgerätes muß in einer dem Gewicht und dem Drehmoment entsprechenden Weise gelagert sein, so daß die Reibungswiderstände klein sind und auch im Laufe der Zeit, beim Transport der Apparate, klein bleiben.

Spitzenlagerung.

Die Mehrzahl der elektrischen Meßinstrumente besitzt Spitzenlagerung. Die Achse wird aus Stahldraht von 0,3 bis 2 mm Durchm. hergestellt und mit einer hochglanzpolierten Spitze versehen (Bild 59).

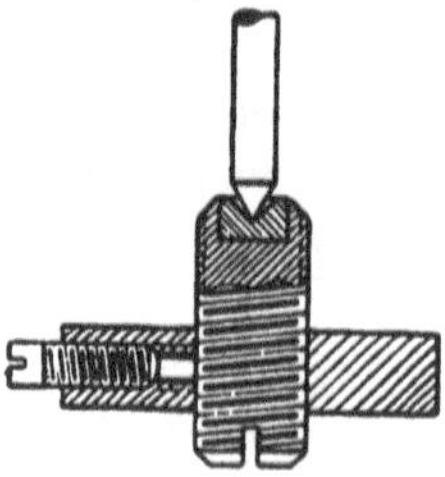

Bild 59. Achsenspitze mit Lagerstein, Kernerschraube und Schraubensicherung.

Um Gewicht zu sparen oder um eine Achse aus unmagnetischem Material zu erhalten, verwendet man auch dünnwandiges Aluminiumrohr mit eingesetzten Stahlspitzen. Der Winkel des Kegels beträgt üblicherweise 60° mit geringen Abweichungen nach oben und unten. Die eigentliche Spitze ist leicht verrundet. Der Krümmungsradius beträgt

bei sehr empfindl. Instrumenten mit leichtem System				0,005 ÷ 0,010 mm,
» Präzisionsinstrumenten	mit	1 ÷ 2 g	Systemgewicht	0,010 ÷ 0,020 mm,
» »	»	2 ÷ 5 g	»	0,020 ÷ 0,030 mm,
» Schalttafelinstrumenten	»	3 ÷ 6 g	»	0,020 ÷ 0,060 mm,
» »	»	schwerem System		0,050 ÷ 0,20 mm.

Bei schweren Meßwerken und bei solchen, die normalerweise großen Erschütterungen ausgesetzt sind, wird die Spitze stark verrundet. Ist die Achse allzu spitz, so ist zwar die Reibung im neuen Zustande sehr gering, es besteht aber die Gefahr, daß bei einem heftigen Stoße die Spitze pilzförmig gestaucht oder, was aber sehr selten eintritt, der Stein zertrümmert wird.

Bisher hat man wohl in den seltensten Fällen die spezifische Spitzenbelastung berechnet. Berechnet man aber nach den von H. Hertz angegebenen Formeln:

$$\text{Druckflächenradius} \quad a = \sqrt[3]{0{,}68\, P \cdot \frac{\frac{1}{E_1} + \frac{1}{E_2}}{\frac{1}{r_1} - \frac{1}{r_2}}}$$

$$\text{spezifische Belastung} \quad \sigma_{\max} = \sqrt[3]{0{,}235\, P \cdot \frac{\left(\frac{1}{r_1} - \frac{1}{r_2}\right)^2}{\left(\frac{1}{E_1} + \frac{1}{E_2}\right)^2}},$$

wobei P = Spitzenbelastung in kg
r_1 = Radius des Lagersteines in cm
r_2 = Radius der Spitze in cm
E_1, E_2 = Elastizitätsmodul des Materials für Lagerstein bzw. Achsspitze
$E = 1 \cdot 10^6$ für Achat, Resistin
$2 \cdot 10^6$ für Stahl
$5 \cdot 10^6$ für Saphir,

so kommt man bei scharfen Spitzen auf enorme Werte, bei denen man sich nicht mehr wundert, wenn Instrumente mit solchen Lagern bei

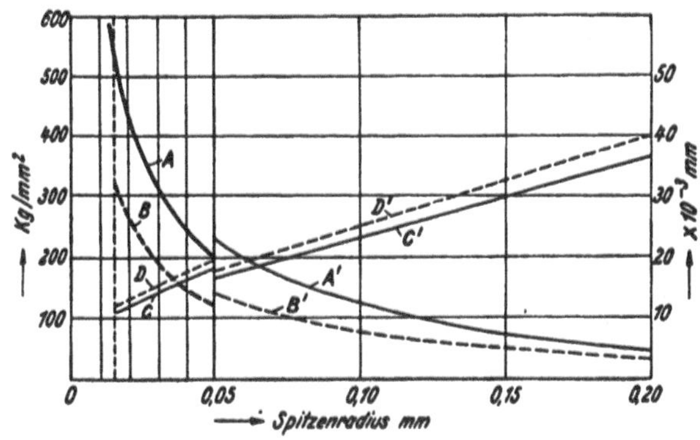

Bild 60. Spezifische Belastung (A, B) und Druckflächenradius (C, D) in Abhängigkeit vom Spitzenradius.
Steinradius für $A\,B - C\,D$ $r_1 = 0{,}16$ mm, für $A'\,B' - C'\,D'$ 0,30 mm, A und C Stahlspitze in Saphir, B und D Stahlspitze in Achat oder Resistin.

jedem Transport durch Stauchung der Spitzen Schaden leiden. In den ursprünglichen Hertzschen Formeln steht $\frac{1}{r_1} + \frac{1}{r_2}$. Für die Lagerung ist die Differenz der Radien einzuführen. Bild 60 zeigt für zwei Steinradien und Spitzenradien von 0,015 bis 0,20 mm den Flächendruck und den Radius des Berührungskreises zwischen Spitze und Lager. Die Lagerung in Achaten oder Hartmetall ist wegen des kleineren Elastizitätsmoduls »weicher«, sie gibt aber auch eine etwas vergrößerte Reibung, weil der Berührungsradius größer ist. Die Fließgrenze für Stahl liegt für sehr gutes Material bei etwa 400 kg/mm². Setzt man als höchstzulässig 300 kg an, so zeigt das Bild, daß man bei 1 g Systemgewicht und Saphirlagern den Spitzenradius nicht kleiner als 0,033 mm nehmen darf.

Federnde Lagerung. Um die Transportschäden zu vermeiden, hat man vielfach schon federnde Lager verwendet. Bild 61 zeigt eine Aus-

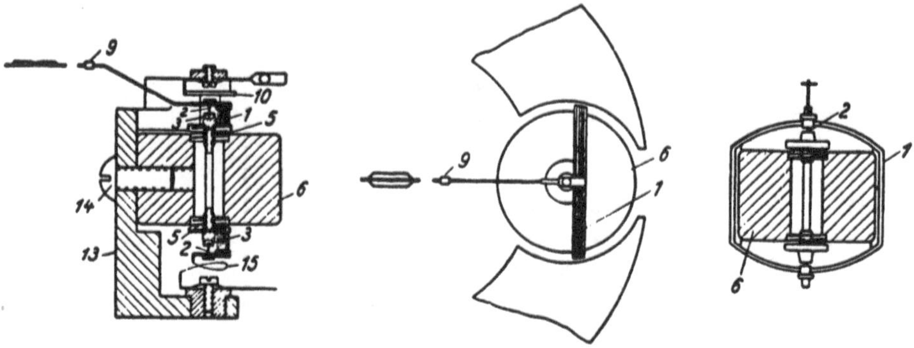

Bild 61. Federnde Lagerung für ein Drehspulinstrument.

1 Drehspule
2 Innenspitzen
3 Lagersteine
5 Federträger für 3
6 Eisenkern
9 Equilibriergewicht
10 Obere Stromzuführung
13 Zentrierkörper
14 Befestigungsschraube
15 Untere Stromzuführung.

führung der Foster Instrument Co.[1]), Resilia-Millivoltmeter genannt. Die Achsspitze und der Lagerstein sind untrennbar verbunden und können daher auch nicht durch einen heftigen Stoß aufeinanderschlagen. Die frei gewickelte Drehspule trägt Innenspitzen, die in die konischen Vertiefungen der Lagersteine ragen. Die letzteren sind auf einer sehr leichten Stütze befestigt, die durch Federn in ihrer Lage zu dem Eisenkern festgehalten wird. Jeder Stoß wird daher das ganze System von Drehspule, Spitzen, Steinen und Stütze in Bewegung bringen und die Spitzen können nicht gegen die Steine schlagen. Die Anordnung hat vor den bisher bekannten den Vorzug, daß der Stein sich nicht nur in der Achsrichtung, sondern auch seitlich bewegen kann. Ein anderes federndes Lager, gleichfalls mit Innenspitzen, zeigt Bild 109.

Der Lagerstein. Der Lagerstein wird kegelförmig unter einem Winkel von 90 bis 120° ausgeschliffen. Der Krümmungsradius der

[1]) The Electrician Nr. 2230, 11. Febr. 1921, S. 198.

tiefsten Stelle beträgt bei guten Steinen nicht mehr als 0,15÷0,3 mm, im allgemeinen kann man ihn gleich dem 4÷10fachen Krümmungsradius der Spitze ansetzen. Der Stein wird in eine Schraube eingelegt und durch Umbördeln des Randes festgehalten. Das Material für diese Steine ist bei den besten Ausführungen Saphir, natürlicher oder künstlicher Rubin, in wohlfeileren Instrumenten Granat und Achat. Nachstehend eine Tafel der Härtegrade nach Mohs:

Bronze . . .	3	Granat . .	7¼
Flußspat . . .	4	Smaragd . .	7¾÷9
Achat	6½	Rubin . . .	9
Werkzeugstahl	6÷7	Saphir . . .	9
Quarz	7	Diamant .	10

Es ist sehr schwierig, die Frage nach dem besten Lagerstein kurz zu beantworten. Verwendet man harte Steine, z. B. Saphire, so bleiben diese fast immer unversehrt, es bilden sich aber an allzu scharf gespitzten Achsen pilzförmige Anstauchungen, die Reibung verursachen. Verwendet man Achate, so wird bei Stößen leicht der Stein rauh. Auch das Urteil, ob natürliche oder künstliche Steine besser sind, ist noch nicht entschieden.

Man ist sogar so weit gegangen, die Steine ganz wegzulassen, die Kernerschrauben aus harter, polierfähiger Bronze herzustellen und mit einer entsprechenden Vertiefung zu versehen. Für wohlfeile Schalttafelinstrumente ergibt sich daraus kein störender Fehler, für genauere Instrumente mit kleinem Drehmoment sind indessen solche Lager nicht verwendbar, sie halten auch das »Trommeln« der Spitzen weniger aus, wie es z. B. beim Montieren der Instrumente an Dreschmaschinen entsteht. Der spezifische Flächendruck der Spitzen ist trotz der geringen Gewichte keineswegs klein, er bewegt sich, wie schon gesagt, oft in der Größenordnung der Bruchlast für das Lagermaterial.

Eine optische Vorrichtung zum Messen des Krümmungsradius von Lagersteinen nach dem Vorschlag von R. Müller ist in G.M. 791017 und D.R.P. 339118 beschrieben.

Die Spitze. In Bild 62 sind Mikrophotographien von Spitzen mit verschiedenen Radien wiedergegeben, im nächsten Bild im gleichen

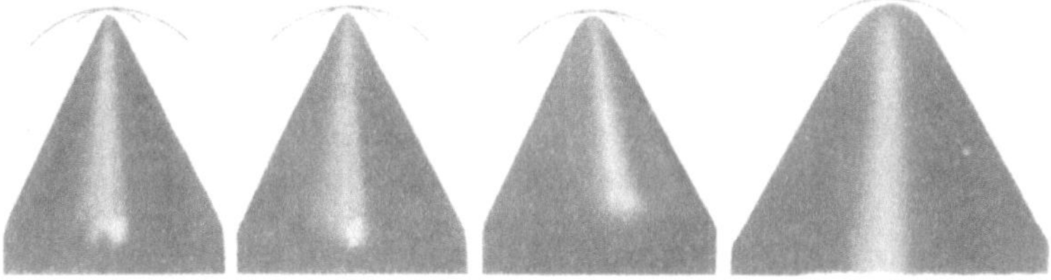

a *b* *c* *d*

Bild 62. Verschieden stark gerundete, neue Achsspitzen in einem Lagerstein mit 0,30 mm Radius und 0,02 mm Achsenluft.
Spitzenradius: *a* = 0,015 mm *b* = 0,025 mm *c* = 0,05 mm *d* = 0,10 mm.

Maßstab Spitzen, die durch jahrelange Reibung in den Lagern oder durch Stoß Schaden gelitten haben.

Bei sehr geringem Drehmoment — unter 50 mgcm bei 1÷3 g Systemgewicht — kann Spitzenlagerung nur mit lotrechter Achse

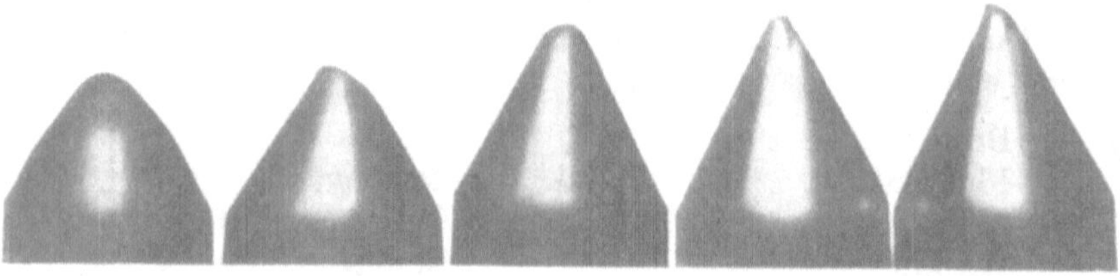

a *b* *c* *d* *e*

Bild 63. Beschädigte Achsspitzen. Spitzenradius im neuen Zustand 0,05 mm.
a, b, c = lange Zeit erschüttert,
d, e = durch Stoß beschädigt.

benutzt werden, weil sich bei wagerechter Lagerung die Flächen des Spitzenkegels an den Steinen reiben. Auch bei lotrechter Achse tritt an der oberen Spitze noch unerwünschte Reibung auf, wenn die Achsenluft groß ist und die Achse sich erheblich seitwärts neigen kann.

Die Härte von Spitze und Lager sollte zueinander abgepaßt sein, der Stein um 1÷2 Grade härter als die Spitze. Allzu harte Spitzen können brechen, dieser Fehler kommt aber sehr viel seltener vor als das Stauchen zu weicher Spitzen zu der sog. Pilzform. Auf jeden Fall müssen Spitze und Lager tadellos hochglanzpoliert sein.

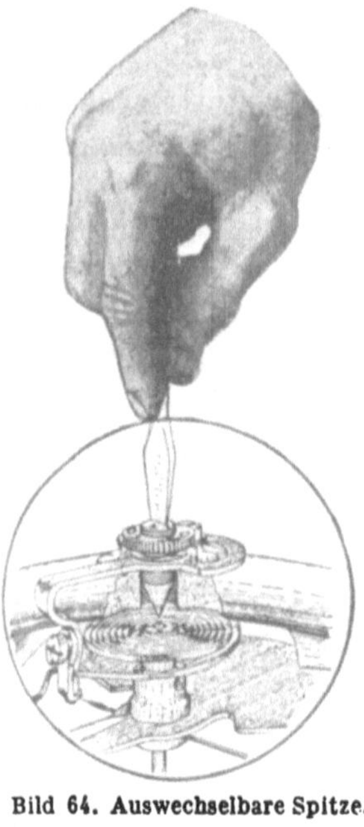

Bild 64. Auswechselbare Spitze.

A u s w e c h s e l b a r e S p i t z e n. Erfahrungsgemäß leidet die Spitze eines Meßinstrumentes viel eher Schaden als der Stein. Bei der üblichen Bauart bedingt aber das Auswechseln der Spitze das vollständige Auseinandernehmen des Systems und damit eine Neueichung. Die Reparaturen werden viel einfacher, wenn man den Stein beweglich macht und die Spitze fest, wie es Bild 64 zeigt. Leider wird aber bei dieser Konstruktion das Gewicht des beweg-

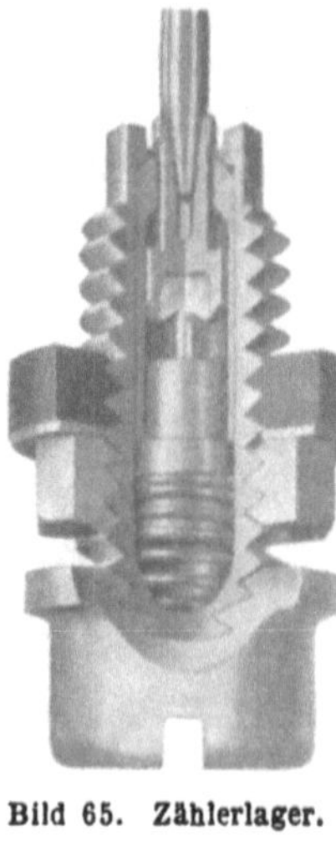

Bild 65. Zählerlager.

lichen Organs durch die beiden Steinfassungen erhöht und ist dies wohl der Grund ihrer seltenen Anwendung.

Um bei vertikaler Achse das Hereinfallen von Schmutzteilchen in das Unterlager zu vermeiden, hat man bei Zählern schon den Stein, nach unten gekehrt, mit dem beweglichen Organ verbunden und die Spitze fest angeordnet (Bild 65). Die Stütze des Lagers ruht dabei auf einer Feder und ist deshalb gegen Stöße weniger empfindlich. Andere Konstruktionen lassen eine feste oder eine lose Stahlkugel in der Lagerpfanne laufen.

Die Achsenluft. Die Achse kann nie genau passend in die Steinlager eingesetzt werden, man muß ihr immer etwas »Luft« geben, damit sie sich bei Temperatursteigerung noch ausdehnen kann, ohne zu klemmen. Diese Luft in axialer Richtung ist sehr gering; sie beträgt meist nur 1 bis 3 Hundertstel Millimeter. Eine Achsenluft von 0,1 oder gar 0,2 mm ist schon ungewöhnlich groß.

Selbstverständlich müssen alle Steinschrauben vollständig gegen zufällige Lockerung oder Verdrehung gesichert sein. Dies erfolgt entweder durch eine Gegenmutter oder durch eine kleine seitliche Schraube, die man unter Zwischenlegen eines Kupferstückchens auf das Gewinde der Steinschraube drücken läßt (Bild 59, 69).

Bei Instrumenten, deren bewegliches Organ in der Achsrichtung nicht starr ist, sondern federt, besteht die Gefahr, daß bei heftigen Stößen die Achse aus dem Stein herausspringt. Um dies zu vermeiden, macht man entweder die Einsenkung, in der der Stein liegt, sehr tief oder bringt außen noch eine hohe Überwurfmutter an.

Kippfehler und kippfehlerfreie Spitzenlagerung (Bild 66). Bei der vertikalen Achsenanordnung, wie sie für Laboratoriumsmeßgeräte üblich ist, tritt eine durch die unbedingt erforderliche Achsenluft bedingte Einstellunsicherheit auf in der Weise, daß nur die untere Spitze genau fixiert ist, während die obere ihre Lage im Steinlager durch kleine Kippbewegungen ändern kann, und zwar im Längenmaß ausgedrückt um so mehr, je größer die Achsenluft und je größer der Krümmungsradius des Steines ist. Diese Bewegung der oberen Spitze wirkt sich auch auf die Zeigerspitze aus, und zwar entspricht der Weg der Zeigerspitze im Falle der ungünstigsten Kipprichtung genau dem Weg der Achsenspitze im Lager mal dem Verhältnis der Höhe der Zeigerspitze über

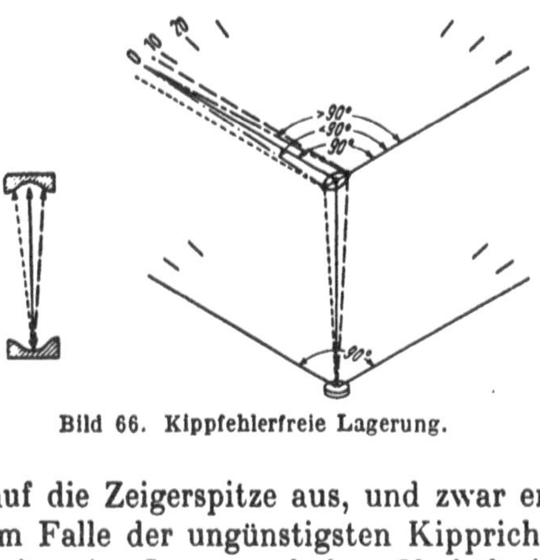

Bild 66. Kippfehlerfreie Lagerung.

dem Unterlager zur Achsenlänge. Durch Verkleinerung der Achsenluft und Verkleinerung des Krümmungsradius des oberen Steines kann man diesen Fehler, der häufig 0,1÷0,2% der Skalenlänge, unter Umständen noch mehr ausmacht, stark vermindern, man läuft aber bei zu kleiner Achsenluft Gefahr, daß bei Temperaturänderungen die Achse klemmt. Grundsätzlich vollkommen wird der Kippfehler be-

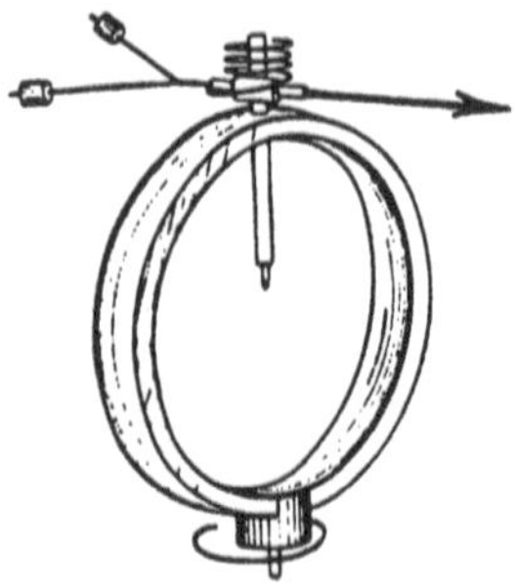

Bild 67. Einspitzen-(Unipivot-)Lagerung der Cambridge Instrument Co. (Siehe auch Bild 110.)

seitigt, wenn man nach dem Vorschlag von Schöne die Skalenebene in gleiche Höhe legt mit der Höhe der Spitze, auf der das Meßwerk ruht[1]). Derartige Instrumente sind in ihren Angaben von der Größe der Achsenluft vollkommen unabhängig. Die konstruktive Durchbildung dieser kippfehlerfreien Lagerung ist etwas schwierig, aber durchaus befriedigend zu lösen.

Einspitzenlagerung. Die Einspitzen(Unipivot)lagerung der Firma R. W. Paul in London (Bild 67) besitzt nur eine einzige Spitze, die auf einem federnd eingesetzten Stein wenig über dem Schwerpunkt

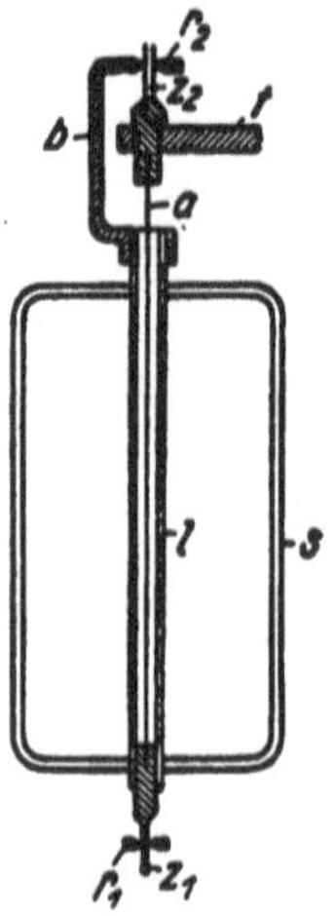

Bild 68. Neue Spannfadenaufhängung von H. & B., D.R.P. 378204.

s = Spule
a = Aufhängefaden
Z_1, Z_2 = Zapfen
r_1, r_2 = Lochsteine
t = Träger der ganzen Spule
l = Führungsrohr
b = Führungsbügel

des beweglichen Organs ruht. Sie muß immer auf dem tiefsten Teile des Lagersteines ruhen, und es wird dadurch seitliche Reibung vermieden. Dabei kann die Spitze noch zu einem großen Teil vom Gewicht des beweglichen Organs dadurch entlastet werden, daß die obere Stromzuführungsfeder so gewickelt wird, daß sie nach oben zieht. Bei einer derartigen Ausführung wurde ein Richtmoment von 8 mgcm und ein Systemgewicht von 3,5 g festgestellt. Die Reibung war indessen noch ziemlich beträchtlich, sie betrug über 1 mm.

Vor- und Nachteile der Spitzenlagerung. Die Spitzenlagerung gibt, namentlich mit lotrechter Achse, bei sachgemäßer Ausführung außerordentlich geringe Reibung. Wie schon erwähnt, besteht aber bei Instrumenten mit schweren beweglichen Systemen, die dauernd heftigen Erschütterungen ausgesetzt sind, beispielsweise auf Fahrzeugen

[1]) D.R.P. 345772 vom 8. 6. 20.

angebrachten, die Gefahr, daß sich die Spitzen im Laufe der Zeit abnutzen, oft unter Pilzbildung, so daß schließlich eine ganz beträchtliche Reibung entstehen kann. Für solche Instrumente ist die Zapfenlagerung der Achse vorzuziehen. Bei ihr liegen die Verhältnisse so, daß zwar schon im neuen Zustand eine geringe Reibung vorhanden ist, daß sie dafür aber im Laufe der Zeit auch bei rauher Behandlung des Instrumentes konstant bleibt.

Zapfenlager.

Die Zapfenlagerung (Bild 65, 69) erfordert je zwei Steine, einen Loch- und einen Deckstein. Zapfenlager werden im Uhren- und Zählerbau ausschließlich verwendet. Die Zapfen werden so dünn gemacht, wie es die Festigkeit erlaubt, denn die Reibung nimmt mit dem Durchmesser zu. Sie müssen aber auch dem Gewichte des beweglichen Organs

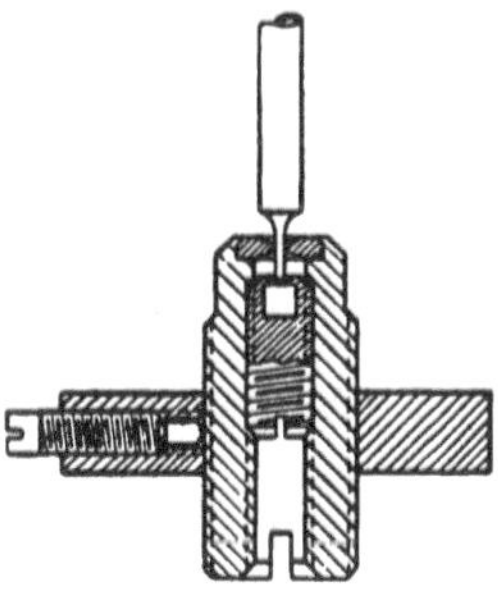

Bild 69. Achsenende mit Zapfen, Lochstein, Deckstein und Fassung für elektrische Zeigermeßgeräte.

angepaßt sein, denn wenn sie zu schwach sind, so verbiegen sie sich oder brechen ganz ab.

Die feinsten Zapfen, wie sie bei den Unruhen von Taschenuhren verwendet werden, sind glashart und haben einen Durchmesser von 0,07 mm. Für Meßgeräte muß man sie stärker wählen, mit 0,15 bis 0,20 mm Durchm., für schwere Systeme erhalten sie einen Durchmesser von 0,3 mm. In der Uhrmachertechnik werden nur angedrehte Zapfen verwendet; größere Sicherheit erhält man aber durch Einsetzen besonderer Zapfen aus Klaviersaitendraht in die Achse, weil ein gezogener Draht höhere Festigkeit hat als eine Achse mit angedrehtem Zapfen. Der Zapfen darf auch nicht länger als unbedingt nötig gemacht werden, weil er sich sonst bei wagerechter Achse samt dem ganzen beweglichen Organ durchbiegt und Reibung herbeiführt, sich auch leicht dauernd verbiegt. Der Lochstein hat nur eine um einige Hundertstel Millimeter größere Bohrung als der Zapfendurchmesser, der Deckstein hat einige Zehntel Millimeter Dicke. Bei schweren Meßwerken muß er stärker gewählt werden, weil er sonst durch Stöße in axialer Richtung zertrümmert wird. An seiner Stelle werden auch hochglanzpolierte Stahlplättchen eingesetzt.

Während im Zählerbau ausschließlich Zapfenlager verwendet werden, haben sie im Meßinstrumentenbau wenig Eingang gefunden. Ältere Schuckertinstrumente wurden mit ihr ausgeführt, später hat Dolivo-Dobrowolsky ihre Anwendung auch für gewöhnliche Schalttafelinstrumente insbesondere Fahrzeuginstrumente empfohlen[1]). Sauber hergestellte Zapfenlager sind aber für gewöhnliche Schalttafelinstrumente in der Herstellung zu kostspielig. Nur für die teueren Registrierapparate mit den schweren Systemen, die zudem noch beim Auswechseln der Schreibfeder mechanisch beansprucht werden, sind Zapfenlager gewöhnlichen Spitzenlagern vorzuziehen.

Schneidenlager.

Diese Art der Lagerung wird beim Bau von Waagen und waagenartigen Geräten fast ausschließlich verwendet, im Meßinstrumentenbau aber sehr selten. Diese Lagerung ist sehr robust und gestattet vor allem axiale Bewegungen durch thermische Ausdehnung u. dgl., sie ist aber dafür nicht stoßsicher.

Bandaufhängung.

Die Spitzenlagerung kann auch mit den schärfsten Spitzen und geringen Systemgewichten nur bis zu Richtmomenten von etwa 10 mgcm/90° verwendet werden, man muß dann schon mit erheblicher Reibung rechnen. Für Meßwerke mit noch kleineren Drehmomenten bleibt nur die Bandaufhängung übrig, die bereits auf den S. 17 und 18 behandelt wurde. Auch hier gibt es die mannigfaltigsten Ausführungen, bei denen die Bandlänge von 20 mm bis 200 mm beträgt. Hiermit kann man noch bei Drehmomenten von etwa 1 mgcm sichere Einstellung erreichen, wenn auch die Schwingungsdauer wesentlich größer wird. Ebenso wie bei der Spitzenlagerung muß aber ein solches Instrument mit einer Wasserwage ausgerüstet sein, nach der es vor dem Gebrauch eingestellt wird. Zuweilen ist neben der Bandaufhängung noch Spitzenlagerung vorgesehen, diese dient aber dann vorwiegend zur Führung. Die Spitzen sind durch das Band vollständig entlastet. Die Aufhängung an einem gespannten Bande wurde bereits mehrfach erwähnt, ihr besonderer Vorzug ist, daß sich damit die Einstellung nach der Wasserwage erübrigt. Auf die konstruktive Durchbildung der Bandaufhängungen, auf die Sicherung gegen Stoß, auf die zweckmäßigste Befestigung, auf die Transportarretierung ist sehr viel Mühe verwendet worden, besonders bei Spiegelgalvanometern.

Bild 68 zeigt die neueste Spannfadenaufhängung von Hartmann & Braun, bei der die Spule beiderseits in Zapfenführungen so gelagert ist, daß die durch Stöße oder Temperaturänderungen bewirkte Verlängerung des Aufhängedrahtes sich ohne Zerstörung von Spitzen oder Steinen ausgleichen kann.

---

[1]) ETZ 1913, Heft 5.

L. Isolierung der stromführenden Teile gegen das Gehäuse.

Der Anschluß elektrischer Meßgeräte an Starkstromnetze erfordert es, daß alle strom- oder spannungsführenden Teile gegen das der Berührung zugängliche Gehäuse sicher isoliert sein müssen. Es gibt verschiedene Wege, die Güte dieser Isolierung zu prüfen.

Messung des Isolationswiderstandes. Ein gutes Kennzeichen für die Güte der Isolation eines Instrumentes, besser als die Durchschlagsprobe, wäre die Messung des Isolationswiderstandes nach 24stündigem Verweilen in einem Raum mit 100% Luftfeuchtigkeit mit einer Gleichspannung von 1000 V. Leider ist diese Probe etwas zu umständlich, als daß sie allgemein von der Industrie eingeführt werden könnte.

Die englischen Regeln schreiben unter normalen Feuchtigkeitsverhältnissen einen Mindestisolationswert von 5 MΩ vor. Diese Vorschrift ist sehr milde, im allgemeinen ist der Isolationswiderstand zwischen Klemmen und Gehäuse in der Größenordnung von 20÷50 MΩ, auch bei älteren, durch 10 bis 15 Jahre in Kellern verstaubten, ehemals einwandfrei hergestellten Ausführungen.

Moderne Klemmsockel der Siemens & Halske A.-G. aus Bakelit-Preßmaterial mit 15 mm Kriechweg hatten auch nach 24stündigem Liegen in Wasser und 8 Tage langem Liegen in der säurehaltigen Luft einer Beizerei bei 3000 V noch immer einen Isolationswiderstand über 200 MΩ.

Durchschlagprobe und V.D.E.-Vorschriften. In der ersten Zeit des Meßinstrumentenbaues wurde der Isolierung der stromführenden Teile gegen das Gehäuse nicht allzuviel Aufmerksamkeit geschenkt. Der Begriff der Prüfspannung existierte noch kaum, und so baute jeder nach eigenem Gutdünken, und nur die gelegentliche Einsendung von »Schmelzproben« von Instrumenten als Folge von Überschlägen veranlaßte den Hersteller zu besserer Isolierung. Heute sind wir schon viel weiter; der V.D.E. hat auch für die Isolationsfestigkeit elektrischer Meßgeräte Regeln aufgestellt. Trotzdem kommen auch heute noch vereinzelt Meßgeräte in den Handel, die auch nicht den bescheidensten Ansprüchen in dieser Hinsicht genügen und die den Vorzug besonderer Billigkeit durch die mit ihrem Einbau verbundenen Betriebsstörungen mehr als ausgleichen.

Prüfspannung. Der V.D.E. hat in den Regeln für elektrische Meßgeräte folgende Prüfspannungen und Mindestkriechstrecken festgelegt:

Höchstspannung	Prüfspannung	Mindestkriechstrecke
< 40 V	500 V	1 mm
41 ÷ 100 V	1000 V	3 »
101 ÷ 650 V	2000 V	5 »
651 ÷ 900 V	3000 V	8 »
901 ÷ 1500 V	5000 V	12 »

In Bild 70 sind die in verschiedenen Ländern vorgesehenen Prüfspannungen graphisch zusammengestellt.

Die Prüfspannung allein ist kein Maß für die Isolationsfestigkeit eines Meßgerätes, sie kann nur dazu dienen, Fabrikationsfehler aufzufinden. Die Prüfdauer ist für Meßgeräte der Zeitersparnis wegen im allgemeinen nur einige Sekunden, bei den kleinen Abmessungen ist eine längere Prüfdauer auch nicht unbedingt notwendig.

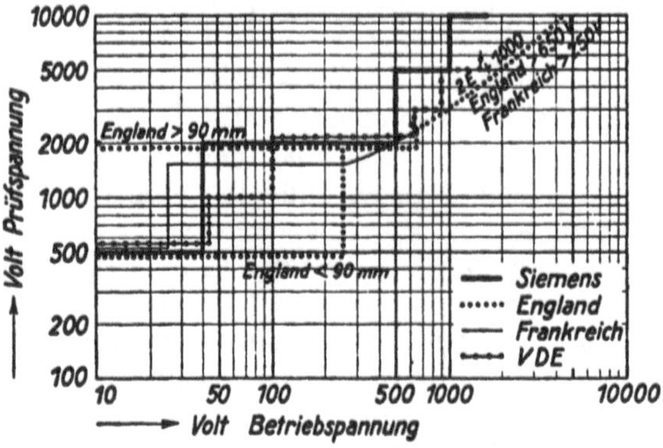

Bild 70. Prüfspannungen für elektrische Meßgeräte.

Mindestkriechstrecken. Die Mindestkriechstrecken wurden auf Vorschlag des Verfassers festgelegt, um dem Einfluß der Verschmutzung des Isoliermaterials einigermaßen Rechnung zu tragen. Sie sind so klein, daß gegen ihre Festlegung auch unter Annahme allerbesten Materials keine ernsthaften Einwendungen erhoben werden können. Die festgelegten Prüfspannungen sind sehr mäßig zu nennen, sie könnten mit wesentlich kleineren Kriechstrecken erzielt werden. Bei den Kriechstrecken hat man zu unterscheiden zwischen solchen, die der Verschmutzung ausgesetzt sind (Klemmsockel) und solchen, die unverändert bleiben (z. B. im Innern der Buchsen). Für die letzteren ist die Vorschrift von 5 mm für ein normales Instrument reichlich scharf. Beim Bau von paketierten Federschaltern, wie sie in der Temperaturmeßtechnik Anwendung finden, bedeuten 5 mm schon eine außerordentliche Erschwerung.

Dagegen sind die Kriechwege für Klemmsockel leicht einzuhalten und dafür eher noch zu gering als zu hoch. Die neuen Klemmsockel der Siemens & Halske A.-G. werden für alle Instrumente bis 900 V im allgemeinen 15 mm Kriechstrecke aufweisen, nur bei besonders schwierigen, seltener verwendeten Typen weniger. Die Erfahrung hat gezeigt, daß gerade bei Gleichspannung sehr leicht durch elektrostatische Anziehung Staub- und Feuchtigkeitsablagerung stattfindet, so daß schließlich der Überschlag eingeleitet wird.

Auf Hüttenzentralen hat der Verfasser wiederholt beobachtet, daß bei Gleichstrominstrumenten unter dem Gehäusedeckglas der Zeiger auf der Skala an der Gebrauchsstelle durch die Staubteilchen förmlich abgebildet wurde in der Weise, daß sein Bild in einer breiten Staubzone weiß auf der Skala ausgespart blieb, wie wenn die Staubteilchen in gerader Richtung auf den Zeiger und die Skala geflogen wären.

Die Prüfspannungen des V. D. E. sind etwas zu fein abgestuft, es ist für die Hersteller nicht wirtschaftlich, so viele verschiedene Typen zu führen. Die Siemens & Halske A.-G. benutzt folgende Tafel:

Nennspannung		Prüfspannung V	Mindestkriechwege in mm			Mindestluftstrecke in mm
=	∼	∼	außen am Gehäuse	innen am Gehäuse	innen bei Buchsen	
40	40	500	2	1	1	1
500	650	2000	10	6	4	4
1000	1500	5000	20	15	12	10
2000	—	10000	30	25	18	16

Die der Verschmutzung ausgesetzten Kriechstrecken sind dabei wesentlich größer gewählt als die im Innern des Instrumentes befindlichen, bei denen man außerdem konstruktiv viel mehr beengt ist. Das gilt insbesondere für die Isolierbuchsen, ferner ist die Zahl der Stufen aus konstruktiven Gründen vermindert worden.

Bei den äußeren Kriechstrecken ist weiterhin die Festlegung getroffen, daß mindestens $\frac{1}{3}$ der Strecke senkrecht liegen muß, so daß sich auf dieser Strecke überhaupt kein Schmutz ablagern kann.

Gleichstromregistrierapparate für Starkstrom werden von S. & H. ausnahmslos für 5000 V Prüfspannung gebaut. Eine Ausnahme der 2000-V-Regel bilden Uhrinstrumente der Drehspultype zur Spannungsmessung an Anodenbatterien. Hier wurde mit Rücksicht auf den Verwendungszweck und den Umstand, daß die Apparate meist nicht dauernd angeschlossen sind, für Spannungen bis 150 V eine Prüfspannung von 500 V als ausreichend erachtet.

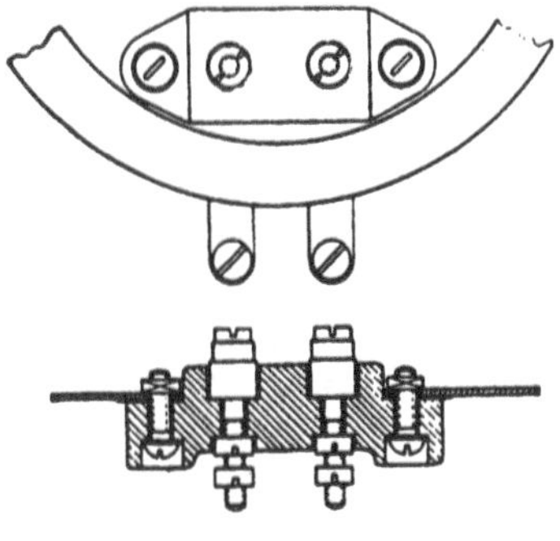

Bild 71. Klemmklotz aus Steatit für 2000 V Prüfspannung. (Siemens & Halske.)

Klemmsockel. Eine der gefährlichsten Stellen ist immer die Isolation der Anschlußklemmen gegen den Instrumentensockel gewesen, namentlich bei einer größeren Zahl von Anschlüssen. Bei modernen Konstruktionen werden in ein Isolierstück Metallteile eingesetzt und das Ganze in einer Öffnung des Sockels befestigt. Bild 71 zeigt einen derartigen Klemmklotz, wie er bei den Instrumenten von S. & H. seit 1912 durchweg zur Anwendung kommt. Als Isolationsmaterial dient Steatit, elektrisch dem Hartporzellan nahezu gleichwertig, indessen mit viel höherer mechanischer Widerstandsfähigkeit. Die Metallteile sind mit einem nichthygroskopischen Kitt in dem Preßstück befestigt. In neuerer Zeit verwendet man auch Klemmklötze aus Bakelit-Preßmaterial, das sich bei geeigneter Zusammensetzung auch bei dauernder hoher Feuchtigkeit sehr gut bewährt hat.

Isoliergehäuse. In früheren Jahren sind Instrumente für Spannungen über 1000 V in Isoliergehäuse aus Hartgummi, Stabilit u. dgl. eingebaut worden. Solche Gehäuse sind sehr teuer und doch nicht so sicher, daß ihre Berührung erlaubt werden könnte. Zweckmäßiger ist es, bei hoher Prüfspannung Metallgehäuse zu verwenden, die vorschriftsmäßig geerdet werden können, oder die Instrumente jeder Berührungsmöglichkeit zu entziehen.

In den letzten zwei Jahren ist indessen eine weitere Änderung eingetreten insofern, als man aus Gründen der billigen Herstellung zu gepreßten Gehäusen aus Isolierstoff kommt. Obwohl diese Materialien meist hohe elektrische Festigkeit haben, ist es doch nicht ratsam, die Gehäuse bei Hochspannung der Berührung auszusetzen.

Abschaltung bei der Bedienung. Nicht immer, z. B. bei hochgespanntem Gleichstrom, ist es möglich, einen Apparat ausreichend zu

Bild 72. Rückseite eines Registrierapparates mit selbsttätiger dreipoliger Abschaltung beim Öffnen der vorderen Gehäusewand. (Trüb, Täuber & Co., Zürich.)

isolieren. Besonders schwierig kann dies bei Registrierapparaten werden, die eine zeitweise Bedienung erfordern. Man muß dann den Apparat für diese Zeit spannungslos machen. Bild 72 zeigt eine Ausführung von Trüb-Täuber, bei der die Schaltorgane auf der Rückseite des Apparates angebaut sind und das Meßwerk beim Öffnen des vorderen Deckels automatisch abschalten.

Erdung. Die Sicherheitsvorschriften des V.D.E.[1]) schreiben für Anlagen mit Spannungen über 250 V vor, daß die betriebsmäßig nicht unter Spannung stehenden Metallteile von Meßwandlern und Meßgeräten leitend untereinander und mit der Erdzuleitung zu verbinden sind. Die Sekundärstromkreise von Meßwandlern sind, sofern es die

[1]) Leitsätze für Schutzerdungen in Hochspannungsanlagen, gültig ab 1. 1. 1924.

Schaltung erlaubt, unmittelbar an den Klemmen der einzelnen Wandler zu erden. Als Zuleitung zu den Erdern sollen Leitungen unter 16 mm² Kupfer nicht verwendet werden.

Demnach muß jedes für Hochspannungsanlagen bestimmte Meßgerät eine Erdleitung von mindestens 16 qmm Querschnitt anzuschließen gestatten, ein Umstand, der bei vielen Konstruktionen noch nicht genügend beachtet ist. In der letzten Fassung der Regeln für elektrische Meßgeräte wurde 16 qmm auch als Höchstquerschnitt für die anzuklemmende Erdleitung festgesetzt, sofern der Abzweig von der Haupterdleitung nicht länger ist als 5 m. Gehäuse von Meßgeräten, die an bereits geerdete Meßwandler angeschlossen werden, bedürfen keiner besonderen Erdleitung mehr. Für Gußsockel kann die Vorschrift leichter erfüllt werden als für Blechsockel. Bei diesen werden besondere Verstärkungsstücke eingenietet oder eingeschweißt, in die Erdungsbolzen eingeschraubt werden. In vielen Fällen wird auch die Erdleitung durch die Befestigungsschrauben des Instrumentes mit dem vom Lack befreiten Sockel in Verbindung gebracht.

Laboratoriumsmeßgeräte. Die vorhergehenden Ausführungen beziehen sich im wesentlichen auf Schalttafelmeßgeräte. Bei Laboratoriumsmeßgeräten haben bisher die beschriebenen Sicherheitsmaßnahmen noch nicht in demselben Maß Eingang gefunden, und es ist dem Benutzer solcher Instrumente bei Hochspannungsmessungen äußerste Vorsicht dringend zu empfehlen, insbesondere bei Benutzung von mehreren getrennten Vorwiderständen, die für sich die auf sie entfallende Spannung aushalten, die aber durchschlagen, wenn beispielsweise das Gehäuse durch Berührung mit der Hand geerdet wird. Nachdem heute Meßwandler mit verschwindend kleinem Fehler käuflich zu haben sind, sollte man bei Hochspannung überhaupt nicht mehr direkt messen.

M. Eigenverbrauch der Instrumente.

In früherer Zeit ist mehr als heute auf geringen Eigenverbrauch der Instrumente geachtet und in der Reklame der besonders geringe Verbrauch hervorgehoben worden. Man hat dabei die Rechnung aufgestellt, wieviel Kilowattstunden ein Instrument in einem Jahr verbraucht. Für die wenigen Instrumente, die in einer Zentrale verwendet werden, ist der Verbrauch aber von untergeordneter Bedeutung. Ganz anders liegen die Verhältnisse bei Zählern, weil diese bei jeder Zentrale zu vielen Tausenden angeschlossen werden. Man wird zwar bei keinem Apparat einen unnütz hohen Verbrauch zulassen, aber der oberste Gesichtspunkt bei der Konstruktion soll nicht Herabsetzung des Verbrauches, sondern Erreichung hoher Betriebssicherheit, Dauerhaftigkeit und Genauigkeit sein. Der Verbrauch soll nur dann herabgedrückt werden, wenn er die Meßgenauigkeit irgendwie beeinträchtigt, wenn er die Verwendung besonderer teurer Vorwiderstände oder von Nebenwiderständen mit hohem Spannungsabfall nötig machen würde und wenn sich durch ihn, wie es sehr häufig der Fall ist, eine erhebliche Eigenerwärmung und damit ein Temperaturfehler des Instrumentes ergibt oder an die Leistungsabgabe von Stromwandlern zu große Anforderungen gestellt werden. Bei Wechselstrom-Instrumenten wird man den Verbrauch im Spannungskreis, in Watt gemessen, größer machen können als im Stromkreis, weil die Spannungswandler eine praktisch fast für alle Fälle ausreichende Stromstärke (etwa 1 A) zu entnehmen erlauben, ohne daß sich die Übersetzung ändert, während die Belastungsfähigkeit der meisten Stromwandler eng begrenzt ist.

Wenn alle Widerstände im Instrument unter der Kappe eingebaut sind, darf der Verbrauch je nach der Größe des Gehäuses nicht mehr als 5÷10 W betragen. Bei Überschreitung dieses Verbrauchs beschlägt das Fenster. Ist der Vorwiderstand aber gut gelüftet und bei einem Schalttafelinstrument derart in den Sockel eingebaut, daß die erhitzte Luft gut abziehen kann, so kann in besonderen Fällen ein Verbrauch von 30 W bei einem Instrument mit 225 mm Sockeldurchmesser ohne Bedenken zugelassen werden.

N. Mechanische und thermische Überlastung.

Für technische Messungen wird gefordert, daß die Instrumente gegen gelegentlich auftretende Überlastungen und Kurzschlüsse widerstandsfähig sind. Es ist dabei zu unterscheiden zwischen einer thermischen und einer mechanischen Überlastung durch die Prellschläge. Wir wollen uns hier nur mit den eigentlichen Meßinstrumenten beschäftigen, die Überlastung der Stromwandler wird später behandelt werden.

V.D.E.-Vorschriften. Die Regeln des V. D. E. schreiben vor, daß Schalttafelmeßgeräte bestimmter Art eine Belastungsprobe von

9 Stößen	entsprechend	dem	10fachen	Nennstrom	je	0,5 s,
1 Stoß	»	»	10 »	»	»	5 s

ohne Schaden aushalten müssen. Die erste Probe gilt für die mechanische, die zweite für die thermische Festigkeit. Es sei an dieser Stelle auch die Vorschrift für Auslösespulen von Ölschaltern angeführt. Sie verlangt, daß für die Zeit t sek der n-fache Nennstrom ohne Schaden ertragen wird, wobei

$n = 120$ bei unverzögerter Auslösung,

$n = \frac{60}{\sqrt{t}}$ bei unabhängig oder begrenzt abhängig verzögerter Auslösung.

Wir wollen künftig kurzzeitige thermische Überlastungen nur durch den Sekundenstrom, ausgedrückt in Vielfachen des Nennstromes, kennzeichnen. Damit sind am ehesten Vergleiche möglich.

Die oben genannte thermische Belastungsprobe für Meßgeräte entspricht der Formel

$$n = \frac{23}{\sqrt{t}},$$

also dem 23fachen Sekundenstrom, gegen den 60fachen Sekundenstrom bei Auslösespulen.

Meßgeräte sind demnach thermisch sehr viel weniger belastbar als Meßwandler und Relais. Dies rührt davon her, daß die Wicklungen viel schwächer bemessen sind als bei jenen Apparaten. Die Praxis hat aber ein hohes Interesse an stark überlastbaren Betriebsgeräten, und es ist wünschenswert, die Konstruktionen soweit als irgend möglich zu verbessern. Die Beschädigung von Instrumenten durch Überstrom ist leider noch die am häufigsten vorkommende.

Die V.D.E.-Regeln sind zu milde, als mechanischer Stoß ist die 10fache Überlastung praktisch nicht ausreichend, es muß 20÷50facher gefordert werden. Führt man nun diese Versuche durch, so findet man, daß Stoßfestigkeit und thermische Festigkeit praktisch nicht vollkommen getrennt werden können, denn auch ein Stoß vom 50fachen Betrag braucht eine gewisse Zeit, um sich auf das bewegliche Organ voll auszuwirken. Schließt man z. B. ein 5-Ampere-Instrument über eine 100-A-Sicherung an eine kräftige Spannungsquelle an, so kommen kurzzeitige Stromstöße in der Größenordnung von 1000 A auf einige hundertstel Sekunden zustande, bei denen sich aber der Zeiger nicht bis zum Ausschlag bewegt. Man muß also doch auf die Formel $n = \frac{C}{\sqrt{t}}$ zurückgreifen und für C einen passenden Wert suchen. Nehmen wir $C = 30$ an, so erhalten wir folgende Überlastungszeiten:

$n = 10$	$t = 9$ sek	$n = 40$	$t = 0{,}56$ sek
20	$t = 2{,}25$ »	50	$t = 0{,}36$ »
30	$t = 1$ »	100	$t = 0{,}09$ »

Überlastungsproben. Die Durchführung solcher Versuche ist keineswegs so einfach, wie sie auf den ersten Blick erscheint. Die erste und größte Schwierigkeit macht die Messung des Stromes, die zweite die der Zeiten. Im Laboratorium der Siemens & Halske A.-G. sind eingehende Studien ausgeführt worden. Wechselstrom mußte zunächst schon ausscheiden, um ganz klare Verhältnisse zu erhalten. Zur Strommessung wurde ursprünglich ein Strommesser mit Stellzeiger benutzt, mit dem man den Zeiger nahe bis zu dem erwarteten Stromstoß vorspannte. Schlug dann der Zeiger noch aus, so wußte man, daß der Strom oberhalb des betreffenden Wertes war. Aber auch dieses Verfahren war zu ungenau, wie durch oszillographische Messungen ermittelt wurde. Schließlich wurden alle Messungen mit dem Oszillographen ausgeführt. Die Schaltung entsprach Bild 73. Der normale 5-A-Strommesser wurde über einen kleinen regelbaren Widerstand an ein mit 500 A gesichertes Gleichstromnetz gelegt. Der erzielte Kurzschlußstrom war 350 A.

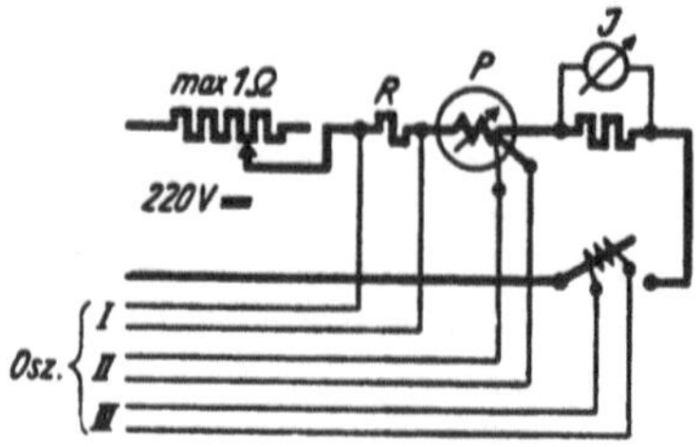

Bild 73. Schaltung für die Überstromprüfung.
P = Prüfling,
R = Meßwiderstand,
J = Drehspul-Strommesser.

Die Einschaltung erfolgte durch einen Schütz, der durch den Momentverschluß des Oszillographen betätigt wurde, die Ausschaltung durch Schmelzdrähte aus Manganin, das wegen seines kleinen Temperaturkoeffizienten gewählt wurde. Durch die Wahl der Drahtstärke hatte man die Zeiteinstellung ziemlich gut in der Hand, es konnte schon nach 3 Perioden = 0,06″ der Strom unterbrochen werden. Aufgezeichnet wurde der Strom, die

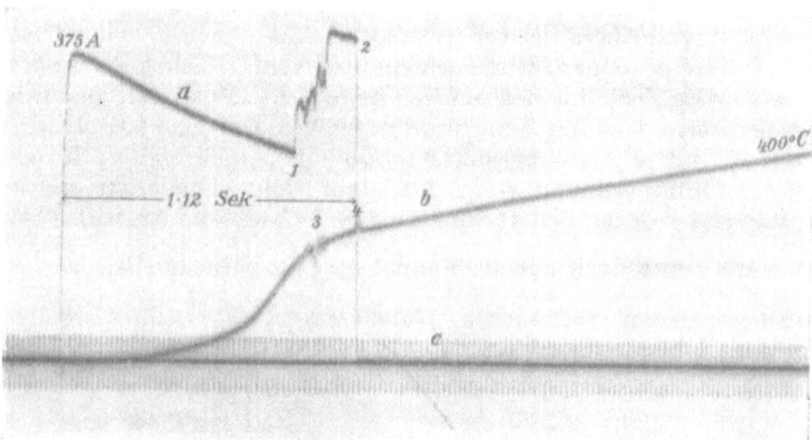

Bild 74. Oszillogramm von der Prüfung eines Dreheisenstrommessers für 5 A mit Überstrom.
a = Stromverlauf. Bei 1 steigt der Strom von neuem durch Kurzschluß in der Spule, bei 2 schaltet der Schütz aus.
b = Temperaturkurve. Bei 3 Störungen durch Induktion.
c = Zeitmarkierung mit 50 Hertz.

Temperatur in der Wicklung und die Zeit. Bild 74 zeigt ein Oszillogramm, bei dem auch die Ausschaltung durch einen Schütz erfolgte. Der erste Stromstoß betrug 375 A, d. i. das 75fache des Nennstromes, er ging dann zurück auf 250 A. Nach 0,88 sek trat Windungsschluß ein. Im Mittel war der Strom, als dies eintrat, 310 A; dies entspricht dem 62fachen Nennstrom auf 0,88 sek oder dem 58fachen Sekundenstrom.

Dynamische Überlastung. Die Wucht von Prellschlägen wird durch mäßige, elastische, kräftige Zeigeranschläge und den Einbau von stark überaperiodisch wirkenden Flüssigkeitsdämpfungen herabgemindert, und es ist möglich, Instrumente zu bauen, die auch den stärksten vorkommenden kurzzeitigen Kurzschlußströmen standhalten. Bezüglich des Zusammenhanges zwischen dem Skalencharakter und der mechanischen Überlastbarkeit der Instrumente sei noch auf den Abschnitt »Dreheiseninstrumente« verwiesen.

Für jedes brauchbare Betriebs- und Präzisionsinstrument kann gefordert werden, daß es nicht nur den vollen Strom oder die volle Spannung, sondern auch eine geringe Überlastung (um etwa 20% des Endwertes) dauernd aushält, ebenso beliebig oft wiederholtes Ein- und Ausschalten mit der Belastung, die dem Höchstwert der Skala entspricht. Die letzte Forderung erscheint selbstverständlich, es kann aber bei Präzisionsinstrumenten mit sehr leichtem und langem Zeiger bei schlechter Dämpfung vorkommen, daß sie dieser Probe nicht gewachsen sind, weil der Zeiger heftig anschlägt und sich verbiegt. Das gleiche gilt von Spannungsmessern mit weit unterdrücktem Nullpunkt, also stark vorgespannten Federn. Bei diesen kann unter Umständen das plötzliche Ausschalten eine Verbiegung des Zeigers herbeiführen, wenn er nicht stark genug ist.

Die Stoßfestigkeit kommt im wesentlichen für Dreheisen- und Drehfeld-Strommesser in Frage, weil bei diesen das Meßmoment grundsätzlich mit dem Quadrat der Stromstärke ansteigt. Ist das Richtmoment etwa 0,5 gcm, so steigt das Meßmoment beim 50fachen Strom auf das 2500fache entsprechend 1250 gcm, bei einem Ferrarisstrommesser mit seinem höheren Drehmoment noch höher. Wenn auch die Kräfte durch Sättigungserscheinungen nicht ganz so hoch ansteigen, so kann man doch sehen, daß ganz gewaltige Kräfte von dem leichten beweglichen Organ aufgenommen werden müssen. Der empfindlichste Teil ist meist der Zeiger, der sich verbiegt oder unter den Anschlag klemmt.

Bei Drehfeldstrommessern ist es vorgekommen, daß die Trommel bei einem heftigen Kurzschluß »durchging« und der Zeiger sich dabei zu einer Spirale um die Achse rollte.

Des weiteren leiden die Dämpfungsorgane leicht Schaden, besonders wenn sie sich unter dem Einfluß der Zentrifugalkraft verbiegen können. Zuweilen lockert sich auch die Kernbefestigung auf der Achse. Immerhin zeigt das Beispiel, was in dieser Richtung durch gute Konstruktion möglich ist.

Die wirksamste Maßnahme zum Schutz von Wechselstrom-Instrumenten vor dynamischer Überlastung besteht darin, daß man die Instrumentspulen nicht direkt, sondern über einen geeigneten Stromwandler anschließt (s. 2. Band, Abschnitt Strommessung).

Thermische Überlastung. Wird ein Strommesser durch einen heftigen Stromstoß mechanisch beschädigt und ist er thermisch ausreichend fest, so tritt außer dem Wegfall der Stromanzeige keine weitere Störung ein. Dagegen kann das Durchbrennen der Wicklung schwerste Betriebsschäden einleiten, besonders dann, wenn der Strommesser direkt, ohne Wandler, in eine Leitung eingebaut ist. Von besonderer Bedeutung ist dabei die geringe thermische Trägheit der Wicklung. Die wenigen Drahtwindungen haben keine Möglichkeit, die erzeugte Wärme an größere Metallmassen abzuleiten, sie sind spezifisch hoch belastet, mit 3 bis 7 A/mm² gegen 1,0 bis 3,0 A/mm² bei Stromwandlern, und erreichen schon nach kurzer Zeit ihre Endtemperatur. Am empfindlichsten sind in dieser Hinsicht bekannterweise Hitzdrahtstrommesser, und es wird niemand einfallen, einen solchen in eine Hochspannungsanlage direkt einzubauen. Dagegen werden noch sehr viele Dreheisenstrommesser

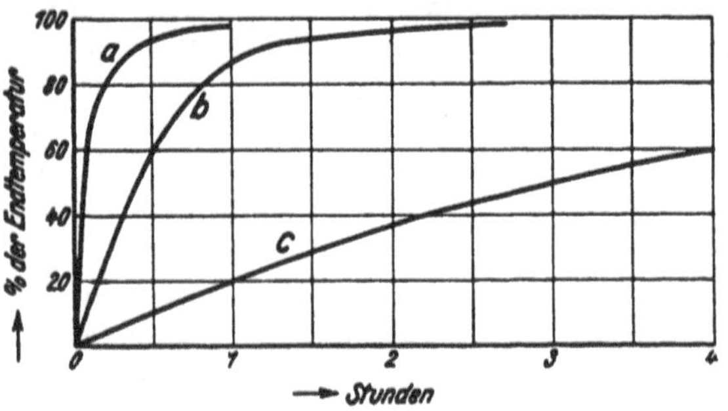

Bild 75. Anstieg der Temperatur mit der Belastungszeit
a bei einem Dreheisen-Strommesser,
b bei einem kleinen Stromwandler,
c bei einem großen Stromwandler (100 kV).

der Ersparnis halber ohne Wandler eingebaut und Wandler erst dann, wenn nach einem kräftigen Kurzschluß die Spule verdampft ist und einen Lichtbogen, allenfalls mit Phasenkurzschluß eingeleitet hat. Bild 75 zeigt für einen Dreheisenstrommesser und zwei verschiedene Stromwandler einen besonders kleinen und einen großen (für 100 kV) den Anstieg der Temperatur unter Zugrundelegung gleicher Endtemperatur. Es ist daraus zu ersehen, wieviel schneller, auch bei gleicher spezifischer Strombelastung für Nennstrom, ein Instrument erhitzt wird als ein Stromwandler.

Die Übertemperatur bei Nennstrom ist für Dreheiseninstrumente im Dauerzustand etwa ebenso hoch wie bei Stromwandlern, etwa 50÷60° C, hinsichtlich der zulässigen Dauerüberlastung von etwa 20%, passen also beide zusammen.

Wenn der Einbau eines Hochspannungsstromwandlers zu teuer ist, kann man die Instrumente durch einen Niederspannungs-Kleinwandler schützen, den man samt dem Instrument unmittelbar an der Hochspannungsleitung befestigt. Bild 76 zeigt eine derartige Ausführung von Siemens & Halske, die thermisch und mechanisch nahezu unbegrenzt kurzschlußfest ist, da der Primärleiter für 1000 A Dauerstrom bemessen werden kann und der Sekundärstrom über den 6fachen Nennstrom nicht hinausgehen kann. Das entspricht aber bei 10 sek Auslösezeit erst dem 20fachen Sekundenstrom. Mit Rücksicht auf die Betriebssicherheit sollte man nur Instrumente dieser Art in Hochspannungsleitungen einbauen.

Drehspulinstrumente sind in ihrer beweglichen Spule von allen Arten elektrischer Meßinstrumente am höchsten überlastbar, sie können, abgesehen von der mechanischen Wirkung des Prellschlages, oft den 100fachen Nennstrom dauernd ohne Schaden aushalten. Ein normaler Strommesser zum Anschluß an Nebenwiderstände verbraucht z. B. 15 mA bei 1 Ohm Widerstand, d. i. 225 μW. Für den 100fachen

Bild 76. Kurzschlußfester Strommesser zum Einbau in Hochspannungsleitungen mit Stabwandler (Siemens & Halske).

Strom erst erhalten wir 2,25 W und eine Übertemperatur von etwa 20° C. Gefährdet sind bei solchen Instrumenten in thermischer Hinsicht zunächst die Stromzuführungsfedern, besonders aber zugehörige Meßwiderstände, weil diese alle bereits bei Nennstrom oder Nennspannung eine reichlich hohe Temperatur haben. Auch bei Drehfeld-Strommessern ist die zulässige Überlastbarkeit in thermischer Hinsicht wesentlich geringer als bei Dreheiseninstrumenten, weil die eingebauten Widerstände zur Phasenspaltung schon bei normaler Belastung eine hohe Temperatur haben und bei Überlastung ausglühen und sich ändern. Am geringsten ist die thermische Überlastbarkeit bei den dünnen Drähten der Hitzdrahtinstrumente, aber auch sie vermögen den 2- bis 3fachen Sekundenstrom ohne Schaden auszuhalten.

Schleppzeiger. Um den über ein Instrument gegangenen maximalen Stromstoß später feststellen zu können, wurden vor Jahren sog. Schleppzeiger benutzt, die von dem eigentlichen Zeiger vorgeschoben werden sollten. Diese Einrichtung ist mit den gewöhnlichen Instrumenten ganz und gar unbrauchbar. Geht der Zeiger leicht, so wird er vorwärtsgeschleudert, geht er schwer, so hemmt er den messenden Zeiger. Trotzdem werden sie noch vielfach verlangt und leider auch von manchen Herstellern geliefert.

Da aber unzweifelhaft ein Bedürfnis nach einem Schleppzeigerinstrument vorliegt, hat der Verfasser für Siemens & Halske das auf S. 238 beschriebene Bimetall-Meßwerk damit ausgerüstet. Das Richtmoment eines solchen Instrumentes ist mit etwa 30 gcm rund 100mal größer als das bei einem normalen Typ, und es kann somit die Schleppzeigerreibung ohne weiteres überwunden werden. Auch das Schleudern fällt weg, weil die Bewegung sehr träge erfolgt. Man kann bei diesem Instrument das Reibungsdrehmoment des Schleppzeigers bei 2% Fehlweisung etwa 0,6 gcm machen, während es bei einem der üblichen Instrumente nur 0,006 gcm sein dürfte.

O. Beeinflussung von Instrumenten.

Es genügt nicht, die genauesten elektrischen Meßgeräte zu verwenden, man muß auch wissen, daß jede Messung durch die Umstände bei der Ausführung mehr oder weniger beeinflußt wird. Wir wollen deshalb auf die verschiedenen Arten der Beeinflussung elektrischer Meßgeräte näher eingehen.

Magnetische Fremdfelder.

Begriffserklärung. Fremdfeldeinfluß ist nach den Regeln des V.D.E. (s. Bd. 2) die Änderung der Anzeige, die lediglich durch ein Fremdfeld von 5 Gauß Feldstärke bei gleicher Stromart und Frequenz, bei ungünstigster Phase des Fremdfeldes und bei ungünstigster gegenseitiger Lage verursacht wird, und zwar für Strom- und Spannungsmesser bei Einstellung auf das Ende des Meßbereiches, für Leistungs- und Leistungsfaktormesser bei Anlegen der Nennspannung.

Die Beeinflussung erfolgt durch Gleich- und durch Wechselfelder. Die Wirkungsweise ist sehr verschieden:

a) Rein magnetisch durch Überlagerung des Fremdfeldes über das im Meßwerk wirksame Feld.
   (Drehspulinstrument, Elektrodynamometer.)

b) Elektrodynamisch, durch Anziehung und Abstoßung stromdurchflossener Leiter.
   (Hitzdrahtinstrument.)

c) Induktiv, durch Speisung von Kurzschlußkreisen.
d) Durch Ausübung von Zugkräften auf eisenhaltige Teile des beweglichen Organs oder durch Verlagerung von Instrumentteilen.

Die Letztgenannten wollen wir nicht in den Kreis unserer Ausführungen einbeziehen.

Normen für den Fremdfeldeinfluß. In den englischen Normen für elektrische Meßinstrumente (vom August 1926) wird für Strom- und Spannungsmesser der Drehspultype vorgeschrieben, daß für ein Fremdfeld von 5 Gauß der Fehler nicht größer sein darf als 1,5% vom Höchstwert, ± 3% für alle anderen Meßwerke. Bei Wechselstrom soll dabei das Feld gleichphasig sein mit dem in der Spule des Instrumentes. Für Leistungsmesser bestehen in England keine Vorschriften, die deutschen Regeln lassen für 5 Gauß für alle Meßwerke mit Ausnahme der eisenlosen Präzisions-Elektrodynamometer einen Fehler von ± 3% zu.

Die Prüfung elektrischer Meßinstrumente auf Fremdfeldeinfluß bei 5 Gauß erfolgt in der Weise, daß man sie in den Mittelpunkt einer Spule von 100 cm Durchm. bei 400 AW bringt. Das Feld im Mittelpunkt beträgt dann

$$H = \frac{2\pi \cdot 400 \text{ AW}}{10 \cdot r} \text{ Gauß.}$$

Bild 77 zeigt eine derartige Prüfeinrichtung aus dem Laboratorium der Siemens & Halske A.-G. mit drei Spulen in drei zueinander senkrechten Ebenen, die einzeln oder in Reihe geschaltet werden, um so Streufelder in jeder beliebigen Richtung zu erhalten.

Praktisch vorkommende Fremdfelder. Die Feldstärke im Abstand r cm von einem unendlich langen, geraden Leiter mit dem Strom J Amp. ist:

$$H = \frac{2}{10} \cdot \frac{J}{r} \text{ Gauß.}$$

Es sind demnach bei zulässigen Fremdfeldstärken von 1—2—5—10 Gauß zwischen Instrument und Stromschiene folgende Entfernungen einzuhalten, in Metern gerechnet:

	1,0 Gauß	2,0 Gauß	5,0 Gauß	10,0 Gauß
J = 1000 A	2	1	0,4	0,2
2000 A	4	2	0,8	0,4
5000 A	10	5	2,0	1,0
10000 A	20	10	4,0	2,0
20000 A	40	20	8,0	4,0
50000 A	100	50	20,0	10,0
100000 A	200	100	40,0	20,0

Unter Umständen ist es nicht einmal möglich, die für H = 10 Gauß berechneten Entfernungen einzuhalten.

So war beispielsweise in dem Aluminiumwerk Töging, wo Stromstärken bis zu 16000 A aus mehreren Maschinen fließen, an keiner Stelle ein Raum mit einer geringeren Felddichte als 20 Gauß zu finden. In Karbidwerken kommen Wechselstromstärken bis 100000 A vor.

Es ist selbstverständlich, daß man versuchen wird, starke Magnetfelder oder stromführende Leitungen von Meßgeräten fernzuhalten. Dies ist aber nicht immer in beliebigem Grade möglich, und es

Bild 77. Spulenanordnung zum Feststellen des Fremdfeldeinflusses auf Meßgeräte. (Siemens-Laboratorium.)

sollen deshalb im nachstehenden Erfahrungswerte über die Beeinflußbarkeit der verschiedenen Meßwerke gegeben werden, geordnet nach dem Grad der Beeinflussung. Dabei soll aber nur von jener Beeinflussung gesprochen werden, die im Meßprinzip begründet ist und mehr oder weniger unvermeidbar ist.

Wir wollen nicht sprechen von zufälligen magnetischen Beeinflussungen, die z. B. zustandekommen, wenn Messing- oder Aluminium teile eisenhaltig sind. Durch Magnetfelder unbeeinflußt bleiben allein elektrostatische Instrumente.

Bei allen Instrumenten, bei denen das Drehmoment durch elektromagnetische Wirkungen erzeugt wird, können durch Fremdfelder ganz beträchtliche Fehler auftreten. Die Fehler werden um so größer sein, je geringer die magnetische Liniendichte im Instrument selbst ist. Beispielsweise wird ein eisenloses elektrodynamisches Wattmeter mit einer Felddichte von 20 Gauß viel mehr beeinflußbar sein als ein eisengeschlossenes Wattmeter mit einer Felddichte von 250 Gauß. Im ersten Falle genügt schon das Erdfeld, um eine Beeinflussung hervorzurufen.

Drehspulinstrumente. Wechselfelder können entmagnetisierend auf die Anzeige wirken, bei Aufstellung von Präzisionsinstrumenten ist Vorsicht geboten. Ein normales Laboratoriumsinstrument wird in einem homogenen Wechselfeld mit 20 Gauß bereits um 1% und mehr entmagnetisiert.

Gleichfelder. Neben den nutzbaren, gut abgeschirmten Kraftlinien im Luftspalt zwischen Magnet und Polkern verlaufen noch eine beträchtliche Anzahl von Streulinien in der Luft, und zwar um so mehr, je größer der Luftspalt ist. Diese Streulinien werden von äußeren Feldern je nach deren Richtung in den Luftspalt gewissermaßen hineingedrückt oder sie werden unterstützt und damit noch mehr nutzbare Linien herausgezogen. Außerdem gibt jedes äußere Gleichfeld in dem Dauermagneten eine zusätzliche oder abzuziehende magnetomotorische Kraft. Beide Fehler äußern sich über die ganze Skala im gleichen Verhältnis, prozentisch sind sie konstant. Sie hängen auch von der Form des Magneten ab.

Die Beeinflussung von Drehspulinstrumenten durch das Erdfeld beträgt bei den besten Ausführungen weniger als 0,1%, bei ganz schlechten mit großem Luftspalt 0,5%.

Gegenseitige Beeinflussung. Bei der Aufstellung von Präzisionsinstrumenten ist auf die gegenseitige Beeinflussung durch die Streulinien der permanenten Magnete Rücksicht zu nehmen. Um beim Aufbau einer Schaltung Platz zu sparen, neigt man dazu, die Instrumente mit geringem Zwischenraum nebeneinander aufzustellen. Nachstehende Tabelle zeigt die Beeinflussung zweier Gleichstrom-Drehspulinstrumente als Funktion der Entfernung zwischen den beiden Gehäusen.

Abstand zwischen den Instrumenten	Beeinflussung Instr. I	Instr. II
0 cm	0,60%	0,35%
5 »	0,38%	0,22%
10 »	0,18%	0,14%
20 »	0,04%	0,04%

Daraus geht hervor, daß, wenn man die höchste Genauigkeit ausnutzen will, die Instrumente in einem Abstand von wenigstens 20 cm aufgestellt werden müssen.

Die Wirkung von äußeren Feldern, z. B. dem von Starkstromleitungen, hängt ebenso, wie die durch das Erdfeld hervorgerufene, von der

Lage des Instrumentes im Störungsfeld ab. Am größten wird der Fehler, wenn die Fremdfeldlinien mit den Nutzlinien im Luftspalt gleich- oder entgegengesetzt gerichtet sind. Bild 78 zeigt den Einfluß einer benachbarten Gleichstromleitung, die von 3500 A durchflossen war, auf ein ungepanzertes Drehspulinstrument für Schalttafeln sowie die Fehlerverminderung durch Panzerung mit einem Gußeisen- oder einem Schmiedeeisenmantel. Von Wichtigkeit sind bei derartigen Versuchen, die nach einer starken Beeinflussung verbleibenden Fehler durch Veränderung des Instrumentmagnetes und durch Polbildung im Panzer. Praktische Bedeutung gewann diese Aufgabe bei der Durchbildung der Meßgeräte für die Schalttafeln in den U-Booten, die außerordentlich gedrängt zusammengebaut waren, bei denen die Leitungsschienen

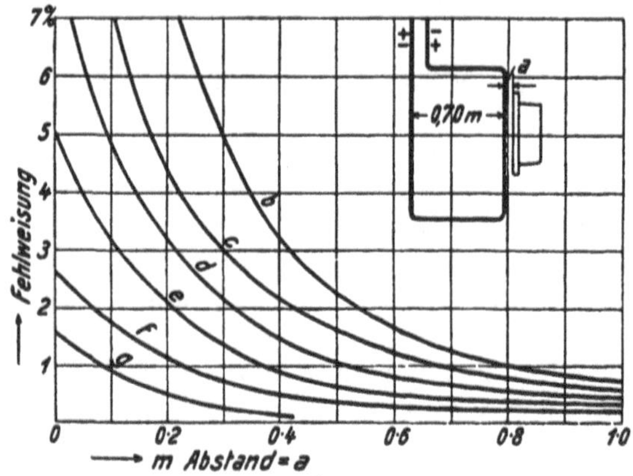

Bild 78. Fremdfeld-Einfluß auf ein Drehspulinstrument
b ohne magnetischen Schutz,
c Rotgußgehäuse mit innerer Eisenplatte,
d Graugußgehäuse 3,5 mm stark,
e Graugußgehäuse mit innerer Eisenplatte,
f Graugußgehäuse und mit innerem Schutzrahmen,
g Schmiedeisengehäuse 8 mm stark.

unmittelbar an den Instrumenten vorbeigingen und wo beim Anlassen der Motoren ganz bedeutende Überströme (von 10000 A und darüber) vorkamen, die dem Instrument keinen Schaden zufügen durften.

Homogene Fremdfelder von 5 Gauß Stärke beeinflussen die üblichen Schalttafelinstrumente in Eisenblechgehäuse um etwa 1%, Laboratoriumstypen in Holz- oder Messingblechgehäuse, denen der schirmende Panzer fehlt, werden um 2 bis 3% beeinflußt.

Die Größe des Einflusses hängt auch von der Form der Feldmagnete und der Weite des Luftspaltes ab.

Dreheiseninstrumente. Je nach der Konstruktion zeigt diese Art ein verschiedenes Verhalten. Wie im folgenden näher beschrieben, gibt es zwei verschiedene Arten von Dreheiseninstrumenten, den Flachspultyp und den Rundspultyp. Bei der ersten ist das Kraftfeld viel mehr zusammengedrängt als bei der anderen, und deshalb ist auch die Beeinflussung geringer. Des weiteren hängt die Größe des Fehlers selbstverständlich auch ab von der — beabsichtigten oder unbeabsichtigten — Panzerung durch den mehr oder weniger starken Sockel aus Eisenblech und durch die Kappe. Nachstehend sind die Meßergebnisse an sechs

Dreheiseninstrumenten verschiedener Herkunft wiedergegeben für einen beeinflussenden Wechselstrom von 1000 A bei voller Belastung des Instrumentes durch die gleiche Stromart. Die Zahlen bedeuten Prozente vom Sollwert

Lage der beeinflussenden Leitung	Rundspule					Flachspule
	A	B	C	D	E	F
3 cm hinter dem Instrument	3,2	0,7	2,5	2,3	1,8	0,7
3 cm hinter dem Instrument	3,2	1,1	5	2,8	11,0	0,8
1 cm Abstand von der Kappe	4,3	2,7	2,5	6,8	3,0	0,2
1 cm Abstand von der Kappe	4,8	3,6	3,0	9,4	5,0	0,6
1 cm Abstand vom Sockel	0,2	0,2	1,2	1,5	11,0	1,0

Sämtliche Instrumente waren von annähernd gleicher Größe (200÷150 mm Durchm.), alle besaßen eine Grundplatte aus Eisen, ebenso alle mit Ausnahme von E eine Eisenblechkappe. Bei dem Instrument E sind die Fehler infolge der Verwendung der weniger schützenden Messingkappe fast durchweg größer als bei den anderen. Bei dem Flachspulinstrument bleiben die Fehler fast stets unter 1%, während sie bei den Rundspulinstrumenten durchschnittlich 2÷5% betragen.

Der Beeinflussungsfehler ist prozentisch nicht über die ganze Skalenlänge konstant, sondern hängt von der Stellung des beweglichen Eisens ab. In der Anfangsteilung ist er häufig größer als am Ende der Skala.

Auch im stromlosen Zustande können Dreheiseninstrumente von Fremdfeldern abgelenkt werden, wenn das Feld ausreichend stark ist, z. B. in der Nähe von Stromschienen mit hohen Strömen.

In homogenen Fremdfeldern von 5 Gauß beträgt mit den üblichen Eisenblechgehäusen der Fehler je nach dem Modell (Flach- oder Rundspule) 1÷2%, ausnahmsweise bis 3%.

Eisenlose elektrodynamische Instrumente. Diese Art ist in hohem Grade beeinflußbar, und es fällt besonders deshalb ins Gewicht, weil man diese Instrumente heute fast ausnahmslos nur zur Präzisionsmessung bei Wechselstrom verwendet. Die VDE-Regeln legen für eisenlose Elektrodynamometer keine Grenzen für den Fremdfeldeinfluß fest, obwohl für diese Klasse eine Eingrenzung besonders nötig wäre. Die Verfasser der Regeln waren sich aber darüber einig, daß dann im Vergleich mit der hohen geforderten Meßgenauigkeit von einigen Zehntel Prozent Unmögliches gefordert würde. Der Fremdfeldeinfluß beträgt normalerweise für 5 Gauß etwa 8÷10%. Um die Beeinflussung gering zu halten, muß die feste Spule eine hohe Amperewindungszahl besitzen, damit ein starkes Feld erzeugt wird, und die bewegliche Spule eine geringe Amperewindungszahl, damit diese mit dem Störungsfeld nur ein ganz geringes Drehmoment erzeugen kann. Gute normale Instrumente dieser Art haben 400 AW in der Feldspule, während die Amperewindungszahl der Drehspule bei den einzelnen Fabrikaten sehr verschieden ist, etwa zwischen 3 und 15 AW bei vollem Strom.

Nachstehende Tafel zeigt die Fehler, die durch eine über dem Instrument gezogene, 1000 A Gleichstrom führende Leitung an drei verschiedenen Wattmetern hervorgerufen worden sind. Instrument I hat 20 AW in der beweglichen und etwa 200 AW in der festen Spule, Beide sind eisenlos. Das Instrument III hat etwa die gleichen Daten wie das Instrument II, ist aber allseitig durch einen Kasten aus gestanztem lamelliertem Eisenblech gepanzert (G. El. Co.). Der Erfolg ist unverkennbar. Wird die beeinflussende Stromschleife senkrecht zur Skalenebene gestellt, so ergeben sich bei den eisenlosen Instrumenten noch viel erheblichere, etwa zehnmal höhere Fehler, während sie beim eisengeschützten Wattmeter sich nicht vergrößern. Die Ausschläge sind in der Weise gemessen worden, daß nur der Spannungskreis der Wattmeter an die normale Spannung angeschlossen war.

Abstand von der Instrumentoberkante	Beobachtete Fehler bei Instr. I	Instr. II	Instr. III
20 cm	30%	11%	0,5%
30 »	17%	7%	0,3%
50 »	9%	3%	0,2%
100 »	2%	0,5%	0,1%

Die Beeinflussung eisenloser elektrodynamischer Strom- und Spannungsmesser ist von der gleichen Größenordnung. In der nächsten Tabelle sind für zwei verschiedene Ausführungen, I mit kleiner, II mit großer Amperewindungszahl in der Drehspule, die Fehler angegeben, die bei Annäherung einer Schleife von 0,70 m Durchm. und 1000 AW seitlich zum Instrument zu beobachten waren:

Abstand vom Zeigerdrehpunkt	Instr. I	Instr. II
50 cm	$>$20 %	10,5%
100 »	5,8%	3,6%
200 »	2,1%	0,8%
300 »	0,6%	0,2%

In einem homogenen Fremdfeld von 5 Gauß beträgt die Fehlweisung für das Instrument I 7%, für Modell II 15%.

Diese Zahlen lassen erkennen, daß die so sehr beliebten eisenlosen elektrodynamischen »Präzisions«-Instrumente, für die die Hersteller Fehlergrenzen von einigen Zehntel Prozenten garantieren und unter Ausschluß von Fremdfeldern und einer bestimmten Lage der Zuleitungen bei hohen Stromstärken auch einhalten, im praktischen Betriebe, auf Prüffeldern, Fehler aufweisen können, die weit über das hinausgehen, was man sonst für mäßig gute Schalttafelinstrumente zuläßt. Bild 79 zeigt für ein Instrument, bei dem der Fremdfeldeinfluß für 5 Gauß 10$^0/_0$ beträgt, für 0,2—0,4—1—2—4—10$^0/_0$ Fremdfeldfehler, wie groß für diesen zulässigen Fehler die Entfernung bei Störungsströmen von 100 bis 10000 A sein muß. Bei 0,2$^0/_0$ zusätzlichem Fehler und 3000 A muß man demnach 60 m weit von der Leitung wegbleiben. Hier helfen nur zwei Mittel: Panzerung und Vermeidung hoher Stromstärken durch Verwendung von Meßwandlern. Es ist aber bedauerlich, feststellen zu müssen, daß diese Grundsätze auf den hartnäckigen Widerstand der Verbraucher stoßen, die aus überliefertem Mißtrauen eisengeschirmte Konstruktionen, für die nur 1% garantiert wird, die aber weniger empfindsam sind, ablehnen oder aus falsch angebrachter Sparsamkeit Instrumente für mehrere 100 A Instrumenten mit Meßwandlern vorziehen, für die zwar samt den Wandlern eine etwas geringere Garantie geleistet wird, die aber dafür fern von den beeinflussenden Leitungen aufgestellt werden können. Leider geschieht auch das letztere aus Gründen der Bequemlichkeit selten. In einem dem Verfasser bekannten Fall hatte der Leiter des Prüffeldes einer Großfirma die gelieferten Stromwandler als um 10% falsch zeigend beanstandet, weil zwei zu verschiedenen Zeiten gemachte Garantiemessungen ganz verschiedene Ergebnisse hatten. Bei Nachprüfung stellte sich heraus, daß die Präzisionsleistungsmesser in allzu großer Nähe der 1000 A führenden Primärleitung der Stromwandler gewesen waren.

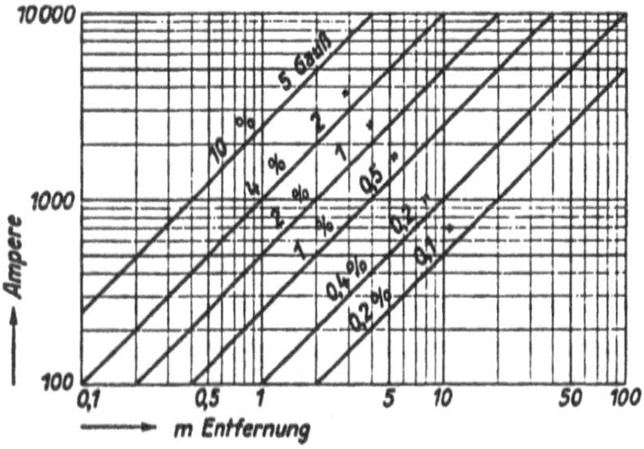

Bild 79. Fremdfeldeinfluß auf eisenlose Elektrodynamometer mit 10$^0/_0$ Fremdfeldfehler für 10 Gauß.

In heutiger Zeit, wo man Präzisions-Stromwandler mit nur 0,1 bis 0,2% Stromfehler und nur 3 bis 5 min Fehlwinkel im Handel haben kann, hat das Präzisionswattmeter und der Präzisionsstrommesser für Stromstärken über 20 A für die üblichen Messungen nicht mehr die geringste Daseinsberechtigung.

Eisengeschlossene elektrodynamische Instrumente. Die Beeinflußbarkeit eines Instrumentes durch äußere Magnetfelder ist stets um so geringer, je genauer den in der Luft verlaufenden Kraftlinien der Pfad durch die Konstruktion vorgeschrieben und je kürzer er ist. Viel günstiger als eisenlose elektrodynamische Instrumente sind deshalb eisengeschlossene Modelle, bei denen der Kraftlinienfluß geschlossen verläuft. Nur ein außerordentlich geringer Teil der Kraftlinien tritt aus dem Eisenkörper heraus und ist der Beeinflussung ausgesetzt. Über den Anteil dieser Streulinien am Gesamtfluß liegen dem Verfasser nur Daten vor, aus denen hervorgeht, daß dieser Streufluß innerhalb der Fehlergrenze liegt, die für die Bestimmung des tatsächlichen Kraftflusses aus Windungszahl und Drehmoment einerseits und dem Vergleich mit der berechneten Feldstärke aus erregender Amperewindungszahl und magnetischen Widerstand anderseits besteht. Das Drehmoment stimmt stets innerhalb der Beobachtungsfehler mit dem unter Vernachlässigung der Streuung berechneten überein. Dementsprechend werden diese Instrumente praktisch in sehr geringem Maße beeinflußt. Für ein Fremdfeld von 5 Gauß wurden an einem Instrument der Siemens & Halske A.-G. 0,1 % Einfluß für die ungünstigste Richtung festgestellt. Weniger günstig ist die Anordnung mit einem Hufeisenmagneten, dessen beide Schenkel je eine Erregerspule tragen, dem Manchestertyp des Dynamobaues ähnlich. Die Streuung ist hier ganz erheblich, 30 bis 50 % der insgesamt erzeugten Kraftlinien. Diese Anordnung ist indessen in Deutschland im Meßinstrumentenbau nicht zur Anwendung gekommen.

Hitzdrahtinstrumente. Bei ihnen kommt eine Fehlweisung einmal dadurch zustande, daß der unter Strom stehende Hitzdraht in einem äußeren Felde, das von der gleichen Ursache erregt wird, einen Bewegungsantrieb erfährt nach den elektrodynamischen Grundgesetzen. Dieser Fehler ist nur bei Stromdurchgang durch den Hitzdraht bemerkbar.

In hochfrequenten magnetischen Wechselfeldern können Hitzdrahtstrommesser mit unterteiltem Hitzdraht ganz beträchtliche Fehler dadurch aufweisen, daß in den aus Hitzdraht, Silberbändern und festen Stromzuführungen gebildeten Kurzschlußkreisen ganz beträchtliche Kurzschlußströme induziert werden. Bei der Erstausführung eines Hochfrequenzstrommessers für 200 A mit eingebautem Stromwandler war der Primärleiter des Wandlers zu nahe am Hitzdraht vorbeigeführt. Bei sekundär kurz geschlossenem Stromwandler und nicht angeschlossenem Instrumente zeigte dieses bei vollem Strom im Primärleiter nahezu Endausschlag bei einer Frequenz von 10000 Hertz. Nach Vergrößerung der Entfernung wurde der Fehler auf einen geringen Betrag vermindert, der bei der Gebrauchsfrequenz eingeeicht werden konnte. Spätere Ausführungen derartiger Instrumente erhielten getrennte Stromwandler.

Fernerhin kann der Hitzdraht selbst aus magnetischem Material, z. B. Nickelstahl, hergestellt sein und wird dann sowohl durch Gleich- als auch durch Wechselfelder elektromagnetisch beeinflußt.

Schließlich findet auch noch eine elektromagnetische Beeinflussung der Richtfeder statt, die bei allen Hitzdrahtinstrumenten aus Stahl hergestellt ist. Die beiden letztgenannten Fehler sind sowohl bei stromdurchflossenem als auch bei stromlosem Hitzdraht nachweisbar. Es wurden Versuche über die Beeinflussung durch einen Wechselstrom von 1000 A bei 50 Hertz angestellt. Bei den durch Eisenblech gut abgeschirmten Hitzdraht-Schalttafelinstrumenten wurde bei größter Annäherung des Leiters auch in der ungünstigsten Lage keine größere Fehlweisung als 0,1÷0,2 mm beobachtet, dagegen wurden bei einem sehr flach gebauten Hitzdraht-Präzisionsinstrument für die an zweiter und dritter Stelle genannte Ursache allein ein Fehler von maximal 0,5 mm nachgewiesen, einschließlich der elektrodynamischen Ablenkung betrug der Gesamtfehler im ungünstigsten Falle 1 mm. Diese Fehler sind zwar nicht bedeutend, sie beweisen aber doch, daß die hergebrachte Anschauung, Hitzdrahtinstrumente seien unbeeinflußbar, nicht berechtigt ist. Wie weit aber einigermaßen geschirmte Hitzdrahtinstrumente in stärksten Streufeldern verwendbar sind, ergibt sich aus folgender Beobachtung des Verfassers an den Ofenzuleitungen eines 8000 kW-Karbidofen, die bei 50 Hertz etwa 30000 A führten.

Es wurde ein kleines Hitzdrahtinstrument von etwa 70 mm Durchmesser benutzt, das einen Sockel aus 1 mm starkem Eisenblech und eine Kappe aus 0,3 mm starkem Eisenblech besaß, die nur einen Skalenausschnitt frei ließ (Bild 23c). Das Feld in der Nähe dieser Leitungen war außerordentlich stark, bis zu 200 Gauß, so daß das Instrument von den stromführenden Kupferseilen kräftig angezogen wurde und trotz der glatten Fläche des Sockels hängen blieb. Die Panzerung war aber so vollkommen, daß auch bei stromdurchflossenem Hitzdraht keine merklichen Fehler beobachtet werden konnten.

Schutz gegen Fremdfelder und Ausscheiden ihrer Wirkung.

Die bisherigen Ausführungen haben gezeigt, wie groß die Einwirkung von Fremdfeldern sein kann. Es bleibt noch zu diskutieren, wie man sie abhalten oder ihre Wirkung ausscheiden kann.

Panzerung. Guten Schutz gegen magnetische Beeinflussung erhält man durch die Panzerung der Instrumente mit Eisenblech. Bei hinreichender Stärke läßt dieses keine Kraftlinien mehr in das Innere treten. Benedicks[1]) schlägt vor, an Stelle eines dicken Panzers mehrere Lagen dünnes Blech zu nehmen und diese durch unmagnetisches Material zu trennen. Nach den in der Originalarbeit mitgeteilten Zahlen läßt

[1]) Annalen der Phys., 4. Folge, **72**, 1923, S. 236.

sich mit dem gleichen oder geringeren Panzergewicht eine 8fache Schirmwirkung erzielen. Versuche des Verfassers an technischen Instrumenten hatten keine so günstigen Ergebnisse. Besonders geeignet als Panzermaterial sind die neuen Fe-Ni-Legierungen mit hoher Anfangspermeabilität wie z. B. Permalloy, Hypernik, Mumetal usw. Durch die Panzerung eines Meßgerätes kann ein neuer Fehler entstehen, wenn sich bei Gleichstrom in dem Eisengehäuse Pole ausbilden, die dann dauernd, auch noch nach Fortfall des störenden Feldes, auf das Meßwerk einwirken. Dies ist auch der wesentlichste Grund, weshalb die Panzerung bei Präzisionsinstrumenten noch fast nirgends vorgenommen worden ist.

Astatische Anordnung. Gegen homogene Fremdfelder kann man die Instrumente durch astatische Anordnung vollkommen schützen. Solche Instrumente sind bisher besonders als eisenlose Elektrodynamometer gebaut worden, seltener als Drehspul- oder Dreheisen-Instrumente, obwohl das grundsätzlich selbstverständlich auch möglich ist. Es steht dabei frei, entweder zwei vollständige Meßwerke zu bauen, wie es bei dem astatischen Wattmeter von Siemens & Halske geschehen ist, oder nur zwei Drehspulen zu benutzen, wie es Hartmann & Braun beispielsweise bei dem astatischen Bruger-Wattmeter tun. Im letzteren Falle bedeutet die zweite Spule selbstverständlich eine Vermehrung des Gewichtes des beweglichen Organs, die nicht durch Erhöhung des Nutzdrehmomentes ausgeglichen wird.

Bei guter Konstruktion drückt man durch die astatische Spulenanordnung den Fremdfeldfehler auf 1 % des ursprünglichen Wertes, d. h. bei eisenlosen Elektrodynamometern auf 0,1 bis höchstens 0,2 % bei 5 Gauß.

Wenden der Instrumentfelder. Der Fremdfeldeinfluß eines Instrumentes läßt sich dadurch ausscheiden, daß man das Mittel aus zwei Ablesungen bei gewendetem Strom nimmt. Das Verfahren läßt sich nicht nur bei Elektrodynamometern, sondern auch bei Dreheiseninstrumenten anwenden, bei Gleichstrom-Drehspulinstrumenten aber nicht, weil man ja dann negativen Ausschlag bekäme. Leider ist das Wenden der Stromrichtung nicht so weit verbreitet, wie es sein sollte. Der Grund ist wohl der, daß das Wenden des Stromes wegen der Kontaktschwierigkeiten bei größeren Stromstärken erschwert ist.

Wenden des Instrumentes. Bei dem Gleichstrom-Drehspulinstrument kann man den Einfluß des Fremdfeldes nur durch Drehen des Instrumentes um 180° ausschalten. Die so gefundene Korrektur für einen Skalenpunkt darf aber nicht als prozentualer Fehler auf die ganze Skala bezogen werden, weil mit der Stellung des Zeigers sich auch die Lage der beweglichen Spule zum Störungsfeld und damit die Fehlergröße ändert. Zur Ausscheidung des Erdfeldes eicht man sie in einer bestimmten Lage. Bei den meisten Modellen ist aber der Erdfeldeinfluß nicht merklich, und es erübrigt sich diese Vorsichtsmaßnahme.

Elektrostatische Fremdfelder.

Nahezu alle Instrumente können durch elektrostatische Kraftwirkungen in ihren Angaben beeinflußt werden. Die gewöhnlichste Ursache dieser Art ist das Abreiben der Deckgläser. Dadurch werden unter Umständen ganz beträchtliche elektrostatische Ladungen (von mehreren tausend Volt) erzeugt, die den Zeiger über den größten Teil der Skala abzulenken und auch längere Zeit dort festzuhalten vermögen. Diese Beobachtung ist besonders häufig an Instrumenten mit geringer Richtkraft und großer Zeigerfahne, also großer Kapazität, seltener dagegen an Instrumenten mit Messerzeigern. Auf jeden Fall ist das Abreiben der Deckgläser kurz vor einer Messung zu vermeiden. Anhauchen des Glases leitet die Ladung ab.

Weiterhin werden aber noch Drehmomente elektrostatischen Ursprungs erzeugt in Instrumenten, bei denen im Betriebe größere Spannungsunterschiede zwischen den festen und beweglichen Teilen bestehen, z. B. zwischen der Dämpferkammer und dem Dämpferflügel. Diese Teile wirken dann wie ein elektrostatisches Voltmeter und erzeugen ein Drehmoment im Sinne einer Kapazitätsvermehrung. Abhilfe wird geschaffen durch eine leitende Verbindung zwischen dem Dämpferflügel und der Dämpferkammer.

Bei elektrodynamischen Wattmetern ist die Schaltung stets so auszuführen, daß zwischen fester und beweglicher Spule nur ein geringer Spannungsunterschied besteht, denn es könnten sonst auch hier elektrostatische Zusatzdrehmomente erzeugt werden. Übrigens wird man eine andere Schaltung schon wegen der Durchschlagsgefahr vermeiden.

Gegen elektrostatische Induktion schützt man die Instrumente in ähnlicher Weise wie gegen magnetische Störungen, also durch Einkapseln in ein allseitig geschlossenes, möglichst geerdetes, auch mit dem Skalenblech und einem Pol des Meßwerks verbundenes Metallgehäuse, das nur die zum Beobachten des Zeigers durch das Schauglas nötige Öffnung freiläßt. Auch das Glas selbst wird oft noch mit einem metallisch leitenden Lack überzogen. Sehr einfach ist es auch, das Glas innen mit einem Lappen abzuwischen, auf dem vorher ein Tropfen Glyzerin verrieben wurde. Das fein verteilte, nicht sichtbare Glyzerin zieht hinreichend Feuchtigkeit an, um die Ladung abzuleiten. Man kann auch einen großen Glyzerintropfen zwischen zwei Glasscheiben pressen. Am wirksamsten ist es aber, die Glasscheibe innen mit einem Metallnetz mit 10÷20 mm Maschenweite zu versehen, das mit dem Gehäuse leitend verbunden ist. Bei den Isoliergehäusen der Laboratoriumsinstrumente wird zum Schutz gegen statische Felder die Innenseite des Kastens möglichst vollständig mit Stanniol ausgeklebt oder nach dem Schoop-Verfahren mit Metall bespritzt.

Temperatureinfluß und Dauerschaltung.

Begriffserklärung. Nach den VDE-Regeln ist Temperatureinfluß bei Strom-, Spannungs-, Leistungsfaktor- und Frequenzmessern die Änderung der Anzeige, die lediglich dadurch verursacht wird, daß sich die Raumtemperatur um $\pm 10^0$ von der Bezugstemperatur ($\pm 20^0$ C) unterscheidet.

Streng genommen werden sämtliche elektrischen Meßgeräte durch Änderung der Temperatur in ihren Angaben beeinflußt. Auf manche ist aber die Einwirkung so gering, daß sie praktisch gleich Null gesetzt wird. Ein Beispiel sind Dreheisenstrommesser mit direkter Stromzuführung und Gewichtsgegenkraft. Eine Veränderung ist nur insofern möglich, als sich mit der Temperatur die Länge des Armes ändert, an dem sich das Untergewicht befindet. Selbst bei Verwendung von Aluminium macht dieser Fehler erst bei 45^0 Temperaturänderung 0,1% aus.

Es sollen in diesem Abschnitt allein behandelt werden:

a) Temperatureinfluß: Widerstandsänderung des Leit- und Widerstandsmaterials mit der Raumtemperatur. Änderung der Stärke permanenter Magnete und Änderung der Richtkraft von Federn mit der Raumtemperatur.

b) Dauerschaltung: Widerstandsänderung des Leit- und Widerstandsmaterials direkt mit dem Betriebsstrom und indirekt durch Heizung aus hochbelasteten Spulen und Widerständen.

Der Temperatur- und Dauerschaltungseinfluß hängt eng mit der Schaltweise zusammen.

A. Gewöhnliche Spannungsmesserschaltung. Wir wollen als Beispiel einen Spannungsmesser mit der in Bild 80 gezeigten einfachsten

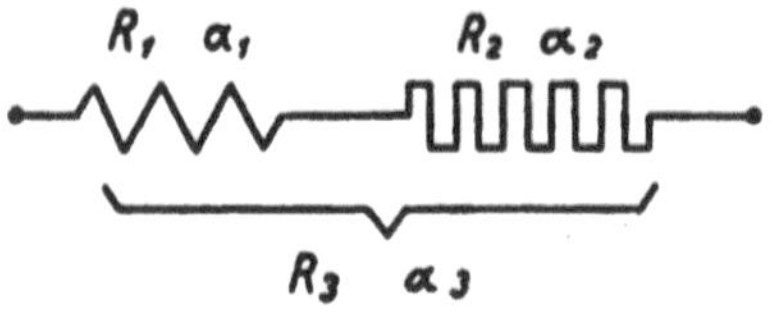

Bild 80. Schaltung eines Spannungsmessers mit Vorwiderstand.
R_1 wirksame Kupferspule.
α_1 ihr Temperaturkoeffizient.
R_2 Vorwiderstand,
α_2 sein Temperaturkoeffizient,
R_3 der Gesamtwiderstand,
α_3 der gesamte Temperaturkoeffizient.

Schaltung wählen, wie sie als Drehspul-, Dreheisen- und elektrodynamische Instrumente ausgeführt werden.

Wir haben dann bei gleicher Temperaturzunahme in Feldspule und Vorwiderstand:

$$R_3 = R_1 + R_2$$

$$a_3 = \frac{R_1 a_1 + R_2 a_2}{R_1 + R_2}$$

oder, wenn $a_2 = 0$ (Manganin)

$$a_3 = a_1 \frac{R_1}{R_1 + R_2}.$$

Die Gleichung ergibt, daß bei positivem a_1 und a_2 der Gesamttemperaturkoeffizient a_3 niemals Null werden kann, demnach müßten solche Instrumente bei erhöhter Temperatur stets zu wenig zeigen. Dies ist aber nicht der Fall.

Änderung der elastischen Gegenkraft. Bei Verwendung einer Spiralfeder als Gegenkraft tritt ein Ausgleich ein: Der Elastizitätsmodul fast aller Metalle nimmt mit steigender Temperatur ab, und zwar (nach Landolt-Börnstein) für

Nickel	um 0,02%	für je	1°
Neusilber	» 0,03%	» »	1°
Messing	» 0,04%	» »	1°
Phosphorbronze . .	» 0,04%	» »	1°
Kupfer	» 0,03%	» »	1°
Aluminium	» 0,20%	» »	1°

Dementsprechend nimmt die Richtkraft der Feder, wenn man wie üblich Bronze verwendet, mit steigender Temperatur für je 1° um 0,04% ab, und der Ausschlag nimmt ebensoviel zu. Mit Aluminium würde man den 5fachen Wert erreichen, aber leider hat dieses Metall im übrigen keine für diesen Zweck günstigen Eigenschaften.

Setzt man $a_1 = 0{,}4\%$ für je 1°, so ist für Federn aus Phosphorbronze bei $a_3 = 0{,}03$ der vollkommene Ausgleich des Temperaturfehlers bei $R_2 = 9 \cdot R_1$ erreicht. Bei noch größerem Verhältnis R_2/R_1 wird der Fehler negativ.

Temperaturkoeffizient des Vorwiderstandes. Eine Vergrößerung des Ausschlages mit der Temperatur kann auch dadurch eintreten, daß der Temperaturkoeffizient a_2 des Vorwiderstandes negativ wird. Dies tritt bei einigen Widerstandsmaterialien dann ein, wenn sie (durch den Strom) auf höhere Temperaturen (100 bis 150° C) erhitzt werden. Dieser Ausgleich wirkt aber erst nach längerer Einschaltung, ein derartiges Instrument wird sofort nach dem Einschalten noch einen Minusfehler zeigen, der nach einiger Zeit, vielleicht nach einer Stunde, auf Null zurückgeht und dann positiv wird.

Erwärmung der Feldspule durch den in ihr fließenden Strom. Im vorstehenden ist noch angenommen worden, daß sich die Drehspule durch den in ihr fließenden Strom nicht merklich erwärmt. Diese Annahme ist zutreffend für alle hochempfindlichen Gleichstrom-Drehspulinstrumente. Für Sonderausführungen mit hoher Richtkraft sowie für fast alle anderen Instrumente trifft aber diese Annahme nicht mehr zu: die Feldspule erwärmt sich durch den Strom und erhöht ihren Widerstand. Dieser Fehler darf dann beim Entwurf keineswegs vernachlässigt werden. Es ist indessen schwer, die Größe des Fehlers auf Grund von Berechnungen im voraus zu ermitteln, weil es sich stets um rechnerisch kaum zu erfassende Abkühlungsverhältnisse handelt. Sehr gute Erfahrungswerte haben sich gefunden bei Drehspulinstrumenten. Hier ist die Übertemperatur τ der Drehspule um so geringer, je näher sich die Spule bei wärmeabführenden Metallmassen befindet. Sie ist proportional der Wattbelastung W der Feldspule, multipliziert mit einer Konstanten, und zwar:

bei Gleichstrom-Drehspulinstrumenten . . . . . $\tau = 10 \times W$
» Eisenschluß-Dynamometern mit $3 \div 5$ mm weitem Luftspalt . . . . $\tau = 20 \times W$
» eisenlosen Dynamometern . . . . $\tau = 30 \times W$

Diese Zahlen sind nur als Faustregel aufzufassen, sie erheben keinerlei Anspruch auf Genauigkeit. Da es sich aber um die Ermittelung von Fehlern handelt, die, hoch gerechnet, 2% nie erreichen sollen, ist ein Irrtum in der Übertemperatur um $20 \div 30$% ohne Bedeutung.

Einwirkung des Vorwiderstandes auf die Feldspule. Als letztes tritt hinzu, daß in Bild 80 der Vorwiderstand R_2 die Feldspule mit dem Widerstande R_1 erwärmt, wiederum in einer anderen Zeit, als seine eigene Erhitzung folgt, weil die Wärmeübertragung unter Umständen erst eine vorherige Erhitzung des gesamten Instrumentes voraussetzt. Gleichzeitig mit der Drehspule wird dann noch die Feder des Instrumentes erhitzt und ein Teil des Minusfehlers dadurch ausgeglichen.

In diesem einfachsten Falle, bei Reihenschaltung einer Spule mit einem Widerstande, sind sämtliche bei Temperaturänderung und Dauereinschaltung auftretenden Erscheinungen erwähnt worden. Das Gesagte findet auch auf andere Schaltungen sinngemäße Anwendung. Es sollen deshalb künftig für die anderen Schaltungen nur die eigentlichen Temperaturfehler infolge Änderung der Außentemperatur verfolgt werden.

B. Temperaturfreie Schaltung. Es war gesagt worden, daß unter Berücksichtigung eines Federtemperaturkoeffizienten von $a_f = -0{,}04$% je Grad der vollständige Ausgleich für $R_2/R_1 = 9$ erreicht wird. Für genaueste Instrumente wird man immer einen solchen Ausgleich anstreben. Bei höheren Spannungen, von 3 V ab, läßt sich die genannte Bedingung bei Gleichstrom-Drehspulinstrumenten unschwer erfüllen, nicht aber bei Millivoltmetern zur Strommessung mit Nebenwiderständen, bei denen oft nur ein Spannungsabfall von $30 \div 50$ mV zur Verfügung steht. Man macht in diesem Falle von einer Kunstschaltung Gebrauch, die zuerst[1]) von Swinburne angegeben wurde und die es erlaubt, den

[1]) Englisches Patent 3942 aus dem Jahre 1885.

Spannungsabfall an der Drehspule auf einen viel höheren Anteil als $^1/_{20}$ der Gesamtspannung zu bemessen. Solche Instrumente werden nach Bild 81 geschaltet. Vor die Drehspule und die notwendigen Instrumentfedern ist zunächst ein Manganinwiderstand geschaltet. Der

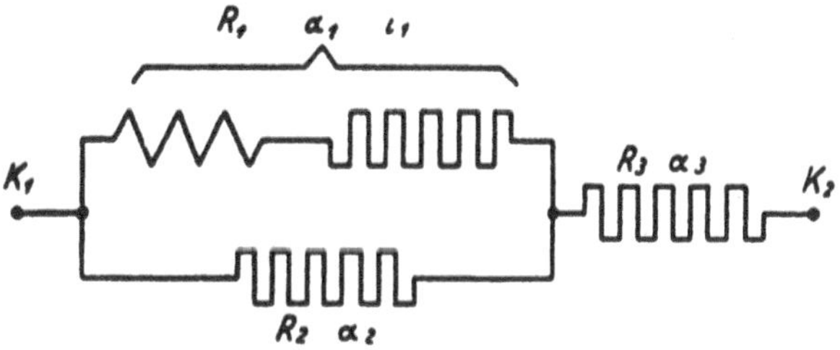

Bild 81. »Temperaturfreie« Schaltung.

gesamte Widerstand dieses Teiles der Schaltung sei R_1, der Temperaturkoeffizient a_1. Dabei ist a_1 kleiner, als es dem aus den Widerständen und Temperaturkoeffizienten berechneten Wert entsprechen würde, und zwar um den Betrag vom mechanischen Temperaturkoeffizienten der Feder. Auch der Temperaturkoeffizient des Magneten muß berücksichtigt werden. Die Verminderung beträgt nach obigem zwischen 0,02 und 0,03% je Grad, der genaue Wert muß durch eine Messung bei konstantem Strom i_1 ermittelt werden. Parallel zu diesem Zweige wird ein Widerstand R_2 mit möglichst hohem Temperaturkoeffizienten a_2 gelegt. Vor das Ganze wird der Widerstand R_3 mit dem Temperaturkoeffizienten a_3 gelegt. Als Material für R_3 wird Manganin verwendet, demnach ist a_3 gleich Null zu setzen.

Mit dieser Anordnung kann die Bedingung erfüllt werden, daß bei konstanter Spannung E an den Klemmen K_1 und K_2 der Ausschlag des Galvanometers konstant bleibt. Gewöhnlich wird gesagt, daß i_1 konstant bleibt, dies ist aber nicht der Fall, weil i_1 entsprechend der Veränderung der Richtkraft der Feder mit steigender Temperatur abnehmen muß.

Eine genaue Berechnung für die Schaltung ist durch Kollert[1]) veröffentlicht worden. Es seien nur die wesentlichsten Ergebnisse mitgeteilt. Der Widerstand R_3 berechnet sich zu

$$R_3 = R_2 \cdot \frac{a_1 (1 + a_2 t)}{a_2 - a_1}.$$

Aus dieser Gleichung geht hervor, daß R_1 eine Funktion der Temperatursteigerung t ist, daß sich demnach ein solches Instrument nicht für alle Temperaturen kompensieren läßt, sondern nur für zwei Temperaturen. Bei Schwankungen zwischen zwei Grenzwerten treten wieder Fehler auf, die allerdings geringfügig sind. Am größten sind sie bei dem

[1]) ETZ 1910, S. 1219, und ETZ 1911, S. 299, 482, 700.

arithmetischen Mittel der beiden Temperaturen. Für eine Temperaturkompensation für $t = 10^0$ berechnet sich ein maximaler Fehler bei $t = 5^0$ von der Größenordnung 0,01%.

Durch Ändern der Widerstände R_1, R_2 und R_t ist eine ganze Reihe von Kombinationen möglich, bei denen der Temperaturausgleich vollständig ist. Erwünscht ist es, diejenige zu finden, bei der die Spannung an den Klemmen K_1 und K_2 ein Minimum wird. Auch hierfür gibt Kollert (a. a. O.) eine Gleichung, die E_{min} u. a. in eine Beziehung zum Verhältnis der Kupferwiderstände in den Kreisen R_1 und R_2 bringt. Die Summenspannung ist um so kleiner, je größer der durch den Parallelwiderstand R_2 fließende Strom i_2 ist, das Minimum wird erhalten für $i_2 = \infty$. Praktisch wird man aber i_2 nur zwei- bis dreimal größer als i_1 machen.

Wie bereits erwähnt, soll a_2 möglichst groß gemacht werden. R_2 wird deshalb aus einem Reinmetall mit hohem Temperaturkoeffizienten hergestellt, meist aus Kupfer mit $a_2 = 0{,}36$ bis $0{,}40$. Günstiger wirkt Nickel oder Eisen. Letzteres hat im reinsten Zustande nach den neuesten Untersuchungen der PTR[1]) $a_2 = 0{,}657$. Durch geringe Verunreinigung vermindert sich allerdings a_2, so daß praktisch nur mit rund $a_2 = 0{,}60$ gerechnet werden kann. Ist $a_1 = 0{,}02$, so wird für vollständigen Ausgleich durch Verwendung von Eisen der Widerstand R_3 nur halb so groß wie bei Kupfer mit $a_2 = 0{,}40$.

Diese »temperaturfreie Schaltung« kommt indessen nicht durchweg zur Anwendung, weil sie auch nicht unbeträchtliche Übelstände mit sich bringt. Soll der Ausgleich richtig sein, so müssen drei Widerstände (R_1, R_2 und R_3) genau abgeglichen werden. Ferner hat man keine Möglichkeit mehr, die mit der Ungleichheit der Magnetstärke oder der Federstärke sich ergebende verschiedene Instrumentempfindlichkeit in einfachster Weise auszugleichen durch Veränderung der Vorwiderstände vor der Drehspule, sie kann vielmehr in einwandfreier Weise nur ausgeglichen werden durch einen regelbaren magnetischen Nebenschluß, und zwar unter Verlust an Empfindlichkeit.

Der wesentlichste Nachteil der Schaltung besteht aber darin, daß das Instrument zwar als Millivoltmeter, jedoch nicht als Milliamperemeter ohne Nebenwiderstände für Temperaturschwankungen kompensiert ist. Hierbei entstehen ganz beträchtliche Fehler von der Größenordnung 0,1÷0,2% je Grad. Auch bei Verwendung von Nebenwiderständen muß noch darauf gesehen werden, daß der Strom im Nebenschluß mindestens das Zehnfache des Instrumentstromes beträgt.

Für die Siemens-Präzisionsinstrumente mit 10 Ω Widerstand und einem Spannungsabfall von 45 mV (also 4,5 mA Stromverbrauch) beträgt beispielsweise der Meßbereich des kleinsten listenmäßigen Neben-

[1]) Z. f. J. 1919, S. 180.

widerstandes 150 mA, also das 30fache des Instrumentstromes. Es werden zwar noch Nebenwiderstände herab bis zu 15 mA angefertigt, doch lassen sich diese nur für weniger genaue Messungen verwenden. Allerdings läßt sich der Temperaturfehler auch im letztgenannten Falle noch dadurch ausgleichen, daß man den Temperaturkoeffizienten des Nebenschlusses nicht gleich Null macht, sondern positiv in der Weise, daß man mit dem Manganin etwas Kupfer in Reihe geschaltet. Man läuft aber dabei wieder Gefahr, daß der Kupferwiderstand durch die Wärmeentwicklung im Manganinwiderstand erhöht wird und dadurch das ganze Instrument einen Anwärmefehler zeigt. Aus diesem Grund unterbleibt besser diese Art der Kompensation der Nebenwiderstände für niedrige Stromstärken.

Schließlich muß bei der Konstruktion von Instrumenten mit der temperaturfreien Schaltung darauf geachtet werden, daß bei Temperaturschwankungen die Widerstände R_1 und R_2, d. h. die Drehspule und der Parallelwiderstand, sich gleichschnell erwärmen, weil das Instrument sonst bis zum Ausgleich mit der Zimmertemperatur, der 3÷5 Stunden in Anspruch nimmt, einen nicht unbeträchtlichen Fehler aufweist. Der Widerstand R_2 darf also nicht einfach auf eine Spule gewickelt und irgendwo im Gehäuse untergebracht werden, sondern er muß ebenso wie die Drehspule in nächster Nähe des Magneten angeordnet sein. Genau gleiche Verhältnisse würden sich indessen nur erzielen lassen, wenn man den Widerstand R_2 unmittelbar mit dem Widerstande R_1 auf der Drehspule selbst zusammenbrächte. Dies wird man aber

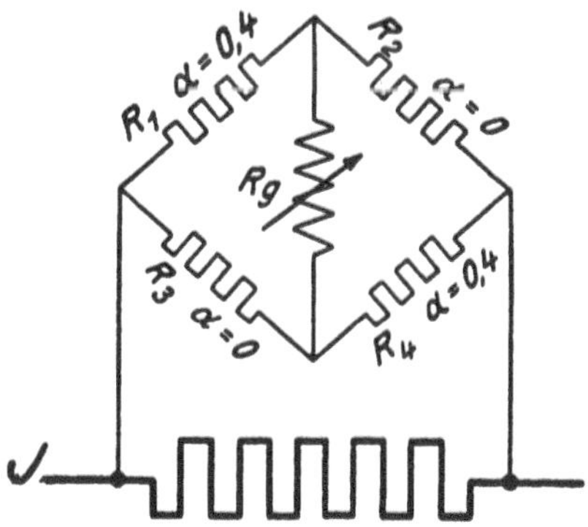

Bild 82. Temperaturfreie Schaltung eines Millivoltmeters nach Campbell.

niemals ausführen, weil man den Luftraum nur durch die drehmomenterzeugende Wicklung, allenfalls auch durch die Dämpferwicklung, ausfüllen will.

B r ü c k e n s c h a l t u n g nach Campbell. Eine andere Art temperaturfreier Schaltung ist von C a m p b e l l angegeben worden. (Bild. 82.) Die Drehspule liegt dabei in der Diagonale einer an den Nebenwiderstand angelegten Brückenschaltung. Die gegenüberliegenden Widerstände R_1 und R_3 bestehen aus Drähten mit hohem Temperaturkoeffizienten, R_2 und R_4 aus Manganin. Eine günstige Anordnung ist

$$R_g = R_4 = R_1 = 3\,\Omega$$
$$R_2 = R_3 = \quad 1\,\Omega.$$

Es läßt sich zeigen, daß diese Kompensation eine nahezu vollkommene ist[1]).

Die »temperaturfreie Schaltung« wird allein bei Drehspul-Präzisionsinstrumenten angewendet, auch hierfür nicht von allen Firmen. Bei gewöhnlichen Meßgeräten wird der Temperaturfehler durchweg nur durch Vorschalten von Manganin u. dgl. vor die Feldspule auf einen praktisch zulässigen Betrag vermindert.

Strommesserschaltung. Bild 83 zeigt eine Schaltung für elektrodynamische Strommesser, bei der die Drehspule und ihr Vorwiderstand an der festen Spule und einem Meßwiderstand zusammenliegen.

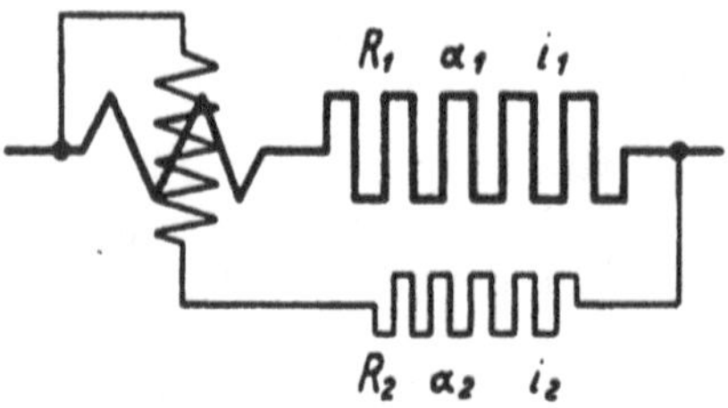

Bild 83. Schaltung eines elektrodynamischen Strommessers.

Hier ist die Bedingung gestellt, daß das Produkt der beiden Ströme i_1 und i_2 in fester und beweglicher Spule bei jeder Temperatur konstant ist. Für diese Angabe erhält man zwei Lösungen:

1. wenn $R_1 = R_2$ ist, können a_1 und a_2 beliebig verschieden sein,
2. wenn $a_1 = a_2$ ist, können R_1 und R_2 beliebig verschieden sein.

Für hohe Stromstärken kommt nur der zweite Weg in Betracht. Will man den Spannungsabfall klein halten und doch den Anwärmefehler der festen Spule unschädlich machen, so macht man einen Teil des Vorwiderstandes im Drehspulkreis aus Kupfer und wickelt ihn bifilar auf die Feldspule, so daß er deren Temperatur annimmt. Dadurch ist ein vollständiger Ausgleich des Anwärmefehlers möglich, der ohne diese Maßnahme beim gleichen Gesamtverbrauch des Instrumentes einige Prozente betragen würde.

In feststehenden Feldspulen treten höhere Übertemperaturen auf als in den Drehspulen, in der Regel etwa $20 \div 40^0$ C bei vollem Strome. Bei der verschiedenen Gestaltung der Feldspulen läßt sich für die Erwärmung kaum mehr eine allgemeine Angabe machen, sie ist etwa (wieder als Faustregel) $\tau = 3 \div 10 \times$ W. Bei Strommessern ohne Nebenwiderstand und den Stromspulen von Wattmetern bleibt die Erwärmung der Feldspule ohne unmittelbaren Einfluß auf die Messung, beim Vorhandensein einer Drehspule aber wird diese wieder durch die Strahlung und Wärmeleitung von der festen Spule aus erhitzt, mit einem Wort: die Verhältnisse werden immer verwickelter.

D. Temperatureinfluß auf Magnete. Auch der Dauermagnet der Drehspulinstrumente wird von der Temperatur beeinflußt, jedoch

[1]) Chapman u. Morris, El. Review, London, 87, 1920, S. 313.

bei verschiedenen Magnetformen in ungleichem Maße. Gumlich[1]) hat darüber genaue Untersuchungen angestellt. Die Messungen an einem geschlossenen Eisenring ergaben, daß der Temperaturkoeffizient der Remanenz mit abnehmenden Dimensionen bei Verkürzung des Magneten zunimmt. Große Hufeisenmagnete mit kleiner Maulweite haben kleinere Temperaturkoeffizienten als Magnete mit kleinen Abmessungen und großer Maulweite. Gemessen wurden Werte zwischen 0,012 und 0,035% je Grad, im allgemeinen ist mit Werten von 0,02 bis 0,03% je Grad zu rechnen, und zwar nimmt der Magnetismus um diesen Betrag ab, erhöht also den durch das Kupfer verursachten Temperaturfehler oder gleicht den elastischen Temperaturfehler der Federn aus.

Bei besonders kurzen Magneten kann der Temperaturkoeffizient sehr hohe Beträge erreichen, bei schlecht magnetisierten Magneten kann der wirksame Pol mit der Temperatur wandern.

Zu erwähnen ist noch der Ausgleich des Temperatureinflusses auf die Drehspule durch Änderung der Stärke des Dauermagneten mittels eines veränderlichen magnetischen Nebenschlusses. Der eine Weg besteht darin, etwa mit einem Bimetallstreifen den Abstand zu ändern, der andere darin, ein Material für den Nebenschluß zu verwenden, dessen Permeabilität mit steigender Temperatur stark abnimmt. Gewisse Legierungen aus Kupfer und Mangan haben diese Eigenschaft bei gewöhnlicher Temperatur, während sie Eisen bei der Umwandlungstemperatur (etwa 700°) aufweist. Das Material dazu muß in äußerst sorgfältiger Weise hergestellt und geprüft werden. Verwendet wird das Verfahren von den Deuta-Werken zur Temperaturkompensation von Automobil-Geschwindigkeitsmessern (s. Band 2), auch in Amerika hat man ein ähnliches Metall unter der Bezeichnung »Calmalloy«.

Temperatureinfluß auf bestimmte Meßwerke. Drehspul-Instrumente. Hier kommen in Betracht die gewöhnliche Spannungsmesserschaltung und allein für Laboratoriumstypen die temperaturfreie Schaltung.

Dreheisen-Instrumente. Direkt und über Stromwandler (nicht über Nebenwiderstände) gespeiste Strommesser sind frei von Temperatur- und Anwärmefehlern. Spannungsmesser haben etwa 1% Anwärmefehler und einen Temperatureinfluß von 0,5 bis 2% für je 10° C.

Elektrodynamische Instrumente. Frei von Temperatur- und Anwärmefehler sind allein Strommesser für schwache Ströme, bei denen feste und bewegliche Spule unmittelbar in Reihe liegen.

Induktions-Instrumente. Der Temperaturfehler entsteht dadurch, daß sich der Widerstand der Kurzschlußbahn der Aluminiumtrommel oder -scheibe sich mit der Temperatur verändert. Beim Zähler gleicht sich der Fehler aus, indem auch die bremsende Wirkung des Dämpfermagneten in gleicher Weise und in gleichem Maße mit dem

[1]) Annalen der Physik **59**, S. 669.

erzeugten Drehmoment abnimmt. Dagegen ist es beim anzeigenden Instrument außerordentlich schwierig, den Fehler durch Kunstschaltungen auf weniger als 0,2% je Grad zu bringen, und man muß damit rechnen, daß die Instrumente in der Regel diesen Temperaturfehler aufweisen. Durch Verwendung von Aluminiumlegierungen mit geringen Temperaturkoeffizienten als Material für die Trommel könnte der Temperaturfehler verhältnismäßig leicht auf Null gebracht werden; indessen nimmt auch hier mit dem Temperaturkoeffizienten das Leitvermögen in gleicher Weise ab, so daß entweder das Drehmoment vermindert wird oder der Verbrauch gesteigert werden muß, wodurch dann neue Fehler entstehen.

Bei gesteigerter Frequenz wird übrigens der Temperaturfehler wieder kleiner, weil der Ohmsche Widerstand der Kurzschlußbahn gegen den induktiven mehr und mehr verschwindet.

Hitzdraht-Instrumente. Die Temperatur wirkt in doppelter Weise auf die Angaben ein: zunächst bei Spannungsmessern und Millivoltmetern durch Veränderung des Widerstandes, wie vorstehend beschrieben. Dieser Fehler ist verhältnismäßig gering, er beträgt nur etwa 0,05 bis maximal 0,10% je Grad, weil für die Hitzdrähte ausschließlich Legierungen verwendet werden und diese bekanntlich ihren Widerstand mit der Temperatur viel weniger ändern als Reinmetalle. Außerdem bewirkt aber die Temperatur noch eine Veränderung der Nullage und damit auch des Ausschlages, wenn der Nullpunkt nicht nachgestellt wird. Zwar besitzen fast alle Hitzdrahtinstrumente eine selbsttätige Temperaturkompensation, aber ein Teil der Fehler bleibt auch bei der besten Ausführung noch bestehen, und zwar etwa $\pm$ 0,05$\div$1% der Skalenlänge für $\pm$ 10° Temperaturänderung. Ob der Fehler positiv oder negativ wird, hängt von der Kompensation ab, ob über- oder unterkompensiert ist, d. h. ob der Ausschlag steigt oder fällt. Schließlich ist auch noch die Wärmeausstrahlung des Hitzdrahtes mit der Umgebungstemperatur veränderlich. Dieser Fehler ist aber unter 0,10% je Grad und negativ, so daß er die Widerstandserhöhung des Hitzdrahtes ausgleicht. Bei Hitzdraht-Strommessern ohne Nebenwiderstand steigt die Angabe mit der Temperatur der Umgebung, sofern der Nullpunkt sich nicht verändert, bei solchen mit Nebenwiderstand fällt der Ausschlag in geringem Maße, um 0,03$\div$0,05% je Grad.

Frequenz-Einfluß.

Fast alle Wechselstrominstrumente hängen in ihren Angaben von der Frequenz ab. Es soll die Art des Zustandekommens der Fehlweisung und die Beseitigung des Frequenzfehlers durch Kunstschaltungen besprochen werden.

Begriffserklärung. Frequenzeinfluß im Sinne der Regeln des V.D.E. ist bei Strom-, Spannungs- und Leistungsmessern die größte Änderung der Anzeige, die lediglich durch eine Frequenzänderung innerhalb des Nennfrequenzbereiches verursacht wird. Ist auf dem Instrument nur eine Nennfrequenz angegeben, so gilt der Bereich 0,9 × Nennfrequenz bis 1,1 × Nennfrequenz als Nennfrequenzbereich.

Praktische Bedeutung des Frequenzfehlers. Instrumente, die ihrem Meßprinzip zufolge große Frequenzfehler aufweisen, z. B. Drehfeldinstrumente, werden für die Gebrauchsfrequenz geeicht und sollten nur für Messungen an den ortsfesten Schalttafeln der Zentralen verwendet werden; als tragbare Instrumente dagegen, die unter Umständen bei verschiedener Frequenz gebraucht werden, benutzt man solche, deren Genauigkeit dem Meßprinzip nach wenig oder gar nicht durch Frequenzschwankungen beeinträchtigt wird. Nur bei einigen Ausführungen dynamometrischer Instrumente muß auf die Frequenzabhängigkeit Rücksicht genommen werden, nämlich wenn eine Kunstschaltung zur Erzeugung einer bestimmten Phasenverschiebung nötig ist, beispielsweise bei Blindleistungsmessern oder Leistungsfaktormessern für Wechselstrom.

Ebenso wie zum Ausgleich des Einflusses veränderlicher Außentemperatur werden auch zum Ausgleich des Frequenzfehlers der elektrischen Meßinstrumente zuweilen besondere Kunstschaltungen verwendet, die den Frequenzfehler innerhalb eines mehr oder weniger weiten Frequenzbereiches nahezu oder vollständig gleich Null machen.

Bei den üblichen technischen Frequenzen, 15÷60 Hertz, hat man mit der Frequenzabhängigkeit keine besonderen Schwierigkeiten. Solche treten erst auf, wenn man in das Gebiet der mittleren (500÷1000 Hertz) und hohen Frequenzen (10000 Hertz und mehr) kommt. Aber auch hier sind in den letzten Jahren große Fortschritte gemacht worden.

Fehlweisung durch die Induktivität der Spulen. Wir wollen in diesem Abschnitt von dem Einfluß der Wirbelströme absehen. Der einfachste Fall der Beeinflussung von Instrumentangaben durch die Frequenz liegt vor bei Voltmetern nach dem Dreheisen- oder dynamometrischen Prinzip, bei denen die Ursache der Fehlweisung in der Erhöhung des scheinbaren Widerstandes infolge der Selbstinduktion L der Spulen liegt.

Bezeichnen wir mit R den Ohmschen Widerstand des Kreises, so ist die Phasenverschiebung ψ des Stromes gegen die Spannung gegeben durch die Gleichung:

$$\operatorname{tg} \psi = \frac{\omega L}{R}$$

und die relative Widerstandszunahme:

$$\frac{\Delta R}{R} = \frac{\sqrt{R^2 + \omega^2 L^2} - R}{R} = \sqrt{1 + \operatorname{tg}^2 \psi} - 1$$

für kleine Winkel:

$$\frac{\Delta R}{R} = 1 + \frac{1}{2} \operatorname{tg}^2 \psi - 1 = \frac{1}{2} \operatorname{tg}^2 \psi = \frac{1}{2} \frac{\omega^2 L^2}{R^2}.$$

Der Spannungsfehler nimmt also in erster Annäherung proportional dem Quadrate der Frequenz zu.

Ohne besondere Hilfsmittel kann man den Frequenzfehler eines Spannungsmessers dadurch herunterdrücken, daß man den Stromverbrauch steigert. Gibt man dem Spannungsmesser z. B. den doppelten Stromverbrauch, so geht R auf die Hälfte zurück, die Induktivität L der Feldspule aber auf den vierten Teil, der gesamte Frequenz-

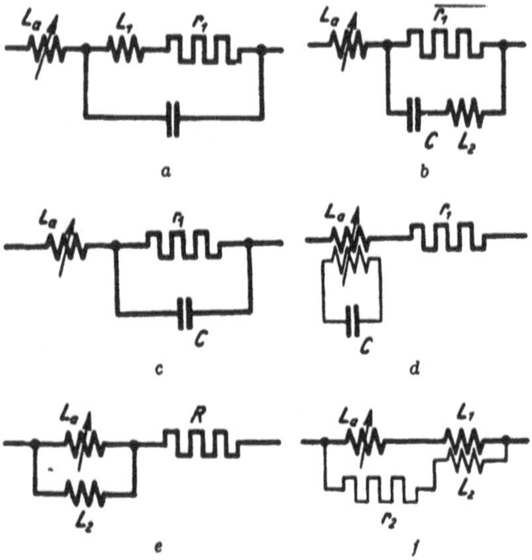

Bild 84. Verschiedene Kunstschaltungen zum Ausgleich des Frequenzfehlers von Spannungsmessern.
a) Schaltung nach Kafka
b) Schaltung nach A. Roth
c) mit Kondensator parallel zum Vorwiderstand (Drysdale)
d) Feldspule mit Sekundärwicklung und Kondensator
e) Induktivität parallel zur Feldspule
f) Mit vorgeschaltetem Transformator.

fehler ist umgekehrt proportional dem Wattverbrauch. Bei Frequenzen von 1000 Hertz und darüber ist dieses Mittel allein nicht mehr zu gebrauchen.

Die Zunahme des Scheinwiderstandes ist aber nicht die einzige Folge der Frequenzsteigerung, auch die Phase des Stromes wird geändert. Das ist zwar bei Spannungsmessern für Verschiebungen bis zu 3^0 ohne Bedeutung, wohl aber für die Drehspule von Leistungsmessern. Dieser Fehlwinkel nimmt proportional der Frequenz zu. Eine vollkommene Frequenzkompensation für den Spannungskreis von Wattmetern müßte beide Fehler ausgleichen.

Eine Lösung hierfür ist von H. Kafka[1]) angegeben werden. Bild 84a zeigt die Schaltung. Es ist dabei der Spule eine Induktivität und Ohmscher Widerstand vorgeschaltet, parallel zu beiden eine Kapazität. Eine Kompensationsschaltung dieser Art für 0 bis 600 Hertz für einen Dreheisen-Spannungsmesser hatte folgende Daten:

Feldspule $r_a = 6\,\Omega$ Wirkwiderstand,
$L_a = 2{,}5 \cdot 10^{-3}$ Hy Induktivität.
Vor-Induktivität $L_1 = L_a = 2{,}5 \cdot 10^{-3}$ Hy.
Vor-Widerstand $R_1 = 49{,}1\,\Omega$.
Kapazität $C = 2\,\mu$F.

[1]) Zeitschrift f. Fernmeldetechnik IV, 1923, S. 103.

Es war also dabei außer dem Widerstand nochmal eine Feldspule vorgeschaltet worden. Die Ergebnisse dieser Kompensation zeigt Bild 85c.

Arnold Roth hat eine andere Kompensation angegeben[1]) nach Bild 84b, die aber weniger vollkommen ist als die nach Kafka, weil sie den Winkelfehler nicht kompensiert.

Bedeutend einfacher in der Wirkungsweise und Ausführung, wenn auch weniger vollkommen, ist die Schaltung nach Bild 84c, bei der ein-

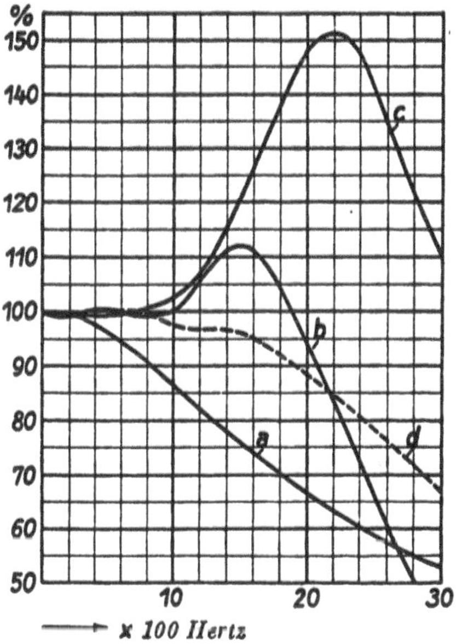

Bild 85. Wirkung verschiedener Frequenzkompensationen auf einen Dreheisen-Spannungsmesser
a ohne Kompensation
b nach Roth
c nach Kafka
d nach Bild 84c.

fach dem Vorwiderstand des Spannungsmessers ein Kondensator parallelgelegt wird. Die vollkommenste Kompensation wird für alle Frequenzen erzielt mit

$$C = \frac{L_a}{r_1^2}.$$

Für eine Feldspule mit $2{,}5 \cdot 10^{-3}$ Hy mit einem Vorwiderstand von $r_1 = 50\,\Omega$ wird $\omega = 1{,}0\,\mu$F, also halb so groß als bei der Kompensation nach Kafka. Diese Kompensation ist sehr einfach auszuführen und nicht teuer.

Es gibt noch einige andere Schaltmöglichkeiten[2]).

Bei der Schaltung nach Bild 84d liegt ein Kondensator an einer dünndrähtigen Wicklung, in die von dem eigentlichen Voltmeterstrom eine Spannung induziert wird. Mit steigender Frequenz steigt die Stromaufnahme des Kondensators und damit der Primärstrom.

Die Verwendung eines stark induktiven Nebenschlusses zur Feldspule nach Bild 84e ist eine wenig zweckmäßige Schaltung. Wenn sie wirksam sein soll, wird sie sehr teuer. Das gleiche gilt von der Schaltung nach Bild 84f, bei der parallel zu dem Voltmeter ein hochohmiger Widerstand mit der Primärwicklung eines Transformators liegt. Mit steigender Frequenz nimmt der Transformator eine höhere Spannung auf und wird der Strom in der Feldspule größer.

[1]) Eine neue Methode zur Analyse von Wechselstromkurven, Springer, 1917, S. 25.

[2]) Drysdale und Jolley Band I, S. 288.

Das Verhalten der einzelnen Instrumentarten bei veränderlicher Frequenz und die Größe der auftretenden Fehler wird im Zusammenhang mit ihrer Wirkungsweise genauer beschrieben werden.

Fehlweisung durch gegenseitige Induktion. Sind bei einem Elektrodynamometer feste und bewegliche Spule nicht unmittelbar in Reihe geschaltet, sondern vielmehr durch Parallelkreise überbrückt, so bilden sich durch die Transformatorwirkung zwischen beiden Spulen, wenn sie nicht senkrecht gestellt sind, Kurzschlußströme aus, die ein zusätzliches Drehmoment erzeugen. Vollständig vermieden wird die durch die gegenseitige Induktion entstehende Frequenzabhängigkeit durch die Verwendung von Torsionsinstrumenten, bei denen die beiden Spulen immer senkrecht stehen. Der dann immer noch verbleibende Fehler durch die Induktivität der Spulen kann leicht rechnerisch im Ergebnis berücksichtigt werden, während der Fehler durch die Gegeninduktivität rechnerisch viel umständlicher zu erfassen ist. Es hat den Anschein, als ob Torsionsinstrumente, nachdem sie jahrelang nicht mehr gebaut wurden, wegen ihrer höheren Meßgenauigkeit wieder in Aufnahme kommen. In den U.S.A. sind jedenfalls neuerdings Torsionsinstrumente für Betriebsmessungen entwickelt worden.

Fehlweisung durch Wirbelstrombildung. Auch durch die Wirbelstrombildung in massiven Leitern größeren Querschnitts, für Stromstärken von 50 A aufwärts, entstehen Frequenzfehler. Hierüber sind nähere Ausführungen in dem Abschnitt über Dreheiseninstrumente und in dem Abschnitt über elektrodynamische Leistungsmesser zu finden.

II. Baustoffe für elektrische Meßgeräte.

Im nachfolgenden sollen die wesentlichsten Eigenschaften der für den Bau elektrischer Meßgeräte wichtigsten Materialien in Kürze besprochen werden.

A. Leitmaterial.

Hier ist zu unterscheiden zwischen Stoffen mit hoher Leitfähigkeit und solchen, die wegen ihres hohen Widerstandes verwendet werden.

Kupfer.

Chemisch reines Kupfer hat bei 20° C ein Leitvermögen von $k = 60$ Siemens, der Widerstand ändert sich für je 10° Temperaturzunahme

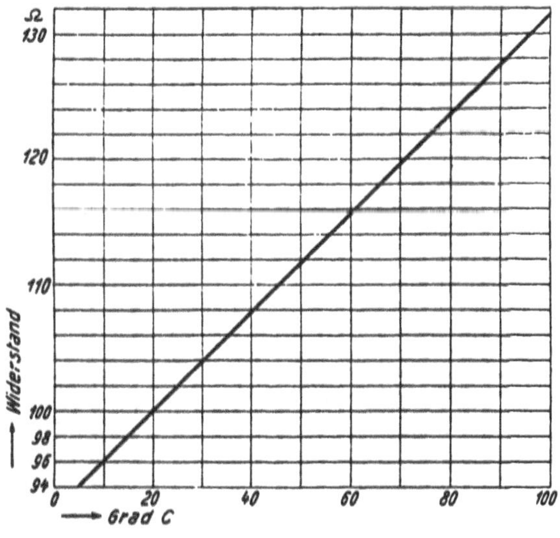

Bild 86. Widerstandszunahme von reinem Kupfer.

um 4,26%. Das gebräuchliche Drahtmaterial kommt in seinen Eigenschaften diesen Zahlen nahe, das Leitvermögen ist 57÷58, der Temperatureinfluß rund 4% je 10° C. Aus der Widerstandszunahme kann die mittlere Temperatur der betreffenden Spule bestimmt werden, ein Verfahren, das häufig angewendet wird, z. B. bei der Temperaturmessung an Wicklungen. Die V.D.E.-Vorschriften geben dafür an

$$t = \frac{R_{\text{warm}} - R_{\text{kalt}}}{R_{\text{kalt}}} (235 + \tau_{\text{kalt}}),$$

wobei R_{kalt} und R_{warm} für den Beginn der Prüfung gelten. Bild 86 zeigt den Widerstand für Temperaturen von 0÷100° C, bezogen auf

$R_{20} = 100$. Im Gegensatz zu dem meist aus Elektrolytkupfer hergestellten Drahtmaterial haben gegossene Kupferanschlüsse häufig ein sehr schlechtes Leitvermögen, das infolge von Gaseinschlüssen bis auf $k = 20$ zurückgeht. Durch Zusatz von desoxydierenden Mitteln wie Borsuperoxyd oder andere Kunstgriffe beim Gießen ist es indessen möglich, Gußstücke mit dem Leitvermögen $k = 50 \div 55$ herzustellen.

Für die feinsten elektrischen Meßgeräte, z. B. Drehspulgalvanometer, ist vollkommen eisenfreies Material nur mit den allergrößten Schwierigkeiten zu beschaffen. Häufig ist das Ausgangsmaterial einwandfrei und erfolgt die Verunreinigung bei Drähten durch die Zieheisen, bei Rähmchen durch die Stempel der Pressen. Man muß deshalb die Drähte für besonders empfindliche Apparate nicht in Eisen, sondern in Steinen ziehen und Schnitt- und Biegewerkzeuge aus unmagnetischem Spezialstahl bauen.

Isolierung. Emaille. Die dünnste Isolierschicht auf Drähten erhält man durch Emaillieren, besser gesagt, Lackieren. Das Verfahren wird nur für dünne Drähte, bis max. 1 mm Durchm. verwendet. Die Schichtstärke beträgt 0,005 bis 0,2 mm, je nach der Drahtstärke[1]). Bei guter Herstellung läßt sich eine ausgezeichnete gleichmäßige Isolierschicht herstellen. Das Prüfen auf Bruchstellen erfolgt dadurch, daß man den Draht durch ein Quecksilberbad laufen läßt und mit einem Zählwerk die Durchschlagstellen auf die Längeneinheit ermittelt[2]). Die Isolierschicht dünner Drähte hat häufig eine Durchschlagfestigkeit von $500 \div 1000$ V. In heißem Öl löst sich der Überzug etwas auf. Die grünen Azetat-Emaildrähte sind besonders empfindlich auf Alkohol, Benzol und Alkalien. Emaildraht vereinigt niedrigen Preis mit hohem Füllfaktor und ist deshalb besonders für Drehspulen geeignet.

Seidebespinnung wird in $1 \div 2$ oder 3 Lagen verwendet. Der Auftrag ist radial $0{,}02 \div 0{,}05$ mm, die Durchschlagfestigkeit geringer als bei Emaildraht. Für Öltransformatoren benutzt man vielfach einmal mit Seide besponnenen Emaildraht. Wenn bei ihm auch die Emaille im Lauf der Zeit weich wird, so gibt doch dann immer noch die Seidenbespinnung eine ausreichende Isolierung. Rähmchen für Drehspulinstrumente aus Feindrähten mit nur einmaliger Bespinnung neigen bei Erwärmung zum Verdrillen. Wo man des geringen Platzes wegen nicht Doppelbespinnung anwenden kann, muß man den Draht und die Spulen vor dem Einbau thermisch altern.

Baumwollbespinnung in $1 \div 2$ oder 3 Lagen wird nur für stärkere Drähte verwendet, wo besonders gute Isolierung verlangt wird und die Dicke der Bespinnung nicht stört.

---

[1]) Dr. W. Ewald, »Über Emaillelackdrähte«, Zeitschr. f. J. **46**, 1926, S. 249 bis 255 (mit Mikrophotographien).

[2]) ETZ 1925, **46**, S. 1312 u. 1558.

Papierbandagierung wurde für dicke Drähte während des Krieges eingeführt und hat sich ausgezeichnet bewährt, so daß sie auch heute noch für größere Transformatoren angewandt wird. Zweckmäßig ist sie nur für große Längen zu verwenden, sie ist wesentlich billiger als Baumwollbespinnung und hat in Öl viel höhere Durchschlagfestigkeit als diese.

V.D.E.-Vorschriften für Drähte. Der V.D.E. hat sowohl für die Kupferdrähte selbst[1]) als für die Isolierung[2]) Normblätter herausgegeben, in denen Toleranzen für die Dicken von Draht und Isolierung festgelegt werden. In der nachfolgenden Tabelle sind daraus einige Zahlen wiedergegeben. Dabei sind die Werte für Seiden- und Baumwollbespinnung Größtwerte für ungetränkte Isolierung, während für den Lackauftrage noch eine Toleranz von etwa $\pm 25\%$ der Auftragsdicke vorgesehen ist.

Durchmesser	Isolations-Auftrag (Durchmesserzunahme) in mm				
	Lack	1 × S.	2 × S.	1 × B	2 × B
0,03 ÷ 0,05	0,012	0,035	0,07	—	—
> 0,05 ÷ 0,1	0,015	0,035	0,07	—	—
> 0,10 ÷ 0,2	0,02	0,035	0,07	0,1	0,16
> 0,20 ÷ 0,3	0,025	0,04	0,07	0,1	0,16
> 0,3 ÷ 0,5	0,03 ÷ 0,035	0,04	0,07	0,12	0,2
> 0,5 ÷ 0,8	0,04 ÷ 0,05	0,04	0,08	0,12	0,22
> 0,8 ÷ 1,5	0,05 ÷ 0,06	0,04	0,08	0,12	0 22
> 1,5 ÷ 3	0,06 ÷ 0,07	—	—	0,15	0,26
> 3 ÷ 4	—	—	—	—	0,3
> 4 ÷ 6	—	—	—	—	0,4

Legierungen von Kupfer.

Diese kommen nur für Sonderzwecke in Betracht, z. B. für Stromzuführungsfedern, wo große Härte mit hohem Leitvermögen vereinigt sein soll. Beispiel: Siliziumbronze für Instrumentfedern.

Aluminium.

Das spezifische Gewicht von Aluminium ist 2,7 gegen 8,9 für Kupfer, das Leitvermögen bei 20° etwa 33 gegen 58. Für bewegliche Spulen erzielt man also bei gleichem Widerstand und gleicher Windungszahl eine Gewichtsersparnis von rund 50%. Bei sehr dünnen Drähten ist der Unterschied weniger beträchtlich, weil die Isolierschicht an dem Gesamtgewicht stark beteiligt ist. Emaillieren von Aluminiumdrähten war bis vor kurzem nicht möglich, oxydisoliertes Aluminium hat im Bau von Meßgeräten keinen Eingang gefunden. Bei ganz feinen Drähten hat man bisher immer Kupfer genommen.

Verbindungsstellen. Sehr unangenehm sind die Verbindungsstellen der Aluminiumdrähte mit den übrigen Armaturteilen. Ein wirk-

[1]) ETZ **46**, 1925, S. 1495.
[2]) ETZ **46**, 1925, S. 1055.

lich brauchbares Aluminiumlot, mit dem man ebenso gut löten kann wie bei Kupfer ist leider trotz aller Beteuerungen der Lothersteller noch nicht gefunden. Auch die besten derartigen Mittel erfordern sehr geschicktes und sehr sauberes Arbeiten. Starke Drahtquerschnitte sind besonders schwierig zu verbinden. Dabei hat Aluminium die unangenehme Eigenschaft, auf Feuchtigkeitseinflüsse zu reagieren, so daß die Lötstellen erst nach langer Zeit schlecht werden. Dagegen hat man mit dem Klemmen der Enden sehr gute Erfahrungen über lange Jahre gemacht.

Gußteile. Aluminiumguß wird sehr viel für Gehäusekonstruktionen verwendet, vielfach in Legierung mit 12% Zink. In früheren Jahren hatte man ungeeignete Zusammensetzungen dieser Art, die die Eigenschaft hatten, daß sich Grundplatten nach vielen Jahren verzogen wie schlecht getrocknetes Holz; dieser Zustand kommt aber heute nicht mehr vor. Aluminiumguß ist aber gegen Seewasser nicht beständig, auch nicht gegen Alkalien; solche Gehäuse sind für chemische Betriebe nicht brauchbar, für die Tropen ist Vorsicht zu empfehlen.

Neuerdings stellt man sehr sauberen Aluminium-Spritzguß her aus Aluminium und einigen Prozenten Kupfer, der mechanisch sehr widerstandsfähig und dabei im Preis niedriger ist als der gewöhnliche Spritzguß aus Blei-Zinn-Legierungen.

Aluminiumblech. Aluminiumblech wird in allen Stärken bis herab zu 0,03 mm (für Zeiger) benutzt, in der Regel mit einem Zusatz von einigen Prozenten Kupfer, um es härter zu machen. Besonders gute Festigkeitseigenschaften hat Duralumin, eine Aluminium-Kupfer-Mangan-Legierung, die in ihren Festigkeitseigenschaften Stahl nahe kommt und wie dieser sogar härtbar ist.

Aluminiumlegierungen. Aluminium - Magnesiumlegierungen (Magnalium, Elektron) mit einem speziifschen Gewicht bis herab zu 1,8 werden für besonders leichten Gehäuseguß verwendet. Wegen der Feuergefährlichkeit ist vorsichtige Behandlung bei der Verarbeitung nötig. Alle diese Aluminiumlegierungen kommen wegen ihres hohen Widerstandes als Leitmaterial nicht in Betracht.

B. Widerstandsmaterial.

Für die Genauigkeit elektrischer Meßgeräte ist die Güte des Widerstandsmaterials von besonderer Bedeutung, weil in ihm eine der Grundeinheiten, das Ohm, reproduziert wird.

Manganin.

Wesentlich für ein Widerstandsnormal ist die Unveränderlichkeit mit der Temperatur. Die Reinmetalle haben fast sämtlich einen Temperaturkoeffizienten von etwa 4% je 10° C. Legiert man sie, so gehen sowohl Leitvermögen als Temperaturkoeffizient stark zurück, in ganz roher Annäherung ist der Quotient beider konstant. Durch Mischung mehrerer Metalle kann man sehr kleine Temperaturkoeffizienten, Null, und sogar negative, erreichen.

Schon im Jahre 1885 hatte Dr. Edward Weston in den amerikanischen Patenten 381 304/05 auf den hohen und mit der Temperatur unveränderlichen Widerstand von Kupfer-Manganlegierungen hingewiesen, bestehend aus 70% Cu und 30% Ferromangan bzw. für eine Legierung mit negativem Temperaturkoeffizienten 65 bis 70% Kupfer, 25 bis 30% Ferromangan und 2,5 bis 10% Nickel. Ferromangan wurde reinem Mangan des billigeren Preises wegen vorgezogen.

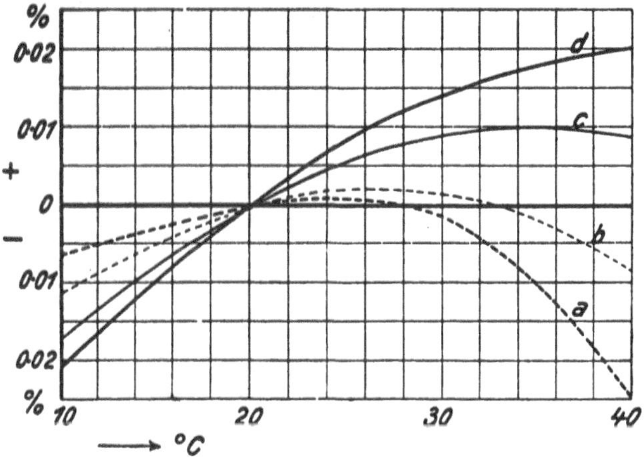

Bild 87. Widerstandsänderung verschiedener manganinähnlicher Legierungen mit der Temperatur.

a	88,2	Cu	8,8	Mn	1,8	Ni	0,9	Fe
c	84,0	»	13,0	»	2,6	»	0,8	»
c	88,0	»	9,9	»	1,7	»	0,2	»
d	87,2	»	10,3	»	1,8	»	0,5	»

Systematisch durchforscht wurden diese Arten von Legierungen danach in der Reichsanstalt, das Ergebnis dieser Arbeiten ist das von der Isabellenhütte in Dillenburg hergestellte Manganin mit 84% Cu, 12% Mn und 4% Ni. Ähnliche Legierungen werden unter anderen Namen (z. B. Therlo) in verschiedenen Ländern hergestellt.

Bild 87 zeigt den Verlauf des Widerstandes in Abhängigkeit von der Temperatur für mehrere ähnliche Legierungen und man kann daraus sehen, daß für jede dieser Legierungen der Widerstand bei einer bestimmten Temperatur einen Höchstwert erreicht, um bei weiterer Erhitzung wieder zurückzugehen. Genau gleich Null ist der Temperaturkoeffizient nur bei einem bestimmten Temperaturintervall, das für jede Legierung etwas anders liegt. Bei einer Temperaturänderung von 0÷100° C hat man schon mit beträchtlichen Änderungen zu rechnen und aus der Kurve *b* kann man sehen, daß für diese Legierung der Widerstand nur zwischen 20 und 35° C auf etwa ± 0,002% konstant ist. Nicolai hat deutsches Manganin für den Temperaturbereich von —189 bis +400° C geprüft und dabei die in Bild 88 graphisch dargestellten Werte gefunden. Zwischen 0 und 200° ist die Änderung demnach etwa ± 0,2% vom Sollwert. Präzisionswiderstände aus Manganin dürfen also nicht höher er-

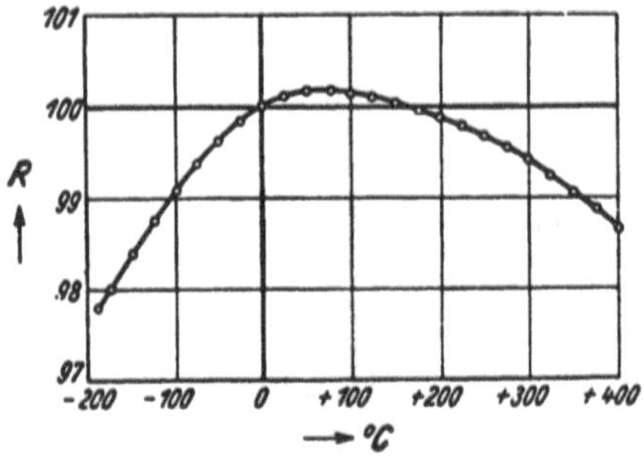

Bild 88. Widerstandsänderung des Manganins zwischen —200 und +400° C (nach Nicolai).

hitzt werden. Vor der endgültigen Justierung werden die Widerstände durch mehrstündiges Kochen im Öl bei 140÷150° C gealtert. Ist dieses geschehen, so sind die späteren Änderungen nur mit den feinsten Meßmethoden nachweisbar, sie bewegen sich in der Größenordnung von Zehntel Promille. Der besondere Vorzug von Manganin, der es auch für technische Widerstände geeignet macht, ist die verschwindend geringe Thermokraft gegen Kupfer. Bei der Verarbeitung von Manganin ist insbesondere beim Löten Vorsicht nötig. Weichlötung ist nicht zu verwenden; wenn beim Hartlöten das Material glühend wurde, ist es kräftig abzubeizen, um die Oxydhaut zu entfernen, die einen hohen Temperaturkoeffizienten hat. Auch ist übermäßige Stromüberlastung von Manganinwiderständen fernzuhalten, 100° C muß das äußerste bleiben. Vernickeln des Manganins schützt zwar die Oberfläche, vergrößert aber den Temperaturkoeffizienten ganz erheblich; lackieren schützt für niedrigere Temperaturen, ist aber im übrigen einwandfrei. Das dem Manganin in der Zusammensetzung ähnliche, nickelfreie Resistin der Isabellenhütte (84% Cu, 15% Mn, 1% Fe) hat ganz ähnliche Eigenschaften.

Konstantan.

Eine Legierung von 57% Cu, 43% Ni mit dem Leitvermögen 2,0 wird unter dem Namen Konstantan viel verwendet. Es hat deutlich negativen Temperaturkoeffizienten, bei gutem Material etwa 0,2% bis zu 0,5% je 100° C, leider aber sehr hohe Thermokraft gegen Kupfer, etwa 5 mV je 100° C gegen etwa 0,03 mV bei Manganin. Diese letztere Eigenschaft macht es für Präzisionsmessungen bei niedriger Spannung unbrauchbar, es wird nur für technische Widerstände, im besonderen für hohe Ohmzahlen benutzt. Es ist im Gegensatz zu Manganin gut weich zu löten und hält bei hoher Strombelastung höhere Temperaturen bis zu 200° C ohne Schaden aus. Das Material ist auch leichter zu ziehen, deshalb sind dünne Widerstandsdrähte aus Konstantan (< 0,05 mm

Durchm.) leichter erhältlich als solche aus Manganin. Mit Konstantan nahezu identisch sind die Materialien Iala und »Advance«.

Sonstige Widerstandsmaterialien. Nickelchrom (90% Ni, 10% Cr) mit dem geringen Leitvermögen $k = 1$ kommt nur für Belastungswiderstände in Betracht. Sein Temperatureinfluß ist etwa 0,45% je 10° C. Bei gegebenem Drahtdurchmesser erhält man die doppelte Ohmzahl, der Draht kann auch viel höher belastet werden, ohne daß er sich ändert. Die Verwendung von Nickelchrom hat nur dann Vorteile, wenn es darauf ankommt, entweder für einen vorgeschriebenen Widerstand mit Rücksicht auf die mechanische Festigkeit besonders dicken Draht zu erhalten oder bei Widerständen, die sehr hohe Temperaturen annehmen (500° C und mehr), bei denen die Gefahr des Oxydierens besteht, also bei Heizwiderständen. Der Schmelzpunkt von Nickelchrom liegt bei 1400° C gegen 1000° bei Manganin und 1250° C bei Konstantan. Kruppin, Cekas sind Cr-Ni-Fe-Legierungen, die billiger sind als Nickelchrom. Alle diese Legierungen kommen wegen ihres hohen Temperaturkoeffizienten als Meßwiderstände nicht in Betracht.

C. Isolierstoffe.

Bei der Auswahl der Leitmaterialien ist man selten in Verlegenheit, man weiß sofort das richtige Metall zu wählen. Für die Betriebssicherheit elektrischer Meßgeräte sind aber die Isolierstoffe von größerer Bedeutung als die Leitmaterialien. Es erfordert eine weitgehende Materialkenntnis und langjährige Erfahrung, um für einen gegebenen Körper, bei dem auch die Herstellungskosten nicht zu hoch sein dürfen, das geeignetste Material zu finden. In sehr vielen Fällen kann überhaupt keine Angabe gemacht werden, welches Material das beste ist, weil jedes seine Vor- und Nachteile hat. Es können hier nur die wichtigsten Punkte erörtert werden.

Feste Isolierstoffe.

Die Anforderungen an feste Isolierstoffe sind ganz verschiedenartig, es gibt kein Material, das so vollkommen ist, wie man es wünscht. Die wesentlichsten elektrischen und mechanischen Eigenschaften, die man von Isolierstoffen verlangt, sind

1. hohe Durchschlagfestigkeit,
2. hoher Oberflächenwiderstand,
3. mechanische Festigkeit,
4. Bearbeitbarkeit,
5. günstiges Verhalten gegen Feuchtigkeit,
6. Wärmebeständigkeit,
7. niedriger Preis.

Es gibt kein Material, das alle diese Eigenschaften in sich vereinigen würde. Bezüglich der Durchschlagfestigkeit ist zu beachten, daß wir heute noch keine genaue Kenntnis von den Vorgängen beim Durchschlag fester Isolierstoffe haben. Nach den neuesten Forschungen haben wir dabei besonders mit der örtlichen Erhitzung zu rechnen. Die Durchschlagfestigkeit aller festen Stoffe nimmt bei höheren Temperaturen stark ab, z. B. bei Porzellan für 130° C auf etwa die Hälfte, bei 180° C auf etwa ein Viertel des Anfangswertes. Bei Faserstoffen ist oberhalb 120° C ein sehr scharfer Abfall der elektrischen Festigkeit zu beobachten, entsprechend der beginnenden Verkohlung. Das Gleiche gilt vom Oberflächenwiderstand. Ferner ist zu beachten, daß die Durchschlagfestigkeit nicht proportional mit der Dicke zunimmt, sondern langsamer. Beispielsweise kann man bei 10 Lagen Lackleinen nur auf etwa 5fache Durchschlagspannung rechnen gegen eine Lage. Anders ist es bei Isolierstoffen mit feinen Löchern, z. B. Cellulosepapier. Hier kann man mit zwei oder drei Lagen unter Umständen mehr als 2÷3fache Durchschlagspannung erreichen. Nachstehend eine kurze Charakteristik der wesentlichsten Isolierstoffe[1]).

Keramisches Material. Hierzu gehören Porzellan, Steinzeug, Steatit. Diese Stoffe sind im fertigen Zustand nicht mehr formbar; bei der Konstruktion ist darauf Rücksicht zu nehmen, daß beim Brennen, insbesondere bei Porzellan, ein sehr starkes Schwinden eintritt in der Größenordnung von 20% linear, 50% kubisch. Die Porzellanmaße werden von den Fabriken nur auf 3÷5% genau garantiert, weil weder die Massen, noch der Brand vollkommen gleichmäßig ausfallen. Steatit ist in dieser Hinsicht günstiger. Die Durchschlagfestigkeit aller dieser Stoffe ist sehr hoch, sie werden für die höchsten Spannungen verwendet. Bei Meßgeräten macht man Klemmsockel, Einführungsklemmen, Spulenkasten aus solchen Stoffen. Sie erfüllen alle Bedingungen guter Isolierstoffe mit Ausnahme der mechanischen Festigkeit und der Bearbeitbarkeit.

Glas. Vor den keramischen Materialien hat Glas den Vorzug der leichteren Formbarkeit. Bei geeigneter Zusammensetzung (Bleiglas) ist Glas ein ausgezeichneter Isolator und wird als solcher neuerdings zur Herstellung hochbeanspruchter Kondensatoren benutzt. Sowohl die Oberflächenleitung als die Durchschlagfestigkeit sind sehr günstig. Zu beachten ist, daß sich Glas in Wasser merklich löst, ferner daß es bei Temperaturen über 300° C schon stark leitet.

Faserstoffe. Im reinen Faserzustand, als Baumwolle und Seide, werden sie zum Bespinnen von Drähten benutzt, als Stoffe zum Bandagieren von Wicklungen. Tränkt man sie mit hochwertigem Lack, so erhält man als Exzelsior-Lackseide bzw. -Leinen sowohl mechanisch

---

[1]) Prüfung von Isolierstoffen nach den Vorschriften des V.D.E. = ETZ 1923, S. 577 und 768, 1924 S. 964 und 1068.

als elektrisch sehr festes Material mit einer Durchschlagfestigkeit von 3000÷7000 V für die Lage mit 0,1÷0,2 mm Dicke. Das Material kann für alle Wicklungen benutzt werden.

Papier wird nur im Transformatorenbau benutzt, als saugfähiges Cellulosepapier, das erst mit Öl zu imprägnieren ist. Preßspan ist ein billiges, viel verwendetes, aber schlechtes Isoliermaterial, im nicht- oder schlecht imprägnierten Zustand stark hygroskopisch. Es gibt bessere Produkte, die unter verschiedenen Phantasienamen, z. B. Anelektron, verkauft werden und nach entsprechender Behandlung ganz gut sind. Vulcanfiber war in früheren Jahren wegen seiner bequemen Formbarkeit ein sehr beliebtes Isoliermaterial. Es ist aber ein schlechter Isolator, hygroskopisch, und erleidet bei Erwärmung große Formänderungen. Klemmsockel aus Vulcanfiber sind auch für ganz bescheidene Ansprüche ungeeignet. Asbest ist ein mineralischer Faserstoff und wird gerne für hohe Temperaturen verwendet, wo Seide und Baumwolle verbrennen. Es ist aber zu beachten, daß dieser Isolierstoff — genau wie alle anderen — bei hoher Temperatur leitend wird, bei 900° C leitet Asbest bereits sehr gut. Asbest wird viel als Füllstoff verwendet mit Gummi oder Harzen, um diesen Festigkeit zu geben.

Bakeliterzeugnisse. In den letzten Jahren hat ein synthetisches Harz, das aus Phenol hergestellte Bakelit, in vielfacher Verarbeitung große Verbreitung erlangt. Im Gegensatz zu Schellack hat Bakelit einen hohen Erweichungspunkt; geht man darüber hinaus, so ist das Harz überhaupt nicht mehr schmelzbar. Die Güte und die Eigenschaften der Bakeliterzeugnisse hängen von der Menge und der Art der Füllstoffe ab, es gibt ganz ausgezeichnete Bakelitmassen, die sich in beliebige Formen pressen lassen, tadellose Oberfläche, große Festigkeit und beste elektrische Eigenschaften haben. Das Material ist wesentlich teurer als die Gummiasbeststoffe, aber auch in jeder Beziehung besser und kann für mäßige Spannungen das Porzellan vollkommen ersetzen. Es hat den großen Vorteil, daß man es genau maßhaltig pressen kann. Pertinax ist aus Cellulosepapier mit Bakelitlack geklebtes, hochwertiges Material, das in allen Stärken von einigen Zehntel mm bis 30 mm Dicke hergestellt wird. Lackiert man noch die Schnittflächen, so hat es sehr gute Isoliereigenschaften. Es wird auch in Rohren und Stangen geliefert. Ein ähnliches Material ist Repelit, das ebenso wie Pertinax für Hochspannungsdurchführungen benutzt wird. Der besondere Vorzug aller dieser Materialien ist die hohe mechanische Festigkeit bei fast beliebiger Formgebungsmöglichkeit, geringem Feuchtigkeitseinfluß und hoher mechanischer Festigkeit. Die Stoffe sind nicht brennbar, angebrannt erlischt die Flamme wieder, Schrammen können leicht ausgebessert werden.

Natürliche feste Isolierstoffe. An erster Stelle sind zu nennen Marmor und Schiefer, beide hygroskopisch und ohne Imprägnierung kaum zu gebrauchen. Vielfach sind sie mit metallischen Adern durchsetzt, oft auch eisenhaltig. Jedenfalls ist bei hohen Spannungen große Vorsicht am Platze. Glimmer ist hinsichtlich Durchschlagfestigkeit der beste feste Isolierstoff, den wir kennen, in seiner Qualität aber je nach der Herkunft sehr verschieden. Diese Unterschiede machen sich in der Durchschlagfestigkeit nicht so sehr bemerkbar als beim Bau von Präzisions-Glimmerkondensatoren, wo es auf Konstanz und kleinste Verluste ankommt. Im Gegensatz zu Asbest isoliert Glimmer noch bei Temperaturen bis 800° ziemlich gut. In der Regel wird zu Isolierzwecken nicht reiner Glimmer, sondern Mikanit verwendet, ein aus dünnen Blättchen mit Schellack geklebtes Material, das bei 200° C noch vollkommen beständig ist und durch Warmpressen geformt werden kann. Mit Öl darf Mikanit nicht zusammenkommen.

Bernstein ist ein fossiles Harz mit der besten Oberflächenisolation aller Stoffe, die wir kennen, und es wird deshalb als Isolierstoff beim Bau feinster elektrostatischer Spannungsmesser benutzt. Das natürliche Material ist das beste; das aus Abfällen in der Hitze gepreßte Stangenmaterial hat weniger gute Eigenschaften. Von den natürlichen Harzen werden Kolophonium und Asphalt als Ausgußmasse für Spulen in Transformatoren verwendet, die edlen, wie Kopallack, Schellack nur als Imprägnierungsmittel. Die Auswahl des richtigen Lösungsmittels ist sehr wichtig; viele Spulen sind zugrunde gegangen, weil aus dem Lösungsmittel Feuchtigkeit in die Wicklung getreten ist.

Gummi wird im natürlichen Zustand kaum verwendet, mit Zusätzen als Weichgummi zur Abdichtung. Hartgummi, eine Mischung von 50% Gummi und 50% Schwefel, die mehrere Stunden bei hohem Druck auf 75° erhitzt wurde, nimmt man heute nur noch als hochwertigstes Isoliermaterial zum Bau von Laboratoriumsinstrumenten, wo es keiner mechanischen Belastung ausgesetzt ist. Eine sehr unangenehme Eigenschaft des Hartgummis ist neben der geringen Wärmebeständigkeit das Ausscheiden von Schwefel unter dem Einfluß des Lichtes, so daß die Oberfläche aus tiefschwarz schließlich schmutzig gelb wird und ihre guten Isolationseigenschaften namentlich bei feuchtem Wetter fast vollkommen verliert. Dagegen gibt es nur ein einziges Mittel: der schon konstruktiv vorgesehene Lichtschutz. Auch die als »Eisengummi« bezeichnete Hartgummiqualität ist ganz wenig wärmebeständig und deshalb nur selten brauchbar.

Bienenwachs, Paraffin werden heute kaum noch als Isolierstoffe verwendet, bei ihnen ist wegen der enthaltenen organischen Säuren größte Vorsicht am Platze.

Holz wird vielfach im Transformatorenbau verwendet und ist ein sehr gutes Material, wenn es vorher tagelang bei hoher Temperatur in Öl gekocht worden ist. In Richtung der Fasern ist die Durchschlagfestigkeit viel geringer, nur etwa $1/3$ des Wertes quer zu den Fasern. Man verwendet dazu hauptsächlich Weiß- und Rotbuchenholz.

Flüssige Isolierstoffe.

Öl. An flüssigen Isolierstoffen, vorzugsweise zur Füllung von Transformatoren kommt praktisch nur Mineralöl, aus Rohpetroleum gewonnen, in Betracht. Der größte Teil der Lieferungen stammt aus Amerika, das geringere aus Rußland. Es ist wahrscheinlich, daß das russische Öl etwas besser ist als das amerikanische insofern, als es auf Verunreinigung etwas weniger stark reagiert. Bei der Wichtigkeit der Öleigenschaften für die Betriebssicherheit sollen hier die wesentlichsten in Übereinstimmung mit den Vorschriften des V.D.E. genannt werden.

V.D.E.-Vorschriften. Die vom V.D.E. herausgegebenen Vorschriften für Transformatorenöle[1]) beziehen sich auf das spezifische Gewicht (0,85÷0,95), den Flüssigkeitsgrad, den Flammpunkt, den Stockpunkt, den Aschegehalt, den Säuregehalt und die Verteerungszahl. Bei Erfüllung dieser Vorschriften und Entfernung des Wassers hat das Öl die an es zu stellende hohe Durchschlagfestigkeit. Praktisch am wichtigsten sind Säuregehalt, Wassergehalt und Durchschlagfestigkeit. Meßverfahren dafür sind im 2. Band beschrieben.

Physikalische Eigenschaften[2]). Über die physikalischen Eigenschaften des Öles sind in den letzten Jahren eingehende Untersuchungen angestellt worden. Danach scheint es festzustehen, daß Fasern und Wasser die Durchschlagfestigkeit am meisten herabsetzen. Die Fasern sind es, die das Wasser gierig aufsaugen und mit diesem Brücken zwischen den spannungsführenden Teilen bilden. Diese Faserkettenbildung haben Friese und Ölschläger in einem sehr interessanten Film photographisch festgelegt. Vollkommen wasserfreies (und faserfreies) Öl hat eine enorme Durchschlagfestigkeit. Friese und andere geben dafür Werte von 300 bis 400 kV/cm. Praktisch sind diese Werte nie und nimmer erreichbar, weil es unmöglich ist, Öl vollkommen wasserfrei zu halten. Die Abhängigkeit der Durchschlagfestigkeit vom Wassergehalt zeigt Bild 89[3]), der Wert nähert sich asymptotisch 22 kV je cm. Es gibt alte Öle aus Ölschaltern, die infolge reichlicher Ruß- und Schmutzablagerung im Laufe der Zeit noch schlechter geworden sind, man hat Werte bis herab zu 7 kV/cm beobachtet. Für einzufüllendes Transformatorenöl rechnet man mit 120÷150 kV/cm, bei Schalteröl, das ohnehin der Verschmutzung ausgesetzt ist, begnügt man sich von vornherein mit etwa 60 kV/cm. Fast alle praktischen »Ölbehandlungen« haben die Entfernung von Wasser zum Zweck. Dabei muß man sehr darauf achten, daß das Öl nicht durch übermäßige

---

[1]) ETZ 1923, S. 600.

[2]) Eine vorzügliche Zusammenstellung über die Forschungsergebnisse der letzten Jahre gibt Zimmermann, Archiv f. El. XV, 1925, S. 271—295.

[3]) Nach Friese, Wiss. Veröff. des Siemenskonzerns I, 1921, Heft 2.

Erhitzung auf mehr als 130° C verdorben wird. In dieser Beziehung wird bei dem Kochen mit eingehängten elektrisch geheizten Widerständen viel Unfug getrieben. Bei zu kleiner Oberfläche dieser Bänder ist die Oberflächentemperatur 200° C und mehr, das Öl verkohlt teilweise, während seine mittlere Temperatur niedrig bleibt. Viel besser ist schon

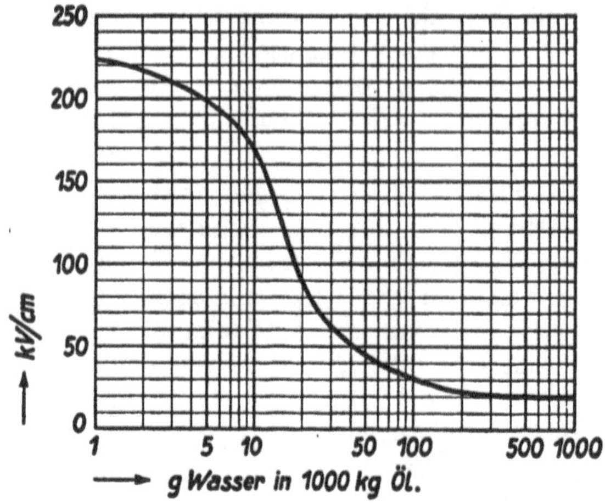

Bild 89. Durchschlagfestigkeit von Transformatorenöl bei 1 bis 1000 g Wasser in 1000 kg Öl. (Nach Friese.)

das Erhitzen in großen, dampfgeheizten Kesseln unter Vakuum, wobei 90÷120° C vollkommen ausreichen, um das Wasser zu entfernen. Vor wenigen Jahren wurde die Filterpresse sehr empfohlen, mit der man bei vorsichtiger, mühevoller Arbeit sehr gutes Öl erzeugen kann. Die letzte Neuerung ist aber das Schleudern in großen Zentrifugen, wobei man mühelos Fasern und Wasser entfernt und sogar durch Beifügen von Wasser Säuren auswaschen kann. Es hat den Anschein, daß die Zentrifuge die Ölreinigungsmaschine der Zukunft ist. Das

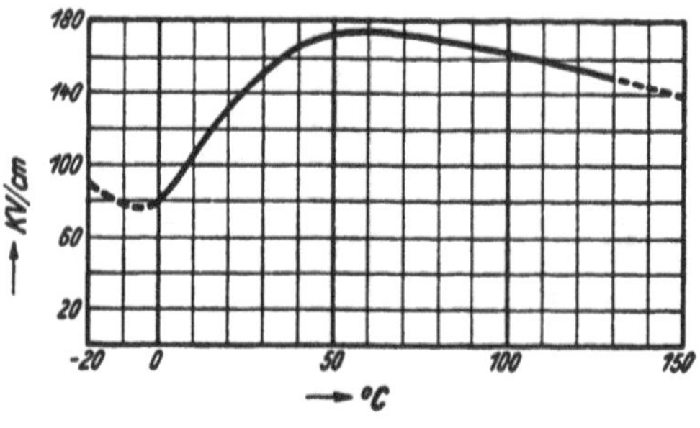

Bild 90. Durchschlagfestigkeit von Transformatorenöl in Abhängigkeit von der Temperatur.

Mischen der Öle, insbesondere mit Harzölen ist peinlichst zu vermeiden, denn es treten dann Zersetzungen des Öles ein.

Temperatureinfluß. Öl hat im Betriebe unter den verschiedensten Temperaturen zu isolieren. Bild 90 zeigt die Durchschlagfestigkeit eines bestimmten Öles für Temperaturen von —20 bis 150° C. Es sei bemerkt, daß der Verlauf dieser Kurve nicht typisch ist. An anderen Ölen hat man innerhalb weiter Grenzen konstante Durchschlagfestigkeit gemessen, selbst bei Temperaturen von —32° (Kohlensäureschnee).

Vergußmassen können nach der Art ihrer Anwendung zu den flüssigen Isolierstoffen gerechnet werden. Man benutzt sie vielfach zur Isolierung von Meßwandlern, weil derartige Apparate keiner Abdichtung bedürfen. Die Hauptbestandteile dieser Massen sind Kolophonium, Stearinpech und ähnliche Substanzen. Diese Füllmassen haben sich früher großer Beliebtheit erfreut, in neuerer Zeit werden sie vielfach als minderwertiges Isoliermittel angesehen. Diese Isoliermasse hat eine unangenehme Eigenschaft: ihre Durchschlagfestigkeit ist zwar im kalten Zustand sehr hoch, bis zu 500 kV/cm, sie geht aber mit steigender Temperatur zurück. Das spezifische Gewicht ist 1,05 bis 1,08, die Dielektrizitätskonstante nimmt mit der Temperatur zu. Bei 0° ist sie etwa 2,75, bei 25° 3,0, bei 75° bereits auf 3,9 gestiegen. Der Tropfpunkt ist je nach der Zusammensetzung stark verschieden, er schwankt zwischen 65 und 120° C. Massen mit zu hohem Tropfpunkt werden bei niedriger Temperatur spröde und neigen zur Rißbildung. Die Volumänderung zwischen 20 und 150° (der Vergießtemperatur) beträgt etwa 8%.

Zwei derartige Ausgußmassen verschiedener Zusammensetzung zeigten bei geänderter Temperatur folgende Durchschlagzahlen:

+ 0° . .	—	620 kV/cm	+ 80° .	150 kV/cm	200 kV/cm
+10° . .	—	580 »	+100° .	120 »	190 »
+20° . .	400 kV/cm	450 »	+120 . .	95 »	130 »
+30° . .	300 »	310 »	+140° .	75 »	— »
+40° . .	250 »	220 »	+160° .	60 »	— »
+50° . .	220 »	200 »	+180° .	50 »	— »
+60° . .	190 »	200 »	+200° .	30 »	— »

In Einzelfällen werden noch höhere Durchschlagwerte bis zu 800 kV/cm bei 20° gemessen.

Die an zweiter Stelle genannte Masse hat zwischen 40 und 100° C nahezu konstante Durchschlagfestigkeit. Wenn auch derartige Messungen ziemlich unsicher sind, so waren hier die Zahlen einigermaßen übereinstimmend. Es ist möglich, daß während des Erweichungsvorganges, der ja gerade in diesem Temperaturgebiet ist, die Durchschlagfestigkeit konstant ist.

Aus diesen Zahlen geht hervor, daß man Ausgußmasse in elektrisch hochbeanspruchten Apparaten mit starker Erwärmung nicht benutzen sollte. Ein anderer Nachteil ist im Vergleich mit Öl das geringe Wärmeleitvermögen der Masse, das die bei kurzer Überlastung der Wicklung auftretende Wärme nicht schnell abzuleiten vermag. Von diesen Übelständen abgesehen, mit denen der Konstrukteur rechnen kann und muß, ist aber die Masse ein ausgezeichnetes Isoliermittel und besser als ihr Ruf. Sie hat vor Öl vor allem den Vorteil, daß sie keiner Pflege bedarf, daß sie vielmehr unbegrenzte Zeit unverändert bleibt.

Gasförmige Isolierstoffe.

Luftisolierung und ihre Eigenschaften sind zu bekannt, als daß hier weiter darüber gesprochen werden könnte. Die Daten für Kugelfunkenstrecken sind im zweiten Band zu finden.

Dagegen verdient die weniger bekannte Preßgasisolierung hier Erwähnung. Bekanntermaßen ist die spezifische Festigkeit der Luft bei 760 mm Druck 20,0 kV/cm. Steigert man nun den Druck, so erhöht sich die Durchschlagfestigkeit nach Watson auf

$$E = 20 + 25{,}6 \cdot p,$$

wobei p der Überdruck in kg/cm^2 ist. Bei 10 kg/cm^2 erhalten wir bereits 276 kV/cm, bei 20 kg/cm^2 532 kV/cm, Werte, die weit über denen der üblichen Isolierstoffe liegen. Als Gase kommen Kohlensäure und Stickstoff besonders in Betracht, weil mit diesen bei überschlagendem Lichtbogen keine Oxydation des Metalles eintreten kann, außerdem haben beide Gase eine um etwa 20% höhere Durchschlagfestigkeit als Luft. Eine Anwendung von Preßgasisolierung ist der im Abschnitt Kondensatoren gezeigte Normalkondensator der Firma Hartmann & Braun für sehr hohe Spannungen.

D. Magnetische Materialien.[1])

Da der größte Teil der elektrischen Meßgeräte auf elektromagnetischen Wirkungen beruht, so müssen in großem Umfange magnetische Materialien verwendet werden.

Permanente Magnete.

In erster Linie werden solche verwendet beim Bau von Drehspulinstrumenten, des weiteren noch für Wirbelstromdämpfungen. Ursprünglich war »Magnetstahl« eine Legierung von Eisen mit 0,5 ÷ 1,5% Kohlenstoff. Dann verbesserte man die Eigenschaften durch Zusatz bestimmter Metalle, wie Wolfram oder Chrom, bis neuerdings diese Beimengungen so beträchtlich geworden sind, daß das Eisen weniger als 50% der Legierung ausmacht, so daß man kaum noch von »Stahl« sprechen kann. Von Magnetstahl werden im allgemeinen folgende Eigenschaften verlangt:

1. hohe Koerzitivkraft K,
2. hohe Remanenz R,
3. hohe Konstanz.

Nach neueren Festlegungen wird das Produkt $K \cdot R$ als Maß für die Güte eines Magneten angenommen. Die Koerzitivkraft K beeinflußt

[1]) S. Gumlich, »Neuere Fortschritte in der Herstellung ferromagnetischer Stoffe«; Z. f. techn. Physik VI, 1925, S. 670—682.

die Formgebung des Magneten: Je größer die Koerzitivkraft, um so kürzer kann der Magnet gemacht werden, ohne daß er im Laufe der Zeit seinen Magnetismus verliert. Ein kurzer Magnet ist aber leichter und billiger als ein langer. Je größer die Remanenz ist, um so größer ist die Liniendichte im Luftspalt. Maßgebend ist aber nicht die »wahre« Remanenz, die für den vollkommenen geschlossenen magnetischen Kreis gilt, sondern die »scheinbare« Remanenz, weil ein Teil der magnetomotorischen Kraft zur Überwindung des magnetischen Widerstandes der Luftstrecke in dem fertigen Gerät verbraucht wird. Die wahre Remanenz ist durch das Material gegeben, die scheinbare danach durch die Konstruktion. Mit einem Material mit hoher Koerzitivkraft läßt sich bei kurzen Magneten eine sehr viel höhere scheinbare Remanenz erreichen als mit gewöhnlichem Stahl[1]).

Arten der Magnete. An typischen Stahlsorten werden die folgenden verwendet:

1. Gußeisen,
2. gewöhnlicher Kohlenstoffstahl (Werkzeugstahl) 1÷1,5% C,
3. Chromstahl, etwa 94% Fe, 5% Cr, 1% C,
4. Wolframstahl, etwa 94,5% Fe, 5% W, 0,5% C,
5. Kobalt-Chromstahl, etwa 55% Fe, 7% W, 2% Cr, 35% Co, 0,5% C.

Alle Arten, besonders die letztgenannte, schwanken etwas hinsichtlich der Legierung. Insbesondere kann an Stelle von Chrom oder

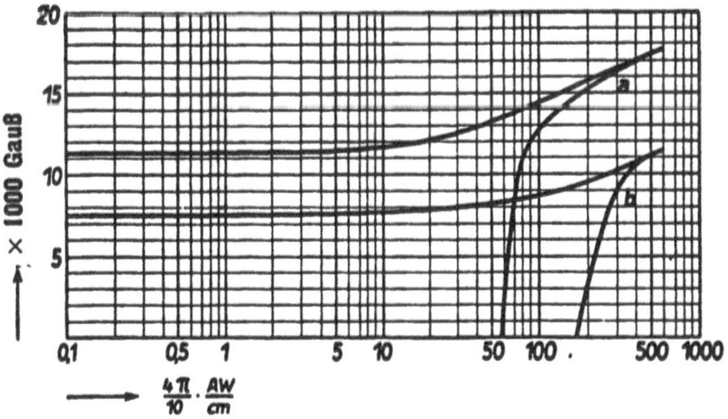

Bild 91. Magnetisierungskurven von *a* Wolfram-Magnetstahl, *b* Kobalt-Chrom-Magnetstahl.

Wolfram Mangan treten. In Bild 91 sind für Wolfram und Kobalt-Chrom-Magnetstahl typische Magnetisierungskurven gegeben, wie sie üblicherweise für Durchschnittsmaterial erhalten werden. Die Darstellung weicht von der üblichen ab, die Feldstärke ist zwischen den

[1]) Berechnung der scheinbaren Remanenz und Zahlenbeispiel: Gumlich, ETZ 1923, S. 151.

Grenzen 0,1 und 1000 im logarithmischen Maßstab aufgetragen worden. Dadurch ist auch ein bequemer Vergleich mit andern Kurven möglich, die für Material mit sehr kleiner Koerzitivkraft gezeichnet werden. Die magnetischen Eigenschaften von Stahl hängen in hohem Maße von der thermischen Behandlung, kurzweg der Härtung, ab. Die richtige Härtetemperatur für einen Stahl zu finden, ist nicht ganz einfach, es ist dazu notwendig, die chemische Analyse zu kennen, die unter Umständen auch durch eine thermische Analyse des Umwandlungspunktes ersetzt werden kann. Wie genau die Härtetemperatur eingehalten werden muß, geht z. B. aus Zahlen hervor, die Gumlich für Kobalt-Manganstahl mitgeteilt hat[1]). Danach war das Produkt KR für eine bestimmte Legierung (C 112, Mn 69, Co 35, wohl entsprechend 1,12 % C, 0,69 % M, 35 % Co) für die Temperatur

800° . . . . $58 \cdot 10^{-3}$ 875° . . . . $503 \cdot 10^{-3}$
825° . . . . $216 \cdot 10^{-3}$ 900° . . . . $111 \cdot 10^{-3}$
850° . . . . $678 \cdot 10^{-3}$

Bild 92 zeigt, gleichfalls nach Angaben von Gumlich drei Kurven für denselben Stahl bei verschiedener thermischer Behandlung, aus

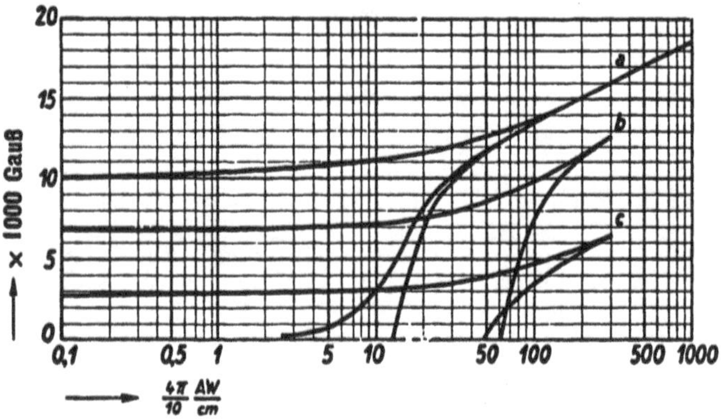

Bild 92. Magnetisierungskurven von Magnetstahl mit 1,78% C
a von 930°, langsam abgekühlt
b von 850°, abgeschreckt
c von 110°, abgeschreckt.

denen auch der große Einfluß der thermischen Behandlung hervorgeht.

Es seien noch kurz die wesentlichsten Eigenschaften der vier Stahlsorten hervorgehoben.

Gußeisenmagnete hat man zuweilen in ganz billigen Apparaten verwendet, es läßt sich eine Koerzitivkraft von etwa 40 und eine Remanenz von 5000 erzielen. Der Vollständigkeit halber mußte auch dieses

---

1) ETZ 1923, S. 148.

Material genannt werden. Bild 93 zeigt für ein solches Magnetmaterial die B—H-Kurven.

Gewöhnlicher Kohlenstoffstahl, bis 1910 ausschließlich verwendet, wird heute nur noch für Dämpfungsmagnete von Zeigermeßgeräten (nicht von Zählern) benutzt, wo es auf Konstanz nicht allzusehr ankommt. Zudem ist bei gleicher Form gegenüber Wolframstahl die Einbuße an scheinbarer Remanenz etwa 30%.

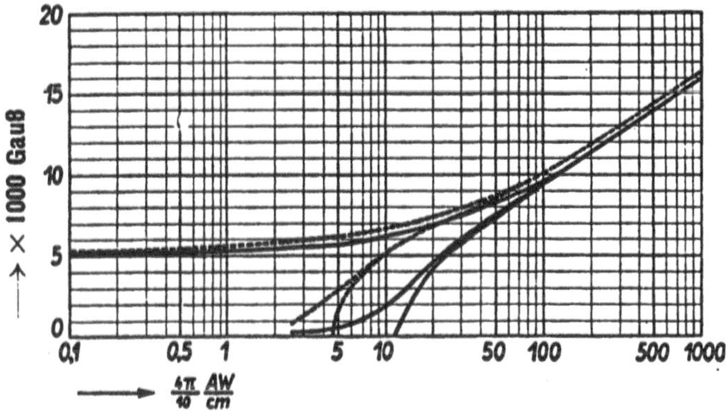

Bild 93. Magnetisierungskurven von Gußeisen (nach Gumlich)
...... geglüht ——— ungeglüht.

Chromstahl wird vielfach verwendet; nach den Untersuchungen von Gumlich ist er gutem Wolframstahl kaum unterlegen, die Fabrikation ist aber schwieriger als die von Wolframstahl.

Wolframstahl, etwa 1910 eingeführt, wird heute fast ausschließlich verwendet. Im allgemeinen beträgt der Gehalt 3% W. Mit weiteren Gehalt an Wolfram, bis etwa 8%, nimmt zwar die Koerzitivkraft zu bis auf etwa 85, dafür aber die Remanenz bis $R < 5000$ ab.

Kobalt-Chromstahl, seit 1919 entdeckt, ist vielleicht der Stahl der Zukunft für den Meßinstrumentenbau; es sei aber gleich bemerkt, daß seine Einführung durch viele Umstände sehr erschwert wird. Als solche sind zu nennen:

1. der sehr hohe Preis (5÷10 mal so teuer als Wolfram, bedingt durch den hohen Kobaltgehalt und den von den Erzeugern anscheinend künstlich hochgehaltenen Kobaltpreis,
2. die schwierige Formbarkeit,
3. die schwierige thermische Behandlung.

Der Kobalt-Chrom-Magnetstahl wurde 1919 von Prof. Honda an der Universität Tokio gefunden, als Ergebnis einer Untersuchung, zu deren Durchführung Baron K. Sumitomo die Mittel gegeben hatte. Demzufolge wird der Stahl auch als KS-Stahl oder Honda-Stahl bezeichnet. Die besondere Beeinflussung der magnetischen Eigenschaften

9*

von Stahl durch Legieren mit Kobalt war schon früher bekannt, aber erst Honda forschte das Gebiet systematisch durch und kam zu dem Ergebnis, daß Koerzitivkräfte bis zu 250 erreicht werden konnten, also etwa dreimal soviel als mit dem besten Wolframstahl. Allerdings ist auch die wahre Remanenz um etwa 20% geringer als bei gutem Wolframstahl, man kommt nur auf etwa 9000. Die Zusammensetzung dieser Stahlarten ist ziemlich verschieden, man hat vielfach versucht, mit möglichst geringem Kobaltzusatz auszukommen mit Rücksicht auf den Preis. Beispielsweise hat Gumlich im Zusammenarbeiten mit Krupp stark manganhaltige Legierungen mit etwas geringerem Kobaltzusatz und gleichfalls hoher Koerzitivkraft zusammengestellt[1]). Im ganzen gesagt, läßt sich aber mit einem Kobaltgehalt unter 25% kaum ein Stahl mit der Koerzitivkraft 200 bei ausreichender Remanenz herstellen.

Es ist vollkommen verkehrt, bei einer guten Konstruktion mit Wolframmagnet diesen einfach durch Kobaltchromstahl zu ersetzen. Dies würde meßtechnisch gar keinen Erfolg bringen, weil ja die Induktion geringer ist als bei Wolframstahl. Um die Eigenschaften auszunutzen, muß man den Magnet auf etwa ⅓ der ursprünglichen Länge kürzen und den Querschnitt um etwa 25% erhöhen, so daß man im ganzen etwa 50÷55% Magnetgewicht spart. Wie schon erwähnt, ist die Verarbeitung von Kobaltchromstahl sehr schwierig, man muß danach streben, die Magnete so einfach wie möglich zu formen, am besten als gerade Stäbe, an die die Polschuhe angesetzt werden. Zu beachten ist auch, daß diese Art von Magneten besonders stark magnetisiert werden muß. Es ist dazu eine Magnetisierung mit etwa 1000 AW/cm nötig gegen 300 AW/cm bei gewöhnlichen Magneten.

Preis des Kobalt-Chromstahles. Nachstehend die ungefähren Preise für die Leistungs-Einheit von Magneten[2]):

2% Chrom-Stahl	100
5% Wolfram-Stahl	120
6% Chrom-Stahl	137
15% Kobalt-Chrom-Stahl	189
35% Kobalt-Chrom-Stahl	204.

Dabei ist berücksichtigt, daß diese Preise für die Leistungseinheit nicht den Preisen der Gewichtseinheiten entsprechen, weil man mit Ko-Cr-Stahl wesentlich weniger Material braucht als mit normalem Stahl. Im allgemeinen kann man mit etwa 100% Verteuerung rechnen.

Magnetisieren der Magnete. Das gebräuchlichste Verfahren, einen Stahlmagneten zu magnetisieren ist, ihn auf die Schenkel eines kräftigen Elektromagneten zu setzen und den Erregerstrom einigemale ein- und

[1]) ETZ 1923, S. 147.
[2]) Kayser, The Electrician 90, 1923, S. 557.

auszuschalten. Dann wird der Magnet abgenommen und mit einem Stück weichen Eisens bis zum Einbau in das Meßgerät geschlossen.

Eine wesentlich höhere Magnetisierung erzielt man, wenn man den Magneten geschlossen erregt ohne Luftspalt oder mit dem kleinen Gebrauchsluftspalt. Der Gewinn ist um so größer, je kürzer der Magnet ist.

Statt einen Elektromagneten zu verwenden, reiht man auch die Magnete auf eine Kupferschiene und schickt durch diese Stromstöße von 3÷10000 A. Dieses Verfahren hat noch den Vorzug, daß die Magnete sehr gleichmäßig magnetisiert werden.

Man braucht 2÷300 AW/cm Magnetlänge, bei Kobalt-Chromstahl 1000 AW/cm.

Messung der Magnetstärke. Die Messung der Magnetstärke erfolgt am besten durch Überschieben über das Einsatzsystem zu einem Drehspulinstrument, dessen Federstärke, Windungszahl usw. bekannt sind. Es kann dann die Federstärke im Luftspalt berechnet werden, auch kann die Skala sofort in Linien je cm^2 geeicht werden. Derartige Magnetmesser werden von Siemens & Halske hergestellt. Die Abreißmethoden sind zur Magnetmessung nicht zu empfehlen wegen der damit verbundenen Schwächung des Magneten. An fertig zusammengebauten Instrumenten kann die Liniendichte mit Tauchspule und ballistischem Galvanometer gemessen werden. (Siehe 2. Band.)

Konstanz und Alterung der Magnete. Die Konstanz eines Magnetes ist seine wichtigste Eigenschaft. Man büßt lieber einiges an Remanenz ein, um dafür einen Magneten zu erhalten, der sich nicht im Laufe der Zeit oder bei Stößen ändert. Als Entmagnetisierungsfaktor bezeichnet man eine Zahl, die nur für das Rotations-Ellipsoid der Berechnung zugänglich ist und die für alle anderen Formen durch Versuch ermittelt werden muß. Bei kreisförmigen Magneten ist der Entmagnetisierungsfaktor angenähert proportional der Weite des Luftspaltes. Vergrößert man die Magnetflächen durch das Ansetzen von Polen, so geht der Entmagnetisierungsfaktor stark zurück.

Bezeichnet man mit

l_m die Länge des Magneten,
q_m den Querschnitt des Magneten,
l_v die gesamte Länge des Luftspaltes,
q_v den Querschnitt des Luftspaltes,

so ist der Entmagnetisierungsfaktor

$$N = \frac{4\pi}{\nu} \cdot \frac{l_v}{l_m} \cdot \frac{q_m}{q_v},$$

wobei ν der Streuungsfaktor des Magneten ist oder das Verhältnis des Flusses in der neutralen Zone zu dem nutzbaren Fluß im Luftspalt.

Die reziproke Größe

$$\frac{l_m}{l_p} \cdot \frac{q_p}{q_m}$$

hat Heinrich als den Sicherheitsfaktor gegen Entmagnetisierung bezeichnet. Für Chrom- und Wolframmagnete soll die Zahl etwa bei 300 liegen, praktisch kommen die Werte 100÷500 vor. Für Kobaltchromstahl kann die Zahl wesentlich niedriger liegen.

Dies sind die konstruktiven Maßnahmen zur Erzielung der Konstanz. Dazu kommen nun noch fabrikatorische. Da man weiß, daß jeder Magnet nach seiner ersten bis zur Sättigung getriebenen Magnetisierung im Laufe der Zeit, auch durch Stöße zurückgeht, so nimmt man mit ihm sofort einen »Alterungsprozeß« vor, der auf die verschiedenste Weise ausgeführt wird. Die Grundidee ist dabei aber immer, dem Magneten einen Teil seiner Höchstmagnetisierung zu nehmen. In der Regel erhitzt man die Magnete 24 Stunden lang auf etwa 100° C in Öl oder Wasserdampf. Sie verlieren dabei etwa 10÷12% an Remanenz und 5÷7% an Koerzitivkraft. Kochen bei höherer Temperatur schwächt den Magneten ganz bedeutend stärker. Das Altern durch starke Erschütterungen ist weniger gebräuchlich, mehr noch ein Verfahren, bei dem der Magnet einfach durch ein Wechselfeld um 10÷20% seines Anfangswertes geschwächt wird[1]. Nach einem ganz neuen Verfahren werden die Magnete durch an ihrer Oberfläche entwickelten naszierenden Wasserstoff gealtert, indem man sie als Kathode in ein Bad mit verdünnter Schwefelsäure bringt. Die Erwärmung des Bades auf 50÷60° C läßt den Prozeß in einigen Stunden vor sich gehen.

Berechnung von Stahlmagneten. Der Verfasser ist der Meinung, daß man für normale Verhältnisse kaum einen Stahlmagneten berechnen wird, weil man immer aus früheren Versuchen ausreichend viel sicheres Zahlenmaterial zur Verfügung haben wird und weil dem Konstrukteur meist der Platz für den Magneten gegeben sein wird. Der zulässige maximale Materialaufwand ist durch den Preis des fertigen Instrumentes gegeben. Wenn hier trotzdem auf die zuerst von Evershed[2] veröffentlichte Rechnungsweise hingewiesen wird, so geschieht es, weil man mit ihr erst dem Magneten die richtigen Formverhältnisse geben kann, was unter Umständen zu einer erheblichen Materialersparnis führt.

Magnetisch weiches Eisen.

Für Elektromagnete aller Arten, vom beweglichen Eisen eines Strommessers bis zum Kern eines Transformators braucht man magnetisch weiches Eisen, bei dem die Magnetisierungsschleife so schmal wie

---

[1]) Senfer, The Electrician 87, 1921, S. 263.

[2]) The Electrician vom 28. 5. 1920, 4. 6. 20, 11. 6. 20; ferner: Gumlich, ETZ 1923, S. 147; Würschmidt, Z. f. J. 1923, S. 121—126.

möglich ist und bei dem möglichst hohe Magnetisierung mit einer gewissen Feldstärke erreicht wird. Für Wechselstrommagnete kommt die Fläche der Hysteresisschleife (im linearen, nicht logarithmischen Maß gezeichnet) unmittelbar als Maß für die Ummagnetisierungswärme für jeden Polwechsel in Betracht, bei Gleichstrom ist meist möglichst hohe Permeabilität, d. h. hohe Magnetisierung bei einer gewissen Feldstärke erwünscht. Für Wechselstrommagnete ist noch der elektrische Widerstand des Materials maßgebend, er soll hoch sein, weil die Wirbelstromverluste proportional dem Leitvermögen und dem Quadrat der Frequenz wachsen.

Wir wollen zunächst die wesentlichen Materialien kurz besprechen:

Elektrolyteisen. Im Gegensatz zu den hüttenmännischen Prozessen ist es mit den elektrolytischen Verfahren möglich, sehr reines, kohlen-

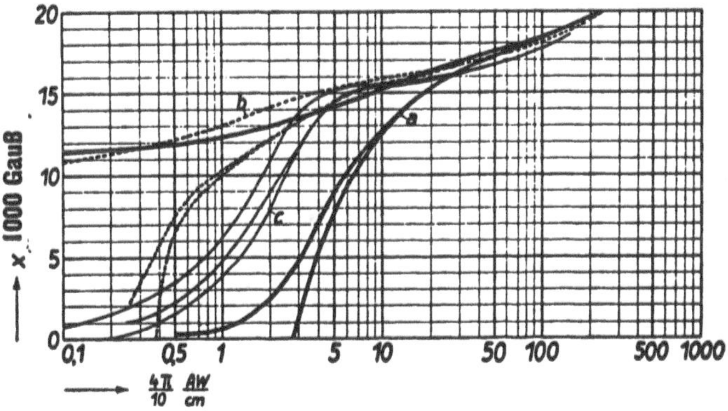

Bild 94. Magnetisierungskurven von Elektrolyteisen (nach Gumlich).
a ungeglüht
b einmal geglüht
c zwölfmal geglüht.

stoffreies Eisen mit nur Spuren fremder Metalle herzustellen, das ganz abweichende mechanische und elektrische Eigenschaften hat. Dieses Elektrolyteisen ist zwar weniger durch fremde Metalle als durch Gase, insbesondere Wasserstoff, verunreinigt, die sein Verhalten außerordentlich beeinflussen. Im ungeglühten Zustande ist es dann hart und hat eine sehr hohe Koerzitivkraft, bis zu 20 Gilbert. Auch ist es sehr schwierig, das Material zu verarbeiten, ohne daß es seine guten Eigenschaften nicht weniger oder mehr verliert. Obwohl das Elektrolyteisen schon seit langem im Großbetrieb herstellbar ist, hat es doch für elektrotechnische Zwecke noch nicht Eingang gefunden, weil die mit ihm erhaltenen oft bemerkenswert guten Zahlen mehr oder weniger Zufallswerte sind und die Hersteller sich ängstlich hüten, auch nur die bescheidensten magnetischen Garantien abzugeben. Man kann mit Elektrolyteisen ganz besondere Überraschungen erleben, daß z. B. das Material trotz Einhaltung der vom Hersteller gegebenen Glühvorschriften schlechter ist als ganz gewöhnliches Weißblech. Durch mehrmaliges Schmelzen im Vakuum läßt sich das Ausgangsmaterial ganz bedeutend verbessern. Yensen hat mit reinem Elektrolyteisen eine Koerzitivkraft von 0,29 erreicht, eine Remanenz von 12000, eine Maximalpermeabilität von 19000. Das Leitvermögen dieses Materials beträgt ziemlich genau 10,0; der Temperatureinfluß etwa 5÷6% je 10° C. Das Glühen im Vakuum nach bestimmter Zeit und Temperatur, das mehrmalige Erhitzen und das Tempo des Abkühlens sind auf die magnetischen Eigenschaften von größtem Einfluß. Die PTR hat an einer Probe Elektrolyteisen durch 15÷20maliges Glühen die Koerzitivkraft schließlich auf den Wert 0,15 drücken können gegen 2,83 bei dem Ausgangsmaterial (Bild 94).

Technisches Eisen. Die in hüttenmännischen Verfahren hergestellten Bleche und Stäbe kommen unter den Namen Schmiedeeisen, Flußeisen und Dynamoblech mit geringem Kohlenstoffgehalt in den Handel. Schwedisches Holzkohleneisen hat etwa 0,03% C. Die Koerzitivkraft dieser Materialien ist etwa 0,5÷2, steigend mit dem Kohlenstoffgehalt, die Maximalpermeabilität 17000÷19000, die Remanenz in der Größenordnung 7000÷12000, die maximale Permeabilität 2000÷8000, das Leitvermögen 5÷8 Siemens. Die Anfangspermeabilität μ_0 für $\mathfrak{H} = 0$ schwankt bei diesen Materialien zwischen 200÷500. Zu beachten ist, daß die magnetischen Eigenschaften je nach der Walzrichtung verschieden sind. Nach Gumlich ist die Permeabilität unter einem Winkel von 45° gegen die Walzrichtung am größten.

Alle diese Materialien zeigen als Transformatorenbleche die üble Eigenschaft des »Alterns«. Nach langer Erhitzung im Betriebe steigen die Verluste ganz erheblich, um 50, sogar 150% des Anfangswertes. Die legierten Bleche (s. u.) zeigen diese Erscheinung nicht.

Eisen-Siliziumlegierungen. Dieses Material hat 0,1÷0,3% C und 1÷4%, selten bis zu 10% Si. Von Gumlich 1902 vorgeschlagen, hat es inzwischen die größte Bedeutung für den Transformatorenbau aller Länder gewonnen. Es wird fast ausschließlich in Blechen von 0,3 und 0,5 mm Stärke hergestellt, ausnahmsweise für die Hochfrequenztechnik mit 0,07÷0,08 mm Dicke. Die besondere Eigenschaft dieser Legierungen ist eine mit dem Siliziumgehalt zunehmende hohe Anfangspermeabilität, eine mit dem Siliziumgehalt abnehmende Maximalmagnetisierung und vor allem der mit dem Siliziumgehalt zunehmende hohe elektrische Widerstand. Der Widerstand von silizierten Eisenblechen läßt sich darstellen durch die Gleichung

$$s = 0{,}10 + 0{,}12\, p.$$

Bei $p = 3{,}5\%$ ist demnach der spezifische Widerstand $s = 0{,}46$, das Leitvermögen 2,2.

Die Koerzitivkraft hochsilizierter Bleche ist etwa 0,5, die Maximalpermeabilität etwa 8000, Bleche mit über 3,5% Si lassen sich nicht mehr verarbeiten. Bei sehr dünnen Blechen ist der Si-Gehalt gewöhnlich kleiner, weil das Silizium während der Verarbeitung zum Teil herausbrennt.

Yensen hat Legierungen von Elektrolyteisen mit Silizium hergestellt, die sich durch kleine Koerzitivkraft (0,1 Gilbert) und außerordentlich hohe Permeabilität (bis 80000) auszeichneten. Die Verluste B_{10} würden für dieses Blech nur 0,2 W/kg betragen. Leider handelt es sich hier nur um einen vereinzelten Laboratoriumserfolg, die technische Auswertung liegt noch in weiter Ferne.

In Bild 95 sind für die wichtigsten technischen Transformatorenbleche die Magnetisierbarkeit und die Verlustziffer für 15 und 50 Hertz im logarithmischen Maßstab eingetragen.

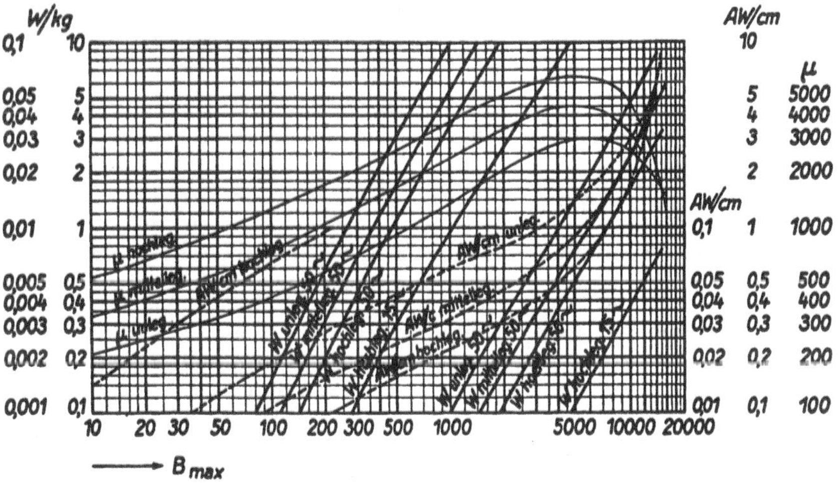

Bild 95. Charakteristische Kurven für unlegiertes, mittellegiertes und hochlegiertes Transformatorenblech.

Wattverlust bei 15 und 50 Hertz
Permeabilität
Amperewindungen je cm Länge
Für B_{max} 10 ÷ 20000 Gauß.

Andere Legierungen. Gumlich hat noch besonders Eisen-Aluminium und Eisen-Mangan untersucht, indessen haben diese Legierungen noch keine technische Anwendung gefunden.

Eine magnetisch besonders bemerkenswerte Legierung ist noch Permalloy[1]) mit 78% Ni, 21% Fe, 0,3% Co und Spuren von C, Si,

[1]) Arnald u. Elmen, The Electrician 1923, S. 672.

P, S, Mn, Cu. Nach sorgfältigster thermischer Behandlung wurde damit eine Maximalpermeabilität von $\mu_{max} = 86000$ erreicht, die Anfangspermeabilität betrug 12000, die Liniendichte stieg von $\mathfrak{H} = 1$ Gilbert bis $\mathfrak{H} = 100$ Gilbert nur von etwa 10000 bis 11500. Das Material könnte mit diesen Eigenschaften für den Bau elektrischer Meßgeräte, insbesondere für Stromwandler von größter Bedeutung werden, wenn es gelingen sollte, zu einer Herstellung in größerem Maßstabe zu kommen. Allerdings wird, allein schon wegen des hohen Nickelgehaltes, der Preis auf jeden Fall sehr hoch werden.

Die folgende Tabelle gibt eine Zusammenstellung der wesentlichsten Kennzahlen von Eisen-Nickel-Legierungen nach Veröffentlichungen von T. D. Yensen[1]); man kann daraus die Überlegenheit des neuen Materials Permalloy (in der letzten Spalte) für viele Zwecke deutlich sehen.

	Fe	4% Si	50% Ni	78% Ni
Anfangspermeabilität ($H=0$)	700	440	3000	5850
Maximale Permeabilität	26000	15500	70000	74000
Sättigungswert (Gauß)	22600	20000	15500	10500
Hysteresisverlust (erg/cm³ pro Zyklus für $B = 10000$)	600	500	220	200
Remanenz (Gauß)	8600	5200	7300	5500
Koerzitivkraft (Gilbert)	0,20	0,15	0,05	0,05
Spez. Widerstand	0,10	0,18	0,22	0,48
Spez. Gewicht	7,9	7,6	8,3	8,6

Eine andere Legierung dieser Art ist Hypernik, das nach U.S.A.-Patent 1277384 vom 3. Sept. 1918 zwischen 29 und 50% Nickel enthält, normal etwa 35% Ni. Das Material hat sehr hohe Anfangspermeabilität und niedrige Sättigung und ist deshalb für Stromwandler besonders geeignet. (Siehe dort.)

Mumetal, hergestellt von der Guttapercha Co, London, gehört gleichfalls zu diesen Legierungen. Bild 96 zeigt die Hysteresisschleifen für drei verschiedene Maximalmagnetisierungen. Man sieht auch daraus, daß dieses Material zwar eine sehr hohe Anfangspermeabilität (5000 bis 6000), aber niedrige Maximalsättigung hat.

Zu erwähnen sind hier noch die stark magnetischen Heuslerschen Legierungen aus ca. 60% Kupfer, 25% Mangan und 15% Aluminium, die in der Magnetisierbarkeit etwa dem Gußeisen nahekommen, aber gleichfalls noch keine technische Anwendung gefunden haben. Der Umwandlungspunkt, bei dem sie den Magnetismus verlieren, liegt je nach der Zusammensetzung zwischen 5° C und 300° C. Auch Monel-

[1]) Arnald & Elmen, The Electrician 1923, S. 672.

Metall (65% Ni, 30% Cu, 2% Fe, 1% Mn) kann bis etwa 2000 Gauß magnetisiert werden.

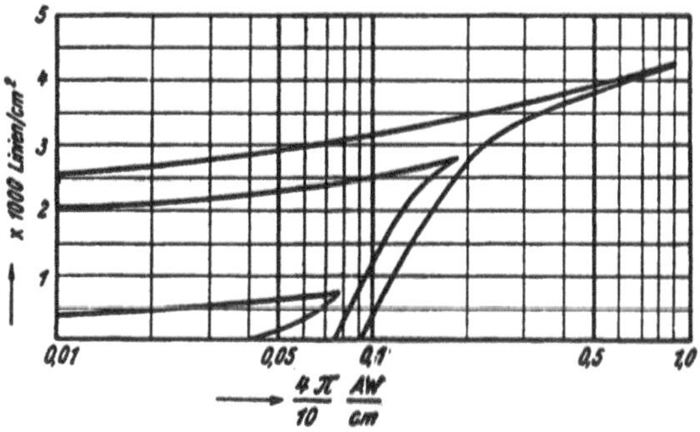

Bild 96. Magnetisierungskurven für Mumetal.

Transformatorenblech. Bei der Verwendung von Eisen für Transformatoren treten charakteristische Verluste auf, die mit der Frequenz und Kurvenform der aufgedrückten Spannung und vor allem sich mit der Blechqualität ändern. Die Ummagnetisierungsverluste oder Hysteresisverluste sind proportional der Frequenz und proportional der Liniendichte B^n, wobei n nach Steinmetz = 1,6 zu setzen ist. Das Ganze ist mit einer gewissen Konstanten, dem Hysteresekoeffizienten, zu multiplizieren. Der Exponent 1,6 kann nur ganz angenähert als richtig angesehen werden, bei niedrigen und bei sehr hohen Liniendichten steigt er bis 2,0, im letzteren Falle sogar noch höher. Aus diesem Grunde ist auch der Hysteresekoeffizient unsicher. Der Versuch, die Hysteresisverluste durch Planimetrieren der im linearen Maßstab gezeichneten Hysteresisschleife zu ermitteln, führt zu ungenauen Ergebnissen; allein die unmittelbare Leistungsmessung führt zum Ziel.

Die Wirbelstromverluste nehmen zu mit dem Quadrat der Blechdicke, dem Quadrat der Frequenz, dem Quadrat der Liniendichte und linear mit dem Leitvermögen. Während man die Hysteresisverluste nicht durch die Formgebung des Eisens beeinflussen kann, lassen sich die Wirbelstromverluste durch Verminderung der Blechdicke stark herabdrücken. Diese Maßnahme ist besonders nötig bei hohen Frequenzen, bei 500÷1000 und 10000 Hertz, wo man mit Blechdicken von 0,03 bis 0,07 mm arbeitet gegen 0,3÷0,5 mm bei den technischen Frequenzen.

Die »Verlustziffer« eines Bleches ist die Summe der Hysteresis- und Wirbelverluste und wird für die Liniendichte $B_{max} = 10000$ und $B_{max} = 15000$ mit V_{10} bzw. V_{15} bezeichnet und in W/kg ausgedrückt. Nachstehend die vom V.D.E. herausgegebenen Normen für Dynamobleche[1]):

[1]) Dinorm V.D.E. 6400 vom Oktober 1926.

Dynamobleche Technische Lieferbedingungen						Elektrotechnik		DIN V.D.E. 6400	
	I				II	III	IV		
	Normale Dynamobleche				Schwachlegierte Bleche	Mittelstarklegierte Bleche	Hochlegierte Bleche		
Größe (zul. Abweichung $\pm 1\%$)	1000×2000				1000×2000	1555×2000	750×1500	1000×2000	[1])
Dicke (zul. Abweichung $\pm 10\%$)	0,5	0,75	1,0	1,5	0,5	0,5	0,35	0,5	[2])
Spez. Gew. m. Zunder	7,8				7,75	7,65	7,55		[3])
Spez. Gew. entzundert	7,85				7,8	7,7	7,6		
Biegezahl f. 0,5 mm starke Bleche[8])	10				10	10	2		[4])
Verlustzahl. Größtwert V_{10}	3,6	—	8	—	3,0	2,3	1,3	1,7	[5])
Verlustzahl. Größtwert V_{15}	8,6	—	19	—	7,4	5,6	3,25	4	
Alterung in % (Verlustzunahme) (Größtwert)	9				7,5	6,5	5		[6])
Magnetisierbarkeit (Kleinstwerte) B_{25}	15 300		—		15 000	14 700	14 300		[7])
B_{50}	16 300		—		16 000	15 700	15 500		
B_{100}	17 300		—		17 100	16 900	16 500		
B_{300}	19 800		—		19 500	19 300	18 500		

[1]) Größere Formate sind erhältlich. Für kleinere bisher handelsübliche Formate mit geringen Abweichungen soll bei größeren Bestellungen kein Überpreis gefordert werden.

[2]) Grübchen oder Warzen dürfen nicht in größerer Anzahl vorhanden sein. Die Blechstärke soll nicht an diesen Stellen festgestellt werden.

[3]) Diese Werte sind unabhängig von den Meßwerten für die Berechnung der Verluste maßgebend. Arten I, II und III werden im allgemeinen nicht durch Beizen entzundert. Wird Entzundern durch Beizen verlangt, so unterliegt dieses besonderer Vereinbarung hinsichtlich Mehrpreis und Lieferungsmöglichkeit. Art IV ist dagegen durch Beizen stets zu entzundern.

[4]) Diese Zahlen gelten nur als unverbindliche Richtwerte. Die Stanzfähigkeit der Bleche wird gewährleistet.

[5]) Die Verlustmessung geschieht bei 20° durch Epsteinapparat bei 50 Hertz mit praktisch sinusförmiger Spannungskurve nach dem einfachen Wattmeter- oder Differentialverfahren. Die Verluste sind anzugeben in Watt/kg: bei 10000 Gauß als V_{10} und bei 15000 Gauß als V_{15}.

[6]) Die Alterung wird durch eine Erwärmung der Bleche während 600 Stunden bei einer Temperatur von 100° C herbeigeführt.

[7]) Die Bestimmung der magnetischen Induktion geschieht durch Epsteinapparat nach Gumlich-Rogowski oder Differentialverfahren nach Siemens & Halske. Zur Beurteilung der Magnetisierbarkeit dient die Angabe der Induktion bei 25, 50, 100, 300 AW/cm als B_{25}, B_{50}, B_{100}, B_{300}.

Die vorgeschriebenen Zahlen sind Kleinstwerte. Bei Bestellung werden nur 2 Induktionswerte nach Wahl vorgeschrieben. In Zweifelsfällen entscheidet das Ergebnis der Untersuchung durch die Physikalisch-Technische Reichsanstalt.

[8]) Umbiegeversuch. Zur Beurteilung der Zähigkeit dient der Umbiegeversuch. Bei diesem Versuch wird ein in der Walzrichtung entnommener Blechstreifen von

30 mm Breite bei 20° C zwischen Klemmbacken mit einem Rundungshalbmesser von 3 mm um 180° hin- und hergebogen. Als halbe Biegung zählt eine Biegung um 90° in jeder Richtung. Die Reihenfolge der Biegungen ist in dem oberen Bild durch die mit Pfeil versehenen Linien festgelegt, wobei die angegebenen Ziffern die Biegezahlen bedeuten. Die Biegezahlen der Zahlentafel geben die Mindestzahl der Biegungen bis zum Eintritt des Bruches an.

Probeentnahme. Jeder Lieferung sind für je 2,5 t mindestens 4 Probetafeln zu entnehmen. Aus diesen Tafeln sind Streifen 30 × 500 mm im Gesamtgewicht von 10 kg mit scharfem Werkzeug gratfrei zu schneiden und zwar die eine Hälfte der Streifen in Walzrichtung, die andere Hälfte quer dazu.

Zur Verlustmessung und Bestimmung der magnetischen Induktion sind diese Streifen abwechselnd zu schichten.

Für die technischen Frequenzen und Qualitäten wurden die Eigenschaften von Transformatorenblech bereits in Bild 95 gezeigt. Bild 97 zeigt das Anwachsen der Verluste mit der Frequenz bis zu 10000 Hertz für Liniendichten von 200 bis 15000 Gauß.

Es ist wohl zu beachten, daß schon innerhalb einer einzigen Blechlieferung die magnetischen Eigenschaften ziemlich verschieden sind,

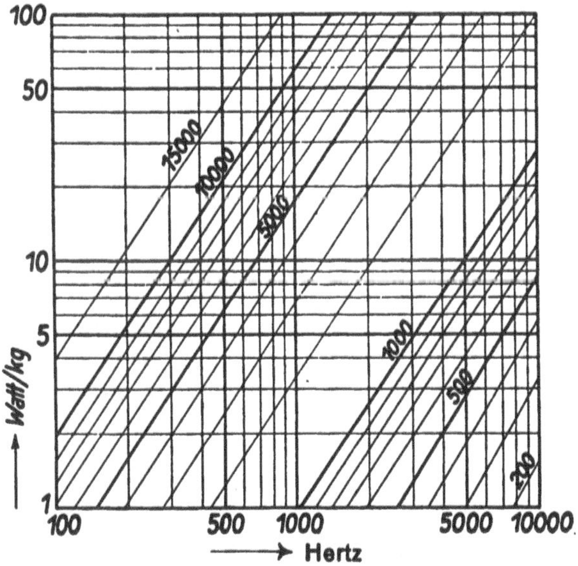

Bild 97. Verluste für hochlegiertes Transformatorenblech 0,35 mm für 100 bis 10000 Hertz für 200 bis 15000 Gauß.

daß z. B. die Verlustziffer um ± 10 bis ± 20% schwankt. Ferner ist zu bemerken, daß die Verlustziffer und die Magnetisierbarkeit auch von der mechanischen Bearbeitung abhängen. Gestanzte Bleche sind immer schlechter als die aus Blechtafeln geschnittenen Probestreifen. Ferner haben Zugbeanspruchungen großen Einfluß auf die Magnetisierbarkeit, so großen, daß man einige Nickellegierungen in geeigneter Anordnung als Zugmesser verwenden kann.

Man kann daraus ersehen, daß von allen technischen Messungen an Eisen nur eine geringe Genauigkeit zu erwarten ist und daß es keinen Zweck hat, die Genauigkeit der Messung selbst auf Bruchteile eines Prozents zu treiben. Die einzelnen Blechtafeln einer Lieferung sind in Hinsicht auf die Anfangspermeabilität sogar um 30 bis 100% verschieden.

III. Beschreibung der Meßwerke.

A. Drehmagnet-Instrumente.

Nadel-Galvanometer. Die ersten Meßgeräte zum Nachweis und zum Messen von elektrischen Strömen dürften die Nadelgalvanometer gewesen sein, das sind Instrumente, bei denen eine Magnetnadel im Erdfeld durch eine Spule abgelenkt wird. Dieses Meßprinzip gibt uns in seiner höchsten Vollendung die empfindlichsten Gleichstrommeßgeräte. Der Urtyp sind die gewöhnlichen Nadelgalvanometer: eine Magnetnadel auf einer Kreisskala spielend, durch eine Schleifenspule (»Multiplikator«) abgelenkt. Vor Gebrauch stellt man das Instrument in den magnetischen Meridian oder dreht allein die Skala, bis die Nadel im stromlosen Zustand auf Null zeigt. Bei einer älteren Ausführung dieser Meßgeräte von Hartmann & Braun wird ein an einem Kokonfaden hängender, 18 mm langer Glockenmagnet mit 8 mm Durchm. verwendet, der zur Dämpfung seiner Bewegungen in einem Kupferklotz schwingt. Die ablenkenden Spulen sind zweifädig gewickelt, so daß das Instrument als Differentialgalvanometer benutzt werden kann, oder auch auf zwei Strombereiche zu schalten ist. Die Skala ist drehbar. Bei 50 Ω Widerstand entspricht 1 Winkelgrad Ausschlag 20 μA, die Halbperiode dauert 1,2 Sekunden, bei 1000 Ω Widerstand ist die Stromempfindlichkeit 5 μA je Grad.

Bei diesen Instrumenten ist für richtkraftlose Aufhängung die Empfindlichkeit gegeben durch das Verhältnis des von der Spule ausgeübten Richtmomentes zu dem vom Erdfeld ausgeübten Richtmoment. Der Ausschlag ist unabhängig von der Stärke des schwingenden Magneten. Die früher viel benutzten Tangenten- und Sinus-Bussolen haben ausnahmslos moderneren, besseren Typen gleicher oder höherer Empfindlichkeit weichen müssen.

Astasierung. Die Empfindlichkeit der Nadelgalvanometer kann durch die sog. Astasierung erheblich gesteigert werden (Bild 98). Man verwendet dann statt einer Magnetnadel zwei parallel übereinander angeordnete, deren Achsen entgegengesetzt gepolt sind. Das Richtmoment der Horizontalkomponente des Erdfeldes ist dann proportional der Differenz der Magnetstärken, kann also beliebig klein gemacht werden. Die Spule läßt man dagegen nur auf einen der beiden Magnete einwirken; man erhält so ein Vielfaches der Empfindlichkeit gegenüber einem Magnet. Theoretisch könnte man die magnetische Richtkraft ganz ausscheiden, wenn man die Magnete gleich stark macht, so daß nur die Richtkraft des Aufhängefadens vorhanden wäre. Man kann das aber nicht, weil die Richtung und die Stärke der Störungsfelder (Fremdfelder) Schwankungen unterworfen ist. Diese Instrumente werden ausnahmslos als Spiegelgalvanometer benutzt. Eine Ausführung von

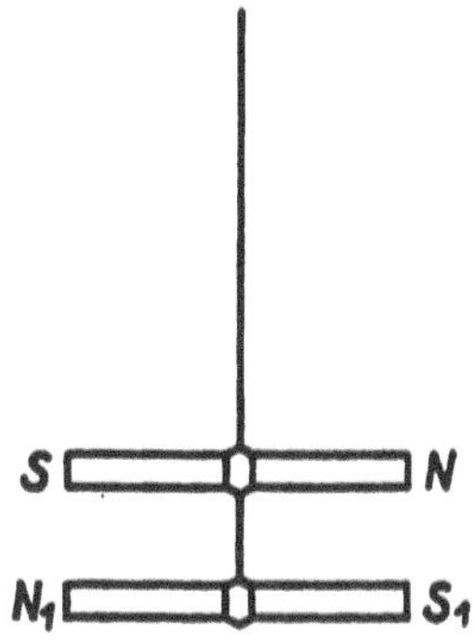

Bild 98. Schema eines astatischen Magnetnadelsystems.

Hartmann & Braun hat bei 1 m Skalenabstand je mm Ausschlag eine Empfindlichkeit von

2,2 μA mit 100 Ω-Spulen, Halbperiode 2,5 s
0,8 μA » 4000 Ω- » » 2,5 s.

Durch die Annäherung eines besonderen, seitlich angebrachten, verschiebbaren Richtmagneten kann die Empfindlichkeit erheblich gesteigert werden[1]). Er wirkt dem Erdfeld entgegen und dadurch ebenso wie die Astasierung.

Diese Richtmagnete sind in der Regel kreisbogenförmig gekrümmt, um ein homogenes Feld zu erzeugen, und doppelt vorhanden, um durch Verdrehen die Stärke des resultierenden Feldes in bequemster Weise ändern zu können.

Mit der Steigerung der Empfindlichkeit durch Verminderung der Richtkraft erhöht sich auch die Schwingungsdauer des beweglichen Organs, und es ist deshalb zur Kennzeichnung der Empfindlichkeitseigenschaften eines Galvanometers unerläßlich, neben der Strom- oder Spannungsempfindlichkeit, angegegeben in μA oder μV je mm, für 1000 mm Skalenabstand auch noch die Schwingungsdauer für die Halbwelle anzugeben. Bei Steigerung der Empfindlichkeit aufs doppelte vermehrt sich die Schwingungsdauer um $\sqrt{2}$, bei doppelter Schwingungsdauer erhält man vierfache Strom- bzw. Spannungsempfindlichkeit.

Firma	Modell	R	τ	C_i	C_e
Cambridge . . .	2525 Paschen	10 12	15 6	1,8 0,25	18 3
Edelmann . . .	1320	20000	24	0,2	4000
Hartmann&Braun	372	2000	20	0,2	400
Siemens & Halske leichtes Gehänge 35 mg	6673	10 200 4000	10 10 10	0,4 0,09 0,02	4 18 80
Siemens & Halske schweresGehänge 165 mg	6673	10 200 4000	10 10 10	4 0,9 0,2	40 180 800
Leeds & Northrup	Coblentz	40	5	0,2	8

[1]) Siehe Dr. Werner, Die hochempfindlichen Galvanometer. Verlag Walter de Gruyter, Berlin. (Erscheint Anfang 1928.)

Es bedeuten:

R den Spulenwiderstand in Ω,

τ die Dauer einer vollen Schwingung (ungedämpft) in s,

C_i die Stromempfindlichkeit in nA je mm bei 1000 mm Skalenabstand,[1])

C_e die Spannungsempfindlichkeit in nV je mm bei 1000 mm Skalenabstand,

Ballistische Galvanometer. Für einige ballistische Messungen wünscht man eine besonders große Schwingungsdauer bis zu 30 Sekunden, und man beschwert dann das Magnetsystem mit besonderen Gewichten an langen Armen. Man benutzt sie durchweg im aperiodischen Grenzfall. Das Gewicht der normalen Magnetsysteme ist etwa 0,05÷1,0 g, sehr leichte Systeme sind auf Erschütterungen besonders empfindlich.

Aufhängung. Die Magnetsysteme werden in der Regel an Quarzfäden, selten an Kokonfäden aufgehängt, weil man mit den ersten viel bessere Nullpunktskonstanz erhält. Der Durchmesser ist etwa 10 μ; die Handhabung dieser Quarzfäden ist ziemlich schwierig.

Panzergalvanometer. Paschen hat in einer Einzelausführung ein sehr empfindliches astatisches gepanzertes Nadel-Galvanometer gebaut[2]), bei dem das Gehänge nur ein Gewicht von 5 mg hatte. Das bewegliche Organ bestand aus 13 Magneten von 1÷1,5 mm Länge, die in einem Abstand von 0,3 mm voneinander zu beiden Seiten eines Glasfadens befestigt waren. Praktisch sind aber solche Apparate in den Laboratorien der Großstädte wegen der Empfindsamkeit auf Erschütterungen und vor allem auf magnetische Störungen nicht zu brauchen, außerdem ist die serienweise Herstellung nicht möglich. Eine Ausführung eines gleichfalls astatischen Paschengalvanometers mit einem 30 mg schweren Gehänge, an einem Quarzfaden mit 7,5 μ Durchmesser aufgehängt, baut die Cambridge Instrument Co., sie liefert dazu auch Panzerhüllen, von denen einer den Fremdfeldeinfluß auf $^1/_{20}$ herabdrückt, zwei auf

$$\frac{1}{20}\cdot\frac{1}{20}=\frac{1}{400}$$

des Anfangswertes. Das Gewicht dieser Panzer beträgt nicht weniger als 46 kg. Die Schwingungsdauer kann magnetisch zwischen etwa 0,5 und 6 s, ev. noch 12 s geregelt werden, die Empfindlichkeit also im Verhältnis 1:144, für kurze Schwingungszeit, also hohe Richtkraft ist noch eine regelbare Luftdämpfung vorgesehen. Mit der Steigerung der Stromempfindlichkeit geht aber auch die Steigerung der Empfindlichkeit auf Fremdfelder Hand in Hand. Um den Einfluß der Fremdfelder weitgehend auszuschalten, panzert man die Nadelgalvanometer.

Eine nichtastatische, allein durch Panzerung geschützte Anordnung ist das Panzergalvanometer von Dubois-Rubens, das von Siemens & Halske hergestellt wird (Bild 99).

---

[1]) nA = nano-Ampere = 10^{-9} A, neue Schreibweise des AEF.

[2]) Z. f. J. **18**, 13, 1893.

Das leichte Gehänge besteht aus 2×5 Magnetstäbchen von je 2,5 mm Länge, 0,15 mm ϕ, an einem Quarzfaden von 40 mm Länge. Unter dem Magneten ist der Spiegel mit einem Durchmesser von 3 mm, unter diesem wieder eine Dämpferscheibe. Das Gewicht des gesamten beweg-

Bild 99. Panzergalvanometer nach Dubois-Rubens. Das bewegliche Organ ist mit zwei Kugeln und einem zylindrischen Mantel gepanzert.

lichen Organs beträgt 35 mg für das leichte Gehänge, 165 mg für das schwere Gehänge. Das bewegliche Organ schwingt zunächst innerhalb einer Eisenkugel, in der die Feldspulen eingebaut sind. Oberhalb dieser Kugel sind die beiden von außen einstellbaren Richtmagnete. Dann kommt eine zweite, wie die erste zweiteilige Kugel, die wiederum samt dem Unterteil des Galvanometers in einem Eisenzylinder eingebaut ist. Die Panzerschalen müssen sämtlich aus Eisen mit möglichst großer Anfangspermeabilität und kleiner Koerzitivkraft hergestellt werden. Der Einfluß von Fremdfeldern wird auf den tausendsten Teil herabgedrückt.

Trotz der guten Panzerung mit einem Gesamtgewicht von etwa 20 kg kann dieses hochempfindliche Meßgerät in Fremdfeldern, die mehr als um 1‰ bis 1% der Intensität des Erdfeldes schwanken, nicht mehr benutzt werden.

Das Nernst-Galvanometer. Bei den Arbeiten der Physikalisch-technischen Reichsanstalt war das Kugelpanzergalvanometer noch großen magnetischen Störungen unterworfen worden. Nernst hat deshalb ein neues Drehmagnet-Galvanometer ausgearbeitet[1]), bei dem von einer Panzerung ganz abgesehen ist und bei dem der Einfluß der Fremdfelder ganz allein durch Astasierung ausgeschieden wird.

Die innere Astasierung des Nadelsystems erfolgt durch zwei kleine Hilfsmagnete von 7 mm Länge und 0,5 mm Durchmesser, die auf der Gehängeachse an Aluminiumscheiben befestigt sind, von denen der eine in Richtung der Achse der Hauptmagneten, der andere senkrecht dazu steht; die Horizontalkomponente des magnetischen Moments dieser Magnete kann durch Drehen der Aluminiumscheibe in einer vertikalen Ebene variiert werden. Die Justierung des Systems auf Störungsfreiheit geschieht mit Hilfe starker Stabmagnete, die in einer Horizon-

[1]) Tätigkeitsbericht PTR, Z. f. J., März 1925, S. 148; Z. f. J., April 1926, S. 173.

talebene bei etwa 2 m Entfernung von dem Nadelsystem umgedreht werden; die Horizontalebene liegt in der Höhe, die durch die Mitte zwischen beiden Nadelsystemen gegeben ist. Dabei werden zwei Lagen benutzt, eine parallel zu den Nadeln, die andere senkrecht dazu. Beim Umlegen der Stabmagnete darf dann kein Ausschlag des Nadelsystems erfolgen. Für die letzte Justierung sind fein verstellbare dünne Eisenringe vorgesehen. Wichtig ist es, das System möglichst vor Luftströmungen zu schützen und daher den Raum, in dem sich die schwingenden Teile bewegen, möglichst klein zu machen.

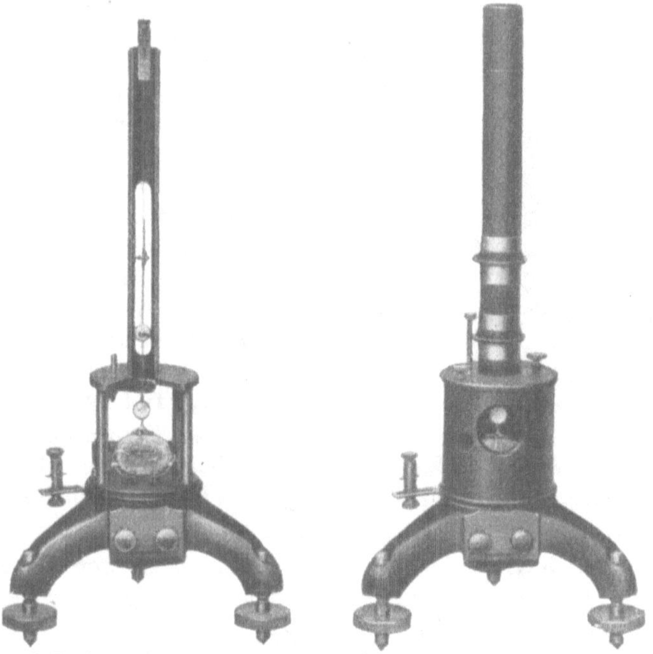

Bild 100. Drehmagnet-Galvanometer nach Nernst ohne und mit Schutzgehäuse.
Das ganze Galvanometer hat ein Gewicht von nur 0,9 kg, das bewegliche Organ wiegt 1 Gramm. Auf dem rechten Bild sind die zum Feineinstellen der Astasierung verwendeten dünnen Eisenringe zu sehen, die auf- und abgeschoben werden.

Das Instrument gibt mit 8 mm Spiegeldurchmesser bei 5 Sek. Schwingungsdauer für die Halbperiode, 1 Ω Spulenwiderstand, 1 m Skalenabstand 80 bis 120 mm Ausschlag je Mikroampere. Mit Vergrößerung des Spulenwiderstandes steigt der Ausschlag mit seiner Quadratwurzel an. Für 2500 Ω Spulenwiderstand erhält man beispielsweise etwa 5000 mm je μA = 5 mm je nA. Ferner ist der Ausschlag proportional dem Quadrat der Schwingungsdauer. Geht man mit dieser aber zu hoch, so werden die Instrumente auf Erschütterungen außerordentlich empfindlich und sind praktisch nicht mehr zu gebrauchen.

Als »Normalempfindlichkeit« von Drehmagnet-Galvanometern bezeichnet man den Wert

$$E_0 = \frac{100 \cdot E}{\sqrt{R \cdot T^2 \cdot a}},$$

wobei

E der Strom bzw. Spannung ist in mm pro μA bzw. μV,
T die Schwingungsdauer für die volle Periode,
a der Skalenabstand in cm,
R der Spulenwiderstand.

Ayrton und Mather haben als »Factor of Merit« einen ähnlichen Wert eingeführt, mit dem meist in England gerechnet wird

$$f = \frac{100 \cdot E}{R^{2/5} \cdot T^2 \cdot a}.$$

Er unterscheidet sich nur in dem Exponenten von R_1 der von $\frac{2}{4}$ in $\frac{2}{5}$ geändert ist.

Diese Normalempfindlichkeiten gelten eigentlich nur für Drehmagnetgalvanometer, bei denen die Schwingungsdauer sich quadratisch mit der Empfindlichkeit ändert. Bei Drehspulgalvanometern ist das nur in ganz roher Annäherung der Fall und geben deshalb dafür die Zahlen kein zuverlässiges Bild von den nutzbaren Empfindlichkeiten.

B. Drehspul-Instrumente mit permanentem Magneten.

Begriffserklärung. Instrumente dieser Art sind gekennzeichnet durch einen oder mehrere feststehende Magnete und einen oder mehrere stromführende Leiter, die elektromagnetisch abgelenkt, im besonderen Falle als Spule gedreht werden.

Geschichtliches. Die erste Ausführung der Drehspulinstrumente erfolgte 1867 durch Lord Kelvin mit dem Heberschreiber (Syphon Recorder), dem bekannten Schreibempfänger für Kabeltelegraphie, bei dem mit Strömen von weniger als 1 mA mittels eines Kapillarrohres auf einem Papierstreifen die Morsezeichen niedergeschrieben werden. Der Apparat besteht aus einer an 2 Fäden aufgehängten Drehspule, die sich vor den Polen eines starken Elektromagneten bewegt. Im Jahre 1881 bildete d'Arsonval die ersten Drehspulgalvanometer mit Stahlmagneten durch, die den modernen Formen wenig ähnlich sind und mit ihnen nur das Prinzip gemeinsam haben. In ihrer heutigen Form, mit Spitzenlagerung, wurden die ersten Instrumente von Dr. Weston im Jahre 1888 hergestellt. Diese Form war für den Bau der Gleichstrom-Drehspulinstrumente grundlegend. Heute ist sie längst Allgemeingut geworden und die meisten Instrumente dieser Art haben die gleiche Anordnung der Magnete, der Polschuhe, des Polkernes und der Drehspule.

Bauweise.

Bild 101 zeigt die übliche Bauweise moderner Drehspulinstrumente. Der Magnet *a* ist mit Polschuhen aus weichem Eisen (*b*) versehen.

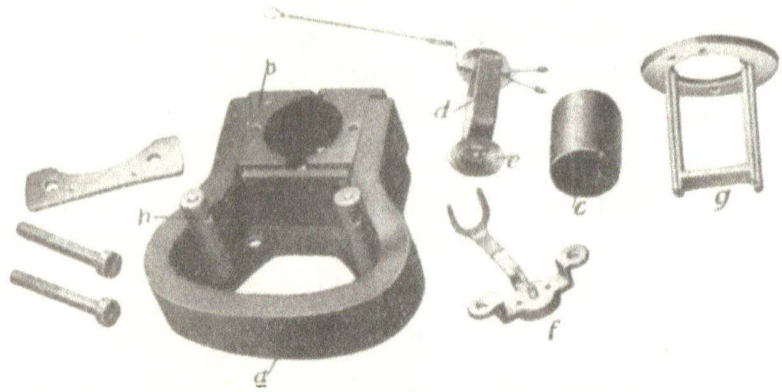

Bild 101, Einzelteile eines Drehspulinstrumentes (Siemens & Halske).

a Magnet
b Polschuhe
c Polkern
d Drehspule
e Stromzuführungsfeder
f Brücke mit oberem Lager
g Zentrierkörper mit unterem Lager
h Skalensäulen.

Zwischen die Polschuhe wird der Spritzgußkörper *g* eingeschoben mit dem inneren Eisenkern *c*, dieser mit der Drehspule *d*, Federn *e* und Zeiger eingeschoben. Die untere Achsenspitze ruht in einem Steinlager des Einsatzkörpers *g*, die obere in der Brücke *f*. Die Skala wird von den Säulen *h* getragen.

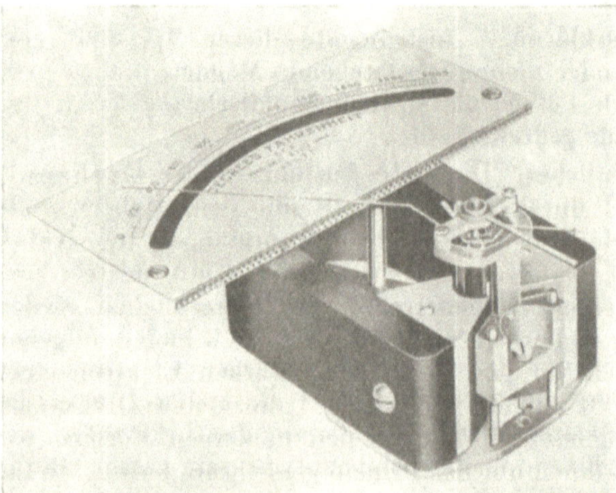

Bild 102. Meßwerk mit schmaler Drehspule für Temperaturmessungen. Zentrierkörper halb herausgehoben. (Brown Instrument Co.)

Die beiden Bilder 102 und 105 zeigen noch zwei zusammengebaute Meßwerke, das eine mit schmaler Spule, das andere mit kreisringförmigen Magneten.

Magnetformen. Die Magnetformen sind im wesentlichen: Hufeisen, »Flasche« und Kreis; der letztere ist, schon seiner leichten Herstellung und des guten Kraftlinienschlusses wegen besonders günstig. Stabmagnete sind nur brauchbar, wenn das Material ausreichend hohe Koerzitivkraft hat, wie es z. B. bei Kobalt-Chromstahl zutrifft. Bei einigen Ausführungen wird an Stelle des massiven Magneten ein solcher aus einzelnen, 3÷5 mm starken Stahlblechlamellen verwendet. Dadurch wird bei gegebenem Magnetgewicht eine größere Liniendichte im Luftspalt erzeugt als bei massiven Magneten. Die Einzelmagnete müssen indessen annähernd gleiche Stärke haben, wenn diese Lamellenmagnete genau konstant bleiben sollen. Ferner dürfen sie sich nicht berühren, sie sollen einen Abstand von mindestens 1 mm haben. Es werden hier in der Regel keine besonderen Polschuhe eingesetzt, sondern

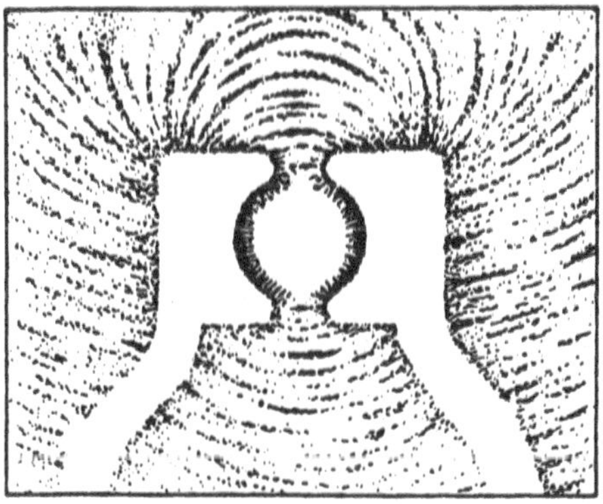

Bild 103. Eisenfeilichtbild für den Kraftlinienlauf eines Weston-Drehspul-Instrumentes. Der Magnet zeigt große Streuung.

die Magnete selbst auf das zur Bewegung der Drehspule erforderliche Maß ausgeschliffen.

Bei den übrigen Instrumenten benutzt man fast durchweg besondere Polschuhe aus weichem Eisen.

In Bild 103 ist ein Eisenfeilichtbild für ein Weston-Instrument wiedergegeben, das sehr deutlich den radialen Verlauf der Kraftlinien in dem Luftspalt zwischen den Polschuhen und dem Polkern, sowie den Verlauf der Streulinien erkennen läßt. Diese letzteren machen alle Drehspulinstrumente etwas empfindlich gegen Fremdfelder. Günstiger, aber teurer, ist die Verwendung von Doppelmagneten und zeigt Bild 104 auch für diese Anordnung den Fluß der Kraftlinien. Es treten hier viel weniger Kraftlinien nach außen als bei dem andern Modell. Gleichzeitig hat diese Magnetanordnung noch den Vorteil, daß die Magnetpole in ihrer Lage sicherer sind als bei langen Hufeisenmagneten, bei denen bekanntermaßen zuweilen, z. B. bei Erwärmung, eine merkliche Wanderung der Pole und damit eine Empfindlichkeitsänderung eintritt.

Zentrierkörper. Der innere Eisenkern wird durch einen bei modernen Konstruktionen aus Spritzguß hergestellten Zentrierkörper in seiner Lage gehalten, der seinerseits wieder auf den Polschuhen befestigt wird (Bild 101, 102). Der Zentrierkörper trägt das untere Lager, das obere ist mit der Traverse abnehmbar und wird samt dem Zentrierkörper an den Polschuhen befestigt.

Bild 105 zeigt den Zentrierkörper der Siemens-Zwerginstrumente. Man hat dabei einen Magneten ohne angesetzte Polschuhe und

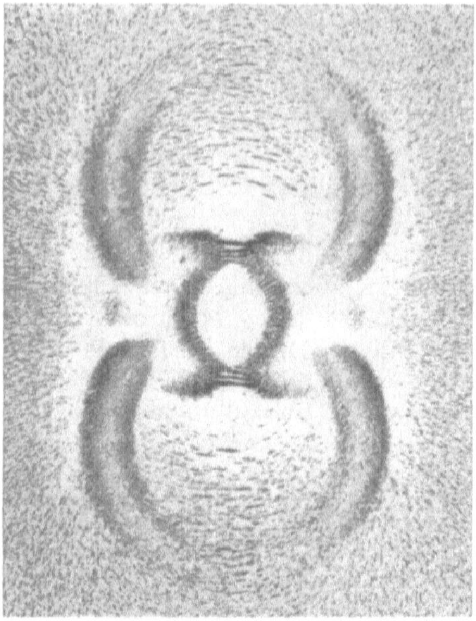

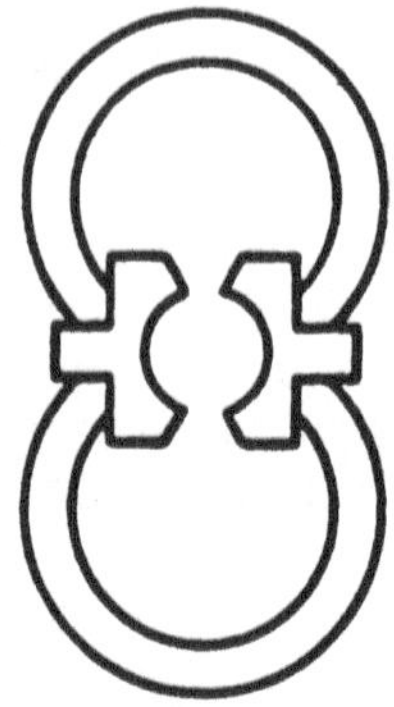

Bild 104. Eisenfeilichtbild für ein Drehspulinstrument mit Doppel-Kreismagneten. Die Streuung ist wesentlich kleiner als bei der Anordnung nach Bild 103.

Bild 105. Magnet, Zentrierring und Einsatzsystem der Siemens-Zwerg-Instrumente für Gleichstrom.

zentriert den Einsatzkörper in der mittleren Öffnung des Magneten durch ein zweiteiliges Spritzgußstück.

Hakenpol-Instrumente. Einige wenige französische Firmen bauen Drehspulinstrumente ohne Zentrierkörper mit

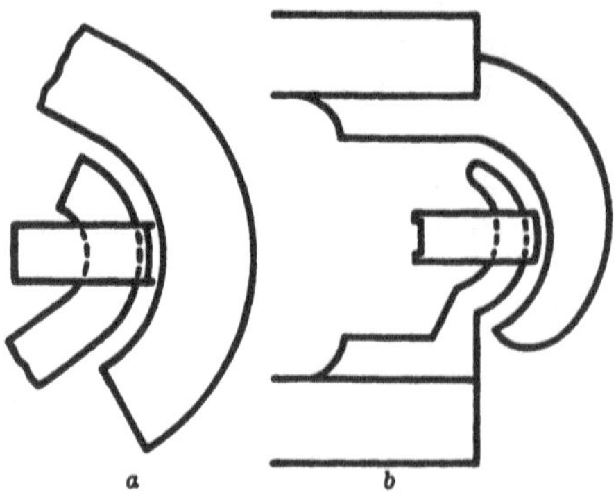

a *b*

Bild 106. Hakenpolinstrumente.
a Ausführung ohne Polschuhe
b mit angesetzten Polschuhen.

Polschuhen nach Bild 106. Man erzielt dabei etwas höhere Felddichte im Luftspalt, weil nur ein solcher vorhanden ist. Dafür wird aber auch nur eine der beiden Spulenseiten induziert.

Luftspalt. Der radiale Luftspalt soll möglichst klein sein. Je kleiner er ist, um so günstiger ist dies für die Konstanz der Magnete, für die Unbeeinflußbarkeit durch Fremdfelder und für die Empfindlichkeit. Anderseits will man aber auch oft einen weiteren Luftspalt, wenn hohe Empfindlichkeit mit viel Windungen angestrebt wird. Mit der Weite des Luftspaltes nimmt die Liniendichte keineswegs proportional ab, sondern wesentlich langsamer. Bei einem normalen Schalttafelinstrument wurden z. B. mit einer Tauchspule folgende Felddichten festgestellt:

Luftspalt	1,0 mm	1130 Gauß	(1130)
»	1,5 »	980 »	(750)
»	2,0 »	880 »	(560)
»	2,5 »	790 »	(450)
»	3,0 »	690 »	(375)

Die eingeklammerten Zahlen würden linearer Abnahme entsprechen.

300°-Skalen. Die bisher gezeigten Formen haben eine Drehspulbewegung von etwa 90 Winkelgraden. Man kann indessen bis zu 300°

Bild 107. Drehspulinstrument mit 300° Zeigerbewegung. (Record Instrument Co.)

Ausschlag kommen, wenn man eine Anordnung nach Bild 107 verwendet, eine Ausführung der »Cirscale« Instruments der Record Electrical Co. Eine ähnliche Anordnung läßt sich leicht auch mit einseitig induzierten Drehspulen wie in Bild 106 schaffen. Hier sind noch zu erwähnen die Scheibenspulinstrumente[1]) und die Unipolarinstrumente der Sangamo Electric Co., die aus einem Quecksilber-Motorzähler zu einem technischen Registrierapparat entwickelt wurden.

Ferner kann man einen Skalenumfang von 300° durch eine Zahnrad- oder auch eine Bandübertragung schaffen. Siemens & Halske und Dr. Th. Horn bauen solche Instrumente als Empfänger für Schiffsgeschwindigkeitsmesser, wo man derartige Skalen allgemein verwendet.

Magnetischer Nebenschluß. Um die Eichung der Instrumente so zu vereinfachen, daß im voraus festgelegte Vorwiderstände verwendbar sind, versieht man sie mit einem verstellbaren magnetischen Nebenschluß, der den Luftspalt zwischen den beiden Polschuhen überbrückt. Je nach der Stellung des Nebenschlusses wird ein größerer oder kleinerer

[1]) Schortau ETZ. 1907, S. 971.

Teil der Kraftlinien vom inneren Polkern abgesaugt. Dieser Nebenschluß muß in seiner Lage gut gesichert sein, damit er nicht unbeabsichtigt verstellt wird. Wird Regelung am fertigen Instrument gewünscht (z. B. bei Widerstandsmessern zum Anschluß an Trockenelemente), so wird verlangt, daß die Regelung stetig und angenähert proportional der Bewegung erfolgt. Der magnetische Nebenschluß bedeutet eine Empfindlichkeitseinbuße von mindestens 5÷10% und wird deshalb nicht an allen Drehspulinstrumenten angebracht.

Der magnetische Nebenschluß kann auch dazu verwendet werden, selbsttätig den Temperatureinfluß auf ein Meßgerät mit einem Stahlmagneten zu kompensieren. Man befestigt dann den Nebenschluß auf einem Bimetallstreifen, der ihn, der Raumtemperatur folgend, dem Magneten nähert oder ihn entfernt (Bild 108). Diese Regelung ist nur für engere Temperaturgrenzen bis zu ± 10° genau herstellbar, bei größeren Schwankungen entstehen Abweichungen, weil die Schwächung nicht genau linear mit der Streifenkrümmung erfolgt. Ferner kann man einen festen Nebenschluß aus einer Legierung verwenden, deren Permeabilität in hohem Maße von der Temperatur abhängt, in der Regel mit steigender Temperatur sinkt (s. S. 138).

Bild 108. Drehspulinstrument mit selbsttätiger Temperaturkompensation durch einen magnetischen Nebenschluß, der durch einen Bimetallstreifen bewegt wird. (Thwing Instr. Co.)

Bewegliches Organ.

Der Polkern wird bei den üblichen Ausführungen von der Drehspule umschlossen, die in Spitzen gelagert ist; den zu messenden Strom oder einen Teil davon erhält sie über nichtmagnetische Spiralfedern zugeleitet, die gleichzeitig dem Instrument die Richtkraft geben.

Bei der Mehrzahl der Konstruktionen gehen die Spitzen nach außen, sie werden aber auch auf der Innenseite des Rahmens befestigt. Sie können dann vor dem Aufbringen der Wicklung solider mit dem Rahmen verbunden werden, z. B. durch Vernieten. Bild 109 zeigt eine amerikanische Konstruktion dieser Art mit federnd eingesetzten Lagersteinen. In Deutschland sind derartige Anordnungen sehr selten verwendet worden, man hat mehr darauf gesehen, daß die Drehspulgewichte klein bleiben.

Die Achse des beweglichen Organs ist meist nicht durchgehend ausgebildet, sondern auf einem Blättchen befestigt und mit diesem auf die Drehspule aufgekittet. Dadurch ergibt sich ein bequemer Zusammenbau und eine gewisse Federung in der Achsenrichtung. Mit durchgehenden Achsen läßt sich die Drehspule nicht ganz so sauber

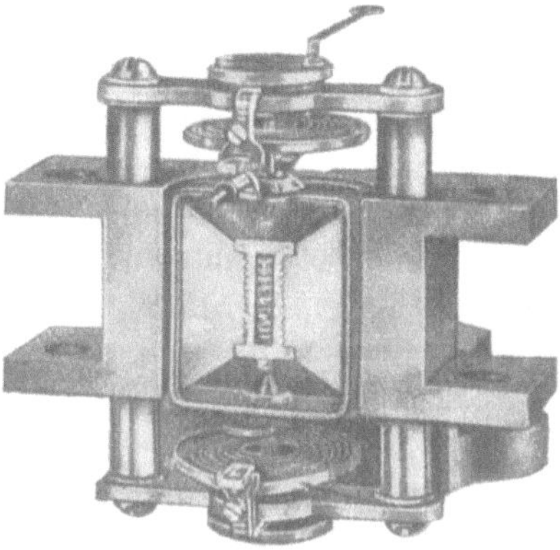

Bild 109. Drehspul-Meßwerk mit Innenspitzen und federnden Lagern.

wickeln, weil an der Achse eine Ausbiegung oder Überkreuzung der Drähte eintreten muß. Dafür hat man aber auch wieder den Vorteil, daß sich die Spitzenentfernung nur um die geringen Beträge ändern können, die der Achsenlänge und dem Material entsprechen (40 mm Stahl verlängern sich bei 50° Temperaturzunahme um 0,022 mm), während bei aufgeklebten Spitzen durch die Bewegung der Wicklung beim starken Erhitzen, sei es durch Strom oder die Umgebung, die Spitzenluft erheblich mehr geändert werden kann.

Günstigste Spulenform (breites Rechteck, schmales Rechteck, Kreis). Es läßt sich nicht allgemein sagen, daß diese oder jene Form der Dreh-

Bild 110. Unipivot-Meßwerk der Cambridge Instr. Co. Die Drehspule hat nur eine einzige Spitze, die auf einem federnd eingesetzten Saphir etwas über dem Schwerpunkt des beweglichen Organs ruht. (Siehe auch Bild 67.)

spule die beste ist, es sprechen unter anderem auch konstruktive Fragen mit. Die Spulenform ist besonders für Spiegelgalvanometer diskutiert worden[1]).

Das Kugelpolinstrument nach Bild 110, von Prof. R. Franke angegeben und als »Unipivot-Instrument« von der Cambridge Instrument Co. hergestellt, hat eine kreisrunde Drehspule und ist theoretisch insofern die günstigste, als sie bei einem bestimmten Drehspulgewicht das höchste Drehmoment gibt. Sie hat den großen Nachteil, daß man den Luftspalt nicht beobachten kann, ob er überall gleich weit ist oder ob nicht Staubteilchen in ihm sitzen.

[1]) Hausrath, Helios 1909, Nr. 15, 19 u. 20.

Im allgemeinen hat die Drehspule die breite Rechteckform mit einem Seitenverhältnis von etwa 2:3, die in ihrer Wirksamkeit der Kreisspule nicht viel nachsteht. Kommt es auf Erzielung geringer Schwingungsdauer an, so bevorzugt man die schmale Drehspulform nach Bild 102, die bereits im Jahre 1890 von Ayrton und Mather vorgeschlagen worden ist.

Dämpfung.

Rahmendämpfung. Bei Schalttafelinstrumenten und der Mehrzahl der Laboratoriumsinstrumente wird die Drehspule nicht frei gewickelt, sondern auf einen 0,2÷0,5 mm dicken Rahmen aus Kupfer oder Aluminium. Dieser dient zur Dämpfung der Zeigerbewegungen, da in

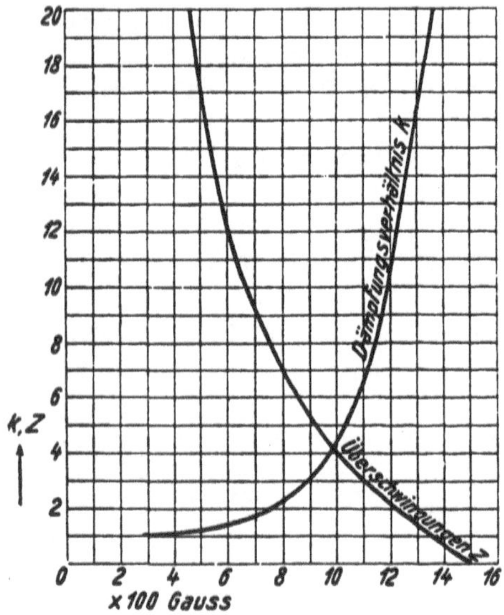

Bild 111. Änderung der Dämpfung mit der Liniendichte im Luftspalt bei einem Instrument mit Elektromagnet.

ihm bei der Bewegung des Zeigers Wirbelströme entstehen, die die Bewegungsenergie mehr oder weniger schnell in Stromwärme umsetzen. Bei der Bemessung der Stärke des Dämpferrahmens hat der Konstrukteur keineswegs freie Hand: eine Vergrößerung der Dicke bedeutet auch Vergrößerung der Schwungmasse und bei gleichem Luftspalt Verkleinerung des nutzbaren Wickelquerschnitts. Bei Vergrößerung des Luftspaltes aber vermindert sich die Liniendichte und damit wieder die Dämpfung. Bild 111 zeigt für ein Instrument, bei dem das Feld durch einen Elektromagneten erzeugt wurde, den Grad der Dämpfung als Funktion der Liniendichte. Die Zahl der Überschwingungen nimmt mit dem Quadrate der Liniendichte ab.

Diese Art der Dämpfung ist allgemein üblich, und sie kann auch, von Ausnahmen abgesehen, so kräftig gemacht werden, daß der Zeiger mit 3÷1 Überschwingungen zur Ruhe kommt. Es ist kein Lob für das Erzeugnis einer amerikanischen Firma (American Ever Ready Co.), wenn es unter der Überschrift »Two ways are better than one« mit einer doppelten Dämpfung empfohlen wird in der Weise, daß außer dem Kurzschlußrahmen noch eine besondere Dämpferscheibe vorgesehen ist, die sich in dem Streufeld des permanenten Magneten bewegt. Dieser sollte mit Rücksicht auf den Fremdfeldeinfluß so wenig Streuung haben wie möglich.

Spulendämpfung. Neben dem eigentlichen Kurzschlußrahmen dämpft auch noch die Wicklung, wenn sie über einen geringen äußeren Widerstand geschlossen wird, wie es bei den Strommessern mit Nebenwiderständen der Fall ist. Da aber der Wickelraum der Spule meist nicht viel größer ist als der Querschnitt des Dämpferrahmens und da der Spule noch ein Vielfaches des Eigenwiderstandes vorgeschaltet ist, so ist die Zusatzdämpfung gering.

Es werden auch Instrumente hergestellt, bei denen an Stelle des massiven Kurzschlußrahmens, der unveränderbare Dämpfung ergibt, eine Drahtwicklung verwendet wird. Ihre Enden sind herausgeführt und durch einen Widerstand geschlossen, dessen Größe der verlangten Dämpfung angepaßt wird. Den Widerstand kann man in Form einer kleinen Spirale dünnen Drahtes unmittelbar an der oberen Querfläche des Rahmens anbringen oder über eine dritte Stromzuführungsfeder zu einem festen Punkte führen. Zweckmäßiger ist es, nur eine einzige Wicklung in dem verfügbaren Wickelraum unterzubringen, sie mit höherer Windungszahl auszuführen und parallel zu ihr einen Drahtnebenschluß aus dem Material der Drehspulwicklung zu legen. Ein Nachteil ist dabei allerdings, daß die Federn als Dämpfungswiderstand vorgeschaltet sind.

Während man bei den Schalttafelinstrumenten mit ihren hohen Richtkräften selten zu starke, meist eher zu schwache Dämpfung erhält, liegen die Verhältnisse bei hochempfindlichen Systemen mit geringer Richtkraft (wie sie beispielsweise durchweg in der Temperaturmeßtechnik verwendet werden) so, daß nicht nur der Kurzschlußrahmen fortfallen kann, sondern auch noch besondere Maßnahmen zu treffen sind, damit das Instrument nicht kriechend gedämpft ist. Man wird es nur mit einem äußeren Vorwiderstand benutzen können. Weil aber dadurch die Spannungsempfindlichkeit vermindert wird, nimmt man schon bei der Konstruktion auf die Dämpfung Rücksicht und gibt der Drehspule nicht eine annähernd quadratische Form, sondern die eines langen, schmalen Rechteckes. Bild 102 zeigt ein modernes Instrument dieser Art, das besonders für Temperaturmessungen gebaut ist.

Material für Rahmen und Wicklung. Als Material für Kurzschlußrahmen und Drehspulwicklung wird für alle Systeme, bei denen geringes Gewicht gewünscht wird, Aluminium verwendet, weil sein spezifisches Gewicht weniger als $1/3$, sein Leitvermögen mehr als die Hälfte von dem des Kupfers ist. Nur bei Registrierapparaten, bei denen die Armaturteile einen wesentlichen Betrag des Gesamtgewichtes ausmachen und der widerstandsfähigen Ausführung wegen das Drehmoment so hoch wie möglich gemacht werden muß, bleibt man beim Kupfer. Kupferdrähte werden vielfach mit Lackisolation verwendet, die viel weniger Platz einnimmt als Seide.

Bei Verwendung von Aluminium ist es nicht ratsam, mit dem Drehspulwiderstand allzu weit unter 1 Ω herabzugehen, weil trotz aller Bemühungen eine unbedingt sichere Aluminiumverbindung noch nicht gefunden ist. Größere Aluminiumquerschnitte werden zweckmäßiger geklemmt als gelötet.

Ausführung normaler Zeigerinstrumente mit etwa 80 mm Zeigerlänge und 140 mm Skalenlänge.

Nachstehend Durchschnittsabmessungen für moderne Konstruktionen:

Weite des Luftspaltes, radial gemessen	1,1 ÷ 1,8 mm
Magnetlänge	250 ÷ 350 mm
Magnetquerschnitt	3 ÷ 4 cm²
Wirksamer Luftquerschnitt (Oberfläche der Polschuhe)	7 ÷ 12 cm²
Liniendichte im Luftspalt	500 ÷ 1500 Gauß
Durchmesser der Drehspule	25 mm
Höhe der Drehspule	25 ÷ 35 mm
Gewicht des gesamten beweglichen Organs	1,0 ÷ 3,0 g
Drehmoment	0,4 ÷ 1,0 gcm
Gütefaktor nach Keinath (s. S. 28)	1,0 ÷ 2,0
AW für vollen Ausschlag	0,3 ÷ 1,0.

Die Werte beziehen sich auf normale Schalttafelmeßgeräte mit wagerechter Lagerung der Achse. Für besonders empfindliche Instrumente und solche mit besonders großen oder kleinen Abmessungen gelten die Zahlen nicht mehr.

Millivoltmeter. Die üblichen Millivoltmeter zur Strommessung in Verbindung mit Nebenwiderständen haben bei einem Spannungsabfall von 50 ÷ 100 mV für Endausschlag einen Widerstand von 2 ÷ 5 Ω. Bei kleiner Entfernung zwischen Nebenwiderstand und Instrument ist der Instrumentwiderstand von geringer Bedeutung, bei größeren Entfernungen sind aber möglichst hochohmige Instrumente erwünscht, weil dann die Zuleitungen geringeren Querschnitt erhalten können. Das Drehspulpräzisionsinstrument von Siemens & Halske hat einen Eigenwiderstand von 10 Ω bei 45 mV Spannungsabfall, also 4,5 mA Stromverbrauch.

Für Registrierapparate und sonstige Instrumente mit hohem Drehmoment muß bei gegebenem Spannungsabfall der Drehspulstrom hoch angesetzt werden, der Widerstand wird deshalb gering. Man kommt dabei bis auf etwa 0,1 Ω, und die Zuleitungen solcher Instrumente müssen großen Querschnitt erhalten, für je 1 m Länge 6 ÷ 16 mm².

Temperaturmeßgeräte. Bei etwa 1 g Systemgewicht geht man für Temperaturmeßgeräte mit wagerechter Achse bis auf Drehmomente von etwa 0,05 gcm, bei lotrechter Achse bis auf 0,005 gcm, die wesentlich geringere Spitzenreibung verursacht, herunter. Da sich die letztgenannte Anordnung nur bei Laboratoriumsinstrumenten, bei denen die Skala in einer wagerechten Ebene liegt, zwanglos ergibt, muß man für Befestigung an der Wand entweder die Form wagrechter Kreisprofilinstrumente wählen oder besondere Ausführungen herstellen. Man kommt dabei auf Zeigerinstrumente mit etwa 50 μA Endausschlag bei 70 Ω Spulenwiderstand, also 3,5 mV Spannungsabfall.

Uhrinstrumente. Für die kleinsten Ausführungen der Drehspulinstrumente in Uhrgröße beträgt der Durchmesser der Drehspule etwa 10 mm, die Höhe etwa ebensoviel. Das Drehmoment wird bis auf etwa 0,01 gcm vermindert, ohne daß die Einstellsicherheit irgendwie leidet. Auch diese kleinen Instrumente können in elektrisch einwandfreier Weise hergestellt werden, insbesondere mit geringem Temperaturfehler. Nur die Dämpfung ist in den meisten Fällen mangelhaft, weil sich mit den kleinen Magneten kein hinreichend starkes Feld (höchstens 600 Gauß) erzeugen läßt. Es ist nicht angebracht, solche Instrumente als Spannungsmesser für Starkstrom mit eingebauten Widerständen für Spannungen über 100 V auszuführen, weil bei den kleinen Abmessungen auch bei sorgfältiger Herstellung die Isolation der spannungführenden Teile untereinander und gegen das der Berührung ausgesetzte Metallgehäuse nicht den sonst üblichen Anforderungen entsprechen kann.

Sonderausführungen von Zeigerinstrumenten.

Ungleich weiter Luftspalt. Bei gleicher Weite des Luftspaltes ist die Liniendichte am ganzen Umfange der Polschuhe konstant und der Ausschlag proportional der Stromstärke in der Drehspule. Für besondere

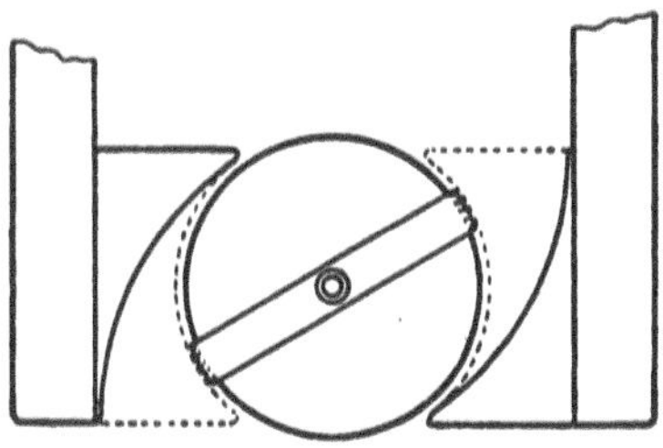

Bild 112. Instrument mit ungleich weitem Luftspalt und kreisrundem Polkern.

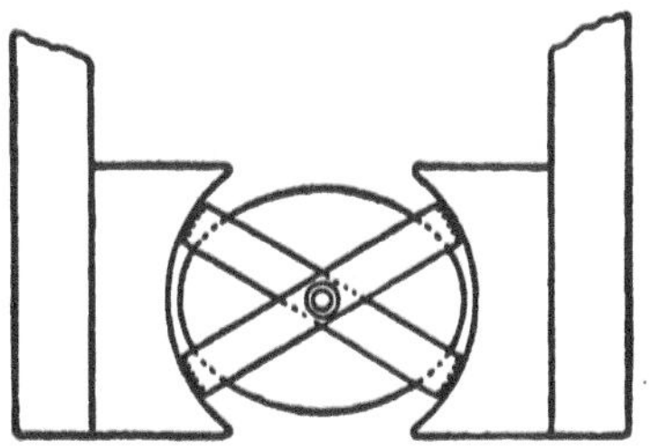

Bild 113. Kreuzspul-Instrument mit elliptischem Polkern.

Zwecke kann es indessen erwünscht sein, die Skala unproportional zu gestalten, etwa in der Weise, daß sie zur Erzielung größerer Ablesegenauigkeit am Anfang auf Kosten der Teilung am Skalenende auseinandergezogen wird. Dies läßt sich unschwer durch verschiedene Weite des Luftspaltes erreichen, entweder durch Veränderung der Form der Polschuhe oder der Form des inneren Eisenkernes. In Bild 112 sind die Polschuhe ausgefräst, und die Teilung wird dadurch am Anfang etwa 4mal so weit wie bei Verwendung eines gleichmäßig weiten Luftspaltes. Der gleiche Zweck wird mit kreisrunden Polschuhen und elliptischem Polkern erreicht. Eine weitere Form zeigt noch Bild 114.

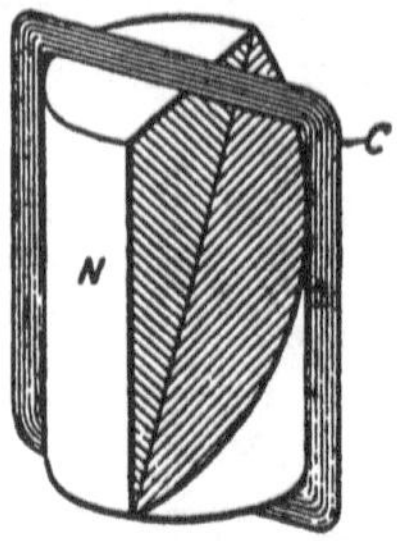

Bild 114. Ausgefräster Polkern zur Erzielung einer ungleich geteilten Skala.

Bei ihr hat man die Möglichkeit, durch die Art der Ausfräsung den Skalenverlauf in weiten Grenzen zu ändern.

Zu beachten ist, daß die Dämpfung solcher Instrumente nur an der Stelle mit engstem Luftspalt befriedigend ist.

Kreuzspul-Instrumente. Bei anderen Sonderausführungen werden nicht eine, sondern zwei um einen kleineren oder größeren Winkel ($5 \div 90^0$) gekreuzte Drehspulen verwendet. Es sind dies Instrumente zur Messung des Verhältnisses zweier Ströme, wie sie beispielsweise zur Widerstandsmessung gebraucht werden. Bei solchen Instrumenten darf der Luftspalt nicht gleichmäßig groß sein, weil die Einstellung sonst labil wird. Bei kleinen Drehspulwinkeln kann noch der normale kreisrunde innere Eisenkern benutzt werden, bei größeren Spulenwinkeln können die Spulen nicht mehr über den Kern geschoben werden, und dieser muß dann entweder elliptisch gestaltet (Bild 113) oder ganz fortgelassen werden. Auch hier ist es gleichgültig, ob der Verlauf des Luftspaltes durch die Polschuhe oder den Polkern bestimmt wird.

Bezüglich weiterer Sonderausführungen von Drehspulinstrumenten sei auf die Abschnitte »Widerstandsmessung« (im zweiten Band) und »Quotientenmesser« in diesem Band verwiesen.

Berechnung normaler Drehspulinstrumente.

Als bekannt vorauszusetzen — allenfalls durch Vorversuch zu ermitteln — ist die Feldstärke H im Luftspalt des Magneten. Für gewöhnliche Schalttafelinstrumente normaler Konstruktion ist H etwa gleich 1000 anzunehmen. Nur bei Verwendung besonders großer, kräftiger Doppelmagnete kann H = 1600 bis höchstens 2500 erreicht werden.

Bezeichnet man mit

D das Drehmoment in gcm,
i den Strom in der Drehspule in A,
l die axiale Länge des inneren Polkerns in cm,
r den Radius der Nutzwicklung auf der Drehspule in cm,
w die Windungszahl der Spule,
R den Widerstand der Spule,

so besteht die bekannte Gleichung:

$$D = \frac{2\,H \cdot i \cdot l \cdot r \cdot w}{9810}\ \text{gcm}.$$

Daraus läßt sich für angenommenes i die Windungszahl berechnen.

Spannungsmesser. Für Spannungsmesser setzt man $i = 10 \div 20$ mA und erhält bei gegebenem D die Windungszahl w.

Nun ist der angenommene Luftspalt, z. B. 1,5 mm radial, zu verteilen. Als Luftzwischenraum zwischen Drehspule und Polschuh bzw. Polkern sind je $0{,}2 \div 0{,}3$ mm anzunehmen, der Rest muß zwischen Kurzschlußrahmen und Nutzwicklung geteilt werden. Dann kann man den Querschnitt für jede Windung ermitteln und aus einer Drahttabelle den zugehörigen Drahtdurchmesser, zuletzt den Widerstand R der Wicklung. Die so berechnete Wicklung wird üblicherweise für alle Spannungsmeßbereiche verwendet, der Vorwiderstand und damit der Wattverbrauch steigen also proportional der Spannung an.

Millivoltmeter. Für Strommesser, die als Millivoltmeter geschaltet sind, ist der Spannungsabfall der zu verwendenden Nebenwiderstände gegeben, nicht aber der Strom in der Drehspule. Die Wahl des Stromes steht frei, muß aber so getroffen werden, daß der Gesamtwiderstand möglichst groß, der Spannungsabfall an der Drehspule möglichst klein, am Vorwiderstand möglichst groß wird, so daß Temperaturschwankungen ohne Einfluß auf die Anzeige bleiben. Als gegeben sind auch die Federn anzunehmen. Sie sollen beim Millivoltmeter möglichst geringen Widerstand haben. Man stellt sie aus gut leitendem Material her, aus Kupferbronze, und macht sie möglichst breit, dünn und kurz.

Der Widerstand beider Federn sei R_F und ihr Temperaturkoeffizient a_F. Da dieser kleiner ist als der des Kupfers, ist es zweckmäßig, den Federwiderstand in zwei Teile zu zerlegen, von denen einer, R_{F1}, den Temperaturkoeffizienten des Kupfers ($a_{cu} = 0{,}4$), der andere, R_{F2}, den Temperaturkoeffizienten Null hat und zum Vorwiderstand zu rechnen ist. Es ist

$$R_{F1} = R_F \cdot \frac{a_F}{a_{cu}},$$

z. B.

$$R_F = 0{,}4\ \Omega \quad a_F = 0{,}16\,\% \quad a_{cu} = 0{,}40\,\%$$

$$R_{F1} = 0{,}4\,\frac{0{,}16}{0{,}40} = 0{,}16\ \Omega \text{ mit } a_{F1} = 0{,}40\,\%.$$

Es gibt nun einen günstigsten Stromwert, für den der Kupferspannungsabfall ein Minimum wird. Wäre die Feder widerstandslos, so würde der kleinste Spannungsabfall am System mit einer einzigen Windung und $i = \infty$ erreicht sein. Da aber die Feder Widerstand hat, muß ihr Spannungsabfall hinzugezählt werden. Durch eine einfache

Differentialrechnung läßt sich feststellen, daß der kleinste Spannungsabfall dann erhalten wird, wenn der Spulenwiderstand gleich ist dem auf Kupfer reduzierten Federwiderstand.

Diese Reduktion des Federwiderstandes auf Kupfer ist bisher nicht vorgenommen worden. Wird sie aber nicht berücksichtigt, so ergeben sich bei gleichen Temperaturkoeffizienten höhere Gesamtspannungsabfälle.

Bei dieser Berechnung kommt man auf geringe Windungszahlen für die Drehspule, und es wird dann fast durchweg profilierter Draht mit quadratischem oder rechteckigem Querschnitt verwendet, so daß der Wickelraum vollständig ausgenutzt und der Widerstand so klein wie möglich ist. Man hat auch in der Weise gearbeitet (H. & B.), daß man die Wicklung aus rundem Draht hergestellt und dann so stark nachgepreßt hat, daß die Zwischenräume vollständig ausgefüllt wurden. Es ist bemerkenswert, auch für den Fachmann, daß die Wicklung diese Prozedur aushält, ohne daß zwischen den Windungen Schluß entsteht.

Um den Spannungsabfall zu vermindern, hat man bei Millivoltmetern schon den Versuch gemacht, die Drehspule mit einem Drahtmaterial zu bewickeln, das so kleinen Temperaturkoeffizienten hat, daß sich die Vorschaltung von Manganin erübrigt. Ganz verfehlt ist es, die Spule mit Manganindraht zu bewickeln, weil dieses Material einen 24mal höheren spezifischen Widerstand hat als Kupfer, während man sonst höchstens nur etwa den zehnfachen Wert des Kupferwiderstandes der Drehspule vorschaltet. Aber auch mit Legierungen ist kein Vorteil zu gewinnen, weil im gleichen Maße, wie der Temperaturkoeffizient zurückgeht, auch das Leitvermögen abnimmt. Jedenfalls ist bis jetzt keine Legierung bekannt geworden, die in dieser Hinsicht von der genannten Regel in nennenswertem Maße eine Ausnahme gemacht hätte.

Erreichbare Genauigkeit.

Unter allen Instrumenten lassen sich die Drehspulinstrumente mit den einfachsten Mitteln mit hoher elektrischer Genauigkeit und besten mechanischen Eigenschaften herstellen. In besonderem Maße gilt dies von den Spannungsmessern, bei denen man ohne weiteres auf Temperatureinfluß von weniger als 0,3% je 10 Grad kommt. Die Gesamtgenauigkeit läßt sich bei den besten Ausführungen auf 0,2% vom Höchstwert bringen. Garantien von 0,1% vom Höchstwert lassen sich unter normalen Gebrauchsbedingungen auf die Dauer nicht halten. Gewissenhafte Hersteller verzichten darauf, Garantien zu geben, die nur innerhalb der eigenen Prüfräume gehalten werden können. Bei Drehspul-Strommessern für Schalttafeln wird im allgemeinen ein Temperatureinfluß von 0,5÷1% erreicht, während für Präzisionsinstrumente vielfach die sog. »temperaturfreie Schaltung« (siehe S. 104) angewandt wird, die den Einfluß schwankender Umgebungstemperatur ohne Verwendung besonders großer Nebenwiderstände vollständig auszugleichen vermag. Die Einschaltdauer beeinflußt die Angaben in den seltensten Fällen, höchstens durch Erwärmung der Drehspule vom Vorwiderstand aus.

Drehspul-Spiegelgalvanometer.

Zur Steigerung der Empfindlichkeit wird das bewegliche Organ an einem losen oder gespannten Band aufgehängt (s. S. 18). Die Konstruktionsweise der normalen Drehspulgalvanometer bietet wenig Bemerkenswertes, Feinheiten zielen auf besondere Nullpunktkonstanz

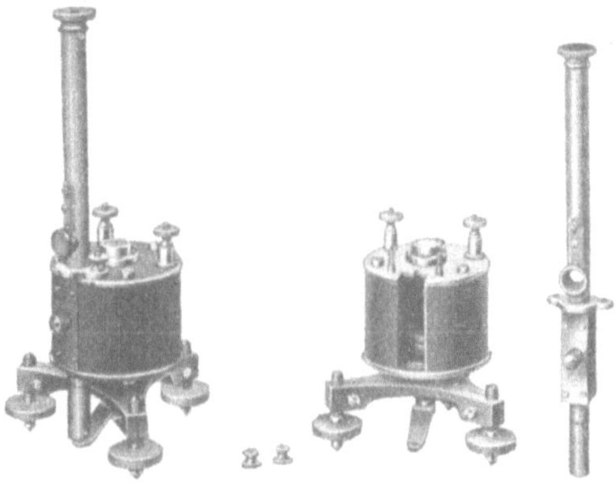

Bild 115. Kleines Drehspul-Spiegelgalvanometer nach Diesselhorst (Siemens & Halske). Schwingungsdauer 4 s für die Vollschwingung.

(durch geeignete Aufhängung) oder geringe Einstelldauer. Konstruktionen der letzteren Art haben immer schmale, lange Spulen.

Bild 115 zeigt ein schnellschwingendes Galvanometer der Siemens & Halske A.-G. mit einem Kreismagneten. Auf die Verwendung vollkommen eisenfreien Materials für alle beweglichen z. T. auch die festen Organe ist strengstens zu achten. Die Torsionsköpfe haben häufig neben der Grobeinstellung eine Feineinstellung mit Schnecke und Schneckenrad.

Die Änderung der Empfindlichkeit bei konstanter Dämpfung erfolgt bei normaler Ausführung mit besonderen Galvanometerneben-

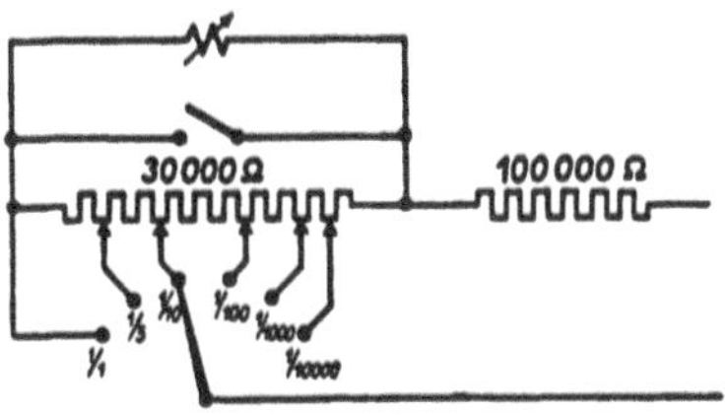

Bild 116. Schaltung eines Galvanometernebenschlusses von Siemens & Halske. 6 Stufen im Verhältnis 1:5:10:100:1000:10000, ferner Kurzschlußtaste zur Dämpfung.

schlüssen (Schaltung nach Bild 116), bei denen mit der Verkleinerung des Nebenschlusses der Vorwiderstand erhöht wird, so daß die Dämpfung konstant ist.

Drehspul-Spiegelgalvanometer werden nicht nur zu wissenschaftlichen, sondern auch zu technischen Messungen benutzt, insbesondere bei Brückenmessungen. Sollen viele Ablesungen gemacht werden, z. B. bei laufenden Materialprüfungen, so ist ein Galvanometer mit kurzer Schwingungsdauer dabei sehr angenehm. Die volle Periode, ungedämpft gemessen, sollte nicht größer als 3,0 s sein, um flott arbeiten zu können, ohne auf die Zeigereinstellung länger warten zu müssen, als es durch die Arbeitsweise ohnehin erforderlich ist. Bei solcher Verwendung des Spiegelgalvanometers stört dann auch nicht die mit der

Bild 117. Moll-Drehspulgalvanometer mit Stahlmagnet (Kipp & Zonen, Delft).

Verkürzung der Schwingungsdauer verbundene Empfindlichkeitsverminderung.

Moll-Galvanometer. Das von Kipp & Zonen in Delft und der Cambridge Co. hergestellte Moll-Galvanometer benutzt gespannte runde Aufhängedrähte an Stelle der sonst üblichen Bänder. Es soll damit eine größere Nullpunktkonstanz erreicht werden. Eine der Ausführungen hat statt des Stahlmagneten einen Elektromagneten, mit dem man in bequemster Weise Empfindlichkeit und Dämpfung ändern kann. Der Erregerstrom (0,5 ÷ 1,3 A) wird aus einer 6-V-Batterie genommen. Der Widerstand des Instruments ist 45 Ω, die Einstelldauer etwa 2 s. Für 1 mm Ausschlag ist 1 μV nötig oder 0,02 μA. Der Spiegeldurchmesser ist 6 mm, der äußere Schließungswiderstand kann bis 200 Ω betragen für aperiodische Einstellung.

Bild 118. Hochempfindliches Drehspul-Spiegelgalvanometer nach Zernicke (Kipp & Zonen, Delft).

Zernicke-Drehspul-Galvanometer[1]. Das empfindlichste Drehspulgalvanometer (wenn man von dem Gebrauch von Verstärkern absieht) ist hinsichtlich der Spannungsempfindlichkeit zurzeit das von Kipp & Zonen in Delft gebaute Drehspulgalvanometer nach Prof. Zernicke in Groningen. Es ist in seinem Aufbau dem in Bild 115 gezeigten Siemens-Galvanometer ähnlich. Der besondere Kniff besteht darin, daß das bewegliche Organ nicht an Metalldrähten oder -bändern, sondern an einem sehr dünnen Quarzfaden aufgehängt ist, der eine viel kleinere Richtkraft gibt. Die Stromzuführung erfolgt mit zwei Bändern aus Kupferfolie von nur

[1]) Amsterdam Proceedings Vol. 24, S. 239.

0,5 μ Stärke, 0,1 mm Breite und 10 mm Länge, mit 3 Ω Widerstand, die ein Zusatzdrehmoment von nicht mehr als 10% des Drehmomentes des Quarzfadens ausüben. Sie hängen lose zu beiden Seiten des Quarzfadens. Der Magnet ist sehr kräftig, er besteht aus Kobalt-Chromstahl und kann durch einen magnetischen Nebenschluß auf $^1/_3$ seiner normalen Stärke gedrosselt werden. Die Firma baut folgende Modelle mit 8 bzw. 10 mm Spiegeldurchmesser:

Modell	Vollperiode	r_k	R	C_i	C_e
Z_a	1,3	7 Ω	40 ÷ 0 Ω	10 ÷ 25	500 ÷ 200
Z_b	3,0	10 „	100 ÷ 0 „	2 ÷ 6	200 ÷ 60
Z_c	7,0	20 „	230 ÷ 10 „	0,4 ÷ 1,2	90 ÷ 30
Z_d	3,0	40 „	900 ÷ 60 „	0,8 ÷ 2,5	800 ÷ 250
Z_e	7,0	40 „	2200 ÷ 200 „	0,15 ÷ 0,5	330 ÷ 110

Das Rähmchen ist 5 mm breit, 12 mm hoch, aus 11 Windungen Kupferdraht 0,055 mm Durchmesser. Der Widerstand ist 5,6 Ω. Die Feldstärke ist 2000 Gauß, durch magnetischen Nebenschluß auf 670 Gauß zu schwächen.

Nachstehend die Empfindlichkeit einiger Spiegelgalvanometer.

	Modell	r_k	R	τ Vollperiode	C_i	C_e
Cambridge . .	41 811	20	600	22 s	1,6	960
Cambridge . .	41 151 (Moll)	47	450	1,3 »	5	2200
Cambridge . .	41 142	150	800	6 »	4	3200
Cambridge . .	41 811	2800	73 000	22 »	0,08	5800
H. & B.	176	2,4	5,4	30 »	17	90
S. & H.	2 421 (Jäger)	10	25	15 »	12	300
S. & H.	2 415	250	15 000	12 »	0,8	12 000
S. & H.	2 440	60	200	4 »	5	1000

Dabei r_k = Widerstand der Drehspule samt Zuleitung,
R = Schließungs-Widerstand bei aperiodischer Dämpfung,
τ = Dauer einer vollen Schwingung in sec,
C_i = Stromempfindlichkeit in nA je mm bei 1 m Abstand,
C_e = Spannungsempfindlichkeit » nV » » » 1 m » .

Die Zahlen lassen erkennen, daß die Empfindlichkeit der Drehspulgalvanometer weit geringer ist als die der Drehmagnet-Galvanometer. Allerdings wird dabei auch meist außer acht gelassen, daß bei den Drehmagnet-Galvanometern die Spannungsempfindlichkeit auf den Spulenwiderstand allein bezogen wird, während man doch praktisch immer mit einem gewissen äußeren Widerstand rechnen muß, der meist ein Vielfaches des Spulenwiderstandes ist.

Spulen-Vibrationsgalvanometer. Verkürzt man die Schwingungsdauer durch Steigerung der Richtkraft mehr und mehr, so kommt man schließlich auf Eigenfrequenzen, die im Gebiet der technischen Wechselströme liegen. Führt man einem solchen Galvanometer Wechselstrom der gleichen Frequenz, wie die mechanische Eigenfrequenz beträgt, zu und macht die Dämpfung sehr gering, so kommt das bewegliche Organ in Resonanz und schwingt in Amplituden, die viel größer sind, als sie einer Dauerablenkung mit Gleichstrom desselben Effektivwertes entsprechen

Bild 119. Spulen-Vibrationsgalvanometer nach Campbell. (Cambridge Instrument Co.)

würden. Man hat in den Vibrationsgalvanometern demnach Instrumente zum Nachweis sehr schwacher Wechselströme. Sie sind empfindlicher als die Nadel-Vibrationsgalvanometer, haben aber den Nachteil, daß ihre Eigenfrequenz nicht in ganz so bequemer Weise geregelt werden kann wie bei jenen. Bild 119 zeigt das von der Cambridge Co. hergestellte Campbell-Vibrationsgalvanometer. Die bewegliche Spule wird von zwei Drähten, einer Bifilar-Aufhängung, gehalten, deren Einspannlänge durch Verschieben des Klotzes mit Hilfe der seitlichen Kordelschraube geändert werden kann. Die Spannung der Drähte kann außerdem noch geändert werden. Das Instrument wird für Nennfrequenzen von 50 — 100 — 350 — 750 — 1000 Hertz hergestellt. Die Empfindlichkeit ist ungefähr umgekehrt proportional der Frequenz:

Resonanzfrequenz (Hertz) . .	50	100	350	750	1000
mm je μA bei 1 m Abstand .	60	20	3	0,5	0,2
Wirkwiderstand Ω	500	350	160	[illegible]2	35

Schnellschwingende Spulengalvanometer.

Zur photographischen Registrierung der verschiedenartigsten schnell veränderlichen Vorgänge braucht man Meßwerke, die sich viel schneller einstellen als die bisher beschriebenen Spulengalvanometer mit Schwingungszeiten von 1 bis 10 Sekunden. Je nach dem Verwendungszweck muß man Schwingungszeiten bis herab zu $^1/_{1000}$ s und noch weniger erzielen. Es sollen deshalb hier noch einige Meßwerke dieser Art kurz beschrieben werden. Ausführungen, die sich nicht auf das eigentliche Meßwerk beziehen, sind in dem Abschnitt über Oszillographen zu finden.

Elektrokardiograph. Das empfindlichste Drehspulgalvanometer ist, wenn man dabei die kurze Eigenschwingungsdauer des beweglichen Organs berücksichtigt, der von Siemens & Halske hergestellte Elektrokardiograph, dessen Empfindlichkeit ausreicht, um die vom menschlichen Organismus erzeugten Ströme zu registrieren. Mit einem Elektromagneten wird ein Feld von etwa 15000 Gauß Dichte erzeugt in einem Luftspalt von 10 mal 2 mm Weite. In diesem schwingt eine aus Wollastondraht gewickelte Spule mit ca. 8 Windungen Platindraht von 0,003 mm Dicke und 1500 Ω Widerstand. Die Schleife, ein besonderes Kunstwerk des Meßinstrumentenbaues, ist etwa 8 mm lang, 1,2 mm breit. Der aufgekittete Spiegel hat die Abmessungen 0,5 × 0,5 mm. Dieses Galvanometer braucht für 1 mm Ablenkung in 1 m Ab-

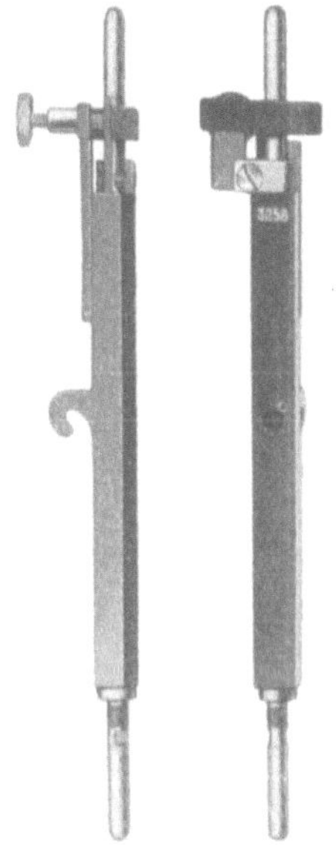

Bild 120.

Bild 121.

Einsatzsysteme des Elektrokardiographen und Aufstellung des Elektrokardiographen.

stand 0,7 mA bei einer Schwingungsdauer von 0,02 s. Bild 120 zeigt die Spulenfassung, Bild 121 das Magnetsystem, das zum Fernhalten von Erschütterungen auf vier Gummibällen ruht. Die Dämpfung dieser Spule wird durch Ändern der Erregung des Elektromagneten eingestellt.

Oszillograph nach Siemens-Blondel und Duddel. Weniger stromempfindlich, aber besonders zur Aufzeichnung schnell verlaufender Vorgänge geeignet, ist der Oszillograph von Siemens-Blondel, gleichfalls ein Schleifengalvanometer, dessen Meßwerk in Bild 122 wiedergegeben ist. Das Meßorgan besteht aus einer Schleife von sehr dünnem Draht, der über eine Elfenbeinrolle geführt ist und durch eine Feder über zwei Stege gespannt wird. Bei hoher Anspannung wird die Eigenfrequenz sehr hoch, allerdings auf Kosten der Empfindlichkeit.

Diese Schleife befindet sich zwischen Polansätzen, die in ein Messingrohr gefaßt sind und mit diesem in einen Elektromagneten eingesetzt werden. Bei Stromdurchgang sucht sich die Schleife zu drehen. Sicht-

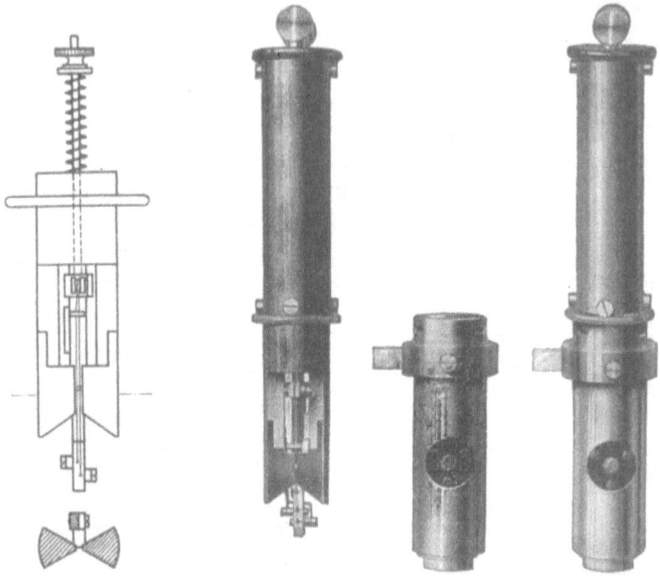

Bild 122. Meßschleife des Oszillographen nach Siemens-Blondel.

bar wird die Bewegung dadurch gemacht, daß man einen kleinen Spiegel (0,5 × 0,5 bis 1 × 2 mm) auf die Schleife kittet und mit diesem einen Lichtstrahl ablenkt. Die Dämpfung der Schleifenbewegungen erfolgt

Bild 123. Elektromagnet des Oszillographen mit zwei Meßschleifen und Nullpunktspiegel.

in der Weise, daß man das ganze Gefäß mit Paraffin- oder Rizinusöl füllt. Durch die Brechung der Lichtstrahlen in Öl steigert sich übrigens die Empfindlichkeit um etwa 30% gegen eine in Luft schwingende Schleife. Bezüglich des Einflusses der Temperatur auf die Stärke der Dämpfung sind die Ausführungen auf S. 69 zu beachten.

Der Elektromagnet (Bild 123) wird in zwei Ausführungen zum Anschluß an Gleichstromnetze oder an Niedervoltbatterien hergestellt. Spannungsschwankungen beeinflussen den Ausschlag nicht in vollem Maße, weil der Elektromagnet stark gesättigt ist. Von Siemens & Halske werden

Magnetsysteme zur Aufnahme von 3 oder 6 Schleifen hergestellt, für die Nullinienmarkierung trägt der Magnet einen kleinen festen Nullpunktspiegel.

Siemens & Halske bauen folgende Schleifen:

Typ	1 mm Ausschlag auf der Trommel mA	Eigenfrequenz Hertz	Spiegel mm	Widerstand Ω	max. Strom mA
1	3	6000	1 × 1	1	100
2	5	12000	0,5 × 0,5	1	100
3	3	3000	2 × 1	1	100
4	0,4	3000	0,5 × 0,5	2,5	20
5	0,07	2000	0,5 × 0,5	4,5	4
6	0,07	600	2 × 1	4,5	4

Bei dem maximalen Strom ist zu beachten, daß er nicht durch die thermische, sondern die mechanische Beanspruchung der Schleife gegeben wird. Bei übergroßem Strom dreht sich die Schleife zu stark und löst sich dann der Spiegel ab. Es genügt dazu ein einziger Stromstoß kürzester Dauer, und es gehen dadurch die meisten Oszillographenschleifen zugrunde. Ein charakteristisches Beispiel dafür ist die Aufnahme der Spannung bei Zündinduktoren, die bei einem kleinen Mittelwert eine außerordentlich hohe Spitze aufweist.

Torsions-Fadengalvanometer[1]).

Dieses Instrument, das von Kipp & Zonen in Delft gebaut wird, ist ein Mittelding zwischen Spulen- und Saitengalvanometer, bei dem besonders hohe Eigenfrequenz erzielt werden sollte (Bild 124).

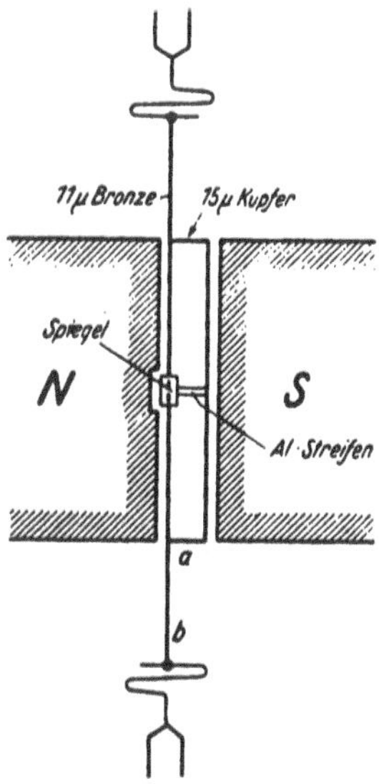

Bild 124. Torsions-Fadengalvanometer (Kipp & Zonen, Delft).

1) W. J. D. van Dyck, Universität Utrecht, Z. f. I. **46**, 1926, S. 378.

Ein dünner Draht *a* ist auf 21 mm Länge als Windung an dem 38 mm langen Spanndraht *b* aufgehängt und trägt einen Spiegel. Zur Erregung des Feldes dient ein Elektromagnet. Da die Windung *a* wie ein Shunt auf den Spanndraht *b* wirkt, so wird der größere Teil des Stromes durch sie gehen. Bei Stromdurchgang wird die Windung um *b* als Achse gedreht, es kommt dabei eine kräftige Wirbelstromdämpfung zustande, die durch die Felderregung eingestellt werden kann. Die Eigenfrequenz ist etwa 50 Perioden je Sekunde. Bei 10 Ω Widerstand ist die Empfindlichkeit etwa 4 μV für 1 mm bei 1 m Abstand, d. i. 0,4 μA. Der Elektromagnet braucht zu seiner Erregung 1,5 A und 6 Volt. Der Spiegel ist 0,8 mm breit, 1,5 mm hoch und 0,2 mm dick.

Saitengalvanometer[1]).

Eine besondere Art der Gleichstrominstrumente sind die Saitengalvanometer, bei denen ein dünner Draht oder ein Band (die Saite) in dem engen Luftspalt eines sehr kräftigen Magnetfeldes (bis zu 20000 Gauß) ausgespannt ist. Bei Stromdurchgang biegt sich der Draht seitwärts, bei geringen Ablenkungen proportional dem Strom. Bild 125a zeigt die grundsätzliche Anordnung, Bild 125b die Ausführung eines modernen Saitengalvanometers der Cambridge Instrument Co.

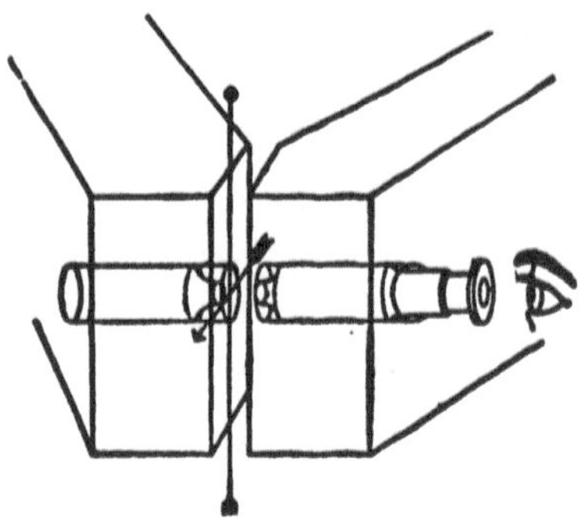

a

b

Bild 125. Saitengalvanometer. Ausführung der Cambridge Instrument Co.

Der besondere Vorzug der Saitengalvanometer gegenüber Drehspulgalvanometern ist ihre außerordentlich geringe Trägheit bei hoher Empfindlichkeit. Ähnlich wie das erste Drehspulgalvanometer wurde das erste Saitengalvanometer zur Registrierung von Telegraphenzeichen

[1]) S. Hausrath Helios, Nr. 9 u. 10, 1911: »Die Saitengalvanometer, ihre optischen Hilfsmittel und ihre Anwendungen«; ferner Mitt. 12 von Dr. M. Th. Edelmann & Sohn. Ausführliche Beschreibung und Theorie der modernsten Apparate: H. B. Williams, Journal of the Optical Society of America, Bd. 13, 1926, S. 318 bis 382.

in Untersee-Kabeln verwendet (Ader, 1897), später (1903) hat Einthoven den Apparat wesentlich vervollkommnet, er wird jetzt von verschiedenen Firmen (Cambridge Instrument Co., Th. Edelmann, München, Dr. E. Huth) vorwiegend für elektrophysiologische Zwecke gebaut.

Die Saite hat bei dem großen Galvanometer von Edelmann eine Länge von 87 mm gegen 140 mm bei Einthoven. Als Material dienen versilberte Quarzfäden, Platindrähte und Golddrähte in Dicken von $2 \div 5\,\mu$ mit Widerständen von $10000 \div 200\,\Omega$ (Angaben von Edelmann), bei robusteren Ausführungen geht der Durchmesser bis auf 20 μ. Die kleineren Galvanometer von Edelmann haben Saitenlängen von 67 bzw. 32 mm. Die höchste Stromempfindlichkeit des großen Modells ist bei Verwendung des überaus empfindlichen Quarzfadens bei 100facher Vergrößerung 0,01 nA für 1 mm Ablenkung. Diese Zahl dürfte für kriechende Einstellung bei niedriger Frequenz gelten. Bei Steigerung der Vergrößerung auf das 600- oder 1000-fache wird selbstverständlich auch die Empfindlichkeit in gleichem Maß erhöht. Bei photographischer Aufzeichnung von Herzströmen kommt man mit derselben Saite bei aperiodischer Einstellung und $40 \div 50$ Hertz Eigenfrequenz auf 0,1 mV oder 10 nA je mm Ausschlag auf dem Registrierstreifen. Für das Modell 1530 mit 67 mm langer Saite gibt Edelmann folgende Zahlen für die Empfindlichkeit c in nA bei 100facher Vergrößerung und die Einstellzeit t in Millisekunden.

Faden	Durchm.	Bewegung						Widerstand
		periodisch		aperiodisch		überaperiodisch		Ω
		c (nA)	t (ms)	c (nA)	t (ms)	c (nA)	t (ms)	
Gold .	8,5 μ	1,30	6	0,023	70	0,0091	320	140
Platin .	3,8 μ	2,00	6	0,078	20	0,0013	2000	4000
Quarz .	2,5 μ	0,58	3	0,180	20	0,00015	3600	10000

Die Tafel läßt den Zusammenhang zwischen Einstellzeit und Empfindlichkeit besonders klar erkennen.

Nachstehend noch eine ähnliche Tafel nach Daten der Cambridge Instrument Co. für einen Quarzfaden von 3 μ Dicke mit etwa 4000 Ω Widerstand bei 600facher Vergrößerung.

Einstellung	C_i	C_e
kriechend . . .	0,017	0,68
0,01 s	25	100
0,0035 s . . .	200	800

Dabei sind

C_i die Stromempfindlichkeit in nA/mm,
C_e die Spannungsempfindlichkeit in μV/mm.

Die Saiten werden in einer sehr kräftigen Fassung eingebaut (Bild 126), mit einer Regeleinrichtung zum Spannen des Fadens. Eine Neuausführung der Cambridge Co. besitzt zwei Fäden in einer Fassung zur Aufzeichnung von zwei Kurven. Die besondere Schwierigkeit ist dabei

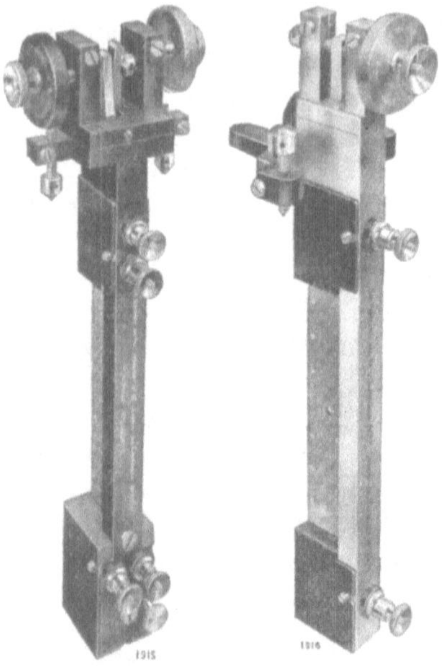

Bild 126. Einsatzsysteme der Cambridge-Saitengalvanometer.

die Vermeidung der Berührung beider Fäden bei der Ablenkung. Gröbere Fäden können unschwer selbst eingesetzt werden, bei feinen, insbesondere Quarzfäden, ist ganz besonderes Geschick dazu nötig.

Magnetfeld. Die empfindlichsten Typen arbeiten mit einem Elektromagnet, der aus einer Batterie zu speisen ist. Edelmann gibt dafür eine Felddichte von 20000 Gauß an, erreicht mit etwa 10000 AW und 50 W. Annähernd den gleichen Verbrauch hat der Magnet der Cambridge Co. Netzanschluß ist der Schwankungen wegen für feinste Aufnahmen nicht zu empfehlen. Weniger empfindliche Ausführungen besitzen Stahlmagnete. Nach den Tabellen von Edelmann geht dabei bei gleicher Saitenlänge die Empfindlichkeit auf etwa $1/3$ zurück.

Beobachtung. Die Ablenkung der Saite muß optisch vergrößert werden durch Einbau eines Mikroskops oder durch vergrößernde Projektion des Lichtstrahles einer Wolfram-Punktlampe oder einer Bogenlampe. Die empfindlichsten Ausführungen haben bis zu 1000fache Vergrößerung, eine scheinbare Ablenkung von 0,1 mm, die eben noch zu beobachten ist, entspricht also einer Durchbiegung von $1/_{10000}$ mm. Bei der Projektion wird der Schatten des Fadens auf das photographische Papier geworfen, so daß man weiße Kurven auf schwarzem Grund erhält Eine Saite von 3 μ Dicke gibt bei 1000facher Vergrößerung einen Schatten von 3 mm Breite.

Schleifengalvanometer der Firma C. Zeiß.

Ein eigenartiges Schleifengalvanometer baut die Firma C. Zeiß in Jena (Bild 127 bis 129) [1]. Das bewegliche Organ besteht aus einer dünnen

[1] D.R.P. 356517, Druckschrift Astro 65 von C. Zeiß, und ETZ 1924, S. 949; ETZ 1925, S. 623.

Metallfolie in Form einer Schleife mit 6÷10 Ω Widerstand, die sich zwischen zwei Stahlmagneten bewegt, die sich mit ihren ungleichen Polen gegenüberstehen, so daß sich beide Bewegungsantriebe addieren. Die Ausschläge der Schleife beobachtet man durch ein Mikroskop mit 10facher

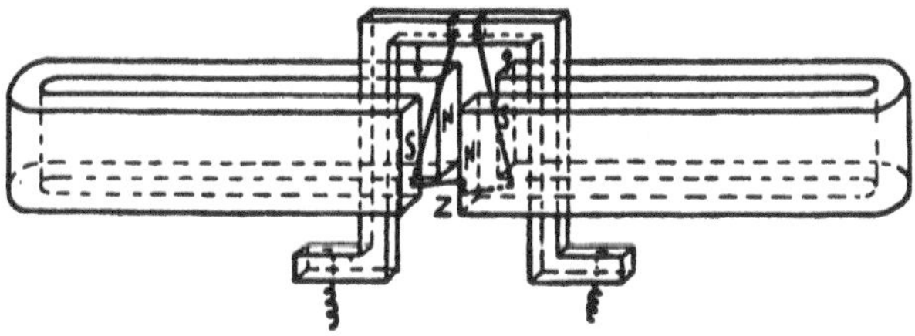

Bild 127. Schema des Zeiß-Schleifengalvanometers.

bzw. 640facher Vergrößerung, objektiv kann der Ausschlag durch Projektion auf eine Wand beobachtet werden. Bei 640facher Vergrößerung entspricht 1 Skalenteil etwa 37 nA. Dreht man das ganze Gerät um 180°, so daß die Schleife nicht mehr hängt, sondern steht und so im labilen Gleichgewicht ist, so steigt die Empfindlichkeit auf etwa

Bild 128. Gesamtbild des Zeiß-Schleifengalvanometers.

Bild 129. Meßschleife auf Sockel.

7,5 nA. Als besondere Vorzüge dieses Galvanometers wird die Unempfindlichkeit gegen grobe Behandlung und gegen Erschütterungen hervorgehoben. In der Stromempfindlichkeit erreicht das Instrument die besten Drehspulgalvanometer nicht, wohl aber in der Spannungsempfindlichkeit.

C. Dreheiseninstrumente.

Begriffserklärung. Zu den in größter Zahl verbreiteten Instrumenten gehören die Dreheiseninstrumente, bei denen ein Eisenkern in das Feld einer Spule hineingezogen wird. Im allgemeinen werden sie »Weicheisen«- oder »elektromagnetische« Instrumente genannt; indessen ist dies nicht kennzeichnend genug, weil auch bei anderen Instrumenten weiches Eisen verwendet wird und mit Ausnahme der Hitzdraht- und elektrostatischen Instrumente alle auf elektromagnetischen Wirkungen beruhen. In England besteht die Bezeichnung »Moving iron instruments«, in Frankreich »Appareils à fer mobile«, für Deutschland ist der Ausdruck »Dreheiseninstrumente« am zweckmäßigsten, da »Eintauchtypen« ähnlich der Kohlrauschschen Wage heute nicht mehr hergestellt werden. In einer Veröffentlichung des Bureau of Standards[1]) wird besonders auf die Unklarheit der bis dahin gebräuchlichen Bezeichnungen »soft iron« und »electromagnetic« hingewiesen. Ein Verfasser versteht unter der letztgenannten Bezeichnung auch Drehspul- und Drehfeldinstrumente. Aus diesen Gründen enthalten die Regeln des V.D.E. für Meßgeräte die Erklärung:

»Dreheiseninstrumente (Weicheiseninstrumente) besitzen ein oder mehrere bewegliche Eisenstücke, die von dem Magnetfeld einer oder mehrerer feststehender, stromdurchflossener Spulen abgelenkt werden.«

Gleichfalls zu den Dreheiseninstrumenten sind jene Typen zu rechnen, die einen permanenten Magneten, eine feststehende Spule und ein bewegliches Stück weiches Eisen enthalten, ein Modell, das schon verlassen war, aber neuerdings als Automobilinstrument in großen Mengen hergestellt wird.

1. Dreheisen-Instrumente mit permanentem Magneten. (Eisennadel-Instrumente.)

Die Vorläufer der Drehspulinstrumente waren die Eisennadelinstrumente. Bei dieser Ausführung steht eine drehbar angeordnete Nadel aus weichem Eisen unter dem Einfluß zweier um 90 Winkelgrade versetzter Magnetfelder: des Feldes eines Stahlmagneten (Richtmagnet) und des Feldes einer Spule, die von dem zu messenden Strom durchflossen wird. Die Nadel stellt sich, da keine weiteren Richtkräfte vorhanden sind, in die Richtung der Resultierenden beider Felder. Mit zunehmender Stromstärke kommt die Resultierende beider Felder mehr und mehr in die Richtung des Spulenfeldes und der Zeiger mit ihr. Solche Instrumente sind erstmalig von Deprez, Ayrton und Carpentier um 1880 gebaut worden. Ihre Skala war ungleichmäßig, die Magnete

---

[1]) Circular 20, 1915, S. 9.

wurden durch den Spulenstrom geschwächt, die Konstruktion wurde deshalb bald wieder verlassen. Neuerdings kommen sie für mäßige Genauigkeit, für Automobilinstrumente, wieder zur Anwendung.

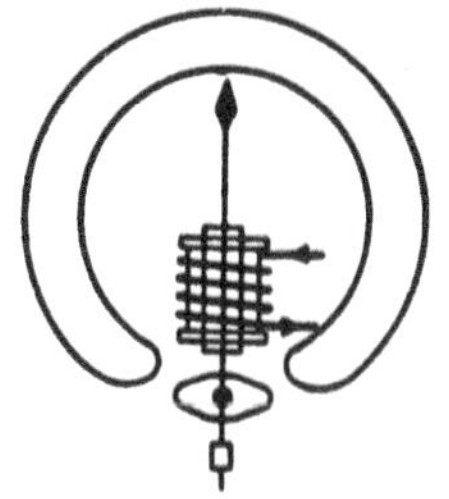

Bild 130. Eisennadel-Instrument.

Der kreisförmig gebogene Dauermagnet hält die kurze Nadel aus weichem Eisen, solange die Spule stromlos ist, in der Richtung seiner Kraftlinien. Erregt man den Elektromagneten, dessen Feldachse senkrecht ist zu der des runden Dauermagneten, so ändert sich die Richtung des resultierenden Feldes, um die Nadel je nach der Größe und Richtung des Stromes mehr oder weniger nach links oder rechts zu drehen. Die Richtkraft ist nur magnetisch, es ist keine Spiralfeder und kein Gegengewicht vorgesehen.

Bild 130 zeigt die Anordnung eines solchen Eisennadel-Instrumentes. Ein besonderer Vorzug ist die billige Herstellung und die hohe Richtkraft. Eine moderne Ausführung der Weston Co. — Modell 354 — hatte folgende Daten:

Meßbereich	30 — 0 — 30 A
Gehäusedurchmesser	52 mm
Amperewindungen	90
Eigenverbrauch	0,9 W
Skalenwinkel	$\pm 45^0$
Skalenlänge	± 20 mm
Drehmoment	0,070 gcm/90^0
Gewicht des bew. Organs	0,085 g
Gütefaktor nach Keinath	2,8
Gesamtgewicht	85 g
Genauigkeit etwa	5÷10% des Höchstwertes.

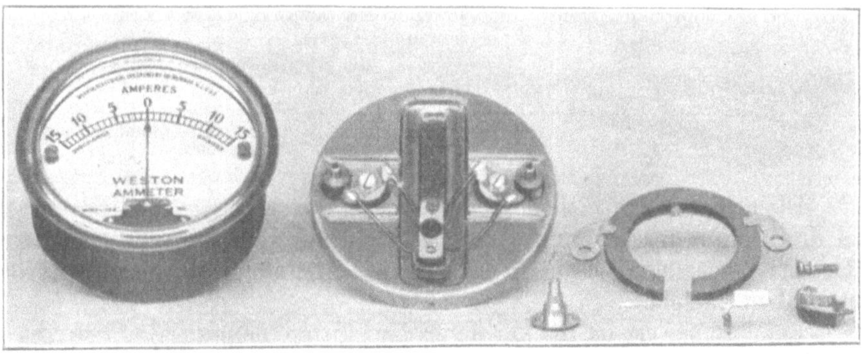

Bild 131. Weston-Eisennadel-Instrument für Automobile und seine Einzelteile.

Das Instrument hat Luftdämpfung. Die durchgehende Stahlachse trägt einen länglichen, an den Enden zugespitzten Kern und eine Aluminiumbuchse für Zeiger und Dämpfungsflügel, die zusammen aus einem Stück gestanzt sind. Das ganze Meßsystem ist in eine an die Skalenscheibe angenietete Messinghülse eingebettet, die sektorförmige Dämpfungskammer ist aus Messingblech gezogen und auf die Skalenscheibe aufgeschraubt. Die Spulen mit je 1½ Windungen sind auf einen U-förmigen, an die Grundplatte angenieteten Kupferbügel gewickelt und isoliert aufgesetzt. Die Skala ist gedruckt, nicht gezeichnet. Die Justierung dürfte wahrscheinlich durch Magnetschwächung erfolgen, da andere Möglichkeiten nicht vorhanden sind.

Die Genauigkeit eines solchen Instrumentes ist selbstverständlich keine hohe, der Fehler ist, obwohl keine merklichen Remanenzfehler vorhanden sind, 5÷10%, trotzdem wird aber der Zweck erfüllt. Bild 131 zeigt dieses Instrument und seine Einzelteile. Die winzigen Abmessungen des beweglichen Organs kann man aus Bild 132 erkennen.

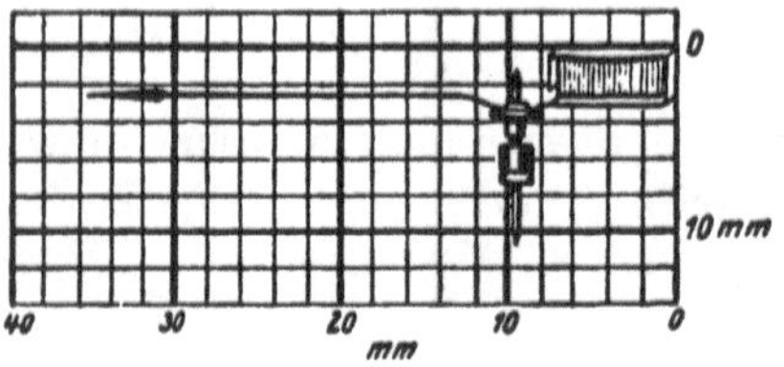

Bild 132. Bewegl. Organ des Instr. n. Bild 131.

Ein großer Vorzug solcher Typen ist aber der sehr robuste Aufbau und die Unempfindlichkeit gegen Überlastung. Obwohl das Weston-Instrument schon sehr einfach ist, so ist die Westinghouse Co. noch weitergegangen mit dem in Bild 133 gezeigten Instrument, das keine Klemmen besitzt und nur auf den stromführenden Leiter geschoben wird, obwohl der Meßbereich auch nur ± 30 A ist.

Ein geprüftes Instrument dieser Art hatte folgende Daten:

Meßbereich	±30 A
Gehäusedurchmesser . . .	57 mm
Amperewindungen	30
Skalenwinkel	±40°
Gewicht des bew. Organs .	0,15 g
Genauigkeit etwa	±8%
des Höchstwertes.	

Bild 133. Eisennadel-Instrument für Automobile ohne Anschlußklemmen. (Westinghouse Mfg. Co.)

Die auf dem Bild sichtbare Klammer ist aus weichem Eisen und ragt in das Innere des Instrumentes, das noch einen Stahlmagnet enthält, der das bewegliche Organ in eine Senkrechtstellung zu der Klammer zu drehen versucht.

Bemerkenswert ist für alle derartigen Instrumente der hohe Fremdfeldeinfluß. Er beträgt für 5 Gauß bei dem Weston-Instrument etwa ± 20%, bei dem Westinghouse-Instrument etwa ± 25%.

Vibrations-Galvanometer. Das Prinzip des Drehmagnetgalvanometers wird auch angewandt bei Wechselstrominstrumenten sehr geringer Einstelldauer, bei denen das bewegliche Organ jeder Stromschwankung genau folgen muß, bei Oszillographen und Vibrationsgalvanometern.

Bild 134 zeigt den Schnitt durch ein solches Meßorgan, einen Dreheisen-Oszillographen nach Blondel. Zwischen den Polstücken aus weichem Eisen schwingt das an einem Band ausgespannte Eisenblättchen von 0,3 × 0,5 mm Größe und 0,02÷0,03 mm Dicke, das noch mit einem dünnen Spiegel versehen ist. Die beiden Feldspulen, die von dem zu messenden oder nachzuweisenden Strom durchflossen sind, suchen es um 90° zu drehen entgegen der magnetischen Richtkraft. Die Bewegungen werden durch das Öl in dem Rohr gedämpft, das auch die Polstücke

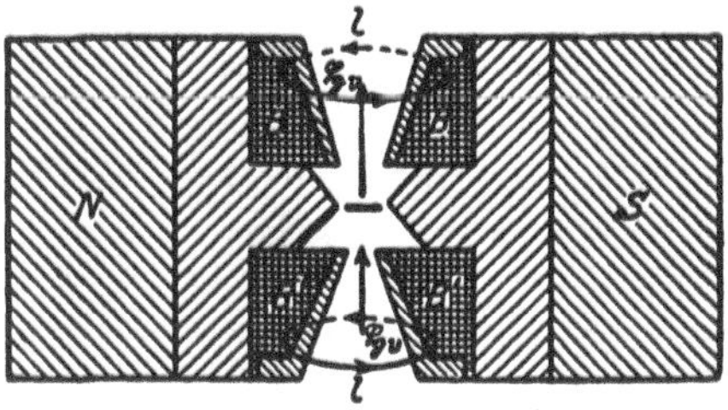

Bild 134. Schnitt durch das Meßwerk eines Dreheisen-Oszillographen. Das an einem gespannten Band angeklebte Eisenblättchen wird durch den Stahlmagnet *NS* in der gezeichneten Lage gehalten. Die Spulen *BB'* suchen es senkrecht zu stellen. Das Ganze ist zur Dämpfung der Bewegungen in Öl eingebaut.

enthält. Die Eigenfrequenz solcher Systeme geht bis 20000 Hertz, die Empfindlichkeit ist indessen wesentlich geringer als die der Schleifenoszillographen. Dafür haben sie aber den großen Vorzug, daß sie fast unverwüstlich sind, weil das bewegliche Organ auch bei der stärksten Erregung nicht beschädigt werden kann. Es ist nur möglich, daß die Spulen bei länger dauernder hoher Überlastung durchbrennen.

Einen wesentlich empfindlicheren Dreheisen-Oszillographen hat noch Dubois[1]) gebaut. Bei ihm ist das bewegliche Organ ein Eisenblättchen von etwa 2 cm² Oberfläche, das innerhalb der Spule eines Elektromagneten Kippbewegungen ausführt, die mechanisch vergrößert werden.

Das Dreheisen-Vibrationsgalvanometer (Nadel-Vibrationsgalvanometer) unterscheidet sich im Prinzip nicht von Dreheisen-Oszillographen. Der Unterschied besteht allein im Gebrauch, man bringt dabei durch mechanische oder elektrische Maßnahmen die Eigenfrequenz in Übereinstimmung mit der aufgedrückten Frequenz, um so mit sehr geringer Felderregung in mechanischer Resonanz große Ausschläge zu erhalten, die gleichfalls optisch beobachtet werden. (S. auch: Resonanzinstrumente.)

2. Dreheisen-Instrumente ohne permanenten Magneten.

Im wesentlichen gibt es zwei verschiedene Konstruktionen, den »Flachspultyp« und den »Rundspultyp«. Gemeinsam ist beiden nur die Anordnung eines beweglichen Eisenkernes.

Flachspule. Bild 135 und 136 zeigen das Siemens-Flachspulinstrument und ein Eisenfeilichtbild der Feldspule mit dem Eisenkern. Die Feldspule ist auf einen Spulenkörper aus Isolierstoff oder lackiertem Messingblech

[1]) Rev. Gen. de l'El., Band 17, S. 977.

aufgewickelt, der zur Vermeidung von Kurzschlußströmen geschlitzt ist. Der Spulenkasten hat eine längliche Öffnung von etwa 2 mm Breite und 15 ÷ 20 mm Länge. Die möglichst nahe an den Spulenflansch gesetzte Zeigerachse trägt den auf eine Messingbuchse aufgekeilten beweglichen Eisenkern von 0,5 ÷ 1 mm Dicke, der unrunde Form hat und stark exzentrisch aufgesetzt ist. Um Gewicht zu sparen, wird der bewegliche Kern auch ausgehöhlt, ohne daß dadurch eine nennens-

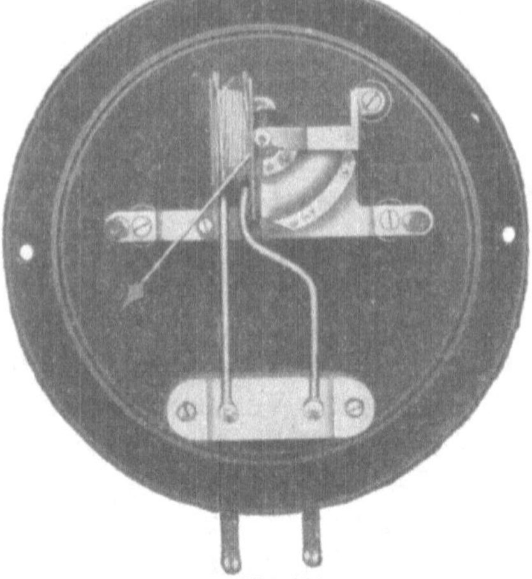

Bild 135.

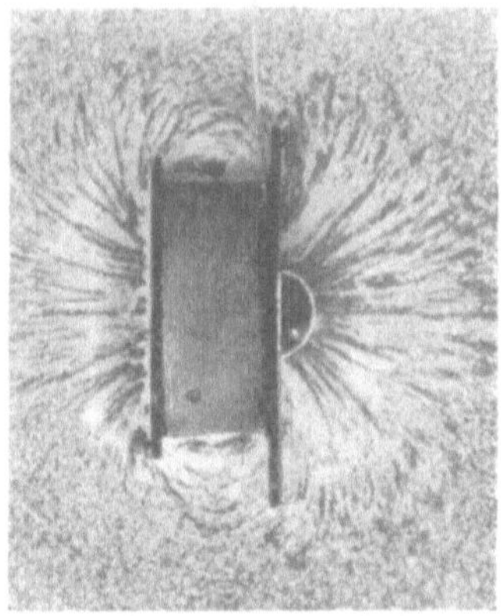

Bild 136.

Flachspul-Dreheisen-Instrument und Eisenfeilichtbild einer Feldspule mit dem beweglichen Eisenkern. (Siemens & Halske.)

werte Änderung der Eigenschaften einträte. Die Umrißform des beweglichen Eisenkerns bestimmt den Skalenverlauf. Je nach dem Verwendungszweck erhält das Meßwerk Kerne, mit denen die Skala von $^1/_5$ des Endwertes ab proportional verläuft oder am Anfang sehr weit auseinandergezogen und am Ende zusammengedrängt oder schließlich für Spannungsmesser nur am Ende weit auseinandergezogen ist.

Bild 137 zeigt drei verschiedene Meßsysteme mit

137a) Voltmeter-Skala, von $^1/_2$ des Endwertes ab annähernd gleichförmig,

137b) Amperemeter-Skala von $^1/_5$ des Endwertes ab annähernd gleichförmig,

137c) am Ende gedrängte Skala.

Alle drei Skalen sind mit dem gleichen Eisenkern erzielt worden, nur mit dem Unterschied, daß die Anfangsstellung immer eine andere ist. Das Bild zeigt immer das bewegliche Organ in der Stellung für Skalenanfang, Mitte und Ende. Zur besseren Veranschaulichung ist der Spulenkasten aufgeschnitten und mit einem Netz versehen worden.

Für das Voltmeter ist der Kern in der Anfangslage kaum eingetaucht, bei dem Amperemeter taucht er nur wenig tiefer, während bei der gedrängten Skala der Kern stark verdreht ist und mit der abgeschnittenen Fläche eintaucht. Beim letzten Bild sieht man auch, wie die gedrängte Skala am Ende zustandekommt, indem die Kernachse schon nahezu mit der Spulenachse zusammenfällt.

Die Größe des erzeugten Drehmomentes hängt nicht nur von der Zahl der Amperewindungen der Feldspule, sondern auch von der Stärke

a

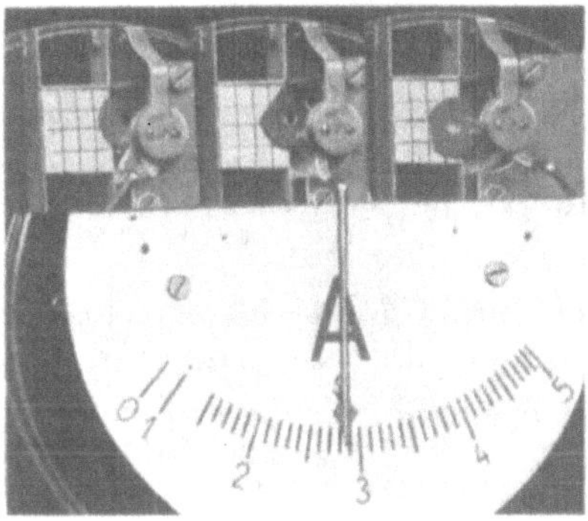

b

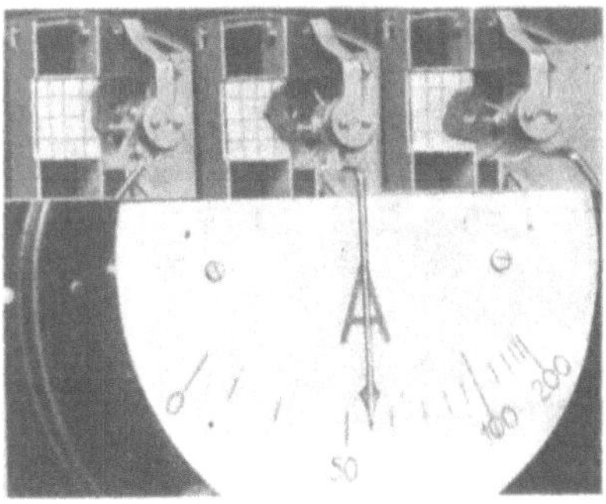

c

Bild 137. Kernformen und -stellungen des Siemensinstrumentes für drei verschiedene Skalenarten. Die erste Stellung entspricht jeweils der Stellung im stromlosen Zustand, die zweite 50% der Ausschlaglänge, die dritte dem Endausschlag.

137a Spannungsmesser, proportional zwischen 50 und 100% des Endwertes.

137b Strommesser, proportional zwischen 20 und 100% des Endwertes

136c Strommesser mit am Ende zusammengedrängter Skala.

und Form des Eisenkernes ab. Durch Versuche hat sich ergeben, daß bei gleicher Eisenkernstellung das Drehmoment in den Grenzen von 100÷600 AW nicht genau mit der zweiten, sondern mit der 1,9ten Potenz der Amperewindungszahl der Feldspule zunimmt. Weiterhin wurde durch Versuche gefunden, daß auch die Dicke des Eisenkernes die Empfindlichkeit ändert, und zwar nimmt das Drehmoment angenähert mit der Quadratwurzel aus der Eisenkerndicke zu. Diese Angabe ist aber unsicher, weil dabei die mit der Verdickung des Kernes eintretende größere Annäherung des beweglichen Eisens an die Spule auch zu berücksichtigen ist.

Zusatzkern. Mit 220 AW und etwa 0,5 W Verbrauch in der Feldspule und 3 mm lichter Spulenweite erreicht man bei 0,5 mm Eisenkerndicke ein Drehmoment von etwa 0,5 gcm.

Größeres Drehmoment wird erzielt durch Verwendung eines festen Zusatzeisenkernes, der dem beweglichen Eisen gegenüber auf der anderen Seite in die Feldspule eingeschoben wird. Je nach der Entfernung vom beweglichen Eisen läßt sich dann mit gleicher Amperewindungszahl das zwei- bis fünffache Drehmoment erzeugen. Die Remanenzfehler nehmen bei Verwendung des zweiten Eisenkernes zu, indessen nicht in erheblichem Maße; der Nachteil wiegt bei weitem nicht den Gewinn an bequemer Justierbarkeit durch Verschieben des Eisenkernes auf, ein Vorteil, der sich namentlich bei Strommessern mit einer Feder als Gegenkraft äußert. Leider ändert sich dabei auch der Skalenverlauf des Instrumentes. Ohne den Zusatzkern ist die Justierung nur durch Veränderung der Federstärke ausführbar.

Rundspule. Die charakteristische Form eines modernen Rundspulinstrumentes ist in Bild 138a schematisch dargestellt. Bild 139 zeigt seine Einzelteile. Es dauerte verhältnismäßig lange, bis sich die heutige Form

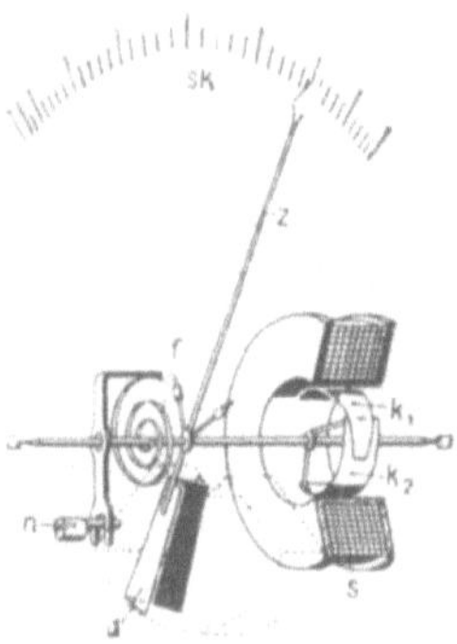

Bild 138a.

Bild 138b.

Bild 138a. Schema des Rundspulstrommessers (Hartmann & Braun), k_1 k_2 festes und bewegliches Eisen.

Bild 138b. Rundspulstrommesser der Weston Co. zum Einbau in das Würfelgehäuse.

des Rundspulinstrumentes herausgebildet hatte. Die erste Ausführung des Rundspulinstrumentes war die von Hummel angegebene und von Schuckert-Nürnberg hergestellte. Bei diesem ist das bewegliche Eisen exzentrisch in der Spule gelagert und sucht sich darin im Sinne einer Kraftlinienvermehrung zu drehen.

Etwas später sind jene Rundspulinstrumente entstanden, bei denen das bewegliche Eisen sich um den Mittelpunkt des Spulenhohlraumes dreht und ursprünglich mehrere feste Eisenbleche, später nur mehr eines, am inneren Umfang der Spule befestigt sind, in solcher Form und Anordnung, daß bei Drehung des beweglichen Organs eine Kraftlinienvermehrung eintritt. Die ersten Instrumente dieser Art wurden von H. & B. gebaut, heute wird der allergrößte Teil der Dreheiseninstrumente nach dem Rundspultyp hergestellt.

Bild 139. Einsatz und bewegliches Organ eines Rundspulinstrumentes (Hartmann & Braun).

Die Amperewindungszahl ist normalerweise etwa 300, sie bewegt sich zwischen 200 und 400, je nach Drehmoment und Skalencharakter.

Der Hummeltyp mit nur einem (beweglichen) Eisen, das exzentrisch in dem Spulenraum lag, ist vollständig durch die Ausführungen mit einem oder zwei festen Eisen verdrängt worden. Zur Verminderung der Hysteresefehler soll die achsiale Ausdehnung der Eisenkerne klein sein gegen die achsiale Länge der Spule. Die Dicke der Kerne ist 0,2 bis 0,5 mm, der Abstand 0,2÷2 mm.

Vielfach werden auch Rundspul-Dreieisensysteme hergestellt, bei denen ein bewegliches Eisen zwischen zwei langgestreckten festen angeordnet ist.

Schrägspule. Eine besondere Abart des Rundspulinstruments ist das Schrägspulinstrument, das von der General Electric Co. gebaut wird (Bild 140). Der zu messende Strom fließt durch eine Spule, die zur Achse des beweglichen Organs um 45° geneigt ist. Das bewegliche Eisen sucht sich bei Stromdurchgang in die Spulenachse zu stellen. Der maximal mögliche Ausschlagwinkel beträgt 180°, ausgenutzt werden 100°. Die Instrumente sind mit magnetischer Dämpfung und Eisenpanzer versehen.

Bild 140. Schrägspulinstrument der General Electric Co.

Cirscale-Instrument[1]. Die Record-Instrument Co., deren Spezialität die Herstellung von Drehspulinstrumenten mit 300° Skalenwinkel ist, baut auch ein dazu passendes Dreheiseninstrument mit einem ähnlichen Skalenwinkel. An Stelle eines beweglichen Organs sind deren zwei vorhanden, das »feste« Eisen des Zeigersystems ist aber nicht wirklich fest, sondern mit dem beweglichen des in der gleichen Achsrichtung sitzenden ersten Systems fest verbunden, so daß sich die Bewegungen

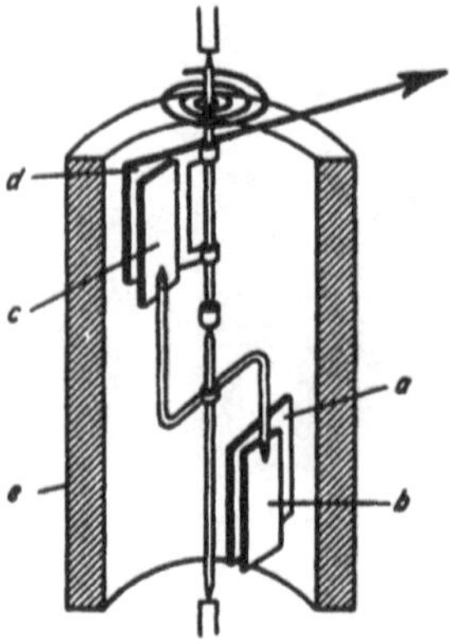

Bild 141. »Cirscale«-Dreheiseninstrument der Record Instrument Co. mit 300° Ausschlag.

beider Meßwerke addieren. Drysdale-Jolley geben folgende Daten[2]):

Gesamtes Drehmoment	0,434 gcm
Skalenwinkel	270°
Drehmoment/90°	0,145
Systemgewicht	4,16 g
Gütefaktor nach Keinath	0,171
Schwingungsdauer	1,35 s
Trägheitsmoment	3,75 gcm²
Verbrauch für 5 A	3,5 Watt.

Auffallend ist das kleine Drehmoment und dementsprechend der kleine Gütefaktor, der weit unter die normalen Grenzen geht. Trotzdem gibt Drysdale nur 0,2% Reibung an. Der Unterschied zwischen der Gleichstromeichung und 50 Hertz ist 0,34%, zwischen 50 und 185 Hertz 1,36%. Der Fremdfeldeinfluß für 5 Gauß, gemessen mit 13,4 Gauß ist maximal rd 0,5%, demnach sehr klein.

Dreheiseninstrument zum direkten Aufbau auf eine Leitung. Die Firma Crompton & Co. baut ein neues Wechselstrominstrument, bei dem das Feld in dem Luftspalt eines zweiteiligen Eisenringes aus hochlegiertem Eisenblech erzeugt wird, durch den der Leiter geführt wird.

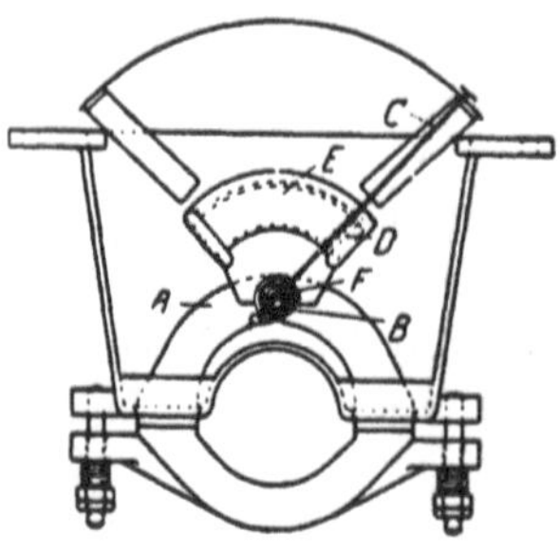

Bild 142. Dreheiseninstrument zum Aufbau auf eine Leitung.
A = geteilter Eisenkörper D = Dämpferflügel
B = bewegliches Organ E = Dämpfungskammer
C = Zeiger F = Feder.

Bild 142 zeigt die Anordnung. Der Eisenring hat an einer Stelle eine kreisförmige Bohrung, in der das bewegliche Organ schwingt, ganz ähnlich wie bei einem normalen Instrument. Zwei Eisenstücke *B* sind in Form eines Halbzylinders gebogen und auf einer Achse befestigt, die in üblicher

[1]) The Electrician, **90**, 1923, S. 64.
[2]) Electrical Measuring Instruments 2. Band, S. 464.

Weise den Zeiger *C* und den Dämpferflügel *D* trägt, der in einer Dämpferkammer *E* schwingt. Wenn durch die Öffnung des Ringes ein stromführender Leiter geht, so wird der Ring proportional der Stromstärke magnetisiert. Das bewegliche Eisen wird angezogen und versucht, den Luftspalt in dem Ring zu überbrücken. Als Gegenkraft wirkt die Spiralfeder *F*. Für kleine Stromstärken wird eine schwächere Feder verwendet, oder es wird der Leiter zwei- oder mehrmals durch die Öffnung hindurchgezogen. Mit einer einzigen Windung kann man den Endausschlag bei der kleineren Ausführung mit 60 A erreichen, bei der größeren Ausführung mit 100 A. Diese ist besonders geeignet zur Herstellung von Profilinstrumenten; das Instrument wird dann in die Schalttafel versenkt und der Leiter auf der Rückseite der Tafel vertikal oder horizontal, je nach der Lage der Skala, durch das Instrument geführt. Der Eisenring ist zweiteilig und kann dadurch das Instrument bequem um den Leiter herumgebaut werden. Wegen der großen Hysteresefehler, die durch die Verwendung des langen Ringes entstehen, kann es nur für Wechselstrom gebraucht werden.

Vor- und Nachteile der Bauweisen. Der Flachspultyp hat viel weniger Eingang gefunden als der Rundspultyp. Außer der erstausführenden Firma Siemens haben in Deutschland nur die Isaria-Zählerwerke, die Firmen R. Abrahamsohn und Morell die Fabrikation aufgenommen. Der Grund dieser Tatsache liegt keineswegs darin, daß etwa das Rundspulinstrument genauer ist. Dies ist nicht der Fall; vom Standpunkt des Verbrauchers aus gesehen, sind beide Ausführungen bei gleicher Güte der Herstellung gleichwertig, sofern es sich nicht um besondere Verwendungszwecke handelt.

Dagegen bietet das Rundspulinstrument konstruktiv Vorteile dadurch, daß seine wesentlichsten Teile einen Rotationskörper darstellen, der eine bequeme Zu- und Abführung der Leitungen, leichten Anbau einer Dämpfung und auch bequemeres Auseinandernehmen der Systemteile ermöglicht, alles Umstände, die für den Käufer solcher Instrumente ohne jedwede Bedeutung sind. Ein konstruktiver Nachteil des Rundspultyps ist, daß die mittlere Windungslänge und die Amperewindungszahl zur Erzielung eines bestimmten Drehmomentes größer ist als beim Flachspulinstrument. Daraus folgt zunächst, daß auch der Kupferaufwand nicht unerheblich größer ist als bei dem Flachspultyp. Das Kupfergewicht bei diesem beträgt etwa 20 g, dagegen beim Rundspultyp etwa 50 g, wodurch bei den dünndrähtigen Wicklungen der Spannungsmesser nicht zu vernachlässigende Preiserhöhungen entstehen. Ferner ist mit der größeren Windungslänge und der höheren Windungszahl auch die Induktivität der Feldspule eine größere, so daß alle Rundspul-Spannungsmesser bei Mittelfrequenz einen wesentlich größeren Frequenzeinfluß aufweisen als Flachspulinstrumente mit dem gleichen Verbrauch. Auch die Strommesser zeigen bei Mittelfrequenz wesentlich größere Fehler.

Wesentliche Unterschiede in der Konstruktion der Rundspulinstrumente der verschiedenen Firmen sind nicht vorhanden; sie beschränken sich zumeist auf eine besondere Gestaltung und Anordnung der Dämpfung, der Form, Befestigung und Zusammenjustierung von festem und beweglichem Eisen. Bei neuzeitlichen Ausführungen sind Dämpfungskammer und oberer und unterer Lagerbock aus einem Stück Spritzguß hergestellt, wodurch sich eine billige und dabei sehr genaue Herstellung ergibt. Die Anordnungen sind Gegenstand zahlreicher Gebrauchsmuster der betreffenden Firmen, die wesentlichsten Schutzrechte sind aber bereits verfallen.

Skalencharakter. Bei allen Dreheiseninstrumenten wird der Skalencharakter durch die Gestaltung der Eisenkerne bedingt. Hier wie dort ist zur Erzielung großer Anfangsempfindlichkeit eine höhere AW-Zahl nötig als für eine quadratische Teilung. Die Formen der Kerne sind bei Rundspulinstrumenten sehr mannigfaltig. Bild 143 gibt eine

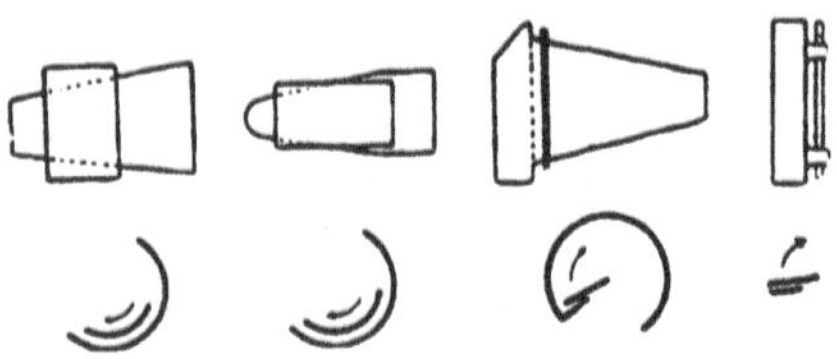

Bild 143. Kernformen von Rundspulinstrumenten.

Zusammenstellung der gebräuchlichsten festen und beweglichen Kerne. Es lassen sich die gleichen Teilungen erzielen wie bei den Flachspulinstrumenten, bei denen die Grundform des Kernes immer etwa ein Kreis ist, den man mehr oder weniger unrund gemacht hat. Außerordentlich vorteilhaft für die Herstellung der Rundspulinstrumente ist der Umstand, daß sich durch Veränderung der gegenseitigen Lage von festem und beweglichem Eisenkern in der Anfangsstellung die Empfindlichkeit und damit allerdings auch die Skalenteilung in bequemster Weise ändern läßt (s. Bild 138a). Bei einigen Konstruktionen ist der feste Kern nach Lösen einer Schraube in einem Schlitz tangential verstellbar, bei anderen ist er auf einer Hülse befestigt und samt dieser verdrehbar. Die tangentiale Verschiebung beider Kerne beeinflußt vor allem die Empfindlichkeit, die axiale Verschiebung — die allerdings in der Fabrikation nicht ausgeführt wird — vor allem den Skalencharakter, ohne die Empfindlichkeit wesentlich zu ändern.

Man kann unterscheiden:

a) »offene« Skalen, Ausschlag mit der zweiten oder noch höheren Potenz der Stromstärke zunehmend. Vorwiegend für Schalttafel-Spannungsmesser gebraucht,

b) »proportionale« Skalen, die von $^1/_5$ oder $^1/_{10}$ ab bis zum Endwert ziemlich gleichförmig geteilt sind. Gewöhnlich für Strommesser und tragbare Spannungsmesser benutzt,

c) »symmetrische« Skalen, bei denen der Anfang ebenso wie bei b) gedrängt ist, ähnlich aber auch das Ende, so daß der halbe Skalenendwert auf die Mitte der Skalenlänge trifft. Sehr günstig für Strommesser,

d) »gedrängte« Skalen, bei denen der obere Teil des Meßbereichs zugunsten der Anfangswerte noch stärker zusammengedrängt ist. Gebräuchlich für Schaltkasten-Strommesser, die stark überlastet werden, bei denen man aber auch den Leerstrom ablesen will.

2. Spulenwicklung.

Die Dreheiseninstrumente erhalten als Strommesser bis zu 20 A eine Drahtwicklung, für höhere Stromstärken, bis zu 300 A, meist eine solche aus Kupferband. Bis vor einigen Jahren wurden diese Strommesser, dem allgemeinen Brauche folgend, für Stromstärken bis zu 1000, sogar bis 3000 A ausgeführt. Jetzt geschieht dies nicht mehr, weil solche Instrumente in außerordentlich hohem Maße der Beeinflussung durch Fremdfelder ausgesetzt sind. Schon eine Verdrehung der Eisenblechkappe genügt, um eine Veränderung der Anzeige um einige Prozent hervorzurufen. Neuerdings verwenden Siemens & Halske für Wechselstrominstrumente über 300 A wohlfeile Einleiter-Stromwandler in Verbindung mit 5 A-Instrumenten. Man gewinnt dadurch auch beim Einbau den Vorteil, daß man die Starkstromleitungen nicht bis zum Instrumente zu führen braucht, wodurch eine Verbilligung der Leitungsführung eintritt und das Instrument selbst noch genauer anzeigt, weil es nicht mehr der Beeinflussung durch die nahen Starkstromschienen ausgesetzt ist.

Zur Spannungsmessung erhalten die Spulenkasten eine dünndrähtige Wicklung, die in Reihe mit einem Vorwiderstand aus Draht mit kleinem Temperaturkoeffizienten, z. B. Manganin, geschaltet wird. Das Verhältnis des Manganinwiderstandes zum Kupferwiderstand bestimmt die Größe des Anwärme- und Frequenzfehlers.

Berechnung für Strommesser. Als Ausgangspunkt für die Berechnung der Wicklung von Dreheiseninstrumenten ist immer die Amperewindungszahl der Feldspule zu nehmen. Durch Versuche ist festzustellen, wieviel AW zur Erzeugung eines ausreichenden Drehmomentes bei einer vorgeschriebenen Skalenkurve nötig sind. Da man der gleichmäßigen Herstellung wegen für alle Instrumente gleiches Drehmoment verlangt, so muß auch die AW-Zahl konstant bleiben.

Die Berechnung für Strommesser ist außerordentlich einfach, da die Erwärmung der Feldspule die Messung nicht beeinflußt. Man muß den Kupferquerschnitt nur immer noch so groß wählen, daß das Instrument in ausreichendem Maße thermischer Überlastung gewachsen ist. In dieser Beziehung ist die Ausbildung der Spule nach Bild 54 interessant:

in die sehr kräftigen gegossenen Anschlußstücke ist die frei gewickelte Feldspule hart eingelötet. Ihr Kupferquerschnitt ist allerdings knapp, bei dieser Bauweise kann sie aber unbedenklich bei einem kurzen Stromstoß eine Temperatur von 200 bis 300° C annehmen.

Besonders hohe Anfangsempfindlichkeit. Sieht man von dem Kunstgriff mit der Vorlampe ab[1]), so erzielen Hartmann & Braun bei Sonderausführungen (Nullspannungsmesser und Strommessern) die weiteste Anfangsteilung aller bisher bekannten Ausführungen durch die Anordnung der Kerne nach Bild 144[2]), ähnlich der letzten Figur in Bild 143.

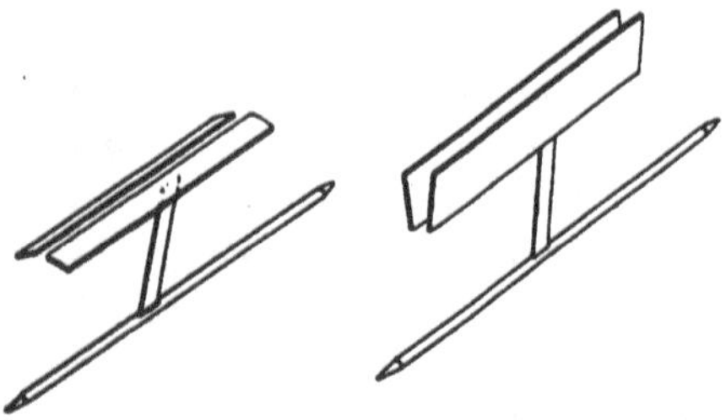

Bild 144. Form der beiden Eisenkerne bei den H. & B. Dreheiseninstrumenten mit besonders weiter Anfangsteilung. Mit beiden Ausführungen wird der gleiche Erfolg erzielt.

Die abstoßende Wirkung beider Kerne ist in der Nullstellung des Zeigers besonders groß. Allerdings ist auch hier, wie schon auf S. 57 berichtet, die weite Anfangsteilung nur durch hohe AW-Zahl und geringes Drehmoment zu erzielen. Die Instrumente müssen zur Erzielung einer Skala, bei der $^1/_{20}$ des Endwertes einem Ausschlag von 3,7 Winkelgraden entspricht, 450 AW erhalten und verbrauchen auf der Feldspule 6,5 Watt. Das Drehmoment für Endausschlag ist 0,062 gcm gegen 0,2 ÷ 0,3 gcm bei normalen Ausführungen mit 200 ÷ 300 AW. Für Nullspannungsmesser, die nur kurzzeitig gebraucht werden, ist der große Verbrauch und die geringere Einstellsicherheit ohne praktische Bedeutung.

Neuerdings hat die gleiche Firma ein Schutzrecht angemeldet (H. 100779 vom 26. 2. 25), nach dem eine besonders gleichmäßige Skala dadurch erzielt werden soll, daß das Verhältnis der Höhe der Spule zu ihrem mittleren Durchmesser gleich oder kleiner als 0,5 ist und daß der bewegliche stabförmige Kern sich in einem Kraftlinienfeld so bewegt, daß dessen Dichte mit der Entfernung des beweglichen vom festen Kern wächst, also gegen den inneren Rand der exzentrisch gelagerten Spule zu.

Erzielung hoher Richtkraft. Für Registrierapparate, Kontaktinstrumente u. dgl. wünscht man zuweilen sehr hohe Richtkräfte. Wie erwähnt, nimmt bei Dreheiseninstrumenten das Drehmoment etwa proportional dem Quadrat des Stromes zu, in demselben Maße aber auch die Übertemperatur der Feldspule. Für Strommesser kann man mit der Übertemperatur auf 60 ÷ 70° gehen, für Spannungsmesser ist dazu aber eine Erhöhung des gesamten Wattverbrauches nötig, im

---

[1]) Nullspannungsmesser nach Keinath s. Band 2.

[2]) Neumann, Z. f. F. 1922, Heft 1.

gleichen Maße wie die Übertemperatur der Feldspule steigt. Verstärkung der Eisenkerne bringt beim Flachspulinstrument wenig, beim Rundspulinstrument gar keine Steigerung des Drehmomentes. Als besondere Maßnahme bleibt die Vergrößerung der Abmessungen. Für ein Flachspulinstrument mit einem beweglichen Eisenkern von etwa 24 mm Durchm. und 0,7 mm Dicke, mit etwa 2,4 g Gewicht, läßt sich unter Verwendung eines festen Zusatzkernes mit 640 AW ein Drehmoment von 9 gcm erreichen. Der Verbrauch der Feldspule beträgt dabei 5,5 W, die Übertemperatur im Dauerzustand 45 °C. Bild 145a zeigt eine eigentümliche Ausführung der AEG.

Hohe Richtkräfte lassen sich auch erzielen mit Anordnungen, bei denen sich die Kraftlinien bis auf einen kleinen Luftspalt in Eisen

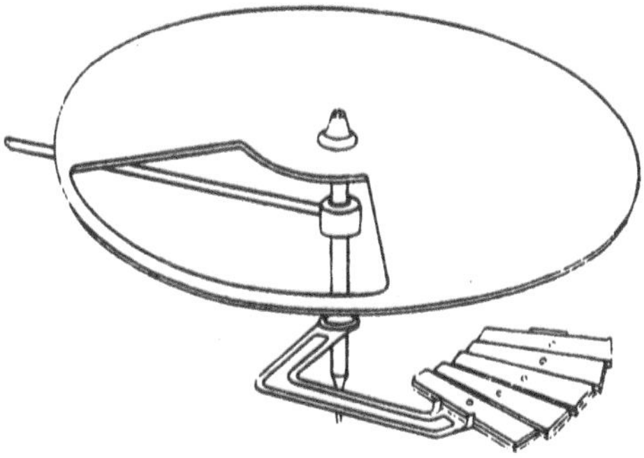

Bild 145a.

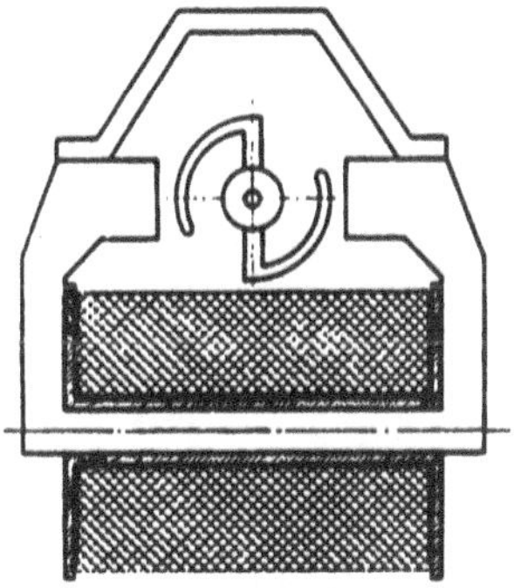

Bild 145b.

Dreheiseninstrumente mit sehr hoher Richtkraft.
Bild 145a. Bewegliches Organ eines Dreheisen-Registrier-Instrumentes (AEG).
Bild 145b. Eisengeschlossenes Dreheisensystem mit magnetischem Nebenschluß.

schließen (Bild 145b). Dabei entstehen aber viel größere Hysteresefehler; durch einen magnetischen Nebenschluß aus Material mit möglichst großer Hysterese (hartem Stahl) läßt sich der Hysteresefehler auf Null herabdrücken, allerdings unter erheblicher Einbuße an Richtkraft.

Material für die Kerne. Die festen und beweglichen Kerne der Dreheiseninstrumente selbst sind aus geglühten und anderweitig behandelten Spezialeisenblechen hergestellt, auch hochlegiertes Eisen wird mit Vorteil verwendet. Während beim Flachspulinstrument mit der Dicke des Eisens die Empfindlichkeit zunimmt, ist dies beim Rundspulinstrument nur in äußerst geringem Maße der Fall. Eine Vermehrung der Stärke des festen Eisens von 0,3 auf 0,9 mm hat nur eine Empfindlichkeitssteigerung von etwa 5% zur Folge. Man verwendet deshalb durchweg dünne Bleche, von nur 0,2÷0,3 mm Stärke, weil sich daraus beim beweglichen System eine Gewichtsersparnis ergibt.

Ebenso ist der Abstand zwischen festem und beweglichem Eisen in reichlich weiten Grenzen veränderbar, ohne daß die Empfindlichkeit zurückgeht. Eine übliche Entfernung ist 1 mm; es kommen aber auch Abstände bis zu 5 mm vor. Wesentlichen Einfluß auf die Meßgenauigkeit hat weder die Eisendicke noch die Entfernung; geringe Dicke und größere Entfernung wirken etwas günstiger[1]).

Vermindert werden die Gleichstromfehler vor allem durch die Auswahl von Eisen mit geringer Remanenz und Koerzitivkraft. Gut geeignet sind schwedisches Holzkohleneisen und hochlegiertes Dynamoblech. Besonders gute Resultate können mit Elektrolyteisen erhalten werden, indessen ist es äußerst schwierig, das unumgänglich nötige Glühen im Vakuum jedesmal mit dem gleichen guten Erfolg auszuführen. Wird der Glühprozeß nicht genau eingehalten, so werden Remanenz- und Hysteresefehler größer als bei Verwendung von gewöhnlichem Eisenblech.

Daten gebräuchlicher Ausführungen. Im nachstehenden folgt eine Zusammenstellung der Daten von Dreheiseninstrumenten der verschiedensten Firmen mit 180÷225 mm Sockeldurchmesser:

Bei dem Instrument D war der Vorwiderstand auf die Feldspule gewickelt, um die Kosten des besonderen Widerstandsträgers zu ersparen.

Erzeugnis	A	B	C	D	E	F
AW für Endausschlag	300	400	300	270	200	400
Drehmoment für Endausschlag . . gcm	0,11	0,06	0,15	0,23	0,23	0,20
Systemgewicht . . . . g	1,67	1,85	2,40	3,60	3,30	1,35
Beruhigungszeit . . . . s	3	3	5,5	6	4	2
Verbrauch der Feldspule . . . . . . W	0,55	1,3	—	—	1,2	2,4
Verbrauch des Spannungsmessers . . W	11,3	10,4	—	4,5	10,8	8,8
Anwärmefehler d. Spannungsmessers %	0,2	0,5	—	1,9	0,6	1,0
Größter Hysteresefehler . . . . . . %	1,0	1,0	1,3	1,4	0,8	3,5
Fehler Gleichstr./50 Hertz . . . . . %	1,4	1,1	1,9	2,0	1,3	15
Fehler 25 Hertz/60 Hertz . . . . . . %	0,4	0,7	0,7	1,2	0,2	6,7

Diese Maßnahme ist zu verwerfen, sie verursacht sehr hohen Anwärmefehler. Bei dem Instrument F war das Verhältnis zwischen Kupferwiderstand und Vorwiderstand zu groß, infolgedessen waren auch die Frequenzfehler bedeutend.

Die Dreheiseninstrumente werden auch in ganz kleinen Abmessungen in Uhrform hergestellt, wie z. B. der Strommesser nach Bild 146, der in einen Porzellansockel mit den Maßen eines Sicherungselementes eingebaut ist. An derartige Ausführungen können nur äußerst bescheidene

[1]) Nach einer Mitteilung der Firma H. & B. ist der radiale Abstand zwischen den Kernen doch von größerem Einfluß, als es nach den Versuchen des Verfassers der Fall wäre. H. & B.-Instrumente weisen zwischen beiden Kernen nur einen Abstand von einigen Zehnteln Millimetern auf. Um dies zu erreichen, wurde auch das sonst übliche Messingrohr zwischen festem und beweglichem Eisen fortgelassen, das in dem Bild 139 noch zu sehen ist.

Ansprüche gestellt werden, insbesondere sind sie oft nur für kurzzeitige Einschaltung (von einigen Sekunden Dauer) zu verwenden.

Nachstehend die Daten eines derartigen Instrumentes mit Rundspule und zwei Wicklungen für die Meßbereiche $0 \div 10$ V und $0 \div 10$ A.

Skalenwinkel	110°
Zeigerlänge	17 mm
Drehmoment für Endausschlag	0,019 gcm
Gewicht des beweglichen Organs	0,30 g
Gütefaktor nach Keinath	0,95
Spulendurchmesser innen/außen	9,7/39 mm
Dicke des beweglichen und festen Bleches	0,2/0,35 mm
Spannungsmesserwicklung (innen) 1200 Wdg. 0,2 mm Cu (emailliert)	565 Ω
Ohne Vorwiderstand für Endausschlag	212 AW und 1,77 W
Anwärmefehler . . . nach 1 min 3%	nach 10 min. 10%
Strommesserwicklung (außen) 30 Wdg. 0,95 mm (emailliert für Endausschlag	300 AW und 12,0 W
Nach 2 min langer Belastung der Stromwicklung mit 10 A zeigt das Instrument als Spannungsmesser um 18% zu tief.	
Dämpfung	30 Überschwingungen in 3,6 sek

Bei guter Ausführung solcher Uhreninstrumente lassen sich allerdings bessere Ergebnisse erzielen. Ein großer Teil der im Handel be-

Bild 146. Dreheisen-Strommesser in Porzellansockel, wie eine Sicherungsdose einzubauen (Kahnt & Riede, Gera).

findlichen Instrumente hat aber nur die beschriebene geringe Genauigkeit.

Berechnung für Spannungsmesser. Man legt die Angaben für die Wicklungen und die Widerstände zweckmäßig in geometrischen Reihen fest, in der Art, daß man beispielsweise den Wattverbrauch für alle normalen Spannungsmeßbereiche konstant macht (z. B. 10 W für den Endausschlag). Wäre nun der Ausnutzungsfaktor des Wickelquerschnittes für alle Drahtstärken derselbe, so würde man auch ein konstantes Verhältnis von Manganin zu Kupfer für alle Meßbereiche erhalten. Da aber der Ausnutzungsfaktor mit abnehmendem Drahtdurchmesser kleiner wird, andererseits die Amperewindungszahl der festen Spule konstant gehalten wird, so muß bei den hohen Spannungsmeßbereichen der Kupferwiderstand schneller steigen als proportional dem Quadrate der Spannung, das Verhältnis Manganin/Kupfer kleiner und Anwärme- und Temperaturfehler größer werden. Zweckmäßiger ist es demnach, mit steigender Spannung auch den Verbrauch zu erhöhen. Auf diesen Schluß kommt man auch durch die Überlegung, daß sich bei allgemeiner Festsetzung einer höheren Wattzahl für den Endausschlag ein viel zu hoher Stromverbrauch für kleine Spannungsmeßbereiche ergeben würde. Bei nur 5 W verbraucht ein Spannungsmesser für max. 5 V immer noch 1 A, eine Tatsache, die bei Bestellung derartiger Instrumente fast immer außer acht gelassen wird.

Bei dem Dreheisen-Spannungsmesser geht im Gegensatz zum Dreheisen-Strommesser die Eigenerwärmung der Spule in die Messung ein. 20° Temperatursteigerung der Feldspule allein haben genau denselben Einfluß wie eine Änderung der Raumtemperatur um den gleichen Betrag, und man darf sie keinesfalls vernachlässigen.

Für die Schätzung der Eigenerwärmung kann man annehmen, daß bei derartigen Spulenkörpern je nach der Größe und Oberfläche die Übertemperatur in Celsiusgraden etwa gleich $10 \div 20$ mal der Belastung in Watt ist. Der Verbrauch der Feldspule schwankt je nach dem Füllfaktor des verwendeten Drahtquerschnittes zwischen 0,5 und 1 W, demnach beträgt die Übertemperatur $5 \div 20°$ C. Wenn der Gesamtverbrauch auf 10 W festgelegt wird, so ergibt sich ein Temperatureinfluß von $0{,}2 \div 0{,}4\%$ je 10° und damit für die Übertemperaturen von $5 \div 20°$ C ein Anwärmefehler von $0{,}1 \div 0{,}8\%$. Im allgemeinen ist der Anwärmefehler guter Dreheisen-Spannungsmesser nur in Ausnahmefällen größer als 1%.

Die Amperewindungszahl der Feldspule eines Spannungsmessers darf nicht zu hoch angesetzt werden, namentlich wegen der Eigenerwärmung. Nach Festlegung der Abmessungen der Feldspule bestimmt man durch Versuch ihre Erwärmung durch Strom- und Spannungsmessung über einen Zeitraum von etwa einer Stunde. Ist α der Temperaturkoeffizient des Kupfers (0,4% bei 20° C), und hält man den Strom i_0 konstant, so ist die Übertemperatur

$$\tau = \frac{e_t - e_0}{e_0} \times \frac{100}{0{,}4} \text{ Grad C,}$$

wenn e_0 der Anfangswert der Spannung beim Strom i_0 und
e_t der Endwert der Spannung beim gleichen Strom ist.

Zur bequemeren Umrechnung auf andere Werte bezieht man τ auf die Wattbelastung der Feldspule im Dauerzustand:

$$\tau = C_t \times e_t \cdot i_0.$$

Für mäßige Erwärmung ist C in erster Annäherung als konstant anzusehen, nach dem vorhin Gesagten etwa gleich $10 \div 20$.

Für Strommesser kann τ_{max} zur Kupferersparnis unbedenklich bis auf etwa 50° C gesteigert werden, für Spannungsmesser sollte τ etwa 20° C nicht übersteigen.

Nunmehr sind die Meßbereiche festzulegen. Hierfür sollten eigentlich die Normalspannungen des V.D.E. maßgebend sein; es ist indessen nicht möglich, eine vollständige Übereinstimmung herbeizuführen, weil die Wünsche der Verbraucher allzu vielseitig sind und nicht durchweg mißachtet werden können. Immerhin wäre es wünschenswert, wenn sich die Hersteller solcher Instrumente auf normale Skalenwerte einigen würden.

Bei der Abstufung der Windungszahlen ist maßgebend, wie weit sich bei einem Instrumente die Empfindlichkeit entweder durch Veränderung der Gegenkraft (Gewichte oder Feder) oder durch Verstellen eines festen Eisenkernes verändern läßt. Eine Variation von 1:1,5 erscheint ausreichend. Geht man darin zu weit, so kann die Richtkraft zu gering werden oder der Skalencharakter zu stark vom normalen abweichen. Für Spannungsmesser kann man auch in der Weise verfahren, daß man im Interesse einheitlicher Herstellung für ein größeres Intervall, z. B. 1:3, die gleichen Feldspulen verwendet, aber mit verschiedenem Vorwiderstand, mithin mit der Spannung steigenden Wattverbrauch zuläßt.

Ist die kleinste Spannung für den Skalenendwert $= e_1$, die größte Spannung $= e_2$, so ergibt sich die Zahl der Stufen für eine Variation von 1:1,5 bei gleichmäßiger Verteilung zu

$$x = \frac{\log e_2 - \log e_1}{\log 1{,}5} = \frac{\log \dfrac{e_2}{e_1}}{\log 1{,}5}.$$

Die Gesamtzahl der Wicklungen ist dann gleich $x + 1$.

Ist beispielsweise die kleinste Spannung 50 V, die größte 800 V, so ergibt sich $x = \frac{\log 16}{\log 1{,}5} = 6{,}85$, mithin sind acht verschiedene Wicklungen vorzusehen, von denen die erste für max 50 Volt, die zweite für max $50 \times 1{,}5 = 75$ V, die dritte für 76 bis 112 V Verwendung findet usw. Durch Annahme eines anderen Wertes der kleinsten Spannung wird man aber die Stufen so zu legen versuchen, daß die Normalspannungen (110 V, 250 V usw.) nicht gerade genau in die Grenze zweier verschiedener Wicklungen fallen.

Die weitere Rechnung ist einfach: unter Zugrundelegung konstanten Wattverbrauches wird die Stromstärke berechnet, daraus die Windungszahl, hiernach wird aus Drahttabellen die Drahtstärke und der Widerstand ermittelt. Die Isolation der Spannungsmesserwicklung wird man immer so dünn wie möglich wählen, damit der Kupferwiderstand gering bleibt. Trotzdem steigt er mit zunehmender Windungszahl schneller als mit dem Quadrat der Windungszahl an, weil der Füllfaktor immer geringer wird.

Die errechneten Werte für Windungszahlen, Stromstärke, Widerstand, Anwärmefehler usw. trägt man der besseren Übersicht wegen auf Logarithmenpapier graphisch auf.

Der Vorwiderstand wird entweder auf Rollen, auf eine Schieferplatte oder einen Rahmen gewickelt und zweckmäßig nicht unter der Kappe, sondern im Sockel des Instrumentes unter Ermöglichung guter Luftzirkulation eingebaut, so daß er der Feldspule keine weitere Wärme zuführen kann und nicht einen mit der Erwärmung des ganzen Instrumentes sehr langsam ansteigenden Erwärmungsfehler hervorruft.

„Kurzschlußfeste" Strommesser.

Bemerkenswert ist die Ausführung des sog. kurzschlußfesten Strommessers der Firma Hartmann & Braun[1]). Der Skalenverlauf ist im ersten Drittel nahezu vollkommen proportional und entspricht für den übrigen Teil dem eines Instrumentes mit stark zusammengedrängter Skala. Es sind gleichfalls zwei feste Eisen vorhanden, aber in solcher Anordnung und Abmessung, daß das eine bei normalem Strom sehr schwach magnetisiert ist und ein Gegendrehmoment zu dem Hauptmoment erzeugt, das von dem normal ziemlich stark gesättigten Haupteisen herrührt. Steigert man nun den Strom beträchtlich, so nimmt das Hauptdrehmoment nicht mehr viel zu, wohl aber das Gegendrehmoment, bis schließlich bei etwa 3 ÷ 5 fachem Überstrom ein Zustand erreicht ist, bei dem das Gegen-

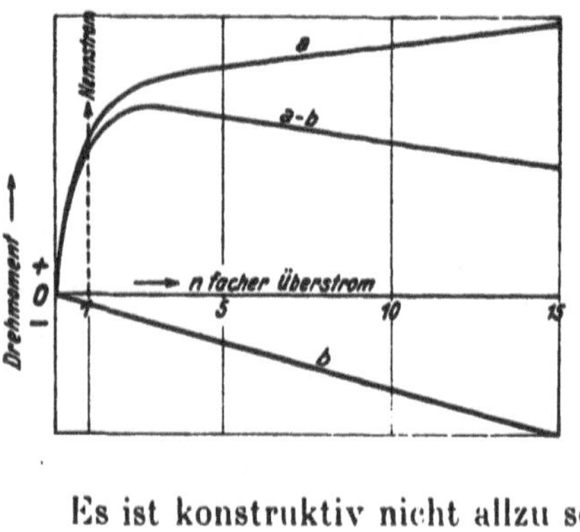

Bild 147. Schema der Wirkungsweise des dynamisch kurzschlußfesten H. & B.-Strommessers. Maximal zulässig der 40fache Strom 1 Sekunde.

a = Vorwärtsdrehmoment
b = rückläufiges Drehmoment
$a-b$ = Gesamtdrehmoment

drehmoment überwiegt und der Zeiger nicht nur nicht gegen den Anschlag prellt, sondern sogar zurückgeht in die Skala. (Bild 147.)

Es ist konstruktiv nicht allzu schwierig, diesen Effekt zu erreichen. Er war z. B. unbeabsichtigt bei alten Dreheiseninstrumenten vorhanden, deren Skalenblech aus Eisen war, das nun als zweites festes Eisen das Gegendrehmoment erzeugte.

[1]) Voller, ETZ 1924. S. 1405.

Nach den Angaben der Hersteller bewirkt kein zweites festes Eisen, sondern das Luftfeld das rückführende Drehmoment, und es soll nur nötig sein, das bewegliche Eisen im Innern der Rundspule exzentrisch anzuordnen.

Mit der thermischen Kurzschlußfestigkeit hat eine solche Maßnahme selbstverständlich nichts zu tun, sie erhöht nur die mechanische Festigkeit. Darüber ist folgendes zu sagen:

Bei einer geprüften Ausführung dieses kurzschlußfesten Strommessers für 40 A Endausschlag betrug der Kupferquerschnitt 10 mm², die Stromdichte bei Nennstrom demnach 4 A/mm². Nach den im Abschnitt über Stromwandler niedergelegten Berechnungen erhält diese Wicklung etwa beim 40fachen Sekundenstrom eine Übertemperatur von ca. 160° C. Sie ist also wesentlich weniger kurzschlußfest als Stromwandlerwicklungen, die den 50÷60fachen, sogar 100- bis 200fachen Sekundenstrom aushalten.

Wirklich kurzschlußfeste Strommesser erhält man nur, wenn man sie über Stromwandler mit bei Überstrom stark abfallender Charakteristik speist, so daß der dynamische und auch der thermische Stoß von der Primärwicklung des Wandlers aufgenommen wird.

Bild 148. Dynamisch und thermisch kurzschlußfester Siemens-Strommesser mit angebautem Kleinwandler. Das Instrument hält den 150fachen Sekundenstrom aus, den 40fachen 1¼ s lang. (Siemens & Halske.)

Bild 148 zeigt einen solchen Strommesser der Siemens & Halske A.-G., bei dem ein kleiner Wandler unmittelbar an das Instrument gebaut ist. Der Wandler hat primär 150 AW und einen Wickelquerschnitt von 150 mm². Daraus ergibt sich für 200° Übertemperatur ein zulässiger Sekundenstrom vom 150fachen des Nennwertes gegen den 40fachen Nennwert bei dem direkt angeschlossenen, vorher beschriebenen Instrument. Dabei hat man auch noch den Vorteil, daß das Instrument besser isoliert ist. Der kleine Wandler wird mit 5000 V geprüft, der Durchschlag erfolgt erst bei 15000 V. Das nächste Bild bringt ein Oszillogramm der Überstromprüfung eines solchen Instrumentes mit einem Strom von 3400 A. Der Wandler hat sehr wenig Eisen (nur 0,2 kg), so daß der Sekundärstrom höchstens auf den 12fachen Betrag ansteigen kann. Der einzige Nachteil, den man von dieser Anordnung berichten kann, ist der der Frequenzabhängigkeit. Da aber die Netzfrequenzen konstant sind und hier die Betriebsicherheit viel höher angesetzt wird als die Genauigkeit, so dürfte dieser Umstand praktisch keine Bedeutung haben.

Mit dem Wandler kann man gleichzeitig auch in bequemster Weise die Anfangsteilung auseinanderziehen, so daß die Instrumente schon von $^1/_{10}$ bis $^1/_{30}$ des Endwertes ab geteilt sind.

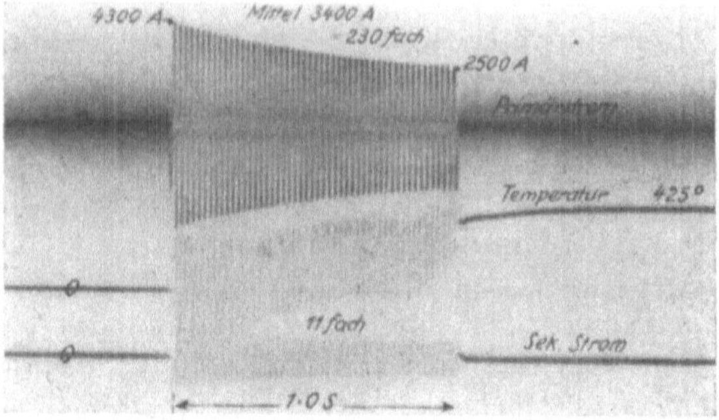

Bild 149. Überstromversuch an einem kurzschlußfesten Schaltkasten-Strommesser von Siemens & Halske mit dem Meßbereich 15/30 Ampere. Belastung durch eine Sekunde im Mittel 3400 A, Wicklungstemperatur steigt bis 425° C. Dem Thermostrom ist ein Wechselstrom übergelagert, der Knick in der Temperaturkurve rührt vom Schmelzen der weich gelöteten Verbindungsstelle her.

Eine andere Ausführung eines kurzschlußfesten Strommessers zum Einbau in Hochspannungsleitungen ist bereits in Bild 76 gezeigt worden.

4. Dreheiseninstrumente mit mehreren Meßbereichen.

Wegen der Widerstandsfähigkeit der Dreheiseninstrumente werden sie vielfach als tragbare Instrumente ausgeführt. Es ist dann wünschenswert, mit einem Instrument möglichst weite Bereiche umfassen zu können.

Strommesser.

1. Nebenwiderstände. Bei Strommessern ist schon wiederholt versucht worden, mit Nebenwiderstand zu arbeiten, man kommt aber damit zu keiner befriedigenden Lösung. Der Leser möge folgendes berücksichtigen: Für die Feldspule sind mindestens 0,5 W nötig. Schaltet man zur Verminderung des Temperatureinflusses nur den dreifachen Betrag des Spulenwiderstandes vor (1 % auf 10° C), so kommt man auf 2,0 W. Mit 5 A wird der Spannungsabfall, ohne die Zuleitungen, bereits 400 mV, mit Zuleitungen etwa 500 mV. Das gibt große, teure Nebenwiderstände und dabei noch einen erheblichen Einfluß der Güte der Verbindungsstellen auf die Messung. Instrumente dieser Art werden nur von der Firma J u l e s C a r p e n t i e r, in Paris, gebaut, mit einem Spannungsabfall von 300 bzw. 500 mV und einem Abzweigstrom von 10 A, also 3 bzw. 5 W Gesamtverbrauch. Die Instrumente haben merkliche Temperatur- und Frequenzfehler, den letzteren deshalb, weil die Zeitkonstante des Nebenwiderstandes und des Instrumentes in der Regel nicht gleich ist. Beispielsweise beträgt die Fehlweisung mit Gleichstrom geeichter Instrumente bei Verwendung von Meßwiderständen mit 300 mV Abfall bei dem 1000 A-Strommesser von Carpentier bei 25 Hertz 0,8%, bei 50 Hertz bereits 2,1%. Der Temperatureinfluß des gleichen Instrumentes ist 1,3% für 10° C.

2. Umschaltung der Feldspulen. Durch Unterteilung der Feldspulwicklung in zwei oder mehr magnetisch aber vollkommen gleichwertige Teile, die in Reihe oder parallel geschaltet werden, läßt sich der Meßbereich im allgemeinen nur in den Grenzen 1:2 bis 1:4 ändern. Eine Umschaltung 1:2 lohnt aber nicht, weil die Skala nicht in ihrem ganzen brauchbaren Teil, der bis mindestens 30% herabgeht, ausgenutzt wird. Außerdem sind dafür besondere Schaltorgane nötig, die geringen Widerstand haben müssen, damit die Stromverteilung in den einzelnen Spulen immer die gleiche ist. Immerhin hat diese Lösung vor der nachstehend beschriebenen den Vorzug, daß der Wickelraum stets voll ausgenutzt ist, daß also die Erwärmung gering bleibt. Außerdem ist der Skalencharakter für alle Meßbereiche derselbe.

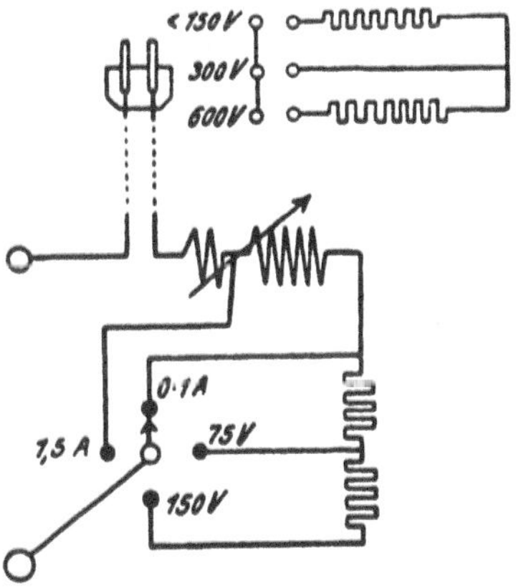

Bild 150. Schaltung eines Vielfach-Instrumentes mit den Meßbereichen 0,1 1,5 Ampere 75, 150, 300, 600 Volt. Die Feldspule besteht aus zwei Einzelspulen mit dickem und dünnem Draht. (Carpentier, Paris.)

3. Getrennte Wicklungen auf der Feldspule. Besser ist es, zwei oder mehr Wicklungen auf derselben Spule anzubringen, die elektrisch voneinander getrennt sind. Daraus ergibt sich für jeden Meßbereich aber nur eine teilweise Ausnutzung des verfügbaren Wickelraumes und infolgedessen auch eine höhere Erwärmung der Feldspule. Andererseits können damit Meßbereiche in beliebigen Verhältnissen, z. B. 1:10, mit einem Instrument geschaffen werden. Bild 150 zeigt die Schaltung eines Instrumentes von Jul. Carpentier[1]), ein Strommesser für Ströme bis 1,5 A und gleichzeitig Spannungsmesser für Spannungen bis zu 600 V. Die Meßbereiche 0,1 A, 1,5 A, 75 V, 150 V werden durch einen Drehschalter gewählt, die Meßbereiche 150, 300, 600 V durch einen zweipoligen Stecker. Siemens & Halske stellt einen tragbaren Strommesser dieser Art her mit den Meßbereichen 10 — 50 — 200 A, so daß man mit diesem Instrument Stromstärken von 1÷200 A, also im Verhältnis 1:100 messen kann. Die Wahl des Meßbereiches erfolgt durch

[1]) Bull. de la Soc. Franç. des Electriciens, Juni 1921, S. 267.

Umklemmen der Leitung. Zu beachten ist, daß sich mit getrennten Wicklungen für die verschiedenen Meßbereiche nie der genau gleiche Skalencharakter erzielen läßt.

Eine Vereinigung der unter 2. und 3. genannten Verfahren zeigt das umschaltbare Amperemeter der »Norma« G. m. b. H., Wien, mit den Meßbereichen 5 — 20 — 100 A[1]). Die beiden unteren Meßbereiche erhält man durch Reihen- und Parallelschalten einer 4fädig gewickelten Spule, den hohen Bereich mit einer gleichfalls aufgewickelten Hochstromwicklung. Bild 151a zeigt die Prinzipschaltung, Bild 151b die Leitungsverbindung mit dem Drehschalter. Das Instrument hat zwei Skalen, die in der Mitte um etwa 2% vom Höchstwert verschieden sind.

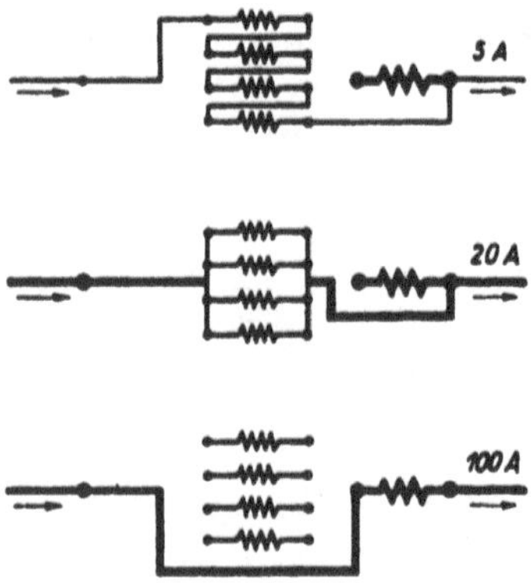

Bild 151a.

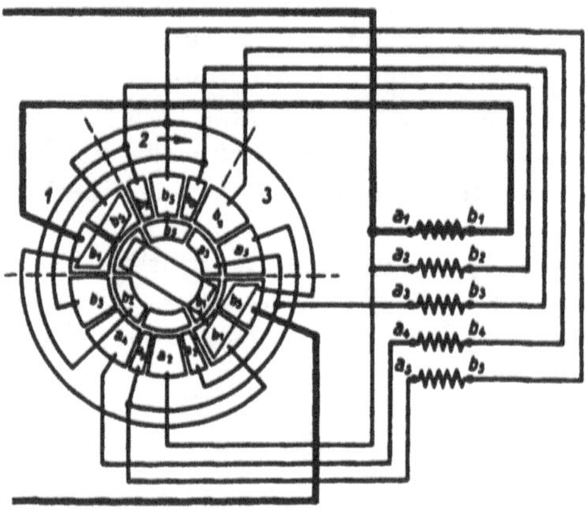

Bild 151b.

Schaltung des Norma-Dreheisen-Strommessers 5 — 20 — 100 Ampere.

4. Auswechselbare Feldspulen. Ein anderer Weg ist der, die Feldspule auszuwechseln und nur das Einsatzsystem festzulassen. Auch auf diese Weise lassen sich die verschiedensten Meßbereiche erzielen. Dieses Verfahren wird namentlich bei Strommessern angewandt, es erfordert aber, daß zu jedem Meßbereich eine besondere Skala gezeichnet wird, weil die Unterteilung der Skala sehr von der Lage der Windungen auf der Spule abhängt. Bild 152 zeigt das Schema einer anderen Art von Universalinstrumenten der Firma Carpentier mit auswechselbarer Feldspule für 0,05, 0,5, 2, 5, 10 A. Zwei der Spulen, die für 0,05 und 0,5 A, werden auch zur Spannungsmessung benutzt. Es sind besondere Kontaktstücke vorgesehen, die selbsttätig die Spannungsmeßbereiche anschließen. Mit 0,5 A erhält man die Spannungsmeßbereiche 7,5, 15, 30 V.

[1]) Helios 1923, Nr. 43.

Eine neuartige Ausführung von Instrumenten dieser Art wird von der Firma Kiesewetter in Leipzig hergestellt (Bild 153). Es sind dabei in den Holzkasten drei Feldspulen in Dreieckanordnung eingebaut. Das Einsatzsystem enthält nur das bewegliche Organ, den Zeiger und die Abdeckplatten. Die drei Skalen sind im Kreise angeordnet. Einer der

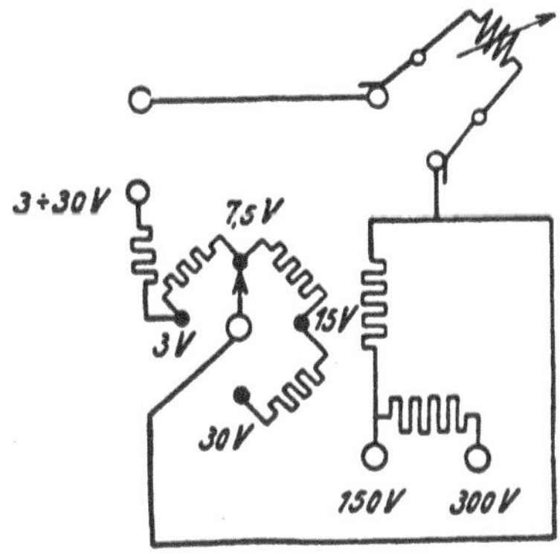

Bild 152. Schaltung eines Vielfach-Instrumentes mit auswechselbaren Feldspulen und den Meßbereichen 3, 7,5, 15, 30, 150, 300 Volt. Hierzu werden zwei Spulen mit 0,5 bzw. 0,05 A Verbrauch verwendet. (Carpentier, Paris.)

drei Meßbereiche wird in der Weise gewählt, daß man das Einsatzorgan in das Loch der Feldspule des gewünschten Meßbereiches steckt, wobei gleichzeitig die nichtbenutzten Skalen abgedeckt werden. In einer Ausführung dieser Instrumente sind die drei Meßbereiche 6, 50, 500 A gewählt worden, so daß mit diesem Instrument Stromstärken von 1 ÷ 500 A gemessen werden können.

Die Genauigkeit derartiger Meßeinrichtungen mit auswechselbarer Spule ist nicht groß, weil es mit einem vernünftigen Aufwand von Paß-

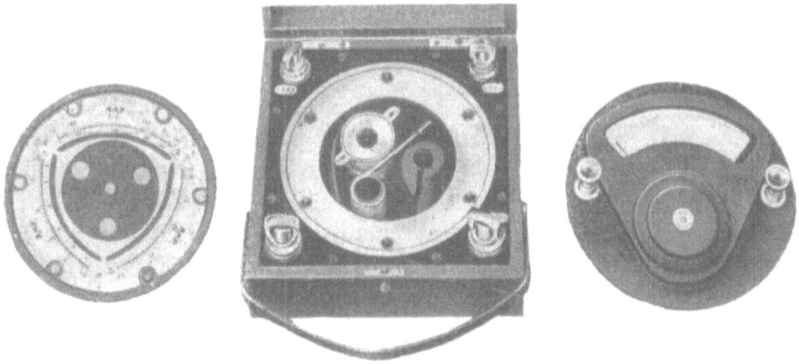

Bild 153. Tragbarer Dreheisenstrommesser mit drei Meßbereichen 6—50—500 Ampere. Es sind drei Feldspulen vorhanden, in die das bewegliche System eingesetzt wird. Die drei Skalen sind, wie links abgebildet, angeordnet. Beim Wechseln des Meßbereiches werden die nichtbenutzten Skalen abgedeckt und das am Deckel befindliche Einsatzsystem in eine andere Spule eingetaucht. (Kiesewetter, Leipzig.)

arbeit nicht möglich ist, die Lage des Einsatzsystems zu den Einzelspulen hinreichend genau festzulegen.

5. Stromwandler als Meßbereichwähler. Verzichtet man auf die Verwendung bei Gleichstrom, so läßt sich durch Einbau eines kleinen Transformers mit angezapften Primärwicklungen eine sehr günstige Lösung erzielen. Bild 154 zeigt eine Einzel-Ausführung der Siemens & Halske A.-G. mit den Meßbereichen 3 — 10 — 30 — 100 — 300 A, mit der man also Stromverstärken von 1 bis 300 A messen kann, wobei aber jede Skala nur bis zu einem Drittel des Endwertes herab benutzt wird, während sie bei der Ausführung nach Bild 153 bis zu einem Zehntel abgelesen werden muß.

Bild 154. Tragbarer Dreheisen-Strommesser mit eingebautem Stromwandler und den Meßbereichen 3—10—30—100—300 A.

Spannungsmesser.

Da nach dem früher Gesagten bei Spannungsmessern der Verbrauch mindestens 5 W beträgt, so läßt sich im äußersten Falle mit 20 W Gesamtverbrauch ein Spannungsmeßbereich 1:4 in einem einzigen Instrument erzielen, wenn man die höheren Meßbereiche durch Zufügen von Vorwiderständen bildet. Mehr zu empfehlen ist es, die Feldspule bei Spannungsmessern zu unterteilen und jede Hälfte mit einem Vorwiderstand in Reihe oder parallel zu schalten. Siemens & Halske bauen einen derartigen Spannungsmesser mit Meßbereichen 1/2/4, die durch einen Hebelschalter umgeschaltet werden, von denen die ersten zwei Meßbereiche durch Parallel- und Reihenschaltung gebildet sind, der letzte Meßbereich durch Zufügen von Vorwiderstand, also mit doppeltem Verbrauch.

Andere Ausführungen von Siemens & Halske mit empfindlicherem Meßwerk, nur liegend zu gebrauchen, haben die Meßbereiche 3/10/30 V bzw. 10/30/100 V, mit einem Stromverbrauch von 300 bzw. 90 mA und für den kleinsten Spannungsbereich einen Leistungsverbrauch von 0,9 Watt.

Ein vereinigter Strom- und Spannungsmesser der Firma Carpentier, Paris, ist bereits erwähnt worden.

3. Eigenschaften der Dreheiseninstrumente.

Temperaturfehler.

Das Verhalten der Dreheiseninstrumente bei veränderter Umgebungstemperatur ist leicht zu übersehen. Der normale Strommesser wird in den für das Dreheiseninstrument typischen Teilen überhaupt nicht von der Temperatur beeinflußt, ein besonderer Vorzug der Dreheisenstrommesser, der leider viel zu wenig beachtet wird. Wenn ein Temperatureinfluß stattfindet, so kann es nur auf den Elastizitätsmodul der Richtfeder sein.

Für den Spannungsmesser üblicher Bauart gelten die auf S. 102 abgeleiteten einfachen Beziehungen, für ihn darf der Einfluß der Eigenerwärmung nicht außer acht gelassen werden. Bei Instrumenten mit mehreren Spannungsbereichen ist zu unterscheiden zwischen solchen mit Serien-Parallelschaltung und solchen mit der einfachen Vorschaltung von Widerstand für die höheren Meßbereiche. Erstere haben konstanten Temperatureinfluß, bei letzteren nimmt er mit der Höhe der Spannung ab.

Gleichstromfehler.

Hysterese, Remanenz der Lage. Bei der Verwendung für Gleichstrom zeigen alle Dreheiseninstrumente die Fehler der Hysterese. Die Angaben sind verschieden mit zu- und abnehmendem Strom, je nach der Stromrichtung und nach heftigen Kurzschlüssen, d. h. nach Übererregung des Eisens. Die Verhältnisse sind keineswegs leicht zu übersehen. Steigert man den Strom langsam von Null bis zum Höchstwert und geht langsam wieder ebenso zurück, und beobachtet man dabei an 5÷10 Skalenpunkten, so zeigt das Instrument im allgemeinen, dem Durchlaufen einer Magnetisierungsschleife entsprechend, bei abnehmendem Strom höhere Werte als bei zunehmendem. Es ist aber auch möglich, daß das Gegenteil der Fall ist, und zwar dann, wenn eine gewollte oder ungewollte Kompensierung der Hysterese, im vorliegenden Falle Überkompensierung eintritt.

Bild 155 zeigt die Fehler, die an einem normalen Flachspulinstrument entstehen. Als richtig angenommen sind dabei die Werte, die man erhält, wenn man zuerst am Normalinstrument einen Stromwert einstellt, dann aus- und wieder einschaltet, so daß der Zeiger eine oder mehrere Überschwingungen macht (Methode des Ausschwingenlassens). Diese Art der Eichung ist von der Stromrichtung nur in geringem Maß abhängig; sie deckt sich auch sehr gut mit der Wechselstromeichung. Bei langsam zu- und abnehmendem Strom entsteht eine mehr oder weniger breite Hysteresisschleife, bei Wechsel der Stromrichtung sind bei dem erstmaligen Durchlaufen der Schleife erhebliche Fehler zu bemerken, die sich bei der zweiten und dritten Eichung einem konstanten Wert nähern.

Bemerkenswert ist noch, daß die Eichkurve für zunehmenden Strom praktisch unabhängig ist von der Stromrichtung und auch mit der Eichung nach der Methode des Ausschwingenlassens gut zusammenfällt. Im ungünstigsten Falle betragen die Fehler etwa 2% des Höchstwertes.

Die Remanenz der Lage stellt man in der Weise fest, daß man bei konstantem Strom, etwa dem Mittelwert der Skala entsprechend, den Zeiger einmal mechanisch ans Skalenende ablenkt, langsam, ohne Überschwingung zurückführt und (ev. nach Klopfen) abliest. Dann wiederholt man die Ablesung, nachdem man den Zeiger mechanisch, noch unter Strom, auf Null geführt hat. Die Differenz beider Ablesungen gibt, unter Ausscheidung der Reibungsfehler, den gesuchten Wert.

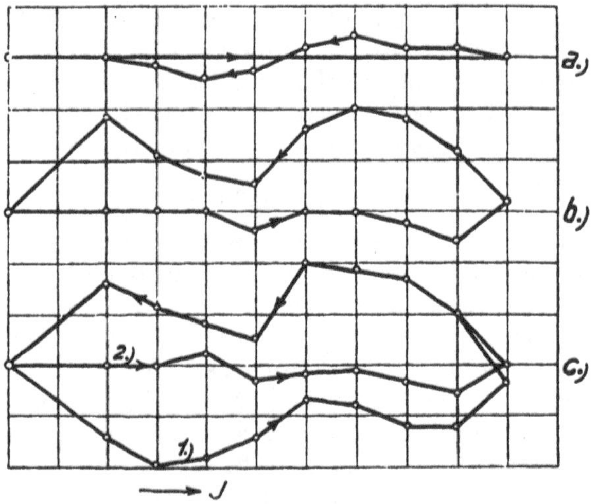

Bild 155. Typische Fehlerkurven eines Flachspul-Strommessers.
a) Methode des Ausschwingenlassens
b) Strom stetig geändert
c) desgl., aber gewendet
1. erste Schleife
2. zweite und folgende Schleifen.

Sie rührt davon her, daß die magnetische Achse des beweglichen Eisens sich mit der Verdrehung ändert und in der alten Lage etwas zurückbleibt.

Verhalten des Rundspul-Instruments. Dem Vorhandensein von zwei Eisenblechen entsprechend ist das Verhalten der Rundspulinstrumente sehr mannigfaltig. Zunächst ist es bei Gleichstrom möglich, daß nach dem Abschalten des Stromes in der Feldspule der Zeiger nicht ganz auf Null zurückgeht, weil der Restmagnetismus der Bleche noch eine Ablenkung hervorruft. Bei einem Versuch (Bild 156) wurden die beiden Kerne aus Kobaltblech hergestellt, das eine ganz abnorm hohe Remanenz zeigte. Sie war so stark, daß nach Wenden des Stromes das Instrument erst entgegengesetzt ausschlug, bei einem Stromwert, der vorher 35 Teilstrichen Ausschlag entsprach, durch Null ging und dann erst nach der richtigen Seite ausschlug. Der Unterschied der Angaben bei zu- und abnehmendem Strome betrug stellenweise bis zu $1/3$ der gesamten Skalenlänge. Demnach kann es nicht überraschen, wenn bei einigen Instrumenten auch nach Abschalten des Stromes noch kleine Remanenzausschläge von einigen Zehntel Teilstrichen beobachtet werden. In einem Fall ergaben sich sogar bei Wechselstrom Restausschläge von maximal $\pm 0{,}4\%$ der Skalenlänge, beliebig wiederholbar, als eine

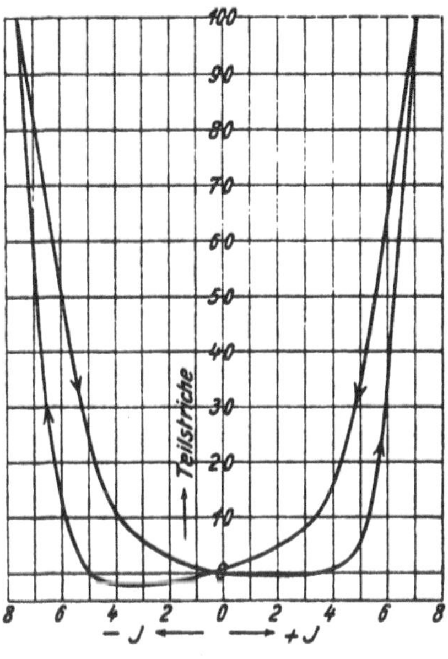

Bild 156. Hysteresisschleife eines Rundspul-Strommessers mit Kobaltblechen bei gewendetem Strom.

Funktion der Stromstärke vor dem Abschalten, verursacht durch zu große Nähe einer Eisendeckplatte.

Im allgemeinen sind hinsichtlich ihres Verhaltens bei Gleichstrom Rundspulinstrumente und Flachspulinstrumente gleichwertig.

Wie an anderer Stelle (S. 135) auseinandergesetzt, ist es möglich, Elektrolyteisen mit sehr kleiner Koerzitivkraft herzustellen, und es hat schon mancher gehofft, damit das »hysteresefreie« Dreheisen-Gleichstrominstrument herzustellen. Leider sind aber die guten Eigenschaften des Elektrolyteisens nicht beliebig reproduzierbar, und so kann es nicht verwundern, daß es bis jetzt (1927) noch nicht gelungen ist, ein Dreheiseninstrument mit einer Gleichstromgenauigkeit von 0,5% fabrikationsmäßig herzustellen. Die von einer Firma veröffentlichten Versuchswerte mit einem maximalen Fehler in dieser Größenordnung haben sich bei der Nachprüfung eines neuen Instrumentes dieser Art im Laboratorium der Siemens & Halske A.-G. nicht im mindesten wieder erzielen lassen, das Instrument war nicht besser als die normalen handelsüblichen Apparate. Es ist offenbar nicht gelungen, die Laboratoriumsergebnisse auf die Fabrikation zu übertragen. Später hat die betr. Firma dann eine weitere Fehlergrenze und nur für Wechselstrom angegeben.

Von wesentlichem Einfluß auf die Hysteresefehler ist die Form der festen und beweglichen Kerne: das Eisen muß möglichst kurz sein. Der ungeschickte Konstrukteur des in der Fußnote auf S. 208 erwähnten

Instrumentes hatte aber für das Eisen die Form einer langen, schmalen Sichel gewählt.

Feststellung der Hysteresefehler. Die einwandfreie Feststellung der Hysteresefehler ist nicht ganz einfach, weil die Ergebnisse von der »Vorgeschichte« des Eisens abhängen. Es wäre sehr zweckmäßig, wenn alle diese Untersuchungen nach einem ganz einheitlichen Plan gemacht würden, und schlägt der Verfasser dafür das nachstehende Verfahren vor:

1. Eichung nach der Methode des Ausschwingenlassens für zu- und abnehmenden Strom.
2. Daran anschließend Eichung mit stetig zunehmendem Strom bis zum Höchstwert und wieder zurückgehend, wobei genau darauf geachtet wird, daß der Strom nicht unterbrochen wird und daß keine sprungweise Regulierung einsetzt. Vor dem Aufnehmen der endgültigen Kurven sind einige Magnetisierungszyklen zu durchlaufen.
3. Wenden der Stromrichtung durch Vertauschen der Anschlüsse. Es wird nun die erste Schleife nach der Stromwendung aufgenommen. Die Schleife wird mehrmals durchlaufen und zuletzt wieder eine Schleife aufgenommen. Diese letzte Schleife deckt sich im allgemeinen mit der unter 2. erhaltenen, nicht aber die erste der Schleifen mit neuer Stromrichtung.
4. Das Instrument wird zunächst bis zum Endausschlag belastet und dann auf etwa 1 s mit 10fachem Strom überlastet und jetzt nochmals in der gleichen Stromrichtung die Schleife aufgenommen.

Alle diese Werte werden entweder auf die Eichung oder auf die gemessenen Werte bei der Aufnahme der ersten Kurve bezogen und graphisch dargestellt. Die so erhaltenen Kurven geben ein außerordentlich charakteristisches Bild über die Eigenschaften eines Dreheiseninstrumentes bei Gleichstrom.

Kompensierung der Hysteresefehler. Der Hysteresefehler läßt sich zum größten Teil oder ganz kompensieren durch einen magnetischen Nebenschluß aus einem Material mit wesentlich stärkerer Re-

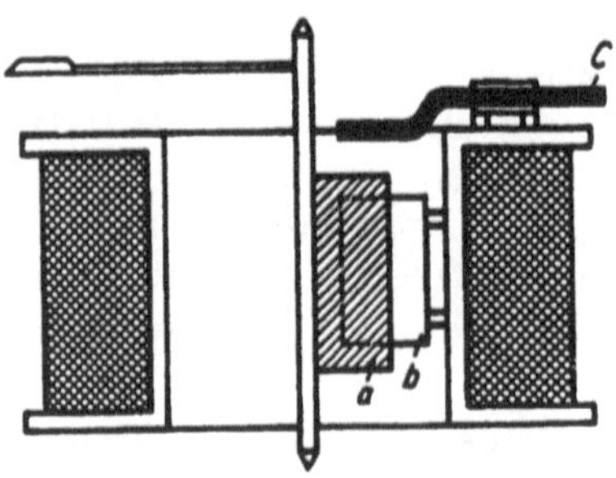

Bild 157. Magnetischer Nebenschluß an einem Rundspulinstrument zur Kompensierung der Hysteresefehler. (Da & Dutilh.)

manenz als die des Systemeisens. Eine solche Anordnung ist in Bild 144 wiedergegeben. Eine für Rundspulinstrumente brauchbare Form ist von Dutilh[1]) angegeben worden (Bild 157), sie besteht

[1]) Bull. Soc. Int. des Electriciens, Nov. 1921.

aus einem Eisensteg, der auf dem Spulenflansch aufliegt und in den Hohlraum hineinragt. Das feste Eisen *b* stößt das bewegliche *a* ab, der Steg *c* sucht es aber anzuziehen und wirkt so im Sinne einer Verminderung der Hysteresisfehler. Die Einrichtung wirkt aber an den von der Firma Da & Dutilh hergestellten Instrumenten sehr unbefriedigend. Bei zwei Instrumenten dieser Art, die bei Siemens & Halske geprüft wurden, waren die Fehler nicht kleiner als bei normalen guten Dreheiseninstrumenten. Eine noch einfachere Anordnung bauen Nalder Bros. Sie stellen die Achse entgegen dem sonstigen Brauch nicht aus Messing, sondern aus Stahl her, als magnetischen Nebenschluß zum beweglichen Eisen. Vermindert man nun den Strom, so bleibt eine Restmagnetisierung in der Stahlachse und magnetisiert das bewegliche Eisen im entgegengesetzten Sinne.

Wechselstromfehler.

Unterschied Gleichstrom — Wechselstrom. Für Wechselstrom sind die Dreheiseninstrumente genauer als bei Gleichstrom, und zwar sind sie erheblich besser als im allgemeinen von ihnen vorausgesetzt wird. Die Gleichstromeichung gilt mit geringer Abweichung auch für Wechselstrom technischer Frequenzen, wenn sie unter Kommutierung des Gleichstromes oder nach der Methode des »Ausschwingenlassens« bei zunehmendem Strom vorgenommen wird. Vollständige Übereinstimmung wird nie erreicht; die Abweichungen können positiv oder negativ sein, auch derart, daß beispielsweise im unteren Teil der Skala das Instrument für Wechselstrom, im oberen dagegen für Gleichstrom empfindlicher ist. Die wahren Ursachen dieses eigentümlichen Verhaltens haben sich bisher noch nicht aufdecken lassen. Im Zusammenhang damit dürfte auch die eigentümliche Erscheinung stehen, daß öfter bei Wechselstrom zwischen 15 und 100 Hertz eine Steigerung der Empfindlichkeit beobachtet wird, die erst bei weiterer Erhöhung der Frequenz wieder zurückgeht.

Ein sehr interessantes Beispiel bot ein Rundspul-Strommesser bester Herstellung. Bei ihm trat in der Mitte der Skala eine sprungweise Empfindlichkeitsänderung von 2% des Höchstwertes auf, auch bei ganz sorgfältiger, immer nur um 1% des Höchstwertes weiterschreitender Eichung, bei 10 Hertz und 50 Hertz in genau gleichem Betrage. Bei Gleichstrom war auch nicht eine Andeutung dieser Skaleneigentümlichkeit vorhanden.

Bei guten Instrumenten bleiben die Unterschiede zwischen Gleich- und Wechselstrom immer unterhalb 1% des Höchstwertes, so daß für technische Messungen eine Eichskala ausreicht. Ein Bild über die Lage der Werte für Gleich- und Wechselstrom gibt Bild 158 für ein Weston-Voltmeter nach dem Prüfbefund der Dresdener Hochschule (Druckschrift 111 der Weston Comp.). Für Wechselstrom ist der Fehler in den oberen zwei Dritteln des Meßbereiches nicht größer als 0,2 V,

d. i. 0,15% vom Höchstwert, während er bei Gleichstrom auf 0,8% vom Höchstwert ansteigt.

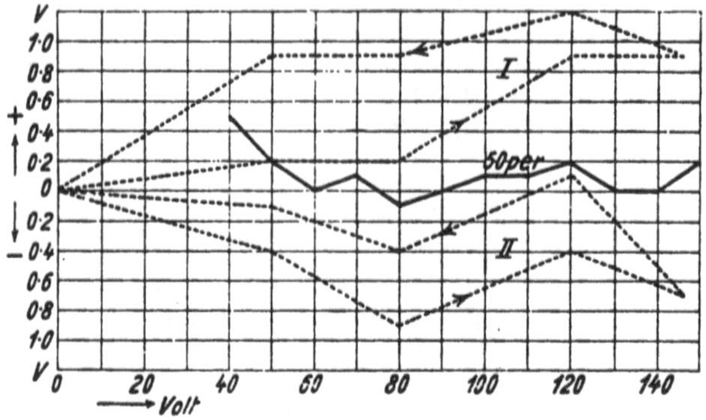

Bild 158. Rundspul-Spannungsmesser (Weston Co.).
I Gleichstrom, zu- und abnehmend
II desgl., gewendet.

Bei hohen Stromstärken, wenn die Wicklung nur aus wenigen oder gar nur aus einer einzigen Windung besteht, können insbesondere bei Rundspulinstrumenten ganz erhebliche Unterschiede zwischen Gleich-

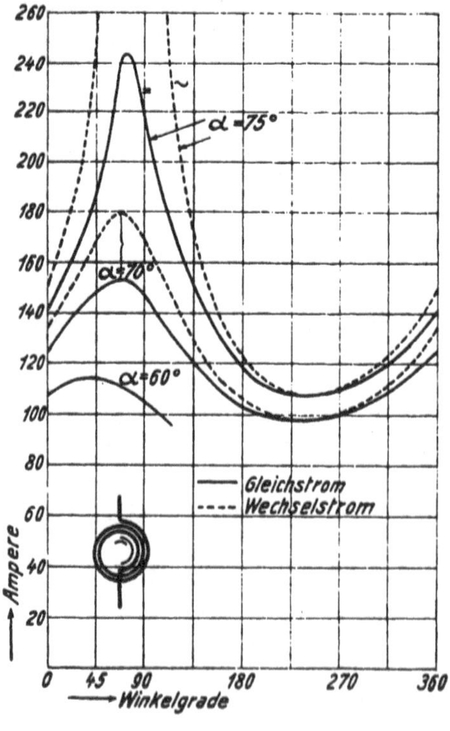

Bild 159. Rundspulstrommesser mit $2^1/_2$ Wdg. Lage des Einsatzes zur Spule geändert. An zwei diametral gegenüberliegenden Stellen ist der Fehler = Null bzw. ein Maximum.

und Wechselstrom auftreten, je nach der Stellung der beiden Eisenkerne am inneren Spulenumfang. Bei einem Rundspulinstrument mit 2½ Windungen Kupferblech wurde das gesamte Einsatzsystem mit Zeiger und Skala um jeweils $^1/_{16}$ des Umfanges gegen die Spule verdreht und für alle Stellungen der Stromverbrauch für einen bestimmten Zeigerausschlag festgestellt. Zu erwarten ist allerdings, daß die Empfindlichkeit längs des Umfanges nicht die gleiche ist, weil sowohl zwei als auch drei Windungen übereinanderliegen. Weiterhin muß in diesem Fall auch das bewegliche Eisen allein schon einen Ausschlag geben, weil das Feld nicht ganz homogen ist und das Eisen sich, wie bei der bereits erwähnten Anordnung von Hummel, nach der Stelle größter Feldstärke zu bewegen sucht. Dieser Ausschlag ist keineswegs klein; er betrug maximal ± 40 Winkelgrade bei 120 A. An zwei Stellen des Umfanges ist er gleich Null.

Außerdem zeigt sich aber (Bild 159), daß an den Stellen höchster Empfindlichkeit der Unterschied zwischen Gleich- und Wechselstrom nahezu verschwindet, während er an den Stellen geringster Empfindlichkeit mit steigendem Ausschlag immer größer wird, bis schließlich der Unterschied soweit geht, daß der Zeiger bei Wechselstrom auch mit dem Zehnfachen des Gleichstromwertes nicht mehr über die Skala geht. Wicklungen aus Flachkupfer und Rundkupfer zeigten die Erscheinung, zumal mit steigender Windungszahl, in immer geringerem Maße. Bei etwa 30 Windungen war kein Einfluß der Systemstellung mehr zu bemerken.

Kurvenform. Der Einfluß der Kurvenform ist auf gute, moderne Meßgeräte mit gering gesättigten, kurzen, dicken beweglichen Eisenkernen äußerst gering, hoch dagegen bei Instrumenten mit stark gesättigten dünnen Eisenkernen. Instrumente mit einem in eine Spule tauchenden dünnen Draht können Kurvenformfehler bis zu 10% zeigen, in dem Sinne, daß das Instrument bei sehr spitzen Kurven zu wenig, bei sehr flachen zuviel zeigt. Burrowes[1]) hat an einem Flachspulinstrument für Kurven, deren Ordinaten bei gleichem Effektivwert um mehr als 50% sich unterschieden, innerhalb der Beobachtungsfehler keinen Unterschied feststellen können.

Im Laboratorium von Siemens & Halske wurden ähnliche Versuche mit einem Flachspulinstrument normaler Herstellung unter Verwendung einer Kurvenmischmaschine vorgenommen mit 50 und 150 Hertz, zusammen immer 5 A effektiv, mit einem frequenzunabhängigen Hitzdrahtstrommesser gemessen. Die Phase der 3. Harmonischen wurde stetig geändert, so daß die resultierende Welle eine Sattelkurve oder eine spitze Kurve wurde. Es war dabei kein feststellbarer Kurvenformeinfluß vorhanden.

Frequenzfehler der Strommesser. Die Angaben aller Dreheiseninstrumente sind bei Wechselstrom mit der Frequenz verschieden. Bei der Prüfung des Verhaltens ist zu unterscheiden zwischen Strom- und Spannungsmessern. Bei den ersten wird die Fehlweisung bei veränderter Frequenz vor allem durch die Wirbelstromverluste verursacht. Es läßt sich berechnen, daß der Wirbelstromfehler zunächst quadratisch mit der Frequenz zunimmt, dann sich aber mit steigender Frequenz asymptotisch einem Grenzwert nähert (Bild 161).

[1]) The Electrician, 2. X. 14, S. 995.

Vermindert werden selbstverständlich die Unterschiede dadurch, daß man alle unnötigen Wirbelstrombahnen aus dem Felde der Spule entfernt. Metallene Spulenkasten müssen unbedingt geschlitzt sein. Die Weston-Comp. wickelt die Spulen ganz frei, schneidet auch aus dem benachbarten metallenen Gehäuseboden ein Stück aus und ersetzt es durch Isoliermaterial. Bei gewöhnlichen Instrumenten wird man aber auf derartige Maßnahmen der billigen Herstellung wegen verzichten.

Das Flachspulsystem eignet sich besser als irgendein anderes Dreheisensystem zur Strom- und Spannungsmessung bei mittleren Frequenzen bis zu 1000 Hertz. Die Ursache liegt einerseits in der günstigen Anordnung des Eisenwerkes mit kleinem magnetischen Wider-

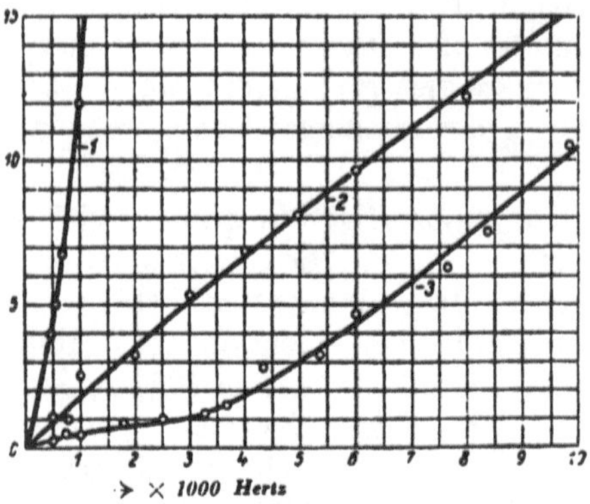

Bild 160.

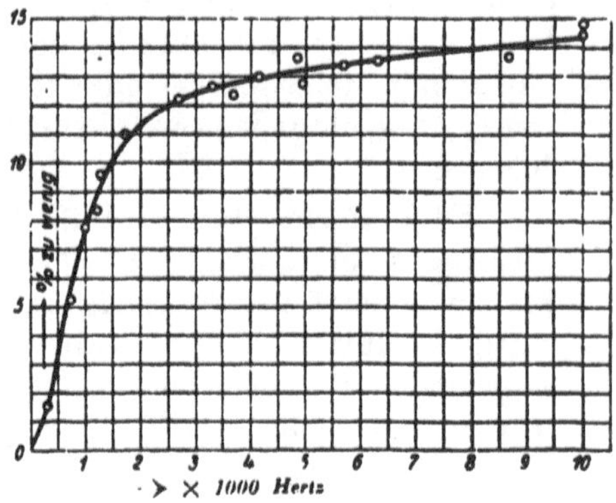

Bild 161.

Bild 160. Frequenz-Fehlweisung von Flachspul-Strommessern für 5 A (S. & H.) (% v. Sollwert).
1. Größeres Instrument, Spulenkasten ungeschlitzt
2. desgl. „ geschlitzt
3. kleineres Instrument desgl.

Bild 161. Frequenz-Fehlweisung eines kleinen Flachspul-Strommessers für 50 A (S. & H.).

stand, bei Spannungsmessern noch in der geringen Selbstinduktion der Feldspule. Bild 160 gibt den Frequenzfehler für drei Dreheisen-Strommesser des Flachspultyps für 5 A. Sie zeigt auch den vorteilhaften Einfluß des Schlitzens des Spulenkastens. Selbst bei einer Frequenz von 10000 Hertz zeigt der kleinere Strommesser erst einen Minusfehler von 10% des Sollwertes. Innerhalb der Skala selbst sind die Fehler, in Prozenten ausgedrückt, praktisch konstant.

Bei Instrumenten für höhere Stromstärken sind die Fehler größer. Bild 161 zeigt den Fehler eines kleinen Instrumentes für 50 A, gleichfalls für Frequenzen bis zu 10000 Hertz. Hier ist der Charakter der Fehlerkurve ein anderer. Der Fehler steigt zunächst rascher an, nähert sich dann aber asymptotisch dem Grenzwert von 15%.

Bei Rundspulinstrumenten sind die Frequenzfehler größer. Nach Druckschrift 113 der Weston-Comp. ergaben sich für einen Strommesser für 1 A zwischen 50 und 80 Hertz Fehler von:

—1,7 % vom Höchstwert = —3,40 % vom Sollwert beim Teilstrich 0,5 A,
—0,6 % vom Höchstwert = —0,86 % vom Sollwert beim Teilstrich 0,7 A,
—0,5 % vom Höchstwert = —0,55 % vom Sollwert beim Teilstrich 0,9 A.

Bild 162 zeigt die Frequenzfehler eines Schalttafel-Rundspulstrommessers für 0,1 A für max. 1000 Hertz. Bei diesem Instrument war im

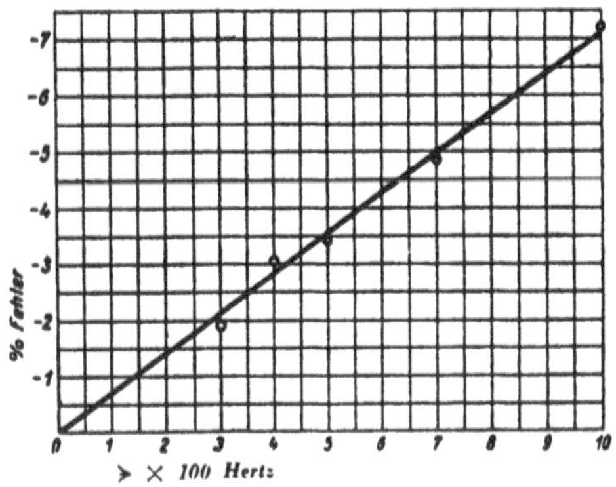

Bild 162. Frequenz-Fehlweisung eines Rundspulstrommessers 0,1 A.

Gegensatz zum erstgenannten keine nennenswerte Abhängigkeit des Fehlers von dem Ausschlag zu bemerken. Auf den Sollwert bezogen, waren die Unterschiede konstant, wenn von Beobachtungsfehlern abgesehen wurde. Bei demselben Instrument wurde auch der Einfluß der Dicke und der Beschaffenheit des festen Kernes festzustellen versucht, indem dieser in gleicher Form aus

0,25 mm starkem Elektrolyteisen,
0,5 mm starkem, legiertem Eisenblech,
0,9 mm starkem, legiertem Eisenblech

angefertigt wurde. Die Unterschiede lagen indessen innerhalb der Beobachtungsgenauigkeit.

Frequenzfehler der Spannungsmesser. Beim Spannungsmesser kommen zu dem Fehler des Strommessers noch die Fehler infolge der Erhöhung des scheinbaren Widerstandes durch die Induktivität der Spannungsspule hinzu. Die letzteren überwiegen die ersteren ganz bedeutend. Die Wicklung eines normalen Flachspul-Spannungsmessers von S. & H. für 140 V mit 2600 Windungen Draht hat z. B. bei 50 Hertz einen Blindwiderstand von $R_{b50} = 43{,}6\,\Omega$. Der gesamte Widerstand des Instrumentes beträgt $1800\,\Omega$.

Daraus berechnet sich die Widerstandszunahme bei:

100 Hertz	zu	0,1 %,	500 Hertz	zu	3,0 %,
200 »	»	0,5 %,	700 »	»	5,9 %,
300 »	»	1,1 %,	1000 »	»	12,5 %.
400 »	»	1,9 %,			

Bild 163 zeigt die Fehler von drei Flachspul-Spannungsmessern für max. 150 V in ähnlicher Ausführung wie die der Strommesser des Bildes 160 bei Frequenzen bis 1000 Hertz. Derartige Instrumente müssen für die Gebrauchsfrequenz, sofern sie über 100 Hertz liegt, besonders geeicht werden. Eine genaue Innehaltung der Frequenz ist aber nicht nötig; bei dem mit *3* bezeichneten Spannungsmesser kann für $\pm 1\%$ Fehler die Frequenz zwischen 350 und 600 Hertz schwanken.

Bild 164 zeigt die Frequenzfehler für ein Weston-Präzisionsvoltmeter nach den Angaben der Druckschrift 111 der Firma. Die Fehler sind bei dieser Spulenform notwendigerweise größer.

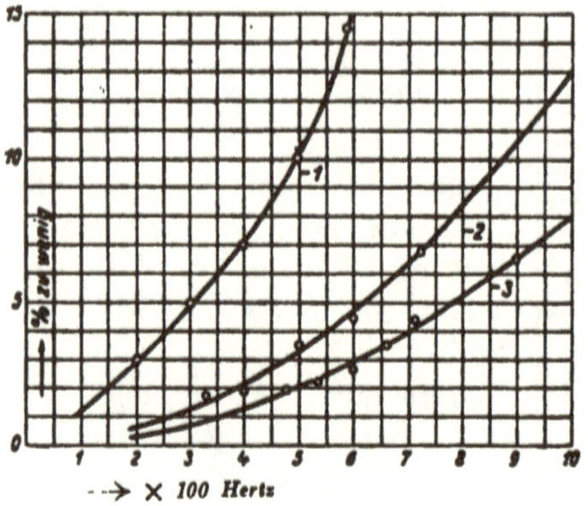

Bild 163.

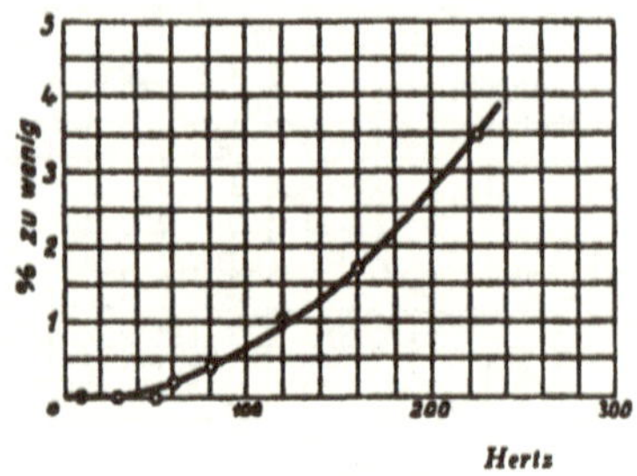

Bild 164.

Bild 163. Frequenz-Fehlweisung von Flachspul-Spannungsmessern (Siemens).
1. Größeres Instrument, Spulenkasten ungeschlitzt
2. desgl. „ geschlitzt
3. kleineres Instrument. desgl.

Bild 164. Frequenz-Fehlweisung eines Rundspul-Spannungsmessers. (Weston Co.)

Unter **Erhöhung des Verbrauchs** läßt sich der Frequenzfehler der Spannungsmesser auf ein beliebig geringes Maß bis auf den Frequenzfehler der Strommesser herunterdrücken. Gibt man einem Spannungsmesser doppelten Stromverbrauch, so hat er bei gleicher Amperewindungszahl in der Feldspule nur noch den vierten Teil der Induktivität gegenüber dem halben Ohmschen Widerstande, das Verhältnis $\omega L/R$ ist auf den halben Wert herabgegangen und für einen bestimmten Fehler die zulässige Frequenz auf das Doppelte gestiegen.

Hat z. B. eine Spule mit 1750 Windungen und $92\,\Omega$ Widerstand eine Selbstinduktion von 0,115 H, entsprechend einen Blindwiderstand von $R_{b50} = 36{,}2\,\Omega$, bei 50 Hertz, und sind für Endausschlag 175 AW nötig (entsprechend 100 mA bei 1750 Wdg.), so ergibt sich folgender Frequenzfehler bei 50 Hertz und folgende zulässigen Frequenzen für 1% Fehler:

Gesamtverbrauch	Spannung	% bei 50 Hertz	Hertz bei 1% Fehler
3 W	30 V	0,80	58
5 W	50 V	0,26	96
7 W	70 V	0,14	134
10 W	100 V	0,05	192
15 W	150 V	0,03	288.

Die Erhöhung des Gesamtverbrauchs vermindert auch den Temperaturfehler und den Anwärmefehler. Für die letztgenannte Spule ergab sich für 100 mA eine Übertemperatur von 12° C ($\tau = 12{,}5 \times W$). Daraus berechnen sich Anwärme- und Temperaturfehler:

bei einem Gesamtverbrauch von	3 W	1,46%;	α = 0,122%	je Grad,
» » » »	5 W	0,88%;	α = 0,073%	» »
» » » »	7 W	0,62%;	α = 0,052%	» »
» » » »	10 W	0,45%;	α = 0,037%	» »
» » » »	15 W	0,30%;	α = 0,025%	» »

Kompensationseinrichtung zum Ausgleich der Frequenzfehler. Mit der Erhöhung des Wattverbrauches wird man aus naheliegenden Gründen nicht allzu weit gehen. Es ist aber noch eine weitere Maßnahme möglich zur Verminderung des Einflusses der Selbstinduktion, die Anwendung einer Kunstschaltung wie sie auf S. 111 in verschiedener Anordnung kritisch beschrieben worden ist. Die zu erzielende Kompensation ist aus dem Bild 85 zu ersehen.

Fremdfeldeinfluß. Dreheiseninstrumente aller Art werden von Fremdfeldern beeinflußt. Einige Beobachtungszahlen sind auf S. 95 wiedergegeben. Die Panzerung gegen Fremdfelder erfolgt in der Regel durch das Eisenblechgehäuse.

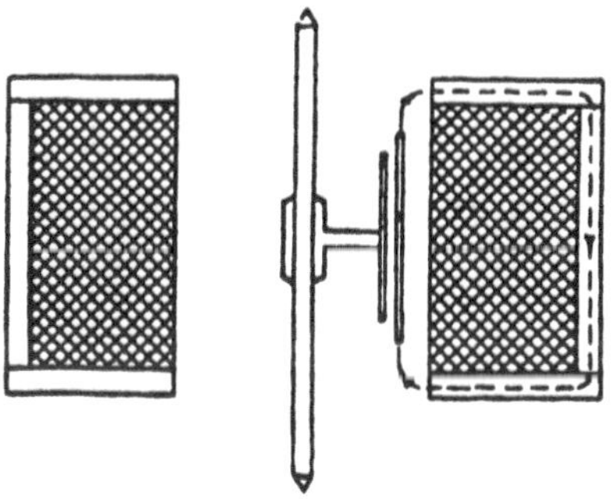

Bild 165. Gepanzertes Rundspul-Instrument.

In einer Ausführung von Hartmann & Braun wird die Feldspule selbst zum Schutz gegen Beeinflussung von außen gepanzert (Bild 165), ohne daß dadurch eine nennenswerte Verschlechterung des Instrumentes eintritt. Es wurde bei Gleichstrom zwischen zu- und abnehmendem Strom ein durchschnittlicher Fehler von 1% des Höchstwertes festgestellt, der Unterschied zwischen Gleich- und Wechselstrom betrug etwa 0,5%, zwischen 50 und 150 Hertz gleichfalls nur 0,5%.

Astatische Dreheiseninstrumente sind nach Wissen des Verfassers bisher nur als Einzelausführungen bekannt geworden, obwohl diese Anordnung sehr zweckmäßig erscheint, besonders für Präzisionsinstrumente.

5. Erreichbare Genauigkeit.

Bei einer der ältesten Ausführungen von Dreheiseninstrumenten in der Bauart nach Hummel etwa aus dem Jahre 1888, betrug der Innendurchmesser der Feldspule 34 mm, die Höhe 28 mm. Die Achse des beweglichen Organs lag in dem Innenraum der Spule stark exzentrisch, das bewegliche Organ selbst bestand aus einem 0,15 mm starken Flügel aus Eisenblech mit etwa 29×10 mm Länge und Breite. Die Skala war nahezu quadratisch und ging von rechts nach links. Eine Dämpfung war nicht vorgesehen. Die übrigen Daten, soweit sie von Interesse sind, waren:

Meßbereich	9 A
Amperewindungszahl der Feldspule	360 AW
Wattverbrauch der Feldspule	3,60 W
Drehmoment für Endausschlag	0,58 gcm
Ausschlagwinkel	78°
Gewicht des beweglichen Organs	1,30 g
Gütefaktor nach Keinath	4,0 (!!)
Größter Unterschied zwischen zu- und abnehmendem Strom	3,7% vom Höchstwert
Unterschied zwischen Gleichstrom und Wechselstrom von 50 Hertz (Spulenkasten nicht geschlitzt)	7,8% vom Sollwert.

Die Fehler waren also noch reichlich groß. Bemerkenswert ist der hohe Gütefaktor, der sich z. T. durch das Fehlen der Dämpfungsorgane erklärt.

Bei einer etwas späteren Ausführung desselben Instrumenttyps mit der Fabrik.-Nr. 68990 war der Remanenzfehler maximal nur mehr etwa 1% vom Höchstwert. Der Spulenkasten war geschlitzt, trotzdem betrug aber der Stromfehler bei Wechselstrom von 50 Hertz gegen die Gleichstromeichung noch —9,7%, mit steigender Frequenz verminderte er sich, bei 150 Hertz war er noch —6%. Das Instrument war ein Spannungsmesser. Infolge der großen Induktivität der Spule (0,65 H bei 1310 Ω Gesamtwiderstand, wovon 210 Ω auf die Feldspule entfallen) entstand bei 50 Hertz ein weiterer Minusfehler von 1,2%, so daß der gesamte Fehler —10,9% betrug.

Es sind hier absichtlich die Daten eines veralteten Instrumentes gegeben worden. Diese nunmehr etwa 30 Jahre zurückliegenden Erstausführungen haben durch ihre geringe Genauigkeit alle Dreheiseninstrumente in einen unverdient schlechten Ruf gebracht, in dem sie vielfach heute noch stehen[1]). Gute Dreheisen-, Strom- und Spannungsmesser können, für Wechselstrom geeicht und verwendet, den besten elektrodynamischen Strom- und Spannungsmessern vollkommen gleichwertig sein. Scheidet man, ebenso wie bei anderen Präzisionsinstrumenten, die Lagerreibung durch vertikale Achsenanordnung aus, so ist es nicht besonders schwierig, für Stromstärken bis etwa 20 A und Wechsel-

[1]) Es gibt allerdings auch moderne Instrumente, besonders billige Erzeugnisse neugegründeter kleiner Firmen, die noch wesentlich schlechtere Eigenschaften aufweisen als die ältesten Schuckertinstrumente. Bei einem Instrument dieser Art betrug der Unterschied zwischen den Angaben für zu- und abnehmenden Strom nicht weniger als 20% vom Höchstwert. Vgl. Keinath, ETZ 1921. S. 905.

strom eine Genauigkeit von etwa 0,2÷0,3% vom Höchstwert zu erzielen für Frequenzen von 15÷100 Hertz.

Bei Spannungsmessern treten die unvermeidlichen Temperatur- und Anwärmefehler hinzu. Im ganzen ist aber auch der Dreheisenspannungsmesser bei gleicher Güte der mechanischen Ausführung dem elektrodynamischen Spannungsmesser vollkommen gleichwertig, und es können mit ihm die gleichen Fehlergrenzen erreicht werden, wie sie der V.D.E. für Präzisionsmeßgeräte festgelegt hat.

Die einzig unangenehme Eigenschaft dieser Dreheisen-Präzisionsinstrumente gegenüber solchen elektrodynamischer Bauart ist, daß sie nicht wie diese mit Gleichstrom geeicht werden können, wenn man höchste Genauigkeit erzielen will. Das Mittel aus beiden Stromrichtungen gibt ungefähr 0,2% Übereinstimmung mit der Wechselstromeichung.

Auf S. 199 war bereits gesagt worden, daß Anpreisungen von »Präzisions-Dreheiseninstrumenten für Gleich- und Wechselstrom« mit besonderer Vorsicht aufzunehmen sind.

Thermische Meßinstrumente.

Begriffserklärung. Die thermischen Meßgeräte umfassen verschiedene Ausführungen. Wesentlich ist immer die Temperaturzunahme eines stromdurchflossenen Leiters, die in erster Annäherung quadratisch mit dem zu messenden Strom ansteigt. Gemessen wird die Übertemperatur in der verschiedensten Weise. Eine Art von Meßgeräten, die mit Thermoumformern, beruht darauf, daß die Übertemperatur mit Thermoelementen gemessen wird, sei es unter Berührung, sei es durch Strahlung. Bei der zweiten, bisher gebräuchlichsten Art wird die durch die Stromwärme verursachte Drahtverlängerung durch einen Übertragungsmechanismus sichtbar gemacht. Schließlich gibt es auch noch Instrumente, bei denen der zu messende Strom einen Bimetallstreifen durchfließt, der sich mit zunehmender Erwärmung mehr und mehr krümmt.

Für Niederfrequenz und auch für Mittelfrequenz haben die Hitzdrahtinstrumente längst die Bedeutung verloren, die sie einst hatten. Ihre Anwendung ist heute, von Einzelfällen abgesehen, das Gebiet der Hochfrequenztechnik, aber auch hier werden die direkt zeigenden Instrumente durch Thermoumformer in Verbindung mit Drehspulinstrumenten ersetzt.

Thermogalvanometer und Thermoumformer.

Thermokreuz.

Das Thermokreuz (Bild 166) dient zur Messung von Wechselströmen beliebiger Frequenz von 1÷10 mA, die mit Hitzdraht-Zeigerinstrumenten nicht mehr gemessen werden können, oder auch zur Messung etwas größerer Stromstärken, bis 100 mA, wenn der Eigenverbrauch der Zeigerinstrumente zu hoch ist. In der einfachsten Ausführung wird ein Heizdraht metallisch mit der Lötstelle eines Thermoelementes verbunden, etwa in der Weise, daß man einen Silberdraht mit einem Konstantandraht zusammenlötet. Dann bestehen die Heizdrähte gleichfalls aus Silber und Konstantan. Diese Einrichtung formt den

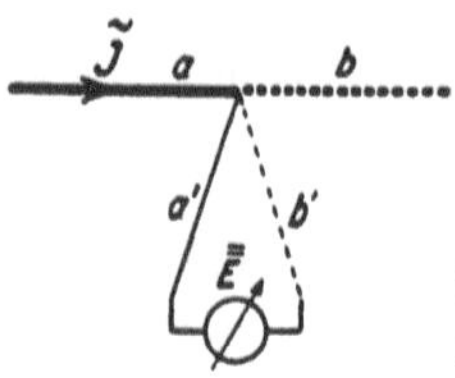

Bild 166. Thermokreuz zum Messen schwacher Wechselströme.
a—a' aus Manganin
b—b' aus Konstantan.

für die Messung unbequemen Wechselstrom auf dem Wege der Wärmeerzeugung und des Thermoelementes in den für die Messung viel angenehmeren Gleichstrom um, so daß es gerechtfertigt erscheint, für den »Geber« das Wort »Thermo-Umformer« zu prägen. Der Ausdruck »Thermokreuz« kann hier viel weniger allgemein angewendet werden. Will man einwandfreie Meßresultate erzielen, so müssen die Drähte mit möglichst wenig Lot verbunden, am besten zusammen g e s c h w e i ß t sein.

Bild 167 zeigt ein Thermokreuz der Cambridge Instrument Co., das zum Anstecken an Instrumente zur Messung von Hochfrequenzströmen

Bild 167. Offenes Thermokreuz der Cambridge Co. zum Anstecken an Instrumente.

gebaut ist. Es sind zwei Drähte aus Eisen und Konstantan mit 0,05 mm Durchm. für maximal 1 A Belastung. Das Gehäuse dient gleichzeitig als elektrostatischer Schirm. Diese einfache Anordnung ist nur für rohere Messungen bestimmt.

In der Regel baut man die einfachen Thermokreuze unmittelbar mit dem Gleichstrominstrument zusammen. Derartige Instrumente werden in Amerika viel gebaut. Eine Ausführung der W e s t o n Co. (Modell 425) mit 60 mm Skalenlänge für 8 A. Der Heizdraht besteht aus Nickelchromdraht mit 0,5 mm Durchm. und 6 mm Länge, der beim Nennstrom auf etwa 220° C erhitzt wird. Der Spannungsabfall des Heizdrahtes ist 200 mV, der Eigenverbrauch also 1,6 Watt. Das Thermoelement gibt etwa 10 mV, der Stromverbrauch des Instrumentes ist 3,8 mA. Nach den Angaben des Herstellers können diese Strommesser bis zu 50% überlastet werden. Bei dem Versuch stellte sich auch bei 80% Überlastung noch keine Änderung ein. Die Einstellung erfolgt kriechend, in etwa 5 Sekunden. Das Instrument ist für Gleichstrom nicht verwendbar. Die Ausführung für kleine Ströme gibt bei 115 mA etw 5 mV bei 0,15 Ω Eigenwiderstand, entsprechend 2 mW Eigenverbrauch. Das zugehörige Anzeigeinstrument in Uhrform hat 5 Ω Widerstand bei 1 mA

Stromverbrauch. Die Genauigkeit dieser Ausführung ist selbstverständlich geringer, etwa $\pm$ 5% vom Sollwert.

Thermoumformer für höhere Stromstärken. Die Weston Co. hat neben dem hochempfindlichen, bereits erwähnten Thermoammeter noch eine andere Type für hohe Stromstärken entwickelt, die in Bild 168

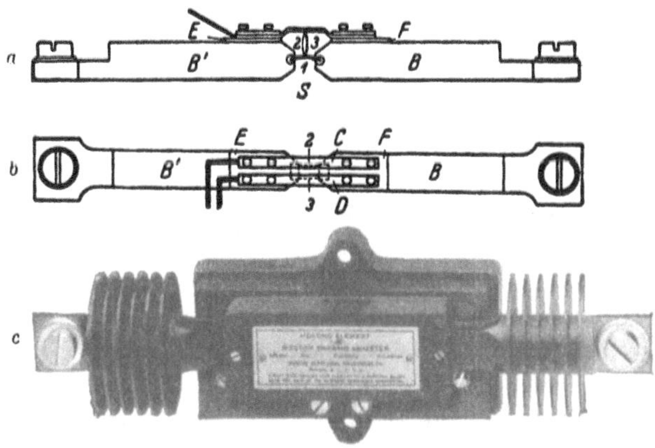

Bild 168. Nebenwiderstand für das Weston-Thermo-Amperemeter für hohe Stromstärken.
a, *b* für kleinere Stromstärken.
c für 51 bis 100 Ampere.

für eine Stromstärke von etwa 50 A gezeigt ist. Die Weston Co. gibt dazu die folgende Erläuterung[1]):

S ist ein kurzer Widerstandsstreifen, der aus einer Platinlegierung besteht, der mit den Klemmklötzen *B*, *B'* durch Hartlötung verbunden ist. Dieser Streifen führt den zu messenden Strom. Er ist leicht gekrümmt, um der Ausdehnung durch die Stromwärme Rechnung zu tragen. In der Mitte des Streifens (1) ist ein Thermoelement hart angelötet oder angeschweißt. Die kalten Enden des Thermoelementes sind an die Mittelpunkte 2 und 3 von zwei Kompensationsstreifen aus Kupfer *C* und *D* angelötet, die die beiden Anschlußklemmen *B*, *B'* überbrücken. Diese Kompensationsstreifen sind von den Klemmen durch sehr dünne Glimmerstreifen *E* und *F* elektrisch isoliert. Sie sind, wie gezeichnet, gebogen, um ihnen Beweglichkeit beim Erwärmen und Abkühlen zu geben.

Das Thermoelement besteht aus einer Platinlegierung und einer Nickellegierung. Die Drähte sind sehr dünn und haben kleine Masse und infolgedessen eine sehr geringe Wärmekapazität und folgen schnell dem Temperaturwechsel des Heizstreifens und damit den Schwankungen des Stromes. Das Thermoelement ist sehr kurz und hat infolgedessen auch einen kleinen elektrischen Widerstand. Die Kompensationsstreifen

[1]) Siehe auch amerik. Patent 1407147 vom 27. 7. 16.

C, D aus Kupfer sind nach thermischer Leitfähigkeit, Länge, Querschnitt und Oberfläche so bemessen, daß sie dem Heizstreifen S gleichwertig sind. Das Gehäuse soll äußere Luftströmungen fernhalten, die die Streifen ungleich beeinflussen könnten.

Wirkungsweise. Die Westonsche Anordnung basiert auf dem Grundsatz, daß an einem stromführenden Leiter von gleichförmigem Querschnitt, wenn er allein durch die Wärmeableitung durch den Streifen selbst gekühlt wird, und nicht direkt durch die umgebende Luft, die Temperaturdifferenz zwischen der Mitte des Streifens und den Klemmen proportional dem Quadrat des Stromes sein wird, der in ihm fließt und umgekehrt proportional der Wärmeleitfähigkeit und dem spezifischen Widerstand des Streifenmaterials. Die Temperaturdifferenz ist deshalb ein Maß für den quadratischen Mittelwert des fließenden Stromes.

Wenn kein Wärmeverlust durch die Konvektion in der Luft besteht und die Anschlußklemmen gleiche Temperatur haben, so kann der Strom gemessen werden, indem man das heiße Ende eines Thermoelementes in der Mitte des leitenden Streifens anbringt und die kalten Enden des Thermoelementes in Wärmekontakt mit den Klemmen bringt, aber elektrisch von ihnen isoliert.

Praktisch haben die Klemmen im allgemeinen nicht gleiche Temperaturen und ein Teil der Wärme wird durch Konvektion in die Luft abgeführt. Dieser Konvektionsverlust wird klein gehalten dadurch, daß man die Streifen sehr kurz macht, so daß nur ein kleiner Teil der erzeugten Wärme direkt vom Streifen in die Luft übergeht.

Ausgleich von Temperaturschwankungen. Fehler, die aus Temperaturdifferenzen zwischen den Klemmen entstehen sollten, werden mit Hilfe einer Kompensationseinrichtung ausgeglichen.

Diese Einrichtung besteht aus zwei Streifen, deren Enden mit den Klemmen in Wärmekontakt, aber elektrisch von ihnen isoliert sind, wie schon oben beschrieben. Die zwischengefügten, sehr dünnen Glimmerscheiben haben ein relativ gutes thermisches Leitvermögen und eine solche Größe, daß die zusammengehörigen Klemmen und Enden der Kompensationsstreifen immer gleiche Temperatur haben.

Die Kompensationsstreifen, an die die kalten Enden eines Thermoelementes angeschlossen werden, sind so bemessen, daß sie durch die Lufttemperatur und die Temperaturdifferenz der Klemmen in gleichem Betrage beeinflußt werden wie der erhitzte Streifen, an den das heiße Ende des Thermoelementes angeschlossen ist. Infolgedessen ist der Temperaturunterschied zwischen dem heißen und dem kalten Ende des Thermoelementes allein abhängig von dem Strom, der gemessen werden soll, und unbeeinflußt von äußeren Störungen.

Das beschriebene Instrument ist im besonderen für sehr hohe Frequenzen, wie sie in der drahtlosen Telegraphie gebräuchlich sind, bestimmt. Der Spannungsabfall beträgt 150 mV; die zulässige Überlastung beträgt 50% des Skalenendwertes.

Für Stromstärken über 50 A bis maximal 100 A ist die Ausführung im wesentlichen die gleiche wie in Bild 168a, b, nur mit dem Unterschied, daß zwei Heizbänder verwendet werden und daß die Anschlußbolzen *B*, *B'* mit einer Anzahl von Kühlrippen zur Ableitung der Wärme versehen werden (Bild 168c).

Thermokreuze im Vakuum. Bei Thermokreuzen aus sehr dünnen Drähten, bei denen die erzeugte Wärme zum größten Teil durch Leitung in die Luft, zum kleineren aber durch Strahlung und Leitung in die Metallenden abgeführt wird, kann man die Empfindlichkeit dadurch erheblich steigern, daß man das Thermokreuz in ein Glasgefäß setzt und die Luft bis auf etwa 0,01 mm Druck auspumpt. Die Empfindlichkeit wird durch diese Maßnahme ganz bedeutend, auf 10÷20fache Thermokraft beim gleichen Strom gesteigert, doch muß das Auspumpen sehr sorgfältig, unter Beseitigung der letzten Reste von Wasserdampf, vorgenommen werden, wenn sich nicht die Empfindlichkeit im Laufe der Zeit vermindern soll. Die Voegeschen Thermoumformer[1]) werden von Siemens & Halske für folgende Stromstärken geliefert:

Hitzdraht-Widerstand	Thermo-El.-Widerstand	Erzeugte Gleichstrom-EMK			
55 Ω	10 Ω	bei 10 mA	8 mV	max. 15 mA	18 mV
35 »	10 »	» 10 »	5 »	» 15 »	11,2 »
10 »	10 »	» 10 »	2,0 »	» 25 »	15,6 »
1 »	10 »	» 50 »	2,5 »	» 125 »	15,6 »

Der Verbrauch je mV beträgt für diese Thermoumformer etwa 0,5 bis 1 mW, im Mittel 0,7 mW.

Auch die Cambridge Instrument Co. baut solche Thermoumformer (Bild 169) und liefert dazu Unipivot-Millivoltmeter (s. S. 153) mit 10 Ω Widerstand und 2,4 mV Spannungsabfall.

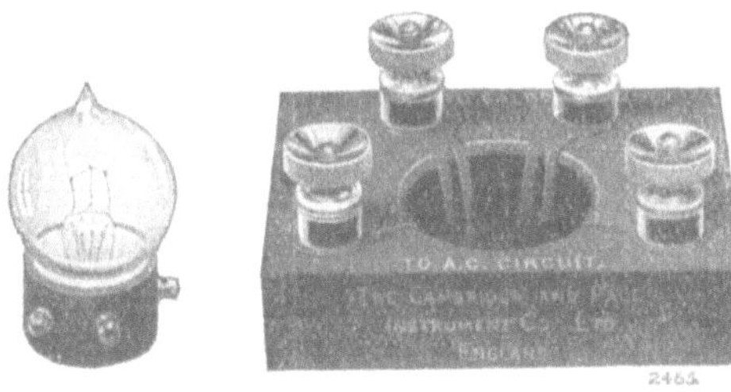

Bild 169. Vakuum-Thermoumformer der Cambridge Instrument Co. Glasgefäß und Sockel.

Hitzdraht-Widerstand	Max.-Strom	Strom für Vollausschlag	Watt für Vollausschlag
30 Ω	15 mA	8 mA	2,52 mW
8 »	50 »	25 »	5,0 »
1 »	250 »	120 »	14,4 »
0,2 »	800 »	350 »	24,5 »
0,12 »	1600 »	700 »	59,0 »

[1]) ETZ 1906, S. 467.

Sehr empfindliche Thermoumformer baut die Weston Instrument Co. Bei einem Heizdrahtwiderstand von rd. 700 Ω und 2 mA Belastung wird eine Thermokraft von rd. 8 mV erzeugt. Die Zusammensetzung wird vom Hersteller nicht bekanntgegeben, der hohe Widerstand und sein schwach negativer Temperaturkoeffizient lassen darauf schließen, daß ein Kohlefaden den einen Leiter bildet. Das bei Siemens & Halske untersuchte 2-mA-Instrument, das wesentlich empfindlicher ist als alle andern derartigen Ausführungen, zeigte hinsichtlich der Konstanz erhebliche Mängel, die Angaben schwankten um einige Prozent. Die Ausführungen für höhere Stromstärken entsprachen den Genauigkeitsangaben der Hersteller angenähert, sie enthalten aber offenbar nicht die hochempfindlichen Thermoelemente. Nach der Liste stellt die Weston Co. folgende Meßbereiche her:

Höchste Strombelastung	Widerstand	Spannungsabfall	Verbrauch bei Endausschlag
2 mA	750 Ω	1,50 V	3 mW
8 »	35 »	0,28 »	2,2 »
10 »	35 »	0,35 »	3,5 »
40 »	5 »	0,20 »	8,0 »
250 »	0,6 »	0,15 »	37,5 »

Der Preis eines solchen Instrumentes beträgt etwa 800÷900 Goldmark, wovon etwa 200 Mark auf das Thermoelement entfallen; die zulässige Überlastung ist 50% des Endwertes.

Bei der Eichung solcher Thermoumformer wird das Mittel aus den etwa ± 1% verschiedenen Galvanometerausschlägen bei gewendetem Gleichstrom für die Wechselstrommessung zugrunde gelegt, indessen kann der Peltiereffekt noch weitere Unterschiede bewirken. Infolge Veränderung der Wärmeabgabe an die Umgebung und Veränderung der spezifischen Thermokraft sind die Angaben von der Temperatur der Umgebung abhängig: für je 10° C Steigerung der Umgebungstemperatur vermindert sich die erzeugte Thermokraft um 4%. Wie bei ähnlichen Anordnungen, so wird auch hier das Maximum der Nutzleistung im äußeren Stromkreise, d. h. der größte Galvanometerausschlag, bei gleichem Wattverbrauch der Instrumente, dann erreicht, wenn der äußere Widerstand gleich dem inneren ist, die höchste Thermokraft wird indessen mit einem Instrument mit unendlich hohem Widerstand gemessen.

Brückenschaltungen für Thermoumformer. Da Thermokreuze in der bisher gezeigten Anordnung oft nicht empfindlich genug sind, hat man zwei oder mehr zusammen geschaltet, ähnlich Wheatstonebrücken. Bild 170 zeigt die sog. Doppelschaltung mit zwei Thermoelementen. Die Thermokräfte der Lötstellen addieren sich, es tritt kein Peltiereffekt auf. Die Schaltung ist besonders zum Messen kleiner Spannungen geeignet.

Der gezeichnete Vorwiderstand hat den Zweck, den Strom so zu verteilen, daß kein Strom unmittelbar in das Galvanometer übertritt.

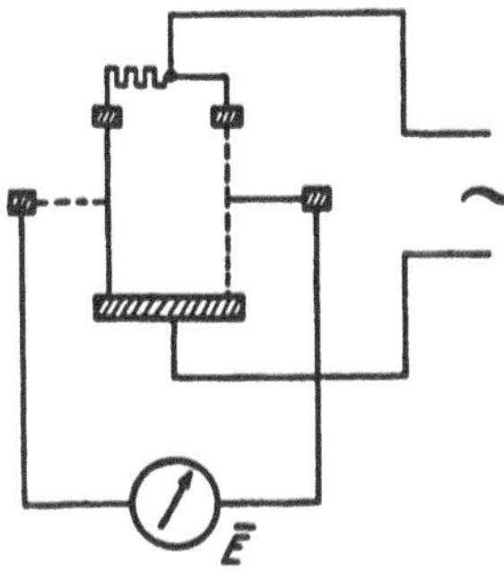

Bild 170. Doppelschaltung mit zwei Hitzdrähten.

Bei dem Wechselstrom-Präzisionsinstrument, das früher von der Firma S. Guggenheimer, Nürnberg[1]), hergestellt wurde, wurden in der Schaltung nach Salomonson vier Thermoelemente aus 0,15 mm starken Manganin- und Konstantandrähten in atmosphärischer Luft in der Schaltung nach Bild 171 benutzt; ihre Thermokraft betrug etwa 45 μV je Grad. Sie wurde gemessen durch ein spitzengelagertes Zeigerinstrument von 1 Ω Widerstand mit einer Spannungsempfindlichkeit von 3,75 mV für den Endausschlag. Die Übertemperatur der Thermoelemente, von denen jedes einen Strom von 0,5 A aufnimmt, betrug

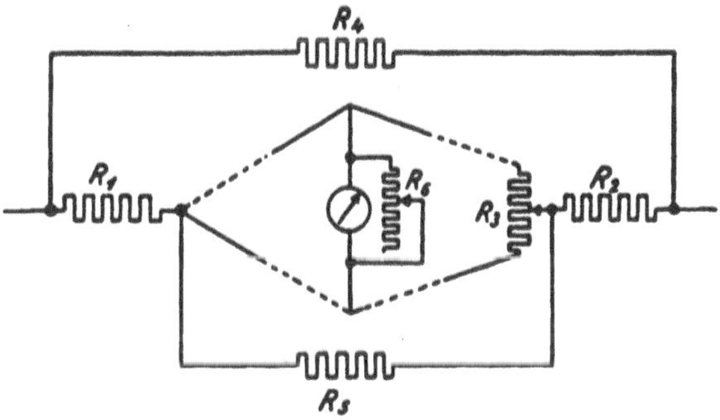

Bild 171. Schaltung des Präzisionsstrommessers von S. Guggenheimer.
R_1 R_2 Abgleichung auf 225 m V
R_3 Abgleichung der Stromverteilung
R_4 Abgleichung auf 1 A
R_5 Nebenschluß zur Brücke
R_6 Nebenschluß zum Galvanometer.

beim normalen Höchststrom 50° C. Das fertige Instrument hatte einen Stromverbrauch von 1 A und wurde in Verbindung mit Nebenwiderständen mit 225 mV Spannungsabfall verwendet. Die Skala war rein quadratisch.

Wenn ein solches Instrument gut behandelt, insbesondere wenn es nicht überlastet wird, zeigt es unbegrenzte Zeit genau und ist den Hitzdrahtinstrumenten insofern überlegen, als an ihm keine Nullpunktverstellungen auftreten. Hinsichtlich der Überlastbarkeit ist es wesentlich empfindlicher als jene, denn es vermag nach den Angaben des Herstellers nur eine Überlastung von 15% über den Skalenendwert hinaus auszuhalten insofern, als bei dieser Überlastung noch keinerlei Beschädigungen auftreten. Die Thermoelemente brennen indessen erst beim vierfachen Nennstrom, bei 4 A, durch. Für zwischenliegende Werte der Überlastung erfolgt nur eine mehr oder weniger große Änderung

[1]) ETZ 1910, S. 143. ETZ 1912, S. 73.

der Instrumentkonstanten, wie es auch bei anderen Hitzdrahtinstrumenten der Fall ist.

Der Unterschied in den Angaben für kommutierten Gleichstrom und Wechselstrom von 50 Hertz ist praktisch gleich Null, von der Frequenz des Wechselstromes ist die Anzeige nur in geringem Maße abhängig, für das Instrument ohne Nebenwiderstand beträgt der Fehler bei 500 Hertz erst 0,5%. Die Angaben sind von der Temperatur der umgebenden Luft abhängig. Ohne einen besonderen Ausgleich würde ein Fehler von 0,06% je Grad entstehen. Durch die Einstellung des Regulierwiderstandes R_6, der parallel zum Anzeigeinstrument liegt, kann aber der Temperaturfehler vollständig ausgeglichen werden.

Theorie und Beschreibung des in der PTR ausgearbeiteten Instrumentes gibt Schering[1]). Es ist dort auch die Berechnung der günstigsten Länge des Einzelelementes für eine Kette von Elementen durchgeführt. Die Thermokraft ist für einen Drahtradius ϱ ein Maximum, wenn

$$l = 42{,}5\ \sqrt{\varrho}.$$

Für einen Drahtdurchmesser von 0,024 mm ist die günstigste Länge 1,47 cm. In Verbindung mit einem Zeigergalvanometer mit 400 Ω Eigenwiderstand wurde der Endausschlag des Galvanometers bereits bei einem Strom von 6 mA erreicht. Der Widerstand der 0,015 mm starken Heizdrähte betrug 100 Ω, der Verbrauch demnach 0,0036 W. Eine weitere Steigerung der Empfindlichkeit ist durch Verwendung noch dünnerer Drähte möglich, indessen mehren sich dann die bereits bei dem genannten Drahte bestehenden Herstellungsschwierigkeiten so, daß sie zu dem erzielten Gewinn in keinem Verhältnis stehen.

Thermoumformer ohne Berührung mit dem Heizdraht. Bei den bisher genannten Ausführungen war das Thermoelement in unmittelbarer

Bild 172. Vielfach-Thermoumformer der Cambridge Instrument Co.

Berührung mit dem Heizdraht. Das erfordert immer eine umständliche Schaltung, wenn man vermeiden will, daß der zu messende Wechselstrom zum Teil in das Instrument eintritt, wie bei der oben geschilderten Brückenschaltung zu sehen ist. Man kann nun das Thermoelement durch Glimmer von dem Heizdraht isolieren, vermindert aber dadurch die Empfindlichkeit in hohem Maße. Der Vorteil der elektrischen Isolierung ist also teuer erkauft.

[1]) Z.f.I. 1912, S. 69 u. 101.

Der Nachteil wird aber zum großen Teil wieder dadurch ausgeglichen, daß man nicht nur ein Element, sondern eine größere Zahl in Reihe schaltet; bei der Thermokette des Umformers der Cambridge Co. sind es beispielsweise zehn Stück. Die Firma baut folgende Typen, die 4 ÷ 5 mV Spannung geben (Bild 172):

Widerstand des Erhitzers	Zulässiger Strom	Strom für Endausschlag	Leistung für Endausschlag
20 Ω	100 mA	37 mA	27 mW
10 »	170 »	57 »	33 »
3 »	280 »	130 »	50 »
1 »	500 »	220 »	50 »
0,4 »	1000 »	350 »	50 »

Der Widerstand der zehn Thermoelemente ist 15 Ω, der des zugehörigen Galvanometers 10 Ω bei 2,4 mV Spannungsabfall. Der Abstand zwischen dem Erhitzer und der Thermokette kann bis zu 3 mm betragen, so daß man auch in Stromkreisen mit höherer Spannung messen kann.

Die Firma Kipp & Zonen in Delft baut Thermoumformer nach den Angaben von Moll, bei denen 50 Elemente in Reihe geschaltet sind, die 18 Ω Widerstand haben, und bei 60 mA entsprechend 1080 mV Spannungsabfall eine EMK von 3 mV geben. Sie können bis 300 mA überlastet werden.

Das Thermogalvanometer nach Duddel. Eine interessante Ausführung ist das Thermogalvanometer von Duddell (Bild 173), das von der Cambridge Co. hergestellt wird. Bei ihm ist das Thermoelement

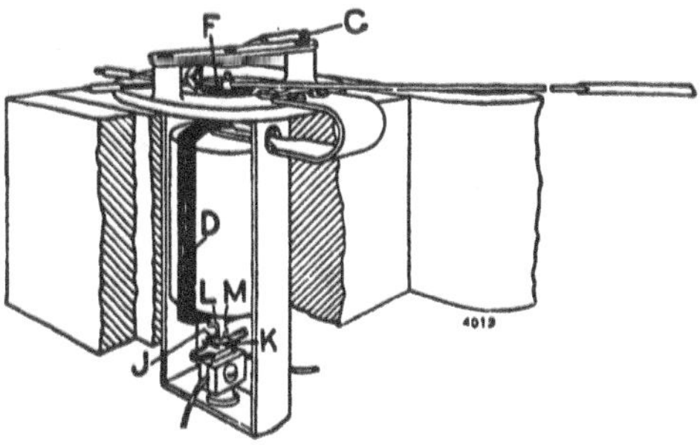

Bild 173. Thermo-Galvanometer nach Duddel. (Cambridge Instrument Co.)

direkt mit der Drehspule verbunden, so daß aus ihm eine größere Stromstärke entnommen werden kann und das Maximum der Leistung erreicht wird. Der zu messende Strom durchfließt einen Heizwiderstand *K* in nächster Nähe eines Thermoelementes *L M* aus Wismut-Antimon, das mit den Enden der einzigen Drehspulwindung *D* verbunden ist. Der Heizwiderstand besteht aus einer induktionsfrei gewickelten Spirale aus Platindraht mit etwa 0,2 cm² Fläche oder, für besonders kleine Stromstärken, aus einem mit einer Platinschicht überzogenen Glimmerplättchen, aus dem das Platin teilweise herausgekratzt ist, so daß sich eine mäanderförmige Strombahn bildet. Die Feder *F* ist stromlos.

Das Zeigergalvanometer besitzt Spitzenlagerung, der Verbrauch für den Skalenendwert ist sehr gering. Die Instrumente werden in folgenden Empfindlichkeitsstufen hergestellt:

Höchste Strombelastung	Widerstand	Leistung bei Endausschlag
5 mA	150 Ω	4 mW
10 »	150 »	15 »
50 »	1,5 »	4 »
100 »	1,5 »	15 »

Die Instrumente vertragen ohne Schaden 2÷3fache Überlastung. Die Skalenteilung ist rein quadratisch.

Mit Fernablesung erhält man selbstverständlich viel höhere Empfindlichkeiten. Die Cambridge Co. gibt an für 1 m Abstand

Widerstand	Strom für eine Ablenkung von		
	250 mm	10 mm	
1000 Ω	110 μA	22 μA	0,50 μW
100 »	350 »	70 »	0,49 »
10 »	1100 »	220 »	0,48 »
4 »	1750 »	350 »	0,50 »
1 »	3500 »	750 »	0,49 »

Vor- und Nachteile der Thermoumformer. Der wesentlichste Nachteil aller dieser Meßanordnungen mit Thermoelementen ist ihre Empfindlichkeit gegen Überlastung, die auch durch Verwendung von Sicherungen oder Kurzschlußvorrichtungen kaum vermindert werden kann. Häufig besitzen sie erhebliche thermische Trägheit, so daß die Einstellung erst nach 10 s oder später erfolgt. Nur in seltenen Fällen, bei bester Herstellung, sind sie mit der Zeit unveränderlich, für genaue Messungen ist stets vorherige Eichung mit gewendetem Gleichstrom zu empfehlen. Der besondere Vorzug gegenüber Hitzdrahtinstrumenten besteht in der Konstanz des Nullpunktes bei Schwankungen der Raumtemperatur.

B. Hitzdrahtinstrumente.

Bauweise.

Bei den eigentlichen Hitzdrahtinstrumenten wird die Verlängerung des Hitzdrahtes unmittelbar durch eine mechanische Übersetzung sichtbar gemacht. Die älteste Ausführung dieser Art ist schon 1837 von de la Rive konstruiert worden, sie bestand aus der stromdurchflossenen Spirale eines Breguetschen Metallthermometers. Bekannter geworden ist der in den achtziger Jahren hergestellte Hitzdraht-Strommesser von Cardew, bei dem in einer Röhre ein etwa $^3/_4$ m langer Platinsilberdraht ausgespannt war, dessen freies Ende um eine Rolle mit dem Zeiger geschlungen und schließlich durch eine Spiralfeder gespannt gehalten wurde. Das Instrument war sehr unhandlich und wohl auch sehr ungenau. Wenn es trotzdem verhältnismäßig verbreitet war, so lag dies daran, daß es damals das einzige Wechselstrommeßgerät war, dem man Vertrauen schenken zu können glaubte. Einen großen Fortschritt bedeuteten trotz mancher Anfangsmängel die Hitzdrahtinstrumente, die 1893 von Hartmann & Braun zuerst hergestellt wurden. Bild 174 zeigt die neueste Ausführung dieser Instrumente.

Der Hitzdraht hat bei einem Instrument mit 225 mm Sockeldurchmesser eine Länge von 160 mm und ist zwischen zwei Punkten ausgespannt, von denen der eine fest, der andere mit einer Schraube mit sehr feinem Gewinde zur Korrektion des Nullpunktes verschiebbar ist. Etwa in der Mitte des Drahtes ist der sog. Brückendraht durch eine

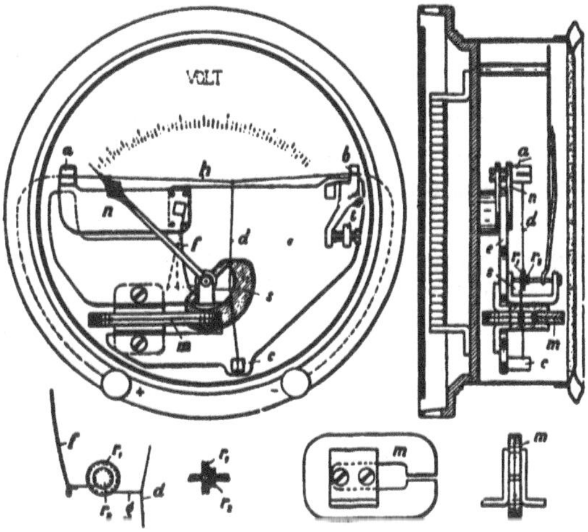

Bild 174. Hitzdrahtstrommesser (Hartmann & Braun)
a—b—c Einspannbalken für Hitzdraht (*h*) und Brückendraht (*d*)
e Montageplatte aus Invar
f Spannfeder
g Kokonfaden
m Dämpfungsmagnet
n Nickelstahlblech zur Temperaturkompensation
$r_1 r_2$ Rollen mit Faden zur Feder *f* und zum Brückendraht *d*.

festgelackte Schelle aus dünnem Blech angeklemmt. Das andere Ende des Brückendrahtes ist auf der Montageplatte fest eingespannt. Am Brückendraht ist wiederum ein Kokonfaden festgeknotet, der über die Zeigerrolle geschlungen und von einer Stahlblattfeder gespannt wird.

Die Hitzdrahtverlängerung beträgt 0,2 mm, die erste Durchbiegungsveränderung ist fast 2 mm, entsprechend einer $8 \div 9$ fachen Übertragung, die zweite, auf dem Brückendraht, etwa 6 mm, wird auf einer Rolle mit 8 mm Durchmesser abgewickelt. Die Rolle des Spannfadens ist erheblich kleiner, damit die Feder nur ganz wenig entspannt wird und auch bei den ganz großen Zeigerausschlägen in fast unverminderter Stärke zieht. — Diese Anordnung stellt das Wesentliche an dem Instrument dar und ist fast bei allen deutschen Fabrikaten die gleiche. Die Dämpfung wird bei der Ausführung nach Bild 174 durch eine auf der Achse befestigte Aluminiumscheibe und einen Magneten aus gestanzten Stahlblechen bewirkt.

Beanspruchung des Hitzdrahtes und Drehmoment. Von wesentlicher Bedeutung für die mit einem Hitzdrahtinstrumente zu erreichende Zuverlässigkeit und Genauigkeit ist die geringe mechanische Beanspruchung des Hitzdrahtes. Die Zugkraft im Hitzdraht darf nur einige Gramm betragen; das Drehmoment muß auf einen sehr geringen Betrag herabgesetzt werden. Zulässig ist dies nur bei äußerster Verminderung des Gewichtes aller beweglichen Teile. Die Instrumente von Hartmann & Braun haben bei einer Zeigerlänge von 80 mm ein Systemgewicht von 0,5 ÷ 0,6 g; Siemens & Halske sind noch weiter herabgegangen, auf 0,3 ÷ 0,35 g bei gleicher Zeigerlänge. Bei kleinen Hitzdrahtinstrumenten in Uhrgröße ist sogar von Siemens & Halske ein Systemgewicht von nur 0,05 g erreicht worden. Bei derartig leichten Meßorganen ist eine Beschädigung durch Stoß fast vollkommen ausgeschlossen.

Das Drehmoment eines Hitzdrahtinstrumentes kann und darf auf keinen Fall in der Weise bestimmt werden, daß man an dem fertigen Instrumente den mechanischen Widerstand des Zeigers beim Verdrehen von Null bis auf die Endlage ermittelt. Daraus würde sich ein ganz falsches Bild ergeben, weil dabei nur der Widerstand des Hitzdrahtes gegen Dehnung bestimmt würde. Eine solche Prüfung stellt eine Kraftprobe im vollsten Sinne des Wortes dar, bei der es leicht vorkommen kann, daß infolge der Überbeanspruchung entweder der Hitzdraht oder der Brückendraht reißt. Die Messung des Drehmomentes muß vielmehr (bei einem neu herzustellenden Instrumente) so vorgenommen werden, daß bei abgeklemmtem Brückendraht und soweit gelöster Spannfeder, daß der Zeiger am Ende steht, dieser mechanisch durch Auflegen kleiner Gewichte auf den Nullpunkt gelenkt wird. An einem fertigen Instrument ermittelt man das Drehmoment aus den Federdimensionen unter Feststellung der Federkraft für einen Weg, der unter Berücksichtigung des Rollenradius einer Zeigerbewegung von 90 Winkelgraden entspricht. In der Regel beträgt es 0,03 ÷ 0,10 gcm.

Für die Ermittlung der Hitzdrahtbeanspruchung ist nicht nur die dem Drehmoment für die Zeigerbewegung über die Skala entsprechende Federdurchbiegung, sondern ihr Gesamtwert gegenüber dem spannungslosen Zustande zugrundezulegen. Wenn dabei auch, entsprechend der Federstärke von 0,04 ÷ 0,15 mm, nur Kräfte von 1 ÷ 5 g auftreten, so vervielfachen sich diese doch durch die Brückendrahtanordnung auf Zugkräfte von 20 ÷ 100 g im Hitzdraht. Vergegenwärtigt man sich dazu, daß die Zerreißfestigkeit der meisten in Betracht kommenden Materialien nur etwa 30 kg/mm² beträgt, die Fließgrenze etwa beim halben Wert liegt, so ist leicht zu erkennen, daß das Bestreben, die Zugbeanspruchung zu vermindern, durchaus begründet ist.

Bild 175 zeigt die Zerreißfestigkeit und ihre Abnahme mit steigender Strombelastung für einen 0,06 mm starken Platiniridiumdraht. Bei dem einen Versuche wurde der Draht während der Strombelastung bis zum Reißen durch langsames Zugießen von Quecksilber in eine Schale belastet; bei dem anderen Versuche wurde die Belastung erst nach Abschalten des Glühstromes vorgenommen. Bei einer Stromstärke von 920 mA erfolgte das Durchbrennen ohne zusätzliche Belastung des Drahtes bei einer Temperatur von etwa 2000° C. Bis zu etwa 1000°, d. h. heller Rotglut, ist im mechanisch unbelasteten Zustand (wie es

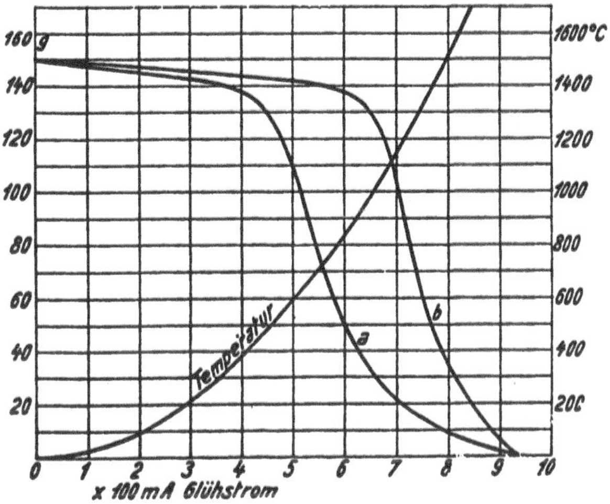

Bild 175. Temperatur und Zerreißfestigkeit von Platiniridiumdraht
a) während des Glühens belastet
b) während des Glühens unbelastet.

beim mit Strom überlasteten Hitzdrahtinstrument der Fall ist) keine erhebliche Abnahme der Zerreißfestigkeit zu bemerken, wohl aber bei höheren Temperaturen. Wenn gute Instrumente auch bei 2÷3facher Überlastung noch nicht durchbrennen, so wird man dennoch derartige Beanspruchungen des Hitzdrahtes zu vermeiden suchen.

Die Vergrößerung der Hitzdrahtverlängerung durch die beschriebene Anordnung ist ganz bedeutend, auf den Umfang der Zeigerrolle bezogen 20÷30fach, auf die Zeigerspitze bezogen 500÷1500fach.

Drahtmaterial. Als Material für den Hitzdraht ist grundsätzlich ein solches zu wählen, das hohen Ausdehnungskoeffizienten, hohen Schmelzpunkt und hohe mechanische Festigkeit besitzt. Leider ist kein Material bekannt, das die Höchstwerte aller drei Eigenschaften in sich vereinigt. Am meisten wird als Hitzdrahtmaterial Platinsilber verwendet in einer Legierung mit 10 oder 30% Platin. Die letztere Zusammensetzung hat höhere Festigkeit, aber auch höheren elektrischen Widerstand. Platiniridium wird von der Firma Hartmann & Braun verwendet. Nachstehend die Daten der am meisten verwendeten Hitzdrahtmaterialien:

	Leitvermögen	Temperaturkoeffizient	Ausdehnungskoeffizient
Platinsilber . . . . 10% Pt	12,7	0,0009	0,000015
Platinsilber . . . . 30% Pt	3,2	0,00024	0,000015
Platiniridium . . . . 10% Ir	3,4	0,00085	0,000015
Platiniridium . . . . 30% Ir	2,7	0,00060	0,000009
Manganin. . . 84% Cu 12% Mn 4% Ni	2,4	0,00004	0,000014
Nickelstahl . . . . 25% Ni	1,2	0,00132	0,000015

Platinsilber wird üblicherweise in den Instrumenten auf eine Temperatur von etwa 100°÷150°, also eine Übertemperatur von 80÷130°C erhitzt. Bei 160 mm Hitzdrahtlänge und $\alpha = 0{,}000015$ ergibt sich daraus eine Verlängerung von 0,2÷0,3 mm. Es ist selbstverständlich, daß die Vergrößerung dieses kleinen Weges sehr exakt erfolgen muß, weil ein Fehler von $^1/_{1000}$ mm schon 0,5% Meßfehler am Endwert der Skala bedeutet.

Drahtdicke. Die dünnsten verwendeten Drähte haben einen Durchmesser von 0,03÷0,05 mm; die Brückendrähte, die keinen Strom führen, sind 0,02÷0,05 mm stark. Unter Verwendung normaler Rollendurchmesser ergibt sich dann als kleinster Stromverbrauch bei:

Platinsilber	100÷250 mA
Platiniridium . . .	150÷200 »
Nickelstahl	60÷100 »

Verbrauch. Diese Zahlen entsprechen dem Stromverbrauch der Spannungsmesser. Für kleine Spannungen, bis zu 30 oder 50 V, ist das Hitzdrahtinstrument hinsichtlich des Stromverbrauches das bei weitem günstigste Wechselstrom-Zeigerinstrument; es verbraucht viel weniger Strom als dynamometrische Instrumente und solche des Dreheisentyps mit normalem Drehmoment. Bei dem geringen Temperaturkoeffizienten des Hitzdrahtes ist ein Vorwiderstand nicht nötig, so daß die Energieaufnahme des Hitzdrahtes mit 0,5÷1 W den gesamten Verbrauch darstellt. Für höhere Stromstärken ist ein dickerer Hitzdraht notwendig; die Strombelastung für eine bestimmte Übertemperatur wächst proportional dem Drahtdurchmesser, weil für die Wärmeabgabe die Oberfläche maßgebend ist. Mit zunehmendem Drahtdurchmesser wird die thermische Trägheit des Instrumentes immer größer. Sie ist nur für Sonderzwecke, z. B. bei der Messung von niederperiodigen Rotorströmen, erwünscht und macht die Angaben ungenau. Drähte über 0,35 mm Durchmesser sind nicht mehr verwendbar; schon bei 0,20 mm, etwa 1 A entsprechend, wird die Zeigereinstellung stark kriechend.

Unterteilung des Hitzdrahtes. Durch Verwendung mehrerer parallel gespannter dünner Drähte lassen sich etwas höhere Strommeßbereiche erzielen. Es wird dann, entsprechend Bild 176, der Hitzdraht in eine Anzahl kurzer Stücke unterteilt und diesen der Strom in Parallelschaltung zugeführt. Dabei sind zwei »Rechen« vorgesehen, in die Silberbänder von 0,01÷0,02 mm Dicke und 3÷5 mm Breite eingeklemmt sind, die am anderen Ende zugespitzt, um den Hitzdraht gelegt und mit diesem sorgfältig verlötet sind. Bei acht Unterteilungen wird der Widerstand des Hitzdrahtes auf den 64ten Teil herabgesetzt und dadurch auch der Spannungsabfall auf etwa den achten Teil vermindert. Bei Instrumenten für 5 A ergibt sich ein Spannungsabfall von 120÷200 mV am Instrument selbst, so daß Nebenwiderstände mit 150÷250 mV Spannungsabfall verwendbar sind. Es ist nicht zweckmäßig, Hitzdrahtinstrumente für höhere Stromstärken als 10 A direkt auszuführen, weil bei solchen Instrumenten bereits mehrere Einzeldrähte nötig sind und die Sicherheit etwas darunter leidet.

Besonders empfindliche Instrumente werden unter Verwendung ganz kleiner Rollendurchmesser (von 1 mm und noch weniger) gebaut, wobei allerdings die Meßgenauigkeit zurückgeht. Die stromempfindlichsten Zeigerinstrumente dieser Art (Hartmann & Braun) verbrauchen für Endausschlag 30 mA bei etwa 80 Ω Hitzdrahtwiderstand.

Skalenteilung. Durch richtige Wahl der Größe des Durchhanges von Hitzdraht und Brückendraht läßt sich der Charakter der Skalenteilung in vorteilhafter Weise ändern. Dem Meßprinzip nach ist eine quadratische Skalenteilung zu erwarten. Durch starke Vergrößerung

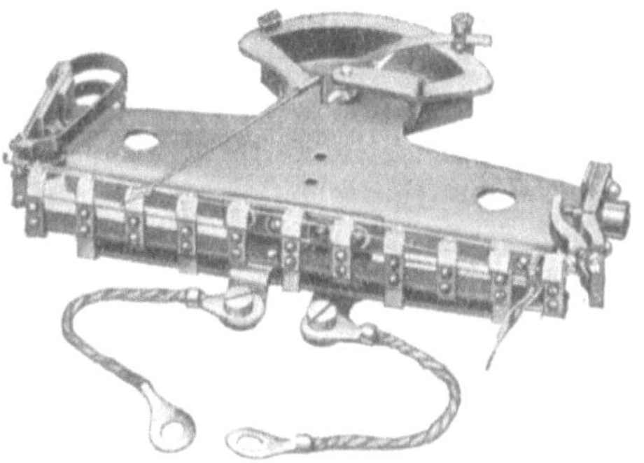

Bild 176.

Bild 177.

Bild 176. Strommesser mit unterteiltem Hitzdraht (Siemens & Halske).
Bild 177. Strommesser mit nahezu gleichförmiger Teilung (Siemens & Halske).

der Durchhänge von Hitzdraht und Brückendraht kann aber die Teilung, wenn auch unter erheblicher Zunahme des Stromverbrauches, von $^1/_5$ des Endwertes ab proportional gestaltet werden. Auch die Verwendung eines großen Rollendurchmessers wirkt im gleichen Sinne günstig, wenn auch allerdings wiederum nur unter Steigerung des Verbrauches im Hitzdraht. Die Teilung läßt sich auch in der Weise günstig beeinflussen, daß man die Fadenrolle nicht zentrisch, sondern exzentrisch zur Achse setzt, so daß in der Gegend des Nullpunktes des Instrumentes der Radius kleiner, die Übersetzung zum Zeiger also größer ist als zu Ende des Ausschlages. Man kann aber auch die Achse als kleinsten Rollendurchmesser verwenden und daneben einen Stift befestigen, auf den sich von einem gewissen Ausschlag ab der Kokonfaden legt. Diese Einrichtung ist besonders vorteilhaft für kleine Instrumente. Bild 177 zeigt ein mit einem solchen Stiftexzenter ausgeführtes Instrument von Siemens & Halske, bei dem die Teilung schon von $^1/_{10}$ des Endwertes ab ganz gleichförmig ist. Trotzdem halten die Instrumente noch den doppelten Nennstrom aus.

Eine rechnerische Erfassung des Skalencharakters ist kaum möglich; es wirken zu viele Umstände auf ihn ein, als daß sie alle richtig bewertet werden könnten.

Ausgleich der Schwankungen der Umgebungstemperatur. Die mechanische Übertragung arbeitet so, daß sie jede Hitzdrahtverlängerung anzeigt. Eine solche entsteht aber nicht allein bei Stromdurchgang, sondern auch bei Steigerung der Raumtemperatur. Beträgt die Hitzdrahtübertemperatur beim Höchststrom 80° C, so müßte bei einer Steigerung der Raumtemperatur um 20° C der Zeiger schon eine Bewegung von 1/4 der Skalenlänge ausführen. Wollte man ein derartiges Instrument zu Messungen benutzen, so wäre bei jeder Schwankung der Raumtemperatur um 1 oder 2° C eine Nachstellung des Nullpunktes erforderlich. Um diesen Übelstand zu vermeiden, sind alle Hitzdrahtinstrumente mit Vorrichtungen versehen, die den Einfluß schwankender Außentemperatur selbsttätig ausgleichen. Zwei Ausführungen sind zu unterscheiden: die Platten- und die Drahtkompensation. Das Instrument nach Bild 174 besitzt Plattenkompensation. Die beiden Einspannpunkte des Hitzdrahtes sind auf einer Platte befestigt, die denselben linearen Ausdehnungskoeffizienten besitzt wie der Hitzdraht. Ändert sich nun die Raumtemperatur, so wird sich zwar zuerst der Hitzdraht verlängern, weil seine Wärmekapazität sehr klein ist, nach einiger Zeit wird aber auch die Platte nachfolgen und den Hitzdraht wieder anspannen, so daß der Zeiger in seine ursprüngliche Lage kommt. Der Ausgleich wird um so langsamer vor sich gehen, je größer die Masse der Kompensationsplatte ist. Um den Ausgleich zu beschleunigen, stellen Hartmann & Braun den größten Teil der Platte aus Invar, der bekannten Nickelstahllegierung, mit einem fast Null betragenden Ausdehnungskoeffizienten her und setzen nur ein kleines Metallstück aus Messing an ($\alpha = 0{,}000015$) von solcher Länge, daß der gemischte Ausdehnungskoeffizient der ganzen Platte gleich dem des Hitzdrahtes ist.

Es ist auch schon versucht worden, die Kompensation ganz wegfallen zu lassen und eine Montageplatte ohne Ausdehnung zu verwenden, eine Platte aus Invar, Marmor oder Schiefer. Es sollte dann (es handelte sich mehr um tragbare Instrumente) ein schneller Ausgleich der Außen- und Innentemperatur herbeigeführt und der Nullpunkt von Hand nachgestellt werden. Diese Überlegung ist nicht richtig. Beispielsweise wird beim Übergang auf niedrige Temperatur zwar der Hitzdraht schnell eine neue Temperatur annehmen, aber dann noch lange Zeit, bis zum vollständigen Abkühlen, der Wärmestrahlung der Montageplatte ausgesetzt sein, und erst nach einigen Stunden wird sich ein Beharrungszustand einstellen. In Bild 178 stellt *a* die charakteristische Zeigerbewegung dar bei einem guten Instrumente mit Plattenkompensation bei

Erwärmung in einem Thermostaten um 20° C und darauffolgender Wiederabkühlung. Es zeigen sich nach einigen Minuten große Ausschläge, die aber nach einer Stunde bis auf einen geringen Rest zurückgehen.

Um den Temperaturausgleich zu beschleunigen, wird die sog. Drahtkompensation verwendet. Bild 176 zeigt ein Instrument von Siemens & Halske, das mit einer solchen Einrichtung versehen ist. Der Hitzdraht wird durch eine Feder gespannt, und parallel zu ihm ist ein zweiter Draht gezogen, der bei Temperaturänderungen die gleiche Verlängerung oder Verkürzung erfährt. Er ist gleichfalls aus zwei Materialien mit stark verschiedenen Ausdehnungskoeffizienten, Nickelchrom und Manganin, zusammengesetzt. Bei Temperaturänderungen bewegen sich die

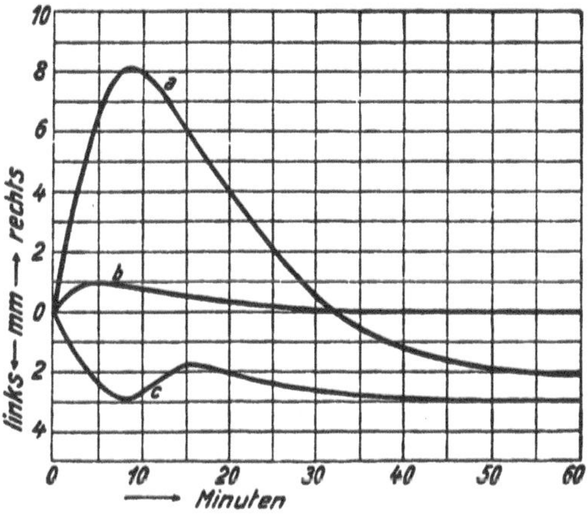

Bild 178. Zeigerbewegung bei geänderter Raumtemperatur.
a) Unvollkommene Plattenkompensation
b) vollkommene Drahtkompensation
c) Hitzdraht auf Schieferplatte.

Enden beider Drähte gleichmäßig, und die Spannung des Hitzdrahtes bleibt dieselbe. In Bild 178 zeigt *b* das Verhalten eines Instrumentes mit dieser Kompensation bei einer Temperaturänderung von 20° C. Auch hier treten vorübergehend größere Zeigerbewegungen auf, indessen sind sie wesentlich geringer als bei Plattenkompensation. Obwohl der Hitzdraht von der Montageplatte reichlich weit entfernt ist, läßt sich der Austausch strahlender Wärme, der sich selbstverständlich über längere Zeit hinzieht, nicht ganz vermeiden. Auch die Wärmeableitung in den Kompensationsdraht ist von Einfluß auf die Zeigerbewegung.

Überlastung. Wie ersichtlich, bleiben auch bei guter Kompensation der Schwankungen der Außentemperatur noch Temperaturfehler übrig, und es ist vom Konstrukteur die Frage zu lösen, in welcher Weise die Fehler klein zu halten sind. Ferner haben sich die Hitzdrahtinstrumente einer anderen praktischen Anforderung anzupassen, soweit es bei der Wahl des Meßprinzips möglich ist: der Überlastbarkeit. Es ist festzustellen, aus welchem Stoff der Hitzdraht am besten herzustellen ist und welche Übertemperatur er bei normalem Strom erhalten soll. Aus den Anforderungen der Kompensation und der Überlastbarkeit ergeben sich widerstrebende Bedingungen: Zunächst ist die Beeinflussung durch Schwankungen der Raumtemperatur um so geringer, je höher die Hitzdrahttemperatur ist. Entsprechen 90 Winkelgrade 300° Übertemperatur, so gibt $\pm 10^0$ Raumtemperaturschwankung beim unkompensierten Instrument ± 3 Winkelgrade. Hat der Hitzdraht aber bei Endausschlag nur 80^0 Übertemperatur, so entsprechen $\pm 10^0$ C ± 11 Winkelgraden. Der kleinere Betrag ist selbstverständlich leichter auszugleichen als der große, dementsprechend wird man die Belastung des Hitzdrahtes hoch wählen.

Anderseits aber steigt in erster Annäherung die Übertemperatur mit dem Quadrate der Stromstärke; beim dreifachen Strom erhält man also neunfache Übertemperatur. War nun die Normaltemperatur 300^0, so wird der Hitzdraht beim dreifachen Strom etwa neunfache Übertemperatur (2700^0) annehmen und bestimmt durchbrennen, wogegen ein Instrument mit 80^0 normaler Übertemperatur bei dreifachem Strom auf etwa 720^0 erhitzt wird und diese Temperatur noch zur Not ohne weiteren Schaden verträgt. Daraus geht also hervor, daß jenes Instrument als das beste zu bezeichnen ist, bei dem trotz guter Kompensation der Hitzdraht am meisten überlastbar ist. Hartmann & Braun verwenden[1]) als Hitzdrahtmaterial P l a t i n i r i d i u m, das einen sehr hohen Schmelzpunkt hat, etwa 2300^0, und dabei die gute Eigenschaft, daß es beim Erhitzen auf Rotglut seine Härte nicht verliert (siehe Bild 175). Die Übertemperatur des Hitzdrahtes beträgt bei diesen Instrumenten etwa 300^0 C. Sie halten den $2\frac{1}{2}$fachen Strom noch kurzzeitig ohne Schaden aus, obwohl der Hitzdraht dabei in helle Rotglut gerät.

Bei den Instrumenten von Siemens & Halske ist dagegen bei Strommessern Platinsilberdraht, bei Spannungsmessern eine Nickelstahllegierung mit hohem Ausdehnungskoeffizienten und hohem Widerstand verwendet worden, mit einer Übertemperatur von etwa 80^0 bei Endausschlag. Die Instrumente sind etwas höher als die vorgenannten, nämlich dreifach überlastbar, ohne ihre Empfindlichkeit oder den Nullpunkt zu ändern. Trotzdem ist die Kompensation gegen Temperaturschwankungen eine sehr vollkommene, wie Bild 178b zeigte.

S c h u t z g e g e n Ü b e r l a s t u n g. Gegen Ü b e r l a s t u n g sucht man Hitzdrahtinstrumente gewöhnlich durch eine vorgeschaltete S i c h e r u n g zu schützen. Unbedingt erforderlich ist es aber hierbei, daß die thermische Trägheit der Sicherung geringer ist als die des zu schützenden Hitzdrahtes, damit sie schneller auf ihre dem Strom entsprechende Endtemperatur kommt. Bei Spannungsmessern ist diese Bedingung leicht zu erfüllen, indem man den Schmelzdraht dünner macht als den Hitzdraht. Bei Strommessern ist dies aber nicht möglich, weil bei diesen der gesamte Strom dem Hitzdraht in $8 \div 10$ Parallelkreisen zugeführt wird und ein Element des Hitzdrahtes nur $^1/_8 \div {}^1/_{10}$ des Gesamtstromes führt. Eine vorgeschaltete Sicherung für den Gesamtstrom muß also einen viel größeren Drahtdurchmesser erhalten als der Hitzdraht,

[1]) ETZ 1910, S. 269.

und die Folge ist, daß sie bei plötzlich eintretender Überlastung zu spät durchbrennt.

Die Sicherungen bestehen entweder aus sehr dünnen Widerstandsdrähten, die zum mechanischen Schutz in Glasröhrchen mit metallenen Anschlußstücken eingesetzt sind, oder für höhere Stromstärken aus sehr feinen Kupfer- und Silberdrähten. — Nachstehend (nach einer Liste von Hartmann & Braun) die Schmelzstromstärken einiger Drahtmaterialien für verschiedene Drahtdurchmesser, bezogen auf eine freie Länge von 10 cm:

Drahtdurchmesser mm		0,02	0,03	0,05	0,10
Silber		420 mA	750 mA	1400 mA	3000 mA
Platiniridium	(10% Ir)	250 »	450 »	850 »	1900 »
Platinsilber	(10% Pt)	200 »	350 »	680 »	1550 »
Kruppin		150 »	250 »	450 »	950 »

Bei Spannungsmessern bewähren sich diese Sicherungen noch am besten, weil der Gesamtwiderstand sehr hoch ist. Am wenigsten zu empfehlen sind sie für Strommesser in Verbindung mit Nebenwiderständen und bei Spannungsmessern für niedrige Spannung, weil sie hier durch ihren verhältnismäßig hohen Verbrauch stören und beim Durchbrennen mit dem Ersatz eigentlich immer eine Neueichung des Instrumentes erforderlich ist, da es nicht möglich ist, alle derartigen Sicherungen auf genau gleichen Widerstand zu bringen. Außerdem würde sich der Widerstand bei einer nahe an die Schmelztemperatur herangehenden Überlastung bereits merklich ändern.

An Stelle von Sicherungen lassen sich auch selbsttätige Kurzschlußvorrichtungen verwenden, die meist in der Weise arbeiten, daß der Zeiger beim Endausschlag einen Kontakt schließt, durch den beim Spannungsmesser der Hitzdraht, beim Strommesser das ganze Instrument kurzgeschlossen wird. Bei den bereits erwähnten Hitzdraht-Wattzeigern von Hartmann und Braun wird der naturgemäß bei solchen Instrumenten sehr schwache Kontaktdruck dadurch verstärkt, daß der Zeiger ein kleines Eisenblättchen trägt, das von einem Magneten kräftig angezogen wird, wenn der Zeiger über die Skala hinausgeschlagen hat.

Solche Einrichtungen können nur bei einigermaßen langsam eintretender Überlastung sicher arbeiten, weil die Erwärmung des dünnen Hitzdrahtes viel schneller vor sich geht als die Bewegung des Zeigers über die ganze Skala. Bis der Zeiger den Kontakt berührt, kann der Hitzdraht bereits durchgebrannt sein. Zweckmäßiger ist die Einrichtung nach Bild 179. Beim Voltmeter liegt in Reihe mit dem zu schützenden Hitzdrahte H_1 beim Amperemeter parallel zu ihm, ein zweiter Hitzdraht H_2 von etwa dem gleichen Durchmesser. Tritt eine Überlastung auf, so bewegt sich der Kontakt K unter der Spannung der Feder nach seinem Gegenkontakt und schließt den Hitzdraht kurz. Die zu bewegende Masse ist sehr klein und die Bewegung deshalb sehr schnell. Das Instrument kann mit dem Zehnfachen der normalen Spannung oder Stromstärke belastet werden, ohne daß eine Schädigung eintritt,

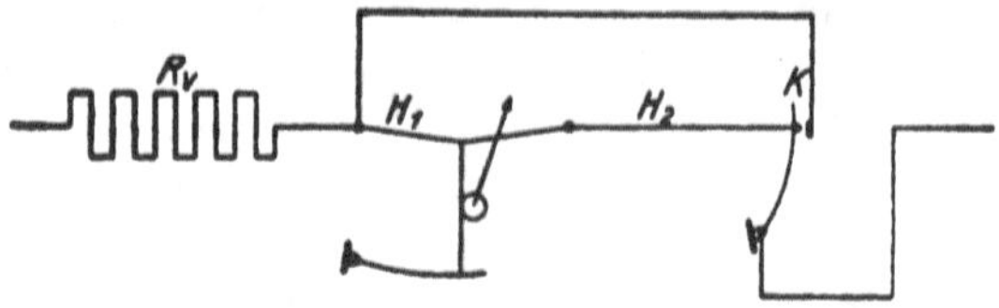

Bild 179. Kurzschlußvorrichtung für einen Hitzdraht-Spannungsmesser.

es bleibt für die Dauer der Belastung mit etwa dem 1½÷2fachen Normalstrom eingeschaltet, der Rest fließt durch den Neben- bzw. Vorwiderstand. Die Überlastung darf nicht lange andauern, weil sonst eine Zerstörung der letztgenannten Teile eintreten würde.

Fehler bei Dauerschaltung und Temperaturänderung. Bei den älteren Hitzdrahtinstrumenten war ein erheblicher Einfluß der Belastungsdauer auf die Genauigkeit der Angaben festzustellen. Er rührte davon her, daß die Kompensation unvollkommen war und bei dem erheblichen Eigenverbrauch dieser Instrumente eine starke Erwärmung des Gehäuseinnern stattfand. Der Fehler wurde besonders nach dem Ausschalten des Stromes sichtbar, weil dann der Zeiger niemals wieder auf den Nullpunkt zurückkam, sondern je nach der Zeitdauer und dem Grad der Kompensation 5÷10 mm vom Nullpunkt entfernt stehen blieb. Gute, moderne Instrumente zeigen bei Dauereinschaltung Fehler von höchstens 1%, in der Regel noch weniger.

Von der Temperatur werden die Angaben der Hitzdrahtinstrumente nur in geringem Maße beeinflußt, vorausgesetzt, daß die Kompensation eine vollkommene ist. Es treten zwei Fehler auf, die sich aber entgegenwirken. Zunächst hat der Widerstand des Hitzdrahtes einen positiven Temperaturkoeffizienten. Da es sich aber durchweg um Legierungen handelt, so ist α klein, zwischen 0,05 bis maximal 0,12% je Grad; um diesen Betrag müssen die Angaben mit steigender Temperatur kleiner werden. Dafür nimmt aber mit steigender Umgebungstemperatur die Wärmeabgabe an die Umgebung ab, so daß die Übertemperatur höher und die Verlängerung des Drahtes größer wird. Dieser Fehler beträgt nach Versuchen —0,1 bis 0,2% je Grad, so daß ein vollständiger Ausgleich und sogar eine Überkompensation eintritt. Für ein 5-A-Instrument mit einem Hitzdraht aus 30% Platinsilber, als Strommesser geschaltet, wurde ein Temperaturkoeffizient von —0,12% je Grad ermittelt. Als Millivoltmeter geschaltet, hat das Instrument dann samt den Zuleitungen einen Temperaturkoeffizienten von +0,03% je Grad.

Die nachfolgende Tabelle zeigt, welche Genauigkeit und Widerstandsfähigkeit sich mit modernen, sorgfältig geeichten Hitzdrahtinstrumenten erreichen läßt. Sie ist das Ergebnis der Prüfung zweier Schalttafelinstrumente von Siemens & Halske durch eine unparteiische Stelle.

	Strommesser	Spannungsmesser
Meßbereich	5 A	140 V
Spannungsabfall bzw. Stromverbrauch	120 mV	79 mA
Größter Fehler bei kurzzeitiger Einschaltung	0,4 %	bei 30 V 0,3 % zw. 40 u. 140 V 0,15 %
nach einstündiger Vollbelastung	0,6 %	0,15 %
bei 17° C Temperatursteigerung	+ 2 %	+ 0,6 %
Nullpunktfehler nach 30 min Belastung mit dem Skalenendwert	+ 0,3 mm	— 0,2 mm
Desgl. nach 30 s Belastung mit dem doppelten Skalenendwert	— 0,3 mm	— 0,2 mm
Desgl. nach 30 s Belastung mit dem dreifachen Skalenendwert	— 1,5 mm	+ 3 mm
Dauernde Empfindlichkeitsänderung	± 0,0 %	± 0,0 %
Größte Nullpunktänderung bei Verbringen in einen Raum mit 17° C Übertemperatur	+ 1 mm	+ 1 mm
Dauernde Nullpunktänderung nach 4,5 h	± 0 mm	— 1,1 mm
Bestrahlungsfehler durch 16 kz-Kohlefadenlampe mit Reflektor in 15 cm Abstand von der Skala nach 15 min	+ 1,8 %	+ 1,2 %
Desgl. mit 16 kz-Metalldrahtlampe mit Reflektor in 30 cm Abstand	+ 0,2 %	+ 0,15 %

Besondere Ausführungen.

Die vorstehenden Ausführungen bezogen sich im wesentlichen auf die normale Konstruktion der Hitzdrahtinstrumente, wie sie in Deutschland üblich ist. Außer diesen sind aber auch noch einige andere bemerkenswerte Konstruktionen zu erwähnen.

So zeigt Bild 180 die Anordnung bei dem Hitzdraht-Strommesser der Firma Dr. P. Meyer. Hier wird die Hitzdrahtverlängerung zunächst

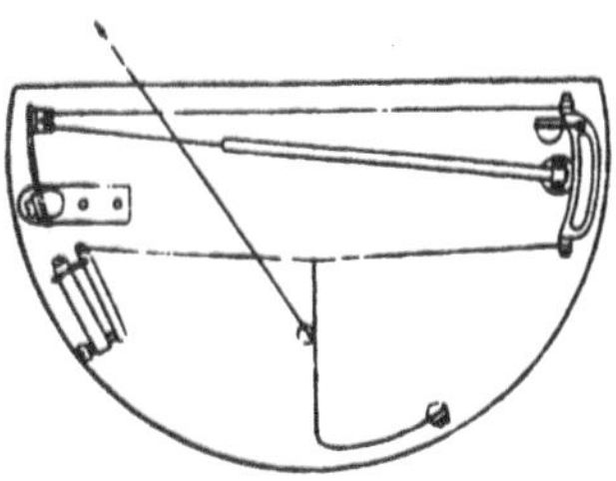

Bild 180. Hitzdraht-Strommesser der Dr. P. Meyer A.-G. mit Hebel-Übersetzung.

durch eine Hebelübersetzung etwa im Verhältnis 5:1 vergrößert und dann erst der Durchhang des Brückendrahtes mit einem Kokonfaden auf die Zeigerrolle übertragen. Der Hitzdraht besteht aus Platinsilber, die Länge ist 150 mm. Die Zeigerrolle hat 5 mm Durchm. und ist so gesetzt, daß ihre Exzentrizität 1,5 mm beträgt. Das Instrument besitzt eine Drahtkompensation aus Messing und Eisen.

Besonders bemerkenswert ist, daß bei der Nullstellung und der Hebelübersetzung federnde, reibungslose Gelenke verwendet sind, die aus kurzen eingespannten Stahlblechen bestehen. Auf diese Weise wird jeder tote Gang vermieden. Alle Systemteile sind auf einer 16 mm starken Schieferplatte befestigt, die dem Instrumente trotz der Drahtkompensation eine reichlich große thermische Trägheit verleiht. In Bild 178 zeigt *c* das durch das Zusammenwirken mit der Drahtkompensation entstehende eigentümliche Verhalten bei Temperaturänderung. Das Instrument besitzt als Strommesser nur die thermische Dämpfung durch den Hitzdraht.

Eine eigenartige Konstruktion der Compagnie pour la Fabrication des Compteurs in Paris zeigt Bild 181 im geöffneten Zustande. Der Hitzdraht ist zwischen zwei Endpunkten eines drei-

Bild 181. Hitzdraht-Strommesser der Compagnie des Compteurs (Paris).

strahligen Gußstückes ausgespannt; die Durchbiegung des Drahtes wird unmittelbar auf eine Rolle von etwa 1,2 mm Durchmesser übertragen. Bemerkenswert ist, daß der wagerecht liegende Draht bei der vorliegenden Ausführung für max. 100 mA nicht unmittelbar erhitzt wird, sondern mit einer Heizspirale aus dünnem Draht umgeben ist. Ihr Widerstand ist 105 Ω, etwas mehr als bei einem Instrumente mit unmittelbarer Erhitzung. Die Nullpunkteinstellung erfolgt durch die mittlere, von unten kommende Schraube unter geringer Verbiegung des Gußstückes. Das Instrument, etwa 1912 hergestellt, kam 1919 mit zerrissenem Spannfaden zu Siemens & Halske zur Ausbesserung. Nach Erneuerung des Fadens zeigte das Instrument ohne jegliche Nachjustierung über der ganzen Skala nur einen maximalen Fehler von 0,8 mA. Die Einstellung erfolgte in einer Sekunde; nach einstündiger Belastung betrug die Fehlweisung 0,8%. Das Instrument ist demnach als sehr gut zu bezeichnen.

Strommesser für Hochfrequenz.

Eine Reihe Sonderausführungen von Hitzdrahtinstrumenten ist für die Messung hochfrequenter Ströme in der drahtlosen Telegraphie entstanden. Die ursprünglich weitverbreitete Annahme, daß alle Hitzdrahtinstrumente für beliebig hohe Frequenzen genau anzeigen, mußte bald der Erkenntnis weichen, daß unter Umständen ganz bedeutende Fehler entstehen können. Nur Instrumente mit dünnen Hitzdrähten, bei denen der Strom durch einen nicht unterteilten Draht fließt, sind bis zu den höchsten Frequenzen, wie sie in der drahtlosen Telegraphie vorkommen, vollkommen genau.

Instrumente mit außenliegendem, getrenntem Nebenwiderstand können schon bei 500÷1000 Hertz beträchtliche Fehler aufweisen. Zunächst ist zu beachten, daß die Zuleitungen zum Meßwiderstand eng verdrillt werden. Ist dies nicht der Fall, so können in dem Nebenschlußkreis beträchtliche Ausgleichströme induziert werden, die unter Umständen, bei höheren Stromstärken (500 A), einen Fehler von 20÷30% hervorrufen. Ein weiterer Fehler, der sich gleichfalls schon bei 500 Hertz bemerkbar macht, entsteht dadurch, daß der Widerstand des Nebenschlusses infolge der Stromverdrängung bei höheren Frequenzen ansteigt. Die Größe des Fehlers hängt von der Feinheit der Unterteilung der Bleche oder Stäbe ab. Auch bei guten Ausführungen hat man aber schon bei 1000 Hertz mit Fehlern von 1÷2% zu rechnen.

Drahtunterteilung. Für Frequenzen über 1000 Hertz wurden bis vor etwa 10 Jahren bei höheren Stromstärken, bis max. 40 A, sog. »ungeshuntete« Strommesser benutzt, in ähnlicher Ausführung wie Bild 176, jedoch mit dem Unterschiede, daß bis zu vier starke Hitzdrähte parallel gelegt und mit den Silberbändern verlötet wurden. Mit fortschreitender Vervollkommnung der Hochfrequenz-Meßtechnik wurde gefunden, daß die Angaben solcher Instrumente keineswegs unabhängig sind von der Frequenz, daß vielmehr Fehler bis zu 30% auftreten. Die Ursache liegt darin, daß zwar der Hitzdrahtwiderstand selbst annähernd konstant ist, daß sich aber die Verteilung des Gesamtstromes auf die einzelnen Parallelkreise

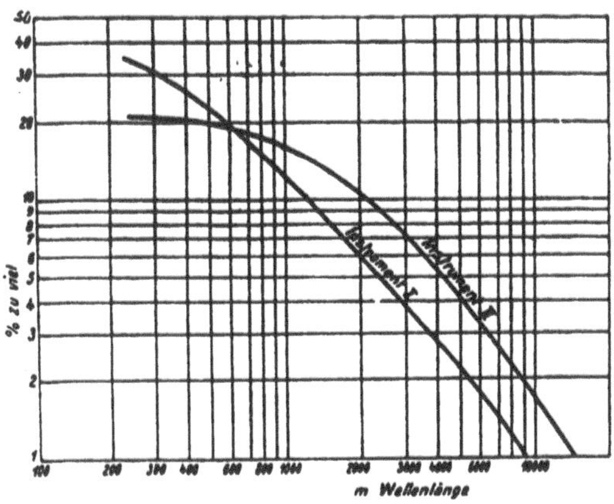

Bild 181. Fehlweisung »ungeshunteter« Strommesser bei Hochfrequenz. Asymptotische Annäherung an einen Grenzwert bei kleinen Wellenlängen.

mit der Frequenz ändert. Während bei Niederfrequenz die Verteilung umgekehrt proportional den Widerständen erfolgt, verteilt sich der Strom bei Hochfrequenz unabhängig vom Widerstand umgekehrt proportional der Selbstinduktion der einzelnen Strombahnen. Demnach ist zu erwarten, daß sich die Angaben mit steigender Frequenz ändern, aber asymptotisch einem Grenzwert für Hochfrequenz nähern. Bild 181, das die Meßresultate an zwei solchen Instrumenten verschiedenen Ursprungs zeigt, bestätigt diese Überlegung. Die Fehler sind in logarithmischer Teilung als Funktion der Wellenlänge (1000 m = 300 KiloHertz) angegeben. Sie sind um so geringer, je höher der Ohmsche Widerstand der Instrumente ist. Bei 5-A-Strommessern sind sie im Maximum nur noch etwa 5%.

Nach Erkenntnis dieser Tatsache war man deshalb bestrebt, für die Strommessung bei Hochfrequenz solche Instrumente zu bauen, bei denen die Stromverteilung auf die Parallelkreise für alle Frequenzen in genau gleicher Weise erfolgen mußte.

Nebenwiderstände. Das Ziel läßt sich in befriedigender Weise schon dadurch erreichen, daß man getrennte, bei hohen Stromstärken aber aus dünnen Blechen hergestellte Nebenwiderstände verwendet, die Instrumente und Widerstände mit Gleichstrom justiert, außerdem aber auch die Selbstinduktion des Hitzdraht- und Nebenschlußkreises im gleichen Verhältnis abstimmt, also die Zeitkonstante L/R beider Kreise genau gleich macht. Ist die Selbstinduktion des Nebenschlußkreises unveränderlich und genügend groß, so kann durch sie eine mäßige Widerstandserhöhung des Nebenwiderstandes unschädlich gemacht werden, denn bei $\omega = \infty$, wenn R gegenüber ωL verschwindet, ist die Widerstandserhöhung von R ganz ohne Einfluß auf die Messung. Bild 183 zeigt die Schaltung eines solchen Instrumentes. Die Selbstinduktion L_1 kann konstruktiv mit dem Nebenwiderstand vereinigt werden, L_2 muß aber von R_2 getrennt und justierbar sein. In der ein-

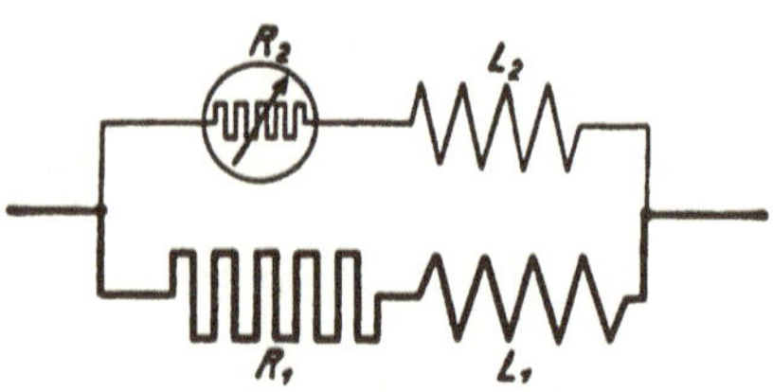

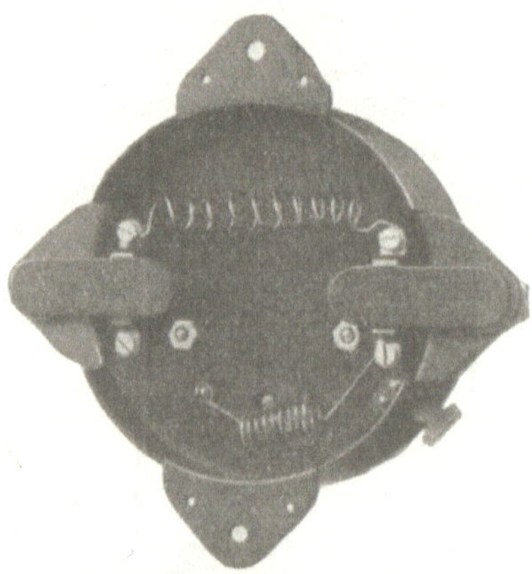

Bild 183. Hochfrequenz-Hitzdrahtstrommesser mit induktivem Nebenschluß. Schaltbild und Anordnung der Widerstände.

fachsten Ausführung besteht L_2 aus einer zylindrischen Drahtspirale mit etwa 6÷8 Windungen Kupferdraht, mit einem Windungsdurchmesser von 10÷15 mm. Die Hochfrequenzeichung erfolgt nach erledigter Gleichstromeichung bei der höchsten vorkommenden Frequenz durch Deformierung der Spirale, durch Auseinanderziehen und Zusammendrücken. Bild 183 zeigt auch die Rückseite eines solchen Instrumentes von Siemens & Halske bei abgenommener Deckplatte, mit einem Meßbereich von 4 A, das in großer Zahl für Flugzeugsender für Frequenzen bis zu $3 \cdot 10^6$ Hertz geliefert wurde. Die Stromstärke war bereits zu groß, als daß sie dem nur 40 mm langen Hitzdraht ohne Nebenschluß, nur durch Unterteilung, hätte zugeführt werden können; es hätten sich dadurch auch unzulässige Frequenzfehler ergeben. Der Hitzdraht wurde deshalb nicht unterteilt und führte bei einem Durchmesser von 0,12 mm eine Stromstärke von 1 A, während 3 A durch den Nebenschluß im Sockel des Instrumentes gingen. Für die kürzeste Welle eingestellt, betrug der Frequenzfehler bei keiner Frequenz mehr als 3%.

Die Einrichtung läßt sich auch für zwei oder mehrere Meßbereiche verwenden. Hartmann & Braun haben solche Instrumente mit den Meßbereichen 40 und 5 A gebaut, bei denen während des Ziehens eines Messerschalters der kleine Bereich eingeschaltet wurde. Die regelbare Selbstinduktion bestand aus zwei aufeinanderliegenden Scheibenspulen, deren Abstand bei der Eichung geändert werden konnte.

Siemens & Halske haben solche Hochfrequenz-Strommesser mit zwei Meßbereichen mit kombinierten Nebenschlüssen ausgeführt, um den Übergangswiderstand im Schalter bei der Messung auszuschließen.

Neuerdings verwendet man zur Messung höherer Stromstärken fast immer Spezialstromwandler für Hochfrequenz in Verbindung mit Hitzdrahtinstrumenten für niedrige Stromstärken.

Trommelanordnung. Ohne besondere Justierung wird die gleiche Stromverteilung auf mehrere Leiterelemente dadurch erreicht, daß man sie auf dem Umfang eines Zylinders anordnet, so daß auch die gegenseitige Induktion gleich Null ist. Nach diesem Prinzip sind eine Anzahl von Ausführungen gebaut worden. Die erste ist wohl die von Broca[1]) angegebene. Der Apparat besaß 10 Neusilberdrähte von etwa 20 cm Länge und 0,3 mm Durchm., die gleichmäßig am Umfang eines Zylinders von etwa 10 cm Durchm. verteilt waren. Der Durchhang eines der Drähte wurde in üblicher Weise auf einen Zeiger übertragen. Jeder Draht führte 5 A, so daß das Instrument für eine Höchststromstärke von 50 A bei Benutzung aller Drähte ausreichte. Die Erwärmung des Instrumentes war infolge seines hohen Verbrauchs (etwa 150÷200 W) ganz bedeutend, so daß nach längerer Einschaltung größere Nullpunktsänderungen auftraten. Eine ähnliche Anordnung von Reyval[1]) unterscheidet sich nur durch die Art der Sichtbarmachung der Zeigerausschläge. Die Hitzdrähte tragen in der Mitte eine Scheibe, durch einen Faden mit dem Zeiger verbunden und gespannt. Bei Stromdurchgang dreht sich die Scheibe unter dem Einfluß der Federkraft. Bei der Aus-

[1]) Bulletin de la Société internationale des Electriciens, Juli 1909.

führung der Compagnie des Compteurs[1]) liegen am Umfang des Zylinders nicht Hitzdrähte, sondern Heizrohre aus Manganin, deren Übertemperatur mit Thermoelementen gemessen, ein Maß für die Stromstärke ist.

Große Verbreitung gefunden hat das Hochfrequenz-Amperemeter von Hartmann & Braun[2]), Bild 184 im Prinzip mit dem von Broca identisch, aber konstruktiv viel besser durchgebildet. Die Stromzuführungen bestehen aus zwei großen Kupferklötzen, zwischen denen eine Reihe von dünnen Hitzbändern ausgespannt ist. Die Länge dieser

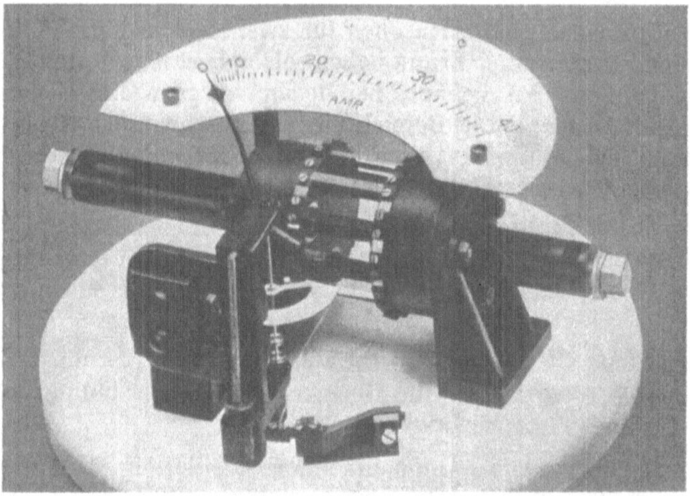

Bild 184. Hochfrequenz-Strommesser mit Hitzbändern in Käfigform (Hartmann & Braun).

Bänder ist zur Erzielung eines geringen Eigenverbrauches sehr klein gewählt; sie beträgt nur 30 mm, also etwa den fünften Teil der üblichen Länge. Die Bänder bestehen aus Platiniridiumblech von etwa 0,01 mm Dicke; die Breite ist etwa 4÷5 mm. Jedes führt etwa 3 A; ein Instrument für 100 A hat 30 Bänder. Die Übertragung des Durchhanges auf den Zeiger erfolgt von einem der Bänder aus in der üblichen Weise. Entsprechend der viel kleineren Hitzdrahtlänge ist die Temperatur höher gewählt als bei den normalen Instrumenten, und die Instrumente halten nur etwa den zweifachen Strom ohne Schaden aus. Die entwickelte Wärme wird zu einem großen Teile von den kupfernen Einspannklötzen aufgenommen und in die Zuführungen abgeleitet. Die Anordnung einer vollkommenen Kompensation ist bei diesen Instrumenten nicht in derselben Weise möglich, wie bei normalen Ausführungen. Die beiden

[1]) La lumière électrique, 11. 5. 12.

[2]) ETZ 1911. S. 1134.

Kupferklötze werden durch Bolzen aus einem Material miteinander versteift, das denselben Ausdehnungskoeffizienten hat wie die Grundplatte.

Für niedrige Stromstärken, bis etwa 20 A, wurden in einer früheren Ausführung die Hitzbänder treppenförmig übereinander angeordnet, so daß die erwärmte Luft von jedem der Bänder nach oben ziehen kann, ohne die anderen zu erhitzen. Später ist diese Anordnung durch eine vollständig symmetrische ersetzt worden, weil bei kleinen Wellenlängen (100÷500 m) Frequenzfehler beobachtet wurden. Bei größeren Stromstärken, bis zu 300 A, erfolgt die Ausführung durchweg nach Bild 184. Der Spannungsabfall der Instrumente beträgt, unabhängig von der Stromstärke, etwa 1 V; der Verbrauch mithin für jedes Ampere 1 W. Es ist klar, daß die Abführung dieser Wärme bei höheren Stromstärken Schwierigkeiten macht, die nur durch Vergrößerung des Instrumentgehäuses einigermaßen zu überwinden sind. Bei 225 mm Grundplattendurchmesser kann das Instrument maximal 40 A aufnehmen; bei 150 A muß das Instrumentgehäuse 300 mm, bei 300 A 530 mm Grundplattendurchmesser haben, damit es sich bei dem Verbrauch von 150 bzw. 300 W nicht allzusehr erhitzt. Trotzdem sind nach längerer Belastung mit vollem Strom bei den größeren Stromstärken merkliche Nullpunktsverstellungen zu beobachten, die eine zeitweilige Korrektion erforderlich machen.

Bei allen derartigen Instrumenten erfolgt die Stromverteilung bei Gleichstrom nach dem Verhältnis der Ohmschen Widerstände, bei Hochfrequenz nach dem Verhältnis der Selbstinduktionen der Stromwege. Da die Induktivität aller Bänder am Kreisumfang die gleiche ist, so muß, wenn kein Frequenzfehler entstehen soll, auch der Ohmsche Widerstand der Bänder gleich sein, d. h. alle Bänder müssen gleiche Länge, Breite und Dicke haben. Die Zusammenstellung eines derartigen Instrumentes erfordert eine ganz sorgfältige Auswahl der Bänder, am besten auf Grund einer Widerstandsmessung. Würde dies nicht geschehen, so würden bei hoher Frequenz gegenüber der Gleichstromeichung Fehler auftreten, die proportional dem Dickenunterschied der Bänder sein würden. Ein Nachjustieren an dem fertigen Instrument ist nicht möglich.

Die mit derartigen Instrumenten zu erreichende Genauigkeit ist eine Funktion der Frequenz. Bis zu etwa 30000 Hertz ($\lambda = 10000$ m) ist die Genauigkeit auf keinen Fall geringer als bei Gleichstrom, d. h. etwa 1% vom Höchstwert. Bei der 10fachen Frequenz ($\lambda = 1000$ m) können Fehler von 2÷3% auftreten, bei den kürzesten Wellen der drahtlosen Telegraphie ($\lambda = 100$ bis $\lambda = 50$ m) wird man mit Fehlern von 5÷10% rechnen müssen. Nur bei ganz geringen Stromstärken, bis max. 5 A, kann eine Genauigkeit von 2÷3% auch bei den höchsten Frequenzen erreicht werden. Diese Genauigkeitsgrenzen reichen aber für die Zwecke der drahtlosen Telegraphie immer aus.

Hitzdraht-Leistungsmesser.

In besonderen Ausführungen werden Hitzdrahtinstrumente nicht nur zur Strom- und Spannungs- sondern auch zur Leistungsmessung verwendet. Zur Dämpfungsmessung in der Meßtechnik der drahtlosen Telegraphie bauen Hartmann & Braun ein als »Hitzdraht-Wattzeiger« bezeichnetes Instrument. Die angezeigte Leistung ist der Eigenverbrauch des Hitzdrahtes, die Skala ist dementsprechend annähernd proportional. Diese Ausführung stellt die empfindlichsten modernen Hitzdrahtinstrumente dar. Bei einem Skalenwinkel von etwa 55° wird der Endausschlag bei dem empfindlichsten Typ schon mit 0,015 W erreicht; bei anderen mit 0,035÷0,15 W, während bei normalen Instrumenten für denselben Skalenwinkel mindestens 0,2÷0,6 W nötig sind. Erreicht ist diese Empfindlichkeit im wesentlichen durch Verwendung einer sehr kleinen Zeigerrolle bzw. den Fortfall einer solchen und Umschlingen des Kokonfadens um die 0,6 mm starke Zeigerachse.

Eine wirkliche Leistungsmessung läßt sich mit der Anordnung nach Bild 185 ausführen. Das Instrument besitzt zwei gleichlange Hitzdrähte, die um eine Rolle geschlungen sind, und es wird die Differenz der Ausdehnung beider Drähte auf den Zeiger übertragen. Die Schaltung

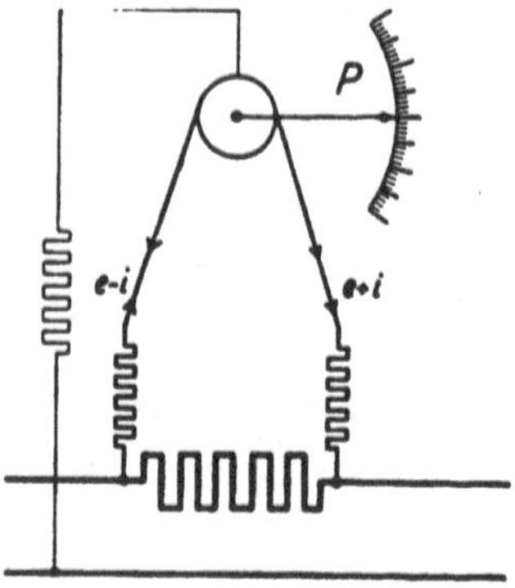

Bild 185.

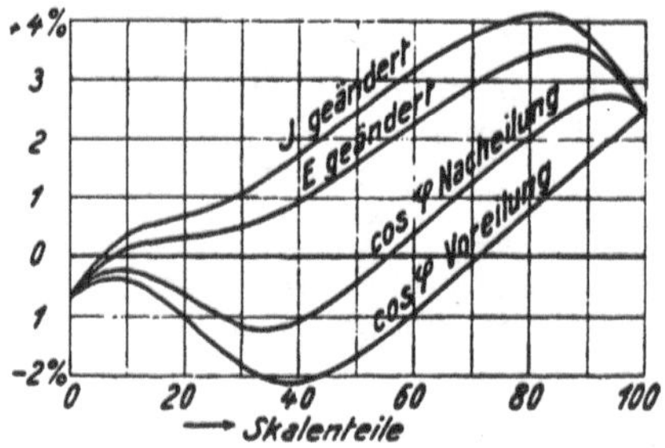

Bild 186.

Bild 185. Schaltung des Hitzdraht-Leistungsmessers nach Bauch.
Bild 186. Fehlweisung eines Hitzdraht-Leistungsmessers von Chauvin & Arnoux.

ist derart, daß in einem Hitzdraht der Summe, im anderen der Differenz der Momentanwerte von Strom und Spannung proportionale Ströme fließen. Nun ist aber

$$c \cdot (e + i)^2 - c \cdot (e - i)^2 = 4\, e\, i_1 c,$$

der Effektivwert ist $c \cdot \frac{1}{\pi} \int_0^{\pi} 4\, e\, i\, dt = 4\, E\, J \cos \varphi \cdot c.$

Die Leistung wird also auch bei Phasenverschiebung richtig angezeigt. Dieses Meßprinzip ist zuerst von R. Bauch angegeben worden[1]);

[1]) ETZ 1903.

die einzige Ausführung, die dem Verfasser bekannt geworden ist, erfolgte durch Chauvin & Arnoux, Paris, in einem Instrumente, das sowohl zur Strom- und Spannungs- als auch zur Leistungsmessung benutzt werden konnte. Die Schaltung entsprach Bild 185, die eingezeichneten Zusatzwiderstände dienten zur Abgleichung der beiden Kreise. Nachstehend die Daten:

Spannungsabfall als Strommesser . .	2,50 V,
Stromverbrauch als Spannungsmesser	0,60 A,
Meßbereich 5 A 150 V	750 W.

Bild 186 zeigt nach Versuchen des Verfassers die Meßergebnisse bei geändertem Strom, geänderter Spannung und geändertem Leistungsfaktor. Die Genauigkeit ist demnach verhältnismäßig gering. Die vielseitige Verwendbarkeit wird durch den abnorm hohen Eigenverbrauch mehr als aufgewogen.

Abgesehen von der erwähnten Ausführung sind Hitzdraht-Leistungsmesser nicht hergestellt worden. Für technische Frequenzen sind sie an Genauigkeit den bekannten elektrodynamischen und Drehfeld-Leistungsmessern unterlegen, auch dadurch, daß sie durch Überlastungen leicht beschädigt werden. Das Meßprinzip erfordert, daß der Strom im Spannungskreis gleich ist dem im Stromkreis. Daraus ergeben sich sehr ungünstige Verhältnisse. Der hohe Wattverbrauch würde weniger stören als die durch ihn verursachte Erwärmung des Instrumentes. Es lassen

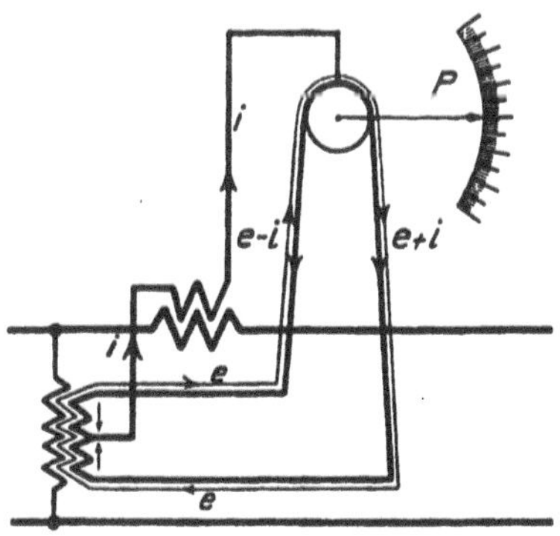

Bild 187. Hitzdraht-Leistungsmesser mit Strom- und Spannungswandler.

sich allerdings auch Meßwandler verwenden, sowohl für Strom- als Spannungskreis, wenn man nach Bild 187 schaltet. Für Nieder- und Mittelfrequenz bleibt aber das Instrument in seiner Genauigkeit und sonstigen Brauchbarkeit noch immer hinter den bekannten anderen Arten weit zurück; bei Hochfrequenz macht die Ausführung der Wandler Schwierigkeiten, und schließlich besteht auch in der funkentelegraphischen Technik das Bedürfnis nach einem solchen Leistungsmesser nur in geringem Maße.

Auch Thermoumformer können bei geeigneter Schaltung zur Leistungsmessung verwendet werden (s. 2. Band, Leistungsmessungen bei Hochfrequenz).

Bimetallinstrumente.

Verbindet man zwei Blechstreifen aus Materialien mit möglichst verschiedenen Ausdehnungskoeffizienten durch Löten oder Schweißen zu einem einzigen Streifen, so krümmt sich dieser bei Erwärmung. Führt man die Erhitzung durch Stromwärme herbei, so hat man damit einen überaus einfachen Strommesser.

Bild 188 zeigt eine Ausführung der Siemens & Halske A.-G. für 2 A; der Bimetallstreifen ist 400 mm lang, 5 mm breit und 0,2 mm dick. Der Verbrauch der Feder ist 1,2 W. Sie besteht aus zwei Nickelstahllegierungen mit sehr verschiedener Längenausdehnung, die in der Weißhitze aufeinandergeschweißt sind. Der Streifen ist zu einer Spirale gerollt, innen sitzt die Zeigerachse. Zwei weitere Streifen auf der gleichen Achse sind nicht stromdurchflossen und dienen zum Ausgleich der Schwankungen der Raumtemperatur.

Bild 188. Bewegliches Organ des Bimetall-Strommessers von Siemens & Halske.
H = Heizspirale
Z = Zuleitungsspirale
K = Kompensationsspirale.
Die große Zwischenscheibe dient zum Fernhalten der von der Heizspirale erzeugten Wärme von der Kompensations-Spirale.

Das besondere Merkmal dieser Instrumente ist die enorme Richtkraft und die große thermische Trägheit, die jede mechanische Dämpfung überflüssig macht. Ein derartiges Meßwerk ist auch gegen kurzzeitige Überlastung nicht so sehr empfindlich, wie die dünndrähtigen normalen Hitzdrahtinstrumente. Um aber einen noch weitergehenden Schutz

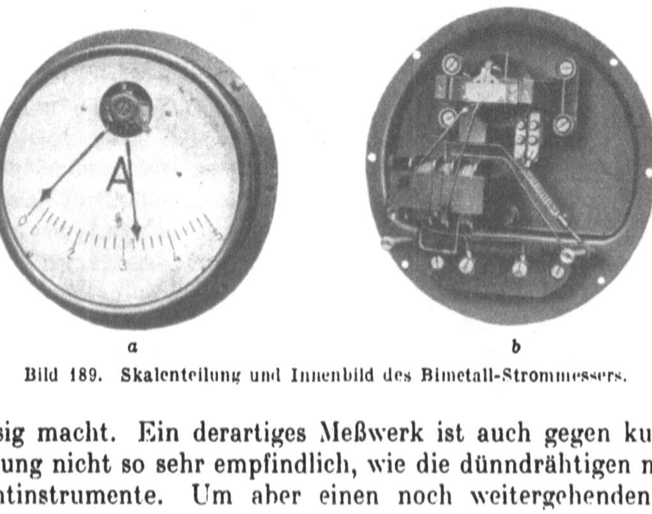

a *b*

Bild 189. Skalenteilung und Innenbild des Bimetall-Strommessers.

gegen Überlastung zu schaffen, wird dem Meßwerk ein kleiner Stromwandler mit 50 AW vorgeschaltet (siehe Bild 189b), der so bemessen ist, daß er den Überstrom vom Meßwerk fernhält, weil er bei Überlastung stark abfällt. Es ist so möglich, dem Meßwerk auch bei den größten Überlastungen nicht mehr als 4 A zuzuführen. Da der Abfall des Wandlers aber schon bei dem Nennstrom und darunter eintritt, so bewirkt der Wandler gleichzeitig eine erwünschte Skalenänderung, so daß die Teilung schon von $^1/_{10}$ des Endwertes ab gleichmäßig ist. (Bild 189a.) Nach den angestellten Versuchen kann das normal für 5 A hergestellte Instrument

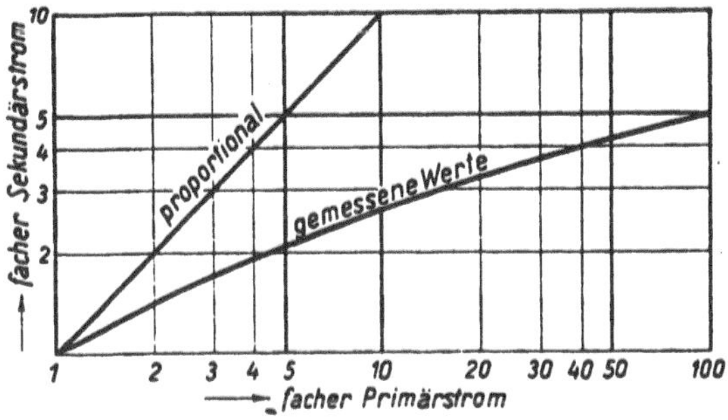

Bild 190. Stromabfall des eingebauten Wandlers.

dauernd mit 10 A gespeist werden ohne dauernde Nullpunktänderung, auf eine Sekunde vermag es ohne bleibende Änderung einen Strom von 100 A zu führen.

Bild 190 zeigt den Abfall der Wandlerübersetzung von Nennstrom bis zum 100fachen Überstrom. Der Sekundärstrom erreicht im letzteren Falle nur den 5fachen Nennwert. Die Einstelldauer des gesamten Instrumentes bei Überstrom ist in Bild 191 dargestellt. Bei Nennstrom

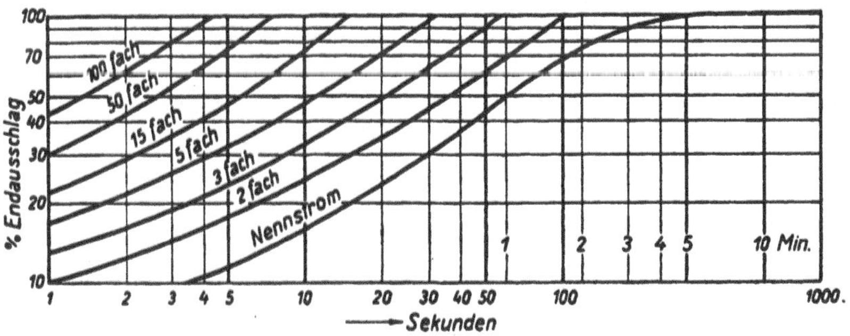

Bild 191. Einstellzeit des Bimetall-Strommessers mit eingebauten Wandler bei Nennstrom und Überstrom.

vergeht bis zur Einstellung auf 50% des Endwertes etwa eine Minute, bis zum Endwerte etwa 5 Minuten. Beim 100fachen Nennstrom wird der Endausschlag indessen bereits nach etwa 4 s erreicht.

Die spezifische Richtkraft des Meßorgans beträgt nicht weniger als etwa 30 gcm/90°, man kann deshalb ohne weiteres Registrierapparate und zuverlässige Schleppzeigerinstrumente herstellen. Die letzteren zeigen allerdings nur länger dauernde Überlastungen an, nicht einzelne Spitzen. Für die Beurteilung der Belastung eines Kabels ist es aber wesentlicher, die normalen Überlastungen zu kennen als vorübergehend aufgetretene zufällige Kurzschlüsse.

Optische Strommessung.

Für Hochfrequenzmessungen kann man im Laboratorium einen dünnen Draht, falls er aus hochschmelzbarem Edelmetall ist, so stark erhitzen, daß er zum Glühen kommt und seine Temperatur dann optisch mit einem Glühfadenpyrometer nach Holborn-Kurlbaum[1]) messen. Man kann damit eine enorm hohe Ablesegenauigkeit erzielen, weil die Temperatur mit dem Quadrat des Stromes ansteigt und die Intensität des zur Temperaturmessung verwendeten Teiles des sichtbaren Spektrums mit der 5. bis 10. Potenz der absoluten Temperatur. Das Verfahren wurde von Prof. Giebe in der PTR für Strommessungen bei Frequenzen bis 10 Millionen Hertz und Stromstärken bis etwa 30 A benutzt.

D. Elektrodynamische Instrumente.

Allgemeines. Das besondere Merkmal der dynamometrischen Instrumente ist die Verwendung sowohl von festen als auch von beweglichen Spulen, denen durch feste bzw. bewegliche Zuleitungen von außen Strom zugeführt wird. Bei Wechselstrom, insbesondere bei höherer Frequenz, treten allerdings zu der dynamischen Wirkung der von außen zugeführten Ströme noch solche der gegenseitig induzierten elektromotorischen Kräfte. Da es nun möglich ist, Instrumente zu bauen, deren Wirkung allein auf diesen induzierten elektromotorischen Kräften beruht, so erscheint es nicht angängig, die Elektrodynamometer allein dadurch zu kennzeichnen, daß sie feste und bewegliche Spulen enthalten, sondern es muß noch zugefügt werden, daß beiden durch Leitungen von außen Strom zugeführt wird. Instrumente, bei denen dies nicht der Fall ist (z. B. die Strommesser nach Papalexi, Seite 309), sind als Induktionsinstrumente anzusehen, auch deshalb, weil sie nur für Wechselstrom verwendbar sind. Soweit Induktionswirkungen bei Elektrodynamometern auftreten, sind es Störungserscheinungen, und im allgemeinen versucht man, sie möglichst klein zu halten. Sie haben zur Folge, daß bei einer Anzahl von Ausführungen die im Prinzip bei allen Elektrodynamometern vorhandene Übereinstimmung der Angaben für Gleich- und Wechselstrom nicht immer mit hinreichender Genauigkeit vorhanden ist.

Dynamometrische Instrumente sind bisher weniger für Schalttafeln als für Laboratoriumsmessungen hergestellt worden. Dies hat seinen

---

[1]) Siehe Keinath, Elektrische Temperaturmeßgeräte, Verlag R. Oldenbourg.

Grund darin, daß trotz aller elektrischer Vorzüge diesen Instrumenten doch auch mechanische Nachteile anhafteten, die ihrer allgemeinen Verwendung im Wege standen.

Lange Jahre hindurch wurde beim Bau von Elektrodynamometern die Verwendung von Metallkörpern zum Aufbau der Spulen, ganz besonders aber die Verwendung von Eisen zur Verstärkung des Kraftlinienflusses peinlichst vermieden, in der Befürchtung, daß damit ganz unzulässig hohe Fehler auftreten würden. Eine inzwischen längst wieder verlassene Ausführung der AEG., bei der zum Schutz gegen die Beeinflussung des beweglichen Organs durch den Dämpfungsmagneten ein Panzer aus lamelliertem Eisen angebracht war, ist unberechtigterweise mit großem Mißtrauen aufgenommen worden.

Die Konstruktionen der neueren Zeit weisen erhebliche Fortschritte auf. Präzisionswattmeter erster Klasse werden nicht mehr auf Isoliermaterial, das nicht immer zuverlässig und in der Konstruktion unelegant ist, sondern ganz auf Metall aufgebaut; vorzügliche Schalttafelinstrumente werden mit einem vollkommenen Eisenschluß versehen, der ihren Eigenverbrauch und ihre Beeinflußbarkeit auf kleine Bruchteile der früheren Werte zu vermindern gestattet, ohne daß Fehler aufträten, die für die praktische Verwendung irgendwie von Bedeutung wären.

Einteilung. Es ist zweckmäßig, die elektrodynamischen Instrumente hinsichtlich der Verwendung von Eisen in drei Gruppen einzuteilen:

1. Eisenlose Dynamometer,
2. Eisengeschirmte Dynamometer,
3. Eisengeschlossene Dynamometer.

Die zweite Gruppe umfaßt solche Ausführungen, bei denen der Eisenmantel nicht so sehr zum Zweck der Steigerung des Drehmomentes wie zum Schutz gegen Beeinflussung des Meßwerkes angebracht ist.

Die dritte Gruppe umfaßt alle Instrumente, bei denen durch das Eisen offensichtlich eine erhebliche Steigerung des Drehmomentes beabsichtigt ist. Sie sind zwar nicht zu Präzisionsmessungen, wohl aber zu genaueren Messungen im Betriebe geeignet.

Grundbedingungen.

Nach dem Grundprinzip der elektrodynamischen Instrumente erzeugt die feste Spule ein Feld, in dem sich die bewegliche Spule unter dem Einfluß des ihr zugeführten Stromes zu drehen sucht. Bei der Ausführung als Leistungsmesser, bei der die größten Anforderungen gestellt werden, sind folgende Bedingungen zu erfüllen:

1. Proportionalität der Stärke des Feldes der festen Spule mit dem erregenden Strome;
2. Phasengleichheit des Feldes der festen Spule mit dem erregenden Strome;

3. Proportionalität des Stromes in der Drehspule mit der Spannung;
4. Phasengleichheit des Stromes in der Drehspule mit der Spannung.

Selbstredend können die Rollen der festen und beweglichen Spulen auch vertauscht sein. Wenn die sämtlichen obigen Bedingungen erfüllt sind, so ist der Ausschlag, von Konstanten abgesehen,

$$a = m_a \cdot i_1 \cdot i_2 \cos \varphi,$$

wenn φ der Phasenverschiebungswinkel ist zwischen dem Strom in der festen und dem in der beweglichen Spule, und m_a den Grad der magnetischen Verkettung beider Spulen für den Ausschlagwinkel a angibt.

Für Strom- und Spannungsmesser ist die Erfüllung dieser Bedingungen nicht notwendig. Für sie braucht auch eine weitere Bedingung nicht erfüllt zu werden, nämlich, daß das Feld der festen Spule innerhalb des Drehbereiches der beweglichen Spule vollkommen homogen ist (m_a = konstant); bei Leistungsmessern ist dies aber erwünscht, damit die Teilung durchweg gleichförmig wird.

Die Bedingung 1 wird von allen eisenlosen Dynamometern erfüllt. Sowie man aber Eisen in das Instrument bringt, insbesondere unter erheblicher Steigerung des Drehmomentes, mischt sich die krummlinige Magnetisierungskurve des Eisens mit der geradlinigen der Luft, so daß sich eine nur mehr angenähert, nicht aber genau geradlinige Magnetisierungskurve ergibt. Ein derartiges Instrument zeigt als Wattmeter verschiedene Werte, je nachdem der Strom in der festen oder in der beweglichen Spule geändert wird.

Die Bedingung 2 kann nur unter Vermeidung aller Wirbelstrombahnen und Verwendung von fein unterteilten Leitern für die Stromwicklungen erfüllt werden, bei denen keine nennenswerte Verdrängung des Wechselstromes auf die äußeren Strombahnen stattfindet. Auch bei sehr guten eisenlosen Konstruktionen besteht noch ein Fehlwinkel von etwa 1 min bei 50 Hertz, der aber praktisch ohne Bedeutung ist. Wie später noch gezeigt wird, nimmt der durch Wirbelströme verursachte Fehlwinkel proportional mit der Frequenz zu. Bei Verwendung von Eisen im Feld der festen Spule kommt noch der Phasenfehler infolge der Ummagnetisierungsarbeit im Eisen hinzu. Dieser Fehler ist bei allen Frequenzen konstant. Bei Wicklungen mit großen Querschnitten, die radial nicht unterteilt sind (Hochkant-Wicklungen) entstehen noch sehr große Phasenfehler durch die Stromverdrängung, die eine Voreilung des Feldes gegen den erregenden Strom bewirken und nur durch künstlich eingefügte Wirbelstrombahnen auszugleichen sind.

Der Bedingung 3 wird stets mit hinreichender Genauigkeit entsprochen, dagegen ist Bedingung 4 ohne besondere Ausgleicheinrichtungen nie erfüllt, weil die Selbstinduktion L der Drehspule stets eine

Phasenverschiebung des Stromes gegen die Spannung von einigen Minuten zur Folge hat, nach der Gleichung

$$\operatorname{tg} \delta = \frac{\omega L}{R}.$$

Daraus geht auch hervor, daß die Phasenverschiebung eine Funktion der Größe des Vorwiderstandes vor der Drehspule sein muß. Außerdem hat der Vorwiderstand in der Regel noch neben dem Ohmschen Widerstand resultierende Selbstinduktion oder Kapazität, woraus sich allein eine Unsicherheit von mindestens einer Bogenminute ergibt.

In der konstruktiven Ausführung der dynamometrischen Instrumente bestehen sehr große Verschiedenheiten. Neben Erreichung hoher Genauigkeit wird immer großes Drehmoment bei geringer Amperewindungszahl der festen und der beweglichen Spule, also geringem Verbrauch erstrebt. Die Gestaltung der Spulen und ihre Abmessungen sind von großem Einfluß auf den Skalencharakter. Bei Leistungsmessern wird eine vollkommen proportionale Skala zu erreichen versucht, bei Strom- und Spannungsmessern eine von einem möglichst kleinen Anfangswert an gleichförmige Teilung.

1. Eisenlose Elektrodynamometer.

Die Mehrzahl der heute im Gebrauch befindlichen elektrodynamischen Instrumente sind ohne Verwendung von Eisen gebaut. Die Konstruktion ist von denen der eisengeschlossenen Dynamometer sehr verschieden.

Bauweise.

Die Vorläufer der Zeiger-Elektrodynamometer waren die Kelvinschen Stromwagen. Wegen ihrer umständlichen Handhabung werden sie heute auf dem Kontinent nicht mehr verwendet, obwohl auch sie manche Vorzüge haben, insbesondere den der absoluten Eichbarkeit.

Torsionsinstrumente.

Ebenso sind Torsionsdynamometer sehr wenig im Gebrauch, wenngleich die mit ihnen erreichbare große Ablesungsgenauigkeit ein nicht zu unterschätzender Vorteil ist.

Die vor vielen Jahren (1883) zuerst von Siemens & Halske hergestellten Torsions-Elektrodynamometer hatten sich in der Praxis ausgezeichnet bewährt und es ist an vielen Stellen noch lange Zeit mit ihnen gearbeitet worden, als schon einwandfreie Zeigerinstrumente existierten.

Wer heute die bequemen und genauen Wechselstrommeßgeräte benutzt, macht sich keine Vorstellung, was damals die Siemens-Elektrodynamometer für eine wertvolle Neuerung für die Praxis waren. Man hatte u. a. auf kalorimetrischem Wege Wechselstromstärken zu messen versucht. Welche Schwierigkeiten noch 20 Jahre später in einem Fabriklaboratorium bei Leistungsmessungen zu überwinden waren, hat Direktor Kellner von den Ganz E. W. in Budapest in einem leider wenig bekannten Aufsatz[1]) eingehend geschildert.

Man hat an den Siemens-Torsionsinstrumenten hohe Genauigkeit und Konstanz der Angaben, besonders die Widerstandsfähigkeit gegen die rauhe Behandlung im Betriebe (wozu manchmal auch Schulen gehören) geschätzt. In neuester Zeit bauen die Westinghouse Co. und die Weston Instr. Co. wieder Torsionsinstrumente als Normalmeßgeräte.

Eine sehr gute, moderne Ausführung solcher Instrumente nach Duddell-Mather mit einer vierfachen Umschaltbarkeit der zehnfach unterteilten, festen Spulen (1:2:5:10) wird von R. W. Paul, London, hergestellt. Die Empfindlichkeit ist so hoch, daß bei der höchstzulässigen Belastung der Strom- und Spannungsspulen (diese 100 mA) eine volle Umdrehung des Torsionskopfes mit einer Skalenlänge von 45 cm schon bei $\cos \varphi = 0{,}1$ erreicht wird, so daß also Messungen bei kleinen Leistungsfaktoren sehr genau auszuführen sind. Bild 192 zeigt die Spulenanordnung für diesen Leistungsmesser. Mit der unteren Drehspule ist ein Dämpfungsflügelpaar verbunden, das in einer durchsichtigen Kammer spielt und die Nullage der Drehspule durch

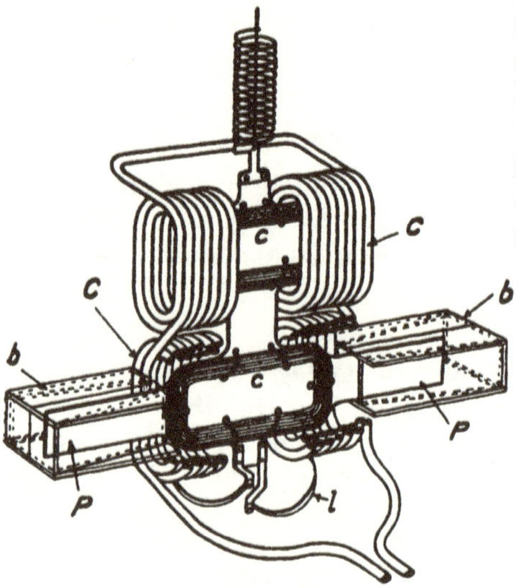

Bild 192. Torsions-Elektrodynamometer von R. W. Paul, London.
b Durchsichtige Dämpfungskammer, P Dämpfungsflügel, als Zeiger, C, c feste und bewegliche Spulen, l Stromzuführungsfeder.

Bild 193. Ausführung des Torsionsdynamometers. Die Verbindungsleitung führt zu dem Stöpsel-Strombereichwähler.

die Übereinstimmung mit einem Strich auf der Stirnwand der Kammer erkennen läßt. Durch die Senkrechtstellung von fester und beweglicher Spule wird der Einfluß der Wechselinduktion zwischen beiden ausgeschaltet, und deshalb sind Torsionsinstrumente viel mehr als andere

[1]) Elektrotechnika, 8, 15. April 1910.

zur Messung bei hohen Frequenzen geeignet, sofern die sonstigen Vorsichtsmaßregeln bei der Konstruktion (Vermeidung von Wirbelströmen) beachtet und Korrektionen zufolge der Selbstinduktion der Spulen vorgenommen werden.

Durch die astatische Anordnung der Feldspulen sind weiterhin die Einflüsse homogener Fremdfelder vollkommen ausgeschaltet. Bild 193 zeigt das ganze Wattmeter mit abgenommenem Schutzgehäuse.

Auch die Firma Carpentier, Paris, baut ein Torsionselektrodynamometer für max. 300 A; der Endausschlag wird bei $\cos \varphi = 0{,}03$ erreicht. Der Verdrehungswinkel beträgt dort maximal 90°.

Zeigerinstrumente.

Im wesentlichen werden die dynamometrischen Instrumente heute nur noch mit Zeigerablesung ausgeführt, und die nachfolgenden Ausführungen beziehen sich hauptsächlich auf solche Instrumente.

Die älteren Konstruktionen zeigen, wie bereits erwähnt, eine heute geradezu als übertrieben zu bezeichnende Vorsicht in der Verwendung von Metallteilen. Mit Ausnahme der Drahtwicklungen, der Verbindungsschrauben und Anschlüsse waren alle Metallteile ängstlich vermieden. Ganze System- und Lagerböcke, manchmal sogar Dämpfungskammern, wurden aus Isoliermaterial hergestellt. An sich ist dieses Bestreben zwar zu begrüßen, es bringt aber auch Nachteile. Alle Isoliersubstanzen, sie mögen heißen, wie sie wollen, sind unangenehmes und teures Konstruktionsmaterial, insbesondere was die Bearbeitung anbelangt. Leicht bearbeitbare Materialien sind nicht wärmebeständig und verändern mit der Zeit ihre Form und damit die Konstanten des Instrumentes, können also nicht verwendet werden. Sind sie aber hinreichend wärmebeständig, so sind sie schwer zu bearbeiten und manchmal auch zerbrechlich. Erst in jüngster Zeit hat man in den Preßmaterialien, bei denen Faserstoffe mit Bakelit vollgesaugt sind, ein beliebig formbares, elektrisch und mechanisch fast einwandfreies, wenn auch teures Material gefunden.

Feste Spule umschließt die bewegliche Spule. Eine elegante Konstruktion eisenloser dynamometrischer Instrumente ist die Ausführung der Weston Co. Das Bild 194 zeigt einen Leistungsmesser dieser Firma. Die Feldspulen, von kreisförmiger Gestalt, werden von zwei in die gespritzte Dämpferkammer eingesetzten Trägern gehalten, die aus Blech von hoher Festigkeit und hohem elektrischen Widerstand hergestellt sind. Da diese Träger schwer bearbeitbar sind, werden angelötete Bleche eines weicheren Metalles genau in die Schlitze des Spritzgußstückes eingepaßt, wodurch ein Lockerwerden verhindert wird. Die Feldspulen werden genau zentriert mittels gebogener Flansche, die in die Spulenträger eingelassen und dort durch eingestanzte Löcher befestigt sind. Durch sparsame Verwendung auch des Widerstandsmaterials ist der Fehlwinkel der Stromspule auf einige Bogenminuten herabgedrückt. Die feste Spule hat bei vollem Strom etwa 400 AW.

Die bewegliche Spule, aus seidebesponnenem Aluminiumdraht hergestellt, ist Trägerin einer durchgehenden Achse. Beim Wickeln wird in der Spule an zwei diametral gegenüberliegenden Punkten je eine kleine Öffnung gelassen, um die Achse durchzuschieben. Mittels zweier gekrümmten Bleche, die an der Innenseite der Spule in sie eingekittet sind und so ein Ganzes mit ihr bilden, wird sie genau zentrisch eingesetzt. Die endgültige Befestigung der Spule in ihrer räumlichen Lage erfolgt durch zwei Stifte, welche die Achse in einer Bohrung durchsetzen und an den Enden in kleine Öffnungen der erwähnten gekrümmten Bleche eingreifen. Diese Befestigungsart ermöglicht es, die Drehspule auszuwechseln, ohne an der Justierung der übrigen Teile des beweglichen Systems etwas zu ändern.

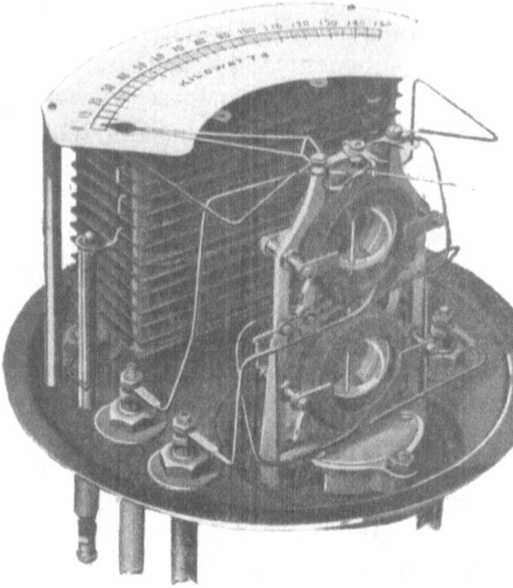

Bild 194. Leistungsmesser mit runden Feldspulen (Weston Co.). Doppelsystem für Drehstrom ungleicher Belastung.

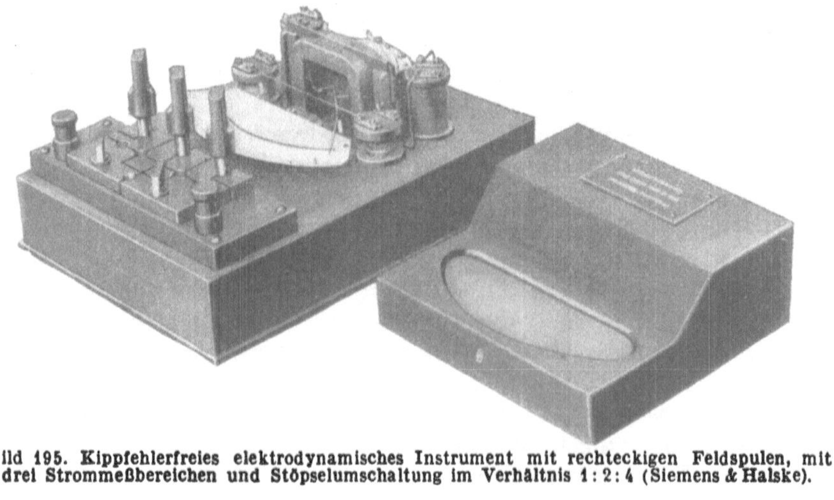

Bild 195. Kippfehlerfreies elektrodynamisches Instrument mit rechteckigen Feldspulen, mit drei Strommeßbereichen und Stöpselumschaltung im Verhältnis 1 : 2 : 4 (Siemens & Halske).

Die Dämpfung besteht aus zwei leichten Aluminiumflügeln, die sich mit geringem Luftspalt in der Kammer bewegen. Diese ist sektorartig geformt und hat nach unten schwach konisch zulaufende Wände, wodurch das Einsetzen und Entfernen der Dämpfungsflügel erleichtert wird. Die Wirkung der Dämpfung ist sehr kräftig. Beim Einschalten mit voller Leistung ergibt sich nur eine Überschwingung von etwa 3%.

Beim Einfachwattmeter wiegt das bewegliche Organ 1,9 g, beim Doppelwattmeter 3,1 g.

Das Gehäuse besteht aus Spezialstahl; dadurch ist das Instrument gegen Beeinflussung einigermaßen geschützt. Nach den Angaben der Weston Co. ruft ein Strom von 700 A in 1 m Abstand, entsprechend 1,4 Gauß, einen Fehler von 1% hervor, ferner haben 28° Temperaturänderung den gleichen Fehler zur Folge. Der Verbrauch der Stromspule beträgt etwa 0,75 W, der Spannungskreis nimmt bei 110 V rund 3 W auf. Die Stromspulen vertragen dauernd den doppelten normalen Strom, die Instrumente können deshalb auch zur Messung bei kleineren Leistungsfaktoren ($\cos \varphi = 0{,}5$) verwendet werden. Die Skala ist, mit ganz geringen Abweichungen, vollständig proportional. Auch die Firma R. Abrahamsohn baut ihre Leistungsmesser mit kreisrunden Feld- und Drehspulen. Die Skala dieser Instrumente ist gleichfalls proportional.

Spulenform. Die eisenlosen Leistungsmesser vieler Firmen besitzen rechteckige feste und bewegliche Spulen. Es hatte früher den Anschein, als ob damit die verlangte Proportionalität der Skala leichter zu erreichen sei als mit kreisrunden Spulen. Bei dem ersten Siemens-Zeigerdynamometer, bei der Ausführung nach Raps[1]), hatte die feste

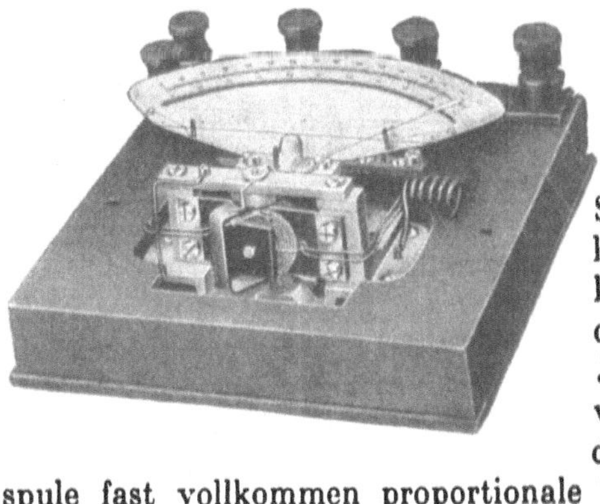

Bild 196. Dynamometrisches Instrument mit außenliegender Drehspule (Siemens & Halske).

Spule eine besonders eigentümliche Gestalt, mit einer Auskröpfung an der Stelle des Achsendurchtrittes, die aber nach einigen Jahren wieder verlassen wurde, weil sich zeigte, daß auch mit der einfachen festen Rechteckspule fast vollkommen proportionale Teilung zu erreichen ist. Hinsichtlich des Verbrauches ist die runde Spulenform günstiger. Bei Vergleichsversuchen über die Eignung rechteckiger und runder Spulen für Elektrodynamometer hat sich herausgestellt, daß die Empfindlichkeit eines Instrumentes mit rechteckigen Spulen bei gleicher Amperewin-

[1]) ETZ 1899, S. 665, Bericht über Vortrag am 28. Februar 1899.

dungszahl nur rund $^3/_4$ von derjenigen eines Instrumentes mit runden Spulen ist. Dies entspricht aber genau dem Verhältnis der eingeschlossenen Flächen. Weiterhin ist festgestellt worden, daß bei Leistungsmessern auch mit runden Spulen proportionale Skalen zu erzielen sind und die größte Annäherung an die proportionale Teilung dann erfolgt, wenn der Durchmesser der beweglichen Spule sich zur axialen Länge der festen Spule wie 5:4 verhält.

Neuerdings hat die »Norma«, Wien, in Österreich ein Wattmeter patentiert erhalten, bei dem sich die lichte Breite der festen Spule zu der lichten Breite der beweglichen Spulen wie 4,5:4 verhält, die lichten Höhen wie 4:3.

In der folgenden Tabelle sind die wesentlichsten Daten üblicher Ausführungen elektrodynamischer Leistungsmesser zusammengestellt. Die an zweiter Stelle genannte Zahl stellt jeweils etwa den Wert der besten Ausführungen dar:

Drehmoment	0,1	bis	0,4 cmg
Gewicht des bew. Organs	5	»	2,0 g
Gütefaktor nach Keinath	0,15	»	1,0
AW feste Spule	120	»	420
AW bew. Spule	20	»	6
AW fest × AW bew. je 1 gcm Drehmoment	13000	»	6300
Strom in der Drehspule	15	»	30 mA
Widerstand der Drehspule	200	»	150 Ω
Windungszahl der Drehspule	400	»	300
Induktivität der Drehspule	8	»	4 mH
Fremdfeldeinfluß je 5 Gauß	15	»	6%

Die Zahlen beziehen sich auf normale Ausführungen mit Umschaltung 1:2 bis 1:4.

Bewegliche Spule umschließt die feste Spule. Um den Verbrauch der Leistungsmesser, insbesondere in der Stromspule, herabzudrücken, wird auch die Anordnung nach Bild 196 verwendet (Siemens & Halske), bei der die bewegliche Spule die feste umschließt unter Erhöhung der Amperewindungszahl der beweglichen und Verminderung der Amperewindungszahl der festen Spule. Solche Instrumente zeichnen sich durch besonders kleine Abmessungen aus, sie sind aber stärker durch Fremdfelder beeinflußbar als die anderen Modelle. Der Fremdfeldeinfluß ist etwa dreimal so groß, er beträgt für je 5 Gauß etwa 15%. Trotz der Verwendung der sehr nahe an die Spule heranreichenden Metallkappe ist bei dem Instrument der Phasenfehler des Stromkörpers nur 3 min bei 50 Hertz gegen 1 bis 2 min bei Instrumenten mit Isoliergehäuse.

Ausführungen mit geringem Eigenverbrauch.

Eine wesentliche Steigerung der Empfindlichkeit ist bei eisenlosen Dynamometern nur durch Verminderung der Richtkraft auf sehr kleine Werte möglich.

Spiegel-Elektrodynamometer. Die empfindlichsten Instrumente dieser Art sind die Spiegel-Elektrodynamometer. Bild 197 zeigt eine Ausführung von Siemens & Halske, Bild 198 eine andere der Firma Trüb, Täuber & Co. in Zürich.

Das ganz wirbelstromfrei aufgebaute Modell von Siemens & Halske wird mit zwei verschiedenen festen Spulenpaaren und zwei verschiedenen Drehspulen geliefert.

Als Leistungsmesser geschaltet, kommt man mit den zwei Ausführungen auf Empfindlichkeiten von 2 mW bzw. 0,25 μW je Ω Widerstand

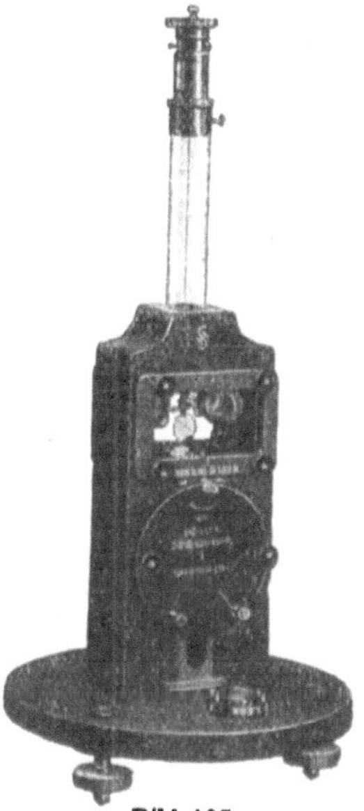

Bild 197.

Bild 198.

Eisenlose Spiegel-Elektrodynamometer, Ausführungen von Siemens & Halske (197) und Trüb, Täuber & Co., Zürich (198).

im Spannungskreis bei 1 m Abstand und 1 mm Ablenkung. Der Widerstand der beweglichen Spulen ist dabei 150 bzw. 15 Ω.

Die festen Spulen sind beim Gebrauch bequem auswechselbar. Als Strommesser geschaltet, kommt man bei 1 m Skalenabstand an folgende Empfindlichkeiten:

Feste Spule $2 \times 150\,\Omega$, bew. Spule $1000\,\Omega$, 1 mm = 40 μA, R = 1150 Ω
Feste Spule $2 \times 150\,\Omega$, bew. Spule $150\,\Omega$, 1 mm = 60 μA, R = 450 Ω

Die Skala ist selbstverständlich, als Strom- und Spannungsmesser geschaltet, rein quadratisch.

Das Instrument von Trüb-Täuber ist bemerkenswert durch die Form, es ist flach ausgebildet und zum Anhängen an einer Wand eingerichtet. Ein neueres Instrument von Hartmann & Braun mit einigen bemerkenswerten Einzelheiten beschreibt Palm[1]). Die Stromempfindlichkeit bei Reihenschaltung der Spulen ist geringer als die des vorgenannten Instrumentes. Die beschriebene Ausführung arbeitete mit Fremderregung der festen Spulen, gleichfalls als Nullinstrument. Bei 30 mA in den festen Spulen (8000 Windungen, $R = 400\,\Omega$, $L = 2$ H) wurde für 1 m Skalenabstand eine Empfindlichkeit von 2 μA/mm Ausschlag erzielt bei proportionaler Skala. Der Widerstand der Drehspule betrug $20\,\Omega$, die Selbstinduktion 4 mH ($\omega L_{50} = 1{,}256 \times 10^{-3}\,\Omega$, $\delta = 0{,}2$ min).

Die hohe Empfindlichkeit dieser und ähnlicher Modelle sind oft durch den großen Fremdfeldeinfluß illusorisch gemacht. Man sollte Spiegel-Elektrodynamometer nur astatisch bauen, um diesen großen Fehler auszuscheiden.

Unipivot-Instrumente. Die Cambridge Co., London, baut ein Zeigerdynamometer mit Einspitzen-System (Unipivot) (s. Seite 76), das als Strommesser nur 0,02 W für den Endausschlag verbraucht. Die feste Spule hat 50, die bewegliche 2,0 AW bei vollem Strom. Bei einem Systemgewicht von 3,5 g beträgt das Drehmoment aber nur 0,008 gcm. Bei dem untersten Spannungsmeßbereich (1 V) ist nur ein ganz geringer Vorwiderstand eingeschaltet; das Instrument hat infolgedessen hohen Temperatur- und Frequenzeinfluss, nämlich $\pm 3\%$ auf $\pm 10^\circ$C und 2,4% Unterschied bei 50 Hertz gegenüber Gleichstrom. Bei den höheren Spannungsmeßbereichen sind diese Fehler aber wesentlich kleiner; es machen sich nur dauernd Änderungen des Nullpunktes bemerkbar. Ein derartiges hochempfindliches Zeigerdynamometer mit einer Genauigkeit von etwa $\pm 1\%$ ist für viele Strommessungen von großem Wert, weil es bei weitem nicht so empfindlich gegen Überlastung ist wie Hitzdraht-Meßgeräte und sich gerade bei Versuchsmessungen Mißgriffe schwer vermeiden lassen.

Leistungsmesser.

Im folgenden soll auf Sonderheiten der Konstruktion eingegangen werden, die für Leistungsmesser bzw. Strom- und Spannungsmesser charakteristisch sind. Andere Ausführungen, z. B. Frequenzmesser, Leistungsfaktormesser u. dgl., sind im 2. Band dieses Werkes, in dem Abschnitt über die entsprechenden Meßverfahren zu finden.

Umschaltung des Strombereiches.

Der höchste Strombereich für umschaltbare Leistungsmesser ist 200 A, für solche mit nur einem Meßbereich 400 A. Die höchste Genauigkeit erhält man bei Leistungsmessern für etwa $1 \div 20$ A. Bei allen Wicklungen für höhere Stromstärken treten auch bei sorgfältiger Unterteilung der Leiter mit steigendem Strommeßbereich mehr oder weniger große

[1]) Z.F.J. 1913, S. 368.

Phasenfehler auf, die bis zu 40 min ansteigen können und eines besonderen Ausgleiches bedürfen. Über die Richtung dieses Phasenfehlers bei hohen Stromstärken lassen sich keine allgemeinen Angaben machen; das Feld kann dem Strome sowohl vor- als nacheilen, je nachdem, wie die Wicklung unterteilt ist und ob die Spulen flach oder hochkant gewickelt sind. Bei Stromstärken über 100 A ist im allgemeinen die Verwendung von Präzisionswandlern zweckmäßiger als der Gebrauch unmittelbar einzuschaltender Leistungsmesser. Auch durch die Leitungsführung zum Instrument entstehen bei derart hohen Stromstärken Fehler, sofern sie nicht in genau gleicher Weise angeordnet ist wie bei der Eichung.

Verwendung von Nebenwiderständen. Sehr oft wird gewünscht, der Strombereich von Leistungsmessern möchte an Nebenwiderstände angeschlossen werden können, um so den Strombereich in bequemster Weise in weiten Grenzen ändern zu können. Diese Aufgabe ist aber sehr schwierig zu lösen wegen der unvermeidlichen Anwärme- und Frequenzfehler. Nur die Firma Carpentier, Paris, baut ein solches Wattmeter ähnlich Bild 196 mit innenliegender fester Spule. Der Spannungsabfall der Nebenwiderstände beträgt 200 mV, der Abzweigstrom 10 A. Das Instrument soll für Gleichstrom und Wechselstrom bis 60 Hertz richtig zeigen. Nach Meinung des Verfassers ist es nicht möglich, ein Wattmeter auch nur der *F*-Klasse zum Gebrauch mit Nebenwiderständen herzustellen.

Umschaltung der Stromspulen. Der gebräuchlichste Weg, den Strommeßbereich eines Wattmeters zu ändern, ist der, daß man die feste Spule

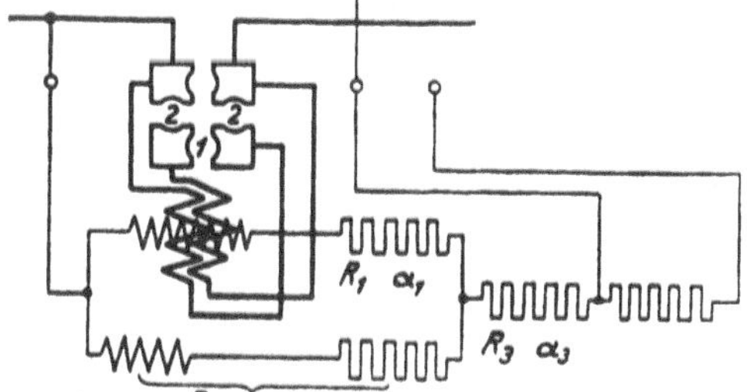

Bild 199. Schaltung eines Präzisions-Leistungsmessers mit zwei Strom- und zwei Spannungsmeßbereichen.

in zwei oder mehr nach Windungszahl, Widerstand und möglichst auch nach Lage gegenüber der beweglichen Spule gleichwertigen Teilen wickelt und diese dann in Reihe oder parallel schaltet. Lange Zeit hindurch hat man nur im Verhältnis 1:2 geschaltet (Bild 199), später hat Dr. Th. Horn einen Schalter für drei Spulen im Verhältnis 1:3 entwickelt (Bild 200), jetzt sind sehr viele Wattmeter im Gebrauch, bei denen die festen Spulen im Verhältnis 1:2:4 geschaltet werden. Den Klemmklotz und die Stöpselanordnung eines derartigen Wattmeters von Siemens & Halske zeigt Bild 202. Die Firma Dr. Th. Horn ist noch weiter gegangen: sie hat ein Wattmeter mit zwei Spulengruppen hergestellt, jede 1:2:4 umschaltbar, jede mit einem entsprechenden Stöpselschalter. (Bild 200b, 201.) Die Meßbereiche schließen sich an, so daß sich eine Reihe ergibt wie z. B. folgende:

$$1 - 2 - 4 - 10 - 20 - 40 \text{ A}.$$

Ein solches Wattmeter hat nur den halben für das betr. Modell nutzbaren Wickelraum und kann deshalb auch nur das halbe Drehmoment

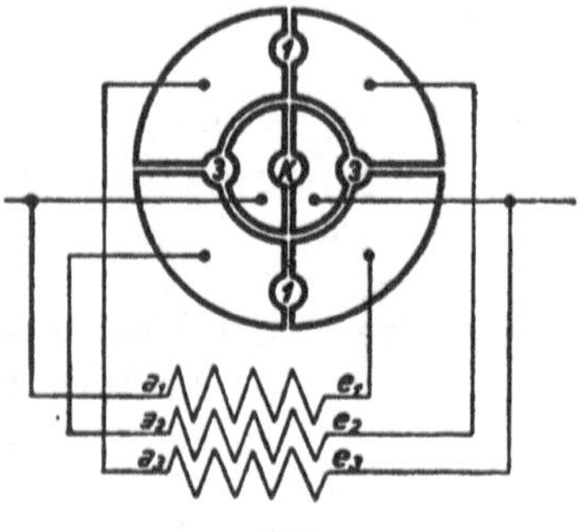

200a.

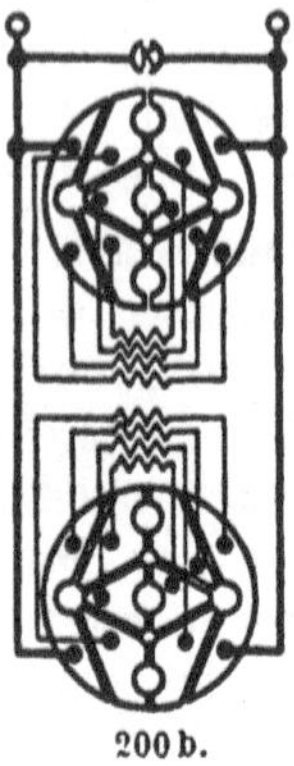

200b.

Bild 200a. Umschaltung 1:3 mit drei Stromspulen.

Bild 200b. Umschaltung 1:2:4:8 mit zwei Schaltern und zweimal vier Stromspulen.

des gleichen Modells mit stets voll ausgenütztem Wickelraum der Feldspule erhalten. Außerdem decken sich die Skalenunterteilungen der zwei Spulengruppen nicht. Dieser Mißstand kann auch auftreten, wenn bei den andern Modellen die Elemente nicht ganz gleichwertig sind. Einige Firmen stellen deshalb die Wicklung aus verseilter 4fach-Litze her. Als Schaltorgane werden verwendet: Laschen, Stöpsel, Schleifkontakte und neuerdings, durch die »Norma«, Wien, ein Klemmschalter (Bild 203).

Bild 201. Präzisions-Leistungsmesser der Firma Dr. Th. Horn mit 6 Strombereichen.

Laschenschalter sind unbequem in der Handhabung, sie werden deshalb nur für höhere Stromstärken (50 A und mehr) benutzt. Es wird oft das Anziehen der Schraubverbindungen übersehen, so daß dann die eine Spulenhälfte um 100% überlastet wird und verbrennt. Leider merkt man diesen Fehler nie sofort.

Stöpselschalter haben bei einigermaßen guter Ausführung einen sehr niedrigen Übergangswiderstand von nur 0,1 bis 0,2 mΩ, wie er mit anderen Schaltern nie erreicht wird. Etwas lästig ist nur das Vorhandensein von losen Teilen und sollen deshalb Vorkehrungen getroffen sein, nicht benutzte Stöpsel unterzubringen. Im allgemeinen schließt man mit Stöpseln nur zwei Kontaktstücke. Bei dem Schalter nach Bild 202 sind es aber bis zu vieren. Will man einwandfreie Kontakte, so muß man, wie es Siemens & Halske tut, den Kunstgriff anwenden, die Kontaktstücke nicht absolut starr, sondern federnd aufzubauen. Es genügt dazu schon die Montage auf einer nachgiebigen Hartgummiplatte. Eine interessante Stöpselanordnung für Meßbereiche 1 : 2 : 4, bei der mit Halbstöpseln und Vollstöpseln gearbeitet wird, ist noch Gegenstand des GM. 521114 von Dr. Th. Horn.

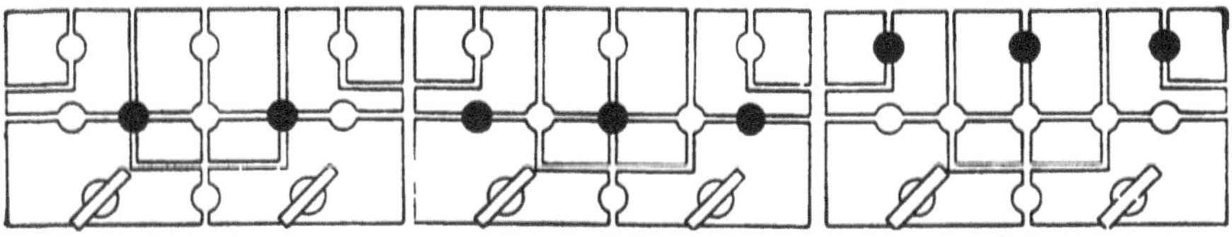

Bild 202. Schaltklotz und Stöpselfolge bei den im Strombereich dreifach umschaltbaren Siemens-Wattmetern.

Schleifschalter werden im Verhältnis 1:2:4 von einigen Firmen gebaut. Sie sind sehr bequem im Gebrauch, müssen aber äußerst sorgfältig montiert sein. Im günstigsten Fall ist der Übergangswiderstand solcher Schalter 0,2 mΩ, aber meist sehr viel höher, sogar bis in die Größenordnung des Widerstandes der zu schaltenden Spulen.

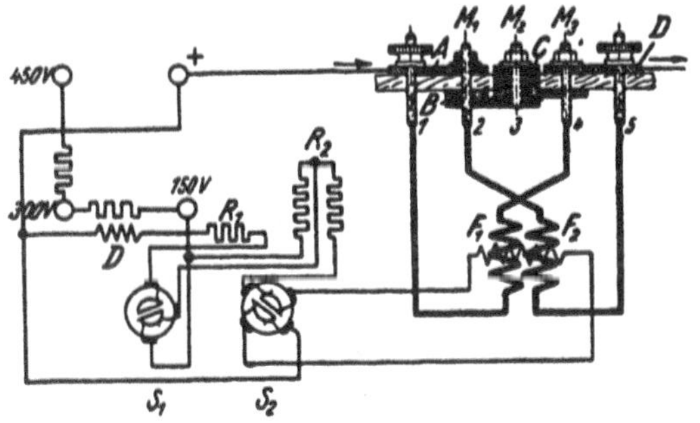

Bild 203. Stromlauf des Norma-Wattmeters mit dem Klemmschalter. Der Schalter s_2 wird als Stromwender benutzt, s_1 gibt durch Änderung des Drehspulstromes einen weiteren Strombereich.

Klemmschalter der »Norma« (Bild 203). Er besteht in seinem wesentlichen Teil aus 4 Kontaktklötzen A, B, C, D und 5 Kontaktschrauben 1 ÷ 5 mit Muttern. Drei der Schrauben, nämlich 2, 3, 4, sind gegen die Klötze A, C, D isoliert durchgeführt und lassen deswegen die Strombahn offen, solange die Muttern M_1, M_2, M_3 gelüftet sind. An den Kontaktstücken A—D liegen zwei in ihrer Wirkung genau gleiche Feldspulen F_1, F_2. Es ergibt sich also folgende Wirkungsweise: Bei angezogenen Muttern M_1 bis M_3 kann der im Kontaktklotz A eingeführte Strom über den Schalter nach Klotz D durchfließen, d. h. die Feldspulen sind überbrückt (kurzgeschlossen).

Lüftet man Mutter M_1 und M_3, so findet der Strom über die Feldspulen F_1 und F_2 einen Weg durch das Instrument und ergibt solcher Art Meßbereich 1 (Reihenschaltung der Feldspulen); bei angezogenen Muttern M_1, M_3 und gelüfteter Mutter M_2, teilt sich der Strom zu gleichen Hälften über F_1, F_2 nebeneinander, es ist damit doppelte Belastung wie früher möglich, wobei die Feldstärke gleiche Größe behält. (Meßbereich 2.)

Im grundsätzlichen Aufbau des Klemmschalters ergeben sich, wie leicht erkenntlich, zwei Strommeßbereiche im Verhältnis 1:2. Der Schalter läßt sich auch für drei Meßbereiche im Verhältnis 1:2:4 ausbilden, es werden dann aber mit einer Schraubverbindung, genau wie bei dem Stöpselschalter nach Bild 202 drei oder vier Kontakte an einer Stelle gegeben.

Umschaltung im Spannungskreis. An Stelle der Umschaltung der Stromspulen oder in Ergänzung dieser kann auch die Änderung des Strommeßbereiches durch Schwächen und Verstärken des Stromes in der Spannungsspule erfolgen. Bei den Montagewattmetern von Siemens & Halske wird dadurch allein der Strommeßbereich geändert, wobei sogar der Verbrauch des gesamten Spannungskreises ungeändert auf 30 mA bleibt. Die H. & B.-Wattmeter werden in der üblichen Weise — mit Laschen — 1:2 umgeschaltet, der dritte Strombereich wird durch Schwächung des Drehspulstromes erzielt.

Bild 203 zeigt die vollständige Schaltung des Norma-Wattmeters, bei dem auch der Gesamtstromverbrauch im Spannungskreis unverändert bleibt. Die Wirkungsweise ist folgende[1]):

Schaltet man im Spannungskreis unter Zuhilfenahme eines Umschalters S_1 der Drehspule D und dem Vorwiderstand R zwei genau gleiche Widerstände, den Kupferwiderstand D, D_1 und den Manganinwiderstand R, R_1 parallel, so ergeben sich bei gleichbleibender Stromstärke und Spannung in der festen Stromspule je nach dem, ob sich der Schalter MV in Stellung 1 oder 2 befindet, zwei Meßbereiche im Verhältnis 1:2. In Stellung 1 des Schalters bekommt die Drehspule bloß die Hälfte des Stromes (Meßbereich 1), in Stellung 2 dagegen den vollen Wert (Meßbereich 2). Zum Ausgleich der veränderlichen Widerstandskombination D, R und D_1, R_1, erhält der Spannungskreis einen entsprechenden Teil R_2 des Vorwiderstandes so abgezweigt, daß die Zu- oder Abschaltung durch Schalter S_1 möglich ist, um den Gesamtwiderstand zwischen den Spannungsmeßbereichklemmen stets auf gleichem Wert zu halten, gleichgültig, in welcher Stellung sich der Umschalter S_1 befindet.

Um bei Stellung 1 Vollausschlag zu erzielen, muß die Stromstärke in der festen Feldspule auf den doppelten Wert erhöht werden; es entspricht also Stellung 1 dem größeren und Stellung 2 dem kleineren Meßbereich. Folgendes Beispiel diene zur erschöpfenden Klärung:

Die Stromspulen F_1, F_2 seien für $J = 100$ A berechnet, jedoch derart, daß dauernde Überlastung um 100%, nämlich Stromstärke $J_{max.} =$ 200 A, zulässig ist. Beschickt man nun die Stromspulen F_1, F_2 mit 100 A

[1]) Schalkhamer, E. u. M. 1924, Heft 27.

bei Stellung 2 des Umschalters S_1 und beträgt die Spannung 150 V, so gibt dieser Meßbereich 100 × 150 = 15000 W. Wird dann die Strombelastung auf 200 A erhöht und Umschalter S_1 in Stellung 1 gebracht, die Spannung 150 V aber gleichgehalten, so errechnet sich Meßbereich 2 mit 200 × 150 = 30000 W.

Zu der Stromschaltung im Drehspulkreis ist folgendes zu sagen: Man wird jedem Wattmeter in der Stromspule möglichst viel Amperewindungen geben, soweit es die Wandler oder die Erwärmung der Strom- und Spannungsspule bei Dauerschaltung zulassen. Diese Amperewindungszahl kann man als die »normale« ansehen, sie bleibt auch erhalten bei der üblichen Stromspulenumschaltung. Dazu passend können wir einen Drehspulkreis bemessen, der nur 15 mA verbraucht und doch die temperaturfreie Kunstschaltung (s. S. 104) ermöglicht. Belasten wir nun die Drehspule mit 30 mA, so wird der Fremdfeldeinfluß doppelt so groß, als er vorher war. Man kann natürlich auch davon ausgehen, daß man sagt, 30 mA sei der normale Drehspulstrom, man gehe auf den halben Drehspulstrom zurück und überlaste die Stromspule um 100%, mit der Begründung, sie sei so reichlich bemessen, daß sie das ertrage. Wenn das aber der Fall ist, so hatte das Wattmeter eben vorher ein 50% kleineres Drehmoment als es mit Rücksicht auf die Erwärmung der Stromspule hätte erhalten können. Wie man die Sache auch ansieht, so bedeutet sie immer eine gewisse Verschlechterung des Wattmeters, die man aber in Kauf nimmt.

Der Spannungspfad.

Der Verbrauch des Spannungskreises wird bei allen Wattmetern auf eine runde Zahl gebracht, fast immer 30 mA, damit Instrumente und Widerstände beliebig vertauschbar sind.

Einbau der Widerstände. Für je 100 V beträgt der Verbrauch 3 W. Im Interesse der Handlichkeit versuchen die meisten Hersteller, die Widerstände für sehr hohe Meßbereiche, bis zu 600 V = 18 W, in das Wattmetergehäuse mit einzubauen. Es kann nicht wundernehmen, daß man mit einem solchen Wattmeter die Genauigkeit der E-Klasse nicht erreichen kann. Auch bei guter Ventilation und bei Abschluß des eigentlichen Meßwerks kommt man noch auf Übertemperaturen von 10÷15° C in der Drehspule, die Widerstandsänderungen von 4÷10 Ω zur Folge haben, die ihrerseits Anwärmefehler von 0,5÷1% verursachen. 300 V ist das alleräußerste bei 30 mA Stromverbrauch. Siemens & Halske sind besonders vorsichtig und bauen die Widerstände nur für max. 30 V ein, darüber verwenden sie getrennte Widerstände.

Die Kunstschaltung im Spannungskreis. Bild 199 zeigt die Schaltung eines Leistungsmessers von Siemens & Halske mit zwei Strom- und zwei Spannungsmeßbereichen, bei dem der Strom im Drehspulkreis durch einen Parallelwiderstand auf einen runden Wert gebracht ist. Die Widerstände müssen so angeordnet und bemessen werden, daß der Temperaturkoeffizient des Instrumentes für beide Spannungsmeßbereiche möglichst nahe gleich Null ist. Daneben sind aber noch andere Bedingungen zu erfüllen: der Einfluß der Wechselinduktion zwischen fester und beweglicher Spule darf nicht zu groß werden. Um ihn gering zu halten, muß der Widerstand in dem Kurzschlußkreis des Spannungspfades hoch werden. Schließlich kann mit dieser Schaltung noch die Bedingung erfüllt werden, daß der Fehlwinkel des Spannungskreises, soweit er durch die Selbstinduktion der Drehspule verursacht ist, kompensiert wird. Man kann aber auch den Fehlwinkel des Stromkörpers, wenn ein solcher vorhanden ist, im Spannungskreis ausgleichen, wenigstens für

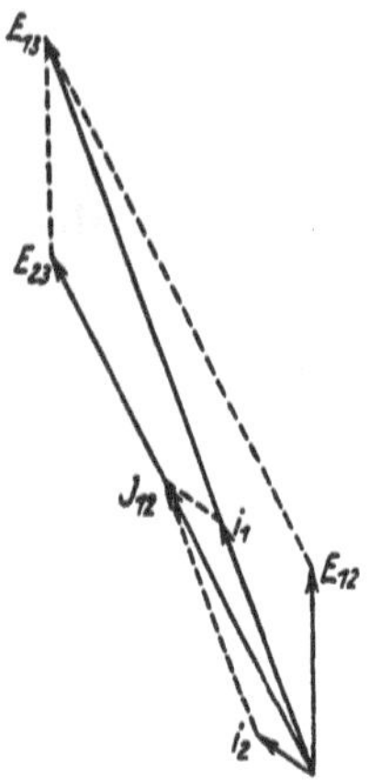

Bild 204. Diagramm der Ströme im Spannungskreis.
i_1 Drehspulstrom E_{13} Gesamtspannung
i_2 Drosselstrom E_{23} Spannung am Vorwiderstand.
J_{12} Gesamtstrom

eine Frequenz. Zu diesem Zwecke legt man in den Nebenschluß zur Drehspule eine kleine eisenlose Drossel, die entsprechend dem beabsichtigten Zweck bemessen ist (D.R.P. 245360). Bild 204 zeigt das Stromdiagramm dieser Anordnung. Es ist daraus zu ersehen, daß man die Phasenverschiebung von i_1 (Drehspulstrom) gegen E_{13} (Gesamtspannung) genau gleich Null machen kann. Die Induktivität der Spannungsspule normaler Leistungsmesser beträgt etwa 8 ÷ 10 mH, entsprechend einem Blindwiderstand von etwa $R_{b50} = 2{,}5 \div 3\,\Omega$; bei der Ausgleichdrossel muß die Selbstinduktion annähernd proportional dem Verhältnis des Ohmschen Widerstandes im Nebenschlußkreis zu dem des Spulenkreises ($R_2 : R_1$) erhöht werden. (Bild 199.)

Durch diese Maßnahme ist es nicht möglich, den Temperaturkoeffizienten dieses Kreises a_2 gleich Null zu halten, weil die Drosselspule aus Kupferdraht gewickelt wird. Dies ist aber für den Temperaturausgleich gerade vorteilhaft. Bezeichnet man den Widerstand der beiden Parallelwege mit

$$R_p = \frac{R_1 \cdot R_2}{R_1 + R_2},$$

so ist der Temperaturkoeffizient des Stromes in der Drehspule, wenn $a_1 = 0$,

$$a_i = \frac{R_1 R_3 (a_1 - a_2) + R_1 R_2 a_1}{R_1 R_2 + R_1 R_3 + R_2 R_3}.$$

Daraus geht hervor, daß a_i ein Minimum wird, wenn $a_2 = a_1$ ist. Da die Feder einen negativen (elastischen) Temperaturkoeffizienten hat, so darf a_i nicht kleiner werden als dieser.

Für $a_2 = 0$ erhalten wir (wieder nach Bild 199):

$$a_i = \frac{R_1 a_1 (R_2 + R_3)}{R_1 (R_2 + R_3) + R_2 R_3}.$$

In jedem Fall ist der Temperaturkoeffizient abhängig von dem der Verzweigung vorgeschalteten Widerstand R_3, d. h. er ist mit jedem Spannungsmeßbereich verschieden. Durch die Wahl der Abzweigung kann man bei einem gegebenen elastischen Temperaturkoeffizienten der Feder den gesamten Temperaturkoeffizienten für einen Spannungsmeßbereich immer gleich Null machen. Bild 205 zeigt den Fehlerverlauf als Funktion des Abzweigwiderstandes für einen Drehspulwiderstand von 120 Ω und 1000 bzw. 5000 Ω Gesamtwiderstand. Im letzten Fall sind

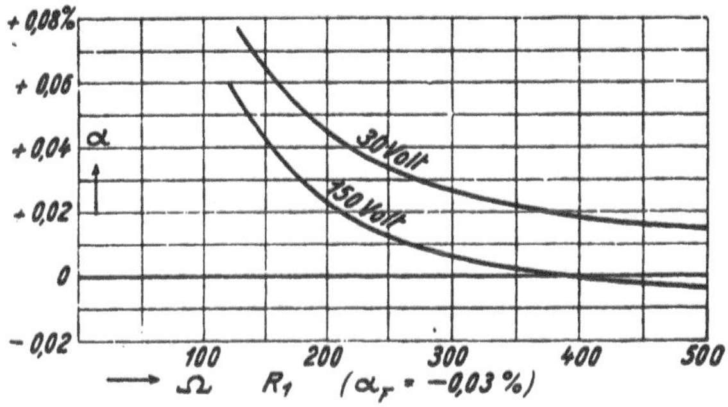

Bild 205. Temperaturfehler bei verschieden großem Abzweigwiderstand.

die Temperaturfehler wesentlich kleiner, sie werden durch einen elastischen Temperaturkoeffizienten der Feder $a_f = -0{,}02$ bereits durchweg überkompensiert.

Im ganzen hat diese Schaltung, wie alle derartigen Kunstschaltungen, den Nachteil, daß sie Gleichheit aller Instrumente voraussetzt, sofern man sich nicht der Mühe unterziehen will, für jedes einzelne Instrument die Widerstände und Drosseln zu berechnen. Das Verfahren läßt sich nur dann anwenden, wenn die zu beseitigenden Fehler so klein sind, daß eine Über- oder Unterkompensierung um ±20% des Fehlwertes ohne Bedeutung ist.

Bei Instrumenten für höhere Frequenzen als 100 Hertz ist es zweckmäßiger, den Nebenschluß zur Spannungsspule fortzulassen und lieber den unrunden Widerstand für das fertige Instrument in Kauf zu nehmen, weil sich mit steigender Frequenz der Einfluß der Wechselinduktion erhöht, wodurch dann größere Fehler entstehen, als wenn keine Parallelschaltung zur Drehspule bestünde.

Genauigkeit der elektrodynamischen Leistungsmesser.

Mit den modernen elektrodynamischen Leistungsmessern erstklassiger Ausführung lassen sich sehr genaue Messungen ausführen. Die von den V.D.E.-Regeln verlangte Fehlergrenze ist 0,3% vom Höchstwert, sie wird aber bei guten Ausführungen selten erreicht und kommt nur beim ungünstigsten Zusammenwirken aller kleinen Einzelfehler im vollen Betrag zustande. Wesentlich ist, daß diese Instrumente in guter Ausführung frei von Anwärme- und Temperaturfehlern sind. Dagegen muß wieder betont werden, daß die meisten Ausführungen auf Fremdfelder sehr empfindlich sind und daß die von dem Hersteller oft erpreßten hohen Genauigkeitsgarantien an der Verwendungsstelle in unkontrollierbarer Weise um ein Vielfaches überschritten werden.

Strommesser.

In der Regel haben die elektrodynamischen Strom-und Spannungsmesser fast die gleiche Bauweise wie die Leistungsmesser des betreffenden Herstellers. Da eine geringe Phasenverschiebung zwischen dem Feld und dem Strom in der festen Spule nichts schadet, so braucht weniger Sorgfalt auf das Vermeiden von Wirbelströmen verwendet zu werden. Die Spulen sind so zu bemessen und so zu gestalten, daß die Teilung nicht quadratisch, sondern möglichst gleichmäßig wird. Zu erreichen ist dies dadurch, daß man die magnetische Verkettung von fester und beweglicher Spule nicht konstant, sondern mit dem Ausschlag veränderlich macht, in der Weise, daß sie in der Anfangsstellung

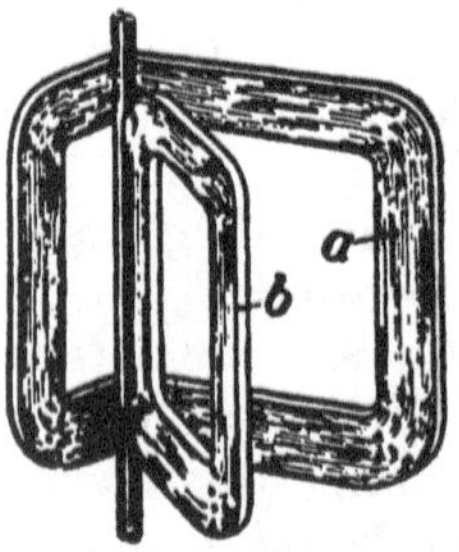

Bild 206. Feldspule (a) und Drehspule (b) der Strommesser nach Bruger (Hartmann & Braun).

der Drehspule so groß wie möglich wird und sich mit zunehmendem Ausschlage proportional dem Ablenkungswinkel vermindert. In dieser Hinsicht weisen die Strom- und Spannungsmesser von Hartmann & Braun, die nach den Angaben von Bruger gebaut sind, die beste Anordnung auf (Bild 206). Es werden rahmenförmige Spulen verwendet, die in der Ruhelage dicht nebeneinander zu liegen kommen und in denen die Stromrichtung eine solche ist, daß eine Abstoßung der exzentrisch gelagerten Drehspule

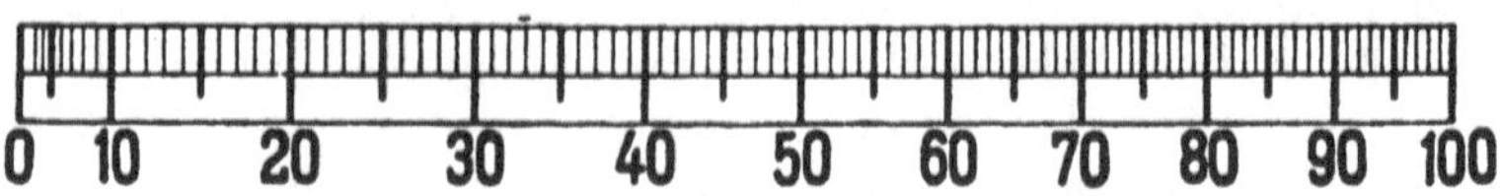

Bild 207a. Skala eines elektrodynamischen Strommessers nach Bruger (Hartmann & Braun).

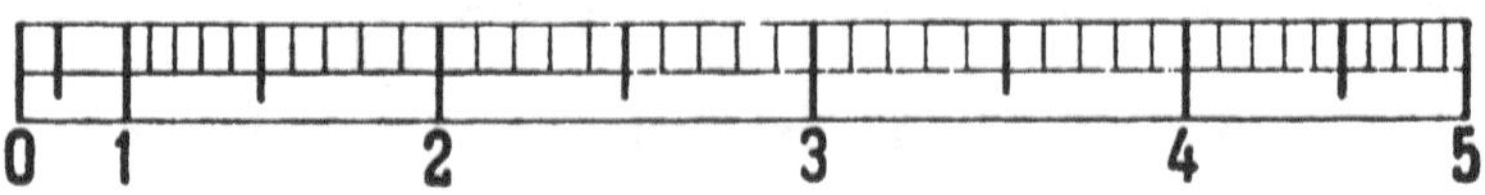

Bild 207b. Skala eines gewöhnlichen elektrodynamischen Strommessers (R. Abrahamsohn).

erfolgt. Die Teilung dieser Instrumente (Bild 207a) ist sehr gleichmäßig; sie ist schon von $^1/_{10}$ des Endwertes ab vollständig proportional. Konstruktiv ist diese Anordnung etwas unbequem, weil die Drehspule einseitig an der Achse befestigt werden muß und ein großes Ausgleichsgewicht erfordert.

Ohne diese besondere Anordnung wird die Teilung erst von etwa $^1/_5$ des Endwertes ab angenähert proportional. Während bei Leistungsmessern die Drehspule bei der Mittelstellung des Zeigers senkrecht zur festen Spule steht, verdreht man bei Strom- und Spannungsmessern die Spule, so daß ihre Achse in der Anfangsstellung mit der Achse der festen Spule nahezu zusammenfällt und die senkrechte Stellung erst bei etwa $^2/_3$ des gesamten Ausschlages eintritt. Bild 207b zeigt die Teilung eines von der Firma R. Abrahamsohn hergestellten elektrodynamischen Strommessers.

Reihenschaltung von fester und beweglicher Spule. Für niedrige Strommeßbereiche, bis zu 1 A, in besonderen Fällen bis zu 5 A, werden feste und bewegliche Spulen in Reihe geschaltet und vom gleichen Strome durchflossen. Ein derartiges Instrument ist praktisch frei von allen Beeinflussungen durch Einschaltedauer, Schwankung der Raumtemperatur und der Frequenz bis zu 1000 Hertz und darüber. Fehler von der Größenordnung 0,1 % können allein entstehen durch die Anwärmung der Spiralfeder durch Außentemperatur und feste Spule.

Getrennte Speisung von fester und beweglicher Spule. Höhere Stromstärken als 5 A können nicht mehr ungeteilt über die Federn der Drehspule zugeführt werden. Man verfährt dann so, daß man für Stromstärken bis zu 200 A allein die feste Spule direkt in den Stromkreis schaltet und die bewegliche Spule an einen Nebenwiderstand legt, der in Reihe mit der festen Spule in den Stromkreis eingebaut ist. Dieser Nebenwiderstand wird immer konstruktiv mit dem Instrument vereinigt. Sein Spannungsabfall schwankt zwischen 100 und 1000 mV, und es wird dementsprechend in ihm eine beträchtliche Wärmemenge erzeugt, die häufig der Grund zu einer erheblichen Fehlweisung des elektrodynamischen Strommessers ist.

Wie schon erwähnt, wird die Drehspule an den Nebenwiderstand im Stromkreis angeschlossen. Zur Erzielung der Temperaturunabhängigkeit wird in Reihe mit ihr noch ein Vorwiderstand geschaltet. (Bild 208, Schaltung *b*.) Eine zweite Schaltmöglichkeit besteht darin, daß man den Spannungsabfall in der festen Spule mit ausnutzt, wie es Bild 208, Schaltung *a*, zeigt. Man hat dabei folgende Vorteile:

1. Größeren Spannungsabfall,
2. bei gleichem Verhältnis Kupfer zu Manganin in beiden Teilen der Verzweigung Unabhängigkeit von äußeren Temperaturschwankungen,

dagegen den Nachteil, daß die Temperatursteigerung der Feldspule den Widerstand erhöht und das Instrument mit der Dauer der Einschaltung mehr zeigen läßt. Diesem letzteren Nachteil kann man dadurch entgegenarbeiten, daß man einen Teil des Vorwiderstandes der Drehspule aus Kupfer macht und in innigen Wärmekontakt mit der festen Spule des Strommessers bringt. Wenn diese sich nun erwärmt und der Spannungsabfall steigt, so wird gleichzeitig der Widerstand im Drehspulkreis erhöht und der Strom reduziert. Diese Schaltweise findet bei den neuen elektrodynamischen Strommessern der Siemens & Halske A.-G. Anwendung. Es ist dadurch möglich geworden, den gesamten Verbrauch der Strommesser gegenüber den früheren

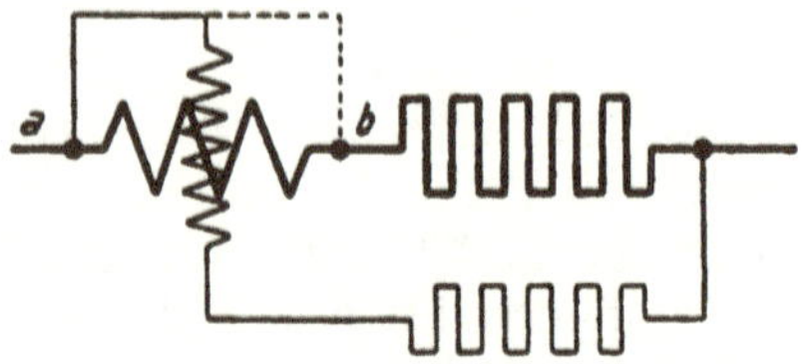

Bild 208.

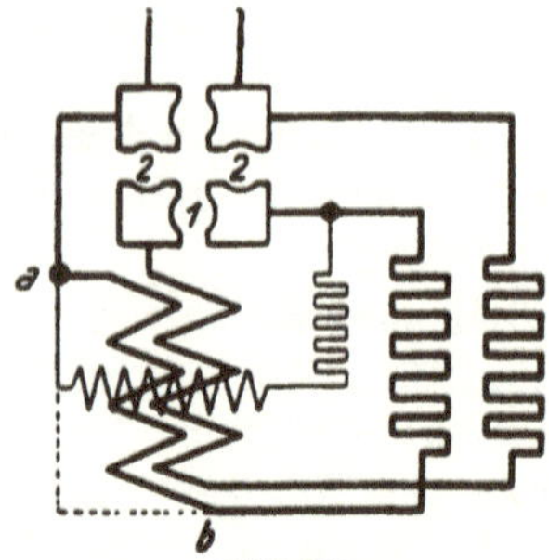

Bild 209.

Bild 208. Schaltung elektrodynamischer Strommesser. *a* mit, *b* ohne Ausnutzung des Spannungsabfalles in der festen Spule.

Bild 209. Schaltung der elektrodynamischen Strommesser der Weston Co. mit 2 Meßbereichen im Verhältnis 1 : 2.

Anordnungen wesentlich herunterzudrücken; bei einer Ausführung, die ursprünglich nach *b* geschaltet war, ging der Anwärmefehler durch die Umschaltung auf *a* von 2,8 auf 0,3% zurück.

Umschaltung der Strombereiche.

Ebenso wie bei Leistungsmessern wird auch bei Strommessern der elektrodynamischen Bauweise der Strombereich durch Stöpsel- oder Laschenumschaltung gewechselt. Bild 209, 210 zeigen die Schaltweise

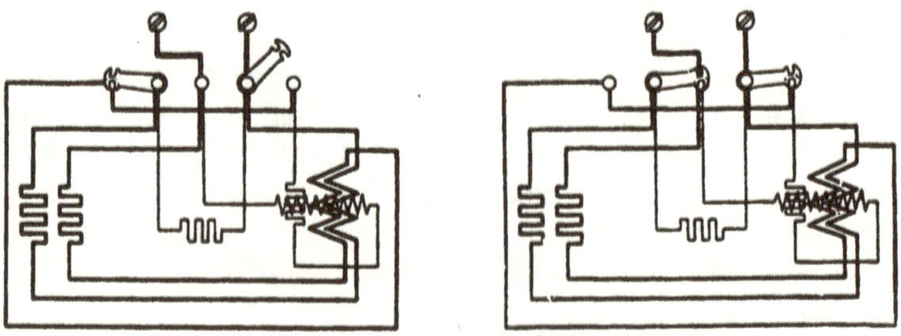

100 A 200 A

Bild 210. Schaltung der neuen elektrodynamischen Strommesser von Siemens & Halske mit Kompensation des Anwärmefehlers.

der Weston Co. und der Siemens & Halske A.-G. Bei der letzteren ist der auf die Stromspule gewickelte Kompensationswiderstand eingezeichnet. Die Ausführung für 100/200 A verbraucht jetzt durch die

Ausnutzung des Spannungsabfalles der Feldspule nur noch 30 W gegen 200 W bei der alten Ausführung, die außerdem noch 1 % Anwärmefehler hatte. Bei der neuen Schaltung ist der Anwärmefehler nur noch etwa 0,1 ÷ 0,2 %.

Strommesser mit drei Strombereichen sind dem Verfasser nicht bekannt geworden. Die Schaltung wird zu kompliziert, weil man ja auch die bewegliche Spule umschalten muß. Ebenso sind dem Verfasser keine elektrodynamischen Strommesser bekannt, bei denen das gesamte Instrument, feste und bewegliche Spule, an einen Nebenwiderstand gelegt wird. Diese Ausführung verbietet sich, weil der Spannungsabfall zu groß würde, da es nicht möglich ist, Ströme von 10 A über die Drehspulfedern zu führen.

Verbindung mit einem Stromwandler. Wenn man auf die Eichung mit Gleichstrom verzichtet, kann man die Drehspule, statt daß man sie, wie bisher beschrieben, an einen Nebenwiderstand legt, auch von der Sekundärwicklung eines kleinen Stromwandlers speisen, der mit der festen Spule in Reihe liegt. Die Firma Carpentier in Paris stellt einen elektrodynamischen Strommesser dieser Bauweise her. Diese Konstruktion ist für hohe Stromstärken besonders vorteilhaft, weil sie vollkommen frei von Anwärmefehlern ist. Die Umschaltung der Strombereiche kann in der Weise erfolgen, daß man für die feste Spule und den Stromwandler einzelne Wicklungsgruppen vorsieht und diese in bekannter Weise in Reihe oder parallel schaltet, so daß jedes Mal beim Endausschlag des Instrumentes sowohl die Feldspule als auch der Stromwandler die gleiche Amperewindungszahl hat.

Genauigkeit der elektrodynamischen Strommesser. Während die elektrodynamischen Leitungsmesser in guten Ausführungen sehr genau herstellbar sind, mit Fehlern von etwa 0,2 % des Skalenendwertes, ist dieses Ziel bei elektrodynamischen Strommessern viel weniger leicht zu erreichen. Der Grund liegt in dem Anwärmefehler und in dem Temperaturfehler dieser Apparate, die im Gegensatz zu der Bauweise der elektrodynamischen Leistungsmesser nur durch ganz besondere Kunstschaltungen mehr oder weniger vollkommen ausgeglichen werden können. Es sind elektrodynamische Strommesser der Laboratoriumstype im Handel, die die Bezeichnung »Präzisions«-Instrumente absolut nicht verdienen, die viel weniger genau sind als serienmäßig hergestellte Dreheisenstrommesser für Wechselstrom. Dies bezieht sich ganz besonders auf die Ausführung für Stromstärken von 100 oder 200 A, die von jeher beträchtliche Meßfehler aufgewiesen haben. Elektrodynamische Strommesser für Stromstärken über 25 A haben eigentlich heute keine Daseinsberechtigung mehr.

Nachstehend die Ergebnisse von Vergleichsmessungen an zwei guten elektrodynamischen Strommessern, mit *A* und *B* bezeichnet, beide für maximal 5 A, mit nur einem Meßbereich. *A* hat die normale

Anordnung mit außenliegender Spule und ist nach *b* (Bild 208) geschaltet, *B* ist nach *a* (Bild 208) geschaltet und hat innenliegende feste Spule.

	A	B
Gesamter Spannungsabfall	1,84 V	1,28 V
Davon Vorwiderstand	1,71 V	1,06 V
Drehspulstrom	0,45 A	0,51 A
Widerstand der festen Spule	0,03 Ω	0,05 Ω
Widerstand der Drehspule	0,76 Ω	0,76 Ω
Widerstand beider Federn	0,96 Ω	1,75 Ω
Vorwiderstand vor der Drehspule	2,13 Ω	0,0 Ω
Selbstinduktion der Drehspule	74 μH	67 μH
AW feste Spule	150	215
AW bewegliche Spule	18	20
AW fest × AW bewgl.	2700	4300
Drehmoment/90°	0,44 gcm	0,43 gcm
Fehler bei Dauereinschaltung	0,20 %	0,20 %
Fehlweisung bei 20° Temp.-Erhöhung	— 0,7 %	— 0,5 %

Das unter *B* genannte Instrument ist dadurch bemerkenswert, daß der gesamte Vorwiderstand im Drehspulkreis durch die Federn gebildet wurde. Trotzdem ist der Temperaturfehler geringer als beim Instrument *A*.

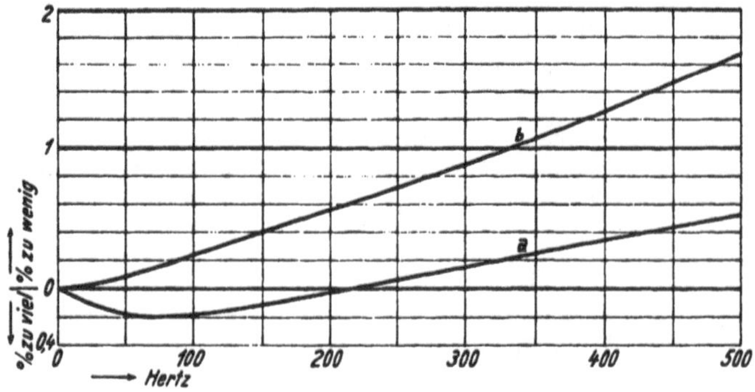

Bild 211. Frequenz-Fehlweisung elektrodynamischer Strommesser. Kurve *a* Schaltung nach Bild 208a, Kurve *b* nach 208b.

Auch bei steigender Frequenz zeigen die Instrumente verschiedenes Verhalten (Bild 211). Das nach *a* geschaltete Instrument (Kurve *b*) zeigt genauer, weil bei ihm in beiden Kreisen Selbstinduktion liegt. Durch genaue Abgleichung der Zeitkonstanten L/R wäre es möglich, den Fehler noch weiter herunterzudrücken.

Der Frequenzfehler ist nicht konstant über die ganze Skalenlänge, weil die Wechselinduktion zwischen fester und beweglicher Spule veränderliche Werte hat, bei beiden Ausführungen in den Endlagen etwa

15 μ H, in der Mittelstellung Null. Bild 212 zeigt den Frequenzfehler eines anderen elektrodynamischen Strommessers, umschaltbar von 2,5

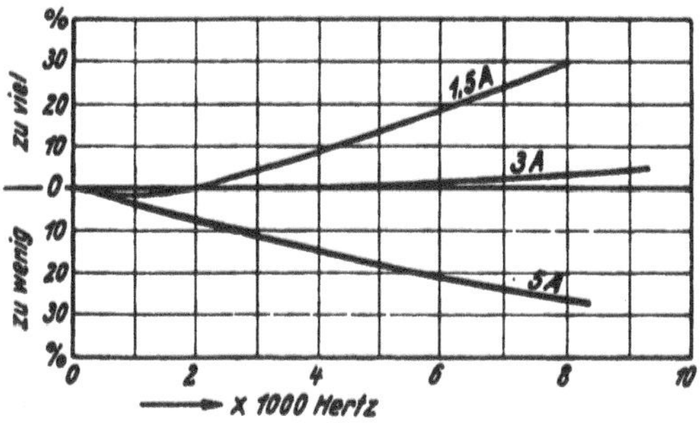

Bild 212. Frequenz-Fehlweisung eines elektrodynamischen Strommessers bei verschiedenem Ausschlag.

auf 5 A, für drei verschiedene Zeigerstellungen bei Frequenzen bis zu 10000 Hertz. In der Mittellage des Zeigers, bei Senkrechtstellung der Spulen, ist der Fehler am geringsten.

Spannungsmesser.

Das Verhalten der Spannungsmesser läßt sich leichter überblicken als das der Strommesser, weil die Schaltung einfacher ist. Hat das Instrument nur einen Meßbereich, so sind stets feste und bewegliche Spulen einfach in Reihe geschaltet mit einem induktionsfreien Vorwiderstand. Man strebt dabei danach, die Belastung der festen Spule gering zu halten, weil durch sie der größte Teil des Anwärmefehlers verursacht wird. Die Belastung der beweglichen Spule sucht man dagegen zu steigern, allerdings auf Kosten der Unempfindlichkeit gegen Fremdfelder. Immerhin verhalten sich die festen zu den beweglichen Amperewindungen mindestens wie 5:1, wenn auch 10:1 selten erreicht wird.

Der Gesamtverbrauch eines derartigen Spannungsmessers beträgt 5÷15 W, wovon der 5.÷10. Teil auf den Kupferwiderstand entfällt, sofern er nur einen Spannungsmeßbereich besitzt und feste und bewegliche Spule für diesen berechnet sind.

Schaltung für mehrere Meßbereiche. Um weitere Spannungsmeßbereiche zu schaffen, ist es am einfachsten, dem ersten Meßbereiche Widerstand vorzuschalten, indessen steigt bei dieser Maßnahme der Verbrauch proportional mit der Spannung. Zweckmäßiger ist es, den Spannungsmesser aus zwei Stromwegen zu bilden:

1. Erste Hälfte der festen Spule — Drehspule — Vorwiderstand.
2. Zweite Hälfte der festen Spule — um den Widerstand der Drehspule vergrößerter Vorwiderstand,

die in an sich bekannter Weise in Reihe oder parallel geschaltet werden können, so daß der Gesamtverbrauch gleichbleibt. Allerdings entstehen bei dieser Schaltung zwischen den beiden Hälften der festen Spule erhebliche Spannungsunterschiede; der mit dieser Schaltung gewonnene Vorteil des geringen Verbrauchs wiegt den Nachteil indessen auf. Bei der Ausführung von Dr. Th. Horn nach D.R.P. 205228 ist die feste Spule nicht unterteilt, es bildet vielmehr die ganze feste Spule mit einem bestimmten Vorwiderstand den einen Kreis, die Drehspule, durch einen größeren Vorwiderstand auf gleichen Widerstand ergänzt, den zweiten.

Bei den neuen Spannungsmessern von Siemens & Halske ist noch ein dritter Meßbereich vorhanden, für den jedoch der Wattverbrauch

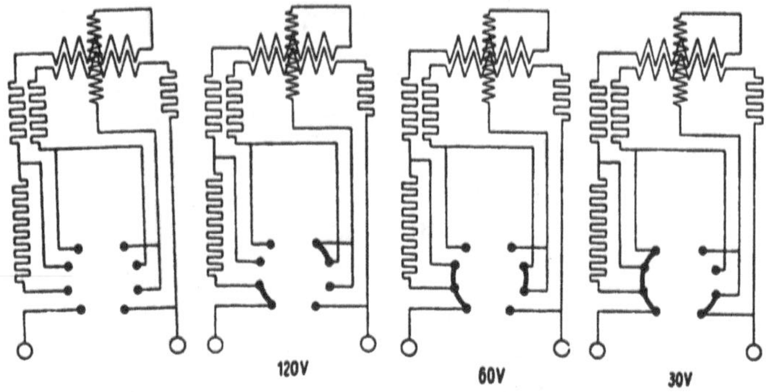

Bild 213. Innenschaltung der elektrodynamischen Voltmeter von Siemens & Halske mit 3 Meßbereichen 1 : 2 : 4 bei einem Verbrauch von 7 : 7 : 14 Watt.

gegenüber den beiden ersten Meßbereichen verdoppelt ist. Die Umschaltung erfolgt mit einem kleinen Drehschalter. Bild 213 zeigt die Ausschaltestellung und die Schaltung der drei Meßbereiche, z. B. 30/60/120 V. Der Verbrauch beträgt dabei 7/7/14 W.

Genauigkeit des Spannungsmessers. Läßt sich auch nicht die hohe Genauigkeit erreichen wie bei Gleichstrominstrumenten, so liegen doch

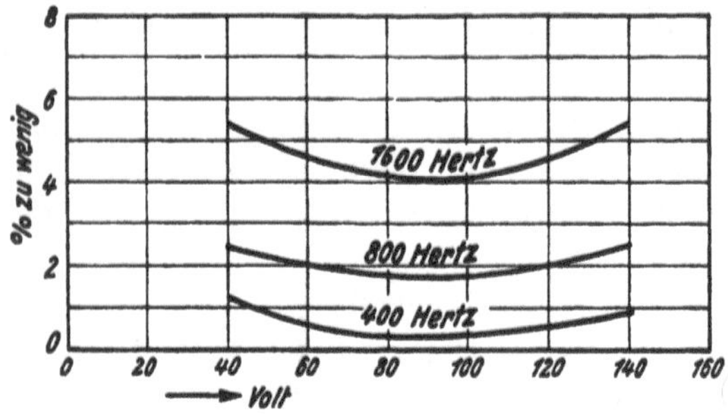

Bild 214. Frequenzfehler eines elektrodynamischen Spannungsmessers 0 : 140 V bei 400 -:- 800 — 1600 Hertz.

die Werte viel günstiger als bei den meisten elektrodynamischen Strommessern mit Nebenwiderständen. Der Anwärmefehler beträgt nur 0,1 -:- 0,2%, die Fehlweisung für ± 20°C etwa 0,2 -:- 0,5%. Bild 214 zeigt den Frequenzfehler eines Präzisionsinstrumentes dieser Art bei Frequenzen bis zu 1600 Hertz als Funktion des Zeigerausschlages. Auch hier ist in der Mitte der Skala durch das Wegfallen der Wechselinduktion zwischen fester und beweglicher Spule ein deutliches Minimum des Fehlers vorhanden.

Aus den Angaben über die Frequenzfehler der elektrodynamischen Strom- und Spannungsmesser ist zu erkennen, daß sich der Gebrauch solcher Instrumente in normaler Ausführung für höhere Frequenzen als 100 Hertz nicht empfiehlt. Für genaue Messungen bei Mittel- und Hochfrequenz wird man besser sorgfältig geeichte Hitzdrahtinstrumente verwenden.

Störung durch Fremdfelder.

Beim Gebrauch eisenloser dynamometrischer Instrumente für genaue Messungen sind besondere Vorkehrungen zu treffen, um den Einfluß fremder Felder auszugleichen. Die Dichte des magnetischen Feldes beträgt bei eisenlosen Wattmetern für vollen Strom nur etwa 20 Gauß, und es kann deshalb nicht überraschen, wenn das Erdfeld die Angaben beeinflußt. Der Grad der Fehlweisung ist bei verschiedenen Modellen ungleich groß. Die Fehler machen sich besonders dann bemerkbar, wenn man zur Steigerung der Empfindlichkeit die Belastung der Drehspule stark erhöht und das Feld der festen Spule zur Verminderung des Verbrauches schwächer macht.

Für volle Erregung der Drehspule beträgt der Erdfeldfehler im Mittel etwa 0,1÷0,5%, er kann aber auch bis auf weniger als 0,05% herabgehen. Jedenfalls sind bei der Gleichstromeichung stets zwei Ablesungen auszuführen, bei gewendetem Strom in fester und beweglicher Spule, und es ist der Mittelwert zu berechnen.

Über den Grad der Beeinflussung durch Starkstromleitungen sind schon auf S. 96 Angaben gemacht worden.

Schutzmaßnahmen gegen Fremdfelder. Durch Verwendung von Doppelsystemen in astatischer Schaltung läßt sich aber die

Bild 215. Astatischer Leistungsmesser mit Bandaufhängung zur Messung kleiner Leistungen bei hoher Phasenverschiebung (Siemens & Halske).

Beeinflußbarkeit durch homogene Fremdfelder vollständig ausschalten. Bild 215 zeigt einen astatischen Leistungsmesser, der von Siemens & Halske zur Messung sehr kleiner Leistungen bei großen Phasenverschiebungen gebaut wird. Bei vollem Strom in der festen und 30 mA in der beweglichen Spule wird der Skalenendausschlag schon bei einem Leistungsfaktor cos $\varphi = 0{,}03$ erreicht. Das Wattmeter ist deshalb zur Messung von dielektrischen Verlusten in Kabeln sehr geeignet. Wenn man für höhere Stromstärken Stromwandler benötigt, so kann man nur solche mit sehr kleinem Fehlwin-

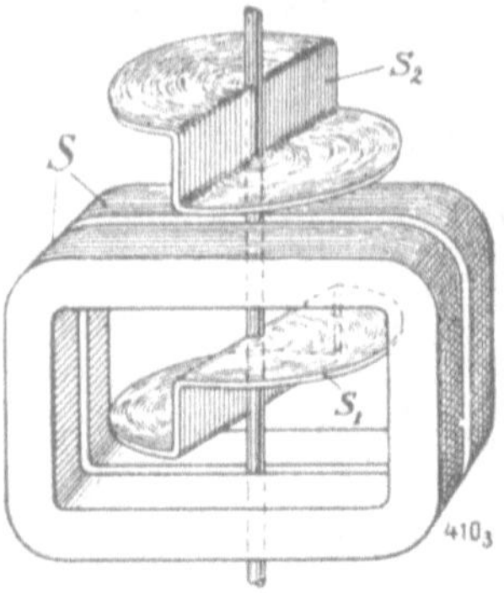

Bild 216. Astatischer Leistungsmesser nach Bruger (Hartmann & Braun).

kel benutzen, wie z. B. den Promillewandler von Siemens & Halske.

Die zweite Maßnahme zum Schutz gegen Fremdfelder ist die Panzerung, über die auf den nächsten Abschnitt verwiesen sei.

Bild 216 zeigt schematisch ein astatisches Elektrodynamometer zur Messung kleiner Leistungen. Das Instrument besitzt nur eine feste und zwei eigentümlich geformte bewegliche Spulen auf einer gemeinsamen Achse. Zur Erzeugung des nutzbaren Drehmomentes dient im wesentlichen nur die untere Drehspule s_1, die Spule s_2 verstärkt das Nutzdrehmoment nur in geringem Maße. Ihr Hauptzweck ist vielmehr,

Bild 217. Neuer astatischer Leistungsmesser mit Bandaufhängung (Hartmann & Braun), geöffnet und mit Gehäuse.

ein Gegendrehmoment zu erzeugen von gleicher Größe und entgegengesetzter Richtung wie das von s_1 hervorgerufene, wenn das Instrument einem homogenen Fremdfeld ausgesetzt wird. Die beiden beweglichen Spulen sind zusammen mit dem Zeiger und Dämpferflügel an einem Bronzeband von einigen Zentimetern Länge aufgehängt. Neuerdings ist diese eigentümliche Spulenform wieder verlassen worden, und es zeigt Bild 217 die neueste Ausführung mit den auch sonst üblichen Rechteckspulen.

Die feste Spule verbraucht bei vollem Strom 0,2÷1 W, je nach dem Strommeßbereich. Die beweglichen Spulen haben zusammen einen Widerstand von 200 Ω. Der Endausschlag wird bei $\cos \varphi = 1$ mit einem Drehspulstrom von 5 mA (entsprechend 1 V Spannungsabfall an der Kupferwickelung) erreicht. Als Höchstbelastung sind für die Drehspule 50 mA zugelassen, so daß hierbei mit $\cos \varphi = 0{,}1$ der Endausschlag erreicht wird. Der Spannungsabfall in der Drehspule und im Vorwiderstand (Kupfer:Manganin = 1:10) erreicht bei der Höchstbelastung zusammen 100 V, der Gesamtverbrauch ist dabei 5 W.

2. Eisengeschirmte Elektrodynamometer.

Um die Drehspule vor dem Einfluß von Fremdfeldern zu schützen, wird in einigen Ausführungen dynamometrischer Instrumente das ganze Meßwerk mit einem Panzer oder Schirm versehen. Eine nennenswerte Steigerung des Drehmomentes erfolgt durch diese Maßnahme nicht. Die erste derartige Konstruktion der A.E.G. ist bereits erwähnt worden. Der Eisenpanzer war kastenförmig, aus Blechen aufgeschichtet, ohne Deckel und Boden, und sein Hauptwerk war der, die Drehspule vor den Streulinien des Dämpfermagneten zu schützen; erst in zweiter Linie war die Abschirmung von Fremdfeldern beabsichtigt. Die Steigerung des Drehmomentes beträgt nur etwa 10%. Bei einem derartigen Instrumente wurde z. B. ohne Schutz der Endausschlag mit 5 A in der festen und 25,5 mA in der beweglichen Spule erreicht, mit dem Eisenkörper brauchten nur 23,1 mA in der Drehspule zu fließen beim gleichen Strom in der festen Spule. Bei nicht erregter Stromspule und abgenommenem Eisenschutz ergab sich durch das Feld der Dämpfungsmagnete bei 23 mA Gleichstrom in der Drehspule ein Ausschlag von 3% des Endwertes. Der Schutz gegen fremde Felder ist ziemlich vollkommen. Ein Kabel mit 400 A, unmittelbar an das Instrument gebracht, beeinflußte die Angaben um maximal 6% gegen 25% ohne Schutz.

Diese Instrumente wurden wegen des Eisenschutzes durchweg sehr ungünstig beurteilt, weil bis vor kurzem, vielfach heute noch, die Anschauung herrschte, daß dynamometrische Instrumente, wenn sie Eisen enthalten, ungenau und unzuverlässig sein müßten. Bei den Eisenschlußdynamometern wird noch gezeigt werden, daß dies auch bei reichlicher Verwendung von Eisen keineswegs der Fall ist, wenn die Konstruktion richtig durchgeführt ist. Bei Strom- und Spannungsmessern der erwähnten Bauart wird bei Beachtung der üblichen Maßnahmen (Mittel zweier Ablesungen mit gewendetem Strom bei Gleichstrom) durch das Eisen sicher kein Fehler verursacht, der in seiner

Größenordnung über die bei derartigen Meßgeräten übliche Grenze hinausgeht.

Seit einer Reihe von Jahren baut indessen die A.E.G. diese Ausführung nicht mehr, sie ist vielmehr zur Herstellung von eisenlosen

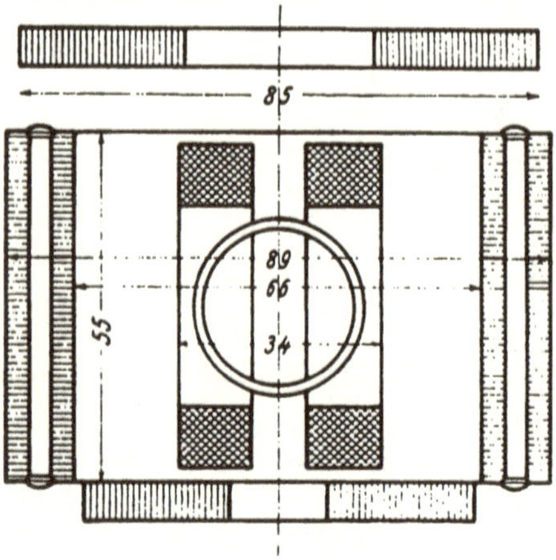

Bild 218. Eisengeschirmter Leistungsmesser der General Electric Co.

und eisengeschlossenen Instrumenten mit Luftdämpfung übergegangen.

Einen eisengeschirmten Präzisionsleistungsmesser moderner Konstruktion, ein Erzeugnis der General Electric Co. in Schenectady, zeigt Bild 218. Das Meßwerk ist hier allseits von einem Eisenschirm umschlossen. Der seitliche Panzer ist zylindrisch, aus kreisringförmig gestanzten Blechen aufgeschichtet; Boden und Deckel bestehen aus spiralig gewickeltem Eisenband. Die Stärke des Kastens beträgt durchweg etwa 10 mm. Die Schutzwirkung ist eine ganz hervorragende, das

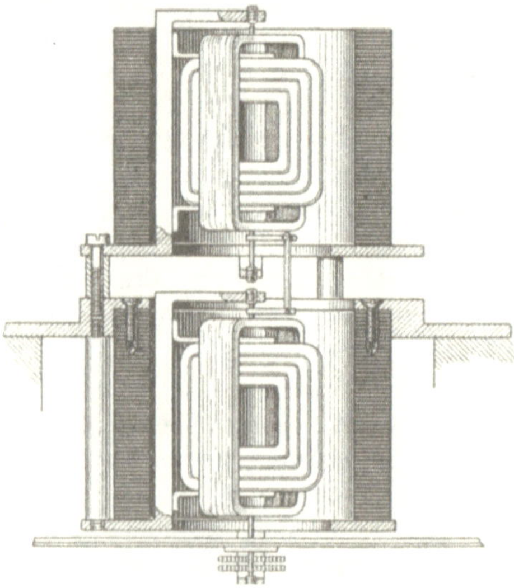

Bild 219. Eisengeschirmtes Doppelwattmeter (Hartmann & Braun).

Instrument ist praktisch unbeeinflußbar. Die Fehlergrößen für dieses Instrument im Vergleich mit einem eisenlosen Instrument sind bereits auf S. 96 genannt. Leider hat die Panzerung aber auch einen Nachteil: nach Überlastung der Stromspule bleibt in dem Eisenkörper eine Restmagnetisierung zurück, die einer Ausnutzung der höchsten Genauigkeit, wie sie mit eisenlosen Wattmetern erreichbar ist, im Wege steht. Aus diesem Grunde ist wohl auch diese Art in Instrumenten in Deutschland nicht in Aufnahme gekommen, obwohl man für praktische Messungen damit wahrscheinlich keine weniger genauen Werte erhält als mit eisenlosen Instrumenten. Es erscheint zweckmäßiger, einen Fehler von 0,2% in Kauf zu nehmen, als mit Instrumenten zu arbeiten, die nur unter Beachtung gewisser Vorsichtsmaßregeln die höchste Genauigkeit erreichen. Für Laboratoriumsmessungen wird man aber eisenlosen Instrumenten den Vorzug geben.

Zu den eisengeschirmten Dynamometern dürfte noch die Anordnung nach Bild 219 zu rechnen sein, die Hartmann & Braun für Registrierinstrumente ausführen, wenn auch hier die Steigerung des Drehmomentes bereits viel beträchtlicher ist als bei den vorher beschriebenen Bauarten.

3. Eisengeschlossene Elektrodynamometer.

Die hohe Empfindlichkeit und Genauigkeit der Gleichstrom-Drehspulinstrumente führte schon seit langer Zeit zu Versuchen, dynamometrische Instrumente in der Weise zu bauen, daß unter Beibehaltung der Grundform der Drehspulinstrumente der Stahlmagnet durch einen Elektromagneten ersetzt wurde. Es traten dabei aber, besonders beim Bau von Leistungsmessern, eine Reihe von Erscheinungen auf, die in solchem Maße stören, daß seit den ersten Versuchen viele Jahre vergangen sind, ehe es gelang, der Schwierigkeiten Herr zu werden.

Die bei Verwendung von Eisen auftretenden Fehler.

Baut man elektrodynamische Instrumente mit einem mehr oder minder vollkommenen Eisenschluß, so treten eine Reihe von charakteristischen Fehlern auf, die im nachstehenden zusammengestellt sind.

Gleichstrom. Krümmungsfehler. Voller Strom in der festen Spule und halber Strom in der Drehspule gibt nicht dieselbe Anzeige wie halber Strom in der festen Spule und voller Strom in der Drehspule. Dieser Fehler rührt von der Krümmung der Magnetisierungskurve her und ist um so ausgeprägter, je mehr die Charakteristik des verwendeten Eisens in der Gesamtcharakteristik des Instrumentes zum magnetischen Widerstand beiträgt, d. h. je größer der magnetische Widerstand des Eisenweges ist.

Hysteresefehler. Bei zu- und abnehmendem Strom in der festen Spule und konstantem Strom in der Drehspule zeigen die Instrumente verschiedene Werte. Die Unterschiede betragen 1 bis 2% der Skalenlänge.

Remanenz. Ist die feste Spule stromlos und führt allein die bewegliche Spule den Strom, so zeigt das Instrument bei Gleichstrom einen Ausschlag, der in der Größenordnung von 1 bis 2% der Skalenlänge ist.

Wechselstrom. Krümmungsfehler (wie bei Gleichstrom).

Unsymmetrie-Wirkung. Während bei den normalen Dreheiseninstrumenten die Spule fest und der Eisenkern beweglich ist, kann man einen Antrieb auch dadurch erzielen, daß man den Eisenkern fest macht und die Spule beweglich. Diese Anordnung liegt bei den eisengeschlossenen Elektrodynamometern vor und erzeugt einen Ausschlag, wenn allein die Drehspule mit Strom erregt ist, und eine merkliche Unsymmetrie gegen die Spulenachse vorliegt.

Fehlwinkel. Infolge der Eisenverluste, und zwar durch die Hysterese- und Wirbelstromverluste im Eisenkern, ist das Feld der festen Spule nicht phasengleich mit dem Strom und zeigen deshalb die Instrumente beim Leistungsfaktor Null einen Ausschlag, auch dann, wenn der Fehler infolge der Induktivität der Drehspule beseitigt ist.

Im nachfolgenden sollen diese Fehler kurz erläutert werden.

Schätzung des Krümmungsfehlers.

Die Fehlergrößen solcher eisengeschlossenen Dynamometer lassen sich in ihrem Verlauf und in ihrer Größe hinreichend genau vorausbestimmen. Der Gang der Berechnung sei an einem Instrument gezeigt, dessen Eisenkernform in Bild 220 wiedergegeben ist.

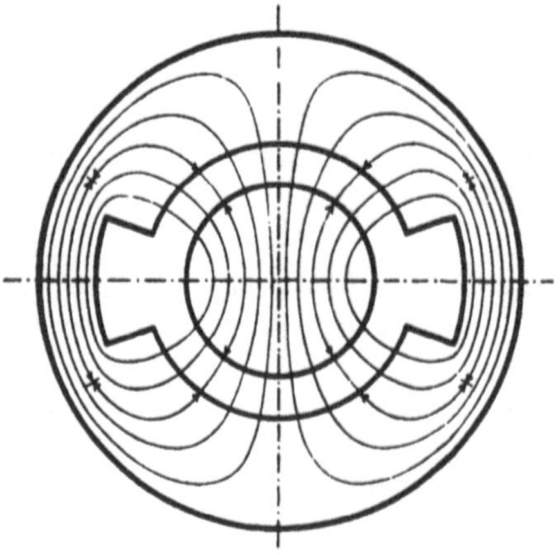

Bild 220. Kraftlinienlauf in einem Eisenschluß-Dynamometer.

Zur Ermittlung der Abweichung der Liniendichte im Luftspalt von vollkommener Proportionalität mit dem Strom ist es nötig, die magnetische Charakteristik der betreffenden Eisensorte, die Liniendichte als Funktion der erregenden Amperewindungen, zu kennen. Der Eisenquerschnitt muß so gestaltet werden, daß der magnetische Widerstand des Kraftlinienweges im Eisen möglichst gering, also die Länge klein und der Querschnitt groß ist. Bei der Auswahl des Eisens ist weniger auf hohe als auf konstante Permeabilität innerhalb des in Betracht kommenden Gebietes zu achten. Die verschiedenen Eisensorten zeigen in dieser Hinsicht keineswegs alle das gleiche Verhalten. Ausschlaggebend darf aber dieser Punkt nicht sein, sondern bei Wechselstrom muß in erster Linie auf niedrige Eisenverluste gesehen werden.

Der magnetische Widerstand läßt sich genau bestimmen, weil die Streuung erfahrungsgemäß vernachlässigbar klein ist. In erster Annäherung setzt man den Widerstand des Eisens gleich Null, denn er macht bei guten Entwürfen nicht mehr als 1÷2% des Luftwiderstandes aus, und berechnet die Felddichte im Luftspalt:

$$B = \frac{4\pi}{10} \cdot \frac{I \cdot w}{l} \text{ Gauß}$$

wobei l die gesamte Länge des Luftweges in cm bedeutet. Setzen wir $w \cdot I = 200$ Amperewindungen und $l = 2 \cdot 0{,}5 = 1{,}0$ cm, so erhalten wir eine Felddichte (effektiv) von

$$B = \frac{4\pi}{10} \cdot \frac{200}{1{,}0} = 250 \text{ Gauß.}$$

Die Eisenkernhöhe sei 3,0 cm, die Länge des Polbogens ergebe sich aus der Zeichnung zu 4,4 cm, damit wird die gesamte Kraftlinienzahl $N = 250 \cdot 3{,}0 \cdot 4{,}4 = 3300$ Linien.

Nun wird in der Zeichnung der mutmaßliche Kraftlinienverlauf einskizziert und die einzelnen Weglängen geschätzt. Wir finden:

α) Innerer Kern: mittl. Länge 2,2 cm, Breite etwa 2,0 cm,
β) Luftpfad: » » 1,0 » » » 4,0 »
γ) Äußerer Kern: vom Polbogen zum Joch Länge $2 \cdot 1{,}8 = 3{,}6$ cm, Breite $2 \cdot 1{,}5 = 3{,}0$ cm,
δ) Äußerer Kern: Jochlänge 2,8 cm, Breite $2 \cdot 0{,}75 = 1{,}5$ cm.

Damit erhält man bei 3 cm Eisenkernhöhe die Induktionen:

α) Innerer Kern: $B = \frac{3300}{2 \cdot 3{,}0} = 550$ Gauß
β) Luftpfad, bereits bekannt $B = 250$ »
γ) 1. Eisenpfad $B = \frac{3300}{3 \cdot 3{,}0} = 370$ »
δ) 2. » $B = \frac{3300}{3 \cdot 1{,}5} = 735$ »

Aus der Magnetisierungskurve des verwendeten Eisens ergeben sich z. B. die notwendigen Amperewindungen:

α)	$B = 550$ Gauß;	AW/cm = 0,182;	totale AW = $2{,}2 \cdot 0{,}182 = 0{,}40$
γ)	370	0,151	$3{,}6 \cdot 0{,}151 = 0{,}54$
δ)	735	0,209	$2{,}8 \cdot 0{,}209 = 0{,}59$
	Gesamtverbrauch an AW für das Eisen		1,53

mithin etwa 0,75 % der für die Magnetisierung der Luft notwendigen Amperewindungen.

Um nun die Abweichung des Feldes von der Proportionalität zu ermitteln, bestimmt man die AW für das Eisen bei anderen Magnetisierungen, z. B. bei ¼, ½, ¾ des vollen Stromes in der festen Spule. Man erhält dann nachstehende Tabelle:

Stromstärke	$^1/_4$	$^2/_4$	$^3/_4$	$^4/_4$
Totale AW für Eisen	0,79	1,10	1,34	1,53
Bei Proportionalität .	0,38	0,77	1,15	1,53
Differenz AW	0,41	0,33	0,19	0,00
% vom Höchstwert .	0,205	0,165	0,095	0,00

Wenn demnach dieses Instrument als Leistungsmesser benutzt wird, so zeigt es um 0,2 Teilstriche der 100teiligen Skala verschieden, je nachdem man den Strom oder die Spannung auf $\frac{1}{4}$ des maximalen Wertes vermindert. Die tatsächlich beobachteten Werte sind etwas höher, 0,3%, weil die Permeabilität des gewöhnlichen Eisenbleches etwas hinter den zugrunde gelegten Zahlen (für Elektrolyteisen) zurückbleibt.

Schätzung der Remanenzfehler.

Es sei nun auch noch auf die Fehler der Remanenz und Hysterese bei Gleichstrom eingegangen. Der erste besteht darin, daß nach dem Abschalten der erregenden Amperewindungen der festen Spule das Feld im Luftspalt nicht ganz auf den erwünschten Wert Null herabsinkt, sondern nur auf einen Bruchteil des Anfangswertes. Die Größe dieses Bruchteiles ist sehr verschieden; sie hängt sowohl von der Eisensorte als auch von der Gestalt des Eisenkernes ab. Die Hysterese bewirkt in gleicher Weise verschiedene Größe des Feldes für einen bestimmten Wert der erregenden Amperewindungen, je nachdem der Strom vorher einen größeren oder kleineren Wert besessen hatte. Diese Fehler erreichen bei den besten Ausführungen eisengeschlossener dynamometrischer Instrumente noch 0,5 ÷ 1% vom Höchstwert.

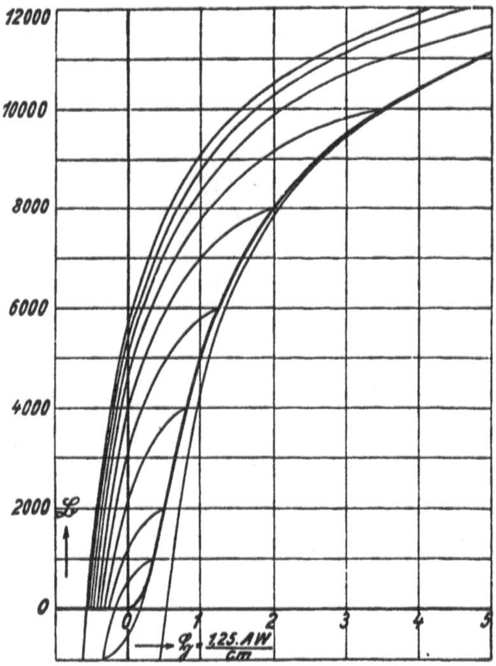

Bild 221. Magnetisierungsschleifen.

Für die Schätzung der Größe dieses Fehlers bei einem Neuentwurf können die gleichen Berechnungen angestellt werden wie zur Bestimmung der Krümmung. Außerdem sollte noch eine Aufnahme der Hysteresisschleife für verschiedene Maximalinduktionen, z. B. $B = 1000$ und $B = 10000$, vorliegen (Bild 221).

Wir wollen der Einfachheit halber nur einen einzigen Querschnitt und eine einzige Eisenlänge l annehmen. Zur Magnetisierung des Eisens auf eine Liniendichte von B Gauß seien a Amperewindungen je cm Eisenlänge nötig. Dieser Magnetisierung entspricht auch die Spitze einer Hysteresisschleife. Wird nun die magnetisierende Kraft a weggenommen, so bleibt die Remanenz übrig. Um sie zu Null zu machen, müßte man eine der Koerzitivkraft entsprechende Anzahl negativer AW aufbringen. Die Remanenz kann man sich aber auch durch eine Amperewindungszahl f unterhalten denken, die auf der jungfräulichen Magnetisierungskurve eine Liniendichte erzeugt, welche gleich ist der Restmagnetisierung. Diese Amperewindungszahl f ist größer als die Koerzitivkraft nach dem Wegfallen der ersten Magnetisierung. In erster Annäherung kann f gleichgesetzt werden der ursprünglich für die Magnetisierung des Eisens allein verwendeten Amperewindungszahl, also

$$B_r = B_0 \cdot \frac{AW_{Fe}}{AW_0}$$

als magnetomotorische Kraft für das ganze Instrument aufgefaßt werden. War B_0 die ursprüngliche Felddichte im Luftspalt, so ist sie nach dem Abschalten auf den Remanenzbetrag

$$B_r = B_0 \cdot \frac{f \cdot l}{AW_0}$$

gesunken, wobei AW_0 die ursprüngliche gesamte Amperewindungszahl ist.

Der so ermittelte geringe Kraftlinienfluß gibt mit dem Felde der Drehspule bei Gleichstrom einen Ausschlag. Seine Größe ist indessen

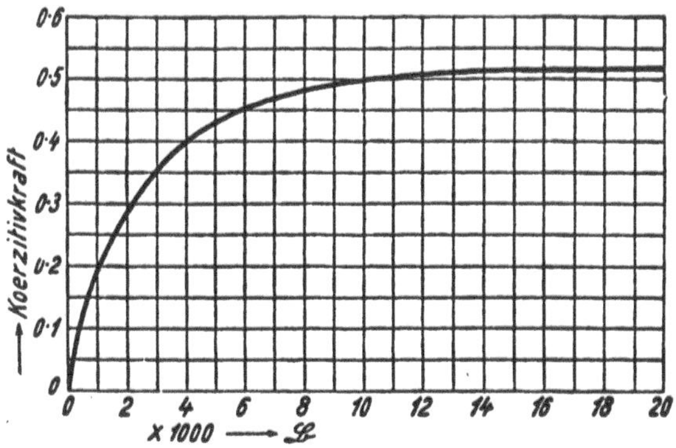

Bild 222. Zunahme der Koerzitivkraft (%) mit der Liniendichte.

keine Konstante, da sie in hohem Grade davon abhängt, wie groß die maximale Belastung der festen Spule wird. Ist diese eine »Strom«spule, so muß im praktischen Betriebe immer mit ganz bedeutenden Überlastungen gerechnet werden, mindestens mit 20-, auch mit 50fachem Normalstrom. Dadurch wird aber das Eisen bis zur Sättigung magnetisiert, und es wird eine größere Koerzitivkraft zurückbleiben als bei normalem Strom. Die Koerzitivkraft (und ebenso die Amperewindungszahl f) nimmt jedoch mit der Liniendichte sehr langsam zu (Bild 222). Von $B = 1000$ bis zur Sättigung kann man nur eine Steigerung der Koerzitivkraft auf etwa den dreifachen Betrag annehmen.

Berücksichtigt man nun, daß die Koerzitivkraft bei geringen Sättigungen, bis $B = 1000$, etwa $\frac{1}{2} \div \frac{2}{3}$ der maximalen für das Eisen verwendeten Amperewindungszahl ist, so kommt man zu dem Schlusse, daß man nach starken Überlastungen etwa die ursprüngliche Zahl der

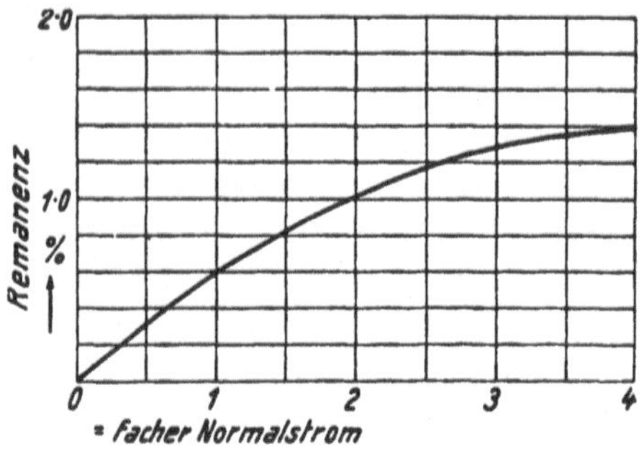

Bild 223. Zunahme des Remanenzfehlers mit der Überlastung.

für das Eisen notwendigen AW als Koerzitivkraft annehmen kann, wie bereits vorhin als Annäherung angenommen wurde. Es ist möglich, aber nicht wahrscheinlich, daß die so gefundene Remanenz noch um 30, vielleicht 50% zu niedrig angegeben ist, in der Regel wird sie auf diese Weise zu hoch berechnet werden. In Bild 223 ist das Ergebnis eines Versuches wiedergegeben, bei dem die Remanenz als Funktion des Magnetisierungsstromes unter Steigerung der erregenden Amperewindungszahl bis auf das Vierfache des normalen Wertes beobachtet wurde.

Schätzung der Hysteresefehler.

Nach diesen Ausführungen kann noch der Fehler der Hysterese geschätzt werden. Bei zu- und abnehmendem Strome werden Schleifen durchlaufen von Null bis zum jeweiligen Höchstwert, aber nicht durch Null hindurchgehend. In diesen Schleifen kommt die Koerzitivkraft in doppeltem Maße zum Vorschein, der Fehler wird also angenähert doppelt so groß sein. Überlastungen werden, wenn sie außerhalb eines Zyklus vorgenommen werden, die Breite kaum ändern. Wohl aber sind sie imstande, eine Empfindlichkeitsänderung des Instrumentes herbeizuführen, da sie eine Koerzitivkraft hinterlassen, die je nach dem Sinne der Stromrichtung die Permeabilität und damit die Zahl der für das Eisen nötigen AW ändert. Auch dieser Fehler wird um so kleiner sein, je geringer der magnetische Widerstand des Eisens ist.

Der Einfluß einer Überlastung des Instrumentes auf eine Vergrößerung der Hysterese und Remanenz ist natürlich prozentisch um so größer, je geringer die normalerweise eintretende Sättigung des Eisens ist. Wie aus Bild 222 zu ersehen ist, vergrößert sich die Koerzitivkraft von $B = 1000$ bis zur Sättigung nur von 0,18 auf 0,52, also etwa auf das

Dreifache. Um ebensoviel vergrößert sich auch die Remanenz eines solchen Instrumentes bei Überlastung, also beispielsweise von 0,5% auf 1,5%.

Ist dagegen bei einem eisengeschirmten Dynamometer die normale Induktion (bei maximalem Feld) nur $B = 50$, so ist die Koerzitivkraft K zunächst bedeutend geringer, etwa nur $K = 0{,}03$. Durch Überlastung kann sich die Koerzitivkraft aber auf denselben Wert vergrößern wie bei dem eisengeschlossenen Instrument, also auf $K = 0{,}52$. Beträgt nun auch die Remanenz eines solchen geschirmten Instrumentes ohne Überlastung nur 0,1%, so kann sie nach heftigen Überlastungen doch trotzdem auf $0{,}1 \cdot \frac{0{,}52}{0{,}03} = 1{,}7\,\%$ ansteigen, also einen Wert erreichen, der dem des ganz eisengeschlossenen Instrumentes nicht nur nahekommt, sondern ihn noch übertrifft.

Es sollte damit gezeigt werden, daß ein Instrument, in dem Eisen in ausgiebiger Weise zur Verstärkung des Feldes verwendet worden ist, keineswegs notwendigerweise um ein Bedeutendes schlechter sein muß als ein anderes, daß vielmehr auch bei der Verwendung von Eisenpanzern für dynamometrische Präzisionsinstrumente mit großer Vorsicht verfahren werden muß. Trotz der geringen Steigerung der Richtkraft können beim eisengeschirmten Dynamometer nicht unerhebliche Fehler entstehen.

Unter allen Umständen muß für solche Eisenschluß-Dynamometer, obgleich der Einfluß des Erdfeldes ausgeschaltet ist, bei Gleichstrommessungen immer das Mittel aus zwei, durch Kommutieren erhaltenen Ablesungen genommen werden.

Der Unsymmetriefehler.

Bei der experimentellen Ermittlung des Fehlers der Remanenz kann bei Eisenschlußdynamometern unter Umständen noch eine andere Erscheinung zutage treten.

Um den Remanenzfehler genauer ablesen zu können, wird man die bewegliche Spule überlasten, um den Ausschlag zu vergrößern. Dabei kann man finden, daß der Ausschlag nicht, wie zu erwarten wäre, proportional mit dem Strom in der beweglichen Spule zunimmt, sondern langsamer oder schneller, sogar bei steigendem Strom wieder abnimmt. Wendet man den Strom in der beweglichen Spule, so sind die Ausschläge verschieden groß, es ist sogar möglich, daß beide nach derselben Seite fallen.

Diese merkwürdige Erscheinung hat ihren Grund darin, daß der magnetische Widerstand des Eisenkörpers nicht für alle Stellungen der beweglichen Spule der gleiche ist und die Spule sich so einzustellen versucht, daß der magnetische Widerstand ein Minimum ist. Man hat hier die Umkehrung der bekannten Dreheiseninstrumente mit einer festen Spule und einem beweglichen Eisenkern vor sich, insofern als in unserem Falle der Eisenkern fest und die Spule beweglich ist. Wie bei allen ähnlichen Instrumenten nimmt der Ausschlag bei kleinen Drehwinkeln proportional mit dem Quadrat der Stromstärke zu. Man erhält für den Ausschlag als Funktion des gewendeten Drehspulenstromes das nachfolgende Bild (Bild 224).

Die beiden stark ausgezogenenLinien, mit $a + b$ und $a—b$ bezeichnet, stellen den Ausschlag für Gleichstrom dar bei gewendetem Strom. Legt man an diese Kurven im Anfangspunkt die Tangenten, so erhält man die beiden Ausschläge für die Remanenz allein. Da dieses Verfahren aber ziemlich ungenau ist, so ist es vorteilhafter, den von der Unsymmetrie des Feldes herrührenden Ausschlag für sich allein zu bestimmen. Dies kann unter Ausschaltung des Einflusses der Remanenz mit Wechselstrom beliebiger Frequenz erfolgen, da solche Meßanordnungen im allgemeinen von der Frequenz nicht sehr abhängig sind. Damit ergibt sich die Kurve »*a*«. Subtrahiert man nun diese von den beiden Kurven $a + b$ und $a — b$, so erhält man die Geraden $+ b$ und $— b$ für die Remanenzausschläge allein.

Würde sich keine Gerade ergeben, so wäre dies ein Zeichen, daß außer dieser beschriebenen Wirkung noch eine weitere auftritt, die allein bei Wechselstrom vorhanden ist. Beispielsweise wird bei ganz oder teilweise kurzgeschlossener Stromspule noch eine Ablenkung der beweglichen Spule in Richtung einer Senkrechtstellung zur festen Spule stattfinden. Da diese Wirkung aber, im Gegensatz zu der vorher beschriebenen, bei Gleichstrom nicht vorhanden ist, werden die Kurven $+b$ und $—b$ dann nicht gerade, sondern gekrümmt erscheinen. Die

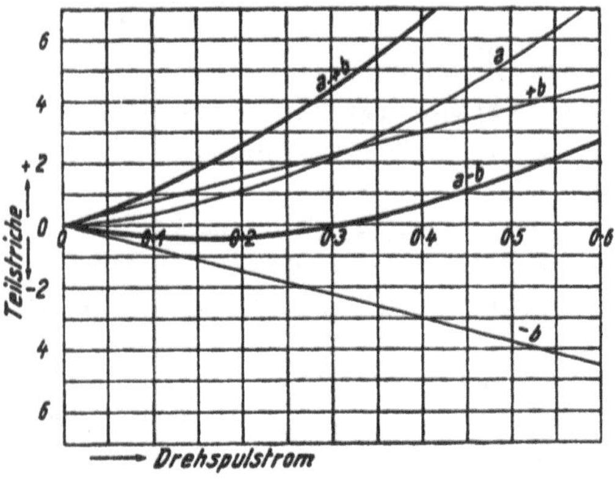

Bild 224. Ablenkung bei Belastung der Drehspule. (Unsymmetrie-Fehler.)

Frequenzunabhängigkeit des bei Wechselstrom beobachteten Ausschlages »*a*« wäre für sich noch keineswegs ein Zeichen, daß es sich allein um den von der Unsymmetrie herrührenden Ausschlag handelt, denn auch der von den Wirbelströmen in der Drehspule herrührende Ausschlag ist innerhalb weiter Grenzen von der Frequenz unabhängig, wie auf S. 294 eingehender beschrieben ist.

Wenn es nun zunächst auch den Anschein hat, als ob sich diese Erscheinung sehr störend bemerkbar machen könnte, so läßt sich doch ihr Einfluß auf einen für die Praxis ganz vernachlässigbaren Grad herabdrücken. Die in Bild 224 dargestellten Ausschläge treten erst bei bedeutender Überlastungs der Drehspule auf. Der Strom war normalerweise 0,05 A. Hierbei war dieser Ausschlag nur 0,10 Teilstriche. Weiterhin ist dieser Ausschlag nicht über die ganze Länge der Skala gleich groß. Für die Mittelstellung der Spule wird er Null.

Zu berücksichtigen ist dieser Fehler nur dann, wenn es sich um die Bestimmung sehr kleiner Leistungen bei großer Phasenverschiebung handelt und die Drehspule der Wattmeter, um große Empfindlichkeit zu erhalten, so weit wie möglich überlastet wird, oder auch, wenn man den Phasenfehler des Instrumentes selbst zu bestimmen versucht und hierbei die Spannungsspule überlastet.

Schätzung des Fehlwinkels im Stromkörper.

Die Hysteresis- und Wirbelstromverluste bewirken eine zeitliche Verzögerung des nutzbaren Magnetisierungsstromes gegenüber dem Gesamtstrom. In Bild 225 bedeute:

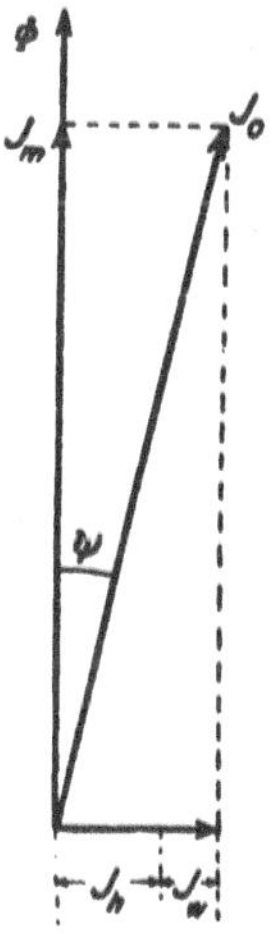

Bild 225. Diagramm der Blind- und Wirkströme.

J_0 den Gesamtstrom,
J_m seine Blindkomponente (sehr nahe $= J_0$),
J_h die Wirkkomponente zur Deckung der Hystereseverluste,
J_w die Wirkkomponente zur Deckung der Wirbelstromverluste,
ψ die Phasenverschiebung zwischen J_m und J_0.

Dann ist $$\operatorname{tg}\psi = \frac{J_h + J_w}{J_m}$$

oder, mit E_m, der induktiven EMK der Stromwicklung, multipliziert:

$$\operatorname{tg}\psi = \frac{(J_h + J_w)\cdot E_m}{J_m \cdot E_m} = \frac{\text{Eisenverluste in Watt}}{\text{Induktive Voltampere}}.$$

Hieraus ergibt sich bereits ein Anhalt für den Entwurf: die Verluste sind klein, der induktive Spannungsabfall ist groß zu machen.

Die Berechnung der Eisenverluste erfolgt in ähnlicher Weise wie die der Krümmung der Magnetisierungskurve, durch Unterteilung des ganzen Kraftlinienweges im Eisen in Einzelstücke mit angenähert konstanter Liniendichte. Dazu müssen die Eisenverluste bei niedrigen Induktionen bekannt sein. Bild 226 zeigt den Verlauf der Eisenverluste für hochlegiertes Blech von $B = 100$ bis $B = 15000$ in logarithmischem Maßstab.

Der durch die Eisenverluste verursachte Winkelfehler ist sowohl von der Frequenz als auch von der Stromstärke abhängig. Um die Art der Abhängigkeit von der Frequenz zu untersuchen, sei die Rechnung getrennt für Hysterese- und Wirbelstromverluste vorgenommen:

Die Liniendichte im Eisenkern bleibt mit der Frequenz konstant, und nur der induktive Spannungsabfall E_m nimmt proportional der Frequenz ν zu. Bei konstanter Liniendichte sind aber auch die Hystereseverluste $J_h \cdot E_m$ proportional der Frequenz, der Quotient aus beiden, $\operatorname{tg} \psi_h = \frac{J_h\, E_m}{J_m\, E_m}$, der »Hysteresephasenfehler«, ist konstant bei allen Frequenzen. Dies ist als besonders wichtig zu bemerken.

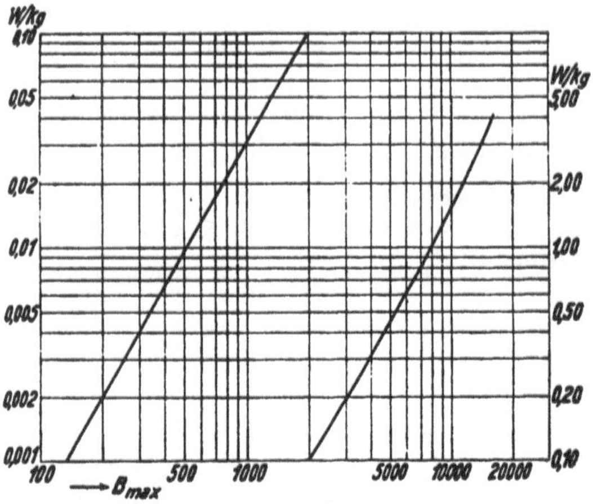

Bild 226. Eisenverluste von hochlegiertem Blech 0,35 mm dick bei 50 Hertz.

Da die Wirbelstromverluste proportional dem Quadrate der Frequenz zunehmen, ergibt sich in gleicher Weise, daß der Wirbelstrom-Phasenfehler proportional der Frequenz zunimmt, also

$$\psi_h = \text{const},$$
$$\psi_w = \text{const} \cdot \nu.$$

Um die Zunahme des Gesamtfehlwinkels zu kennen, muß das Verhältnis der Einzelverluste bekannt sein. Es hängt ab von der Eisenqualität und der Liniendichte B im Eisen. Mit steigendem B nimmt auch der Anteil der Wirbelstromverluste zu.

Die Verluste V in Eisenblechen lassen sich bekanntlich darstellen durch die Gleichung

$$V = \nu \cdot \eta\, B_{\max}^{1,6} + \nu^2 \beta B_{\max}^2,$$

wobei η den Hysteresekoeffizienten,
β den Wirbelstromkoeffizienten,
ν die Frequenz des Wechselstromes in Hertz bedeutet.

V ist zu rechnen im absoluten Maß, also Sekunden-Erg je cm³ Eisen. Auf das übliche Maß, auf 1 kg Eisen, bezogen, muß also die gefundene Zahl noch mit dem einem kg entsprechenden Volumen (1000/7,7 = 130 cm³) multipliziert und, um Watt zu erhalten, durch 10^7 dividiert werden.

Bei einer Untersuchung von legiertem Blech mittlerer Güte wurde V_{10} zu 1,435 W/kg bestimmt. Die Hysterese- und Wirbelstromkoeffizienten ergaben sich zu

$$\eta = 0{,}00070 \quad = \quad 7 \cdot 10^{-4},$$
$$\beta = 0{,}000000122 = 12{,}2 \cdot 10^{-8}.$$

Nach der vorstehenden Gleichung wurden die Verluste bei 50 Hertz für andere Felddichten und der Anteil der Hysterese- und Wirbelstromverluste prozentisch berechnet.

Felddichte	V_h	V_w	ΣV	% der Gesamtverluste
10 000	1,14	0,395	1,535	25,6
8 000	0,81	0,252	1,06	23,8
6 000	0,511	0,142	0,653	21,8
4 000	0,262	0,063	0,325	19,5
2 000	0,089	0,0158	0,1048	15,0
1 000	0,029	0,0039	0,0329	12,1
500	0,0096	0,0010	0,0106	9,5

Der Anteil der Wirbelstromverluste nimmt also mit abnehmender Felddichte ständig ab. Bei der für Eisenschlußdynamometer in Betracht kommenden Dichte von 500÷1000 Linien beträgt er rund 10%. Beträgt nun der gesamte Fehlwinkel bei 50 Hertz 15 min, so sind davon 13,5 min als Hysteresefehler, der Rest, 1,5 min, als Wirbelstromfehler anzusehen. Der erste ist, wie bewiesen, von der Frequenz unabhängig, der letzte nimmt proportional mit ihr zu. Man kann nunmehr den Winkelfehler für verschiedene Frequenzen berechnen:

$$15 \text{ Hertz: } 13{,}5 \text{ min} + 1{,}5 \cdot \frac{15}{50} = 13{,}5 + 0{,}45 = 13{,}95 \text{ min}$$

25 »	0,75	= 14,25	»
50 »	1,5	= 15,0	»
100 »	3,0	= 16,5	»
200 »	6,0	= 19,5	»
500 »	15,0	= 28,5	»
1000 »	30,0	= 43,5	»
1500 »	45,0	= 58,5	»
5000 »	150,0	= 163,5	»

Die Ermittlung des Anteiles der Wirbelstrom- und Hysteresephasenfehler an dem Gesamtfehler kann an dem fertigen Wattmeter experimentell bestimmt werden in gleicher Weise, wie es bei der Trennung der Eisenverluste in Transformatorkernen geschieht. Man beobachtet möglichst genau bei einer Stromstärke und zwei verschiedenen Frequenzen den Phasenfehler des Stromkörpers und stellt die Werte graphisch dar. Der Schnittpunkt der Verbindungsgeraden mit der Ordinatenachse gibt den von den Hystereseverlusten herrührenden konstanten Winkel ψ_h.

Der Fehlwinkel wird am einfachsten gemessen bei Reihenschaltung des zu prüfenden Instrumentes mit einem guten eisenlosen Wattmeter. Die direkte Messung der Verluste ist schwierig auszuführen. Bei höheren Frequenzen können sie auch durch Messung des Widerstandes bei Resonanz mit einem geeigneten verlustlosen Kondensator ermittelt werden.

Obwohl in der vorausgegangenen Rechnung das angegebene Gesetz der Abnahme der Hystereseverluste in der 1,6ten Potenz willkürlich in den Bereich der kleinen Induktionen ausgedehnt wurde, während tatsächlich der Exponent etwa 1,8 beträgt, deckt sich doch das Ergebnis gut mit der in Bild 227 dargestellten Versuchsmessung an einem solchen Instrument. Für mäßige Ansprüche an Genauigkeit, insbesondere bei teilweisem Ausgleich des Fehlwinkels durch eine Kunstschaltung, können derartige Instrumente also für Frequenzen bis zu 1000 Hertz benutzt werden.

Für einzelne Ausführungen, bei denen der Fehlwinkel nicht stört, sind solche Eisenkörper schon bei 10000 Hertz verwendet worden.

Im Gegensatz zu anderen Instrumenten ist bei eisengeschlossenen Watt-

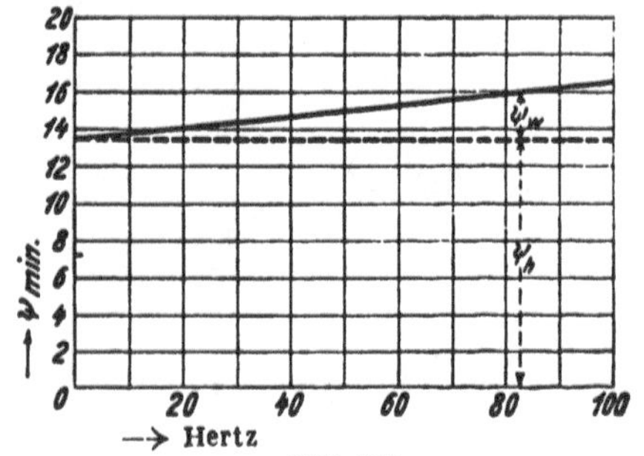

Bild 227.

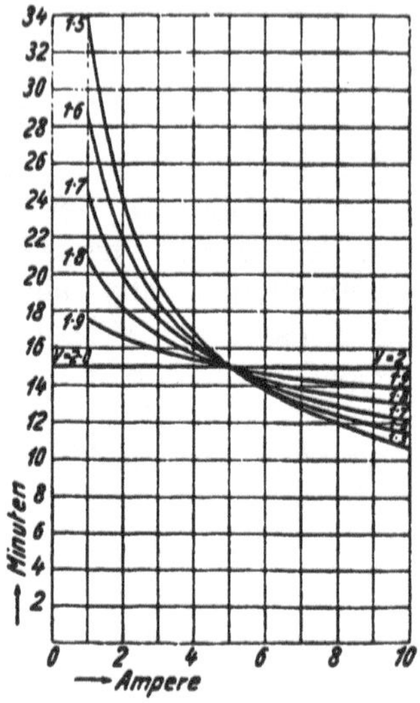

Bild 228.

Bild 227. Zunahme des Fehlwinkels mit der Frequenz.
Bild 228. Fehlwinkel als Funktion des Stromes für verschiedenen Verlustexponenten.

metern der Winkelfehler von der Stromstärke abhängig. Um seine Änderung mit der Stromstärke zu ermitteln, muß wiederum die Verlustkurve gegeben sein. Wir wollen hierfür annehmen, daß die Verluste mit der $v$ten Potenz von B zunehmen, wobei nach dem bereits Gesagten v zwischen 1,6 und 2 liegen wird. Nun ist aber auch B proportional der Stromstärke J_0. Mithin ist, abgesehen von Konstanten,

$$V = C \cdot J_o^v.$$

Der Phasenschiebungswinkel wird

$$\operatorname{tg} \psi = \frac{C \cdot J_o^v}{J_m \cdot E_m} = \frac{C' \cdot J_o^v}{J_m^2} = C' \cdot J_o^{v-2},$$

weil J_0 annähernd gleich J_m zu setzen ist.

In Bild 228 ist der Verlauf von ψ als Funktion der Stromstärke für verschiedene Werte von v dargestellt, wobei jedesmal angenommen ist, daß der Fehler bei 5 A 15 min beträgt. Für $v = 2$ ist der Fehler unabhängig von der Stromstärke. Ist die Kurve durch einen Versuch gegeben, beispielsweise für 20 und 100% des normalen Stromes, so kann aus dem Verhältnis beider Werte der Exponent der Verlustkurve bestimmt werden:

$$
\begin{aligned}
a_{20}/a_{100} &= 1{,}92, & v &= 1{,}6,\\
&\ 1{,}63, & v &= 1{,}7,\\
&\ 1{,}40, & v &= 1{,}8,\\
&\ 1{,}17, & v &= 1{,}9,\\
&\ 1{,}00, & v &= 2{,}0.
\end{aligned}
$$

Bei den Versuchen ergeben sich Kurven mit etwa $1{,}7 \div 1{,}8$ für den Exponenten v.

Kompensation des Winkelfehlers. Die einfachste Kompensation des Fehlwinkels im Eisenkörper ergibt sich durch das Einfügen einer Selbstinduktion in den Spannungskreis des Leistungsmessers. Es wird dann der Drehspulstrom im gleichen Sinne verschoben wie das Feld der festen Spule gegen den Strom in ihr. Dieser Phasenfehler nimmt aber proportional mit der Frequenz zu und kann deshalb nur einen Wirbelstromphasenfehler für alle Periodenzahlen vollständig kompensieren. Kompensiert man bei dem genannten Instrument den Phasenfehler für 50 Hertz vollständig, so erhält man zwischen 15 und 100 Hertz folgende resultierende Fehler:

15 Hertz:	$+ 13{,}95 - 3{,}75 = + 10{,}20$ min
25 »	$+ 14{,}25 - 7{,}50 = + 6{,}75$ »
50 »	$+ 15{,}00 - 15{,}00 = \pm 0$ »
100 »	$+ 16{,}50 - 30{,}00 = - 13{,}5$ »

Fehler der Wechselinduktion.

Auch der Einfluß der Wechselinduktion zwischen fester und beweglicher Spule kann rechnerisch leicht verfolgt werden. Für kleine Ausschläge infolge der Wechselinduktion, für welche die in der Drehspule durch den Strom J_1 induzierte EMK e_2 als konstant mit der Zeigerstellung anzusehen ist, erhält man unter Verwendung nachstehender Zeichen:

Spulenwinkel der Drehspule gegen die Senkrechtstellung a
Selbstinduktion im Drehspulkreis . . . . L_2
Widerstand im Drehspulkreis . . . . R_2
Phasenverschiebung . . . . γ
Kreisfrequenz . . . . ω
Drehmoment . . . . D
Konstante . . . . C_1, C_2, C_3 usw.

$e_2 = C_1 J_1 \omega \sin a$ (bei konstanter magnetischer Verkettung)

$$i_2 = \frac{e_2}{\sqrt{R_2^2 + (\omega L_2)^2}}, \text{ angenähert } i_2 = \frac{e_2}{R_2} = \frac{C_1 J_1 \omega \sin a}{R_2}$$

$$\sin \gamma = \operatorname{tg} \gamma = \frac{\omega L_2}{R_2}.$$

$$D = J_1 i_2 \cos(90^0 - \gamma) = J_1 i_2 \sin \gamma$$
$$= C_2 \frac{J_1^2 \omega^2 \sin \alpha L_2}{R_2^2}$$
$$= C_3 \frac{J_1^2 \omega^2 \sin \alpha}{R_2^2}.$$

Das Drehmoment der Wechselinduktion nimmt also mit dem Quadrate des Schließungswiderstandes R_2^2 ab und mit dem Quadrate der Kreisfrequenz ω zu.

Nach diesen Ausführungen über die bei Eisenschlußdynamometern zu erwartenden Felder seien die hauptsächlichsten, bisher bekannt gewordenen Konstruktionen für Gleich- und Wechselstrom in geschichtlicher Reihenfolge beschrieben.

Beschreibung ausgeführter Konstruktionen.

Gleichstrom-Leistungsmesser.

Die Notwendigkeit, eisengeschlossene Dynamometer zu bauen, stellte sich für Siemens & Halske vor etwa 15 Jahren ein, als die Leistungsaufnahme von Gleichstrom-Walzenzugsmotoren bei Vornahme von Garantieversuchen genau gemessen und registriert werden mußte. Es handelte sich dabei um Stromstärken bis zu 10000 A und Spannungen bis zu 1000 V. Bei der schnellen Veränderlichkeit der Meßgrößen konnte eine gleichzeitige Ablesung von Strom- und Spannungsmessern nicht erfolgen. Die gleichzeitige Registrierung von Strom und Spannung mit zwei Instrumenten war auch nicht angängig, weil die geringste zeitliche Verschiebung einen großen Fehler verursacht; es waren zunächst Strom und Spannung durch einen Oszillographen mit ablaufendem Streifen aufgeschrieben worden. Schließlich wurde der Bau eines Gleichstrom-Leistungsmessers beschlossen, dessen Stromspule an Nebenwiderstände anzuschließen war. Angesichts der hohen Stromstärke durfte der Spannungsabfall nicht zu groß werden, weil sonst zu hohe Verluste aufgetreten wären, bei denen weniger die Kosten des Verbrauchs als die damit verbundene Erwärmung gefürchtet wurde. Bei der Frage, ob die feste oder die bewegliche Spule an den Nebenwiderstand zu legen wäre, mußte also für die bewegliche entschieden werden, weil ihr Verbrauch immer nur ein kleiner Bruchteil von dem der festen Spule ist. Der Verbrauch im Spannungskreis konnte demgegenüber beliebig hoch sein.

Instrumente mit offenem Magnetkreis. Bild 229 zeigt die Anordnung eines solchen Gleichstrom-Leistungsmessers aus dem Jahre 1909. Die festen Spulen hatten zusammen etwa 3000 AW mit einem Kupfergewicht von 3,5 kg. Der Eisenkern war aus legiertem Blech hergestellt, als Einsatzsystem das eines gewöhnlichen Drehspul-Strommessers verwendet.

Der magnetische Widerstand der Anordnung war groß und demzufolge die Hysterese- und Krümmungsfehler beträchtlich. Diese Fehler können durch einen magnetischen Nebenschluß zum Luftspalt, bestehend aus einer

Bild 229. Gleichstrom-Leistungsmesser mit offenem Magnetkreis und magnetischem Nebenschluß.

aus hartem Stahl hergestellten Brücke über den Luftspalt, kompensiert und sogar überkompensiert werden, so daß ein solches Instrument bei fallendem Strom niedrigere Werte zeigen kann als bei steigendem Strom. Die Wirkung ist um so kräftiger, je kleiner die Entfernung des magnetischen Nebenschlusses ist, d. h. je mehr nutzbare Kraftlinien abgesaugt werden. Bild 230 zeigt für einen derartigen Leistungsmesser Remanenzfehler und Ausschlag als Funktion der Nebenschlußentfernung. Der magnetische Nebenschluß

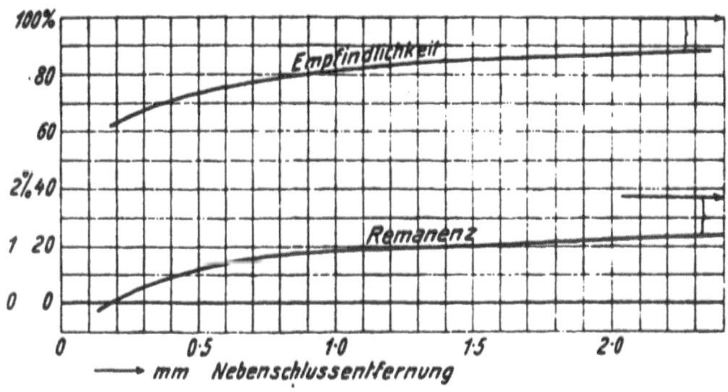

Bild 230. Empfindlichkeit und Remanenz des Gleichstrom-Leistungsmessers nach Bild 229 bei variabler Nebenschlußentfernung.

saugt bei vollständiger Unterdrückung der Remanenz etwa 40% der erzeugten Kraftlinien ab; trotz der hohen Amperewindungszahl der festen Spule wurde nur eine Liniendichte von 800 Gauß im Luftspalt erreicht.

Instrumente mit geschlossenem Magnetkreis. Nach dem Entwurf des Verfassers bauen Siemens & Halske jetzt Gleichstrom-Leistungsmesser mit einem vollständig geschlossenen Eisenkreis und ohne magnetischen Nebenschluß mit einem Kern nach Bild 231. Die Spannungsspule ist bei dieser Ausführung in zehn Einzelspulen unterteilt, die in Schablonen gewickelt werden und deren Querschnitte so geformt sind, daß sie nacheinander im geraden Zustand eingesetzt und dann umgebogen werden können, so daß der ganze schwalbenschwanzförmige Wickelraum vollständig ausgefüllt wird. Der äußere Eisenkern ist aus 1 mm starken, hochlegierten Eisenblechen hergestellt, der innere besteht aus massivem Flußeisen. Die Weite des Luftspaltes ist, radial gemessen, nur 3 mm, die Zahl der erregenden AW ist 530, der Verbrauch in der Wicklung 3,5 W,

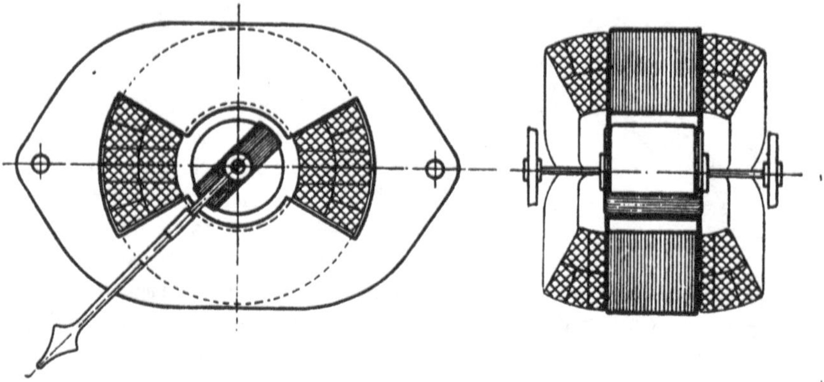

Bild 231. Gleichstrom-Leistungsmesser mit geschlossenem Magnetkreis (Siemens & Halske).

ihre Übertemperatur etwa 16° bei voller Spannung. Die Liniendichte im Luftspalt beträgt 1100 Gauß. Bild 232 zeigt die charakteristischen Fehler der Hysterese und Remanenz für ein solches Instrument, bezogen auf die unter Änderung des Drehspulstromes erhaltene Unterteilung der Skala. Die Kurven bedeuten:

a) Spannungsänderung vom Höchstwert auf Null,
b) » zwischen Höchstwert und halbem Höchstwert,
c) » vom Höchstwert auf Null nach vorherigem Einschalten mit dem doppelten Spannungshöchstwert.

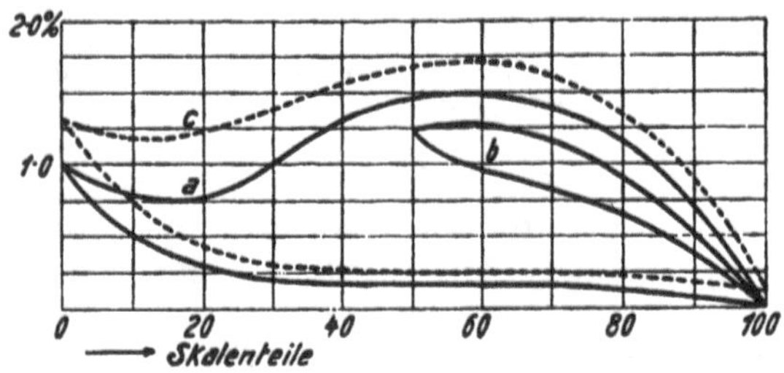

Bild 232. Remanenz und Hysterese des Leistungsmessers nach Bild 231.

Die Fehler sind keineswegs gering; sie betragen über 1 % des Höchstwertes. Sie steigen noch, wenn zufälligerweise eine erhebliche Übermagnetisierung des Eisenkernes eintritt. Bild 223 zeigte bereits für dieses Instrument die Zunahme des Remanenzfehlers (Ausschlag bei abgeschalteter fester Spule und voll erregter Drehspule) als Funktion der vorhergegangenen Magnetisierung, ausgedrückt in Vielfachen der normalen Amperewindungszahl.

Es ist nicht wahrscheinlich, daß diese Fehler bei gleicher Inanspruchnahme des Eisens zur Steigerung des Drehmomentes wesentlich vermindert werden können. Nur bei einer fabrikationsmäßigen Herstellung von Elektrolyteisen in der guten Qualität einiger untersuchter Proben könnte eine erhebliche Verbesserung eintreten. Vorerst bedarf aber das Elektrolyteisen noch einer äußerst sorgfältigen thermischen Behandlung, die bei größeren Mengen zu kostspielig wird.

Indessen werden diese Fehler nur in seltenen Fällen in voller Größe auftreten. In der Regel wird die Spannung nur um einen geringen Betrag, vielleicht $\pm 20\%$, um ihren Mittelwert schwanken, und die Fehler sind dann wesentlich kleiner. Der Remanenzfehler tritt nur dann auf, wenn die Spannung ab- und der Strom eingeschaltet ist, ein Fall, der nur eintritt bei den magnetisch sehr trägen großen Walzenzugsmotoren, und auch hier nicht mit vollem Strom.

Hier ist auch zu erkennen, daß es viel unzweckmäßiger wäre, die bewegliche Spule an die Spannung anzuschließen als an den Nebenwiderstand im Stromkreis. In diesem Falle würde bei normalem Betriebe, wenn nur der Strom schwankt, dauernd die volle Magnetisierungsschleife durchlaufen werden, also stets der volle Fehler auftreten und auch Übermagnetisierungen durch Kurzschlüsse imstande sein, den Remanenzfehler zu vergrößern. In dem häufig vorkommenden Falle, daß allein die Spannung eingeschaltet ist, nicht aber der Strom, wäre er deutlich zu erkennen. Schon auf S. 282 ist erwähnt, daß die Drehspule auch deshalb an den Nebenwiderstand im Stromkreis geschaltet wurde, weil ihr Verbrauch viel geringer ist als derjenige der festen Spule, nämlich nur einige Zehntel W gegen $4 \div 6$ W.

Leistungsmesser für Gleich- und Wechselstrom.

Bei Wechselstrom-Leistungsmessern liegen die Verhältnisse hinsichtlich des Anschlusses wieder ganz anders. Hier wird die Stromspule an Stromwandler angeschlossen, die im Gegensatz zu Nebenwiderständen verhältnismäßig große Leistung abgeben können. Die normale Stromstärke dieser Wandler ist 5 A. Man wird danach trachten, auch die Stromwicklung des Instrumentes direkt für 5 A auszuführen, weil eine Spaltung des Stromes mit Rücksicht auf die Unveränderlichkeit des Spaltungsverhältnisses der Ströme bei schwankender Temperatur und Frequenz zu einer Vermehrung der dem Wandler entnommenen Gesamtleistung führt. Dies alles deutet darauf hin, daß man die feste Spule mit dickem Kupferdraht wickeln und in den Stromkreis, die dünndrähtige bewegliche mit den feinen Stromzuführungen aber an die Spannung legen soll, also gerade umgekehrt wie beim Gleichstrom-Leistungsmesser.

Wollte man so schalten wie bei Gleichstrom, so müßten die 5 A entweder ungeteilt über starke Federn der Drehspule zugeführt werden, oder man müßte einen Wandler vorschalten, der auf kleineren Strom transformiert, oder es wäre schließlich die Drehspule über einen Nebenwiderstand in den Stromkreis zu legen. Im letzten Falle wäre die Phasengleichheit des Drehspulstromes mit dem Gesamtstrom schwierig zu erreichen.

Noch ein weiterer triftiger Grund spricht dafür. Es ist darauf hinzuwirken, daß auch der Spannungsspulenstrom möglichst phasengleich mit der Spannung ist, daß also die Selbstinduktion der Spannungsspule möglichst klein ist. Wenn nun daran gedacht wird, daß schon bei einem eisenlosen Leistungsmesser der Spannungsspulenstrom infolge der Selbstinduktion der kleinen Drehspule um $1 \div 2$ min hinter der Spannung zurückbleibt, so ist es klar, daß sich bei Verwendung der festen Spule als Spannungsspule ein ganz unzulässig hoher Phasenfehler ergeben muß. Durch Verminderung der AW-Zahl auf einen sehr geringen Wert kann man ihn herabdrücken, durch besondere Kunstschaltungen für eine Frequenz vielleicht ganz kompensieren; dies ändert aber nichts an der Feststellung, daß bei Wechselstrom die andere Schaltung die bessere ist.

Diese Tatsache ist sowohl unangenehm für den Konstrukteur und Hersteller, weil sie ihn zwingt, zwei Modelle für Gleich- und Wechselstrom zu bauen, als auch für den Verbraucher, weil er nicht Universalinstrumente kaufen kann, die für beide Stromarten verwendbar sind. Die Wechselstromausführung ist allerdings auch für Gleichstrom zu benutzen, aber nur für die eine Stromstärke, für die das Instrument gebaut ist, z. B. für 5 oder für 100 A. Die Gleichstromausführung ist anderseits aber nicht für Wechselstrom geeignet, weil sich, abgesehen vom Spannungskreis, auch für die Stromspule in Verbindung mit einem Nebenwiderstand keine befriedigende Phasenabgleichung erreichen läßt. Es mag sein, daß noch ein Universal-Leistungsmesser für alle Stromstärken bei Gleich- und Wechselstrom konstruiert werden wird, aber eine glückliche Konstruktion dürfte es kaum werden.

Wechselstrom-Leistungsmesser.

Ausführung von Sumpner. Der erste einigermaßen brauchbare eisengeschlossene Leistungsmesser wurde von Sumpner in der brit. Patentschrift 24605 vom 14. November 1904 angegeben und auch von einer englischen Firma gebaut. Bild 232 zeigt die Grundform dieses Instrumentes und seine Schaltung. Im vorhergegangenen war gesagt worden, daß sich die feste Spule nicht als Spannungsspule eignet, weil ihre Selbstinduktion und damit die Phasenverschiebung im Spannungskreis zu hoch ist. Sumpner benutzt nun doch die feste Spule als Spannungsspule, geht aber bei seinem Leistungsmesser besonders darauf aus, den Blindwiderstand der Spule groß und den Wirkwiderstand klein zu machen, so daß das erzeugte Feld gegen die Spannung eine Phasenverschiebung von nahezu 90° hat. Nun muß aber noch eine Einrichtung verwendet werden, um auch den Strom um den gleichen Betrag in der Phase zurückzuschieben, damit das Wattmeter richtig zeigt. Hierzu wird ein Lufttransformator als Stromwandler, als Quadraturtransformator, verwendet, bei dem das Feld in Phase mit dem erregenden Strom ist und aus dem so wenig Leistung im Sekundärkreis entnommen wird, daß die entmagnetisierende Wirkung des Sekundärstromes auf den Kraftfluß vernachlässigbar ist. In der brit. Patentschrift 2416/1907 gibt Sumpner noch Mittel an, um den durch die Selbstinduktion der Drehspule erzeugten Phasenfehler auszugleichen, bestehend aus einer Hilfswicklung auf dem Elektromagneten oder dem Transformator, die einen Kondensator speist.

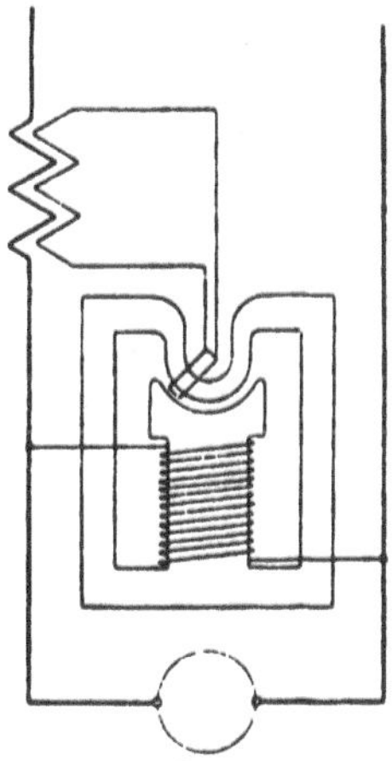

Bild 233.

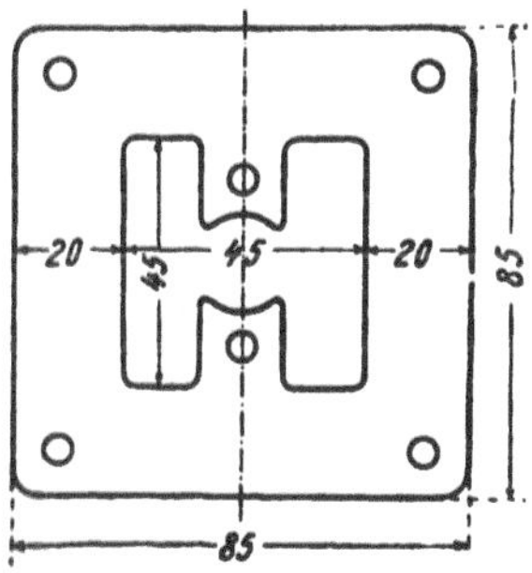

Bild 234.

Bild 233. Leistungsmesser nach Sumpner mit Quadratur-Stromwandler.
Bild 234. Leistungsmesser nach Drysdale.

Mit diesem Leistungsmesser läßt sich ein sehr kräftiges Drehmoment erzeugen bei geringem Eigenverbrauch. Das Instrument ist aber nicht mit Gleichstrom eichbar, seine Angaben werden sich mit der Frequenz ändern, vor allem bei kleinerem Leistungsfaktor, wenn die Abweichungen von der richtigen Phasenverschiebung beider Ströme mehr ins Gewicht fallen. In Aufbau und Wirkungsweise ist der Sumpnersche Leistungsmesser überhaupt weniger ein dynamometrisches Instrument als ein Induktionsleistungsmesser.

Ausführung von Drysdale. Eine Konstruktion, die den modernen sehr nahe kommt, beschreibt Drysdale[1]); er bringt auch Daten und Unterlagen für die Berechnung solcher Instrumente. Bild 234 zeigt den Eisenkern dieses Instrumentes und seine wesentlichen Abmessungen. Die Dicke des Kernes betrug 30 mm. Bei diesem Leistungsmesser ist die

[1]) Electrician 1909, S. 358÷361.

feste Spule Stromspule, die bewegliche ist Spannungsspule. Drysdale gibt folgende Werte:

Gesamtes Eisengewicht	1,30 kg
Feste Spule: 400 AW, 1,8 W	$\psi = 7{,}2$ min
Bew. Spule: 10 AW, 500 Wdg 0,06 Ku	$R_{b50} = 1{,}1\ \Omega$
Stromverbrauch	20 mA
Temperatureinfluß auf $\pm 10^{0}$ C	$\pm 0{,}8\%$.

Der Winkelfehler des Stromkörpers wird durch die gleichsinnige, gleichgroße Phasenverschiebung des Drehspulenstromes gegen die Spannung kompensiert. Leistungsmesser dieser Art werden von Nalder Bros. in London hergestellt. Sie weisen nach obigem bereits sehr gute Eigenschaften auf, indessen ist durch günstigere Formgebung noch eine Verbesserung möglich.

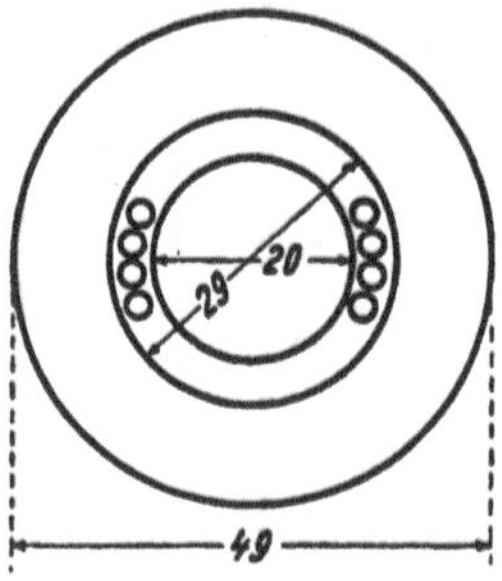

Bild 235.

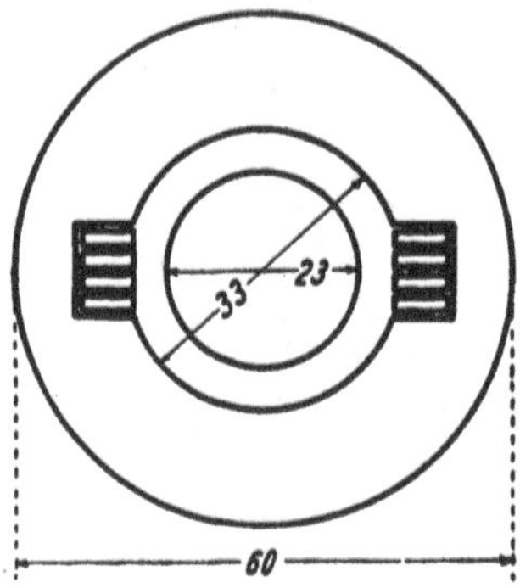

Bild 236.

Bild 235. Eisengeschlossener Leistungsmesser nach Lotz.
Bild 236. Eisengeschlossener Leistungsmesser der A. E. G.

Ausführung von Lotz. Durch D.R.P. 143052 vom 22. Juli 1902 war Albert Lotz ein Leistungsmesser geschützt, dessen Abmessungen nach der Patentzeichnung in Bild 235 wiedergegeben sind.

Der Anspruch 1 lautet:

»Ein auf dem Dynamometerprinzip beruhendes elektrisches Meßgerät mit Eisen im magnetischen Felde, d. g., daß sowohl die Drähte der festen als auch die Drähte der beweglichen Spulensysteme durch den praktisch homogenen Luftspalt geführt sind, welcher durch die einander gegenüberstehenden, annähernd rotationskörperförmigen Flächen zueinander praktisch konzentrisch angeordneten, unterteilten Magnetfeldeisenkörper gebildet wird, zum Zwecke, innerhalb weiter Grenzen ein nahezu proportionales Feld in diesem Luftspalt bzw. ein nahezu proportionales Drehmoment der beweglichen Wicklungen bzw. einen konstanten magnetischen Widerstand für die von den Wicklungen erzeugten magnetischen Kraftlinien sowie eine möglichst geringe magnetische Remanenz der Magnetfeldeisen zu erzielen.«

Das Patent ist nach kurzem Bestehen erloschen. Bei Herstellung des Instrumentes hätte sich ergeben müssen, daß es vorzügliche elektrische Eigenschaften aufweist, insbesondere einen Phasenfehler von nur etwa 15 bis höchstens 20 min, wenn seine Abmessungen mehr oder weniger genau entsprechend der Patentzeichnung gewählt werden.

Ausführung der AEG. Ein solches Meßgerät ist auch Gegenstand des von Dolivo-Dobrowolsky angegebenen D.R.P. 235913 der AEG vom 27. November 1909, dessen Ansprüche lauten:

»1. Dynamometrisches Wechselstrommeßgerät, insbesondere Wattmeter, mit im wesentlichen durch Eisen geführtem Kraftlinienverlauf, d. g., daß die Luftwege und die erregenden Amperewindungen so bemessen werden, daß der Betrag an oszillierender magnetischer Energie (ausgedrückt durch die Anzahl der induktiven Voltampere) im Verhältnis zu den in Watt ausgedrückten Verlusten im Eisengerüst sehr groß ist.

2. Ausführung nach Anspruch 1, d. g., daß das Verhältnis der induktiven Voltampere zu dem Wattverlust im Eisen etwa 100 oder mehr beträgt.«

Unter dieses Patent fallen nach dem zweiten Anspruch alle Eisenschluß-Leistungsmesser, bei denen der Stromkörper einen Fehlwinkel von weniger als 1%, d. h. 34,4 min aufweist. Es ist damit insbesondere der Weg geschützt, auf dem man (nach dem ersten Anspruch) zu kleinen Fehlern gelangt: Vergrößerung des Luftspaltes unter gleichzeitiger Vergrößerung der erregenden Amperewindungen, nachdem frühere Versuche daran gescheitert sind, daß die erregenden Amperewindungen auf einen sehr niedrigen Wert, 100 und weniger, angesetzt waren, zu dem Zwecke, den Verbrauch besonders niedrig zu halten.

Zur Beurteilung der Dimensionierung solcher Instrumente sei auch noch die Anmeldung A 20465 derselben Firma vom 20. April 1911, ein Zusatz zu dem vorigen Patente, der nicht zur Erteilung gelangte, wiedergegeben.

Der Anspruch lautete:

»Dynamometrisches Meßgerät, d. g., daß in an sich bekannter Weise praktisch konzentrisch zueinander angeordnete Eisenkörper so ausgebildet und die erregenden Amperewindungen so bemessen sind, daß die Formel

$$\frac{\text{Eisenvolumen}}{\text{Volumen des aktiven Luftspaltes}} \cdot \left(\frac{\text{Max. Dichte im Eisen}}{\text{Dichte im Luftspalt}}\right)^2 \leqq 60$$

erfüllt ist, zum Zwecke, bei einem Eigenverbrauch von nicht mehr als drei Voltampere pro gcm Drehmoment einen Phasenfehler von weniger als 1% zu erhalten.«

In dieser Anmeldung sind bereits genauere Daten gegeben. Die Zahl 60 ist anscheinend auf empirischem Wege ermittelt. Bemerkenswert ist die Quadrierung der Liniendichte in dieser Formel; sie ist aber leicht erklärlich, da die Verluste nach dem früheren nahe mit B^2 zunehmen. Die Kombination des Eigenverbrauches mit dem Drehmoment und dem Phasenfehler erscheint nicht angebracht, weil der Eigenverbrauch in einfacher Weise durch Erhöhung der Windungszahl der Drehspule auf nahezu beliebig kleine Werte herabgesetzt werden kann.

Bild 236 gibt den Schnitt der Bleche für die AEG-Leistungsmesser wieder, Bilder 237 ÷ 239 zeigen die Konstruktion in den Einzelheiten. Der Eisenkern ist aus gestanzten, hochlegierten Blechen von 0,3 mm Dicke aufgeschichtet, die ohne weitere Behandlung, insbesondere ohne Vernietung, in einen Eisenblechtopf eingelegt und durch den Deckel heruntergedrückt werden. Jede mechanische Nachbearbeitung solcher

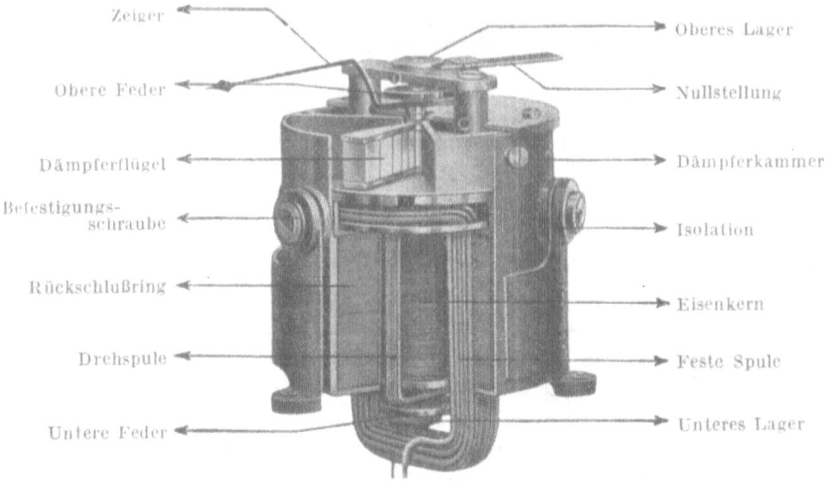

Bild 237. Eisenschluß-Dynamometer der AEG.

Bleche ist zu verwerfen. Beim Nieten werden die Eisenverluste erhöht, beim Abdrehen der Bohrung oder des Kernes bildet sich Grat, ein Herd für Wirbelstromverluste.

Bild 238. Äußerer Kern, innerer Kern und Befestigungsring.

Einzelheiten sind aus den Bildern zu ersehen. Nachstehend die wesentlichsten Daten eines solchen Leistungsmessers, zum Teil nach den Angaben von Dolivo-Dobrowolsky[1]):

Zahl der festen AW	200
Verbrauch der festen Spule	2,4 W
Induktive Voltampere der festen Spule	1 VA
Liniendichte im Luftspalt	250 Gauß

[1]) ETZ 1913, Heft 5.

Strom in der Spannungsspule	0,04 A
Amperewindungen der Spannungsspule	6,4 AW
Blindwiderstand der Spannungsspule	$R_{b50} = 2{,}2\ \Omega$
Widerstand der Spannnungsspule	9,5 Ω
Drehmoment für Endausschlag	0,80 gcm
Systemgewicht, komplett	4 g
Gütefaktor nach Keinath	1,0
Phasenfehler bei $\cos\varphi = 0$	$\psi = 0{,}3\,\% = 10$ min
Hysteresefehler bei Gleichstrom, für zu- und abnehmenden Strom	0,7% vom H.W.
Beobachteter Höchstwert nach Übermagnetisierung . .	1% vom H.W.
Gewicht beider Eisenkerne zusammen	0,40 kg

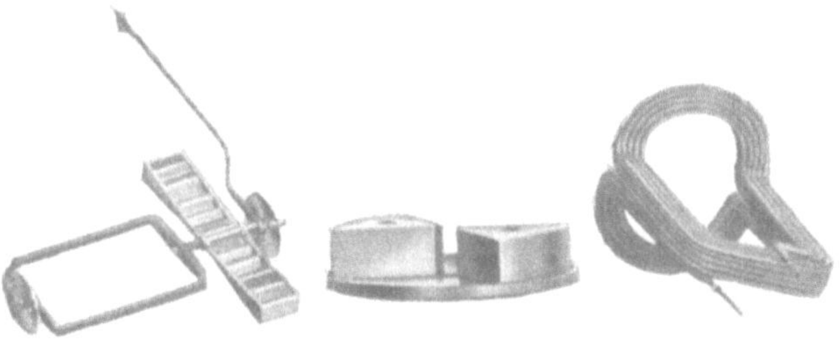

Bild 239. Bewegliches Organ, Dämpfungskammer, Feldspule.

Ausführung von Siemens & Halske. Die Ausführung des Eisenschluß-Leistungsmessers von Siemens & Halske ist in Bild 240 an einem Doppelsystem gezeigt, das zur Drehstrom-Leistungsmessung bei ungleicher Belastung der drei Zweige bestimmt ist.

Bild 240.

Bild 241.

Bild 240. Eisenschlußdynamometer mit zwei Meßwerken (Siemens & Halske). Flachprofiltyp mit Magnetdämpfung.

Bild 241. Eisenschlußdynamometer mit zwei Meßwerken und Luftdämpfung (Siemens & Halske).

Der 30 mm hohe Eisenkern dieses Leistungsmessers ist eiförmig, um das Anbringen tiefer Nuten zu ermöglichen, ohne den Eisenquerschnitt allzusehr zu vermindern. Der gute Eisenschluß ermöglicht es, unmittelbar über dem Kern eine magnetische Dämpfung anzubringen.

Ausführung von Dr. Th. Horn. Dieses Instrument ist in einer stark von der üblichen Weise abweichenden Art gebaut. Der Eisenkern ist

Bild 242. Eisenkern eines Doppelwattmeters der Firma Dr. Th. Horn.

aus mehreren Teilen zusammengesetzt, die um die Drehspule gelegt werden. Dadurch ergibt sich bei mehrsystemigen Wattmetern ein besonders einfacher Aufbau. Bild 242 zeigt den Eisenkern eines Doppelwattmeters in Aronschaltung, in den zwei Drehspulen eingebaut zu denken sind, Bild 243 die Konstruktion eines Drehstromwattmeters für Drehstromnetze mit Nulleiter. Die drei Systeme sind um 120° gegeneinander versetzt, zu einem einzigen vereinigt und bilden ein geschlossenes Ganzes mit verhältnismäßig kleinen

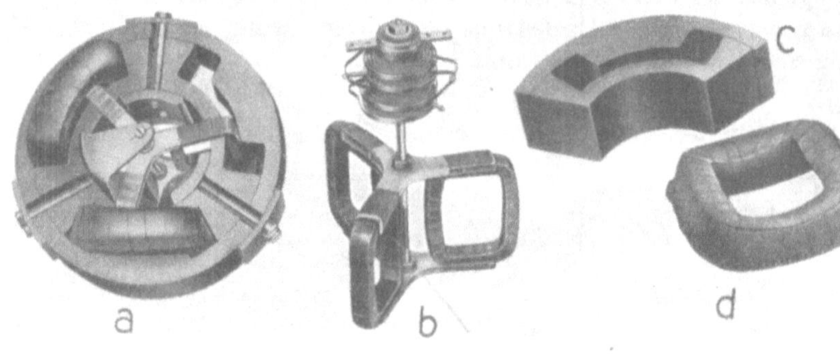

Bild 243. Dreisystemiges Drehstromwattmeter der Firma Dr. Th. Horn,
a Eisenkörper mit eingesetztem beweglichen Organ. Eine der Stromspulen ist entfernt
b Bewegliches Organ mit drei Drehspulen
c Zweiteiliger Kern für ein System
d Stromspule.

Abmessungen. Das Bild läßt die Bauweise klar erkennen. Der Ausschlagwinkel beträgt nur 30 Winkelgrade und wird deshalb dieses Meßwerk nur für die Registrierapparate der genannten Firma verwendet. (S. 383.) Bei dem Wattmeter nach Bild 242 ist der Ausschlagwinkel 90° erreichbar.

Messungen an Eisenschluß-Dynamometern.

Schalttafel-Leistungsmesser Siemens & Halske. Nachstehend eine Reihe von Meßergebnissen an einem Eisenschluß-Dynamometer von Siemens & Halske, die als typisch für derartige Instrumente gelten können. Die Daten dieses Leistungsmessers für 5 A waren:

Eisenkernhöhe	30 mm
Durchmesser der Bohrung	33 »
Durchmesser des Innenkerns	25 »
Luftspalt, radial gemessen	4 »
Drehmoment	0,35 gcm

Feste Spule 28 Wdg., 1,2 mm Ku., 0,104 Ω, 140 AW,
Bewegliche Spule 190 Wdg., 0,1 mm Al., etwa 90 Ω, 2 AW,
Blindwiderstand der festen Spule 1,45 Ω bei 1000 Hertz,
» der beweglichen Spule 44 Ω bei 1000 Hertz.

Fehlwinkel des Stromkörpers. Die Bestimmung des Winkelfehlers im Stromkörper erfolgte in der Weise, daß die Angaben bei $\cos \varphi = 0$ mit denen eines hochempfindlichen Zeigerleistungsmessers für 5 A verglichen wurde, der eisenlos und unter tunlichster Vermeidung aller störenden Metallmassen aufgebaut war. Bei einem solchen Instrumente kann angenommen werden, daß der Phasenfehler 1 min nicht übersteigt. Um Fehler infolge der Wechselinduktion der festen und der beweglichen Spule des Normalleistungsmessers auszuscheiden, wurden die beiden Spulen durch Umlöten der Feder senkrecht gestellt. Für die Vergleichsmessung wurden beide Stromspulen und beide Spannungsspulen in Reihe geschaltet. Würde man die Spannungskreise parallel schalten, so würde ein Teil des Phasenfehlers im Stromkörper durch die Selbstinduktion der Drehspule ausgeglichen werden.

Bei dem zu untersuchenden Leistungsmesser ist der Phasenfehler des Stromkörpers scheinbar vom Ausschlag abhängig. Tatsächlich ist es aber die Wechselinduktion, die den Zeiger gegen die Mitte der Skala zu treibt.

Beispielsweise ergab sich bei einem Gesamtwiderstand von 5000 Ω im Spannungskreis für 1000 Hertz ein scheinbarer Phasenfehler von

52 min am Anfang der Skala,
44 » in der Mitte der Skala,
36 » am Ende der Skala.

Nur der mittlere Wert ist richtig; für solche Messungen muß deshalb die bewegliche Spule senkrecht zur festen Spule gestellt werden. Die Abhängigkeit des Fehlwinkels von der Frequenz ist bereits in Bild 227 dargestellt worden.

Fehlwinkel des Spannungskreises. Durch die Selbstinduktion der Drehspule wird auch im Spannungskreis eine Phasenverschiebung erzeugt, die sich berechnet zu $\operatorname{tg} \psi' = \frac{\omega L}{R}$, wobei R der gesamte Widerstand ist. Daraus ergeben sich folgende Werte für das obengenannte Instrument:

R	bei 50 Hertz	bei 500 Hertz	bei 1000 Hertz
500 Ω	$\psi' = 15$ min	$\psi' = 150$ min	$\psi' = 300$ min
1 000 Ω	7,5 »	75 »	150 »
2 000 Ω	3,75 »	37,5 »	75 »
5 000 Ω	1,5 »	15 »	30 »
10 000 Ω	0,75 »	7,5 »	15 »

Bei hohem Widerstand im Drehspulkreis ist demnach für 50 Hertz die Kompensation des Fehlers im Stromkörper noch nicht merklich. Soll sie größer werden, so muß, unter Erhöhung des Stromverbrauches, ein Nebenschluß aus einem induktionsfreien Widerstand parallel zur Drehspule und einem Teil des Vorwiderstandes gelegt werden.

Prüfung auf Kurzschlußwindungen. Bei der Prüfung solcher Leistungsmesser müssen zur Erkennung von Kurzschlußwindungen in der Strom- oder in der Spannungsspule jede von diesen, wenn die andere offen ist, eingeschaltet werden, zweckmäßig kurzzeitig mit dem doppelten oder dreifachen Normalstrom. Kurzschlußwindungen in der Drehspule sind auf diese Weise leicht erkennbar, dagegen sind die Ausschläge bei Kurzschluß in der Stromspule kaum wahrnehmbar. Sie werden erst deutlich erkennbar durch die Erhöhung des Phasenfehlers. Die günstigste Prüffrequenz ist 500 Hertz, bei zu hoher Frequenz (10000 Hertz) erhält man auch bei einwandfreien Spulen durch kapazitiven Lagenschluß eine Ablenkung.

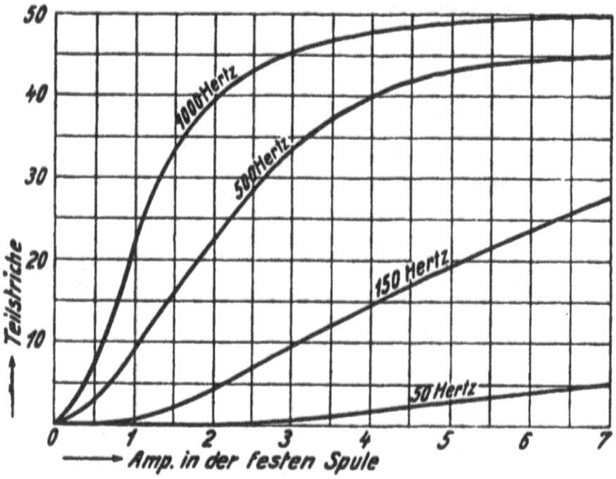

Bild 244. Ausschlag bei kurzgeschlossener Drehspule.

Wechselinduktion. Die Ausschläge bei vollkommen kurzgeschlossener Drehspule sind als Funktion des Stromes in der festen Spule in Bild 244 für 50, 150, 500 und 1000 Hertz dargestellt. Für 500 und 1000 Hertz fallen die Punkte nahezu zusammen, weil dann, wie bei allen höheren Frequenzen, der Ohmsche Widerstand gegen die Selbstinduktion vernachlässigbar klein ist. Die Ausschläge nehmen zunächst quadratisch zu und nähern sich dann asymptotisch dem halben Skalenausschlag. Auf dieser Grundlage können Induktions-Strommesser hergestellt werden, deren Angaben bei genügend hoher Frequenz von dieser ganz unabhängig sind, ebenso auch von Schwankungen der Temperatur, eine Eigenschaft, die den Ferrarisstrommessern nicht zukommt. Die Teilung

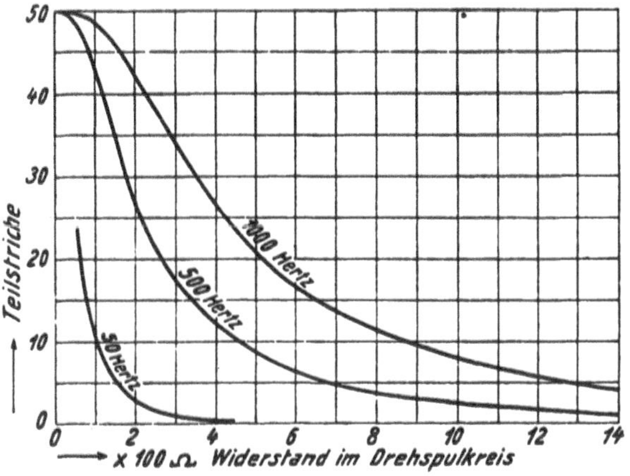

Bild 245. Ausschlag bei vollerregter Feldspule und verschiedenem Widerstand im Drehspulkreis.

ist, wie ersichtlich, von $^1/_5$ des Endwertes ab linear. Leider ist der ganze theoretisch mögliche Skalenwinkel von 90° nicht erreichbar, man muß sich auf etwa 60 Winkelgrade beschränken.

Mit zunehmendem Widerstand im Spannungskreis nimmt der Ausschlag rasch ab (Bild 245), bei 500 Ω und 50 Hertz beträgt er nur noch 0,1 Teilstrich.

Leistungsmesser in dieser Ausführung ergaben infolge des Krümmungsfehlers Abweichungen von der mit $\cos \varphi = 1$ für geänderten Strom erhaltenen Skala, wenn statt des Stromes die Spannung oder der Leistungsfaktor bis auf Null geändert wurde. Die Fehler sind durchschnittlich 0,3% vom Höchstwert. Durch Einschalten einer Selbstinduktion in den Spannungskreis zur Kompensierung des Stromkörperfehlers werden die Abweichungen der $\cos \varphi$-Kurve auf maximal 0,2 Teilstriche gebracht.

Gleichstromfehler. Wesentlich größer sind für dieses Instrument die Fehler bei Gleichstrom. Hier ergeben sich innerhalb eines Zyklus Unterschiede bis 0,6% für zu- und abnehmenden Strom in der festen Spule, bis zu 1% vom Höchstwert bei Umkehr der Stromrichtung. Die Remanenz ist ungefähr gleich groß. Versuchsweise wurde die Spule zuerst entmagnetisiert und dann nacheinander mit dem 1-, 2-, 3-, 5-, 15-, 30fachen Strom belastet und die Remanenz gemessen. Es ergab sich dabei für

3fachen	Strom	0,30	Teilstriche	Remanenz
5 »	»	0,45	»	»
15 »	»	1,20	»	»
30 »	»	1,50	»	»

Bei dem letztgenannten Werte konnte deutlich beobachtet werden, wie sich der Restmagnetismus im Laufe der Zeit verminderte. Der Remanenzausschlag fiel in 2 min von 1,5 auf 1,3 Teilstriche und blieb dann dauernd auf dieser Höhe.

Bei einer Eichung dieser Instrumente mit Gleichstrom darf also nur das Mittel zweier Ablesungen mit gewendeter Stromrichtung genommen werden. Dieser Wert deckt sich annähernd mit der Wechselstromeichung, aber nicht genau. Aus zahlreichen Messungen ergab sich, daß die Instrumente für Wechselstrom empfindlicher sind als für Gleichstrom, und zwar um 0,1÷0,2%. Der erste Wert gilt für Luftspalte von etwa 5 mm, der andere für solche von 3÷4 mm. Da der Anteil der Eisenamperewindungen an der Gesamtzahl der AW nur etwa 1% ist, würde sich daraus eine Erhöhung der scheinbaren Permeabilität von 10÷20% für Wechselstrom ergeben. Praktisch ist dieser Fehler selbstverständlich belanglos, da die Meßfehler technischer Instrumente in der Regel 0,5% übersteigen.

Strommesser.

Die Ausführung der Eisenschlußdynamometer als Strom- und Spannungsmesser ist von viel geringerer Bedeutung als die der Leistungsmesser. Was von den Nachteilen der eisenlosen Dynamometer zur Strom- und Spannungsmessung gesagt wurde, gilt auch hier. Die Fehler der Remanenz und Hysterese treten weniger stark auf als bei den Leistungsmessern, weil der Strom in der festen als auch der in der beweglichen Spule gleichzeitig auf Null gehen. Immerhin hat die Schleife graphisch dargestellter Ablesungen für zu- und abnehmenden Strom noch eine Breite von etwa 1% des Höchstwertes.

Schalttafel-Strommesser der AEG. Nachstehend die Daten eines ausgeführten Eisenschluß-Dynamometers der AEG für 200 A:

Feste Spule	1 Wdg. 2 × 8 × 3 mm Ku.	
Verbrauch der festen Spule	6 W	
Spannungsabfall des Nebenwiderstandes	300 mV	
Meßleitungen	2 m 2,5 mm²	
Drehspule: 7,5 Wdg. emaillierten Kupferdrahts	von 0,5 mm Durchm.	
Systemgewicht	5,4 g	
Drehmoment	0,375 gcm	
Gütefaktor nach Keinath	0,3	
Spannungsabfall der Drehspulwicklung	13,6 mV	} 50 mV 0,2 A
» der Federn zusammen	25,6 mV	} = 10 mW
» der Meßleitungen	5,8 mV	} = 0,01 W.
» des Vorwiderstandes	254 mV	
Strom im Drehspulkreis	206 mA	

Der Temperatureinfluß dieses Instrumentes ist sehr gering, nur etwa 0,2%. Der innere Eisenkern ist kreisrund, demzufolge ist die Skala dieses Instrumentes rein quadratisch.

Schreibender Strommesser von Siemens & Halske. Bei den schreibenden elektrodynamischen Strommessern von Siemens & Halske sind feste und bewegliche Spule für 5 A bemessen und unmittelbar in Reihe geschaltet. Diese Maßnahme läßt sich nur dann treffen, wenn Zuführungsfedern mit hohem Drehmomente verwendet werden können, man erhält aber dann bei gegebenem Verbrauch das höchste Drehmoment (etwa 25 gcm), außerdem vollkommene Unabhängigkeit von Schwankungen der Temperatur und der Frequenz. Allerdings sind derartige Instrumente wegen der Beschränkung ihres Meßbereiches auf 5 A nur für Wechselstrom in Verbindung mit Stromwandlern zu gebrauchen. Die thermische Überlastungsfähigkeit solcher Instrumente ist nicht so gering, wie angenommen werden könnte. Die breiten Federn aus Kupferbronze vermögen den doppelten Strom noch dauernd auszuhalten, ohne sich zu verändern; fünffachen Strom (25 A) allerdings nur für 2÷3 s.

Nebenwiderstände sind nicht verwendbar, weil der Spannungsabfall des 5-A-Instrumentes bereits etwa 1,5 V beträgt, demnach der Nebenwiderstand mindestens 5 V Abfall haben müßte. Bei diesen Strom-

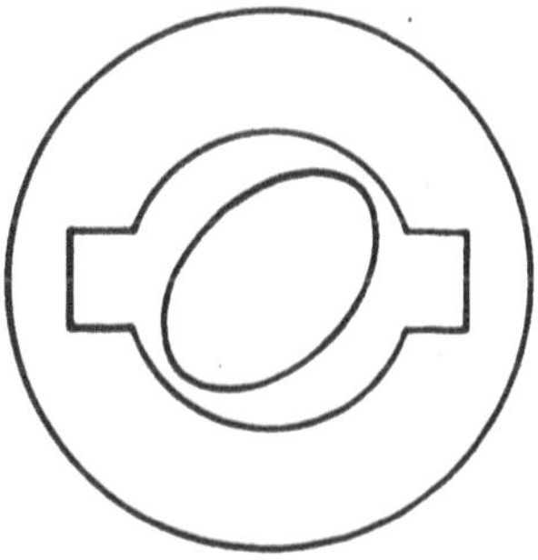

Bild 246. Äußerer und innerer Eisenkern eines eisengeschlossenen elektrodynamischen Strommessers.

messern ist die Skala von $^1/_{10}$ des Endwertes ab proportional. Erreicht ist dies durch ungleiche Werte des Luftspaltes. An Stelle des kreisrunden Eisenkernes ist ein solcher mit elliptischem Umfang gewählt worden; er ist so gestellt, daß die Drehspule in der Anfangsstellung im Bereich des kleinsten Luftspaltes, also des stärksten Feldes liegt. Bild 246 zeigt die Umrisse eines solchen Eisenkernes. Die damit erreichte Skala ist von $^1/_5$ des Endwertes ab vollständig proportional.

Spannungsmesser.

Bei Spannungsmessern ist nur für tragbare Instrumente proportionale Teilung erwünscht, bei Schalttafelinstrumenten ist die quadratische Teilung oder die proportionale mit unterdrücktem Nullpunkt vorzuziehen. Die technische Bedeutung auch dieser Instrumente ist gering. Nachstehend die Daten für einen schreibenden Spannungsmesser von Siemens & Halske:

Meßbereich	110 V
Feste Spule	820 Wdg., $R_w = 94\,\Omega$, $R_{b50} = 62\,\Omega$ 1,52 W
Bewegliche Spule	200 Wdg., $R_w = 24\,\Omega$
Stromverbrauch	126 mA
Vorwiderstand	738 Ω
Gesamtverbrauch	13,7 W
Drehmoment	5 gcm/90°
Temp.-Einfluß auf ± 10° C . . .	± 0,55%
Frequenzfehler, Gleichstrom/50Hertz	0,40%

Das Verhältnis der festen zu den beweglichen Amperewindungen ist bis auf 4,1 herabgesetzt zu dem Zwecke, den Verbrauch gering zu halten. Trotzdem bleibt der Hysteresefehler innerhalb der üblichen Grenze von etwa 1% des Höchstwertes, und das Instrument ist deshalb auch für Gleichstrom verwendbar.

Von besonderen Ausführungen dynamometrischer Instrumente als Leistungsfaktormesser, Frequenzmesser u. dgl. sind im 2. Band nähere Beschreibungen enthalten.

F. Drehfeld- und Induktions-Instrumente.

Begriffserklärung. Genau genommen sind alle Instrumente, die in diesem Abschnitt beschrieben werden, Induktionsinstrumente. Es erscheint aber besser, die Instrumente, bei denen die Kurzschlußbahn aus einer Scheibe oder Trommel besteht, von den eigentlichen Induktionsinstrumenten zu trennen, bei denen das bewegliche Organ aus einer kurzgeschlossenen Drehspule besteht.

Aber auch damit ist der Begriff der Induktionsinstrumente noch nicht klar abgegrenzt, der Übergang zu den Elektrodynamometern ist ganz und gar unscharf. Bei den elektrodynamischen Doppelspul-Instrumenten besteht neben der elektrodynamischen Wirkung noch eine induktive Wirkung, die ebenso wichtig ist wie die erste und keinesfalls nur eine störende.

Die Bedeutung der Induktions- und Drehfeldmeßgeräte für den Bau von Zeigermeßgeräten ist heute nur mehr sehr gering, so groß sie auch für den Bau von Zählern ist. Wir können uns deshalb bei diesem Typ, der allmählich ausstirbt, kürzer fassen als bei den andern.

1. Drehfeldinstrumente.

Die bekanntesten Ausführungen von Induktionsmeßgeräten sind die Instrumente, bei denen eine Aluminiumscheibe oder -trommel sich unter dem Einflusse feststehender Wechselstrom-Elektromagnete dreht. In jedem Falle wird das Drehmoment dadurch erzeugt, daß in der Scheibe oder Trommel induzierte Kurzschlußströme mit den die Scheibe oder Trommel durchsetzenden Kraftlinienflüssen ein Drehmoment erzeugen. Nur die Instrumente mit einer Trommel sind als eigentliche »Drehfeldinstrumente« zu bezeichnen, für den Scheibentyp wäre der Ausdruck »Wanderfeldinstrumente« geeigneter. Da sie aber im wesentlichen das gleiche Verhalten zeigen, ist im nachfolgenden diese Trennung nicht vorgenommen worden.

Die Scheibenanordnung wird bei allen modernen Wechselstromzählern, die auf dem Induktionsprinzip beruhen, verwendet, im Meßinstrumentenbau ist sie weniger in Aufnahme gekommen. Die Trommelanordnung dagegen wird — nachdem sie eine Zeitlang als »Ferrariszähler« von Siemens & Halske mit großem Erfolg gebaut worden ist — heute nur mehr als Zeigermeßgerät benutzt. Der Grund liegt darin, daß dieses System im Preise mit den Scheibensystemen nicht konkurrieren konnte und die letztgenannten mit der Zeit so verbessert wurden, daß sie die Güte der Trommelzähler erreichten. Für den Bau von Zeigerinstrumenten eignet sich der Scheibentyp aus konstruktiven Gründen weniger als der Trommeltyp. Man erhält mit ihm bei gleichem Eigenverbrauch größere Abmessungen und höheres Gewicht für die beweglichen Teile.

Einfluß von Temperatur und Dauerschaltung. Bei allen Drehfeldinstrumenten besteht ein erheblicher Einfluß der Zeit der Einschaltung und der Umgebungstemperatur auf die Angaben, der sich praktisch nie ganz auf Null herabdrücken läßt.

Der Einfluß der Dauereinschaltung rührt im wesentlichen davon her, daß sich die Wicklungen durch den in ihnen fließenden Strom erwärmen und so entweder den Strom vermindern oder seine Phasenverschiebung ändern. Schließlich erwärmt sich das ganze Instrument um 10÷20° C, und es wird dann auch der Widerstand der Kurzschlußbahnen der in der Trommel induzierten Ströme erhöht, bei Verwendung von Reinmetallen um 4% je 10° C. Um diesen Betrag vermindern sich auch die Kurzschlußströme und das Drehmoment. Durch Kunstgriffe in der Schaltung kann indessen der Temperaturfehler auj etwa 1÷2% je 10° C herabgedrückt werden. Beim Zähler bleibt die Widerstandserhöhung der Scheibe ohne Einfluß, weil sich in gleichem Maß auch die dämpfende Kraft des Magneten vermindert.

Es ist deshalb beim Zähler viel eher möglich, vollkommen temperaturfrei anzeigende Apparate zu bauen als beim Zeigermeßgerät. Man kann das mit steigender Temperatur kleiner werdende Drehmoment durch einen sich mit der Temperatur ändernden magnetischen Nebenschluß zum Bremsmagneten ausgleichen. Der eine Weg dazu ist ein von einem Bimetallstreifen bewegter Anker, der andere ist in der Verwendung von sehr temperaturempfindlichen magnetischen Legierungen gegeben. Beide Wege versagen aber beim Zeigerinstrument. Hier kann man nur durch Verwendung besonderer Legierungen für die Scheibe oder die Trommel den Temperaturkoeffizienten beliebig herabdrücken, allerdings sinkt dabei auch das Drehmoment in nahezu gleichem Maße.

Vor- und Nachteile. Die wesentlichsten Vorzüge der Drehfeldinstrumente sind die Vermeidung beweglicher, feindrähtiger Wicklungen und Stromzuführungen und die Erzeugung eines verhältnismäßig hohen Drehmomentes, allerdings bei hohem Systemgewicht. Bei 50 Hertz sind die Angaben der Ferrarismeßgeräte für praktische Anforderungen hinreichend, auf etwa 1÷2% vom Höchstwert, genau. Infolge des hohen Drehmomentes bleiben die Instrumente auch nach sehr langer Betriebsdauer und gelegentlicher Mißhandlung durch Kurzschlüsse reibungsfrei, und sie gelten an vielen Stellen als Präzisionsinstrumente. Für Betriebsinstrumente ist eben die Zuverlässigkeit die erste Bedingung. Die Anwärmefehler, etwa 1÷2%, scheiden beim Dauerbetrieb aus, wenn die Eichung dementsprechend erfolgt; auch die Temperaturfehler sind nur unter besonderen Umständen störend. Die Frequenzabhängigkeit ist für 50 Hertz bei einer großen Zahl von Ausführungen vollständig beseitigt. Dagegen ist bei sehr niedrigen Frequenzen, unter 20 Hertz, wie sie im Bahnbetriebe vorkommen, die Verwendung von Ferrarisinstrumenten nicht mehr zu empfehlen, weil sich dann die guten Eigenschaften der Instrumente bei normalen Frequenzen nicht mehr erreichen lassen. In derartigen Fällen sind Dreheiseninstrumente oder solche dynamometrischer Bauart vorzuziehen.

Für höhere Frequenzen als 50 Hertz werden zwar die Fehler nicht größer, es ist aber der Anwendbarkeit durch die Zunahme des scheinbaren Verbrauches eine Grenze gesetzt. Ausführungen sind dafür nicht bekannt geworden.

Trommeltyp.

Die Trommelinstrumente des Ferraristyps besitzen zwei räumlich versetzte Elektromagnete, die zeitlich verschobene Ströme führen (Bild 247, 248). Bei den Strom- und Spannungsmessern wird der Gesamtstrom des Instrumentes in zwei möglichst um 90° phasenverschobene

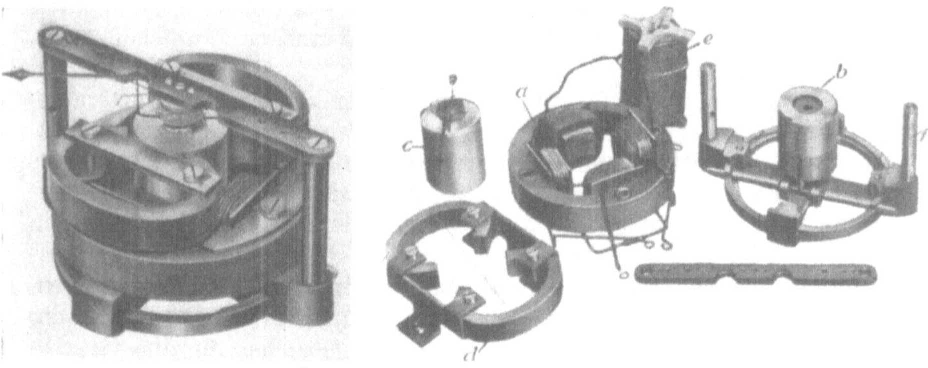

Bild 247. Ferraris-Leistungsmessers (Siemens & Halske) und seine Einzelteile.
a Schenkelkreuz mit Feldspule
b Innen-Blechkern und Vollkern für Dämpfung
c Trommel mit Spiralfeder und Zeiger
d Dämpfungsmagnete samt Halter
e Vorwiderstand auf Porzellankörper
f Skalensäulen.

Teilströme gespalten; bei den Leistungsmessern wird dasselbe erreicht durch die erwähnte 90°-Verschiebung des Spannungsfeldes gegen die Spannung. In der Dissertation »Theorie der Ferrarismeßgeräte[1])« gibt Wirtz

[1]) Berlin. Julius Springer, 1912, Seite 36.

Formeln für das Drehmoment und den Einfluß der Veränderung einzelner Abmessungen. Für den Spannungsmesser gilt die Gleichung:

$$\delta \text{ gcm} = \frac{1}{2} \cdot \frac{1}{981} \cdot p \cdot f_w \cdot \delta_1 \cdot \lambda^2 \cdot \frac{a_1 \cdot \varrho \cdot w \cdot R_m}{(\omega l)^2 + (a_1 \cdot \varrho \cdot w)^2} \cdot B_{1\max} \cdot B_{2\max} \cdot \cos \gamma,$$

wobei bedeutet:

p die Polpaarzahl, ω die Kreisfrequenz,
δ_1 die Trommeldicke, λ die Trommellänge,
τ_1 die doppelte Polteilung, δ den Luftspalt,
$a_1 = \frac{\pi}{\tau_1}$; $w = \frac{\lambda}{\tau_1} + \frac{\tau_1}{\lambda}$; $l = 4 \frac{\delta_1}{\delta} \cdot \lambda$ Zahlenfaktoren,
f_w einen Wicklungsfaktor $= \frac{2}{\pi} = 0{,}637$ bei sinusförmiger Verteilung,
ϱ den spezifischen Widerstand,
R_m den mittleren Trommelradius,
$B_{1\max}$ die Stärke des einen Feldes,
$B_{2\max}$ die Stärke des andern Feldes,
γ die Abweichung beider Felder von 90° Verschiebung.
Alle Längenmaße sind in cm zu rechnen.

Die Gleichungen sind bei der Vielheit der zu berücksichtigenden Einzelgrößen nicht übersichtlich, und ihre Diskussion ist schwierig.

Bild 248 zeigt ein Ferrarismeßgerät der Westinghouse Co.[1]) in der Ausführung als Strommesser und sein bewegliches Organ,

Bild 248. Ferraris-Strommesser der Westinghouse Co. und bewegliches Organ mit Dämpferscheibe.

[1]) Nach Mac Gahan, Electric Journal 4, 1907, S. 113. Proceed. A. I. E. E. 31, 1912, S. 1203.

Bild 249 die Schaltung des Instrumentes. Die beiden Schenkel des Hufeisenmagneten tragen je zwei Wicklungen: die eine, P, wird von dem zu messenden Strome durchflossen, die andere, S, ist als Sekundärwicklung der ersten aufzufassen. Die Wicklung S ist über eine in den Nuten des Eisenkernes liegende Wicklung A kurzgeschlossen.

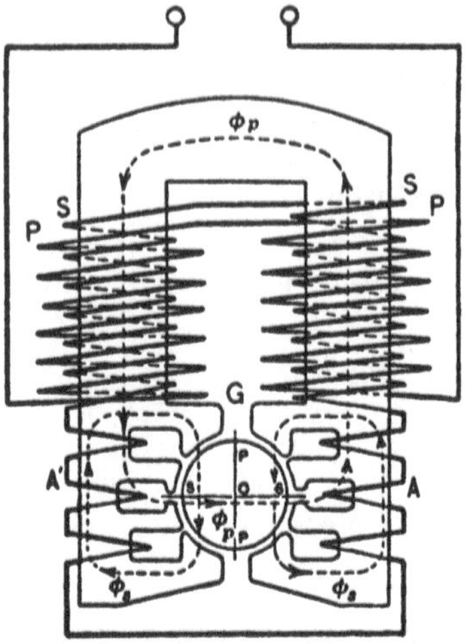

Bild 249. Schaltung des Strommessers nach Bild 248.

Der Kraftlinienfluß Φ_s, der von dieser Wicklung erzeugt wird, hat die eingezeichnete Richtung, während die Richtung des Kraftlinienflusses Φ_p, der von der Primärwicklung erzeugt wird, senkrecht dazu liegt.

P und S sind als die Primär- und Sekundärwicklung eines Stromwandlers zu betrachten, A ist die sekundäre Belastung. Durch entsprechende Bemessung der Widerstände und Reaktanzen läßt sich erreichen, daß der Kraftlinienfluß Φ_p des Stromwandlers zu dem Kraftlinienflusse Φ_s der Sekundärwicklung A annähernd um 90 elektrische Grade verschoben ist, so daß zufolge der gleichzeitigen räumlichen Versetzung der Kraftflüsse ein Drehfeld erzeugt wird, das die Trommel aus der Nullage ablenkt.

Diese eigentümliche Schaltung bewirkt, daß die Angaben nur in sehr geringem Maße von Schwankungen der Frequenz und der Temperatur abhängen. Steigert man beispielsweise die Frequenz, so erhöht sich das Drehmoment nicht in dem gleichen Maße, weil der resultierende Kraftfluß des Stromwandlers kleiner wird. Bei Steigerung der sekundären Klemmenspannung durch die Widerstandserhöhung der Trommel mit der Temperatur nimmt auch der primäre Kraftfluß Φ_p zu und gleicht dadurch die Verminderung des Drehmomentes wieder aus.

Dämpfung. Bei den Drehfeldinstrumenten wird, wohl in Anlehnung an die Entwicklung aus dem Zähler, ausnahmslos magnetische Dämpfung verwendet. Die Westinghouse Co. setzt dazu eine besondere Dämpferscheibe auf die Achse (Bild 248), wodurch natürlich das Gewicht des beweglichen Organs beträchtlich erhöht wird. Bei der Ausführung von Siemens & Halske wirkt der Magnet auf dieselbe, nur um weniges verlängerte Trommel. Der innere Eisenkern, der zur Erzeugung des Drehmomentes dient und aus Blechen aufgeschichtet ist, trägt an seinem vorderen Ende ein Stück ungeblätterten weichen Eisens, in dem sich die Kraftlinien besser schließen als in den Blechen mit dem höheren magnetischen Widerstand. Die Wirkung dieser Dämpfung ist sehr kräftig, da mit ihr weitestgehende Verminderung des Luftspaltes, mithin ein starkes Feld erreicht wird. Das verhältnismäßig schwere bewegliche Organ (Trägheitsmoment etwa 40 gcm^2) kommt mit nur einer Überschwingung zur Ruhe.

Strommesser.

Der Ferrarisstrommesser von Siemens & Halske besitzt ein Spulenpaar mit dünndrähtiger Wicklung und ein zweites mit dickdrähtiger Wicklung, das in Reihe geschaltet ist mit einem Widerstande. Beide werden in Parallelschaltung von dem zu messenden Strome durchflossen. Das Instrument für maximal 5 A hat folgende Daten:

Jedes Spulenpaar	400 AW
Klemmenspannung bei 50 Hertz	3,10 V
Schein-Verbrauch	15,5 VA
Drehmoment auf 120° Ausschlag	4,88 gcm
Ausschlagwinkel	120°
Systemgewicht	14 g
Gütefaktor nach Keinath	0,7.

Bild 250 zeigt die Veränderung des Ausschlages mit der Frequenz. Es ist daraus zu ersehen, daß bei richtiger Dimensionierung die Angaben

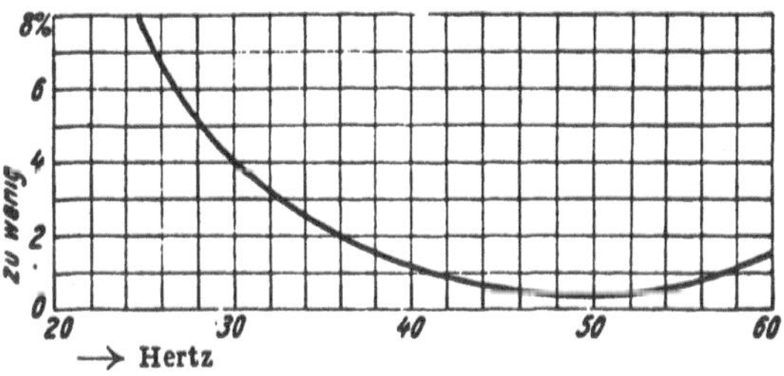

Bild 250. Frequenz-Fehlweisung eines Ferraris-Strommessers (Siemens & Halske).

bei 50 Hertz innerhalb weiter Schwankungen der Frequenz von dieser unabhängig sind.

Bei Dauereinschaltung mit dem vollen Strome gehen die Angaben dieses Instrumentes im Beharrungszustand nach 2 Stunden um 2% zurück, bei Einschaltung

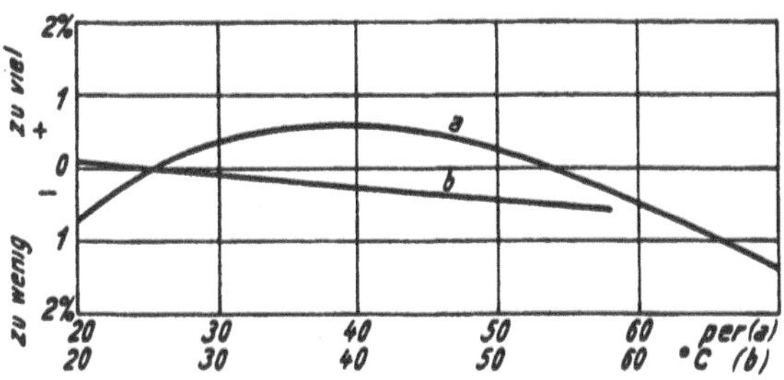

Bild 251. Fehlweisung des Strommessers der Westinghouse Co.
a in Abhängigkeit von der Frequenz 20 ÷ 60 Hertz
b in Abhängigkeit von der Temperatur 20 ÷ 60° C.

mit nur 80% des Endwertes nur um 1%. Eine Temperatursteigerung um 10° C vermindert die Angabe um 2,2%. Abb. 251 zeigt die Frequenz- und Temperaturfehler des Strommessers der Westinghouse Co., gleichfalls für max 5 A. Für diese Ausführung gilt:

Spannungsabfall an den Klemmen	1,4 V
Wattverbrauch	3,1 W
Systemgewicht	10 g
Drehmoment für 90° Ausschlag	1 gcm
Gütefaktor nach Keinath	0,32.

Skalencharakter. Dem Meßprinzip nach ist die Teilung der Drehfeldstrom- und Spannungsmesser quadratisch, und man muß mechanische Hilfsmittel anwenden, um sie linear zu machen. Bei der Konstruktion von Siemens & Halske ist sie schon von $^1/_{10}$ des Endwertes ab proportional. Erreicht ist dies durch die bereits in Bild 5 wiedergegebene Einrichtung, die das Gegendrehmoment proportional dem Quadrate des Ausschlagswinkels anwachsen läßt. Bei Spannungsmessern mit unterdrücktem Nullpunkte wird eine andere Kurvenscheibe auf die Zeigerachse gesetzt; ebenso bei Registrierapparaten, für die mit Rücksicht auf die Verzerrung der Skala durch die Geradführung am Anfang und Ende der Skala eine andere Korrektion eintreten muß.

Spannungsmesser.

Bei dem Ferraris-Spannungsmesser von Siemens & Halske ist zum Ausgleich des Temperatureinflusses zu einem der beiden parallel geschalteten Feldspulenpaare ein Widerstand aus Material mit hohem Temperaturkoeffizienten in Reihe geschaltet. Das Verhalten dieses Instrumentes bei Frequenzschwankungen und bei Dauereinschaltung ist dem des Ferrarisstrommessers nahezu gleich.

Bei dem Spannungsmesser der Westinghouse Co. ist der dünndrähtigen Primärwicklung des Wandlers ein hoher Widerstand vorgeschaltet, so daß der Strom in Phase ist mit der Spannung und sich mit der Frequenz wenig ändert. Die Eigenschaften entsprechen fast genau den für den Strommesser genannter Firma mitgeteilten Daten.

Leistungsmesser.

Für Ferraris-Leistungsmesser verwenden Siemens & Halske im Spannungspfad bei Wechselstrom die von Schrottke nach D.R.P.

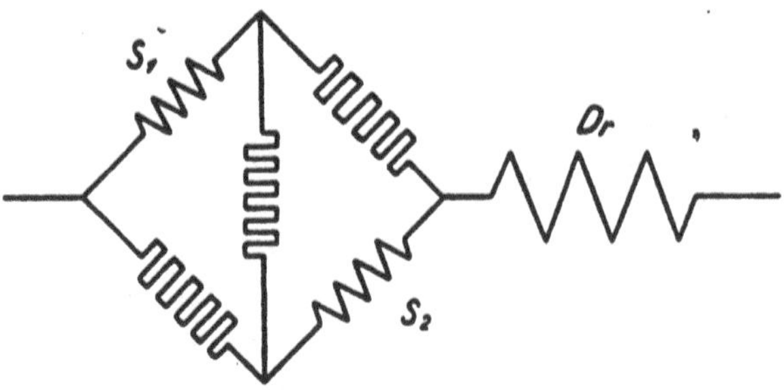

Bild 252. Schaltung eines Drehfeld-Leistungsmessers.

107846 angegebene Schaltung (Bild 252). Wie bereits erwähnt, muß bei allen Induktionsleistungsmessern das Feld der Spannungsspule um 90° gegen die Spannung zurückbleiben, wenn das Instrument bei allen Phasenverschiebungen richtig zeigen soll. Zur

Erreichung dieses Zieles werden eine ganze Anzahl von »Kunstschaltungen« verwendet, deren jede ihre Vor- und Nachteile hat.

Die Daten eines derartigen Leistungsmessers sind:

Amperewindungen der Stromspulen	2 × 200
Amperewindungen der Spannungsspulen . . .	2 × 160
Widerstand der Stromspulen	0,40 Ω
Spannungsabfall der Stromspulen bei 50 Hertz	0,40 V
Strom im Spannungspfad	0,0325 A
Verbrauch im Spannungskreis	2,05 W
Temperatureinfluß auf ± 10°	± 2%.

Das Verhalten eines Ferraris-Leistungsmessers ist nicht mit wenigen Daten zu kennzeichnen. Ein grundlegender Unterschied gegenüber elektrodynamischen Leistungsmessern besteht darin, daß bei diesen Instrumenten nur der Strom in beliebigen Grenzen, die Spannung aber nur in engen Grenzen schwanken darf, wenn die Angaben richtig bleiben sollen. Einmal ist die Sättigung des Eisens bei Ferrarisinstrumenten schon verhältnismäßig hoch, so daß die Krümmung der Magnetisierungskurve bemerkbar wird, zum anderen verändert sich mit der Sättigung auch die Phasenverschiebung und damit die Abstimmung der Kunstschaltung. Beispielsweise betrug der Phasenfehler eines 5-A-Leistungsmessers bei:

60 V	72 min	nacheilend,
80 »	25 »	»
100 »	10 »	voreilend
120 »	35 »	»

mithin für jedes Volt eine Änderung von etwa 2 min. Dementsprechend sind bei Prüfung der Skala unter Änderung der Spannung von Null bis zum Höchstwert bei verschiedenem Leistungsfaktor ganz beträchtliche Fehler zu erwarten. Sie betragen bis zu 5% vom Höchstwert der angezeigten Leistung.

Schwankungen der Frequenz beeinflussen hauptsächlich die Phasenabgleichung im Spannungskreis. Daß die Wahl der Schaltung auf diesen Fehler keinen allzu großen Einfluß hat, geht aus nachstehenden Ergebnissen an zwei Ferrarisleistungsmessern verschiedener Firmen (A und B) hervor, beide für 50 Hertz bestimmt. Bei konstantem Strom und konstanter Spannung betrug der Phasenfehler bei:

	A	B	
45 Hertz	81 min	99 min	nacheilend,
47 »	39 »	49 »	»
49 »	5 »	0 »	voreilend,
51 »	46 »	46 »	»
53 »	85 »	95 »	»

Beim Vergleich verschiedener Fabrikate auf Frequenzabhängigkeit ist die Prüfung bei verschiedenem Leistungsfaktor der Belastung auszuführen. Bild 253 zeigt das Ergebnis eines solchen Versuches, und es ist daraus zu ersehen, daß für dieses Instrument bei $\cos \varphi = 0{,}7$ die Angaben in weiten Grenzen unabhängig sind von der Frequenz; bei

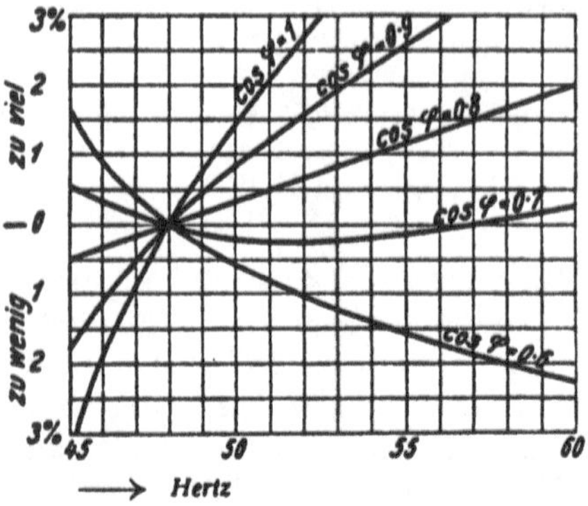

Bild 253. Frequenz-Fehlweisung eines Drehfeld-Leistungsmessers. Für $\cos \varphi = 0{,}7$ ist die Abhängigkeit am kleinsten.

größerem Leistungsfaktor nehmen sie mit der Frequenz zu, bei kleinerem Leistungsfaktor werden sie kleiner.

Scheibentyp.

Im Zählerbau ist der Scheibentyp in sehr mannigfaltiger Weise zur Leistungsmessung verwendet worden; er ist Gegenstand einer großen Zahl von Schutzrechten, die sich im wesentlichen auf die Anordnung und Formgebung der Magnetsysteme beziehen. Jeder derartige Zähler kann auch als Zeigerinstrument benutzt werden, wenn man den Anker durch eine Spiralfeder festhält.

Zeigerinstrumente des Scheibentyps wurden zuerst von der AEG gebaut[1]), und zwar als Strom-, Spannungs- und Leistungsmesser. Gegen-

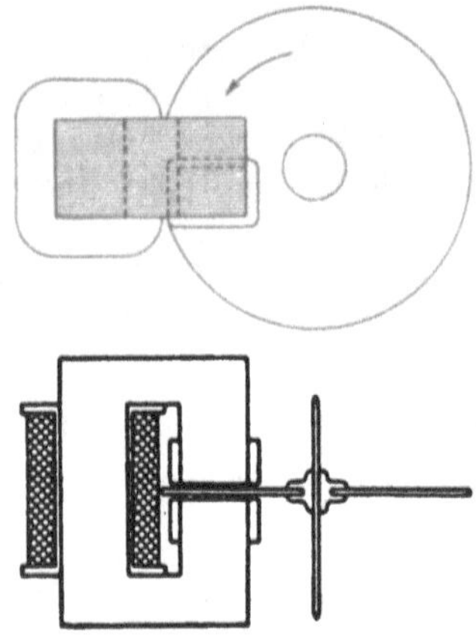

Bild 254. Induktionsstrommesser des Scheibentyps.

wärtig bauen neben anderen noch die Bergmann E.W. und die Fa. Dr. P. Meyer solche Instrumente. Bei den Strom- und Spannungsmessern ist nur ein einziger Elektromagnet vorhanden (Bild 254), der Metallschirme oder Kurzschlußringe trägt, die einen Teil seiner Polfläche umfassen. Das die Scheibe durchsetzende Wechselfeld induziert sowohl in dem Kurzschlußring als auch in der Scheibe unter den unbedeckten Polflächen Wirbelströme, die gleiche Richtung und Phase haben. Nach den Grundgesetzen der Elektrodynamik ziehen sich die Ströme an, und es entsteht ein Drehmoment. Die Scheibe dreht sich so lange, bis das Drehmoment der Feder dem erzeugten Drehmoment der Kurzschlußströme das Gleichgewicht hält.

[1]) Benischke, ETZ 1899, S. 82.

Strommesser.

Das Drehmoment nimmt bei Anwendung einer kreisrunden Scheibe quadratisch zu mit dem zu messenden Strome, weil die Kurzschlußströme, deren Produkt das Drehmoment proportional ist, beide proportional mit dem zu messenden Strom zunehmen.

Bei Induktionsstrommessern des Scheibentyps kann eine gleichmäßige Teilung auch durch Ausschneiden der beweglichen Scheibe erzielt werden in der Weise, daß in der Anfangsstellung des beweglichen Organs die größte Fläche der Scheibe unter den Magnetpolen liegt und die Größe der Fläche dann langsam abnimmt, bis die Scheibe zuletzt fast nur mehr von den Streulinien der Magnete getroffen wird. Nach diesem Prinzip sind die Induktionsstrommesser der Bergmann E.W. gebaut, und es wird damit eine schon von $^1/_{10}$ des Endwertes ab gleichmäßig geteilte Skala erreicht.

Leistungsmesser.

Im Gegensatz zu den Strom- und Spannungsmessern sind bei den Leistungsmessern zwei Elektromagnete, ein Strom- und ein Spannungseisen, vorhanden, von denen immer das eine mit zwei Polen der Scheibe gegenübersteht. Soll ein derartiges Instrument bei allen Phasenverschiebungen im Verbrauchskreis richtig zeigen, so muß das von dem Spannungseisen erzeugte Feld um genau 90° hinter der Spannung zurückbleiben, bzw. es muß die Abweichung von 90° gleich groß sein und im gleichen Sinne wirken wie die Abweichung des Feldes des Stromeisens von der Phasengleiche[1]). Da sich wegen der Kupferverluste im Spannungseisen die Phasenverschiebung von 90° nicht genau erreichen läßt, sind bei den älteren Ausführungen für diese Phasenabgleichung immer besondere Kunstschaltungen verwendet worden. Heute wird die 90°-Verschiebung in viel einfacherer und wohlfeilerer Weise durch einen justierbaren magnetischen Nebenschluß und eine gleichfalls justierbare Kurzschlußwicklung erzielt.

2. Induktionsinstrumente.

Schließt man bei einem dynamometrischen Instrumente die Drehspule kurz und erregt nur die feste Spule (Bild 255), so sucht sich die Drehspule zur festen Spule senkrecht zu stellen. Der Ausschlag ist ein Maß für die Zahl der Amperewindungen in der festen Spule. Das erzeugte Drehmoment ist

$$D = J_1 \cdot i_2 \cos(J_1 i_2) \cdot C$$

$$i_2 = \frac{e_2}{\sqrt{R_2^2 + (\omega L_2)^2}} = \frac{\omega M J_1}{\sqrt{R_2^2 + (\omega L_2)^2}},$$

wenn M der Koeffizient der gegenseitigen Induktion ist.

---

[1]) Über Theorie und Wirkungsweise der Scheibenzähler siehe Rogowski, Archiv f. E. 1, 205. 1912, ferner E. & M., Wien, 1911, S. 915, und Möllinger, »Wirkungsweise der Motorzähler und Meßwandler«.

Unter Vernachlässigung von R_2^2 gegen $(\omega L_2)^2$ ergibt sich

$$i_2 = \frac{\omega M \cdot J_1}{\omega L_2}.$$

Wenn R_2^2 vernachlässigbar gegen $(\omega L_2)^2$, dann ist auch $\cos \sphericalangle (J_1 i_2) = 1$, und es wird

$$D = \frac{\omega \cdot M J_1^2}{\omega L_2} \cdot C$$

oder

$$D = \frac{M}{L_2} \cdot J_1^2 \cdot C,$$

also unabhängig von der Frequenz.

Die Skalenteilung eines derartigen Instrumentes ist nicht quadratisch, weil der Koeffizient M der gegenseitigen Induktion angenähert

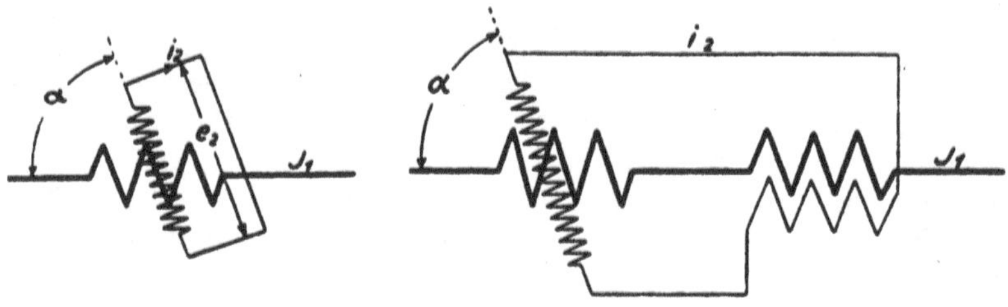

Bild 255. Bild 256.

Bild 255. Induktions-Strommesser mit Kurzschlußspule.
Bild 256. Induktions-Strommesser nach Papalexi.

mit dem Kosinus des Ausschlagwinkels a abnimmt, für Senkrechtstellung, $a = 90^0$, ist M gleich Null. Unter dem Namen **Repulsionsstrommesser** sind solche Instrumente vor mehreren Jahren hergestellt worden unter Verwendung von Spulenformen, die der Form der Brugerschen Spulen (Seite 258) ähnlich sind, zu dem Zweck, den Koeffizienten der gegenseitigen Induktion in der Anfangsstellung möglichst groß zu machen, so daß die Anfangsempfindlichkeit hoch wird.

Sumpner hat gleichfalls ein derartiges Instrument angegeben, das nach Form und Wirkungsweise seinem auf S. 287 erwähnten Induktionsleistungsmesser ähnlich ist.

Bei niedrigen Frequenzen (unter 100 Hertz) kann die Bedingung, daß R_2^2 gegen $(\omega L_2)^2$ vernachlässigbar ist, nicht erfüllt werden.

Der maximale Ausschlagwinkel für ein solches Instrument ist $a = 90^0$, praktisch wird er nicht erreicht, nur etwa $a = 60^0$, weil der Anfangswinkel größer als Null sein muß und der letzte Teil der Skala sich zu stark verengt. Nach dem Vorschlage von **Papalexi** (D.R.P. 164279) kann der nutzbare Ausschlagwinkel derartiger Instrumente aber auf 90^0 und darüber erhöht werden durch Verwendung einer festen und einer beweglichen Zusatzspule mit konstanter gegenseitiger Induktion (Bild 256.)

Die Schaltung wird so getroffen, daß bis zur Erreichung der Senkrechtstellung ($\alpha = 90^0$) die Ströme in der Kurzschlußspule sich addieren, bei größeren Ausschlägen aber subtrahieren. Durch entsprechende Wahl des Verhältnisses der Amperewindungen beider Spulen und des Anfangswinkels α_0 läßt sich über einen weiten Bereich angenähert lineare Teilung erreichen. Bild 257 zeigt die Ausführung dieses Instrumentes. Die beiden Spulensysteme sind als »Meridian«- und »Äquator«-Spulen ausgebildet, deren gegenseitige Induktion bei der ersten variabel, bei

Bild 257. Induktions-Strommesser nach Papalexi und sein bewegliches Organ.

der anderen konstant ist. Die Windungszahlen sind annähernd gleich. Beim beweglichen Organ sind die beiden Spulen in eigentümlicher Weise in Reihe geschaltet, die Einzelheiten sind aus Bild 257 zu ersehen. Die Skala ist von $^1/_5$ des Endwertes ab vollständig gleichförmig.

Das Instrument ist eine Kombination von Induktionsinstrument und eisenlosem Dynamometer und war zur Messung von Hochfrequenzströmen bestimmt. Es hat indessen den Erwartungen nicht entsprochen. Selbst für 10000 Hertz war der Widerstand des Kurzschlußkreises gegen seine Reaktanz noch nicht zu vernachlässigen und die Angaben noch von der Frequenz abhängig. Bei wesentlich höheren Frequenzen störte aber bereits die hohe Selbstinduktion der festen Spulen, die für einen 5-A-Strommesser etwa 7000 cm betrug, entsprechend einem Spannungsabfall von etwa 150 V bei $\lambda = 600$ m Wellenlänge. Zur Erweiterung des Meßbereiches sollten induktive Nebenschlüsse verwendet werden. Da sich aber auch noch eine Reihe mechanischer Schwierigkeiten einstellte, wurde die Fabrikation dieses Instrumentes nicht aufgenommen.

G. Elektrostatische Instrumente.

In der Form von Elektroskopen sind die elektrostatischen Instrumente die ätltesten elektrischen Meßgeräte; sie sind in den verschiedensten Ausführungen gebaut und beschrieben worden. Trotzdem sind sie heute für die Elektrotechnik nur noch von geringer Bedeutung. Der Grund liegt darin, daß die erzeugten Richtkräfte immer verhältnismäßig klein sind, geringer als bei anderen Meßgeräten. Sie wurden ursprünglich unter Abschluß gegen äußere elektrische Energiequellen nur zum Messen von Ladungen benutzt; gegenwärtig dienen sie vorwiegend zum Messen von Spannungen. Als ihr wesentlichster Vorzug gegenüber anderen Meßgeräten gilt ihr geringer Stromverbrauch, in der Ausführung für höhere Wechselspannungen auch ihre gegenüber Spannungswandlern wohlfeile Herstellung zufolge der einfachen Konstruktion.

Grundprinzip.

Jeder elektrostatische Spannungsmesser ist als ein Kondensator aufzufassen, von dem ein Teil unter dem Einflusse der Spannung eine Bewegung ausführt im Sinne einer Kapazitätsvermehrung oder auch im Sinne einer Verkürzung elektrischer Kraftlinien. Es sind dann zwei Möglichkeiten gegeben:

a) die beiden Leiter, an denen die elektrischen Kraftlinien ansetzen, sind unbeweglich,

b) einer der beiden Leiter ist beweglich.

Bei dem erstgenannten Prinzip kann nur eine vorhandene Knickung der elektrischen Kraftlinien zu einer Bewegung führen. Ein entsprechend geformter Körper mit größerer Dielektrizitätskonstante als das umgebende Medium bewegt sich so, daß seine Längsachse mit der Kraftlinienrichtung zusammenfällt. Von Konstruktionen dieser Art ist nur das Hochspannungsvoltmeter der Westinghouse Co. (Seite 333) bekannt geworden, während alle anderen Ausführungen einen beweglichen Leiter aufweisen.

Dabei sind folgende Fälle möglich:

a) Reine Parallelverschiebung des beweglichen Leiters (Zylinderkondensator),

b) Drehbewegung eines Leiters bei konstant bleibendem Flächenabstand. Der bewegliche und der feste Leiter haben ebene oder zylindrische Gestalt (Quadrantenelektrometer),

c) veränderlicher Flächenabstand unter Erzeugung einer geradlinigen oder drehenden Bewegung.

Selbstredend ist bei einem Meßgerät auch die Vereinigung zweier Meßanordnungen möglich, wenn z. B. noch sog. Abstoßungsplatten zur Verstärkung des Anfangsausschlages vorgesehen sind.

Der Bewegungsantrieb wird in der Regel durch einen mit dem beweglichen Organ verbundenen Zeiger kenntlich gemacht; seltener wird er durch einen Lichtzeiger oder durch indirekte Messung mittels einer Kompensationsmethode ermittelt.

Schaltweise.

a) Volle Spannung am Meßwerk. Die einfachste und auch zuverlässigste Schaltweise ist die, daß dem Meßwerk die volle Spannung zugeführt wird, daß also zwischen der festen und der beweglichen Elektrode die volle zu messende Spannung besteht. Nach diesem Prinzip arbeitende Meßgeräte sind frei von Beeinflussungen durch mangelhafte Isolierung einzelner Teile, und man sollte dieses Prinzip immer anwenden, wo es nur geht. Die Angaben sind auch unabhängig von der Frequenz und Wellenform der Spannung.

b) Erweiterung des Meßbereiches durch Vorkondensator. Man schaltet vor das Instrument mit der Kapazität C_2 die kleinere Kapazität C_1. Dann ist die Spannung am Instrument

$$E_{23} = E_{13} \cdot \frac{C_1}{C_1 + C_2}.$$

Da die Kapazität des Instrumentes nicht konstant ist mit dem Zeigerausschlag, ist auch das Verhältnis $\frac{C_1}{C_1 + C_2}$ nicht konstant. Daraus folgt eine Veränderung des Skalencharakters, je nachdem das Instrument mit oder ohne Vorkondensator benutzt wird. Im letzten Fall ist die Skalen-

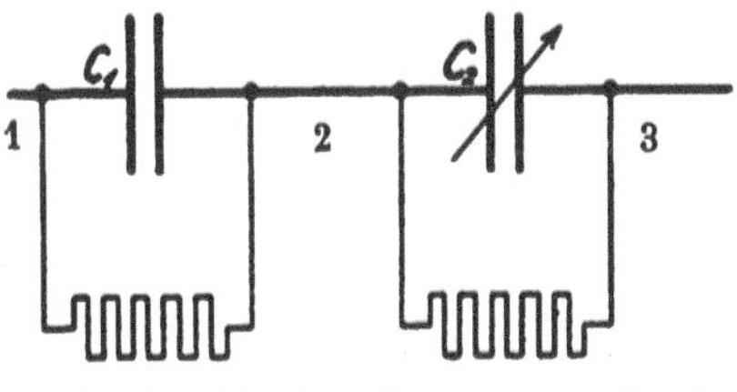

Bild 258. Elektrostatischer Spannungsmesser mit Vorkondensator.

teilung am Anfang etwas enger. Beträgt z. B. die Kapazität eines Anzeigeinstrumentes 10÷20 $\mu\mu$F, linear mit dem Ausschlag zunehmend, und wird ein Vorkondensator mit 1 $\mu\mu$F Kapazität zur Erweiterung des Meßbereiches auf den 20fachen Endwert benutzt, so ist die Teilspannung bei kleinen Spannungswerten $^1/_{10}$ der Gesamtspannung gegen $^1/_{20}$ bei den Endwerten. Da die Skala quadratisch wird, so ergibt sich in diesem Fall eine annähernd 4fache Anfangsempfindlichkeit, ein Vorzug, der nicht zu unterschätzen ist. Solche Instrumente müssen für jeden Meßbereich eine besondere Skala erhalten.

Aus diesem Zahlenbeispiele geht bereits hervor, daß die Kapazität der Vorkondensatoren bei höheren Spannungen sehr klein wird. Der genannte Wert der Instrumentkapazität (20 cm) ist für eine Spannung von 2000 V bereits als sehr reichlich zu betrachten, und doch kommt man dabei für 100 kV Endspannung auf eine Vorkapazität von nur $20 \cdot \frac{2}{100} = 0{,}4\ \mu\mu\mathrm{F}$. Solche kleine Kapazitäten sind aber, als gewöhnliche Luftkondensatoren ausgeführt, durch Annäherung irgendwelcher Metallteile außerordentlich beeinflußbar. Ihre Verwendung hat aber noch einen weiteren Übelstand im Gefolge, den erheblichen Einfluß von Isolationsfehlern auf die Angaben. Um ihn rechnerisch zu erfassen, hat man sich parallel zu jedem Kondensator C_1 und C_2 einen Widerstand R_1 und R_2 gelegt zu denken (Bild 258). Die scheinbaren Widerstände zwischen 1—2 und 2—3 sind:

$$Z_{12} = \frac{R_1}{\sqrt{1 + R_1^2 \omega^2 C_1^2}}$$

$$Z_{23} = \frac{R_2}{\sqrt{1 + R_2^2 \omega^2 C_2^2}}.$$

Dann ist[1])

$$\frac{E_{12}}{E_{23}} = \frac{R_2 \sqrt{1 + R_1^2 \omega^2 C_1^2}}{R_1 \sqrt{1 + R_2^2 \omega^2 C_2^2}}.$$

Aus dieser Gleichung geht hervor, daß die Spannungsverteilung nicht nur von R_1 und R_2 sondern auch von der Frequenz abhängig ist, daß also die Angaben eines jeden solchen Instrumentes sich grundsätzlich mit der Frequenz ändern. Bei niedriger Frequenz verteilt sich die Gesamtspannung nach dem Verhältnis der Ohmschen Widerstände, bei sehr hoher Frequenz umgekehrt proportional zu den Teilkapazitäten. Nur bei hohen Frequenzen, wenn der Isolationsstrom klein ist gegen den Ladestrom, darf die Isolation schlechte Werte annehmen.

Kurve *a* in Bild 259 zeigt die Spannungsverteilung als Funktion der Frequenz für folgende Werte:

$$C_1 = 1\ \mu\mu\mathrm{F}, \qquad R_1 = 10^8\ \Omega,$$
$$C_2 = 20\ \mu\mu\mathrm{F}, \qquad R_2 = 10^7\ \Omega.$$

Die zweite und dritte Kurve zeigen die Spannungsverteilung für die gleichen Widerstandswerte, aber für 10- und 100fache Kapazität oder auch für gleiche Kapazität, aber 10- und 100fache Isolationswerte.

Es müssen also entweder die Teilkapazitäten groß oder die Isolationswerte sehr hoch sein. Diese Bedingungen sind sehr schwer zu erfüllen. Luftkondensatoren großer Kapazität sind wegen ihrer Abmessungen nicht zu verwenden; solche mit festem Dielektrikum zeigen die bereits erwähnten Fehler der Frequenzabhängigkeit. Die technischen Isolationsmaterialien, die Hartgummi- und Mikaniterzeugnisse, auch Porzellan, leiten bei höherer Luftfeuchtigkeit ganz merklich. Nur Bernstein macht

[1]) Nach Imhof. Bulletin des Schweiz. E.T.V. 1919, S. 47.

eine Ausnahme, ist aber leider wegen des hohen Preises und der schwierigen Bearbeitung technisch kaum zu verwenden. Es wäre aber vollkommen zwecklos, nur etwa den Vorkondensator ganz gut zu isolieren.

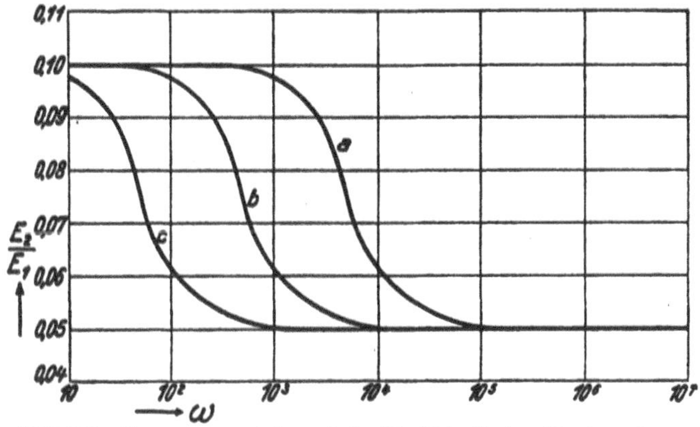

Bild 259. Spannungsverteilung bei schlecht isolierten Kondensatoren.

Es ist vielmehr auch notwendig, daß das Instrument das gleiche Verhältnis von $\frac{1}{\omega C}$ zu R aufweist.

c) Spannungsteilung durch Kondensatoren. Um größere Kapazitäten verwenden zu können, werden Instrumente für hohe Spannungen nach dem Vorschlag von Peuckert parallel zu einer größeren Teilkapazität geschaltet (Bild 260). Die Spannung am Instrument mit der Kapazität C_3 ist:

$$E_{20} = E_{10} \cdot \frac{C_1}{C_1 + C_2 + C_3}.$$

Besteht der Spannungsteiler aus gleichen Elementen, so ist eine gleichmäßige Veränderung der Kapazitäten C_1 und C_2 ohne Einfluß auf die Angaben des Instrumentes, sofern seine Kapazität C_3 hinreichend klein

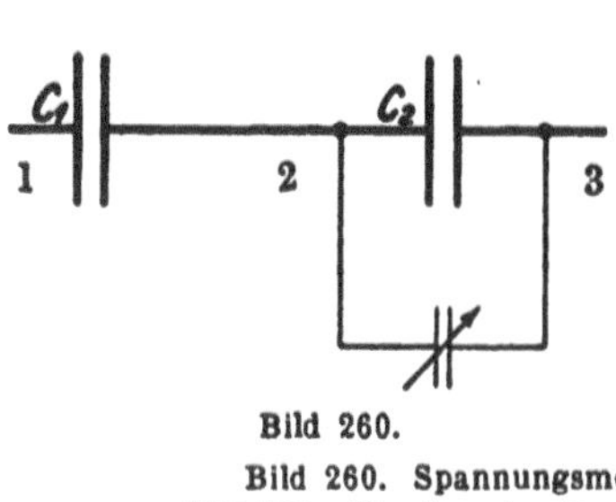

Bild 260.

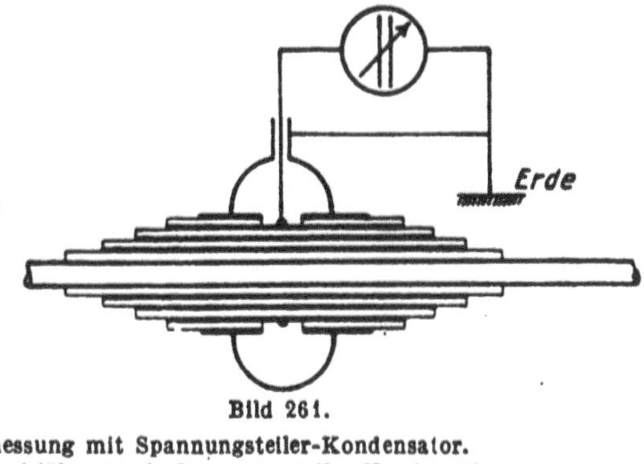

Bild 261.

Bild 260. Spannungsmessung mit Spannungsteiler-Kondensator.
Bild 261. Kondensator-Durchführung als Spannungsteiler-Kondensator.

und der Isolationswiderstand hoch ist. Auch eine Veränderung des Isolationwiderstandes der Kondensatoren C_1 und C_2 ist von weniger großem Einfluß als bei der erstgenannten Schaltung.

Trotzdem ist auch diese Schaltung keinesfalls einwandfrei, und es ist auch mit ihr gegenwärtig noch nicht möglich, für die technischen Frequenzen ein einwandfreies Betriebsmeßgerät herzustellen, das unabhängig von Witterungseinflüssen anzeigt.

Ein technisch und betriebssicher durchgebildeter Spannungsteiler-Kondensator sind die Hochspannungsdurchführungen mit Kondensatoreinlagen nach Nagel aus Hartpapier, bei denen in berechneten Abständen Stanniolbelege eingewickelt sind, um das Spannungsgefälle zwischen den Belegen konstant zu halten. Solche Durchführungen, die als eine Anzahl ineinandergeschachtelter Zylinderkondensatoren aufzufassen sind, können mit viel kleineren Abmessungen hergestellt werden als beispielsweise Porzellandurchführungen, ohne ihnen dabei an Sicherheit nachzustehen.

Bild 261 zeigt schematisch die Anordnung eines Instrumentes in Verbindung mit einer solchen Durchführung, bei der zur Vermeidung elektrostatischer Beeinflussung die letzte Belegung, d. h. die Fassung des Kondensators, in zwei Teile getrennt ist, zwischen denen dann die vorletzte Belegung isoliert herausgeführt wird. Wo bereits Durchführungen nach dem Kondensatorklemmenprinzip vorgesehen sind, läßt sich in einfacher Weise ohne nennenswerte Mehrkosten eine Spannungsmessung ausführen, indem man das Instrument entweder an die vorletzte Belegung oder, wenn diese Spannung zu hoch ist, an eine Hilfsbelegung der Durchführung anschließt. Die Gesamtkapazität solcher Durchführungen beträgt für alle Spannungen etwa 0,2 nF. Wenn das Instrument 2500 V führen soll, muß die Teilkapazität für 110 kV Nennspannung zu $0{,}2 \times \frac{110}{2{,}5} = 8{,}8\ nF$ berechnet werden, während die Instrumentkapazität etwa 0,02 nF beträgt. Porzellandurchführungen sind für diesen Zweck unbrauchbar, weil ihre Kapazität viel zu klein ist. Die Verbindung zwischen Meßkondensator und Instrument erfolgt durch ein einadriges Kabel mit geerdetem Bleimantel. Hier ergeben sich Schwierigkeiten, wenn das Instrument in größerer Entfernung als etwa 20 m von der Durchführung aufgestellt werden soll. Die Kapazität des Kabels stört die Messung, weil normale Kabel für diesen Zweck eine viel zu hohe Kapazität haben. Bei Zuleitungen mit über 50 m Länge wird man besser blanke, isoliert verlegte Zuleitungen geringen Durchmessers zum Instrument vorsehen.

Die Angaben der Instrumente sind von der Temperatur der Durchführung und von der Luftfeuchtigkeit abhängig, es ist unter Umständen mit Fehlern von einigen Prozenten zu rechnen. Im allgemeinen wird diese Anordnung nur zur Erdschlußprüfung verwendet, neuerdings kommt nur noch eine neue Schaltung, die sogenannte C-Messung (siehe 2. Band) zur Anwendung, bei der der Ladestrom über einen Transformator mit einem Dreheiseninstrument gemessen wird.

Wahl des Dielektrikums.

1. Atmosphärische Luft. Die einfachste und nächstliegende Anordnung ist es, atmosphärische Luft als Dielektrikum zu verwenden, und geschieht es auch für niedrige Spannungen ausnahmslos. Leider ist aber die Durchschlagfestigkeit der Luft so gering, daß man, ohne mit den Abmessungen allzu groß zu werden, das Gebiet der höheren Spannungen über 10 kV damit nicht mehr beherrschen kann. Die Zwischenfügung eines festen Dielektrikums setzt nach bekannten Gesetzen die elektrische Beanspruchung der Luft nicht nur herunter, sondern unter Umständen sogar in die Höhe.

2. Öl. Durch Verwendung von Öl als Dielektrikum wird die Empfindlichkeit ganz bedeutend erhöht, weil die Dielektrizitätskonstante von Öl etwa zwei- bis dreimal so groß ist wie die von Luft. Darin liegt aber nicht der einzige Vorteil dieser Maßnahme; es wird vielmehr dadurch auch möglich, dem Instrument eine viel höhere Spannung zuzuführen oder aber den Plattenabstand bei der gleichen Spannung ganz bedeutend zu vermindern. Durch die letztgenannte Maßnahme tritt aber eine besonders hohe Empfindlichkeitssteigerung ein, weil das Drehmoment umgekehrt proportional dem Quadrate des Plattenabstandes zunimmt. Tatsächlich sind auch eine große Anzahl elektrostatischer Voltmeter mit Öl als Dielektrikum gebaut worden. Trotz der damit verbundenen Drehmomentsteigerung auf das 5÷10fache des bei Verwendung von Luft erreichten Wertes ist die Ölfüllung doch nicht zu empfehlen, weil die Angaben mit der Dielektrizitätskonstanten des Öles zeitlich veränderlich sind und auch mit jeder Neufüllung eine neue Eichung notwendig wird. Auch für Gleichstrom sind solche Instrumente mit Ölfüllung wegen der Rückstandsbildung (dielektrischen Hysterese) nicht verwendbar; sie zeigen bei zu- und abnehmender Spannung verschiedene Werte; bei Wechselstrom sind ihre Angaben von der Frequenz abhängig.

3. Preßgas. Die durch Verwendung des Öles eintretenden Mißstände, zu denen auch der schwierige Transport zu rechnen ist, haben zu einer anderen Konstruktion geführt, die zuerst von Watson[1]) und Tschernyscheff[2]) angegeben ist. Sie geht von der Tatsache aus, daß die Durchschlagsfestigkeit der Luft mit steigendem Druck rasch zunimmt. Nach Watson läßt sich die Durchschlagsfestigkeit von Druck-

---

[1]) Electrician **62**, 1909, S. 851.
[2]) Phys. Z. **11**, 1910, S. 445.

luft (Durchbruchspannung) für Drucke zwischen 1 und 15 kg/cm² darstellen durch die Gleichung:

$$E\,(\mathrm{kV/cm}) = 20 + 25{,}6\,p,$$

wobei p den Überdruck bezeichnet. Von 10 kg/cm² Druck an ist die Durchschlagsfestigkeit der Luft größer als die irgendeines anderen festen oder flüssigen Isoliermaterials. Dabei ändert sich die Dielektrizitätskonstante nur in ganz geringem Maße, bei 20 kg/cm² ist $\varkappa$ erst um 1% größer als bei Atmospärendruck. Mäßige Veränderungen des Druckes beeinflussen daher die Genauigkeit der Angaben nicht in merklichem Maße. Mit Rücksicht auf die Oxydation der Metallteile bei zufälligen Überschlägen nimmt man nicht Luft, sondern Stickstoff oder Kohlensäure.

Bei den Ausführungen solcher Instrumente beträgt der Abstand der spannungführenden Teile nur 20 mm für Meßbereiche bis 250 kV. Es können also bei kleinen Abmessungen sehr hohe Richtkräfte erzielt werden. Unangenehm ist aber wieder die druckfeste Gestaltung des Instrumentgehäuses. Die Angaben sind von Frequenz und Stromart unabhängig.

Obwohl die Verwendung von Preßgas für den Bau von Hochspannungsmessern wesentliche Vorteile bietet, sind derartige Instrumente bisher nur in einzelnen Ausführungen gebaut worden. Der Grund liegt darin, daß die Ausgestaltung der Gefäße bei den hohen Drucken enorme Schwierigkeiten bereitet. Wenn auch eine mäßige Verminderung des Druckes keine Fehlweisung verursacht, so besteht doch schließlich die Gefahr eines Überschlages, der zumindest das Instrument vollständig zerstört, sofern es nicht in ausreichender Weise durch Schutzwiderstände gesichert ist. Ist schon die druckdichte Einführung der Anschlußklemmen nicht leicht, so bereitet die Sichtbarmachung der Ausschläge die größten Schwierigkeiten. Auch bei Verwendung des stärksten Fensterglases läßt sich keine Skalenöffnung schaffen, die eine der Höhe der Spannung und des bei der Beobachtung einzuhaltenden Respektabstandes entsprechend große Skala freiläßt.

Bei der Ausführung von Watson ist an Stelle des körperlichen Zeigers ein Lichtzeiger verwendet worden, der auf einer langen kreisbogenförmigen Profilskala spielt. Konstruktionen dieser Art dürften für die praktische Ausführung von Hochspannungs-Voltmetern aussichtsreich sein, zumal dann, wenn man den Druckkörper noch kleiner macht als es bei Watson der Fall war, und die Skala ganz vom Instrument trennt.

Richtkraft.

Wie schon erwähnt, sind die Richtkräfte bei elektrostatischen Spannungsmessern verhältnismäßig gering. Das Drehmoment aller dieser Instrumente ist bei mäßigen Spannungen, bis 5000 V, kleiner als man es sonst bei soliden Instrumenten voraussetzt. Die Folge davon ist die geringe mechanische Widerstandsfähigkeit der elektrostatischen Zeigerinstrumente für niedrige und mittlere Spannungen.

Für einen Kondensator mit der Kapazität C aus zwei planparallelen Platten mit dem wirksamen Feldquerschnitt F bestehend, dem Abstand a und der Dielektrizitätskonstante $\varkappa$ des zwischenliegenden Mediums ist die Ladeenergie für den Spannungsunterschied E

$$f = \frac{1}{2} C E^2 = \frac{\varkappa \cdot F \cdot E^2}{8 \pi a} \quad (CGS\text{-Einheiten}).$$

Mittel zu ihrer Erhöhung sind nach der Grundgleichung:

a) Vergrößerung des Querschnittes des Feldes,
b) Vergrößerung der Dielektrizitätskonstante des Dielektrikums,
c) Verkleinerung des Plattenabstandes.

Die an erster Stelle genannte Maßnahme vergrößert zwar das Drehmoment, erhöht aber auch in gleichem Maße das Gewicht des beweglichen Organs.

Für ein bestimmtes Dielektrikum läßt sich die mit der Flächeneinheit maximal für die Grenze der Durchschlagsspannung erreichbare Zugkraft berechnen. Für Luft sind im äußersten Falle 0,18 g/cm² erreichbar.

Die Verkleinerung des Plattenabstandes darf nicht weiter getrieben werden, als mit Rücksicht auf gelegentliche Überspannungen zulässig ist, weil bei einem Überschlag im Instrument dieses meist durch den sich bildenden Lichtbogen zerstört wird, wenn nicht noch weiteres Unheil geschieht.

Skalenverlauf.

Die mechanische Kraft, die bei der Verkürzung der Kraftlinien auftritt, ist für den Ausschlag, abgesehen von Konstanten

$$p = \frac{1}{2} E^2 \frac{dC}{da},$$

also proportional der Kapazitäts**änderung** mit dem Ausschlag. Aus dieser Gleichung läßt sich der Skalenverlauf berechnen, wenn die Kapazität bei jeder Zeigerstellung bekannt ist. Ist sie konstant, wie z. B. bei den elektrostatischen Wagen, bei denen der Abstand gleich bleibt, so ist die Teilung genau quadratisch, sofern nicht auch die Gegenkraft mit dem Quadrate des Ausschlages zunimmt.

Bei den meisten Zeigerinstrumenten ist aber auch der wirksame Querschnitt des homogenen Feldes mit dem Zeigerausschlag veränderlich. Dann wird der Skalencharakter von dem quadratischen Gesetz erheblich abweichen. Um eine möglichst von Null ab proportionale Teilung zu erreichen, muß in der Anfangsstellung $\frac{dC}{da}$, also die Zunahme der Kapazität, so groß wie möglich gemacht werden, derart, daß die Kapazität von einem ganz kleinen Werte sehr schnell auf ein Vielfaches des Anfangswertes steigt. Bild 262 zeigt für ein älteres Multizellularvoltmeter von Hartmann & Braun die Größe $\frac{dC}{da}$ in Abhängigkeit von

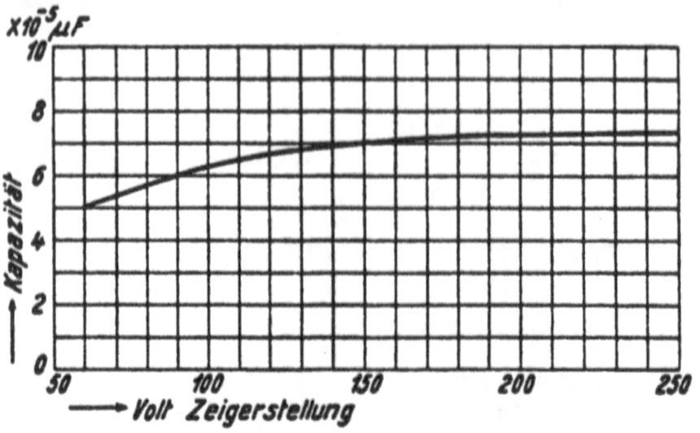

Bild 262. Änderung der Kapazität mit dem Ausschlag bei einem älteren Multizellularvoltmeter.

der angelegten Spannung. Bei diesem Instrument ist die Teilung von $^1/_3$ des Endwertes ab einigermaßen gleichförmig.

Es kann aber vorkommen, daß der Ausschlag noch schneller zunimmt als mit dem Quadrate der Spannung, wenn nämlich mit steigender Spannung der Abstand kleiner und damit $\frac{dC}{da}$ größer wird statt

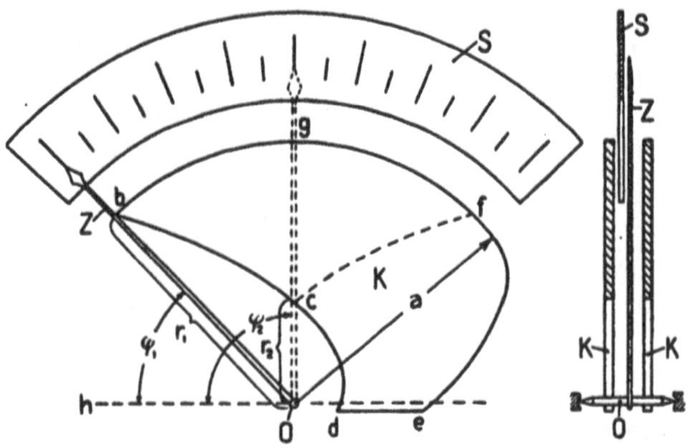

Bild 263. Schema der Metallkörper des Spannungsmessers mit prop. Skala. (H. & B.)

kleiner. Dies wird dann der Fall sein, wenn ohne wesentliche Änderung der Größe der wirksamen Fläche das Drehmoment durch die Anziehung paralleler Flächen erzeugt wird und die spezifische Richtkraft konstant ist.

Eine besonders gleichmäßige Skalenteilung wird mit einer nach D.R.P. 333786 von Hartmann & Braun hergestellten, von Palm[1]) angegebenen Einrichtung nach Bild 263 erzielt. Der bewegliche Beleg hat die Form einer Nadel und bewegt sich zwischen den festen Platten K,

[1]) Zeitschr. f. Fernmeldetechnik 1921, Heft 11.

deren innere Begrenzungslinie *d c b* eine hyperbolische Spirale ist mit dem Drehpunkt *O* als Ursprung. Bei unendlich langem Zeiger wäre die Skala vollkommen proportional, mit der üblichen Länge läßt sich eine von 5% des Endwertes ab proportionale Teilung erreichen (Bild 264).

Bild 264. Skala des neuen Spannungsmessers nach Bild 263.

Ein Nachteil dieser Anordnung ist die verhältnismäßig kleine Richtkraft, verursacht durch die geringe Fläche des beweglichen Belegs. Ein Ausgleich läßt sich schaffen durch Verwendung einer großen Zahl von Kammern und Nadeln (Bild 268).

Schutzeinrichtungen gegen Durchschlag des Meßwerks.

Schutzwiderstände. Gegen die Lichtbogenbildung kann man sich durch das Vorschalten hoher Widerstände (etwa 1 MΩ) schützen; die Beschaffung solcher Widerstände ist aber etwas schwierig. Sie lassen sich allerdings mit sehr kleinen Abmessungen aus Silit (Siliziumkarbid) herstellen; solche Widerstände haben aber eine negative Charakteristik, d. h. mit steigendem Strom, bei eingetretenem Überschlag, sinkt ihr Widerstand, und es wird durch sie die Bildung eines Lichtbogens nicht verhindert. Zweckmäßiger ist die Verwendung von Graphit- oder Kohlewiderständen für diesen Zweck. Sie müssen der Kapazität des zu schützenden Instrumentes angepaßt sein. Ist ihr Widerstand zu groß, so fälschen sie das Meßergebnis, ist er aber zu klein, so gehen sie selbst beim Überschlag des Instrumentes zugrunde. Die neuen Regeln für Meßgeräte schreiben die Verwendung solcher Schutzwiderstände vor.

Schutzkondensatoren. An Stelle der Schutzwiderstände kann auch ein Schutzkondensator treten, der so bemessen ist, daß er die volle Spannung des Instruments dauernd aushält. Das wäre schon mit einem normalen Vorkondensator der Fall. Ein solcher beeinträchtigt aber, wie geschildert, die Genauigkeit in hohem Grade. Ein Schutzkondensator muß eine so hohe Kapazität im Vergleich zum Instrument haben, daß er im normalen Betrieb nur 1 bis 3% der Spannung aufnimmt. Ändert sich dann seine eigene Kapazität um 10%, so wird die gesamte Messung nur um 0,1÷0,3% gefälscht. Die bereits erwähnten Kondensatordurchführungen sind als betriebssichere Schutzkondensatoren sehr geeignet, da sie über 100 cm Kapazität haben.

Ausführungen.

Wir wollen von den vielartigen Ausführungen elektrostatischer Spannungsmesser nur auf jene Modelle eingehen, die bekannter sind und für die Meßtechnik größere Bedeutung erlangt haben.

a) Saitenelektrometer.

Zur elektrostatischen Messung kleiner Spannungen wird im Laboratorium vielfach auch das Saitenelektrometer angewandt, das von ver-

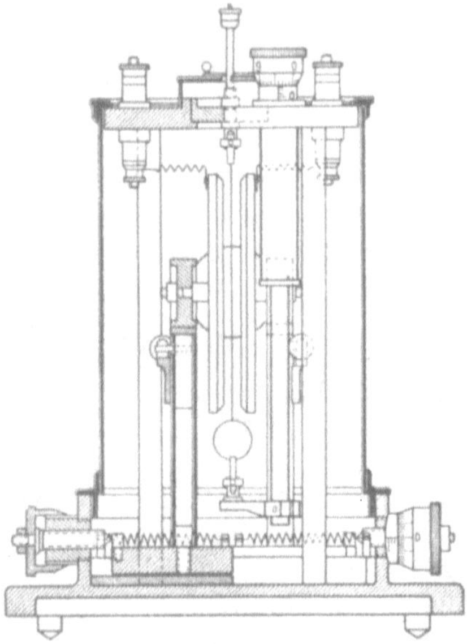

Bild 265. Saitenelektrometer nach Lutz-Edelmann.

schiedenen Firmen in verschiedener Bauweise hergestellt wird. Es sei hier eine neuere Konstruktion, die von Lutz[1]) angegeben wurde, beschrieben. Bild 265 zeigt einen Schnitt durch das Instrument, Bild 266 die photographische Ansicht.

Das Meßwerk besteht aus zwei schneidenförmigen Elektroden, die einzeln isoliert sind und zwischen denen ein sehr dünner Metalldraht, die Saite, isoliert ausgespannt ist. Die Durchbiegung des Drahtes durch die elektrostatischen Kräfte wird mit einem Mikroskop gemessen und ist ein Maß für die Höhe der angelegten Spannung. In der genannten Ausführung wird ein Platindraht von 2 μ Dicke und 6 cm Länge ver-

Bild 266. Saitenelektrometer nach Lutz-Edelmann. (Dr. Th. Edelmann, München.)

wendet, an anderern Stellen sind, ebenso wie beim Saitengalvanometer, matallisierte Quarzsaiten und Aluminiumsaiten benutzt worden. Von

[1]) Lutz, Phys. Z. S. 1923, S. 166/177.

der Dicke, von dem Material der Drähte und von der Fadenspannung hängt die Dämpfung ab.

Das Elektrometer in der genannten Ausführung besteht aus einem zylindrischen Gehäuse, einem Mikroskop und einem Beleuchtungsspiegel sowie einem inneren Teil, der sich auf dem schalenförmigen Deckel aufbaut. Das Obergehäuse ist abnehmbar. Auf vier Stahlstützen ist eine runde Platte aus Magnalium angebracht. In der Mitte dieser Platte befindet sich eine Bernsteinscheibe mit dem Befestigungsstift der Saite. Das untere Saitenende ist an einer isolierten Quarzdrahtschleife befestigt, die in einen Stift eingekittet ist, der von einem galgenförmigen Träger gehalten wird. Durch eine Spannschraube kann der Träger mikrometrisch verlängert und dadurch die Saite gespannt, durch Herausschrauben verkürzt und die Saite gelockert werden.

Links und rechts von der Saite stehen die Schneiden, gleichfalls in Bernsteinscheiben isoliert gelagert. Die beiden Mikrometerschrauben mit geteilten Trommeln ermöglichen eine Feineinstellung von jeder Schneide für sich von außen her. Der Abstand jeder Schneide von der Saite läßt sich auf Zehntel mm genau ablesen. Die Schneiden können innerhalb der Entfernung von 3 bis 10 mm von der Saite bewegt werden.

Für bestimmte Schaltungen wird die Saite oder die Schneide aufgeladen, und es sind dafür Stecksonden vorgesehen. Das Mikroskop hat im Okular ± 50 bezifferte Teilstriche bei 285facher Vergrößerung. Das Elektrometer kann ebenso wie das Saitengalvanometer zum Projizieren und Registrieren verwendet werden. Die Einrichtung ist so getroffen, daß der Faden ohne besondere Mühe ausgewechselt werden kann.

Mit dem Saitenelektrometer werden verschiedene Schaltungen ausgeführt, und zwar sowohl ohne Hilfsladung als mit Hilfsladung. Lutz[1]) macht dafür folgende Angaben.

A. Schaltungen ohne Hilfsladung.

1. Doppelschaltung. Die Saite wird mit einer Schneide leitend verbunden und beide zusammen durch das zu messende Potential aufgeladen. Die andere Schneide wird dann geerdet. Die kleinste meßbare Spannung ist 1 V, die größte 1000 V, die Kapazität 9 $\mu\mu$F.

2. Influenzschaltung. Beide Schneiden werden dauernd geerdet. Die zu messende Spannung wird an die isolierte Saite angelegt, die dadurch von der näherstehenden Schneide durch Influenz angezogen wird. Meßbereich 2 bis 1000 V, Kapazität im Minimum 1,5 $\mu\mu$F.

3. Differentialschaltung. Zur Messung der Differenz zweier Spannungen wird die größere an die Saite und die damit verbundene

[1]) Lutz, a. a. O., S. 169.

eine Schneide angelegt, die kleinere Spannung an die isolierte andere Schneide. Die Eichkurven haben bei dieser Anwendung eine flachgestreckte, bei mäßiger Saitenspannung größtenteils fast geradlinige Form.

B. Schaltungen mit Hilfsladung.

Durch das Anwenden einer Hilfsladung kann man die Spannungsempfindlichkeit derartiger Instrumente außerordentlich steigern.

1. Saitenschaltung. Die Schneiden werden auf gleiche Abstände von der Saite eingestellt und mit einer Hilfsbatterie auf entgegengesetzt gleiches Potential geladen. Die zu messende Spannung wird an die Saite angelegt. Größte Empfindlichkeit ist 1 mV pro Skalenteil; der Meßbereich geht bis 70 V, die Kapazität beträgt 1,5 $\mu\mu$F.

2. Schneidenschaltung. Die Hilfsladung wird an die Saite angelegt, eine der beiden gleich weit von der Saite abstehenden Schneiden dauernd geerdet, die andere auf das zu messende Potential geladen. Die Empfindlichkeit und die Meßbereiche sind die gleichen, die Kapazität beträgt 7,5 $\mu\mu$F.

Der gesamte Meßbereich des Elektrometers geht demnach von 1 mV bis 1000 V, das ist also das Verhältnis $1:10^6$.

b) Quadrantenelektrometer[1]).

Zu den unentbehrlichsten Hilfsmitteln eines physikalischen Laboratoriums gehören seit langem die Nadelelektrometer in der Form des Quadranten- und Binantenelektrometers. In der verschiedensten Bauweise und Schaltung sind sie zur Messung sehr kleiner Spannungen und auch Leistungen verwendet worden. Heute ist ihr Anwendungsgebiet seit der Vervollkommnung der anderen Meßgeräte nicht mehr so groß.

Charakteristisch für das Quadrantelektrometer ist das Vorhandensein von vier festen voneinander zunächst isolierten, dann in verschiedener Weise geschalteten Quadranten und einer an einem dünnen Draht aufgehängten Nadel mit einer Fläche, die aus zwei Diametral-Quadranten besteht. Der maximale theoretische Ausschlagwinkel dieser Anordnung ist 45°.

Durch Dolezalek wurde das Binanten-Elektrometer eingeführt, das nur zwei halbkreisförmige feste Elektroden hat. Das bewegliche Organ besteht aus zwei voneinander isolierten, nahezu 180° umfassenden Kreissektoren. Von diesem Instrument sind die Schalttafeltypen ähnlich Bild 271 abgeleitet worden.

Das Quadrantelektrometer kann auch als Vibrationsinstrument ausgeführt werden, allerdings nur für niedrige Frequenzen, bis 100 Hertz, weil das Trägheitsmoment der Flügel zu groß ist.

---

[1]) Siehe Berndt, Helios 1920, Heft 48 bis 51, Scholl-Voege, Helios 1911, Heft 21 bis 25.

c) Zeigerinstrumente bis etwa 10 kV.

In diesem Abschnitt sollen einige jener Instrumente beschrieben werden, die zur Messung von Spannungen von etwa 100 bis max. 1000 V benutzt werden, also Ausführungen, die noch als kleine Laboratoriumsmeßgeräte anzusehen sind[1]).

a) Szilard-Elektrometer. Als das empfindlichste der modernen elektrostatischen Zeigerinstrumente gilt die Ausführung von Szilard[2]).

Um ein Bild der erreichbaren Richtkräfte zu geben, seien die Daten eines neuen hochempfindlichen Instrumentes mit gespanntem Aufhängeband gegeben, das bei Siemens & Halske hergestellt wurde:

Meßbereich	70 V
Ausschlagwinkel	70°
Zeigerlänge	50 mm
Drehmoment	0,7 mgcm/90°
Gewicht des beweglichen Organs	0,50 g
Gütefaktor nach Keinath	0,02
Trägheitsmoment	0,17 gcm²
Schwingungsdauer (halbe Schwingung)	2 s
Kapazität	50 cm

b) Neues Multizellularvoltmeter von Hartmann & Braun. Die Einrichtung dieses Instrumentes wurdebereits beschrieben, Bild 267 und 268 zeigen die Konstruktionsweise.

Bild 267.

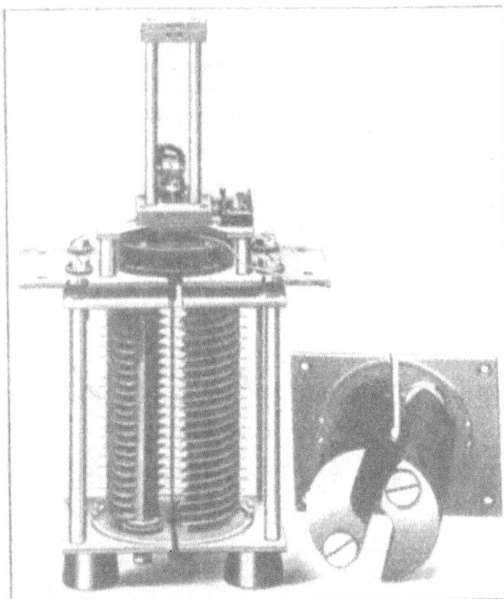

Bild 268.

Multizellular-Spannungsmesser für niedere Spannung (Hartmann & Braun).
Bild 267. Ausführung für Schalttafeln.
Bild 268. Laboratoriumstyp, Inneneinrichtung und Kammern, von unten gesehen.

[1]) Zusammenstellung über neuere Elektrometer: Berndt, Helios 1920, S. 429 u. f.

[2]) Phys. Z. 15, 1914, S. 209.

Der neben dem Instrument sichtbare Kammerkörper ist nur zur Veranschaulichung der Konstruktion besonders beigelegt. Die Kapazität des Instruments ist 100 cm, die Beruhigungszeit ist abhängig von Meßbereich und Form:

Meßbereich Volt	150	500	1000
Tragbares Instrument . .	10s	6s	3s
Schalttafelinstrument . .	15s	9s	5s

Der kleinste Endmeßbereich ist 100 V, der größte 1200 V, die Instrumente halten die 2÷3fache Spannung ohne Überschlag aus.

Neuerdings liefert die Firma zu dem Instrument einen Wandler, mit dem man den Meßbereich bis auf 0,15 V für Endausschlag herabsetzen kann.

c) Multizellular-Voltmeter von Kelvin, Bottomley & Baird, Glasgow. Diese Firma hatte früher den Kontinent mit guten elektrostatischen

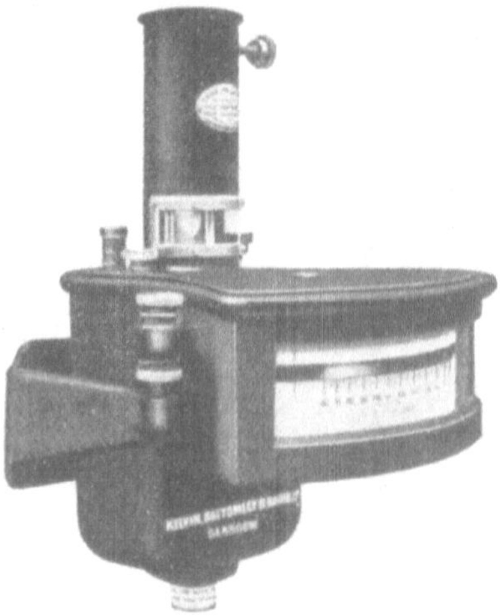

Bild 269. Multizellularvoltmeter mit Profilskala und Spiegel für Fernablesung.

Spannungsmessern beliefert, bevor solche Instrumente hier gebaut wurden. Bild 269 zeigt eine neue Laboratoriumsausführung dieser Firma, eine Vereinigung von einem Horizontal-Profilinstrument mit einem Spiegelelektrometer. Die Instrumente haben eine sehr ansprechende Form, sie sind robust und doch sehr sauber gebaut. Nach unsern Begriffen ist aber die Konstruktion insofern rückständig, als die Instrumente noch immer eine Flüssigkeitsdämpfung haben, die unbedingt vor dem Transport entleert werden muß. Der kleinste Meßbereich ist 80 V, der höchste 600 V.

d) Schalttafelinstrumente von Siemens & Halske. Schalttafelinstrumente mit horizontal gelagerter Achse lassen sich für Spannungen unter 2000 V nicht ausführen. Erst von dieser Grenze ab werden die Richtkräfte hinreichend groß.

Bild 270 zeigt das elektrostatische Schalttafelvoltmeter von Siemens & Halske. Das bewegliche Organ besteht aus einem konzentrisch zur Achse und zu einem Zylindermantel gebogenen Aluminiumblech von 0,03 mm Stärke, das sich in zwei feststehende, in gleicher Weise gebogene Schalen hineinbewegt. Das Instrument wird zur direkten Messung von Spannungen von 2000÷4000 V ausgeführt. Die Instrumente sind »einpolig«; das bewegliche Organ bildet mit Feder, Zeiger, Skala und Gehäuse den einen Spannungspol, während der andere, auf der Rückseite isoliert, in das Gehäuse eingeführt und mit den beiden feststehenden Zylinderschalen verbunden wird. Die eine Elektrode, das Gehäuse, umgibt also das bewegliche Organ vollständig, und dieses ist deshalb vor jeder Beeinflussung durch fremde elektrostatische Felder geschützt. Da in vielen Fällen die Instrumente dazu benutzt werden, die Spannung eines Leiters gegen Erde zu messen, erlaubt diese Ausführung, das Instrumentgehäuse ohne weiteres mit der geerdeten Schalt-

Bild 270.

Bild 271.

Bild 270. Schalttafelvoltmeter Siemens & Halske.
Bild 271. Schalttafelvoltmeter Hartmann & Braun.

tafel zu verbinden. Wo dies nicht möglich ist, wird das Instrument auf einen Stützisolator aufgebaut. In diesem Fall erhält aber das Gehäuse eine andere Form, bei der alle Kanten stark verrundet sind, um das Sprühen bei hoher Spannung zu vermeiden.

Der Abstand der beiden Spannungspole beträgt 7,5 mm, die Sicherheit gegen Überschlag ist eine sehr hohe. Bei 4000 V Wechselstrom ist der Beginn der Glimmentladung zu beachten, bei 5000 V ist sie bereits ganz deutlich erkennbar, der Überschlag tritt bei etwa 7500 V Wechselspannung ein. Das Gewicht der beweglichen Teile beträgt 1,2 g, das Drehmoment bei 2200 V 0,12 gcm, bei der Ausführung für 3000 V etwa 0,22 gcm, der Gütefaktor 0,9 bzw. 1,67, demnach sehr hohe Werte.

e) **Schalttafelinstrumente von Hartmann & Braun.** Bei diesem Instrument (Bild 271) besteht die Meßanordnung aus zwei feststehenden parallelen, an die zu messende Spannung anzuschließenden Platten, zwischen denen eine dritte Platte an zwei Bändern an dem Balken beweglich aufgehängt und mit der einen festen Platte leitend verbunden ist. Die bewegliche Platte wird von der festen Platte gleichen Potentials abgestoßen, von der anderen angezogen. Die Übertragung der Bewegung auf den Zeiger erfolgt durch einen ähnlichen Mechanismus, wie er bei den Hitzdrahtinstrumenten üblich ist, durch die Spannung eines Fadens, der über eine Rolle läuft. Die Teilung ist von etwa $^1/_3$ des Höchstwertes ab proportional und verengt sich gegen das Ende zu. Das ganze Gehäuse, Grundplatte und Kappe, besteht aus Isoliermaterial, die beiden Anschlüsse sind rückseitig eingesetzt.

Auf dem Transport wird das Instrument durch Festhalten des unteren Randes der beweglichen Platte mittels einer Bürste arretiert. Um Beeinflussung zu vermeiden, dürfen die Leitungen nur in gerader Richtung auf die Klemmen zugeführt, und sie sollen auf keinen Fall in unmittelbarer Nähe am Instrument vorbeigeführt werden.

Die Instrumente werden zur direkten Messung von Spannungen bis zu 15000 V ausgeführt, der kleinste Meßbereich ist 1200 V. Ihre Angaben sind, ebenso wie die aller bisher beschriebenen Ausführungen, unabhängig von der Stromart und von der Frequenz, bis zu etwa 10000 Hertz. Der Überschlag erfolgt bei etwa dem 1,5fachen Skalenwert. Um eine Beschädigung der beweglichen Organe durch den Lichtbogen zu vermeiden, ist die eine der beiden festen Metallplatten hornartig abgebogen, so daß der Lichtbogen an dieser Stelle abreißt.

4. Instrumente für höhere Spannungen.

In diesem Abschnitt sollen einige Ausführungen beschrieben werden, die nicht mehr zu den eigentlichen Schalttafeltypen und leicht tragbaren Laboratoriumsinstrumenten zu rechnen sind.

Instrumente der Firma Trüb, Täuber & Co.[1]) Bild 272 zeigt das Meßwerk der elektrostatischen Instrumente von Trüb, Täuber & Co. in Zürich. Die bewegliche Elektrode auf der Zeigerachse wird zwischen empirisch geformte feststehende Elektrodenbleche hineingezogen. Der Flügel ist leitend mit einer Schirmplatte verbunden, die den Dämpferkasten und die Skala trägt. Auf dieser Skalenplatte sind auch die Elektroden hochisoliert befestigt. Das Gewicht des beweglichen Organs ist 2,1 g, das Drehmoment beträgt je nach dem Spannungsbereich (max. 6000 V) 0,1 ÷ 0,18 cmg, der Gütefaktor 0,3 ÷ 0,6. Das Gehäuse besteht für Instrumente zur Messung der Spannung gegen Erde aus Metall, zur Messung zwischen zwei Leitungen aus Isolierstoff. Die Durchschlagspannung ist etwa das 1,8fache des Skalenendwertes.

[1]) Imhof, Bull. SEV. 1919, S. 266, 1921, S. 117, 1925, S. 465, Schweiz. techn. Zeitschrift 1926, S. 497.

Für Spannungen bis 15 kV wird in das Instrumentgehäuse ein Vorschalt-Luftkondensator eingebaut (Bild 273). Die hintere Platte kann der vorderen genähert werden und wird dadurch der Meßbereich ein-

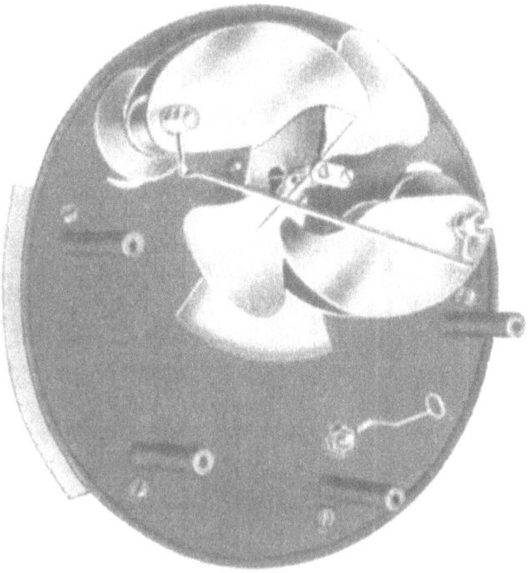

Bild 272.

Bild 273.

Bild 272. Meßwerk der Schalttafelvoltmeter von Trüb, Täuber & Co.
Bild 273. Elektrostatischer Spannungsmesser für 15 kV mit eingebautem Vorkondensator (Trüb, Täuber & Co.).

gestellt. Das Gehäuse besteht bei diesem Modell immer aus Metall und schirmt dadurch den Kondensator ab. Bei Anschluß an zwei Leitungen baut man das Instrument auf einen Isolator.

Bild 274. Elektrostatischer Hochspannungsmesser zum Messen der Spannung gegen Erde (Trüb, Täuber & Co.).

Für noch höhere Spannungen muß der Vorschaltkondensator außerhalb des Gehäuses nach oben gesetzt werden. Bild 274 zeigt eine solche Ausführung zum Messen der Spannung gegen Erde, ein für Schalträume bestimmtes Modell. Die obere Elektrode ist verstellbar, entsprechend der Höhe der Meßspannung. Ein von Imhof zuerst eingeführter geerdeter Schutzring um die mit dem Voltmeter verbundene Elektrode bildet eine konstante Erde, so daß die Spannungsanzeige nicht durch Annäherung anderer geerdeter Körper gestört werden kann. Das Instrument ist hier ganz besonders sorgfältig isoliert mit lichtgeschütztem Hartgummi.

Zur Messung der Spannung zwischen zwei Leitungen muß ein anderes Modell mit einem Zylinderkondensator verwendet werden (Bild 275). Es beruht auch auf dem Prinzip des Vorschaltkondensators und besteht aus einer zentralen langen Zylinderelektrode. Die Abschirmung erfolgt durch einen Blechmantel, der die kurze Elektrode einhüllt. Um den Kondensator gegen Überschlag zu schützen, wurde der zentrale Metallzylinder mit einer Isolierhülle versehen, deren Dicke so gewählt ist, daß ihr Anteil an dem ganzen dielektrischen Widerstand so klein ist, daß Veränderungen

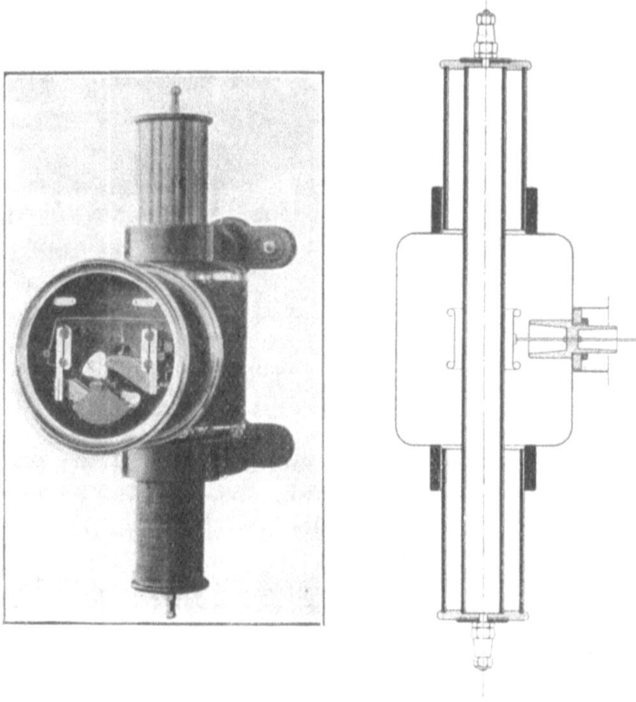

Bild 275. Elektrostatischer Hochspannungsmesser zum Messen der Spannung zwischen zwei Leitungen. (Trüb, Täuber & Co.)

im Isolierstoff die Genauigkeit nicht beeinträchtigen und daß doch die Festigkeit gegenüber kurzzeitigen Überspannungen hoch genug ist.

Eine Laboratoriumsausführung für Spannungen bis zu 400 kV zeigt Bild 276. Bei ihr wird dem Meßwerk die volle Spannung zugeführt, die Instrumente sind demnach im Gegensatz zu den vorher beschriebenen auch für Gleichspannung und Wechselspannung niederer Frequenz ($16^2/_3$ Hertz) brauchbar. Die beiden Elektroden sind auf Isoliersäulen geeigneter Höhe befestigt. Innerhalb der einen ist ein Stück *B* herausgeschnitten und horizontal beweglich gemacht. Das Instrument entspricht der Thomsonschen Spannungswage bezüglich des Schutzringes, der einen äußeren Kranz störbarer Feldlinien aufnimmt und so den inneren, wirksamen Linienkern vor Beeinflussung schützt. Der bewegliche Teil ist an einem Faden S aufgehängt, die Horizontalbewegung wird durch einen weiteren Faden direkt auf den Zeiger Z übertragen. Die Ablesung erfolgt an einem Flach-Kreisprofilinstrument in Richtung der Achse des ganzen Gerätes, also außerhalb der beeinflußbaren Streulinien.

Dieses Instrument ist mit Ausnahme der Art der Übertragung der Schaukelbewegung auf den Zeiger und der Anordnung des Instrumentes sehr ähnlich dem Voltmeter nach Abraham-Villard[1]), das von den Firmen Carpentier, Paris, und Everett Edgcumbe, London, für Spannungen von 3÷300 kV gebaut wird.

Kugel-Kilo-Voltmeter von Koch & Sterzel[2]). Dieses Meßgerät besteht aus einem als Profilinstrument ausgebildeten elektrostatischen Niederspannungsvoltmeter des Zwei-Quadranten-Typs für etwa maximal 2 kV, das in ein kugelförmiges Metallgehäuse mit etwa 30 cm Durchmesser eingebaut ist und mit diesem auf einem Isolierstützer steht. Das Profilinstrument ist mit einem vertikalen Schaufenster sichtbar. Aus der Kugeloberfläche sind mit einem Zentriwinkel von etwa 30° zwei Kalotten ausgeschnitten, die von der übrigen Kugel mit einem schmalen zylindrischen Luftspalt isoliert sind und mit je einem Pol des Spannungsmessers in Verbindung stehen. Die fast halben Kugelschalen sind also »Schutzring« für das statische Voltmeter, das in einer kapazitiv streng definierten Zone liegt. Diese Voltmeterkugel wird nun in einem der Spannung entsprechenden Abstand von zwei Kugelschalen mit einem

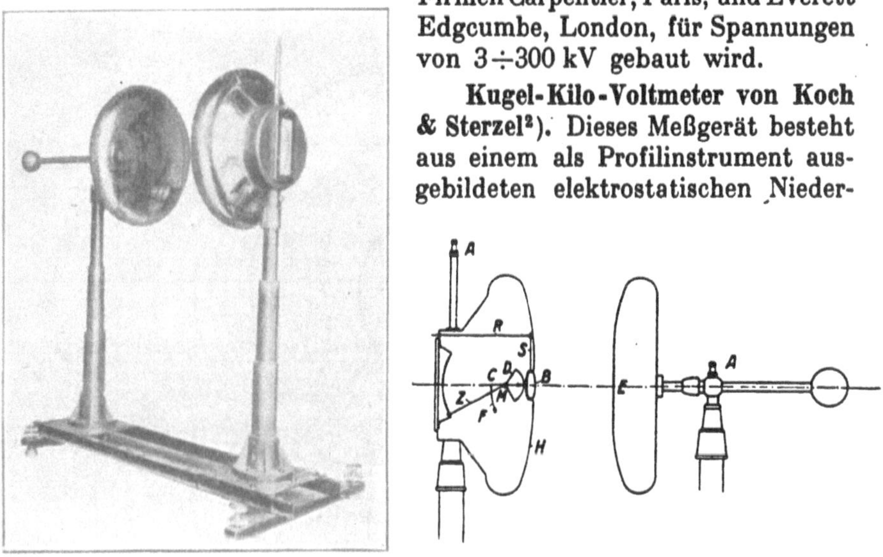

Bild 276. Elektrostatisches Instrument für sehr hohe Spannungen. (Trüb, Täuber & Co.)

[1]) Journal de Physique, 1911, S. 525, Z. f. I. 1911, S. 389.
[2]) Sterzel, ETZ 1924, S. 117.

Zentriwinkel von etwa 90° umgeben, gleichfalls auf Isolierstützen, an die die Spannung angeschlossen wird.

Die Feldverteilung ist in Bild 277 dargestellt, eine Ausführung für 250 kV hat folgende Abmessungen:

Kugeldurchmesser	30 cm,
Kugelschalendurchmesser	60 cm,
Luftabstand radial	15 cm,
Gesamte Bauhöhe	250 cm.

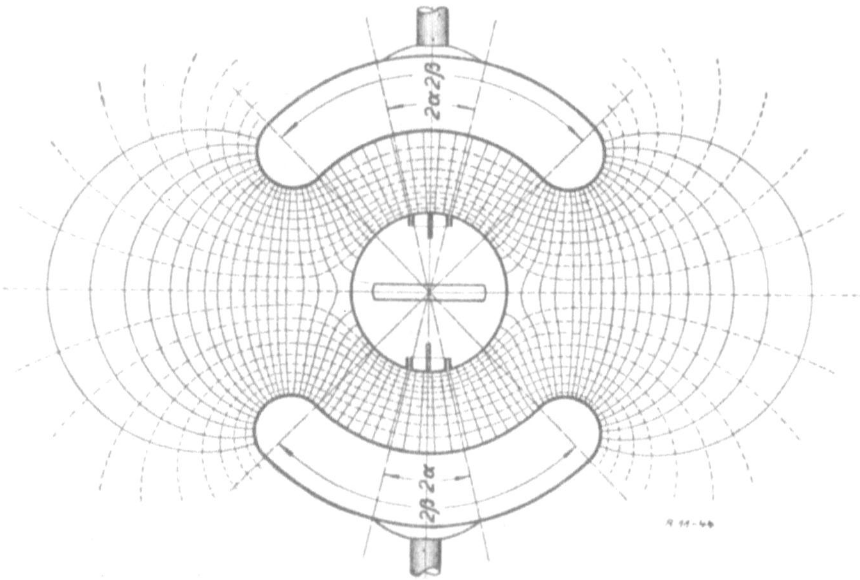

Bild 277. Kraftlinienbild des Kugel-Kilovoltmeters der Firma Koch & Sterzel.

Nach den gemachten Angaben kann die Kugel zur Messung von gegen Erde angenähert symmetrischen Spannungen geerdet werden. Die Eichkurve ist dann dieselbe als wenn je ein Hochspannungspol geerdet ist. Die Teilung ist von $^1/_5$ des Endwertes ab proportional, die Eichung zwischen 50 und 500 Hertz unabhängig von der Frequenz.

Ist das Kugelkilovoltmeter für ein bestimmtes Polschalenpaar bei konzentrischer Stellung geeicht, so kann die Ausdehnung des Meßbereiches auf höhere Spannungen einfach durch Austausch des Polschalenpaares gegen ein anderes konzentrisches von größerem Kugelhalbmesser vorgenommen werden. Die neue Skala läßt sich dann mit guter Annäherung rein rechnerisch auf Grund von Formeln ermitteln.

Da das Instrument nach dem Prinzip des Vorkondensators arbeitet, ist es für Gleichspannung nicht brauchbar.

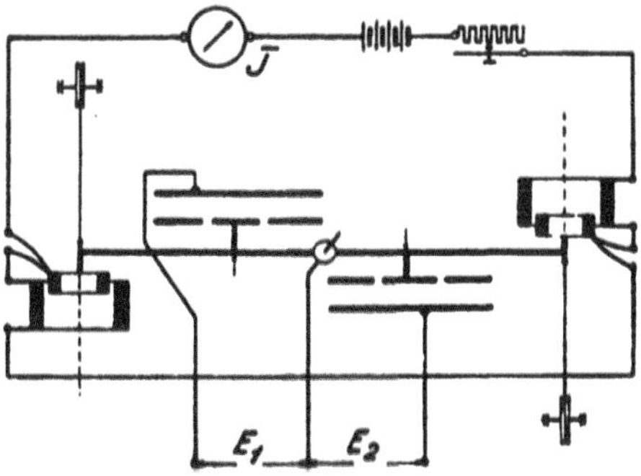

Bild 278. Schema des absoluten Spannungsmessers nach Palm.

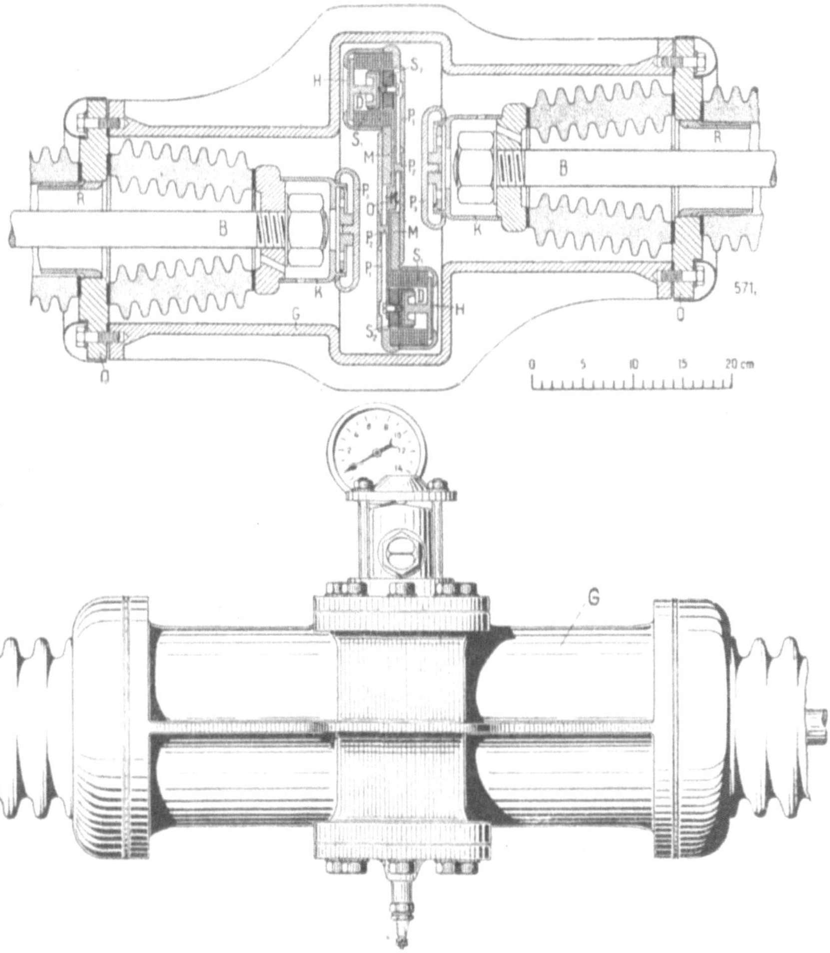

Bild 279. Druckkammer des absoluten Spannungsmessers für max 300 kV (Hartmann & Braun).

Absolutes Hochspannungsvoltmeter von Hartmann & Braun nach Palm. Ein absolutes Hochspannungsvoltmeter mit hochkomprimiertem Stickstoff ist von Palm[1]) bei Hartmann & Braun gebaut worden. Dem Prinzip nach ist es ein Thomson-Schutzring-Elektrometer, wie es für 130 kV bereits von Tschernyscheff unter Verwendung von Luft von 10 kg/cm² Druck gebaut wurde. Die elektrostatische Anziehung wird durch die Anziehung stromdurchflossener Dynamometerspulen kompensiert (siehe Bild 278). Durch die Verwendung zweier Platten- und Spulensysteme können mehrere Meßbereiche hergestellt werden. Die anziehende

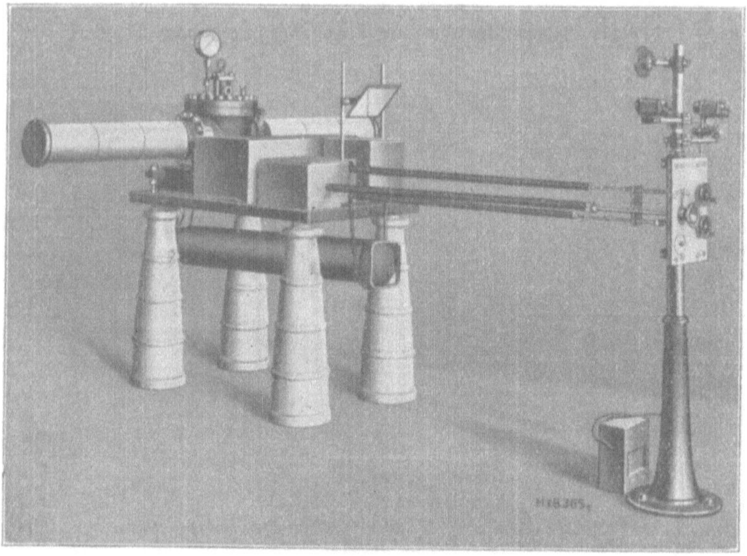

Bild 280. Absoluter Spannungsmesser nach Palm (Hartmann & Braun). Der Apparattisch ruht auf vier großen Stützisolatoren, die Zuführung zu der Meßkammer erfolgt durch die horizontal liegenden Isolatoren. Rechts die Säule mit den isolierten Bedienungskurbeln und den Prismenfernrohren zur Beobachtung des Strommessers im Hilfstromkreis. Unter dem Tisch die Stickstoffbombe.

Platte hat einen Durchmesser von nur 30 mm; der Abstand beträgt auch bei 250 kV Effektivspannung nur 18 mm. Damit wird ein Drehmoment von 90 gcm erreicht. Stickstoff wurde gewählt, weil sich dann beim Überschlag kein Ozon und keine Brandstelle am Fuße des Funkens bilden kann. Bild 279 zeigt die eigentliche, aus Bronze hergestellte Meßkammer in Ansicht und Schnitt, Bild 280 die ganze Meßeinrichtung. Die Stickstoff-Flasche ist unter dem Meßtisch aufgehängt, die Stromspulen werden durch die Akkumulatorenbatterie gespeist. Der Strommesser besitzt unmittelbar eine Kilovoltteilung und ist in einem würfelförmigen Kasten untergebracht. Die Ablesung erfolgt durch ein Prismen-

[1]) Zeitschrift für technische Physik 1920, S. 137÷146.

fernrohr mit aufrechtem Bild auf eine neuartige Weise[1]), die höchste Genauigkeit gewährleistet. Die Regelwiderstände werden über Isolierstangen vom Beobachter betätigt. Die Genauigkeit des Instrumentes ist sehr groß. Unter Berücksichtigung sämtlicher Fehlerquellen thermischer, elektrischer und mechanischer Natur ist praktisch für 50 ÷ 250 kV mit keinem größeren Fehler als 0,5 % vom Sollwert zu rechnen.

Bild 281. Ölgefülltes Voltmeter für hohe Wechselspannungen.

Ölgefüllte Voltmeter. Eine ältere Konstruktion dieser Art ist das Hochspannungsvoltmeter der Westinghouse Co.[2]). Die zu messende Spannung wird an zwei feststehende Zylinderschalen geführt, während der bewegliche Teil, aus zwei Hohlzylindern bestehend, allein durch elektrostatische Induktion ein entgegengesetztes Potential annimmt und sich dann so zu drehen sucht, daß eine Kapazitätsvermehrung, mithin eine Annäherung an die festen Schalen eintritt. Die Hohlzylinder tauchen in Öl ein, durch den Auftrieb wird ihr Gewicht nahezu aufgehoben, gleichzeitig erfolgt noch eine Dämpfung der Zeigerbewegungen. Zwei vorgeschaltete Kondensatoren dienen zur Erweiterung des Meßbereiches auf max. 200 kV für Endausschlag. Sämtliche Teile befinden sich unter Öl und sind an der unteren Fläche des Kastendeckels mit Hartgummisäulen befestigt. Der Zeiger spielt auf einer Skala auf einem Zylindermantel, die Teilung weicht von dem quadratischen Gesetz zugunsten des linearen stark ab.

Bild 281 zeigt ein älteres elektrostatisches Voltmeter mit Ölfüllung. Die bewegliche Schale hat einen Durchmesser von 100 mm; bei 100 kV und maximal 200 mm, minimal 157 mm Abstand, ergab sich eine Zugkraft von 19 g. Das Schwimmergewicht betrug in Öl nur 2,8 g, der mechanische Gütefaktor war demnach sehr hoch und das Instrument

[1]) ETZ 1920, S. 470.
[2]) El. World 1906, S. 124.

war frei von Reibungsfehlern. Für Spannungen über 150 kV war es nicht mehr ausführbar, weil dann in dem Öl eine eigentümlich kochende, wirbelnde Bewegung eintrat, die eine ruhige Zeigereinstellung verhinderte. Instrumente mit Ölfüllung sind nur für Wechselstrom verwendbar, ihre Angaben sind von der Frequenz abhängig. Für Gleichstrom sind sie wegen der Rückstandsbildung im Öl nicht brauchbar. Jede Erneuerung des Öles macht die Neueichung notwendig.

Der elektrostatische Oszillograph nach Ho[1]).

Die Cambridge Instrument Co. baut einen elektrostatischen Oszillographen, der nach folgendem Prinzip arbeitet (Bild 282a).

Bild 282. Elektrostatischer Oszillograph nach Ho. (Cambridge Instrument Co.)

282b.

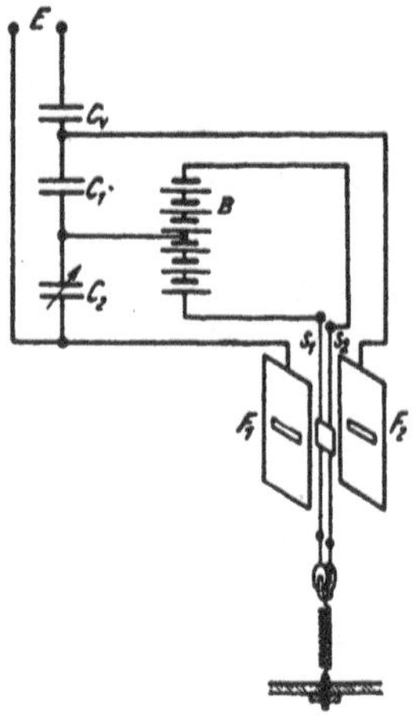

282a.

An Stelle des Magnetfeldes der Schleifenoszillographen ist ein elektrostatisches Feld getreten, durch Anlegen der beiden feststehenden Platten F_1 F_2 an die zu untersuchende Wechselspannung. Wenn diese zu hoch ist, benutzt man einen Vorschaltkondensator C_v. Die oszillierende Schleife S_1 S_2 mit dem Spiegel erhält eine Hilfsladung aus der Batterie B mit etwa 300 V, die an die Enden von S_1 S_2, die unten mit einem über eine Rolle geführten Seidenfaden isoliert sind, angeschlossen werden. Um das Potential der Fäden S_1 S_2 in eine bestimmte Beziehung zu dem der Feldplatten F_1 F_2 zu bringen, werden zwei Kondensatoren C_1 C_2 in Reihe geschaltet und die Mitte der Batterie zu einem Punkt zwischen den Kondensatoren geführt. In den Platten F_1 F_2 sind kleine Fenster für den Lichtstrahl ausgeschnitten. Der variable Kondensator C_2 dient zum elektrischen Ausgleich mechanischer Unvollkommenheiten in der Lage der Fäden gegenüber den Feldflächen. Bild 282 b zeigt die in Öl einzuhängende Meßschleife mit den Abmessungen 180 × 27 × 9,5 mm.

[1]) Proceedings Physical Society of London, 15. Dez. 1913.

Wenn die Hilfsspannung 300 V beträgt, so gibt eine Wechselspannung von 2000 V eine Amplitude von 30 mm bei 1 m Abstand. Dabei ist dann die Eigenfrequenz 3300. Die maximal zulässige Spannung ist 4000 V, darüber ist der Vorschaltkondensator C_v zu benutzen.

Zur Registrierung von Strömen oder von niedrigen Spannungen legt man eine Hilfsspannung von 4000 V an die Feldplatten $F_1 F_2$ und führt die kleine Spannung, die man an den Enden eines Widerstandes abnimmt, zu den Fäden $S_1 S_2$. Auch hier verbindet man die Mitte des Widerstandes mit der Mitte der Hilfsbatterie.

Spannungsanzeiger.

Nach dem elektrostatischen Meßprinzip werden verschiedene Apparate gebaut, die nicht zum genauen Messen, sondern nur zum Nachweis des Vorhandenseins von Spannung dienen. Bei den geringen Richtmomenten, die man erhalten kann, darf es nicht wundernehmen, wenn diese Apparate alle nicht so ganz zuverlässig sind, daß man sich absolut auf sie verlassen könnte. Dem Berühren von Leitungen, die nach Anzeige solcher Instrumente spannungslos sind, muß unbedingt die vorschriftsmäßige Erdung vorausgehen.

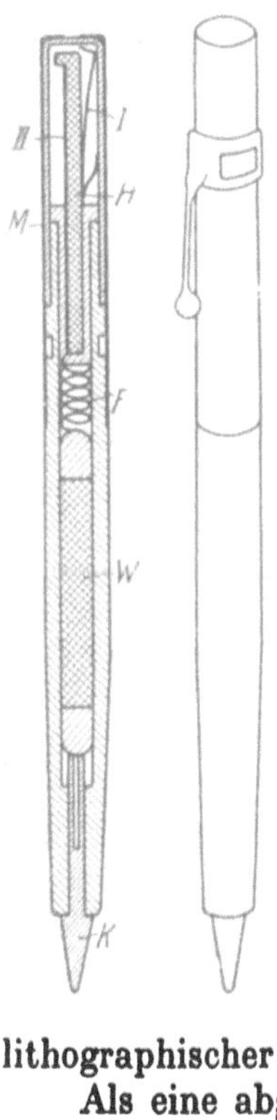
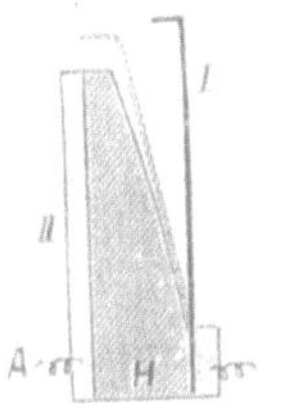

Bild 283. Elektroskop nach Johnson-Rahbek als Spannungsanzeiger[1]).

Taschenelektroskop nach Johnson-Rahbek[2]) (Bild 283). Im September 1917 machten die dänischen Ingenieure A. Johnsen und K. Rahbek die Beobachtung, daß unter gewissen Umständen eine bedeutende Anziehung und Reibung zwischen den Oberflächen zweier einander berührenden glatten Flächen eines Leiters und eines Halbleiters oder zweier Halbleiter auftreten, wenn ein Strom von einer Fläche zur anderen übergeht[3]). Unter Halbleitern sind hierbei gewisse in geringem Grade und vorwiegend elektrolytisch leitende feste Körper, wie Gelatine, Haut, gewisse Papiersorten, mehrere Salze und Mineralien, besonders Schiefer, lithographischer Stein, Achat u. a. m. zu verstehen.

Als eine abgeleitete Konstruktion ist der sog. Spannungsanzeiger zu betrachten. Dieser ist eine Art tragbaren Elektroskops von der

[1]) Zu beziehen durch D. Bercovitz, Berlin.

[2]) ETZ 1924, Sondernummer.

[3]) ETZ 1920, S. 898; 1921, S. 1291; 1922, S. 587; Schering-Schmidt, Z. f. techn. Phys. V, 1925, Heft 1.

Größe eines Füllfederhalters, in dem die Wirkung auf der direkten Anziehung zwischen einem biegsamen Metallblatt (dem Zeiger) und der krumm geformten Oberfläche eines Halbleiters beruht. Bild 283a zeigt das Prinzip dieses Elektrokops. Darin ist *H* der Halbleiter, der mit einer Metallbelegung *II* leitend verbunden ist. Auf der anderen Seite ist das dünne Metallplättchen *I* auf einer kurzen Strecke auf den Halbleiter aufgepreßt. Wird Spannung bei *A* und *B* angelegt, so schmiegt sich das Plättchen *I* von der Auflagefläche her an den keilförmig gebogenen Halbleiter *H* an. Wird die Spannung unterbrochen, so geht das Plättchen in die Ursprungslage zurück. Mit Hilfe eines gefärbten Fähnchens wird an einem Fensterchen das Vorhandensein einer Spannung angezeigt. Das Instrument kann für jede Spannung zwischen 80 und 700 V Gleich- oder Wechselstrom benutzt werden zur Anzeige der Spannung gegen Erde an jedem Leiter, Kabelende oder Schalter und der Spannungsdifferenz zwischen irgendwelchen zwei Leitern, Kabelenden oder Teilen eines Apparates.

Bild 284. Hochspannungsanzeiger (Hartmann & Braun).

Man hält im ersteren Falle die Metallhülse in der Hand und bringt die Spitze in Berührung mit dem Gegenstand, der geprüft werden soll, worauf das Metallscheibchen hinter dem Schaufenster des Instrumentes erscheint. Bei Zurücknahme des Stifts verschwindet das Schauzeichen. Im zweiten Falle bringt man die Hülse mit dem einen Leiter, die Spitze mit dem andern Leiter in Berührung.

Anzeiger für Hochspannungsleitungen. Die besondere Schwierigkeit bei der Durchbildung solcher Apparate liegt darin, daß sie eigentlich schon bei Spannungen über 250 V, der Hochspannungsgrenze, anzeigen sollen und doch wieder viele 1000 V ohne Schaden aushalten sollen.

Eine ältere Ausführung der AEG bestand aus einem Metallgehäuse mit 120 mm Durchmesser, in dem ein Aluminiumflügel drehbar gelagert war. Wurde die Leitung unter Spannung gesetzt, so wurde der bewegliche Flügel von dem festen, vertikalen Flügel abgestoßen und stellte sich schräg. Der Apparat war für Spannungen von 3÷75 kV verwendbar.

Der Hochspannungsanzeiger von Hartmann & Braun (Bild 284) besteht aus einem Pertinaxrohr, an dessen Ende die Hochspannung angelegt wird, so daß längs des

Rohres ein Spannungsgefälle entsteht. Liegt das Rohr an Spannung, so wird die Nadel aus der schrägen Ruhelage herausgedreht, in die Richtung des Rohres. Der Apparat wird für Höchstspannungen von 6 bis 80 kV gebaut, die Nadel schlägt bei 3 bis 8% der normalen Betriebsspannung bereits deutlich aus.

Vor- und Nachteile elektrostatischer Spannungsmesser.

Die technische Bedeutung elektrostatischer Spannungsmesser ist im Laufe der Jahre geringer geworden als bisher. Als Vorzüge dieser Bauweise sind zu nennen:

1. Der kleine Eigenverbrauch bei Wechselstrom. Dieser Vorzug kommt besonders dann zur Geltung, wenn eine Spannungsmessung unter Umständen zu erfolgen hat, die keine nennenswerte Stromentnahme erlaubt. Der Stromverbrauch eines elektrostatischen Spannungsmessers bei 50 Hertz und einer Kapazität von 20 cm beträgt etwa 0,3 μA, bei höheren Spannungen steigt der Stromverbrauch etwas. Für einen Spannungsmesser für 100 kV in Verbindung mit einem Spannungsteilerkondensator, bestehend aus einer Kondensatordurchführung beträgt der Stromverbrauch etwa 5 mA. Bei Hochfrequenzmessungen kann allerdings der Stromverbrauch ganz beträchtliche Werte annehmen.
2. Bei der Messung höherer Wechselspannungen ist der Beschaffungspreis der elektrostatischen Spannungsmesser geringer als der üblicher Schalttafelinstrumente in Verbindung mit Spannungswandlern. Man hat insbesondere zur Erdschlußkontrolle, wo es auf besondere Meßgenauigkeit nicht ankommt, vielfach von elektrostatischen Spannungsmessern Gebrauch gemacht.
3. Hohe Gleichspannungen in der Größenordnung von 100 bis 300 kV sind praktisch allein mit elektrostatischen Spannungsmessern zu messen. Die Anordnung von Widerständen in Verbindung mit Drehspulinstrumenten ist sehr kostspielig, wenig betriebsicher und verbraucht zu viel Strom.

Die Nachteile elektrostatischer Voltmeter sind die folgenden:

1. Will man mit der Sicherheit gegen Überschlag nicht allzu nahe an die erlaubte Grenze gehen, so erhält man im allgemeinen ein sehr geringes Drehmoment, das nicht ausreicht, um ein betriebssicheres Instrument zu schaffen. Infolgedessen ist die mechanische Widerstandsfähigkeit und die Transportsicherheit der Apparate ziemlich gering.
2. Elektrostatische Spannungsmesser, die mit einem Vorkondensator oder einem Spannungsteilerkondensator arbeiten, sind in hohem Maße auf Isolationsfehler in einem ihrer Teile empfindlich. Dieser Fehler

kann trotz anscheinend sorgfältiger Durchkonstruktion so störend werden, daß er die ganze Messung unbrauchbar macht.

3. Durch Verwendung von Preßgas oder Öl als Dielektrikum kann man die Durchschlagfestigkeit und damit auch das Drehmoment erhöhen, die konstruktive Ausbildung ist aber trotzdem unbequem und die Apparate können nicht in Schaltanlagen eingebaut werden, sie bleiben immer Laboratoriumsmeßgeräte.

H. Resonanz-Instrumente.

Wird ein schwingungsfähiges System mit einer Impulsfolge erregt, die gleich ist seiner Eigenfrequenz, so entstehen Schwingungen, deren Amplitude nur durch die Dämpfung beschränkt wird.

Über Anordnungen mit elektrischer Resonanz, wie sie zur Messung elektrischer Größen verwendet werden, sind an anderer Stelle (2. Band) Ausführungen zu finden, hier seien nur Apparate beprochen, bei denen durch elektrische Schwingungen (Wechselströme) mechanische Resonanz erzeugt wird.

Die Erscheinung kann auf zweierlei Weise nutzbar gemacht werden: entweder werden durch eine Schwingung eine größere Anzahl verschieden abgestimmter Systeme erregt, und es kann daraus die Frequenz des erregenden Stromes ermittelt werden (Frequenzmesser), oder es wird nur ein System verwendet, das genau in Resonanz ist mit dem zu messenden Wechselstrom. In diesem Falle dient das Meßgerät zum Nachweis, unter Umständen auch zur indirekten Messung sehr schwacher Wechselströme (Vibrationsgalvanometer).

1. Zungenfrequenzmesser.

Zur Messung technischer Frequenzen in Schaltanlagen werden vorwiegend Zungenfrequenzmesser verwendet, die in zwei äußerlich gleichen, dem Arbeitsprinzip aber verschiedenen Typen hergestellt werden.

Bauweise Hartmann-Kempf. Als Schwingungskörper dienen Stahlzungen von 3÷5 mm Breite, 0,2÷0,5 mm Stärke und 20÷60 mm Länge, die dicht nebeneinander in Klötze eingelötet und deren Enden zu weiß gefärbten Fähnchen (Bild 285, 286) umgebogen sind, deren scheinbare Verbreiterung beobachtet wird (Bild 287).

Die Erregung der Zungen geschieht in folgender Weise:

Bild 285 ist als Querschnitt durch eine langgestreckte Spule mit Eisenflanschen anzusehen, an deren beiden Längsseiten zwei Reihen der Stahlzungen montiert sind. Bei Erregung des Magneten mit Wechselstrom kommt die der betreffenden Frequenz entsprechende Zunge in Schwingungen.

Die Amplitude der Zunge ist in der in Bild 289 dargestellten Weise von der Frequenz abhängig, schon bei einer geringen Abweichung von der Resonanzfrequenz geht die Amplitude stark zurück.

Ist das Schwingungsbild vollständig symmetrisch, so ist die gesuchte Frequenz gleich der Frequenz der Zunge mit der größten Amplitude.

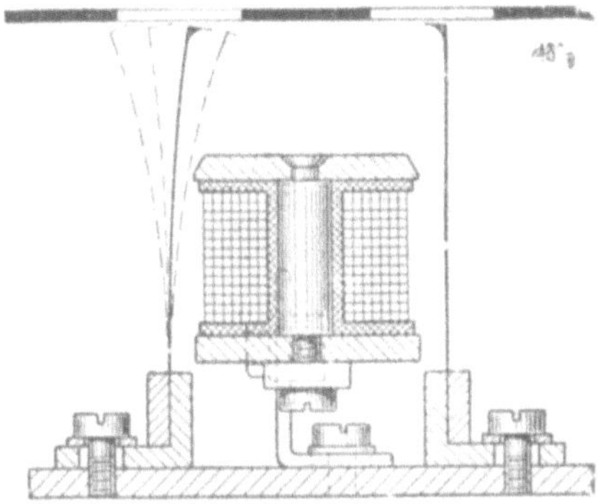

Bild 285.

Bild 286.

Bild 285. Zungenfrequenzmesser nach Hartmann-Kempf. Die Zungen werden einzeln erregt.
Bild 286. Zungenkamm. Die Löcher in den Stahlzungen dienen zur Justierung. (H. & B.)

Schwingen zwei Zungen mit der gleichen größten Amplitude, so ist die gesuchte Frequenz gleich dem Mittel aus diesen beiden Zungenfrequenzen. Bei unsymmetrischem Schwingungsbild kann noch der vierte Teil des Schwingungsabstandes zweier Zungen geschätzt werden. Bei

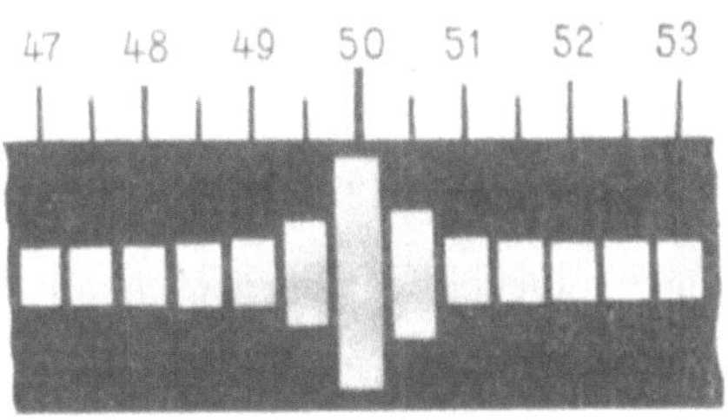

Bild 287. Schwingungsbild eines Zungenfrequenzmessers. Abzulesen 50,1 Hertz.

einem auf halbe Perioden abgestimmten Frequenzmesser sind demnach noch achtel Perioden ablesbar. Damit kommt man aber bereits an die Genauigkeitsgrenze dieser Apparate.

Die Bauweise Hartmann-Kempf eignet sich gut zur Herstellung von Frequenzmessern mit kreisförmiger Zungenanordnung. In Deutschland ist diese Bauweise wieder verlassen worden, in England kommt sie neuerdings viel zur Anwendung. Für sehr große Zungenzahl (80÷100) ist sie besser als die mit parallelen Reihen.

Bauweise Frahm (Siemens & Halske). Bei der Frahm-Siemens-Ausführung (Bild 288) sind alle Zungen, bis zu 30 in einer Reihe, mit ihren Befestigungsklötzen auf eine gemeinsame Kammleiste geschraubt, die einen Eisenanker trägt und mit zwei Stahlfedern auf dem Sockel des Instrumentes befestigt ist. Dem Eisenanker gegenüber, in ½÷1 mm

Entfernung, sitzt eine kleine Erregerspule, die mit dem Wechselstrom gespeist wird, dessen Frequenz gemessen werden soll. Im Gegensatz zu der Bauweise Kempf, bei der jede Zunge einzeln erregt wird, bringt hier der Magnet den ganzen Zungenkamm in Vibration, von dem aber nur die Zunge schwingt, die in Resonanz ist mit dem erregenden Wechselstrom.

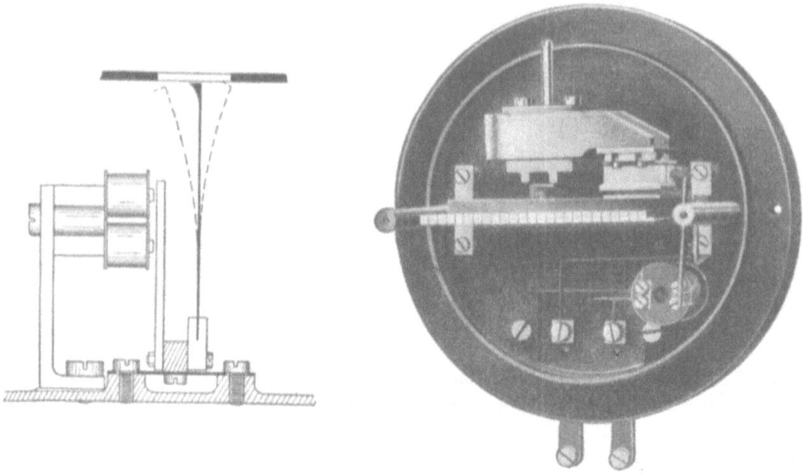

Bild 288. Zungenfrequenzmesser nach Frahm-Siemens. Die Zungen werden indirekt erregt.

Vor- und Nachteile beider Konstruktionen. Im wesentlichen zeigen die beiden Konstruktionen gleiche Eigenschaften, die Frahmsche Konstruktion hat vor der Hartmann-Kempfschen für einige Verwendungszwecke den Vorzug wesentlich geringeren Eigenverbrauchs. Bei der Messung der Frequenz von Wechselstromgeneratoren mit kleiner Leistung, wie sie für Drehzahl-Fernzeiger verwendet werden, ist dieser Umstand von Vorteil. Dafür sind die Schwingungen bei der Hartmann-Kempfschen Anordnung reiner, weil sie unmittelbar in den Zungen, ohne weitere Zwischenglieder, erregt werden. Ein wesentlicher Vorteil der Konstruktion von Hartmann & Braun ist es auch, daß die Stärke der Erregung mit der Schwingungszahl der Zungen in Übereinstimmung gebracht werden kann. Dieser Vorzug ist dann von Bedeutung, wenn eine größere Zahl von Zungen mit sehr verschiedenen Eigenfrequenzen in einer Reihe gemeinsam erregt wird: die Zungen höherer Frequenz sind für gleiche Amplitude stärker zu erregen als solche niederer Frequenz. Bei der Hartmann-Kempfschen Anordnung läßt sich dies durch verschiedene Polschuhlängen, d. h. ungleich großen Luftspalt, in bequemster Weise erreichen, während bei der Frahmschen Anordnung, wenn das gleiche angestrebt wird, der ganze Zungenkamm in einzeln erregte Gruppen von etwa 10 Zungen unterteilt werden muß.

Man kann auch, nach dem Vorschlag des Verfassers, der Erregerspule einen Kondensator vorschalten, der einen der Frequenz proportionalen Strom durchläßt und so den schwerer erregbaren Zungen höherer Frequenz selbsttätig mehr Bewegungsimpuls gibt.

Abstufung der Zungen. Die Abstufung der Eigenfrequenz der Zungen erfolgt in engen Grenzen durch verschiedene Beschwerung der Zungen mit Lötzinn, durch Verwendung von Stahlband verschiedener Stärke, in weiteren Grenzen durch Abstufung der Länge der Zungen. Die Differenz der Eigenschwingungszahlen der verschiedenen Zungen soll weder zu groß noch zu klein gewählt werden. Ist das Intervall zu groß, so kommt unter Umständen, wenn die zu messende Frequenz in der Mitte der Eigenfrequenz zweier Zungen liegt, kein deutliches Schwingungsbild zustande. Ist die Differenz der Eigenfrequenz aber zu klein, so sind die Zungen zu empfindlich, sie beeinflussen sich gegenseitig. Als günstigster Schwingungsabstand hat sich eine Differenz von etwa 1% erwiesen, also bei 50 Hertz eine Abstufung um halbe Perioden. Auch ½% ist noch auszuführen, dagegen ist eine Abstufung unter ½% bis herab zu 0,2% einmal sehr schwierig auszuführen, zum andern auch erfahrungsgemäß nicht konstant, namentlich nicht bei Dauereinschaltung, während Zungen mit gröberer Abstufung auch nach jahrelangem Betrieb konstant bleiben.

Resonanzschärfe. Bild 289 gibt die Resonanzbreite für eine Zunge von 75 Hertz Eigenfrequenz bei einem Frahmschen Frequenzmesser von Siemens & Halske als Funktion der Frequenz. Die Kurve wurde unter Vergleich mit einem sehr genau geeichten Resonanz-Zeigerfrequenz-

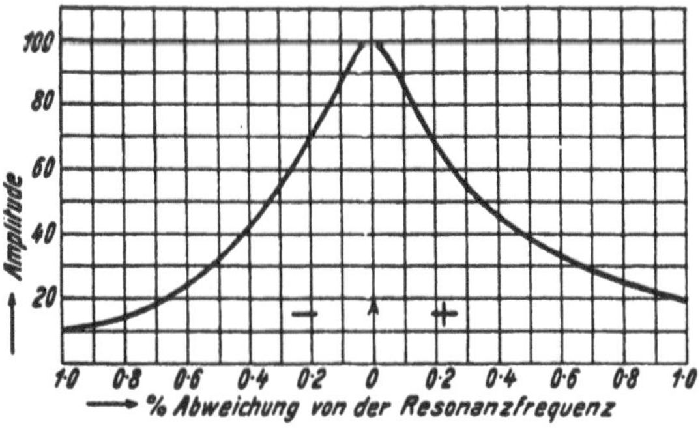

Bild 289. Resonanzkurve einer Frequenzmesserzunge für 75 Hertz.

messer derselben Firma aufgenommen, dessen Meßbereich (74 : 76 Hertz) über die ganze Skalenlänge reichte, so daß eine Frequenzänderung von 0,01% einer Zeigerbewegung von 0,5 mm entsprach. Dargestellt ist nicht die gesamte Schwingungsbreite, sondern nur die Verbreiterung des Zungenbildes. Die Resonanz ist sehr scharf: bei einer Frequenzänderung von nur 0,5% sinkt die Verbreiterung bereits auf etwa $^1/_3$ des Höchstwertes. Bei Zungen für niedrigere Frequenz ist das Resonanzbild flacher, bei höherer Frequenz noch steiler, so daß man im letzterem Falle oft Schwierigkeiten mit der praktischen Ablesung hat.

Die Breite der Resonanzkurve (Bild 290) hängt von dem Grade der Dämpfung der Schwingungen ab, daran ist indessen praktisch nicht viel zu ändern, da es sich vorwiegend nur um Luftdämpfung handelt. Nur der Hartmann-Kempfsche Frequenzmesser hat infolge

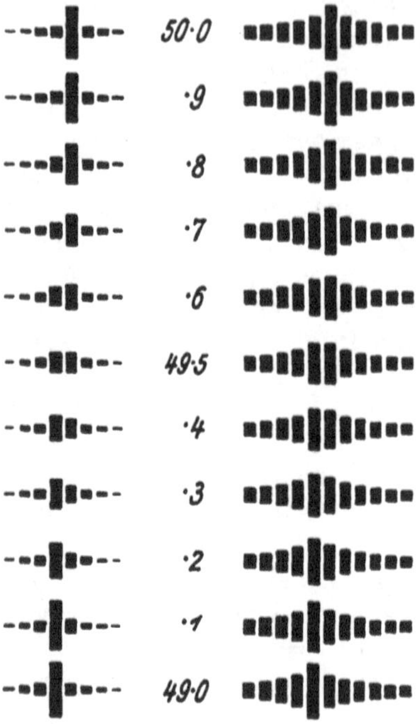

Bild 290. Einfluß der Dämpfung auf das Schwingungsbild von Zungenfrequenzmessern. Linke Reihe schwache, rechte starke Dämpfung. (Nach Drysdale & Jolley Bd. 2, S. 217.)

der direkten Erregung der Zungen auch eine geringe elektromagnetische Dämpfung.

Größe der Amplitude. Die Schwingungsamplitude oder die Verbreiterung des Schwingungsbildes ist innerhalb weiter Grenzen proportional der erregenden Amperewindungszahl, also proportional der angelegten Spannung. Die Erregung darf nur so stark gemacht werden, daß das Schwingungsbild eine Breite von nicht mehr als $^1/_3$ der Zungenlänge erhält, weil sonst das Stahlband überbeansprucht wird, seine Elastizität und Eigenfrequenz ändert und zuletzt abbricht. Von der Weite der Amplitude ist die Eigenfrequenz solcher Zungen nur in sehr geringem Maße abhängig. Nach Versuchen von Hartmann-Kempf änderte sich die Eigenfrequenz bei Amplituden von 30÷10 mm um weniger als 0,1%, erst bei 3 mm Amplitude stieg die Eigenfrequenz um 0,5%. Bei intermittierendem Gleichstrom ergaben sich nur etwa um 0,2% abweichende Werte.

Ausführung für höhere Frequenz. Die niedrigste Frequenz, für die man Zungen noch gut herstellen kann, sind 10÷15 Hertz. Weiter zu gehen ist nicht ratsam, weil die Zungen dann mechanisch außerordentlich empfindlich sind, auf alle Erschütterungen ansprechen und nie zur Ruhe kommen, so daß die Ablesung erschwert wird. Am günstigsten sind Zungen für etwa 50 Hertz Eigenfrequenz. Bei Gebern für Geschwindigkeitsmesser wird man demnach die Drehzahl und Polzahl des kleinen Generators so wählen, daß das Instrument eine Frequenz von annähernd 50 Hertz erhält.

Für höhere Frequenzen steigt der Eigenverbrauch ganz erheblich an. Zungen für 500 Hertz müssen sehr kurz gemacht werden und geben keine deutlichen Schwingungsbilder mehr, erzeugen unter Umständen auch einen starken Ton. Hartmann & Braun stellen solche Zungen-Frequenzmesser für maximal 1500 Hertz her[1]), bei denen die üblichen Fähnchen fortgelassen sind und die Schwingungen durch Betrachten der weiß gefärbten Seitenflächen des Kopfendes beobachtet werden. Da diese starken Zungen durch gelegentliche Überlastung mehr Schaden leiden als die schwachen Zungen für Niederfrequenz, ist der Erregermagnet mit gezahnten Polkernen versehen, in dessen Lücken die Zungen hineinschwingen.

Die Resonanzbreite der Zungen für höhere Frequenzen ist sehr gering. Dabei werden, den Bedürfnissen der drahtlosen Telegraphie entsprechend, meist weite Meßbereiche verlangt, z. B. 800 ÷ 1000 Hertz. Um mit einer mäßigen Zungenzahl auszukommen, verwendet man nicht kontinuierliche Abstufung, sondern eine Anzahl kleiner Zungengruppen für 800, 850, 900 Hertz usw., die je eine genau auf eine dieser Frequenzen abgestimmte Zunge und eine linke etwas tiefer sowie eine rechte etwas höher abgestimmte Nachbarzunge aufweisen.

Verdopplung des Meßbereichs. Jeder Zungenfrequenzmesser kann durch die Überlagerung eines Gleichfeldes über das Wechselfeld des Elektromagneten für die doppelte Frequenz benutzt werden. Bei Verwendung des Elektromagneten erfolgt mit jeder Halbwelle, unabhängig von der Stromrichtung, eine Anziehung des Ankers oder der Stahlzungen, bei 50 Hertz also 100 mal sekundlich. Lagert man aber das Wechselfeld über ein Gleichfeld, so erfolgen nur Schwankungen der Zugkraft, eine Anziehung immer nur für eine volle Periode, so daß sich erst mit 100 Hertz wieder dasselbe Schwingungsbild ergibt. Erzeugt wird das Gleichfeld entweder durch Überlagern eines Hilfs-Gleichstromes oder durch Aufsetzen der Elektromagnete auf einen Stahlmagneten. Die umschaltbaren Frequenzmesser von Siemens & Halske besitzen auf jedem Zungenkamm zwei parallel geschaltete Erregermagnete, von denen der eine auf einen Stahlmagneten aufgeschraubt ist.

Verbrauch. Wie schon erwähnt, ist der Verbrauch der Frahmschen Frequenzmesser besonders gering. Der kleine Erregermagnet hat nur 100 AW und ergibt bei Resonanz eine Bildverbreiterung um 15 mm mit nur 0,01 W Eigenverbrauch. Da es nicht möglich ist, die Spule aus hinreichend dünnem Drahte herzustellen, wird sie für niedrigere Spannung gewickelt und erhält für die normalen Betriebsspannungen Vorwiderstände, so daß der Gesamtverbrauch etwa 0,5 ÷ 1 W beträgt.

Vibrationstachometer. Beide Arten von Zungenfrequenzmessern können ohne elektrische Übertragung zur Drehzahlmessung benutzt werden, wenn man sie unmittelbar auf die betr. Maschine montiert. Auch geringe Erschütterungen genügen, um ein deutliches Schwingungsbild zu geben. Bei besonders ruhig laufenden Maschinen setzt man das Tachometer auf einen besonderen Arm. Ist die Drehzahl zu klein, so

---

[1]) Hartmann-Kempf, Phys. Z. 1910, S. 1183.

kann man mit einem Riemen- oder Zahnradgetriebe eine raschere Folge von Erschütterungen erzeugen.

Zum Studium von Maschinen- und Fundamentschwingungen kann ein einfacher Apparat nach Bild 291 benutzt werden, das von James G. Biddle, Philadelphia, hergestellte »Vibrometer«. Es wird dabei nicht nur die Frequenz, sondern auch die Amplitude der Schwingungen festgestellt, um Vergleiche über die Güte der Auswuchtung oder von Schwingungsdämpfern anstellen zu können.

Bild 291. »Vibrometer« von James Biddle zum Messen von Erschütterungen.

Genauigkeit. Bei sorgfältigster Abstimmung und guter mechanischer Behandlung läßt sich bei dieser Art von Frequenzmessern eine Genauigkeit von 0,1% erreichen. In der Regel ist aber die Genauigkeit nur 0,2÷0,3%, d. i. 0,1÷0,15 Hertz auf 50 Hertz, bei langem Gebrauch auch nur 0,5%, d. i. 0,25 Hertz; jedenfalls aber reicht sie für technische Messungen immer aus, zumal die Angaben von Schwankungen der Spannung und der Temperatur nur in kaum merklichem Maße abhängen.

2. Vibrationsgalvanometer[1]).

Meßprinzip. Vibrationsgalvanometer werden jetzt in steigendem Maße als Nullinstrumente zu technischen Messungen in der Wechselstrombrücke verwendet zur Feststellung des stromlosen Zustandes. Es ist selbstverständlich, daß dafür die Strom- und die Spannungsempfindlichkeit möglichst hoch sein müssen.

Bei der Beurteilung eines Vibrationsgalvanometers ist aber auch die »Resonanzbreite« zu berücksichtigen. Als solche gilt die relative Abweichung der Wechselstromfrequenz von der Eigenfrequenz, bei der die Empfindlichkeit auf die Hälfte der Resonanzempfindlichkeit herabgeht:

$$\varrho = \frac{f - f_x}{f_x}$$

wobei f_x die Eigenfrequenz ist.

[1]) Siehe hierzu: Wenner, A theoretical and experimental study of the Vibration galvanometer, Bull. Bur. Stdds., 1910, 6, Nr. 3. S. 347÷378.

Wünschenswert sind Instrumente mit möglichst großer Resonanzbreite, die keiner scharfen Frequenzeinstellung bedürfen. Macht man aber die Dämpfung stark, so vergrößert man zwar die Resonanzbreite, vermindert aber den Ausschlag. Eine für den praktischen Gebrauch geeignete Resonanzbreite ist $\varrho = 0{,}01$. Es ist dann[1]):

der Verstärkungsfaktor (Resonanzempfindlichkeit: Gleichstromempfindlichkeit) $V = 122$,
das nat. logarithmische Dämpfungsdekrement $\lambda = \log \text{nat } k = 0{,}0182$,
das Dämpfungsverhältnis $k = 1{,}0182$,
die Beruhigungszeit für 50 Hertz (Abklingen bis auf 1% des Anfangswertes) $\vartheta = 2{,}5$ s.

Es werden zwei typische Ausführungen von Vibrationsgalvanometern verwendet, der Nadeltyp mit einem Eisenblättchen als bewegliches Organ und der Spulentyp. Beide Arten sind grundsätzlich identisch mit den entsprechenden Meßwerken für Oszillographen.

Nadel-Vibrationsgalvanometer.

Ausführung nach Schering-Schmidt. Eine ausführliche Beschreibung des Nadeltyps (Bild 292) geben Schering und Schmidt[2]). Das bewegliche Organ ist ein an einem gespannten Bronzedraht von 0,02 mm

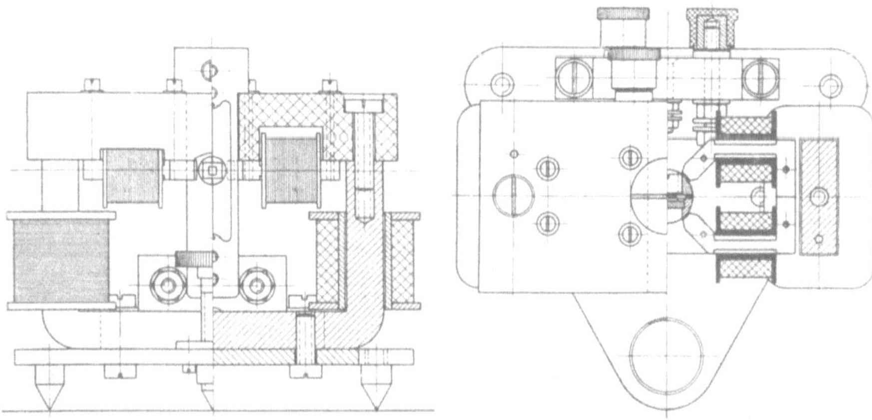

Bild 292. Nadel-Vibrationsgalvanometer nach Schering-Schmidt, Ansicht und Achsenschnitt, Grundriß und Querschnitt.

Durchmesser angeklebtes, etwa 0,15 mm starkes, etwa 4 × 5 mm großes Eisenblättchen, das unter dem Einfluß zweier in einer Ebene senkrecht zueinander stehenden Magnetfelder schwingt. (Siehe auch S. 173.)

[1]) v. Krukowski, Vorgänge in der Scheibe eines Induktionszählers, S. 83.
[2]) Z. f. I. 1918, S. 1, und 1919, S. 140

Ein veränderbares Gleichfeld sucht es in eine bestimmte Richtung zu bringen mit einer mit den erregenden Amperewindungen steigenden Kraft. Bei Ablenkung der Nadel aus der Gleichgewichtslage schwingt sie mit einer bestimmten Frequenz, die eine Funktion der Erregerstromstärke des Magneten ist. Durch deren Veränderung kann man bei jedem Einsatz die Eigenfrequenz etwa im Verhältnis von 1:5÷1:10 in bequemster Weise durch Verändern des Erregerstromes einstellen, ohne das Instrument zu berühren.

Nun wird die Nadel auch noch dem Wechselfeld ausgesetzt in solcher Weise, daß sie aus der Ruhelage im Gleichfeld herausgedreht wird. Das Eisenblättchen trägt einen Spiegel, der das Bild eines glühenden

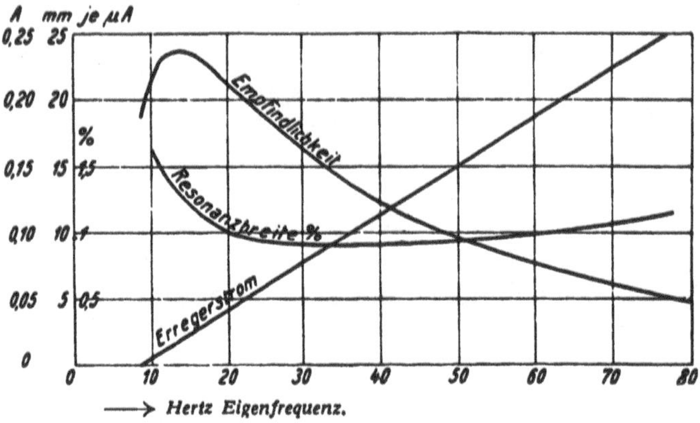

Bild 293. Charakteristik eines Nadel-Vibrationsgalvanometers.

Leuchtdrahtes auf eine Skala wirft. Beim Gebrauch wird durch Ändern der Gleichstromerregung die Eigenfrequenz so lange geändert, bis die Verbreiterung des Fadenbildes ein Maximum erreicht. Bild 293 zeigt die Stärke des erregenden Gleichstromes als Funktion der Eigenfrequenz, ebenso die Empfindlichkeit, ausgedrückt durch die Bildverbreiterung in mm je μA bei 1 m Skalenabstand. Die Daten dieses Instrumentes, das von Hartmann & Braun nach den Angaben der PTR hergestellt wird, sind für 50 Hertz:

Gleichstromwicklung 2×670 Wdg., $R = 52\,\Omega$,
Strom in der Gleichstromwicklung 0÷0,25 A,
Wechselstromwicklung 4×1000 Wdg.,
bei Gl.-Str. $R = 72\,\Omega$, bei 50 Hertz $R = 89\,\Omega$.

Das Nadelgalvanometer ist neuerdings von Schering für Frequenzen bis zu 1000 Hertz durchgebildet worden, wenn auch unter Verminderung der Empfindlichkeit:

bei 500 Hertz Stromempfindlichkeit 5 mm je μA,
» 1000 » » 1,5 mm je μA.

Bei den technischen Frequenzen reicht die Empfindlichkeit für die bei den normalen Stromwandleruntersuchungen gestellten Ansprüche vollständig aus.

Fremdfeld-Einfluß. Der Einfluß von Fremdfeldern ist nicht allzu groß. Nach dem Überstülpen einer Haube aus 20 mm starkem Gußeisen beträgt die Bildverbreiterung in einem Fremdfelde mit einer Liniendichte von 1 Gauß 180 mm, mit einem aus legiertem Eisenblech gewickelten Mantel von 12 mm Stärke nur 78 mm gegen 2200 mm ohne Fremdfeldschutz. Ströme von 1000 A können in 2 m Abstand vorbei-

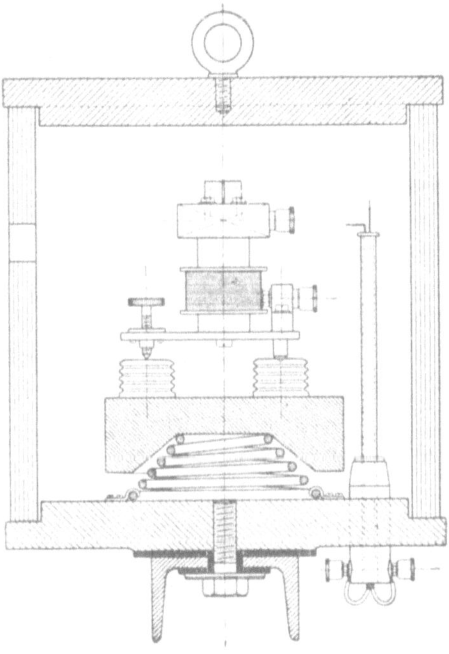

Bild 294. Gepanzertes und erschütterungsfrei aufgestelltes Nadelgalvanometer.

geführt werden. Der Einfluß von Fremdfeldern läßt sich in der Weise eliminieren, daß man die Galvanometerzuleitungen vertauscht und das Mittel nimmt aus den beiden Brückeneinstellungen.

Bild 294 zeigt das Instrument in einer Ausführung der SSW, Nürnberg, mit Panzer und erschütterungssicherer Aufstellung ohne Verwendung von Gummibällen. Auf dem in der Wand eingelassenen U-Eisen ist eine runde, gußeiserne Grundplatte isoliert befestigt, auf deren äußerem Rande der Panzer aufliegt und auf der unter Zwischenschaltung einer kegelförmig gewickelten Spiralfeder ein schwerer Bleiklotz sitzt: erst auf diesem ist, wiederum isoliert, das Instrument aufgestellt.

Ausführung nach Agnew. Im Bureau of Standards ist von Agnew ein Vibrationsgalvanometer ausgearbeitet worden[1]), das besonders einfach herzustellen ist (Abb. 295). Es besteht im wesentlichen aus einem dünnen Stahldraht, der auf einem Pol eines Dauermagneten angebracht ist. Das freie Ende des Drahtes schwingt zwischen den Polen eines Elektromagneten, durch den der zu messende Wechselstrom fließt.

Für 60 Hertz hat der Draht einen Durchmesser von 0,1 mm und eine Länge von 33 mm, für 25 Hertz bei gleicher Länge einen Durchmesser von 0,04 mm. Der Draht ist durch ein Glasrohr geschützt und wird

[1]) Scientific Paper des Bureau of Stds. Nr. 370, 1920.

durch seinen Fuß aus weichem Eisen an dem Magnet festgehalten. Die Beobachtung der Schwingungen erfolgt durch ein Mikroskop mit 50 bis 100facher Vergrößerung. Mit einer 1-Ω-Wicklung kann eine EMK von

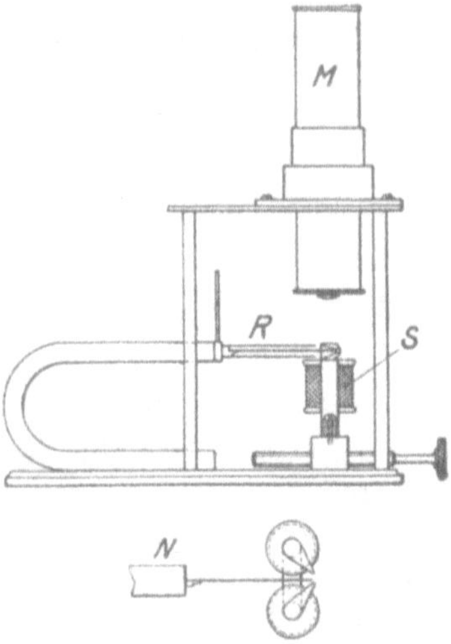

Bild 295. Vibrationsgalvanometer nach Agnew.
N Dauermagnet
R Rohr aus Glas mit innen schwingendem Stahldraht
S Erregerspule
M Mikroskop zur Beobachtung der Bewegung des Drahtendes.

3 μV festgestellt werden, mit der 270 Ω-Wicklung ein Strom von 0,05 μA. Die Empfindlichkeit entspricht etwa der des Scheringschen Nadelgalvanometers.

Spulen-Vibrationsgalvanometer.

a) Kurzspulen-Galvanometer. Das kleine Spulengalvanometer[1]) der Siemens & Halske A.-G. (Bild 296) ist ähnlich gebaut wie eine Oszillographenschleife und besteht aus einer sehr feinen Drehspule, die in dem Feld eines Stahlmagneten schwingt. Durch Verändern der Spannung

Bild 296. Spulen-Vibrationsgalvanometer (Siemens & Halske).

des Aufhängedrahtes wird die Richtkraft und damit die Eigenfrequenz der Spule geändert.

An Empfindlichkeit ist das Spulengalvanometer dem Scheringschen Nadelgalvanometer erheblich überlegen. Der Widerstand der Drehspule beträgt 25 Ω, die Bildverbreiterung für 1 m Abstand bei

50 Hertz 125 mm je μA und 0,25 mm je μV,
500 Hertz 10 mm je μA und 0,20 mm je μV.

Die Resonanzbreite ist dabei 1,5%.

Das Spulengalvanometer wird von Siemens & Halske in zwei Ausführungen hergestellt, einer solchen, die nur 2% Regulierbereich zuläßt und für die Schleifen mit 15, 25, 50, 60, 100 oder 500 Hertz Eigenfrequenz gebaut werden, und in

[1]) Zöllich, Archiv f. Elektrotechn. 3, 1915, Nr. 369.

weiteren Grenzen regelbar für Frequenzen von 15÷30, 25÷60 oder 50÷500 Hertz.

Bei dem Kurzspulengalvanometer von Leeds & Northrup beträgt die Stromempfindlichkeit der hochohmigen Ausführung (700 Ω) bei 60 Hertz 40 mm je μA, die Spannungsempfindlichkeit der niederohmigen Ausführung (0,16 Ω) 0,5 mm je μV. Die Resonanzbreite ist im ersten Falle nur 0,2%, im zweiten 0,4%. Die Eigenschaften des Spulengalvanometers von Siemens & Halske sind demnach nicht erreicht.

Ein kurzsaitiges Vibrationsgalvanometer, das von 100÷5000 Hertz einstellbar ist, wird von Hartmann & Braun gebaut. (Bild 297.)

Bild 297.

Bild 298.

Bild 297. Kurzspulen-Vibrationsgalvanometer. (Hartmann & Braun.)
Bild 298. Langspulen-Vibrationsgalvanometer. (Hartmann & Braun.)

Langspulen - Vibrationsgalvanometer. Das Zöllichsche Instrument ist sehr klein und handlich. Sein Vorläufer war das von Schering und Schmidt angegebene Langspulen-Vibrationsgalvanometer, bei dem eine aus zwei Bändern von je 1,20 m Länge gebildete Spule verwendet wurde. Der Frequenzbereich war 25÷100 Hertz (Bild 298.)

Vibrations-Elektrometer.

Baut man bei einem elektrostatischen Spannungsmesser das bewegliche Organ so, daß es eine hohe Eigenfrequenz hat, so kann man diesen Apparat als Vibrationselektrometer benutzen. Es gibt sowohl Saiten Vibrationselektrometer als Nadel-Vibrationselektrometer. Beide werden aber selten angewandt.

Saiten-Vibrationsgalvanometer.

Wenn man ein normales Saitengalvanometer als Vibrationsgalvanometer benutzt, stört die allzu große Dämpfung. Moll[1]) hat die Dämpfung

[1]) Journ. of Scient. Instr. **2**, 1925, S. 361 (Ref. Z. f. I. **45**, 1925, S. 589).

dadurch vermindert, daß er die Masse der Saite durch unsymmetrisches Ankleben eines kleinen Spiegels vergrößerte. Die Schwingungsbewegung des Spiegels ist kompliziert, weil außer den Längsschwingungen auch noch Drehschwingungen ausgeführt werden. Bei der Mollschen Ausführung hat der Spiegel die Maße 1,2 × 0,6 mm, die Saite aus 0,01 mm Wolframdraht ist 80 mm lang. Die Erregung verbraucht 3 W.

Nachstehend die Empfindlichkeitsdaten:

	100 Hertz	1000 Hertz
mm je μA bei 500 Ω Schließungswiderstand	75	12,5.

Der Eigenwiderstand ist etwa 50 Ω.

Anwendung der Vibrationsinstrumente.

Die Vibrationsgalvanometer werden ausschließlich als Nullinstrument bei Messungen mit der Wechselstrombrücke verwendet als vollwertiger Ersatz des früher verwendeten Telephons.

Das Nadelgalvanometer hat den Vorzug, daß es fast unverwüstlich ist und seine Eigenfrequenz durch Änderung des Erregerstromes in bequemster Weise veränderbar ist. Bei dem Spulengalvanometer ist für einige Ausführungen die Eigenfrequenz gleichfalls veränderbar, es ist empfindlicher auf Überlastung als das Nadelgalvanometer, hat dafür aber den Vorzug, daß es schon auf schwächere Ströme reagiert als dieses. Das Spulengalvanometer läßt sich auch leichter für höhere Frequenzen (500÷1000 Hertz) herstellen als das Nadelgalvanometer.

J. Differenzmesser, Quotientenmesser und Doppelspulinstrumente.

Zur Vereinfachung elektrischer Messungen hat man besondere Instrumente gebaut, die unmittelbar die Differenz oder den Quotienten zweier Gleich- oder Wechselströme anzeigen. Es wird dabei das Prinzip eingeführt, die beiden zu prüfenden Ströme unmittelbar zu vergleichen, so daß das Meßorgan nur auf die Differenz der Ströme anspricht und keine Meßfehler durch ungenaue Einzelmessung entstehen.

Differenzmesser.

Diese Ausführung ist schon sehr alt. Das Differential-Nadel-Galvanometer wurde schon frühzeitig[1]) zum Vergleichen von Widerständen benutzt, ebenso Differential-Drehspulgalvanometer. Bei beiden Arten ist die Spule in zwei gleiche Hälften unterteilt, die die zu messenden Ströme führen. Bei der hohen Stromempfindlichkeit und der verhältnis-

[1]) Nach Heinke, Handbuch d. Elektr., II, 2, S. 241, im Jahre 1826 von Becquerel.

mäßig hohen Belastbarkeit der Spulen eines Drehspulinstrumentes hat man keine Schwierigkeiten, daß etwa die zu vergleichenden Ströme die Spulen übermäßig erhitzen.

Differenzmesser kann man auch in der Weise erhalten, daß man zwei Meßwerke übereinander oder nebeneinander anordnet und auf ein gemeinsames Anzeigeorgan wirken läßt. Charakteristisch ist, daß die Richtkraft stets eine mechanische, nie eine elektromagnetische ist.

Quotientenmesser.

Gemeinsam ist allen derartigen Apparaten das Vorhandensein von zwei Spulen (fest oder beweglich), die entgegengesetzt gerichtete Drehmomente in dem beweglichen Organ erzeugen. Wenn zu diesem Strom geführt werden muß, so geschieht es über Schleifbürsten oder mittels ganz feiner Metallbänder mit möglichst geringer Richtkraft. Ist die letztere gegen die elektrodynamische vernachlässigbar, wie es dem Meßprinzip nach immer sein soll, so erfolgt die Einstellung allein nach dem Verhältnis der beiden links- und rechtsdrehenden Drehmomente.

Drehspul-Quotientenmesser mit Dauermagnet.

Die ersten Kreuzspulinstrumente sind von Bruger angegeben worden, der auch ihre Wirkung rechnerisch verfolgte[1]).

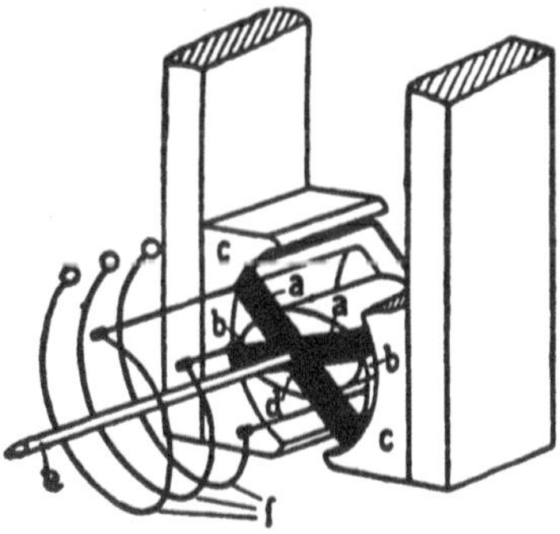

Bild 299. Kreuzspul-Ohmmeter nach Bruger (Hartmann & Braun).

Bild 299 zeigt den Aufbau in schematischer Darstellung. Er ist dem eines normalen Drehspulinstrumentes ähnlich mit folgendem Unterschied:

1. Sind zwei gekreuzte Drehspulen *a*, *b* vorhanden statt einer, die unter Mitberücksichtigung der Stromrichtung einen räumlichen Winkel zwischen $0 \div 180^0$ einschließen,
2. es sind statt zwei drei Stromzuführungen *f* vorhanden, die aus sehr dünnen, möglichst richtkraftlosen Silberbändern bestehen,
3. der Luftspalt ist nicht gleichförmig, sondern über dem Weg der Drehspule ungleich. Erreicht wird das entweder dadurch, daß man den inneren Kern *d* elliptisch macht statt kreisrund, oder die Polschuhe *c* exzentrisch zum Kern ausbohrt.

Die Bauweise der Drehspul-Quotientenmesser ist sehr verschiedenartig. An Stelle eines ungleich weiten Luftspaltes kann man auch einen

[1]) ETZ 1896, S. 333; ETZ 1906, S. 531, Phys. Z. 7, 1906, S. 775.

inneren Eisenkern von der Form des Bildes 114 wählen, bei dem die Liniendichte durch Ausfräsungen geregelt ist.

Die beiden Drehspulen (Bild 299) führen die Ströme I_1 und I_2, deren Verhältnis gemessen werden soll. Wenn die Windungszahlen und die Radien der Spulen gleich sind und die Spulen sich in einem homogenen Feld $\mathfrak{H}$ bewegen, so ist das Drehmoment proportional

$$D_1 = I_1 \cdot \mathfrak{H} \cdot \cos \delta_1,$$
$$D_2 = I_2 \cdot \mathfrak{H} \cdot \cos \delta_2,$$

wobei δ_1, δ_2 den jeweiligen Winkel der Spulenebene gegen die Kraftlinienrichtung bezeichnen. In der Regel ist aber das Feld nicht homogen, und es ist dann an Stelle von $\mathfrak{H} \cos \delta$ die Feldstärke einzusetzen, in der sich die Leiter der Drehspule jeweils befinden.

Die beiden Drehspulen erzeugen ein resultierendes Feld, dessen Richtung gegen die Drehspulachsen von dem Verhältnis der Ströme in den beiden Spulen abhängt. In den Grenzfällen, daß der eine oder der andere Strom gleich Null ist, steht die Resultierende senkrecht zu der stromführenden Spule. Sie kann also ihre Richtung um den Spulenwinkel um 0 bis max 180° ändern. Diese Resultierende sucht sich jeweils in die Hauptfeldrichtung zu stellen. Praktisch bewegt man sich nur zwischen 90 und 180° Spulenwinkel, weil man bei kleinerem Spulenwinkel als 90° auch nicht mehr den üblichen Skalenwinkel von 90° erreichen würde.

Verhältnisempfindlichkeit. Je nach dem Verwendungszweck wird eine ganz verschiedene Verhältnisempfindlichkeit verlangt. Für einen Widerstandsmesser mit weitem Meßbereich sollen Stromverhältnisse von $1 \div \infty$ gemessen werden; für enge Widerstandsbereiche, die man für die Temperaturmessung mit Widerstandsthermometern braucht, wünscht man mit Verhältnissen $0{,}9 \div 1{,}1$ auszukommen, weil dieser Bereich schon etwa 50 Temperaturgraden entspricht.

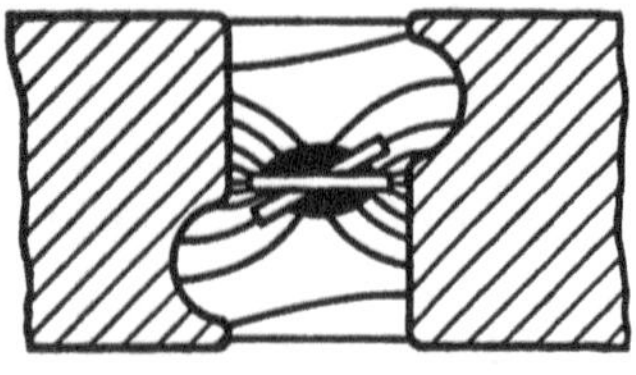

Bild 300. Form des Eisenkernes und der Polschuhe für ein Kreuzspul-Ohmmeter mit sehr weitem Meßbereich.

Für weite Quotientenbereiche, z. B. für Ohmmeter, nimmt man 90° Skalenwinkel und sehr ungleiche Luftspaltweite. Eine Feldform für Ohmmeter zeigt Bild 300.

Für enge Quotientenbereiche macht man den Spulenwinkel nur $5 \div 30°$ von 180° verschieden und läßt den Luftspalt nur wenig zunehmen.

Andere Bauformen. Es ist nicht unbedingt notwendig, die Spulen zu kreuzen, man kann sie auch in der im Bild 301 gezeigten Weise nebeneinander setzen, wenn man den Polschuhen die gezeichnete Form gibt.

Weiterhin ist es keineswegs notwendig, daß die Windungszahlen der beiden Spulen gleich sind. Zur Ausführung der Widerstandsmessung

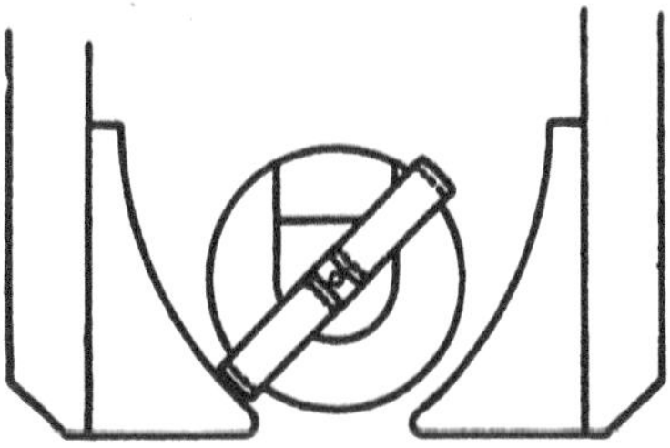

Bild 301. Verhältnismesser von Carpentier, Paris, mit zwei Spulen in einer Ebene.

aus Strom und Spannung verwendet man z. B. eine dickdrähtige Spule, mit der über einen Nebenwiderstand der Strom gemessen wird und eine dünndrähtige zur Spannungsmessung.

Eine andere Ausführungsform mit drei Drehspulen ist das in Bild 302 gezeigte Meßwerk des Meggers der Firma Evershed & Vignoles. Die Wirkungsweise ist im Prinzip die gleiche. Die dritte Spule dient lediglich

Bild 302. Dreispuliges Quotienten-Meßwerk des »Meggers«, hergestellt von Evershed & Vignoles.

zur Änderung des Skalencharakters, zur Erhöhung der Anfangsempfindlichkeit.

Ein Quotientenmesser kann auch als Kreuzfeld-Instrument gebaut werden. Man hat dann zwei oder auch nur eine einzige Drehspule übereinander auf einer Achse und bringt sie in das Feld zweier Sätze von Polstücken. Eine derartige Ausführung ist das »Metrohm« der Firma Everett Edgcumbe und das Siemens-Megohmmeter (s. 2. Band, Widerstandsmessung).

Justierung der Verhältnisempfindlichkeit. Durch den Spulenwinkel und die Form des Luftspaltes ist die Skalencharakteristik für das Verhältnis der in den beiden Drehspulen fließenden Ströme unveränderbar gegeben. Nun ist aber immer eine gewisse Justierung nötig, einmal, weil der Spulenwinkel und der Luftspalt in der Fabrikation nicht genau gleich ausfallen, außerdem, weil die Instrumente häufig verschiedenen Meßbereichen angepaßt werden müssen. Alle diese Justierungen müssen aber von einem überempfindlichen Instrument ausgehen; denn sie drücken die Verhältnisempfindlichkeit immer herab, niemals wird sie gesteigert.

Bild 303 zeigt zwei Schaltungen. Bei der ersten wird die Empfindlichkeit durch Vorschalten der Widerstände r_1 und r_3 in beiden Kreisen herabgedrückt, bei der zweiten durch das Zuschalten des Widerstandes r_3, der gleichzeitig noch als Dämpfungswiderstand wirkt.

Ist $r_3 = \infty$, so ist die Empfindlichkeit die durch den Spulenwinkel und die Feldverteilung gegebene. Ist $r_3 = 0$, so fließen in beiden Spulen gleiche Ströme, wie auch das Verhältnis der beiden Ströme I_1 und I_2 sein mag, die Verhältnisempfindlichkeit ist dann gleich Null. Zwischen beiden Grenzwerten kann jede beliebige Empfindlichkeit durch Änderung von r_3 eingestellt werden.

Anzeige des stromlosen Zustandes. Wenn die Stromzuführungsbänder vollkommen richtkraftlos sind und das bewegliche Organ vollständig equilibriert, so bleibt der Zeiger nach dem Abschalten der

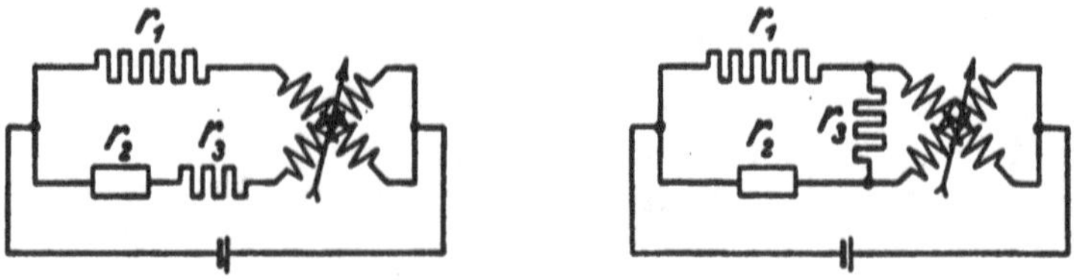

Bild 303. Änderung der Quotienten-Empfindlichkeit eines Kreuzspulinstrumentes.
a) durch Vorwiderstand
b) durch Nebenwiderstand.

Spannung auf irgendeinem Punkt stehen und täuscht so vielleicht einen bestimmten Betriebszustand vor. Um das zu vermeiden, gibt man entweder den Federn doch eine kleine Richtkraft, so daß sie dann den Zeiger aus dem nutzbaren Skalenbereich führen, oder man baut ein besonderes Hilfsrelais ein, das den Zeiger erst dann sich nach der Skala bewegen läßt, wenn eine ausreichende Spannung vorhanden ist. Bei Verwendung einer Richtkraft gibt man die grundsätzliche Unabhängigkeit von Spannungsschwankungen preis, man hat dann für sehr große Schwankungen (über $\pm$ 20%) mit einer merklichen Fehlweisung zu rechnen.

Dreheisen-Quotientenmesser[1]) (Kreuzeisen-Instrumente).

Man setzt auf einer Achse zwei Meßwerke von Rundspul- oder Flachspul-Dreheiseninstrumenten übereinander und ordnet die Eisenkerne bzw. die Spulen so an, daß die beiden Meßwerke entgegengesetzt gerichtete Drehmomente erzeugen. Auch hierdurch erhält man einen für Gleichstrom- und Wechselstrom brauchbaren Quotientenmesser, der noch den Vorzug hat, daß er keine Stromzuführungen zum beweglichen Organ besitzt. Sehr unangenehm ist aber die schwierige Erzielung eines vorgeschriebenen Skalencharakters, weil er sich nicht so leicht rechnerisch ermitteln läßt wie bei Drehspulinstrumenten.

Solche Instrumente finden Anwendung zur Herstellung von Dreheisen-Zeigerfrequenzmessern, wenn man die beiden Spulen über verschiedenartige Wechselstromwiderstände an die Spannung legt. Eine beson-

1) Bubert, E. u. M., 1925, S. 202.

dere Art ist der cos φ-Messer der Westinghouse Co. (nach Frank Conrad, s. 2. Band) (Bild 304, 305) mit einem zweiflügeligen beweglichen Organ, das durch eine mit der Achse konzentrische Spule mag-

Bild 304. Dreheisen-Quotientenmesser des Westinghouse-cos φ-Messers. Bewegliches Organ mit abgenommener Stromwicklung.

netisiert wird und sich in die Achse eines äußeren Wechselfeldes einzustellen sucht.

An Stelle von zwei Eisen (Kreuzeisen-Instrument) kann man auch ein einziges verwenden, das man zwei Feldern aussetzt, entsprechend dem Kreuzfeld-Drehspulinstrument.

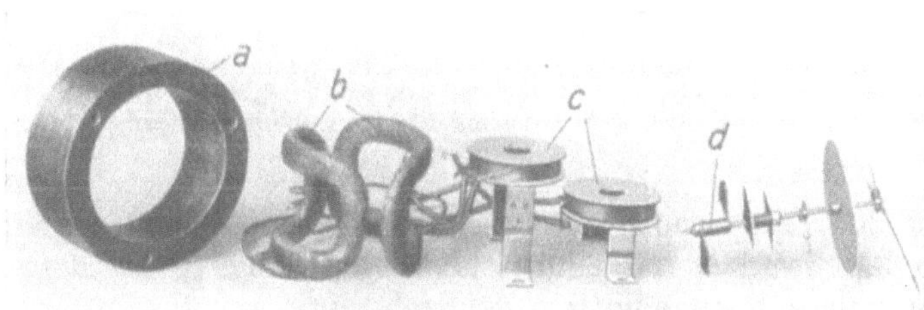

Bild 305. Dreheisen-Quotientenmesser des Dr. P. Meyer-cos φ-Messers nach Kühnel mit doppeltem Kreuzspul-Meßwerk zum Anschluß von zwei Leitungen eines Drehstromnetzes. *a* Eisenrückschluß, *b*, *c* Feldspulen, *d* bewegliches Organ.

Elektrodynamische Quotientenmesser.

Ein Beispiel eines eisenlosen elektrodynamischen Quotientenmessers ist der Leistungsfaktormesser der Weston Co. Zwei Ausführungen eisen-

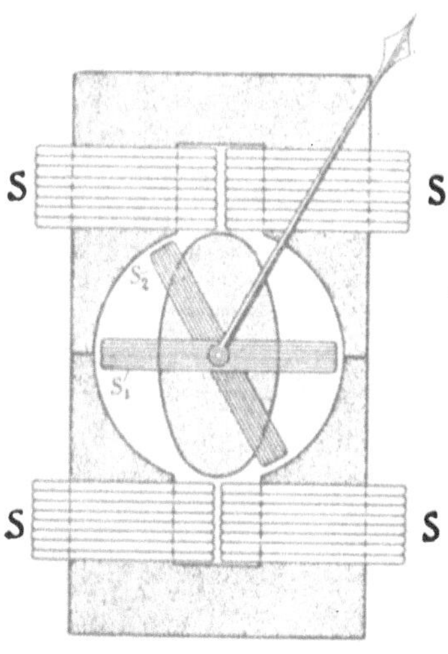

Bild 306. Eisengeschlossenes elektrodynamisches Kreuzspul-Meßwerk mit elliptischem inneren Kern und gekreuzten Drehspulen.

geschlossener elektrodynamischer Quotientenmesser zeigen die Bilder 306, 307. Letzteres ist ein elektrodynamischer Quotientenmesser der Firma Chauvin & Arnoux, Paris[1]), sozusagen ein Waage-Typ mit nur einer Drehspule. Die zwei festen Spulen N_1, N_2 erzeugen entgegengesetzte Drehmomente und die beiden Kräfte F_1, F_2 ändern sich mit der Drehung der Spule C. Die Einstellung

[1]) Held, Revue Générale de l'Electricité, 15 1924, S. 591÷598.

des beweglichen Organs hängt allein von dem Verhältnis F_1/F_2 ab. Die genannte Firma stellt auch noch andere Modelle elektrodynamischer Quotientenmesser her, und es sei auf den genannten Aufsatz verwiesen.

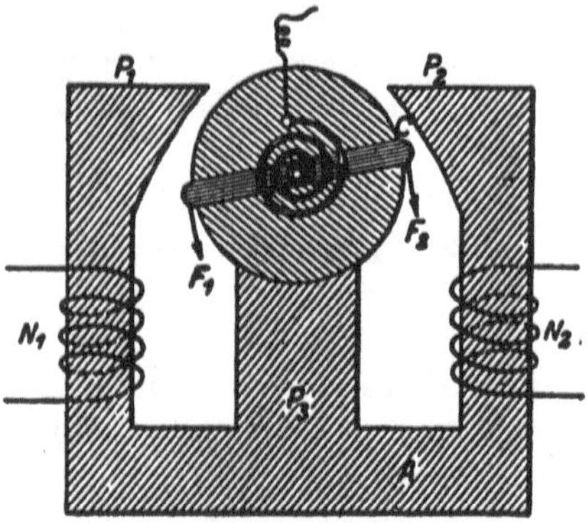

Bild 307.

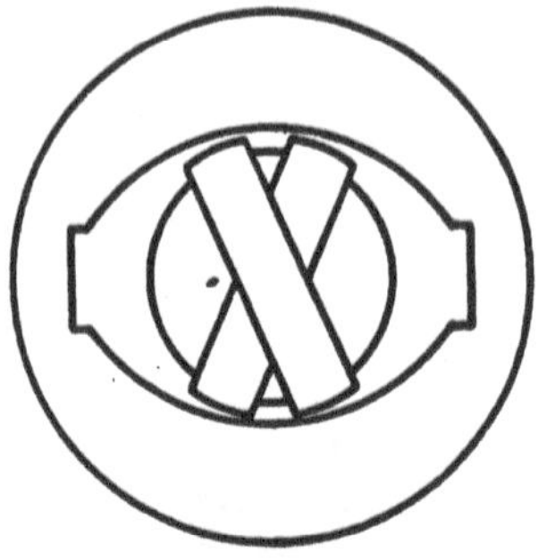

Bild 308.

Bild 307. Eisengeschlossenes elektrodynamisches Meßwerk. Quotienten-Meßwerk mit einer Drehspule C und zwei festen Spulen N_1 N_2, die einzeln mit den Kräften F_1 F_2 die Spule zu drehen suchen.

Bild 308. Eisengeschlossenes elektrodynamisches Kreuzspulinstrument mit elliptischer Polbohrung.

Bild 308 zeigt noch ein eisengeschlossenes elektrodynamisches Kreuzspul-Meßwerk[1]) mit elliptischer Polbohrung. Statt dessen kann auch der innere Kern elliptisch geformt sein.

Induktions-Quotientenmesser.

Ein einfacher Quotientenmesser nach dem Induktionsprinzip läßt sich nach Bild 309 bauen. An Stelle der üblichen Trommel tritt ein Kurzschlußrahmen aus Kupferblech. Die Einstellung erfolgt nach dem

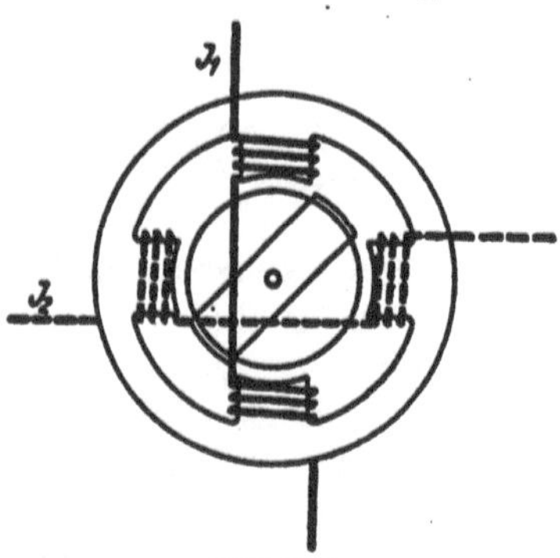

Bild 309.

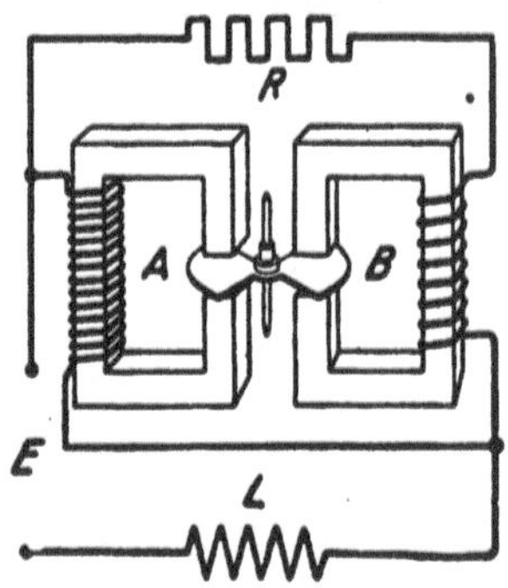

Bild 310.

Bild 309. Quotientenmesser nach dem Induktionsprinzip. Die Kurzschlußspule sucht sich senkrecht zu dem resultierenden Feld der beiden zu vergleichenden Ströme J_1 J_2 zu stellen.

Bild 310. Quotientenmesser nach dem Induktionsprinzip mit beweglicher Scheibe. (Frequenzmesser.)

[1]) Siehe H. Kafka, »Über Wechselstrom-Quotientenmesser«, E. u. M., 40, 1922, S. 421÷425.

Verhältnis: J_1/J_2. Der maximal mögliche Ausschlagwinkel ist 90°, praktisch können höchstens 60° ausgenützt werden. Die Angaben sind von der Frequenz unabhängig.

Auch Induktionsinstrumente des Scheibentyps hat man als Quotientenmesser gebaut. Bild 310 zeigt eine Ausführung der Cambridge Instrument Co. als Frequenzmesser. Das eine Magnetsystem A wird über eine Drossel L gespeist, das andere B über einen Ohmschen Widerstand R.

Kreuzzeigerinstrumente.

Eine besondere Art von Verhältnismessern sind noch die **Kreuzzeigerinstrumente** mit zwei vollständigen Meßwerken in einem Gehäuse. Ursprünglich, z. B. bei dem Frequenzmesser von **Ferrié**, nur zu einer Verhältnismessung benutzt und für diese Zwecke durch die direkt zeigenden Formen überholt, bleiben sie unentbehrlich für einige Messungen, für die gewöhnliche Quotientenmesser nicht ausreichen. Beispielsweise besteht beim Akkumulator eine eindeutige Beziehung zwischen der Restladung und der Klemmenspannung für einen beliebigen Entladestrom. Bild 311 zeigt einen Entladungsanzeiger für Akkumulatoren. Die Ablesung erfolgt auf einer Kurvenschar, die die bei der jeweiligen Stromstärke noch mögliche Entladungsdauer in Stunden angibt. Die Eichung könnte auch so erfolgen, daß die Restkapazität in Prozenten der vollen Ladung angegeben würde, etwa durch verschiedene Farbzonen. Der Meßbereich des Spannungsmessers ist weiter zu unterdrücken als sonst üblich, die Skala reicht von 1,6 ÷ 2,5 V je Zelle. Die Genauigkeit muß namentlich für den Spannungsmesser sehr hoch sein, damit die Anzeige nicht fehlerhaft wird.

Bild 311. Kreuzzeigerinstrument als Entladungsanzeiger.

Doppelspulinstrumente.

Eine besondere Art elektrodynamischer Instrumente, die bei Wechselstrom das Verhältnis zweier elektrischer Größen angeben sollen, sind die **Doppelspulinstrumente**, Instrumente mit einer festen Spule und zwei koaxial gewickelten beweglichen Spulen, von denen einer über richtkraftlose Bänder Strom zugeführt wird, während die andere über einen irgendwie gearteten Widerstand kurzgeschlossen ist. Diese Kurzschlußspule versucht, sich und damit das ganze bewegliche Organ immer senkrecht zur festen Spule zu stellen.

Das erste Instrument dieser Gruppe war der Frequenzmesser von Abraham-Carpentier, der eine Drehspule auf einem Kurzschlußrahmen aus Kupferblech benutzte. Das Doppelspulinstrument ist das geeignetste für Wechselstrombrückenschaltungen, wo die Mittelstellung des Zeigers auf der Skala, gleichzeitig die Senkrechtstellung der Kurzschlußspule zum Feld der festen Spule, das Gleichgewicht der Brücke anzeigt. Je nachdem dieses Brückengleichgewicht in dem einen oder andern Sinne gestört ist, wird genau wie bei dem gewöhnlichen Gleich-

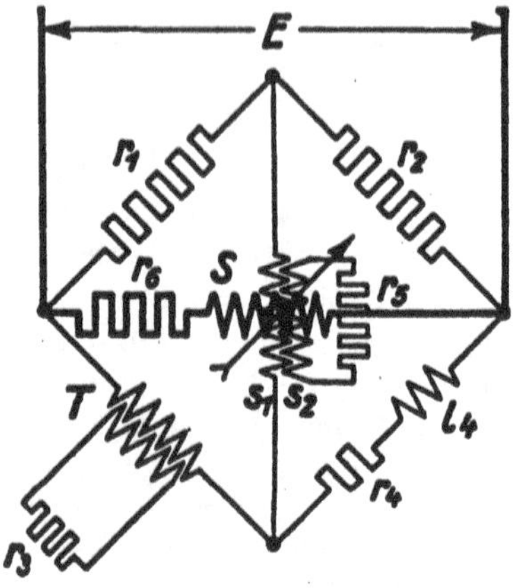

Bild 312. Brückenschaltung mit elektrodynamischem Doppelspulinstrument.

stromgalvanometer in der Gleichstrombrücke ein Rechts- oder Links-Drehmoment erzeugt. Bei dem Gleichstrominstrument wird das Gegendrehmoment von der Zuführungsfeder erzeugt, und es sind deshalb die Ausschläge bei einer bestimmten Brückenungleiche proportional der an die Brücke angelegten Gleichspannung. Das ist eine große Unbequemlichkeit und hat zur Entwicklung der Kreuz- und Doppelinstrumente geführt. Bild 312 zeigt eine solche Schaltung für die Temperaturmessung mit dem Thermometer r_3, das über den Transformator T an die Brücke geschaltet ist. r_4 ist der Vergleichswiderstand, l_4 die dem Transformator entsprechende Induktivität, r_1 r_2 die Verhältniswiderstände, S die feste Spule, r_6 der Vorwiderstand, s_1 s_2 die beweglichen Spulen, r_5 der Kurzschlußwiderstand. Speist man aber die Brücke mit Wechselstrom, so wirkt bei Ablenkung der Drehspulen $s_1 s_2$ aus der Gleichgewichtslage jenes Drehmoment entgegen, mit dem sich die Kurzschlußspule s_2 in die Senkrechtstellung zum Feld der festen Spule zurückdrehen will.

Dieses Drehmoment ist proportional dem Quadrat des Stromes in der festen Spule, und da dieser Strom proportional der an die Brücke angelegten Spannung ist, proportional dem Quadrat der Brückenspannung.

Das von der Drehspule s_1 mit der festen Spule S erzeugte Drehmoment ist aber auch proportional dem Quadrat der Brückenspannung, weil sowohl der Diagonalenstrom als der Strom in der festen Spule mit der Spannung proportional zunehmen. Nachdem nun aber Drehmoment und Gegendrehmoment proportional mit dem Quadrat der Hilfsspannung zunehmen, kommen wir auf die Tatsache, daß der Ablenkungswinkel der Drehspule bei Verwendung eines Doppelspulinstrumentes in der Wechselstrombrücke unabhängig ist von der Spannung.

Das Drehmoment eines kurzgeschlossenen Metallrahmens läßt sich ohne mechanische Eingriffe nicht regeln. Der Verfasser hat deshalb, als er das Doppelspulinstrument erstmalig 1915 für seinen im 2. Band beschriebenen Resonanz-Zeigerfrequenzmesser angewandt hat, an Stelle des massiven Rahmens eine zweite Spule verwendet und ihre Enden herausgeführt, um sie nach Belieben und Erfordernis über einen Ohmschen Widerstand oder eine Induktivität zu schließen. Später (1918) ist das Doppelspulinstrument vom Verfasser für andere Zwecke (Fernmanometer u. a., Wechselstrombrücken) vorgesehen worden.

Die Theorie des Instrumentes ist keinesfalls so einfach, wie es scheinen mag, weil nicht nur die eigentliche Kurzschlußspule ein Richtmoment erzeugt, sondern auch die ablenkende Spule, die durch die Brückenzweige geschlossen ist. Eine ausführlichere Behandlung in Vektorenrechnung hat Kafka veröffentlicht[1]).

Es ist übrigens nicht einmal nötig, daß zwei bewegliche Spulen vorhanden sind. Täuber-Gretler hat[2]) den über die Brücke fließenden Kurzschlußstrom bei Ablenkung der Richtspule zur Erzeugung des Gegendrehmomentes benutzt.

---

[1]) Wiss. Veröffentl. des Siemenskonzerns, III, 1, S. 154. E. u. M., 42, 1924, S. 1÷5. Siehe ferner dieses Buch Seite 21.

[2]) Bull. S.E.V., 1922, S. 225, ferner Dissertation »Das Induktionsdynamometer«, Zürich 1926.

III. Schreibende Meßgeräte.

Neben den anzeigenden werden schreibende Meßgeräte verwendet, weil sich an Hand ihrer Aufzeichnungen die Überwachung des Betriebes viel sicherer ausführen läßt als nach der althergebrachten Methode der viertel- oder halbstündigen Eintragung der Ablesungen der Zeigerinstrumente in das Maschinentagebuch. Früher konnten nur wenige elektrische Größen, z. B. Strom, Spannung, Leistung, selbsttätig aufgezeichnet werden, heute macht auch die Herstellung schreibender Frequenzmesser oder schreibender Leistungsfaktormesser keine erheblichen Schwierigkeiten mehr. Außerdem sind die Apparate im Laufe der Zeit auf einen hohen Grad technischer Vollkommenheit gebracht worden. Die Ausführung der Registrierinstrumente verschiedener Hersteller ist noch außerordentlich verschieden, ein Zeichen, daß dieses Gerät trotz aller Vervollkommnung doch eine endgültige Gestaltung noch nicht erreicht hat. Bei den Registrierapparaten ist das Meßwerk und seine Genauigkeit nicht das allein Wichtige, auch die Art der Aufzeichnung, der Vorschub des Papiers und manches andere sind von wesentlicher Bedeutung. Apparate, die an und für sich gut sind, werden zuweilen an falscher Stelle verwendet. Es sollen deshalb die verschiedenen Ausführungen der Registrier-Instrumente und ihre Verwendbarkeit eingehender besprochen werden.

A. Art der Aufzeichnung.

Die wesentlichsten Verfahren zur Aufzeichnung von Kurven mit schreibenden Meßgeräten sind:

1. Aufzeichnung mit Feder und Tinte;
2. Einritzen auf berußtem Papier;
3. Silberstift auf Barytpapier;
4. Fallbügel-Aufzeichnung;
5. Funkenregistrierung;
6. Lichtschreiber;
7. Relaisregistrierapparate.

Welches von diesen Verfahren in Anwendung kommt, hängt weniger vom Konstrukteur als vom Verwendungszweck des Apparates ab. Intermittierende Aufzeichnung muß in all den Fällen gewählt werden, in denen das Meßwerk geringe Richtkräfte erzeugt, die zur Betätigung eines Schreibstiftes unter dauernder Berührung der Schreibfläche nicht ausreichen. Die Aufzeichnung durch einen Funkenstrom kann demselben Zweck dienen, ihr Hauptzweck ist aber, daß sich mit ihr geringes Zeigergewicht, mithin auch kleines Trägheitsmoment und schließlich geringe Eigenschwingungsdauer des beweglichen Organs erreichen lassen. Die Funkenregistrierung dient zur Aufzeichnung mäßig schnell veränderlicher Vorgänge. Die photographische Registrierung mit dem Oszillographen oder der Braunschen Röhre reicht zur Aufnahme ganz kurzzeitiger Stromschwankungen aus.

Die Wirkungsweise und die Eigenschaften der verschiedenen Registriermethoden seien im nachfolgenden genauer geschildert.

1. Aufzeichnung mit Feder und Tinte.

a) Bewegliches Vorratsgefäß. Bei der ältesten Ausführung, der Aufzeichnung mit Tinte, trägt der Zeiger an seinem Ende ein kleines Vorratsgefäß, das in eine Spitze ausläuft, die auf Papier schreibt. Die Schreibgefäße haben die verschiedensten Formen, sie fassen $\frac{1}{4} \div 1$ g Tinte. Gut bewährt haben sich neben anderen die von Siemens & Halske herstellten Federn nach Bild 313a und 313b. Die zweite hat die Gestalt

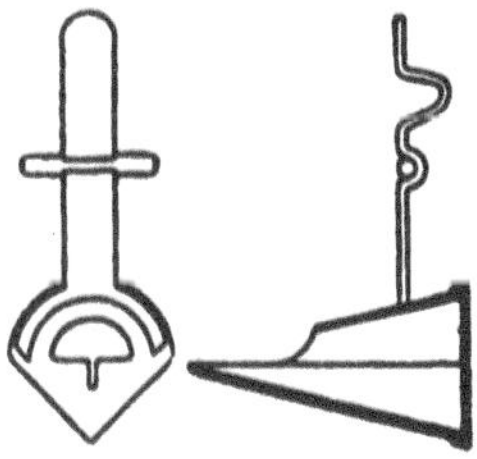
Bild 313a.

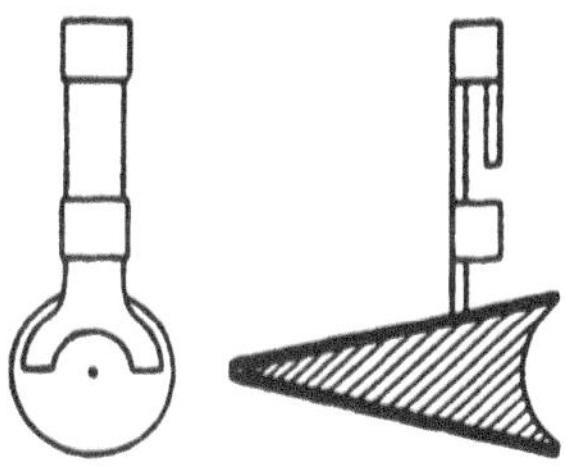
Bild 313b.

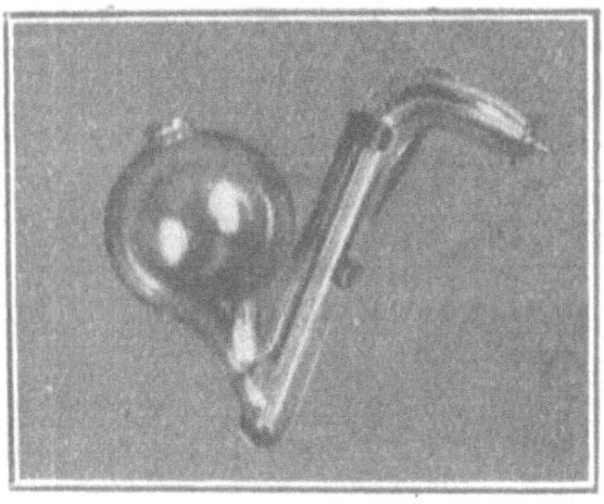
Bild 313c.

Bild 313a. Schlitzfeder (Siemens & Halske).
Bild 313b. Kegelfeder (Siemens & Halske).
Bild 313c. Schreibfeder der General Electric Co. mit großer Vorratskugel und angesetzter Kapillarfeder.

eines Kegels mit einer sehr feinen Öffnung von 0,07 mm Durchmesser. Die andere ist pyramidenförmig und hat einen eingesägten feinen Schlitz, in dem sich die Tinte durch Kapillarwirkung zur Spitze vorsaugt. Die Federn werden aus Neusilberblech hergestellt, weil dieses chemischen Einflüssen verhältnismäßig gut standhält. Die Tinte selbst muß von allerbester Beschaffenheit sein, sie darf vor allem keine freie Säure enthalten. Damit sie nicht eintrocknet, besteht sie zu einem wesentlichen Teil aus Glyzerin nebst leimenden Zusätzen. Als Farbstoff ist das für Stempelkissen verwendete Methylviolett am besten geeignet, alle anderen

Farben zersetzen sich mehr oder weniger, namentlich bei längerer Aufbewahrung.

Wird eine solche Schreibfeder einigermaßen vorsichtig behandelt, vor jedesmaligem Neufüllen durch Ausspülen mit Wasser oder Alkohol gut gereinigt, die polierte Spitze nicht mit ungeeigneten Werkzeugen nachgebohrt usw., so kann sie mit einer Tintenfüllung von 0,5 g eine Strichlänge von etwa 300 m schreiben. Bei geringem Vorschub (20 mm stündlich) und mäßigen Schwankungen beträgt die Schreibdauer 4 bis 6 Wochen. Gute Tinte trocknet dabei in der Feder nicht ein.

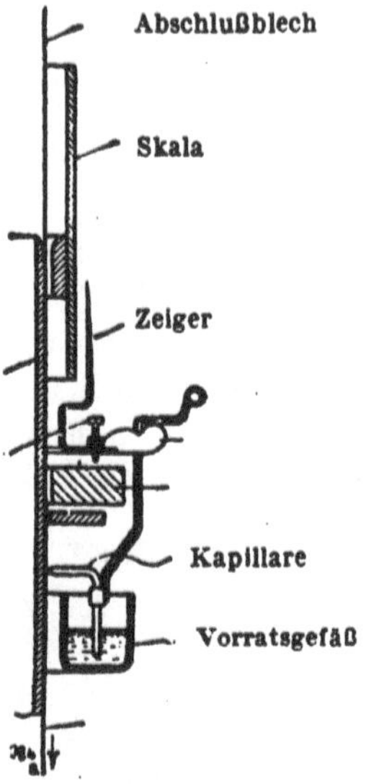

Bild 314.

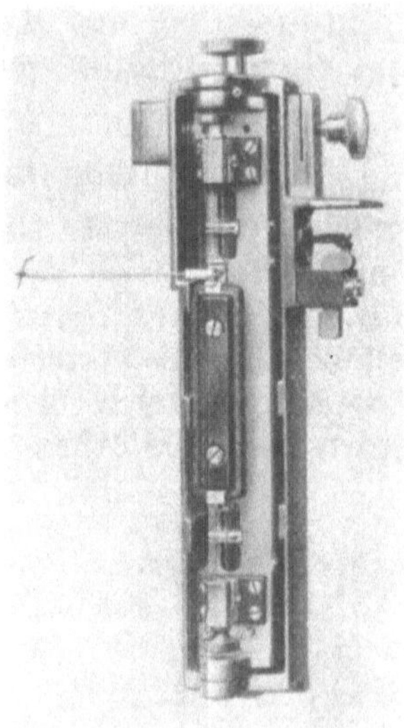

Bild 315.

Bild 314. Kapillarfeder. Anordnung von Hartmann & Braun.
Bild 315. Schnellschreibendes Drehspulgalvanometer für Kabeltelegraphie mit Kapillarfeder (Siemens & Halske.)

b) Feststehendes Vorratsgefäß. Da es Betriebe gibt, in denen eine noch längere Schreibdauer erwünscht ist, hat eine andere Ausführung vielfach Eingang gefunden, die Kapillarfeder in Verbindung mit einem feststehenden großen Vorratsgefäß. Bild 314 zeigt die Feder der Firma Hartmann & Braun. Sie ist aus einem sehr feinen Glasröhrchen hergestellt und mit Verstärkungen versehen, die das Zerbrechen bei roher Berührung verhindern sollen. Diese Federn werden in sechs verschiedenen Stärken angefertigt, die Auswahl erfolgt entsprechend dem aufzuzeichnenden Vorgang. Für kleinen Papiervorschub und langsame Zeigerbewegungen werden die feinsten Federn ausgewählt, für schnell veränderliche Vorgänge die gröbsten. Bei den ersten Ausführungen solcher Kapillarfedern lag die Ausflußöffnung der Feder unterhalb des Flüssigkeitsspiegels. Der Druck der ausfließenden Tinte setzt sich dann zusammen aus dem Höhenunterschied zwischen Öffnung und Flüssigkeitsspiegel plus dem Kapillardruck. Durch diese Summierung wird zwar das Durchströmen der Tinte erleichtert, es tritt aber ein Übelstand auf, der allerdings nur bei den gröberen Federn besonders stört: bei stillstehendem Papier wird andauernd Tinte aus dem Vorratsgefäß entnommen und läuft schließlich in einem Tropfen an dem Papier herab.

Bild 316. Anordnung der Kapillarfeder bei den Registrierapparaten von Dr. P. Meyer.

Dieser Übelstand ist bei den neueren Federn vermieden, bei denen die Schreibspitze oberhalb des Flüssigkeitsspiegels liegt, so daß also die Differenz beider Drucke zur Wirkung kommt.

Außer Hartmann & Braun haben noch eine Anzahl anderer Firmen Registrierapparate mit feststehendem Vorratsgefäß und Kapillarfeder gebaut (s. Bild 316).

c) **Festes oder bewegliches Vorratsgefäß?** Es wird sehr häufig die Frage aufgeworfen, welche Anordnung die bessere sei, die mit festem oder die mit beweglichem Vorratsgefäß. Diese Frage läßt sich nicht allgemein beantworten, keine der beiden Anordnungen ist für alle vorkommenden Fälle geeignet, jede hat ihre Vor- und Nachteile.

Die Tinte muß für Kapillarfedern dünnflüssiger sein als für andere Schreibfedern, sonst verstopfen sie sich leicht. Mehr als bei anderen Federn muß darauf geachtet werden, daß nur gut geleimtes, glattes Papier verwendet wird, weil vorstehende Fasern sich an der Feder ansetzen und die Tinte nicht mehr austreten lassen. Eine Abnutzung der Glasfedern tritt in merkbarem Maße nicht ein: wenn die Feder sich nicht verstopft, kann sie unbegrenzte Zeit schreiben. Das gleiche gilt von dem Tintenvorrat. Trotzdem ist es nicht angebracht, einen derartigen Apparat allzu lange ohne Wartung zu lassen; denn es kann durch die verschiedenartigsten Zufälligkeiten eine Störung auftreten und die weiteren Aufzeichnungen verhindern.

Hinsichtlich der Ausströmungsgeschwindigkeit der Tinte zeigen Kapillarfeder und Kegelfeder (Bild 313b) ganz verschiedenes Verhalten. Diese läßt bei langsamer Papierbewegung nur soviel Tinte durchtreten, wie eben gebraucht wird, anderseits vermag sie aber auch bei den schnellsten Bewegungen des Zeigers noch ausreichend Tinte abzugeben, weil die Verengung nur an der Spitze besteht. Bei Versuchen wurde, allerdings mit einer größeren Federöffnung (etwa 0,12 mm), bis zu 50 cm Strichlänge in der Sekunde mit einer Kegelfeder geschrieben. Die Kapillarfeder verhält sich anders, sie läßt immer annähernd gleichviel Tinte austreten, unabhängig davon, ob sie benötigt wird oder nicht. Bei stillstehendem Papier entsteht unter Umständen die obenerwähnte Tropfenbildung, bei schnellen Zeigerbewegungen werden nur die Umkehrpunkte klar geschrieben. Keine Firma stellt deswegen allein Apparate mit Kapillarfeder her, alle haben beide Schreibverfahren in Anwendung. Die Mehrzahl der im Gebrauch befindlichen Apparate hat bewegliche Schreibgefäße.

Die bis jetzt beschriebenen Einrichtungen haben unter dauernder Berührung der Feder mit dem Papier gearbeitet. Für einzelne Zwecke kann es wünschenswert sein, eine punktförmige Aufzeichnung auszuführen.

Man hat z. B. für Zeitregistrierapparate nach Bild 356 versucht, die mit Tinte gefüllten Federn nur für die Zeit des Anzugs des Magneten auf das Papier niederzudrücken. Diese Konstruktion hat aber nicht befriedigt, weil die Tinte an der Spitze der Feder eintrocknet.

2. Einritzen auf berußtem Papier.

Das Einritzen der Kurve auf einer **berußten Papierfläche** erfordert nur geringe Kräfte und gibt sehr klare Kurven. Die **Bristol Co.** in Waterbury Conn., wendet dieses Verfahren für Temperaturmeßgeräte an. Unbequem ist aber die Herstellung bzw. Aufbewahrung der berußten Blätter und die Fixierung der Kurven mittels einer alkoholischen Schellacklösung. Bild 396 zeigt ein derartiges Registrierblatt.

3. Silberstift auf Barytpapier.

Das Beschreiben einer mit Schwerspat präparierten Papierfläche mit einem **Silberstift**, wie es bei Dampfmaschinenindikatoren geschieht, hat vor anderen Methoden den Vorzug, daß die Aufzeichnung keiner besonderen Hilfsmittel, wie Tinte usw., bedarf, aber auch den schwerwiegenden Nachteil, daß die Reibung so groß ist, daß sie von keinem der üblichen elektrischen Meßwerke sicher überwunden werden kann. Das Verfahren ist deshalb für elektrische Meßgeräte so gut wie gar nicht zur Anwendung gekommen.

4. Fallbügelaufzeichnung.

Die unmittelbare Aufzeichnung kann nur für Registrierapparate mit einem Drehmoment verwendet werden, das zur Überwindung der Federreibung ausreicht. Im mindesten sind dazu 3 gcm/90° nötig, normal sind 6÷10 gcm, einzelne Typen haben bis 25 gcm. Bei den Temperaturmeßgeräten und ähnlichen Apparaten hat man aber nur Drehmomente in der Größenordnung von 0,03 bis 0,1 gcm. Hier müssen Registrierverfahren angewandt werden, die die eigentliche Aufzeichnung mit einer fremden Kraftquelle, einem Uhrwerk oder einem Motor ausführen. Das Kennzeichen der Mehrzahl dieser Apparate ist ein Fallbügel, der die Registrierung ausführt. Diese Apparate waren sogar die Vorläufer der tintenschreibenden Ausführungen.

Alle Konstruktionen dieser Art werden zur gleichzeitigen Aufzeichnung mehrerer Vorgänge auch als Mehrfarbenschreiber ausgeführt, indem Bänder, Kissen oder Näpfe mit verschiedenen Farben zur Anwendung kommen. Günstig für diese Einrichtung ist die Tatsache, daß die aufzuzeichnenden Vorgänge fast immer sehr langsam verlaufen, so daß es ausreicht, wenn alle Minuten oder noch seltener eine Aufzeichnung erfolgt. Das Meßwerk wird dann alle 20 bis 60 s durch einen selbsttätig arbeitenden Umschalter an die verschiedenen Meßstellen geschaltet, so daß bei einem Sechsfarbenschreiber eine Meßstelle immer wieder nach Ablauf von sechs Registrierperioden zum Aufzeichnen an die Reihe kommt.

Die Schwingungsdauer von Apparaten mit geringer Richtkraft beträgt etwa 5÷30 s; es wird deshalb dem Zeiger eine Zeit von 20÷60 s gegeben, sich auf seinen richtigen Ausschlag einzustellen. Nach Ablauf dieser Zeit wird die Registrierung ausgeführt in der Weise, daß durch ein Uhrwerk ein Fallbügel freigegeben wird, der den Zeiger auf das Papier und eine daruntergelegte färbende Unterlage herabdrückt. Nach Markierung dieses Punktes wird der Fallbügel wieder in die Höhe gehoben und der Zeiger für die neue Einstellung freigegeben. Fast alle diese Apparate zeichnen in rechtwinkeligen Koordinaten.

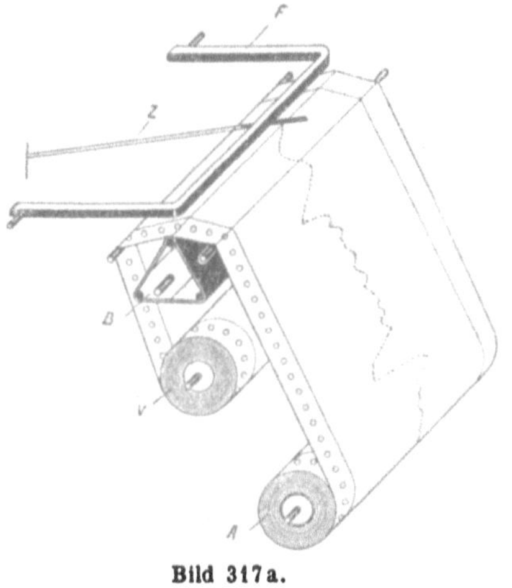

Bild 317a.

Bild 317b.

Papierantrieb, Farbbandanordnung und Fallbügelmechanismus der Siemens-Punktschreiber.

a) Anordnung von Siemens & Halske. α) Einfarbenschreiber. Die Anordnung ist schematisch in Bild 317a, b dargestellt. Das Registrierpapier ist durchscheinend und läuft von der Vorratsrolle *V* über eine Schneide, über die das Farbband *B* gespannt ist. Das in dem Apparat eingebaute Uhrwerk treibt die Welle *A* und hebt den Hebel *H* und damit den Fallbügel *F*. In Abständen von 40 s fällt der Bügel *F* auf den Zeiger *Z*, und es markiert sich dann auf dem Papier ein Farbpunkt.

Durch Abstimmung des Papiervorschubs mit dem Registrierintervall kann man einen sehr gut geschlossenen Kurvenzug aus Einzelpunkten erhalten. Der übliche Stundenvorschub ist 10÷20 mm. Das

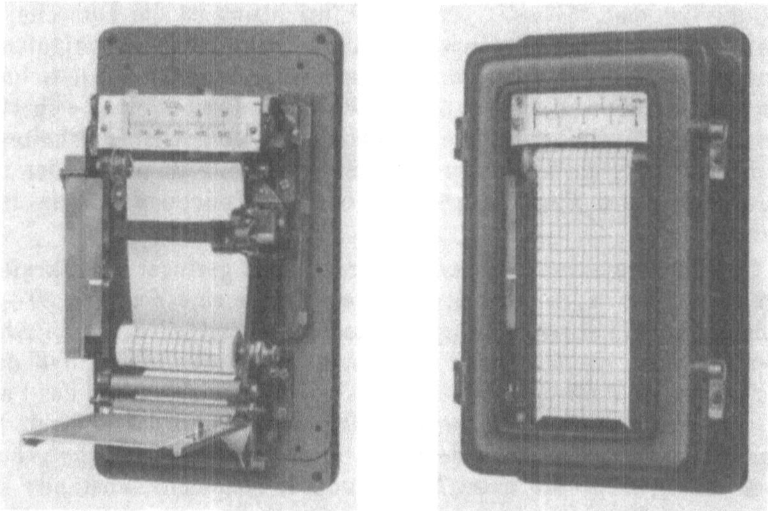

Bild 318. Neuer Siemens-Punktschreiber für zwei Kurven in einer Farbe. 70 mm nutzbare Papierbreite.

Registrierintervall kann unter Verzicht auf die hohe Empfindlichkeit des Meßwerks auf 10, unter Umständen 2 s vermindert werden, um gerade dem Zeiger noch Zeit zu seiner Einstellung zu geben.

Bild 318 zeigt die neue hängende Anordnung des kleinen Siemens-Punktschreibers mit 70 mm nutzbarer Papierbreite.

Mit einem solchen Apparat können auch zwei, eventuell sechs Meßstellen ohne Kurvenunterscheidung registriert werden. Von der Uhrwerkswelle wird dann ein Kontaktrad angetrieben, das den Anker eines Elektromagneten steuert.

Durch besondere Schalteinrichtungen ist es bei einem solchen Apparat auch möglich, eine Kurvenunterscheidung durch die Punktfolge herbeizuführen, z. B.

1. Meßstelle 3 P. in 20 s-Intervall, dann 3 P. Pause,
2. Meßstelle 2 P. in 20 s-Intervall, dann 4 P. Pause,
3. Meßstelle 1 P., dann 20 P. Pause, dann 1 P. usw.

Man spart dadurch die Verwendung von mehreren Farben und ist diese Anordnung auch schon mehrfach benutzt worden.

Bild 319. Farbbandprisma des älteren Siemens-Dreifarbenschreibers.

Mehrfarbenschreiber. a) Ältere Anordnung von Siemens & Halske (Pultapparate). Bei diesen Apparaten sind drei Farbbänder: grün, rot, violett zu einem einzigen zusammengenäht, wie es Bild 319 zeigt. Die Umschaltung der Meßstellen erfolgt immer gleichzeitig mit der Drehung des Prismas, so daß jedesmal eine andere Farbe unter dem Papier liegt. In größeren Zeitzwischenräumen, alle 8÷14 Tage, ist das Farbband auf dem Prismenkörper etwas zu verschieben, damit wieder neues Band an die Gebrauchskanten kommt.

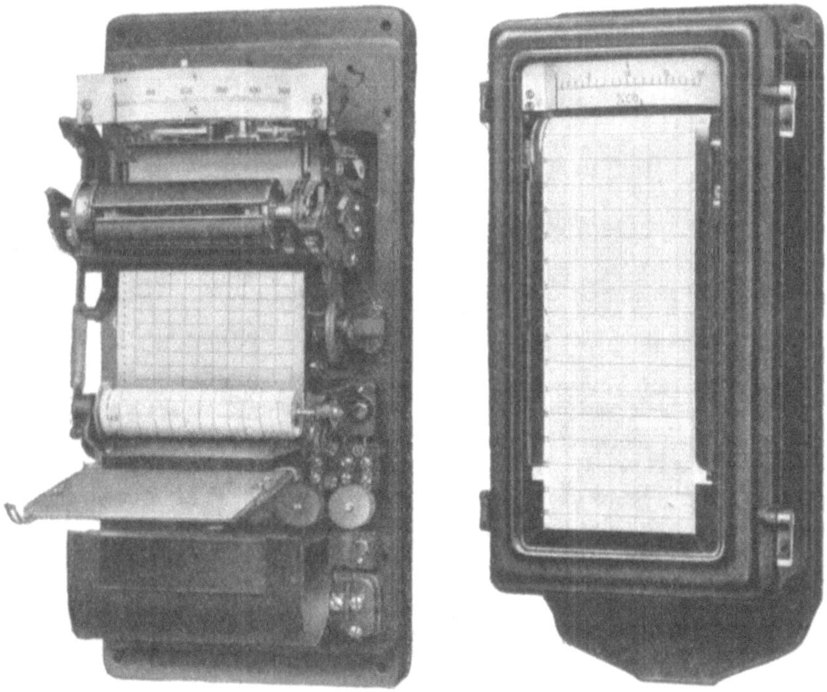

Bild 320. Neuer Sechsfarbenschreiber von Siemens & Halske. 120 mm nutzbare Papierbreite, wasserdichtes Gehäuse.

Der Apparat ist normalerweise zur doppelpoligen Umschaltung von sechs Meßstellen eingerichtet. Die Umschaltung erfolgt mit kleinen Quecksilbergefäßen, neuestens mit einem Federschalter.

Der gesamte Antrieb erfolgt nicht durch ein eingebautes Uhrwerk, sondern von einer Hauptuhr aus (siehe S. 391).

Man kann sich des Kunstgriffes bedienen und die Skala für 2 × 3 Meßstellen unterteilen, so daß die drei Farben immer auf die halbe Papierbreite schreiben. Der Verlust an Ablesegenauigkeit ist in manchen Fällen zulässig.

b) Neuer Sechsfarbenschreiber von Siemens & Halske.

Diese Apparate sind in hängender Anordnung gebaut, haben sechs Farbbänder, die unterhalb des Papieres auf einem Prisma angeordnet sind. Durch eine automatische Vorrichtung bewegen sich die Bänder auf der Prismenkante hin und her, so daß das Band über seine ganze

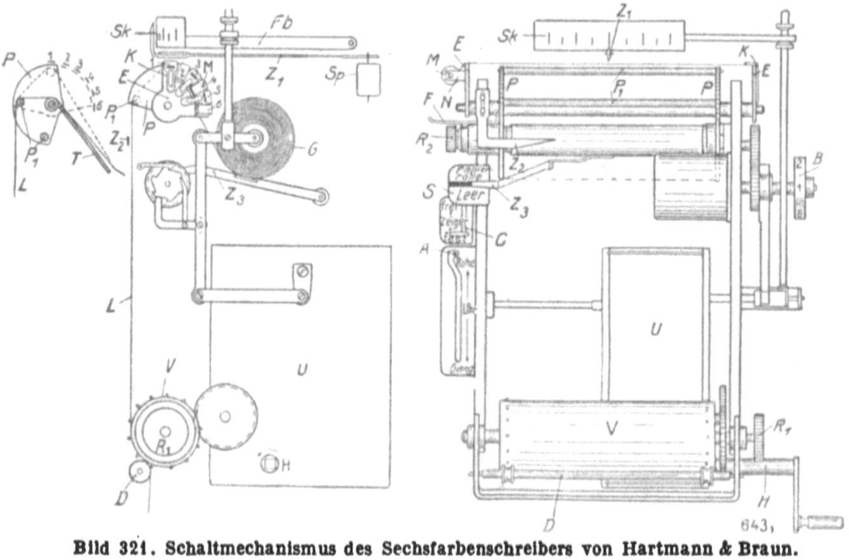

Bild 321. Schaltmechanismus des Sechsfarbenschreibers von Hartmann & Braun.

Fläche ausgenutzt wird. Der Antrieb erfolgt wie bei den älteren Apparaten von einer Hauptuhr aus, so daß größte Sicherheit des Betriebes mit vollkommen synchronem Gang der Werke vereinigt ist. Das Gehäuse ist aus Aluminiumguß, vollkommen geschlossen und mit Gummi gedichtet.

c) Anordnung von Hartmann & Braun. Die Ausführung des »Multithermographen« der Firma Hartmann & Braun ist in den Bildern 321 und 322 gezeigt.

Der mit der Drehspule fest verbundene Zeiger Z_1 ist in der Nähe der Spule federnd biegsam, kurz vor seinem aufgebogenen Ende dagegen messerförmig gestaltet. Das aufgebogene Ende spielt vor einer Skala *Sk*, die auf einem Fallbügel *Fb* befestigt ist. Dieser Fallbügel *Fb* wird vom Uhrwerk *U* in bestimmten, der Papiergeschwindigkeit entsprechenden

Zeitabständen, z. B. alle 30 oder 60 s, auf eines der sechs Farbbänder 1 bis 6 niedergedrückt und danach sofort wieder freigegeben. Dicht unter dem Farbband wird ein von der Rolle *G* abrollender Papierstreifen *L* über dünne Führungswalzen *P* hinweggeführt, so daß der Papierstreifen über die obere dieser Führungswalzen verhältnismäßig scharf gebogen wird. Durch das Niederdrücken des Zeigers entsteht somit auf dem Papier ein Punkt in der Farbe des gerade über der Papierkrümmung befindlichen Farbbandes, der dem Kreuzungspunkt der Schneide des messerförmigen Zeigers und der oberen Mantel-

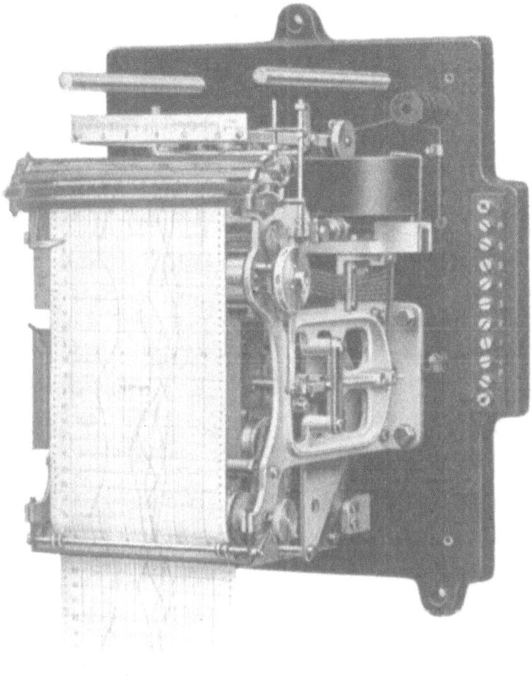

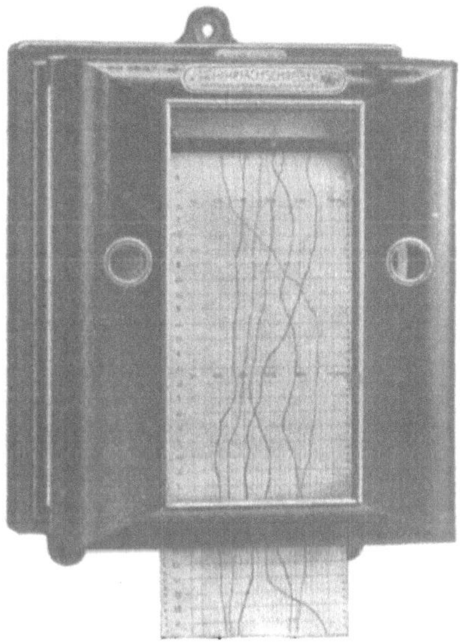

a *b*

Bild 322. Sechsfarbenschreiber (sog. Multithermograph) der Firma Hartmann & Braun, offen und geschlossen.

linie der oberen Führungsrolle entspricht. Durch diese Einrichtung wird erreicht, daß die Aufzeichnung im geradlinig-rechtwinkeligen Koordinatennetz erfolgt, ohne daß irgendeine Geradführung zur Anwendung kommt.

Der Papierstreifen wird von der mit Stiftenkranz versehenen und vom Uhrwerk *U* angetriebenen Walze *V* mit gleichbleibender Geschwindigkeit nach unten gezogen.

Die sechs Farbbänder 1 bis 6 und ihre Guttapercha-Schutzbänder sind zwischen zwei viertelkreisförmigen Metallflügeln des Farbbandgestelles *E* ausgespannt, und zwar derart, daß das erste Band von seiner links sitzenden Rolle *M* nach rechts, das zweite von seiner rechts sitzenden Rolle nach links, das dritte Band wiederum von seiner links sitzenden Rolle nach rechts usw. über den Papierstreifen straff gespannt ist. Durch die über den Farbbändern liegenden Guttapercha-Schutzbänder wird verhindert, daß der nacheinander auf alle sechs Farbbänder niedergedrückte Zeiger die verschiedenen Farben auf die anderen Bänder überträgt, oder an den Bändern kleben bleibt. Jedesmal, nachdem ein Punkt aufgezeichnet ist, wird von dem Uhrwerk,

Bild 323. Fadenschreiber der Cambridge Instrument Co.

durch Drehen der Metallflügel, das nächste und nach dem sechsten Farbband wieder das erste Farbband über den Papierstreifen gebracht, so daß jeder nächste Punkt eine andere Farbe als der vorhergehende hat. Die neuen Apparate haben ein Farbprisma mit sechs Bändern.

Gleichzeitig mit der Umschaltung des Farbbandes erfolgt die Umschaltung der Drehspule auf die nächste Meßstelle. Auf diese Weise entsprechen die Punkte gleicher Farbe immer ein und derselben Meßstelle, und sie reihen sich zu einer entsprechend farbigen Linie zusammen. Alle sechs verschiedenfarbigen Linien zeigen dann die Schwankungen der betreffenden sechs Meßstellen an, wobei einerseits die sechs verschiedenen Farben ein Verwechseln der Linien ausschließen, anderseits aber die Aufzeichnung der sechs verschiedenfarbigen Linien auf einen gemeinsamen Streifen einen bequemen Vergleich der aufgezeichneten Meßwerte aller sechs Meßstellen gewährleistet.

Mit Hilfe eines mitgelieferten, von außen einzuführenden Steckschlüssels kann das Farbbandgestell *E* mit den sechs Farbbändern jederzeit ganz zurückgeklappt werden, so daß die Schaulinien auch während des Betriebes bis an ihre Entstehungspunkte sichtbar gemacht werden können.

Die Punktaufzeichnung erfolgt in Zeitabständen, die dem Papiervorschub angepaßt sind. Bei einem stündlichen Vorschub von 30 mm werden die Punkte alle 30 s aufgezeichnet, so daß jede Meßstelle alle $6 \cdot 30\,s = 3$ min zur Aufzeichnung an die Reihe kommt. Bei einem stündlichen Papiervorschub von 60 mm erfolgt die Punktaufzeichnung alle 18 s, so daß jede Meßstelle alle $6 \cdot 18\,s = 108\,s$ an die Reihe kommt.

d) Fadenschreiber der Cambridge Co. Eine andere Einrichtung mit rechtwinkeliger Aufzeichnung auf der oberen Fläche des Papiers, gewissermaßen die Vorläufer des Farbbandschreibers von Hartmann & Braun, sind die Fadenschreiber (Bild 323). Die Einrichtung ist fast genau dieselbe, nur werden statt der Bänder ein bis vier farbgetränkte Fäden verwendet. Nach diesem Prinzip sind Registrierapparate der Cambridge Co. in London und der Taylor Instrument Co. gebaut. Der Faden läuft über Vorratsrollen und wird von diesen der geringe Farbvorrat im Faden immer wieder ergänzt.

Bei einer Art von Temperaturschreibern für Mehrfachkurvenaufzeichnung mit Punkten aus verschiedenfarbiger Tinte wird kein bewegliches, sondern ein feststehendes Vorratsgefäß benutzt mit einem Farbkissen, auf das der Registrierstift vorher gedrückt wird, um dann durch eine zweite Fallbügelbewegung auf das Registrierpapier gedrückt zu werden, nachdem er inzwischen mit dem Zeiger sich in die richtige Lage bewegt hat.

5. Funkenregistrierung.

Bei der Funkenregistrierung (Bild 324a, b) erfolgt die Aufzeichnung in ähnlicher Weise wie bei der Fallbügelregistrierung von Siemens & Halske in gradlinigen Koordinaten. Mit dem Apparat ist ein kleines Funkeninduktorium zusammengebaut, das mit einer Batterie von 4 V. Spannung betrieben wird. Bild 324b zeigt den Apparat ohne Gehäuse. Der Funkenstrom wird über den Zeiger durch das Papier auf eine in einem Schieferprisma eingebettete Metallschiene geleitet und hinterläßt dabei auf dem Papier Brandmarken, die besonders in der Durchsicht unter Verwendung eines besonderen Ablesepultes deutlich sichtbar sind. Der Zeiger ist durch ein Glasstück vom eigentlichen Meßorgan isoliert, es tritt also keine elektrostatische Beeinflussung der Messung durch den Funkenstrom ein. Diese Isolierung war besonders wichtig bei den älteren Ausführungen der Funkenregistrierapparate, die nur ein geringes Drehmoment (0,3÷0,7 gcm/90°) hatten. Die neuen Apparate haben sehr kräftige Drehmomente (15÷30 gcm/90°), bei ihnen ist daher eine elektrostatische Beeinflussung noch weniger zu befürchten. Es liegt in der Natur dieser Aufzeichnung, daß die Brandmarken verschieden stark ausfallen müssen, je nachdem der Vorgang sich schnell oder langsam abspielt. In der Zeiteinheit schlägt immer nur eine bestimmte Anzahl von Funken durch das Papier. Ist nun die Zeigerbewegung quer zum Papier gering und der Vorschub des Streifens klein, so wird eine starke Brandlinie entstehen, während umgekehrt bei schneller Zeigerbewegung und raschem Papiervorschub die Brandpunkte weit auseinanderfallen, dieselbe Erscheinung, wie sie auch bei Fallbügelapparaten zu bemerken ist.

a

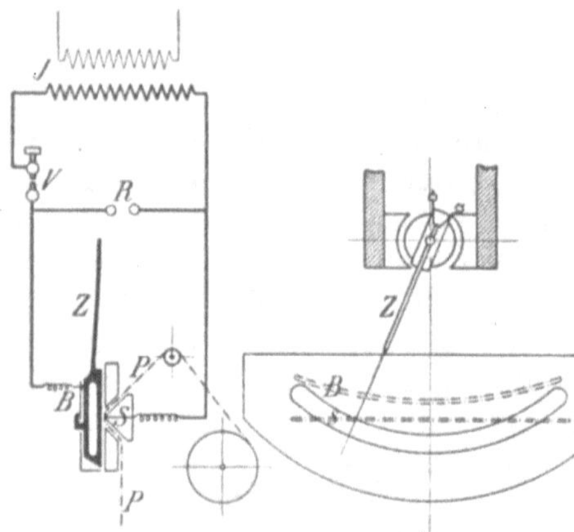

b

Bild 324a u. b. Funkenregistrierapparat und Schema der Funkenregistrierung.
J = Induktor R = Sicherheitsfunkenstrecke B = obere Funkenzuführung
V = Vorschaltfunkenstrecke Z = Zeiger S = Schieferschiene
P = Papier

Bild 325 gibt die Kurve eines Originalstreifens wieder, die an einer Hobelmaschine mit Schützensteuerung aufgenommen worden ist. Die Funkenzahl betrug dabei etwa 20 in der Sekunde.

Da beim gleichzeitigen Betrieb einer größeren Zahl von Apparaten die Überwachung der kleinen Induktoren mit Hammerunterbrecher zu umständlich ist, wurde für mehrere Apparate ein gemeinsamer Quecksilberstrahlunterbrecher verwendet. Während sich mit dem kleinen Hammerunterbrecher nur etwa 20 Funken in der Sekunde erreichen lassen, kann man mit dem Motorunterbrecher unschwer auf 50÷70 Funken in der Sekunde kommen, und die Kurven werden deshalb deutlicher.

Die Funkenregistrierung eignet sich nicht für dauernde Aufzeichnung im Betriebe, sondern nur zu Versuchsmessungen, wenn auch in einer amerikanischen Konstruktion (Price Recorder) diese Methode zur intermittierenden Aufzeichnung von Temperaturen benutzt worden ist. Ihr Vorzug liegt darin, daß die Aufzeichnung praktisch kontinuierlich ist und doch keine Vergrößerung des Trägheitsmomentes des beweglichen Organs durch die Anbringung einer Schreibfeder entsteht.

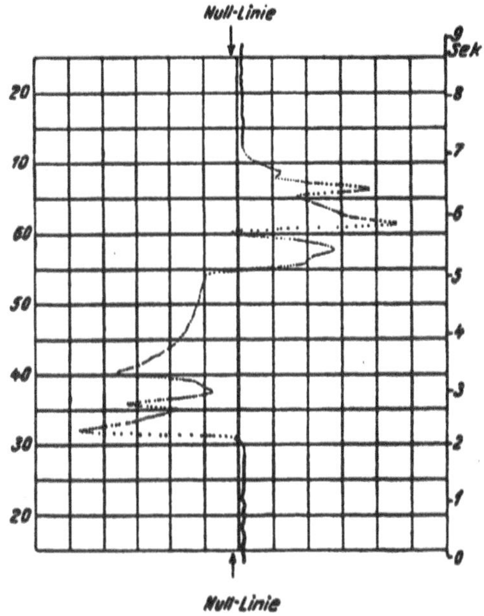

Bild 325. Funkendiagramm der Stromaufnahme einer Hobelmaschine mit Schützensteuerung.

Die Herstellung der Funkenregistrierapparate ist seit einigen Jahren von der Siemens & Halske A.-G. eingestellt worden. Der Grund war der, daß mit der Vervollkommnung der Tintenschreiber mit diesen sehr viele Aufgaben gelöst werden konnten, die früher dem Funkenschreiber vorbehalten waren. Anderseits hat man neuerdings auch den Oszillographen (siehe S. 403) so weit vervollkommnet, daß er vom Laboratoriumsapparat zum Betriebsgerät geworden ist. Das Grenzgebiet zwischen Oszillograph und Tintenschreiber ist sehr eng und lohnt nicht die Herstellung eines besonderen Modelles.

6. Lichtschreiber.

Mit den Fallbügelschreibern lassen sich noch die Angaben der feinsten Zeigermeßgeräte registrieren, sofern die Vorgänge langsam genug verlaufen, um mit einem Registrierintervall von mindestens 10 s auszukommen. Für die Registrierung vieler Vorgänge ist aber dieses Intervall viel zu groß oder die Empfindlichkeit der Zeigerinstrumente noch nicht ausreichend. Für solche Fälle muß die Aufzeichnung auf photographischem Papier, auf Filmstreifen oder auf Platten eingreifen.

In wenigen Einzelfällen kann die Registrierung auf Celloidinpapier erfolgen, aber dies setzt schon sehr langsame Zeigerbewegungen voraus. Am gebräuchlichsten ist Bromsilberpapier, und es gibt davon eine Qualität, ein Erzeugnis der Firma Schäuffelen, das Siemens & Halske für den Oszillographen verwendet, und das bei weitem die höchste Empfindlichkeit aufweist. Filmstreifen sind wesentlich empfindlicher, aber teurer.

Noch empfindlicher, aber viel unbequemer im Gebrauch, sind Trockenplatten.

Die Art der Lichtquelle richtet sich nach der Schnelligkeit des aufzuzeichnenden Vorganges und der Größe des beweglichen Spiegels. Für mäßig schnell veränderliche Vorgänge sind die modernen kleinen Halbwattlampen, die für Leistungen bis 100 W hergestellt werden, für Niederspannung sehr gut zu gebrauchen. Für einige Zwecke dürften sich die neuen Wolfram-Punktlampen (mit eingeschlossenem Lichtbogen) empfehlen, während für die schnellsten Vorgänge immer noch die Gleichstrombogenlampe die beste Lichtquelle ist.

Die photographischen Registrierapparate sind aus den Instrumenten mit objektiver Lichtzeigerablesung entstanden, die Bauweisen sind aber außerordentlich mannigfaltig, von Normalkonstruktionen kann man kaum sprechen.

Registrierung mit normalen Spiegelgalvanometern.

Für mäßig schnell veränderliche Vorgänge können die gewöhnlichen Spiegelgalvanometer zur Registrierung benutzt werden, wenn man an Stelle der objektiven Ableseeinrichtung eine Platten-Papier- oder Filmkamera aufstellt. Bild 326 ist eine Rollfilmkamera der Cambridge Instru-

Bild 326. Rollfilmkamera der Cambridge Instrument Co., offen und geschlossen.

ment Co. für normalen Kinofilm mit 3,5 cm Breite. Die Filmspule kommt auf das lose Rad A, geht über die Führungsrolle B senkrecht abwärts zwischen das Fenster D und die Platte E. Der Verschluß wird mit dem Hebel M betätigt. E ist das gezahnte Antriebsrad, auf H wird der Film aufgerollt. Auf der Achse *G* sitzt das konische Antriebsrad mit drei Rillen, das durch einen Motor anzutreiben ist. Mit jeder Umdrehung werden 6 cm Film vor dem Fenster vorbeigezogen. Die Kamera faßt etwa 30 m. Die Zeitmarkierung erfolgt außerhalb der Kamera mit Vorrichtungen, die in regelmäßigen Zeitabschnitten den Lichtstrahl unterbrechen.

Ein bereits wesentlich vollkommeneres Modell zeigt Bild 327, gleichfalls ein Erzeugnis der Cambridge Instrument Co. nach einem Modell

Bild 327. Aufnahmetrommel der Cambridge Instrument Co. mit 1 m Umfang.

des Bureau of Standards in Washington. Die Trommel hat 1 m Umfang und 15 cm Breite, sie kann mit Filmband oder Papier bespannt werden. Der Antrieb erfolgt an dem Rad *E*, das auswechselbar ist. Die Umlaufgeschwindigkeit kann bis zu 300 cm/s gesteigert werden. Dabei kann die Trommel gleichzeitig in ihrer Achse verschoben werden durch das Schneckenrad *G*, das auf die Schnecke einwirkt und die beide auch auswechselbar sind. Auch diese Kamera hat einen Momentverschluß mit elektrischer Auslösung.

7. Relaisregistrierapparate.

Eine Art von Temperaturschreibern, die in Deutschland noch nicht gebaut werden, sind die, bei denen mit dem Meßorgan nur ein Relaismechanismus gesteuert wird, der seinerseits eine gewöhnliche Schreibfeder dauernd über das Papier zieht. Die Apparate sind also zunächst nur Einfachschreiber. Sie werden auch als Vielfachschreiber ausgeführt, wobei allerdings die direkte Tintenschrift verlassen und durch Punktmarkierung ersetzt wird.

Der älteste dieser Apparate ist der Callendar-Recorder. Eine Ausführungsform ist folgende: Über das Papier ist der Gleitdraht einer Wheatstonebrücke gespannt, der Gleitschieber ist mit einer Schreibfeder versehen. Der Schieber und mit ihm die Schreibfeder wird mit Hilfe zweier Relais und einem Doppeluhrwerk hin- und hergezogen. Der Zeiger des Brückengalvanometers schwingt zwischen zwei Maximal- und Minimalkontakten, die diese Relais einschalten, in der Mittelstellung des Zeigers bleiben die Relais unerregt, und der Schieber bleibt in derselben

Stellung. Sinkt aber z. B. die Temperatur, so berührt der Zeiger den Minimalkontakt, schaltet das Minimalrelais ein, und dieses bringt wieder das Uhrwerk in Gang, das den Schieber verstellt und so den Zeiger vom Minimalkontakt wieder entfernt, so daß die Feder eine Temperaturkurve aufzeichnet. Während bei diesem Apparat der Zeiger noch die Arbeit der Kontaktgabe auszuführen hat, die von Temperaturmeßgeräten schwer aufzubringen ist, wird das Galvanometer bei dem neueren Relaisapparat von Leeds & Northrup (Bild 328/329) gar nicht beansprucht.

Die Aufzeichnung erfolgt auf einem Streifen von 24 cm nutzbarer Breite in rechtwinkligen Koordinaten. Die Apparate werden in verschiedenen Arten gebaut. Bei der einen Ausführung, für eine einzige

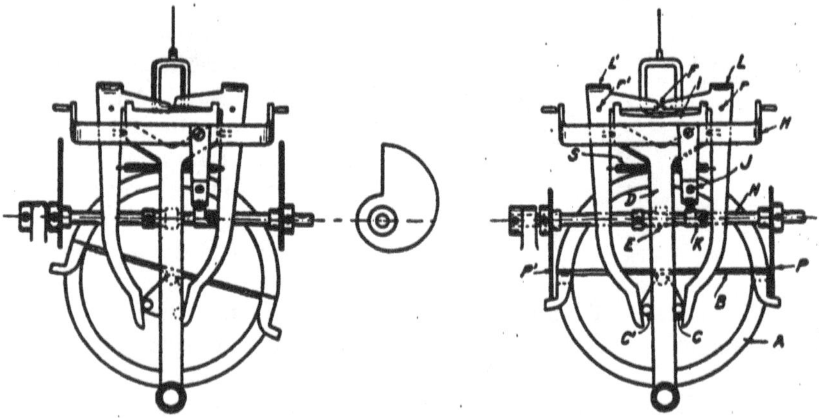

Bild 328. Mechanismus des Leeds & Northrup-Registrierapparates.

Meßstelle, erfolgt die Aufzeichnung mit einer ganz kräftigen, tintengefüllten Schreibfeder, die immer mit dem Papier in Berührung bleibt.

Bei den Vielfachschreibern erfolgt die Aufzeichnung punktweise und können bis zu 16 Meßstellen mit einem Apparat überwacht werden. Die Punkte werden dadurch unterschieden, daß die Nummer der Meßstelle neben sie gedruckt wird, ein Verfahren, das zwar auf beliebig viele Meßstellen auszudehnen ist, das aber viel weniger übersichtliche Kurven gibt als die Aufzeichnung mit verschiedenen Farben.

Bild 328 soll die Wirkungsweise der selbsttätigen Kompensation erläutern und zeigen, wie die Ablenkung des Null-Galvanometers in eine Bewegung des Schleifdrahtes und damit der Schreibfeder übergeführt wird, ohne daß der Galvanometerzeiger irgendeine Arbeit selbst zu leisten hat.

Der Schiebewiderstand des Potentiometers ist auf dem Umfang einer kreisrunden Scheibe *A* befestigt. Als Kraftquelle dient ein kleiner Starkstrommotor, dessen Drehzahl durch einen Fliehkraftregler auf

0,1 % genau konstant gehalten wird. Dieser Motor treibt über entsprechende Reduktionsgetriebe die Welle *N* an, auf der zwei Paar spiralig gekrümmte Kurvenscheiben befestigt sind, und zwar außen die großen *P*, *P'*, innen die beiden kleinen *E* und *K*. Bei jeder Umdrehung der Welle *N* richten die großen Kurvenscheiben *P P'* den Arm *B* horizontal, der vielleicht kurz vorher schräg gestanden hatte. Bei der Horizontalstellung wird aber die Scheibe *A* mit dem Gleitdraht dadurch gedreht,

Bild 329. Relais-Registrierapparat der Firma Leeds & Northrup.

daß der Arm *B* gleichzeitig mit der Blattfeder gegen die Scheibe gedrückt wird. Der Arm *B* ruht auf der Feder *D*, die mit dem Instrumentgehäuse fest verbunden ist.

Wenn die Scheiben *P P'* sich so weit gedreht haben, daß ihr weitest ausladender Teil an dem Arm *B* vorbeigegangen ist, beginnt die Scheibe *E* die Feder *D* anzuheben und bringt damit den Arm *B* außer Eingriff mit der Scheibe *A*. Wenn *B* frei ist, hebt die Nockenscheibe *P* den Bügel *H*, der, für den Fall, daß das Galvanometer nicht auf Null einspielt, den Zeiger *F* unter einem der rechtwinkligen Hebelarme *L L'* faßt, die bei *r r'* gelagert sind. Auf diese Weise drehen die Hebelarme

$L\,L'$ den Arm B durch den Druck auf einen der beiden exzentrisch gelagerten Stifte $C\,C'$. Unmittelbar darauf wird der Bügel H wieder gesenkt, so daß der Galvanometerzeiger F wieder frei spielen kann. Die Kurvenscheibe E ist so geformt und auf der Welle so gestellt, daß sie die Feder D losläßt und dadurch den Druck des Armes B gegen die Kreisscheibe A einstellt, unmittelbar bevor die Scheiben den Arm B geraderichten.

Der Mechanismus bewegt den Gleitdraht immer nur dann, wenn das Galvanometer vorher nicht auf Null gezeigt hatte. Die Welle N dreht sich in etwa 2 s einmal um ihre Achse, langsam genug, um dem Galvanometer in der Zeit der Freigabe des Zeigers die Einstellung zu ermöglichen. Die Drehspule des Galvanometers ist an einem gespannten Band aufgehängt (siehe S. 78), so daß auch durch die eigenartige Beanspruchung des Zeigers beim Packen der Hebel $L\,L'$ keine Beschädigung des Meßwerks eintritt. Sollte das Band doch durch irgendeinen Zufall reißen, so kann leicht ein neues eingesetzt werden, das nicht einmal genau dieselbe Richtkraft zu haben braucht, weil ja bei der potentiometrischen Meßmethode die Ausschlaggröße des Galvanometers ohne Einfluß ist auf das Meßergebnis.

Bei schnellen Änderungen der Meßgröße erfolgt die Einstellung des Gleitdrahtes nicht sofort auf den Endwert, sondern schrittweise, mit verschieden großen Schritten, je nach dem Grad der Störung des Gleichgewichts. Hat der Zeiger in der Pause den größtmöglichen Ausschlag erreicht, so entspricht eine Umdrehung der Welle N einer Schreibfederbewegung von $^3/_4$ Zoll $= 19$ mm. Die volle Papierbreite kann demnach in minimal $\frac{240}{19} \times 2 = 25$ s zurückgelegt werden. Die kleinste Bewegung, die dann erhalten wird, wenn der Zeiger gerade noch gefaßt wird, beträgt etwa $^1/_{15}$ Zoll $= 0{,}2$ mm.

Die Schreibfeder ist durch einen Seiltrieb mit der Gleitscheibe verbunden, das Seil wird je nach dem Bewegungssinn auf- oder abgewickelt.

Der Mehrfachschreiber ist etwas komplizierter, er führt die Umschaltung der Meßstellen aus, wie er erwähnt für maximal 16 Punkte. Für jede Registrierung wird eine Minute beansprucht, bei 16 Punkten kommt also eine bestimmte Meßstelle erst nach 16 min wieder an die Reihe. Ist diese Zeit zu lang, so müssen Apparate für eine kleinere Zahl von Meßstellen verwendet werden.

Zufolge des verwendeten Meßprinzips ist die Genauigkeit eine sehr hohe. Die Hersteller garantieren $\pm 0{,}5\,\%$, wobei aber zu beachten ist, daß durch die Ausdehnung des Papieres mit der Luftfeuchtigkeit ein zusätzlicher Fehler von $1\,\%$ eintreten kann, der allerdings durch Nachmessen der Papierbreite berücksichtigt werden kann.

Der Apparat ist eine der interessantesten Ausführungen auf dem Gebiete der Registrierapparate. Trotz seines sehr komplizierten Auf-

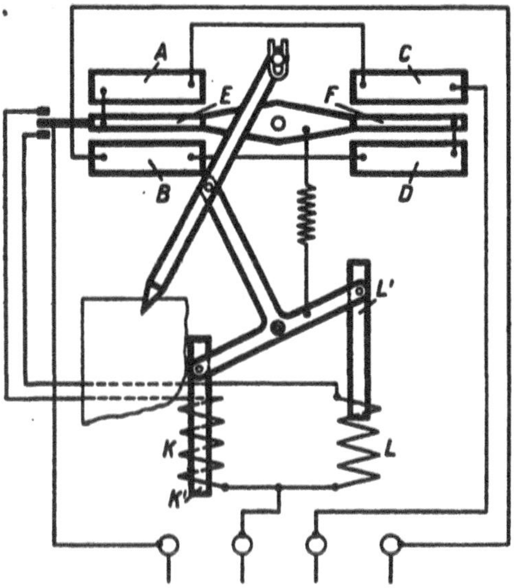

Bild 330. Relais-Registrierapparat der Westinghouse Co. mit Ellipsenlenker.

baues scheint er sich in der Praxis gut zu bewähren. Die mehr dem Maschinenbau als der Feinmechanik angepaßte Konstruktion paßt sich der amerikanischen Praxis gut an, die über weniger Leute verfügt, die mit feinmechanischen Apparaten umzugehen verstehen. Ein gewisser Nachteil ist aber der hohe Preis, der durch die Konstruktionsweise bedingt ist.

Außer von der Firma Leeds & Northrup werden Relaisregistrierapparate für Starkstrom von der Westinghouse Co. als Normalkonstruktion gebaut. Die Relaisanordnung, Bild 330, steuert einen

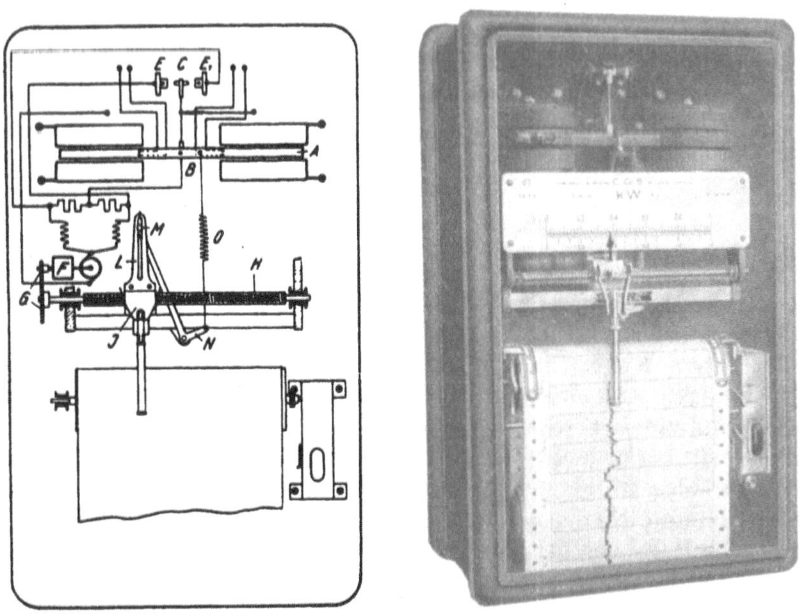

Bild 331. Relaisregistrierapparat der CGS (Monza) nach Bruno Usigli. Die Anordnung des Meßwerks ist Bild 330 ähnlich, die Aufzeichnung erfolgt aber unter Verwendung eines reversierbaren Motors *F*.

Ellipsenlenker. Das Meßwerk ist einer Kelvin-Stromwage ähnlich. *A*, *B*, *C*, *D* sind feste Spulen, *E*, *F* die beweglichen. Beim Sinken der Spannung wird beispielsweise der obere Kontakt geschlossen, dadurch die linke Spule *K* erregt und der Kern *K'* nach unten gezogen, so daß die Feder nach links ausschlägt. Steigt die Spannung, so wird das Magnetsystem *L L'* erregt und die Schreibfeder nach rechts gezogen.

Die Firma C. G. S., Instrumenti di Misura in Monza (vormals Olivetti) baut gleichfalls seit vielen Jahren einen Relaisregistrierapparat. Bild 331 zeigt seine neueste Ausführung (1927) nach dem Patent von Bruno Usigli.

Auch hier ist das eigentliche Meßwerk eine Kelvinsche Wage, weil sich damit für einen gewissen Eigenverbrauch infolge der engen Kopplung ein hohes Drehmoment ergibt. Die Kontakte $E\ E_1$ lassen den kleinen Hilfsmotor *F* vorwärts oder rückwärts laufen, der über die Zahnräder *G* die Spindel *H* antreibt. An der Mutter *J* ist die Schreibfeder befestigt, in der Führung *L* gleitet ein Stift *M*, der die Gegenfeder *O* mit dem Hebel *N* spannt. Die Anordnung ist so getroffen, daß die Bewegung der Schreibfeder ohne Skalenverzerrung vollkommen proportional mit dem erzeugten Drehmoment erfolgt. Die technischen Daten sind folgende:

Abmessungen	500 × 320 × 195 mm
Gewicht	18,5 kg
Drehmoment des Wattmeters	50 gcm
Gewicht des beweglichen Organs	250 g
Gütefaktor nach Keinath	0,13
Drehmoment des Hilfsmotors	80 gcm
Verbrauch des Hilfsmotors	30 VA
Verbrauch des Wattmeters im Spannungskreis	3 VA
im Stromkreis	5 VA.

B. Geradführungen.

Bei modernen Apparaten erfolgt die Aufzeichnung fast durchweg in rechtwinkligen, zuweilen auch proportionalen Koordinaten. Bogenförmige Aufzeichnung kommt immer seltener zur Anwendung: die geschriebenen Kurven sind bei weitem nicht so übersichtlich wie bei rechtwinkliger Aufzeichnung, sie können auch nicht in so einfacher Weise planimetriert werden. Ferner ergeben sich für Apparate mit Tintenschrift bei bogenförmiger Aufzeichnung und horizontaler Lagerung der Zeigerachse durch die veränderliche Tintenfüllung ganz erhebliche Fehler. Nimmt man eine nutzbare Papierbreite von 120 mm an, so beträgt der Hebelarm der Tintenfüllung an den äußersten Punkten 6 cm. Eine sehr kleine Feder faßt 0,25 g Tinte, mithin ist zwischen voller und entleerter Feder gegen den Mittelwert ein Unterschied von $\pm 0{,}125$ g. Dies entspricht einem Drehmoment von $6 \times 0{,}125 = \pm 0{,}75$ gcm. Das übliche Drehmoment für den Endausschlag beträgt ungefähr 6÷10 gcm. Selbst bei Annahme eines maximalen Drehmomentes von 15 gcm ergibt sich durch die veränderliche Tintenfüllung noch ein Fehler von ±5% vom Höchstwert, unabhängig von Zeigerlänge und maximalem Ausschlagwinkel.

Im nachstehenden seien die wesentlichsten Verfahren zur Erzielung rechtwinkliger Aufzeichnungen beschrieben.

1. Meßwerk mit geradliniger Bewegung.

Apparate dieser Art waren die Kohlrausch-Waagen, bei denen ein Eisenkern geradlinig in eine Spule gezogen wurde. Verbindet man mit dem Eisenkern eine Schreibfeder, so hat man die einfachste Art geradliniger Aufzeichnung. Dieses Prinzip ist heute ganz verlassen, offenbar weil man bei allen andern Meßwerken die Drehbewegung in eine geradlinige umwandeln müßte, und man dieses Modell nicht vereinzelt bauen wollte.

2. Bogenförmige Zeigerbewegung und gekrümmtes Papier.

Nach einer Mitteilung von Hartmann & Braun ist die erste Anordnung dieser Art der genannten Firma schon im Jahre 1899 durch

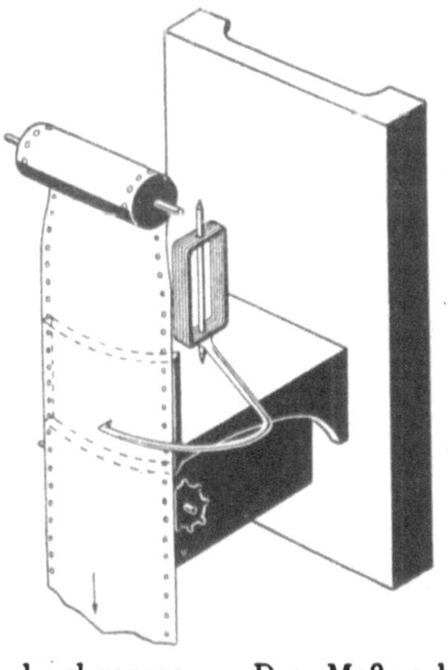

Bild 332. Schematische Anordnung der Registrierapparate von Hartmann & Braun.

D.R.P. 109601 geschützt worden. Später baute Carpentier, Paris, einen Apparat für einzelne Registrierblätter, Apparate für ablaufende Streifen wurden zuerst um das Jahr 1908 von Hartmann & Braun und Siemens & Halske gebaut. Die letztere Firma hat die Fabrikation wieder eingestellt, Hartmann & Braun bauen alle tintenschreibenden Apparate in dieser Weise (Bild 332 und 333).

Von der Vorratsrolle wird durch das Uhrwerk der Streifen über eine zylindrisch gekrümmte Fläche durch Führungen hindurchgezogen. Das Meßwerk, dessen Achse in der Zylinderachse der Papierführung liegt, ist mit einem Hakenzeiger versehen, der hinter dem Papier vorgreift und vorne die Schreibfeder trägt. Auf diese Weise wird eine geradlinige Aufzeichnung ohne Skalenverzerrung erzielt.

3. Sehnengeradführung.

Ein Beispiel der Sehnengeradführung bei Zeigerinstrumenten haben wir bereits bei dem Funkenschreiber Bild 324 gesehen.

Bei Fallbügelschreibern wird die Sehnengeradführung in zwei Arten ausgeführt. Bei der einen (Bild 334b) hat der Zeiger an seiner

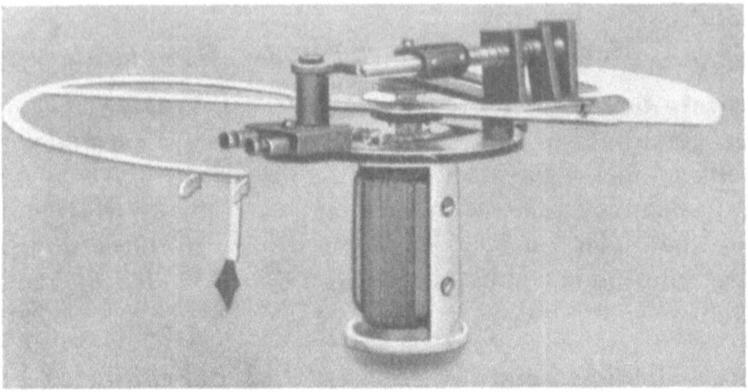

Bild 333. Einsatzsystem und Hakenzeiger des Registrierapparates von Hartmann & Braun.

Spitze einen beweglichen Stift, der in eine Rinne gedrückt wird, bei der anderen schwebt der Zeiger über einer geradlinigen Schneide, über die Farbband und Papier gleiten. (Bild 334a).

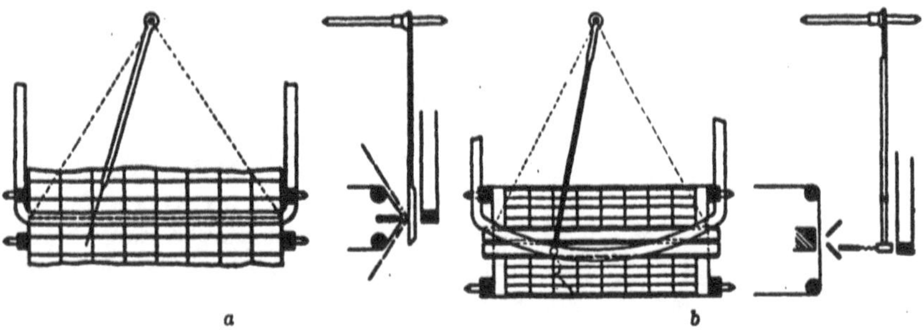

Bild 334. Sehnen-Geradführungen für Punktschreiber.

Bild 334a. Siemens & Halske. Der messerförmige Zeiger wird über eine Schiene geführt, über die Farbband und Papier gezogen ist.

Bild 334b. Hartmann & Braun. Am Zeigerende ist ein beweglicher Stift, der durch den Fallbügel auf den Grund eines geraden Führungstroges gedrückt wird. (Älteres Modell.)

Bei dem Funkenschreiber kann die Skalenproportionalität durch die in Bild 7 gezeigte Federanordnung wieder herbeigeführt werden, bei dem kleinen Drehmoment der Fallbügelschreiber geht das nicht. Hier könnte man nur durch ungleichen Luftspalt in dem Drehspulmeßwerk korrigieren.

Eine weitere Art der Sehnengeradführung zeigt Bild 342 unter Verwendung eines kreisförmigen Registrierblattes.

Die Ausführung nach Bild 335 ist keine genaue Sehnengeradführung mehr, weil noch die Bewegung des Schreibhebels mit der Feder in dem kreisförmig bewegten Lager zu berücksichtigen ist. Die Geradführung ist deshalb bei einem größeren Winkelausschlag des Meßwerkes nicht mehr ganz genau.

Die Firma Dr. Th. Horn verwendet bei ihren Registrierapparaten das gleiche Prinzip, aber mit einem kleinen Meßwerkausschlag (26°),

Bild 335.

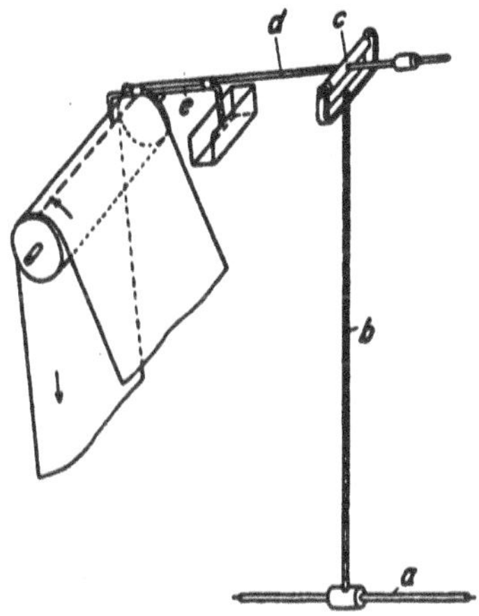

Bild 336.

Bild 335, 336. Sehnengeradführungen bei den Registrierapparaten der AEG und Dr. Th. Horn.

so daß die Abweichung von der Proportionalität sehr gering ist. Bild 336 zeigt diese Anordnung schematisch. Der Zeigerarm *b* dreht sich um die Meßwerkachse *a* senkrecht zur Zeichenebene. An seinem Ende ist der zweite Hebel *d* mit der Kapillarfeder *e* um die Achse *c* drehbar.

4. Schlittengeradführung.

Eine vielfach angewandte Art der Geradführung der Schreibfeder ist die, mit dem Meßorgan oder einem davon gesteuerten Organ einen in Schienen laufenden kleinen Schlitten mit einer Schreibfeder zu ziehen. Bild 337 zeigt eine horizontale Anordnung dieser Art, während Bild 338 einen Vertikalschlitten zeigt, der von einem Zähler gehoben wird. Konstruktionen dieser Art bewirken keine Skalenverzerrung, erfordern aber im allgemeinen ganz erhebliche Drehkräfte.

Bild 337. Registrierapparat von Trüb, Täuber & Co., Zürich. Das Meßwerk treibt über Rollen einen Schlitten an.

5. Lenkermechanismen.

Auch **Lenkermechanismen** werden zur Erzielung rechtwinkliger Aufzeichnung verwendet. Am bekanntesten ist der **Elipsenlenker** (Bild 339), der von Siemens & Halske seit 1908 bei den Starkstrom-Registrierapparaten eingebaut wird. Bei richtiger Bemessung der Hebelarmlängen beschreibt die Zeigerspitze für einen Systemausschlagwinkel von 90° eine nur mit ganz geringen Abweichungen gerade Linie. Die Einzelteile des Lenkers und Gegenlenkers bestehen aus hartem Aluminiumrohr von 3 mm Durchmesser und sind kräftig und wider-

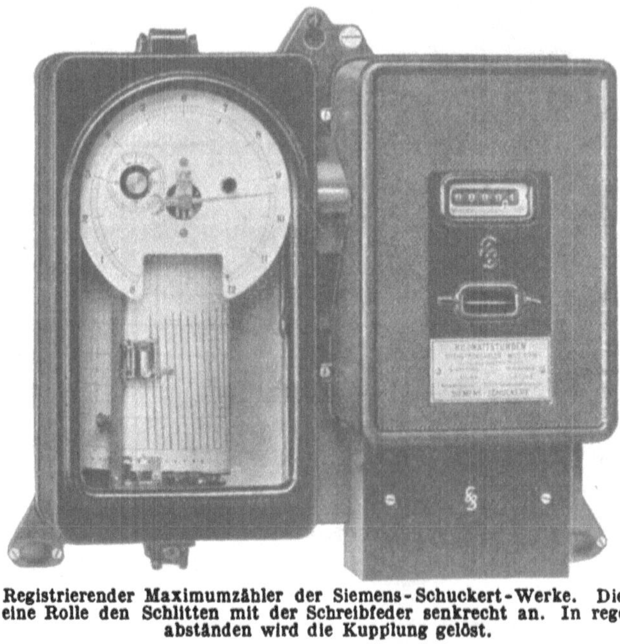

Bild 338. Registrierender Maximumzähler der Siemens-Schuckert-Werke. Die Zählerscheibe hebt über eine Rolle den Schlitten mit der Schreibfeder senkrecht an. In regelmäßigen Zeitabständen wird die Kupplung gelöst.

standsfähig. Die Gleitbahn wird durch zwei feinpolierte Schneiden aus Bronze gebildet. Der Lenker trägt an seinem oberen Ende eine mit

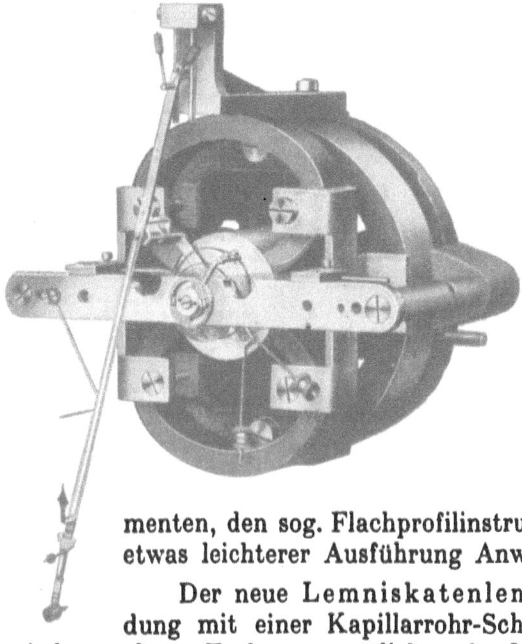

Bild 339. Ellipsenlenker (Siemens & Halske) an einem Ferraris-Registrierinstrument. Die Zeigerspitze beschreibt mit großer Annäherung eine gerade Linie.

Spitzen in Edelsteinen gelagerte Rolle aus poliertem Neusilber, deren Durchmesser etwas kleiner ist als der Abstand der Schneiden. Die Bewegung eines solchen Lenkers erfolgt ganz reibungsfrei. Wie bereits auf Seite 36 erwähnt, finden neuerdings solche Lenker auch bei anzeigenden Instrumenten, den sog. Flachprofilinstrumenten derselben Firma, in etwas leichterer Ausführung Anwendung.

Der neue Lemniskatenlenker der AEG ist in Verbindung mit einer Kapillarrohr-Schreibvorrichtung in Bild 340 wiedergegeben. Er hat wesentlich mehr Lager als der Ellipsenlenker,

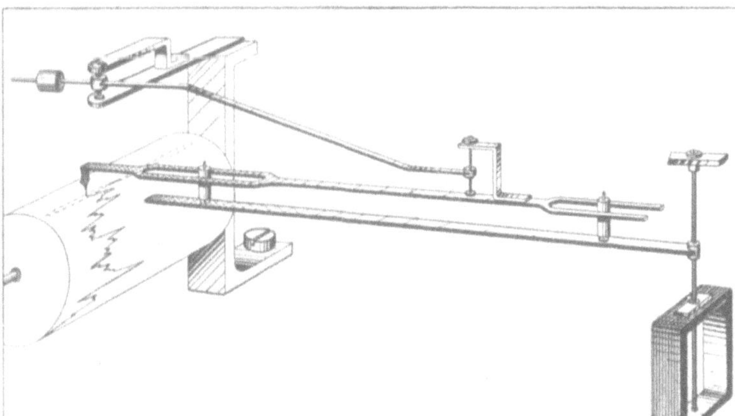

Bild 340. Lemniskatenlenker der AEG.

demzufolge werden auch die ihn steuernden Meßwerke mit einem höheren Drehmoment ausgeführt.

In Bild 341 ist noch eine Lenkeranordnung der Firma Dr. S. Guggenheimer gezeigt, die ohne Gleitbahn, aber mit Hängefeder arbeitet und keine Skalenverzerrung bewirkt.

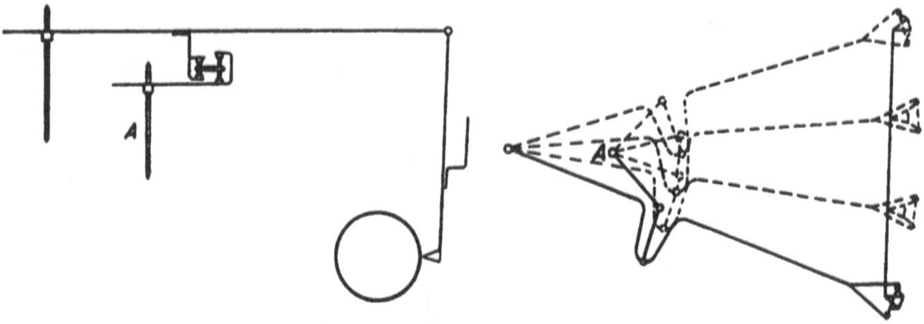

Bild 341. Ellipsenlenker mit Hängefeder (Dr. Siegfried Guppenheimer). Diese Anordnung arbeitet ohne Skalenverzerrung. *A* ist die Achse des Meßwerks. Seitenriß und Draufsicht.

C. Schreibfläche und Antrieb.

Als Schreibfläche wird fast durchweg ein ablaufender Papierstreifen benutzt, der in einer Länge von 10÷100 m auf einer Vorratsrolle aufgewickelt ist und von dieser durch das Laufwerk mit einer dem aufzuzeichnenden Vorgang angepaßten Geschwindigkeit abgerollt wird. Die nutzbare Breite des Streifens sollte nie geringer sein als 60 mm. Bei größeren Apparaten beträgt sie immer 100÷120 mm, bei einzelnen Konstruktionen bis zu 250 mm. Die Streifen sind perforiert, in die Löcher greifen die Stiftenräder des Uhrwerks ein. Eine Längung des Papiers durch Feuchtigkeit u. dgl. hat auf die Genauigkeit des Vorschubs keinen Einfluß, wenn die Lochung in Übereinstimmung mit der Zeitteilung steht. Fehler treten nur dann auf, wenn der Druck der Zeitteilung und die Lochung des Papiers zu verschiedenen Zeiten vorgenommen worden und dazwischen eine Längenänderung des Papiers eingetreten ist.

Bei wohlfeileren Ausführungen wird nur ein 40÷60 cm langer Streifen benutzt, der um eine Trommel gelegt wird, die ein eingebautes Uhrwerk in 1÷8 Tagen einmal um ihre Achse dreht. Derartige Apparate kommen indessen für elektrische Messungen verhältnismäßig selten zur Anwendung, fast durchweg werden ablaufende Registrierstreifen vorgezogen, weil sie nicht viel teurer sind und der Papierersatz bequem und billiger ist. Bild 335 zeigt eine Ausführung der AEG.

Seltener werden kreisförmige Papierscheiben zur Registrierung verwendet. Die Kurven sind bei weitem nicht so übersichtlich wie die auf ablaufenden Streifen. Nur in Amerika und England sind solche Apparate in großer Zahl im Gebrauch. Sie haben aber vor der Trommel den großen Vorteil, daß das ganze Diagramm sichtbar ist.

Eine sowohl hinsichtlich der Geradführung als der Schreibfläche eigentümliche Konstruktion von **Evershed & Vignoles** zeigt Bild 342. Die Schreibfläche besteht aus einer kreisrunden Papierscheibe, die auf einer halbkugelförmigen Stütze aufliegt, und mit ihr von einem Uhrwerk gedreht wird. Durch besondere Führungsbleche wird das Papier längs eines Durchmessers nach unten gedrückt, so daß nur oben eine

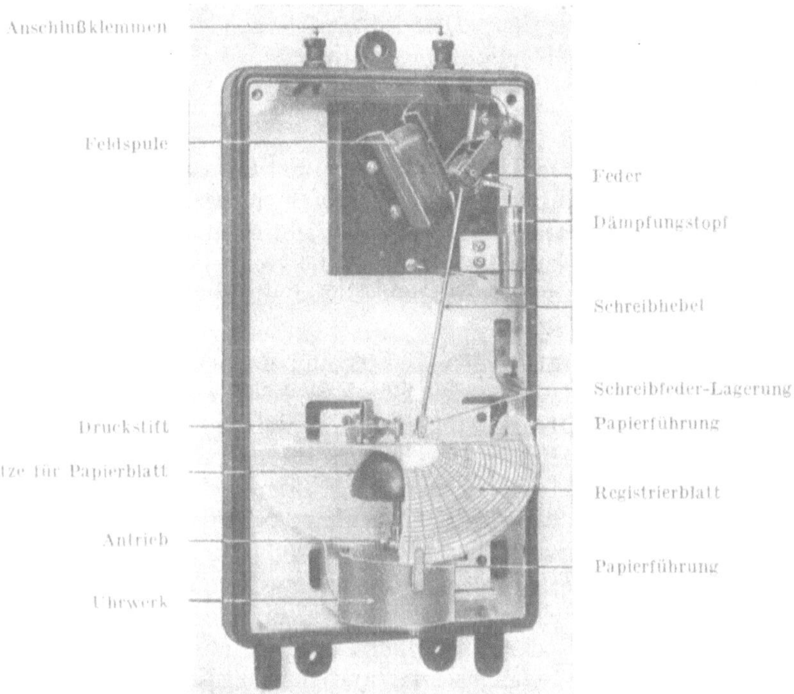

Bild 342. Registrierapparat der Firma Evershed & Vignoles.

schmale ebene Fläche entsteht, auf der sich eine Schreibfeder bewegt. Diese ist einer Reißfeder ähnlich und in einem Gelenk am Schreibhebel gelagert. Die Aufzeichnung erfolgt rechtwinklig zur Bewegungsrichtung des Papierstreifens.

Antrieb des Papierstreifens.

Die besondere Mannigfaltigkeit der Registriereinrichtungen ist auch an der Verschiedenheit der Antriebsart für das Papier zu sehen.

In weitaus den meisten Fällen erfolgt der Vorschub des Streifens proportional der Zeit. Ausnahmen werden gemacht bei Registrierapparaten auf Fahrzeugen, wo man zuweilen den Papierstreifen proportional dem Weg vorschiebt in der Weise, daß man den Antrieb mit einer biegsamen Welle von der Radachse her erfolgen läßt oder nach einer gewissen Anzahl von Umdrehungen einen Kontakt schließt, der über ein Klinkwerk den Papierstreifen sich bewegen läßt.

Bei einem amerikanischen Apparat, einem registrierenden Maximumzähler (ähnlich Bild 338), wird der Streifen proportional den Wirkkilowattstunden vorgeschoben, der Zeiger gleichzeitig proportional den Blindkilowattstunden, so daß für jede Registrierperiode ein rechtwinkliges Dreieck geschrieben wird, dessen Hypotenuse proportional dem Scheinverbrauch ist. Diese Antriebsweise läßt natürlich eine große Anzahl von Kombinationen offen.

1. Uhrwerksantrieb.

Die Auswahl der Uhrwerke für die Bewegung des Registrierpapiers und die Wahl der günstigsten Vorschubgeschwindigkeit ist für jeden Registrierapparat von größter Wichtigkeit. Die meisten haben selbständige Uhrwerke mit einer Gangzeit von 8÷30 Tagen. Für wohlfeilere Ausführungen verwendet man Uhren mit Zylindergang, für bessere solche mit Ankergang.

Der Arbeitsvorrat in den Federtrommeln beträgt bei vollem Aufzug etwa 2÷6 kgm. Die zum Durchziehen des Papierstreifens durch die Führung benötigte Kraft hängt ab sowohl von der verlangten Geschwindigkeit als auch von der Konstruktion der Papierführung. Beispielsweise erfordert eine Führung für einen zylindrisch gekrümmten Streifen mehr Kraft als für einen anderen, der über einen ebenen Tisch geführt wird.

Die vom Uhrwerk in der Zeiteinheit zu leistende Arbeit berechnet sich aus der zu überwindenden Reibung, dem Hebelarm und der Papiergeschwindigkeit. Zweckmäßiger kann es sein, ohne weiteres die abzuwickelnde Papierlänge anzusetzen und daraus die gesamte geforderte Arbeit zu berechnen. Beträgt beispielsweise die Reibung am Umfange des Stiftenrades 30 g und soll insgesamt eine Papierlänge von 40 m bewegt werden, so muß unbedingt eine Arbeit von $0{,}03 \times 40 = 1{,}20$ kgm vom Uhrwerk abgegeben werden. In welcher Zeit dies geschieht, ist zunächst gleichgültig. Das Uhrwerk muß aber tatsächlich mehr leisten können als diese 1,20 kgm, einmal, weil der Wirkungsgrad der Räderübersetzung wesentlich unter $n = 1$ liegt, zum andern, weil damit zu rechnen ist, daß die Papierreibung durch Zufall erhöht wird. Als kleinster zulässiger Wert müßte das Doppelte, also rund 2,5 kgm Federhausarbeit angenommen werden.

Wird dasselbe Uhrwerk mit einer solchen Übersetzung versehen, daß die während der gesamten Laufzeit transportierte Papierlänge kleiner wird, so steigt die am Stiftenrad verfügbare Kraft, allerdings nicht ganz umgekehrt proportional der Papierlänge. Zieht ein Uhrwerk z. B. mit 240 mm stündlichem Vorschub eben noch durch, so wird bei einem Vorschub von nur 20 mm in der Stunde die Kraft zwar nicht auf das 12fache, aber doch annähernd auf das 6÷8fache gestiegen sein.

Wünscht man sehr hohe Papiergeschwindigkeit, so muß man, wenn man nicht die Kraft am Papierstreifen unzulässig vermindern will, bei gleicher Federstärke nach obigem die Laufzeit vermindern. Dies ist aber nur in mäßigen Grenzen dadurch zu erreichen, daß man die Übersetzung zum Federhaus schneller gehen läßt, man muß vielmehr bei großem Vorschub entsprechend der erhöhten Leistung in der Zeiteinheit kräftigere Unruhen mit größerer Bewegungsenergie verwenden oder dieselbe Unruhe nicht mit den üblichen fünf halben Schwingungen in der Sekunde, sondern schneller schwingen lassen. Für sehr schnelle Papierbewegung verwendet man entweder Werke mit Windfangregulierung oder auch solche mit einer sehr schnell schwingenden Unruhe, die 25 bis 50 halbe Schwingungen in der Sekunde macht gegenüber 5 halben Schwingungen bei einem normalen Uhrwerk. Die Ganggenauigkeit der erstgenannten Windfangwerke ist eine ziemlich geringe. Trotz der Regulierung durch einen selbsttätigen Fliehkraftregler ist selbst bei konstanter Belastung die Geschwindigkeit kaum während der ersten Hälfte der Laufzeit genau konstant, es kommen Fehler bis zu 3% vor. Dagegen haben sich schnell schwingende Unruhen gut bewährt, wenn sie auch den Nachteil haben, daß die Bewegung nicht wie beim Windfang vollständig gleichförmig ist. Bei 10 mm sekundlichem Vorschub betragen die einzelnen Ruckintervalle bei einem Werke mit 25 Schwingungen 0,4 mm, bei 50 Schwingungen 0,2 mm, die aufgezeichnete Kurve hat also kleine, allerdings kaum sichtbare Stufen.

Ganggenauigkeit. An die Genauigkeit der Uhrwerke von Registrierapparaten werden manchmal hohe Anforderungen gestellt, ohne daß es möglich ist, sie immer zu erfüllen. Einmal erlaubt es der Preis des gesamten Apparates meist nicht, ihn mit einem Präzisionswerk auszurüsten, zum andern ist zu bedenken, daß diese Art von Uhrwerken, im Gegensatz zu den bei der Zeitmessung verwendeten, eine beträchtliche, dazu noch unkonstante Arbeit zu leisten hat, die unter Umständen nahe an diejenige heranreicht, die das Werk zum Stillstand bringt. Da über die erreichbare Genauigkeit, über den Einfluß der Temperatur und sonstiger Störungsquellen bisher keine Daten bekannt geworden sind, seien nachstehend die Resultate von Versuchsmessungen insbesondere an dem erwähnten Uhrwerk mit schnellschwingender Unruhe und Ankergang wiedergegeben.

Die Zeitmessung am Papierstreifen selbst ergibt bei kurzer Beobachtungsdauer viel zu ungenaue Werte. Ein zufälliger Zug am Papierstreifen durch einen Windstoß oder eine Berührung macht die ganze Messung unbrauchbar. Der Versuch wurde deshalb in der Weise ausgeführt, daß auf einer Achse eine Kontakteinrichtung angebracht und mit passend gewählten Zeitsignalen, gegeben durch eine genau gehende

Hauptuhr mit einem Sekundenpendel, verglichen wurde. Beide Zeitmarken wurden durch einen Morsedoppelschreiber nebeneinander aufgeschrieben, so daß hohe Beobachtungsgenauigkeit erreicht wurde.

1. Abnahme des verfügbaren Drehmomentes mit der Laufzeit (Bild 343). Das Uhrwerk wurde in verschiedenen Abschnitten der gesamten Laufzeit durch Auflegen von Gewichten auf eine an das Stiftenrad gehängte Schale bis zum Stillstand belastet. Notiert ist der Wert, bei dem das Uhrwerk eben noch lief. Auf die Beeinflussung der Ganggeschwindigkeit ist dabei keine Rücksicht genommen.

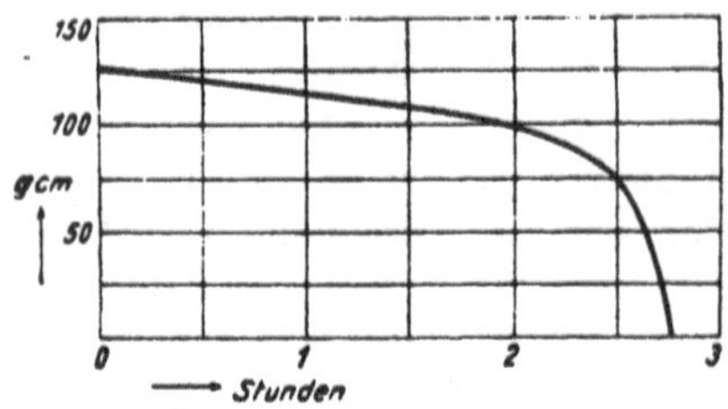

Bild 343. Änderung des Zugmomentes mit der Laufzeit.

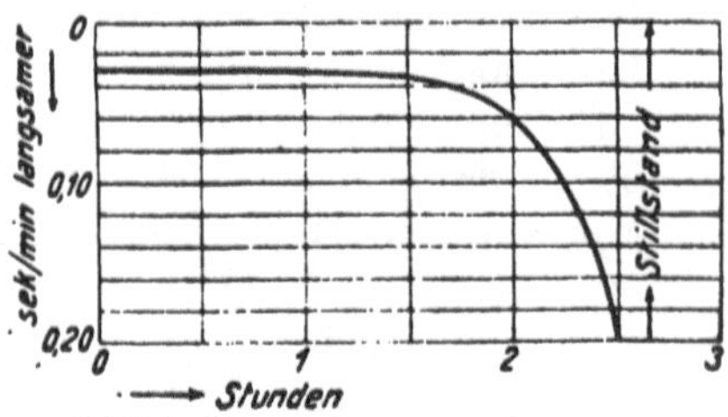

Bild 344. Änderung des Ganges mit der Laufzeit.

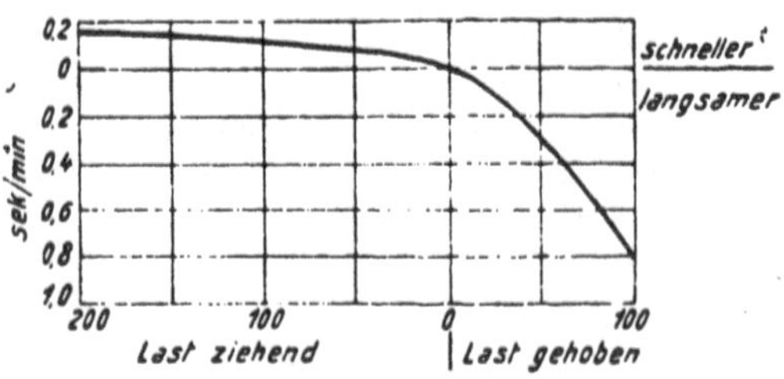

Bild 345. Änderung des Ganges mit der Belastung.

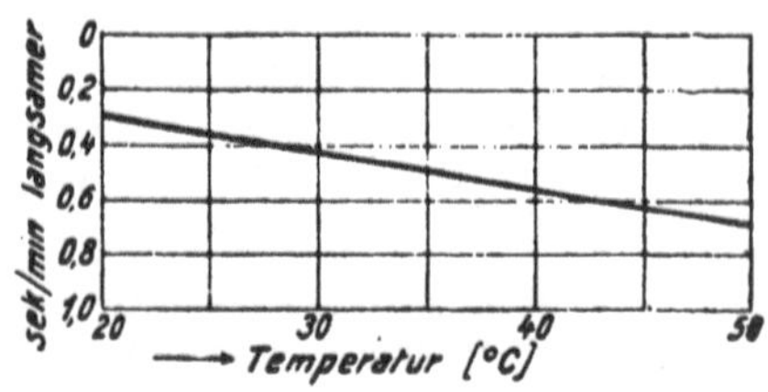

Bild 346. Änderung des Ganges mit der Temperatur.

2. Einfluß der Laufzeit auf die Ganggenauigkeit (Bild 344). Bei diesem Versuch wurde das Werk mit etwa $^1/_{10}$ der Höchstleistung belastet. Aufgetragen ist der Gangfehler in Sekunden je Minute. Die Uhr geht in steigendem Maße langsamer.

3. Einfluß der Belastung auf die Ganggenauigkeit (Bild 345). Das Uhrwerk ist zu $^3/_4$ aufgezogen, die Spannung der Kraftfeder wird konstant gehalten. Die Last wird verschieden angebracht: einmal so, daß sie das Uhrwerk unterstützt (mitzieht), außerdem so, daß sie gehoben wird. Der erste Fall liegt dann vor, wenn das Werk in Verbindung mit einer selbsttätigen Papieraufwickelvorrichtung benutzt wird. Das Mitziehen der Last beschleunigt den Gang nur in geringem Maße, viel größere Verlangsamung tritt beim Heben der Last ein.

4. Einfluß der Temperatur (Bild 346). Das Uhrwerk besaß keine Kompensationsunruhe. Der Einfluß ist trotzdem nicht allzu groß. Auf 24 Stunden umgerechnet, ergibt sich für 10° Temperatursteigerung durch die Vergrößerung der Unruhe und die Verlängerung der Unruhefeder eine Verlangsamung von 3,2 min.

Der Temperatureinfluß wurde auch an einem gewöhnlichen Ankeruhrwerk mit 8 Tagen Laufzeit festgestellt. Es ergaben sich hierbei folgende Werte, durch Interpolation aus vier Beobachtungen gewonnen:

Bei	20°C	0	s	in	der	Stunde,	d. i.	0	s im	Tag
»	30°C	1,1	»	»	»	»	» »	26	» »	»
»	40°C	2,3	»	»	»	»	» »	55	» »	»
»	60°C	4,5	»	»	»	»	» »	108	» »	»

Bei diesem Uhrwerk ist mithin der Temperaturfehler nur etwa der siebente Teil von dem beim erstgenannten Werk.

5. Einfluß von Magnetfeldern. Die Unruhfeder des Uhrwerkes war aus Bronze hergestellt, wurde also durch Magnetfelder nicht beeinflußt. Dagegen bestand die schwingende Ankergabel aus Stahl. Obwohl ein sehr kräftiger Stahlmagnet in größtmögliche Nähe der Unruhe gebracht wurde, konnte keinerlei Beeinflussung der Ganggeschwindigkeit festgestellt werden.

Die oben mitgeteilten Werte können in keiner Weise darauf Anspruch erheben, für alle Arten von Uhrwerken auch nur annähernd zu gelten. Sie sollten vielmehr nur den charakteristischen Verlauf zeigen. Daß die Unterschiede sehr groß sein können, ist bei den Daten für die Temperaturfehler gezeigt. Insgesamt läßt sich bei derartigen Uhrwerken selten eine höhere Ganggenauigkeit als eine Minute im Tag erreichen.

2. Hauptuhrantrieb.

Wünscht man eine genauere Vorwärtsbewegung des Streifens mit der Zeit, so muß eine andere Einrichtung verwendet werden, bei der die eigentliche Zeitbestimmung von einer genau gehenden Pendeluhr aus erfolgt. Diese sog. Hauptuhr (s. Bild 347) gibt in regelmäßigen Zeitabständen, meist alle Minuten, Stromimpulse ab und betätigt dadurch eine in den Registrierapparat eingebaute Fortschaltevorrichtung. Solche Uhrenanlagen sind bereits weit verbreitet. In derselben Weise wie eine Nebenuhr kann auch ein Registrierapparat angeschlossen werden. Es gibt verschiedene derartige Uhrsysteme; der Zweck der verschiedenen konstruktiven Anordnungen ist immer der, Fehler durch Doppelkontakte zu vermeiden und ein möglichst zuverlässiges Arbeiten der Anlage zu erreichen. Die Nebenuhr ist so gebaut, daß sie durch einen zweiten Impuls in gleicher Richtung nicht bewegt wird. Vorwiegend wird gewendeter Gleichstrom benutzt. Wenn die Kontaktgabe durch die Hauptuhr minutlich erfolgt und die Nebenuhr mit einer solchen Übersetzung zum Stiftenrad versehen wird, daß der Vorschub bei jedem Impuls $\frac{1}{3}$ mm beträgt, so erhält man eine stündliche Papierbewegung von 20 mm. Eine Steigerung ist möglich durch Vermehrung der Impulse. Bei solchen Uhrenanlagen zum Betriebe von Registrierapparaten kann man die Einrichtung treffen, daß die Papiergeschwindigkeiten der Apparate in einfachster Weise elektrisch umgeschaltet werden.

Es entspricht:

20	mm	in	der	Stunde	einer	Impulsfolge	von 60 s
60	»	»	»	»	»	»	20 »
120	»	»	»	»	»	»	10 »
240	»	»	»	»	»	»	5 »

Einfacher wäre die Vergrößerung des Einzelvorschubs. Aber auch diese hat zwei Nachteile im Gefolge: bei einer Steigerung des stündlichen Vorschubs auf 60 mm muß bei einminutlicher Stromgabe

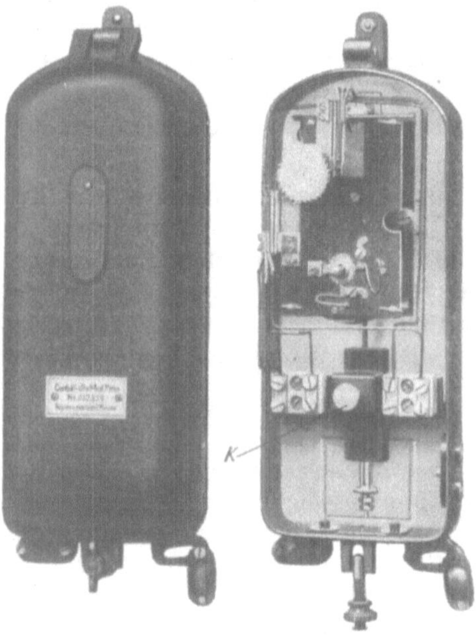

Bild 347. Hauptuhr mit Pendelwerk zum synchronen Antrieb von Registrierapparaten (Siemens & Halske).

der Streifen jedesmal um ein volles Millimeter geschoben werden. Dies erfordert eine sehr große Arbeitsleistung, der die Nebenuhr unter Umständen nicht mehr gewachsen ist, außerdem verlieren die aufgeschriebenen Kurven ihren stetigen Verlauf. Für höhere Geschwindigkeiten als 60 mm ist dieser Weg überhaupt nicht mehr gangbar. Man wird sich bei minutlicher Kontaktgabe darum zweckmäßig auf 20 mm stündlichen Vorschub beschränken.

Eine andere, gleichfalls sehr zweckmäßige Anordnung besteht darin, daß man dem Registrierapparat sein selbständiges Uhrwerk läßt und an diesem nur eine Zusatzvorrichtung anbringt, durch die das Werk alle Minuten von der Hauptuhr aus synchronisiert wird, etwa wieder in der Weise, daß das Werk ein wenig zu schnell geht, angehalten und durch den Synchronisierimpuls freigegeben wird. Diese Einrichtung hat den Vorteil, daß sie eine Gangreserve besitzt und dadurch die Möglichkeit besteht, daß die Uhr beim Ausbleiben der Impulse, wenn auch mit mäßigem Fehler, weitergeht, während bei der erstbeschriebenen Einrichtung alle Apparate beim Ausbleiben der Spannung stillstehen. Sie stellt sich aber im Preise wesentlich höher.

Die Vorteile des Hauptuhrantriebes sind

a) Genauere Zeit als bei dem mechanisch belasteten Werk;
b) größere Kraft für den Transport;
c) Synchronismus bei Anschluß von mehreren Apparaten.

Anderseits ist der Preis einer großen normalen Hauptuhr für die genaue Zeitgabe erheblich. Störend ist auch, daß die normalen Nebenuhren nur mit gewendetem Gleichstrom betrieben werden. Aus diesen Überlegungen sind bei Siemens & Halske allein für den Antrieb von Registrierapparaten besondere kleine Pendelhauptuhren entwickelt worden, die für diesen Zweck einige Vorteile vor den größeren, allerdings auch genaueren Uhren haben:

Niedrigerer Preis als bei Verwendung mehrerer Einzeluhren,
direkter Anschluß für 10 s, 20 s, 60 s Kontaktfolge ohne Zwischenwerk,
nicht polarisierte Nebenuhren, deshalb einfachere Kontaktanordnung.

Bild 347 zeigt die Einrichtung einer solchen Uhr. Die Ganggenauigkeit beträgt etwa 10 s pro Tag.

3. Motorantrieb.

In sehr vielen Fällen reicht die Kraft eines Uhrwerks zum Bewegen des Papierstreifens nicht mehr aus, und es muß eine stärkere Kraftquelle genommen werden. Das einfachste ist es dann, einen Kleinmotor irgendwelcher Bauart anzuordnen. Hiermit kommt man aber bald auf die Schwierigkeit der Unkonstanz der Drehzahl mit veränderlicher Belastung und mit den Spannungsschwankungen.

Leeds & Northrup verwenden zum Antrieb ihrer Apparate Hauptstrommotoren mit einem angeblich auf 1 $^0/_{00}$ genauen Fliehkraftregler.

Der Synchronmotor ist frei von diesen Fehlern, hat aber dafür den Nachteil, daß er für die Fälle, wo ein größeres Anzugsmoment von ihm verlangt wird, zu große Abmessungen hat.

In Amerika sind mehrfach in neuerer Zeit kleinste Synchronmotoren zum Antrieb von Registrierapparaten benutzt worden, und zwar für genaueste Zeitgabe[1]). (Bild 348.)

Als Zeitübertrager wird Wechselstrom aus einem Kraftnetz benutzt. Die Frequenz der Wechselstromgeneratoren wird ganz genau konstant gehalten, und als Nebenuhren werden kleine selbstanlaufende Synchronmotoren verwendet, die Stunden- und Minutenzeiger erhalten oder den Registrierstreifen bewegen. Mit gewöhnlichen Frequenzmessern kann

[1]) H. E. Warren: »Utisiling the Time Characteristic of Alternating Current«. Transact. of the Am. Inst. El. Eng. 38, 1919, S. 629.

dieses Ziel nicht erreicht werden. Bei ihnen ist eine Genauigkeit von 0,1% vom Sollwert das äußerst erreichbare, und doch würde dies bereits einen Zeitfehler von 1,44 min im Tag bedeuten. Es wird deshalb eine andere Methode gewählt, bei der nicht der Momentanwert der Frequenz beobachtet, sondern die Summe der Polwechsel dauernd gezählt und mit einer Normaluhr verglichen wird. Man benutzt dazu schon in der Zentrale eine elektrische Uhr und einen kleinen Synchronmotor mit solcher Räderübersetzung, daß sein Zeiger bei richtiger Frequenz eine volle Umdrehung in genau 5 min macht. Diese Synchronnebenuhr wird zusammengebaut mit einer ganz genau gehenden Normaluhr mit Nickelstahlpendel und einem Zeiger, der denselben Drehpunkt hat wie der des

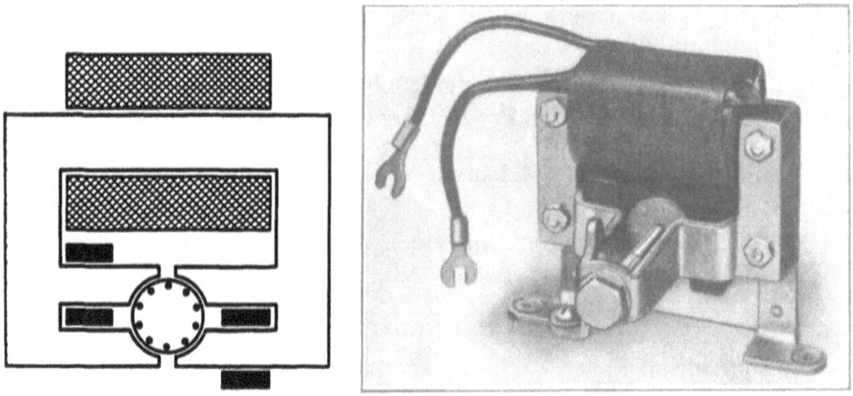

Bild 348. Kleiner Synchronmotor zum Antrieb von Registrierapparaten (Sangamo Electric Co., Springfield, Illinois).

Synchronmotors, und der sich immer in genau 5 min einmal um seine Achse bewegt. Es bleibt jetzt nur übrig, die beiden Zeiger einmal von Hand zur Deckung zu bringen und die Drehzahl des Generators so zu regeln, daß sie dauernd in Deckung bleiben, dann geben auch alle angeschlossenen Nebenuhren genau die Zeit der Hauptuhr an.

Der Synchronmotor weist bemerkenswerte Einzelheiten der Konstruktion auf, von denen erwähnt sei, daß der käfigförmige Rotor aus einer Eisenscheibe mit magnetisierten Stahlnadeln besteht und sein Gewicht nur etwa 1 g beträgt. Der Eigenverbrauch ist etwa 3 Watt, das Drehmoment etwa 1000mal so groß als das der normalen, 8 Tage laufenden Uhr in einem Registrierapparat.

Wahl der Papiergeschwindigkeit.

Die Brauchbarkeit der Aufzeichnung eines Registrierapparates hängt in einem gewissen Grad auch von der richtigen Wahl des Vorschubs ab. Für dauernde Aufzeichnung, zur Betriebsüberwachung, wird man immer versuchen, mit einer kleinen Geschwindigkeit auszukommen, die gerade noch ein Schaubild der Eigenart des Betriebes zu geben vermag. Ein Vorschub von 20÷30 mm in der Stunde wird hier fast immer ausreichen. Man erhält damit eine tägliche Streifenlänge von 48÷72 cm, die gerade noch in Bücher eingelegt werden kann und mit einem Male zu übersehen ist. Wenn es angängig ist, wählt man den Vorschub noch kleiner, nur 5÷10 mm in der Stunde; man erhält dann kurze Tagesdiagramme und spart an dem teuren Registrierpapier. Voraussetzung für diese geringe Geschwindigkeit ist allerdings, daß das Schreiborgan sehr gut gedämpft ist und einen sehr feinen, sauberen Strich schreibt, damit noch alle Einzelheiten der Kurve gut erkennbar sind. Wählt man den Vorschub größer, 60, 120 oder 240 mm in der Stunde, so verbraucht man viel Papier, das nicht nur erhebliche Kosten verursacht, sondern auch schwer zu übersehen ist. Bei 60 mm stündlichem Vorschub wird z. B. in der Woche eine Länge von 10 m beschrieben, und es ist für einen Betriebsleiter keine angenehme Arbeit, die Streifen von 10, 20 oder noch mehr solcher Registrierapparate zu sichten.

Das Obengesagte gilt allgemein. Es gibt aber Betriebsverhältnisse, die eine Abweichung von obigen Vorschlägen zugunsten größerer Geschwindigkeiten notwendig machen. Ein solcher Fall liegt beispielsweise vor, wenn in mehr oder weniger regelmäßigen Zeitzwischenräumen eine erhebliche vorübergehende Schwankung der Meßgröße auftritt, wenn etwa alle Minuten der Anlaufstromstoß eines periodisch arbeitenden Motors zu registrieren ist. Der Zeiger schreibt dann alle Minuten einen Querstrich. Die einzelnen Striche liegen um die minutliche Papiergeschwindigkeit auseinander, bei 20 mm stündlichem Vorschub also $\frac{1}{3}$ mm. Schreibt die Feder ganz fein, so werden die Striche getrennt aufgeschrieben, und man erhält als Diagramm ein Band aus parallelen Strichen. Ist die Feder aber verschmutzt, so laufen die Einzelstriche zusammen, und es ergibt sich das Bild 349a. Bei Aufzeichnung einer solchen Kurve wird sehr viel Tinte verbraucht, sie wird förmlich aus der Feder herausgesaugt und läuft schließlich in Tropfen am Papier herunter. Registriertinte trocknet wegen ihres hohen Glyzeringehaltes ohnedies auch bei gesteigerter Temperatur schwer, eine derartige zusammengeflossene Kurve braucht aber Tage zum Auftrocknen und macht den ganzen Apparat nnbrauchbar.

Es ist die Frage, wie dies zu vermeiden ist. Bei dem gegebenen Beispiel ist die Abhilfe einfach: man erhöht den minutlichen Vorschub von $^1/_3$ auf $^2/_3$ oder 1 mm, also den stündlichen Vorschub auf 40 oder 60 mm. Dann werden auch bei Verwendung einer weniger guten Feder saubere Parallelstriche gezeichnet, die nicht mehr zusammenfließen. Erfolgen aber diese Belastungsstöße nicht alle Minuten, sondern alle 5 Sekunden oder gar alle Sekunden, so kann praktisch nicht mehr mit eine Vorschubvergrößerung geholfen werden. Es würden sich dann viel zu hohe Papiergeschwindigkeiten ergeben, nämlich bei $\frac{1}{2}$ mm Entfernung der Einzelstriche stündliche Papierbewegungen von 360 bzw. 1800 mm, die selbstredend nicht dauernd zugelassen werden können. In Gasmaschinenzentralen liegen solche Betriebsverhältnisse vor, weil dort durch die unvermeidlichen Pendelungen der Maschinen ganz bedeutende Belastungsschwankungen erzeugt werden, und zwar etwa im ½÷1-Sekundentakt.

Aber auch für diese Fälle können zweckentsprechende Maßnahmen getroffen werden. Sind die Belastungsstöße scharf und kurzzeitig, so leistet der Einbau einer stark überperiodischen Dämpfung sehr gute Dienste, indem das Zusammenlaufen der Striche zwar nicht vermieden,

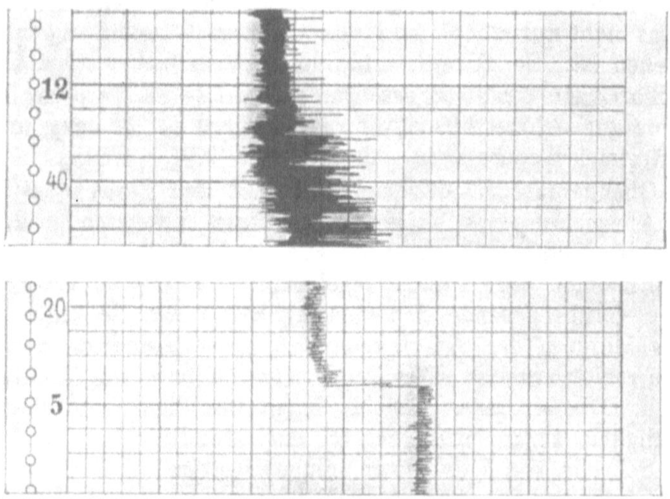

a

b

Bild 349 a. Bei stark schwankender Belastung geschriebene Kurve mit gleichmäßigem Vorschub des Papierstreifens.
Bild 349 b. Kurve bei ruckweisem Vorschub (Siemens & Halske).

aber die Breite der Zone doch immerhin auf ein geringes Maß herabgesetzt wird. Bei langsam einsetzenden Stößen hat die Dämpfung allerdings nur geringe Wirkung.

Ruckweiser Vorschub. Die wirksamere, wenn auch weniger naheliegende Maßnahme ist die Umwandlung des schleichenden Papiervorschubs in einen ruckweisen. Beim Antrieb des Papiers durch eine elektrische Nebenuhr hat man diese Art der Bewegung ohne weiteres, man muß nur die Räderübersetzung so wählen, daß bei jedem Stromimpuls der Hauptuhr eine hinreichend große Papierbewegung von ½ mm oder $^2/_5$ mm zustande kommt. Aber auch bei Verwendung von gewöhnlichen Uhrwerken kann eine Einrichtung geschaffen werden, die bewirkt, daß die Papierbewegung nicht stetig erfolgt, sondern daß die mit dem Ablaufen frei werdende Kraft eine Zeitlang durch das Spannen einer kleinen Zusatzfeder aufgespeichert und dann durch eine Auslösung zur einmaligen Bewegung des Papierstreifens um eine der abgelaufenen Zeit entsprechende Strecke verwendet wird. Bild 349b zeigt eine Kurve, die mit einem derartigen Uhrwerk in einer Gasmaschinenzentrale geschrieben wurde. Das Ruckintervall betrug $^2/_3$ mm, der stündliche Vorschub 60 mm. Eine kleinere Geschwindigkeit konnte nicht gewählt werden, weil dann durch das dauernde Hin- und Hergehen des Zeigers auf einer Stelle schließlich doch das Papier aufgeweicht wurde. Die Schwankungen des Zeigers waren so heftig, daß sie auch nach dem Einbau der außerordentlich starken Dämpfung (etwa 1 min Einstelldauer bis zur Erreichung von 99% des Endwertes) immer noch etwa 5 mm betrugen.

Zwischenkupplung. Für den gleichen Zweck, für die Registrierung in Gasmaschinenzentralen, haben Hartmann & Braun eine andere Anordnung ausgearbeitet[1]). Sie besteht darin, daß das eigentliche Meßorgan und die Schreibfeder nicht starr verbunden sind, wie es gewöhnlich der Fall ist, sondern elastisch durch eine Feder von solcher Stärke, daß die Schwingungsfrequenz eine geringere ist als die der aufgedrückten Schwingungen. Der Zeiger vermag dann den Schwankungen des Meßorgans nicht mehr ganz zu folgen. Auch durch diese Maßnahme läßt sich die Aufzeichnung wesentlich verbessern.

D. Schreibende Maximumzähler.

Die Verrechnung elektrischer Arbeit erfolgt vielfach in der Weise, daß die Grundgebühr für die entnommene Kilowattstunde nach dem Spitzenbedarf festgesetzt wird, der ja für den Erzeuger besonders stö-

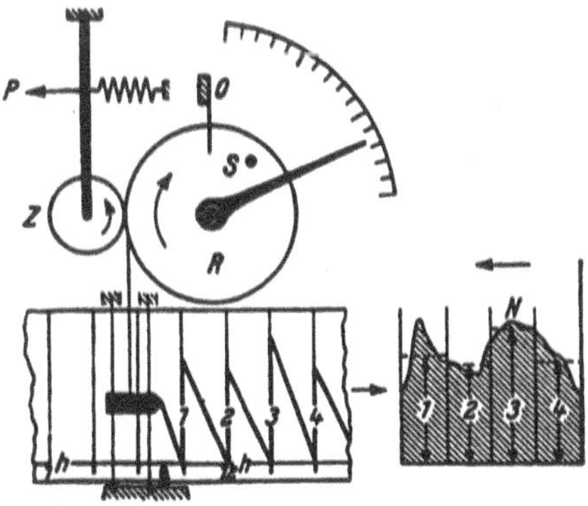

Bild 350. Registriereinrichtung des schreibenden Maximumzählers der Siemens-Schuckert-Werke. Das eigentliche Zählwerk Z wird mit dem Reibrad R durch ein Uhrwerk immer 15 oder 30 min lang gekuppelt und bewegt dabei den Zeiger und den Schreibstift. Die Höhen 1-2-3-4 entsprechen den Flächeninhalten der Leistungskurve N in den Zeitabschnitten 1-2-3-4.

rend ist, da sich nach ihm die Höhe des angelegten Kapitals berechnet. Es wäre nun ungerecht, eine zufällige, nur wenige Sekunden dauernde Überlast dafür anzusetzen; man geht deshalb so vor, daß man mit einem Zähler einen Zeiger kuppelt und alle 15 oder 30 min entkuppelt, der einen Schleppzeiger vor sich herschiebt. Sind bei dem ersten Intervall z. B. 75 kWh entnommen worden, so bewegt sich der Schleppzeiger auf $a = 75$, sind es beim zweitenmal nur 60 kWh, so bleibt $a = 75$ unver-

[1]) D.R.P. 261867.

ändert und nur beim jeweiligen Überschreiten der letzten Schleppzeigereinstellung wird der Zeiger weitergeschoben, um in Zeitzwischenräumen von 1÷4 Wochen zur Tariffestsetzung abgelesen zu werden.

Es kommt nun vor, daß ein Kunde an zwei Stellen Strom entnimmt, und es wäre dann ungerecht, für ihn ein zufälliges Maximum am 8. Mai 9^h vormittags mit einem zweiten Maximum am 10. Mai 5^h nachmittags zu addieren. Hier ist die Registrierung am Platze, die es gestattet, räumlich entfernte Maxima zeitlich richtig zu addieren, und die auch ein Bild gibt über die ganze Art der Beanspruchung des Anschlusses.

Es bauen deshalb jetzt viele Zählerfabriken schreibende Maximumzähler, wie ein solcher, ein Erzeugnis der Siemens-Schuckertwerke, bereits in Bild 338 gezeigt wurde. Das Bild zeigt auch die Art des geschriebenen Diagrammes, wie der Zeiger immer nach 15 oder 30 min auf die Nullinie zurückgeht und wie die Spitzen ein Maß für die Entnahme bilden.

Solche Apparate sind sehr zu empfehlen für Betriebe, wo infolge steten Schwankens der Belastung stark schmierende Kurven wie in Bild 349b geschrieben werden. Mit einem schreibenden Maximumzähler werden die Kurven völlig klar. Allerdings werden die Momentanwerte unterdrückt, aber diese sind nur in den seltensten Fällen notwendig. Zu beachten ist auch, daß diese Zähler nur für Wirkleistung, Blindleistung, evtl. Scheinleistung hergestellt werden, nicht aber zur Strom- oder Spannungsregistrierung.

E. Mehrfach-Registrierapparate.

1. Umschaltung eines Meßwerks.

In dem Abschnitt über Fallbügel-Registrierinstrumente sind bereits Einrichtungen beschrieben worden, bei denen ein Meßwerk auf mehrere Meßstellen umgeschaltet wird. Diese Anordnungen werden fast nur bei Schwachstrom verwendet, weil die Schaltorgane im allgemeinen für Starkstrom nicht ausreichend isoliert sind. Erst die neuesten Temperaturschreiber der Siemens & Halske A.-G. werden für alle ihre Teile mit einer Prüfspannung von 2000 V Wechselstrom gebaut, genau so wie alle andern Starkstromapparate. Die Schwierigkeit liegt aber nicht allein in der Prüfspannung, sondern auch in der Schaltleistung. Das Umschalten von Stromkreisen erfordert auch auf der Niederspannungsseite der Stromwandler recht kräftige Schalter, man geht daher mindestens der automatischen Stromumschaltung gern aus dem Wege. Bei dem auf 4-Quadranten-cos φ-Schreiber von Hartmann & Braun wird die Umschaltung auch allein im Spannungskreis bewirkt. Dieser Apparat schreibt aber jeweils nur eine Kurve. Neuartig sind die von der Westinghouse Co. und der Sangamo Co. gebauten 2-Kurven-Tintenschreiber, registrierende

Maximumzähler für kW und kVA, die Diagramme nach der in Bild 351 gezeigten Weise schreiben.

Wirk- und Blindleistungsschreiber von Siemens & Halske. Bei diesem Apparat wird das Meßwerk durch einen automatischen Umschalter abwechselnd für zwei verschiedene Meßgrößen, z. B. Wirk- und Blindleistung geschaltet. Zur Kurvenunterscheidung wählt man die Zeiten ungleich. Es lag selbstverständlich nahe, die Umschaltung durch ein Uhrwerk herbeiführen zu lassen. Das häufige Schalten hätte aber das Werk stark belastet und dadurch die Genauigkeit des Papiervorschubs beeinträchtigt. Es wurde deshalb für die Umschaltung ein besonderer

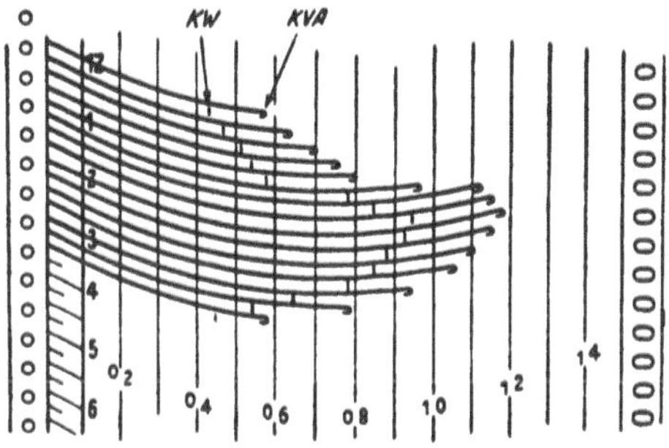

Bild 351. Diagramm des Zweikurven-Tintenschreibers der Westinghouse Manfg. Co. ohne Kurvenunterscheidung. (Registrierender Maximumzähler.)

Zeitgeber in Form eines Bimetallschalters eingebaut; dieser bewirkt aber seinerseits auch noch nicht direkt die Umschaltung, sondern steuert erst einen besonderen Schaltmagneten mit einer Schaltwalze und Nockenscheiben, die die sehr kräftigen Federpakete zusammendrücken oder freigeben. Dadurch wird die Anordnung wesentlich robuster, als wenn man den Bimetallschalter selbst oder gar das Uhrwerk die Umschaltung hätte ausführen lassen. Durch die tangentiale Länge der Nockenscheiben kann man ein bestimmtes Verhältnis der Zeiten für die Messung von Wirk- und Blindleistung einstellen. Damit wird in ganz neuartiger Weise eine Kurvenunterscheidung ausgeführt. Auf der Wirkleistung bleibt der Schalter etwa zwei Minuten, auf der Blindleistung nur eine Minute. Man erhält damit ein Diagramm nach Bild 352.

Zur Speisung der Schaltorgane dient eine Gleichspannung von 24 oder 110 V, der Magnet M und die Heizwicklung H auf dem Bimetallstreifen liegen parallel. Nach etwa sechs Sekunden ist der Streifen soweit erhitzt, daß er sich krümmt, den Kontakt öffnet und Magnet und Heizwicklung abschaltet. Die letztgenannte kühlt sich etwa im Laufe einer Minute ab, die Kontaktfeder schließt wieder den Heizstrom und verstärkt auch den Magnetstrom so viel, daß der Magnet um einen Zahn weiterschaltet.

Die Umschaltezeit des Bimetallschalters ändert sich mit der Spannung, und es wird dadurch die Umschaltung mehr oder weniger häufig erfolgen. Das auf 1:2 eingestellte Verhältnis der Zeiten bleibt aber immer bestehen und damit auch die klare Unterscheidbarkeit der Kurven.

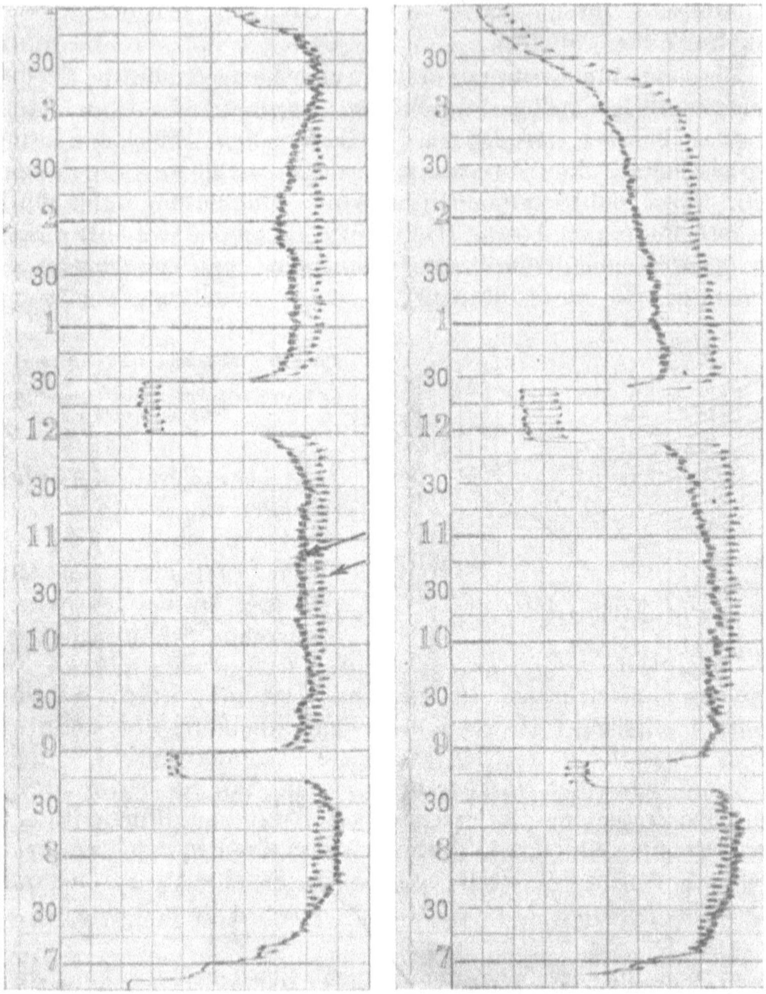

Bild 352. Zweikurven-Tintenschreiber von Siemens & Halske zur Aufzeichnung von Wirk- und Blindleistung. Die zwei Kurven stellen einen normalen Arbeitstag und den 31. Dez. 1926 dar. Die stark geschriebene Kurve ist die Wirkleistung, die andere die Blindleistung. Die letztere ist der angeschlossenen Motorenleistung entsprechend, nahezu in der ganzen Arbeitszeit konstant. Morgens und abends erhöht sich durch das Einsetzen der Beleuchtung die Wirkleistung. Im zweiten Diagramm vermindert sie sich bereits von 10 Uhr ab durch die verminderte Arbeitslust in den Werkstätten.

2. Einbau mehrerer Meßwerke mit mehreren Zeigern.

In neuerer Zeit sind auch Registrierapparate gebaut worden, bei denen nicht ein Meßwerk umgeschaltet wird, sondern zwei oder mehr voneinander unabhängige Meßwerke auf einem Streifen schreiben. Bild 353 zeigt einen solchen Spezialapparat von Evershed & Vignoles mit drei Kurvenschreibern und zwei Zeitmarkiervorrichtungen. Registriert wird damit bei Verwendung für Bahnbetrieb

Spannung,
Strom,
Geschwindigkeit
als Zeitmarkierung,
Bremsengebrauch,
Haltestellen.

Man hat zwei Streifen verwendet, um die mit allzu breiten Streifen verbundenen Nachteile zu vermeiden.

Bild 353. Vielfach-Registrierapparat der Firma Evershed & Vignoles mit drei Meßwerken und zwei Papierstreifen.

Selbstverständlich kann man die Meßwerke eines Doppel- oder Dreifachapparates auch noch in üblicher Weise bei einem Punktschreiber umschalten. Hartmann & Braun bauen einen Zwölffach-Punktschreiber mit zwei Meßwerken nebeneinander. Das bringt den Vorteil, daß man z. B. ein hochohmiges Instrument für Thermoelemente mit einem niederohmigen für Brückenschaltungen kombinieren kann.

Bei Lichtschreibern ist die Verwendung mehrerer Meßwerke sehr häufig. Bild 354 zeigt die Anordnung von sechs Meßschleifen bei einem

Bild 354. Magnetsystem des sechsschleifigen Siemens-Oszillographen mit Stimmgabel zur Zeitmarkierung

Oszillographen, wobei noch als 7. und 8. Registrierorgan der Nullpunktspiegel und die Stimmgabel zur Zeitmarkierung zu rechnen sind.

Während hier ein einziger Elektromagnet verwendet wird, besitzt der Westinghouse-Oszillograph mit 6 Schleifen sechs Einzelsysteme mit Stahlmagneten in der Ausführung nach Bild 355. Jedes System ist vom andern durch Hartgummizwischenlagen isoliert, die Breite ist 40 mm, so daß sechs 240 mm entsprechen.

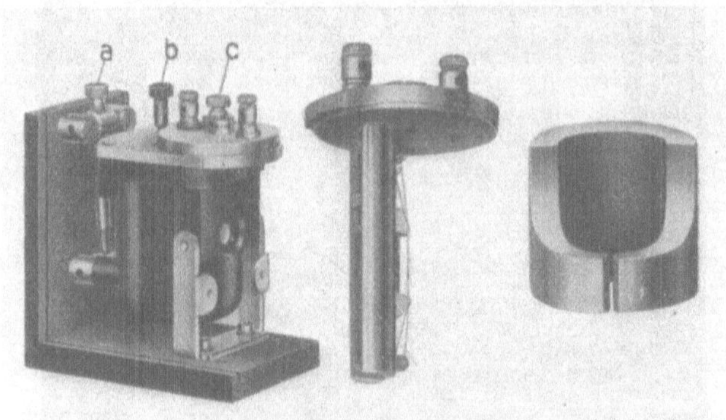

Bild 355. Magnetsystem des sechsschleifigen Westinghouse-Oszillographen. Einsatzsystem und Magnet besonders gezeigt. *a—b—c* sind die Einstellorgane.

3. Vielfach-Registrierapparate zur Zeitmessung.

Von dem Spannungsmesser mit der schmalen Skala zu dem mit einer Schreibfeder versehenen Relais zur Anzeige von Stromschluß- und Unterbrechung ist nur ein kleiner Schritt.

Bild 356 zeigt einen Zeitregistrierapparat der Siemens & Halske A.-G. mit 12 Schreibfedern, der z. B. zur Überwachung von Maschinen dient. Um mit der Breite auszukommen, sind die Relais in zwei Etagen eingebaut. Jedes ist vom andern für 2000 V Prüfspannung isoliert.

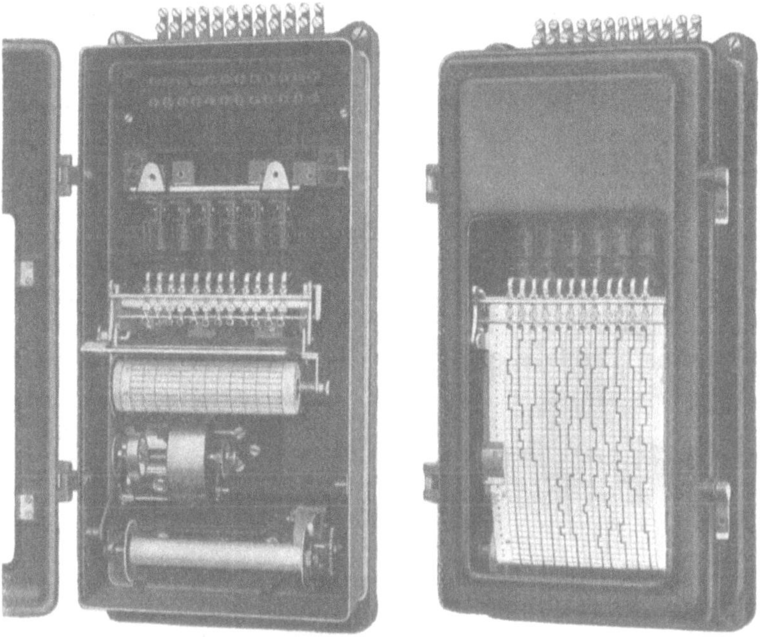

Bild 356. Zeitregistrierapparat mit zwölf Schreibfedern zur Überwachung von Maschinen. (Siemens & Halske.)

Der Papiervorschub beträgt 20 bis 3600 mm stündlich. Die Überschlagzeit des Relais ist so gering, daß mit Sicherheit noch 5 Markierungen in der Sekunde geschrieben werden können. (Siehe auch Band II.)

F. Oszillographen.

Man bezeichnet damit Registrierapparate, die dem Verlauf von schnellen Vorgängen genau zu folgen vermögen. Unter einem solchen verstand man früher etwa den Verlauf eines Wechselstromes technischer Frequenz oder bis zu 1000 Hertz. Man konnte das noch mit Einrichtungen schaffen, die von den üblichen Drehspulinstrumenten abgeleitet waren, deren bewegliches Organ eine zwar sehr hohe, aber doch bei 10 oder 20000 Hertz begrenzte Schwingungszahl hatte. Die Entwicklung der Hochfrequenztechnik und das Studium der schnellen Vorgänge auf Leitungen zeitigten aber das Bedürfnis nach leistungsfähigeren Oszillographen, und so wurden dann nacheinander die trägheitslosen Oszillographen entwickelt: der Glimmlichtoszillograph, der Kathodenstrahloszillograph und zuletzt der Klydonograph.

Lichtschreiber mit Meßorganen endlich kleiner Einstellzeit.

Hierunter sind die früher allgemein als Oszillographen bezeichneten Apparate zu verstehen.

Oszillograph nach Siemens-Blondel.

Die gegenwärtige Ausführung des Apparates mit drei Meßschleifen zeigt Bild 357, während die Ausführung mit sechs Meßschleifen in dem Bild 358 gezeigt ist.

Bild 357. Oszillograph mit drei Schleifen nach Siemens-Blondel.

Meßwerk. Das Meßwerk dieser Oszillographen ist an anderer Stelle (S. 165) beschrieben, das Magnetfeld wird durch einen Elektromagneten erzeugt, der für Hochspannungsmessungen aus einer isoliert

Bild 358. Oszillograph mit sechs Meßschleifen nach Siemens-Blondel. Neueres Modell

aufgestellten Akkumulatorenbatterie mit 20 V Spannung gespeist werden kann. Der Magnet kann auch nach Umschaltung der Spulen an 110 oder 220 V Gleichspannung angeschlossen werden. Das Feld ist stark gesättigt, so daß Spannungsschwankungen geringen Einfluß auf die Empfindlichkeit der Schleife haben.

Lichtquelle und Strahlengang. Die Bogenlampe ist immer noch die weitaus stärkste Quelle großer Flächenhelligkeit und für schnellste Aufnahmen stark unstetiger Kurven kaum zu ersetzen. Durch Überlastung von hochkerzigen Niedervoltlampen läßt sich aber auch eine

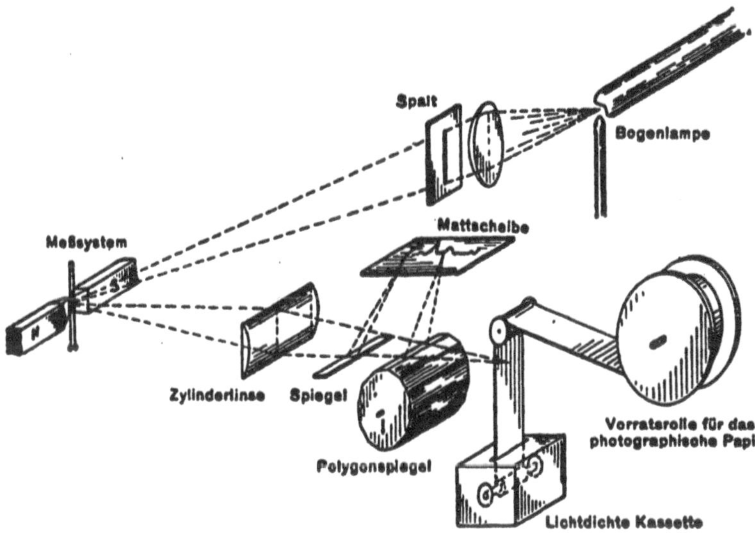

Bild 359. Strahlenlauf bei dem Oszillographen nach Siemens-Blondel.

Helligkeit erzielen, die für eine Anzahl der Messungen in Netzen ausreicht, und es ist deshalb bei dem Reiseoszillographen der Siemens & Halske A.-G. eine solche Einrichtung getroffen worden. Die Bogenlampe ist jetzt vollkommen selbstregulierend und bedarf im Gegensatz zum alten Typ keiner Wartung mehr außer dem Kohlenwechsel. Die Lichtbogenspannung ist 55 V, der Stromverbrauch 8 A, sie wird an 110 oder 220 V Gleichspannung angeschlossen. Wechselspannung ist nicht brauchbar, weil die Lichtstärke bei jedem Polwechsel schwankt.

Bild 359 zeigt den Strahlengang für den Sechs-Schleifen-Oszillographen. Vor der Bogenlampe ist eine Kondensorlinse und eine Spaltblende eingebaut. Genau 1 m vom Spalt entfernt ist der Spiegel der Meßschleife und unmittelbar vor diesem eine kleine Plankonvexlinse angeordnet. Sie entwirft ein Bild des beleuchteten Spaltes in annähernd natürlicher Größe, das auf dem lichtempfindlichen Papier zu einem Punkte zusammengezogen wird. Infolge der kleinen Drehung, die der

Spiegel der Meßschleife unter dem Einfluß der die Schleife durchfließenden Ströme um seine senkrechte Achse beschreibt, kommen auf dem ablaufenden Streifen die Kurvenbilder zustande.

Damit man sie aber auch vor der Aufnahme auf einer Mattscheibe betrachten kann, läßt sich vor das lichtempfindliche Papier ein drehbarer Polygonspiegel rücken, der entsprechend seiner Drehgeschwindigkeit ein mehr oder weniger ausgezogenes Kurvenbild von den Ausschlägen der Meßschleife entwirft.

Da die Einrichtung so getroffen ist, daß das Lichtbündel erst dann auf das lichtempfindliche Papier fallen kann, wenn der Polygonspiegel heruntergedrückt und damit gleichzeitig die Ablaufvorrichtung des Papiers eingerückt ist, würde man während der Aufnahme, d. h. solange das lichtempfindliche Papier in die lichtdichte Kassette einläuft, die Ausschläge der Meßschleife nicht beobachten können. Damit dies geschehen kann, ist zwischen Zylinderlinse und Polygonspiegel ein schmales totalreflektierendes Prisma angebracht, das einen Teil des Lichtbündels, bevor es auf den Polygonspiegel bzw. auf das lichtempfindliche Papier fällt, auffängt und auf die Mattscheibe wirft. Hier erscheint es an der linken Seite auch während der ganzen Dauer einer photographischen Aufnahme als Lichtpunkt.

Die Aufgabe, mit der eben beschriebenen Anordnung sechs Lichtzeiger für die Meßschleifen und einen Lichtzeiger für die Stimmgabel, also insgesamt sieben Lichtbündel, zu erzeugen, ist in einfacher Weise dadurch gelöst worden, daß an Stelle des einen Spaltes und der einen Kondensorlinse vor der Lichtquelle die nur einige Millimeter breiten Mittelstücke von sieben Plankonvexlinsen nebeneinander hinter einer siebenfachen Spaltblende angeordnet sind. Jede einzelne Linse wird bei der Justierung des Apparates mit Hilfe kleiner Stellschrauben von vornherein so eingestellt, daß alle sieben Lichtbündel genau auf die sechs Spiegel der Meßschleifen und auf den kleinen Hohlspiegel der als Zeitschreiber dienenden Stimmgabel fallen. Von den Spiegeln zurückgeworfen, fallen die sieben Lichtbündel durch die Zylinderlinse und werden auf der Mattscheibe bzw. auf dem lichtempfindlichen Papier zu sieben Lichtpunkten zusammengezogen.

Bei dem Drei-Schleifen-Oszillograph ist der Strahlengang etwas komplizierter, weil man durch die kleinen Abmessungen gezwungen ist, den Lichtstrahl über Spiegel zu brechen.

Beobachtung. Die Sichtbarmachung der Kurven durch einen Polygonspiegel ist bereits erwähnt worden. Der ältere Oszillograph mit drei Schleifen ist anders gebaut. Bei ihm sind an Stelle des Polygonspiegels auf einer Achse zwei Flügel, die nach einer archimedischen Spirale gekrümmt sind. Infolgedessen wird bei einer Bewegung des Drehkörpers der von der Meßschleife kommende Lichtpunkt dauernd von rechts nach links verschoben und für das Auge zu einer Linie auseinandergezogen.

Bei eingeschalteter Meßschleife erscheint ein im Raum freischwebendes Kurvenbild; es steht still, wenn der Beobachtungsapparat durch den Synchronmotor mit der Frequenz des zu untersuchenden Wechselstromes angetrieben wird, also übereinstimmend mit dem beobachteten Vorgang läuft.

Photographische Aufnahme. Bei jedem Oszillographen sind Einrichtungen vorgesehen, um von der Beobachtung sofort zur photographischen Aufnahme übergehen zu können durch eine einfache Hebelschaltung und einen Kippspiegel.

Die Aufnahme erfolgt entweder auf einem 23 cm langen, 9 cm breiten Papier- oder Filmstreifen, der um eine Trommel gelegt ist oder auf einem ablaufenden bis zu 5 m langen Streifen, der von einem Motor mit einer veränderbaren Geschwindigkeit bis zu 3 m/s durch den Aufnahmeapparat gezogen wird. Bei Trommelaufnahmen wird die Drehung meist synchron mit dem Wechselstrom vorgenommen, und man kann dann durch kurzes Niederdrücken des Kippspiegels mehrere Perioden genau übereinander schreiben, wobei allerdings eine sehr dicke Kurve herauskommt, in der keine Feinheiten mehr zu erkennen sind. Viel besser ist es, den elektrisch gesteuerten Momentverschluß mit Fernauslösung zu benutzen, mit dem man den Teil des Vorgangs, den man aufnehmen will, genau vorausbestimmen kann.

Projektionseinrichtung. Zur Vorführung im größeren Kreise kann der Siemens-Oszillograph mit einer Projektionseinrichtung versehen werden. Zweckmäßig wählt man dazu Spezialschleifen mit größerem Spiegel, die mehr Licht auf die Fläche werfen. Durch Farbfilter, die in den Strahlengang eingeschaltet werden, kann man die projizierten Kurven farbig unterscheiden.

Auswertung der Oszillogramme. Es ist häufig erwünscht, eine Auswertung der Oszillogramme zur Bestimmung der Größe und Phase der einzelnen höheren Harmonischen vorzunehmen. Es sind dafür eine Unzahl von rechnerischen und graphischen Methoden angegeben worden, auch sind eine Reihe von mechanischen Apparaten dafür gebaut worden. Über den Wert oder Unwert der einzelnen Verfahren kann im Rahmen dieses Buches nicht gesprochen werden. Um die Genauigkeit zu erhöhen, kann es zweckmäßig sein, von besonders wichtigen Oszillogrammen eine Vergrößerung anzufertigen, wobei aber zu beachten ist, daß nicht die Proportion der Kurve durch das Zusammenziehen der Pausen geändert wird.

Oszillograph der Cambridge Instrument Co.

Der von der genannten Firma hergestellte Apparat ist in seiner Wirkungsweise dem Siemens-Apparat gleich, nur ist die Bauweise verschieden, wie Bild 360 zeigt, das mit Bild 358 zu vergleichen ist. Der Aufbau ist ähnlich, Lichtquelle, Aufnahmeapparat und Galvanometer sind getrennt. Das letztere ist hochisoliert aufgestellt und kann der Apparat deshalb leichter für Hochspannungsmessungen benutzt werden. Bild 360b zeigt das Magnetsystem, das maximal zwei Schleifen erhalten kann.

a

b

Bild 360. Oszillograph der Cambridge Instrument Co.
a) gesamter Aufbau,
b) Magnetsystem.

Oszillograph der Westinghouse Co.[1]).

Die Westinghouse Co. hat einen tragbaren Oszillographen durchgebildet, bei dem auf besonders kleinen Raum alle wesentlichen, zur Inbetriebsetzung nötigen Hilfseinrichtungen mit eingebaut sind. Die Leistungsfähigkeit hinsichtlich der Eigenfrequenz der Schleifen reicht

Bild 361. Der »Osiso«-Kleinoszillograph der Westinghouse Co.

nicht an die des Siemens-Oszillographen heran, es ist statt dessen bei der Konstruktion der Hauptwert auf Erzielung kleinster Abmessungen, Handlichkeit und geringen Gewichtes gelegt worden. Die gesamte Einrichtung wiegt 50 kg. Als Lichtquelle wird eine Glühlampe benutzt, die während der Aufnahme automatisch überlastet wird.

Der Preis des Apparates ist allerdings so hoch (6000 $), daß er für europäische Verhältnisse selten in Betracht kommen dürfte.

---

[1]) Legg, J. A. I. E. E., Febr. 1923.

Neben dem großen Oszillographen baut die Westinghouse Co. auch ein kleines Modell mit den Abmessungen 160 × 230 × 270 mm, den »Osiso«, der nur eine Schleife hat, die auf sechs Stromkreise umgeschaltet werden kann[1]). Auch hier wird als Lichtquelle eine 4-V-Lampe verwendet. Das Magnetsystem entspricht dem in Bild 355 gezeigten.

Der Apparat weist viele bemerkenswerte Einzelheiten auf, für die auf die Originalveröffentlichungen verwiesen sei.

Saitengalvanometer.

Die Wirkungsweise der Saitengalvanometer ist bereits auf Seite 168 erläutert worden, an dieser Stelle bleibt noch die besondere Art der Registrierung zu beschreiben:

Der von der Lichtquelle ausgehende Strahl wird auf die von dem zu messenden Strom abgelenkte Saite geworfen, auf der Papier-

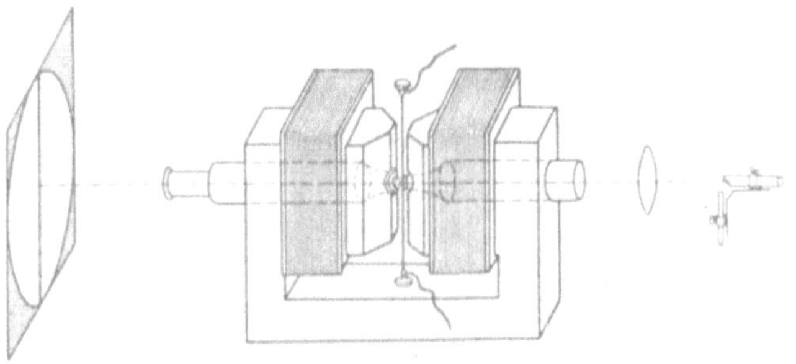

Bild 362. Zustandekommen der Aufzeichnung bei einem Saiten-Galvanometer.

fläche ergibt sich dann das Bild eines hellen Kreises mit einem schwarzen Strich (Bild 362). Daraus wird ein Durchmesser senkrecht zu der Saite freigelassen, und auf das vorbeigeführte photographische

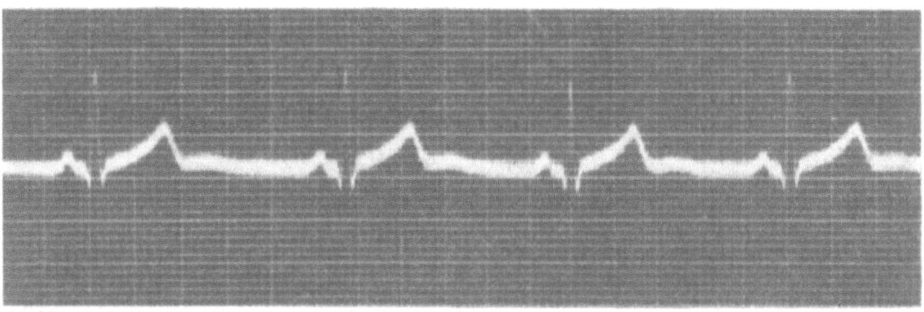

Bild 363. Diagramm eines schreibenden Saitengalvanometers (nat. Größe). Elektrokardiogramm eines gesunden Herzens. Vorschub 28 mm je Sekunde. Ordinate 1 mm = 0,1 mV, Abszisse $^1/_5$ bzw. $^1/_{25}$ s für stärkere und schwächere Linien. (Cambridge Instrument Co.)

---

[1]) J. W. Legg, The Electric Journal, Dezember 1924, S. 564, Juli 1927, S. 341, August 1927, S. 397.

Papier geworfen, so daß der Kurvenzug hell auf schwarzem Grund erscheint.

Bei dieser Art der Registrierung ist es nicht allzu schwer, den Streifen automatisch mit einer Längsteilung, entsprechend der Zeit und einer mm-Querteilung zu versehen. Man verwendet dazu rotierende Radspeichen bzw. geätzte Zylinderlinsen. Die fertigen Diagramme haben dann ein Aussehen, wie es Bild 363 zeigt. Die Dicke der Kurve hängt ab von der Stärke der Vergrößerung und der Fadendicke.

Bild 364. Saiten-Oszillograph der General Radio Co. Ohne Registriereinrichtung, nur zum Beobachten.

In der Hauptsache verwendet man Saitengalvanometer mit niedriger Eigenfrequenz. Die General Radio Co. baut einen Saitenoszillographen mit einem permanenten Magneten (Bild 364). Sie benutzt Wolframsaiten mit 0,01 mm Durchmesser und 110 mm Länge und 65 Ω Widerstand. Die Empfindlichkeit ist folgende:

		1 mm	1 mm bei Gleichstrom
Resonanzfrequenz	60 Hertz	bei 60 Hertz 0,2 mV	4,7 mV
	250 »	» 250 » 1,0 »	65 »
	500 »	» 500 » 2,4 »	300 »
	1000 »	» 1000 » 8,5 »	1300 »

Zur Sichtbarmachung der Kurven ist in dem linken Teil des Apparates ein achtflächiger Polygonspiegel eingebaut, der von einem kleinen Induktions-Scheibenmotor angetrieben wird, dessen Geschwindigkeit in weiten Grenzen durch Spannungsänderung geregelt werden kann.

Der Apparat kann sowohl als Vibrationsgalvanometer als auch als Oszillograph für Frequenzen bis zu 3000 Hertz benutzt werden. Einrichtungen zur photographischen Aufzeichnung besitzt er nicht.

Lichtschreiber mit trägheitslosen Meßorganen.

Glimmlicht-Oszillograph[1]).

Die Eigenfrequenz der Oszillographen-Meßschleifen kann im äußersten Falle in ungedämpftem Zustande auf etwa 12000 gesteigert werden, nur mit sehr hohem Eigenverbrauch mit einer Schwingungsfrequenz von 20000 sind Einzelausführungen bekannt geworden. Dabei ist noch zu berücksichtigen, daß durch das bereits erwähnte Phänomen des Anhängens von Öl an die Schleifen das Trägheitsmoment und damit die Schwingungsdauer wesentlich vergrößert wird, so daß man praktisch nur mit einer Eigenfrequenz von 5÷6000 Hertz rechnen kann. Damit ist der Verwendbarkeit des Oszillographen für höhere Frequenzen eine Grenze gesetzt. Man kann zwar auch einiges erreichen durch die richtige Anpassung der Zähigkeit des Dämpfungsöles an die Schleifen und den aufzunehmenden Vorgang, Tatsache bleibt aber, daß bereits für eine Frequenz von 10000 Hertz, wie sie noch häufig vorkommt, der Oszillograph keine zuverlässigen Angaben mehr macht. Hier muß man Kurven anzeigende Vorrichtungen anwenden, die mit einem trägheitslosen Lichtschreiber arbeiten. Der eine davon ist der von Gehrcke[2]) angegebene Glimmlicht-Oszillograph, der von der Firma Hans Boas hergestellt wird. Er besteht aus einer mit verdünntem Stickstoff (10 mm Druck) gefüllten Glasröhre mit 35 mm Durchm. und 275 mm Länge mit zwei 60 mm langen, 10 mm breiten Elektroden in der Anordnung nach Bild 365.

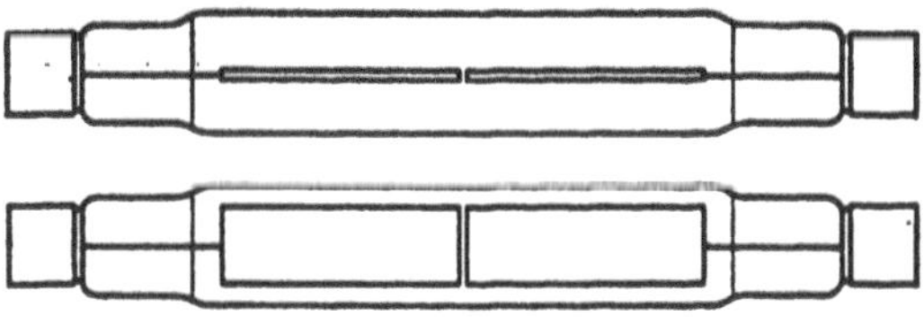

Bild 365. Glimmlichtröhre in der Ausführung nach Gehrcke-Boas.

Bei einem Gasdruck von 8 bis 20 mm Hg bildet sich das negative Glimmlicht als eine hellblaue, stark leuchtende Schicht unmittelbar über der Elektrodenfläche aus. Stellt sich der Beobachter in die Ebene der Elektroden, so erscheint das negative Glimmlicht als eine feine Linie in einem geringen Abstand über der Elektrode, die momentan Kathode ist. Die Länge dieser Lichtlinie ist proportional der augenblicklichen Stromstärke. Dies beruht auf dem sehr genau erfüllten empirischen Gesetze, daß die Stromdichte in der Glimmentladung an der Kathode so lange konstant ist, bis das Glimmlicht die Kathode vollständig bedeckt. Bei Wechselstrom bedeckt das Glimmlicht scheinbar beide Elektroden in gleicher Weise und die Enden der Elektroden markieren sich als anodische Lichtpunkte.

---

1) Literaturnachweis: Z. f. J. 46, 1926, S. 245.

2) Gehrcke, D.R.P. 162725. Verhandlungen der Deutschen Phys.Ges., VI, 1904, S. 176. Z. f. I., 1905, S. 33 und 378. — Diesselhorst, Verhandlungen der Deutschen Phys. Ges., IX, 1907, Nr. 14 und X, 1908, Nr. 7.

Zum Auseinanderziehen des Glimmlichtes zu einer Kurve betrachtet oder photographiert man die Lichterscheinung durch einen rotierenden Spiegel, der nach Möglichkeit synchron mit dem aufzunehmenden Wechselstrom läuft. Dadurch, daß die Röhre von der Seite betrachtet wird, ist die Flächenhelligkeit sehr hoch. Die einseitige Glimmlichtlänge beträgt etwa 0,8 mm je mA, bei 60 mA etwa 50 mm. Durch Erniedrigung des Gasdruckes kann die Empfindlichkeit unter wesentlicher Einbuße an Lichtstärke gesteigert werden.

Für Hochfrequenzvorgänge wird die Drehzahl des Spiegels in der Ausführung der Firma Hans Boas bis auf 200/s = 12000/min gesteigert, eine Schwingung von 400 m Wellenlänge = 750000 Hertz wird dann mit 1 mm Phasenabstand wiedergegeben. Bild 366, das von der Firma

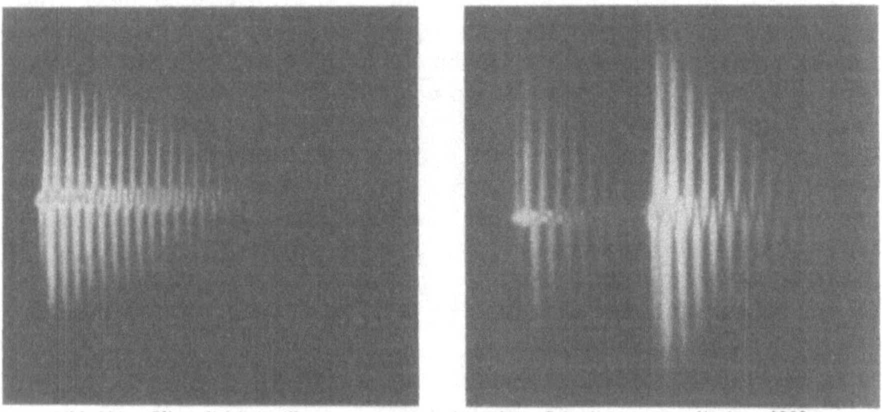

Bild 366. Glimmlicht-Oszillogramme von gedämpften Schwingungen mit etwa 1000 m Wellenlänge.

Hans Boas zur Verfügung gestellt wurde, stellt eine langsam abklingende Schwingung von etwa 1000 m Wellenlänge, den Strom in der Antenne in einem Löschfunkensender, dar.

Ein großer Nachteil des Glimmlicht-Oszillographen ist der hohe Eigenverbrauch von etwa 50 mA und die notwendige hohe Spannung. Unter 300 V spricht die Röhre überhaupt nicht an. Um diese Zone zu vermeiden, tut man gut, die zu untersuchende Wechselspannung einer Gleichspannung zu überlagern.

Um den Glimmlicht-Oszillographen zur Aufnahme von Telephon- und Mikrophonströmen verwendbar zu machen, wurde er von V. Engelhardt und E. Gehrcke bei der PTR mit einem Glühkathodenverstärker verwendet, der die schwachen Ströme bis auf etwa 25 mA verstärkte[1]). Dieser Glimmlicht-Oszillograph wurde insbesondere zur Aufnahme von Klangkurven verwendet, ferner auch Oszillogramme von Durch-

[1]) Z. f. techn. Physik 6, 1925, S. 153 und 438; 7, 1926, S. 146.

schlagvorgängen aufgenommen. Es konnten Schwingungen bis etwa 50000 Hertz damit untersucht werden.

Nach einem anderen Vorschlag, den zuerst Janus und Voltz[1]) gemacht haben, läßt man die Glimmlichtröhre als Radius auf einer Scheibe rotieren, und man sieht dann die zu untersuchende Kurve als eine wellenförmige Linie um einen Kreis, der von der Trennstelle der Glimmelektrode beschrieben wird.

Ein anderer Kurvenanzeiger mit einer Glimmlichtröhre ist von Geyger[2]) beschrieben worden. Die Anordnung ist so getroffen, daß die Glimmlichtröhre auf der rotierenden Scheibe nicht als Radius, sondern als Durchmesser eingebaut ist, so daß die gesuchte Kurve in reinen Polarkoordinaten dargestellt wird, die der rechnerischen Auswertung bequemer zugänglich sind als die Wellenlinien des von Janus angegebenen Apparates.

Die Genauigkeit der Aufzeichnung eines Glimmlicht-Oszillographen ist eine sehr mäßige. Sie kann hinsichtlich der Schärfe der Bilder mit dem Schleifen-Oszillographen und auch mit dem Kathodenstrahl-Oozillographen nicht verglichen werden. Immerhin ist es möglich, mit dem Boas-Glimmlicht-Oszilloskop noch Schwingungen bis zu 1 Million Hertz aufzulösen[3]). Ein besonderer Vorzug des Glimmlicht-Oszillographen ist aber seine große Einfachheit und seine bequeme Handhabung.

Kathodenstrahl-Oszillograph[4]).

Die beim Anlegen einer hinreichend hohen Gleichspannung aus der Kathode eines Entladungsrohres geradlinig austretenden »Kathoden-Strahlen«, aus negativen Elektronen bestehend, haben die Eigenschaft, durch magnetische und elektrische Felder abgelenkt zu werden, Lumineszenzschirme aus Zinksulfid zum Leuchten zu bringen und so indirekt die Schicht der photographischen Platte zu schwärzen.

Die ersten Braunschen Röhren hatten etwa die in Bild 367 gezeichnete Form:

Die Gesamtlänge war etwa 50 cm, *a* ist die Kathode aus Aluminiumblech, *b* die Anode, *B* eine Aluminiumblende von 2 mm Durchmesser, die dazu dient, aus der gesamten Strahlung ein scharf begrenztes Bündel herauszuschneiden. *D* ist der Phosphoreszenzschirm, der durch die Glaswand *E* beobachtet oder photographiert wird. Läßt man bei der Unter-

[1]) Janus und Voltz, Phys. Zeitschr., 1915, S. 131. Voltz, A. f. E., 1920, IX. S. 247278.

[2]) Geyger, ETZ 1922, S. 764.

[3]) Hausrath, Apparate und Verfahren zur Aufnahme und Darstellung von Wechselstromkurven und Schwingungen. Verlag Hachmeister & Thal, Leipzig 1913, S. 109.

[4]) Vollständiges Literaturverzeichnis bis Mitte 1927, s. Gábor, Forschungshefte der Studienges. f. Höchstspannungsanlagen, Heft 1, 1927, S. 75—77.

suchung von Strömen den zu untersuchenden Wechselstrom zwei eisenlose Spulen C_1 C_2 durchfließen, so wird der Strahl senkrecht zur Papierebene in oszillierende Bewegung kommen und wird sich auf dem Leuchtschirm D als ein gerader, horizontaler Strich markieren.

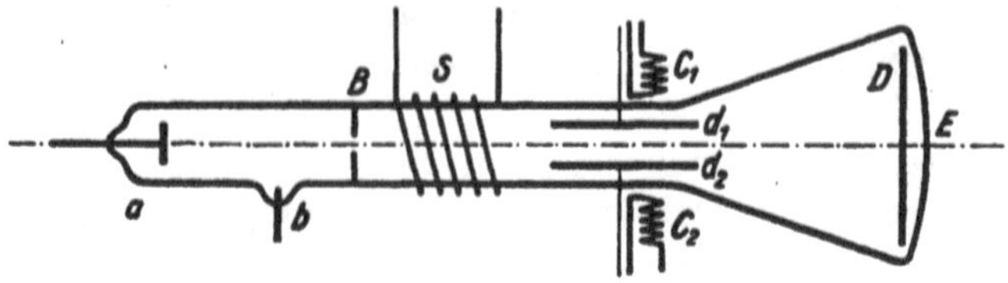

Bild 367. Schema der Braunschen Röhre.

Weiterhin kann der Kathodenstrahl durch ein an die Platten $d_1 d_2$ (innerhalb oder außerhalb der Röhre) angelegtes elektrostatisches Feld abgelenkt werden, das die Bahn der Kathodenstrahlen senkrecht durchsetzt, und zwar werden die Strahlen in der Richtung der positiven Platte abgelenkt, und man erhält einen geraden, vertikalen Strich in der Papierebene. Da diese Ablenkung proportional der Spannung erfolgt, so hat man damit ein Mittel zur Aufzeichnung von Spannungen. Man kann ausschließlich elektrostatische oder ausschließlich elektromagnetische Ablenkung benutzen, auch beide nebeneinander (Bild 373).

Rogowski hat bei seiner neuesten Anordnung[1] die Röhre hinter der Blende B, die als Schieberblende ausgeführt ist, aus Metall hergestellt und die beiden Räume an zwei Pumpen angeschlossen. Der Entladungsraum zwischen a—b wurde aus Glas hergestellt und nur auf etwa $1 \cdot 10^{-3}$ mm evakuiert, der Ablenkraum aber soweit als möglich ausgepumpt, so daß bis zu 20 kV an die Ablenkplatten gegeben werden konnten. Die Intensität wurde durch Verwendung zweier Sammelspulen S (vor und hinter der Blende B) und durch Steigerung der Erregerspannung bis auf 70 kV zwischen a und b auf etwa das 1000fache gesteigert.

Sichtbarmachen der Kurven.

Die Mittel zum Auseinanderziehen der Kurven sind beim Kathodenstrahl-Oszillographen außerordentlich mannigfaltig.

Polygonspiegel. Wenn man den oszillierenden Lichtfleck durch einen rotierenden Polygonspiegel beobachtet, dessen Drehzahl der Frequenz der Oszillation angepaßt ist, so kann man die Kurven in der üblichen Darstellungsweise beobachten und bei ausreichender Lichtstärke auch photographieren. Dieses Mittel versagt schon bei verhältnismäßig niedriger Frequenz bei 20÷100 KiloHertz, ebenso alle andern mechanischen Mittel. Man muß das Auseinanderziehen der Oszillationen statt mit mechanischen Hilfsmitteln mit elektrischen ausführen.

[1] Archiv f. El. 18, 1927, S. 513.

Fallkassette, rotierender Film. Blendet man den Leuchtschirm bis auf einen etwa 2 mm breiten Spalt ab, so kann man eine Photographie der Wellenform der Oszillation des Kathodenstrahles dadurch erhalten, daß man einen rotierenden Film oder eine fallende Platte dicht an dem Leuchtschirm vorbeiführt. Begrenzt man die Umfangsgeschwindigkeit auf 30 m/s, so entsprechen bei 10000 Hertz 3 mm einer vollen Periode, man ist also damit bald an der Grenze der Verwendbarkeit für Hochfrequenz.

Querablenkung mit der gleichen Frequenz. Periodische Kurven lassen sich in der Weise aufzeichnen, daß man eine der zwei Ablenkungen durch eine synchrone Hilfsspannung mit der gleichen Frequenz ausführt. Man kann auf diese Weise unmittelbar auf dem Leuchtschirm die Momentanwerte von Strömen oder Spannungen in einem Wechselstromkreis beobachten, allerdings in einer von der üblichen stark abweichenden Form. Ist die maximale Ablenkung in der einen Spule = der maximalen Ablenkung in der andern Spule, so ergeben sich folgende Bilder:

Phasengleiche. (Neigung der Schräglinie hängt ab von dem Amplitudenverhältnis.)

45° Phasenverschiebung.

90° Phasenverschiebung. (Sind die Amplituden ungleich, so erhält man auch hier eine Ellipse, aber mit den gezeichneten Achsen, also nicht schräg liegend.

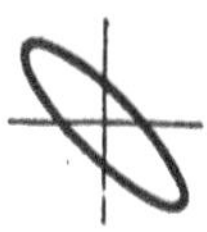

135° Phasenverschiebung.

180° Phasenverschiebung.

Mit einer solchen Einrichtung kann man z. B. auch die Magnetisierungskurven eines Eisenkreises, die Hysteresisschleifen direkt aufnehmen. Bild 368 zeigt Aufnahmen dieser Art, die Krüger und Plendl bei etwa 2 s Belichtungsdauer mit der Braunschen Röhre gemacht haben[1]). Derartig schöne Kurven lassen sich aber mit der in Bild 367 skizzierten Röhre nicht erhalten, es waren viele Verbesserungen nötig, und es hat insbesondere Zenneck erst an der technischen Hochschule

[1]) Jahrbuch d. drahtl. Telegr. u. Tel., 27, 1925, S. 155.

in Danzig, dann in München die Braunsche Röhre zu einem hohen Grad der Vollkommenheit gebracht. Die Arbeiten bezogen sich zu einem großen Teil auf die Erzielung möglichst großer Helligkeit, die Aufnahmen mit nur einmaligem Bestreichen des Leuchtschirmes mit dem Kathodenstrahl gestatten sollten, dann aber vor allem auf Erzielung eines sehr scharfen Brennfleckes von nur 1 mm (oder weniger) Durchmesser. Das letztere wird erreicht durch eine sog. Striktionsspule, eine zur Röhre koaxiale Stromspule in der Mitte zwischen Kathode und Leuchtschirm, unter deren Wirkung sich das Kathodenstrahlbündel zusammenzieht. (Siehe Bild 368). Außerdem üben aber bei der Braunschen Röhre

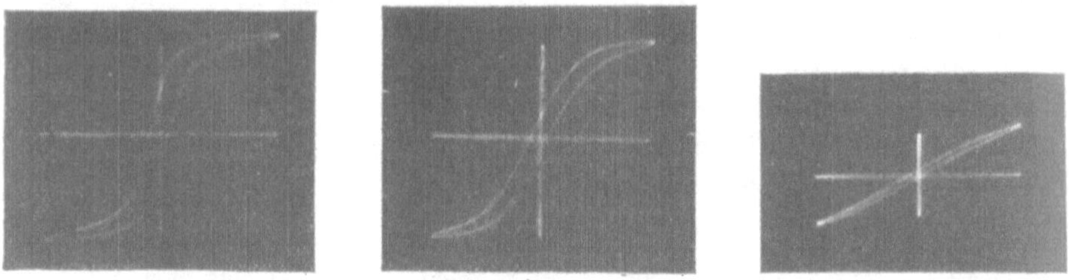

a b c

Bild 368. Aufnahmen von Magnetisierungskurven mit der von Zenneck durchgebildeten Braunschen Röhre[1]).
a — Luftspalt Null, b — Luftspalt 2:0,2 mm, c — Luftspalt 2:1,5 mm.

auch die gleichzeitig auftretenden positiven Ionen einen merklich starken Konzentrierungseffekt aus. Zum Photographieren hat Zenneck sehr lichtstarke Objektive benutzt (f:2), er hat damit noch eine gedämpfte Schwingung von 1000 Hertz mit einmaliger Einschaltung auf die Platte bringen können. Der Druck in den Röhren ist in der Größenordnung von 0,01 mm Hg, die anzulegende Gleichspannung war bei der Mehrzahl der bisher verwendeten Röhren etwa 10÷20 kV, die man zweckmäßig mit Glühkathodengleichrichtern erzeugt. Die Helligkeit des Fleckes steigt mit der angelegten Spannung.

Die Braunsche Röhre erreicht unter ziemlich günstigen Verhältnissen die Stromempfindlichkeit der normalen Oszillographenschleife[1]) (100 mA 100 mV 1 Ω), und zwar genügt dazu eine kurze Röhre von etwa 40 cm Länge. Die Spannungsempfindlichkeit der Braunschen Röhre ist indessen wesentlich kleiner als die des Schleifen-Oszillographen.

Ist die Frequenz der beiden Ablenkungen in einem ganzzahligen Verhältnis verschieden, so erhält man die bekannten Lissajou-Figuren, deren den meisten Beobachtern ungewohnte Form aber die Deutung erschwert.

---

[1]) Krüger-Plendl »Aufnahme von Magnetisierungskurven mit der Braunschen Röhre«. Zeitschrift für Hochfrequenztechnik 27, 1925, S. 155.

Verwendet man aber eine Röhre mit dreifacher Ablenkung, z. B. zwei synchrone, aber um etwa 45° verschobene Hilfsströme, so werden diese eine Ellipse mit dem Achsenverhältnis etwa 4:1 zeichnen.

Senkrecht zu der großen Achse dieser Ellipse lagert man nun mit einer dritten Spule noch die zu untersuchende Wechselspannung mit 10 bis 20mal so großer Frequenz als die Hilfsfrequenz. Man erhält dann die x-Frequenz als eine über die Ellipsenkontur gelagerte Kurve,

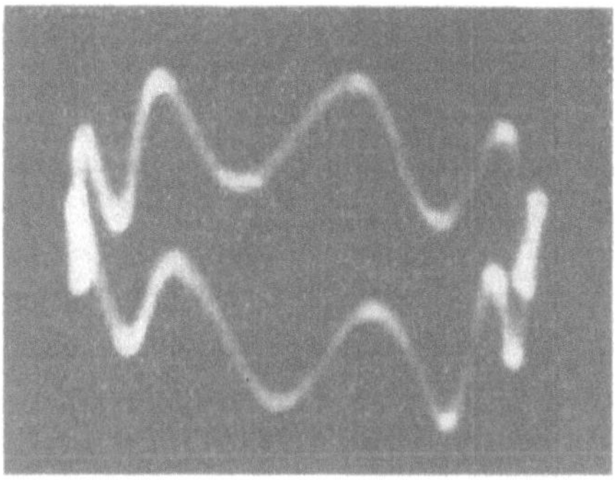

Bild 369. Oszillogramm einer Frequenz von rd. 10000 Hertz auf einer von einer Hilfsfrequenz von 1000 Hertz geschriebenen Ellipse. (Aufnahme aus dem Zentrallaboratorium der Siemens & Halske A.-G.)

an den Enden der Längsachse zusammengedrängt, im mittleren Teil aber richtig gezeichnet (Bild 369).

Damit kommen wir bereits auf die im nächsten Abschnitt zu beschreibende Ablenkung proportional der Zeit. Ein ähnliches Verfahren finden wir noch bei dem Dufour-Oszillographen angewandt und zeigt Bild 375 eine derartige Aufnahme mit einer Hilfsfrequenz.

Ablenkung des Elektronenstrahles proportional mit der Zeit. Man muß die Anordnung so treffen, daß die Ablenkung des Strahls in der

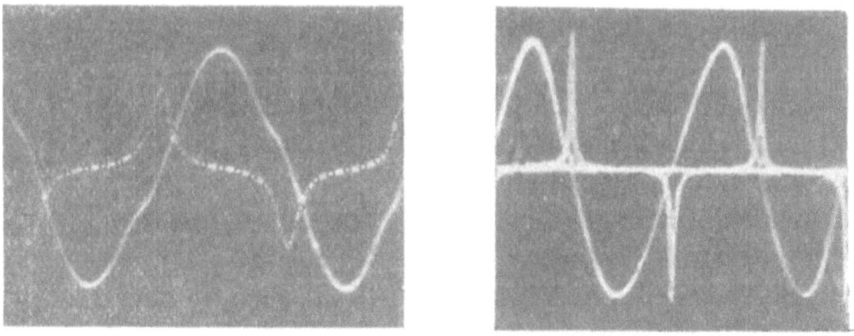

Bild 370. Strom- und Spannungskurven eines eisengeschlossenen Kreises bei geringer Liniendichte und Sättigung[1]).

einen Richtung durch eine elektrische Anordnung proportional mit der Zeit erfolgt. Dafür sind sehr viele Lösungen vorgeschlagen worden, noch keine hat restlos befriedigt. Man lenkt dann immer den Elektronenstrahl in zwei zueinander senkrechten Richtungen, elektromagnetisch oder elektrostatisch ab. Zenneck hat dazu schon 1899[2]) ein elektromagnetisches Verfahren benutzt, einen Synchronmotor mit einem rotierenden Spannungsteilerwiderstand. Dieses Verfahren ist selbst-

[1]) Aus der »Zeitschrift für Hochfrequenztechnik«.
[2]) Wiedem. Annalen der Phys. **69**, S. 838.

verständlich auf die technischen Frequenzen beschränkt. Bild 370 zeigt zwei so erhaltene Aufnahmen. Die Western Electric Co. benutzt dazu eine Neon-Glimmlampe in folgender Schaltung mit allein elektrostatischer Ablenkung (Bild 371[1]).

Die zu untersuchende Spannung wird den Platten A_1 A_2 zugeführt, die Platten B_1 B_2 an die Klemmen eines Widerstandes R gelegt. Parallel

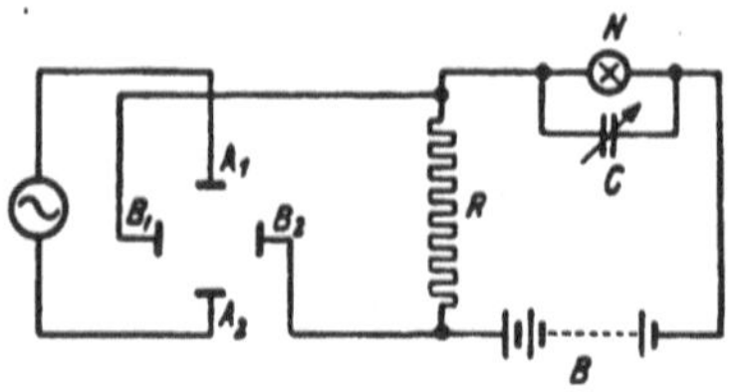

Bild 371. Zeitablenkung des Kathodenstrahl-Oszillographen der Western Electric Co. unter Verwendung einer Neon-Glimmlampe.

zu der Glimmlampe N liegt ein regelbarer Kondensator C. Speist man diesen Kreis aus einer Batterie B, so tritt bekanntermaßen eine oszillierende Entladung ein. Die Glimmlampe N nimmt unterhalb einer gewissen Spannung keinen Strom auf, der Kondensator C ladet sich über den Widerstand R bis zu der Zündspannung der Glimmlampe, um sich dann wieder teilweise zu entladen, wobei die Lampe erlischt und das Spiel wieder von neuem beginnt. An den Klemmen von R bildet sich eine EMK, die ziemlich geradlinig mit der Zeit anwächst, um dann wieder plötzlich auf einen kleineren Wert abzufallen. Man erhält so die verlangte proportionale Zeitverschiebung des Elektronenstrahles. Durch geeignete Einstellung des Widerstandes R oder der Kapazität C läßt sich die Blinkfrequenz der Glimmlampe mit der Frequenz des zu untersuchenden periodischen Vorganges oder einem Vielfachen abstimmen, so daß das Lichtbild zum Stillstand kommt.

Die so erhaltenen Kurven lassen hinsichtlich ihrer Treue sehr zu wünschen übrig, weil die Zeitablenkung nicht präzis genug ist. Ein ganz ähnliches Verfahren hat auch Rudolph[2]) beschrieben.

Rogowski arbeitet in der Weise, daß gleichzeitig mit der Einschaltung des zu photographierenden Vorganges ein Kondensator, der einem Ablenkungsplattenpaar parallelgeschaltet ist, über einen Ohmschen Widerstand an eine Gleichspannung gelegt wird, wobei man die Verhältnisse so wählt, daß nur der erste lineare Teil der Spannungszeitkurve ausgenutzt wird.

Rogowski hat auch vorgeschlagen, zur Erzielung einer linearen Zeitablenkung den Kondensator an den Ablenkungsplatten über Glühkathodenröhren von einer Gleich- oder Wechselspannung aus aufzuladen.

Gábor entlädt den Ablenkungskondensator über eine Elektronenröhre, wobei das Steuergitter zum Schalten der Zeitablenkung dient. Die Spannung am Steuergitter nimmt er entweder unmittelbar von dem Schalter, der den oszillographierten Vorgang einleitet, ab, oder

---

[1]) The Electrician, **92**, 1924, S. 631.

[2]) Archiv f. Elektrotechnik, **13**, 1924, S. 213.

aber unter Vermittelung seines Kipprelais[1]). Wenn die Verhältnisse passend gewählt werden, erhält man auf diese Weise eine sehr genau lineare Zeitskala. Mit diesem Verfahren sind hinsichtlich der linearen Zeitablenkung bisher die besten Ergebnisse erzielt worden. (Bild 381.)

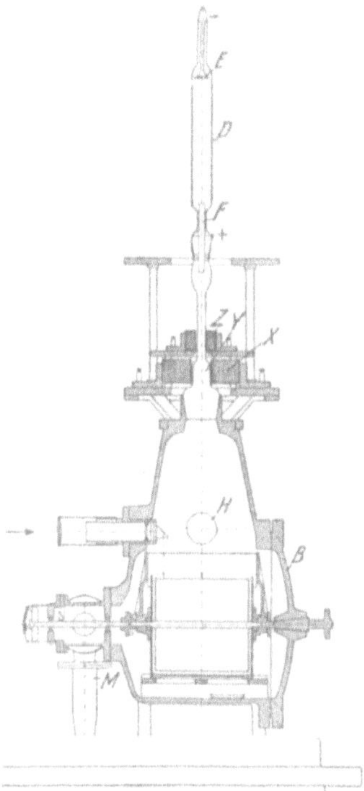

Modell 1923.

Modell 1927.

Bild 372. Kathodenstrahl-Oszillograph nach Dufour.

B Bronzegehäuse, abnehmbarer Deckel, Grundplatte
D Kathodenröhre
E Kathodenfläche
F Diaphragma
H Beobachtungsöffnung
X, *Z* Ablenkungsspulen
M Anschluß der Molekular-Luftpumpe.

Kathodenstrahloszillograph für Aufnahmen im Vakuum. Die Leistungen der bisher beschriebenen Oszillographen reichen zum Studium von Wanderwellen noch nicht aus; denn es werden dabei Schreibgeschwindigkeiten bis zu 1000 oder 10000 km/s benötigt. Eine wesentliche Empfindlichkeitssteigerung kann dadurch erfolgen, daß man

[1]) Siehe Forschungsheft 1 der Studiengesellschaft für Höchstspannungsanlagen, S. 47 : 55.

die photographische Platte ins Vakuum bringt und sie unmittelbar, also ohne Vermittlung eines Leuchtschirms den Kathodenstrahlen aussetzt. Erfolgreich getan hat dies zum ersten Male Dufour[1]) mit seinem Oszillographen, der von der Firma Ch. Beaudouin, 31, rue Lhomond, Paris, gebaut wird. Dufour hat damit Schwingungen bis 1 Milliarde Hertz (30 cm Wellenlänge) photographiert. Bild 372 zeigt diesen Apparat.

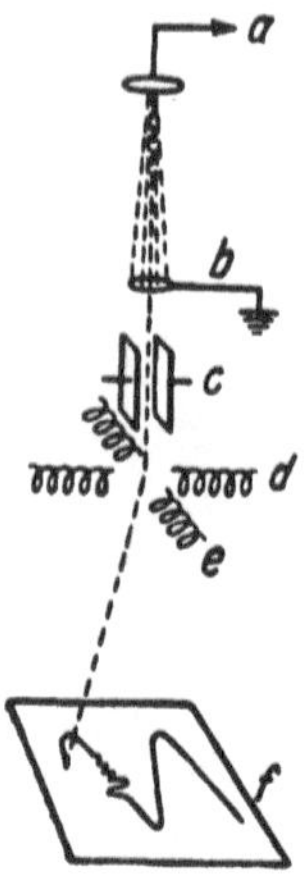

Bild. 373.

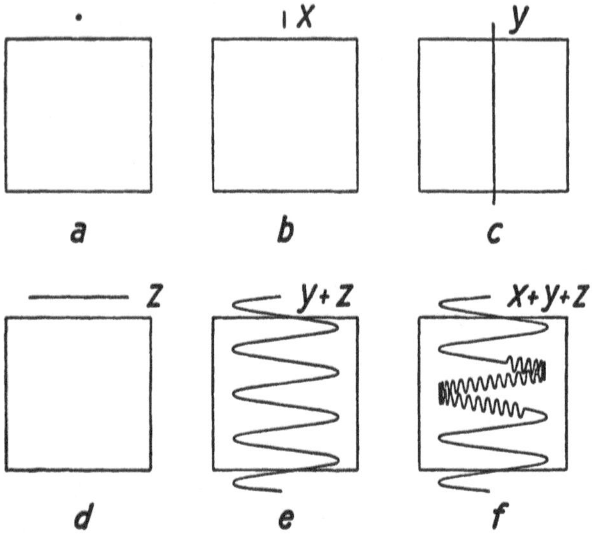

Bild 374.

Bild 373. Schema der Aufzeichnung mit dem Dufour-Oszillographen.
a Kathode, b Anode,
c elektrostatische Ablenkung (x),
d, e elektromagnetische Ablenkung (y, z).

Bild 374. Das Zustandekommen der Aufzeichnung beim Dufour-Oszillographen.
a Der Lichtfleck außerhalb der Platte (oben),
b Der Lichtfleck mit der stetigen oder unstetigen x-Bewegung,
c Der Lichtfleck wird durch die »Balayage« über die Platte gefegt. (y-Bewegung),
d Der Lichtfleck, außerhalb der Platte unter der bekannten Hilfsfrequenz z.
e z dauernd eingeschaltet, plötzlich die Balayage y eingeschaltet.
f $x + y + z$ eingeschaltet, dabei x durch y eingeleitet.

Er ist zurzeit (1927) der einzige fabrikationsmäßig hergestellte Kathodenstrahloszillograph hoher Leistung. Die bisherigen Veröffentlichungen der General Electric Co. (Mc Eachron) und der Westinghouse Co. (Harrington und Opsahl) beziehen sich auf dieses Modell.

Dufour hat für die Aufnahme schnell veränderlicher Vorgänge, die sich nicht periodisch wiederholen, eine andere Art der Zeitablenkung benutzt, wobei drei Vorgänge auf den Lichtstrahl einwirken. Dieses Verfahren ist für sehr schnelle Schwingungen mit der Frequenz von 100000 bis 10 Millionen Hertz entwickelt worden[2]). (Bild 373, 374.)

[1]) L'oszillographe cathodique, Paris 1923.
[2]) Dufour, Comptes rendues 1924.

Die drei Lichtfleckbewegungen sind folgende:

1. Durch die zu photographierende Schwingung x. Diese Amplitude wird absichtlich klein gehalten;
2. durch eine einzige rapide Gleichstromschaltung y (Balayage), zu der eine besondere Einrichtung geliefert wird, wird der Lichtfleck aus seiner Ruhelage außerhalb der Aufnahmeplatte in die andere auf der andern Plattenseite hinübergeschossen in der gleichen Richtung wie die x-Schwingung erfolgt;
3. senkrecht dazu wird der Lichtstrahl durch eine Hilfsfrequenz z, die $^1/_{100}$ bis $^1/_{1000}$ der x-Frequenz ist, über die ganze nutzbare Plattenbreite in Oszillation gebracht.

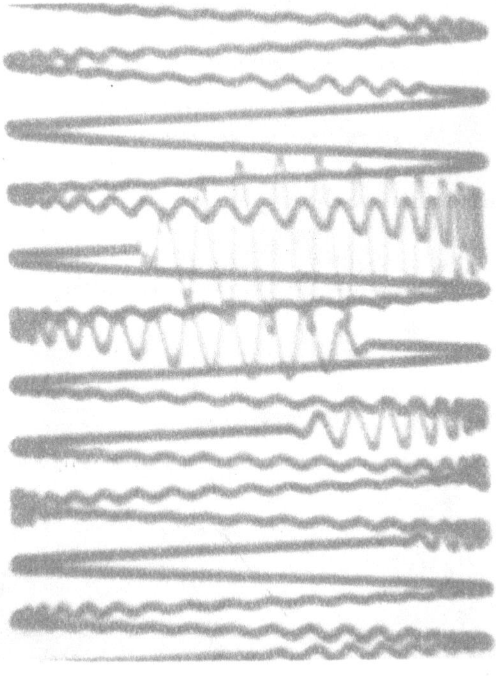

Bild 375 [1]). Aufnahme gedämpfter Schwingungen mit dem Dufour-Oszillographen. 280000 Hertz, gedämpfte Schwingung 10 Millionen Hertz = 30 m Wellenlänge.

Das Ergebnis sind Kurven in der Art von Bild 374f, bei denen die x-Frequenz über der x-Schwingung gelagert ist. Man kann sich die Kurven als proportional auf einen Kreiszylinder geschrieben denken, das gezeichnete Bild ist die Projektion, deshalb sind die x-Kurven an den Umkehrpunkten der Trägerschwingung z zusammengedrängt.

---

[1]) Das Original dieser Aufnahme wurde von Herrn Charles Beaudouin, Paris, freundlichst zur Verfügung gestellt.

Für die Aufzeichnung der erwähnten Oszillation von 1 Milliarde Hertz hat Dufour sogar zwei Hilfsfrequenzen neben der Balayage ver-

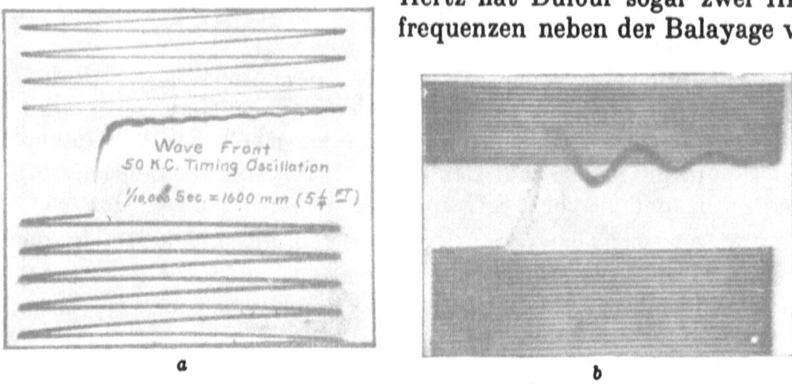

Bild 376 [1]). Aufnahme von Wanderwellen mit dem Dufour-Oszillographen durch Mc Eachron bei der G.E.C.

a) Hilfsfrequenz 50000 Hertz, Querbewegung in 10 μs, ablesbar noch 0,1 μs, entsprechend 60 m Wellenweg.

b) Hilfsfrequenz 1 Million Hertz, langsame Wellenschwingung etwa 4 Millionen Hertz, Oberschwingung etwa 70 Millionen Hertz.

wendet und die schnellste Schwingung noch senkrecht zu der x-Schwingung in Bild 374f aufgezeichnet.

Ausführung nach Rogowski. Rogowski und Flegler[2]) haben an der Technischen Hochschule in Aachen einen Kathodenstrahloszillo-

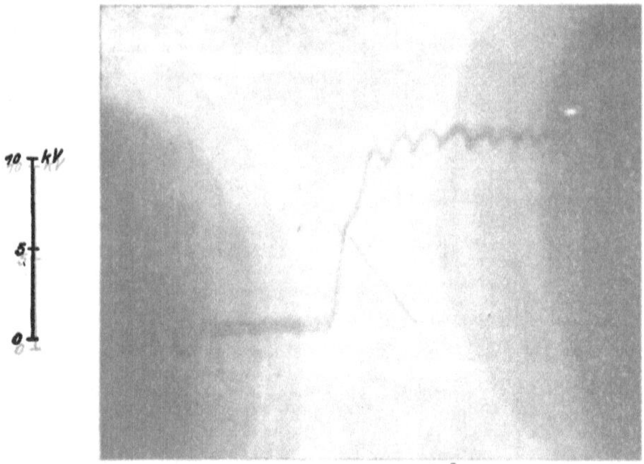

Bild 377. Wanderwellenaufnahme von Rogowski[3]). Ausmessen einer Wellenstirn mit 2 m Meßleitung. Der Anstieg der Kurve wird mit einer Geschwindigkeit von etwa 5 bis 10000 km/s geschrieben.

[1]) Zur Verfügung gestellt von der General Electric Co., Schenectady N.Y.

[2]) Rogowski, Vorschläge zur Verbesserung des Kathodenstrahloszillographen, Arch. f. E., IX, 1920, S. 115; XV, 1925, S. 297; desgl. S. 425, S. 529; XVIII, S. 479, S. 513.

[3]) Rogowski-Flegler-Tamm, »Über Wanderwelle und Durchschlag«, Archiv f. El. 18, 1927, S. 479÷512.

graphen entwickelt, bei dem ebenso wie bei dem Dufour-Oszillographen die eigentliche Entladungsröhre mit einem Metallgehäuse verbunden ist, in das die photographischen Platten oder der Filmstreifen (bis zu 20 Aufnahmen 6 × 6 cm) gebracht werden. Das Filmband wird elektromagnetisch weitergeschaltet, so daß erst nach Verbrauch des ganzen Bandes die Röhre von neuem gepumpt werden muß. Zum Pumpen

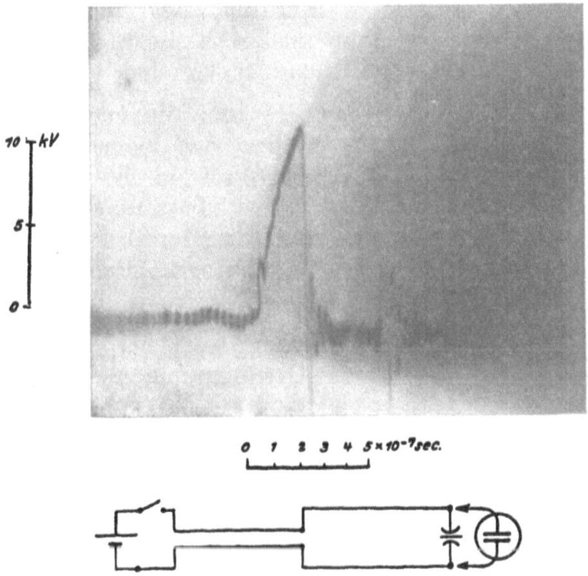

Bild 378. Kathodenstrahl-Oszillogramm von Rogowski[1]). Aufnahme eines Glimmerdurchschlags mit einer Stoßspannung von etwa 16000 V. Elektrodenabstand 0,035 mm. Der Durchschlag erfolgt bei dem ersten Spannungsstoß und dauert nur 0,01 bis 0,001 μs. Schreibgeschwindigkeit 10000 km/s.

wird eine Gaedesche Diffusionspumpe benutzt, das Evakuieren dauert etwa 15 min. Die ersten Wanderwellen wurden im Jahre 1925 aufgenommen, aber erst 1927 war die Entwicklung so weit, daß planmäßige Forschungsarbeiten mit Hilfe des Kathodenstrahloszillographen vorgenommen werden konnten. Bild 377, 378 zeigen solche Wanderwellenaufnahmen.

Ausführung nach Gábor. An der Technischen Hochschule Charlottenburg hat Gábor 1924 bis 1926 gleichfalls einen Wanderwellen-Oszillographen gebaut in ähnlicher Konstruktion[2]). (Bild 379.) Zum Auswechseln der Platten im Vakuum benutzt Gábor eine Wechselkassette (Bild 380), die abwechselnd vier Platten und einen Leuchtschirm vor den Kathodenstrahl bringt und durch Drehen eines einzigen Schliffes

[1]) Archiv f. El. **18**, 1927, S. 510.

[2]) Archiv f. El. 18, Heft 1, S. 48. Kathodenoszillograph, Sonderheft der Forschungshefte der Studiengesellschaft für Höchstspannungsanlagen 1927.

Bild 379. Kathodenstrahl-Oszillograph in der Ausführung von Gábor.

von außen betätigt wird. Die Aufnahmen wurden mit Gleichspannungen von 30 bis 60 kV gemacht.

Bild 381 zeigt ein von Gábor aufgenommenes Oszillogramm einer Wanderwelle von 65 kV Scheitelspannung.

Diese und die neueren Aufnahmen von Gábor sind bemerkenswert durch das Fehlen sowohl des Anfangs- als des Endschleiers, die durch das trägheitslose Ein- und Ausleiten des Kathodenstrahles auf die photographische Platte erreicht wurde.

Bisher war bei allen Kathodenstrahl-Oszillogrammen die Zeitablenkung gleichzeitig mit dem aufzunehmenden Vorgang doch immer erst künstlich eingeleitet worden, der Oszillograph war bei »natürlichen« Wanderwellen nicht betriebsbereit. Auch dafür hat Gábor eine Lösung gefunden mit einer eigenartigen Schaltung von zwei Elektronenröhren, dem sog. Elektronen-Kipp-

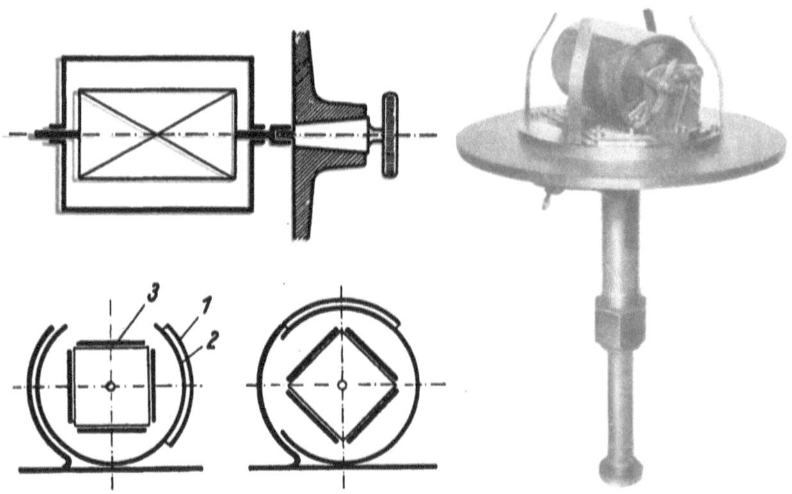

Bild 380. Wechselkassette des Kathodenstrahl-Oszillographen nach Gábor. Die vier Platten (3) liegen auf einem Prisma. Vor der Drehung wird der Fluoreszenzschirm 1 vorgeschoben, auf dem auch die Beobachtung der Kurve erfolgt.

relais[1]), das trägheitslos schaltet und den Kathodenstrahl in Bewegung setzt, wenn beispielsweise infolge einer atmosphärischen Entladung eine Überspannung in einer Freileitung auftritt. Damit scheinen die Hauptprobleme der Kathodenstrahloszillographie gelöst zu sein in einer Weise, die über die Leistungen des Dufour-Oszillographen weit hinausgeht.

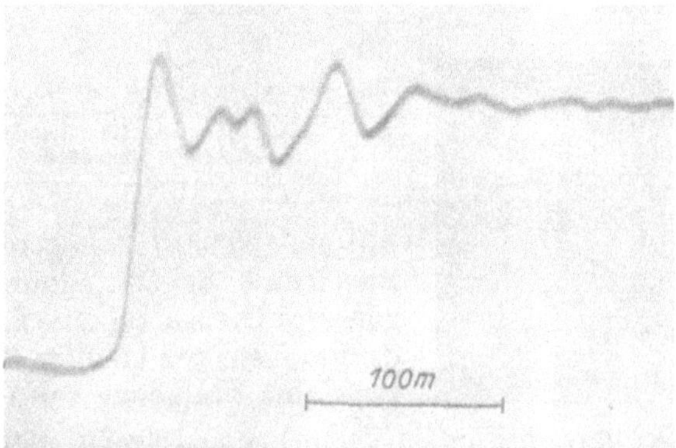

Bild 381. Oszillogramm einer Wanderwelle von 65 kV Scheitelhöhe aufgenommen von Gábor an einer Freileitung mit Benutzung des Kipprelais. 100 m Wellenweg = 0,33 μs.

Glühkathoden-Oszillograph. Die Entwicklung des Glühkathoden-Oszillographen ist viel jüngeren Datums, die ersten Versuche sind von Samson im Jahre 1918 gemacht worden[2]). Die besten Ergebnisse haben zurzeit (1926) Rogowski und Grösser an der Technischen Hochschule Aachen erzielt[3]).

Die Schwierigkeiten liegen vor allem in der Richtung der Erzeugung eines scharfen Brennfleckes, weil bei der Glühkathode die Strahlen nicht so gerichtet austreten wie bei der gewöhnlichen Braunschen Röhre. Die

Bild 382. Der Glühkathoden-Oszillograph nach Rogowski-Grösser.

von Rogowski und Grösser zuletzt gebaute Röhre ist in Bild 382 gezeigt. K ist die aus Glühdraht und Hilfselektrode bestehende Kathode. In einem Abstand von $10 \div 12$ mm steht ihr die als durchbohrte Spitze ausgeführte Anode A gegenüber. An diese schließt sich ein langes Metallrohr an. M ist die Striktionsspule, S ein Paar der Ablenkungsspulen, L der Leuchtschirm. Kathode und Leuchtschirm sind mit Glasschliffen

---

[1]) Fortschritte im Oszillographieren von Wanderwellen. Forschungsheft 1 der Studienges. f. Höchstspannungsanlagen, S. 38 bis 42 und 47 bis 55.

[2]) Ann. d. Phys. 55, 1918, S. 608.

[3]) Archiv f. El. 15, 1925, S. 377.

eingesetzt und auswechselbar. Rogowski hat eine Gleichspannung von 25 kV benutzt, der Gleichstrom zwischen Glühkathode und Spitze ist 1÷2 mA, der den Leuchtschirm erreichende Elektronenstrom 0,1÷0,5 mA. Mit diesem Oszillographen ist es gelungen, eine einmalige Kondensatorentladung von 200000 Perioden in der Sekunde zu photographieren, wobei ein Objektiv mit der Öffnung $f:4{,}5$ verwendet wurde.

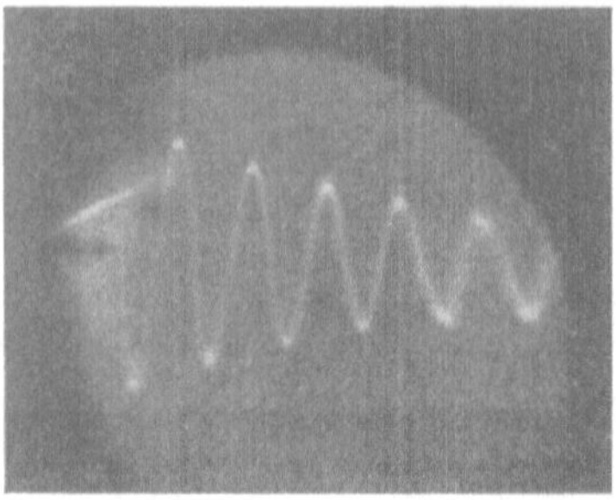

Bild 383. Aufnahme mit dem Glühkathoden-Oszillographen nach Rogowski-Grösser. Gedämpfte Schwingung von 100000 Hertz, einmalige Zeitablenkung von außen photographiert.

Auf ein solches $f:2$ umgerechnet, wie es Zenneck benutzt, kommt man als äußerste Grenze auf eine Entladung mit der Frequenz von 1 Million Hertz. Bild 383 zeigt eine Entladung von 100000 Hertz.

Rogowski hatte bei diesen Versuchen angestrebt, die photographische Wirkung durch Verwendung der Glühkathodenröhre so weit zu steigern, daß man die Platte nicht mehr in das Vakuum zu bringen brauchte. Wenn auch damit bemerkenswert günstige Ergebnisse erzielt wurden, so reicht doch die Leistungsfähigkeit bei weitem nicht an die des Oszillographen mit kalter Kathode für Aufnahmen im Vakuum heran, weil durch die Glaswand nur etwa $^{1}/_{1000}$ der wirksamen Strahlen hindurchgelassen wird. Übrigens ist heute die Vakuumtechnik so weit vorgeschritten, daß das Aufrechterhalten eines Vakuums von 1 bis $10 \cdot 10^{-3}$ mm keine Schwierigkeit mehr macht, und es dürfte deshalb der Kathodenstrahl-Oszillograph mit der Aufnahme im Vakuum doch der Apparat der Zukunft werden.

Klydonograph.

Der Wunsch, kurzzeitige Überspannungen zu messen, ist so alt wie die Starkstromtechnik selbst. Man isoliert die Anlagen nicht für die Betriebsspannung, sondern für die Überspannungen, ohne zu wissen, wie hoch diese sind. Nach erfolgten Überschlägen in der Anlage konnte man schätzen, daß die Spannung einen gewissen Wert überschritten hatte, das war aber alles.

Man hat auch schüchterne Versuche gemacht, Überspannungen dadurch zu registrieren, daß man den Überschlag an einer geeichten Funkenstrecke registrierte, entweder direkt durch die Brandspur auf Papier oder mittels eines Relais. Solche Apparate haben natürlich für die Praxis gar keinen Wert, wenn sie auch noch da und dort angewendet werden.

In dem Klydonographen haben wir ein ausgezeichnetes Werkzeug zur Aufzeichnung von Sprungwellen nach Größe, Zeit und Richtung, wenn auch die Art der Registrierung von der bisher üblichen weit abweicht und die Genauigkeit noch eine sehr mäßige ist.

Der Klydonograph (Wellenschreiber) zeichnet die Spannungen mit den vor genau 150 Jahren, 1777 von Lichtenberg in Göttingen entdeckten Büschelfiguren auf. Lichtenberg beobachtete die Figuren beim Aufschlagen eines Funkens auf mit Schwefelstaub bedeckte Platten, 1851 entdeckte Pinaud, daß bei dem gleichen Vorgang die Daguerre-Platte, 1884 Ducretet, daß auch die photographische Trockenplatte geschwärzt wurde, die Gesetze der Ausbreitung dieser Figuren sind erst 1917 von Toepler aufgestellt worden, 1924 hat Peters bei der Westinghouse Co. den ersten Registrierapparat beschrieben, der dann von Cox und Legg, gleichfalls Ingenieuren der Westinghouse Co., noch weiter vervollkommnet wurde, so daß der Klydonograph nach so kurzer Entwicklungszeit bereits einen Listenartikel der Westinghouse Co. bildet und schon viele wertvolle Forschungsergebnisse gebracht hat[1]).

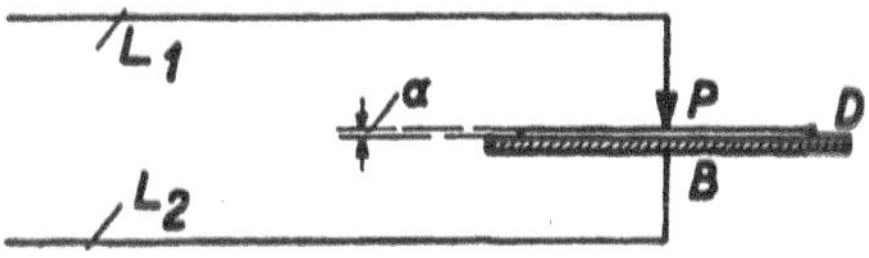

Bild 384. Anordnung zur Aufzeichnung der Klydonogramme.

In Bild 384 sei D eine photographische Platte, mit der Schicht nach oben zwischen Spitze P und Platte B liegend. Bei einer Spannung, die von der Plattendicke abhängt, und etwa 2,5 kV Scheitelspannung beträgt, schießen aus der Spitze Leuchtfäden verschiedener Dichte, Länge und Gestalt. Ihre Länge nimmt bis etwa 18 kV linear mit der Spannung zu, dann treten aber Gleitentladungen auf, die die Deutung der Figuren erschweren würden. Man richtet es so ein, daß die Ansprechspannung mit Hilfe eines kapazitiven Spannungsteilers wenig oberhalb der normalen Betriebsspannung liegt und hat dann einen Registrierbereich bis zu etwa 8facher Nennspannung, der praktisch bisher ausgereicht hat. Die größtmöglichen Büschelradien ergeben sich nach Töpler bei Glasplatten mit der Dicke a cm zu

$l_{max} = 4{,}2\sqrt{a}$ für negative Polbüschel, bei $a = 1{,}4$ mm $\cdot\ l_{max} = 1{,}6$ cm
$l_{max} = 8 \cdot \sqrt{a}$ für positive Polbüschel, $l_{max} = 3{,}0$ cm

Leider ist die Auswertung des Bildes (Bild 385) nicht so einfach, wie es auf den ersten Blick scheinen möchte, weil die Form und auch die Größe der Figur von der Form der Spannungswelle abhängig ist. Etwas klarer werden die Verhältnisse bereits dadurch, daß man jede Über-

[1]) Literatur; J. F. Peters, El. World, 83, 1924, S. 769. I. H. Cox u. I. W. Legg. J. A. I. E. E. 44, 1925, S. 1094. R. I. C. Wood, J. A. I. E. E. 44, 1925, S. 1211. E. S. Lee & C. M. Foust, J. A. I. E. E, 46, 1927, S. 149. H. Müller, Hescho-Nachrichten 1926, Heft 27, S. 813, Müller-Hillebrand, Siemens-Zeitschrift 1927, S. 547.

spannung in der sog. ± Schaltung aufnimmt, wie es Bild 386 zeigt. Die Gegenelektrode ist nicht mehr geerdet, sondern zwischen zwei Ab-

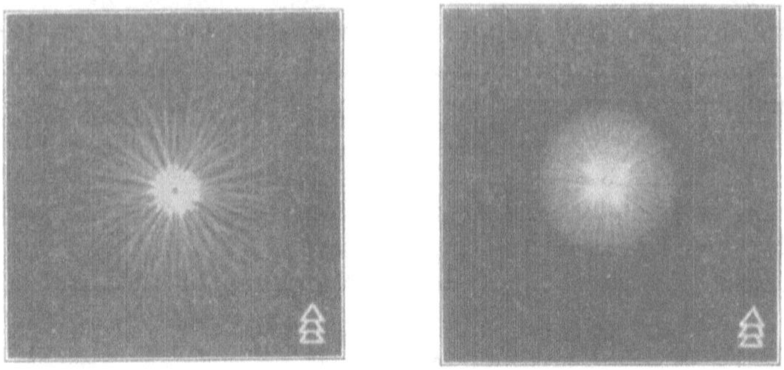

a b

Bild 385. a positive Lichtenberg-Figur, b negative Lichtenberg-Figur, mit punktförmigen Elektroden von einer sehr steilen Wanderwellenstirn erzeugt.

gleichkondensatoren gelegt, so daß die beiden Elektroden die Spannung an den Abgleichkondensatoren in entgegengesetzter Polarität aufzeichnen. Bei Drehstromsystemen werden 3 Klydonographen zusammengekuppelt (Bild 387) und nicht nur die Phasenspannungen, sondern auch die verketteten Spannungen aufgezeichnet. Mit Hilfe einer vierten Elektrode können letztere auch in ± Schaltung gemessen werden. In dieser Weise haben Lee und Foust bei der General Electric Company (Bild 388) eine Anzahl von Klydonogrammen aufgenommen, an denen man bereits die beträchtlichen Unterschiede der Figuren mit der Wellenform sehen kann.

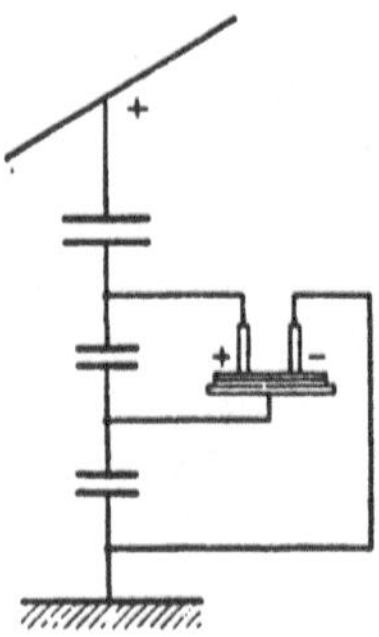

Bild 386. ±-Schaltung.

Müller-Hillebrand hat im Laboratorium der Siemens-Werke an Hand von Hunderten von Figuren, die mit bekannter Wellenform aufgenommen wurden, die Gesetze der Figurenbildung noch näher durchgeforscht und hat die Klydonogramme,

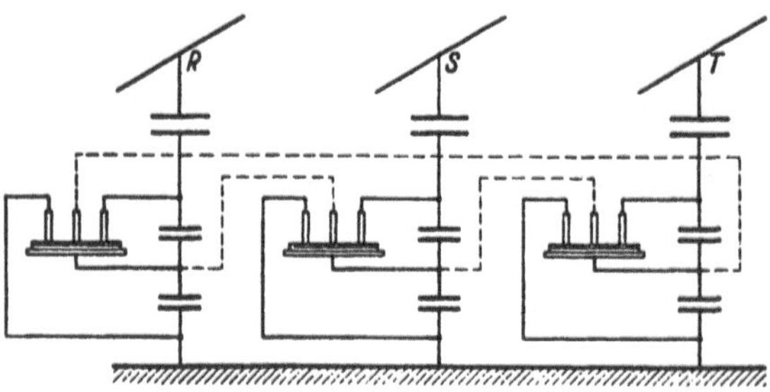

Bild 387. Überwachung eines Drehstromsystems mit drei Klydonographen in ±-Schaltung.

die positiven und die negativen, zu Gruppen zusammengefaßt[1]).

Wenn es auch nicht möglich ist, einen Span-

[1]) Siemens-Zeitschrift 1927, Heft 8 und 9.

nungsanstieg aus der Figurenform genau zu bestimmen, so läßt sich doch in vielen Fällen und besonders bei größeren Überspannungen eine

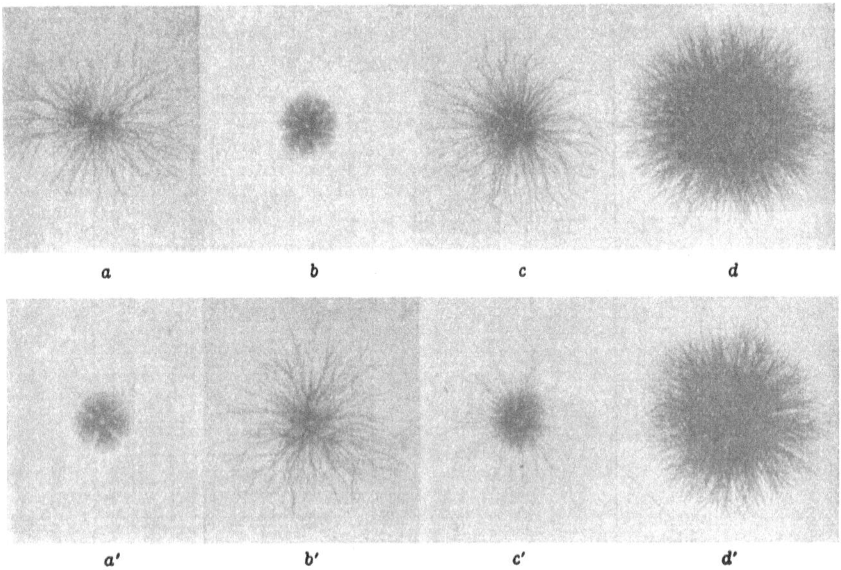

Bild 388. Klydonogramme verschiedener Sprungwellen bei ±-Schaltung.
a—b—c—d direkt angeschlossen
a'—b'—c'—d' entgegengesetzt gepolt.
a—a' positive Sprungwelle 20 kV
b—b' negative Sprungwelle 20 kV
c—c' stark gedämpfte Hochfrequenzentladung 20 kV
d—d' schwach gedämpfte Hochfrequenzentladung 20 kV.

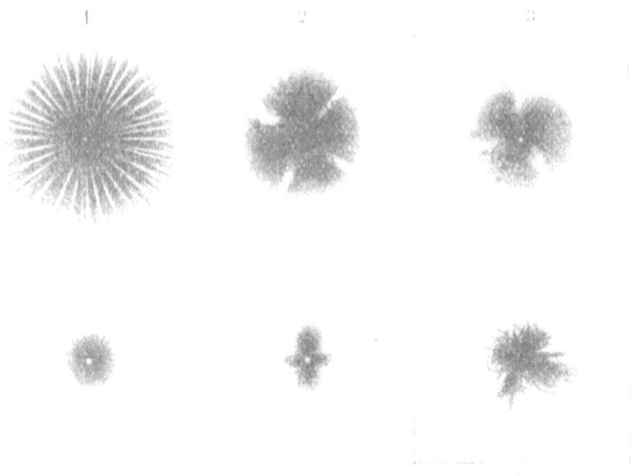

Bild 389. Negative Figurenformen (nach Müller-Hillebrand).

bestimmte obere oder untere Grenze für einen Spannungsanstieg angeben, z. B. in der Art, daß die Stirnlänge einer Überspannungswelle als »länger als 100 m« angegeben wird.

Bei negativen Figuren ist der Einfluß des Spannungsanstieges auf ihre Form besonders auffällig. Bild 389 zeigt sechs solcher charakteristischen Formen, deren Merkmale die folgenden sind:

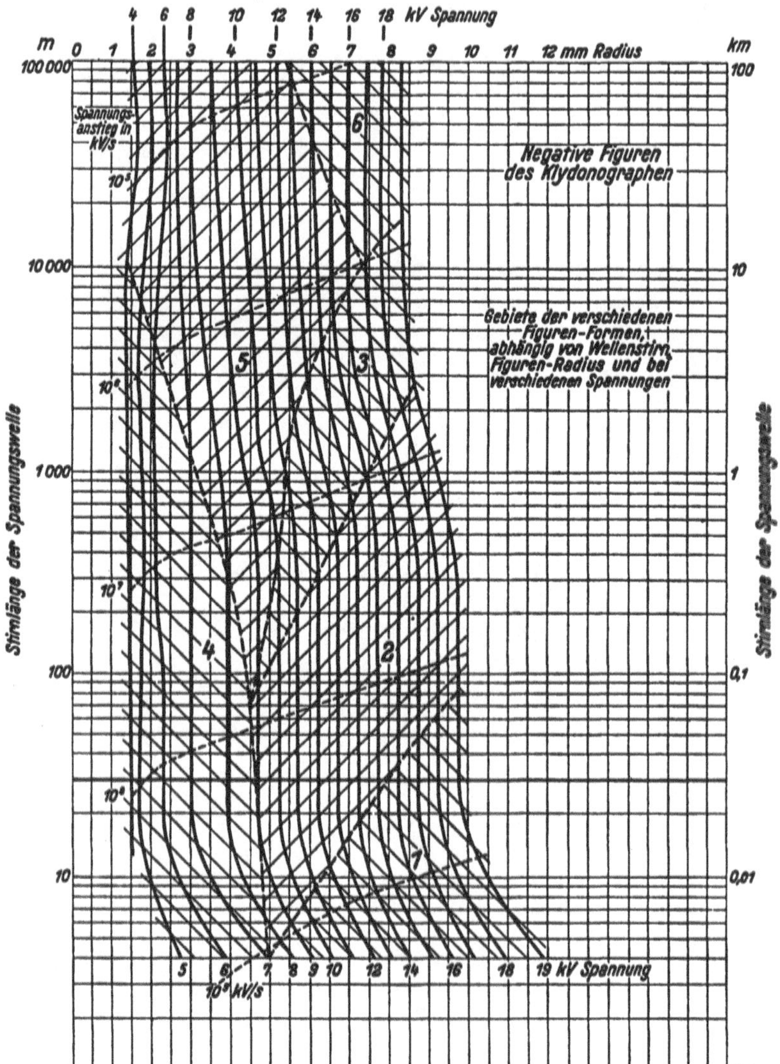

Bild 390. Gebiete der negativen Figurenformen 1 bis 6 von Bild 389 (nach Müller-Hillebrand).

Form 1: Gleichmäßig runde Gestalt, große Anzahl gleichmäßiger schmaler Sektoren (etwa 30 bis 40), die bei kleineren Figuren nur am

Rande ausgebildet sind, da in der Mitte ein Kern von etwa 5 mm Durchm. bestehen bleibt.

Form 2: Die schmalen Sektoren schließen sich zusammen, zuweilen 10 bis 5 Sektoren; meist ganz gleichmäßig; wie ein Kreuz mit 4 Sektoren.

Form 3: Der 4. Sektor verschwindet; 3 Sektoren, zuweilen auch nur 2 gleichmäßige Sektoren.

Form 4: Vollkommen geschlossene Kreisfläche. Fadenloser Erguß.

Form 5: Von den Sektoren sind 2 bis 3 gleichmäßig ausgebildet, andere sind verkümmert. Unregelmäßige Gestalt.

Form 6: Ganz unregelmäßige Gestalt.

Bild 391. Klydonograph der Westinghouse Co. mit vier Elektroden. Modell 1926/1927.

Fast stets prägen sich diese Formen scharf aus; Übergangsformen sind nur bei Form 5 und 6 beobachtet worden und im Grenzgebiet zwischen Form 2 und 3, wobei das 4. Kreuz zuweilen verkümmert erscheint. Diese 6 Formen sind vom Spannungsanstieg (Stirnlänge einer Wanderwelle) und von der Figurengröße abhängig, wie Bild 390 zeigt, wo in einem Koordinatennetz dieser beiden Größen die Linien gleicher Spannung eingetragen sind. Man sieht, wie mit zunehmender Stirnlänge die Figuren bei gleicher Spannung kleiner werden. In dieser Darstellung sind die Gebiete der verschiedenen Figurenformen durch wechselnde Schraffur kenntlich gemacht; die Grenzen sind, wie schon oben erwähnt wurde, verhältnismäßig scharf, denn die Figuren gehen nicht langsam von einer in die andere Form über. Allein Streuwerte verwischen etwas die Grenzen, wo die Gebiete 2, 3, 5 und 4 aneinanderstoßen.

In seiner praktischen Ausführung besteht der Klydonograph aus einem Kasten, in dem drei oder vier Spitzen isoliert eingesetzt sind, je eine für jede Leitung. Sie liegen auf einem Filmband, das mit einem Uhrwerk *U* langsam fortbewegt wird. (Bild 391.)

Wie schon gesagt, kann man mit dem Klydonographen über 20 kV nicht direkt messen, sondern muß Spannungsteiler benützen. Bild 392

Bild 392. Anschlußweise des Klydonographen. In Amerika üblicher Spannungsteiler in einer 65-kV-Freiluftanlage.

zeigt die bisher in Amerika übliche Anordnung mit Luftkondensatoren. Im Gegensatz dazu empfiehlt Müller-Hillebrand Kondensatordurchführungen als Spannungsteiler, weil mit ihnen auch bei Überspannung das Teilungsverhältnis gewahrt bleibt, während das beispielsweise bei Hängeketten infolge des Sprühens bei Überspannung nicht der Fall ist.

Aufnahmen an Leitungen. Die in Bild 393 gezeigten Klydonogramme wurden von der Porzellanfabrik Hermsdorf an einer 26 km langen 100-kV-Versuchsleitung mit künstlich erzeugten Wanderwellen aufgenommen[1]).

Das Klydonogramm zeigt die Abflachung einer steilen positiven Wanderwelle an dieser Leitung. Die linke Figur ist am Anfang der Leitung aufgenommen, die rechte bei ihrem Auftreffen auf das 26 km entfernt liegende offene Ende. Da aus ihr hervorgeht, daß am offenen

[1]) Harald Müller, Hescho-Nachrichten 1927, Heft 34.

Ende der Leitung nur die 1,2fache Spannung der in die Leitung einziehenden Wanderwelle aufgetreten ist, mußte rückwärts geschlossen werden, daß die Scheitelspannung der Wanderwelle sich bei dem Lauf

Bild 393. Klydonogramme von einer 26 km langen 110-kV-Versuchsleitung (Porzellanfabrik Hermsdorf-Schomburg).

über die 26 km auf etwa 60% ihres ursprünglichen Wertes erniedrigt hat, so daß die Verdopplung am offenen Ende nur das 1,2fache des

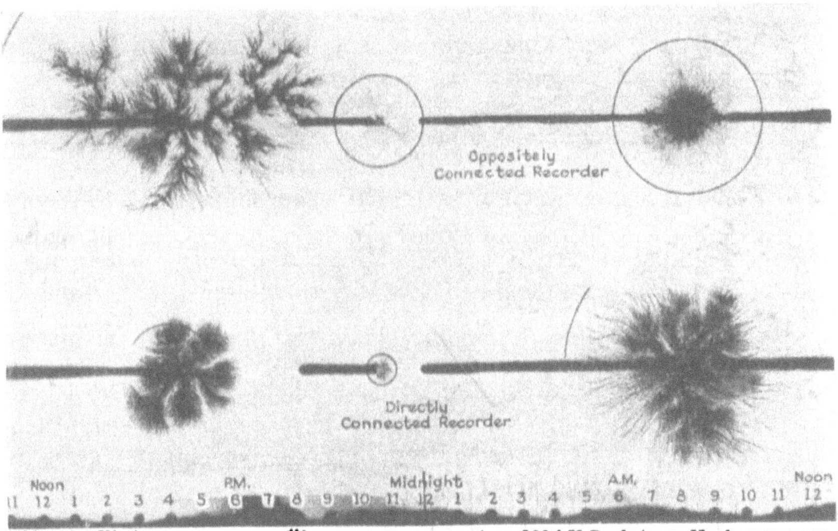

Bild 394. Klydonogramme von Überspannungen an einer 220 kV-Drehstrom-Hochspannungsleitung (General Electric Co.).

ursprünglichen Wertes ergeben konnte. Dieses aus beiden Figuren abgeleitete Ergebnis wurde auf anderem Wege experimentell bestätigt.

Bild 394 zeigt ein von Lee und Foust[1]) im Betriebe an einer 220-kV-Drehstromleitung mit der ±-Schaltung aufgenommenes Klydono-

[1]) General Electric Review, März 1927, S. 135—145.

gramm. Die normale Scheitelspannung gegen Erde ist 180 kV. Das Diagramm geht von 11 Uhr vormittag des einen Tages bis 1 Uhr morgens des nächsten Tages. Die dicken schwarzen Striche sind die Aufzeichnung der Betriebspannung, sie war zweimal abgeschaltet. Die erste Überspannung kam um 4 Uhr 20 min nachmittag, bei einem schweren Gewitter, vorher, um 3 Uhr 50 min war das Netz schon abgeschaltet. Auf dem Original ist um 4 Uhr 03 min die erste Überspannung zu sehen. Die hohe, um 4 Uhr 20 min entspricht etwa 1500÷2100 kV, der Meßbereich war schon stark überschritten. Es war eine stark gedämpfte Hochfrequenzentladung, die erste Halbwelle negativ. Die zweite Überspannung kam um 10 Uhr 30 min. Die obere Figur entsprach einer negativen Anfangswelle mit 780 kV Scheitelspannung, die zweite Halbwelle wurde auf der unteren Linie als + 270 kV registriert. Weitere zwei Überspannungen kamen kurz hintereinander um 8 Uhr 11 min und 8 Uhr 18 min, auf dem Original noch zu unterscheiden. Sie entsprechen wieder 1500 bis 2100 kV.

Mit dem Klydonographen kann man folgende Feststellungen machen:

1. Zeit des Auftretens der Überspannung aus der Lage der Markierung auf dem Filmstreifen.
2. Polarität der Überspannung aus dem Charakter des Bildes.
3. Höhe der Überspannung aus der Länge der Strahlen.
4. Form der Wellenstirn aus zwei Apparaten in ±-Schaltung.
5. Laufrichtung der Wanderwelle aus dem Vorzeichen der induzierten Welle.
6. Zeitdifferenz zwischen zwei unmittelbar folgenden Entladungen aus der Begrenzungslinie zweier nacheinander aufgezeichneter Figuren. Das gibt uns ein Mittel, sehr kurze Zeiten, bis in die Größenordnung von 10^{-12} s, zu messen (siehe Band II).

Die Genauigkeit des Klydonographen ist, mit andern Meßgeräten verglichen, sehr gering. Die Angaben werden von den verschiedenartigsten Einflüssen gefälscht. Praktisch ist keine größere Genauigkeit als ±25% zu erwarten, aber damit ist doch bereits ein wesentlicher Schritt vorwärts getan in der Erforschung der Überspannungserscheinungen in Hochspannungsnetzen.

G. Aufzeichnung schnell veränderlicher Vorgänge.

1. Nicht vorherzusehende Störungen.

In Starkstromnetzen treten zuweilen Störungen auf, die sehr schwer zu registrieren sind, weil sie in täglichen oder noch größeren Abständen eintreten und dann nur nach Sekunden zählen. Es ist dann erwünscht, nicht nur die Zeit dieser Störung (meist eine Spannungssenkung durch eingetretenen Kurzschluß), sondern auch die ungefähre Dauer und den Verlauf aus dem Diagramm zu sehen. Apparate mit dauernd hoher Papiergeschwindigkeit scheiden dabei selbstverständlich aus. Oft ist vorgeschlagen worden, im Moment der Störung durch ein Relais den schnellen Vorschub einzuschalten, aber auch das kann nicht zufriedenstellend arbeiten, weil man einige kostbare zehntel Sekunden dabei verliert. Die beste Lösung scheint dem Verfasser die von Hamdi[1]) beschriebene zu sein.

Bild 395 zeigt eine Vorderansicht des Registrierapparates. Auf der linken Seite ist ein normales schreibendes Voltmeter abgebildet. An den Federarm dieses Instrumentes ist eine kurze Verlängerung angebaut, an die ein langer Zeiger angehängt wurde, der sich über die ganze runde Scheibe bewegen kann, die auf der rechten Seite zu sehen ist. Diese

Bild 395. Registriereinrichtung zum Aufzeichnen kurzzeitiger Spannungsschwankungen. Die rechts sichtbare Scheibe mit berußtem Papier dreht sich in 24 s um ihre Achse.

Scheibe trägt ein berußtes Papier und wird von einem Gleichstrommotor mit $2\frac{1}{2}$ U/min angetrieben. Auf diese Weise wird jede Stundeneinteilung, wie sie bei den gewöhnlichen 24-Stunden-Karten vorgedruckt ist, in einer Sekunde durchlaufen. Infolgedessen können Zeitintervalle von 0,1 s noch gut auf der Karte abgelesen werden.

Im normalen Betrieb wird die richtige Spannung registriert durch den Streifen des Voltmeters und die verlängerte Feder zieht einen Kreis in der Nähe des inneren Randes der berußten Scheibe. Sobald eine Störung eintritt, fällt die Spannung und die verlängerte Feder wird von dem inneren Kreis weggezogen, wobei der Abstand von dem Innenrand abhängt von der tatsächlichen Spannungssenkung und der Dauer der Störung. Eine Registrierung mit dieser Einrichtung zeigt Bild 396. Die berußten Karten werden unmittelbar nach jeder Störung abgenommen. Sofern keine Störung eintritt, ist es nicht notwendig, die Karten auszuwechseln.

Die Zeitdauer der Störung wird an den radialen Linien der runden Karte abgelesen, nämlich von dem Beginn des Abgehens nach außen

[1]) Electrical World 85, 1925, S. 304.

bis zum Beginn der Rückkehr auf die Randlinien. Die tatsächlichen Spannungsabfälle werden dann erhalten, indem man die radiale Federbewegung mit Normalkurven vergleicht, die für verschiedene Spannungsabfälle von verschiedener Zeitdauer aufgezeichnet sind. Diese Arbeit ist notwendig, weil das bewegliche Organ des Voltmeters eine beträchtliche Zeitverzögerung hat, ungefähr von 1 s für die volle Bewegung. Der Motor, der die berußte Scheibe antreibt, läuft dauernd, und es entsteht deshalb durch ihn keine Zeitverzögerung.

Eine besonders schwierige Aufgabe ist die Registrierung der zufälligen Überspannungen in Hochspannungsanlagen. Die Aufzeichnung mit dem Klydonographen ist bereits beschrieben worden.

Bild 396. Diagramm einer kurzzeitigen Spannungsschwankung.

Eine sehr vollkommene, aber auch sehr teuere Methode ist die Verwendung eines Kathoden-Oszillographen mit einem langsam fortbewegten Filmband, der mit einem Kipprelais nach Gábor verbunden ist. Das Kipprelais setzt den Oszillographen bei jeder genügend starken Störung automatisch in Tätigkeit, wobei jedesmal ein Oszillogramm der Störung in einem beliebig einstellbaren Zeitmaßstab gewonnen wird. Um an Film zu sparen, kann auch die Fortbewegung des Filmstreifens durch das Kipprelais geschehen, in der Weise, daß diese nach jeder Aufzeichnung um eine Bildbreite erfolgt. Versuche dieser Art führt die Studiengesellschaft für Höchstspannungsanlagen aus, um atmosphärische Störungen zu registrieren.

Atmosphärische Störungen sind auch von H. Norinder, Upsala, mit Hilfe des Kathoden-Oszillographen registriert worden. Norinder zeichnet die Spannung an dem durch Kondensatoren hergestellten künstlichen Nullpunkt eines Drehstromsystems auf einer im Kathoden-Oszillographen dauernd rotierenden Filmtrommel auf. Nur atmosphärische Störungen, die alle drei Phasen treffen, heben sich bei diesem Verfahren von der Nullinie ab.

2. Periodische Vorgänge.

Die einzige Größe, die die Brauchbarkeit eines Registrierapparates zur Aufzeichnung schnell veränderlicher Vorgänge beurteilen läßt, ist die Eigenschwingungsdauer des beweglichen Organs. Je kleiner dieselbe ist, um so schnellere Vorgänge vermag der Apparat exakt aufzuzeichnen. Neben der Eigenschwingungsdauer ist dann noch der richtige Dämpfungszustand des Systems von Wichtigkeit. Gleicher Dämpfungsgrad vorausgesetzt, wird aber ein Instrument mit geringer Eigenschwingungsdauer unter allen Umständen genauer arbeiten als eines mit großer Schwingungsdauer.

Die Dauer einer halben Eigenschwingung im ungedämpften Zustande, d. i. die Zeit zwischen zwei Durchgängen des Zeigers durch die Nullage ist gegeben durch die Gleichung

$$t = \pi \sqrt{\frac{\text{Trägheitsmoment in gcm}^2}{\text{Drehmoment in Dyncm auf die Bogeneinheit}}},$$

oder, wenn wir üblicherweise das Drehmoment in Grammzentimeter umrechnen und auf 90° Winkelablenkung beziehen und diese Größe mit D, das Trägheitsmoment mit K bezeichnen

$$t = 0{,}126 \sqrt{\frac{K}{D}}.$$

Die Schwingungsdauer nimmt also zu proportional mit der Quadratwurzel aus dem Trägheitsmoment und umgekehrt proportional mit der Quadratwurzel aus dem Drehmoment. Aus dieser Gleichung ist auch zu ersehen, daß die Schwingungsdauer des Meßorganes im wesentlichen durch das mit der Konstruktion gegebene Verhältnis von Trägheitsmoment und Drehmoment gegeben ist, und daß sich durch mäßige Änderung dieser Werte, soweit sie unter Beibehaltung der Konstruktion möglich ist, sehr wenig erreichen läßt. Um die Schwingungsdauer auf die Hälfte herabzudrücken, muß bei gleichem Drehmoment das Trägheitsmoment auf $\frac{1}{4}$ des ursprünglichen Betrages vermindert, oder bei gleichbleibendem Trägheitsmoment das Drehmoment auf den 4fachen Betrag gesteigert werden.

Hinsichtlich der Eigenfrequenz des beweglichen Organs ist allen andern Apparaten die Braunsche Röhre voran, weil ihr Lichtzeiger ein praktisch trägheitsloser Kathodenstrahl ist. An zweiter Stelle kommt der Oszillograph.

---

[1]) Ausführliche Darstellungen: Blondel, »Comptes Rendus«, 1893. Orlich, »Aufnahme und Analyse von Wechselstromkurven«, Braunschweig 1906. Wertheim-Salomonson, »The Electrician«, Bd. 69, 1912, S. 357. Busch, »Physikalische Zeitschrift«, 1. VII. 1912. Zöllich, Wissenschaftl. Veröff. des Siemenskonzerns Band I 1 und Band III 2.

Die Meßschleifen werden in verschiedenen Ausführungen hergestellt mit Eigenschwingungszahlen bis zu 12000 Hertz, entsprechend einer Schwingungszeit von $^1/_{24000}$ s. Für diese letztere Schleife beträgt der Eigenverbrauch bei Gleichstrom für 1 mm Ausschlag auf der photographischen Trommel etwa $250000 \cdot 10^{-10} = {}^1/_{40000}$ W. Begnügt man sich mit einer geringeren Eigenschwingungszahl, so wird auch der Eigenverbrauch wesentlich geringer. Er beträgt dann

bei 6000 Hertz	. . . . .	$9000 \cdot 10^{-9}$ W,
» 3000 »	. . . . .	$400 \cdot 10^{-9}$ W,
» 2000 »	. . . . .	$22 \cdot 10^{-9}$ W,
» 50 »	. . . . .	$1{,}65 \cdot 10^{-9}$ W.

Obwohl diese Verbrauchszahlen auf den ersten Blick sehr klein erscheinen mögen, so gibt es doch Aufgaben, wo sie noch viel zu hoch sind.

Es sind deshalb für diese Spezialaufgaben besondere Apparate geschaffen worden, die man als Elektrokardiographen bezeichnet.

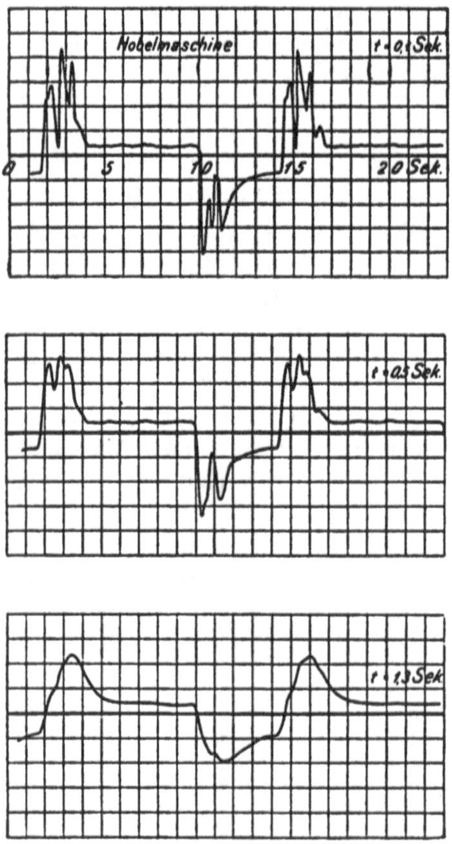

Bild 397. Vergleichsversuch mit drei Registrierapparaten verschiedener Eigenschwingungsdauer. Stromaufnahme einer Hobelmaschine mit Schützensteuerung. Mit zunehmender Eigenschwingungsdauer werden die Stromspitzen verwischt.

Ihre Eigenfrequenz ist nicht sehr hoch, nur 50÷100 Hertz, dafür ist aber die Stromempfindlichkeit sehr hoch. Einige Ausführungen sind auf S. 165, 409 beschrieben.

An nächster Stelle kommen die registrierenden Spiegelgalvanometer, deren Frequenz aber meist so niedrig ist, daß man damit schon in das Gebiet der Apparate mit körperlichem Zeiger kommt.

Die Eigenfrequenz der Funkenschreiber beträgt in der letzten Ausführung der Siemens & Halske A.-G. etwa 4÷5 volle Perioden in der Sekunde. Mit Tintenschreibern kommt man höchstens auf 2÷3 volle Perioden, in der Regel haben sie nur etwa 1 Per/s.

Bild 397 zeigt das Ergebnis eines Vergleichsversuchs mit drei

Registrierapparaten verschiedener Eigenschwingungsdauer. Die Aufzeichnung des Tintenschreibers mit 0,5 s Eigenschwingungsdauer für die Halbschwingung ist zur Beurteilung der Stromstöße noch gut brauchbar, bei 1,3 s sind aber alle Spitzen verwischt.

Für einen technischen Apparat ist es gar nicht gut, die Eigenschwingungsdauer wesentlich kleiner als 0,1 s zu machen. Würde man dies tun, so wäre die Verwendungsmöglichkeit bei den kleinsten technischen Frequenzen sehr beeinträchtigt, da mit Verkleinerung der Eigenschwingungsdauer der Zeiger immer mehr den Momentanwerten des Wechselstromes zu folgen imstande ist. Schon bei der Ausführung mit 0,1 s Eigenschwingungsdauer = 5 Hertz Eigenfrequenz vibriert der Zeiger bereits bei 15 Hertz und schreibt beim Endausschlag ein mehrere Millimeter breites Band, durch das beim Auswerten der Kurven die Mittellinie gezogen werden muß. Mit Rücksicht auf allgemeine Verwendbarkeit der Apparate bei allen Frequenzen erscheint demnach bei Wechselstrom eine Eigenschwingungsdauer von 0,1 s als angemessen.

Eigenfrequenz der Meßorgane. Bei der Berücksichtigung der Eigenfrequenz von Meßschleifen ist zu beachten, daß diese meist im ungedämpften Zustand, ohne Öl, festgestellt wird. Taucht die Schleife in Öl, so haftet auf ihr Flüssigkeit, die das Trägheitsmoment vergrößert und die Schwingungsdauer heraufsetzt. Die Eigenfrequenz kann auf diese Weise um 50% geringer werden. Die Messung der Eigenfrequenz im gedämpften Zustand unter Berücksichtigung der durch die festsitzende Ölschicht veränderten Masse der Oszillographenbänder ist ziemlich schwierig auszuführen. Nach Zöllich bieten sich dafür folgende drei Wege:

a) Bei nicht aperiodisch gedämpfter Meßschleife (die an sich geeigneter ist als eine stärker gedämpfte) wird die Ein- und Ausschaltekurve aufgenommen. Aus der Zeit, die vom Ein- oder Ausschalten bis zum Durchgang des Lichtzeigers durch Null verstreicht, läßt sich an Hand von Kurven oder Tafeln die Eigenfrequenz feststellen. Auf diese Weise sind bei Siemens & Halske die Eigenfrequenzen der Elektrokardiographensysteme bestimmt worden. Schnell schwingende Oszillographen lassen sich auf diese Weise nicht untersuchen, da die kurzen Zeiten nicht meßbar sind. Es handelt sich hierbei um Zeiten von 500000stel Sekunden. Andererseits ist auch dann, wenn diese kurze Zeit auf dem ablaufenden Film gut meßbar wäre, die Unterbrechungs- und Einschaltezeit selbst nicht verschwindend klein gegen die eben genannte Einstellzeit des Oszillographen, denn jeder Stromkreis ist induktiv und auch bei Durchschießen der Leitung tritt noch ein kleiner Unterbrechungsfunke auf.

b) Es wird die Empfindlichkeit des Meßsystems unter denselben Verhältnissen (gleiche Öltemperatur usw.) für Wechselstrom verschiedener Frequenz bestimmt. An sich genügen bereits drei Punkte, um sowohl die gesuchte Eigenfrequenz wie die Dämpfung festzustellen. Zweckmäßig ist aber für eine größere Zahl von Frequenzen bis möglichst über die erwartete Eigenfrequenz der Meßschleife hinaus, die Empfindlichkeit sowie durch Aufnahme der Ein- und Ausschaltkurve die Dämpfung festzustellen, um einen guten Mittelwert zu erhalten. Dieses Verfahren ist für Elektrokardiographenmeßschleifen erprobt und gleich gut verwendbar für Oszillographen, wenn Wechselstrom bis etwa 10000 Hertz zur Verfügung steht.

c) Die zu untersuchende Meßschleife wird mit Wechselstrom veränderbarer Frequenz beschickt und diejenige Frequenz wird festgestellt, bei der die mechanische Schwingung gegen den Wechselstrom um 90° in der Phase verschoben ist. Dies ist dann die gesuchte Eigenfrequenz.

Für Oszillographen-Schleifen von etwas über 4000 Eigenschwingungen in der Sekunde bei Luftdämpfung, wurde eine »ungedämpfte« Eigenschwingung von nur 1200 für die mit Öl gedämpfte Meßschleife festgestellt. Danach ist der Einfluß des zäh an den Bändern festhaftenden, mitschwingenden (und nicht die Bewegung dämpfenden) Öles erheblich größer als man zunächst anzunehmen geneigt ist. Demnach ist die Auswahl eines Öls mit dem für die betr. Schleife richtigen Grad der Zähigkeit von größter Bedeutung. Ist das Öl zu zähe, so werden Oberwellen zu wenig wiedergegeben, ist es zu flüssig, so werden die Kurven im anderen Sinne verzerrt.

V. Zubehör für Meßgeräte.

A. Nebenwiderstände.

In sehr vielen Fällen kann nicht der ganze zu messende Strom unmittelbar in das Instrument eingeführt werden, sondern es wird nur ein bestimmter Teil zur Messung benutzt. Man schaltet dann Widerstände von genau bekanntem Wert in den Stromkreis und mißt den Spannungsabfall an ihnen. Unter der Voraussetzung, daß dieser der Stromstärke genau proportional ist, kann der Spannungswert als Maß für den Strom benutzt werden.

Spannungsabfall.

Einen Nebenwiderstand zur Strommessung charakterisiert man praktisch nicht durch die Größe seines Widerstandes, weil man damit noch gar keinen Begriff über den Widerstand selbst, über seine Abmessungen hat. Einen besseren Begriff als der Widerstand »$a \cdot 10^{-6}\,\Omega$« gibt der Spannungsabfall beim Dauernennstrom, z. B. 150 mV bei 600 A. Nach dem Spannungsabfall werden diese Meßwiderstände auch in den Listen der Hersteller geordnet.

Meist werden sie auf einen bestimmten runden Wert des Spannungsabfalles bei vollem Strom abgeglichen. Der kleinste übliche Wert ist 30÷60 mV; Nebenwiderstände mit 150 mV gelten schon als groß, solche mit mehr als 300 mV werden nur in besonderen Fällen und auch dann nur bei mäßigen Stromstärken, unter 1000 A, verwendet, weniger aus Gründen der Energieersparnis, als wegen der Schwierigkeit, die entstehende Stromwärme unter möglichst geringer Temperatursteigerung des Meßwiderstandes abzuführen. Trotzdem verbrauchen Nebenwiderstände für höhere Stromstärken ganz beträchtliche Energiemengen. Bei 10000 A und 60 mV werden bereits 0,6 kW umgesetzt, bei dem Widerstand nach Bild 399 für 25000 A und 150 mV sogar 3,75 kW. Es leuchtet ein, daß dabei eine erhebliche Erwärmung und damit eine gewisse, wenn auch geringe Widerstandsänderung nicht zu vermeiden ist, und daß solche Widerstände groß werden müssen.

Bauweise.

Die Nebenwiderstände bestehen aus Kupfer- oder Messinganschlußstücken, in die der eigentliche Meßwiderstand in Form von Blechen oder Drähten aus einem Material mit vernachlässigbar kleinem Temperaturkoeffizienten eingesetzt ist. Die Größe des Widerstandes soll sich weder mit der Umgebungstemperatur noch mit der Erwärmung durch den Meßstrom ändern.

Im folgenden wollen wir näher auf die gebräuchlichsten Bauweisen eingehen.

Technische Widerstände. Für Stromstärken bis etwa 50 A stellt man den Widerstand aus Draht oder dünnen Blechen her. Weil diese nicht genügenden mechanischen Halt geben können, baut man das ganze auf einen Sockel aus Isoliermaterial oder besser Metall.

Für höhere Stromstärken kann man auf den Sockel verzichten, man verwendet einen solchen nur für Laboratoriumsausführungen. Sobald man auf Stromstärken von einigen hundert Ampere kommt, beginnen

Bild 398. Nebenwiderstand zur Messung hoher Stromstärken (Weston).

bereits die Schwierigkeiten mit der Erwärmung bzw. mit der Abfuhr der erzeugten Wärme. Die meisten Hersteller bauen die Widerstände aus Blechen auf. Bild 398 zeigt eine Ausführung der Weston Co. für 50 mV bei 2000 A. Der Widerstand ist möglichst so einzubauen, daß die warme Luft zwischen den Blechen nach oben abziehen kann. Eine ältere Konstruktion der Siemens & Halske A.-G. rollte die etwa 1 mm dicken Widerstandsbleche zu Rohren mit etwa 35 mm lichter Weite, jedes Rohr für etwa 500 A ausreichend. Die Herstellung war aber teuer, und es zeigte sich, daß der Einbau selten in der richtigen Weise erfolgte. Manche Hersteller ordnen deshalb die Bleche unter 45° Neigung an, um so eine günstigere Lüftung zu erzielen.

Nebenwiderstände für höhere Stromstärken werden jetzt vorwiegend aus Drähten hergestellt, und zwar wählt man Durchmesser von 5 ÷ 8 mm. Bei den Widerständen von Siemens & Halske ist bei 60 mV die freie Länge 35 mm, bei denen der AEG beträgt sie 60 mm; die letztgenannten haben demnach geringere Übertemperatur, enthalten aber etwa die vierfache Menge Widerstandsdraht und die doppelte Anzahl von Stäben. Die Stäbe werden in Kupferwinkel von 10 ÷ 20 mm Stärke eingelötet, von einigen Firmen mit Weichlot, von anderen mit Hartlot (Silber). Bei der Weichlötung wird das Stabmaterial keiner unzulässig hohen Temperatur ausgesetzt, die seine Eigenschaften verschlechtern kann, dafür besteht aber die große Gefahr, daß sich die Lötung bei irgendeiner Überlastung löst; wobei dann eine immer weitergehende Erwärmung eintritt, die schließlich zur Zerstörung des Widerstandes und des Instrumentes führen kann. Bei der Hartlötung besteht diese Gefahr nicht; sie muß aber unter tunlichster Schonung der Stäbe ausgeführt werden.

Ausführung für hohe Stromstärken. Die Herstellung von Nebenwiderständen für Stromstärken von 10÷20000 A bereitet einige Schwierigkeiten wegen der großen Anzahl von Blechen oder Drähten, die in die Anschlußschienen einzulöten sind. Zweckmäßig stellt man solche Widerstände aus zwei kleineren für die halbe Stromstärke her, die einzeln hart gelötet und zuletzt noch zusammengeschraubt und weich ver-

Bild 399. Nebenwiderstand für 25000 A 150 mV (Siemens & Halske).

verlötet werden. Bild 319 zeigt einen solchen von Siemens & Halske hergestellten Nebenwiderstand für 25000 A bei 150 mV Spannungsabfall, der auch durch die Art der Überführung des breiten Anschlusses in das Bündel von acht Parallelschienen bemerkenswert ist. Bei diesem Widerstande liegen die Schrauben zur Abnahme der Spannung diagonal, weil auf diese Weise durch ungleich gute Anschlüsse weniger Fehler entstehen können, als wenn die Schrauben auf einer Seite liegen und die Anschlußschienen nur auf einer Widerstandshälfte Kontakt geben.

Der Zustand der Anschlußflächen des Nebenwiderstandes, die Güte des Kontaktes überhaupt und der Querschnitt der Zuleitungen sind für seine Erwärmung sehr wichtig. Anschlüsse aus gezogenem oder gewalztem Flachkupfer sind wegen ihrer höheren Leitfähigkeit gegossenen Anschlußstücken, zumal solchen aus Messingguß, vorzuziehen. Durch Feuerverzinnen der Anschlußflächen wird der Übergangswiderstand ganz wesentlich herabgedrückt. Edgcumbe empfiehlt, höchstens eine Stromdichte von 0,3 A/mm² und einen Spannungsabfall von 5 mV an jeder Anschlußstelle zuzulassen.

Präzisionswiderstände. Bild 400 zeigt Nebenwiderstände, wie sie bei den technischen Präzisionstypen verwendet werden. Die Ausführung nach *b*, *c* ist im äußeren dem Anzeigeinstrument gleich, um sie in den Transportkästen bequem auswechselbar zu machen. Für genaueste Messungen, die auf der Vergleichung von Strömen, Spannungen oder Widerständen beruhen, darf die Übertemperatur der Meßwiderstände bei Strombelastung nur ganz geringe Werte annehmen, weil, wie auf S. 119 bemerkt, schon bei 20° Übertemperatur Widerstandsänderungen in der Größenordnung von 0,01% eintreten. Man gibt ihnen deshalb eine sehr große Oberfläche, baut sie in vernickelte Metalldosen mit durchlochtem Boden und hängt sie zudem noch in ein Petroleumbad mit Rühreinrichtung. Die Stromzuführung erfolgt meist durch

a *b* *c*

Bild 400. Nebenwiderstände der Siemens-Zwerginstrumente.
a = Ausführung mit 2 Meßbereichen 100/300 A,
b, *c* = Ausführung mit 6 Meßbereichen und Drehschalter.

Quecksilbernäpfe, in die die hakenförmigen Anschlüsse der Widerstände in Bild 401 a, b eintauchen. In Luft können diese Widerstände mit 1 ÷ 2 W belastet werden, im Petroleumbad mit 20 ÷ 40 W, große

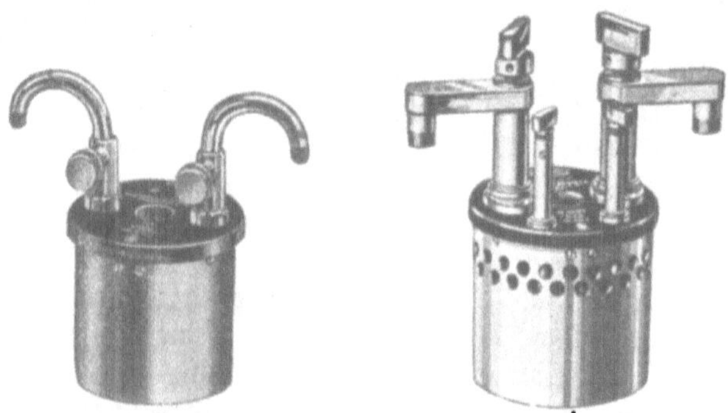

a *b*

Bild 401. Präzisionswiderstände mit Quecksilber-Stromzuführung (Hartmann & Braun).

Modelle mit 400 W. Die in Bild 401 b gezeigten großen Klemmschrauben dienen zum Kurzschließen des Widerstandes, die kleinen führen direkt zu seinen Enden.

Die bis jetzt beschriebenen Ausführungen waren entweder ausschließlich für Gleichstrommessungen bestimmt, oder für Wechselstrommessungen, bei denen die Induktivität des Widerstandes ohne Bedeutung ist.

Für Wechselstromleistungsmessungen, insbesondere bei kleinem Leistungsfaktor müssen aber Widerstände mit kleinster Induktivität und Kapazität verwendet werden. Neben geeigneter Formgebung baut man diese Art von Widerständen mit möglichst kleinen Abmessungen und kühlt sie stark. Gut bewährt hat sich der Rohrtyp, von dem Bild 402 eine Ausführung von Trüb, Täuber & Co. zeigt. Der zu messende Strom wird durch ein dünnwandiges Manganinrohr geleitet, durch das Wasser strömt. Ein Rohr von 30 mm Durchmesser reicht für etwa 2000 A bei 2000 mV Spannungsabfall aus. Die Spannungsabnahme erfolgt an den Enden des Manganinrohres, die Anschlußklemmen liegen aber fast genau auf einem Rohrquerschnitt, der eine Leiter ist an dem Rohr entlang geführt zu der zweiten Klemme.

Bild 402. Wassergekühlter, induktionsfreier Rohrwiderstand für Wechselstrom-Messungen. (Trüb, Täuber & Co., Zürich.)

Man kommt mit solchen Widerständen auf Fehlwinkel von nur 1÷2 min; es entstehen aber Schwierigkeiten durch die scheuernde Wirkung des Kühlwassers, das den Querschnitt im Lauf der Zeit wahrnehmbar vermindert. Das Zwischenfügen eines andern Rohres ist nicht angängig, weil es die Kühlwirkung allzusehr herabsetzt. Für Stromstärken bis etwa 300 A hat die PTR neuerdings[1]) bifilar gefaltetes Manganinblech verwendet, das von zwei wassergekühlten, gleichzeitig als Stromzuführung dienenden Kupferschienen gekühlt wurde, und zwar unter Zwischenfügung von 0,05 mm starkem lackgetränktem Papier.

Für höhere Stromstärken verwendet man besser als wassergekühlte Widerstände die Zweistufen-Stromwandler nach Brooks.

Material. Im wesentlichen kommen als Widerstandsmaterial nur Manganin und Konstantan zur Verwendung. Hinsichtlich der Eigenschaften dieser Stoffe sei auf S. 118 verwiesen. Konstantan benutzt man wegen seiner hohen Thermokraft zu Kupfer selten. Ein Verfahren, bei dem Kupfer als Widerstandsmaterial benutzt wird, bei dem mit andern Worten der Spannungsabfall in Zuleitungsschienen ausgenutzt wird, ist im 2. Band dieses Buches beschrieben.

---

[1]) Tätigkeitsbericht der PTR 1923 Z. f. I. 1924, S. 95. Tätigkeitsbericht der PTR 1925 Z. f. I. 1926. S. 118.

Zulässige Erwärmung. Die wesentlichste Frage beim Bau größerer Widerstände ist die, bis zu welchem Grade die Erwärmung zugelassen werden kann. Zuweilen wird an den Hersteller die Anforderung gestellt, seine Nebenwiderstände so zu bemessen, daß sie an keiner Stelle eine höhere Temperatur annehmen als sie allgemein für Leitungsteile und Leitungen nach den Vorschriften des V.D.E. zugelassen ist. Auch die englischen Normen enthalten eine solche Bestimmung. Die Forderung könnte zwar erfüllt werden, aber nur unter so bedeutender Vergrößerung der Oberfläche der Widerstände, daß die Abmessungen unzulässig groß und damit auch der Herstellungspreis bedeutend höher werden würde. Es ist zweckmäßiger, ohne Rücksicht auf den Grad der Erwärmung die Abmessungen so zu wählen, daß im ungünstigsten Falle diejenige höchste Draht-Temperatur erreicht wird, bei der eine gewisse Widerstandsänderung weder vorübergehend noch dauernd überschritten wird. Dabei ist aber ein Unterschied zu machen zwischen Nebenwiderständen für Präzisions- und solchen für Betriebsmessungen. Für die ersten wird man 0,1% Widerstandsänderung als äußerste Grenze ansetzen, für die anderen unter Umständen bis zu 0,5% zulassen. Daraus ergeben sich je nach dem verwendeten Widerstandsmaterial verschiedene Temperaturgrenzen. Bei Präzisionswiderständen geht man mit der Absoluttemperatur keinesfalls über 100° C, für Schalttafelmeßgeräte nicht über 150° C. Manganin leidet bereits bei Temperaturen über 100° C, auch ändert sich der Widerstand dann merklich.

Es sei ausdrücklich bemerkt, daß hier wie sonst für die Erwärmung keinesfalls die Stromdichte (A/mm^2) maßgebend ist, sondern die Oberfläche und die Wirksamkeit der natürlichen Kühlung.

Früher kamen nur Konstantan und Manganin in Betracht, infolge der Nickelknappheit in den Kriegsjahren wurde auch das nickelfreie Resistin für Nebenwiderstände benutzt.

Das Manganin ist sehr empfindlich. Bei höheren Temperaturen tritt unter Ausscheidung von Kupfer eine Zersetzung ein, die eine Erhöhung des Temperaturkoeffizienten im Gefolge hat. Dazu kommt es nicht nur bei einer Überlastung eines solchen Widerstandes, sondern auch schon bei dem Einlöten in die Anschlüsse, wenn der Manganinstab unnütz der Hitze ausgesetzt und die oberste zersetzte Metallschicht nicht durch Abbeizen entfernt wird. Die entstehenden Fehler sind zwar nicht allzu groß, nur ein oder zwei Zehntel Prozent, aber doch störend, wenn höchste Genauigkeit angestrebt wird. Bekannt ist auch, daß Manganin innerhalb sehr enger Grenzen Alterungserscheinungen zeigt. Trotzdem ist Manganin immer noch die beste aller in Betracht kommenden Legierungen. In nachstehender Tabelle sind Versuchswerte von willkürlich herausgegriffenen Drahtproben von etwa 1 mm Durchmesser wiedergegeben, die die charakteristische Abnahme des Widerstandes mit der Temperatur zeigen sollen, ohne den Werten höhere Bedeutung beizumessen, als ihnen als Ergebnis eines Einzelversuchs zukommt. Die Zahlen geben Prozente an:

	20°	40°	60°	80°	100°	120°	150°
Manganin	0	—0,01	—0,04	—0,15	—0,30	—0,46	—0,75
Resistin	0	—0,02	—0,06	—0,19	—0,40	—0,65	—1,50
Konstantan . . .	0	—0,13	—0,25	—0,38	—0,50	—0,63	—0,82.

Das letzgenannte Material hat annähernd konstanten Temperaturkoeffizienten, bei Manganin und Resistin ist er zunächst sehr klein und nimmt dann bei Temperaturen über 100° schnell zu. (Siehe auch S. 120.)

Alterung der Widerstände. Präzisionswiderstände werden vor dem Verkauf künstlich gealtert, indem man sie längere Zeit in heißer Luft erhitzt, zuletzt werden sie zum Abschluß gegen Feuchtigkeit paraffiniert oder lackiert.

Mit Rücksicht auf niedrigen Preis des Nebenwiderstandes wird man mit der Belastung so hoch wie möglich gehen wollen. Um die Größe der Änderung des Widerstandes bei Überschreitung einer Temperatur von 100° C zu bestimmen, wurden bei einem Versuch 300 mm lange Stäbe aus Manganin und Resistin von 6 mm Durchmesser längere Zeit hindurch, insgesamt bis zu 2000 Stunden, höheren Temperaturen ausgesetzt und die Änderung des Widerstandes gemessen. Es wurde gefunden, daß die Änderung erst nach 20÷50 Stunden Belastung sich im vollen Betrage bemerkbar machte, dann aber durch 400 Stunden Beobachtungszeit fast genau konstant blieb. Es trat also eine Alterung des Widerstandes ein. Erst bei weiterer Steigerung der Temperatur setzte eine zusätzliche Änderung ein, die übrigens sowohl bei Manganin als auch bei Resistin negativ war. Das Resistin erwies sich bei diesen Versuchen als dem Manganin annähernd gleichwertig.

Oberfläche des Materials. Die Beschaffenheit der Staboberfläche ist auf die Temperaturbeständigkeit von großem Einfluß. Ein lackierter Manganinstab verminderte seinen Widerstand bei 150° Dauertemperatur um 2%. War aber seine Oberfläche mit einer dünnen Kobaltschicht galvanisch überzogen, so bräunte sich diese zwar, die Widerstandsänderung betrug aber gleichfalls im Dauerzustand, nur 0,6%, also nur den dritten Teil. Leider hat aber eine solche Kobalt- oder Nickelhaut eine Änderung des Temperaturkoeffizienten zur Folge: ein neuer, lackierter Manganinstab hatte — 0,1% Temperaturfehler bei 100°, nach dem Ausglühen war der Fehler auf — 0,3% bei 100° gestiegen, linear mit der Temperatur zunehmend. Nach dem Verkobalten eines neuen Stabes wurde bei 70° C ein Fehler von + 0,2% beobachtet, bei 120° ± 0%. Daraus geht hervor, daß die Verkobaltung eine deutlich merkbare Veränderung des Temperaturkoeffizienten herbeiführt. Für Präzisionsinstrumente, bei denen weitestgehende Verminderung des Temperaturfehlers angestrebt wird, kann durch eine solche Maßnahme ein geringer

Instrumentfehler noch kompensiert werden, sofern durch den Meßstrom des Nebenwiderstandes keine bedeutende Erwärmung eintritt.

Wärmeabfuhr. Für kleinere Stromstärken, bis 100 oder 200 A, werden Nebenwiderstände fast durchweg aus Widerstandsblechen hergestellt, die so angeordnet sind, daß die Wärmeabgabe an die Luft leicht erfolgt. Um den Blechen große Oberfläche zu geben, werden sie gewellt. Ältere Nebenwiderstände und neuere für Präzisionsmessungen haben für jedes vernichtete Watt eine Blechoberfläche von 10÷20 cm². Bei großen Stromstärken ist es nicht mehr möglich, die Oberfläche der Widerstände so groß zu machen wie bei niedrigen Stromstärken. Während bei großer

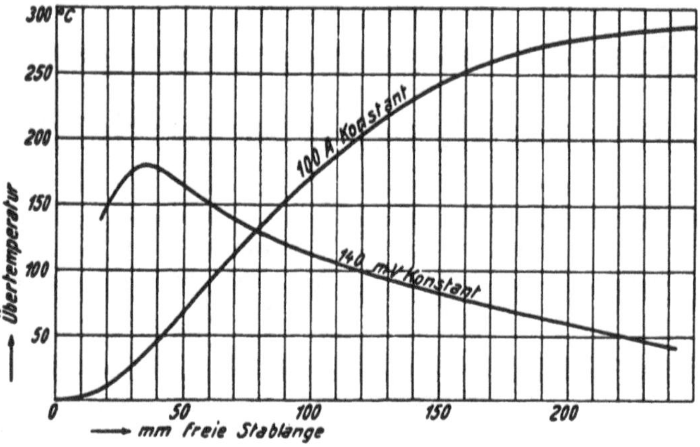

Bild 403. Übertemperatur in Abhängigkeit von der Drahtlänge.

Stablänge der wesentlichste Teil der erzeugten Wärme durch Konvektion und Strahlung an die Luft abgegeben wird, wandert bei geringer Stablänge der größte Teil der erzeugten Wärme durch Leitung in die Anschlußstücke und Zuleitungen. Bild 403 gibt die Übertemperatur eines Manganinstabes von 6 mm Durchmesser, der zwischen zwei Kupferstücken eingelötet war, für 100 A Strombelastung als Funktion der freien Länge an. Von etwa 150 mm freier Länge an nimmt die Temperatur bei weiterer Verlängerung nur noch wenig zu. Aus einer solchen Kurve läßt sich für jede freie Länge die zulässige Strombelastung für eine bestimmte zugelassene Übertemperatur, z. B. 100° C, entnehmen unter der Annahme, daß die Übertemperatur proportional dem Quadrate der Stromstärke zunimmt. Die Höchststromstärke beträgt dann bei

30 mm	Stablänge	200 A
50 mm	»	120 A
100 mm	»	77 A
150 mm	»	65 A
200 mm	»	60 A

Die zweite Kurve gibt die Übertemperatur des Stabes an, wenn er mit solchen Stromstärken belastet wird, daß der Spannungsabfall an ihm immer 140 mV beträgt. Die höchste Übertemperatur entsteht bei einer Stablänge von 35 mm, bei anderen Längen ist die Übertemperatur kleiner. Beim Entwurf von Nebenwiderständen verschiedenen Spannungsabfalles dürfen die freien Längen nicht proportional der Klemmenspannung gemacht werden, sondern sie müssen bei hohem Spannungsabfall rascher als der Spannungsabfall zunehmen.

Beispielsweise haben die 60-mV-Nebenwiderstände von Siemens & Halske eine Baulänge von 35 mm, die für 150 mV aber eine solche von 150 mm, also ist die Stabbelastung nur angenähert halb so groß.

Künstliche Kühlung. Von der Wasserkühlung bei Rohrwiderständen war bereits die Rede. Sie ist sehr wirksam, kommt aber für Dauermessungen wegen des Wasserverbrauchs nicht zur Anwendung, sondern allein zu Laboratoriumsmessungen. Siemens & Halske haben für Starkstromwiderstände sehr hoher Leistung (ca. 1000 W) und hoher Genauigkeit auch bereits Ölkühlung verwendet. Solche Widerstände sind in einem Transformatorgehäuse mit Kühltaschen eingebaut, und es kommt dadurch eine sehr gute Kühlung zustande.

Einfluß von Thermokraft und Peltiereffekt. Die Thermokraft stört nicht, solange die beiden Anschlußklemmen des Nebenwiderstandes gleiche Temperatur haben. Temperaturunterschiede kommen zustande einmal durch verschiedene Übergangswiderstände und verschiedenes Wärmeableitungsvermögen der Anschlußleitungen, außerdem aber auch bei Verwendung von Widerstandsmaterial mit hoher Thermokraft gegen Kupfer durch den Peltiereffekt. Durch ihn entsteht in dem Anschluß, in den der Strom eintritt, eine zusätzliche Erwärmung, in dem anderen An-

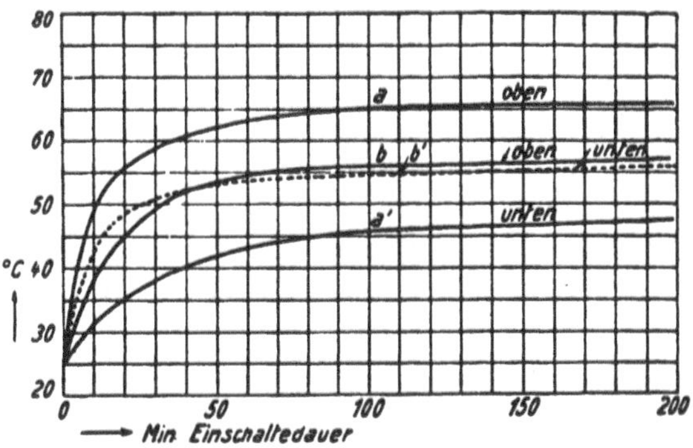

Bild 404. Temperaturanstieg bei einem Nebenwiderstand aus Konstantanblechen.

schluß eine Abkühlung. Es handelt sich dabei keineswegs um ganz geringe Temperaturunterschiede, wie aus einem Versuch hervorgeht, dessen Ergebnisse in Bild 404 graphisch dargestellt sind. Der Nebenwiderstand war für 1500 A bemessen, mit 60 mV Spannungsabfall bei einer Länge der Konstantanbleche von 35 mm. Er war vertikal eingebaut; es wurde der Einfluß der Stromrichtung auf die Erwärmung festgestellt in der Weise, daß der Strom bei dem einen Versuch von oben nach unten, beim andern von unten nach oben floß und die Erwärmung der Anschlüsse gemessen wurde. In dem Bild 404 ist die Temperatur der Anschlüsse eingetragen. Ohne den Peltiereffekt war ein Temperaturunterschied zu erwarten, dergestalt, daß der obere Anschluß wärmer wurde als der untere. Ließ man nun den Strom oben eintreten (Kurven a, a'), so wurde dieser Temperaturunterschied, der etwa 10^0 betragen mochte, noch vergrößert auf etwa 20^0 C. Legte man aber den positiven Pol unten an (Kurven b, b'), so wurde der Erwärmungsunterschied durch den Peltiereffekt ausgeglichen. Auch der zeitliche Verlauf der Erwärmung ist interessant. Trat der Strom oben ein, so erwärmte sich die obere Anschlußstelle sofort bedeutend mehr als die untere; im umgekehrten Falle war zunächst die Temperatur der unteren Anschlußstelle größer als die der oberen, näherte sich ihr aber immer mehr, bis sie schließlich im Beharrungszustand ein wenig kleiner war als die oben gemessene Temperatur. Die Thermokraft bewirkte im Laufe der Erwärmung eine Änderung des scheinbaren Spannungsabfalles um $+ 2\%$, wenn der Strom oben eintrat, während er bei dem zweiten Versuch genau konstant blieb. Man wird demnach bei der Verwendung von Konstantan dem Einbau und der ungleichmäßigen Erwärmung der Anschlüsse einige Aufmerksamkeit widmen müssen, wenn erhebliche Fehler vermieden werden sollen. Man hat den Einfluß der Thermokraft bei Konstantan auch dadurch ausgeglichen, daß man entweder die ganzen Verbindungsleitungen zwischen Widerstand und Instrument oder besser nur ein etwa 20 cm langes Stück aus Konstantan gemacht hat. Dadurch wird der Einfluß der ungleichen Temperatur der Enden des Meßwiderstandes durch Erzeugung von entgegengerichteten Kompensations-Thermokräften unschädlich gemacht.

B. Vorwiderstände.

Die Vorwiderstände im Spannungskreis der verschiedenen Meßgeräte werden in verschiedener Weise hergestellt, je nachdem ob das Instrument für Präzisionsmessungen oder für technische Messungen bestimmt ist, und ob es für Gleichstrom oder Wechselstrom benutzt wird. Schließlich sind auch für die Vorwiderstände der Leistungsmesser besondere Anforderungen zu stellen. An derartigen Widerständen können ebenso wie an Nebenwiderständen Änderungen durch folgende Ursachen auftreten:

1. durch Schwankungen der Außentemperatur,
2. durch die Strombelastung,
3. bei Wechselstrom durch die Selbstinduktion und Kapazität der Wicklung.

Der an erster Stelle genannte Fehler hängt lediglich von der Auswahl des Materials für die Drähte ab. Nach den früheren Ausführungen eignet sich in dieser Hinsicht Manganin am besten.

Größe des Widerstandes.

Im Gegensatz zu den Nebenwiderständen, wo wir nicht den Widerstand, sondern Spannungsabfall und Strombelastung als besonders kennzeichnende Größe annahmen, ist für Vorwiderstände im allgemeinen nicht die Belastung das besonders kennzeichnende, sondern die Ohmzahl allein. Diese bestimmt die Wahl des Materials und die Bauweise des Widerstandes. Dann ist bei großen Ohmzahlen noch von Bedeutung, ob der Widerstand unveränderlich sein muß. Wenn das nicht der Fall ist, wenn man nur einen Schutzwiderstand oder einen Meßwiderstand minderer Genauigkeit braucht, erleichtert das die Beschaffung ganz bedeutend. Der Wattverlust ist im allgemeinen von kleinerer Bedeutung, besondere Schwierigkeiten, ihn zu bewältigen, bestehen in der Regel nicht.

Wir haben etwa folgende Gruppen von Widerständen:

$1 \div 100000\,\Omega$ Präzisionsdrahtwiderstände aus Manganin oder Konstantan,

$1 \div 10$ Megohm sehr teuer und empfindliche Drahtwiderstände, aber noch konstant,

$0{,}1 \div 10$ Megohm Widerstände aus Halbleitern; Kohle oder Graphit in handelsüblicher Ausführung, unkonstant auf $10 \div 50\%$,

$10 \div 1000$ Megohm Spezialwiderstände verschiedenster Art, z. B. durch Metallzerstäubung auf Isolatoren gewonnen. Meist in hohem Maße unkonstant.

Bauweise und Material.

Rollenwiderstände. Mit dem Bau von Drahtwiderständen für Wechselstrommessungen ist immer die Aufgabe verbunden gewesen, diese Widerstände frei von Nebenkoeffizienten vorwiegend die Induktivität, aber auch Kapazität herzustellen. Die Anforderungen in dieser Hinsicht sind sehr verschieden. Wenn wir den Fehlwinkel für reihengeschaltete Induktivität L bzw. parallelgeschaltete Kapazität C

$$\operatorname{tg} \delta = \frac{\omega L}{R} \text{ bzw. } R\,\omega\,C$$

als Kennzeichen festlegen, so bestehen etwa folgende Fehlergrenzen.

Für technische Spannungsmesser δ bis zu 180 min, entsprechend etwa 0,14% Fehlweisung als Spannungsmesser.

Für Präzisionsspannungsmesser δ bis zu 90 min, entsprechend etwa 0,03% Fehlweisung als Spannungsmesser.

Für technische Leistungsmesser δ bis zu 10 min.

Für Präzisionsleistungsmesser δ bis zu 3 min.

Für genaueste Messungen bei kleinem Leistungsfaktor δ bis zu $1 \div 2$ min.

Dementsprechend haben wir etwa folgende Ausführungen:

Unifilarspule. Die Induktivität der gewöhnlichen, unifilar gewickelten Spule ist für alle technischen Spannungsmesser noch nicht zu hoch. Die Spule ist betriebssicher, da zwischen zwei Drähten maximal nur die Lagenspannung besteht. Sie sind deshalb viel verwendet. Was die Ausführung der Widerstände je nach dem Wattverbrauch betrifft, so wählt man bei gering belasteten Gleichstrom-Spannungsmessern gern Holzrollen mit unifilarer Wicklung in solcher Zahl, daß auf jede Rolle nie mehr als 100 V kommen. Bei höherer Belastung, zwischen 1 und 10 W für die Einheit, nimmt man Rollen oder Kreuze aus Isoliermaterial (Porzellan, Steatit).

Bifilarspule. Die Induktivität ist sehr klein, dafür haben die Spulen eine ganz merkliche Kapazität. Der Fehlwinkel ist bei 50 Hertz in der Größenordnung von 0,5 min.[1]) Auf der ganzen Wickellänge besteht zwischen den beiden Drähten die volle Spulenspannung, und man muß die Einzeldrähte sehr gut isolieren, um Durchschläge zu vermeiden. Für technische Spannungsmesser sollte man sie deshalb nicht verwenden. Ihr Hauptanwendungsgebiet ist das der gewöhnlicheren Präzisionsstöpselwiderstände.

Chaperon-Wicklung und andere „Kunstwicklungen"[1]). Die Chaperonwicklung wird in der Weise hergestellt, daß man von Lage zu Lage den Wickelsinn ändert. Dadurch wird die Kapazität sehr stark herabgedrückt, auch die Induktivität. Man muß aber die Spule aus einer geraden Zahl von Lagen wickeln und darf die Wickelhöhe im Verhältnis zum Durchmesser nicht groß sein. Diese Wickelart ist betriebssicher und wird bei allen modernen Präzisionswiderständen mit Stöpsel- oder Kurbelschaltung benutzt. Der Fehlwinkel ist etwa 0,1 min bei 50 Hertz.

Bei der Wagner-Wertheimer-Wicklung wird die Spule in kleine Abteilungen zerlegt und jede nach Chaperon gewickelt.

Es sind eine ganze Anzahl von Vorschlägen zur Ausführung solcher Widerstände ohne Wechselstrom-Nebenkoeffizienten gemacht worden, aber sie haben alle den Nachteil der schwierigen Herstellung.

Rahmenwiderstände. Für technische Spannungsmesser haben Rollenwiderstände den Nachteil, daß sie zu schlecht abkühlen. Statt daß man zu sehr großen Rollendurchmessern übergeht, kann man auch den Draht auf Rahmen wickeln, die dann im Sockel der Instrumente eingebaut werden. Die Herstellung erfolgt in der Regel unifilar.

Plattenwiderstände. Die beste Lösung, vom Standpunkt der Erreichung kleinster Fehler, sind die alten Lamettawiderstände, die vor Jahren von Siemens & Halske gebaut wurden. Als Träger des Widerstandes diente eine Glimmerplatte von etwa 120 mm Länge, 50 mm Breite

---

[1]) S. Wagner-Wertheimer ETZ 1913, S. 613.

und 0,3 mm Dicke, auf die zu Lametta ausgewalzter dünner Konstantandraht gewickelt war. Mit 300 Windungen ließen sich maximal 2000 Ω erreichen, der Bandquerschnitt entsprach etwa einem Drahtdurchmesser von 0,03 mm. Die Enden waren aus dickerem Draht hergestellt, das Ganze in Schellacklösung getaucht und getrocknet. In freier Luft konnte eine solche Platte mit etwa 5 W bei einer Temperatursteigerung von 20° belastet werden. Leider waren die Widerstände nicht sehr dauerhaft, die Lametta riß zu leicht, auch ohne mechanische Einwirkung. Siemens & Halske verwenden jetzt auch für Präzisionsinstrumente Schieferplatten von etwa 3 ÷ 4 mm Stärke als Widerstandsträger. Es wird dünner Draht in einer Lage unifilar aufgewickelt und das Ganze mit Bakelitlack imprägniert. Bei 50 Hertz läßt sich unschwer ein Phasenfehler von nur wenigen Minuten erreichen. Für getrennte, größere Vorwiderstände wählt man gern die Plattenform in solcher Anordnung, daß sich eine gute Ventilation ergibt. Die Widerstände von Siemens & Halske für 100 W Belastung und Spannungen bis zu 6000 V bestehen aus 14 großen Schieferplatten, 160 × 120 × 4 mm, die zwischen Marmorplatten eingesetzt sind. Die Übertemperatur der Wicklung eines solchen Widerstandes beträgt bei voller Belastung etwa 80° C.

Die Induktivität dieser Schieferplatten ist so gering, daß sie als Vorwiderstände für Hitzdraht-Spannungsmesser für Frequenzen bis zu 10000 Hertz mit normaler Wicklung, für 50000 Hertz mit besonders dünner Wicklung zu verwenden sind. Eine normal gewickelte Platte hat z. B. bei 4000 Ω Widerstand eine Selbstinduktion von 2,25 mH. Daraus ergeben sich Phasenfehler und Erhöhung des scheinbaren Widerstandes ΔR gegenüber dem Gleichstromwert wie folgt:

50 Hertz	ψ = 0,6 min	ΔR =	< 0,01%
500 »	6 »		< 0,01%
1000 »	12 »		< 0,01%
2000 »	24 »		< 0,01%
5000 »	60 »		0,02%
10000 »	120 »		0,06%
20000 »	240 »		0,26%

Die anormal, mit dünnem Draht weit gewickelte Platte hat die halbe Windungszahl, also nur 0,5 mH, und bei ihr beträgt ΔR bei 20000 Hertz 0,02%, bei 50000 Hertz 0,10%.

Die Größe des **Fehlwinkels** eines Widerstandes richtet sich ganz nach seiner Konstruktion und der Anordnung seiner Windungen. Allgemein wird die Selbstinduktion um so geringer sein, je kleiner die Drahtlänge, also je dünner der Draht bei gegebenem Widerstand ist. Man wird also die Querschnittsbelastung des Drahtes solcher Widerstände so hoch wie möglich ansetzen, ohne dabei aber die Oberfläche des gesamten Widerstandes zu verkleinern, weil die Temperatursteigerung in diesen Fällen nicht von der Oberfläche des Einzeldrahtes, sondern von der Gesamtoberfläche abhängt. Selbst bei einlagigen Widerstandskörpern tritt mit der Verkleinerung des Drahtquerschnittes unter Vergrößerung des Windungsabstandes keine wesentliche Temperatursteigerung ein.

Flüssigkeitswiderstände. Mit diesen kommen wir bereits zu den Ausführungen die nicht mehr zu Präzisionsmessungen benutzt werden. Man gebraucht Flüssigkeitswiderstände, bestehend aus Glasröhren mit einer mehr oder minder leitenden Flüssigkeit als Vor- oder Schutzwiderstände bei Hochspannungstransformatoren, in besonderen Fällen auch zu Messungen in Hochspannungskreisen, wenn die verlangte Ohmzahl so groß ist, daß Drahtwiderstände nicht mehr ausreichen.

Hier ist noch zu beachten, daß Glas von Wasser angegriffen und aufgelöst wird. Füllt man ein Rohr mit destilliertem Wasser, so ist der anfänglich hohe Widerstand in einigen Tagen auf 10% und weniger vom Anfangswert gefallen. Eine zum Bau von Hochspannungswiderständen gut geeignete Flüssigkeit soll nach Angaben von Biermanns Chlorbenzol sein, das die eigentümliche Eigenschaft hat, daß es gleichzeitig eine ziemlich hohe Durchschlagfestigkeit hat. Auch Anilinöl soll für Flüssigkeitswiderstände gut brauchbar sein.

A. Gyemant hat im Laboratorium des Siemens-Kabelwerkes Hochohmwiderstände in der Größenordnung von 100 bis 10000 Megohm aus einer Mischung von Benzol und Äthylalkohol unter Zusatz von 0,7% Pikrinsäure hergestellt und diese in der Form von 2 m langen Glasröhren mit elektrostatischen Voltmetern für Gleich- und Wechselspannungen als Spannungsteiler benutzt. Sie waren innerhalb dreier Monate auf etwa 10% konstant. Die Belastung eines 2 m langen Rohres mit 15 mm innerem Durchmesser kann bis etwa 50 Watt betragen.

Widerstände aus Halbleitern. Hierher sind zu zählen Widerstände aus Kohle, Silit oder auf einem Isolierstoff in dünnster Schicht niedergeschlagenem Metall. Es sei vorausgeschickt, daß es bis vor ganz kurzer Zeit trotz aller Bemühungen und mancher Anpreisung noch keinen derartigen Widerstand gab, der selbst bei geringer Belastung auf 1÷2% konstant war. Viele derartige Erzeugnisse änderten ihren Widerstand um 10÷50% ohne daß man sie übermäßig beanspruchte.

Erst die seit kurzem von Siemens & Halske hergestellten »Hoka«-Widerstände sind für Meßzwecke verwendbar. Es sind dies Porzellanstäbchen, die mit einem bei hoher Temperatur niedergeschlagenen Kohleüberzug versehen sind. Eines dieser Stäbchen, etwa 40 mm lang und 6 mm Durchmesser verträgt etwa 0,5 W bei 0,5% Konstanz. Man kann sie zurzeit bis zu 2 Megohm herstellen. Der Temperatureinfluß ist -3% auf $+10^{0}$ C, reiner Kohle entsprechend.

Silit- und Quarzilit-Widerstände sind viel ungenauer, sie gehen unter dem Einfluß der Spannung auf etwa 10% des Anfangswertes zurück. An einem Silitwiderstand mit 10000 Ω bei kleiner Spannung wurden beispielsweise folgende Werte gemessen:

E	R
= 0 kV	= 10000 Ω
2 kV	5000 Ω
4 kV	2000 Ω
6 kV	1000 Ω
10 kV	500 Ω
20 kV	400 Ω.

Es liegt hier wahrscheinlich eine Art von Fritterwirkung vor.

Besondere Anwendung findet Silit dieser Eigenschaft wegen als Schutzwiderstand für Stromwandler.

Metalle lassen sich durch Kathodenzerstäubung im Vakuum auf Isolierstoffen niederschlagen oder auch durch chemische Reaktionen. Dazu eignet sich z. B. Bernstein.

Bei einem Zylinderdurchmesser von 25 mm und einer Länge von 50 mm werden Widerstände von 1000 MΩ leicht erreicht. Durch Verminderung der Niederschlagsdicke und Eindrehen spiraliger Rillen kommt man auf Widerstände von 10^{12} bis 10^{13} Ω. Bei den bekannten hervorragenden elektrischen Eigenschaften des Bernsteins ist es erklärlich, daß diese Widerstände von der Luftfeuchtigkeit nicht abhängig sind.

Dagegen haben sich Siliziumwiderstände, bei denen eine sehr dünne Metallschicht auf chemischem Wege auf Glas niedergeschlagen war, nicht bewährt, weil sie sich unter dem Einfluß höherer Spannung sehr stark geändert haben.

Veränderliche Widerstände.

Bei allen bisher besprochenen Vorwiderständen ist der größte Wert darauf gelegt, daß ihr Widerstandsbetrag in weitesten Grenzen von dem sie durchfließenden Strom unabhängig, daß mit ihrer Erwärmung keine Widerstandsänderung verbunden ist.

Für besondere Zwecke kann es aber von Vorteil sein, einen Widerstand zu verwenden, der in seiner Größe mit der Stärke des ihn durchfließenden Stromes veränderlich ist; man wird dabei nur zu fordern haben, daß sich der Widerstandswert möglichst sofort dem Strom anpaßt und darüber längstens einige Sekunden vergehen, daß er dann aber konstant bleibt.

Eisendrahtlampen. Die bekanntesten Widerstände dieser Art sind Eisendrahtlampen mit Wasserstoffüllung. Bild 405 zeigt für eine solche Lampe die Stromaufnahme und den berechneten Widerstand als Funktion der Spannung. Der Widerstand nimmt über ein weites Gebiet linear mit der Spannung zu, so daß die Stromaufnahme vollkommen konstant ist. Die Lampen finden deshalb zur Konstanthaltung einer bestimmten Stromstärke bei variabler Spannung vielfach Verwendung. Für Dauerbetrieb ist es zweckmäßig, sie in ein Ölbad zu setzen, um die Erwärmung zu vermindern und die Lebensdauer zu erhöhen.

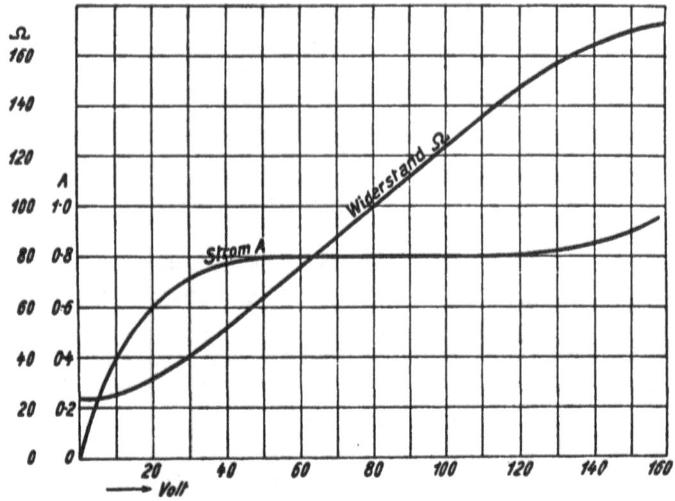

Bild 405. Stromaufnahme und Widerstand einer Eisendrahtlampe.

Sie werden für Stromstärken von 0,15÷5 A und für Spannungen bis 250 V hergestellt. Die Lebensdauer der Lampen unter 0,50 A ist sehr gering, sie sind für Dauergebrauch nicht geeignet. Dagegen brennen Lampen für höhere Stromstärke 2000 bis 5000 Std. Die thermische Trägheit steigt mit der Größe, die Wirkung setzt erst nach einer bestimmten Zeit ein. Angenäherte Werte sind:

Lampe für	0,15 A	$t = 0{,}30$ s	Einstelldauer
» »	0,50 A	$t = 0{,}50$ »	»
» »	1,0 A	$t = 0{,}70$ »	»
» »	2,5 A	$t = 1{,}00$ »	»
» »	5,0 A	$t = 1{,}50$ »	»

Metalldrahtlampen. Es hat bisher als eine feststehende Tatsache gegolten, daß jeder für Wechselstrom brauchbare Strom- und Spannungsmesser, sofern er nicht Fremderregung besitzt, quadratische Skalenteilung besitzen müsse, die nur durch besondere mechanische Kunstgriffe von $^1/_5$ oder schon von $^1/_{10}$ des Endwertes ab gleichmäßig gemacht werden kann.

Unter Abweichung von dem Grundsatze der Konstanz des Vorwiderstandes ist es indessen möglich, Strom- und Spannungsmesser auch bei Wechselstrom mit proportionaler Skala auszuführen. Nehmen wir an, daß bei einem Spannungsmesser der Ausschlag a proportional dem Quadrat der Stromstärke $\frac{E}{R}$ in der Spule ist, und lassen wir den gesamten Widerstand R proportional der Quadratwurzel aus der Spannung E anwachsen:

$$a = C_1 \cdot \left(\frac{E}{R}\right)^2,$$

$$R = C_2 \cdot \sqrt{E},$$

so erhalten wir

$$a = C_1 \cdot \frac{E^2}{C_2^2 E} = C_3 \cdot E,$$

also ist der Ausschlag jetzt proportional der Spannung.

Geeignete Widerstände, welche sich mit der Stromstärke stark ändern, besitzen wir in den Metalldraht-Glühlampen, bei denen ein Wolframdraht entweder im Vakuum oder in einer Edelgasfüllung bei hoher Temperatur glüht. Für 1-W-Vakuumlampen beträgt die wahre Fadentemperatur (für »schwarze Strahlung«) etwa 2200°, für gasgefüllte (½-W-)Lampen etwa 2500° C. Demzufolge steigt der Wider-

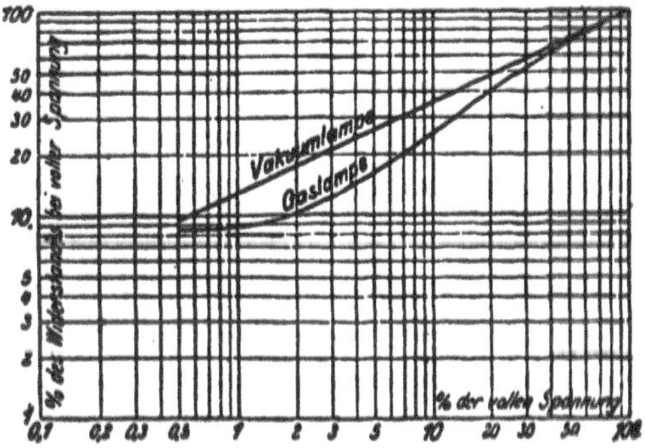

Bild 406. Widerstand von Metalldrahtlampen.

stand mit der an die Lampe angelegten Spannung ganz beträchtlich, für die volle Spannung ist er 10 ÷ 12 mal so groß wie im kalten Zustande. Bild 406 zeigt in logarithmischem Maßstab den Widerstand als Funktion der Spannung in Prozenten des Höchstwertes von Widerstand und Spannung für eine gasgefüllte Lampe und eine Vakuumlampe für Lampenspannungen von 100 ÷ 200 V. Daraus ist zu ersehen, daß bei der Vakuumlampe tatsächlich der Widerstand ziemlich genau proportional $\sqrt{E}$ zunimmt, wie es die Gleichung für proportionale Skala verlangt.

Zur Herstellung eines Instrumentes mit proportionaler Teilung hat man also noch die andere Bedingung angenähert zu erfüllen, daß der Anfangswiderstand gleich Null ist. Dazu muß ein Strommesser mit geringem Eigenverbrauch benutzt werden, z. B. ein Hitzdrahtinstrument, dessen Eigenverbrauch gegenüber dem der Lampe bei voller Spannung verschwindend klein ist. Wenn der Hitzdraht-Strommesser genau quadratische Teilung hat, bei Endausschlag 0,5 W verbraucht und die Lampe bei voller Spannung 25 W aufnimmt, so haben wir, z. B. für $E_{\max} = 100$ V, folgende Werte:

Lampenwiderstand $R_{max} = 400\ \Omega$
Strom $i_{max} = 0,25$ A
Hitzdrahtwiderstand $R_i = 8\ \Omega$
Lampenwiderstand $R_{min} = \frac{400}{10} = 40\ \Omega = 5 \cdot R_i$

Strom bei 1 V: $i = \frac{1\ V}{48\ \Omega} = 0,0208\ A = 8,3\%$ von i_{max}

Ausschlag für 100 V $\equiv$ 0,25 A = 100 Teilstriche

Ausschlag für 1 V $\equiv$ 0,0208 A $= 100 \left(\frac{0,0208}{0,25}\right)^2 = 0,69$ Teilstriche.

Daraus geht hervor, daß bis herab zu 1% des Endwertes die Proportionalität nahezu vollkommen ist, denn der Unterschied von 0,7 Teilstrichen gegen den Sollwert (1,0 Teilstriche) ist nicht beträchtlich.

Die Auswahl der Lampen hinsichtlich der Wattzahl erfolgt immer nach dem Gesichtspunkte, daß die Lampe ein Vielfaches des Instrumentverbrauches aufweist. Dadurch wird es unmöglich, den geringen Verbrauch einzuhalten, der sonst Hitzdrahtinstrumenten für kleine Spannungen eigen ist, denn man muß immerhin etwa 3÷5 W als Gesamtverbrauch ansetzen, während man sonst bei kleinen Spannungen, unter 10 V mit 0,5 W Gesamtverbrauch auskommen kann.

Temperatureinfluß. Hinsichtlich des Temperaturfehlers verhalten sich diese Instrumente anders als solche mit konstantem Vorwiderstand, weil der Temperaturfehler mit dem Ausschlag variabel ist und mit ihm abnimmt. Am Nullpunkt des Instrumentes entspricht er dem des Reinmetalles Wolfram, etwa 0,4% je Grad, er ist aber nicht zu bemerken, weil dabei der Ausschlag gleich Null ist. Bei Endausschlag beträgt die Temperatur des Glühfadens rd. 2200°, eine Temperaturänderung um ± 20° C bewirkt dann nur noch eine Widerstandsänderung von etwa ± 1%, mithin je Grad nur 0,05% vom Sollwert.

Für besondere Zwecke, z. B. für Nullvoltmeter zur Synchronisierung in Dunkelschaltung, ist es erwünscht, die Teilung am Anfang der Skala noch weiter zu machen, als es der Proportionalität entsprechen würde. Man benutzt dann Instrumentsysteme, die schon an sich eine weitere Anfangsteilung besitzen, nämlich Dreheiseninstrumente, und schaltet vor diese noch gasgefüllte Lampen, weil bei diesen einmal entsprechend der höheren Endtemperatur die gesamte Widerstandszunahme größer ist als bei Vakuumlampen und außerdem der Charakter der Widerstandskurve (Bild 406) so ist, daß die Widerstandszunahme etwas später einsetzt als bei den Vakuumlampen.

Diese Eigenheit hängt übrigens nicht mit der Gasfüllung zusammen, sondern sie ist durch die Leuchtdrahtanordnung bedingt. Bei kurzdrahtigen Vakuumlampen erhält man dieselbe Charakteristik.

Es ergibt sich etwa die doppelte Anfangsempfindlichkeit wie bei Verwendung einer Vakuumlampe gleicher Wattzahl[1]). Bild 20c zeigt

[1]) Keinath, ETZ 1918, S. 455.

die Skala eines derartigen Nullvoltmeters von Siemens & Halske, eines Dreheiseninstrumentes in Verbindung mit einer 60-W-Gasfüllungslampe für 220 V. Die Teilstriche entsprechen 10 gleichen Spannungsstufen von je 22 V.

Die Methode ist auch für Strommesser anwendbar, wenn man die Strommessung unter Verwendung von Nebenwiderständen auf eine Spannungsmessung zurückführt. Man schaltet dann vor den eigentlichen Strommesser noch eine Metalldrahtlampe. Die Schaltung gibt ebenso gute Skalen wie die für Spannungsmesser, indessen wird der Gesamtverbrauch der Anordnung verhältnismäßig hoch:

Instrumentverbrauch			0,5 W
Lampenverbrauch	(angenommen)	5fach	2,5 W
		zusammen:	3,0 W
Nebenschlußverbrauch	(angenommen)	4fach	12,0 W
		Summe:	15,0 W,

entsprechend einer Klemmenspannung von 3 V bei 5 A. Ein gewöhnlicher Hitzdraht-Strommesser für 5 A hat nur eine Klemmenspannung von 0,12 V, demnach steigt der Verbrauch auf das 25fache. Wollte man ihn herabsetzen, so würde die Skala auch nicht mehr proportional werden können. Es mag aber Fälle geben, wo man solche Strommesser trotz ihres höheren Verbrauches anderen vorziehen wird.

Die Genauigkeit derartiger Instrumente ist für technische Zwecke durchaus ausreichend, weil der Glühdraht in den Lampen nur ganz geringe Alterungserscheinungen zeigt.

Was Metallfadenlampen an Überlastung auszuhalten vermögen, geht aus nachfolgender Tabelle hervor, die sich auf normale 4-V-Wotanlampen mit 1 A Stromverbrauch bezieht:

Lebensdauer bei	6 V	(50% Übersp.)	8 h
	7 V	(75% Übersp.)	45 min
	8 V	(100% Übersp.)	18 min
	9 V	(125% Übersp.)	1¼ min.

Bild 407 zeigt die Widerstandsänderung bei diesen Versuchen

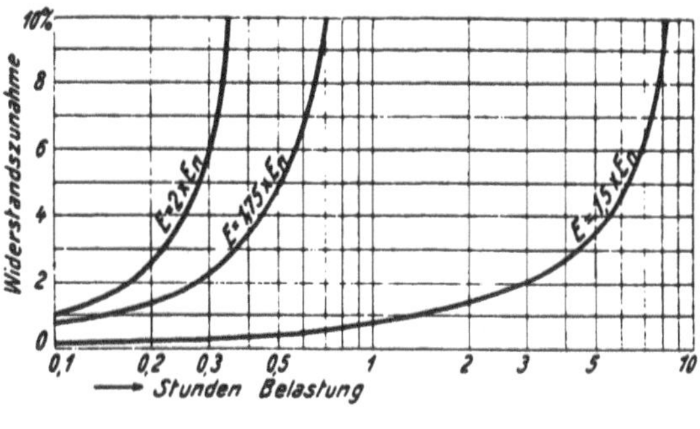

Bild 407. Widerstandsänderung von Niedervoltlampen bei Überlastung.

als Funktion der Zeit. Die Empfindlichkeit der Lampen ist bei weitem nicht so groß, wie man allgemein annimmt, denn bei 50% Überspannung änderte sich bei diesem Versuch der Widerstand erst nach einer Stunde um 1%. Bei sechs normalen hochvoltigen Lampen wurde nach einer 1000stündigen Dauerprobe mit voller, genau konstant gehaltener Spannung keine Widerstandsänderung über 2% festgestellt, die Genauigkeit der Instrumente kann demnach für viele technische Messungen als vollständig ausreichend gelten.

Kohlefadenlampen. Der Vollständigkeit wegen seien auch noch die Eigenschaften zweier weiterer Widerstandsarten geschildert, der Kohlenfaden- und der Glimmlampen. Bild 408 zeigt den Widerstandsverlauf bei einer Kohlenfadenlampe als Funktion der Spannung. Die

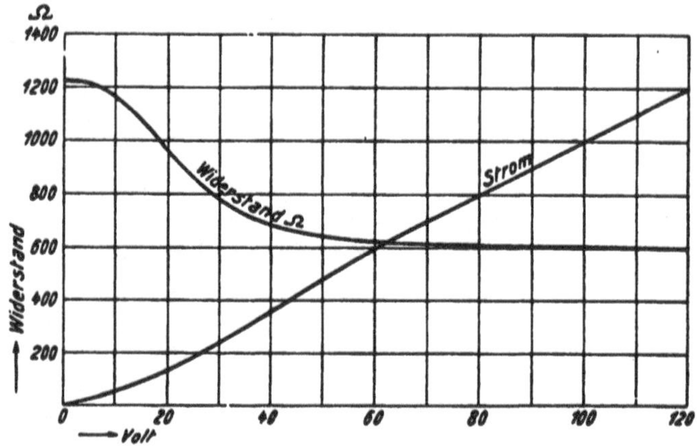

Bild 408. Stromaufnahme und Widerstand einer Kohlenfadenlampe.

Kohle hat bekanntlich negativen Temperaturkoeffizienten, er ist aber klein, 0,05% je °C, und der Widerstand ändert sich bei Weißglut nur bis zur Hälfte des Anfangswertes. Widerstände aus metallischem Bor wären günstiger, sie sind aber nicht in Drahtform herstellbar. Mit einer Kohlenfadenlampe als Nebenwiderstand zum Meßorgan wäre nur eine Erweiterung der Skalenteilung um etwa 100% zu erzielen.

Glimmlampen. Günstiger sind Glimmlampen, die mit einem Edelgas (Neon) gefüllt sind und zurzeit für Spannungen von 220 V hergestellt werden. Auch der Widerstand dieser Lampen ist eine Funktion der Spannung. Bei einem bestimmten Werte der Spannung setzt das Glimmen plötzlich ein, und der Widerstand fällt von ∞ auf etwa 20000 Ω. Bei weiterer Spannungssteigerung nimmt der Widerstand sehr schnell, mit der 6. bis 7. Potenz der Spannung, ab, die Lampe verhält sich wie ein Widerstand mit einem sehr hohen negativen Temperaturkoeffizienten. Die Werte sind indessen bei zu- und abnehmender Spannung verschieden, die normale Glimmlampe ist für Meßzwecke auch bei ganz bescheidenen Ansprüchen nicht brauchbar, wohl aber zum Einschalten von Relais bei Überschreitung einer bestimmten Spannung.

Hartmann & Braun bauen eine Sonderkonstruktion einer Glimmlampe für Meßzwecke. (Siehe Band II.)

Elektronenröhren. Wenn man bei einer Elektronen-Glühkathodenröhre die Heizung ändert, so kann man den Widerstand zwischen Kathode und Anode in sehr weiten Grenzen regeln[1]).

Bei den von Kammerer ausgeführten Versuchen mit einer kleinen Röhre, die eine zylinderförmige Anode von 25 mm Länge und 30 mm Durchmesser sowie eine Glühkathode von 25 mm Länge hatte, war der Widerstand für eine konstante Anodenspannung von 162 V

Heizstrom	$R =$
0,89 A	10,8 MΩ
0,92 »	3,6 »
0,945 »	1,8 »
0,96 »	0,65 »
0,98 »	0,38 »
1,00 »	0,27 »

Es wird darauf aufmerksam gemacht, daß man kurze Zeit warten muß, bis die Röhre durchgewärmt ist, um konstanten Widerstand zu erhalten.

Einbau der Widerstände.

Selbständige Präzisionswiderstände werden in der Regel in einer größeren Anzahl in Holzkasten eingebaut, und zwar meist dekadenweise. Es werden Stöpsel- und Schleifschalter benutzt, das meiste Augenmerk muß der Konstrukteur darauf richten, daß die Übergangswiderstände möglichst klein und die notwendigen Verbindungsleitungen möglichst kurz gehalten werden.

Stöpselschalter. Ein guter Stöpselschalter hat nur einen Widerstand von etwa 0,1 mΩ, d. i. bei der üblichen kleinsten Stufe von 100 mΩ

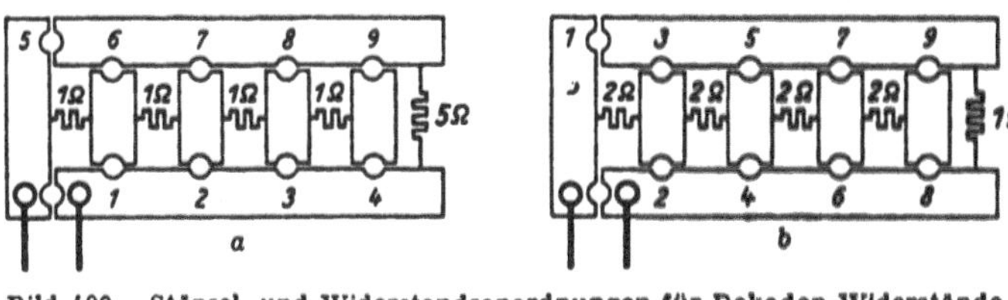

Bild 409. Stöpsel- und Widerstandsanordnungen für Dekaden-Widerstände mit Spulen sparender Schaltung.

nur 1‰. Man unterscheidet Reihenwiderstände und Dekadenwiderstände (siehe Bild 409). Die letzteren sind so geschaltet, daß man für die Einstellung eines beliebigen Widerstandes innerhalb einer Dekade

[1]) Kammerer, ETZ 47, 1926, S. 391; Lertes, Z. f. Physik 4, 1921, S. 472.

immer nur einen Stöpsel benötigt[1]). Das bringt zwar etwas längere Zuleitungen, aber auch den Vorteil, daß weniger Stöpsel in den Stromkreis geschaltet sind, für den Hersteller den weiteren Vorteil, daß er etwa $\frac{1}{3}$ der Rollen und ihre Abgleichung spart.

Für Wechselstrommessungen ist es wünschenswert, die Metallklötze möglichst klein zu machen. Ferner haben die bisher benutzten

Bild 410. Stöpselleiste nach Schöne mit nachgiebigen Schaltklötzen. (Siemens & Halske.)

Stöpselschalter den Nachteil, daß die Stöpsel sich bei einer bestimmten Schaltfolge entweder sehr festklemmen oder lockern, so daß der Kontakt schlecht wird. Beide Übelstände sind vermieden bei der von Schöne angegebenen elastischen Stöpselanordnung von Siemens & Halske, bei dem die Klötze geteilt und mit nachgiebigen Kupferbügeln verbunden sind. Bild 410 zeigt eine solche Stöpselleiste.

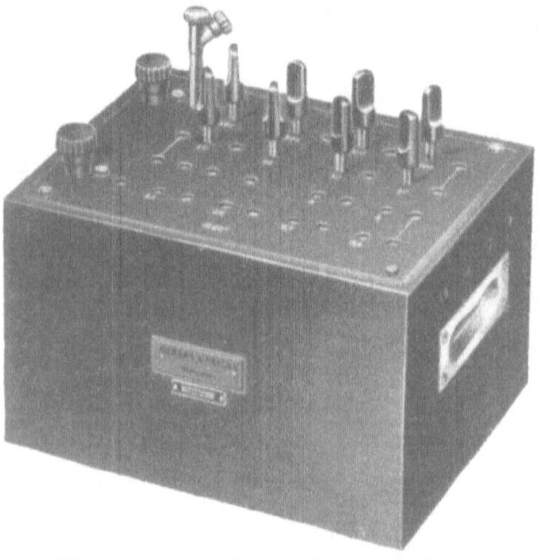

Bild 411. Stöpselwiderstand mit Lichtschutz. (Siemens & Halske.)

Die Metallklötze werden durchweg der guten Isolation halber auf polierten Hartgummiplatten montiert. Leider hat aber Hartgummi die schlechte Eigenschaft, unter dem Einfluß des Lichtes Schwefel auszuscheiden, der die Oberfläche leitend macht. Man versieht deshalb neuerdings Präzisionswiderstände mit Lichtschutz, einer besonderen Abdeckplatte, die etwa 10 mm über der Hartgummiplatte liegt. Sie ist aus lichtbeständigem Material und kommt für die Isolierung nicht in Betracht.

Das Bild 411 zeigt auch noch einen »Wanderstöpsel« zum Abgreifen eines einzelnen Widerstandes.

Schleifschalter. Obwohl die Dekadenwiderstände, bei denen man nur einen einzigen Stöpsel braucht, schon sehr bequem sind, so werden doch auch noch Kurbelwiderstände gebaut. Bild 412 zeigt einen solchen mit vier Dekaden.

[1]) O. Schöne, Z. f. I. 1898, S. 133.

Der Übergangswiderstand von guten Kurbelschaltern liegt in der Größenordnung von 0,2 mΩ, etwa doppelt so hoch wie bei den besten

Bild 412. Kurbelwiderstand mit vier Dekaden. (Hartmann & Braun.)

Stöpselschaltern. Bei einer bekannten Konstruktion der Land- und Seekabelwerke werden geradlinige Schleifkontakte verwendet (Bild 413).

Bild. 413. Präzisions-Schieberwiderstand mit geradlinigem Schleifschalter. (Land- und Seekabelwerke, Köln.)

Der Übergangswiderstand wird zu weniger als 0,5 mΩ angegeben. Die Stromschlußflächen liegen in zwei parallelen, einander gegenüberliegenden Ebenen.

Bei all diesen Widerständen muß die Möglichkeit vorgesehen sein, daß man die Kontakte zeitweilig bequem reinigen kann.

Bei sehr hohen Widerständen verwendet man Ausführungen

Bild 414. Hochohmiger Kurbelwiderstand mit hochisolierten Stromanschlüssen. (Hartmann & Braun.)

mit besonders hohem Isolationswiderstand der Stromanschlüsse, wie sie in Bild 414 für ein Modell mit 10 × 100000 Ohm dargestellt ist.

Einbau von technischen Widerständen. Sofern die Erwärmung nicht zu groß wird, trachtet man immer danach, die Widerstände fest mit dem Instrument zu verbinden, sie in seinem Gehäuse unterzubringen. Auch hierbei bestehen noch zwei Möglichkeiten: die Rollen können an beliebiger Stelle, wo eben Platz vorhanden ist, untergebracht werden, oder sie werden, um die erzeugte Wärme vom eigentlichen Meßwerk fernzuhalten, von diesem durch eine Trennwand abgeschlossen. Bei den üblichen Schalttafelinstrumenten mit 225 mm Sockeldurchmesser dürfen beispielsweise im eigentlichen Gehäuse keinesfalls mehr als 10 W in Wärme umgesetzt werden, wogegen an der Rückwand, im Sockel, bei Anbringung von Ventilationslöchern bis zu 30 W vernichtet werden dürfen, ohne daß sich unzulässige Erwärmung bemerkbar macht.

Bei Präzisionsmeßgeräten, die meist liegend benutzt werden, kann die Lüftung nicht so wirksam gemacht werden, man sieht deshalb meist schon für 10÷15 W getrennte Widerstände vor, bei geringerem Wattverbrauch auch dann, wenn der Spannungsmeßbereich so hoch wird, daß man aus Sicherheitsgründen eine Verteilung der Spannung auf Anzeigeinstrument und Vorwiderstand für notwendig erachtet. Diese Grenze ist immer bei etwa 600÷750 V als gegeben zu erachten. Bei Gleichspannung besteht die Gefahr, daß die Widerstände durch Verschmutzung infolge elektrostatischer Anziehung von Staubteilchen stark leiden. Um diesem Übelstand entgegenzuarbeiten, bauen Siemens & Halske neuerdings bei Betriebsmeßgeräten über 500 V ausschließlich wasserdichte Vorwiderstände. Einen Vorwiderstand kann man wegen der günstigeren Raumverhältnisse eher spannungssicher bauen als das Instrument mit seinen vielen Teilen. Selbstverständlich muß die Isolation bei hohen Spannungen sehr sorgfältig sein, damit nicht Meßfehler entstehen. Bei Wechselstromwiderständen ist die Grenze der Spannung meist durch den Wattverbrauch gegeben; man wird im allgemeinen lieber Spannungswandler benutzen als eine große Zahl reichlich Energie verzehrender Widerstände.

Fehlereinflüsse auf Vorwiderstände.

Im Gegensatz zu Nebenwiderständen sind Vorwiderstände zahlreichen Fehlereinflüssen ausgesetzt, und es bedarf besonders bei hohen Ohmzahlen großer Vorsicht um keine Fehler entstehen zu lassen.

Außentemperatur. Drahtwiderstände werden aus Manganin oder Konstantan hergestellt und zeigen als solche den an anderer Stelle genannten Temperatureinfluß. Flüssigkeitswiderstände haben einen sehr hohen Temperatureinfluß, 20÷40% je 10° C, Kohlewiderstände etwa 0,3% je 10° C, beide negativ.

Erwärmung. Präzisionswiderstände für genaueste Messungen sollten keinesfalls auf mehr als 50° C erhitzt werden. Für Betriebswiderstände kann man als obere Grenze 100° C angeben, zumal bei höherer

Temperatur bereits die Verkohlung der Bespinnung einsetzt. Die Erwärmung im Innern einer solchen Spule mißt man entweder mit einem Thermoelement oder dadurch, daß man eine Kopie der Spule aus gleichstarkem und gleichisoliertem Kupferdraht mit bekanntem Temperaturkoeffizienten wickelt und daran die Widerstandserhöhung bestimmt. Flüssigkeits- und Kohlewiderstände sind nach dem Obengesagten auch auf Eigenerwärmung empfindlicher als Drahtwiderstände.

Thermokraft. Da Vorwiderstände meist an höhere Spannungen gelegt werden, so ist der Einfluß der Thermokraft nur in den seltensten Fällen merklich, und man verwendet deshalb für Vorwiderstände häufig Konstantandraht.

Alterung. Alle hohen Widerstände zeigen in mehr oder minder starkem Maß den Einfluß der Alterung. Bei Präzisionstypen bewegt er sich in der Größenordnung von 0,01%, bei technischen 0,1 ÷ 0,5% je nach Material, Güte der Herstellung und der vorangegangenen künstlichen Alterung durch Erhitzen auf eine Temperatur von 100° C. Widerstände aus Halbleitern, Graphit, Kohle u. dgl. sind überhaupt nicht konstant zu halten und für Meßzwecke nahezu unbrauchbar.

Feuchtigkeit. Hochohmige Widerstände sind sehr empfindlich auf eindringende Feuchtigkeit sowohl im Innern der Wicklung als auf Kriechstrecken zwischen den Leitungen. Man tränkt die Spulen mit Schellack- oder Bakelitlösung, oft so gründlich, daß die ganze Wicklung mit dem Imprägniermittel eine feste, für Feuchtigkeit undurchdringliche Masse bildet. Widerstände aus Halbleitern sind naturgemäß auch gegen derartige Einflüsse sehr empfindlich und müssen durch Lacküberzug besonders gut geschützt werden.

C. Induktivitäten.

Während bei Widerständen die Bauweise nicht viel verschieden ist, gleichviel ob sie als Normalwiderstände zum Messen anderer oder als Belastungswiderstände für Spannungsmesser benutzt werden, ist bei Induktivitäten in dieser Hinsicht ein sehr großer Unterschied. Werden sie zum Vergleichen und zum eigentlichen Messen benutzt, so sprechen wir von Normalien der Selbstinduktion und der gegenseitigen Induktion. Diese Induktivitäten werden ausnahmslos eisenfrei gebaut. Benutzen wir aber eine Induktivität, fest eingebaut in einem Instrument, um bei Wechselstrom Phasenverschiebungen zu erzeugen, so spricht man in der Regel von Drosseln, und sind diese dann meist eisengeschlossen gebaut.

Eisenlose Induktivitäten[1]**.** Eisenlose Induktivitäten bemißt man so, daß bei gegebenem Selbstinduktionskoeffizienten und gegebenem

[1]) Korndörfer, ETZ 38, 1915, S. 521.

Widerstand der Drahtaufwand ein Minimum wird. Ist der mittlere Durchmesser $= D$, der Wickelquerschnitt rechteckig mit den Seitenlängen r und a und dem Umfang U, ist die Windungszahl N, so ist die Induktivität

$$L = 10{,}5 \cdot N^2 \cdot D \sqrt[4]{\left(\frac{D}{U}\right)^3} \text{ cm für } D/U = \text{Null bis } 1 \text{ und}$$

$$L = 10{,}5 \cdot N^2 \cdot D \cdot \sqrt{\frac{D}{U}} \text{ cm für } D/U = 1 \text{ bis } 3.$$

Für Scheibenspulen mit $\frac{r}{a} \geqq J$ und $D/U = 0$ bis 3 ist immer nach der zweiten Formel zu rechnen. Das Minimum an Material erhält man mit quadratischem Wickelquerschnitt $4\,a = D$ und die Induktivität ist dann

$$L = 10{,}5 \cdot N^2 \cdot D \text{ cm} = 10{,}5 \cdot N^2 \cdot D \cdot 10^{-9} \text{ Henry}.$$

Die Drahtwicklung besteht bei Induktionsnormalien meist aus emaillierter Kupferlitze. Der Spulenkörper wird aus Porzellan herge-

Bild 415. Normal der Selbstinduktion. (Hartmann & Braun.)

stellt. Bild 415 zeigt eine Ausführung von Hartmann & Braun. Die Anschlußklemmen sind mit Absicht sehr klein gehalten, damit ihre Kapazität möglichst wenig stört. Hartmann & Braun bauen 5 Ausführungen mit Induktivitäten von 0,1 mH bis 1 Henry mit folgenden Daten:

	$R =$	$J_{max} =$
0,1 mH	0,3 Ω	2,0 A
1 mH	0,8 Ω	1,0 A
10 mH	4,5 Ω	0,6 A
100 mH	20 Ω	0,5 A
1 H	200 Ω	0,2 A.

Normalien der gegenseitigen Induktion, wie sie z. B. zum Eichen ballistischer Galvanometer benutzt werden, haben zwei bifilar gewickelte Spulen auf einem Körper.

Öffnet oder schließt man den Strom i, welcher die eine Wicklung durchfließt, so wird in der anderen Wicklung ein Spannungsstoß von $i \cdot L$ Voltsekunden erzeugt, wobei L den Koeffizienten der gegenseitigen Induktion in Henry bedeutet. Die Elektrizitätsmenge ergibt sich dann zu $Q = i\frac{L}{R}$ Coulomb, wobei i den unterbrochenen oder geschlossenen Primärstrom in Ampere und R den Widerstand des Kreises in Ohm bedeutet.

Bild 416 zeigt eine regelbare Selbst- und gegenseitige Induktion von Hartmann & Braun.

Das Gerät besteht aus zwei ineinander gelegten Hartgummispulen, von denen die kleinere aus der Ebene der größeren heraus um Winkel bis zu etwa 160° drehbar ist. Die größere Spule enthält vier, die kleinere zwei verschiedene Wicklungen, die einzeln oder in Hintereinanderschaltung benutzt werden können. In der Nähe der Spulen sind Metallteile vermieden.

Durch verschiedene Schaltung und Drehung der inneren Spule gegen die äußere ist eine stetige Änderung des Selbstinduktions-Koeffizienten

Bild 416. Regelbare Normale der gegenseitigen Induktion. (Hartmann & Braun.)

etwa zwischen 0,0004 und 0,2 Henry möglich. Ein Drehschalter gestattet ohne weiteres, die Windungen in verschiedener Weise zu schalten. Die sich ergebende Windungszahl ist auf einer Skala abzulesen. Die den verschiedenen Schaltungen und Winkelstellungen entsprechenden Werte der Selbstinduktion werden auf Eichkurvenblättern beigegeben. Das Gerät ist sowohl als regelbare Selbstinduktion als auch als regelbare gegenseitige Induktion verwendbar.

Die Cambridge Instrument Co. baut regelbare Induktionsnormale nach Campbell mit einem Regelbereich von

$$
\begin{aligned}
&0{,}00003\ \text{mH} \div 1{,}1\ \text{mH}\\
&0{,}0003\ \text{mH} \div 11\ \text{mH}\\
&0{,}002\ \text{mH} \div 110\ \text{mH}.
\end{aligned}
$$

Durch eine weitere Umschaltung kann der obere Bereich jeweils noch auf das Hundertfache gebracht werden.

Eisengeschlossene Drosseln. Bei eisenlosen Drosseln wird für viele Zwecke entweder der Kupferaufwand oder der Widerstand zu groß. Indessen lassen sich auch mit eisengeschlossenen Drosseln bei Verwendung lamellierter Eisenkerne fast ebenso gute Eigenschaften erzielen wie mit eisenlosen Drosseln. Bild 417a, b zeigen zwei Ausführungen von Instrumentdrosseln, wie sie von Siemens & Halske hergestellt werden. Die erste, ältere Ausführung (Kerntyp) hat zwei Spulen und zwei gleichgroße Eisenkerne, die durch Bolzen und Traversen zusammengezogen werden. Der Luftspalt wird durch zwischengelegte Glimmerscheiben verändert. Die Justierung derartiger Drosseln ist zeitraubend, weil bei jeder Luftspaltänderung die Hälften auseinandergenommen und die Dicke der Zwischenlagen mit der Mikrometerschraube nachgemessen werden muß. Wesentlich bequemer, auch wohlfeiler in der Herstellung, ist die neuere Ausführung mit nur einer Spule, die zwei der drei Luftspalte zugänglich läßt. An die Eisenkerne sind kräftige Lappen aus Stahlblech genietet, von denen je einer auf jeder Seite drei Schrauben trägt, zwei Zugschrauben und eine Druckschraube; mit diesen kann man die Entfernung der Lappen stetig verändern. Die geringe Federung der Lappen sichert gleichzeitig die Schrauben gegen Lockerwerden.

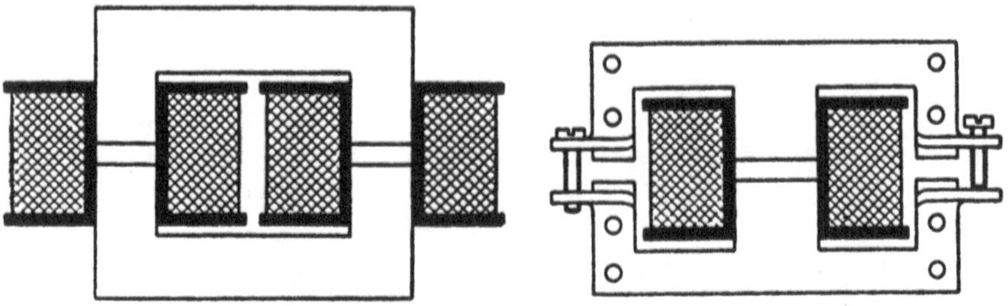

a b

Bild 417a. Kerndrossel. Luftspalt durch Glimmereinlagen geändert.
Bild 417b. Manteldrossel mit Verstellung des Luftspaltes von außen.

Die Berechnung einer solchen Instrumentdrossel kann erfolgen, wenn von den Größen Induktivität L, Frequenz f, mittlerer Eisenquerschnitt q, Kraftlinienlänge im Eisen l, Windungszahl w und Luftspalt δ alle bis auf eine gegeben sind. Soll die Selbstinduktion innerhalb weiter Schwankungen der Stromstärke oder der Spannung konstant sein, so wird man großen Luftspalt wählen, $\delta = 2$ oder 3, sogar 5 mm. Ist dies aber nicht nötig, so kann δ zu $0{,}5 \div 1$ mm angesetzt werden, und man kommt dann auf kleinere Windungszahl und kleineren Widerstand. Wird für eine verhältnismäßig kleine Drossel hohe Induktivität bei geringem Widerstand verlangt, so läßt sich dies nur bei Wahl kleiner Luftspalte und Verzicht auf konstante Selbstinduktion und Proportionalität zwischen Strom und Spannung erreichen.

Angenähert, bei Vernachlässigung des Eisenwiderstandes, ist

$$L_{Hy} = \frac{4\pi}{10} \cdot \frac{q \cdot w^2}{\delta} \cdot 10^{-8},$$

wobei w = gesamte Windungszahl,

q = Luftquerschnitt in cm², wobei die lineare Verbreiterung des Luftspaltes durch Streuung gleich der Länge des Luftweges zu setzen ist,

δ = gesamter Luftweg in cm.

Die Veränderlichkeit der Selbstinduktion mit der Stromstärke muß unter Zugrundelegung der Magnetisierungskurve der verwendeten Eisenblechsorte berechnet werden. Bei hoher Sättigung ist der magnetische Widerstand des Eisens nicht mehr vernachlässigbar, die Selbstinduktion ist dann kleiner, als es der obigen Gleichung entsprechen würde. Ist die Permeabilität bekannt, so ist am einfachsten für das Eisen ein Zu-

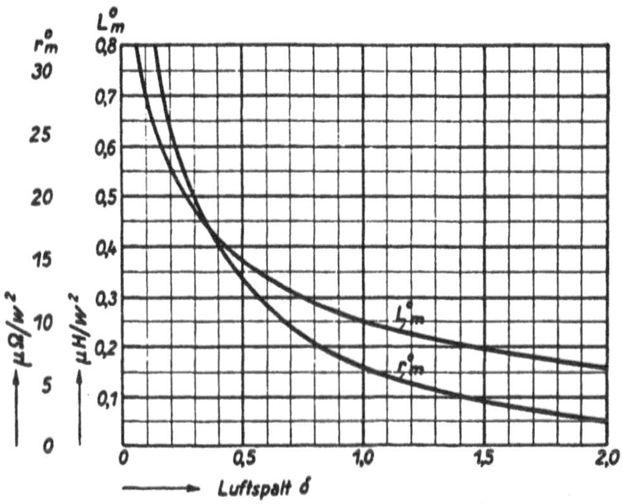

Bild 418. Spezifischer Selbstinduktionskoeffizient L°_m und spezifischer Eisen-Wirkwiderstand r°_m pro Windungsquadrat für eine eisengeschlossene Instrumentdrossel mit 30 bis 120 Amperewindungen.

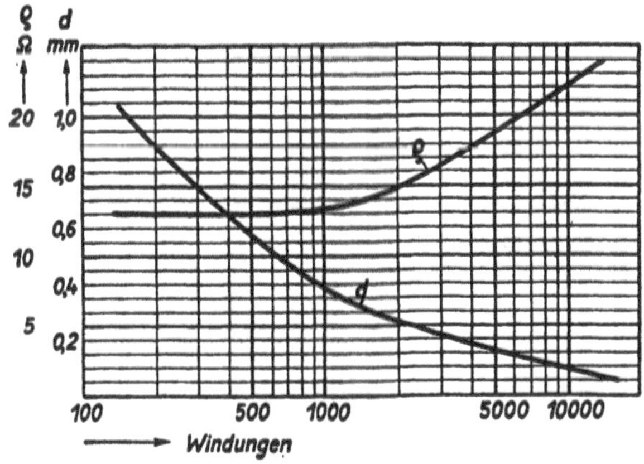

Bild 419. Drahtdurchmesser d bei voll ausgenutztem Wickelraum und spez. Kupferwiderstand ϱ (10^{-6} Ω pro Windungsquadrat) für eine eisengeschlossene Instrumentdrossel.)

satzluftweg $\delta' = \frac{l}{\mu}$ anzunehmen und die Selbstinduktion für $\delta + \delta'$ zu berechnen.

Bild 418 und 419 zeigen für eine kleine Drossel die Veränderbarkeit der Induktivität und des wirksamen Eisenwiderstandes mit dem Luftspalt, bezogen auf das Quadrat der Windungszahl, ferner als Beispiel der Darstellungsweise die mögliche Drahtstärke für eine gewisse Windungszahl und die Zunahme des Widerstandes durch den kleineren Füllfaktor der dünneren Drähte.

Die zulässige Belastung einer Drossel hängt in erster Linie von dem Kupferverlust in der Wicklung ab. Bei kleinen Drosseln mit $1 \div 4$ cm² Eisenquerschnitt sind nach Versuchen bei 20° Temperaturzunahme etwa $20 \div 25$ cm² Wicklungsoberfläche für jedes Watt Kupferverluste zu rechnen. Dabei ist für jede Spule nur ein Flansch für die Oberflächenberechnung zu berücksichtigen. Die Erwärmung durch die Eisenverluste bedarf im allgemeinen keiner besonderen Berücksichtigung, wenigstens nicht bei den technischen Frequenzen. Eine genaue Vorausberechnung derartig kleiner Drosseln lohnt im allgemeinen nicht, man wird nur eine oberflächliche Berechnung ausführen und die Meßergebnisse an einer Versuchsdrossel der endgültigen Dimensionierung zugrunde legen, wie es in den Bildern 418 und 419 geschehen ist.

D. Kapazitäten.

Bei den in der Meßtechnik verwendeten Kondensatoren sind je nach dem Zweck Kapazität und Ausführung sehr verschieden. Das Dielektrikum besteht aus Luft, aus isolierender Flüssigkeit oder aus festen Stoffen.

Von einem guten Kondensator werden folgende Eigenschaften verlangt:

1. Seine Kapazität soll unveränderlich und bei Gleich- und Wechselstrom dieselbe sein.
2. Seine Isolation soll sehr hoch sein.
3. Er soll nicht oder nur in geringem Maße die Erscheinung der dielektrischen Hysterese aufweisen.

Man drückt die Größe der Wechselstromfehler zweckmäßig durch den Verlustwinkel aus, das ist der Betrag, um den derWinkel des Stromes gegen die Spannung von 90 elektrischen Graden abweicht.

Der Verlustwiderstand ist als ein Ohmscher Widerstand aufzufassen der parallel oder in Reihe zu der Kapazität ist.

Luftkondensatoren.

Für Meßzwecke sind Luftkondensatoren am zuverlässigsten und werden als Normal benutzt. Aus mechanischen Gründen und wegen der geringen Dielektrizitätskonstanten der Luft lassen sich aber nur geringe Kapazitäten erreichen. Moderne Vielfachplatten-Drehkondensatoren werden für Kapazitäten bis zu etwa 5000 $\mu\mu$F hergestellt.

Wird der Kondensator durch zwei parallele Platten mit der Fläche F cm² im Abstand a cm gebildet, so ist für die Dielektrizitätskonstante $\varkappa$

$$C_{\mathrm{cm}} = \varkappa \frac{F}{4\pi a}.$$

Zur Umrechnung in Mikrofarad ist diese Zahl mit $9 \cdot 10^5$, zur Umrechnung in Farad mit $9 \cdot 10^{11}$ zu dividieren.

Besteht der Kondensator aus n solcher Platten, so ist

$$C_{cm} = (n-1)\varkappa \frac{F}{4\pi a}.$$

Drehkondensator. Bild 420 zeigt einen Drehkondensator der General Radio Co. mit Feineinstellung und Mikrometerteilung. Die Kapazität

Bild 420. Drehkondensator der General Radio Co. mit Feinstellung und Mikrometerteilung.

ist 1500 $\mu\mu$F, die Verluste sollen 0,007 % (0,2 min) bei 1000 $\mu\mu$F betragen, die Durchschlagspannung dieses Modells ist rd. 1000 V. Die Skala auf der Kondensatorachse hat 25 Teile, die auf der Schneckenwelle deren 100, so daß 1 Teilstrich $^1/_{2500}$ der Gesamtkapazität; also 0,6 $\mu\mu$F ist. Die Entfernung dieser Teilstriche ist etwa 2 mm, man kann also mit $^1/_5$ dieser Strecke noch Kapazitätsänderungen von etwa 0,1 $\mu\mu$F ablesen.

Diese Drehkondensatoren werden zur Abschirmung gegen elektrostatische Felder durchweg in Metallgehäuse eingebaut, die mit dem einen Pol leitend verbunden sind.

Das nächste Bild 421 zeigt einen Drehkondensator sehr kleiner Kapazität, zum Anstecken an die Klemmen eines andern Drehkondensators bestimmt. Durch Drehen der verwundenen Scheibe kann die Kapazität von 0,5 bis 10 $\mu\mu$F geändert werden.

Bild 421. Drehkondensator der General Radio Co. mit sehr kleiner Kapazität.

An diesem Kondensator ist auch der lange isolierte Handgriff zu sehen, der für einen Präzisionskondensator kleiner Kapazität unerläßlich ist.

Diese Drehkondensatoren sind nur für Niederspannung bestimmt, sie halten selten mehr als 500 V Wechselspannung aus, in der Regel noch weniger. Man benutzt sie zum Abgleichen von Wechselstrombrücken.

Zylinderkondensator. Eine andere häufig vorkommende Form ist der Zylinderkondensator, bestehend aus zwei konzentrischen Zylin-

Bild 422. Zylinder-Präzisions-Drehkondensator der Firma Hans Boas.

dern mit den Durchmessern d_1 (innen) und d_2 (außen) und der Länge l in cm:

$$C_m = \varkappa \frac{l}{2 \log \mathrm{nt} \frac{d_2}{d_1}}.$$

Bild 422 zeigt einen Präzisions-Zylinder-Kondensator Modell H 125 der Firma Hans Boas. Er besteht aus zwei senkrecht stehenden Halbzylindermänteln. Der Kondensator ist so gebaut, daß er mit anderen in bequemer Weise in Hintereinanderschaltung mechanisch gekuppelt werden kann.

Die Daten sind folgende:

Listen Nr.	Platten-abstand	Luft		Öl	
		$C\ \mu\mu F$	max Volt	$C\ \mu\mu F$	max Volt
1251	1,8 mm	8000	1800	16000	4000
1252	2,8 „	4000	3000	8000	7000
1253	3,8 „	2400	4000	4800	8000

Die Anfangskapazität ist bei geerdetem Gehäuse, unabhängig vom Plattenabstand, etwa 40 $\mu\mu$F, d. i. 0,5 bis 1,5% des Höchstwertes.

Als Normalkondensator für höhere Spannungen wird vielfach der von Petersen eingeführte Zylinderkondensator benutzt. Er ist frei von Beeinflussung durch Fremdfelder, hat aber den Nachteil, daß er bei höheren Spannungen, über 100 kV sehr große Abmessungen erhalten muß, viel Platz wegnimmt und teuer wird.

Hartmann & Braun bauen für diese und ähnliche Zwecke einen Preßgas-Zylinderkondensator, der in Bild 423 gezeigt ist. Er hat eine Kapazität von 100 $\mu\mu$F, die Prüfspannung ist 180 kV, die Höhe beträgt einschließlich Isolator rd. 1850 mm. Der Kondensator wird mit Stickstoff unter einem Druck von 12 kg/cm^2 gefüllt, die Druckprüfung erfolgt mit 18 kg/cm^2. Der äußere Belag liegt an Erde, der innere ist sioliert. Der eigentliche Kondensator wird gebildet durch einen von der Durchführung getragenen Zylinder von 170 mm Außendurchmesser und 294 mm wirksamer Länge, der in einem Hohlzylinder von 200 mm

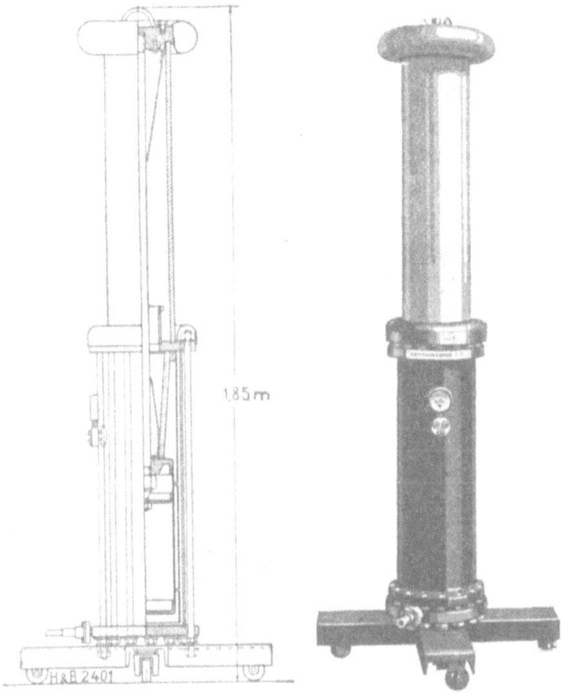

Bild 423. Zylinder-Kondensator mit Preßgasfüllung für Hochspannung. Prüfspannung 180000 Volt, Kapazität 100 $\mu\mu$F.

Innendurchmesser ist, so daß sich ein Abstand von 15 mm ergibt.

Der besondere Vorzug der Luftkondensatoren ist das Freisein von Umelektrisierungsverlusten. Alle anderen Kondensatoren besitzen diesen Fehler in mehr oder weniger hohem Grade und zeigen deshalb bei Wechselstrom veränderlicher Frequenz verschiedene Kapazitätswerte.

Kondensatoren mit festem Dielektrikum.

Für viele Zwecke sind Luftkondensatoren nicht verwendbar entweder wegen ihrer kleinen Kapazität oder ihrer geringen Spannungsfestigkeit. Man verwendet deshalb feste oder, für Meßzwecke sehr selten, flüssige Dielektrika.

Die Dielektrizitätskonstanten der wichtigsten Isoliermaterialien sind:

für Glas	$\varkappa = 6 \div 10$
» Glimmer	$4 \div 8$
» Porzellan	$4 \div 5$
» Hartgummi	$2 \div 3$
» Papier	$1{,}6 \div 2{,}6$
» Öl, Petroleum	$2 \div 3$
» Luft bei 760 mm Druck	1.

Glimmerkondensatoren. Bei sachgemäßer Herstellung sind Glimmerkondensatoren den Luftkondensatoren kaum unterlegen. Sie bestehen aus vielen, parallel geschalteten Glimmerplatten allerbester Qualität von einigen Zehntel Millimetern Dicke, die sorgfältig auf Freiheit von Blasen und Einschlüssen untersucht sind und auf die unter sparsamster Verwendung von Klebemitteln bei hohem Druck Zinnfolie aufgewalzt ist. Luftblasen zwischen Stanniol und Glimmer bringen Verluste und eine unzulässige Erwärmung des ganzen Kondensators mit sich. Der Fehlwinkel guter Glimmerkondensatoren beträgt 0,5 bis 2 min bei 50÷1000 Hertz, bei schlechten Ausführungen bis zu 10 min. Er nimmt mit abnehmender Kapazität stark zu, weil er dann weniger durch den Glimmer als durch die andern Isoliermaterialien gegeben ist. Die Kapazität ist bei den besten Ausführungen für Temperaturen von 10÷30° C und Frequenzen von 50÷1000 Hertz auf ± 0,1% konstant, bei schlechten auf ± 0,5%. Besonders wichtig ist es, daß die Platten unter starkem Druck zusammengepreßt werden.

Bild 424. Dekadisch abgestufter Glimmerkondensator mit Drehschaltern, 0,001 ÷ 0,999 μF. (Siemens & Halske).

Der Preis des Glimmers nimmt mit der Größe der Tafeln außerordentlich rasch zu, er kann deshalb nur in kleinen Abmessungen verwendet werden. Es ist aber auch nicht zweckmäßig, allzuviele Platten übereinanderzulegen, weil dann unter Umständen die Kapazität durch unkonstante Pressung unsicher wird. Größere Kapazitäten als 1 μF lassen sich in einem einzigen Glimmerkondensator nicht gut herstellen, außerdem dürfen solche Kondensatoren keinen höheren Spannungen als 500÷1000 V ausgesetzt werden. Siemens & Halske bauen einen besonders bequem zu handhabenden, dekadisch abgestuften Präzisions-Glimmerkondensator mit Drehschaltern für 0,001 bis 0,999 μF. (Bild 424.) Der Messerschalter besitzt Rasteeinrichtung und schließt die nicht benutzten Elemente kurz, so daß sich allenfalls vorhandene Restladungen ausgleichen.

Eine große Verbreitung haben in den letzten Jahren die Dubilier-Kondensatoren (U.S.A.-Patent 1345754 vom 6. Juli 1920) erlangt, insbesondere auf dem Gebiete der Hochfrequenztechnik. Es sind dies besonders sorgfältig hergestellte, mit außerordentlich hohem Druck gepreßte Glimmerkondensatoren mit besonders kleinen Umelektrisierungsverlusten, die auch für hohe Spannung und hohe Scheinleistung gebaut werden. Die Einzelplatten sind mit Rücksicht auf den Preis des Glimmers sehr klein, die Anpassung an die Spannung und die verlangte Gesamtkapazität erfolgt durch Reihen- und Parallelschaltung sehr vieler Einzelpakete.

Papierkondensatoren. Diese sind am billigsten und werden meist in Form sog. Wickelkondensatoren hergestellt. Es werden dabei zwei lange Stanniolstreifen mit breiteren Papierstreifen zusammen möglichst fest, unter Ausschluß von Luftblasen aufgewickelt, so daß sich ein hartes Gebilde ergibt, das im Gegensatz zu Blattkondensatoren keines besonderen Klebemittels (Paraffin) und keiner weiteren Pressung bedarf. Die Herstellung ist naturgemäß sehr einfach und billig. Will man größere Durchschlagsfestigkeit erreichen, so nimmt man nicht eine Lage starken, sondern viele Lagen dünnen Papieres übereinander, weil sich dann die Fehler der einzelnen Papierlagen ausgleichen. Die bekannten kleinen würfelförmigen Postkondensatoren werden alle auf diese Weise hergestellt. Je nach den Eigenschaften des verwendeten Papieres und auch nach der Herstellung zeigen Papierkondensatoren neben einem größeren Fehlwinkel ($1 \div 3^0$) einen merklichen Temperaturfehler. Allgemeine Angaben über seine Höhe lassen sich nicht machen, nicht einmal das Vorzeichen des Fehlers kann im voraus angegeben werden. Für die besten Papierkondensatoren beträgt der Verlustwinkel $6 \div 10$ min bei Frequenzen von $50 \div 1000$ Hertz und Temperaturen von $10 \div 30^0$ C. Schlechte Papierkondensatoren haben Verlustwinkel bis zu 10 und 20 Graden. Die Kapazität ist stark von der Temperatur, auch von der Frequenz abhängig. Bei den besten Kondensatoren beträgt der Temperatureinfluß noch etwa $\pm 1\%$ auf $\pm 10^0$ C, bei schlechten bis zu $\pm 10\%$ auf $\pm 10^0$ C. Der Frequenzeinfluß für $50 \div 1000$ Hertz beträgt bei den besten Arten etwa 0,5%, bei den schlechtesten bis zu 20%. Trotz dieser Fehler werden Papierkondensatoren vielfach bei Wechselstrom verwendet. Die kleinen Postkondensatoren haben sich allerdings bei großen Kapazitäten ($1 \div 3\ \mu$F) für Meßzwecke nicht bewährt, dagegen sind mit einer von Siemens & Halske hergestellten Ausführung, die indessen wesentlich größere Abmessungen hat, gute Resultate auch bei jahrelangem Betrieb mit Spannungen von etwa 500 V erzielt worden. Selbstverständlich lassen sich Präzisionspapierkondensatoren, wenigstens bis jetzt, nicht herstellen. Änderungen um einige Zehntel Prozent können immerhin eintreten.

---

[1]) Wagner, Archiv für Elektrotechnik **2**, S. 371, **3**, S. 67.

Kondensator-Durchführungen. Ein für Hochspannungsmessungen viel verwendeter Papierkondensator ist die Kondensatordurchführung der Siemens-Schuckertwerke, die sog. Repelitklemme. Sie besteht aus Cellulosepapier, das mit einem Bindemittel (Schellack) fest gewickelt ist. Die Durchführung ist ein Vielfach-Zylinderkondensator, bei 110 kV Nennspannung sind es etwa 20 Einzelkapazitäten.

Die folgende Tabelle gibt nach Messungen der PTR für Spannungen von 20÷140 kV die an einer nach dem gleichen Prinzip hergestellten Kondensatordurchführung der Firma Jaroslaw den Verlustwinkel, die Kapazität und die Verluste einer 110-kV-Durchführung an.

kV	δ	C	N
20	22,0 min	153,8 $\mu\mu$F	0,126 W
40	22,0 »	153,8 »	0,505 »
60	22,4 »	153,8 »	1,135 »
80	23,1 »	153,8 »	2,110 »
100	25,5 »	154,0 »	3,630 »
120	29,2 »	154,2 »	6,010 »
140	33,0 »	154,4 »	9,210 »

Kondensatoren dieser Art haben einen merklichen Temperaturfehler, für je 10° C Temperatursteigerung wächst die Kapazität um etwa 2,0%. Die Verluste nehmen noch schneller mit der Temperatur zu. Nach Messungen der Siemens-Schuckertwerke an einer 50-kV-Durchführung war der Verlustwinkel bei 50 kV

bei 20° C	30,5 min
40° »	31 »
60° »	46 »
80° »	104 »
100° »	210 »
110° »	340 »

Nach dem Abkühlen gehen die Kapazität und Verluste wieder auf den Anfangswert zurück.

Glaskondensatoren. Trotz der hohen Durchschlagfestigkeit des Glases haben sich Glaskondensatoren bisher keiner großen Beliebtheit erfreut. Der Grund lag darin, daß das bisher verwendete Glas in hohem Maße elektrische Hystereseerscheinungen zeigte, so daß es sich stark erhitzte und deshalb dann schnell zugrunde ging. Erst durch systematische Forschung, veranlaßt durch den Glimmermangel während des Krieges, ist es dem Glaswerk Schott & Gen. in Jena gelungen, eine Glasart mit sehr geringen Verlusten herzustellen, die unter dem Namen Minos-Glas in den Handel kommt. Die Dielektrizitätskonstante ist 8,5, die Durchschlagfestigkeit 50000 V/mm, der Verlustwinkel ist etwa 5 min.

Es werden zwei Typen gebaut. Die Plattenkondensatoren sind in Holzkästen eingebaut, sie haben Kapazitäten von 1000÷5000 cm für Spannungen bis zu 10 kV. Der Flaschentyp ist zum Schutz gegen Überschlag für Ölfüllung eingerichtet und hält Spannungen bis zu 20000 V aus.

E. Stromwandler.

Vorteile der Stromwandler.

Mit der Erhöhung der Betriebsspannungen elektrischer Kraftwerke mußten Vorkehrungen getroffen werden, diese gefährlichen Spannungen von den der Berührung ausgesetzten Instrumenten fernzuhalten. Die deswegen erfolgende Transformation des Stromes und der Spannung durch Meßwandler bringt an Vorteilen gegenüber der direkten Messung:

1. Die Umwandlung der Meßgröße auf eine bequeme, unmittelbarer Messung zugängliche Höhe,
2. die Erhöhung der Meßgenauigkeit,
3. das Fernhalten der Hochspannung,
4. das mechanische und thermische »Auffangen« von Kurzschlußströmen.

Der erste und dritte Punkt bedürfen keiner Erläuterung. Die Meßgenauigkeit wird bei Stromstärken über 300 A durch Verwendung eines guten Stromwandlers immer erhöht. Zu dem letzten Punkt, dem »Auffangen der Kurzschlußströme« ist folgendes zu sagen:

Ein sehr bedeutsamer Vorteil der Stromwandler gegenüber der Messung mit unmittelbar in die Hochspannungsleitung eingeschalteten Instrumenten ist der Vorzug der höheren thermischen Überlastbarkeit. Es ist ein schwerwiegender Fehler einer Schaltanlage, wenn man, um die Wandler zu sparen, in einem Netz großer Leistung Strommesser auf einem Isolator oder freihängend unmittelbar in die Hochspannungsleitung mit einem viel größeren Kupferquerschnitt einbaut. Geht ein kräftiger Kurzschlußstrom über die Leitung, so kann es vorkommen, daß die Wicklung solcher Instrumente geradezu verdampft und durch den Lichtbogen, abgesehen von der Betriebsstörung schwerer Schaden angerichtet wird. Stromwandler haben durch ihre dickere Wicklung eine viel größere thermische Trägheit und halten viel mehr aus. Wird bei sehr hohen Spannungen ein für die volle Spannung isolierter Wandler vielleicht zu teuer, so nehme man wenigstens einen Niederspannungswandler, verbinde beide Wicklungen einpolig und setze den Wandler samt dem Instrument auf einen Isolator.

Die ersten Meßwandler, die etwa 1900 hergestellt wurden[1]), genügten nur bescheidenen Ansprüchen und mußten mit den Instrumenten

[1]) Benischke, ETZ 1901, S. 665. Schrottke, ETZ 1901, Heft 33.

bei der Gebrauchsfrequenz zusammengeeicht werden. Beim Anschließen von Strommessern ist nichts dagegen einzuwenden, dagegen kann bei Leistungsmessern, wenn die Phasenverschiebung im Verbrauchskreis veränderlich ist, keine genaue Zusammeneichung mehr stattfinden, weil auch der Fehlwinkel des Wandlers sich mit der Stromstärke ändert. Nur Spannungswandler können mit Leistungsmessern und -zählern zusammengeeicht werden, weil sie mit praktisch konstanter Spannung arbeiten. Trotzdem bemüht man sich, auch bei Spannungswandlern die Fehler auf das kleinstmögliche Maß herabzudrücken, weil man damit den Vorteil erreicht, daß die Instrumente für sich mit Niederspannung geeicht werden können, bei einer Beschädigung nur Wandler oder Instrument auszutauschen sind, nicht aber beides, und daß schließlich im Bedarfsfalle noch weitere Meßgeräte an den Wandler angeschlossen werden können.

Stromwandler werden hergestellt für alle Stromstärken bis zu 50000 A und Betriebsspannungen bis zu 250 kV. Die sekundäre Stromstärke wird, von wenigen Ausnahmen abgesehen, durchweg auf 5 A bemessen.

Wirkungsweise und Berechnung.

Der Eisenkern eines Stromwandlers besteht aus 0,35 ÷ 1 mm starken Blechen von solcher Beschaffenheit, daß insbesondere die Blindkomponente des Leerlaufstromes möglichst gering, mit anderen Worten, daß

a b

Bild 425. Topfwandler für Schaltanlagen.
a) Äußere Form.
b) Umschaltbares Modell mit Schenkelkern und Blechwicklung.

die Permeabilität des Bleches möglichst hoch ist. Meist ist mit dieser Eigenschaft auch eine geringe Verlustziffer verbunden. Auf den Eisenkern, der in der Regel auf den bewickelten Schenkeln zur Verminderung der Windungslänge einen kreuzförmigen Querschnitt besitzt (Bild 425b), ist zunächst, schwach isoliert, die Niederspannungswicklung aufgebracht, über dieser, hoch isoliert von ihr und vom Kern, die Hochspannungswicklung. Anfang und Ende der letztgenannten werden in einer Porzellan- oder Hartpapierdurchführung hoch isoliert vom Gehäuse durch den Deckel zu den Anschlüssen geführt.

Übersetzungs- und Winkelfehler des Stromwandlers werden dadurch verursacht, daß ein bestimmter Teil der primären Amperewindungen für die Magnetisierung des Eisenkernes verbraucht wird. Der Anteil steigt mit der sekundären Klemmenspannung. Der Verlauf der Fehlergrößen läßt sich auf graphischem Wege verfolgen, wenn die Daten des Stromwandlers gegeben sind.

Diagramm des Stromwandlers.

Zweckmäßig zeichnet man das Diagramm für einen Wandler mit dem Übersetzungsverhältnis »eins«, bei dem also der primäre und sekundäre Strom rd. 5 A betragen. Die Umrechnung der Transformatorkonstanten erfolgt dann in einfacher Weise

für Ströme: umgekehrt proportional den Windungszahlen,
für Spannungen: proportional den Windungszahlen,
für Widerstände und Reaktanzen: proportional dem Quadrate der Windungszahlen.

Für einen Neuentwurf müssen für die gewählte Eisensorte Wirk- und Blindkomponente des Magnetisierungsstromes als Funktion der

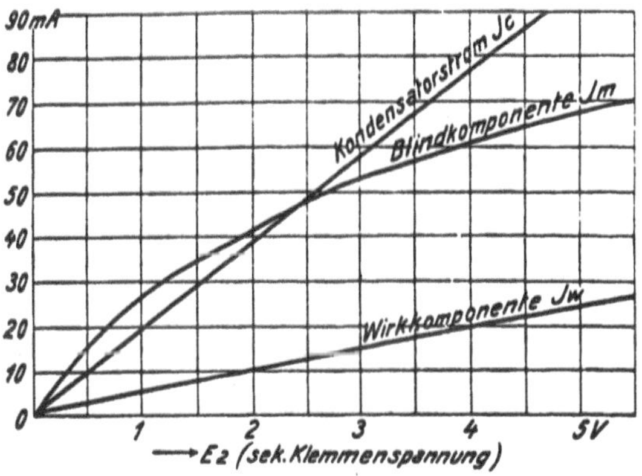

Bild 426. Leerstrom eines Stromwandlers in Abhängigkeit von der Klemmenspannung.

Liniendichte B gegeben sein. Der Ohmsche Widerstand der Wicklungen ist leicht zu berechnen, angenähert auch die Streureaktanz der Sekundärwicklung, die in gleicher Weise die Messung beeinflußt wie eine Selbstinduktion im Sekundärkreis.

Liegt bereits eine Ausführung vor, so wird die Wirk- und Blindkomponente des primären Magnetisierungsstromes als Funktion der sekundären Klemmenspannung gemessen, z. B. mit Hilfe des Wechselstromkompensators, weil Zeigerinstrumente ihres hohen Eigenverbrauches wegen meist nicht verwendbar sind. Bild 426 zeigt das Ergebnis einer solchen Messung, aus dem zu ersehen ist, daß die Wirkkomponente proportional der Spannung ansteigt. Die Bedeutung des weiterhin eingezeichneten Kondensatorstromes J_c wird erst später erläutert werden.

Die Streureaktanz wird in der Weise gemessen, daß man dem Wandler primär und sekundär gleiche Windungszahl gibt, die Wicklungen gegeneinander schaltet und mit Wechselstrom beschickt. Die Klemmenspannung an jeder Wicklung setzt sich zusammen aus dem Abfall durch die Ohmschen Widerstände R_1 und R_2 und durch die Streureaktanz $X = \omega (L_1 + L_2)$. Sie ist fast unabhängig von der Stromstärke, weil die Sättigung des Eisens ganz gering ist. Bei ungleicher Windungszahl läßt sich die Messung nicht mehr in dieser einfachen Weise ausführen. Da mit Erhöhung der Primärstromstärke die Sekundärwicklung meist dieselbe bleibt (Amperewindungszahl konstant), so wird für die Berechnung meist auch angenommen, daß die Streureaktanz sich nicht ändert. Dies ist aber nicht der Fall, sie nimmt mit abnehmender Primärwindungszahl zu und erreicht schließlich bei nur einer Primärwindung ihren höchsten Wert, etwa doppelt so hoch wie bei der 5-A-Wicklung, unter Umständen noch höher. Sie wird um so größer, je größer der Abstand zwischen Primär- und Sekundärwicklung ist.

Mit den Werten von R_2 und X_2 läßt sich nun das Diagramm des Stromwandlers zeichnen. Man gestaltet es so, daß die Abweichungen der Übersetzung vom Verhältnis der Windungszahlen sowie der Fehlwinkel für jede Belastung sofort abgelesen werden können. Die ersten derartigen Diagramme sind von Möllinger und Gewecke angegeben worden[1]).

Diagramm des Stromwandlers nach Möllinger-Gewecke. Bild 427 gibt das Diagramm aus dem Buche von Möllinger wieder. Zunächst werden Abszissen- und Ordinatenachse gezeichnet. Die Richtung des Sekundärstromes läßt man mit der Y-Achse zusammenfallen und zeichnet J_2 senkrecht nach unten. Von O ausgehend, zeichnet man das Spannungsabfalldreieck der sekundären Wicklung: $J_2 R_2$ in Richtung von J_2, $J_2 X'_2$ senkrecht dazu. Die Hypothenuse gibt die sekundäre EMK E_{20} für vollkommenen Kurzschluß. An dieses Dreieck anschließend, wird die sekundäre Belastung des Stromwandlers zeichnerisch dargestellt. Von dem linken Endpunkte des Dreiecks aus wird die Klemmenspannung gezeichnet, in der ausgezogenen Linie für induktionsfreie Belastung. Die Verbindungslinie des Endpunktes mit O gibt die gesamte sekundäre EMK E_2. Alle diese Größen werden unter Benutzung des beigegebenen Volt-Maßstabes eingezeichnet.

Nunmehr werden die Ströme eingezeichnet unter Benutzung des angegebenen Amperemaßstabes.

Senkrecht zur sekundären EMK E_2 liegt die Richtung der Blindkomponente J_m des gesamten Magnetisierungsstromes J_0 für die sekundären EMK, E_2. Sie wird aus Bild 426 entnommen und eingetragen, ebenso J_w, wodurch P_0 als Endpunkt von J_0 erhalten wird. Nunmehr könnte J_1 gezeichnet werden durch Verbinden von P_0 mit O_2, dem Endpunkt von J_2. Da aber O_2 etwa $50 \div 100$ mal so weit von O entfernt ist wie der Endpunkt von E_2, genügt es, wenn von P_0 aus eine Parallele zur Y-Achse gezeichnet wird.

[1]) ETZ 1911, S. 922. ETZ 1913, S. 270. Möllinger, Wirkungsweise der Motorzähler und Meßwandler. Springer, 2. Aufl. 1925, S. 212.

Der Phasenverschiebungswinkel zwischen dem umgeklappten Sekundärstrom J_2 und dem Primärstrom J_1 kann nunmehr leicht rech-

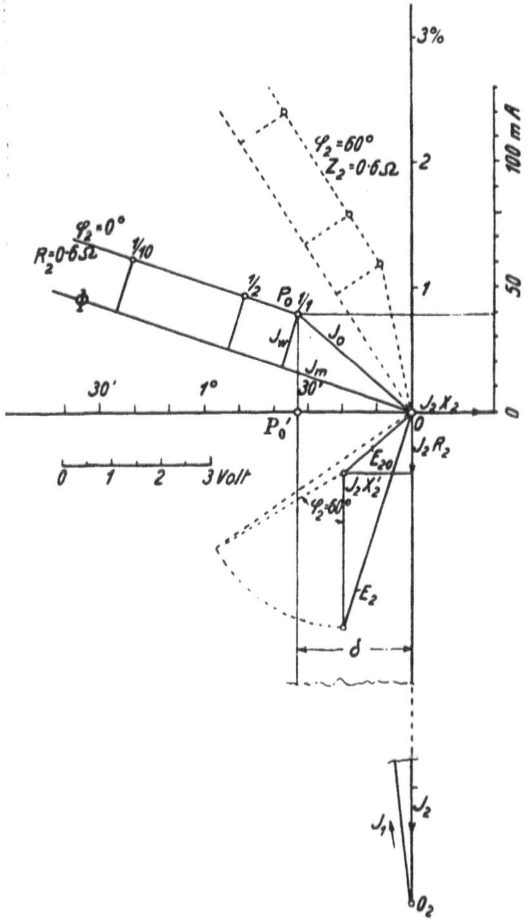

Bild 427. Diagramm des Stromwandlers nach Möllinger und Gewecke.

nerisch und graphisch ermittelt werden:

$$\operatorname{tg}\delta = \frac{O\,P_0'}{J_2}.$$

Die Strecke $O\,P_0'$ ist die Projektion des Stromes J_0 auf die X-Achse. Da J_2 zunächst als konstant anzusehen ist, gleich 5 A, kann auf der X-Achse ein Maßstab für δ gezeichnet werden, derart, daß δ unmittelbar in Minuten ablesbar ist.

Für $\delta = 1^0 = 60$ min ist $\operatorname{tg}\delta = 0{,}0175$. Dies entspricht auf der Ω-Achse einer Strecke von $0{,}0175 \times 5 = 0{,}0875$ A. Der Endpunkt wird aufgetragen, und die X-Achse kann im gleichen Maßstab geteilt werden, weil die Tangente kleiner Winkel proportional dem Winkel zunimmt. Der Schnittpunkt der von P_0 auf die X-Achse gezogenen Senkrechten gibt also beim Vorhandensein dieses Maßstabes unmittelbar die Phasenverschiebung der beiden Ströme an. Fällt der Punkt auf die rechte Seite der Y-Achse, so eilt der sekundäre Strom dem primären nach.

Durch die Projektion des Punktes P_0 auf die Y-Achse wird unmittelbar der Übersetzungsfehler für Gleichheit der Nenn-Amperewindungszahlen erhalten, wenn man die Y-Achse mit einer solchen Teilung versieht, daß 50 mA 1% Fehler entsprechen.

Bisher ist das Diagramm für Vollast gezeichnet worden. Für ½-, $^1/_{10}$-Last usw. würde sich das Sekundärdreieck proportional verkleinern. Man denkt sich statt dessen die Maßstäbe für Strom und Spannung 2- bzw. 10 mal größer und behält das Sekundärdreieck bei. Aus Bild 426 entnimmt man wieder J_m und J_w und trägt sie im neuen Maßstab ein.

Man findet dabei, daß die Wirkkomponente konstant einzuzeichnen ist, weil sie linear mit der Spannung zunimmt. Nur J_m vergrößert sich. Für die neuen Endpunkte P_0 gelten die gleichen Maßstäbe für Phasen- und Übersetzungsfehler. Die Fehlergrößen nehmen mit abnehmendem Strom zu. Die punktierten Linien in Bild 427 gelten für induktive Sekundärbelastung mit der gleichen Klemmenspannung E_2 bei einer Phasenverschiebung von 60° im Belastungskreis, entsprechend $\cos\psi = 0{,}5$.

Eisenqualität. Die Fehlergrößen werden selbstverständlich in hohem Maße von der Eisenqualität beeinflußt. Obwohl es an sich möglich ist, mit ausreichender Amperewindungszahl bei schlechterem Blech jede Genauigkeit zu erreichen, so verwendet man doch fast durchweg hochlegiertes Eisenblech wegen seines wesentlich geringeren Leerlaufstromes bei kleiner Liniendichte, die ja allein beim Stromwandler in Betracht kommt. Diese hohe Permeabilität ist viel wichtiger als die Verlustziffer, man hat sogar schon die Verluste durch Verwendung von 1 mm starkem Blech (sonst 0,3 oder 0,5 mm) besonders groß gemacht, weil dann der Fehlwinkel kleiner wird.

Verwendung von Nickel-Eisen-Legierungen. In neuester Zeit hat die Westinghouse Co. Stromwandler aus einer Nickel-Eisen-Legierung hergestellt (50% Fe 50% Ni), »Hypernik« genannt, die etwa 4÷5fach höhere Permeabilität hat als das beste hochlegierte Siliziumblech. Man kann mit solchem Blech schon bei ganz niedrigen Amperewindungszahlen hohe Genauigkeit erreichen.

In der folgenden Tabelle sind[1]) die Fehler von zwei Ringkernwandlern 500/5 A mit je 4,54 kg Gewicht aus hochlegiertem Blech und aus Hypernik gegenübergestellt bei 15 VA Sekundärleistung mit $\cos\psi = 0{,}8$

% des Nennstromes	Hochlegiert		Hypernik	
	%	min	%	min
10%	2,0	70	0,7	21
20%	1,7	50	0,6	15
100%	0,9	19	0,4	4

Ein ähnliches Eisenblech, gleichfalls eine Eisen-Nickel-Legierung wird unter dem Namen Mumetal von der Guttapercha Co. in England hergestellt (s. a. S. 138). Nachfolgend die Magnetisierbarkeit im Vergleich mit hochsiliziertem Eisenblech:

Magnetisierende AW/cm	Hochlegiert		Mumetal	
	$\mathfrak{B}$	μ	$\mathfrak{B}$	μ
0,05	100	2000	700	14000
0,1	200	2000	1500	15000
0,2	300	1500	5200	26000
0,5	1000	2000	7700	15400
1,0	3000	3000	8800	8800
2,0	15000	7500	9800	4700

[1]) Spooner, I.A.I.E.E. Juni 1926, S. 543.

Auch das Permalloy gehört zu diesen Legierungen, die sich alle durch sehr hohe Anfangspermeabilität auszeichnen, die aber noch sehr teuer sind (1 kg Blech etwa 20.— Mk.) und alle einer sehr sorgsamen thermischen Behandlung nach dem Stanzen bedürfen, weil jede mechanische Beanspruchung, genau wie bei Siliziumblech, nur in verstärktem Maße, die magnetischen Eigenschaften verschlechtert. Ringkerne ohne jede Stoßfuge sind zusammengesetzten vorzuziehen, weil bei ihnen kein zusätzlicher magnetischer Widerstand entsteht, der sich bei dem abnorm kleinen magnetischen Widerstand solcher Eisenbleche ganz besonders bemerkbar macht. Diese Bleche bringen aber nur Vorteile bei mäßiger Liniendichte, maximal bis 3000 Gauß. Da die Permeabilität im Gebiet der Sättigung kleiner ist als die von hochlegierten Blechen, so erhält man auch geringere Höchstleistung.

Form der Fehlerkurven.

In seiner Dissertation[1]) hat der Verfasser bereits auf die Beziehungen des Verlaufes von Stromfehler und Fehlwinkel zu der Permeabilitätskurve hingewiesen. Beide Kurven sind gewissermaßen ein Spiegelbild der μ-Kurve. Das Minimum der Fehler ist aber gegen das Maximum von μ verschoben, und zwar ist das Minimum des Fehlwinkels schon bei kleinerem B, um so früher, je größer die sekundäre Induktivität (oder auch die sekundäre Streuung) ist. Das Minimum des Stromfehlers tritt aber erst bei größerem B auf, als es dem maximalen μ entspricht, und zwar um so später, je kleiner die sekundäre Induktivität ist. Bei sehr großer Induktivität fällt das Maximum von μ mit dem Minimum von p zusammen.

Das kann selbstverständlich nur ein ganz roher Anhalt für den Verlauf von p und δ sein. Tatsächlich ist auch der Verlauf ein sehr mannigfaltiger, wenn er auch im Prinzip den obengenannten Faustregeln entspricht.

Bei Wandlern mit wenig Eisen und hoher Amperewindungszahl wird das Minimum innerhalb der normalen Bürde erreicht, dagegen nehmen der Stromfehler und der Fehlwinkel bei Wandlern mit viel Eisen und kleiner Amperewindungszahl mit zunehmendem Strom stark ab und erreichen erst weit oberhalb des normalen Belastungsstromes oder der normalen Bürde ihr Minimum.

Moderne Stromwandler werden des geringeren Materialaufwands wegen im Eisen knapp gebaut, und es kommt deshalb bei verschiedenen Modellen vor, daß die Fehlergrößen bei etwa $^2/_3$ des Nennstromes ein Minimum aufweisen.

Wie schon gesagt, ist das Spiegelbild der μ-Kurve nur die erste Annäherung an die Wirklichkeit. Wenn wir das Diagramm betrachten,

[1]) Untersuchungen an Meßtransformatoren, München 1909.

können wir sehen, daß in dem gezeichneten Streuungsfall der Stromfehler vorwiegend durch die Wirkkomponente des Magnetisierungsstromes bestimmt wird, der Fehlwinkel durch die Blindkomponente. Bei sehr starker induktiver Belastung ist es gerade umgekehrt. Es läßt sich deshalb keine allgemein gültige Regel aufstellen, es bleibt nichts anderes übrig, als jeweils das Diagramm zu zeichnen.

Agnew hat gezeigt[1]), daß der Exponent ν der Eisenverluste, nach der Steinmetzschen Gleichung ausgedrückt, der Kurve des Übersetzungs-

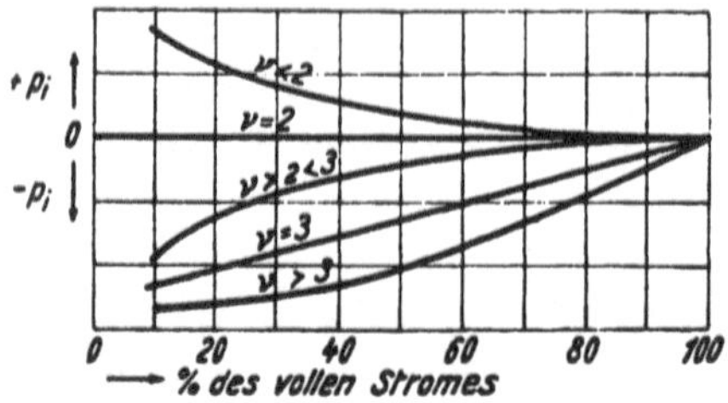

Bild 428. Form der Stromfehlerkurve bei verschieden großem Verlustexponenten.

fehlers eine bestimmte Gestalt gibt. Nehmen wir einen streuungslosen Sekundärkreis an, so fällt J_m senkrecht zu J. Ist nun $\nu = 2$, so ist J_m und deshalb auch der Stromfehler p_i für alle Werte von J konstant. Ist $\nu < 2$, wie es meist der Fall ist, so nimmt p_i mit J ab. Wäre $\nu = 3$, so würde p_i mit J linear zunehmen. Bild 428 gibt die typischen Formen der p_i-Kurven für verschiedene Werte von ν wieder.

Einfluß der Wirbelströme. Der Exponent $\nu = 2$ entspricht reinen Wirbelstromverlusten. Wenn also p_i nahezu konstant ist für alle Strom-

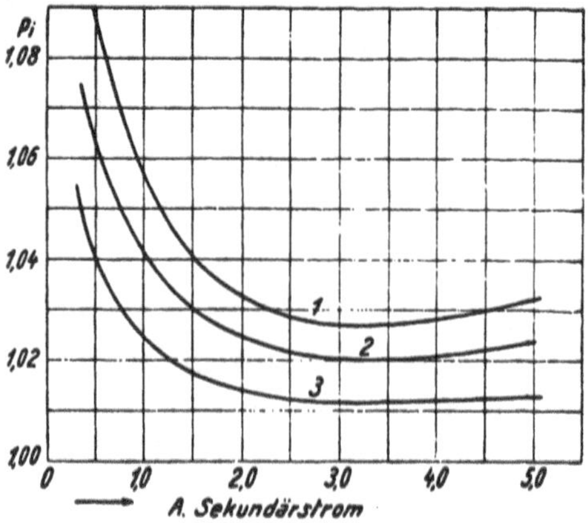

Bild 429. Stromfehlerkurve eines Wandlers mit hohen Wirbelstromverlusten (Wirz) bei drei verschiedenen sekundären Bürden.

stärken, so läßt sich daraus auf einen größeren Anteil der Wirbelstromverluste schließen. Da andererseits p_i durch Verminderung der sekundären Windungszahl abgleichbar ist, lag es nahe, durch Erhöhung der Wirbelstromverluste eine Verbesserung der Stromwandler anzustreben, zumal dadurch auch bei induktiver Belastung, wie wir gesehen haben, eine starke Verminderung des Phasenfehlers eintrat.

Bild 429 gibt nach Angaben von Wirz[2]) die Übersetzungsfehler an dem veralteten Modell eines Stromwandlers mit hohen Wirbel-

[1]) Bull. Bur. Stds. 1911, Bd. 7, S. 423, Referat Helios 1913, S. 278.
[2]) Archiv f. El. 1918, Band VI, S. 23.

stromverlusten, bei dem die Eisenbleche zusammengenietet waren. Der Eisenquerschnitt betrug 16,7 cm², die Kraftlinienlänge 57,2 cm, die gesamte Amperewindungszahl 1200. Der Widerstand der Sekundärwicklung war $r_2 = 0{,}190\,\Omega$, die Reaktanz $x_2 = 0{,}117\,\Omega$. Die Kurven sind für drei verschieden große Schließungswiderstände aufgenommen, entsprechend 0,27; 7,03 und 10,75 V Klemmenspannung bei induktionsfreier Belastung. Die Kurven sind sehr flach, sie zeigen sogar ein Minimum bei etwa 60% des vollen Stromes, allerdings sind die Fehler auch sehr groß.

Einfügen eines Luftspaltes. Ein ganz ähnliches Verhalten, jedoch bezüglich des Fehlwinkels, zeigt der Stromwandler dann, wenn die Blindkomponente des Magnetisierungsstromes linear mit der Linien-

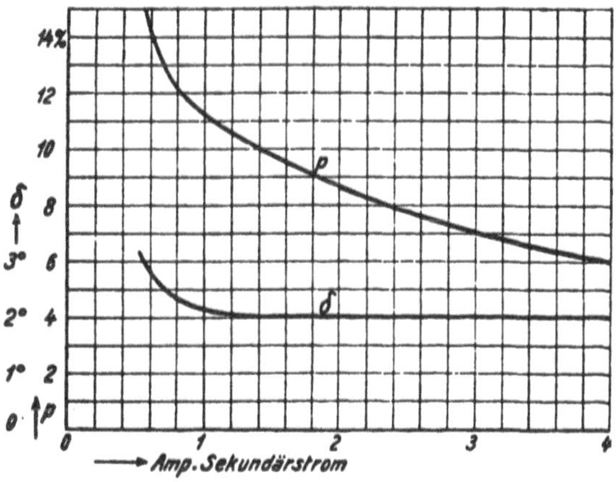

Bild 430. Fehlerkurven eines Wandlers mit Luftspalt. Fehlwinkel zwischen 20 und 100% des Stromes nahezu konstant.

dichte ansteigt, wenn also beispielsweise Luftstrecken in den magnetischen Kreis eingeschaltet sind. Dann nimmt J_m proportional mit der Stromstärke zu, und der Fehlwinkel ist konstant. Bild 430 zeigt das Ergebnis von Messungen an einem der ersten Stromwandler von Siemens & Halske[1]), bei dem in den magnetischen Kreis eine Luftstrecke von 0,6 mm eingeschaltet war. Diese Anordnung war damals absichtlich getroffen worden, weil nur ein Wandler mit konstantem Fehlwinkel die Zusammeneichung mit einem Leistungsmesser ermöglicht. Wegen des hohen Absolutwertes der Fehler werden diese Wandler aber bereits seit etwa 15 Jahren nicht mehr gebaut.

Einfluß der Stoßfugen. Wir haben bereits gesehen, daß es wünschenswert ist, die Blindkomponente des Magnetisierungsstromes so klein wie möglich zu machen, also Bleche mit hoher Permeabilität zu verwenden. Weiterhin wird man die Konstruktion so einrichten, daß der Eisenkern möglichst wenig oder gar keine Stoßfugen erhält, weil diese den Leerstrom erhöhen. Am günstigsten ist zweifelsohne der ganz stoßfugenfreie Eisenkern nach Bild 431a, wie er bei den Wandlern von Siemens & Halske vorhanden ist. Diese Kerne werden auf einer Spezialmaschine bewickelt in der Weise, daß der Eisenkern feststeht und der Draht auf eine um den einen Schenkel sich drehende Hülse aufgewickelt wird. Bei anderen

[1]) ETZ 1901, S. 665.

Wandlermodellen sind die Bleche nur an einer Stelle aufgeschnitten und werden in die fertig gewickelte Spule gelegt, wobei der gerade Schenkel abwechselnd von links und rechts eingeschoben wird, so daß immer eine Stoßfuge auf ein ganzes Blech zu liegen kommt. Auf diese Weise wird der magnetische Widerstand nur wenig erhöht. Am ungünstigsten wirken durchgehende Stoßfugen, auch dann, wenn sie sehr

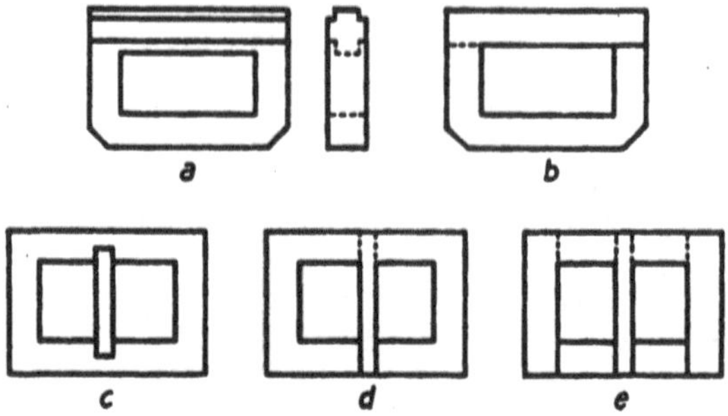

Bild 431. Verschiedene Kernformen für Topf-Stromwandler.
a) Stoßfugenfreier Schenkelkern
b) Einfach gelappter Schenkelkern
c) Mantelkern mit ausgestanztem Steg.
d) Einfacher gelappter Mantelkern
e) Mantelkern aus Drei-Finger-Blechen.

sauber hergestellt sind. Jedes Nacharbeiten der Stoßfugen zum Zusammenpassen der Kernteile ist zu vermeiden. Am günstigsten sind dann noch Kerne des Manteltyps (Bild 431c), bei denen der Mittelsteg zunächst herausgestanzt, sorgfältig geschichtet, mit der Wicklung versehen und dann wieder hineingepreßt wird, so daß Ungenauigkeiten des Stanzwerkzeuges ohne Einfluß auf die Paßgenauigkeit sind.

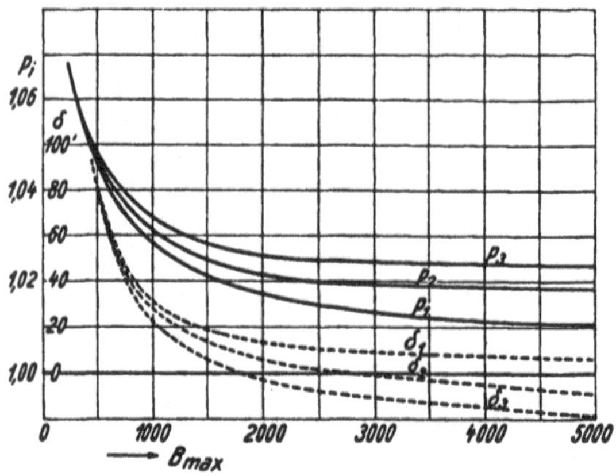

Bild 432. Einfluß der Stoßfugen-Qualität (nach Wirz).
1 Stoßfugenfrei.
2 Verzapfte Stoßfugen.
3 Bearbeitete Stoßfugen.

Auf Grund eingehender Studien über den Einfluß der Stoßfugen hat Wirz[1]) für einen Stromwandler mit 1200 AW p und δ berechnet für stoßfugenfreien Kern (1), für verzapfte Stoßfugen (2) und für bearbeitete Stoßfugen (3). Bild 432 gibt diese Werte als Funktion von B_{max} bei einer Phasenverschiebung im Sekundärkreis $\psi_2 = +60^0$. Daraus ergibt sich, daß p_i durch Stoßfugen immer vergrößert wird, während δ kleiner wird. Die Werte sind reichlich ungünstig, doch berücksichtigen sie noch nicht die Erhöhung der Eisenverluste um $10 \div 30\%$, die bei Vorhandensein von Stoßfugen eintritt. Dem Verfasser will es indessen scheinen, daß diesen Kurven

[1]) Archiv f. El. 1918, Band VI, S. 47.

etwas zu ungünstige Annahmen zugrunde liegen, wenigstens treffen sie auf die Herstellungsweise der Kerne nach Bild 431b nicht zu. Die Fehler sind dort zwar größer als bei ganz stoßfugenfreien Kernen, doch nicht in solchem Maße, daß von nennenswerter Verschlechterung die Rede sein könnte.

Einfluß der Streuung und der Induktivität der Bürde.

Bei gleicher Sekundärspannung hat der streuungslose Transformator den größten Phasenfehler und den kleinsten Übersetzungsfehler. Es ist dann (Bild 433)

$$p_{\min} = 100 \frac{J_w}{J} \, \%.$$

Mit steigender Induktivität des Sekundärkreises nimmt p immer mehr zu bis zum Höchstwert

$$p_{\max} = 100 \frac{J_0}{J} \, \%,$$

während δ bis auf Null abnimmt und bei weiterer Verkleinerung des Leistungsfaktors negativ wird, so daß der Sekundärstrom (umgeklappt)

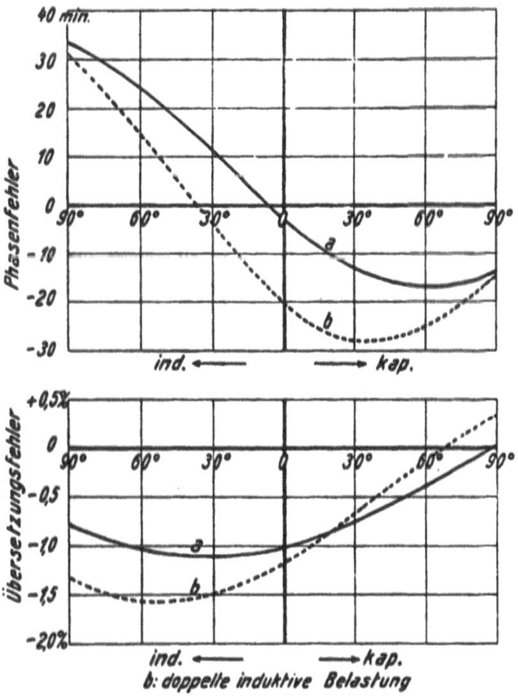

Bild 433. Stromfehler und Winkelfehler bei konstanter Voltampere-Belastung und verschiedener Phasenverschiebung im Sekundärkreis.

dem Primärstrom nacheilt. Bild 433 zeigt für diesen Wandler p und δ als Funktion der Phasenverschiebung im Sekundärkreis bei konstanter Belastung mit 15 VA für vor- und nacheilenden Strom.

Unter allen Umständen ist es wünschenswert, den Blindstrom J_m klein zu halten, dagegen kann durch die Erhöhung des Wirkstromes eine Verminderung des Phasenfehlers eintreten. Interessant ist bei diesen Kurven, daß beim Vorhandensein einer Kapazität im Sekundärkreis der Übersetzungsfehler sogar positiv werden kann, so daß $J_2 > J_1$ wird. Allerdings kommt dieser Fall praktisch nicht vor in der Weise, daß eine

Kapazität im Sekundärkreise liegt. Dagegen treten bei Einleiter-Stromwandlern zuweilen ganz merkwürdige Streuungsverhältnisse auf, die in der gleichen Weise wirken. Es handelt sich dabei wahrscheinlich um einen Fall »negativer Streuung«, wie er von Rogowski auf theoretischem Wege ermittelt[1]) und seinerzeit als unmöglich bezeichnet worden ist.

Verlauf der Fehlerkurve bei Überstrom.

Wo die Stromwandler allein zum Anschluß von Zeigermeßgeräten und von Zählern benutzt werden, ist der Verlauf der Fehlerkurve bei Steigerung des Stromes über den Nennstrom hinaus ohne besondere Bedeutung, weil die Meßgröße ja dann nicht mehr angezeigt wird oder auf das gesamte Zählergebnis wegen der kurzen Zeitdauer keinen besonderen Einfluß hat. Verwendet man aber die Stromwandler zum Anschluß von Relais, so ist beim Zusammenarbeiten verschiedener Stromwandler auf ein Relais der Verlauf der Fehlerkurve von ausschlaggebender Bedeutung.

Bei einem Differentialschutz für einen Leistungstransformator vergleicht man z. B. den Primärstrom mit dem Sekundärstrom. Solange die Eisenverluste des Großtransformators gleichgeblieben sind und kein Windungsschluß eingetreten ist, entspricht die Differenz zwischen Primär- und Sekundärstrom, selbstverständlich auf die gleiche Windungszahl bezogen, den Leerverlusten des Transformators. Diese kleine Differenz beider Ströme bleibt auch dieselbe, wenn der Transformator überlastet ist und das Differenzrelais soll nicht ansprechen. Das setzt aber voraus, daß die Fehlerkurven der Stromwandler auf der Primär- und Sekundärseite des Transformators gleich sind. Sind sie verschieden, so wird bei gleichgebliebenem Verhältnis der Primärströme das Verhältnis der Sekundärströme geändert, das Differentialrelais spricht an und leitet zu Unrecht die Abschaltung des Transformators ein.

Die Charakteristik der Stromwandler bei Überstrom ist sehr verschieden, wenn es sich nicht um denselben Typ und die gleiche Amperewindungszahl handelt. Auf der Hochspannungsseite des Leistungstransformators mit dem Nennstrom 50 A verwendet man z. B. einen Schleifenwandler mit 1000 AW, auf der Unterspannungsseite mit dem Nennstrom 3000 A aber einen Stabwandler, der ganz andere magnetische Verhältnisse hat.

Bei hohen Überströmen interessiert nicht mehr die Änderung des Stromfehlers um einige zehntel Prozent, man spricht vielmehr vom »Abfallen« des Übersetzungsverhältnisses, und es handelt sich dabei um einen ziemlich sicher anzugebenden Punkt der Fehlerkurve, bei dem

---

[1]) ETZ 1908, S. 535; E. u. M. 1913, S. 128, 692, 1006; 1914, S. 1, 2, 294; Archiv f. El. 1914, S. 129.

die Magnetisierung des Eisens sich der Sättigungsgrenze nähert, bei dem der primäre Spannungsabfall an dem Wandler nur noch entsprechend dem Ohmschen Spannungsabfall zunimmt und demzufolge auch die sekundäre Spannung des Wandlers nicht mehr steigen kann.

Abhängigkeit des Stromabfalles von der Bürde des Wandlers. Das Abfallen des Übersetzungsverhältnisses ist selbstverständlich eine Funktion der Bürde des Wandlers.

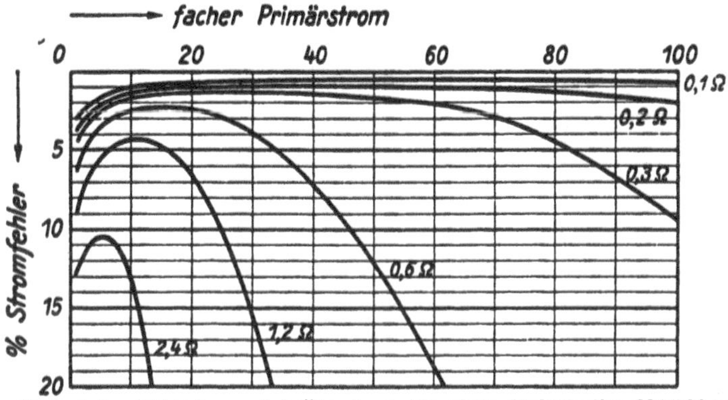

Bild 434. Verlauf der Fehlerkurve bei Überstrom für einen Stabwandler 250/130 mm Kerndurchmesser und 370 mm Kernlänge bei geändertem Sekundärwiderstand.

Bild 434 zeigt für einen Ringkern-Stabwandler mit 35 mm Eisenkernlänge den Stromfehler bis zum 100fachen Überstrom für Bürden von 0,1 bis 2,4 Ω. Dabei ist der Punkt

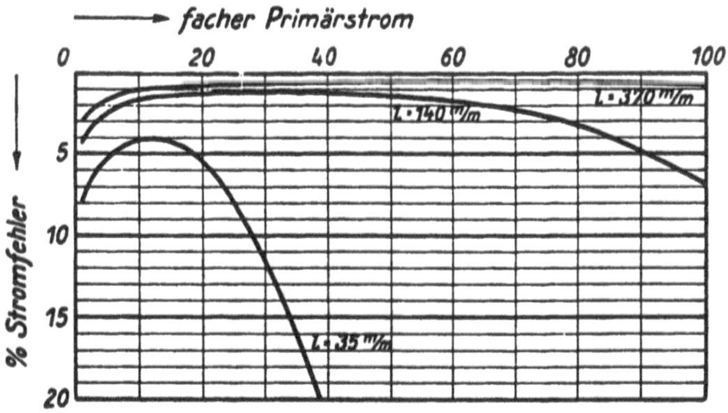

Bild 435. Verlauf der Fehlerkurve bei Überstrom für verschieden langen Kern bei 250/130 mm Durchmesser und 0,3 Ω Sekundärwiderstand.

des Abfallens in hohem Maße von der Bürde des Wandlers abhängig, bei halber gesamter Sekundärbelastung tritt das Abfallen erst bei annähernd doppelt so hoher Überlastung ein. Wünscht man das Abfallen bei einem bestimmten Vielfachen des Nennstromes, so muß die Bürde auf den der Berechnung zugrunde gelegten Wert ergänzt werden.

Bild 435 zeigt für drei Ringkern-Stabwandler mit verschieden großem Eisenquerschnitt bei 0,6 Ω Bürde das Verhalten bei hohem Überstrom. Typen mit kleiner magnetischer Sättigung fallen sehr spät ab, solche mit hoher Sättigung schon bei ganz mäßigen Überströmen.

Berechnung des Stromabfalles. Für die rechnerische Ermittlung des Verhaltens bei Überstrom muß außer den Abmessungen des Kernes und der Windungszahl die Magnetisierungskurve zugrunde gelegt werden. Das normale, auf S. 480 beschriebene Verfahren ist für diese Zwecke zu umständlich, zumal es sich bei den Relaiswandlern meist nur um eine Fehlerermittlung der Größenordnung nach handelt.

Im Wandlerlaboratorium der Siemens & Halske A.-G. haben Ing. Sieber und Dipl.-Ing. Fleischhauer eine interessante graphische Rechnungsmethode zur Ermittlung des Fehlerverlaufs bei Überstrom entwickelt, für Fälle, bei denen Relaiswandler bis nahe zur maximalen Leistungsgrenze beansprucht werden, bei denen der Leerlaufstrom bis in die Größenordnung des sekundären Belastungsstromes kommt.

Es sei Q_e = wirksamer Eisenquerschnitt,
l_m = mittlere Kraftlinienlänge,
ν = Frequenz,
w_2 = sek. Windungszahl.

Wir bezeichnen die magnetisierende Kraft, die Amperewindungen je cm der Eisenpfadlänge l_m mit h und haben dementsprechend zu bezeichnen:

die primäre Magnetisierung mit $h_1 = \frac{J_1 w_1}{l_m}$

» sekundäre » » $h_2 = \frac{J_2 w_2}{l_m}$

» Leerlauf- » » h_0.

Wir setzen ferner als rohe Annäherung voraus, daß sich der Magnetisierungsstrom J_0 und der Sekundärstrom J_2 algebraisch addieren, also in Phase sind. Sie entspricht dem bei induktiver Belastung, bei Relais häufig zutreffenden Fall, daß der Leistungsfaktor der Bürde gleich ist dem Leistungsfaktor des Eigenverbrauchs. Diese Annahme ist ungünstiger als die Wirklichkeit, und läßt die Fehlwerte um 20÷30% größer ermitteln als sie sind. Sie gibt aber der Rechnung eine gewisse Sicherheit. Man bildet sich nun die Rechnungsgröße B/h_2, die proportional $E_2/J_2 = r_2$ dem sekundären Scheinwiderstand ist:

$$\frac{B}{h_2} = \frac{B \cdot l_m}{J_2 w_2}.$$

Aus der bekannten Spannungsgleichung

$$E_2 = 4{,}44 \cdot \nu \cdot w_2 \cdot B \cdot Q_e \cdot 10^{-8}$$

erhalten wir

$$\frac{B}{h_2} = \frac{r_2 \cdot l_m \cdot 10^8}{4{,}44 \cdot \nu \cdot Q_e \cdot w_2^2}.$$

Wir zeichnen uns nun die in Bild 437 dargestellte Kurvenschar. Dazu verfahren wir wie folgt (Bild 436), nachdem uns die Magnetisie-

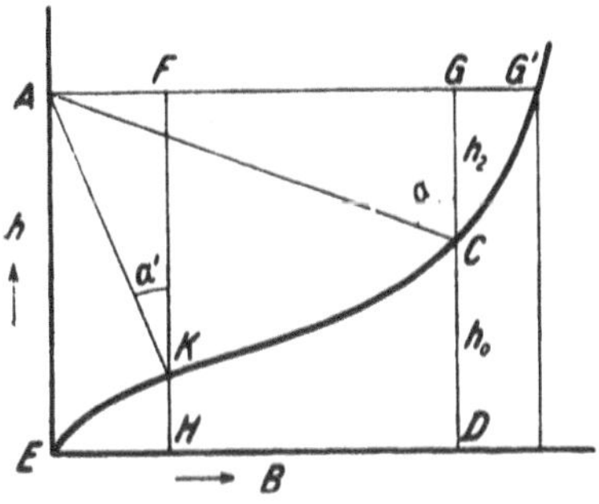

Bild 436. Hilfskonstruktion für Bild 437.

rungskurve gegeben ist, B als Funktion von h_0.

Wir nehmen ein beliebiges $h_1 = h_0 + h_2$ an, gleich der Strecke EA und ziehen die Horizontale AG'. Die Leerlaufspannung entspricht dann AG'. Nun ziehen wir eine Anzahl verschiedener Vertikalen GD, FH usw., die die ganze Strecke AG' aufteilen. Für die Linie GD entspricht dann die Teilstrecke GC der sekundären Magnetisierung h_2, die Strecke CD der Leerstrommagnetisierung h_0. Das Verhältnis der Strecken $AG : GC$, die Tangente des Winkels α entspricht dann der gesuchten

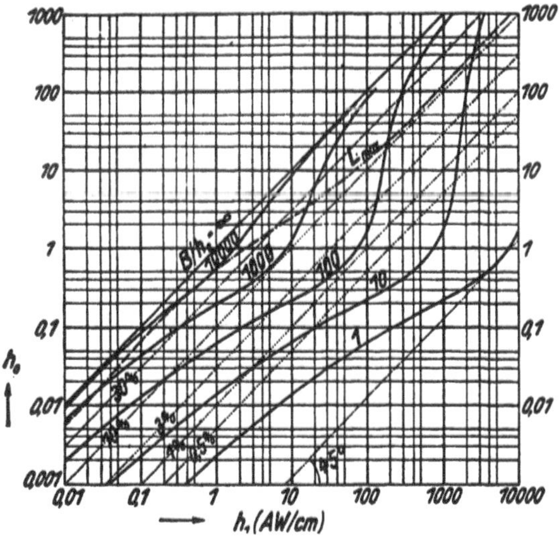

Bild 437. Zwiebelschnittkurve zur Berechnung des Verhaltens von Stromwandlern bei Überstrom.

Größe B/h_2. Wir können jetzt für verschiedene Werte von h_1 die Leermagnetisierung h_0 in einem logarithmischen Koordinatensystem auftragen und bei jedem Punkt den Wert B/h_2 notieren. Verbinden wir nun (nach vorheriger Interpolation durch Hilfskurven für h_1 = konst) alle gleichen Werte von B/h_2, so erhalten wir das »Zwiebelschnittsystem« des Bildes 437. In einer außerordentlich mühevollen Arbeit hat E. Fleischhauer diese Kurven für die Werte $B/h_2 = 1$ bis $B/h_2 = 10000$ für den Laboratoriumsgebrauch in Abstufungen von 20 bis 30% fortschreitend gezeichnet, das Bild 437 gibt daraus nur die Kurven für B/h_2 = 1—10—100—1000—10000 ohne die im Original vorhandenen Zwischenwerte wieder.

Die Gebrauchsweise der Kurven ist folgende: Man rechnet für den betreffenden Wandler den Wert

$$B/h_2 = \frac{r_2 \cdot l_m \cdot 10^8}{4{,}44 \cdot \nu \cdot Q_e \cdot w_2^2}$$

aus und ermittelt dann für alle in Betracht kommenden Werte von h_1 die zugehörigen Werte der Leermagnetisierung h_0. Die Kurve bietet auch noch den Vorteil, daß man Linien konstanten Abfalles, z. B. 10% einzeichnen und ohne weiteres verfolgen kann, ob der Wandler bis zu einem gewissen Überstrom mit h_0 diese Grenzen nicht überschreitet. Die noch eingezeichnete Linie L_{max} entspricht der maximalen Permeabilität und damit der maximalen Leistung. Ist B/h_2 gegeben durch die Bürde, so kann man sofort den Punkt der maximalen Leistung und den zugehörigen primären Strom ermitteln.

Für einen Wandler mit 400 AW bei Nennstrom, 40 cm Kraftlinienlänge, 30 cm² Eisenquerschnitt, 80 Sekundärwindungen, 1,2 Ω Sekundärwiderstand, d. h. 30 VA Leistung bei Nennstrom, erhält man folgende Zahlen mit $B/h_2 = 100$.

primär	Leerlauf	Abfall
$h = 0{,}01$ AW/cm	$h_0 = 0{,}002$ AW/cm	20 %
0,1	0,012	12 %
1	0,06	6 %
10	0,22	2,2 %
14 (Nennstrom)	0,27	1,9 %
100	1,5	1,5 %
200	30	6 %
300	100	30 %
1000	750	75 %

Ein Kurvenblatt dieser Art gibt in anschaulicher Weise den ungefähren Verlauf der Fehlerkurve über einen beliebig weiten Strombereich wieder, in dem Zahlenbeispiel von $^1/_{1400}$stel bis zum 70fachen Nennstrom. Das Leistungsmaximum wird bei etwa 10fachem Nennstrom erreicht.

Ein anderes Beispiel aus der Praxis:

Für eine Überstromprüfanlage wird ein Stromwandler für 2500 A Nennstrom und 100 VA Nennleistung verlangt. Es ist die Bedingung gestellt, daß er auch beim 200fachen Strom (500000 A) noch genau übersetzt. Gegeben ist damit $r_2 = 4\ \Omega$, $w_2 = 500$ Windungen. Wir wählen wieder

$$l_m = 70 \text{ cm}$$

$$Q = 500 \text{ cm}^2$$

und erhalten daraus

$$B/h_2 = 1.$$

Damit ist

bei Nennstrom	$h_1 = 36$ AW/cm	$h_0 = 0{,}03$ AW/cm	$f = 0{,}08\%$
» 10fachem Strom		$h_0 = 0{,}12$ »	0,03
» 100fachem Strom		$h_0 = 0{,}50$ »	0,014
» 200fachem Strom		$h_0 = 1{,}0$ »	0,014.

Die Bedingung ist also erfüllt, die Sekundärleistung beträgt für diesen Fall aber beim 200fachen Überstrom nicht weniger als 4000 kVA!!

Mittel zur Minderung der Fehler.

Bei der größten Zahl der verwendeten Stromwandler ist es erwünscht, den Stromfehler und den Fehlwinkel möglichst klein zu

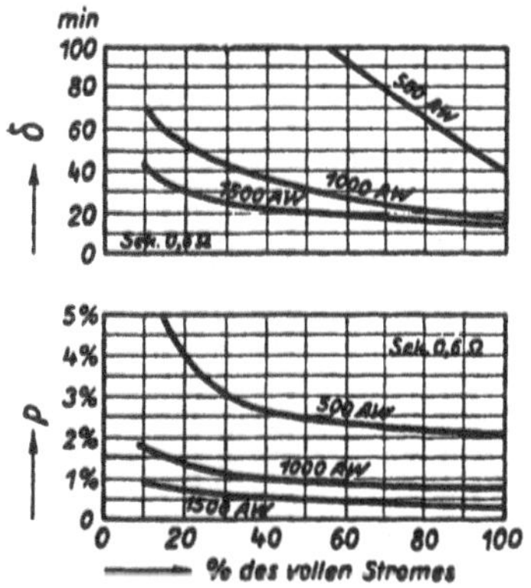

Bild 438. Verhalten eines Stromwandlers bei verschieden hoher Amperewindungszahl für konstante Sekundärleistung von 15 Voltampere bei Nennstrom.

halten. Man bedient sich dazu verschiedener Mittel.

Erhöhung der Amperewindungszahl. Das am meisten kennzeichnende Merkmal eines Stromwandlers, aus dem sich für normale Kernanordnung bereits ein hinreichend sicherer Schluß auf die Güte des Wandlers ziehen läßt, ist die Zahl der Amperewindungen für vollen Strom. Um den Preis des Wandlers niedrig zu halten, wird man so wenig Eisen und Kupfer verwenden, wie angängig ist. Stromwandler mit 600 ÷ 800 AW enthalten nur etwa halb so viel Eisen und Kupfer wie solche mit 1200 AW, dafür

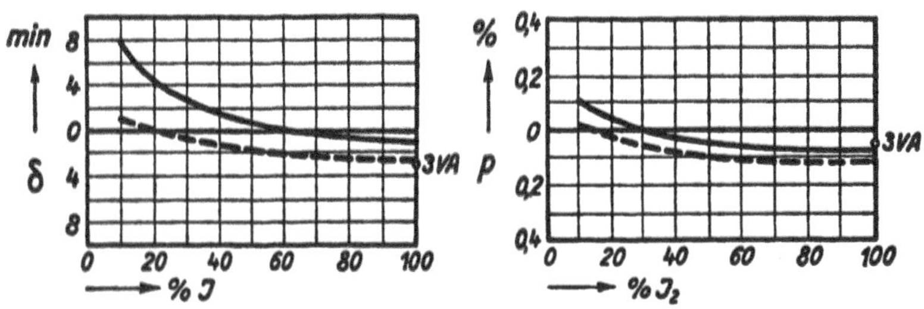

Bild 439. Fehlerkurve des Siemens-Promille-Wandlers für genaueste Leistungsmessungen bei kleinem Leistungsfaktor. Sekundärleistung 15 Voltampere.
——— $\cos\psi = 1$. - - - - - $\cos\psi = 0{,}5$, induktiv.

ist aber die zulässige Klemmenspannung nur annähernd halb so groß und der Fehlwinkel, auch bei der kleinen Last, etwa doppelt so groß.

Bild 438 zeigt für normale Wandler mit 600, 1000 und 1200 AW Stromfehler und Fehlwinkel für 50 Hertz als Funktion des Stromes bei konstanter, induktionsfreier Bürde von 0,6 Ω. Daraus geht die stark fehlermindernde Wirkung bei Erhöhung der Amperewindungszahl in mäßigen Grenzen deutlich hervor.

Bild 439 zeigt die Fehlerkurven eines von Siemens & Halske hergestellten Wandlers mit hoher AW-Zahl, des sog. Promillewandlers, gleichfalls für 15 VA Sekundärleistung. Die Fehler sind sehr klein, sie erreichen nur etwa $^1/_5$ der *E*-Grenze. (Siehe Anhang, Bd. 2.)

Magnetischer Nebenschluß. Macht man bei einem Mantelkern die Windungszahl in den beiden Fenstern ungleich, so wirkt der Steg mit der geringeren AW-Zahl als magnetischer Nebenschluß. In Bild 468 ist für einen Mantelkern die Änderung der Fehlerkurven bei ungleicher AW-Zahl (halben und ganzen Windungen) gezeigt. Wie man dort sieht, kann man auf diese Weise die Fehlerkurven erheblich verbessern[1]), namentlich bei 10 bis 20% des Nennstromes.

Dieselbe Wirkung erzielt man, wenn man zwei gleiche Stromwandler primär und sekundär in Reihe schaltet und die sekundären Windungszahlen etwas verschieden macht. Mit zwei normalen Schalttafelwandlern mit 1000 AW (200 sek. Windungen) wurden z. B. folgende Werte gemessen (30 VA Belastung):

J_1	Stromfehler %				Winkelfehler min.			
	200:200	200:195	200:190	200:180	200:200	200:195	200:190	200:180
$^1/_1$	−0,86	−1,71	−3,15	−6,60	+27	+20	+23	+37
$^1/_3$	−1,15	−2,07	−3,00	−5,90	+45	+38	+22	+25
$^1/_5$	−1,50	−2,61	−3,47	−5,75	+74	+69	+60	+29
$^1/_{10}$	−1,82	−3,00	−3,88	−6,25	+100	+100	+84	+62

Der Stromfehler nimmt zwar bei vollem Strom erheblich zu, die Kurven verlaufen aber flacher. Bei 5% Ungleiche ändert sich der Stromfehler von $^1/_1$ bis $^1/_5$ nur um 0,33% gegen 0,64% ohne Ausgleich, auch der Fehlwinkel ändert sich weniger.

Abgleichen des Stromfehlers. Bei allen gebräuchlichen Modellen von Stromwandlern verläuft die Fehlerkurve in ihrem ganzen Lauf entfernt von der Nullinie.

Der Stromfehler wird durch das Abgleichen der sekundären Windungszahl möglichst nahe an Null gebracht. Ein Wandler mit 1200 AW, also 240 Windungen sekundär, habe bei Vollast einen Fehler von —0,8%, bei $^1/_5$-Last von —1,2%, bei $^1/_{10}$-Last von —1,5%. Man gibt dem Wandler dann sekundär nur 237 Windungen, also um 1,25% weniger und erhält dann bei

Vollast . . . . + 0,45%,
$^1/_5$-Last . . . . + 0,05%,
$^1/_{10}$-Last . . . . — 0,25%,

[1]) Siehe auch R. H. Chadwick, General Electric Review **30**, 1927, S. 342.

also durchweg weniger als 0,5% Fehler. Je geringer aber die sekundäre Windungszahl ist, um so roher wird diese Abgleichung. Hat der Wandler nur 600 AW und die gleiche Fehlerkurve, so kann man bei der üblichen Ausführung entweder nur mit einer oder mit zwei Windungen abgleichen und erhält dann bei

	1 Wdg.	2 Wdgn.
Vollast	+ 0,03%	+ 0,86%,
$^1/_5$-Last	− 0,37%	+ 0,46%,
$^1/_{10}$-Last . . .	− 0,67%	+ 0,16%.

Hat der Wandler aber einen dreischenkeligen Eisenkern, von dem der mittelste Schenkel bewickelt ist, so kann man, da der Rückfluß der Kraftlinien durch die zwei äußeren Schenkel geht, auch mit halben Windungen abgleichen, man verändert aber damit auch den Charakter der Fehlerkurven. Davon wird auf S. 519 noch berichtet werden. Wenn auf genaueste Abgleichung Wert gelegt wird, kann auch eine Windung der Sekundärwicklung durch eine dazu bestimmte Öffnung in einem Schenkel geführt werden, durch deren Lage man sogar einen beliebigen Bruchteil einer Windung abzugleichen vermag. Das geschieht bei Wandlern mit sehr niedriger sekundärer Windungszahl, z. B. bei Stabwandlern 50/5 oder 100/5 A.

Abgleichen des Fehlwinkels. Das Abgleichen der Windungszahl wird bei allen Stromwandlern vorgenommen, aber es ändert den Fehlwinkel nicht. Dazu bedarf es viel komplizierterer Kunstgriffe, und man macht sehr selten von ihnen Gebrauch, nur in Ausnahmefällen, wenn man den Stromwandler zu Leistungsmessungen bei sehr kleinem cos φ benutzt. Eines dieser Mittel ist das Parallelschalten eines Widerstandes zur Primärwicklung. Es ist schon betriebstechnisch nicht einwandfrei, es ändert natürlich den Stromfehler und schließlich hat es wie alle ähnlichen

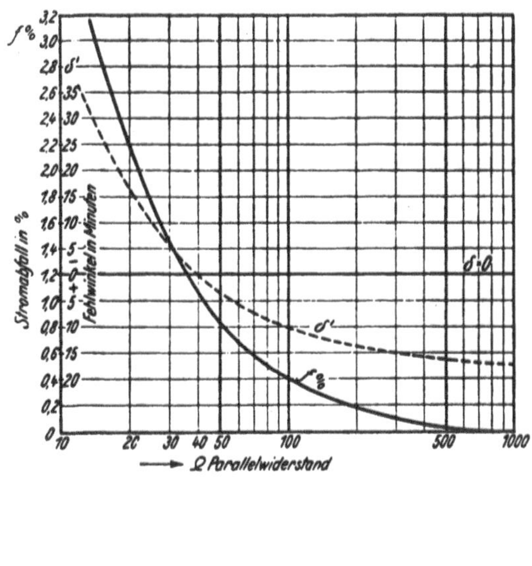

Bild 440. Einwirken eines Parallelwiderstandes auf den Stromfehler und Winkelfehler eines Stromwandlers mit dem Meßbereich 10/5 Ampere. Als Stromfehler ist der zusätzliche Stromabfall gezeichnet. Der Fehlwinkel ist mit 40 Ω kompensiert mit einem zusätzlichen Stromfehler von 1,05%.

Mittel zum Abgleichen des Fehlwinkels den Nachteil, daß die Krümmung der Stromfehlerkurve stärker wird. Wenn man nämlich z. B. bei vollem Strom durch Abgleichen der sekundären Windungszahl den Stromfehler zu Null macht, so findet man, daß der Stromfehler bei $^1/_{10}$-Last größer ist als vorher. Bild 440 zeigt den Einfluß des Parallelwiderstandes auf einen normalen Topfwandler.

Kompensierung der Blindkomponente des Leerlaufstromes. Es ist versucht worden, bei Wandlern mit geringer AW-Zahl die Blindkomponente des Leerlaufstromes dadurch zu kompensieren, daß man den Transformator auf eine kapazitive Belastung arbeiten ließ. An sich würde die Parallelschaltung eines Kondensators zur Sekundärbürde genügen, es wären dazu aber zu große Kapazitäten erforderlich. Man versieht deshalb den Wandler mit einer dritten dünndrähtigen Wicklung, an die ein Kondensator von etwa 2 μF Kapazität angeschlossen wird. Bei einem bestimmten Belastungsgrad läßt sich eine vollständige Kompensation

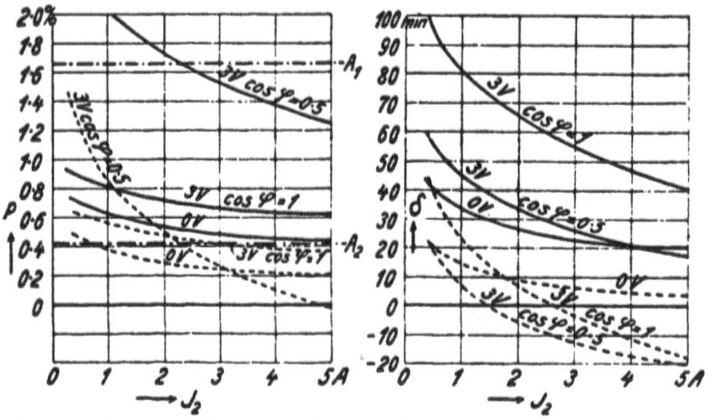

Bild 441. Fehlerkurven eines mit einem Kondensator kompensierten Stromwandlers in Abhängigkeit vom Strom. Gestrichelt: mit Kondensator; volle Linie: ohne Kondensator. (600 AW bei Nennstrom.)

des Blindstromes erreichen, so daß nur der Wirkstrom übrigbleibt. In Bild 426 ist für einen derartigen Stromwandler, den die Siemens-Schuckertwerke, Nürnberg, früher gebaut haben, der Kondensatorstrom J_c noch eingezeichnet. Für 2,5 V sek. Klemmenspannung ist der Blindstrom vollständig kompensiert. In Bild 441, 442 ist der Verlauf der Fehlergrößen dieses Wandlers mit und ohne angeschlossenen Kondensator wiedergegeben sowohl als Funktion des Sekundärstromes bei konstanter Belastung als auch der Sekundärbelastung bei konstantem vollen Strom.

Der Kondensator wirkt sehr günstig, er drückt die Fehler eines 600 AW-Wandlers auf die eines beglaubigungsfähigen Wandlers herab. Es bestehen aber doch Bedenken gegen derartige Stromwandler. Solange der Wandler unter normalem Strom kurzgeschlossen ist, besteht keine Gefahr. Wird er aber stark überlastet oder durch Zufall nur ganz kurze Zeit sekundär geöffnet, so wird in der dritten Wicklung eine hohe Spannung erzeugt, die den Kondensator stark beansprucht und unter Umständen auch durchschlägt. Dieser Fehler läßt sich ohne genaue Nachkontrolle nicht erkennen, und es kann sein, daß er lange Zeit unbemerkt bleibt. Der Schutz des Kondensators durch eine parallel geschaltete Funkenstrecke wäre nur eine Notmaßnahme, zumal diese sehr eng einzustellende Funkenstrecke wieder durch einen Vorschaltwiderstand gegen Zusammenschweißen zu schützen wäre.

Bei dem erwähnten Wandler der SSW ist die Spannung am Kondensator bei 3 V Klemmenspannung und vollem Strom 30 V, beim 50-fachen Strom 450 V, bei geöffnetem Sekundärkreis 600 V, während die

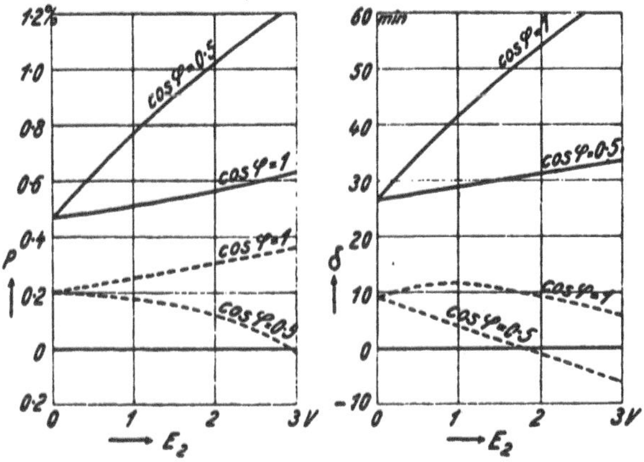

Bild 442. Fehlerkurve des Stromwandlers nach Bild 441 mit und ohne Kondensator in Abhängigkeit von der Sekundärspannung.

Durchschlagspannung des Kondensators 3000 V beträgt. Es ist mithin bei allen Betriebszuständen vollkommen ausreichende Sicherheit gewährleistet. Trotzdem haben die SSW den Bau dieser Stromwandler wieder eingestellt und bauen jetzt ein etwas größeres, deshalb auch teueres Modell, das ohne Kunstschaltung annähernd die gleichen geringen Fehler aufweist.

Zwei-Stufen-Stromwandler nach Brooks und Holtz. Eine sehr geistreiche Kompensierung der Fehler eines Stromwandlers haben H. B. Brooks vom Bureau of Standards und F. C. Holtz, Chefingenieur der Sangamo Electric Co., durchgebildet[1]), den Zweistufen-Stromwandler (Two stage current transformer). Mit diesem Wandler kann man eine außerordentlich hohe Genauigkeit erreichen wie mit keinem anderen Wandlertyp. Es werden dazu zwei Wandler verwendet und ein Instrument oder ein Zähler mit zwei vollkommen getrennten Stromwicklungen.

Das Grundprinzip ist in Bild 443a dargestellt. Es sei angenommen, daß die Transformierung im Verhältnis 1:1 erfolgen soll. Der zu messende Strom J_1 durchfließt die Primärwicklung des (kleinen) Hauptwandlers I und des (großen) Hilfswandlers II. Der Sekundärstrom J_2 des Hauptwandlers geht über die Bürde $r_2\, l_2$ und eine der beiden Stromspulen des

[1]) Journ. of the Am. Inst. of El. Eng. 1923.

Instrumentes, ferner noch durch die zweite Wicklung des Hilfskernes II in solcher Schaltung, daß die Magnetisierung des Eisens entgegengesetzt, der durch den Strom J_1 erfolgt, also die Gesamtmagnetisierung durch den geometrischen Differenzstrom $J_1 - J_2$ erfolgt. Diese Differenz $J_1 - J_2$ bildet die primär wirksamen Amperewindungen des Hilfswandlers. Nun ist auf dem Hilfswandler eine dritte Wicklung, die den Strom J_3 über die zweite Instrumentspule schickt. Dieser Strom J_3 ist aber, abgesehen von dem Transformierungsfehler proportional $J_1 - J_2$. Hätte

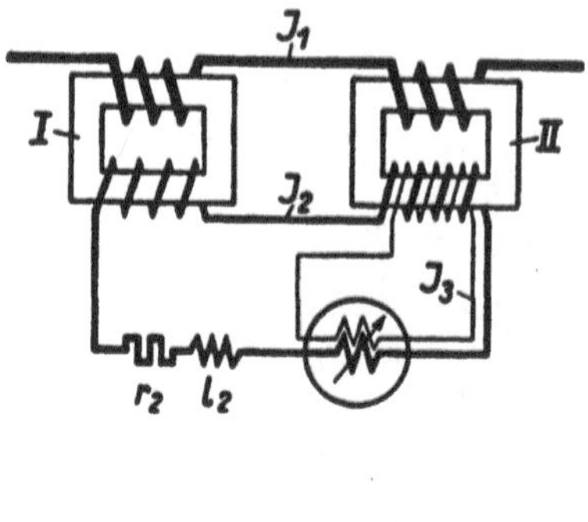

Bild 443a.

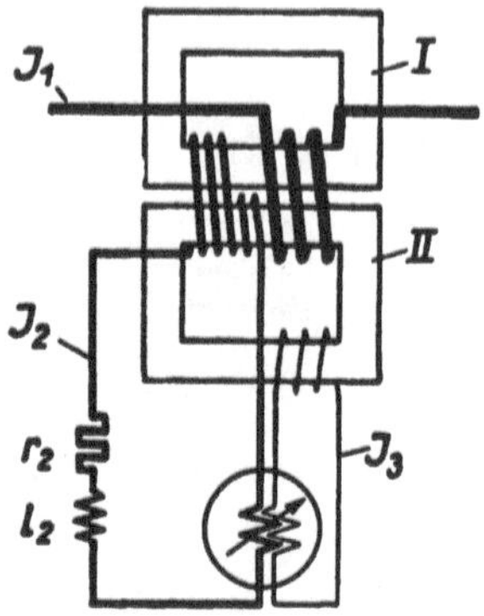

Bild 443b.

Bild 443a. Grundschaltung des Zweistufen-Stromwandlers nach Brooks und Holtz.
Bild 443b. Schaltung der praktischen Ausführung.

nun der zweite Wandler gar keinen Fehler, so würde in dem Instrument fließen $J_2 + J_1 - J_2 = J_1$, d. h. der volle Primärstrom. Da nun aber der Hilfswandler II doch einen Transformierungsfehler von $p_2\%$ hat und der Hauptwandler einen solchen von $p_1\%$, so erhalten wir folgendes:

$$J_2 = J_1 - J_1 \frac{p_1}{100}$$

$$J_3 = (J_1 - J_2) - (J_1 - J_2) \frac{p_2}{100}$$

ausmultipliziert, gibt

$$J_3 = J_1 \frac{p_1}{100} - J_1 \frac{p_1 p_2}{100^2}.$$

Der gesamte Strom im Instrument ist dann

$$J' = J_2 + J_3 = J_1 \left(1 - \frac{p_1 p_2}{100^2}\right).$$

Als Beispiel:

$$p_1 = 2\%$$
$$p_2 = 10\%$$

$$J' = J_1 \left(1 - \frac{2 \cdot 10}{10000}\right) = J_1 (1 - 0{,}0020 = 0{,}998\ J_1,$$

d. h. der Gesamtfehler ist nur mehr 0,2%, also der zehnte Teil des ursprünglichen Wertes.

Die vorstehende Rechnung ist nur eine ganz rohe Annäherung, sie soll nur das Prinzip verständlich machen. Tatsächlich liegen die Verhältnisse infolge der gegenseitigen Induktion zwischen der Instrumentwicklung und dem Hilfskern sehr viel komplizierter, und es sei dafür auf die Originalarbeit verwiesen. In der praktischen Ausführung wird die Schaltung zufolge einer Anregung von Silsbee nach Bild 444b ausgeführt. An Stelle von zwei ganz getrennten Transformatoren ist es zweckmäßiger, nur eine einzige Primärwicklung und eine einzige Sekundärwicklung zu nehmen, die beide Kerne umfassen. Einige Windungen der Sekundärwicklung umfassen aber nur den Hilfskern. Dadurch kann der Transformator als geschlossenes Ganzes gebaut werden.

Die Ergebnisse sind, wie der Verfasser auch an eigenen Versuchen gesehen hat, erstaunlich gute. Man kommt leicht auf eine Stromgenauigkeit von 0,1% zwischen Zehntellast und Vollast und einen Fehlwinkel von 1÷2 min für den gleichen Strombereich.

In der nachstehenden Tabelle sind die von der Physikalisch-Technischen Reichsanstalt an einem Zweistufen-Stromwandler der Firma Siemens & Halske gemessenen Werte zusammengestellt.

Geprüft wurde ein Zweistufenwandler des Einleitertyps mit 300 AW zum Durchfädeln des Primärleiters als Ersatz der wassergekühlten Nebenwiderstände in der Stromwandlerprüfeinrichtung nach Schering. Die vier Sekundärklemmen waren an einen 5-A-Widerstand mit 2 V Spannungsabfall in zwei Abteilungen angeschlossen

a) Abhängigkeit von der primären Leiterzahl, Fehlergrößen bei vollem Strom:

	50 Hertz	25 Hertz	$16^2/_3$ Hertz	50 Hertz	25 Hertz	$16^2/_3$ Hertz
6 × 500 A	$p = -0{,}14\%$	$-0{,}13\%$	$-0{,}13\%$	$\delta = +2{,}2'$	$+1{,}4'$	$+1{,}8'$
3 × 1000 A	$-0{,}12\%$	$-0{,}12\%$	$-0{,}15\%$	$+2{,}5'$	$+1{,}6'$	$+0{,}6'$
2 × 1500 A	$-0{,}13\%$	$-0{,}12\%$	$-0{,}13\%$	$+3{,}2'$	$+2{,}0'$	$+1{,}5'$
1 × 3000 A	$-0{,}16\%$	$-0{,}16\%$	—	$+1{,}8'$	$+2{,}2'$	—

Die Angaben sind demnach unabhängig von der Windungszahl.

b) Abhängigkeit von der primären Stromstärke bei 6 × 500 A und 50 Hertz:

10%	$p = -0{,}01\%$	$\delta = +2{,}9'$
20%	$-0{,}04\%$	$+2{,}4'$
50%	$-0{,}11\%$	$+2{,}4'$
100%	$-0{,}14\%$	$+2{,}2'$

Bemerkenswert ist, daß die Angaben von $16^2/_3$÷50 Hertz auf ± 0,02% und etwa ± 1 Minute konstant sind, daß auch die Fehlerkurve abhängig vom Strom nahezu eben ist. Auch die Annäherung eines Leiters mit 2000 A auf 17 cm verursachte keinen merklichen Fehler.

Eine sehr unangenehme Beigabe des Zweistufen-Stromwandlers für die allgemeine Verwendung ist aber die Notwendigkeit, Meßgeräte mit

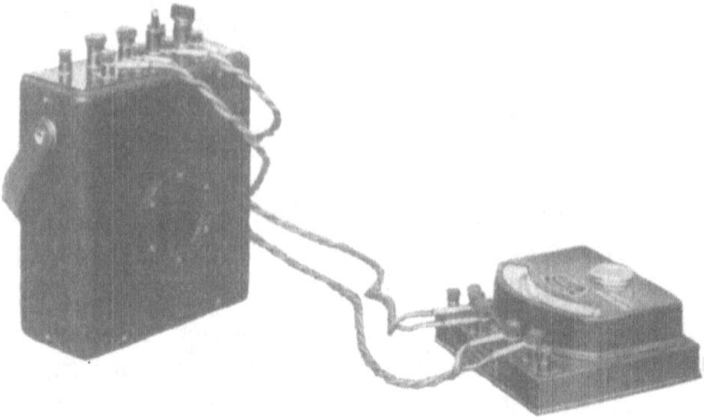

Bild 444a.

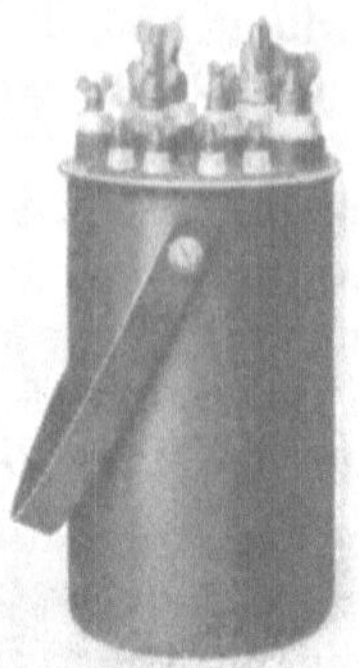

Bild 444b.

Bild 444a. Zweistufen-Stromwandler mit Spezial-Wattmeter. (Siemens & Halske.)
Bild 444b. Zweistufen-Stromwandler in Topfform für kleine Stromstärken. (Siemens & Halske.)

zwei getrennten Stromwicklungen verwenden zu müssen und die Notwendigkeit einer gewissen Justierung der Induktivität im Sekundärkreis. Der Zweistufenstromwandler kann deshalb nur für ganz besondere Zwecke

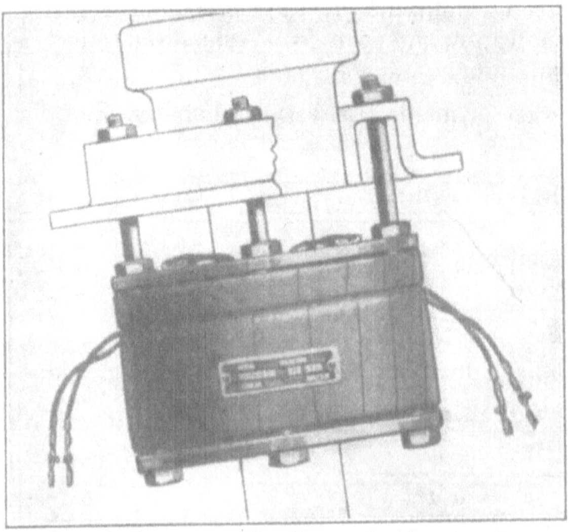

Bild 445. Zweistufen-Stabwandler des Ringkern-Typs, auf eine Ölschalterdurchführung aufgebaut. (Sangamo Electric Co.)

Anwendung finden, wo höchste Genauigkeit gefordert wird. Auch er kann umschaltbar ausgeführt werden. Bild 444a zeigt eine Ausführung mit den Meßbereichen 50 — 100 — 200 — 400 — 800/5 A, die bei Siemens & Halske gebaut wurde.

Der Brooks-Wandler kann bei hohen Stromstärken sehr gut die Normalwiderstände für Wechselstrommessungen in der Brücke ersetzen, denn die Fehlwinkel erreichen bei diesen auch einige Minuten. Der Zweistufenwandler wird von der Sangamo Electric Co. auch als Durchführungswandler in Verbindung mit Ölschaltern hergestellt (Bild 445).

Kompoundierter Stromwandler nach Illiovici[1]). Wie in früheren Ausführungen gezeigt worden ist, sind die Fehler eines Stromwandlers um so geringer, je höher die Permeabilität des Eisens ist. Ferner sind bei konstanter Permeabilität der Stromfehler und der Fehlwinkel konstant. Illiovici hat nun den Kunstgriff angewandt, den Wandler durch eine Hilfsspannung gleicher Frequenz ungefähr bis zum Maximum der Permeabilität vorzumagnetisieren, aber in solcher Weise, daß der Vormagnetisierungskraftfluß für die Funktion als Stromwandler unschädlich gemacht wird. Ferner muß die Anordnung so getroffen werden, daß keine gegenseitige Induktion zwischen der Hilfswicklung einerseits und der primären und sekundären Wicklung anderseits stattfindet.

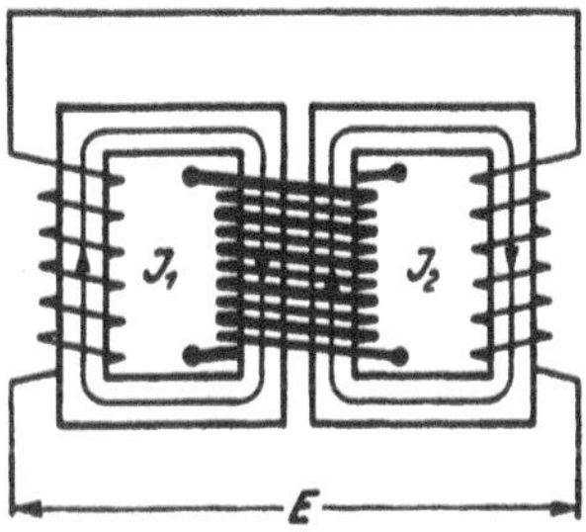

Bild 446a.

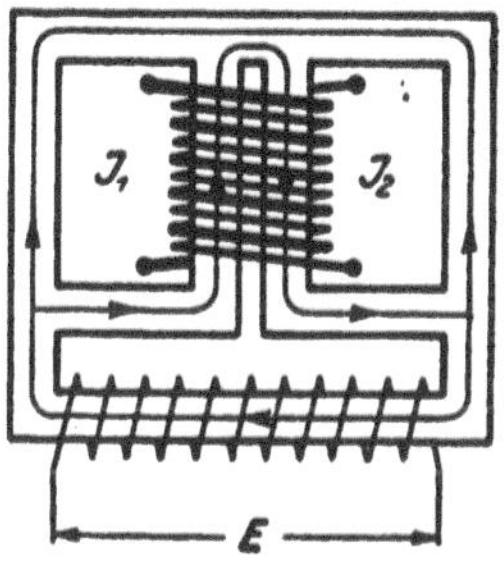

Bild 446b.

Bild 446. Kompoundierter Stromwandler nach Illiovici.
a) Grundschaltung.
b) praktische Ausführung.

Dies kann mit den beiden Anordnungen geschehen, die in Bild 446 gezeigt sind. Auch hier sind, wie bei dem Brookswandler Doppelkerne verwendet worden. Die Ausführung 446a besteht aus zwei nebeneinander gelegten Schenkelkernen. Die Hilfsspulen sind so geschaltet, daß sich die beiden von ihnen in der Meßwicklung erzeugten Kraftflüsse aufheben. Die Anordnung hat den Nachteil, daß man die Kompoundierungswicklung von Hand aufbringen muß, im Gegensatz zu 446b, wo man die Spule vorher dünndrähtig fertig wickeln und aufbringen kann.

Der Wandler wird von der Compagnie des Compteurs hergestellt. Nach den veröffentlichten Kurven reicht die Genauigkeit aber bei weitem nicht an die des Zweistufen-Stromwandlers heran, in einigen Beispielen nicht einmal an die eines E-Wandlers. Es mag aber möglich sein, danach sehr gute Wandler zu bauen. Gegenüber dem Brookswandler hat man den Vorteil, daß man normale Instrumente verwenden kann.

[1]) Bull. de la Société internationale des Electriciens III, 1923, S. 55—70. Referat E.u.M. 1923, S. 725.

Bauformen von Kern und Wicklung.

Die Formgebung des Eisenkernes ist selbstverständlich auf die Fehlergrößen und ihren Verlauf von Einfluß. Die günstigsten Ergebnisse werden mit dem kleinsten magnetischen Widerstand erzielt, man wird demnach den Eisenquerschnitt stets möglichst groß machen. Da man aber durch diese Maßnahme bei konstanter Eisenweglänge den Wickelraum vermindert, darf ein gewisser Querschnitt nicht überschritten werden. Wird bei gegebener Kraftlinienlänge der Eisenquerschnitt verdoppelt, so ergibt sich nur die halbe Eiseninduktion, wodurch sich der Wirkstrom weit mehr vermindert als der Blindstrom. Ferner ergibt aber die Vergrößerung des Eisenquerschnittes eine Widerstandszunahme der Sekundärwicklung ohne eine erhebliche Erhöhung ihrer Reaktanz, so daß der Leistungsfaktor der Sekundärbelastung zunimmt. Hierdurch ergibt sich aber für p eine geringere Abweichung als für δ. Nach Versuchen von Wirz an zwei Stromwandlern mit 400 AW, 35,6 cm Kraftlinienlänge und 7,35 bzw. 14,5 cm² Eisenquerschnitt ergab sich bei geringer sekundärer Belastung sogar, daß p für beide Kerne genau gleich war, während δ beim kleineren Querschnitt um etwa 40% größer war.

Um bei einem gegebenen Aufwand von Kupfer und Eisen bei ausreichender Betriebssicherheit das letzte herauszuholen, bedarf es einer eingehenden Berechnung von Kern und Wicklung.

Wir wollen die verschiedenen Bauformen durchsprechen:

Einleiterwandler.

Wir wollen darunter nicht allgemein jene Wandler verstehen, bei denen nur eine primäre Windung vorhanden ist, sondern nur solche, bei denen diese ein gerades Leiterstück bildet, sei es, daß dieses Leiterstück mit dem Kern fest verbunden ist (Stabwandler) oder daß der Transformator vom Hersteller ohne Primärwicklung geliefert und um die betr. Stromschiene gebaut wird. Das letzte Verfahren wendet man bei niedrigeren Spannungen an, das erste bei hohen und höchsten Spannungen. Diese Art von Wandlern hat vor allen anderen besondere Vorzüge, insbesondere den der unbedingten dynamischen Kurzschlußfestigkeit. Davon wird später die Rede sein.

Die Amperewindungszahl ist bei einem Einleiter-Stromwandler immer gleich dem primären Nennstrom. Für Stromstärken von 500 A und darüber bietet die Ausführung solcher kurzschlußsicheren Stromwandler keine erheblichen Schwierigkeiten, wohl aber bei niedrigeren Stromstärken, wenn die primäre Amperewindungszahl zu gering wird. Der Einleiterwandler ist das für hohe Stromstärken, je nach der erstrebten Genauigkeit von 300 ÷ 1000 A aufwärts gegebene Modell, wo er anwendbar ist, sollte man ihn unbedingt verwenden. Die in

Bild 447 gezeigte Form dient gleichzeitig als Wanddurchführung und verursacht deshalb nur kleine zusätzliche Kosten.

Stabwandler. Die für die Berechnung eines solchen Wandlers nötigen Größen sind

Primärstrom,
Eisenquerschnitt,
Kraftlinienlänge.

Bei hohem Primärstrom kann der Eisenquerschnitt klein bleiben, bei geringen Strömen muß er groß werden, um den magnetischen Wider-

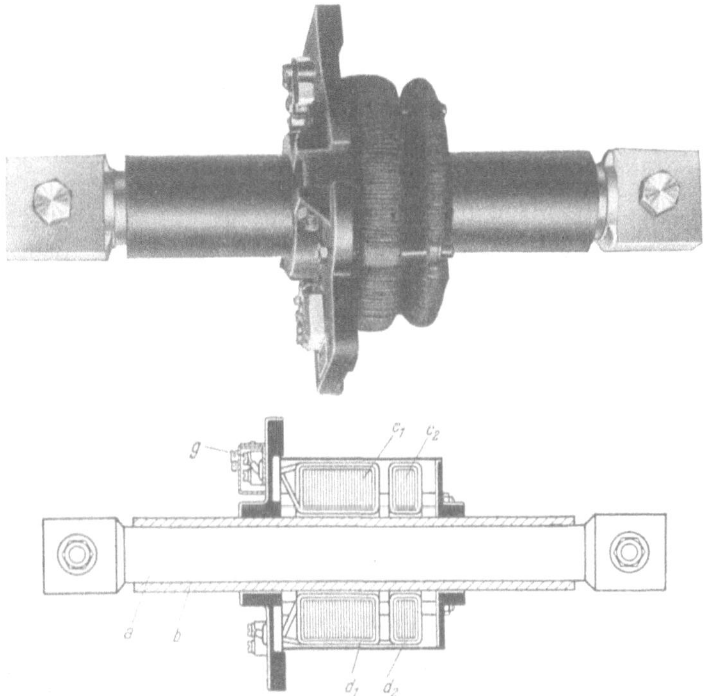

Bild 447. Einleiter-Stabwandler für 1000 A mit zwei Eisenkernen. (Siemens & Halske.)
a Primärleiter aus Kupferrohr.
b Hartpapierisolator.
c_1 c_2 Eisenkerne.
d_1 d_2 Sekundärwicklungen.

stand klein zu halten. Der Kern muß auch um so größer werden, je größer die verlangte Bürde und je höher die verlangte Meßgenauigkeit ist. Nachstehend eine Tabelle dieser Art für Ringkerne mit 190/120 mm Durchmesser für 15 VA Sekundärleistung, die unter der Voraussetzung berechnet wurde, daß keine Windungsabgleichung erfolgt und daß normales hochlegiertes Blech verwendet wird.

Strom	10% Kern 15 VA	3% Kern 15 VA	1% Kern 15 VA	0,5% Kern 15 VA
50 A	500	—	—	—
70 »	230	—	—	—
100 »	100	600	—	—
150 »	32	200	—	—
200 »	15	90	500	—
300 »	6	32	150	500
400 »	3	18	80	230
500 »	1,5	10	50	130
600 »	—	7	35	100
800 »	—	4	15	45
1000 »	—	2	10	30
1200 »	—	1,2	6	17
1500 »	—	—	4	10
2000 »	—	—	2	6
3000 »	—	—	—	2

Striche in der Tabelle bedeuten, daß für diese Stromstärke die betr. Leistung wegen allzu großer oder allzu kleiner Kernlänge nicht ausführbar ist. Die maximal mögliche Kernlänge ist etwa 400 mm; wo die Leistung eines solchen Kernes nicht ausreicht, kann man sie durch Reihenschaltung zweier Kerne verdoppeln. Das geschieht z. B. oft bei Ringkernwandlern für Ölschaltereinführungen, wo man ja zwei Durchführungen zur Verfügung hat.

Bild 447 zeigt einen Stabwandler von Siemens & Halske. Der Eisenkern ist aus kreisringförmigen Blechen auf dem isolierten Primärleiter, in der Regel eine normale Repelitdurchführung aufgeschichtet und trägt eine nahezu gleichmäßig verteilte Sekundärwicklung. Im Gegensatz zu dem einschenkelig bewickelten Kerntransformator des Bildes 425 b ist bei dieser Art von Stromwandlern der Ohmsche Spannungsabfall in der Sekundärwicklung bei vollem Strom immer verhältnismäßig klein, er beträgt nur 0,5 V und weniger, weil die Sekundärwicklung fast unmittelbar mit nur einer Lage auf dem Eisen ruht und deshalb die mittlere Windungslänge klein ist. Bei niedrigen Stromstärken wird nicht einmal der ganze innere Umfang des Eisenringes bewickelt. Es kann deshalb bei geringer Amperewindungszahl und erhöhtem Eisenquerschnitt der gleiche, sogar ein kleinerer Sekundärwiderstand erzielt werden als bei höheren Stromstärken.

Zum mechanischen Schutz der Wicklung ist über den Eisenkörper ein Blechgehäuse gesteckt. Wenn es aus Eisen ist, darf es nicht geschlossen sein, weil es sonst einen magnetischen Nebenschluß bildet und stark brummt. Auch die in Bild 447 sichtbare gußeiserne Montageplatte, die auch die Sekundärklemmen trägt, darf nicht aus einem einzigen Stück bestehen, weil sie sich durch Wirbelströme sehr stark erhitzen würde.

Die Bolzen, die die beiden Gußhälften zusammenhalten, sind aus Messing hergestellt.

Um den magnetischen Widerstand des Kernes und damit den Leerlaufstrom klein zu halten, wird man die mittlere Kraftlinienlänge so kurz wie möglich zu machen versuchen und vor allem den inneren Kerndurchmesser klein machen. Eine Vergrößerung des äußeren Durchmessers vermindert zwar auch den Widerstand, vermehrt aber das Eisengewicht und vergrößert die Windungslänge.

Die Fehlerkurve eines Stabstromwandlers von Siemens & Halske für 300/5 A bei 25 und 50 Hertz für eine Sekundärbelastung von 0,046 Ω

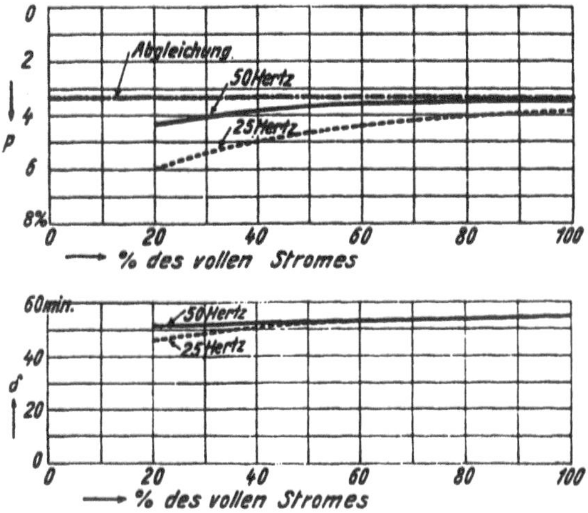

Bild 448. Fehlwinkel und Stromfehler eines Stabwandlers für 300 A bei 15 VA Sekundärleistung. (Siemens & Halske.)

und 0,16 mH ist in Bild 448 wiedergegeben. Bemerkenswert ist der Verlauf des Fehlwinkels; er ist bei allen Stromstärken nahezu konstant. Für Stromstärken von 1000 A und darüber werden neben der Kurzschlußsicherheit auch sehr geringe Fehlergrößen erzielt.

Das Bild zeigt zwei Eisenkerne, einen größeren als Meßkern und einen kleineren als Relaiskern. Man hat schon bis zu vier Kernen auf solche Durchführungen geschichtet, z. B.

1 E-Kern für den Zähler,
1 E-Kern für den Kontrollzähler,
1 F-Kern für die Strom- und Leistungsmesser,
1 3%-Kern für die Relais.

Dadurch sind die genannten Apparate vollkommen voneinander unabhängig, und man kann Kerne ganz verschiedener Charakteristik zusammenstellen. Es ist viel zweckmäßiger, Meßgeräte und Relais an verschiedene Kerne anzuschließen, als an einen einzigen, weil dadurch eine höhere Betriebssicherheit erreicht wird.

Die konstruktive Vereinigung des Primärleiters mit der Isolierung in der Weise, daß man einen normalen Durchführungsisolator benutzt, sei es Hartpapier oder Porzellan, bietet die höchste elektrische Sicherheit, hat aber den einzigen, wenn auch kleinen Nachteil, daß man den Leiter an der Stelle, wo der Wandler hineinkommt, abschneiden muß. Bei hohen Spannungen bleibt nichts anderes übrig; denn das Bewickeln einer Schiene mit Isolierstoff ist keine sichere Maßnahme und kommen solche Wandler bei weitem nicht auf die Sicherheit der maschinell gewickelten Papierrohre oder der Porzellankörper.

Schienenstromwandler. Die sog. Schienenstromwandler (Bild 449, 450) werden im wesentlichen für Niederspannung hergestellt, und zwar für Stromstärken bis 20000 A. Bei diesem Wandler ist ein Schenkel des Eisenkernes herausklappbar, und die Eisenbleche sind bei ihm paketweise ungleich geschichtet, so daß beim Hineinklappen keine glatte Stoßfuge, sondern eine zehnfach überlappte entsteht.

Bild 449.

Bild 450.

Bild 449. Schienen-Stromwandler für 2000 A. (Siemens & Halske.)
Bild 450. Schienen-Stromwandler für 30000 A. (Sangamo Electric Co.)

Die Bolzen, die die Blechpakete zusammenhalten, sind sorgfältig von den Blechen isoliert, um jegliche Wirbelstrombildung zu verhindern.

Die Wicklung dieses Wandlers sitzt auf zwei Schenkeln. Die Fehlerkurve hat einen etwas anderen Charakter als die der einschenkelig bewickelten Kerntransformatoren, was im wesentlichen auf die abweichenden Streuungsverhältnisse zurückzuführen ist. Bild 451 zeigt einen Schienenstromwandler für 30000 A. Die Schienen nehmen einen gesamten Querschnitt von 250 $\times$ 170 mm ein, das Wandlergewicht ist 260 kg. Bei 60 Hertz und 25 VA Bürde mit cos $\psi = 0{,}8$ änderte sich der Stromfehler zwischen 10 und 100% von + 0,25% auf — 0,1% und der Fehlwinkel von + 9 min auf — 2 min. Bei den hohen Stromstärken müssen benachbarte Stromschienen, insbesondere die Rückleitung, in einem gewissen Abstande gehalten werden, um eine Beeinflussung der Angaben zu vermeiden. Bei 10000 A muß ein Abstand von mindestens 1 m vorgesehen sein. Um diese Beeinflussung zu vermeiden, ist von der AEG ein Stromwandler für hohe Stromstärken mit astatischer Leitungsführung angegeben worden, bei dem Hin- und Rückleitung durch den Eisenkern geführt sind (D.R.P. 254275).

Die Verbindungsleitungen zwischen Sekundärwicklung und Instrument müssen bei hohen Stromstärken zur Vermeidung von Fehlweisungen durch Induktion sehr eng nebeneinander geführt, am besten verdrillt werden.

Kettenstromwandler. Ein Einleiterwandler für sehr hohe Stromstärken ist der vom Verfasser angegebene »Kettenstromwandler«[1]), der von Siemens & Halske gebaut wird. Da die Beeinflußbarkeit gewöhnlicher Schienenstromwandler zum größten Teil davon herrührt, daß

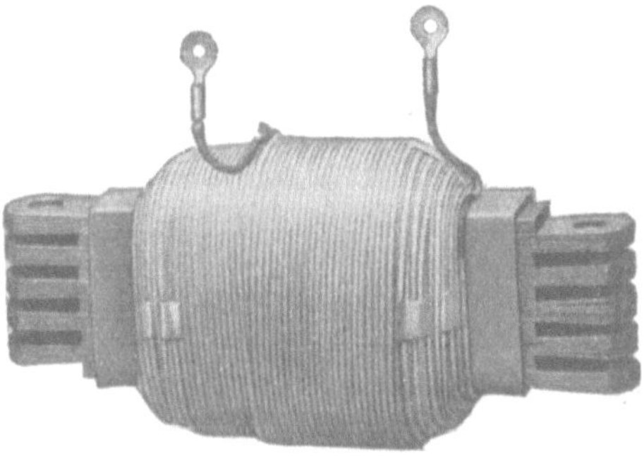

Bild 451. Einzelglied eines Ketten-Stromwandlers.

Teile des Eisenkernes unbewickelt sind, wurde beabsichtigt, in ähnlicher Weise wie bei dem magnetischen Spannungsmesser von Rogowski die Wicklung vollständig gleichmäßig auf den Eisenkern zu verteilen. Weiterhin muß bei solchen Stromwandlern, um kostspielige Umbauten zu vermeiden, der Eisenkern möglichst der Anordnung der Starkstromschienen angepaßt werden können. Schließlich soll der Wandler noch so gebaut sein, daß seine Leerlaufspannung nicht allzu hoch wird, wenn zufälligerweise die Sekundärklemmen im Betrieb geöffnet werden. Diese Gefahr ist bei allen Wandlern für hohe Stromstärken besonders groß wegen der hohen Zahl von Sekundärwindungen. Ein Wandler für 40000 A erhält z. B. für 5 A sekundär 8000 Windungen, und bei einem Eisenquerschnitt von nur 25 cm², wie er schon aus Festigkeitsgründen nötig ist, beträgt die Leerlaufspannung etwa 8000 V. Durch Erhöhung der Sekundärstromstärke auf beispielsweise 100 A läßt sie sich herabsetzen; dann ist aber ein zweiter Wandler für 100/5 A als Zwischenwandler nötig, der die Fehlergrößen annähernd verdoppelt.

Der Kettenstromwandler besteht aus einer größeren Zahl von Einzelgliedern (Bild 451), von denen jedes eine Wicklung trägt, die 2000 A Primärstrom entspricht, die zusammengeschachtelt, durch Bolzen festgehalten und deren Wicklungen alle in Reihe geschaltet werden. Der

[1]) Keinath, ETZ 1920, S. 788.

Wandler für 40000 A hat 20 solche Glieder, die so um den Leiter gelegt werden, daß sie überall etwa gleichen Abstand haben und daß sich keine scharfen Ecken bilden, die die Streuung begünstigen könnten.

Die Abmessungen und Daten eines Gliedes sind:

Eisenquerschnitt 3×5 = ...	15 cm²,
Eisengewicht je Glied	2,8 kg,
Kupfergewicht je Glied	2 kg,
Widerstand je Glied	0,6 Ω,
Kupferverlust bei vollem Strom . .	15 W.

Die nutzbare Länge des Einzelgliedes, der Bolzenabstand, beträgt 220 mm, die Gesamtlänge des Wandlers für 40000 A also 4400 mm.

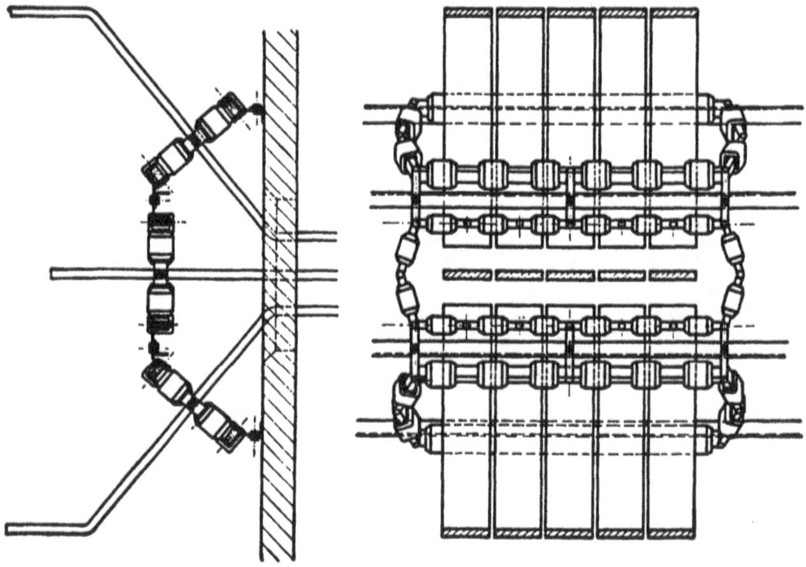

Bild 452. Ketten-Stromwandler nach Keinath zur Messung sehr hoher Stromstärken.

Dieses Maß ist so festgelegt worden, daß es den Anforderungen der Praxis angenähert gerecht wird. Eine etwas weitergehende Anpassung in der Länge ist dadurch möglich, daß das Einzelglied für eine etwas höhere oder niedrigere Stromstärke als 2000 A verwendet wird. Bild 452 zeigt die Anordnung von drei Kettenstromwandlern für je 30000 A, die in einem Karbidwerk zum Messen der Ströme in den drei Phasen des Lichtbogens dienen.

Wie schon bei den gewöhnlichen Einleiterstromwandlern, so liegen auch hier die magnetischen Verhältnisse ganz anders als bei normalen Stromwandlern. Entsprechend dem großen Abstande zwischen Primär- und Sekundärwicklung ist die Streuung sehr groß.

Das Maximum der Eisenpermeabilität wird bei normalem Betriebe des Wandlers bereits mit etwa ½ der vollen Stromstärke erreicht, und Übersetzungsfehler und Fehlwinkel nehmen dann mit der Stromstärke zu. Trotzdem sind die Fehler verhältnismäßig gering, sie bleiben auch bei einer Leistung von mehreren hundert Voltampere innerhalb der E-Grenze.

Der Kettenstromwandler wird für Karbidwerke nicht mehr verwendet, weil die Erfahrung gezeigt hat, daß die Beeinflussung der andern Leitungen viel zu groß ist, und weil es mit Rücksicht auf den induktiven Spannungsabfall nicht möglich ist die Leitungen weiter auseinander zu legen. Die Leitungsführung nach Bild 452 ist ungünstig und wird deshalb heute nicht mehr angewandt.

Kabel-Stromwandler. Zur Messung der Stromverteilung in Mehrfachleitungen werden verschiedene Ausführungen von kleinen Stromwandlern gebaut, die leicht transportabel sind und ohne Unterbrechung

Bild 453. Kabel-Stromwandler mit aufklappbarem Schenkel und zwei Meßbereichen 100 bis 500/1 A. (Siemens & Halske.)

der Leitung montiert werden können. Bild 453 zeigt eine Ausführung von Siemens & Halske mit aufklappbarem Eisenkern, mit zwei Meßbereichen für 100/1 und 500/1 A, in Verbindung mit einem Dreheisen-Strommesser. Die Eisenbleche sind in Gruppen geschichtet, um den Zusammenbau zu erleichtern.

Dietze-Anleger. Zur angenäherten Messung von Strömen zwischen 20 und 1000 A ohne Unterbrechung der Leitungen stellen Hartmann

Bild 454. Anwendungsweise des Kabel-Stromwandlers mit einem tragbaren Strommesser.

& Braun einen Spezialstromwandler her, der von Dietze angegeben und in seiner Hochspannungsausführung in Bild 455 gezeigt ist. Der Eisenkern besteht aus zwei U-förmigen Hälften, die mit Hilfe einer

Federzange geöffnet, über den Leitungsstrang gebracht und danach wieder geschlossen werden. Der Kern ist aus dünnen Blechen aufgebaut, die Stoßfugen sind geschliffen und werden durch eine kräftige Feder zusammengezogen, so daß der magnetische Kreis immer gut geschlossen ist und die Messung jedesmal mit gleicher Genauigkeit erfolgt. Die Primärwicklung bildet der zu prüfende Leitungsstrang, die Sekundärwicklung sitzt auf dem Teile des Eisenrahmens, der den Handgriffen zunächst liegt. Die Enden der Sekundärwicklung führen über Steck-

Bild 455. Dietze-Anleger mit aufklappbarem Kern und angebautem Strommesser. (Hartmann & Braun.)

kontakte zu einem Strommesser oder, bei Niederspannung, zu einem Fernhörer. Im Gegensatz zu den sonst üblichen Wandlerkonstruktionen ist hier die Sekundärwicklung noch als hochspannungsführend zu erachten, nur die Handgriffe sind durch Einfügen von Metallschutzscheiben mit Erdungsklemmen gegen den Übertritt von Hochspannung geschützt. Bei der jetzigen Ausführung ist der Strommesser schräg gestellt, so daß die Ablesung erleichtert wird. In jüngster Zeit haben Hartmann & Braun den Dietze-Anleger für kleinste Stromstärken mit einem Glühkathoden-Gleichrichter vereinigt, so daß man ein Gleichstrominstrument zur Strommessung verwenden kann, das ja bekanntlich viel empfindlicher ist als Wechselstrominstrumente. Die Heizung der Glühkathode erfolgt durch einen besonderen Akkumulator.

Ähnliche Apparate, deren Zweck ebenfalls ist, den Wandler ohne Unterbrechung der Primärleitung einzubauen, werden auch von anderen Firmen gebaut. Keiner dieser Typen läßt sich als Präzisionswandler ausführen, sie müssen alle bei der Gebrauchsfrequenz mit dem verwendeten Instrument zusammengeeicht werden. Zu Leistungsmessungen sind sie nicht geeignet.

Schleifenwandler.

Mit dem Stabwandler kann bei niedrigeren Stromstärken nicht mehr die große Meßgenauigkeit erzielt werden wie bei Stromstärken von 600÷1000 A. Man muß dann die Primärwicklung schon mehrmals durch den Isolator durchfädeln und kommt so, wenn man auch die Rückleitungen in einem Isolator unterbringt, auf den Schleifenwandler nach Bild 456, der in seinen Eigenschaften dem Stabwandler sehr ähnlich ist. Der Anschluß des Wandlers kann entweder von einer Seite

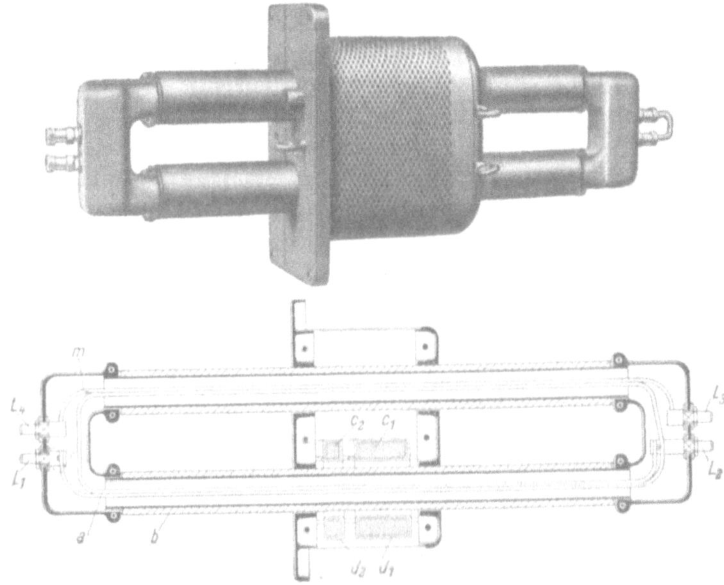

Bild 456. Schleifen-Wandler für Stromstärken von 10 bis 500 Ampere mit zwei Eisenkernen. Die Leitungen sind in Hartpapierrohren geführt. Ansicht und Längsschnitt. (Siemens & Halske.)

a Primärleiter. *b* Hartpapierisolator. c_1 c_2 Eisenkerne. d_1 d_2 Sekundärwicklungen. *m* Verbindungsleiter.

aus oder von zwei Seiten aus erfolgen, so daß auch er als Durchführungswandler zu benutzen ist. Die Wicklungsköpfe liegen bei diesem Wandler innerhalb einer gegossenen Verschalung, sie sind dadurch gut gegen Beschädigung geschützt. Auch diese Wandler können mit zwei oder mehr Kernen gebaut werden.

Infolge der großen Windungslänge dieser Wandler ist ihr Scheinverbrauch ziemlich hoch. Bei Serie VIII, 110 kV Nennspannung, beträgt er bei Nennstrom etwa 3000 VA, bei 20 A ist demnach die primäre Klemmenspannung 150 V, beim 10fachen Überstrom schon 1500 V. Man führt deshalb diesen Typ für kleinere Stromstärken als 20 A nicht aus.

Schleifenwandler sind zufolge des großen Aufwandes an Isolier- und Leitmaterial sehr teuer, zwei- bis dreimal so teuer als andere Wandlerkonstruktionen. Wo es auf unbedingte Betriebssicherheit ankommt, wo jede Störung sofort einen großen Einnahmeausfall zur Folge hat, wird aber ein vernünftiger Werksleiter einzig und allein Wandler solcher Konstruktion einbauen, mit denen er das denkbar größte Maß an Sicherheit erhalten wird. Nur dort, wo Betriebssicherheit nicht das erste Gebot ist, wird man zu billigeren Wandlertypen greifen, ohne zu vergessen, daß eine einzige Störung die Preisdifferenz aller Wandler erreichen kann.

Topf- und Stützerwandler.

An Meßstellen minderer Bedeutung, z. B. bei dem Abnehmer, kann man das Moment der absoluten Betriebssicherheit gegenüber dem Preis etwas zurückstellen und kann man zu den wohlfeileren Topfwandlern übergehen, die nur einen Isolator haben und die mit viel geringerem Materialaufwand gebaut werden können als Schleifenwandler. Für einige Spezialzwecke, z. B. für Freiluftmontage, lassen sich überhaupt nur

Bild 457. Topfwandler des Schenkeltyps. Modell für 70 kV Prüfspannung. (Siemens & Halske.)

Topfwandler bauen. Bei sehr hohen Spannungen, bei 150 und 220 kV erhalten Schleifenwandler übergroße Abmessungen, und man wird wohl dafür künftig Topfwandler oder Stützerwandler vorsehen. Als Stützerwandler sind solche zu verstehen, die keinen besonderen Einführungsisolator aufweisen und im ganzen oder als Kaskadenwandler geteilt in Isoliergehäuse eingebaut sind.

Die maximale Stromstärke für Topfwandler aller Art sollte man keinesfalls höher als 600 bis höchstens 800 A ansetzen, weil dann schon Schwierigkeiten in der Herstellung der Wicklung und der Durchführung der Leitungen durch den Isolator eintreten. Es kann für 800 ÷ 1000 A auch ohne weiteres, insbesondere ohne höhere Kosten der konstruktiv viel einfachere und bessere Stabwandler verwendet werden.

Es sei der Aufbau der verschiedenen Typen, die Vor- und Nachteile der Ausführungen erörtert.

Schenkeltyp. In früheren Jahren wurden fast alle Stromwandler nach dem Schenkeltyp gebaut, ähnlich Bild 457. Unmittelbar auf dem Kern, nur durch eine dünne Papierhülse isoliert, war die Sekundärwicklung, auf dieser ein Zylinder aus Zellulosepapier, Hartpapier oder Porzellan, und darauf die Hochspannungswicklung mit 1000 ÷ 1200 AW bei genaueren Wandlern, 300÷800 AW bei Wandlern, die nur für Strommesser benutzt werden. Zum Schutz gegen den Überschlag im Fenster wird dieses mit Isolierstoff ausgekleidet, wie es auch das Bild zeigt. Die Hochspannungswicklung ist hier durch zwei Holzkeile im Fenster gegen Verschieben gesichert. Der Topf ist mit Masse oder Öl gefüllt (siehe S. 532).

Der bewickelte Schenkel hat fast immer kreuzförmigen Querschnitt, man vermindert dadurch die Windungslänge nicht unbeträchtlich. Die Primärwicklung wird je nach der Stromstärke aus Rundkupfer, Vierkantkupfer, Flachkupfer oder Kupferband hergestellt. Die spezifische Querschnittsbelastung bewegt sich im allgemeinen zwischen 1,5 und 3 A je mm².

Manteltyp. Im Gegensatz zu den Schenkelkernen ist die Herstellungsweise der Transformatoren mit Mantelkern eine sehr mannigfaltige. Bild 431 zeigte bereits einige Arten der Lappung. Man kann auch in der Weise verfahren, daß man den Steg für sich packt, vernietet und mit der Primär- und Sekundärwicklung versieht und zuletzt wieder in

Bild 458. Topfwandler des Manteltyps (Sachsenwerk) für 30 kV Prüfspannung 80/5 A. Klasse F. 30 VA. Die Primärspule ist bandagiert.

Eisengewicht 3,5 kg	960 AW
Kupfergewicht 0,8 + 0,8 = . .	1,6 kg
Ölgewicht	2,2 kg
Gesamtgewicht	18,3 kg
Stromdichte	3,3 A/mm².

den gleichfalls geschichteten äußeren Eisenkörper einpreßt. Dadurch ergeben sich außerordentlich kleine Stoßfugenwiderstände, die sich auch durch Erwärmung nicht ändern.

Im allgemeinen gibt man dem Steg, der ja kurz ist, einen kleinen Querschnitt, um die Windungslänge klein zu halten. Welche Proportion bestehen soll, welchen Eisenquerschnitt, welche Amperewindungszahl man wählen soll, hängt von den verlangten Eigenschaften ab, aber auch von dem jeweiligen Preisverhältnis zwischen Kupfer und Eisenblech, auch schließlich von der Konstruktionsweise. Es führen sehr viele Wege zum Ziel, der eine ist vielleicht etwas besser als der andere.

Es seien nun einige Konstruktionen kurz beschrieben. Bild 458 zeigt einen Stromwandler des Sachsenwerks.

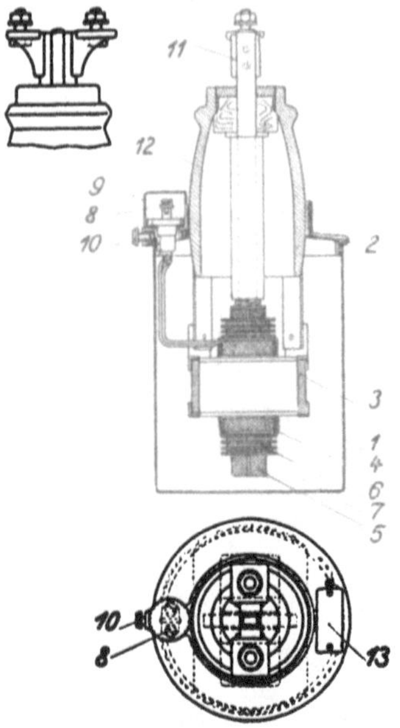

Bild 459. Topfwandler des Manteltyps (Siemens & Halske) für 50 kV Prüfspannung. Klasse E. 15 VA.

1 Topf
2 Deckel, plombierbar
3 Eisenkern, Mantelform
4 Sekundäre Wicklung
5 Primäre Wicklung
6 Isolation
7 Isoliermittel
8 Sekundärer Anschluß
9 Schutzkappe, plombierbar
10 Erdungs-Anschluß
11 Primäre Anschlüsse
12 Porzellanisolator
13 Bezeichnungsschild.

Bemerkenswert ist der niedrige Topf. Dafür ist der Einbauring für den Stromwandler heraufgezogen, der Ölstand reicht bis zum oberen Rand des Flansches.

Bild 459 zeigt Stromwandler der Siemens & Halske A.-G. für Prüfspannungen von 50 bzw. 70 kV.

Bei diesem Wandler ist der Topf höher, weil die Wicklung länger und mit Hülsen aus Zellulosepapier isoliert ist.

Eine ähnliche Ausführung, aber für eine Prüfspannung von 130 kV, zeigt Bild 460. Topfwandler dieser Bauweise werden sehr hoch, trotz

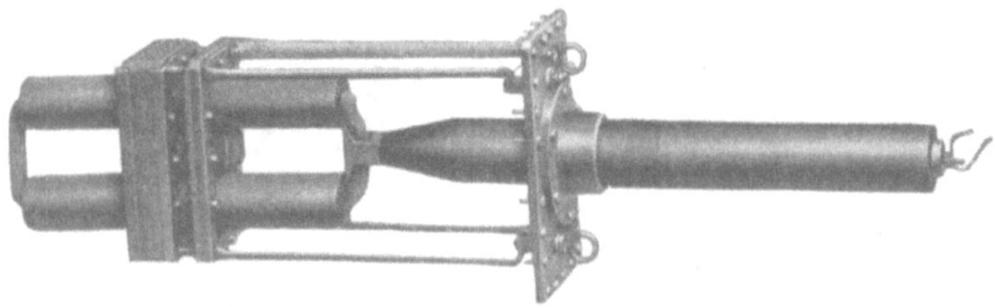

Bild 460. Topfwandler des Manteltyps mit Ölisolierung für 130 kV Prüfspannung, mit zwei Eisenkernen.

Anwendung einer Durchführung mit verkürztem Ölende beträgt die Gesamthöhe das 2- bis 2½fache der Überschlaglänge einer Durchführung.

Das gleiche ist an einem Freiluft-Stromwandler der General Electric Co. zu sehen (Bild 461), einer Ausführung für 45 kV Betriebsspannung

Bild 461. Freiluft-Stromwandler der General Electric Co. 200/400 A. 45 kV Nennspannung mit abgenommenem Topf.
a Parallelwiderstand in Glasgehäuse. *b* Zentralklemmenanschlüsse. *c* L-förmiger Anschluß, um 360° drehbar. *d* Gußeisendeckel. *e* Schutzkasten für die Sekundärklemmen mit Kabelausführung. *f* Isolierhülse um die blanken Primärleiter. *g* Sekundärleitungen, an dem Bolzen entlang geführt. *h* Unterer Bogen der Primärwicklung.

und 100 kV Prüfspannung, die sich im äußeren von den in Europa meist hergestellten Ausführungen unterscheidet.

Der noch zu beschreibende Querloch-Stromwandler (s. S. 516) wird auch als Topfwandler hergestellt (Bild 462). Einen Querschnitt durch ein solches Wandlermodell zeigt Bild 471. Im Gegensatz zu dem Durchführungswandler hat dieses Modell nicht vollkommene Porzellanisolierung, sondern es ragt der unten offene Teil des Porzellankörpers in Öl. Bei der neuesten Ausführung ist aber der Porzellankörper unten geschlossen und damit vollkommene Trockenisolierung erreicht.

Topfwandler in gestreckter Bauweise. Bei dem gewöhnlichen Topfwandler ist der Einführungsisolator der am meisten gefährdete Teil (siehe S. 547). Ferner kann es wünschenswert sein, den Wandler im Zug der Leitung anzuordnen. Man verwendet dann getrennte Isolatoren für Ein- und Ausführung. Bild 463 zeigt einen derartigen Wandler der ASEA für 6000 V Nennspannung. Der Hohlraum des Gehäuses ist mit Masse ausgefüllt. Der Eisenkern hat einen Durchmesser von 155/60 mm und ist 50 mm hoch. Sein Gewicht ist netto 7 kg. Die Primärwicklung hat

Bild 462. Topfwandler des Manteltyps mit Querloch-Isolator und Trockenfüllung mit Sand. (Koch & Sterzel.)

1260 AW mit einer Querschnittsbelastung von 1,6 A/mm². Der Wandler entspricht bei 15 VA und 50 Hertz der Klasse E. Bemerkenswert ist die Konstanz des Stromfehlers von 10÷100% des Stromes, die ein Kennzeichen aller Wandler ähnlicher Bauart ist.

Ringkern-Typ. Für Topfwandler ist der Ringkerntyp bisher nur selten verwendet worden, obwohl er manche Vorzüge hat.

Bild 464 zeigt ein Modell des Kreuzringwandlers der Siemens & Halske A.-G. Er besteht aus einem Ringkern mit gleichmäßig verteilter Sekundärwicklung. Durch ihn wird mit einer Spezialmaschine die gleichfalls kreisringförmige Primärwicklung durchgezogen und dann zuletzt in ungleicher Dicke mit Zellulose-

Bild 463. Topfwandler in gestreckter Bauweise mit Ein- und Ausführungsisolator und Ringkern. (ASEA, Westerås.)

papier bandagiert. Das ganze kommt in einen ölgefüllten Topf und wird erhitzt und evakuiert. Die Feldverteilung ist bei diesem Modell besonders günstig und man erzielt sehr hohe Durchschlagspannungen

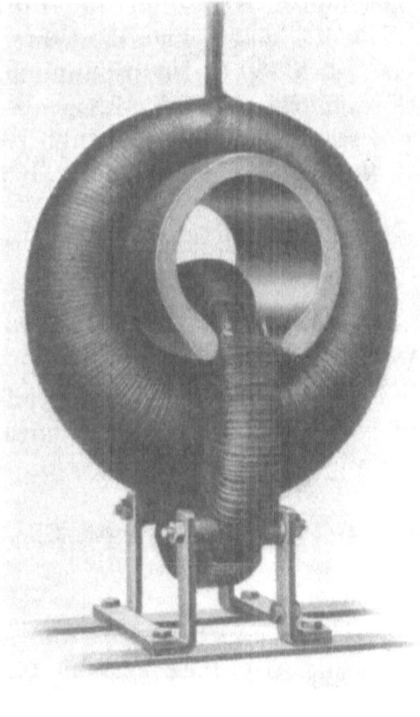

Bild 464. Kreuzring-Stromwandler für 240 kV Prüfspannung. (Siemens & Halske.)

bei geringen Abmessungen, so daß also auch der Materialaufwand klein ist. Das Modell ist für hohe Spannungen besonders geeignet und wurde bereits für eine Prüfspannung von 450 kV hergestellt.

Durchführungs - Stromwandler mit Querlochisolator. Die moderne Bauweise elektrischer Anlagen hat die Anwendung von Durchführungswandlern begünstigt. Die schon gezeigten Schleifenwandler mit Hartpapierisolierung sind zwar einwandfrei, aber auch sehr teuer. Die Firma Koch & Sterzel hat in den letzten Jahren ein neuartiges Modell eines Durchführungswandlers entwickelt, das nach anfänglichen Schwierigkeiten soweit entwickelt worden ist, daß es heute eine hohe Stufe der Vollkommenheit erreicht hat und in großem Umfange angewandt wird.

Bild 465. Entwicklung des Querloch-Durchführungswandlers der Firma Koch & Sterzel. Das letzte Modell hat bei gleicher Porzellanhöhe durch die vorspringenden Wülste und die Anbringung der Rippen wesentlich höhere elektrische Festigkeit als die ersten Ausführungen.

Bild 465 zeigt den Isolierkörper und seine Entwicklung. Charakteristisch ist das Querloch, durch das der Steg eines Mantelkernes mit

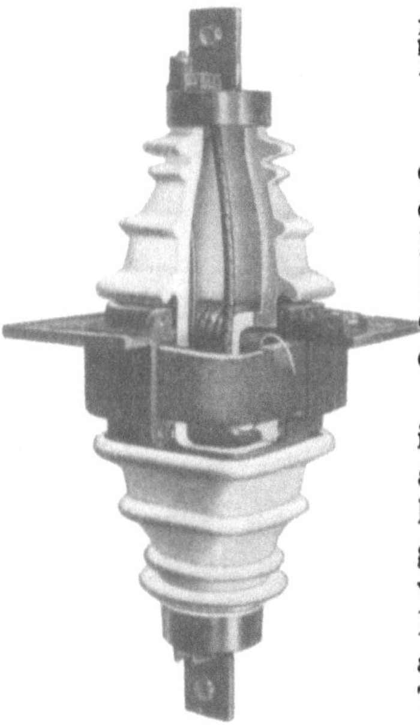

Bild 466. Durchführungswandler mit ungeteiltem Querloch-Isolator. Ausführung für 70 kV Prüfspannung. Der Hohlraum zwischen Wicklung und Isolator ist mit graphitiertem Quarzsand gefüllt. (Koch & Sterzel.)

der Sekundärwicklung geführt wird, während das Joch außen herum geschlossen ist. Die Primärwicklung wird um das Querrohr im Innern des Hohlkörpers gewickelt, wie es der Schnitt durch die neueste Ausführung des Wandlers zeigt (Bild 466).

Von dem runden, glatten Isolierkörper ist man zu dem viereckigen, mit überzogenen, auf der Innenseite graphitierten Wülsten gekommen, das Innere des Wandlers wird mit graphitiertem Quarzsand gefüllt. Dadurch wird jegliche elektrische Beanspruchung der Luft im Innern des Wandlers vermieden und allein das Material selbst und der sichtbare Teil der Isolatoroberfläche beansprucht.

Der Wandler ist vollkommen kurzschlußfest, weil er die gefährliche Doppeleinführung des Topfwandlers vermeidet und die Primärwicklung klein und nicht weit von der idealen Kreisform entfernt ist, so daß auf das Porzellan nur geringe Kräfte wirken, die zudem das Material auf Druck allein und nicht in der gefährlichen Weise auf Biegung beanspruchen. Die Herstellung geschieht in folgender Weise:

In das Querloch des Porzellankörpers wird die fertig gewickelte Sekundärspule eingeschoben und dann der Eisenkörper des Mantelkernes, dessen Bleche geschlitzt sind, eingeschachtelt. Die Primärwicklung wird von Hand eingezogen.

Je nach der verlangten Leistung wird das Eisenpaket verschieden hoch geschichtet und dementsprechend ein Isolator mit größerem Querloch verwendet. Der Wandler wird so gebaut, daß er nicht nur als Durchführungswandler angeschlossen werden kann, sondern auch auf einer Seite. Ferner kann die Primärwicklung 1:2 umgeschaltet werden.

Bild 467 zeigt die verschiedenen Schaltweisen des Querloch-Durchführungswandlers.

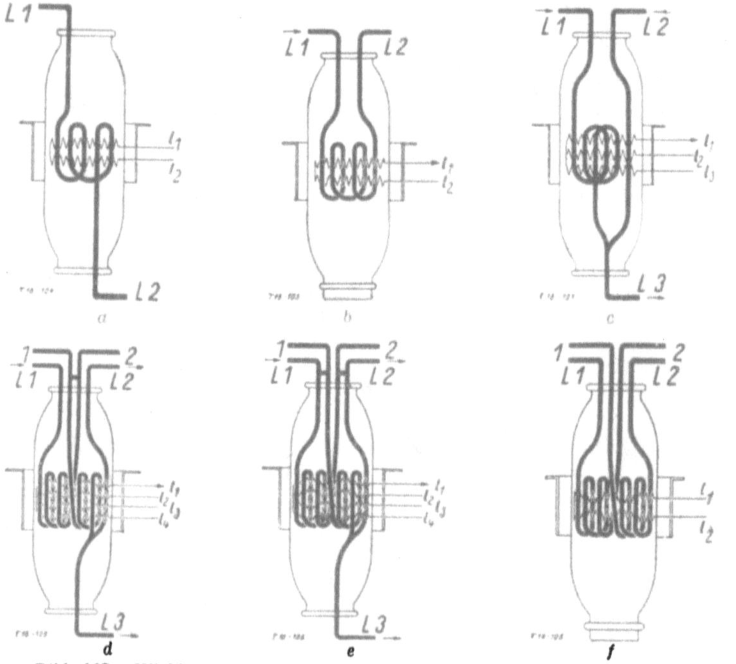

Bild 467. Wicklungsanordnungen des Querloch-Durchführungswandlers.

a) Normale Ausführung, Zuleitung oben, Ableitung unten.
b) Zu- und Ableitung nur oben. Die sekundäre Windungszahl muß eine andere werden, weil eine halbe Windung dazukommt.
c) Zuleitung oben, Ableitung oben oder unten. Die sekundäre Wicklung muß eine Anzapfung erhalten, also drei Sekundärklemmen.
d) Primärschaltung 1 : 2, Zuleitung oben, Ableitung oben oder unten. Reihenschaltung. Die Sekundärwicklung muß zwei Anzapfungen erhalten, also vier Sekundärklemmen.
e) Desgl., Parallelschaltung.
f) Primärschaltung 1 : 2, Zu- und Ableitung oben, nur eine Sekundärwicklung nötig.

Bei Verwendung eines Schenkelkernes wäre die Unterteilung der Sekundärwicklung nicht nötig. Mit der Unterteilung der Sekundärwicklung eines Mantelkernes ist aber die beliebige Verteilung der Anschlüsse nicht möglich, weil die ungleiche Amperewindungszahl in den beiden Fenstern eines Manteltransformators ganz bedeutende Fehler verursacht. In dem Extremfall, daß die Amperewindungen nur durch das

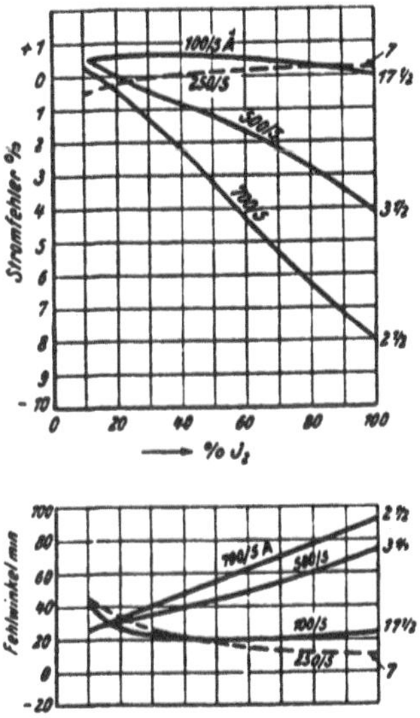

Bild 468. Fehlerkurven eines Stromwandlers mit Mantelkern und »halben« Windungen ohne Ausgleichwicklung. Eine geringe Ungleichheit verbessert die Kurve. (Vgl. die Kurve 7 für gleiche AW-Zahl mit 17½, d. h. 3% Ungleiche.)

eine Fenster gehen, wirkt der Rahmen um das zweite Fenster als magnetischer Nebenschluß, der um so mehr von dem Kraftfluß des ersten Fensters aufnimmt, je größer die Belastung der Sekundärwicklung auf dem Mittelsteg ist. Je geringer die prozentuale Ungleiche der Amperewindungszahlen in den beiden Fenstern ist, um so weniger merklich wird der Fehler. Bild 468 zeigt für einen Koch & Sterzel-Wandler für eine Bürde von 30 VA Stromfehler und Winkelfehler bei einer symmetrischen (7) und unsymmetrischen Amperewindungszahl, die immer etwa der normalen AW-Zahl entsprechen. Bis zu etwa ½ Windung auf 7 ändern sich die Fehler nur wenig. Dann nehmen aber der Fehlwinkel und vor allem der Stromfehler stark zu. Man beseitigt diesen Fehler durch Ausgleichwicklungen auf den beiden Außenschenkeln, Wicklungen gleicher

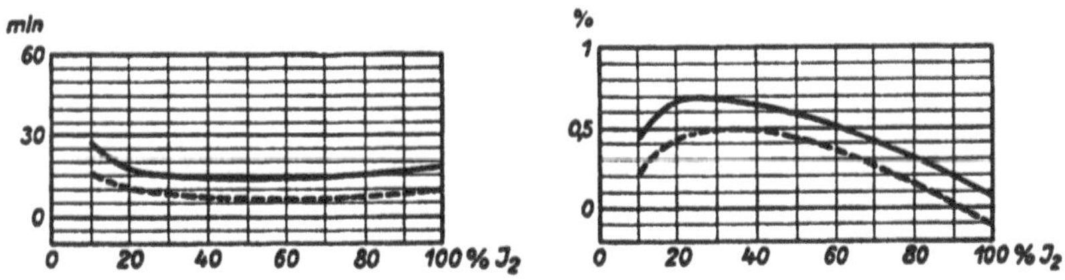

Bild 469. Fehlerkurve des Querloch-Wandlers Klasse E mit Mantelkern. (Koch & Sterzel.)

Windungszahl, die man gegeneinander schaltet und die so die Kraftflüsse in beiden Rahmen ausgleichen.

Diese Eigenschaft des Mantelkernes mit halben Windungen gibt uns aber auch ein Mittel, um die Fehlerkurve im günstigen Sinne zu beeinflussen.

Die Fehlerkurve eines solchen Wandlers in der normalen Schaltung (Zuleitung oben, Ableitung unten, also mit ungleicher AW-Zahl) zeigt Bild 469 für 30 VA Sekundärleistung.

Die Genauigkeit entspricht der Klasse E, die Stromfehlerkurve ist zufolge der hohen AW-Zahl (1600) bei Verwendung von wenig Eisen und vor allem durch die ungleiche AW-Zahl in beiden Fenstern stark gekrümmt, der Fehlwinkel klein.

Eisenstab-Wandler.

Zum Anschluß von Überstrom-Relais haben Siemens & Halske den sog. Eisenstab-Wandler entwickelt, der in Bild 470 gezeigt ist und der für niedrige Stromstärken, bis etwa 50 A verwendet wird, wo der Einleiterwandler wegen seiner geringen Leistung ausscheidet, ein Mehr-

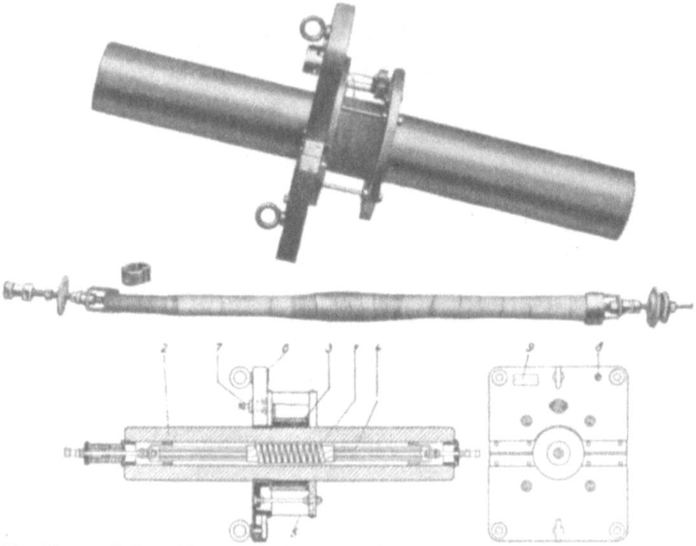

Bild 470. Eisenstab-Durchführungswandler für kleine Stromstärken. (Siemens & Halske.)
1 Primärwicklung 2 Hartpapierrohr 3 Sekundärwicklung 4 Eisenstab 5 Schutzgehäuse 6 Einbaurahmen 7 Sekundär-Anschlüsse.

leiterwandler zu teuer ist und auch ein Topfwandler nicht zu gebrauchen ist, z. B. bei der Strommessung an den Einführungsklemmen eines Ölschalters.

Äußerlich sieht er einem normalen Stabwandler mit einer durchgehenden Kupferschiene vollkommen ähnlich. Im Innenraum der Kondensatordurchführung liegt ein aus hochlegiertem Blech hergestellter Eisenkern, auf dem in der Mitte die Hochspannungswicklung angebracht ist. Die Niederspannungswicklung liegt auf dem äußeren Umfang der Durchführung.

Die Stromfehler solcher Wandler sind sehr groß, ebenso die Fehlwinkel; sie kommen weder für Meßgeräte noch für Leistungsrelais, allein zum Anschluß von Überstromrelais in Betracht. Hinsichtlich der Betriebssicherheit stehen sie den anderen Wandlern aber nicht nach.

Kaskaden-Stromwandler.

Bei Stromwandlern für hohe Spannung ist das Gewicht des aktiven Materials klein gegen das Gewicht der Isolierstoffe. Mit Verdoppelung der Prüfspannung steigt das Gewicht auf etwa das 8fache an. Es liegt

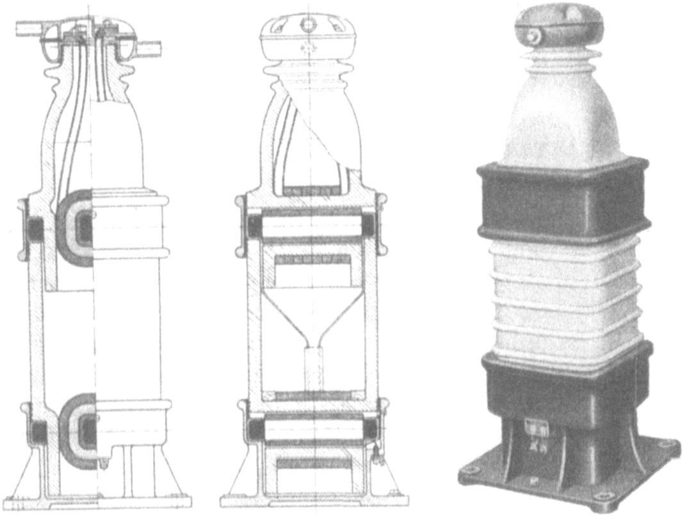

a b

Bild 471. Kaskaden-Stromwandler mit zwei Stufen und Querloch-Isolierkörpern. (Koch & Sterzel.)

nahe, das Gewicht der Wandler und damit auch den Preis dadurch zu vermindern, daß man zwei Modelle für die halbe Spannung in Reihe schaltet.

Solche Kaskaden-Stromwandler baut z. B. die Firma Koch & Sterzel mit drei Einzelwandlern in Reihe. (Bild 471.) Die Sekundärwicklung des ersten Wandlers speist die Primärwicklung des zweiten und dessen Sekundärwicklung die Primärwicklung des dritten. Die Spannungsverteilung erfolgt wie bei einem Kettenisolator nach der Kapazität der Einzelglieder gegen Erde. Da diese klein ist, so kann sie leicht beeinflußt werden.

Bei einem solchen Kaskadenwandler muß das direkt gespeiste Glied sekundär nicht nur die Nutzleistung aufbringen, sondern auch den Eigenverbrauch der weiteren Stufen. Dieser hat aber immer ein Vielfaches der Nutzleistung, namentlich bei höheren Spannungen. Es ist deshalb günstig, die Einzelwandler ungleich groß zu machen, dem direkt angeschlossenen Glied die höchste AW-Zahl zu geben, dem an Erde liegenden die kleinste. Dadurch würde man aber wieder eine sehr ungleiche Potentialverteilung erhalten. Sprecher & Schuh schalten daher[1]) dem Element, das die größere Spannung erhalten soll, noch einen Hilfskondensator parallel.

Zu beachten ist, daß sich bei Reihenschaltung mehrerer Wandler immer die Fehlergrößen addieren. Es ist günstig, die Charakteristik der Wandler stark verschieden zu machen, sogar verschiedene Modelle

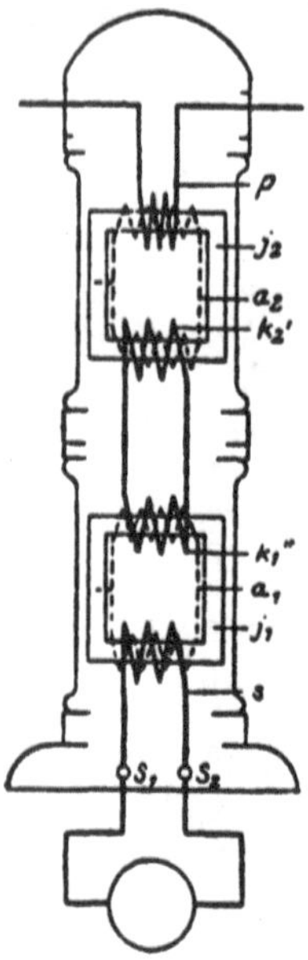

Bild 472. Kaskaden-Stromwandler nach Pfiffner mit zwei Stufen. Primär- und Sekundärwicklung liegen auf zwei verschiedenen Schenkeln, konzentrisch mit ihnen die Ausgleichwicklungen a_1 a_2.

zu nehmen, damit sich die Fehler nicht auf dem ganzen Bereich der Kurve voll addieren, sondern womöglich aufheben.

Eine ähnliche Konstruktion hat auch Pfiffner[2]) angegeben. (Bild 472.) Die Fehlerkurven, die etwa der F-Klasse entsprechen, sind stark gekrümmt, wie es bei Wandlern mit kleinem Eisenquerschnitt und hoher Amperewindungszahl der Fall ist. Für 150 kV verwendet Pfiffner drei Stufen. Bei diesen Wandlern liegen Primär- und Sekundärwicklung auf zwei Schenkeln. Um die dadurch bewirkte große Streuung auszugleichen, liegen auf den beiden Schenkeln die punktiert gezeichneten Ausgleichwicklungen, die gegeneinander geschaltet und in sich kurz geschlossen sind.

Dem Verfasser scheint, daß diese Wandler, besonders wenn sie, wie Bild 471 und 472, als Stützer ausgebildet sind, für Freiluftanlagen über 110 kV das Wandlermodell der Zukunft sein werden.

Umschaltbare Stromwandler.

Da sowohl die Fehlergrößen eines Stromwandlers als auch die der angeschlossenen Instrumente mit abnehmendem Strom stark zunehmen, sucht man möglichst mit der normalen Stromstärke des Wandlers zu arbeiten. Für Laboratoriumsmessungen ist das Verlangen nach einem umschaltbaren Stromwandler ohne weiteres verständlich. Für Betriebsmessungen sollte man umschaltbare Stromwandler nur dort verwenden, wo zu Anfang die später normale Stromstärke noch nicht erreicht wird, aber doch eine genaue Verrechnung der elektrischen Arbeit stattfinden muß.

[1]) Nach österr. Patent 99597 vom 23. 5. 1924.
[2]) ETZ 1926, S. 44.

Wir haben zu unterscheiden Wandler mit primärer und solche mit sekundärer Umschaltung. Beide können sowohl durch Reihen-Parallelschaltung als durch Anzapfung erfolgen. Die Reihen-Parallelschaltung gibt nur die Verhältnisse 1:2, äußerstenfalls 1:2:4. Mit den Anzapfungen hat man viel mehr Freiheit; man kann sowohl gröber als auch feiner stufen.

Primäre Anzapfungen erhöhen den Wattverlust, weil die Wicklung nicht gleichmäßig beansprucht wird, sekundäre Anzapfungen haben den gleichen Nachteil. Jede sekundäre Umschaltung hat für den betr. Meß-

Bild 473 a.

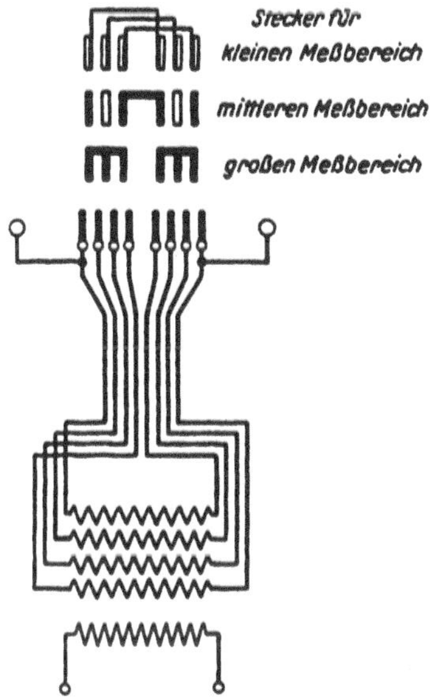

Bild 473 b.

Bild 473 a u. b. Umschaltbarer Präzisions-Stromwandler mit 3 Strombereichen 1 : 2 : 4 mit drei Schaltklötzen. (Siemens & Halske.)

bereich eine andere Meßgenauigkeit zur Folge, während bei der primären Umschaltung die Genauigkeit auf allen Bereichen die gleiche bleibt. Sekundäre Umschaltung hat vor der primären aber auch wieder den großen Vorzug, daß sie im Betriebe erfolgen kann ohne Unterbrechung des Stromes.

Immerhin müssen sowohl die primäre als die sekundäre Umschaltung, wenn sie unter Strom vorgenommen werden sollen, ohne Unterteilung des Stromkreises erfolgen. Nur wenige Wandler lassen die Öffnung des Sekundärkreises ohne Schaden für den Wandler zu.

Primäre Umschaltung. Diese Anordnung wird weitaus am häufigsten verwendet, besonders wird sie im Verhältnis 1:2 auch bei Schalttafeltypen angewandt. Man führt die vier Leitungsenden durch den

Isolator und macht die Schaltung durch Laschen oder Bügel. Bild 473a zeigt einen 1:2:4 umschaltbaren Präzisionsstromwandler von Siemens & Halske. Die Wicklung eines solchen Wandlers muß stets aus

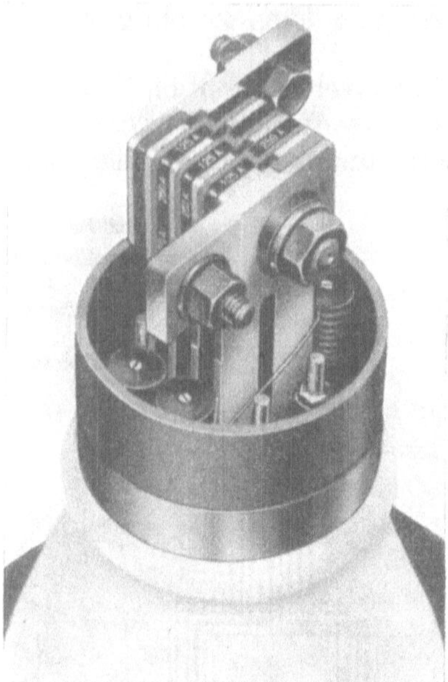

Bild 474. Schaltkopf eines 1 : 2 : 4 umschaltbaren Stromwandlers mit drehbaren Scheiben. (Siemens & Halske.)

gleichen Elementen bestehen, mit gleichem Ohmschen Widerstand und gleicher Reaktanz, damit bei allen Schaltungen die Stromverteilung und die Fehlergrößen gleichbleiben. Diese Bedingung ist bei Wicklungen für hohe Stromstärken nicht immer leicht zu erfüllen und erfordert eine sorgfältige Unterteilung der Wicklung in gleiche Elemente. Zur Umschaltung dienen besondere Schaltstücke. Walzenschalter sind im Gebrauch am bequemsten, bedürfen aber einer sorgfältigen Herstellung und einer gewissen Wartung. Laschenschalter sind umständlicher in der Handhabung, dafür aber sicherer, sofern das Festziehen der Schrauben nicht übersehen wird. Bild 473b zeigt das Schaltbild für die Schaltstücke von Siemens & Halske. Es werden zu jedem Wandler drei Schaltstücke mitgeliefert,

Bild 475. Umschaltung eines Stromwandlers mit Rohranschluß. (Siemens & Halske.)

die in den Schaltkopf eingeschoben und mit einer Druckschraube festgezogen werden.

Die neueste Ausführung derartiger Wandler (»Promille-Wandler«) hat an Stelle der drei verschiedenen Schaltköpfe nach dem Vorschlage von Wentzlaff drehbare Schaltscheiben, aus Metall- und Isolierstücken zusammengesetzt (Bild 474).

Umschaltbare Wandler für Schaltanlagen erhalten in der Regel nur zwei Meßbereiche, die durch Laschen umgeschaltet werden. Bei Zentralklemmenanschluß ist die Umschaltung schwieriger. Bild 475 zeigt eine Ausführung von Siemens & Halske für 30 kV Nennspannung, umschaltbar im Verhältnis 1:2.

Primäre Anzapfung. Bild 476a zeigt die Schaltung eines Stromwandlers der Firma Landis & Gyr mit den Meßbereichen

$$100 - 50 - 25 - 12{,}5 - 5/5 \text{ A},$$

bei dem die Primärwicklung angezapft wurde. Die Umschaltung erfolgt durch einen Drehschalter mit 5 Stellungen. In der letzten, die 5/5 A

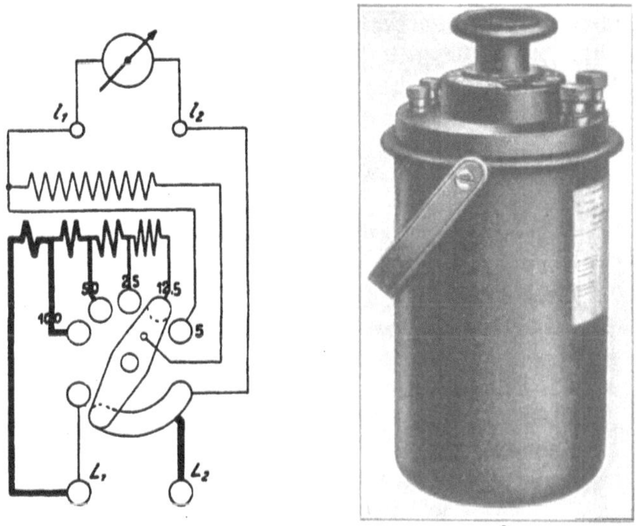

a *b*

Bild 476. Primär angezapfter Präzisionsstromwandler mit Drehschalter. (Landis & Gyr.)

entspricht, geht der Strom direkt durch das Instrument, ohne daß eine Transformierung stattfindet.

Der Stromfehler dieses Wandlers ist bei sek. 10 VA zwischen 100 und 50% $J \pm 0{,}2\%$, der Fehlwinkel bei 100% des Vollstromes 5÷8 min, bei 50% etwa 10 min. Der Wandler ist für Spannungen bis max. 600 V isoliert.

Bei Verwendung der üblichen Stufen 1:2 kommt man mit vieren nur auf das Verhältnis 8. Wenn man mit Anzapfungen arbeitet, kann man die Stufen weiter nehmen, z. B. 1:3:10:30, wie es bei dem Stromwandler von Siemens & Halske nach Bild 477 geschehen ist, der die Meßbereiche 15 — 50 — 150 — 500/5 A hat. Die Prüfspannung dieses Modells ist 44 kV.

Zu den primär angezapften Wandlern sind auch jene tragbaren Typen zu rechnen, bei denen der Primärleiter von Hand in verschiedener Windungszahl eingelegt wird. Hat die Sekundärspule z. B. 200 Windungen, so kommt man auf folgende Meßbereiche:

Mit 10 Primärwindungen	100 A	Mit 4 Primärwindungen	250 A
» 8 »	125 »	» 2 »	500 »
» 5 »	200 »	» 1 »	1000 »

Selbstverständlich kann man auch Wandler bauen, die eine Primärwicklung haben, bei denen aber außerdem auch der Primärleiter durchgefädelt werden kann (Bild 478).

Derartige Wandler sind sehr bequem in der Handhabung. Eine Kombination des Einfädelns mit einer angezapften Wicklung sind die neuen Wandler von Siemens & Halske mit 8 bzw. 11 Meßbereichen:

15 — 50 — 150 — 200 — 250 — 300 — 500 — 600 A
15 — 50 — 150 — 200 — 250 — 300 — 400 — 500 — 600 — 1200 — 1500 A.

Bild 477. Primär angezapfter Stromwandler mit den Meßbereichen 15—50—150—500/5 A. Klasse E, Prüfspannung 44 kV. (Siemens & Halske.)

Diese Wandler haben auf der Sekundärwicklung eine Anzapfung, so daß sie für 500/600 bzw. 1200/1500 AW gebaut sind. Primär eingewickelt sind 15 — 50 — 150A, die übrigen werden durch Einfädeln geschaffen. Der kleine Typ ist ein F-Wandler für 5 VA, die große ein E-Wandler für 15 VA. Das Gewicht des kleinen Wandlers ist nur 3,7 kg, das des großen 11 kg. Die Prüfspannung beider Typen ist 2000 V, die Wandler können für max. 800 V verwendet werden.

Wie aus Bild 480 hervorgeht, werden die zulässigen Fehlergrenzen bei vollem Strom noch lange nicht erreicht. Es sind deshalb in Bild 481 für vollen Strom noch einmal die Fehlergrenzen in Abhängigkeit von der sekundären Belastung gezeichnet worden. Es geht daraus hervor, daß die F-Grenzen erst bei etwa 25 VA Sekundärleistung erreicht werden.

Bild 478. Vielfach umschaltbare Niederspannungs-Wandler mit primärer und sekundärer Anzapfung für 15 bis 1500 bzw. 15 bis 600 A. (Siemens & Halske.)

An Stelle der Anzapfungen kann man beliebig gestufte Meßbereiche auch dadurch erreichen, daß man für jeden Bereich getrennte Primärspulen vorsieht.

Bild 482 zeigt einen Spezialwandler der Siemens & Halske A.-G. mit den Meßbereichen 3 — 10 — 30 — 100 — 300/1 A. Die Spulen sind

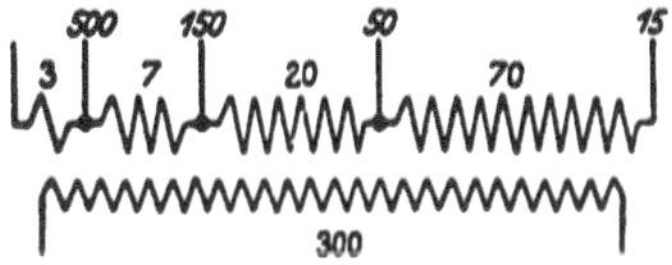

Bild 479. Schaltung eines Wandlers mit primärer Anzapfung und den Meßbereichen 15 — 50 — 150 — 500/5 A.

einzeln gewickelt mit 100 — 30 — 10 — 3 — 1 Windungen, so daß auch jeder Meßbereich getrennt ist und nach Belieben der ganze Wandler zusammengestellt werden kann. Die Sekundärstromstärke wurde zu 1 A gewählt, weil mit ihr ein viel genaueres Abstimmen möglich ist als mit 5 A, wo eine Windung 1,7% ausmachen würde.

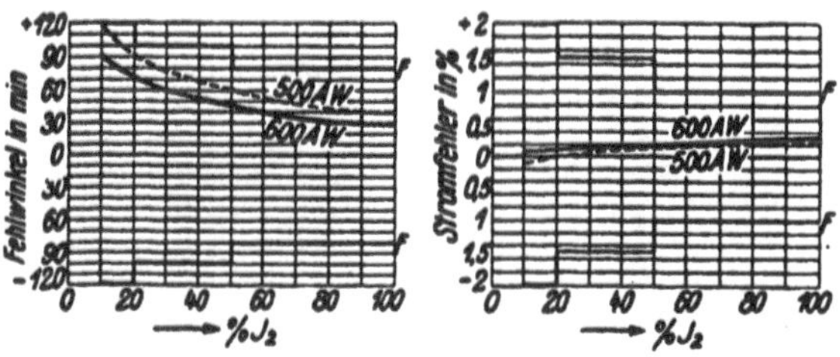

Bild 480. Fehlerkurven des kleinen Wandlers nach Bild 478 bei 500 und 600 AW für 5 VA Sekundärleistung. Der Stromfehler erreicht noch nicht die *E*-Grenzen.

Sekundäre Umschaltung. Für Schalttafel-Wandler wird häufig sekundäre Umschaltbarkeit verlangt. Sie ist selten möglich, weil bei der Umschaltung der Strommeßbereiche im Verhältnis 1:2 die Kupferverluste im Verhältnis 1:4 anwachsen. Dadurch wird entweder der

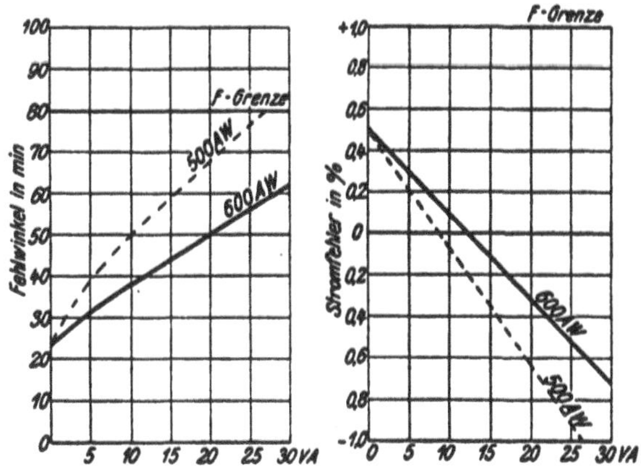

Bild 481. Fehlerkurven des kleinen Wandlers nach Bild 478 bei vollem Strom und geänderter Sekundärbelastung bei 500 und 600 AW. Bei vollem Strom werden die *F*-Grenzen erst bei 25 VA erreicht.

Wandler zu heiß oder, wenn dies nicht der Fall ist, er hat auf dem unteren Strommeßbereich eine so geringe Zahl von Amperewindungen, daß seine Fehler viel zu groß werden. Die Abgleichung der Windungszahlen kann aber bei höheren Primärstromstärken nur für einen Meßbereich erfolgen. Nur in besonderen Fällen, wenn z. B. der Wandler im Öl eines großen Ölschalters untergetaucht ist, so daß eine sehr gute Wärmeabfuhr bei der Überlastung der Primärwicklung auf dem höheren Meßbereich stattfindet, kann bei bescheidenen Genauigkeitsansprüchen die Umschaltung auf der Sekundärseite des Stromwandlers erfolgen.

Wenn man die Sekundärwicklung in zwei Hälften herstellt und sie mit Laschen in Reihe oder parallel schaltet, so kann man den Strom-

Bild 482.

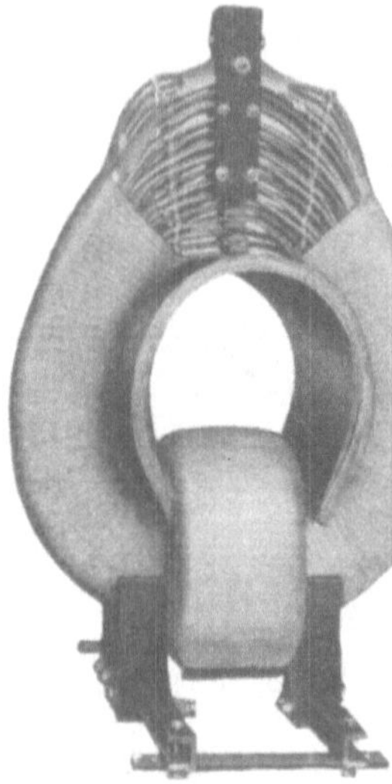

Bild 483.

Bild 482. Stromwandler mit getrennten Primärwicklungen 3—10—30—100—300/5 A. (Siemens & Halske).

Bild 483. Kreuzring-Stromwandler mit Ölisolierung und besonderer Kühlanordnung für die Primärwicklung. (Siemens & Halske.)

bereich des Wandlers im Verhältnis 1:2 umschalten. Man kommt damit beim halben Primärstrom zwar auf vollen Sekundärstrom, die Klemmenspannung und damit die Leistung sinkt aber auch auf den vierten Teil herab. Soweit es möglich ist, baut man solche Wandler so, daß sie auf dem oberen Bereich 60 VA abgeben, um noch bei Umschaltung 15 VA zu haben.

Bei dem in Bild 483 gezeigten Kreuzringwandler, einer Ausführung der Siemens & Halske A.-G., mit 240 kV Prüfspannung waren die Meßbereiche 1 : 2 : 4 durch sekundäre Anzapfung umschaltbar bei einer Bürde von 60 VA für alle Meßbereiche mit der Genauigkeit der Klasse F vorgeschrieben. Der Wandler mußte deshalb schon auf dem untersten Meßbereich 800 AW erhalten, so daß er auf dem höchsten auf 3200 AW kam. Um die dabei erzeugte Wärme leichter an das Öl abzuführen, erhielt der Wandler eine teilweise freigelegte Primärwicklung, durch die das Öl gut zirkulieren kann.

a *b*

Bild 484. Tragbare Stabwandler mit angezapfter Sekundärwicklung für max. 1500 bzw. 3000/5 A. (Siemens & Halske.)

Sekundäre Anzapfung. Ebenso wie bei der sekundären Umschaltung ändert sich auch bei der sekundären Anzapfung die Meßgenauigkeit.

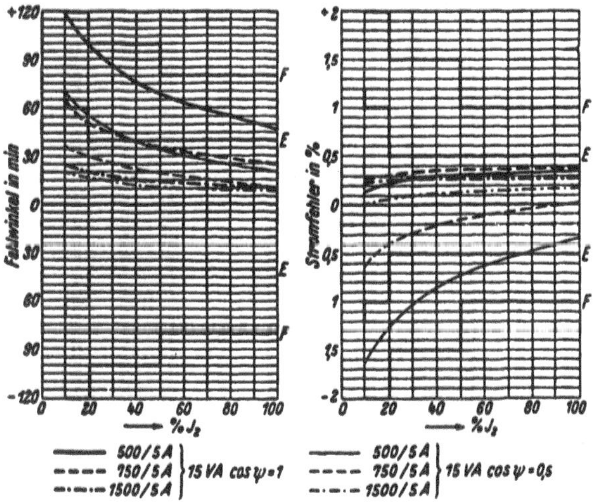

Bild 485. Fehlerkurven des tragbaren Stabwandlers nach Bild 484a für die verschiedenen Primärstromstärken.

Bei Einleiterwandlern ist die sekundäre Umschaltung oder Anzapfung aber das einzige Mittel zum Ändern des Meßbereiches. Hat man genügend hohen Strom, so ist diese Art der Umschaltung des Meßbereiches die bequemste von allen.

Bild 484 zeigt zwei Stromwandler dieser Art mit den Meßbereichen 500 — 750 — 1000 — 1200 — 1500/5 A bzw. 1500 — 2000 — 3000/5 A für eine Prüfspannung von 44000 V. Das Gesamtgewicht ist 17 bzw. 30 kg. Die

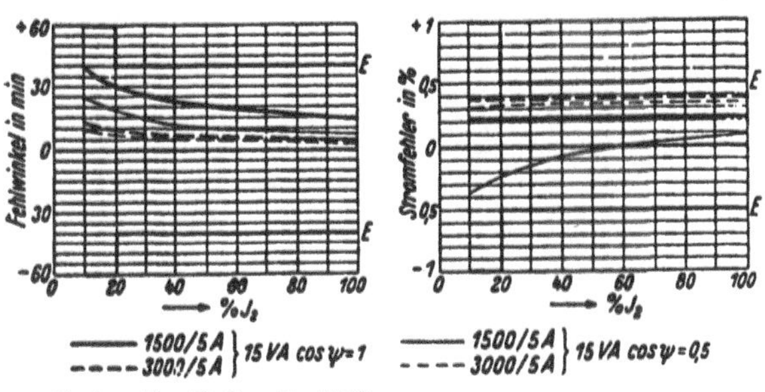

Bild 486. Fehlerkurven des tragbaren Stabwandlers nach Bild 484b.

Fehlerkurven der beiden Wandler sind in Bild 485, 486 wiedergegeben. Um Gewicht zu sparen, wird der große Wandler ohne Primärleiter geliefert.

Art der Isolierung.

Die Art der Isolierung eines Stromwandlers ist für seine Eigenschaften von großer Bedeutung, und es müssen deshalb die einzelnen Typen besprochen werden.

Die Einführungsisolatoren.

Bei den meisten Stromwandlern, die in Deutschland gebraucht werden, kommen besondere Isolierkörper zur Verwendung in der gleichen oder in ähnlicher Art, wie sie als Durchführungsisolatoren in Schaltanlagen oder in Ölschaltern verwendet werden. Eine Ausnahme bildet der Querlochwandler nach Bild 466.

Keramische Isolatoren. Das meistverwendete Material ist Porzellan. Es hat hervorragende Oberflächenisolierung und sehr hohe Durchschlagfestigkeit. Störend ist nur in manchen Fällen die Zerbrechlichkeit, wie es z. B. in den in Bild 504 gezeigten zerstörten Wandlern zum Ausdruck kommt. Porzellan ist relativ billig, auf jeden Fall billiger als organische Isolierstoffe. Für Spannungen bis etwa 35000 V wird es vorzugsweise verwendet, ferner bei sehr hohen Spannungen als Regenschutz für Freiluftausführungen. Einige Firmen verwenden bei sehr hohen Spannungen auch Steinzeug.

Hartpapierisolatoren. Wenn man Zellulosepapier maschinell mit Bakelitlack oder Schellack unter starkem Druck wickelt, erhält man einen sehr guten Hartpapierisolator, dem jede Firma einen besonderen Namen gibt, z. B. Pertinax, Repelit, Geax usw. Diese Durchführungen haben den großen Vorzug, daß sie unzerbrechlich sind und den höchsten mechanischen Beanspruchungen standhalten. Wickelt man Kondensatoreinlagen aus Zinnfolie mit ein, so kann man die elektrische Beanspruchung der Durchführungen vollkommen beherrschen und haben solche Klemmen ein hohes Maß von Sicherheit. Sie dürfen allerdings keine hohen Temperaturen erhalten, keinesfalls mehr als 70°, weil sonst die Durchschlagfestigkeit beträchtlich sinken würde. Es ist üblich, daß diese Durchführungen nicht länger als eine Minute der Prüfspannung ausgesetzt werden, weil bei länger dauernder Beanspruchung schließlich infolge der Erhitzung doch eine Beschädigung eintreten kann. Was aber ein gutes Erzeugnis aushalten kann, sei von einer Repelitklemme der SSW berichtet, die für 110 kV Nennspannung bestimmt war und gelegentlich einer Stromwandlerprüfung nicht nur eine Minute, sondern 8 Stunden lang unter 240 kV stand, ohne daß sie sich erwärmte oder durchschlug. Bei höherer Frequenz ist aber Hartpapier unbrauchbar.

Hartpapierisolatoren werden bei der Mehrzahl der Stab- und Schleifenwandler benutzt, nur im Ausland werden für diese Typen noch viel Porzellan- oder Steingutrohre verwendet, die aber den bei uns gebräuchlichen Prüfspannungen nicht im geringsten gewachsen sind, weil das Porzellan immer so hoch beansprucht ist, daß es schon bei der dort üblichen niedrigeren Prüfspannung stark sprüht.

Trockenwandler.

Diese Art von Wandlern ist im Betrieb am beliebtesten, weil sie keiner Wartung bedarf und auch gegen elektrische Mißhandlung, z. B. Überströme, am wenigsten empfindlich ist. Trockenwandler sind die Stab- und Schleifenwandler. Im Ausland baut man an Stelle unserer Topfwandler sehr viel Trockenwandler nach Art von Bild 487, bei denen die Hochspannungswicklung allseitig mit Lackleinen u. dgl. bandagiert ist. Die Westinghouse Co. baut z. B. für Spannungen bis 10000 V keinen einzigen Topfwandlertyp, allein für höhere Spannungen.

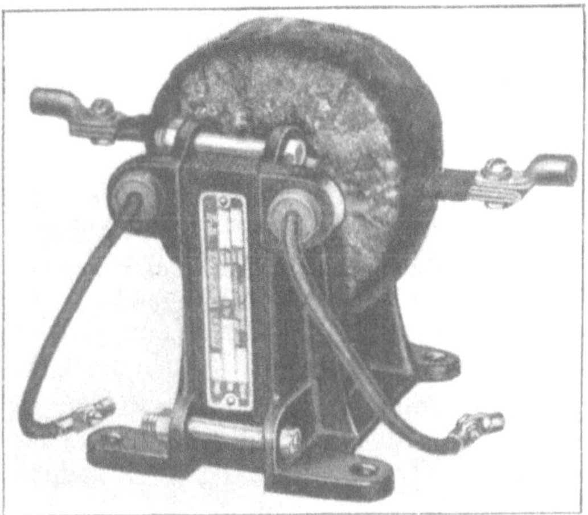

Bild 487. Stromwandler mit Trockenisolierung für 30 kV Prüfspannung. Amerikanische Bauweise. (Sangamo Electric Co.)

Eine sehr interessante Konstruktion der Niagara Improvement Corporation in Buffalo, einen Trockenwandler für hohe Spannung, zeigt Bild 488[1]). Zwei Stützisolatoren für die betr. Spannung tragen die kreisförmig gewickelte Primärspule, auf der oben ein Überbrückungswiderstand (siehe S. 564) sichtbar ist. Der

Bild 488. Stromwandler mit Trockenisolierung für Freiluftanlagen. 130 kV Prüfspannung. (Niagara Falls Improvement Corporation.)

[1]) El. World 87, 1926, S. 868.

durch Streben an dem Eisengestänge gehaltene Eisenkern mit der Sekundärwicklung ist rechteckig. Primär- und Sekundärwicklung sind also durch eine große Luftstrecke voneinander isoliert. Die Streuung ist sehr groß. Der Stromfehler ist bei $\cos \psi_2 = 0{,}9$ und $10 \div 35$ VA Bürde zwischen Vollast und Zehntellast nicht größer als $\pm 0{,}5\%$, der Fehlwinkel bei 10 VA bei Vollstrom — 17 min, bei 35 VA $\pm$ 0 min, bei $^1/_{10}$-Last und 35 VA + 42 min. Die Genauigkeit ist demnach eine sehr hohe.

Für 110 kV Betriebsspannung hat der Wandler folgende Abmessungen:

Gesamte Länge über alles	2620 mm
Gesamte Höhe über alles	2590 mm
Eisenkern außen	1680 mm
Eisenkern, Dicke	102 mm
Luftabstand, minimal . .	690 mm
Gesamtgewicht	923 kg.

Die günstigsten Fehlerkurven werden erreicht durch richtige Verteilung der Sekundärwindungen auf den Kern. Wenn die Wicklung vollständig auf der oberen Hälfte des Kernes liegt, so ist die Übersetzungskurve in ihrer Form sehr ähnlich der Kurve des gewöhnlichen Stromwandlers. Wenn jedoch ungefähr ⅓ der Sekundärwicklung auf der unteren Hälfte des Kernes liegt, so wird eine vollständig genaue Übersetzungskurve erhalten. Dadurch, daß man einen weiteren Teil der Sekundärwicklung auf den unteren Kern legt, wird die Fehlerkurve noch weiter geändert, bis sie schließlich entgegengesetzt ist der üblichen Form. Die günstigsten Resultate werden erzielt durch eine Tertiärwicklung, die aus wenigen Windungen Widerstandsdraht besteht an einer Stelle des oberen Gliedes. Es ist dies eine Kurzschlußwindung, die vollständig unabhängig ist von den anderen Windungen. Sie hat den Effekt, den Fehlwinkel zu vermindern, und es besteht dadurch die Möglichkeit, den Fehlwinkel während der Herstellung einzuregulieren.

Die Stützisolatoren sind solche normaler Bauweise und können bei Bruch leicht ersetzt werden. Alle Metallteile sind galvanisiert und die Spulen und der Kern sind durch eine Asphalttränkung wetterfest gemacht.

Massewandler.

Die Mehrzahl der Topfwandler für Betriebsspannungen bis etwa 15000 V werden mit einer Füllmasse ausgegossen, die aus Kolophonium und Stearinpech besteht, beim Erhitzen auf ca. 100° dünnflüssig wird, bei etwa 50° C erstarrt und bei Zimmertemperatur je nach der Zusammensetzung eine mehr oder weniger harte Masse bildet. Um Luftblasen, die selbstverständlich sehr schädlich sind, zu vermeiden, werden die Wandler längere Zeit samt der Masse im Vakuum erhitzt.

Über den Wert oder Unwert dieser Füllmasse in Stromwandlern sind die Meinungen sehr verschieden. Die Masse isoliert in kaltem Zustande viel besser als Öl, und man hat ihr deshalb häufig zu viel zugemutet und hat Wandler mit zu kleinen Kriechstrecken gebaut, die in kaltem Zustand ohne weiteres die Prüfspannung ausgehalten haben. Die Masse hat aber eine unangenehme Eigenschaft, sie leitet die Wärme sehr schlecht. Ist nun der Wandler im Kupfer knapp oder gar noch überlastet, so tritt an der Primärwicklung eine starke örtliche Erhitzung auf und auch die Masse erhitzt sich. Dabei geht aber ihre Durchschlagfestigkeit ganz bedeutend herunter, sie kommt bei 100° C auf etwa 60 kVcm gegen 240 kVcm im kalten Zustand, und so schlägt schließlich der Wandler durch. Unangenehm ist dabei die Explosion, bei der die schwarze Masse weithin verspritzt wird. Diese Erscheinung, die namentlich bei Spannungen über 25 kV aufgetreten ist, hat die Massewandler an einigen Stellen stark in Mißkredit gebracht, so daß die betreffenden Werke nur noch Ölwandler zu haben wünschen. An anderen Stellen sind wieder bei den gleichen Betriebsspannungen mit denselben Typen die allerbesten Erfahrungen gemacht worden, und wollen solche Werke von Ölwandlern nichts wissen.

Für Massewandler, die einwandfrei sein sollen, ist folgendes zu beachten:

1. Sie müssen einwandfrei hergestellt sein, vor allem dürfen im Innern des Wandlers nicht die kleinsten Lufteinschlüsse sein, die im Laufe der Zeit den Durchschlag veranlassen würden.
2. Sie dürfen auf keinen Fall überlastet werden. Wo diese Gefahr besteht, muß die nächste Stromstufe gewählt werden.
3. Sie dürfen weder allzu großer Kälte noch allzu großer Hitze ausgesetzt werden. Eine Temperaturspanne von 0 ÷ 40° vertragen sie aber ohne weiteres.
4. Der Hersteller muß die Kupferquerschnitte groß genug machen, so daß beim Nennstrom keine größere örtliche Temperaturzunahme als 40° C erfolgen kann.

Wenn das eingehalten wird, ist der Massewandler einwandfrei. Er hat den großen Vorzug gegenüber dem Ölwandler, daß die Qualität seiner Isolierung, einmal gut, immer unverändert bleibt, daß es keiner Abdichtung bedarf und keine Feuchtigkeit ihm schaden kann.

Ölwandler.

Wird der Wandler anstatt mit Masse mit Transformatorenöl gefüllt, so sind verschiedene Vorkehrungen zu treffen. Vor allem muß der Topf öldicht abgeschlossen werden. Am Deckelrand ist dies nicht allzu schwer, wohl aber am Isolator, wo die beiden Wicklungsenden austreten. Die Gefahr, daß der Wandler auf dem Transport Öl verliert, ist sehr groß, und es kommen viele Wandler zur Verwendung, die nur zu einem Teil mit Öl gefüllt sind, weil man es verabsäumt hat, den Ölstand zu kontrollieren.

Das Öl hat die angenehme Eigenschaft, daß es sehr gut die Wärme zirkulieren läßt, so daß keine starken örtlichen Erhitzungen auftreten können. Das ist sehr wichtig bei Stromwandlern, die kurzzeitig hoch überlastet werden. Seine Durchschlagfestigkeit ändert sich mit der Temperatur auch bis zu 100° C nicht merklich.

Bild 489.

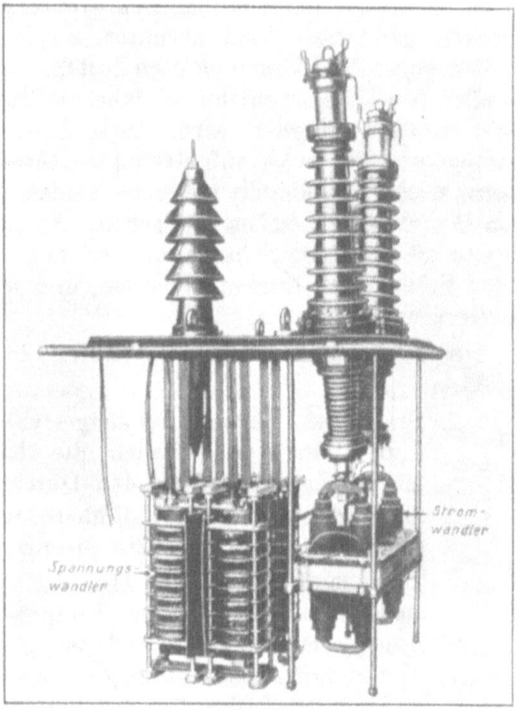

Bild 490.

Bild 489. Freiluftwandler mit Hartpapierdurchführung, Porzellanüberwurf und Ölkonservator. (Siemens & Halske.)

Bild 490. Meßsatz mit je zwei Strom- und Spannungswandlern. (General Electric Co.)

Das Öl hat aber die unangenehme Eigenschaft, daß es sehr leicht Wasser aufnimmt und dann seine Durchschlagfestigkeit schnell abnimmt (siehe S. 126). Diese Wasseraufnahme erfolgt schon durch das »Atmen« des Wandlers: Das Öl erhitzt sich durch die Stromwärme oder von außen, dehnt sich aus und treibt die Luft zu einem Teil heraus. Beim Erkalten tritt neue Luft ein, mit ihr aber auch unweigerlich Wasserdampf, der kondensiert, das Öl sättigt und schließlich einen Wasserniederschlag am Boden des Gefäßes bildet. Größere Wandlertypen für höhere Spannungen rüstet man daher immer mit dem Ölkonservator aus, wie es Bild 489 darstellt. Bei Verwendung des Ölkonservators spielt sich die Wasseraufnahme in dem kleinen Gefäß ab, das das kondensierte Wasser auffängt und vom eigentlichen Wandler fernhält.

Es wird immer vergessen, daß Ölstromwandler genau wie andere Transformatoren einer gewissen Pflege und Überwachung des Öles bedürfen. Man vergewissere sich monatlich über den Ölstand und mache alle 1÷2 Jahre von dem Öl eine Durchschlagprobe, um zu sehen, ob es nicht zuviel Wasser aufgenommen hat oder zu stark verschlammt ist.

Freiluftwandler.

Zur Aufstellung im Freien bedürfen die Wandler einiger konstruktiver Änderungen. Die Sekundärklemmen müssen wasserdichte Kabeleinführungen haben, auch die Primärklemmen müssen gut abgedichtet sein, damit nicht dort Wasser in die Durchführung eintritt. Hartpapierisolatoren müssen mit Porzellanschirmen versehen sein, wie es auch Bild 489 zeigt. Sehr unbequem ist die Konstruktion von Stab- und Schleifenwandlern in Freiluftausführung, weil man die Schirme nicht symmetrisch zum Kern stellen kann. Man hat bisher für die Aufstellung im Freien, von Ausnahmen abgesehen, nur Topfwandler verwendet. Bei Freiluftausführungen sind die Durchführungen besonders teuer. Zur Verminderung der Kosten hat man deshalb in Amerika die Meßwandlersätze für Zähleranschluß, zwei Strom- und zwei Spannungswandler in ein einziges Gehäuse gebaut. Bild 490 zeigt eine derartige Ausführung der General Electric Company. Der Einzelbau würde $1 + 1 + 2 + 2 = 6$ Durchführungen erfordern, während man beim Zusammenbau mit der Hälfte auskommt. Das ist zweifellos ein großer Vorteil; dem steht aber wieder als Nachteil gegenüber, daß solche Einrichtungen sehr schwer werden und deshalb schwer zu transportieren sind und vor allem, daß bei Beschädigung nur eines Wandlers der ganze Satz ausgewechselt werden muß. In Europa hat diese Bauweise, soviel dem Verfasser bekannt ist, nicht Eingang gefunden.

Erdung.

Nach den Vorschriften des V.D.E. muß eine Erdung des Gehäuses und der Niederspannungswicklung mit einem Leitungsquerschnitt von 16 mm² ausgeführt werden können. Die Sekundärklemmen müssen also auch entsprechende Abmessungen aufweisen, damit ein solcher Leiter untergeklemmt werden kann. Diese Bestimmung kann bei sehr kleinen Wandlern konstruktive Schwierigkeiten verursachen.

Die Gehäuseerdung muß stets mit einer besonderen Schraube erfolgen, die mit »*E*« oder dem V.D.E.-Symbol der Erdung gekennzeichnet ist. Werden die Enden von irgendwelchen Wicklungen geerdet, so ist streng darauf zu achten, daß diese Erdverbindung niemals unkontrollierbar im Innern des Wandlers, sondern immer außen sichtbar hergestellt wird. Man führt dann das betreffende Wicklungsende isoliert herauf, befestigt es auf einem kleinen Isolator für 2÷10 kV Prüfspannung und führt von diesem erst einen blanken Draht zu der Erdklemme am Gehäusedeckel. Nach Lösen dieser Erdverbindung kann man diese Wicklung auf Windungsschluß kontrollieren.

Klemmenbezeichnung und Aufschriften.

Stromwandleranschlüsse werden in Übereinstimmung mit den V.D.E.-Regeln so bezeichnet, daß die Primäranschlüsse mit L_1 L_2, die Sekundäranschlüsse mit l_1 l_2 beschriftet werden. L_1 ist der Stromeintritt, L_2 der Stromaustritt.

Die V.D.E.-Klemmenbezeichnungen dürften im Lauf der Zeit mit den internationalen Aufschriften (I.E.C.) in Übereinstimmung gebracht werden. Gegenwärtig hat fast jedes Land eine andere Art der Klemmenbezeichnung. Der Leser sei in der Frage der Klemmenbezeichnung auf die in einiger Zeit herauskommenden neuen Festlegungen des V.D.E. verwiesen.

Es ist zweckmäßig, die Klemmenbezeichnung so auszuführen, daß sie durch das Anstreichen des Wandlers nicht ausgelöscht werden kann, sie also einzugießen oder einzupressen. Vielfach wird auch eine Doppelbezeichnung gemacht in der Weise, daß neben L_1 L_2 bzw. l_1 l_2 eingekreist L_2 L_1 bzw. l_2 l_1 stehen. Man macht dies wegen der einfachen Leitungsführung in der Anlage, damit nicht z. B. die Sekundärklemmen auf die dem Beschauer abgewandte Seite zu liegen kommen und benutzt dann entweder durchweg die freistehenden Buchstaben oder durchweg die eingekreisten Buchstaben. Bei einigen Wandlertypen bezeichnen Siemens & Halske die L_1- und l_1-Klemme außerdem rot; von dieser Färbung wird besonders Gebrauch gemacht bei Wandlern, die nur mit Drahtenden, ohne Klemmen oder Schild geliefert werden. Bei dem fertig eingebauten Wandler erleichtert diese Klemme den Überblick über die Schaltung.

Das Bezeichnungsschild soll alle für den Benutzer wesentlichen Daten enthalten, insbesondere auch Angaben über thermische und dynamische Festigkeit, Verhalten bei Überstrom, möglichst auch bei Wandlern für den Differentialschutz Angaben über Windungszahl, Eisenquerschnitt und Eisenweglänge.

Fehlergrößen des Stromwandlers.

Klasseneinteilung.

Bis zur Festlegung der Genauigkeitsvorschriften vom V. D.E. war eine große Willkür in den Genauigkeitsangaben der Hersteller. Jeder bezeichnete seinen besten Wandler als Präzisionswandler, ohne die Fehlergrenzen anzugeben. Der V. D. E. unterscheidet die Klassen E, F, G, H, J (siehe Band II, Anhang) mit 0,5 und 1 bzw. 5% Genauigkeit für die Klasse E und F bzw. H, J.

Um nicht allzu viele Wandlertypen zu erhalten, haben Siemens & Halske in Übereinstimmung mit der Phys. Techn. Reichsanstalt die Festlegung getroffen, daß bei höheren Bürden nur folgende Werte gewählt werden sollen:

15 — 30 — 60 — 120 VA.

Die Abstufung im Verhältnis 1:2 ist vollkommen ausreichend.

Es hat sich herausgestellt, daß die Festlegung der Klassen H, J in der jetzt festgelegten Weise nicht zweckmäßig ist. (Siehe Band II.)

Es war beabsichtigt, die deutschen Regeln zu ändern, infolge zahlreicher Einsprüche gegen die Veröffentlichung in der ETZ[1]) wurde aber die Beschlußfassung auf unbestimmte Zeit verschoben.

Einfluß der Bürde.

Im allgemeinen baut man die Wandler so, daß die E- und F-Grenze bei einer Bürde von 15 VA (immer berechnet für den vollen Strom, entsprechend 0,6 Ω Scheinwiderstand) eingehalten wird. Nur in Sonderfällen, z. B. bei tragbaren Wandlern, wo das Gewicht besonders gering sein soll und eine Bürde von 15 VA nicht verlangt wird, geht man auf kleinere Werte, z. B. 5 VA.

Es stellt sich nun oft später heraus, daß die Bürde, für die man den Wandler gekauft hat, nicht ausreicht. Es ist nun die Frage, ob das

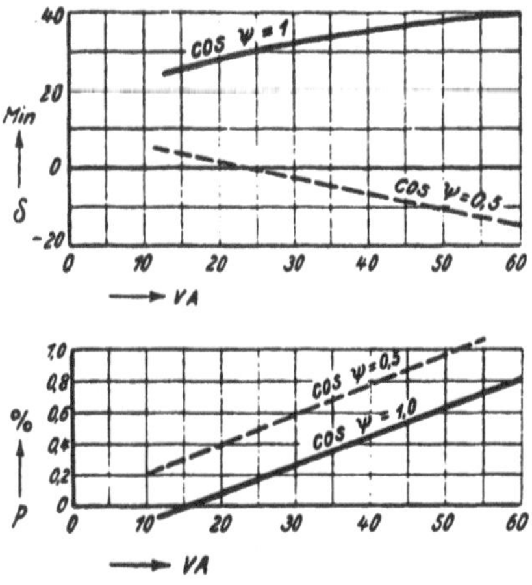

Bild 491. Einfluß der Sekundärbelastung auf die Fehlergrößen eines normalen Topfwandlers mit etwa 1000 AW.

Überschreiten der Nennbürde irgendwie die Betriebssicherheit beeinträchtigen kann und ob die Fehler in unzulässig hohem Maße zunehmen. Mancherorts besteht z. B. die Meinung, daß bei Überschreitung der Nennbürde von 30 VA auf beispielsweise 35 VA ein neuer Wandler beschafft werden müßte. Das ist aber nur bei extrem hohen Genauigkeitsansprüchen der Fall. Der Hersteller muß seine Garantie auf irgendeine Höchstbürde festlegen, es wäre aber auch wünschenswert, wenn typische Kurven bekanntgegeben würden, die angeben, wie es z. B. in Bild 491 für einen normalen Topfwandler oder in Bild 492 für einen Schenkel-

[1]) ETZ, 1927, S. 705.

kern mit ca. 7 kg Eisengewicht für 500 — 1000 — 1500 AW geschehen ist. Das Bild zeigt, daß z. B. bei 1000 AW von 30 bis 40 VA Bürde der Stromfehler nur um 0,16% zunimmt, der Fehlwinkel nur um 4 min. Solche Werte können unbedenklich in Kauf genommen werden, man braucht nicht einen zweiten Wandler einzubauen oder ein Modell für 60 VA oder vom Hersteller die Einzelanfertigung oder Abgleichung für 40 VA zu verlangen.

Man kann schon aus diesem Bild sehen, wie die Leistung eines Wandlers zunimmt, wenn man die Fehlergröße anwachsen läßt. Dabei haben wir noch die Sekundärwicklung unverändert gelassen, wir haben von der Abgleichung des Stromfehlers keinen Gebrauch gemacht.

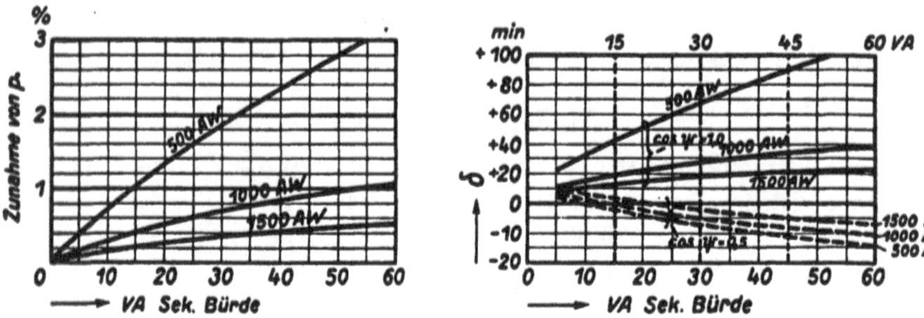

Bild 492. Einfluß der Sekundärbelastung bei einem Stromwandler mit 500—1000—1500 Primär-Amperewindungen.

Grenzbürde. Steigert man den Widerstand im Sekundärkreis eines Wandlers mehr und mehr, so nehmen die Fehler einmal zu, zum andern steigt aber die Liniendichte im Eisen von den kleinen Werten, die man im normalen Betrieb hat, zu solchen an, daß sich die Eisenverluste bemerkbar machen, die dann eine zusätzliche Erwärmung verursachen. Als Grenzbürde bezeichnet der V.D.E. den Höchstwert des Scheinwiderstandes der anzuschließenden Apparate, bei dem ohne Rücksicht auf die Genauigkeit die Erwärmungsvorschriften noch eingehalten werden.

Höchstleistung eines Stromwandlers. Besonders häufig ist bei Stabwandlern mit Ringkern die Größe der Höchstleistung zu berechnen, wenn man an sie Auslöserelais anschließt. Es gibt dabei für ein bestimmtes Relais immer eine günstigste Windungszahl, mit der man die Höchstleistung erreicht.

Wenn man von dem Wandler nur ganz kurzzeitig hohe Leistung verlangt, z. B. zum Auslösen eines Relais, so kann man ihn bis zu seiner Höchstleistung beanspruchen. Diese hängt naturgemäß stark von der Größe des Wandlers und seiner Amperewindungszahl ab. Bild 493 zeigt die Höchstleistung für drei Wandler. Bei dem kleinsten ist sie nur 100 VA, bei dem größten nahezu 600 VA.

In ähnlicher Weise wie das Verhalten bei Überstrom (s. S. 490) läßt sich auch die Höchstleistung eines Stromwandlers nach einem auf der Magnetisierungskurve aufgebauten graphischen Rechenverfahren, das im Wandlerlaboratorium der Siemenswerke ausgearbeitet wurde, ermitteln. Als gegeben ist anzusehen

die primäre Magnetisierung h_1 in AW/cm Kraftlinienlänge,
der Netto-Eisenquerschnitt Q_e in cm²,
die mittlere Kraftlinienlänge l_m in cm.

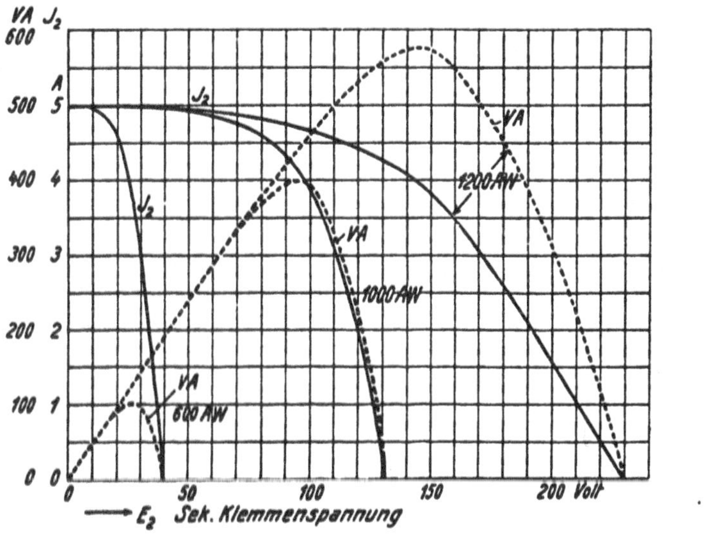

Bild 493. Sekundärleistung dreier verschieden großer Stromwandler.

Gesucht ist die maximal entnehmbare Scheinleistung N in VA. Sie beträgt $N_2 = J_2 \cdot E_2$; dabei ist

$$J_2 = \frac{h_1 - h_0{}^{1)}}{w_2} \cdot l_m = \frac{h_2}{w_2} \cdot l_m,$$

$$E_2 = 4{,}44 \cdot \nu \cdot w_2 \cdot B \cdot Q_e \cdot 10^{-8};$$

daher

$$N_2 = 4{,}44 \cdot \nu \cdot w_2 \cdot B \cdot Q_e \cdot 10^{-8} \cdot \frac{h_2 \cdot l_m}{w_2}$$

oder

$$N_2 = 4{,}44 \cdot \nu \cdot Q_e \cdot l_m \cdot B \cdot h_2 \cdot 10^{-8}.$$

Die Leistung N_2 wird ein Maximum, wenn $B \cdot h_2$ ein Maximum ist, da alle übrigen Faktoren die Gleichung konstant sind. Wir müssen uns dazu die Bedeutung von $B \cdot h_2$ klarmachen und zeichnen die Magneti-

[1]) Genau: geometrisch zu subtrahieren, hier algebraisch subtrahiert als rohe, ungünstigere Annahme.

sierungskurve für die betr. Eisensorte (Bild 494). Wir sehen, daß $B \cdot h_2$ die Fläche des schraffierten Rechtecks ist. Sie wird ein Maximum, wenn

$$dB \cdot h_2 = dh_2 \cdot B$$

oder

$$h_2 = \frac{dh_2}{dB} \cdot B$$

und zuletzt

$$B \cdot h_2 = \frac{dh_2}{dB} \cdot B^2.$$

Da sich die Magnetisierungskurve nicht durch eine einfache Gleichung darstellen läßt, so müssen wir die Differentiation an Hand der Kurve vornehmen. Wir gehen von der Magnetisierungskurve $B\,(f)\,h$

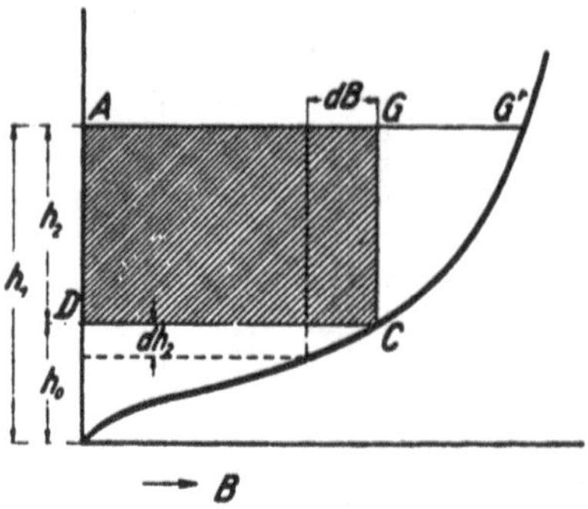

Bild 494. Hilfskonstruktion für Bild 495.

aus und lassen B von Null bis zum Höchstwert um dB beispielsweise = 100 Gauß zunehmen und entnehmen dafür aus der Kurve die verschiedenen Werte von dh_2, bilden dann $B \cdot h_2 = \frac{dh_2}{dB} \cdot B^2$ und tragen diesen Wert graphisch als Funktion von h_1 auf.

Wir haben aus der Kurve dann auch ohne weiteres den Wert h_0, ebenso h_2 und vor allem B und tragen nun alle diese Größen als

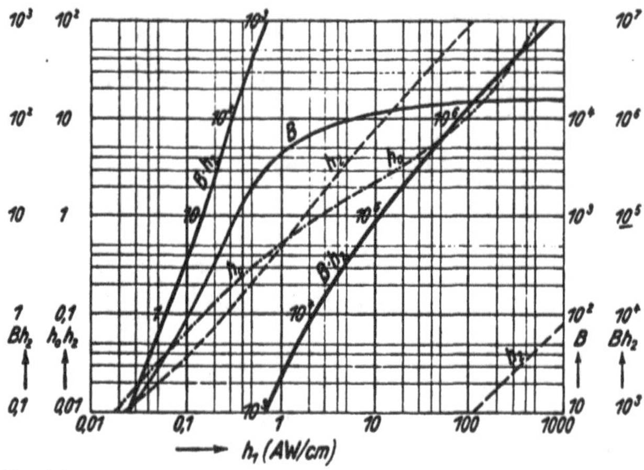

Bild 495. Diagramm zur Berechnung der Höchstleistung von Stromwandlern.

Funktion von h_1 auf (Bild 495). B ist die Liniendichte bei der maximalen Leistung.

Die Gebrauchsweise der Kurve ist folgende: Man berechnet die primären AW/cm $= h_1$, entnimmt dafür $B h_2$ aus der Kurve und berechnet die Leistung

$$N_2 = 4{,}44\,\nu \cdot Q_e \cdot l_m \cdot Bh_2 \cdot 10^{-8} \text{ Voltampere.}$$

Ferner erhält man die dabei auftretende Liniendichte B der jeweiligen maximalen Leistung. Man sieht daraus, daß B bei geringer Erregung auch klein ist und erst oberhalb $h_1 = 10$ AW/cm den Sättigungswert annimmt. Zu B kann man die Eisenverluste berechnen. Schließlich entnimmt man der Kurve h_2 und h_0 und berechnet daraus den Stromabfall, mit andern Worten den Fehler.

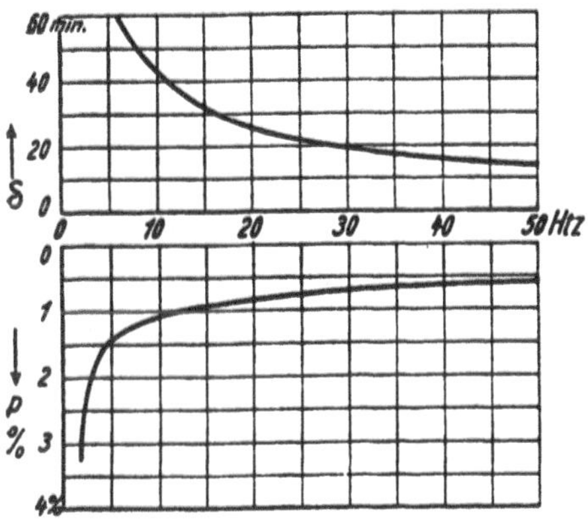

Bild 496.

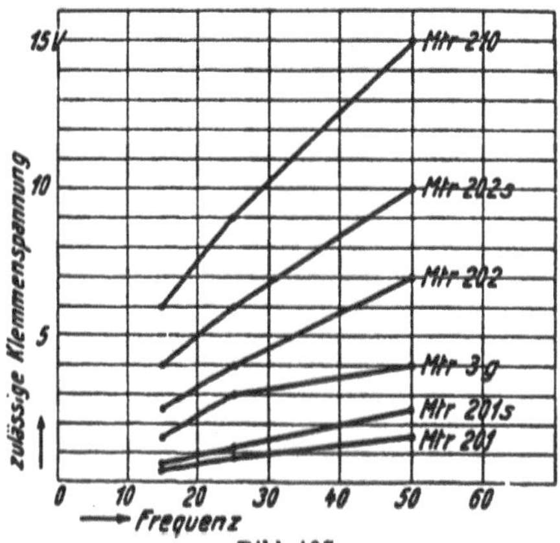

Bild 497.

Bild 496. Einfluß der Frequenz auf die Fehlergrößen eines Topfwandlers mit 1000 AW bei 15 VA Sekundärleistung.

Bild 497. Zulässige Klemmenspannung verschiedener Wandlermodelle bei verschiedener Frequenz. (Siemens & Halske.)

Einfluß der Frequenz. Mit der Frequenz erfahren die Fehlergrößen eine starke Änderung. Der Leerlaufstrom vermindert oder vermehrt sich angenähert proportional der Frequenz, und man kann deshalb annehmen, daß auch der Übersetzungsfehler und der Fehlwinkel sich in gleicher Weise ändern.

Bild 496 zeigt für einen Stromwandler mit 1200 AW für eine Sekundärbelastung von 10 VA und 1,4 mH Übersetzungsfehler und Fehlwinkel für Frequenzen von 2÷60 Hertz. Die Übersetzungsfehler sind hier absolut gegeben, d. h. ohne Abgleichung der Windungszahlen. Das Bild zeigt, daß die Fehler mit abnehmender Frequenz nicht so schnell zunehmen, wie nach obigem zu erwarten wäre. Die Ursache liegt darin, daß mit abnehmender Frequenz zunächst auch die Streureaktanz abnimmt. Erst bei ganz geringen Frequenzen wird der Fehler sehr groß. Die Fehlergrößen bleiben angenähert gleich, wenn die Nutzbelastung etwas langsamer als die Frequenz abnimmt. Bild 497 zeigt für verschiedene Arten von Stromwandlern von Siemens & Halske die bei Einhaltung der garantierten Fehlergröße zugelassene Klemmenspannung für vollen Strom. Diese Werte setzen aber voraus, daß der Wandler jeweils in seinem Übersetzungsverhältnis für die betreffende Frequenz abgeglichen wird.

Stromwandler für Mittel- und Hochfrequenz. Bereits früher ist auseinandergesetzt worden, daß mit steigender Frequenz bei einem Stromwandler sowohl der Übersetzungsfehler als auch der Fehlwinkel abnehmen. Bei vollständig induktionsfreier Belastung sinkt die Liniendichte im Eisen umgekehrt proportional der Frequenz, bei rein induktiver Belastung wäre sie konstant, weil auch die sekundäre EMK proportional mit der Frequenz zunimmt. Aus dem Diagramm Bild 427 ist zu ersehen, daß in diesem Falle E_2 mit der Abszissenachse, die Richtung des Kraftlinienflusses mit der Ordinatenachse zusammenfällt, und weiterhin, daß damit der Übersetzungsfehler konstant ist.

Bei hohen Frequenzen werden weiterhin die Eisenverluste zum größten Teile durch Wirbelströme verursacht, nur zum kleineren Teile durch die Ummagnetisierung. Da die Liniendichte konstant ist, nehmen sie also mit dem Quadrate der Frequenz zu, und mit ihnen der Phasenfehler. Der Punkt P_0 fällt in Bild 427 stets auf die rechte Seite der Y-Achse, und bei hoher Frequenz eilt der Primärstrom dem Sekundärstrom vor.

Für Mittelfrequenz (bis 2500 Hertz) hat die obige Überlegung noch keine Geltung, nur für Hochfrequenz, bis zu den Frequenzen der drahtlosen Telegraphie und für diese. Bei Frequenzen von 500÷1000 Hertz lassen sich alle normalen Stromwandlermodelle ohne weiteres verwenden; es ist nicht nötig, sie aus besonders dünnem Blech herzustellen. Um Material zu sparen, wird man aber auch für diese Frequenzen Spezialwandler bauen, die bei 200÷500 AW bereits sehr genaue Messungen auszuführen gestatten.

Verwendet man aber normale Wandler für höhere Frequenzen, so ist zu beachten, daß sie entsprechend der abgeglichenen Windungszahl zu hoch zeigen müssen; kleine Wandler werden einen größeren Plusfehler aufweisen als solche mit 1000÷1200 AW.

Als Richtlinie zum Bau von Stromwandlern für sehr hohe Frequenzen ergibt sich:

Die Reaktanz der Sekundärwicklung muß tunlichst klein sein, demnach muß auch der Wandler selbst so klein sein, daß er gerade noch die von ihm geforderte Sekundärleistung aufbringt. Es kann also nicht überraschen, wenn die Abmessungen der Stromwandler für die Frequenzen der drahtlosen Telegraphie sehr klein werden.

---

[1]) Siehe N. W. Mc. Lachlan, The Electrician, 78, S. 383, 1916; Referat Jahrb. f. drahtl. Tel. XIII, 1918, S. 181.

Ein derartiger, vom Verfasser bei Siemens & Halske gebauter Stromwandler für primär 100, sekundär 5 A, hatte ein Eisengewicht von nur 25 g. Er war hergestellt aus hochlegierten Eisenblechringen von 0,08 mm Dicke mit 28 mm äußerem, 16 mm innerem Durchmesser. Bei Anschluß eines Hitzdraht-Strommessers für 5 A mit 0,025 Ω Widerstand an die Sekundärwicklung ergaben sich folgende Übersetzungsfehler:

Bei	500	Hertz	12,5%,
»	1000	»	7,4%,
»	10000	»	1,7%,
»	100000	»	0,6%.

Angesichts dieser geringen Abmessungen ist es leicht möglich, solche Wandler in die Instrumentgehäuse einzubauen. Bild 498 zeigt ein

Bild 498. Hitzdraht-Strommesser für Hochfrequenz mit eingebautem Hochfrequenz-Stromwandler 200/5 Ampere. (Siemens & Halske.)

derartiges Hitzdrahtinstrument von Siemens & Halske für 200 A. Die Starkstromleitungen sind nach unten gezogen, möglichst weit ab vom Hitzdraht, weil es sich gezeigt hat, daß die elektrodynamischen und induktiven Wirkungen auf den Hitzdraht sehr stark waren, wenn der Leiter in nächster Nähe des Hitzdrahtes geführt wurde. Aus diesem Grunde ist bei späteren Ausführungen der Stromwandler vom Instrument getrennt worden, wie es bei Niederfrequenz allgemein üblich ist. Bild 499 zeigt einen größeren Hochfrequenzstromwandler von Siemens & Halske für eine Stromstärke von primär 1200 A. Der 350 mm lange Primärleiter besteht, wie die ganze Leitungsanlage der Großstation, für die das Instrument bestimmt war, aus Kupferrohr von 58/62 mm Durchmesser. Die Verbindungsleitungen mit dem Instrument bestehen aus 8/10 mm Kupferrohr und werden ebenso wie die Primärleiter mit Zentralklemmen verbunden. Der Wandler ist für eine Frequenz von 6000 Hertz bestimmt; er zeigt indessen bereits von 500 Hertz ab richtig.

Bild 499. Hochfrequenz-Stromwandler mit rohrförmigem Primärleiter für 1000/5 A. (Siemens & Halske.)

Der Wandler ist zum Einbau in die Erdleitung bestimmt und deshalb nur für 5000 V Prüfspannung isoliert.

Für höhere Betriebsspannungen können bei Hochfrequenz die üblichen festen Isolierstoffe wie Papier, Porzellan usw. nicht verwendet werden, weil sie infolge ihrer hohen dielektrischen Verluste sich zu stark erhitzen würden. Man muß Luftisolation verwenden, wie es bei dem in Bild 500 gezeigten Hochfrequenzwandler der General Electric Co. ge-

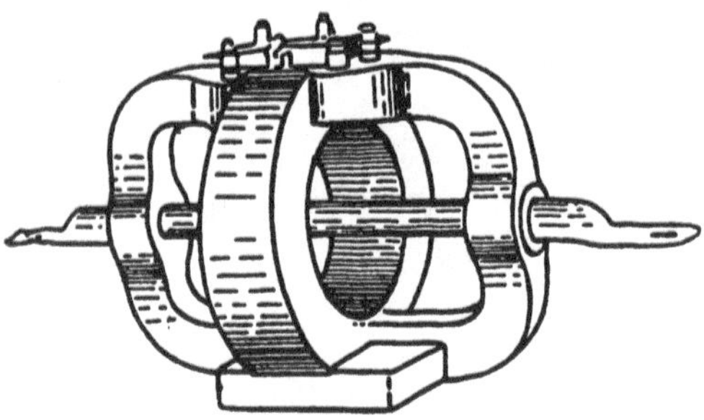

Bild 500.

Bild 501.

Bild 500. Hochfrequenz-Stromwandler mit Porzellan- und Luftisolierung. (General Electric Co.)
Bild 501. Tragbarer Hochfrequenz-Stromwandler für zwei Strommeßbereiche mit zwei Eisenkernen. (Siemens & Halske.)

schehen ist[1]). Der Eisenring wird von einem Porzellanrahmen gehalten, die Wicklung ist von einem geerdeten Kupferschirm umgeben. Die Überschlagspannung über die Luftstrecke ist 30000 V. Die Übersetzungsgenauigkeit von Wandlern dieser Bauweise ist zu etwa 0,1 % zu schätzen. Der Wandler muß als Einleitermodell mindestens 50 AW haben.

[1]) Maloff, Gen. El. Review, 29, 1926, S. 555.

Für Laboratoriumsmessungen ist von Siemens & Halske das in Bild 501 gezeigte Modell entwickelt worden. Es besitzt weder primäre noch sekundäre Umschaltung, sondern zwei Kerne, für jede Stromstärke einen. Für den nicht benutzten Meßbereich wird die Sekundärwicklung jeweils kurzgeschlossen, um übermäßige Erhitzung zu vermeiden.

Einfluß der Kurvenform. Die Kurvenform des Wechselstromes beeinflußt die Übersetzungsgenauigkeit nur in sehr geringem Maße. Agnew hat im Bureau of Standards darüber Vergleichsmessungen mit drei verschiedenen Stromwellen angestellt, mit einer reinen Sinuskurve und zwei verzerrten Kurven (flach und spitz) mit einer dritten Harmonischen im Betrage von 20% der Grundwelle. Es ergab sich, daß bei verzerrter Kurve und stark induktiver Belastung die Übersetzung bei 25 Hertz um maximal 0,15% geändert wurde, bei induktionsfreier Belastung nur um 0,05%. Bei spitzer Kurve war der Fehler kleiner, bei flacher Kurve größer. Betrug die dritte Harmonische nur 10% der Grundwelle, so wurden die Fehleränderungen nur halb so groß. Auch der Phasenfehler änderte sich mit der Kurvenform, jedoch in geringerem Maße, bei 35 min für Sinusform schwankte er zwischen 33,8 und 35,6 min für verzerrte Kurven, wobei wieder die spitze Kurve den kleinsten Fehler ergab.

Einfluß einer Gleichstrommagnetisierung. Während demnach bei reinem Wechselstrom der Einfluß der Kurvenform des zu messenden Stromes auf Phasenfehler und Übersetzung vernachlässigbar ist, können erhebliche Störungen eintreten durch eine Gleichstromkomponente im Wechselstrom oder durch eine Restmagnetisierung des

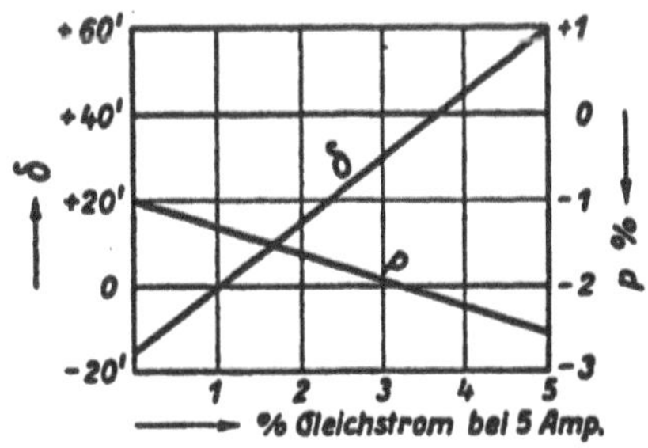

Bild 502. Einfluß einer Gleichstrom-Magnetisierung auf die Fehlergrößen eines normalen Stromwandlers.

Eisenkernes. Die erste kann bei Strommessungen an Lichtbogen eintreten, die bekanntlich Ventilwirkung haben, also die Ausbildung einer der beiden Halbwellen begünstigen. Bild 502 zeigt den Fehler eines gewöhnlichen Stromwandlers mit etwa 1000 AW bei übergelagertem Gleichstrom. Schon bei 1% Gleichstromwert steigt der Phasenfehler um 16 min.

Einfluß von Fremdfeldern. Dieser Fehlereinfluß ist selten, er muß aber doch auch in Erwägung gezogen werden. Er kann in Betracht kommen bei sehr hohen Stromstärken über 10000 A, wenn man zum Zwecke der Erzielung kleinen induktiven Spannungsabfalles beispielsweise bei Karbidöfen die drei Phasen eng ineinander schachtelt.

Am günstigsten sind Ringkern-Stabstromwandler mit gleichmäßig verteilter Sekundärwicklung. Bei Schienenstromwandlern können indessen merkliche Beeinflussungen auftreten, und es sind deshalb bereits astatische Stromwandler mit zwei Kernen gebaut worden (s. S. 507). Die Fehler sind indessen nicht erheblich. Bei einem 2000-A-Wandler dieser Art wurde bei ungünstigster Lage der Rückleitung, dicht an einem Schenkel, nur ein maximaler Fehler von 0,3% festgestellt. Bei Topfwandlern ist damit zu rechnen, daß das Kesselblech eine gute Schutzwirkung ausübt.

Dynamische Festigkeit des Stromwandlers.

Stromwandler, die in Zentralen oder in der Nähe von solchen eingebaut sind, müssen imstande sein, kurzzeitige Strombelastungen sehr hoher Amplitude auszuhalten. Wir wollen noch nicht von der thermischen Beanspruchung reden, sondern allein von der dynamischen, die das Bestreben hat, parallele Stromflußbahnen bei entgegengesetzter Stromflußrichtung abzustoßen, bei gleicher Stromrichtung zusammenzuziehen, Leiterschleifen in dem Sinne zu deformieren, daß ein Maximum des Querschnittes entsteht, also z. B. eine längliche Schleife zu einem Kreis umzuformen.

Die abstoßende Kraft zweier Leiter mit dem Strom J, der Länge L, dem Abstand a berechnet sich nach der Gleichung

$$P = \frac{2 \cdot J^2 \cdot L}{a \cdot 9{,}810 \cdot 10^7}\ \text{kg oder rund}\ \frac{2 \cdot J^2 \cdot L}{a \cdot 10^8}\ \text{kg}.$$

Liegen n Leiter parallel, so ist ihre Gesamtkraft zu rechnen:

$$P = \frac{2 \cdot (n \cdot J)^2 \cdot L}{a\, 10^8}\ \text{kg},$$

weil das Bündel einem einzigen Leiter mit dem Strom $n\,J$ gleichwertig ist.

Der V.D.E. schreibt für die Stoßfestigkeit eines Wandlers vor, daß er bei Kurzschlußziffer I den 100fachen, bei Kurzschlußziffer II den 150fachen Nennstrom aushalten soll. Diese Art der Festlegung der Stoßfestigkeit ist nicht zweckmäßig, es ist besser, statt dessen eine gewisse Amperezahl, 20000 A oder 100000 A zu nennen, denn es können in der Nähe eines Generators die verschiedensten Nennstromstärken eingebaut sein, bei einem Kurzschluß erhalten sie doch alle nahezu den gleichen Stromstoß, unbekümmert um ihre Nennstromstärke.

Stabwandler. Die Stabwandler sind sowohl theoretisch als praktisch vollkommen kurzschlußfest; bei ihnen kann sich weder an der primären noch an der sekundären Wicklung etwas ändern. Der Eisenstabwandler ist nur kurzschlußfest bei vollkommen symmetrisch angeordneter Wicklung. Immerhin hat ein Wandler dieser Art mit 30 A Nennstrom einen Stoßstrom von 27000 A ohne Schaden ausgehalten.

Schleifenwandler. Der Schleifenwandler mit Hartpapierisolierung nach Bild 456 ist praktisch kurzschlußfest, theoretisch ist er es aber nicht, weil sich die parallelen Strombahnen in den Isolierrohren abstoßen. Die wirksame Kraft berechnet sich folgendermaßen:

Strom J in einem Rohr	100 A (1000-AW-Wandler)
Windungszahl	10
Stoßstrom, angenommen	10000 A
Abstand der Rohre	40 cm
Länge der Rohre	100 cm (Serie VI).

Daraus:

$$P = \frac{2 \cdot 100\,\text{cm} \cdot 10^{10}\,\text{A}}{40\,\text{cm} \cdot 10^{8}} = 500\ \text{kg}.$$

Diesem geringen Zug halten die Befestigungsschellen und die Bolzen ohne weiteres stand. Bei höheren Stromstößen kommt man aber auf sehr bedenkliche Zahlen, besonders wenn der Nennstrom gering ist, weil man ja immer in der Formel den Stoßstrom, mit der Windungszahl multipliziert, zum Quadrat erheben muß. Von tausenden Schleifenwandlern, die die Siemens & Halske A.-G. bisher geliefert hat, ist indessen noch kein einziger in einer Weise zerstört worden, daß man auf eine dynamische Beanspruchung schließen könnte.

Topfwandler. Der Topfwandler ist viel ungünstiger als Stab- und Schleifenwandler. Die Einführungen in den Isolator sind entsprechend

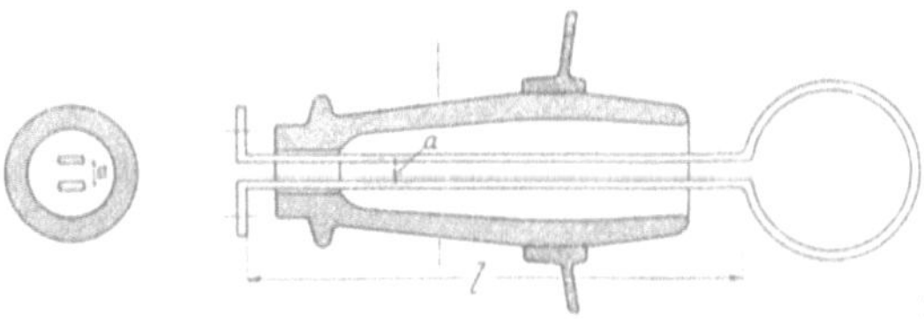

Bild 503. Anordnung der Einführungen in den Isolator eines Topfwandlers.

Bild 503 angeordnet. Wenn nun auf einen solchen Wandler mit 1000 AW ein Stoßstrom von nur 50000 A trifft, so haben wir folgende Werte:

$$J = 50000\ \text{A},$$
$$l = 40\ \text{cm},$$
$$a = 2\ \text{cm},$$
$$P = \frac{2 \cdot 25 \cdot 10^{8} \cdot 40}{2 \cdot 10^{8}} = 1000\ \text{kg}.$$

Es ist wohl ohne weiteres einleuchtend, daß es kaum möglich ist, die zwei Leiter isolierend so miteinander zu verbinden, daß sie durch derartige Kräfte nicht auseinander gerissen werden. Liegen die Leiter in einem Porzellanrohr, so wird dieses durch den Schlag sofort zertrümmert, der Wandler schlägt dann selbstverständlich über. Derartige Beschädigungen sind keineswegs selten. Bild 504 zeigt zwei Wandler, die gleichzeitig bei einem dreiphasigen Kurzschluß so beschädigt wurden.

Zu beachten ist, daß die Zersprengung des Isolators beide Male in genau der gleichen Weise erfolgt ist.

Bild 504. Zwei Stromwandler mit Isolatoren, die gleichzeitig durch die Abstoßung der Primärleitung zersprengt wurden.

Solche Beschädigungen kommen schon mit verhältnismäßig niedrigen Stromstößen zustande. Bei der Prüfung der Einführungen zu

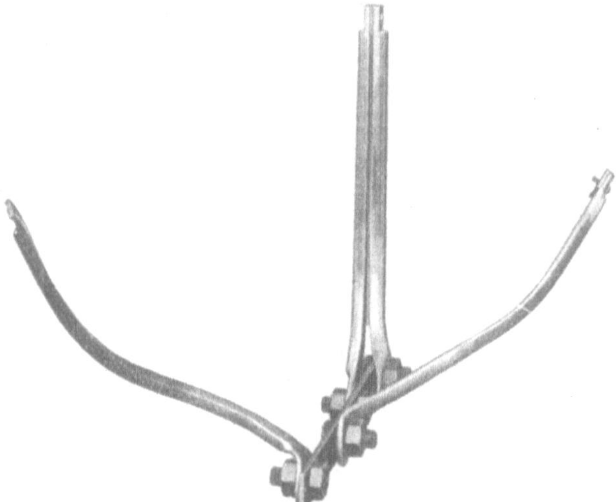

Bild 505. Prüfstücke von Stromwandler-Einführungen. Die vordere wurde durch einen Stromstoß von 30000 A zerrissen.

normalen Topfwandlern wurden schon mit einem Stoß von 30000 A die Leitungen erst ausgebaucht und dann noch eine 10-mm-Schraube aus dem Gewinde gerissen (Bild 505).

Wenn man an Stelle der Porzellanisolatoren solche aus Hartpapier verwendet, so besteht in dem Einführungsisolator keinerlei Gefahr mehr, weil diese Art von Isolatoren elastisch ist und durch Schlag nicht zer-

Bild 506.

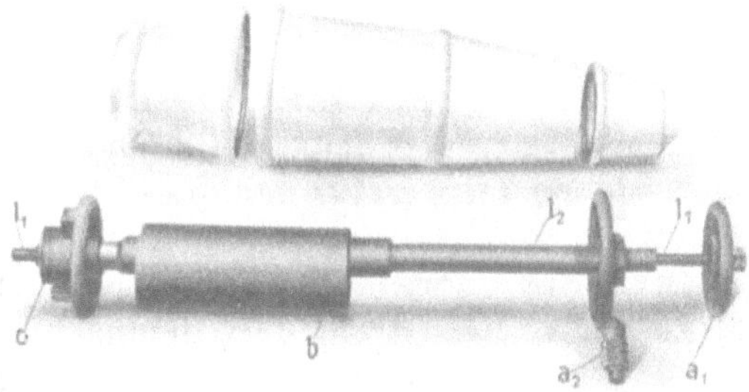

Bild 507.

Bild 506. Kurzschlußfester Freiluft-Stromwandler mit zwei Einführungsisolatoren. (Siemens & Halske.)

Bild 507. Kurzschlußfeste, konzentrische Porzellan-Einführung. (ASEA).
a_1 a_2 Anschlüsse, b Isolierhülse,
l_1 l_2 Leiterstücke, c Parallelwiderstand.

trümmert werden kann. Durch zweckmäßige Bandagierung der Stromeinführungen kann man einige Erfolge erzielen, auch bei Porzellaniso-

Bild 508. Durch Verschieben der Primärwicklung zerstörter Topfwandler.

latoren. Am sichersten geht man selbstverständlich, wenn man den Abstand *a* so groß wie möglich hält, am besten, indem man die Leiter in zwei Isolatoren verlegt, wie es bei dem Freiluft-Stromwandler nach Bild 506 geschehen ist. Man hat bei dieser Bauweise auch noch den Vorteil, daß die Leiterdurchführung und Abdichtung im Porzellan weniger schwierig ist. Ein anderer Weg ist der, die beiden Leiter als konzentrische Rohre durch den Isolator zu führen. Solche Wandler baut z. B. die »Asea« in Westerås (Bild 507). Das Verfahren ist konstruktiv unbequem, macht aber die Einführungen unbedingt kurzschlußsicher. Außer den Einführungen kann auch noch die Wicklung durch seitliche Abstoßung von Primär- und Sekundärspule beschädigt werden, wie es Bild 508 zeigt. Man muß aber unbedingt darauf sehen, daß die Wicklungen ganz fest liegen. Manche Hersteller sind in dieser Beziehung etwas leichtfertig. Es kommt vor, daß lose gewickelte Hochspannungswicklungen mit Bindfaden gegen die Niederspannungswicklung zentriert werden.

Thermische Festigkeit des Stromwandlers.

1. Dauerüberlastung.

Die Regeln des V.D.E. schreiben vor, daß ein Stromwandler den 1,2 fachen Nennstrom dauernd führen kann und daß seine Wicklung dabei keine höhere Temperatur annimmt als sie in den Regeln für elektrische Maschinen und Transformatoren zugelassen ist. Diese Vorschriften lassen in Öl eine Übertemperatur von 70° C zu, in Füllmasse 60° C, in Luft 50° C. Beim Nennstrom darf demnach die Übertemperatur etwa 49, 42, 35° C betragen. Die Messung der Temperatur soll entweder aus der Widerstandszunahme oder mit einem Flüssigkeitsthermometer erfolgen,

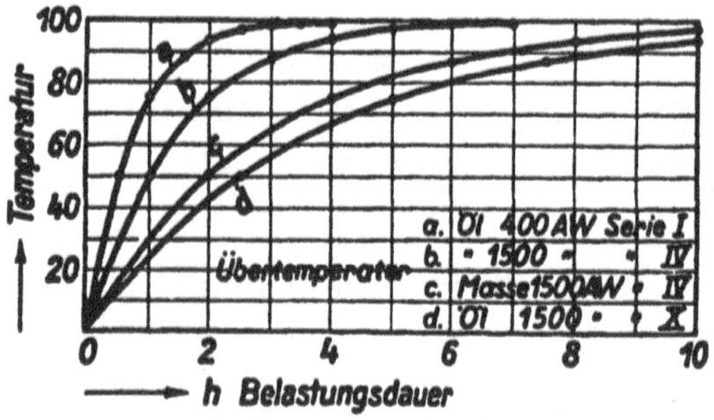

Bild 509. Temperaturanstieg bei verschieden großen Topf-Stromwandlern.

sie darf (§ 38) auch mit den elektrischen Temperaturmeßgeräten erfolgen, mit denen man bekanntlich die genauesten Temperaturmessungen ausführt. Die V.D.E.-Regeln lassen aber im Gegensatz zu den amerikanischen Maschinennormalien z. Z. zur Oberflächentemperaturmessung allein die Flüssigkeitsthermometer als maßgebend zu, obwohl mit diesen, wie jedem Fachmann bekannt ist, die

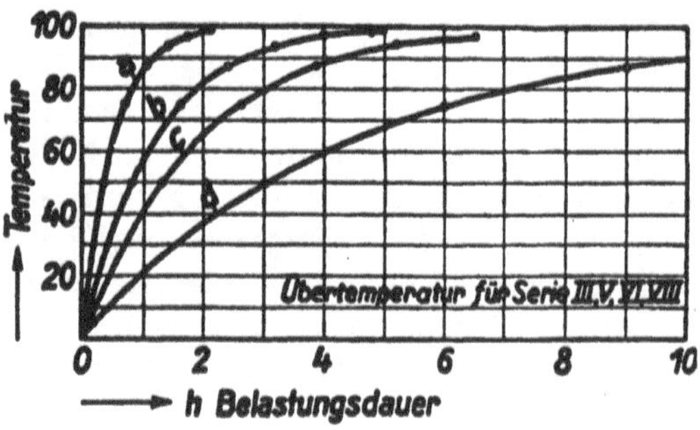

Bild 510. Temperaturanstieg bei Schleifenwandlern verschiedener Serie.

größten Meßfehler gemacht werden.

Es läßt sich nun nicht vermeiden, daß im Betriebe auch Überlastungen über den 1,2 fachen Nennstrom hinaus vorkommen. Hier entsteht nun die Frage, wie lang diese Überlastung dauern darf, bis eine schädliche Temperatur entsteht. Diese Zeit ist aber von der Größe und der Bauform des Wandlers abhängig. Kleine Wandler, d. h. solche für kleine Spannungen, erwärmen sich schneller als große, d. h. solche für hohe Spannungen.

In Bild 509 und 510 sind für einige Topf- und Schleifenwandler die Kurven des Temperaturanstiegs zusammengestellt. Am schnellsten erwärmen sich bei gleicher Spannung Schleifenwandler, die Unterschiede bewegen sich zwischen einer Halbzeit von 20 min für den kleinsten Wandler, bis zu 3 h für den größten Wandler.

Eine dauernde Überlastung der Stromwandler wird in der Regel nur für höchstens 20% Überstrom zugelassen mit Rücksicht auf die Kupferverluste im Primärleiter. Dieser ist meist knapp dimensioniert, um Kupfer zu sparen und um Raum für die Isolierung zu gewinnen, weil sein Widerstand die Messung nicht beeinflußt. Bei einem normalen Wandler für 6 bis 10 kV Nennspannung mit 1000 AW betragen die Kupferverluste z. B. primär etwa 25 W, während sie sekundär nur etwa 5 W ausmachen.

Trockenwandler. Bei Trockenwandlern, d. h. bei Modellen mit Hartpapier- oder Porzellanisolierung ist die Überlastung noch am ungefährlichsten. Die nächste Wirkung ist die, daß die Durchschlagfestigkeit des Isoliermittels mit Steigerung der Temperatur erheblich zurückgeht.

Massewandler. Eine langdauernde Überschreitung des Primärstromes ist namentlich für Wandler mit Massefüllung gefährlich, weil dann bei ihnen die Füllmasse unter erheblicher Volumenvermehrung schmilzt und unter Umständen das ganze Gefäß explodiert.

Ölwandler. Ölwandler sind auf Überlast wenig empfindlich, besonders dann, wenn die Wicklungen nicht allzu dick bandagiert sind, so daß sie die Wärme sofort ans Öl abgeben können. Wo mit häufigen, länger dauernden Überlastungen zu rechnen ist, sollte man stets Ölwandler vorsehen. Das gleiche gilt für kurzzeitige Überlastung der Stromwandler.

Kurzzeitige Überlastung.

Beim Auftreten von Kurzschlüssen in elektrischen Stromkreisen, die nach 1 bis 10 s abgeschaltet werden, bei denen aber sehr hohe Stromstärken auftreten, werden die Stromwandler sowohl thermisch als auch mechanisch in hohem Maße beansprucht.

Der V.D.E. hat für die thermische Kurzschlußfestigkeit von Stromwandlern als Kurzschlußziffer I für eine Sekunde den 50fachen, also Kurzschlußziffer II den 60fachen Strom festgelegt. Daraus ergeben sich dann für andere Überströme folgende Zeiten:

Strom	Kurzschlußziffer		Strom	Kurzschlußziffer	
	I	II		I	II
10fach	25 s	36 s	100fach	0,25 s	0,36 s
20 »	6,25 s	9 s	150 »	0,11 s	0,16 s
30 »	2,8 s	4 s	200 »	0,063 s	0,09 s
40 »	1,56 s	2,25 s	300 »	0,028 s	0,04 s
50 »	1,0 s	1,44 s	400 »	0,016 s	0,025 s
60 »	0,70 s	1,0 s	500 »	0,010 s	0,014 s
80 »	0,39 s	0,56 s			

Die letzten Werte liegen bereits in der Größenordnung einer Periode.

In der Praxis hat man es vorwiegend mit sehr hohen Überströmen, aber auch mit ganz kurzer Überlastungszeit zu tun. Die Überlastungszeit t ist dann so klein, daß keine Wärmeableitung durch das Isoliermaterial stattfinden kann. Man berechnet dann die Endtemperatur τ aus der verbrauchten Leistung $J^2\,R \cdot t$ und der spezifischen Wärme des Kupfers (0,093).

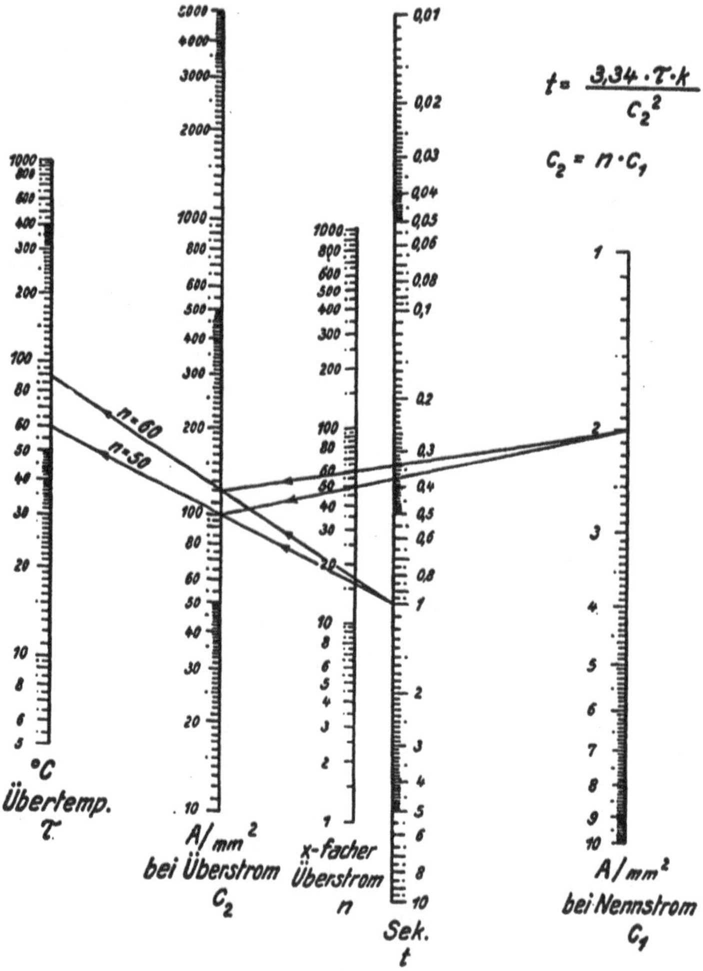

Bild 511.

Nomographische Tafel zur Bestimmung der Übertemperatur von Wicklungen.

c_1 Stromdichte bei Nennstrom. c_2 Stromdichte bei $n$fachem Überstrom.

Die eingezeichneten Linien gelten für $c_1 = 2$ und 50- bzw. 60fachen Überstrom, entsprechend Kurzschlußziffer 1 und 2 der Regeln für Meßwandler). Daraus $c_2 = 100$ bzw. 120. Für $t = 1$ ergibt sich die Übertemperatur τ zu 60 bzw. 89° C. In der Temperaturskala ist die Abnahme des Leitvermögens k mit steigender Temperatur berücksichtigt.

Bei den bisher bekanntgegebenen Rechnungsweisen[1]) mußten die Abmessungen und das Gewicht des Primärkupfers bekannt sein. Wesentlich einfacher gestaltet sich die Berechnung der Übertemperatur, wenn man von der spezifischen Strombelastung der Primärwicklung c_1 bei Nennstrom und c_2 bei Überstrom ausgeht. Man erhält dann für die zulässige Überlastungszeit t, für die zugelassene Übertemperatur τ und das Leitvermögen k (Mittelwert zwischen Anfangs- und Endwert) die Gleichung

$$t = \frac{3{,}34\,\tau\,k}{c_2^2}$$

für $c_2 = n \cdot c_1$ für $n$fachen Überstrom.

Benutzt man die beiden Gleichungen zur Herstellung einer nomographischen Tafel, so kann die Abnahme des Leitvermögens mit steigender Temperatur berücksichtigt werden (s. Beilage).

Das Leitvermögen reinen Kupfers ist bei 20° C = 56 Siemens. Mit steigender Temperatur geht es zurück:

Temperatur	Leitvermögen	Mittl. Leitvermögen	
50° C	k = 50 Siemens	20 ÷ 50°	53
100° »	42,5 »	20 ÷ 100°	47,2
150° »	36,8 »	20 ÷ 150°	46,4
200° »	32,6 »	20 ÷ 200°	44,3
250° »	29,0 »	20 ÷ 250°	42,5
300° »	26,3 »	20 ÷ 300°	41,2

Setzt man eine Übertemperatur von 200° C als höchstzulässigen Wert an, so erhält man für verschieden starken Überstrom (n) und verschiedene Stromdichte c_1 bei Nennstrom folgende höchstzulässigen Überlastungszeiten bei Erwärmung von 20° C aus.

n	0,9	1,2	1,5	1,8	2,0	2,5	3,0	A/mm²
10	400	220	142	100	80	50	35	Sek.
20	100	56	35	25	20	13	9	»
30	44	25	16	11	9	5,7	4	»
50	15,8	8,9	5,7	4,0	3,2	2,0	1,42	»
60	11,1	6,25	4	2,78	2,25	1,44	1	»
72	7,7	4,33	2,78	1,92	1,56	1		»
90	5,0	2,78	1,78	1,24	1	0,64	0,45	»
100	4,0	2,25	1,44	1	0,81	0,52	0,36	»
120	2,8	1,56	1	0,70	0,56	0,36	0,25	»
150	1,78	1	0,64	0,45	0,36	0,23	0,16	»
200	1	0,70	0,45	0,31	0,25	0,16	0,11	»

[1]) Z. B. Gibbs und Dorfman, El. World 79, S. 221, Referat E. u. M. 1922, S. 274.

Die durch Versuch (mit. dem Oszillographen) ermittelten Zahlen decken sich gut mit diesen berechneten Werten. Man sieht daraus, daß die Kurzschlußziffer 2 noch mit nahezu 3 A/mm² erreicht werden kann.

Geht man mit der Stromdichte herunter, so erhöht man die thermische Festigkeit ganz bedeutend. Es bringt das aber konstruktiv Unbequemlichkeiten. Läßt man die Amperewindungszahl konstant, so

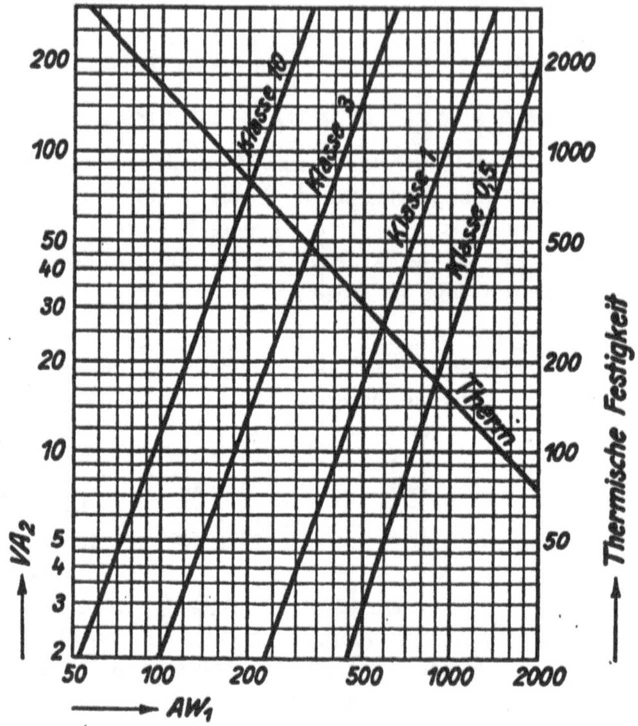

Bild 512. Ringkern-Stromwandler, 250/130 mm Blechdurchmesser und 320 mm Kernlänge, hochlegiertes Blech 0,5 mm dick, mit 1000 qmm Wickelquerschnitt. Leistung bei verschieden großer Amperewindungszahl für 0,5—1—3—10 % Genauigkeit und thermische Festigkeit bei konstantem gesamtem Kupferquerschnitt und 50 Hertz. Die Genauigkeitsklassen 0,5 und 1 entsprechen den Klassen E und F.

muß man den Wickelraum vergrößern und ein größeres Wandlermodell bauen. Läßt man aber den Wickelraum konstant, so muß man die Amperewindungszahl vermindern.

Bild 512 zeigt für einen Schleifenwandler mit etwa 1000 mm² Wickelquerschnitt die verfügbare Leistung bei verschiedener Amperewindungszahl für die Genauigkeitsklassen E, F, 3% und 10%. In dem Bild ist auch noch der zulässige Sekundenstrom für verschieden große Übertemperatur eingezeichnet. Man kann sehen, daß sich unter Opfer an Genauigkeit und Leistung nahezu beliebig hohe thermische Festigkeit erreichen läßt.

Verhalten der Sekundärwicklung.

Die Primärwicklung ist bei allen Stromwandlern viel mehr gefährdet als die Sekundärwicklung, weil ihr Kupfer viel knapper bemessen ist. In der Sekundärwicklung steigt der Strom nicht proportional an. Am weitesten wird der Sekundärstrom dem Primärstrom bei solchen Wandlern folgen, die bei normalem Strom mit sehr geringer Liniendichte im Eisen, z. B. nur mit etwa 300 Gauß arbeiten. Bei diesen kann der Strom auf den 100fachen Betrag des Nennwertes ansteigen und noch höher. Arbeitet aber der Wandler schon unter normalen Verhältnissen

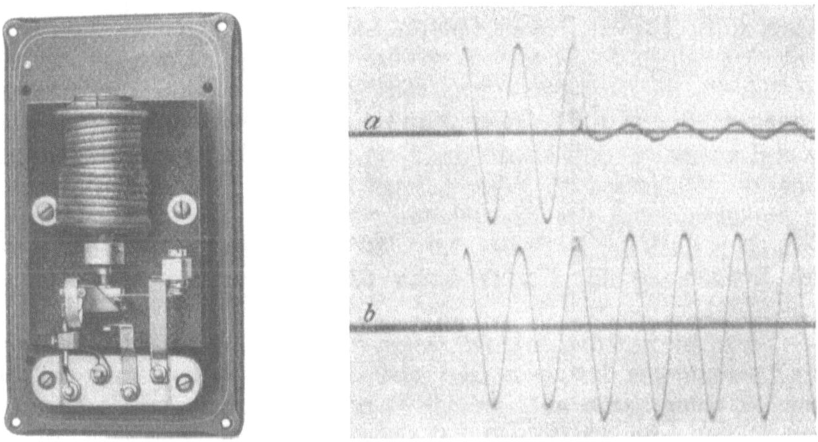

Bild 513. Kurzschließerrelais für Instrumente im Sekundärkreis von Stromwandlern und seine Wirkungsweise. (Siemens & Halske.)

Kurve *a* — Instrumentstrom, geht nach 1 Periode auf einen kleinen Betrag zurück.

Kurve *b* — Gesamter Sekundärstrom, wird beim Kurzschließen eines Teiles der Bürde etwas erhöht.

mit 1000 bis 2000 Gauß, so wird der Sekundärstrom bei primärer Überlastung nur auf den 10÷20fachen Betrag ansteigen.

Schutz der angeschlossenen Instrumente. Wie bereits an anderer Stelle (S. 88) gesagt, sind die Meßinstrumente thermisch viel weniger fest als die Stromwandler. Man kann sie in der Weise schützen, daß man ein Stromrelais mit ihnen in Reihe schaltet und bei einem mäßigen Überstrom (z. B. dem doppelten) die Instrumente kurzschließt. Bild 513 zeigt ein solches, von Siemens & Halske hergestelltes Kurzschließerrelais und ein Oszillogramm seiner Wirkungsweise. Der Widerstand der Relaiswicklung ist 0,04 Ω, der Verbrauch bei Nennstrom 1,5 VA, sie kann aber den 200fachen Sekundenstrom aushalten. Die Instrumente erhalten zwar noch 50 bis 100% Überstrom, sind aber ausreichend geschützt, weil dieser Zustand doch nur maximal 10 Sekunden andauert.

Das Öffnen der Sekundärwicklung.

Durch einen Schaltfehler oder durch eine Betriebsstörung irgendwelcher Art kann es vorkommen, daß die Sekundärwicklung des Stromwandlers geöffnet wird. Diese Störung ist selten und zudem bei einiger Vorsicht vermeidbar. Trotzdem kommt sie vor, wenn gelegentlich im Sekundärkreis der Wandler eine Schaltung vorgenommen wird und es dabei nicht möglich ist, die Wandler primär stromlos zu machen. Die amerikanischen Regeln für Meßwandler schreiben (im Rahmen der Maschinennormen, Ausgabe 1922, Abschnitt 8111) vor, daß der Wandler dauernd die Öffnung des Sekundärkreises bei vollem Primärstrom ertragen muß. In den Regeln anderer Länder ist eine solche Festlegung nicht vorgesehen. Es ist wünschenswert, diese Bestimmung auch bei uns einzuführen, da man mit einem zufälligen Öffnen des Sekundärkreises rechnen muß und dabei keine schwere Betriebsstörung eintreten darf.

Im normalen Betriebszustande, wenn der Wandler sekundär über Apparate geschlossen ist, werden einige Prozente des Primärstromes für die Magnetisierung des Eisenkernes verwendet. Die Liniendichte im Eisen ist je nach der Bauweise 300÷1000, selten bis zu 3000, eine merkliche Erwärmung des Kernes durch die Eisenverluste ist nicht vorhanden.

Öffnen wir nun den Sekundärkreis, so werden die sekundären Gegenamperewindungen fortgenommen und der volle Primärstrom tritt als Magnetisierungsstrom auf. In der Regel wird dabei der Eisenkern zu einer Dichte von 15000÷20000 Gauß gesättigt. Das bewirkt nun dreierlei:

a) Zunächst wird eine hohe Spannung an der Sekundärwicklung erzeugt, die lebensgefährlich sein kann und vor allem imstande ist, die Isolierung der Sekundärwicklung gegen den Eisenkern zu durchschlagen.

Die Spannung an der Sekundärwicklung wurde bisher stets unter der Voraussetzung sinusförmiger Primärspannung und einer bestimmten maximalen Liniendichte berechnet z. B. $B_{max} = 15000$. Man erhält dann bei 50 Hertz

$$E = 4{,}44 \cdot \nu \cdot B_{max}\, q \cdot w_2 \cdot 10^{-8}\ \mathrm{V}.$$

Die so errechneten Spannungen sind noch nicht besonders bedenklich. Ungünstiger liegt die Sache bei Wandlern für einen Sekundärstrom von 1 oder 0,5 A, wie sie verwendet werden, wenn Apparate in großer Entfernung vom Wandler anzuschließen sind. Ferner treten sehr hohe Spannungen auf bei Wandlern für hohe Stromstärken für 5000 bis 20000 A, wenn man den Eisenquerschnitt nicht sehr stark herabmindert. In diesen Fällen ist eine Berührung unbedingt lebensgefährlich und wird die Sekundärisolierung, wenn sie nicht sehr gut ist, durchschlagen. Die Folge ist dann mindestens eine dauernde Fehlanzeige der angeschlossenen Instrumente und Wandler.

Die Stabwandler für niedrige Primärstromstärken mit ihren sehr großen Eisenquerschnitten von 100 cm² und mehr, werden, da sie nur eine geringe Windungszahl haben, nach dieser Rechnung erst bei starken Überströmen gefährlich.

Die Rechnung ist aber falsch, weil sie von der Voraussetzung ausgeht, daß sich die Primärspannung und damit der Kraftlinienfluß nach einer reinen Sinusfunktion ändert. Der Magnetisierungsstrom müßte dann, wie allgemein der Leerlaufstrom eines hochgesättigten Transformators, stark von der Sinusform abweichen. Das ist aber beim Einbau eines Wandlers in einem Netz nicht der Fall. Hier wird der Primärstrom des Wandlers sinusförmig bleiben auch dann, wenn der Sekundärkreis geöffnet wird, weil ja die Primärspannung des Wandlers, wenn sie auch ansteigt, immer nur einen sehr kleinen Wert, viel weniger als 1 % von der Spannung an den andern Stromverbrauchern hat. Man hat dann folgende Verhältnisse: Bei sinusförmigem Primärstrom J_1 und offener Sekundärwicklung verläuft der Kraftfluß trapezförmig und die Spannung muß an den Durchgangspunkten, wo $d\Phi/dt$ sehr groß ist, sehr hohe Werte annehmen, wie das Oszillogramm Bild 514 zeigt.

Unter einigen vereinfachenden Annahmen kann man nach einer Arbeit von Dipl.-Ing. Neugebauer für die Sekundärspannung erhalten

$$e_{2\max} = w_2 \cdot q \cdot K \cdot \frac{\omega \cdot h_{1\text{eff}}}{l_m} \cdot 10^{-8},$$

wobei K eine dem Blech eigentümliche Konstante etwa = 7000 für hochlegiertes, 6000 für mittellegiertes und 5000 für schwachlegiertes Blech ist und h_1 die AW/cm auf der Primärseite.

Dann ist

$$e_{2\max} = 73 \cdot 10^{-6} \cdot \frac{q \cdot w_2}{l_m} \cdot h_{1\text{eff}} \cdot \omega.$$

Daraus ergibt sich:

1. Die Spannungsspitzen steigen proportional mit dem Primärstrom, sie werden in ihrem Anwachsen durch keine Sättigungserscheinung gemildert. Das Trapez nähert sich immer mehr dem Rechteck.
2. Die Spannungsspitze ist proportional der Frequenz, proportional dem Eisenquerschnitt, umgekehrt proportional der Kraftlinienlänge.

Je nach dem Eisenquerschnitt kommt man für je 1000 AW bei Nennstrom auf 1÷5 kV, d. h. bei Überlastung mit 10000 A Stoßstrom und offener Sekundärwicklung auf 10÷50 kV, das sind also Spannungen, bei denen jede Sekundärisolierung unbedingt durchschlagen wird.

Es ist nicht einfach, diese Spannungen experimentell zu bestimmen, denn man braucht dazu Maschinenleistungen von mindestens 1000 kVA, weil ja der Wandler für sich schon 10÷100 kVA aufnimmt und diese nur einen Bruchteil der Gesamtbelastung ausmachen dürfen.

Ein Versuch mit einem Stabwandler 1000/5 A wurde im Prüffeld der Siemenswerke ausgeführt und einem 1500-kVA-Generator. Der Wandler hatte folgende Daten

Eisenkern 160/90 mm, 57 mm hoch gepackt,
Eisenquerschnitt 20 cm^2,
Eisenweglänge rd. 40 cm,
Eisenqualität: hochlegiert, 0,5 mm dick.

Bild 514 zeigt ein Oszillogramm mit einem Dauerstrom von 1820 A bei einer Frequenz von 9,7 Hertz. Die Primärspannung war 2,24 V,

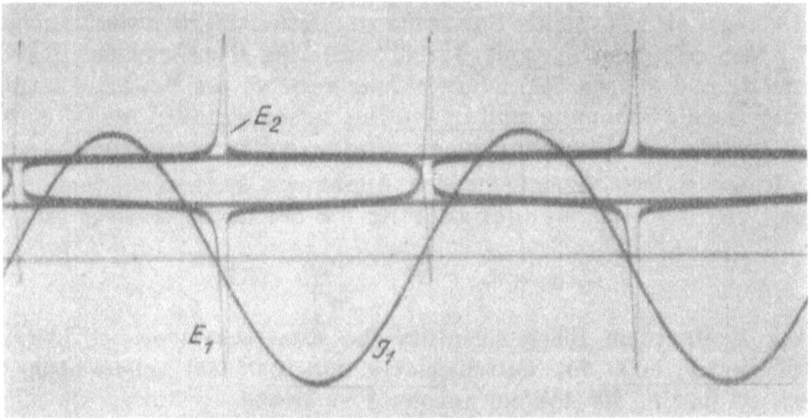

Bild 514. Stromwandler mit geöffneter Sekundärwicklung.
J_1 sinusförmiger Primärstrom 108,5 A/mm.
E_1 Primäre Klemmenspannung 0,11 V/mm.
E_2 Sekundäre Klemmenspannung 28,5 V/mm.

die Sekundärspannung 473 V, auf 50 Hertz umgerechnet rd. 2440 V. Die Spitzenspannungen verliefen etwa wie folgt:

1000 A	$e_{max} =$	2000 V
2000 A		3500 V
5000 A		6000 V
10000 A		8800 V
20000 A		13000 V.

Eine vollkommene Abhilfe gegen diese Gefahrenquelle ist kaum zu finden. Am wirksamsten ist die Parallelschaltung eines Ohmschen Widerstandes zur Sekundärbürde, konstruktiv mit dem Wandler vereinigt. Bei dem genannten Wandler ergaben sich folgende Werte, für 1300 A Primärstrom:

50 Ω	e_{max} =	880 V =	24%	Fehlweisung: 2,4 %
100 Ω		1170 V	32%	1,2 %
200 Ω		1550 V	42%	0,6 %
500 Ω		2160 V	58%	0,24%
1000 Ω		2500 V	68%	0,12%
2000 Ω		2920 V	78%	0,06%
5000 Ω		3450 V	93%	0,02%
∞		3700 V	100%	0

Die vorletzte Reihe zeigt an, auf wieviel % des Spannungsmaximums die Spitzenspannung ermäßigt wurde, die letzte Reihe, um wieviel die Messung gefälscht ist bei 1,2 Ω Bürde = 30 VA bei Nennstrom.

Die Regeln des V.D.E. schreiben eine Prüfspannung von 2000 V zwischen Sekundärwicklung und Kern vor. Einzelne Hersteller gehen weiter, z. B. prüft die Siemens & Halske A.-G. ihre kurzschlußfesten Stab- und Schleifenwandler sekundär gegen Körper mit 3000 V. Nach dem Obengesagten ist das natürlich immer noch viel zu wenig, wenn man verlangt, daß der Wandler vertragen soll, daß man ihn sekundär öffnet.

b) Die zweite Folge der Öffnung des Sekundärkreises, auch wenn sie nur kurze Zeit dauert, ist das Verschlechtern der magnetischen Eigenschaften des Eisenkernes infolge der zurückbleibenden Restmagnetisierung, durch die die Permeabilität um 20÷50% vermindert wird. Dieser Einfluß ist um so merklicher, je kleiner der magnetische Widerstand der Wandler ist. Je mehr Eisen der Wandler hat, um so größer wird der Fehler. Die Zunahme kann im Fehlwinkel bis zu 15 min, im Stromfehler bis zu 0,5% betragen. Es ist indessen möglich, auch Wandler zu bauen, bei denen dieser Fehler kaum merklich ist. Für die gewöhnlichen Wandler ist er etwa ½ bis ⅔ der genannten Werte. Bei Anschluß von Zählern und schlechtem cos φ im Netz kann der durch eine zufällige Öffnung des Sekundärkreises entstandene Fehler sich schon deutlich bemerkbar machen.

Nach Untersuchungen in der PTR[1]) ändert sich das Übersetzungsverhältnis bei vollem Strom durch den remanenten Magnetismus um 0,1 bis maximal 0,3%, der Fehlwinkel um maximal 14 min. Bei $^1/_{00}$ Last wurde die größte Übersetzungsänderung mit 1,8%, die größte Änderung des Fehlwinkels mit 85 min beobachtet.

c) Als dritte Erscheinung kommt bei langandauernder Öffnung die Erhitzung des Eisenkernes durch die Eisenverluste hinzu. Nehmen wir wieder eine Sättigung von 15000 Gauß an, so sind die Verluste je Kilogramm Eisen bei Verwendung von Dynamoblech etwa 10 W, bei hochlegiertem Blech etwa 6 W. Da ein Topfwandler für 5000÷12000 V

[1]) Engelhardt, Z.f.I.

Nennspannung einen Kern mit mindestens 3, meist 5÷8 kg, manchmal bis 20 kg Eisen hat, so werden bei Öffnen der Sekundärwicklung 18 bis 80 bzw. 200 W in Wärme umgesetzt. Ein ölisolierter Wandler kann diese Wärmezufuhr noch zur Not ertragen, Massewandler explodieren aber dabei. Die kurzschlußfesten Stab- und Schleifenwandler gehen in der Regel nicht zugrunde, es wird aber die Isolierung, insbesondere die der Sekundärwicklung, dabei stark in Mitleidenschaft gezogen.

Die amerikanischen Normen schreiben vor, daß ein Stromwandler die dauernde Unterbrechung seines Sekundärkreises bei vollem Strom ohne Schaden aushalten muß. Vom Standpunkt der Betriebssicherheit ist dies zwar wünschenswert, es steht aber auch fest, daß kein Wandler gleichzeitig auch den Überstrom aushalten kann und daß damit eine ganz erhebliche Einbuße an Meßgenauigkeit verbunden ist. In die deutschen Meßwandlernormen ist deshalb eine derartige Vorschrift nicht aufgenommen worden.

Spannungssicherungen werden verwendet, um beim sekundären Öffnen des Wandlers nach Durchschlag einer dünnen Isolierschicht wieder den Kurzschluß herbeizuführen. Sie finden nur Anwendung bei Typen mit besonders hoher Leerlaufspannung. Sie haben den Nachteil, daß sie meist nach dem Ansprechen zusammenschweißen und das Wandlerergebnis fälschen, ohne daß man den Fehler bemerkt.

Elektrische Festigkeit des Stromwandlers.

Der Stromwandler ist unter allen Hochspannungsmeßapparaten jener, an dessen Betriebsfestigkeit die höchsten Anforderungen gestellt werden. Ein Defekt an einem Stromwandler kann die Stromlieferung vollständig unterbrechen, und es muß alles getan werden, um die höchste Sicherheit gegen alle Schadenmöglichkeiten zu gewährleisten. Es sei vorausgeschickt, daß es heute möglich ist, Stromwandler zu bauen, die allen billigen Ansprüchen genügen. Da sie aber vielfach teurer sind als andere, weniger sichere Bauarten, so werden leider aus Ersparnisgründen manchmal weniger sichere Typen verwendet.

Am meisten wird der Stromwandler hinsichtlich seiner Spannungsfestigkeit beansprucht, und man sucht diese deshalb so hoch wie möglich zu steigern.

Durchschlagprobe.

Das gebräuchlichste und einfachste Verfahren der Prüfung der elektrischen Festigkeit ist die Durchschlagprobe. Der V.D.E. schreibt die Prüfspannung $2{,}2\,E + 20$ kV vor, die übrigen Länder haben andere Prüfspannungen festgesetzt. In Bild 515 sind für Spannungen von 1 bis 100 kV die Prüfspannungen der verschiedenen Länder berechnet. Für niedrige Spannungen sind die V.D.E.-Werte die höchsten, im Gebiet über 50 kV nähern sich die Zahlen mehr oder weniger.

Über die Ausführung der Durchschlagprüfung ist folgendes zu sagen:

Die Spannungswelle soll sinusförmig sein, Abweichungen des Formfaktors bis zu $\pm 5\%$ vom Normalwert für die Sinuskurve sind gestattet.

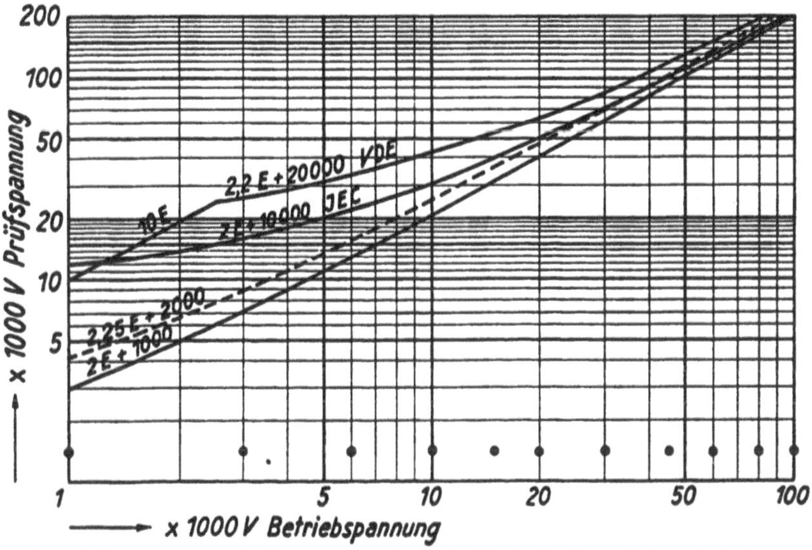

Bild 515. Prüfspannungen für Stromwandler in Deutschland, England, U.S.A. (2,25 E + 2000), Frankreich (2 E + 1000) und internationale Festlegung durch die I.E.C. Die eingezeichneten Punkte entsprechen den neu festgelegten Normalspannungen, die für V.D.E. und I.E.C. einheitlich sind.

Das Regeln der Spannung sollte möglichst durch die Änderung der Generatorerregung geschehen. Wo das nicht sein kann, sind Regeltransformatoren oder Regeldrosselspulen zu benutzen. Die Regulierung mit Widerständen bewirkt stets eine Verzerrung der Kurve.

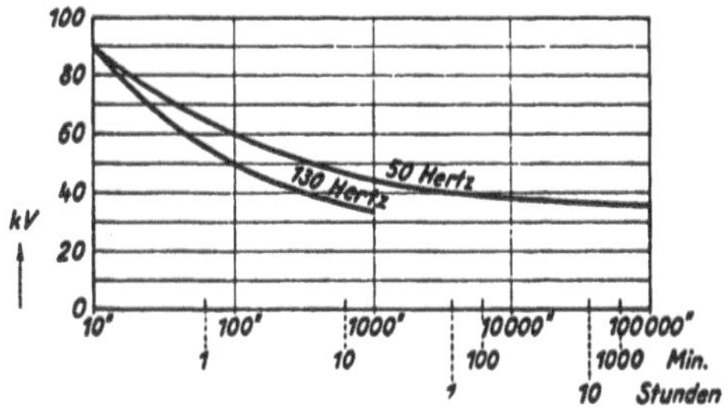

Bild 516. Durchschlagspannung eines mit Preßspan isolierten Wandlers bei verschieden langer Prüfzeit und verschiedener Prüffrequenz.

Die Spannung soll möglichst stetig von der Nennspannung des Prüflings bis zur Prüfspannung gesteigert werden.

Die Prüfdauer ist in der Regel eine Minute; übermäßig lange Prüfungen schädigen den Prüfling durch langsame Zerstörung des Dielektrikums. Bild 516 zeigt für Preßspanisolierung den Einfluß der Prüfzeit und der Prüffrequenz auf die Durchschlagspannung eines Wandlers. Zwischen 10 Sekunden und 10 Stunden langer Einwirkung sinkt die Prüfspannung nahezu auf den dritten Teil.

Die Leistung des Prüftransformators soll nicht zu klein sein, es erscheint dem Verfasser zweckmäßig, festzulegen, daß für Prüftransformatoren, unbekümmert um die thermische Beanspruchung, zur Beurteilung seiner Eignung als Prüftransformator jene Leistung die maßgebende ist, bei der die Kurzschlußspannung 10% der Nennspannung ist. Die hinsichtlich der Erwärmung festgelegte Dauerleistung ist für die Ausführung einer Durchschlagprüfung nicht maßgebend. Weiterhin scheint eine Stromstärke von 0,5 A für die Ausführung eines Durchschlags der richtige Wert zu sein. Kräftige Prüftransformatoren geben bei 10% Spannungsabfall 1÷1,5 A; demnach sollte man nicht unter 0,5 A heruntergehen. Leider haben aber viele solche Einrichtungen bei 10% Abfall nur 0,1 und 0,2 A, sogar noch weniger, und es werden mit ihnen die Wandler bei gleicher Spannung bei weitem nicht so scharf geprüft wie an einem kräftigen Transformator. Die Ursache dieser Erscheinung ist noch nicht aufgeklärt, es handelt sich aber keinesfalls um eine Täuschung.

Beobachtung des Prüflings. Bei der Ausführung der Durchschlagprobe treten nacheinander folgende Erscheinungen auf:

1. Schwaches Glimmen,
2. starkes Glimmen,
3. Büschelentladungen,
4. Gleitfunken,
5. Überschlag bzw. Durchschlag.

Einige Vorschriften bestimmen, daß bei der Prüfspannung keine Gleitfunken auftreten dürfen. Die Beobachtung durch das Auge ist aber nicht so ganz zuverlässig, wie man es wünschen könnte. Ferner sind dem Auge die Vorgänge im Innern des Wandlers ganz und gar verborgen. Es ist deshalb wünschenswert, daß man neben der Durchschlagprobe, die man für das Prüffeld zur Fabrikationskontrolle braucht, noch ein anderes Verfahren hat, das eine genauere Analyse der Vorgänge im Dielektrikum gestattet. Ein solches Verfahren haben wir in der Messung der dielektrischen Verluste.

Verlustmessung.

Die Verfahren der Verlustmessung sind an anderer Stelle (im 2. Band) beschrieben, hier sollen nur die Ergebnisse und ihre Verwertung kurz erläutert werden. Das beste Kriterium zur Beurteilung der Vorgänge in dem Dielektrikum ist nicht der Wattverlust selbst, sondern der Verlustwinkel, gegeben durch die Gleichung

$$\operatorname{tg} \delta = \frac{\text{Wattverluste}}{\text{Blindverbrauch}}.$$

Diesen Verlustwinkel trägt man in Abhängigkeit von der Spannung graphisch auf. Man erhält dann Kurven nach Art der in Bild 517 gezeigten. Das typische Bild ist das, daß der Verlustwinkel auf einem weiten Bereich konstant ist. Dies ist das Gebiet, wo die dielektrischen Verluste allein Hysteresisverluste sind. Sobald aber das Glimmen einsetzt, erhöht sich der Verlustwinkel schnell und steigt auf Werte, die den Anfangsbetrag um ein Vielfaches übertreffen. Unmittelbar vor dem Überschlag ist der Verlustwinkel sehr groß geworden. Findet man also dieses Ansteigen des Verlustwinkels, so weiß man, daß Glimmerscheinungen auftreten. Die Kurve gibt ein viel besseres objektives Bild über diese Erscheinungen als das menschliche Auge. In dem gezeigten Beispiel bezieht sich die eine Kurve auf einen sehr gut isolierten Schleifenwandler von Siemens & Halske mit Hartpapierisolation, bei dem der Verlustwinkel auch bei der Prüfspannung $2\,E + 20$ kV kaum merklich ansteigt. Der andere Wandler war ein solcher mit Porzellanisolierung, bei dem das Porzellan sehr hoch beansprucht war, so daß das Glimmen schon bei der Nennspannung einsetzte und schon weit unter der Spannung $2\,E + 20$ kV starke Gleitfunken auftraten.

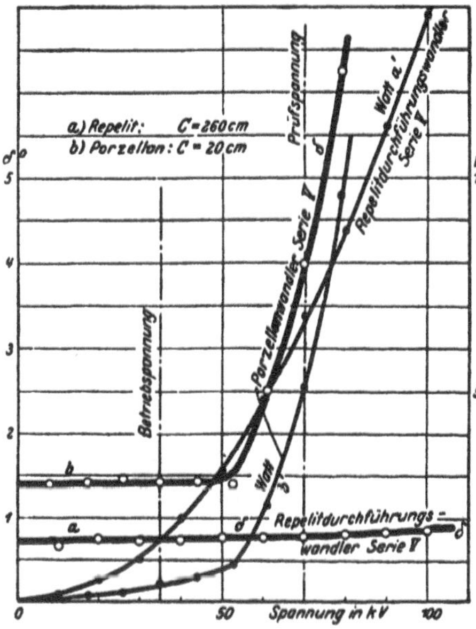

Bild 517. Verlauf des Verlustwinkels δ bei einem guten (a) und einem schlechten Wandler (b).

Es sei ausdrücklich bemerkt, daß die Größe des konstanten Verlustwinkels gar nichts zu bedeuten hat, weil er nicht nur durch die Verluste, sondern auch durch die Kapazität des Prüflings gegeben ist, nur die Änderung des Winkels ist von Bedeutung.

Sprungwellenfestigkeit.

Stromwandler sind wie irgendwelche andere Drosselspulen durch Sprungwellen oder Hochfrequenzentladungen gefährdet. Treten solche auf, so suchen sie auf einem Weg kleinster Induktivität den Wandler zu passieren. Dabei erfolgen Durchschläge innerhalb der einzelnen Primärwindungen, in der Regel zwischen der Eingangswindung und einer zunächst liegenden anderen Windung. Nur Stabwandler sind ungefährdet. Es erfolgt bei dem Durchschlag dann entweder ein Zusammenschweißen der Leiter (also Kurzschlußwindungen) oder ein förmliches Abhacken der Einzeldrähte. Der Verfasser hat Vierkantwicklungen mit etwa 4 × 4 mm Querschnitt gesehen, die durch Sprungwellen ohne jede Schmelzperlenbildung unter einem Winkel von etwa 60° gegen die Drahtachse wie mit dem Messer durchgeschnitten waren, so daß sich ebene Rautenflächen als Schnittfigur gebildet hatten. Diese Durchschnitte erfolgten an etwa fünf Drähten am Umfang des Bündels, es war, wie wenn man es mit einem Messer schräg durchgeschnitten hätte. Charakteristisch ist dabei das ganz minimale Versengen der Drahtisolation, und man kann daran den Unterschied gegen Schäden erkennen, die durch Kurzschlußwindungen infolge des Berührens von Windungen entstanden sind. Wenn dadurch Unterbrechungen vorhanden sind, so sind stets auch die Enden kugelförmig angeschmolzen. In einem andern Falle ist bei einem 5-A-Topfwandler mit einem Kupferquerschnitt von 10 qmm in der Wicklung eine der beiden Einführungsleitungen mit dem 10fachen Querschnitt vollständig durchgeschmolzen, die andere zur Hälfte, ohne daß die eigentliche Wandlerwicklung elektrisch oder thermisch auch nur im geringsten beschädigt worden wäre.

Um solche Schäden zu vermeiden, muß man den Sprungwellen einen bequemeren Weg geben als durch die Wandlerwindungen. Außerdem ist es aber notwendig, die einzelnen Windungen sehr gut gegeneinander zu isolieren.

Schutzeinrichtungen für Stromwandler gegen Überspannungswellen. Schutzwiderstände sind vollkommen induktionsfreie Widerstände, die parallel zu den Klemmen des Wandlers gelegt werden, so daß die

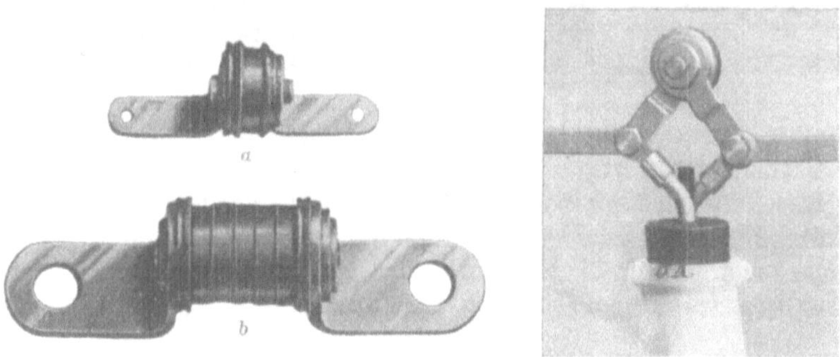

Bild 518. Silit-Schutzwiderstände für Stromwandler.
a Kleines Modell mit einem Ring.
b Großes Modell mit fünf Ringen.
c Anbau an einen Topfwandler.
(Ausführungen von Siemens & Halske.)

hochfrequenten Sprungwellen den leichteren Weg durch sie suchen, ohne in die Wicklung einzutreten. Siemens & Halske verwenden dazu Silitringe in der Anordnung nach Bild 518. Silit ist zu diesem Zweck ganz besonders gut geeignet, weil es die eigentümliche Eigenschaft hat, daß sein Widerstand eine Funktion der Spannung ist und beim Auftreten einer Welle auf einige Prozent seines Anfangswertes herabsinkt, um danach wieder auf den alten Wert hinaufzugehen. An Stelle von Silit verwendet man auch Hartkohle.

Jeder solche Schutzwiderstand bewirkt aber eine Verzweigung des Primärstromes und damit eine Änderung des Übersetzungsverhältnisses um 0,5 ÷ 1%. (Siehe S. 495.) Wenn das Zubehör eingeeicht ist, muß es untrennbar mit dem Wandler verbunden sein. Die von Siemens & Halske gebaute Form wird mit den Widerständen 5 — 50 — 500 Ω hergestellt.

Schutzfunkenstrecken ändern das Übersetzungsverhältnis dagegen nicht. Bei einer Ausführung von Siemens & Halske wurden zwei Kohleplatten verwendet, die von einer durchlöcherten Glimmerscheibe in geringem Abstand gehalten werden. Eine andere Form zeigt Bild 518b für einen Schleifenwandler. Die Funkenstrecken werden für geringe Stromstärken, die Widerstände für höhere Stromstärken verwendet. Widerstände sind den Funkstrecken trotz der durch sie entstehenden Fehlweisung unbedingt vorzuziehen, weil die Funkenstrecken meist einen beträchtlichen Entladeverzug aufweisen.

Grundsätzlich sollte man alle Stromwandler mit Ausnahme der Stabwandler mit Schutzeinrichtungen gegen Sprungwellenschäden versehen. Es ist eine durch nichts zu rechtfertigende Sparsamkeit am falschen Platz, wenn man der Billigkeit wegen darauf verzichtet.

Ausführung der Sprungwellenprobe. Wenn man Stromwandler der Sprungwellenprobe unterzieht, so muß dieselbe Versuchsanordnung gewählt werden wie bei Drosselspulen[1]) (Bild 519).

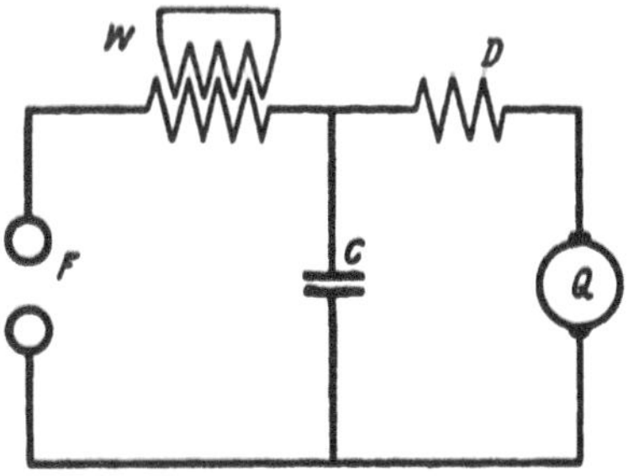

Bild 519. Ausführung der Sprungwellenprobe an einem Stromwandler.
Q = Stromquelle, D = Schutzdrossel, W = Stromwandler, C = Kondensator, F = Funkenstrecke mit 50-mm-Kugeln oder größer.

Der Wandler W ist für die Betriebsspannung E in folgender Weise zu prüfen:

Der Kugelabstand ist auf Überschlag bei 3 E einzustellen, die Kapazität wird von der durch die Schutzdrossel D geschützten Stromquelle Q mit Wechselstrom normaler Frequenz auf 1,8 E erregt. Nach eingeleiteter Zündung der Funkenstrecke wird das Funkenspiel 10 s lang aufrechterhalten, wobei die Funkenstrecke mit einem Luftstrom von etwa 3 m/s Geschwindigkeit anzublasen ist. Der Kondensator C muß folgende Kapazität haben:

[1]) V.D.E.-Vorschriftenbuch, 13. Auflage, 1926, »Leitsätze für den Schutz gegen Überspannungen«, S. 112.

2,5 bis 6 kV C mindestens 0,025 μF (22500 cm)
bis 15 kV C mindestens 0,010 μF (9000 cm)
über 15 kV C mindestens 0,005 μF (4500 cm)

Diese Prüfung macht aber insofern Schwierigkeiten, als man wegen der immerhin kleinen Energie der zur Prüfung angewandten Sprungwellen Wicklungsbeschädigungen nicht ohne weiteres wahrnimmt, weil die nadelstichartigen Durchschläge in der Isolation bei der normalen Windungsspannung den Betriebsstrom nicht nachfolgen lassen. Man läuft also Gefahr, mit der Sprungwellenprobe den Wandler zu beschädigen, ohne den Fehler zu kennen. Um deutliche Windungsdurchschläge zu erhalten, speist man die Niederspannungsseite des Stromwandlers aus einer andern Quelle, zweckmäßig mit 500 oder 1000 Hertz, um hohe Scheinleistung aufwenden zu können. Aber auch damit ist es noch schwierig, bei den großen Schleifenwandlern die Durchschläge auszubrennen.

Man wird diese Versuche meist nur als Typenprüfung machen, zumal man ja den gesunden Wandler durch Parallelwiderstände ausreichend gegen Sprungwellen schützen kann.

Ein neuartiges Verfahren, das als Fabrikationsprüfung gedacht ist, hat J. R. Rylander bei der Westinghouse Co. entwickelt[1]). Es wird dabei mit dem eigentlichen Prüfkreis ein zweiter Schwingungskreis lose gekoppelt und der Resonanzstrom mit einem Zeigerinstrument beobachtet. Schlägt nun die zu prüfende Spule durch, so ändert sich die Frequenz des Prüfkreises, der Resonanzkreis wird verstimmt, das Galvanometer geht zurück, und man sieht, daß die Spule durchgeschlagen ist.

F. Spannungswandler.

In der Bauweise der Spannungswandler besteht nicht dieselbe Mannigfaltigkeit wie bei den Stromwandlern. Sie sind im Aufbau den Leistungswandlern ähnlich.

Wirkungsweise und Berechnung.[2])

Die Konstruktion muß darauf hinzielen, für eine gegebene sekundäre Belastung und gegebene Grenzen von Spannungsfehler und Fehlwinkel einen Wandler zu bauen, der bei kleinstem Aufwand an Eisen und Kupfer spannungssicher transformiert. Da die verlangten Leistungen in der Größenordnung von 30÷100 W sind, die Spannungen aber bis in die Größenordnung von 100 kV gehen, so kann man ermessen, daß zwar die Berechnungsweise die gleiche ist wie die von Leistungswand-

[1]) Journal of the Am. Inst. of El. Eng. März 1926, S. 217.

[2]) Siehe Krüzner, »Zur Theorie des Aufbaues der Spannungswandler« E. u. M. 43, 1925, S. 309.

lern, daß aber die Lösung doch eine ganz andere sein wird. Erwärmungsfragen spielen bei hohen Spannungen für den Meßwandler keine Rolle, da die Leistung immer viel größer ist, als man sie eigentlich braucht. Auch der Leerlaufstrom ist ohne Bedeutung, solange er nicht die Meßgenauigkeit beeinträchtigt.

Diagramm des Spannungswandlers.

Bei dem Spannungswandler müssen gegeben sein:

- Primärer und sekundärer Widerstand (gemessen),
- primäre und sekundäre Streuinduktivität (aus Kurzschlußversuch),
- Leerlaufstrom in Abhängigkeit von der Spannung.

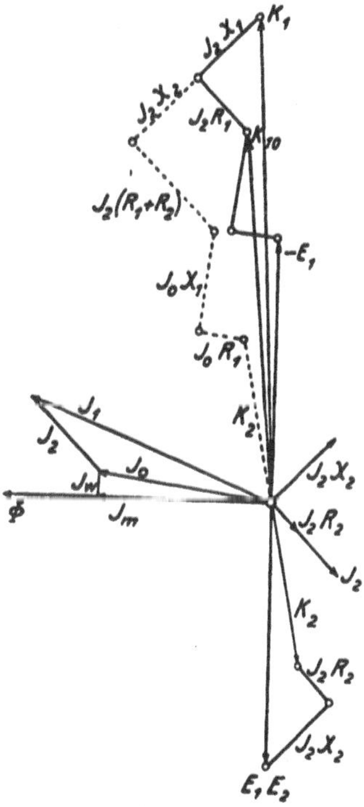

Bild 520.
Diagramm des Spannungswandlers.

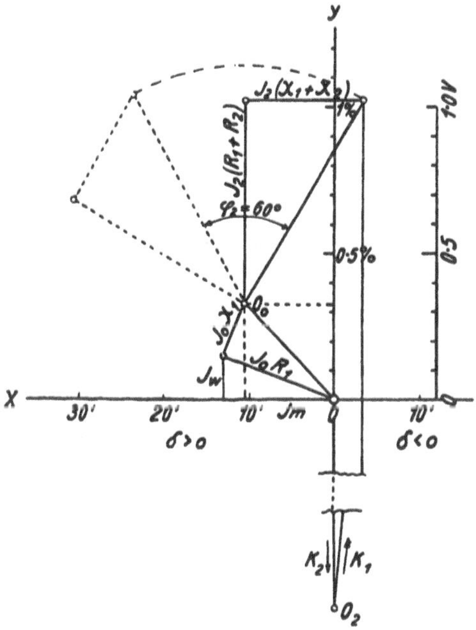

Bild 521.
Meßdiagramm nach Möllinger und Gewecke.

Vektorendrehrichtung im Uhrzeigersinn.

Für das Diagramm geht man von einem Wandler mit dem Übersetzungsverhältnis »eins« aus und bezieht alle Größen beispielsweise auf die Niederspannungsseite.

Wir wollen zunächst das Diagramm in seiner natürlichen Gestalt aufzeichnen (Bild 520). In die Wagerechte zeichnen wir den Kraftlinienfluß und phasengleich damit die Blindkomponente des Magnetisierungsstromes J_0. Senkrecht dazu steht die Verlustkomponente J_w und die beiden EMKe E_1 und E_2. Um den Spannungsabfall in der Primärwicklung infolge des Magnetisierungsstromes J_0 zu decken, muß zu E_1 der durch ihn entstehende Ohmsche und induktive Abfall in der Primärwicklung geometrisch addiert werden. Man erhält dann die Klemmenspannung K_{10} des Transformators im unbelasteten Zustande.

Nunmehr belasten wir noch den Transformator auf der Sekundärseite durch den Strom J_2. Durch diesen Strom entstehen in beiden Wicklungen Spannungsabfälle. Auf der Sekundärseite erhalten wir die Klemmenspannung K_2, indem wir $J_2\,R_2$ und $J_2\,X_2$ geometrisch subtrahieren von E_2. Die primäre Klemmenspannung K_1 erhalten wir, indem wir zu K_{10} noch die Spannungsabfälle $J_2\,R_1$ und $J_2\,X_1$ addieren.

Von K_1 kann man unmittelbar auf die sekundäre Klemmenspannung K_2 kommen, wenn man zunächst die Summe der durch den Sekundärstrom verursachten Spannungsabfälle $J_2\,(X_1 + X_2)$ und $J_2\,(R_1 + R_2)$, dann noch die Spannungsabfälle durch den primären Leerlaufstrom J_0, $J_0 R$ und $J_0 X$, subtrahiert. Man erhält jetzt unmittelbar den Phasenverschiebungswinkel zwischen den beiden Klemmenspannungen K_1 und K_2 und den Unterschied in ihrer Größe.

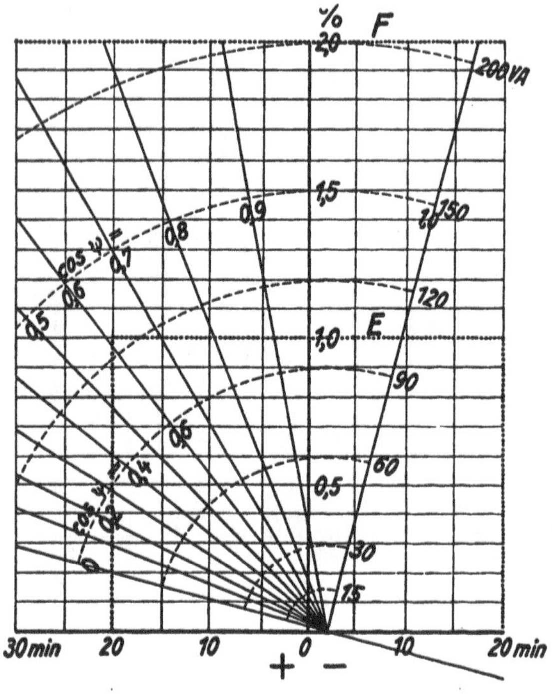

Bild 522. Meßdiagramm für einen Präzisions-Spannungswandler 12000/100 V mit max 200 VA Leistung bei ±1% Spannungsfehler und verschiedenem Leistungsfaktor der induktiven Sekundärbelastung bei 50 Hertz. (Siemens & Halske.)

Wir wollen nun das Diagramm in solcher Weise zeichnen, daß unmittelbar Übersetzungsfehler und Phasenverschiebung abgelesen werden können nach der von Möllinger und Gewecke[1]) gegebenen Anordnung (Bild 521). Man zeichnet zunächst J_m in Richtung mit dem Kraft-

[1]) Möllinger, Wirkungsweise der Motorzähler und Meßwandler, 2. Auflage, S. 206. ETZ 1911, S. 922, 1912 S. 270.

fluß Φ, senkrecht dazu J_w, und erhält so die Richtung von J_0. Den Maßstab für die Spannung wählt man parallel zur Ordinatenachse. Nun trägt man $J_0\,R_1$ und $J_0\,X_1$, dieses senkrecht zu $J_0\,R_1$, auf und kommt so auf den Punkt 0_0. Die Projektion von 0_0 auf die Ordinatenachse gibt den Fehler am Übersetzungsverhältnis, und unter Berücksichtigung des ersten Maßstabes kann man auf der Ordinatenachse eine Prozentskala anbringen. Die Projektion von 0_0 auf die Abszissenachse gibt den Fehlwinkel δ zwischen K_1 und K_2 im Leerlauf. Den Maßstab für δ leitet man aus dem Ordinatenmaßstab ab. Wenn $\operatorname{tg}\delta = 0{,}01$ ist, so ist $\delta = 34{,}4$ min, oder $\delta = 10$ min entspricht $\frac{10}{34{,}4} = 0{,}29\%$ des Ordinatenmaßstabes.

Um den Einfluß der Sekundärbelastung zu studieren, zeichnet man noch J_2 ein bzw. die Spannungsabfälle $J_2\,(R_1 + R_2)$ und $J_2\,(X_1 + X_2)$. Das ausgezogene Dreieck gilt für induktionsfreie Belastung. Der Übersetzungsfehler nimmt um den Betrag zu, der dem Ohmschen Spannungsabfall entspricht. Der Winkel δ ist hier negativ, d. h. $-K_2$ eilt K_1 nach.

Eine sehr instruktive Darstellung des Verhaltens eines Spannungswandlers bei verschieden großer Bürde mit verschiedenem Leistungsfaktor gibt Bild 522, es bedarf nach dem vorher Gesagten keiner weiteren Erläuterung.

Form der Fehlerkurve.

Ebenso wie beim Stromwandler, so sind auch beim Spannungswandler die Fehlerkurven, wenn man sie als Funktion der Spannung

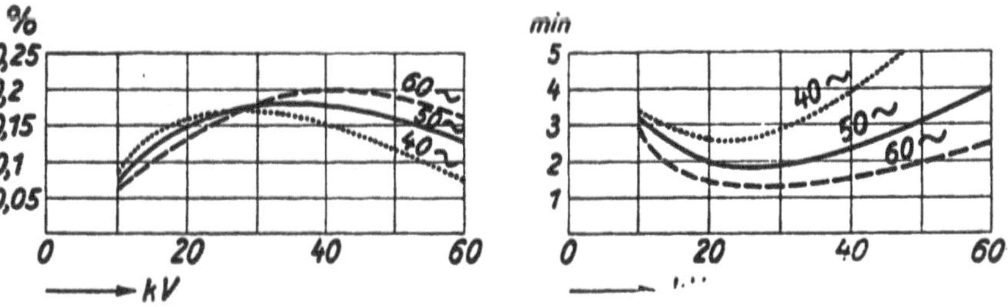

Bild 523. Fehlerkurven für einen Spannungswandler 50000/110 V in Abhängigkeit von der Primärspannung bei induktionsfreier Sekundärbelastung.

graphisch aufträgt etwas verzerrte Spiegelbilder der Permeabilitätskurven. Gewöhnlich tritt das allerdings nicht in Erscheinung, weil man den Spannungswandler nur in einem ganz engen Spannungsbereich benutzt und prüft. Nur bei Laboratoriumstypen kommt die ganze Fehlerkurve zur Geltung. Aus Bild 523, 524 ist der typische Verlauf der Fehlerkurven für einen normalen Spannungswandler zu erkennen. Besonders an der Kurve für den Spannungsfehler sieht man, wie das

Minimum des Fehlers (hier Maximum durch die Abgleichung) bei geringer Frequenz bei einer kleineren Spannung eintritt.

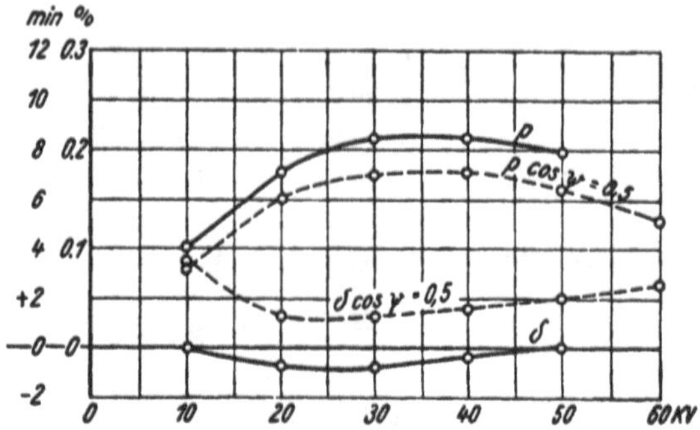

Bild 524. Spannungs- und Winkelfehler eines Normal-Spannungswandlers 50 000/110/5 V bei 50 Hertz und 40 VA Sekundärleistung in Abhängigkeit von der Primärspannung, induktiver und induktionsfreier Belastung.

Eisenqualität.

Ebenso wie beim Stromwandler ist hohe Permeabilität erwünscht, damit der Leerstrom klein wird. Die Eisenverluste sind auf die Messung von geringerem Einfluß. Man bevorzugt deshalb für Spannungswandler mittellegiertes Blech, meist 0,5 mm stark, weil dieses im Gebiet der hohen

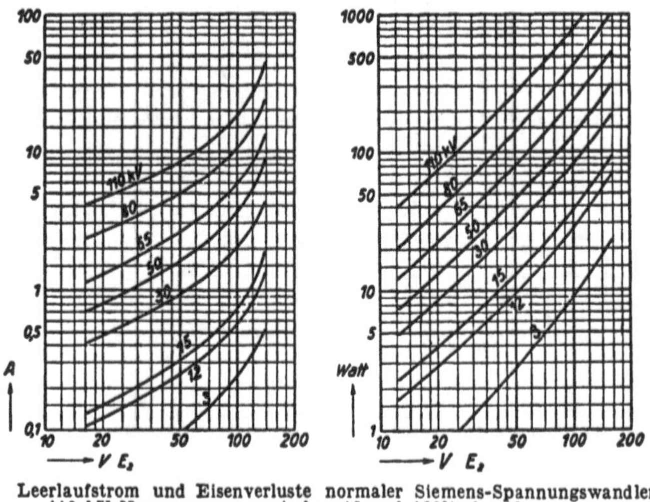

Bild 525. Leerlaufstrom und Eisenverluste normaler Siemens-Spannungswandler von 3 bis 110 kV Nennspannung zwischen 15 und 120% der Nennspannung.

Liniendichten geringeren Leerlaufstrom hat als hochlegiertes, außerdem beträchtlich billiger ist.

Welche Liniendichte beim Spannungswandler zu wählen ist, läßt sich nicht allgemein sagen. Es gibt Wandler, die mit 6000 Gauß arbeiten und andere mit 12000, sogar 13000 Gauß. Diese Festlegung muß Gegenstand eingehender Berechnungen sein. Hohe Liniendichte gibt große Leistung, aber auch größere Fehler, zu kleine Liniendichte gibt auch größere Fehler. Schließlich ist noch das Verhältnis von Kupferpreis und Eisenpreis auf den Entwurf maßgebend. Sofern nicht hohe Überspannungen vorgesehen sind, z. B. bei in Stern geschalteten Wandlern 73% Spannungszunahme bei Erdschluß, bewegt sich die Liniendichte bei 50 Hertz im Gebiete von 9000.

Die gesamten Eisenverluste eines Spannungswandlers hängen selbstverständlich von der Größe des Wandlers ab.

In Bild 525 sind für die von Siemens & Halske zurzeit hergestellten Spannungswandler Leerlaufstrom und Eisenverluste in Abhängigkeit von der Spannung im logarithmischen Maßstab eingetragen. Der Leerstrom ist auf die Niederspannungsseite bezogen.

Größe der Sekundärspannung.

Bis vor kurzer Zeit war 110 V die normale Sekundärspannung, obwohl sich damit ganz unnötigerweise unrunde Zählerkonstanten ergeben, z. B. bei 6000/110 V ist $ü = 54{,}54$. Erst jetzt geht man zu 100 V als Sekundärspannung über. Es ist dazu leider nötig, daß man einige Jahre lang die Wandler mit zwei Sekundärspannungen liefert, damit man Wattmeter bzw. Zähler sowohl für 110 als 100 V anschließen kann. Es muß das sein nicht wegen der Spannungsempfindlichkeit, sondern wegen der Zählerkonstanten, die z. B. auf einem Spannungswandler 6000/110 basiert ist. 220 V als Sekundärspannung werden in Deutschland nur ganz ausnahmsweise gefordert.

Mittel zur Minderung der Fehler.

Für Spannungswandler sind mit Ausnahme einer künstlichen Vergrößerung der Streuung zur Verkleinerung des Fehlwinkels keine Verfahren zur Kompensation der Fehler bekannt geworden. Es wird lediglich die Windungszahl der Primär- oder Sekundärwicklung abgeglichen.

Bauformen von Kern und Wicklung.

Die Bauweise der Spannungswandler zeigt bei weitem nicht die Mannigfaltigkeit der Stromwandler-Konstruktionen. Der Aufbau der Spannungswandler ist dem der Leistungswandler nachgebildet. Es besteht nur der wesentliche Unterschied, daß es selten nötig ist, besondere Kühleinrichtungen für das Kupfer oder das Eisen vorzusehen.

Schenkel- und Manteltyp. Spannungswandler des Schenkeltyps werden ein- und zweispulig ausgeführt. Letztere bedingt kleineren Aufwand an Kupfer (weil die Windungslänge kleiner ist), dafür aber größeren Verbrauch an Isolierstoffen, weil statt zwei vier Wicklungsenden gegen Körper zu isolieren sind. Bild 526 zeigt eine Ausführung von Siemens & Halske mit Ölisolierung in einem ovalen Topf aus Eisenblech.

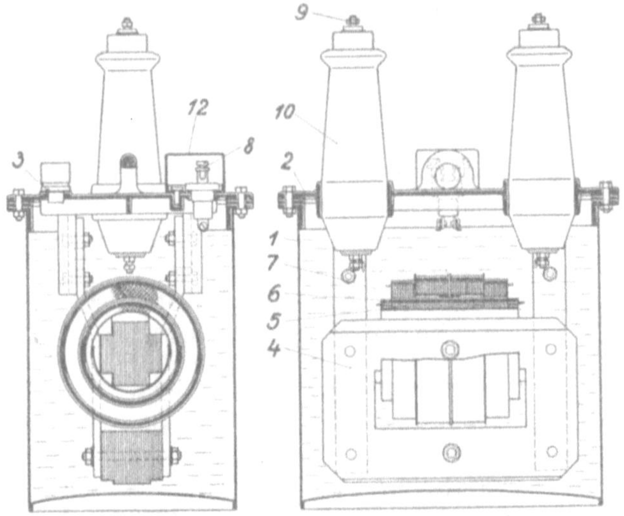

Bild 526. Aufbau eines beglaubigungsfähigen Spannungswandlers mit Ölisolierung für max 12000 Volt bei 50 Hertz. (Siemens & Halske.)

Auf der dem Eisenkern zunächst liegenden Sekundärspule ist ein Papierzylinder mit etwa 5 mm Dicke aufgewickelt, auf diesem erst die in 4 Gruppen geteilte Hochspannungswicklung. Nachstehend die Daten dieses Wandlers:

Nennspannung bei 50 Hertz	12000/110	V
Prüfspannung	36000	V
Gesamtgewicht	42	kg
Ölgewicht	12,5	kg
Eisenkerngewicht, netto	13,5	kg
Eisenquerschnitt, netto	30	qcm
Kraftlinienlänge	60	cm
Primäre Windungszahl	18950	Wdg.
Drahtstärke (Lackdraht 1×Seide)	0,16	mm
Gewicht des Hochspannungskupfers	1,36	kg
Widerstand des Hochspannungskupfers	6000	Ω
Sekundäre Windungszahl	175	Wdg.
Drahtstärke (2×Baumwolle)	1,1	mm
Gewicht des Niederspannungskupfers	0,41	kg
Widerstand des Niederspannungskupfers	0,84	Ω
Leerlaufstrom bei 50 Hertz	5,3	mA
Eisenverluste bei 50 Hertz 12000 V	28	W.

Die Hochspannungsspulen sind lagenweise gewickelt mit Zwischenlagen von Papierstreifen, die an den den Rändern doppelt umgefalzt sind, um das Abgleiten der Windungen zu verhindern.

Bild 528 zeigt einen Mantelkern mit einer 12000-V-Wicklung mit 8 Unterteilungen, bei der ebenso wie bei dem vorher beschriebenen Wandler Anfangs- und Endspule aus stärkerem Draht gewickelt sind. Die Einzelspulen sind bei dieser Ausführung mit Papier bandagiert, und es ist deshalb möglich, die Abstände im Fenster und dadurch auch das Eisengewicht kleiner zu halten als bei reiner Ölisolierung.

Bild 529 zeigt einen Spannungswandler der Siemens-Schuckert-Werke Nürnberg mit einem Mantelkern. Der Blechschnitt ist kreisrund, so daß sich beim Schichten ein zylindrischer Körper ergibt, der den Mantel des ganzen Wandlers bildet und auf den nur noch der Gußboden und der Gußdeckel aufgesetzt werden.

Den Aufbau der Spulen für hohe Spannung zeigt Bild 530 an einer Ausführung von Siemens & Halske. Auch hier sind die Eingangswindungen mit Rücksicht auf die Sprungwellenfestigkeit besonders stark isoliert. Der Aufbau ist ein solcher, daß das Öl frei zirkulieren kann und dabei möglichst hohe Überschlagweiten erzielt werden.

Nachstehend eine Zusammenstellung über einige Spannungswandlertypen, in der Ausführung von Siemens & Halske. Bei andern Herstellern ergeben sich ähnliche Werte.

Modell	Nennspannung		Prüf-spannung kV	Gesamt-gewicht kg	Öl-gewicht kg	Preis 1924 etwa M.	Belastung bei 1% Abfall $\cos\varphi = 1$ und 50 Hertz	Grenz-bürde bei 50 Htz.
	bei 50 Hertz	15 Htz.						VA
221	3 kV	1,5	10	10,5	—	150,—	40 VA	200
222	12 »	3	36	33	—	240,—	150 »	300
167	15 »	—	42	65	25	600.—	220 »	500
223	30 »	10	68	168	42	750,—	365 »	2000
224	40 »	15	85	300	100	1200,—	600 »	3000
225	50 »	—	103	430	162	1800,—	730 »	4000
26	65 »	24	130	700	175	3100,—	1600 »	5000
27	80 »	—	155	1000	310	4300,—	2900 »	8000
28	110 »	—	210	2175	890	9500,—	8000 »	10000

Dreiphasen-Spannungswandler.

Zur Spannungsmessung bei Dreiphasenstrom werden bei Spannungen über 15 kV fast ausschließlich Einzelwandler bei kleineren Spannungen auch solche mit drei Wicklungen auf einem Kern verwendet. Im ersten Fall ist der Materialaufwand größer, man hat aber den Vorteil, daß bei einem Schaden nur ein Wandler auszutauschen ist. Zudem werden, sofern nicht etwa der Nullpunkt geerdet ist, nicht drei, sondern nur zwei Einzelwandler in V-Schaltung benutzt.

Für bestimmte Zwecke, namentlich für Erdschlußprüfungen, dürfen nur drei Wandler mit getrennten magnetischen Kreisen verwendet werden, weil solche mit verkettetem magnetischen Kreise nach länger andauernden Erdschlüssen durch Überlastung zugrunde gehen.

Bild 527.

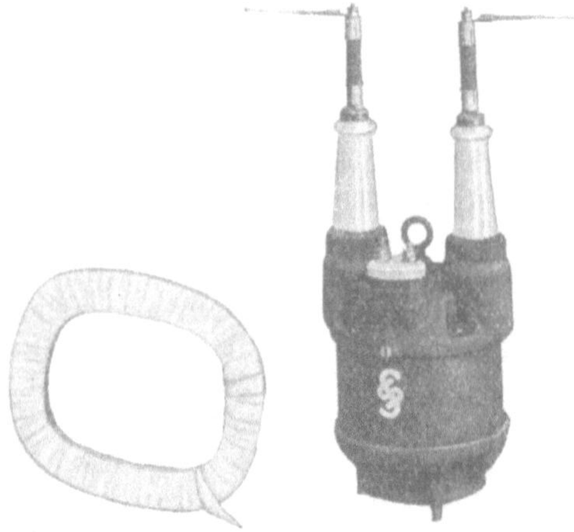

Bild 528.

Bild 527. Aufbau eines Spannungswandlers mit Mantelkern für 25000 V Nennspannung.
Bild 528. Spannungswandler mit Schutzwiderständen für Spannungen bis 12 kV.
(Siemens-Schuckert-Werke.)

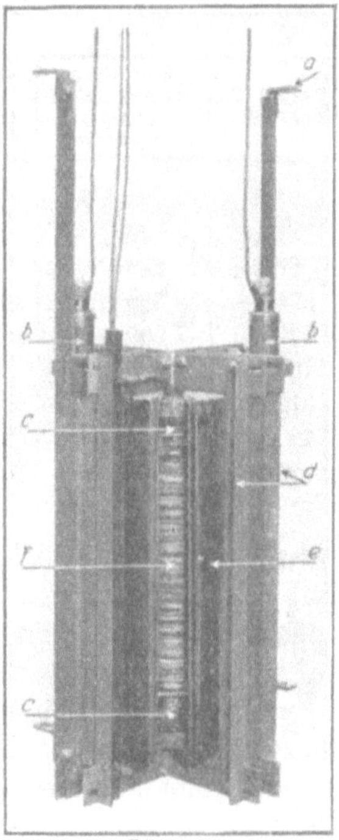

Bild 529.

Bild 530.

Bild 529. Spannungswandler der General Electric Co. für max 73000 Volt ohne Isolatoren und ohne Kessel.

a Befestigungswinkel oberhalb des Ölspiegels, *b* Porzellanisolatoren unter Öl, *c* bandagierte Endspulen der Primärwicklung, *d* Tragkonstruktion, *e* Isolierschirm zwischen Kern und Spulen, *f* Primärwicklung mit kreisrunden Spulen

Bild 530. Aufbau eines Spannungswandlers für 80 kV Nennspannung. (Siemens & Halske.)

Die drei Einzelwandler müssen unbedingt als ein Modell für die verkettete Spannung gewählt werden, wenn sie auch betriebsmäßig nur die Sternspannung erhalten, denn es läßt sich nicht vermeiden, daß sie längere Zeit mit erhöhter Spannung arbeiten.

Die drei Kerne der Drehstrom-Spannungswandler werden meist in einer Ebene angeordnet aus Gründen der einfacheren Herstellung, wenn auch dadurch die Leerlaufströme der drei Phasen verschieden groß werden. Das Diagramm des Drehstrom-Spannungswandlers hat Gewecke[1]) angegeben in ähnlicher Anordnung wie Bild 521. Bei symmetrischer Anordnung der Kerne werden zwar die Leerlaufströme in den drei Phasen gleich, die Herstellung macht aber Schwierigkeiten, weil an den Stoßfugen die Bleche übers Kreuz aneinanderstoßen. In diesen Fällen treten erhebliche Wirbelstromverluste auf, die man durch Zwischenlegen einer sehr dünnen Papierschicht zu vermeiden sucht, wenn auch dadurch der Leerlaufstrom um ein geringes steigt.

Kaskaden-Spannungswandler.

Spannungswandler für höhere Betriebsspannungen werden sehr teuer, weil man sie mit viel mehr aktivem Material bauen muß, als es eigentlich notwendig ist. Der Wandler für 100 kV muß etwa die doppelten linearen Abmessungen haben wie der Wandler für 50 kV und infolgedessen das 8fache Volumen. Wenn auch der Preis nicht das 8fache beträgt, so ist er doch wesentlich höher als das Doppelte des 50-kV-Wandlers.

Es liegt nahe, zwei 50-kV-Wandler in Reihe zu schalten, man kann das aber nur ausführen, wenn die Verbindungsstelle beider Wandler geerdet werden darf. Das ist aber höchst selten der Fall, denn bei Erdschluß einer Leitung bekommt der andere Wandler die volle Spannung. Diese Schaltung ist also praktisch nicht auszuführen.

Die volle Kaskadentransformation, die sog. »Dessauerschaltung« ist bisher für Spannungswandler nicht angewandt worden, sondern allein für Experimentierwandler.

Dagegen hat Pfiffner[2]) einen Kaskadenspannungswandler ausgebildet, der schon vielfach Anwendung gefunden hat. Pfiffner ist dabei ausgegangen von einer aus mehreren Einzelgliedern herzustellenden Erdungsdrosselspule. Hierfür gilt hinsichtlich der Isolationsersparnis das Obengesagte. Für je etwa 30÷40 kV wird ein neues Glied in Reihe geschaltet. Will man nun damit eine Spannungsmessung ausführen, so versieht man das unterste, an Erde liegende Glied der Drosselkette mit einer Sekundärwicklung, an die die Instrumente angeschlossen werden. Bild 531 zeigt diese Grundschaltung.

---

[1]) ETZ. 1915, S. 253.
[2]) ETZ 1926, S. 44.

Zum besseren Potentialausgleich innerhalb eines Gliedes ist jeweils der Mittelpunkt der Hochspannungswicklung mit dem Eisenkern fest verbunden, so daß die maximale Spannung zwischen Kern und Wick-

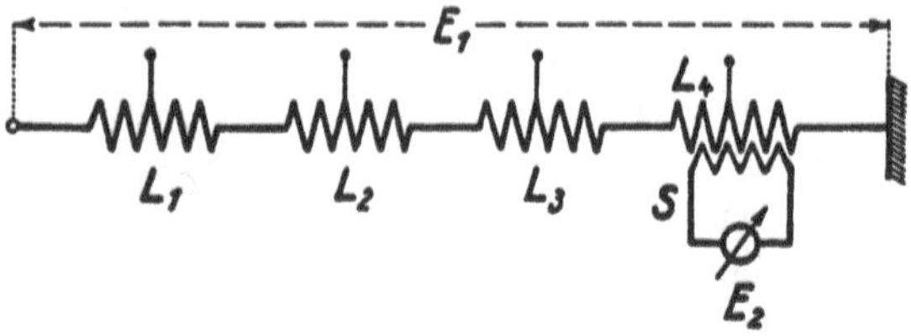

Bild 531. Grundschaltung eines Kaskaden-Spannungswandlers mit vier Gliedern.

lungsende bei 4 Gliedern, wie skizziert, nur $^1/_8\, E_1$ betragen kann. Nun läßt sich aber weiterhin nicht vermeiden, daß die Spannungsanteile

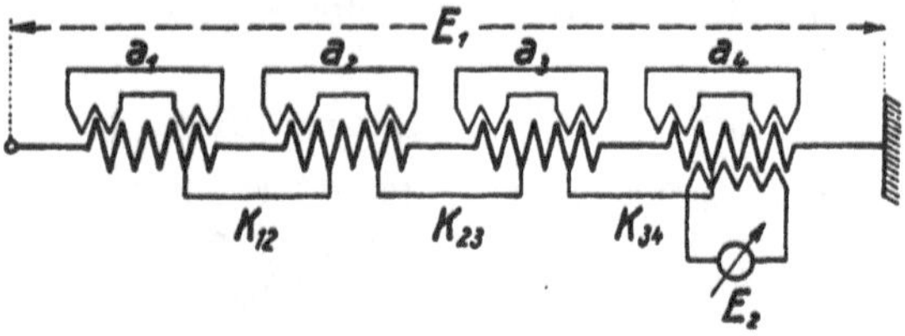

Bild 532. Ausgeführte Schaltung eines Kaskaden-Spannungswandlers mit Kopplungsspulen (K_{12}—K_{23}—K_{34}) und Ausgleichwicklungen (a_1—a_2—a_3—a_4) auf den Einzelkernen.

der Einzelglieder ungleich sind infolge der verschiedenen Erdkapazität und vor allem durch die Energieentnahme an dem letzten Gliede L_4.

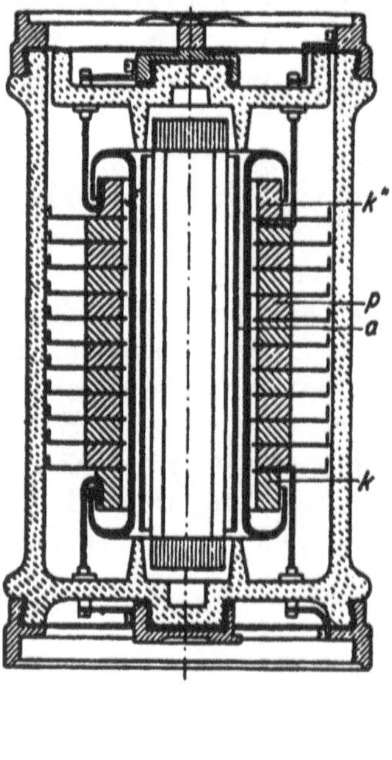

Bild 533. Aufbau eines Kaskaden-Spannungswandlers nach Pfiffner:
k—k'' dickdrahtige Kopplungsspulen, im letzten Glied ist k Sekundärspule,
a Ausgleichwicklung,
p Primärwicklung mit Kühlscheiben.

Um diese Ungleichheiten unschädlich zu machen, ordnet Pfiffner sowohl für jeden Einzelkern (a_1, a_2, a_3, a_4) als für die benachbarten Drosselglieder untereinander Ausgleich-bzw. Kopplungswicklungen (K_{12}, K_{23}, K_{34}) an, die gegeneinander geschaltet sind. (Bild 532, 533.)

Mit Hilfe dieser Wicklungen können die sonst unvermeidlichen großen Fehler auf einen so geringen Betrag vermindert werden, daß die Fehlergrenzen der Klassen E und F mit 15÷30 VA Sekundärleistung eingehalten werden. Bild 533 zeigt ein solches Element im Schnitt. Der mit einem Luftspalt versehene Mantelkern trägt die Sekundärwicklung *a*, darüber einen an den Enden umgestülpten Isolierzylinder aus Mikanit als Träger der Hochspannungsspulen *p*. Zwischen diesen liegen Kühlbleche, um die entstehende Wärme besser an den äußeren Porzellanmantel abzuleiten. Der Hohlraum ist mit Masse gefüllt. Bild 534 zeigt eine Gruppe von drei derartigen Spannungswandlern mit zwei Gliedern, eine Ausführung für 60 kV Nennspannung. In dem halbkugelförmigen Kopf ist jeweils eine Vorschaltdrossel zum Schutz gegen Sprung-

Bild 534. Anlage mit drei Kaskaden-Spannungswandlern für 65 kV verkettete Spannung. Die Wandler haben als Trennschalter ausgebildete, oben aufgebaute Sicherungen.

wellen eingebaut, in der zweiteiligen Röhre über dem Wandler ist die Sicherung eingebaut. Letztere ist an dem Wandler drehbar angebracht, so daß sie als Trennmesser verwendbar ist.

Die verfügbare Leistung ist bei allen Kaskaden-Spannungswandlern selbstverständlich viel kleiner als bei Einstufen-Spannungswandlern. Das ist allein schon aus dem viel kleineren Gewicht dieser Wandler zu vermuten. Es ist aber auch die Wirkungsweise eine ganz andere, da es sich ja um eine Strommessung mit Vorschaltdrosseln handelt. Da der Blindstrom nur ca. 50 mA beträgt, entsprechend 5000 VA bei 100 kV, so ist zu erwarten, daß die bei üblicher Genauigkeit verfügbare Leistung nur in der Größenordnung von 100 ÷ 200 VA sein kann. Bild 535 zeigt für einen zweistufigen Kaskadenwandler den Spannungsfehler und Winkelfehler in Abhängigkeit von der Spannung. Der Pfeil zeigt die Sternspannung an, die als Normalspannung zu bezeichnen ist.

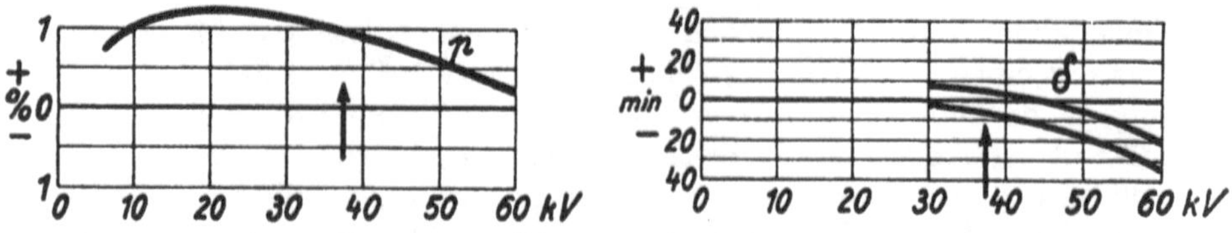

Bild 535. Fehlerkurven eines Kaskaden-Spannungswandlers mit zwei Gliedern für 65 kV verkettete Gesamtspannung. Der Pfeil deutet die normale Betriebspannung von 37,5 kV gegen Erde an. (Älteres Modell.)

Die von Siemens & Halske hergestellten Kaskaden-Spannungswandler dieser Art sind wesentlich genauer. Nachstehend die Zahlen für eine dreistufige Kaskade:

Nennspannung . . . . = 65 kV/65 V
Maximalspannung bei dauerndem
Erdschluß 110 kV + 20% . = 132 kV/132 V
Prüfspannung gegen Erde . . . = 240 kV

% der Nennspannung	Leerlauf p%	Leerlauf δ min	100 VA bei 110 kV ind'frei		300 VA bei 110 kV ind'frei	
20	+ 0,27	+ 7	− 0,20	− 18	− 1,42	− 83
40	+ 0,39	+ 6	− 0,12	− 20	− 1,28	− 86
60	+ 0,44	+ 7	− 0,09	− 19	− 1,22	− 85
80	+ 0,42	+ 10	− 0,12	− 17	− 1,22	− 83
100	+ 0,38	+ 14	− 0,18	− 14	− 1,24	− 78

Der Wandler entspricht demnach noch bis 100 VA der E-Klasse, bis 300 VA der F-Klasse. Mit steigender Gliedzahl geht die bei Innehaltung einer gewissen Genauigkeit verfügbare Leistung herunter. Wenn man 6 Glieder aufeinanderschichtet für 220 kV verkettete Spannung und 480 kV Prüfspannung, so werden bei gleichem Wandlergewicht (etwa 150 kg je Glied und gleicher Leistung nur die Fehlergrenzen der Klasse F erreicht.

Für 220-kV-Anlagen scheint der Kaskadenwandler die einzige praktisch mögliche Ausführung zu sein. Normale Wandler müßten für diese Spannung ein Gewicht von etwa 10 t erhalten, während man bei Kaskadenwandlern mit etwa 1 t auskommt, sofern 1% Fehler zulässig ist.

Umschaltbare Spannungswandler.

Wie beim Stromwandler ist auch hier zu unterscheiden zwischen primärer und sekundärer Umschaltung und Anzapfung. Der Zweck der Meßbereichänderung ist meist der, daß die Anlagenspannung geändert wird, oder daß es sich um einen Laboratoriumstyp handelt.

Primäre Umschaltung. Die Umschaltung 1:2 ist sehr leicht auszuführen, der Wandler muß aber dann statt zwei vier Isolatoren im Deckel erhalten, wovon allerdings zwei für die halbe Spannung sein können. Die Leistung des Wandlers bleibt bei der primären Umschaltung erhalten und seine Fehlerkurve ungeändert.

Bild 536 zeigt einen kleinen primär umschaltbaren Spannungswandler von Siemens & Halske mit den Meßbereichen 250, 500/100 V,

Bild 536. Kleiner tragbarer Spannungswandler 250—500/100 Volt, max 300—600/120 Volt. (Siemens & Halske).

überlastbar bis 300, 600/120 V für 50 Hertz bei 15 VA Leistung in Klasse F.

Primäre Anzapfung. Leistungstransformatoren baut man mit hochspannungsseitigen Anzapfungen, damit sie den örtlichen Spannungsschwankungen von Zentrale bis zum Verbraucher angepaßt werden können. Einige Firmen bauen auch Spannungswandler mit primären Anzapfungen. Es sind dann in dem Isolator zwei dünne Bohrungen, in denen die zwei Hochspannungsdrähte zu zwei isolierten Klemmen geführt werden. Ein besonderes Bedürfnis nach solchen Wandlern besteht nicht, weil alle modernen Zähler gegen Spannungsschwankungen bis zu $\pm 10\%$ unempfindlich sind.

Sekundäre Umschaltung. Diese Art der Spannungsumschaltung ist sehr bequem, beim halben Meßbereich hat man aber nur mehr $1/4$ der Leistung, zudem eine andere Fehlerkurve.

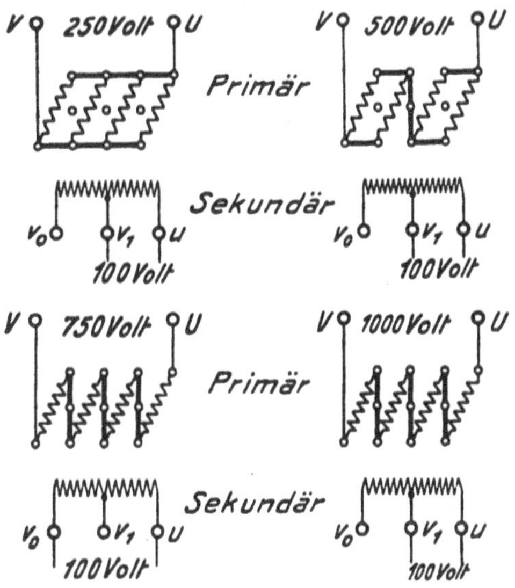

Bild 537. Präzisions-Spannungswandler mit vielfacher Umschaltung. Die Wicklung ist auf zwei Schenkelkerne mit je zwei Spulen verteilt. Die gleichmäßige Spannungsverteilung wird durch Ausgleichwicklungen erzielt. (Siemens & Halske.)

Bild 537 zeigt die Schaltung eines Präzisionsspannungswandlers von Siemens & Halske, bei dem die Umschaltung sowohl auf der Hochspannungs- als auf der Niederspannungsseite erfolgt, ferner auch den inneren Aufbau dieses Wandlers, der aus zwei magnetisch vollkommen getrennten Kernen besteht und mit dem durch Umschaltung 10 Spannungsmeßbereiche, z. B. primär 1000/1500/2000/3000/4000/5000/6000/8000/10000/12000 V, erzielt werden können, wobei die Sekundärspannung immer 100 V beträgt.

Koch & Sterzel erreichen die gleichen Meßbereiche allein durch Umschaltung auf der Hochspannungsseite unter Verwendung besonderer Stecker. Für beide Modelle wird die Fehlergröße durch die Umschaltung nur innerhalb der gesetzlich zulässigen Grenzen geändert, bei gleichbleibender sekundärer Belastung.

Sekundäre Anzapfung. Diese Art der Umschaltung benutzt man z. B. bei der Herstellung von Wandlern für 100/110 V Sekundärspannung,

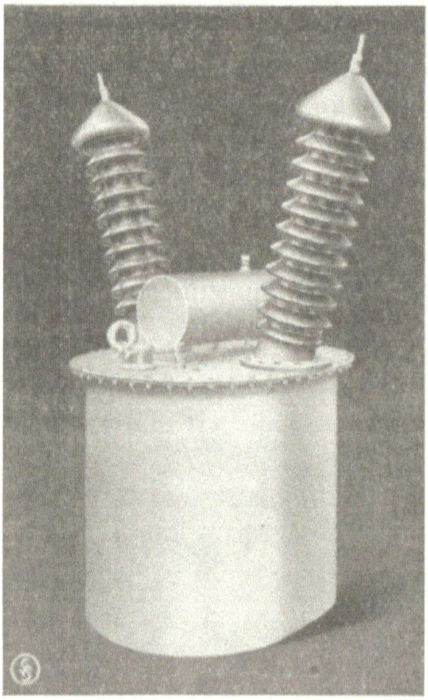

Bild 538. Freiluft-Spannungswandler für 110 kV Nennspannung. (Siemens & Halske.)

und sie bereitet konstruktiv keinerlei Schwierigkeiten.

Art der Isolierung.

Bei kleinen Spannungen wird Trocken- oder Masseisolierung verwendet. Da Überlastungen der Spannungswandler so gut wie gar nicht vorkommen, bestehen auch gegen die Verwendung von Ausgußmasse weniger Bedenken als bei Stromwandlern. Über die relativen Vorzüge von Masse- und Ölisolierung gilt im übrigen das bereits auf S. 533 Gesagte. Ölwandler für hohe Spannungen und Freiluftmontage werden immer mit Ölkonservator ausgeführt.

Bild 538 zeigt einen solchen Wandler, bei dem der Ölkonservator zwischen die Einführungen gesetzt ist.

Fehlergrößen des Spannungswandlers.

Die deutschen Bestimmungen über Spannungswandler sind im Anhang des 2. Bandes zusammengestellt. Die Bürde der Spannungswandler ist für E-Wandler auf mindestens 30 VA festgelegt. Bei Spannungen von über 15 kV verursacht dies keine Verteuerung, wohl aber bei kleineren Spannungen von 6÷12 kV.

Einfluß der Bürde.

Den Einfluß der Größe der Sekundärbelastung zeigt Bild 539 für zwei Leistungsfaktoren, $\cos\psi = 1$ und $\cos\psi = 0{,}5$ bei induktiver Belastung. Die Fehlergrößen nehmen proportional der Belastung zu.

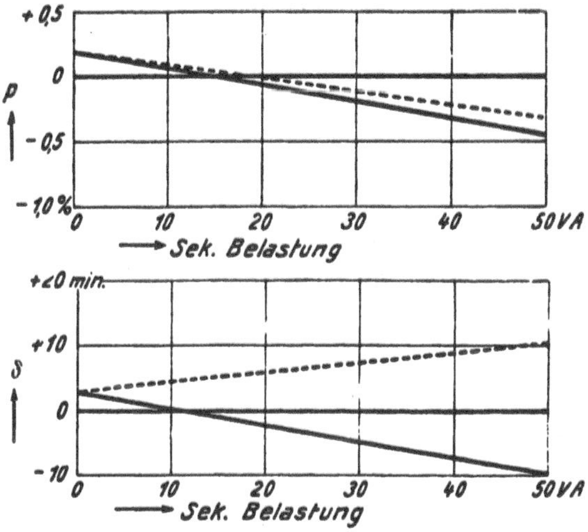

Bild 539. Änderung der Fehlergrößen mit der Belastung ——— $\cos\psi = 1$, - - - - - - $\cos\psi = 0{,}5$ bei einem kleinen Wandler für 10 kV.

Die Fehlergrößen ändern sich stetig mit dem Leistungsfaktor der sekundären Bürde.

Bild 540 zeigt für einen normalen Spannungswandler den Verlauf von p und δ als Funktion des Leistungsfaktors der Sekundärbelastung für konstante Voltamperebelastung von 30 VA und vor- und nacheilenden Strom.

Wiederum zeigt sich die Verminderung des Übersetzungsfehlers bei kapazitiver Belastung, gleichzeitig erreicht aber auch der Fehlwinkel

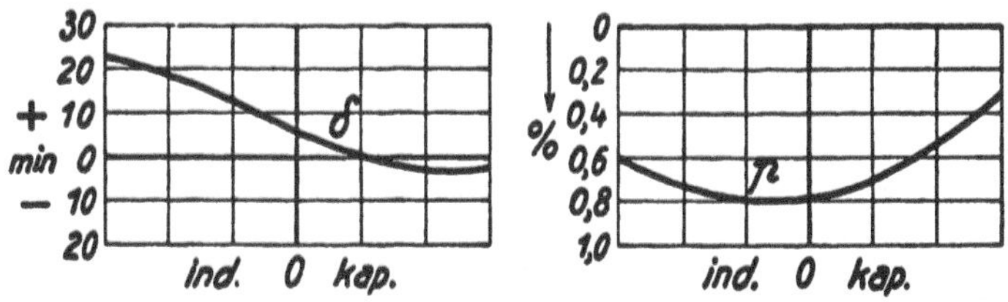

Bild 540. Spannungswandler 12000/100 V, Sekundärleistung 30 VA. Änderung der Fehler mit dem Leistungsfaktor als Sekundärbelastung.

einen Höchstwert, wie es ja auch bereits aus Bild 433 auf S. 487 zu erkennen war.

Grenzbürde.

Die Grenzen der Belastbarkeit sind bei den meisten Spannungswandlern bei weitem nicht so eng gesteckt wie bei Stromwandlern, namentlich bei höheren Spannungen, wo die Rücksicht auf die Isolationsfestigkeit große Abmessungen und damit die Verwendung verhältnismäßig großer Eisenkerne erfordert. Bei Spannungswandlern werden üblicherweise zwei Grenzen angegeben für die sekundäre Belastbarkeit, für maximal 1% Spannungsabfall und die mit Rücksicht auf die Erwärmung höchstzulässige Leistungsentnahme.

Es sei hier auf die auf S. 573 gedruckte Tafel für die Siemens-Spannungswandler verwiesen.

Aus jener Zusammenstellung geht hervor, daß für Spannungen über 6000 V die Spannungswandler praktisch fast unbegrenzt belastbar sind, wenn man beachtet, daß der Verbrauch der meisten Meßgeräte im Spannungskreis nicht mehr als 10 VA beträgt und nur bei einigen Registrierapparaten bis auf 30 VA anwächst.

Einfluß der Frequenz.

Bisher haben wir konstante Spannung und konstante Frequenz angenommen, wie es der praktischen Verwendung am besten entspricht. Ändern wir bei einem Spannungswandler die **Frequenz**, so ändern wir

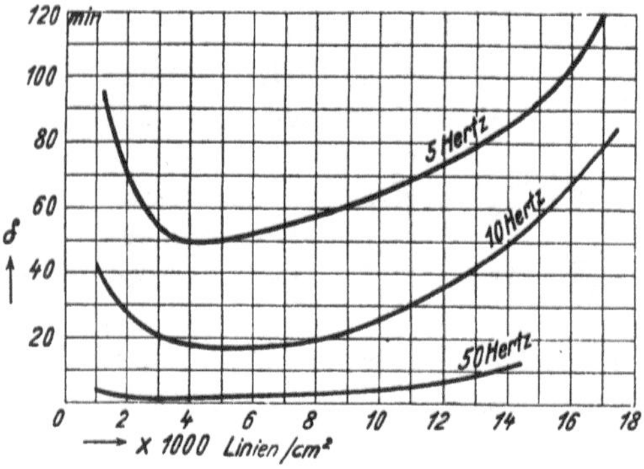

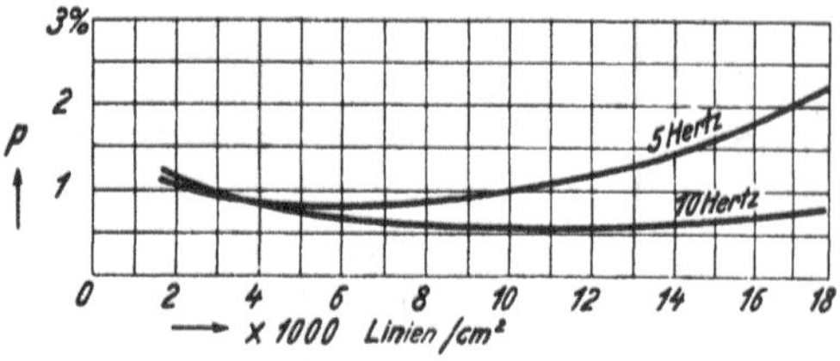

Bild 541. Verhalten eines Spannungswandlers für 15000/110 V 50 Hertz bei sehr niedriger Frequenz.

damit proportional die Liniendichte im Eisen. Bei gleichbleibender Spannung nimmt mit steigender Frequenz $J_0 R_1$ rasch ab, $J_0 X_1$ und $J_2 (X_1 + X_2)$ mit der Frequenz zu. Im Grenzfalle, wenn J_0 vernach-

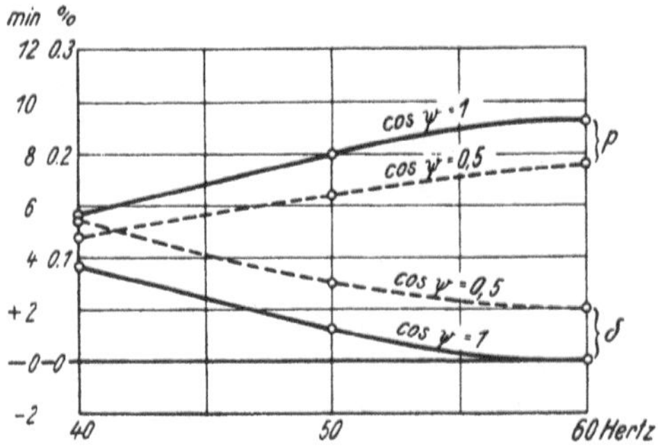

Bild 542. Frequenzeinfluß auf einen Normal-Spannungswandler 50000/110/5 Volt bei 40 VA sekundärer Leistung.

lässigbar ist gegen J_2, wird p_e konstant $= 100 \dfrac{J_2 (R_1 + R_2)}{k_2}$ und δ negativ, proportional der Frequenz. Bild 541 zeigt an einem kleineren Spannungswandler den Verlauf von p und δ als Funktionen der Liniendichte für sehr niedrige Frequenzen. Bild 542 gibt die Fehler für 40 ÷ 60 Hertz.

Bild 543 ist für 15, 25 und 50 Hertz für einen Normalspannungswandler 50000/100/25 V gezeichnet und zeigt das rasche Anwachsen der Fehler. Bei gleichem Modell und derselben Wicklung sind die Fehler

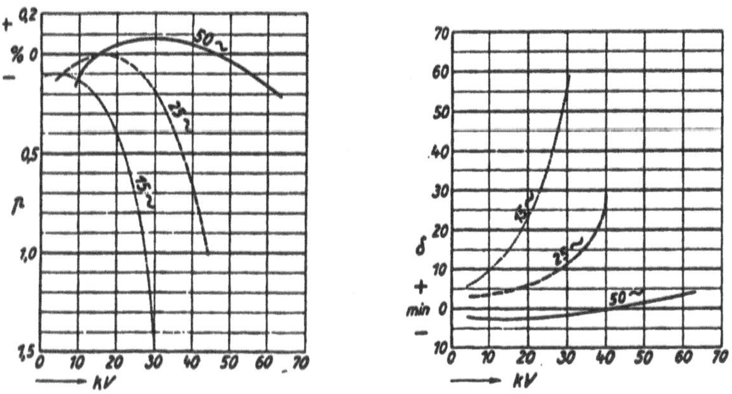

Bild 543. Einfluß der Frequenz auf die Fehlergrößen eines Normal-Spannungswandlers 50000/110 V bei 1000 Ω Sekundärbelastung, entsprechend 12 VA bei Nennspannung.

im Nennspannungsbereich etwa umgekehrt proportional der Frequenz. Man wird aber immer bei größeren Abweichungen der Frequenz eine neue Wicklung berechnen.

Spannungswandler für Mittel- und Hochfrequenz. Steigert man bei einem normalen Spannungswandler die Frequenz bei gleichbleibender Spannung von 50 auf 100 und mehr Perioden, so beobachtet man dabei zunächst immer noch ein Abnehmen der Fehler. Die Eisenverluste werden kleiner und kleiner, dafür nimmt aber der induktive Spannungsabfall durch den Belastungsstrom zu. Dann macht sich aber auch in dem Gebiete von 500 bis 1000 Hertz bereits die Wicklungskapazität bemerkbar, und man kommt schließlich in das Gebiet der Resonanz innerhalb des Spannungswandlers.

Beim Entwurf von Spannungswandlern für höhere Frequenzen wird man weniger auf kleine Eisenverluste als auf Verminderung der Eigenreaktanz der Wicklungen Wert legen, zumal auch die Kapazität der Hochspannungswicklung bei zu hoher Windungszahl stört. Siemens & Halske haben derartige Wandler für Spannungen bis zu 6000 V und Frequenzen bis zu 50000 Hertz hergestellt. Die Genauigkeit ist etwas geringer als bei Niederfrequenz; man hat mit Fehlern von 1÷2% zu rechnen. Auch diese Hochfrequenz-Spannungswandler sind ebenso wie die für Niederfrequenz nur für einen verhältnismäßig engen Frequenzbereich, für den sie eben berechnet sind, zu gebrauchen.

Einfluß der Kurvenform. Eine Verzerrung der Kurvenform auf der Sekundärseite des Wandlers tritt bei keiner der üblichen Spannungswandlertypen in merklichem Maße ein. Selbstverständlich werden aber ebensowenig wie beim Stromwandler unstetige Vorgänge kurventreu auf der Sekundärseite abgebildet. Wo solche vorkommen, muß man die Messung unbedingt auf der Hochspannungsseite unmittelbar ausführen.

Einfluß der Gleichstrommagnetisierung.

Man benutzt vielfach Spannungswandler als Erdungsdrosselspulen zur Ableitung elektrostatischer Ladungen, wie sie beispielsweise bei der Verlegung von Hochspannungsleitungen in bergigem Gelände auftreten. Über die Größe der dabei zustande kommenden Gleichströme besteht noch eine erhebliche Unsicherheit, die Zahlen bewegen sich zwischen 10 und 200 mA.

Dieser Gleichstrom bewirkt im Spannungswandler eine zusätzliche Magnetisierung, eine Erhöhung des Leerstromes und eine Vermehrung der Verluste. Der Hersteller kann selbstverständlich keine Garantie dafür übernehmen, daß der Wandler alle vorkommenden Gleichstromladungen ohne Schaden ableiten kann, er gibt statt dessen einen Maximalwert an, der auf die Dauer nicht überschritten werden darf. Dieser Wert beträgt 10÷20 mA. Werden größere zulässige Stromstärken gefordert, so ist auch ein größerer, teurerer Wandler aufzustellen.

Thermische Festigkeit des Spannungswandlers.

Spannungsüberlastung. Eine Überschreitung der Primärspannung ist bei normalen Wandlern dauernd nur um 10% zulässig, vorübergehend darf die Spannung um 20% gesteigert werden. Andernfalls tritt infolge der Übermagnetisierung des Eisenkernes ein beträchtlicher Leerlaufstrom auf und erhitzen sich das Eisen und die Füllmasse sehr stark, so daß ebensolche Explosionen auftreten können wie bei sekundär geöffneten Stromwandlern. Wird eine hohe Spannungsüberlastung gefordert, so kann dem nur in der Weise entsprochen werden, daß man die Magnetisierung bei der Nennspannung besonders niedrig ansetzt, wodurch allerdings entweder die verfügbare Leistung vermindert oder die Fehler vergrößert werden.

Stromüberlastung. Genau wie beim Stromwandler gibt es auch für den Spannungswandler neben der unter Innehaltung der Meßgenauigkeit zulässigen Bürde eine solche, die mit Rücksicht auf die zulässige Erwärmung festgelegt ist, die Grenzbürde. Für die Spannungswandler von Siemens & Halske ist sie bereits in der Tafel auf S. 573 eingetragen, andere Fabrikate verhalten sich ganz ähnlich. Wird diese Grenzbürde aus irgendeinem Grunde überschritten oder tritt ein Defekt an der Wicklung des Wandlers auf, der den Leerstrom vergrößert, so müssen selbsttätige Einrichtungen den Wandler abschalten, möglichst ehe er ganz zerstört ist, um so die Reparaturkosten zu mindern oder, wenn schon der Wandler selbst nicht mehr zu retten ist, um größeres Unheil, z. B. Sammelschienenkurzschluß von der Anlage fernzuhalten.

Sicherungen. Eines dieser Mittel ist das Vorschalten von Sicherungen, und zwar sowohl hoch- als niederspannungsseitig. Die letzteren können nur bei Fehlschaltungen den Wandler schützen, sie werden so bemessen, daß sie bei einer mäßigen Überschreitung der Grenzbürde durchschmelzen. Wählt man sie zu knapp, so kann ihr Spannungsabfall die Messung fälschen.

Diese Sicherungen können die Sekundärwicklung schützen, nicht aber die auf der Hochspannungsseite. Macht man die Schmelzdrähte sehr dünn, so werden sie durch das Sprühen nach einiger Zeit zerstört. Es ist ganz aussichtslos, eine Sicherung für 0,1 A Schmelzstrom für diesen Zweck herzustellen. Außerdem hat sich noch im Betriebe herausgestellt, daß die Hochspannungssicherungen der Spannungswandler häufig beim Ziehen der Trennmesser durchgehen, weil die entstehenden Funken einen hochfrequenten Schwingungsvorgang auslösen mit Strömen, die ein Vielfaches des Vollaststromes des Spannungswandlers erreichen. In einem dem Verfasser bekannt gewordenen Fall war es nötig, mit der Schmelzstromstärke für Spannungen bis 6 kV auf 3÷4 A zu gehen, über 6 kV auf 2 A, wenn nicht dauernd Störungen beim Ziehen der Trennmesser eintreten sollten.

Die konstruktive Durchbildung dieser Sicherungen ist bei hohen Spannungen nicht ganz einfach. Siemens & Halske verwenden bis zu 24 kV Hochspannungs-Streifensicherungen. Bei schweren Kurzschlüssen besteht die Gefahr, daß der Lichtbogen an der Sicherung nicht löscht. Durch Anbau eines Hörnerpaares kann man allerdings das Löschen des

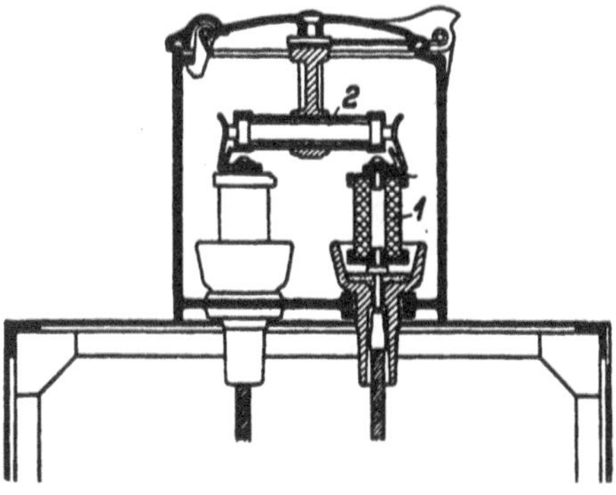

Bild 544. Dämpfungswiderstand (1) und Hochspannungssicherung (2) für Spannungswandler. Ausführung der S.S.W. Der ganze Topf ist mit Öl gefüllt, die Sicherung wird mit dem Deckel aus dem Öl herausgehoben.

Stromes meist erreichen, aber es muß auch für den Lichtbogen ausreichend Platz vorgesehen werden, was die Anlage wiederum verteuert. Man schaltet deshalb den Sicherungen und damit auch dem Wandler Widerstände vor. Bild 544 zeigt eine derartige Ausführung der Siemenswerke bei der ein in Emaille eingeschmolzener Widerstandsdraht verwendet wird. Diese Widerstände beeinträchtigen natürlich die Genauigkeit des Spannungswandlers. Ein angenähertes Bild darüber kann man sich an Hand der Tafel der Leerlaufströme auf S. 570 machen, der Fehler steigt proportional mit der sekundären Leistung.

In Bild 545 sind für einen Spannungswandler 110000/110 V die Ergebnisse von Messungen eingetragen, die bei der PTR vorgenommen wurden. Die Kurven gelten für Leerlauf. Da aber dieses Modell einen

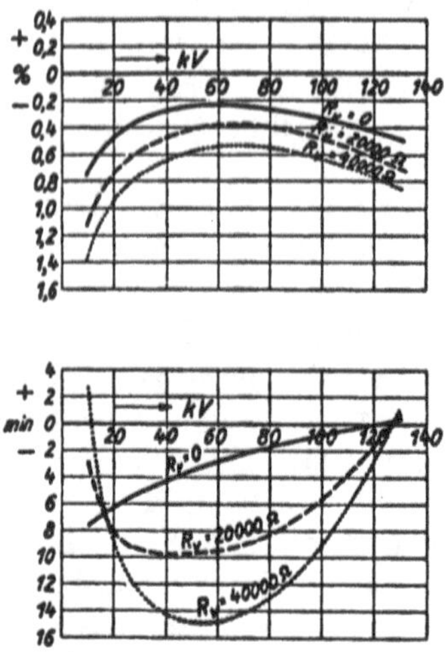

Bild 545. Einfluß eines Vorwiderstandes von 20000 und 40000 Ω auf die Fehlergrößen eines Spannungswandlers für 110 kV Nennspannung. (Siemens & Halske.)

Scheinverbrauch von etwa 2000 VA und einen Wirkverbrauch von etwa 800 W aufweist, so hat die normale Sekundärbelastung keinen Einfluß mehr auf das Verhalten des Wandlers. 40000 Ω begrenzen den Strom bei vollem Kurzschluß bereits auf 2,5 A, so daß kein großer Schaden mehr angerichtet werden kann. Im allgemeinen begnügt man sich bei 110 kV mit 20000 Ω Vorwiderstand.

Bemerkenswert ist an den Kurven der vollkommen geänderte Verlauf der Fehlwinkelkurve. Die Verschlechterung im Spannungsfehler ist bei der Nennspannung nur 0,4%, im Fehlwinkel ist sie unmerklich.

Bei Spannungen von etwa 50 kV und darüber beschränkt man sich meist darauf, allein Dämpfungswiderstände in den Primärkreis zu bauen. Für 110-kV-Spannungswandler verwenden Siemens & Halske zehn der schon erwähnten in Emaille eingebetteten Widerstände mit je 2000 Ω, also insgesamt rd. 20000 Ω. Die Baulänge eines solchen Widerstandes ist 2,00 m, und es muß in der Anlage der entsprechende Platz vorgesehen werden. Der Widerstand dient gleichzeitig auch als Sprungwellenschutz (siehe S. 589).

Die Maschinenfabrik Oerlikon baut die in Bild 546 gezeigte Schutzeinrichtung für Spannungswandler, die in der Weise arbeitet, daß die in dem Strombegrenzungswiderstand erzeugte Wärme direkt zur Auslösung des Schalters benutzt wird. Man kann demnach den Widerstand nur für die kurzzeitige Belastung mit dem Fehlerstrom bemessen und ihn klein halten. Die Wirkungsweise ist die folgende. Der Dämpfungswiderstand ist in dem Rohr im unteren Teil des Bildes eingebaut und besteht aus einer Flüssigkeit, die aber das Rohr nicht ganz füllt, sondern einen Luftraum frei läßt, der oben durch eine Membrane dicht abgeschlossen ist. Im normalen Betriebszustand bewirkt der Strom, der über den Meßwandler, den Wasserwiderstand und den Hörnerschalter fließt, in der Flüssigkeit nur eine geringe Erwärmung. Beim Eintreten eines Defektes wird aber die Wärmewirkung vergrößert, die Flüssigkeit dehnt sich aus und die Druckerhöhung in dem Luftraum bewirkt eine Durchbiegung der Membrane und damit die Auslösung des Hörnerschalters. Der Spannungsabfall in dem Widerstand beträgt etwa 1%, die Einrichtung wird hergestellt für Nennspannungen von 24÷130 kV, für den 24-kV-Typ sind die charakteristischen Zahlen die folgenden:

Grenzstrom . . .	0,11 A	60 s bei	0,43 A
Min. Auslösestrom	0,12 A	40 s bei	0,52 A
400 s bei	0,20 A	30 s bei	0,59 A
200 s bei	0,255 A	20 s bei	0,70 A
100 s bei	0,33 A	10 s bei	0,95 A.

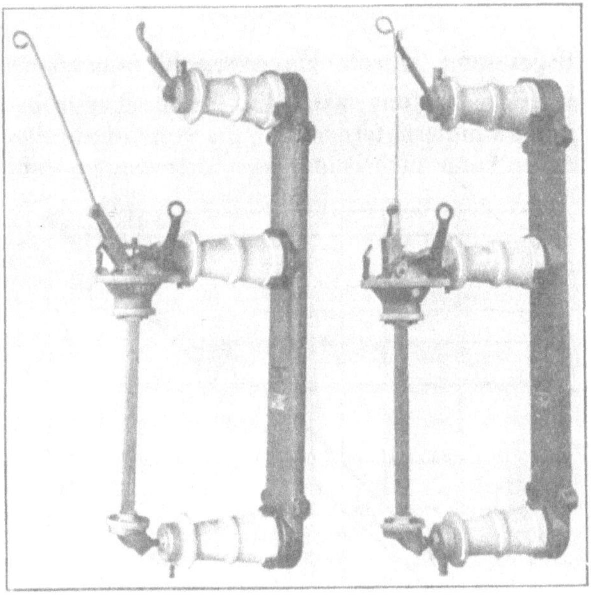

Bild 546. Vorwiderstand der Firma Oerlikon mit selbsttätiger Abschaltung des Wandlers bei Überlastung infolge der Ausdehnung der Widerstandsflüssigkeit. Geöffnet und geschlossen,

Bei vollständigem Kurzschluß des Spannungswandlers treten maximal 3 A auf. Für andere Spannungen ist die Charakteristik ähnlich.

Es ist eine seit langem bekannte Tatsache, daß die Verwendung von Sicherungen für die zwischen Leitung und Erde geschalteten Spannungswandler, der Erdschluß-Anzeigevorrichtung, sehr gefährlich ist, indem dort das Durchschmelzen einzelner Sicherungen unter gewissen, gar nicht seltenen Bedingungen Kipp-Überspannungen der Grund-Frequenz erzeugt, die das Doppelte der verketteten Spannung überschreiten, damit also auch in Anlagen höherer Spannung die elektrische Festigkeit beeinträchtigen.

Elektrische Festigkeit des Spannungswandlers.

Für den Spannungswandler wird allgemein eine niedrigere Sicherheit verlangt als für den Stromwandler, nach den V.D.E-Regeln unterliegt er den Bestimmungen für Leistungswandler. Hier wie dort kann man sagen, daß die an einen Spannungswandler zu stellenden Anforderungen nach dem Ort, wo er aufgestellt ist, und nach seiner Bedeutung, verschieden sein werden. Wenn die Gefahr besteht, daß ein Spannungswandlerdeffekt eine schwere Betriebsstörung hervorrufen kann oder eine schwere finanzielle Schädigung durch den Ausfall eines Zählers für große Mengen elektrischer Arbeit, so ist es zweckmäßig, noch über die V.D.E.-Vorschriften hinaus mit dem Hersteller besondere Vereinbarungen zu wählen, z. B. eine höhere Spannungsserie zu nehmen.

Prüfspannung, Durchschlagprobe, Windungsprobe.'

Als Fabrikationsprüfung wird die Durchschlagprobe angewandt, wie bei den Stromwandlern, ferner noch die Windungsprobe. Die Durchschlagprobe allein kann auch beim Spannungswandler keine unbedingte

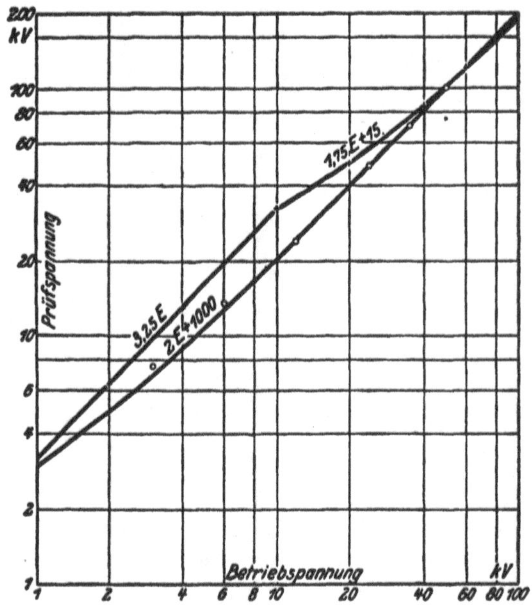

Bild 547. Prüfspannungen für Spannungswandler. $2E + 1000$ entspricht den französischen Vorschriften, die englischen und amerikanischen schreiben das gleiche vor. Die gebrochene Linie entspricht den VDE-Vorschriften.

Gewähr für die Güte des Wandlers geben, denn es ist möglich, daß sie mit Öl so hoher Festigkeit vorgenommen wird, wie sie sich bei dem Wandler auf die Dauer nicht halten läßt und daß bei ungeschickter

Konstruktion schon bei der Nennspannung Glimmerscheinungen eintreten, die zu einer allmählichen Zerstörung des Dielektrikums führen.

Bild 547 zeigt die in Deutschland und anderen Ländern vorgesehenen Prüfspannungen. Für Spannungswandler gelten zur Zeit noch folgende Prüfspannungen:

Serie	Nenn-spannung kV	Prüfspannung kV
I	3	$3{,}25\,E = 10$
II	6	$3{,}25\,E = 20$
III	12	$1{,}75\,E + 15 = 36$
IV	24	» = 57
V	35	» = 76
VI	50	» = 103
VIa	65	» = 129
VII	80	» = 155
VIII	100	» = 190

Es besteht indessen die Absicht, die Spannungswandler künftig ebenso wie die Stromwandler als »Hochspannungsapparate« zu prüfen, also mit $2{,}2\,E + 20$ kV.

Die Durchschlagprobe wird so vorgenommen, daß man die Enden der Hochspannungswicklungen miteinander verbindet und zwischen ihnen und dem Gehäuse und den geerdeten Niederspannungsklemmen die Prüfspannung anlegt. Kaskaden-Spannungswandler können nur mit erhöhter Frequenz geprüft werden.

Die Windungsschlußprobe soll schwache Stellen der Windungsisolierung feststellen und wird mit der doppelten Nennfrequenz und der doppelten Spannung vorgenommen.

Die Sekundärwicklung wird gegen das Gehäuse mit 2000 V geprüft.

Über die Ausführung dieser Prüfungen gilt das bereits auf S. 561 Gesagte.

Sprungwellenfestigkeit.

Spannungswandler werden in der gleichen Weise, wie es die V.D.E.-Regeln für Leistungswandler vorschreiben[1]), auf ihre Sprungwellenfestigkeit geprüft. Es ist nicht möglich, einen Spannungswandler ebenso sprungwellenfest zu machen wie einen Leistungswandler. Bei diesem ist es eher möglich, einen größeren Teil der Windungen stark zu isolieren, es kostet das zwar Wickelraum, vergrößert aber doch den Wandler nicht in dem hohen Maße, als es bei dem Spannungswandler der Fall ist, wo schon bei der normal isolierten Wicklung der Platz sehr knapp ist. Es ist besser, nur die Eingangswindungen stark zu isolieren und dem Wandler Widerstände vorzuschalten, etwa 200 Ω je Kilovolt. Man kann das bei dem Spannungswandler viel eher machen wie beim Leistungswandler, weil der Betriebsstrom keinen nennenswerten Span-

[1]) RET 1923, § 48; ETZ 1922, S. 666 u. 1443, 1924, S. 2068.

nungsabfall verursacht. Für einen 100-kV-Spannungswandler ist für 1 kVA Leistung der Primärstrom 10 mA, der Spannungsabfall an einem Widerstand von 20000 Ω nur 200 V, d. i. 0,2% der Nennspannung. Der geringe Einfluß eines solchen Widerstandes auf die Fehlergrößen ist für einen 110 kV-Wandler bereits auf S. 586 gezeigt worden.

Auch Drosselspulen werden als Sprungwellenschutz für Spannungswandler verwendet, allerdings sehr selten. So ist z. B. in dem Kopf

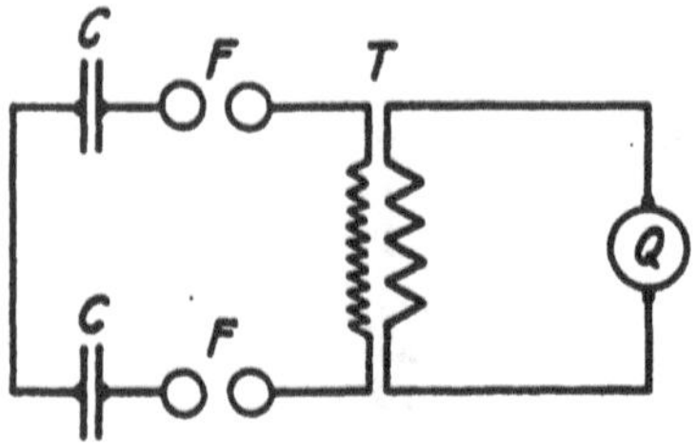

Bild 548. Schaltung für die Sprungwellenprobe an Spannungswandlern.

der auf S. 577 abgebildeten Kaskaden-Spannungswandler eine Drosselspule mit etwa 0,5 Henry Induktivität eingebaut.

Die Sprungwellenprüfung eines Spannungswandlers wird genau so vorgenommen wie die eines Leistungswandlers. Die RET schreiben dafür für Nennspannungen von 2,5÷60 kV die Schaltung nach Bild 548 vor. Die Kupferkugeln der Funkenstrecken *F* müssen mindestens 50 mm Durchmesser haben. Die Kapazität *C* soll folgende Größe haben:

Nennspannung in kV	Kapazität in jeder Phase mindestens μF	Zweckmäßige Form der Kapazität
2,5 bis 6	0,05	Kabel oder Kondensator
bis 15	0,02	desgl.
bis 35	0,01	desgl.
bis 60	0,005	Kondensator

Der Kugelabstand wird für 1,1 *E* eingestellt. Der Wandler ist bei normaler Frequenz auf das 1,3fache der Nennspannung zu erregen. Nach künstlicher Zündung der Funkenstrecke wird durch 10 s ein Funkenspiel aufrechterhalten.

Im Gegensatz zu der Sprungwellenprobe an Stromwandlern kann man bei Spannungswandlern einen Wicklungsdefekt leicht erkennen, weil sofort ein kräftiger Kurzschlußstrom zustande kommt.

G. Prüfung von Meßwandlern.

Hier soll die Durchführung der wesentlichsten Messungen beschrieben werden, die bei Meßwandlern im Betriebe notwendig werden.

Polbestimmung (Klemmenbezeichnung.)

Erfahrungsgemäß werden die meisten Meßfehler durch falsche Polung der Meßwandler verursacht. Bei der Drehstrom-Leistungsmessung ist der Fehler nicht ohne weiteres erkennbar und bleibt deshalb oft lange unbemerkt. Die Fabrikanten versehen allerdings die Wandler mit Klemmenbezeichnungen, die nur in ganz seltenen Fällen falsch sind, es wird aber doch immer Fälle geben, wo eine Nachprüfung wünschenswert ist. Leider ist die Art der Klemmenbezeichnung in den verschiedenen Ländern noch nicht genormt worden, so daß etwa 4 oder 5

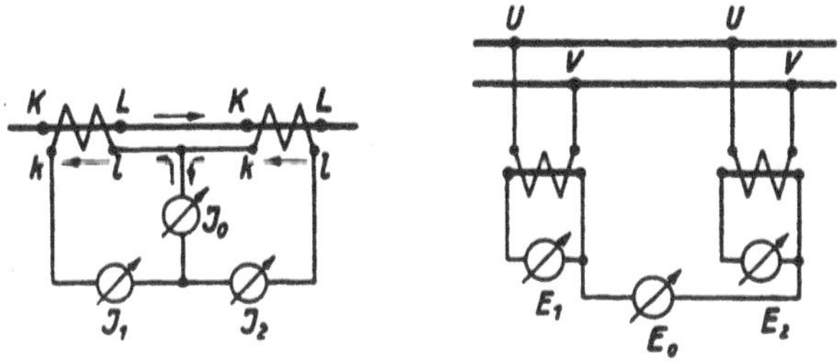

Bild 549. Schaltungen zur Polprüfung an Meßwandlern.
a Stromwandler, *b* Spannungswandler.
Bei richtiger Polung müssen J_0 bzw. E_0 stromlos sein.

verschiedene Bezeichnungen existieren. In Bild 549 a ist die in der Schweiz übliche mit K, L, k, l, verwendet, die voraussichtlich international festgelegt werden wird.

Man benötigt dazu einen Wandler gleicher Art (Strom- oder Spannungswandler) mit unzweifelhaft richtiger Klemmenbezeichnung. Es ist nicht nötig, daß das Übersetzungsverhältnis gleich ist dem des zu prüfenden Wandlers. Man schließt nun die Wandler in gleichartiger Weise an, bestimmt mit zwei Instrumenten den Sekundärstrom bzw. die Spannung und mit einem dritten den Differenzstrom bzw. die Dif-

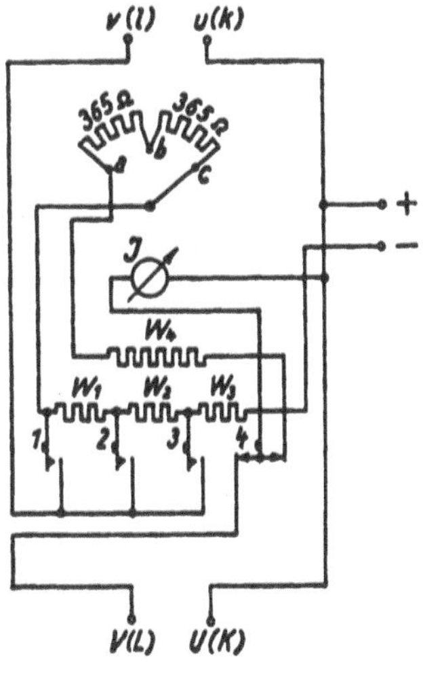

Bild 550. Einrichtung zur Polprüfung an Meßwandlern mit einer kleinen Batterie und einem Gleichstrom-Galvanometer. (Nach Schering.)

ferenzspannung. Ist die Polung des X-Wandlers falsch, so zeigt das dritte Instrument die Summe an Stelle der Differenz an.

Statt eines Normalwandlers kann man auch ein Wattmeter mit richtiger Polung benutzen, mit dem man eine stark induktive oder stark kapazitive Leistung mißt.

Nach einem von Harald Schering angegebenen Verfahren kann man die Polprüfung auch in sehr einfacher Weise mit Gleichstrom und einer Taschenlampenbatterie als Stromquelle ausführen (Bild 550).

Die Primär- bzw. Sekundärklemmen des zu prüfenden Wandlers werden an die entsprechenden Klammern des Prüfgerätes angeschlossen. Zuerst drückt man die Taste *1*. Die Batterie wird dann über die Widerstände W_1, W_2, W_3 an die Sekundärwicklung des Wandlers angelegt. Der dabei in der Primärwicklung entstehende Stromstoß gleicht sich über das Galvanometer *J* aus und lenkt den Zeiger in einer bestimmten Richtung ab. Beim Ausschalten entsteht der entgegengesetzte Stoß, man beobachtet deshalb immer beim Einschalten. Ist der Ausschlag zu klein, so drückt man nacheinander die Tasten *2*÷*3*. Beim Drücken der Taste *4* entsteht ein Dauerausschlag bestimmter Richtung, weil die Batterie direkt an dem Meßgerät liegt. In derselben Richtung muß auch der Stromstoß beim Drücken der Tasten *1*—*2*—*3* sein, wenn der Wandler richtig gepolt ist. Geräte dieser Art werden von Hartmann & Braun und der Norma, Wien, hergestellt.

Bestimmung der Fehlergrößen von Stromwandlern.

Abgesehen von der Isolationsprobe erstreckt sich die Prüfung von Meßwandlern meist auf die Messung des Übersetzungsverhältnisses und des Phasenfehlers. Dabei hat man zu unterscheiden zwischen der Nachkontrolle einzelner als schadhaft vermuteter Wandler im Betrieb und der genauen Prüfung neuer Modelle.

Direkte Messung mit Strom- bzw. Spannungsmessern.

Die Messung der Primär- und Sekundärgrößen kann zur Not mit gewöhnlichen Strom- und Spannungsmessern ausgeführt werden, sofern solche für die betreffende Meßgröße in zuverlässiger Ausführung vorhanden sind und vorher eine Kontrolle mit etwa 0,1 bis 0,2% Genauigkeit ausführbar ist. Da man zwei Instrumente benutzen muß, ist die Gesamtgenauigkeit auf 0,4% beschränkt, weil das eine der Instrumente einen Plusfehler, das andere einen Minusfehler haben kann. Bei einer Genauigkeit der Wandler von ± 0,5%, wie sie von der Reichsanstalt für beglaubigungsfähige Modelle gefordert wird, ist diese Meßmethode selbstredend zu roh. Dabei kommt man nur mit Präzisionszeigerinstrumenten auf 0,2% Fehler, bei technischen Ausführungen ist der Fehler erheblich größer anzusetzen. Das Verfahren kommt auch nur für Stromstärken bis etwa 50 A in Betracht, weil alle direkt zeigenden Strommesser für höhere Stromstärken weniger genau sind. Das Verfahren gibt weiterhin immer nur den Strom- bzw. Spannungsfehler, aber nicht den Fehlwinkel.

Messung mit Zeiger- oder Torsions-Wattmetern.

Genauere Ergebnisse erhält man bereits bei Verwendung zweier genau zeigender elektrodynamischer Präzisions-Leistungsmesser, weil bei diesen der Fehler bis auf 0,1% beschränkt werden kann. Zur Messung des Übersetzungsverhältnisses eines Stromwandlers schaltet man die Stromspulen der beiden Wattmeter in den Primär- bzw. Sekundärkreis des Wandlers und legt die Spannungsspulen parallel oder in Reihe an eine Hilfsspannung, die in ihrer Phase verdrehbar ist, also einer Doppelmaschine oder einem Phasenschieber entnommen wird. Zur Prüfung des Übersetzungsfehlers macht man die Spannung mit dem Strom annähernd phasengleich und liest die beiden Ausschläge ab. Unter Berücksichtigung des Übersetzungsverhältnisses der Wandler und der Leistungsmesserkonstanten erhält man aus dem Unterschiede der Ausschläge den Übersetzungsfehler. Zur Bestimmung des Phasenfehlers stellt man die Hilfsspannung senkrecht zu J_1, so daß ein Leistungsmesser auf Null zeigt, und liest dann den Ausschlag am zweiten Leistungsmesser ab. Sollte er negativ sein, so stellt man den zweiten Leistungsmesser auf Null und liest am ersten ab. Die gemessene Abweichung von Null, sie sei a% des Ausschlages bei $\cos\varphi = 1$, stellt den Phasenfehler des Wandlers dar, und zwar ist wieder $\delta = a \times 34{,}4$ min.

Zur Bestimmung des Fehlwinkels ist diese Methode recht brauchbar, sofern man über geeignete Leistungsmesser verfügt. Diese dürfen keinen größeren Phasenfehler als $1 \div 2$ min haben. Sehr zweckmäßig sind Sonderausführungen mit hoher Empfindlichkeit, die schon bei einem viel kleineren Leistungsfaktor als $\cos\varphi = 1$ Endausschlag geben. Die Torsionsleistungsmesser von R. W. Paul in London (siehe S. 244) beispielsweise sind dazu besonders geeignet. Bei voller Belastung von Strom- und Spannungsspule entspricht bei ihnen 1 min Phasenfehler einem Ausschlag von etwa 1,5 mm. Bei der Messung des Übersetzungsfehlers entsprechen 0,1% einem Ausschlag von 0,5 mm, sind also gleichfalls noch gut ablesbar. Das Arbeiten mit derartigen Leistungsmessern ist außerordentlich bequem, wenn man über eine vollkommen konstante Hilfspannung verfügt; es erfordert sehr wenig Zusatzapparate und gestattet die Messung bei beliebig veränderter Frequenz ohne jede Umschaltung. Der Verfasser hat mit solchen Leistungsmessern Stromwandlerprüfungen bis herab zu 2 Hertz ausgeführt. Die Ergebnisse sind für die meisten Zwecke hinreichend genau.

Messung mit Normalwiderständen.

Die Messung von Übersetzung und Fehlwinkel von Stromwandlern wird besonders genau, wenn man den Spannungsabfall des Sekundärstromes an einem Normalwiderstand mit dem Spannungsabfall des Primärstromes an einem in Reihe mit der Primärwicklung geschalteten entsprechenden Normalwiderstand von genau bekanntem Wert mit sehr kleinem Fehlwinkel vergleicht.

Es geschieht das mit Hilfe der Wechselstrombrücke mit einem geeigneten Nullinstrument, meist einem Vibrationsgalvanometer. Die Grundschaltung ist in Bild 552 gezeigt.

Der Primär- und der Sekundärstrom werden durch die Präzisionswiderstände R_1 R_2 geleitet, die so bemessen sind, daß ein Spannungsabfall von 1 ÷ 2 V entsteht. Sie werden so geschaltet, daß ihre Spannungsabfälle entgegengesetzt gerichtet sind und eine Potentialverbindung zwischen den beiden Kreisen hergestellt. Der Widerstand R_2 ist regelbar, in Reihe mit ihm liegt eine Wicklung einer Induktionsspule, während die Sekundärwicklung des Variometers in Reihe mit dem Vibrations-

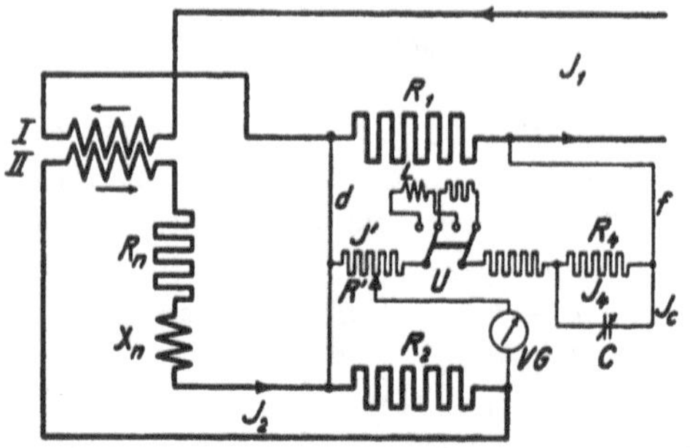

Bild 551. Schaltung der Stromwandler-Prüfeinrichtung nach Schering-Alberti.

galvanometer liegt. Durch Ändern von R_2 gleicht man den Stromfehler ab, durch Einstellen der Spule M den Fehlwinkel.

Bild 551 zeigt die in der PTR entwickelte Schaltung von Schering und Alberti zur Prüfung von Stromwandlern[1]), die so durchgebildet ist, daß man an einstellbaren Widerständen und Kondensatoren die Fehlergrößen direkt ohne jede weitere Rechnung ablesen kann. Auf die Ausbildung der Widerstände R_1 und R_2 ist sehr viel Sorgfalt verwendet worden, sie bestehen aus Manganinblechen oder -röhren und werden für Stromstärken bis 3000 A hergestellt[2]). Ihr Spannungsabfall beträgt bei vollem Strom 1 ÷ 2 V, so daß in ihnen beträchtliche Wärmemengen erzeugt werden, die durch Wasserkühlung abgeführt werden müssen. Ihr Phasenfehler beträgt nur Bruchteile einer Minute. Parallel zu R_1 liegt die Widerstandskombination $d\,U\,f$. Durch den Umschalter U wird entweder ein induktionsfreier Widerstand von 0,8 Ω oder eine Selbstinduktion L von 9,25 mH ($\omega L_{50} = 2{,}90\,\Omega$) und gleichfalls 0,8 Ω Widerstand eingeschaltet. Der Gesamtwiderstand $d\,U\,f$ beträgt genau 200 Ω. Zu $R_4 = 136{,}1\,\Omega$ liegt ein zwischen 0 und 1,0 μF regulierbarer Präzisions-Glimmerkondensator, mit welchem die Phasenverschiebung des Teilstromes J' gegen den Gesamtstrom J_1 geändert werden kann. Der Widerstand zwischen d und U besteht aus dekadisch abgestuften Kurbelwiderständen. R_n ist ein Belastungswiderstand, X_n eine Drossel, an die keine besonderen Genauigkeitsanforderungen zu stellen sind. Von dem Widerstand zwischen d und U wird durch einen regulierbaren Kontakt der Betrag R' abgegriffen und seine Spannung über das Vibrationsgalvanometer $V\,G$ gegen den sekundären Abfall $J_2 R_2$ geschaltet. Durch Veränderung von R' und der Kapazität C kann man

[1]) Genaue Beschreibung siehe Druckschrift G. A. 445 der Firma Hartmann & Braun.

[2]) Orlich, Z. f. J. **29**, 1909, S. 241 ÷ 256, ferner dieses Buch S. 445.

die $J_2 R_2$ entgegengeschaltete Spannung unter Beobachtung des Vibrationsgalvanometers auf die Größe und Richtung von $J_2 R_2$ bringen, so daß das Galvanometer keinen Ausschlag mehr gibt. Die Konstanten sind so gewählt, daß bei 50 Hertz, wenn U auf den induktionslosen Widerstand geschaltet ist,

$$\delta = 100\, C\, \mu\text{F min},$$

dagegen
$$\delta = 100\, C\, \mu\text{F} - 50 \text{ min}$$

wird, wenn U auf den induktiven Widerstand geschaltet ist.

Man kann Voreilungen des Sekundärstromes in der ersten Stellung bis zu 100 min messen, Nacheilungen bis zu — 50 min. Durch Zuschalten weiterer Kondensatoren kann im ersten Falle der Meßbereich noch erweitert werden.

In genau gleicher Weise kann an dem Widerstande R' eine Teilung für die direkte Ablesung des Übersetzungsfehlers angebracht werden, sofern man die Widerstände R_1 und R_2 so wählt, daß der Spannungsabfall am ersten stets ein bestimmtes Vielfaches (z. B. das Fünffache) vom Spannungsabfall am zweiten beträgt. Im genannten Falle müßten für $p = 0$ von den 200 Ω ein Fünftel gleich 40 Ω abgegriffen werden, um $J_2 R_2$ zu kompensieren. Dann entsprechen 0,4 Ω Abweichung von dem Sollwert 40 Ω jeweils 1 % Übersetzungsfehler.

Das Arbeiten an diesem Wechselstromkompensator geht sehr einfach und schnell vor sich und ergibt auch bei wenig sorgfältiger Einstellung den Übersetzungsfehler auf 0,1 ‰, den Phasenfehler auf 1 min genau.

Die Firma Trüb, Täuber & Co. in Zürich hat eine in der Handhabung ähnliche Meßeinrichtung entwickelt. An Stelle des Drehkondensators

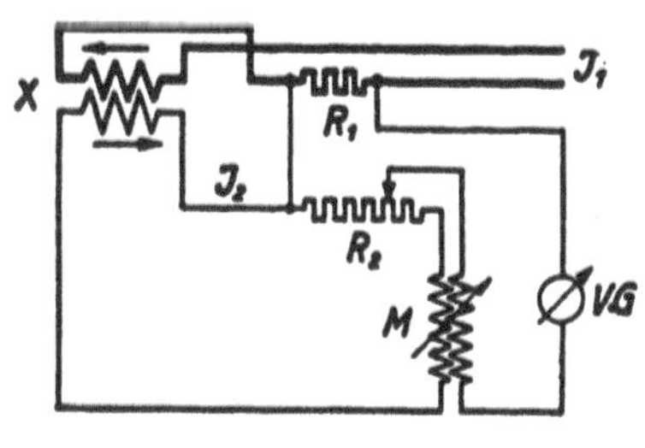

Bild 552. Schaltung einer Stromwandler-Prüfeinrichtung mit Selbstinduktions-Variometer (Trüb, Täuber & Co., Zürich).

wird ein Variometer verwendet (Bild 552), die wesentlichsten Teile, mit Ausnahme der Normalwiderstände, sind in einem Kasten zusammengebaut.

Die Genauigkeit dieser Art von Meßeinrichtungen ist bei sorgfältigster Handhabung im Laboratorium auf ± 0,05 % und ± 2 min anzusetzen.

Im Gegensatz zu diesen Einrichtungen, die mit einem Vibrationsgalvanometer als Nullinstrument arbeiten, wird bei der von Barbagelata angegebenen, von der Firma Allochio, Bacchini & Co hergestellten Wandlerprüfeinrichtung ein elektrodynamisches Wattmeter als Nullinstrument benutzt, dessen feste Spule an einer Hilfsspannung liegt. Die Firma baut zwei Modelle, die sich dadurch unterscheiden, daß bei dem einen die Vorrichtung zum Messen des Fehlwinkels weggelassen ist.

Messung mit Prüfring nach Baker[1]).

Es wird dazu ein Ring mit drei Wicklungen verwendet. Das Windungszahlenverhältnis W_1/W_2 entspricht dem Sollwertverhältnis der Stromübersetzung des Wandlers. W_3 besteht aus etwa 6000 Windungen dünnen Drahtes. $J_1 W_1$ und $J_2 W_2$ wirken einander entgegen und erzeugen in W_3 eine elektromotorische Kraft, die der Drehspule eines

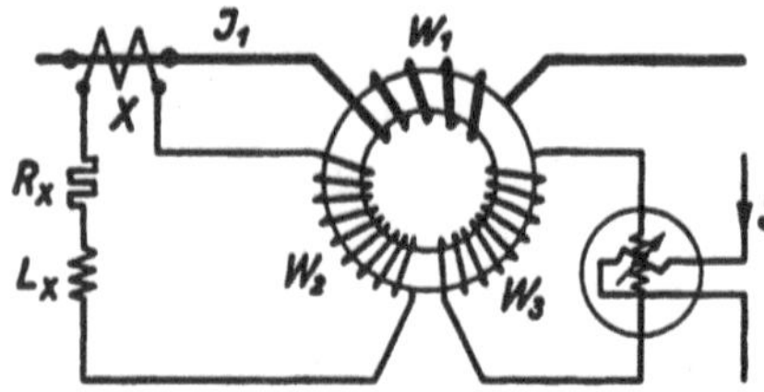

Bild 553. Schaltung der Stromwandler-Prüfeinrichtung mit einem Prüfring nach Baker.

Wattmeters mit Fremderregung der festen Spule zugeführt wird. Die Wicklung W_2 hat Anzapfungen, man probiert dann so lange, bis das Wattmeter auf Null zeigt. Man wird im allgemeinen nicht genau auf Null abgleichen können, es werden positive und negative Restausschläge bleiben. Wiederholt man den Versuch mit mehreren Phasenlagen des Hilfsstromes, so kann man schließlich durch graphische Interpolation die genaue Lage des Vektors von J_2 gegen J_1 ermitteln. Das Verfahren ist zwar sehr einfach und erfordert keine besonders kostspieligen Hilfsmittel, die Auswertung ist aber umständlich und nicht so genau wie die Messung mit Normalwiderständen.

Messung mit Normalwandlern.

Das vorhin beschriebene Verfahren mit Normalwiderständen hat den Nachteil, daß es praktisch nur bei Niederspannung anzuwenden ist und deshalb vor allem nicht zur Nachprüfung von Wandlern an der Gebrauchsstelle geeignet ist. Die Vergleichung des Wandlers mit einem Hochspannungs-Normalwandler ist frei von diesem Nachteil.

Es ist wünschenswert, daß der Normalwandler dasselbe Übersetzungsverhältnis hat wie der X-Wandler; ist es nicht der Fall, so sind einige der später zu beschreibenden Verfahren gar nicht anwendbar, andere bedingen eine kompliziertere Auswertung. Für genaueste Messungen muß man die Fehlwinkel und den Stromfehler des Normalwandlers berücksichtigen, man muß ihn dann aber für die betr. Bürde kennen und einsetzen. Das macht viel Mühe, und es sind Irrtümer sehr leicht möglich, so daß man mit dem Anbringen der Korrektionen unter Umständen größere Fehler macht als wenn man sie unberücksichtigt läßt. Der Verfasser ist der Meinung, daß man zu solchen Messungen sehr genaue Wandler verwenden sollte, wesentlich genauer als die E-Klasse,

[1]) Electrical World 57. 1911, S. 234.

z. B. den Siemens-Promillewandler und dann auf Anbringen der Korrektion ganz und gar verzichten sollte. (Seite 494.)

a) Messung mit zwei Strommessern. Man bestimmt die Sekundärströme mit zwei ungeeichten Amperemetern. Die Ausschläge seien zuerst α_1 und β_1 am N-Wandler und X-Wandler. Dann macht man eine zweite Ablesung mit vertauschten Instrumenten und den Ausschlägen β_2 und α_2 am N-Wandler bzw. am X-Wandler. Die Übersetzungsverhältnisse des N-Wandlers und des X-Wandlers verhalten sich dann umgekehrt wie die Mittelwerte der an ihnen angeschlossenen Strommesser, also wie

$$\frac{\beta_1 + \alpha_2}{2} \text{ zu } \frac{\alpha_1 + \beta_2}{2}.$$

Die Eichung der Strommesser ist ohne Einfluß auf das Meßergebnis.

b) Messung mit zwei Wattmetern oder zwei Wattstundenzählern. Wenn man die Messung sinngemäß mit zwei Wattmetern wiederholt, deren Drehspulkreis mit einer Hilfsspannung erregt wird und an einem Phasenschieber liegt, so kann man außer dem Stromfehler auch den Fehlwinkel messen. Bild 554 zeigt die Schaltung einer solchen Einrichtung. Mit dem einen Drehwiderstand wird die Bürde des Wandlers geändert,

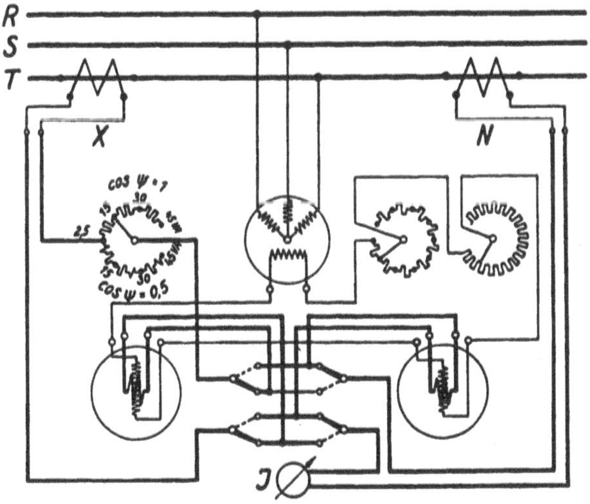

Bild 554. Nachprüfung eines Stromwandlers X mit einem Normalwandler N und zwei Leistungsmessern. Der gezeichnete Umschalter dient zum Vertauschen der Instrumente.

auf 15—30—45 VA bei $\cos\psi = 0{,}5$ und 1, mit den beiden andern wird der Drehspulstrom stets so eingestellt, daß das eine Instrument für $10 \div 100\,\%$ Nennstrom bei $\cos\varphi = 1$ immer auf 100 zeigt. Das Verfahren läßt sich nur bei vollkommen konstanter Spannung auf etwa $0{,}2 \div 0{,}3\,\%$ genau durchführen. Schwankt sie aber, so erzielt man auch mit zwei Beobachtern sehr unsichere Werte. Die Messung des Fehlwinkels ist auf etwa 5 min genau zu erreichen, vorausgesetzt, daß die Wattmeter und der Normalwandler einwandfrei sind. Die Verfahren a) und b) können auch bei beliebigem Übersetzungsverhältnis des *N*-Wandlers ausgeführt werden.

An Stelle der Zeigerinstrumente kann man ebensogut auch zwei Zähler verwenden[1]), die gleichfalls, wenn sie vertauscht werden, keiner genauen Eichung bedürfen. Das Verfahren ist genauer als mit Zeigerinstrumenten, wenn man über einige Minuten mißt und auch die rotierende Scheibe mit einer Teilung versieht. Craighead u. Weller geben an, daß eine Genauigkeit von $\pm 0{,}2\%$ und ± 10 min erreichbar sei. Für diese Grenzen und Beobachtung bei sechs Stromstärken mit einer einzigen Bürde und bei nur einer Frequenz soll eine Beobachtungszeit von 7 Std. nötig sein, wenn man normale Zähler verwendet. Die Auswertung ist etwas umständlich, es sei dieserhalb auf die Originalarbeit verwiesen.

c) **Messung mit einem Differential-Wattmeter.** Man verwendet dazu ein Wattmeter mit einer in zwei magnetisch vollkommen gleichwertige Hälften geteilten festen Spule, die gegeneinander geschaltet werden. Die Drehspule wird von einem Hilfsstrom erregt, der in seiner Phasenlage veränderbar ist, also z. B. aus einem Phasenschieber entnommen wird. Zum Feststellen der Phasenlage des Drehspulstromes zum Primär-

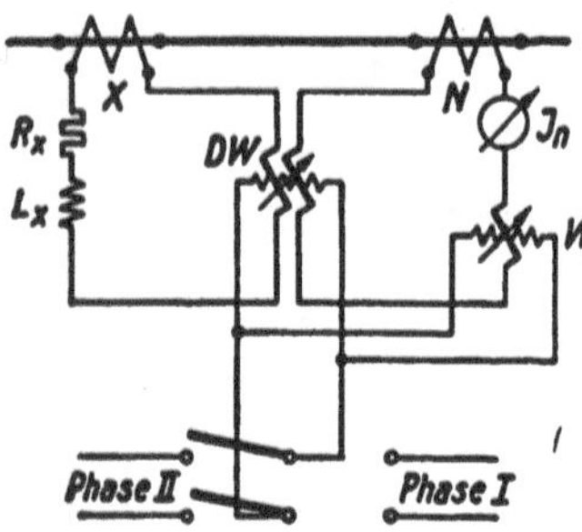

Bild 555. Schaltung der Stromwandler-Prüfeinrichtung mit Normalwandler und Differential-Wattmeter.

strom schaltet man außer dem Strommesser J_n noch ein normales 5-A-Wattmeter W_n in den Sekundärkreis eines der Wandler ein (Bild 555).

Der Gang einer Messung ist dann folgender:

Es wird J_n eingestellt, ebenso der Drehspulstrom, dann wird $\cos \varphi =$ Null eingestellt, so daß W_n Null anzeigt und das Differentialwattmeter *DW* abgelesen. Der Ausschlag ist, abgesehen von einer Konstanten proportional dem Produkt aus Strom und Fehlwinkel.

Dann legt man den Phasenschieber um 90° um und beobachtet wiederum den Ausschlag des Differentialwattmeters, der proportional dem Strom $\times$ dem prozentischen Fehler des *X*-Wandlers ist. Die Ausschläge sind demnach proportional J_n, bei kleinen Stromstärken wird die Ablesegenauigkeit kleiner. Die Genauigkeit der Einstellung der Hilfsspan-

[1]) Agnew, Scientific Paper 223 des Bureau of Standards (1914). Craighead und Weller, Gen. El. Rev., **24**, 1921, S. 642. Alemany, Revue Gén. de l'El. 18, 1925, S. 515, Referat Meßtechnik II, 1926, S. 68.

nung ist ohne besondere Bedeutung, ebenso wird die Messung des Fehlwinkels durch einen größeren Stromfehler (bis 3%) nicht mehr beeinträchtigt, als es dem Stromfehler entspricht. Zur Eichung des Differentialwattmeters schaltet man eine der Stromspulen ab, oder man ändert die Windungszahl eines Wandlers um einen geringen Betrag. Mit Instrumenten mit Bandaufhängung läßt sich sehr hohe Ablesegenauigkeit erzielen. An Stelle eines Zeigerinstrumentes kann auch ein Wattstundenzähler mit geteilter Stromspule Verwendung finden. Das Verfahren erfordert gleiches Übersetzungsverhältnis für N-Wandler und X-Wandler.

d) Brückenschaltung mit Nullinstrument (Bild 556). Dieses Verfahren hat vor dem nach Bild 555 den Vorteil, daß die sekundäre Bürde des X-Wandiers durch den Widerstand des Anzeigeorgans nicht ge-

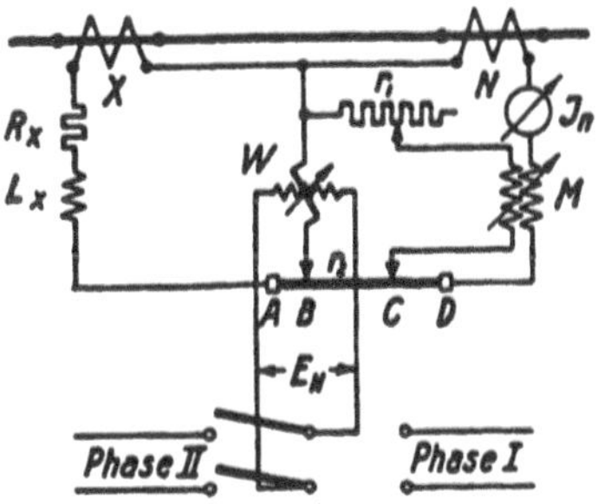

Bild 556. Stromwandler-Prüfeinrichtung mit Normalwandler und Brückenschaltung mit Nullinstrument.

ändert wird und daß auch die Fehler vermieden werden, die durch die gegenseitige Induktion der festen und der beweglichen Spule hereinkommen. Der Differenzstrom der zwei Wandler fließt über r_1 und die eine Wicklung des Variometers, aber nicht durch das Anzeige-Wattmeter W. Man erreicht das durch Änderung von r_2 und M bis das Instrument W in keiner der beiden Schalterstellungen (Phase und Quadratur) einen Ausschlag zeigt.

Setzen wir das Widerstandsverhältnis $r_2/r_1 = a$, den Faktor $\omega M/r_1 = b$, so ist in erster Annäherung

$$\ddot{U}_x = \ddot{U}_n (1 \pm a);$$

die Tangente des Differenzwinkels

$$\operatorname{tg}(\delta_x \pm \delta_n) = b;\quad \delta_x = \delta_n \pm 3438 \cdot b \text{ Minuten.}$$

Da r_1 konstant ist, so kann man an dem Schleifdraht r_2 unmittelbar die Differenz a der Stromfehler beider Wandler ablesen, an dem Variometer M die Differenz der Fehlwinkel.

Die gemachte Vereinfachung gilt, solange die Transformatoren angenähert gleich sind. In der Ausführung ist

$$r_1 = 15 \text{ mal } 2\,\Omega,\quad r_2 = \max 0{,}2\,\Omega,\quad M = \max 0{,}6\,mH.$$

Das Verfahren ist nicht so einfach zu handhaben wie die auf S. 594 beschriebene Scheringbrücke, es ist auch nur anwendbar bei gleichem Übersetzungsverhältnis der Wandler.

e) Brückenschaltung mit Ablesung am Galvanometer (Ausschlagmethode)[1]. Bei den Brückenmethoden bildet man die Differenz der Ströme nicht erst im Instrument, sondern außerhalb. Man kann, genau wie bei Temperaturmessungen, nach einem Kompensationsverfahren und mit einem Nullinstrument arbeiten (Bild 556), oder aber man arbeitet nach einer Ausschlagmethode (Bild 557). Das Instrument W

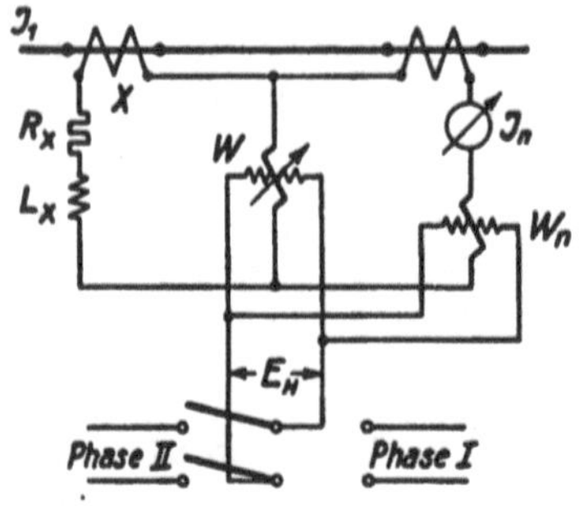

Bild 557. Stromwandler-Prüfeinrichtung mit Normalwandler. Brückenschaltung und Ablesung am Galvanometer.

ist ein hochempfindliches Wattmeter, das bei etwa 1 A Endausschlag hat und den Nullpunkt zweckmäßig in der Mitte der Skala hat, was auch den Vorteil bringt, daß die gegenseitige Induktion der Spulen ausgeschieden wird.

Ist a_i der Instrumentausschlag in Teilstrichen je Ampere, a_0 und a_{90} die Ausschläge bei Phasengleiche und Quadratur der Hilfsspannungen, so ist das Verhältnis

$$\ddot{U}_x = \ddot{U}_n \left(1 \pm \frac{a_0}{a_i J_n}\right)$$

ferner

$$\operatorname{tg}(\delta_x \pm \delta_n) = \frac{a_{90}}{a_i J_n}$$

oder auch

$$\delta_x = \delta_n \pm 3438 \cdot \frac{a_{90}}{a_i \cdot J_n} \text{ Minuten.}$$

Anbringen der Korrektur beim Arbeiten mit Normalwandlern. Bei allen diesen Messungen mit einem Normalwandler ist sehr darauf zu achten, daß die Korrektur für den Fehler des Normalwandlers in richtiger Weise angebracht wird. Die sicherste Feststellung des Fehlersinnes besteht darin, daß man die Sekundärbürde des Normalwandlers durch einen Ohmschen Widerstand stark vergrößert. Dadurch muß sich der absolute Stromfehler auch vergrößern. Verkleinert er sich, so ist das ein Zeichen, daß der Wandler zu weit, auf +-Fehler abgeglichen war, vergrößert er sich, so ist die Abgleichung noch nicht vollkommen gewesen. Ebenso vergrößert sich der Fehlwinkel, wenn er noch nicht auf der negativen Seite lag. Nur bei starker Streuung des Wandlers oder stark induktiver Belastung kann der Fehlwinkel negativ gewesen sein. Er verkleinert sich dann beim Zufügen von Ohmschen Widerstand.

---

[1]) Silsbee, „Scientific Paper des Bureau of Standards". 1917 Nr. 309, S. 11.

Messung mit Zweistufenwandler und Normalwiderstand.

Wie bereits gesagt, entstehen bei der Verwendung von fehlwinkelfreien Normalwiderständen für hohe Stromstärken (über 300 A) große Schwierigkeiten, weil das Kühlwasser die Widerstände im Laufe der Zeit angreift, so daß sich die Widerstände um einige zehntel Prozent ändern. Außerdem besteht beim Gebrauch immer die Gefahr, daß sie beim zufälligen Abstellen des Kühlwassers entweder ganz verbrennen oder sich durch Überhitzung beträchtlich ändern.

Da der Zweistufenwandler nach Brooks und Holtz sehr genau ist, seine Fehler auf die Größenordnung von 0,1 % und 1÷3 min gebracht werden können, kann man die Schering-Alberti-Brücke für höhere Stromstärken in der Weise verwenden, daß man einen Normalwiderstand für 5 A in Verbindung mit einem Zweistufen-Wandler benutzt. An Stelle der sonst anzuschließenden zwei Spulen schaltet man nach dem Vorschlag von Ahrberg, entsprechend Bild 558, einen zweiteiligen Widerstand. Die Widerstände R_1 R_2 sind in Reihe geschaltet und konstruktiv zu einem einzigen mit drei Klemmen vereinigt. Die Spannung wird an den beiden Außenklemmen abgenommen und mit der Spannung an den Enden des anderen Widerstandes verglichen, der an dem X-Wandler liegt. Selbstverständlich läßt sich der Zweistufen-Wandler sinngemäß auch bei anderen ähnlichen Schaltungen verwenden.

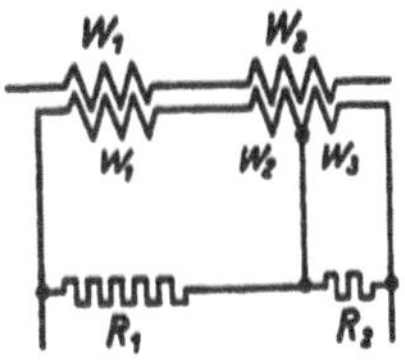

Bild 558. Stromwandler-Prüfeinrichtung mit Zweistufen-Normalwandler, der auf zwei Vergleichswiderstände geschaltet ist. (Siemens & Halske.)

Bestimmung der Fehlergrößen von Spannungswandlern.

Spannungswandler werden wie Stromwandler sowohl mit Normalwiderständen als Normalwandlern verglichen.

Messung mit Normalwiderständen.

Für Spannungswandler hat Robinson folgende Prüfmethode angegeben (Bild 559). Parallel zu der Hochspannungswicklung des Wandlers liegt ein Spannungsteiler-Widerstand ab, von dem mit dem Kontakt c die Teilwiderstände R_2 und R_1 bzw. die Teilspannung $J_1 R_2$ abgegriffen werden kann. $J_1 R_2$ wird über die Sekundärspule eines Selbstinduktions-Variometers, dessen Primär-

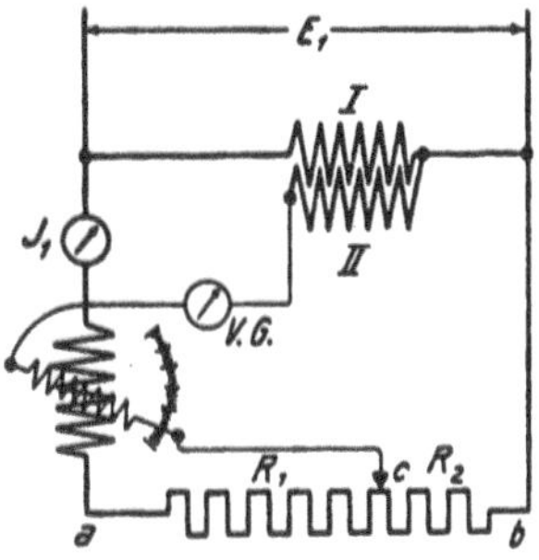

Bild 559. Spannungswandler-Prüfeinrichtung nach Robinson mit Normalwiderstand.

spule im Primärstromkreis liegt, und ein Vibrationsgalvanometer *VG* gegen die Sekundärspannung des Transformators geschaltet. Durch Veränderung der Stellung von *c* und des Variometers wird der Ausschlag des Vibrationsgalvanometers auf Null gebracht. Das Übersetzungsverhältnis ist

$$ü = \frac{R_1 + R_2}{R_2}.$$

Für das Variometer kann zu jeder Stellung bei bekanntem Strom J_1 die zugehörige induzierte EMK gleich $J_1 M$ angegeben werden, wenn M der Koeffizient der gegenseitigen Induktion in Henry ist. Es ist dann

$$\operatorname{tg}\delta = \frac{J_1 \omega M}{J_1 R_2} = \frac{\omega M}{R_2}$$

oder auch

$$\delta = \frac{\omega M}{R_2} \cdot 3438 \text{ Minuten}.$$

Bei hohen Spannungen macht die Ausbildung der Widerstände R_1 und R_2 große Schwierigkeiten, sowohl hinsichtlich der Herstellung ohne resultierende Selbstinduktion und Kapazität als auch der Isolierung. Es sind dabei an Stelle der Widerstände aus Draht solche aus Flüssigkeit, z. B. Borsäure-Mannitlösung, angewendet worden.

Messung mit Normalwandlern.

Bis vor kurzer Zeit wurden bei der PTR die Spannungswandler ebenso wie die Stromwandler mit Normalwiderständen geprüft[1]). Es waren das Drahtwiderstände bis 2,5 Millionen Ohm für Spannungen bis

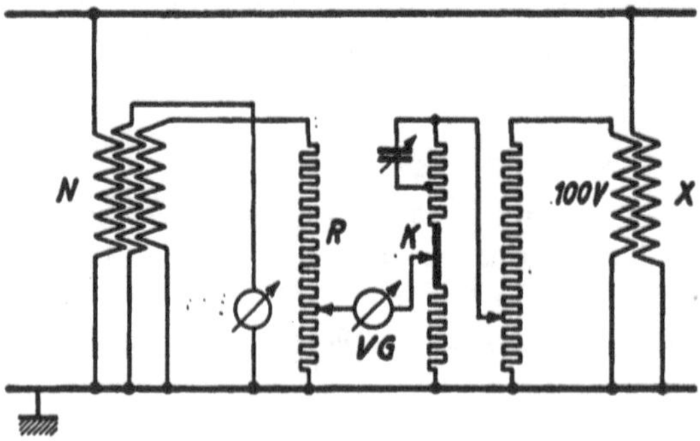

Bild 560. Spannungswandler-Prüfeinrichtung der PTR mit Normalwandler und niederohmigen Vergleichswiderständen.

80000 V, die ihres hohen Verbrauchs wegen künstlich gekühlt wurden. Es ergaben sich aber dabei einige Schwierigkeiten, und es werden deshalb schon seit längerer Zeit[2]) alle zu prüfenden Spannungswandler bis herab zu Spannungen von 3 kV mit von Siemens & Halske hergestellten **Normalwandlern** verglichen. Die Schaltung ist in Bild 560 gezeigt. Der Normalwandler *N* hat zwei

[1]) Zeitschr. f. Instr. Kd. **37**, 1917 S. 98.
[2]) Zeitschr. f. Instr. Kd. 1924, S. 96.

Sekundärwicklungen: eine für 100 V, die ein Voltmeter speist, das zum rohen Einstellen der Spannung dient und eine für 25 V, die zum Vergleichen mit dem X-Wandler dient.

Die Fehler solcher Normal-Spannungswandler sind sehr klein, nachstehend die Zahlen für zwei solcher Wandler für 5000 bzw. 25000 V bei Belastung mit 750 bzw. 1500 Ω nach Messungen der PTR:

Spannung	Belastung	$E_N = 5000$ V		$E_N = 25000$ V	
		p %	δ min	p %	δ min
20 % E_E	750 Ω	−0,03	+4,1	−0,08	+0,6
40 %	750	± 0,00	+2,1	+0,01	−0,6
60 %	750	+0,01	+1,9	+0,02	−0,6
60 %	1500 Ω	+0,04	+2,7	+0,03	−0,1
80 %	1500	+0,04	+3,0	−0,02	+1,9
100 %	1500	+0,01	+3,8	−0,06	+2,5
120 %	1500	± 0,00	+5,1	−0,11	+3,7

Bild 523 zeigt die Fehlergrößen eines andern Normalspannungswandlers. Die Fehler sind so klein, daß sie für technische Messungen meist nicht berücksichtigt werden müssen. Die Abhängigkeit des Fehlers von der Frequenz für den Bereich 40÷60 Hertz ist aus dem Bild 542 zu ersehen, während für weitere Bereiche auf das Bild 543 auf S. 583 verwiesen sei.

Im übrigen können für Spannungswandlerprüfung eine Anzahl der für Stromwandler üblichen Verfahren sinngemäß modifiziert werden, insbesondere kann auch ein fremderregtes Differential-Wattmeter zur Bestimmung der Fehlergrößen Verwendung finden.

Kontrolle von Wandlerprüfeinrichtungen[1]).

Bei der Aufstellung sehr empfindlicher Prüfeinrichtungen, wie z. B. nach Schering-Alberti, sind gewisse Vorsichtsmaßregeln zu beachten. Beispielsweise dürfen die stromführenden Leitungen nicht zu schwach bemessen sein, die Zuleitungen von den Normalwiderständen zum Kompensator dürfen keine Schleifen bilden und müssen ausreichend isoliert sein, damit sie nicht zu hohe Kapazität haben. Die Starkstrom führenden Leitungen müssen genügend weit von den anderen Apparaten, vor allem dem Nullinstrument, entfernt sein. Um bei der Aufstellung der Prüfeinrichtung eine Gewähr zu haben, daß alles vorschriftsmäßig angeordnet ist, und um später auch jederzeit eine schnelle und zuverlässige Kontrolle zu ermöglichen, gibt es ein sehr einfaches Verfahren, das für Strom- und die Spannungswandlerprüfeinrichtungen geeignet ist.

Bei der Prüfeinrichtung für Stromwandler tritt an Stelle der Spannungsabfälle des primären und sekundären Normalwiderstandes ein

[1]) Nach Ahrberg, ETZ 1925, S. 500.

und dieselbe kleine Spannung, die man sich dadurch herstellt, daß man Strom durch einen der Normalwiderstände fließen läßt und den Spannungsabfall dieses Widerstandes sowohl der Primär- als der Sekundärseite des Kompensationsapparates zuführt, auf der Sekundärseite unter Verwendung des veränderbaren Widerstandes R_2, der die Spannung entsprechend der Unterteilung des Kompensators herabsetzt (Bild 561a).

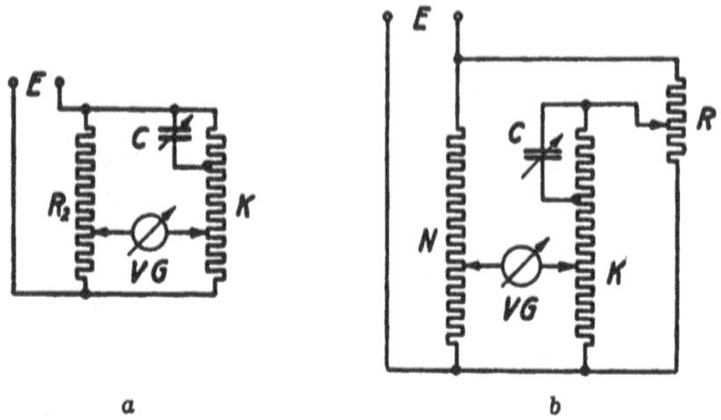

Bild 561. Schaltungen zur Kontrolle von Wandler-Prüfeinrichtungen.
a) Stromwandler,
b) Spannungswandler.

Wenn die Einrichtung in Ordnung ist, muß sich bei Nullstellung des Galvanometers *VG* der Übersetzungsfehler *O* und der Phasenfehler *O* ergeben, da die Prüfspannung inbezug auf Größe und Phase auf beiden Seiten dieselbe ist.

Ergibt die Einstellung des Apparates nicht den Fehler *O*, so ist irgend etwas nicht in Ordnung, und der Fehler muß beseitigt werden, beispielsweise durch Auswechseln von Leitungen.

Bei der Spannungswandlerprüfeinrichtung fällt der Hochspannungsteiler fort und wird durch einen zuverlässigen Spannungsteilerwiderstand *R* ersetzt, der die Spannung entsprechend der jeweiligen Einstellung des Niederspannungsteilers herabsetzt, da die primär dem Kompensationsapparat *K* zugeführte Spannung höher (in der Regel das Fünffache) ist als die von der Sekundärseite zugeführte. Den Niederspannungsteiler *N* kann man fortlassen, wenn man die Spannung klein (etwa 10 V) wählt. In diesem Falle tritt an seine Stelle ein beliebiger Widerstand, der die Spannung auf etwa $^1/_5$ oder $^1/_{10}$ herabsetzt. (Bild 561b).

Auch bei allen anderen Wandlerprüfeinrichtungen muß man auf den Einfluß von Fremdfeldern achten. Die Anzeige des Übersetzungsfehlers kann man in der Weise kontrollieren, daß man an einem der Wandler mit bekannter Windungszahl eine Sekundärwicklung zuwickelt und prüft, ob die angezeigte Änderung der vorgenommenen Änderung entspricht.

Namen- und Sachverzeichnis.

www.ingramcontent.com/pod-product-compliance
Lightning Source LLC
LaVergne TN
LVHW092148300926
849161LV00002B/213
9783486759020